纳米量子光学

Nano and Quantum Optics: An Introduction to Basic Principles and Theory

[奥] 乌尔里希·霍亨斯特 (Ulrich Hohenester) 著

冯 飞 周可雅 孙琼阁 汉京滨 译

国防工业出版社

·北京·

著作权合同登记　图字：01-2024-0850 号

内 容 简 介

本书介绍了纳米光学和量子光学的基本理论，内容分为两部分：第一部分是纳米光学的经典处理方法，即基于经典电动力学的经典描述；第二部分是纳米光学的量子处理方法，即基于光子和量子化场的量子描述。本书系统阐述了纳米尺度光与物质相互作用，运用经典电动力学和量子光学理论的相关模型和分析方法，从经典电动力学和量子光学两个维度揭示了光与纳米尺度物体相互作用的物理本质，学术思想新颖，紧贴领域前沿。本书便于读者更好地理解光电技术的物理实质，从而开展光通信、量子通信、激光技术等前沿领域关键技术攻关。希望本书能够为从事相关领域研究的工程技术人员和学者带来核心理论模型和实践应用方面的助益。

图书在版编目（CIP）数据

纳米量子光学 /（奥）乌尔里希·霍亨斯特著；
冯飞等译. -- 北京：国防工业出版社，2025. 5.
ISBN 978-7-118-13542-8
Ⅰ. 0431.2
中国国家版本馆 CIP 数据核字第 2025847GW2 号

※

国防工业出版社 出版发行
（北京市海淀区紫竹院南路 23 号　邮政编码 100048）
北京凌奇印刷有限责任公司印刷
新华书店经售

*

开本 710×1000　1/16　**插页** 2　**印张** 28¾　**字数** 512 千字
2025 年 5 月第 1 版第 1 次印刷　**印数** 1—1500 册　**定价** 198.00 元

（本书如有印装错误，我社负责调换）

国防书店：（010）88540777　　书店传真：（010）88540776
发行业务：（010）88540717　　发行传真：（010）88540762

译者序

光学是研究光的行为和性质的重要物理学分支学科。近年来，蓬勃发展的各项国防工业前沿技术，都离不开光学基础理论和原理层面的认知、传承与创新。

纳米光学是纳米科学和纳米技术的新衍生方向，它关注激光与原子、分子、团簇和纳米结构的线性和非线性相互作用，对研究如何突破光的衍射极限具有极大的应用价值；此外，光子可在极小的规模下进行量子操作，并且不易退相干，因此在量子通信、量子探测等方面有广泛的应用前景。

本书原著是乌尔里希·霍亨斯特（Ulrich Hohenester）教授在其奥地利格拉茨大学的研究生课程讲义与其他系列讲座基础上，经过完善修订而成。本书围绕纳米尺度光与物质相互作用这一前沿课题，由浅入深从经典电动力学和量子光学两个维度阐述了相关基本理论，较为全面地介绍了纳米尺度的量子光场、光子与材料相互作用的理论模型和实践应用，将最新的纳米光学模型和量子光学模型有机串联，解释了光子与纳米材料间相互作用的基本原理。同时，作者将诺贝尔物理学奖及化学奖相关研究成果与工程实际应用相结合，使本书在纳米光学、量子光学的基础理论上，具有较强的学术前沿性和较高的工程应用价值。

首先，针对纳米尺度光与物质的相互作用，作者从经典电动力学的基本理论出发，介绍了麦克斯韦方程背后的对称性、格林函数的基本概念、光的衍射极限、近场扫描光学显微技术等突破性技术、光与材料间的相互作用模型及应用实例、光子局域态密度、纳米光学中的计算方法及模型等。随后，通过实际应用案例分析，将纳米光学过渡到量子领域，介绍了量子电动力学、关联函数、纳米尺度的热交换和力学效应、二能级与多能级系统、量子回归定理及其在纳米光学中的应用等。

纳米尺度的光学问题研究在工程实际中不乏有效的应用实例。例如：围绕金属纳米级物体局域表面等离子体相关理论，开发和改进的近场扫描光学显微镜、扫描隧道显微镜、超材料、太阳能电池等；利用光子粒子数或相位不确定性产生的压缩态，基于激光干涉引力波天文台进行精密干涉测量等。

本书概念清晰、章节布局合理、公式推导过程详实，并提供了大量的习题，适合作为研究生相关专业的教学和参考用书；另外，本书提供了大量的设计案例和详细的分析过程，借助计算机仿真软件可以进行案例验证，可供工程技术人员参考。本书的编译、校核工作是在哈尔滨工业大学的王伟、刘琦、吴乔华、张田、李晓薇等，北京跟踪与通信技术研究所的薛莉的协助下完成的，在此一致表示感谢。受限于编译时间和译者能力水平，本书经多次修改，仍难免存在疏漏或不足之处，望读者批评指正。最后，希望每位读者通过学习本书都能有所收获！

译者

2024 年 3 月于北京

PREFACE

前言

纳米光学是光学和纳米科学相结合的产物，通过光，我们获得了周围世界的信息，对光的控制促成了众多光学应用的支柱，如基于光纤的信息传输与捕获。另外，纳米科学是对物质在原子尺度上的研究和探索，它推动了数字革命，而数字革命已经大大改变和影响了我们的日常生活，计算机和手机的出现就是很好的证明。众所周知，衍射极限决定了光不能被压缩到比波长小的尺寸中，换言之，在光学显微镜中只有距离大于波长的物体才是空间可分辨的。

纳米光学可以处理在尺度上与光波长相当或更短的光，理想情况下小至纳米级，在过去几十年中，科学家已成功地将光学研究推进至纳米级别。例如，因在衍射极限阈值区域对光进行操作，定位显微镜和光镊分别获得了 2014 年和 2018 年的诺贝尔奖。为了克服衍射极限这一限制，人们可以在纳米尺度上收集光，例如，通过近场扫描光学显微镜，或者将等离子体光与金属纳米结构表面的电子电荷振荡结合在一起，可将光压缩到的亚波长尺度。

本书介绍的纳米光学和等离子体学，是基于我在格拉茨大学等地执教多年系列讲座的基础上完成的。本书重点介绍纳米光学基础理论及所需的理论工具，而在应用方面只讨论了具有示范性意义的应用实例，在这一点上，预计本书将与大多数教科书有所不同。本书试图避免引用专业性强的参考文献，取而代之的是更多优秀的综述性文章，以启发读者获得相关领域前沿信息的灵感。本书最大限度地保留论点的独立性，并尽可能避免使用“可以看出”或类似表达方式的短语，这使本书篇幅比我最初设想的要长得多，但希望上述努力有助于读者阅读并较好理解本书。

本书主要分为两部分：第一部分为经典纳米光学，该部分既可以用经典电动力学来表述，也可以用规范化的其他经典方法来解释。第二部分将纳米光学引入量子领域。在成书过程中，我尽量让本书的陈述显得生动有趣，但通读最终版本后，意识到本书显得专业性较强且内容偏多——为此向读者道歉。通常而言，读书方式是从头读到尾，原则上这种传统方式没有错。然而，由于我很少坚持这个顺序，因此我建议：从它看起来有趣的地方开始阅读，如果有需要，可以再回到基础知识部分阅读。

受益于许多同事和学生的帮助，本书得以丰富并最终呈现在读者面前，致谢部分将对他们的贡献一一介绍。我真诚地希望本书可以帮助经验丰富的研究人员获得他们关注的信息，并帮助感兴趣的初学者理解本书主题。最后，对于整个纳米光学学科来说，我希望它的未来会像它的过去一样熠熠生辉！

Ulrich Hohenester

2019 年 6 月于奥地利

致谢

本书是我个人对纳米光学和等离子体学的阐述，我对这一领域的认识和理解受到许多同行和前辈的影响，在此一致表示感谢。我第一次接触这一学科是在格拉茨大学约阿希姆·克伦（Joachim Krenn）领导的纳米光学小组中，早在等离子体学成为热门研究学科之前，他就已经在该领域开展了诸多研究工作。他们深刻的洞察力以及结合该领域的悠久历史来判断新发展方向的科学态度使我受益匪浅。此外，我要感谢我的长期合作伙伴安迪·特吕格勒（Andi Trügler），他十多年来一直与我共同开展了纳米光学和等离子体的研究工作。我还要感谢众多与我共同开展实验和理论分析的合作伙伴，感谢他们与我分享成果并提出很好的建议，这也让科学研究成为一项令人兴奋和愉快的事业。

教授这门课程对我来说一直都很重要，同时也十分不易。2011 年，尤西·托帕里（Jussi Toppari）曾邀请我在芬兰于韦斯屈莱市的暑期学校教授这门课程，我很享受在课堂上与学生的互动，也很享受芬兰传统的桑拿浴。同时，我也意识到我或许应该花更多时间去做一些在人们看来比较“简单”的基础性研究工作。几年来，我一直把为这次暑期学校授课编制的课件作为我在格拉茨大学授课的讲义。2018 年春，我应吉多·戈尔多尼（Guido Goldoni）和埃莉萨·莫利纳里（Elisa Molinari）教授等的盛情邀请，在摩德纳和雷焦艾米里亚（Modena and Reggio Emilia）大学开设“纳米和量子光学”课程，以上教学工作终于促使我下定决心撰写一本该学科的教科书。摩德纳一流的美食、令人印象深刻的亚平宁自行车之旅和便利的条件，以及极其聪明的学生，都让我非常愉快地开始了这一撰写工作。但是，我完全低估了撰写教科书的难度，在接下来大约一年半的撰写过程中，我的内心始终是十分复杂的。

最后，特别感谢我的妻子奥尔加·弗洛尔（Olga Flor），她教会我如何著书，并在我逗留摩德纳期间，组织了一次难忘的卡诺萨城堡之旅，并与艾丽莎（Elisa）一起参观了弗朗西斯卡纳·奥斯特里亚餐厅。我还要感谢我的很多同事通读了本书并提出了宝贵意见。按字母顺序排列，我要感谢哈维尔·艾兹普鲁瓦（Javier Aizpurua）、斯特凡诺·

科尔尼（Stefano Corni）、哈里·迪特尔巴赫（Hari Ditlbacher）、汉斯·格尔德·埃弗茨（Hans Gerd Evertz）、安东尼奥·费尔南德斯·多明格斯（Antonio Fernández Domínguez）、克里斯汀·希尔（Christian Hill）、马蒂厄·科贾克（Mathieu Kociak）、约阿希姆·克伦（Joachim Krenn）、奥利维尔·马丁（Olivier Martin）、瓦尔特·波兹（Walter Pötz）、斯蒂芬·舍尔（Stefan Scheel）、格哈德·恩格尔（Gerhard Unger）等，他们帮助我找出了书稿中较为明显的错误，我将最新的勘误表发布到了格拉茨大学的主页上。在此，我欢迎所有读者为本书的完善提出宝贵的修改意见。

CONTENTS

目录

第 1 章

什么是纳米光学

在本章中，我们将介绍传播波和倏逝波的概念，将用标量波方程来解释为什么在常规光学中不考虑倏逝波会引发光的衍射极限形成，基于麦克斯韦方程组的讨论将在第 2 章完成。本章将从一维标量波方程开始讨论，然后将其推广到更高维度。书中的许多概念对大多数读者来说已经很熟悉了，但为了表述得更清楚，这里有必要将其再赘述一遍。在掌握了这些基础知识后，我们将专注研究倏逝波的作用以及它在纳米光学中的应用。在本章最后，我们将分别对本书的第 2～第 11 章作一个简要的概述。

1.1 波方程

1.1.1 一维波

什么是波？希望读者能够对这个问题思考一段时间，并给出一个有意义的答案。毕竟波在物理学中随处可见，从水波、声波到电磁波，这些都是本书的研究对象。然而似乎很难解释波到底是什么。在《电动力学导论》一书中，格里菲斯（Griffiths）提出了如下定义[1]。

波是连续介质的一种扰动，它以固定的形状和恒定的速度传播。

图 1.1 中，波 $f(x,v)$ 以固定的速度 v 传播且其形状保持不变。在时间 t 之后，它传播的距离为 vt。

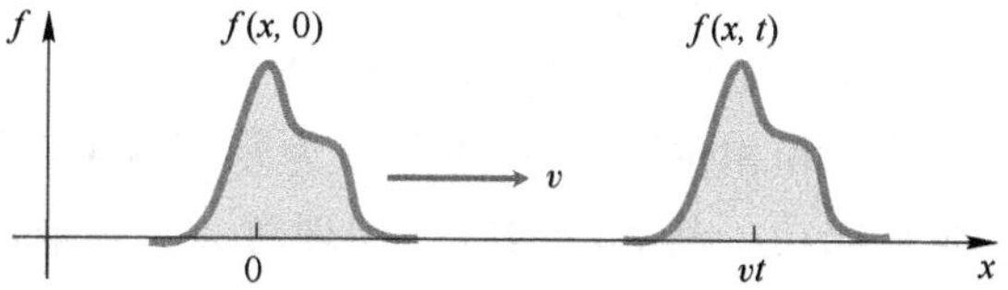

图 1.1　一维空间中的波

这个定义留下了许多悬而未决的问题（对于电磁波而言，什么是连续介质？介质的色散是什么），稍后将提出一个修改过后更具技术性的定义。首先我们根据格里菲斯提出的定义分析一维空间中的波。用 $f(x,t)$ 表示沿 x 方向传播的波扰动，t 表示时间，图 1.1 所示为该波沿一维方向传播的示意图。经过时间 t 之后，初始波已经移动了距离 vt，用公式可表示为

$$f(x,0)=g(x),\quad f(x,t)=g(x-vt)$$

上式表明 f 是组合变量 $u=x-vt$ 的函数，而不是两个自变量 x 和 t 的函数。此式同样适用于向左传播的波，一般来说可以用下式表示左、右行波的叠加：

$$f(x,t)=g_-(x-vt)+g_+(x+vt)=g_-(u_-)+g_+(u_+),\quad u_\pm=x\pm vt$$

现在我们很容易得到：

$$\left(\frac{\partial}{\partial x}+\frac{1}{v}\frac{\partial}{\partial t}\right)g_-(u_-)=\left(\frac{\partial u_-}{\partial x}+\frac{1}{v}\frac{\partial u_-}{\partial t}\right)\frac{\mathrm{d}g(u_-)}{\mathrm{d}u_-}=\left(1-\frac{v}{v}\right)\frac{\mathrm{d}g(u_-)}{\mathrm{d}u_-}=0$$

方程左侧算子作用于右行波恒等于零，同样对于左行波：

$$\left(\frac{\partial}{\partial x}-\frac{1}{v}\frac{\partial}{\partial t}\right)g_+(u_+)=\left(\frac{\partial u_-}{\partial x}-\frac{1}{v}\frac{\partial u_+}{\partial t}\right)\frac{\mathrm{d}g(u_+)}{\mathrm{d}u_+}=\left(1-\frac{v}{v}\right)\frac{\mathrm{d}g(u_+)}{\mathrm{d}u_+}=0$$

如果对波函数 $f(x,t)$ 应用这两个算子，则对于任意形式的波都等于零，这样就可以得到一维标量波方程。

一维标量波方程

$$\left(\frac{\partial}{\partial x}+\frac{1}{v}\frac{\partial}{\partial t}\right)\left(\frac{\partial}{\partial x}-\frac{1}{v}\frac{\partial}{\partial t}\right)f(x,t)=\left(\frac{\partial^2}{\partial x^2}-\frac{1}{v^2}\frac{\partial^2}{\partial t^2}\right)f(x,t)=0 \tag{1.1}$$

接下来，我们考虑最简单的波形式，也就是正弦波（平面简谐波），它可以表示为

$$f(x,t)=A\cos(kx-\omega t+\delta) \tag{1.2}$$

式中：A 为幅度；k 为波数；ω 为角频率；δ 为相位因子。波数和角频率由波长 λ 和振荡周期 T 确定：

$$k=\frac{2\pi}{\lambda},\quad \omega=\frac{2\pi}{T}$$

显然，正弦波在空间和时间上具有周期性，其周期分别为 λ 和 T，有

$$f(x+\lambda,t)=A\cos\left[2\pi\left(\frac{x}{\lambda}+1\right)-\omega t+\delta\right]=f(x,t)$$

$$f(x,t+T)=A\cos\left[kx-2\pi\left(\frac{t}{T}+1\right)+\delta\right]=f(x,t)$$

可以用欧拉公式将正弦波的定义扩展到复数域：

$$\mathrm{e}^{\mathrm{i}\phi}=\cos\phi+\mathrm{i}\sin\phi \tag{1.3}$$

式中：ϕ 为相位参数，正弦波可表示为

$$f(x,t)=\mathrm{Re}[A\mathrm{e}^{\mathrm{i}(kx-\omega t)}\mathrm{e}^{\mathrm{i}\delta}]=\mathrm{Re}[\widetilde{A}\mathrm{e}^{\mathrm{i}(kx-\omega t)}],\quad \widetilde{A}=A\mathrm{e}^{\mathrm{i}\delta}$$

在上式中我们定义了 A 和相位因子 $\mathrm{e}^{\mathrm{i}\delta}$ 的乘积为复振幅 $\widetilde{A}$。大量事实表明：利用复数形式的波表达式非常成功，其对应的实际物理意义只需取实部即可。所以在本书中我们将不再特意标注进行取实部运算，而一维空间中的正弦波可表示为如下形式。

一维空间中的正弦波

$$f(x,t)=Ae^{i(kx-\omega t)} \tag{1.4}$$

利用算子 Re{…} 对其取实部运算。

这样我们可以舍弃振幅上面的波浪号，同时默认将其理解为复数。需要再次明确的是：物理上的波是真实存在的，这种真实性在于我们可以与实验结果相对比；而复数的使用只是为了更简单描述波，对波的复数形式进行取实部运算就可以获得真实波的表达式。

我们可以通过波数 k 和角频率 ω 描述正弦波。同理，$f(x,t)$ 不是独立依赖 x 和 t 的函数，而是依赖单个变量 $x\mp vt$ 的函数，ω 和 k 通过所谓色散关系相互关联。二者之间的关系可以通过将正弦波代入式（1.1）表示的标量波方程中来获得：

$$\left(\frac{\partial^2}{\partial x^2}-\frac{1}{v}\frac{\partial^2}{\partial t^2}\right)Ae^{i(kx-\omega t)}=-\left(k^2-\frac{\omega^2}{v^2}\right)Ae^{i(kx-\omega t)}=0$$

为了满足任意 x、t 的波方程，括号中的项必须为零。因此，标量波方程（ID）的色散关系如下所示。

标量波方程（一维）的色散关系

$$\omega(k)=vk \tag{1.5}$$

式中：$\omega(k)$ 为角频率，它是波数 k 的函数；v 为波传播的速度。接下来我们将证明：任何波都可以分解为正弦波，并且色散关系决定了波的传播特性。

傅里叶变换。作为一项重要的数学定理，它指出任何函数（只要其数学形式上足够好）都可以通过以下方式分解为类似正弦波的波：

$$f(x)=\int_{-\infty}^{\infty}e^{+ikx}\tilde{f}(k)\frac{dk}{2\pi} \tag{1.6a}$$

$$\tilde{f}(x)=\int_{-\infty}^{\infty}e^{-ikx}f(x)dx \tag{1.6b}$$

其中，$\tilde{f}(k)$ 为 $f(x)$ 的傅里叶变换。式（1.6）的神奇之处在于 $f(x)$ 和 $\tilde{f}(k)$ 包含着相同的信息。因此，如果我们知道 $f(x)$，就可以得到 $\tilde{f}(k)$，反之亦然。需要注意的是：对 k 积分时因子 $1/2\pi$ 也可以放到对 x 的积分上，或者考虑二式的对称性，都用 $1/\sqrt{2\pi}$ 作为积分因子。在本书中我们通常会遵循上述定义，但偶尔也会有所偏离。

波的传播。假设在零时刻存在一个波 $f(x,0)$，我们可以通过正弦波和傅里叶变换来计算它之后的形状。在零时刻，我们根据式（1.6a）将 $f(x,0)$ 分解为正弦波。利用式（1.4）可计算每个正弦波随时间的变化，可得

$$f(x,t)=\int_{-\infty}^{\infty}e^{i[kx-\omega(k)t]}\tilde{f}(k)\frac{dk}{2\pi} \tag{1.7}$$

我们可以利用式（1.5）的标量波方程的色散关系计算出该积分：

$$f(x,t)=\int_{-\infty}^{\infty}e^{ik(x-vt)}\tilde{f}(k)\frac{dk}{2\pi}=f(x-vt,0)$$

这与我们最初的分析结果是一致的，即波的传播并不改变其波形。

色散。我们将分析更复杂的色散关系。在本书后面的内容中分析色散介质时，我们

也会遇到上述变化。原则上，我们仍然可以使用式（1.7）来计算波的传播，但是由于 $\omega(k)$ 函数的改变，积分的计算将变得复杂。例如，我们假设 $\tilde{f}(k)$ 为一个以 k_0 为中心、宽度为 σ_0^{-1} 的高斯分布函数。如果该函数很窄即函数在 k_0 附近有很强的极值，则可以通过在 k_0 附近进行泰勒展开来近似表示 $\omega(k)$：

$$\omega(k)\approx\omega_0+v_g(k-k_0)+\frac{\beta}{2}(k-k_0)^2,\quad v_g=\left[\frac{\mathrm{d}\omega}{\mathrm{d}k}\right]_{k_0},\quad \beta=\left[\frac{\mathrm{d}^2\omega}{\mathrm{d}k^2}\right]_{k_0}$$

式中：v_g 为群速；β 为色散参数。在上述近似条件下，可以通过严格推导求出式（1.7）的积分结果（练习 1.5），可以得到下面形式的波函数：

$$f(x,t)=\sigma^{-\frac{1}{2}}(t)\,\mathrm{e}^{\mathrm{i}(k_0x-\omega_0t)}\exp\left[-\frac{(x-v_gt)^2}{2\sigma^2(t)}\right],\quad \sigma(t)=\sqrt{\sigma_0^2+\mathrm{i}\beta t}\tag{1.8}$$

因此高斯波包以群速度 v_g 向前传播，但由于 β 的存在，高斯波包在传播时不再保持其形状而是在变宽，正如 $\sigma(t)$ 所表示的那样。在本章的后半部分我们将不再过多讨论色散介质，此处的简单讨论是为了强调我们的分析不仅适用于波在自由空间和非色散介质中传播，且可以很容易地推广到更复杂的情况。

1.1.2 三维波

当从一维空间过渡到三维空间时，波会有哪些变化呢？实际上波的表达式并未变得特别复杂。此时，标量波方程不再是式（1.1）。

三维空间的标量波方程

$$\left(\nabla^2-\frac{1}{v^2}\frac{\partial^2}{\partial t^2}\right)f(\boldsymbol{r},t)=0\tag{1.9}$$

式中：$f(\boldsymbol{r},t)$ 为位于空间坐标 $\boldsymbol{r}=(x,y,z)$ 的标量波函数；∇^2 为拉普拉斯算子。

$$\nabla^2=\frac{\partial^2}{\partial x^2}+\frac{\partial^2}{\partial y^2}+\frac{\partial^2}{\partial z^2}$$

通过类比正弦波式（1.4），三位空间的平面波表达式如下。

三维空间的平面波

$$f(x,t)=A\mathrm{e}^{\mathrm{i}(\boldsymbol{k}\cdot\boldsymbol{r}-\omega t)}\tag{1.10}$$

式中：A 为振幅；$\boldsymbol{k}=k\hat{\boldsymbol{n}}$ 为波矢。如图 1.2 所示，波矢的长度 $k=2\pi/\lambda$ 取决于波长 λ，方向指向波传播方向。借助这些平面波，我们可以类比式（1.6）定义三维傅里叶变换的表达式：

$$f(\boldsymbol{r})=\int_{-\infty}^{\infty}\mathrm{e}^{+\mathrm{i}\boldsymbol{k}\cdot\boldsymbol{r}}\,\tilde{f}(\boldsymbol{k})\,\frac{\mathrm{d}^3k}{(2\pi)^3}\tag{1.11a}$$

$$f(\boldsymbol{k})=\int_{-\infty}^{\infty}\mathrm{e}^{-\mathrm{i}\boldsymbol{k}\cdot\boldsymbol{r}}\,f(\boldsymbol{r})\,\mathrm{d}^3r\tag{1.11b}$$

图 1.2 中，波矢 $\boldsymbol{k}=k\hat{n}$ 的长度 $k=2\pi/\lambda$ 取决于波长，并且指向波传播方向 $\hat{n}$。垂直于 k 的线表示等相位面。

最后，将平面波代入式（1.9）的标量波动方程得

$$k_x^2+k_y^2+k_z^2-\frac{\omega^2}{v^2}=0$$

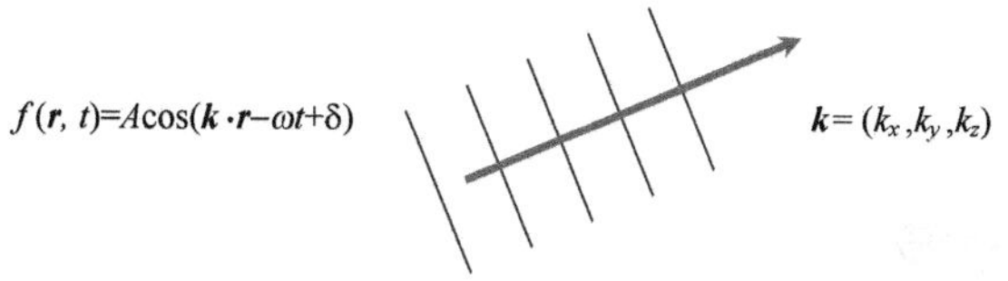

图 1.2 三维平面波

我们理论上可以得到 ω 分别取正数和负数的解，但只保留其正解。这是因为它能够使我们在第 5 章中更清楚地理解会聚球面波和发散球面波的物理意义。只有后者也就是对应于正频率的解是满足自然界因果律的，因此，波在三维（3D）空间的色散关系表达式如下。

标量波方程（三维）的色散关系

$$\omega(k)=v|\boldsymbol{k}|=v\sqrt{k_x^2+k_y^2+k_z^2} \tag{1.12}$$

必须指出的是：这种色散关系是直接由标量波动方程推导得出的，并没有采用任何近似。正是因为这个原因色散关系是必须被满足的，因为它是严格的且不能违背的。我们将在研究倏逝波时再进行分析，并有可能进行进一步的研究。

线性。由于波动方程是一个线性方程，因此如果 f_1 和 f_2 是波动方程的两个解，那么 (f_1+f_2) 也是波动方程的一个解。形如式（1.11）所示的傅里叶变换是一个特例，即波被分解为平面波的线性叠加。如果我们知道单个平面波随时间演化的规律，那么可以将任意复杂波分解为简单的平面波来描述其随时间的演化。由于平面波是一个完备基，因此基于傅里叶变换来处理问题总是可行的。

时谐场。我们在多数情况下可以从单一频率 ω 的简谐波入手，此时波可以被表示为如下形式①：

$$f(\boldsymbol{r},t)=e^{-i\omega t}f(\boldsymbol{r}) \tag{1.13}$$

此处为了便利，$f(\boldsymbol{r},t)$ 和 $f(\boldsymbol{r})$ 选择了相同的标识符号。根据傅里叶变换理论，任意波总是可以分解为其谐波分量的叠加，所以上述表达式只是一个最简单的特例。这使得我们只需研究如式（1.13）所示的时谐场，然后再通过叠加原理分析任意的、更复杂的波传播问题。

波动方程。将式（1.13）代入式（1.9）的波动方程，得

$$(\nabla^2+k^2)f(\boldsymbol{r})=0$$

式中消去了公共项 $e^{-i\omega t}$。在本章的开头我们曾指出有必要引入一个更具有普遍意义的波动方程，事实上这个波动方程可以写成下面的形式：

$$[\nabla^2+n^2(\omega)k^2]f(\boldsymbol{r})=0 \tag{1.14a}$$

式中：$n(\omega)$ 为与频率相关的折射率，上述表达式也适用于色散介质。我们甚至可以更进一步，用式（1.14b）描述非均匀介质中的波动方程：

$$[\nabla^2+n^2(\boldsymbol{r},\omega)k^2]f(\boldsymbol{r})=0 \tag{1.14b}$$

其中，折射率取决于空间坐标位置和光的频率，此处的定义并不像格里菲斯给出的那样更直观，但随后大家会发现在处理式（1.14）时，涉及“波”或“类波”解的问题会

① 请注意，在物理学中，通常会引入时谐形式的 $e^{-i\omega t}$。在工程中，通常写为 $e^{j\omega t}$，其中，j 为虚数单位，与物理学惯例相比，指数中的符号是相反的。

显得更容易一些。

1.2 倏逝波

设想图 1.3 所示的场景，假设我们知道位置 $z=0$ 处（即“nano”处）的标量场 $f(x,y,0)$，并假设该场以单一频率 ω 振荡。我们在这里提出如下两个问题。

–当传播距离为 z 时，场如何演变？

–如何计算位置 z 处的场 $f(x,y,z)$？

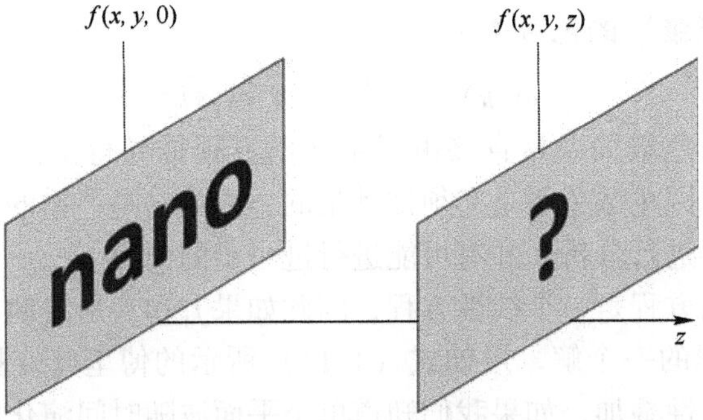

图 1.3 场演变示意图

已知 $z=0$ 处（“nano”处）的场 $f(x,y,0)$。当传播距离为 z 时，场如何演变？

理论上讲，我们可以利用 1.1 节中提出的工具进行如下简单的分析。

平面波展开。首先可以将初始场 $f(x,y,0)$ 进行如下的平面波展开：

$$f(x,y,0)=(2\pi)^{-2}\int_{-\infty}^{\infty}\mathrm{e}^{\mathrm{i}(k_x x+k_y y)}\tilde{f}(k_x,k_y)\,\mathrm{d}k_x\mathrm{d}k_y$$

波传播。可以使用下面的试探解表示远离 $z=0$ 时的波：

$$f(x,y,z)=(2\pi)^{-3}\int_{-\infty}^{\infty}\mathrm{e}^{\mathrm{i}(k_x x+k_y y+k_z z)}\tilde{f}(k_x,k_y,k_z)\,\mathrm{d}k_x\mathrm{d}k_y\mathrm{d}k_z \tag{1.15}$$

但是上式中 ω 和 k_x、k_y、k_z 的选择并不是独立的，它们必须受波动方程的约束。因此我们可以用其他变量来表示其中一个变量比如 k_z，表达式为

$$f(x,y,z)=(2\pi)^{-2}\int_{-\infty}^{\infty}\exp\{\mathrm{i}[k_x x+k_y y+k_z(k_x,k_y)z]\}\tilde{f}(k_x,k_y)\,\mathrm{d}k_x\mathrm{d}k_y$$

其中，我们假定 k_z 可以由 k_x、k_y 严格给出。从这个表达式我们可以发现，$z>0$ 时，每个平面波都会产生一个额外的相位：

$$\tilde{f}(k_x,k_y)\underset{z>0}{\longrightarrow}\mathrm{e}^{\mathrm{i}k_z z}\tilde{f}(k_x,k_y)$$

在式（1.3）色散关系中，k_z 分量可由下式得出：

$$k_z=\pm\sqrt{k^2-k_x^2-k_y^2},\quad k=\frac{\omega}{v} \tag{1.16}$$

式（1.16）中的正号和负号分别对应于沿 z 轴正向或负向传播的波，当 $k_x^2+k_y^2\leqslant k^2$ 时，波矢量的 z 分量满足：

$$k_z=\pm\sqrt{k^2-k_x^2-k_y^2}\ (\text{传播波}) \tag{1.17}$$

k_z为实数时，波是正常的传播。然而，当 $k_x^2+k_y^2 \geqslant k^2$时，$k_z$的表达式为

$$k_z=\pm\sqrt{k^2-k_x^2-k_y^2}=\pm\mathrm{i}\sqrt{k_x^2+k_y^2-k^2}=\pm\mathrm{i}\kappa(\text{倏逝波}) \tag{1.18}$$

式（1.18）对应一个虚的波数！熟悉倏逝波概念的读者对这一结果不会特别惊讶，但不熟悉这个概念的人需要花时间思考一下以确定是否已经完全理解该结果又或者是否错过了某些重要的东西。然而方才推导倏逝波时仅需两个步骤：其一，基于傅里叶变换的平面波分解（这点不容置疑）；其二，基于波动方程本身的色散关系（这是我们整个研究的基础）。因此倏逝波的存在显然没有任何问题。

为了理解倏逝波的传播，我们将虚波数代入平面波试探解中，并得到：

$$\exp[\mathrm{i}(k_x+k_y y\pm\mathrm{i}\kappa z)]=\exp[\mathrm{i}(k_x+k_y y)\mp\kappa z]$$

因此，倏逝波在 z 轴上呈指数级增长或衰减。为使结果有物理意义，我们只保留衰减波，也就是 $z>0$ 为 $e^{-\kappa z}$，$z<0$ 时为 $e^{\kappa z}$。大家可能对量子力学中的倏逝波更熟悉，如图 1.4（a）所示为一个量子力学粒子撞击势垒。当粒子的动能小于势垒的高度时它将被势垒反射；然而，总有一部分波隧穿进入势垒，且它的振幅呈指数级衰减，这恰恰类似于标量波动方程的倏逝波。图 1.4（c）中，势垒的宽度减小粒子可以穿过势垒，之后它再次转换为行波。

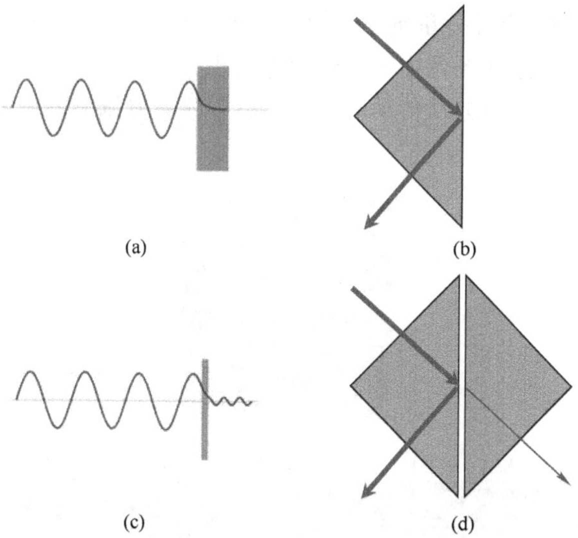

图 1.4　量子力学中粒子在势垒处的传播示意图

图 1.4 中，图 1.4（a）表示量子力学中粒子在势垒处的传播，粒子隧穿进入势垒并被反射。图 1.4（b）表示经典波模拟量子隧穿。光波通过棱镜传播并在全内反射条件下被反射，波通过“隧道”进入棱镜-空气侧的经典禁区，并且波获得一个通常被称为古斯汉森（Goos-Hänchen）位移的微小相移。图 1.4（c）表示当势垒宽度减小时，波函数能够穿透势垒，一个量子力学描述的微观粒子可以隧穿到经典禁区。图 1.4（d）表示当两棱镜间距离大约为一个波长时，光可以通过“隧道”穿过空气缝隙，并在棱镜的另一侧转换为行波。

隧穿效应是一种普遍的波动现象，不仅在量子力学中可以观察到，在电动力学中也可以观察到。图 1.4（b）中，入射光束在全反射条件下被反射，这与图 1.4（a）中所

示的情况类似，反射不是在瞬间发生的，而是部分光场穿透到棱镜的空气侧，并在那里以指数形式衰减（倏逝波）。我们可以观察到，这种穿透使得反射波发生了所谓古斯汉森相移[2]。如图1.4（d）所示如果两个棱镜非常接近时，在第一个棱镜中呈指数级衰减的场可以“隧穿”到达第二个棱镜，并且在那里再次转换为行波。

虽然上述示例在实际中并不常用，但倏逝波可用于理解光的分辨率极限。我们回到式（1.15）所示的平面波分解，式（1.1a）是较大 z 值处的场。

标量波传播（$z>0$）

$$f(x,y,z)=(2\pi)^{-2}\int_{k^2>k_x^2+k_y^2}\mathrm{e}^{\mathrm{i}(k_x x+k_y y+\sqrt{k^2-k_x^2-k_y^2}z)}\tilde{f}(k_x,k_y)\,\mathrm{d}k_x\mathrm{d}k_y$$
$$+(2\pi)^{-2}\int_{k^2<k_x^2+k_y^2}\mathrm{e}^{\mathrm{i}(k_x x+k_y y)-\sqrt{k_x^2+k_y^2-k^2}z}\tilde{f}(k_x,k_y)\,\mathrm{d}k_x\mathrm{d}k_y \tag{1.19}$$

其中，第一行和第二行中的项分别对应传播波和倏逝波。倏逝波呈指数级衰减，并且仅在 $z=0$ 平面附近起作用。离该平面越远，倏逝波呈指数级衰减趋势就越明显，我们将在本书后面证明倏逝波与材料的性质相关，图1.5展示了倏逝波的影响：图1.5（a）为“nano”字母所形成图像的傅里叶变换谱；当 k-空间中的一部分被移除时，例如减小倏逝波组分的贡献，傅里叶逆变换将给出调整后的结果。图1.5（b）为对图1.5（a）圆圈内的傅里叶分量重建的效果，图1.5（c）和（d）为进一步减小 k-空间组分的变换图像。从这些图像中可以清楚地看出，$\tilde{f}(k_x,k_y)$ 中波数较大的组分携带了高分辨率信息，如果这些组分从传播波 $f(x,y,z)$ 中移除得越多图像就越模糊，目标图像的细节就越少。

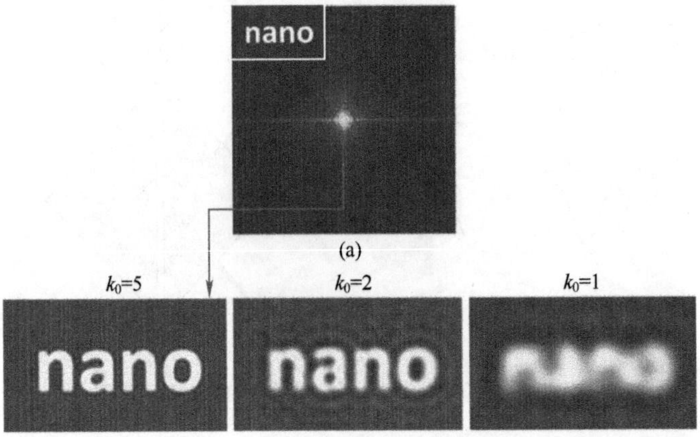

图1.5 分辨率对截止参数 k_0 的依赖性

图1.5中，图（a）为字母“nano”的傅里叶变换，圆圈对应波数 $k_0=5$。图（b）~图（d）为当只考虑 $k_x^2+k_y^2\leqslant k_0^2$ 时，不同截止参数对应的傅里叶逆变换图。

只有波矢空间的内侧部分与传播波对应，携带有关 $f(x,y)$ 的详细空间细节的信息对应倏逝波，也就是波数较大的组分。倏逝波在远离 $z=0$ 平面时呈指数级衰减，而远离该平面时只剩行波，此时对图像进行重建时可以看到所有的高分辨率信息丢失了。

下面对光的衍射极限进行定性讨论。如图 1.6 所示，模量足够小的波矢量对应传播波，而携带高空间分辨率的较大波数傅里叶组分对应远离平面 $z=0$ 且呈指数级衰减的倏逝波。我们可以假定空间分辨率 Δ 近似值由可用最大波数 k_{max} 给出，也就是

$$\Delta \approx \frac{2\pi}{k_{max}}$$

由色散关系得与传播模式相关的最大波数为

$$\sup(k_x^2+k_y^2)=k_{max}=\frac{\omega}{v}$$

结合以上两个公式，我们可由传播模式得最佳分辨率。

标量波方程的衍射极限（近似值）

$$\Delta \approx \frac{2\pi v}{\omega}=\lambda \tag{1.20}$$

由此可知，空间分辨率大致由波长 λ（由频率 ω 确定）给出。由上述分析我们可得空间分辨率的估算值。我们将在本书后面对光的衍射极限进行更具体的分析，并将证明 $\Delta \approx \frac{\lambda}{2}$。总而言之，波的所有高分辨率信息是由倏逝波分量携带的，这些分量在较大距离处呈指数级衰减，且没有任何其他的方法可以将这些信息恢复。

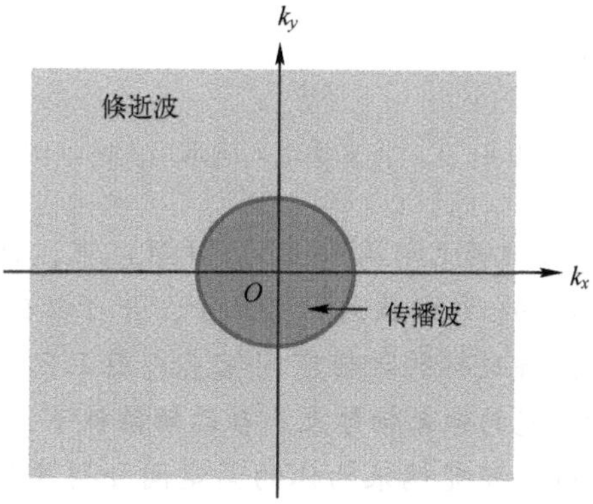

图 1.6　光的衍射极限

1.3　纳米光学领域

如图 1.7 所示为电磁光谱中近红外线、可见光和紫外线区域的波长（底部坐标轴）和光子能量（顶部坐标轴）的对应关系。可见光区域范围为 380~750nm，相应的光波的衍射极限在微米范围内而非纳米范围。因此光学和纳米科学不会自然地结合在一起。尽管存在这些限制，纳米光学仍是一门试图将光学推向纳米级的科学。

首先，也是最重要的是：衍射极限的存在是源于基本的物理定律，其中核心是源于波动方程的色散关系。基于色散关系我们可知晓这里存在两种类型的波，即传播波和倏逝波，而后一种波的衰减是分辨率损失的原因。利用传统光学无法分辨距离小于波长 λ

的物体，也就是说我们无法将光聚焦到尺寸小于 λ 的点上。因为物理学的基本定律是不能被违背的，所以为了克服光的衍射极限我们必须改变规则。纳米光学已经提出了一些成功的解决方案，本书将对此进行详细介绍。图 1.8 为 3 个有代表性的示例。

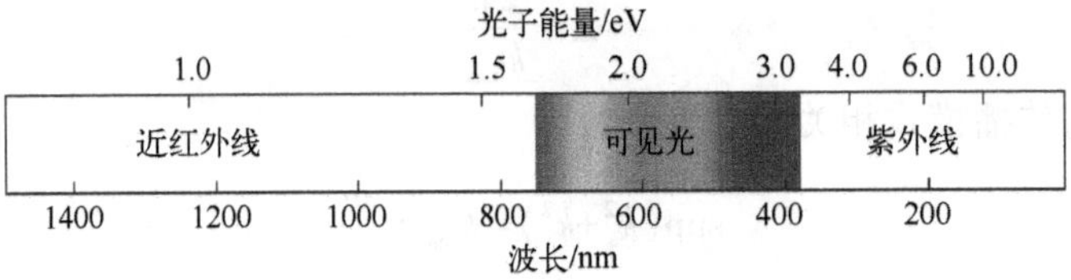

图 1.7　近红外线（770~3000nm）、可见光（380~750nm）和紫外线（10~380nm）区域的波长（底部坐标轴）和光子能量（顶部坐标轴）的对应关系

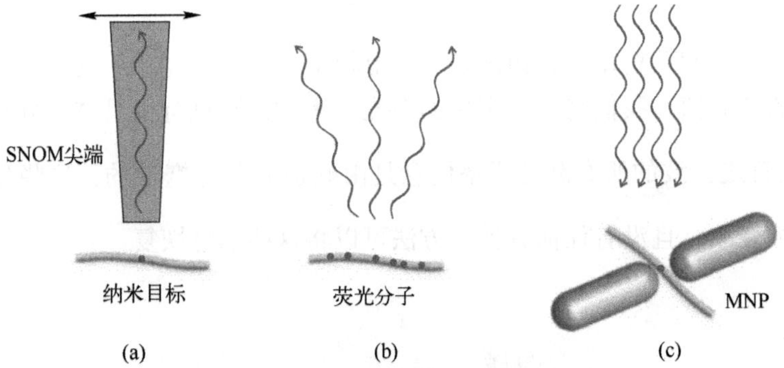

图 1.8　3 个将光学带入纳米尺度的示例

图 1.8（a）表示在近场扫描光学显微镜（SNOM）中，将光纤置于纳米目标附近，目标的倏逝近场通过与光纤耦合被转换为传播光子，并可以在光纤末端检测到。利用光纤对样本逐点扫描，可以获得目标的近场空间信息。图 1.8（b）表示在定位显微成像中，荧光分子被附着在待研究的纳米物体上。在远场条件下，通过测量荧光分子的纳米空间分辨率位置可间接获得被研究纳米物体的高空间分辨率信息。图 1.8（c）表示在等离子光学中一个或几个金属纳米粒子（MNP）充当纳米天线将远场辐射转换为倏逝场，从而将光传递到纳米尺度。

近场光学。如图 1.8（a）所示，在近场扫描光学显微镜中，将光纤放在纳米目标附近。光纤尖端可使纳米目标的倏逝近场转换为传播光子，这些光子可以在光纤的另一端被探测到。利用光纤对样品进行扫描，即可获得具有纳米分辨率的近场信息。

定位显微技术。虽然在传统光学中并没有研究系统的先验信息，但在定位显微成像中研究对象（通常是生物系统，如细胞）可以被荧光分子附着。只要光学活性分子的距离大于光波长，荧光分子的纳米分辨率位置就能够通过传统光学测量方法获取，从而得到目标物体的纳米级分辨率光学图像。该定位显微技术在 2014 年获得了诺贝尔化学奖。

等离子体光学。人们利用等离子体中金属和电介质界面处的相干电子电荷振荡，即所谓表面等离子体激元或粒子等离子体激元，将远场辐射转换为等离子体激元。这些等离子体激元携带着很强的局域倏逝波，这将允许光在纳米尺度上进行传递。类似地，位于等离子体纳米粒子附近的量子发射器可以被用作纳米天线以提高发光效率。这一原理构成了表面增强荧光或表面增强拉曼散射（SERS）等技术的物理基础。

1.3.1 第2~第11章的内容摘要

本书介绍了纳米光学和等离子体光学的理论概念。第2~第11章为本书的第一部分，将在经典电动力学理论体系下进行介绍；第12~第18章则重点关注量子层面。第2~第11章部分内容的摘要如下。

第2章：麦克斯韦方程组简述。本章将对麦克斯韦的电动力学理论作简要的介绍。已经熟悉该内容的读者可以跳过本章。

第3章：角谱表示。本章将介绍描述光学成像理论所需的工具。我们将展示如何计算光学远场以及如何从理论上描述透镜的聚焦和成像。

第4章：对称性和力。本章将介绍麦克斯韦方程组的对称性，尤其是动量守恒和光力、能量守恒和光学截面以及轨道角动量等。此外，还将讨论光镊的工作原理，相关研究成果在2018年诺贝尔物理学奖上有所体现。

第5章：格林函数。本章介绍了在纳米光学领域非常重要的格林函数及其基本概念。我们还推导了亥姆霍兹方程和矢量波动方程的格林函数及其表示式。

第6章：光学衍射极限及其突破。本章对光的衍射极限进行了深入分析，并介绍了如何使用扫描近场光学显微镜和定位显微技术来打破这一极限，定位显微技术获得了2014年诺贝尔化学奖。

第7章：材料的性质。本章标志着仅与光场有关部分的结束。我们引入了材料性质的一般模型，如德鲁德-洛伦兹（Drude-Lorentz）模型和德鲁德（Drude）模型，并介绍了如何通过对材料微观属性的平均来获得宏观的麦克斯韦方程组。

第8章：分层介质。将麦克斯韦方程与材料相结合的最简单混合系统是分层介质，它由不同材料组成的平面堆叠而成。本章将证明在金属和电介质的界面间存在一种新型激元，即所谓表面等离子体激元，并讨论了如何设计和开发这些激元以适应各种应用场景。

第9章：纳米粒子的等离子体激元。几何形状受限材料（“粒子”）中的表面等离子体激元会产生纳米粒子等离子体激元，这些等离子体激元产生共振并伴随着强烈的局域倏逝近场。本章将研究简单几何的情况以获得表面等离子体的解析模型，从而为复杂形状粒子所激发的表面等离子体激元提供一般化的描述方法。

第10章：光子局域态密度。等离子体纳米粒子与量子发射器的结合可以完全改变发射器的光学特性。本章介绍了表面增强荧光和拉曼散射（SERS），并讨论了电子能量损失谱（EELS）的基本原理。

第11章：纳米光学中的计算方法。本章讨论了纳米光学和光子学的计算方法，包括时域有限差分（FDTD）法、边界元法（BEM）和有限元法（FEM）的仿真方法。

习题

练习 1.1 对于复数 $z=x+iy$，其复共轭为 $z^*=x-iy$。用 z 和 z^* 表示 Rez 和 Imz。

练习 1.2 证明驻波 $f(x,t)=A\sin(kz)\cos(kvt)$ 满足波动方程，并将其表示为左向行波和右向行波之和。

练习 1.3 利用变量分离法给出一维波动方程式（1.1）的解，其中 $f(x,t)=\phi(x)\psi(t)$。

练习 1.4 高斯波包公式如下：

$$f(x,0)=A\exp\left(ik_0x+\frac{x^2}{2\sigma^2}\right)$$

计算其傅里叶变换，并利用式（1.7）得到 t 时刻的波。以下高斯积分在计算过程中可能会用到：

$$\int_{-\infty}^{\infty} e^{-ax^2+bx+c}dx=\sqrt{\frac{\pi}{a}}e^{\frac{b^2}{4a}+c}$$

练习 1.5 与练习 1.4 题干相同，但色散关系的公式如下：

$$\omega(k)=\omega_0+v_g(k-k_0)+\frac{\beta}{2}(k-k_0)^2$$

求解如下问题：

（a）波随时间如何传播？

（b）波包的宽度随时间如何变化？

练习 1.6 在界面 $x=0$ 两侧分居两种介质：

-其中 $x<0$ 的区域，波速为 v_1；

-其中 $x>0$ 的区域，波速为 v_2。

当波从界面左侧入射时，一部分波被反射，另一部分波被透射，即

$$f(x,t)=e^{i(k_1x-\omega t)}+Re^{i(-k_1x-\omega t)}\quad(x<0)$$

$$f(x,t)=Te^{i(k_2x-\omega t)}\quad(x>0)$$

式中：R、T 分别为反射系数和透射系数。

（a）利用色散关系计算 k_1 和 k_2。

（b）假设函数及其导数在 $x=0$ 处连续，求解 R 和 T。

练习 1.7 与练习 1.6 条件相同，但考虑的是二维空间。假设波数为 $k_y(k_y<\omega/v_1)$：

$$f(x,y,t)=e^{i(k_{1x}x+k_yy-\omega t)}+Re^{i(-k_{1x}x+k_yy-\omega t)}\quad(x<0)$$

$$f(x,y,t)=Te^{i(k_{2x}x+k_yy-\omega t)}\quad(x>0)$$

（a）此函数描述的解是什么样的？

（b）利用色散关系计算 k_{1x} 和 k_{2x}。

（c）假设函数及其在 x 方向上的导数在 $x=0$ 处是连续的，求解 R 和 T。

（d）在什么情况下 $x>0$ 的解具有倏逝特征？

练习 1.8 在制造计算机芯片时人们用到了能量约为 10eV 的光子，请利用光的衍射极限来估计可加工的最小结构尺寸，并将其与大约 15nm 的栅极长度进行比较。

第 2 章

麦克斯韦方程组简介

在本书中我们假设读者都熟悉电动力学的基本概念，许多教材都会对这部分知识做系统的讲解。杰克逊（Jackson）的《经典电动力学》是其中最全面和经典的教材[2]。我最喜欢的教材是格里菲斯（Griffiths）的《电动力学导论》[1]，熟悉该书的读者可能会在本书中认出一些他的符号（尽管不是著名的$\mathscr{r}$）。在接下来的文中我们将简单介绍电动力学的基本思想，但并不会特别深入。

2.1 场的概念

静电学可以通过库仑定律进行简单地描述如下：一个位于$\boldsymbol{r}_1$处电荷为q_1的点电荷会受到另一个位于$\boldsymbol{r}_2$处电荷为q_2点电荷力的作用，该作用表现为吸引或排斥：

$$\boldsymbol{F}_{12}=\frac{1}{4\pi\varepsilon_0}\frac{q_1q_2}{r_{12}^2}\hat{\boldsymbol{r}}_{12} \tag{2.1}$$

式中：ε_0为真空介电常数（国际单位制）；$\boldsymbol{r}_{12}=\boldsymbol{r}_1-\boldsymbol{r}_2$为两个点电荷之间的相对位矢，$\hat{\boldsymbol{r}}_{12}$是$\boldsymbol{r}_{12}$方向上的单位矢量。库仑定律具有以下几个性质。

对称性。库仑定律只与两个点电荷的相对位矢$\boldsymbol{r}_{12}$有关。库仑定律遵循空间的均匀性（空间中任意一点与其他点没有区别）和各向同性（空间中任意一个方向和其他方向没有区别）。我们将在第 4 章中分析电磁场对称性时展开介绍这一点。库仑定律中与距离平方成反比的特性也是能够与其将无质量的光子作为场的力载体相容的[2]。

叠加原理。当存在两个或者两个以上的点电荷作用于点电荷q_i时，其合力可通过将各自的力叠加在一起来计算：

$$\boldsymbol{F}_1=\boldsymbol{F}_{12}+\boldsymbol{F}_{13}+\cdots+\boldsymbol{F}_{1n}=\frac{1}{4\pi\varepsilon_0}\sum_{j=2}^{n}\frac{q_1q_j}{r_{1j}^2}\hat{\boldsymbol{r}}_{1j} \tag{2.2}$$

这就是叠加原理的精髓，且该原理已被高精度的物理学实验所证实[2]，并在电磁理论中发挥着重要作用。

电荷分布。我们一般研究的并不是点电荷，而是连续的电荷分布$\rho(\boldsymbol{r})$。假设小体积元ΔV_i中包含许多点电荷，我们又只对足够远处的场感兴趣。此时可以将这些粒子所携带的总电量记为Δq_i，其与电荷分布$\rho(\boldsymbol{r})$的关系如下：

$$\Delta q_i \approx \rho(\boldsymbol{r}_i)\Delta V_i$$

显然对于点电荷而言，$\Delta V \to 0$没有实际意义，但我们仍然可以引入电荷连续分布的函数$\rho(\boldsymbol{r})$，它是一个随$\boldsymbol{r}$变化的函数（关于该近似过程的详细讨论见第7章）。由此我们得到一个类似于式（2.2）的积分式：

$$\boldsymbol{F}_1 = \frac{1}{4\pi\varepsilon_0}\int \frac{q_1\rho(\boldsymbol{r}')}{|\boldsymbol{r}_1 - \boldsymbol{r}'|^2}\hat{\boldsymbol{R}}_1 \mathrm{d}^3 r' \tag{2.3}$$

式中：$\hat{\boldsymbol{R}}_1$为$(\boldsymbol{r}_1 - \boldsymbol{r}')$的单位矢量。

通过式（2.2）和式（2.3）我们注意到可以从求和或积分中消除电荷q_1，这是因为根据叠加原理我们可以很容易地将一个多体合力问题转化成一对相互的力。从而在静电学中引入电场强度$\boldsymbol{E}(\boldsymbol{r})$是很方便的。**给定电荷分布的电场强度如下：**

$$\boldsymbol{E}(\boldsymbol{r}) = \frac{1}{4\pi\varepsilon_0}\int \frac{\rho(\boldsymbol{r}')}{|\boldsymbol{r}_1 - \boldsymbol{r}'|^2}\hat{\boldsymbol{R}}_1 \mathrm{d}^3 r' \tag{2.4}$$

式中：$\hat{\boldsymbol{R}}$为$(\boldsymbol{r}_1 - \boldsymbol{r}')$的单位矢量；$\boldsymbol{E}(\boldsymbol{r})$为一个矢量函数，它能够表示空间点$\boldsymbol{r}$处的电场的强度。作用在$\boldsymbol{r}_1$处的电荷$q_1$上的力可以通过式（2.5）得出：

$$\boldsymbol{F}_1 = q_1\boldsymbol{E}(\boldsymbol{r}_1) \tag{2.5}$$

电场强度$\boldsymbol{E}(\boldsymbol{r})$表示作用在位于$\boldsymbol{r}$处的单位点电荷的作用力。

截至目前，本书中所涉及的电场都被理解为描述电场中带电粒子受力的辅助工具，但是我们仍需要进一步分析$\boldsymbol{E}(\boldsymbol{r})$的真正的物理意义。事实上，电磁理论的成功之处就在于它把电磁场作为其理论的核心研究对象。下面我们讨论电磁场的动力学特性不仅源于电荷和电流的空间分布，它还取决于电磁场本身。从某种程度上说，场是可以与产生它的源解耦，进而在空间中独立地传播。

在给出2.2节中完整的麦克斯韦方程组之前，我们需要回顾矢量场理论。事实上电动力学的核心研究对象是依赖时空坐标的电量矢场$\boldsymbol{E}(\boldsymbol{r},t)$和磁场矢量$\boldsymbol{B}(\boldsymbol{r},t)$。麦克斯韦方程组揭示了这两个场是如何随时空变化的，求解该方程组需要边界条件的辅助。而场随空间的变化一般使用那勃勒（Nabla）算子来描述。

图2.1中，图（a）法拉第（1791—1867）是第一个提出“力线”概念并将其作为

(a) (b)

图2.1　两位电动力学之父

电动力学研究对象的人，但由于他当时数学技巧受限制并未将之发展成为严格的理论；而图（b）麦克斯韦（1831—1879）在其基础上完成并提出了自己的理论，因此我们将该理论最终命名为麦克斯韦方程组。

法拉第力线

场的概念是最初由迈克尔·法拉第提出的，如图2.1所示，法拉第是一位数学技巧有限但却极具创造力的实验物理学家。巴兹尔·马洪（Basil Mahon）在麦克斯韦方程诞生150周年之际在 *Nature Photonics* 发表的论文中指出：法拉第"力线"的思想是领先于他所在的那个时代的，这篇文章绝对值得一读[3]。

普遍的科学观点始终认为电力和磁力是由物质间的超距作用产生的，而所在的空间仅起被动作用，但法拉第的想法与其他人截然不同。皇家天文学家乔治·比德尔·艾里爵士将法拉第"力线"描述为"模糊且多变的"，这也代表了当时许多人的看法。你绝对可以认可这种观点，因为超距作用能够给出精确的公式，但法拉第无法给出任何公式来支持他的"力线"。尽管大多数科学家都认同法拉第是一位杰出的实验物理学家，但由于法拉第数学能力有限，大家并不认为法拉第具备理论上的权威性。

正因为意识到这一点，法拉第在发表关于力线的观点时非常谨慎。他仅在1846年冒过一次险（指发表观点），当时他的同事查尔斯·惠斯通（Charles Wheatstone）原计划在皇家研究院（Royal Institute）就他的一项发明发表演讲，但在最后一刻由于恐惧而退缩了。法拉第遂决定亲自做演讲，但在规定的时间结束之前，他已经没有什么关于演讲主题的内容可说的了。仓促之间他把自己内心的一个真实想法抛了出来，给在场的听众们讲述了一个惊人的、且颇有先见之明的光的电磁理论。他揣测道：空间中充满了电和磁的力线，当这些线受到干扰时会产生振动，并在瞬间以有限的速度沿着力线的方向发送能量波。他说："光可能是这些力线振动表现形式。"尽管现在我们知道当初法拉第的猜想已经接近真理了，但在当时大多数科学家只认为所谓力线的振动是一种荒谬的幻想而已。法拉第本人也很后悔自己当初未能前进一步，以至于就连他的支持者也感到十分尴尬。显然，法拉第的想法和观点早已把同时代的人甩在了身后，需要等待一个小他40岁、与他同等地位又天赋互补的年轻人来展示他真正的伟大之处，这个人就是詹姆斯·克拉克·麦克斯韦（James Clerk Maxwell）。

2.1.1 Nabla 算子

梯度。假设标量函数 $f(x,y,z)$ 由三个空间坐标构成。f 的全导数为

$$\mathrm{d}f=\frac{\partial f}{\partial x}\mathrm{d}x+\frac{\partial f}{\partial y}\mathrm{d}y+\frac{\partial f}{\partial z}\mathrm{d}z=\nabla f\cdot\mathrm{d}\ell \tag{2.6}$$

其中位置的微小变化表示为

$$\mathrm{d}\ell=\hat{\boldsymbol{x}}\mathrm{d}x+\hat{\boldsymbol{y}}\mathrm{d}y+\hat{\boldsymbol{z}}\mathrm{d}z$$

因此 Nabla 算符可以表示为

$$\nabla=\hat{\boldsymbol{x}}\frac{\partial}{\partial x}+\hat{\boldsymbol{y}}\frac{\partial}{\partial y}+\hat{\boldsymbol{z}}\frac{\partial}{\partial z} \tag{2.7}$$

∇作用在形如 $f(\boldsymbol{r})$ 的函数时才有意义，因此我们将式（2.6）改写为

$$\mathrm{d}f=|\nabla f||\mathrm{d}\ell|\cos\theta$$

式中：θ 为∇f和 $\mathrm{d}\ell$ 的夹角。当两个矢量平行时即 $\theta=0$ 时 $\mathrm{d}f$ 最大，也就是说只有沿着∇f方向时 $\mathrm{d}f$ 的变化量具有最大值。因此∇f 被称为函数 f 的“梯度”，它指向 $f(\boldsymbol{r})$ 沿空间变化最大的方向。

散度。Nabla 算符也可以被视为作用于矢量函数 $\boldsymbol{F}(\boldsymbol{r})$ 上的内积$\nabla\cdot\boldsymbol{F}(\boldsymbol{r})$（称为散度），或外积$\nabla\times\boldsymbol{F}(\boldsymbol{r})$（称为旋度）。散度表示为

$$\nabla\cdot\boldsymbol{F}(\boldsymbol{r})=\frac{\partial F_x(\boldsymbol{r})}{\partial x}+\frac{\partial F_y(\boldsymbol{r})}{\partial y}+\frac{\partial F_z(\boldsymbol{r})}{\partial z} \tag{2.8}$$

为了深入理解散度的物理意义，我们引入有限差分近似导数。简单起见，我们暂时忽略 z 对 $\boldsymbol{F}$ 的影响，这种近似并不会影响推导结果，由此得

$$\nabla\cdot\boldsymbol{F}\approx\frac{F_x\left(x+\dfrac{\Delta x}{2},y\right)-F_x\left(x-\dfrac{\Delta x}{2},y\right)}{\Delta x}+\frac{F_y\left(x,y+\dfrac{\Delta y}{2}\right)-F_y\left(x,y-\dfrac{\Delta y}{2}\right)}{\Delta y} \tag{2.9}$$

将公式表示为如下符号：

$$\nabla\cdot\boldsymbol{F}\approx(\Delta x)^{-1}\{\Rightarrow+\Leftarrow\}+(\Delta y)^{-1}\{\Uparrow+\Downarrow\}\equiv\maltese$$

对比式（2.9），向右的箭头表示位于 $x+\Delta/2$ 处 $\boldsymbol{F}$ 的矢量分量 F_x，向左的箭头表示 $\boldsymbol{F}$ 在位置 $x-\Delta/2$ 的矢量分量 $-F_x$，上下方向箭头含义同理。利用符号$\maltese$，可以获得应用于给定的矢量场的散度。若将 $\boldsymbol{F}$ 看作流体，我们可以利用散度得到关于流体源和汇的信息。

图 2.2 中，图（a）和图（b）中的方块表示矢量场的散度，图（c）和图（d）中的方块表示旋度。图（a）为电源场$\nabla\cdot\boldsymbol{F}\neq0$，图（b）为有旋场$\nabla\cdot\boldsymbol{F}=0$，图（c）为点源场$\nabla\times\boldsymbol{F}=0$，图（d）为有旋场$\nabla\times\boldsymbol{F}\neq0$。

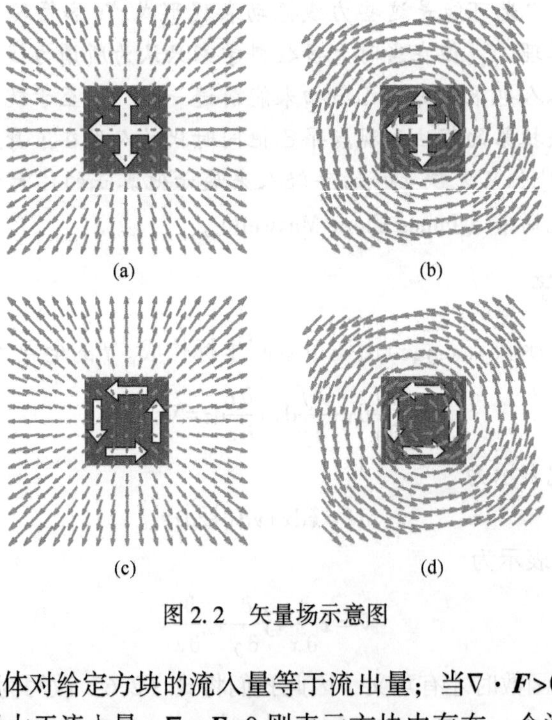

图 2.2　矢量场示意图

$\nabla\cdot\boldsymbol{F}=0$ 表示流体对给定方块的流入量等于流出量；当$\nabla\cdot\boldsymbol{F}>0$ 时，表示方块内存在一个源，且流出量大于流入量；$\nabla\cdot\boldsymbol{F}<0$ 则表示方块内存在一个汇，即流入量大于流

出量。图 2.2 给出了关于点源场和旋度场的几个示例。

旋度，即外积$\nabla\times\boldsymbol{F}(\boldsymbol{r})$：

$$\nabla\times\boldsymbol{F}(\boldsymbol{r})=\hat{\boldsymbol{x}}\left(\frac{\partial F_z}{\partial y}-\frac{\partial F_y}{\partial z}\right)+\hat{\boldsymbol{y}}\left(\frac{\partial F_x}{\partial z}-\frac{\partial F_z}{\partial x}\right)+\hat{\boldsymbol{z}}\left(\frac{\partial F_y}{\partial x}-\frac{\partial F_x}{\partial y}\right) \tag{2.10}$$

使用有限差分法得旋度的 z 分量为

$$(\nabla\times\boldsymbol{F})_z\approx\frac{F_y\left(x+\frac{\Delta x}{2},y\right)-F_y\left(x-\frac{\Delta x}{2},y\right)}{\Delta x}-\frac{F_x\left(x,y+\frac{\Delta y}{2}\right)-F_x\left(x,y-\frac{\Delta y}{2}\right)}{\Delta y} \tag{2.11}$$

与之前对散度表达式的处理类似，我们将旋度的表达式写成：

$(\nabla\times F)_z\approx(\Delta x)^{-1}\{$ 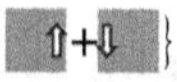 $\}+(\Delta y)^{-1}\{$ 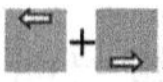 $\}\equiv$ 

该表达式形象地说明了如何利用场的叠加原理得到矢量场的旋度。这种图形化的表示使我们直观地认识到该操作可以计算出点周围矢量函数的“旋度”，可以将旋度理解为流体中的一个漩涡，它通过旋绕一圈获取或失去能量。图 2.2（c）和图 2.2（d）分别表示点源场和有旋场的旋度。在第 11 章分析时域有限差分（FDTD）模拟时，会重点研究旋度的有限差分近似。

2.1.2 亥姆霍兹定理

通常我们需要求解给定区域 Ω 内的矢量场 $\boldsymbol{F}(\boldsymbol{r})$。我们记给定区域的边界为$\partial\Omega$。边界$\partial\Omega$ 可以由数个不相连的部分组成，通常当区域为整个空间时$\partial\Omega$ 也会随之变得无限大。图 2.3 可辅助我们理解，一般而言这种边界是存在的，而 $\boldsymbol{F}(\boldsymbol{r})$ 在边界上的取值十分值得关注，由此引出矢量分析中的一个重要定理：**亥姆霍兹定理**。

矢量函数 $\boldsymbol{F}(\boldsymbol{r})$ 由下列项唯一确定：

$$\nabla\cdot\boldsymbol{F},\ \nabla\times\boldsymbol{F},\ \text{以及边界处的}\ \boldsymbol{F}(\boldsymbol{r}\in\partial\Omega)$$

下面利用亥姆霍兹定理来解释麦克斯韦方程组。在大多数情况下，边界条件不会直接给出，但是可以通过某种方式将其代入方程的解中，例如无限远处的波或在无限远处趋于 0 的电场强度等。

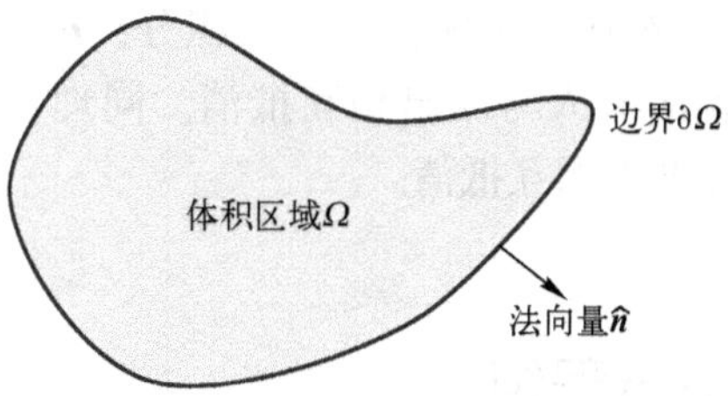

图 2.3 区域和边界示意图

在求解麦克斯韦方程时，我们经常遇到绝缘体或金属。Ω 表示给定的空间（体积）区域，用$\partial\Omega$ 表示这个区域的边界，用$\hat{\boldsymbol{n}}$表示垂直于边界的法矢量（指向区域外部）。

2.1.3 高斯定理和斯托克斯定理

接下来将使用两个积分定理。首先是**高斯定理**：

$$\int_{\Omega} \nabla \cdot \boldsymbol{F}(\boldsymbol{r})\,\mathrm{d}^3 r = \oint_{\partial\Omega} \boldsymbol{F}(\boldsymbol{r}) \cdot \mathrm{d}\boldsymbol{S} \tag{2.12}$$

矢量场的散度$\nabla \cdot \boldsymbol{F}$对区域$\Omega$的积分等于通过该闭合区域边界$\partial\Omega$的矢量场的（向外）通量。此处$\mathrm{d}\boldsymbol{S}=\hat{\boldsymbol{n}}\mathrm{d}S$，$\hat{\boldsymbol{n}}$为朝外法向单位矢量，$\mathrm{d}S$表示无穷小面元。图 2.4（a）为根据前面介绍的图形表示法给出的这个定理的图形化解释，散度可以衡量给定方形体积元内流入和流出通量之差，此时两个相邻的方块单元的流入和流出通量 ⇨⇦ 相互抵消，而没有抵消的量只位于边界。

其次是**斯托克斯定理**：

$$\int_{S} \nabla \times \boldsymbol{F}(\boldsymbol{r}) \cdot \mathrm{d}\boldsymbol{S} = \oint_{\partial S} \boldsymbol{F}(\boldsymbol{r}) \cdot \mathrm{d}\ell \tag{2.13}$$

它指出矢量函数的旋度对曲面S的面积分等于$\boldsymbol{F}(\boldsymbol{r})$沿着该曲面边界$\partial S$的线积分。图 2.4（b）同样给出了这个定理的图形解释，旋度的作用在相邻线源边界相互抵消，例如 ⇧⇩，而没有消失的量也都位于边界。

$\mathrm{d}\boldsymbol{S}=\hat{\boldsymbol{n}}\mathrm{d}S$中表面法矢量指向哪里？$\mathrm{d}\ell$又指向哪里？在高斯定理中的$\hat{\boldsymbol{n}}$指向所选择闭合曲面的外部。如果在实际问题中你想要对边界进行不同的定义，就像本书后面章节那样，此时你就必须要小心了。同理$\mathrm{d}\boldsymbol{S}$的正方向可以通过右手螺旋定则与$\mathrm{d}\ell$的绕行方向确定，即如果右手拇指指向$\hat{\boldsymbol{n}}$的方向，其余四指则指向$\mathrm{d}\ell$的绕行方向。

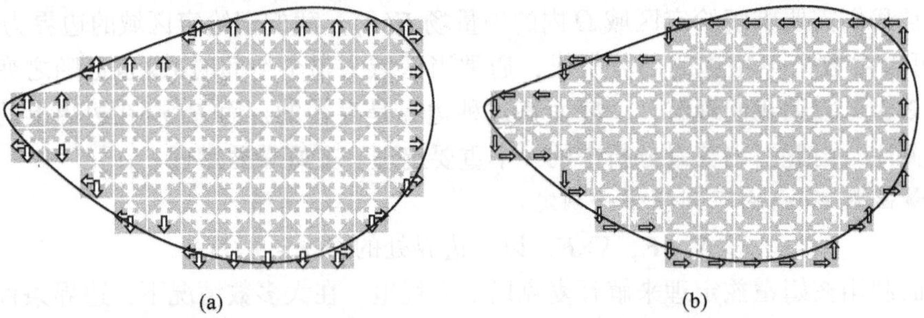

图 2.4　图（a）高斯定理的图形表示和图（b）斯托克斯定理的图形表示

在高斯定理中需要对$\nabla \cdot \boldsymbol{F}$在整个体积上进行积分，$\boldsymbol{F}$从一个体积元流向相邻的体积元，除边界上外其他位置的流入与流出相互抵消。同理当场的旋度对某个曲面积分时，除边界外其余位置的旋度也相互抵消。

2.2　麦克斯韦方程组

我们在电动力学中通常讨论与时间有关的电场$\boldsymbol{E}(\boldsymbol{r},t)$和磁场$\boldsymbol{B}(\boldsymbol{r},t)$。当空间中一个位于$\boldsymbol{r}$处的电荷$q$以速度$v$运动时，其受到的作用力可以用**洛伦兹力**表示：

$$\boldsymbol{F}=q[\boldsymbol{E}(\boldsymbol{r},t)+v\times\boldsymbol{B}(\boldsymbol{r},t)] \tag{2.14}$$

电场和磁场分别由电荷分布$\rho(\boldsymbol{r},t)$和电流分布$\boldsymbol{J}(\boldsymbol{r},t)$产生。而场的动力学方程可以由麦克斯韦方程组表示，所以麦克斯韦方程组是电动力学理论的基础。

麦克斯韦方程组：

$$\text{高斯定律：}\nabla\cdot\boldsymbol{E}=\frac{\rho}{\varepsilon_0} \tag{2.15a}$$

$$\text{无名公式（也可类比称作磁场的高斯定理）：}\nabla\cdot\boldsymbol{B}=0 \tag{2.15b}$$

$$\text{法拉第定律：}\nabla\times\boldsymbol{E}=-\frac{\partial\boldsymbol{B}}{\partial t} \tag{2.15c}$$

$$\text{安培环路定理：}\nabla\times\boldsymbol{B}=\mu_0\boldsymbol{J}+\mu_0\varepsilon_0\frac{\partial\boldsymbol{E}}{\partial t} \tag{2.15d}$$

式中：μ_0为真空磁导率，麦克斯韦方程组有几种不同的解释方法。第一种是根据亥姆霍兹定理，即当某个矢量函数的散度、旋度和边界条件已知时，这一矢量函数将被唯一确定。因此，高斯定理和法拉第电磁感应定律确定了电场$\boldsymbol{E}(\boldsymbol{r},t)$，而式（1.15b）和安培环路定理确定了磁场$\boldsymbol{B}(\boldsymbol{r},t)$。除此之外我们还须给出适当的边界条件。下面将分别介绍麦克斯韦方程组的各个公式。

高斯定律。电场的源和汇是由电荷的空间分布决定。

无名公式。磁荷是不存在的。

法拉第定律。磁场的变化可以产生涡旋电场，这个公式也被称为电磁感应定律（或法拉第感应定律），能够描述电路中感生电动势的产生，这一概念对电动机和发电机至关重要。

安培环路定理。涡旋磁场可以从电流或随着时间变化的电场激发产生。后者最初是由麦克斯韦提出的，因此也通常被称为“麦克斯韦位移电流”。

麦克斯韦最初并没有使用现在大家熟知的式（2.15）来表示他的方程组，而是将电磁场和电磁势作为基本物理量，从而给出的是一系列相当复杂的方程组。正是因为这个原因，他的方程组在最初并没有被业界广泛接受，直到20年后才被以提出阶跃函数而闻名的赫维塞德（Oliver Heaviside）改写成如今物理学界所熟悉的形式[3]：

直到1879年麦克斯韦去世，甚至之后的许多年里都没人能真正理解他的理论，它就像陈列在玻璃柜里的展品那样为一些人所称赞但遥不可及。把这个理论带到更多人面前的是一位自学成才的前电报员奥利弗·赫维塞德（Oliver Heaviside，1850），在1885年他将这一理论总结为我们现在所熟悉的四个麦克斯韦方程组。

赫维塞德通过使用一种全新的矢量分析方法，即使用单个字母表示复杂的三维矢量，而将电势和磁势作为导出量，从而极大地简化了这一方程组。因此，当海因里希·赫兹（Heinrich Hertz，1857）在1888年发现电磁波，并使人们对于电磁学产生浓厚的兴趣时，并没有使用麦克斯韦对这个理论最初的表达方式，而是使用了赫维塞德的精简版本。

为了理解如何基于麦克斯韦理论导出电磁波的产生，我们进行如下分析：

一个随时间变化的电流强度分布$\boldsymbol{J}(\boldsymbol{r},t)$，根据安培环路定理［式（2.15d）］可以给出一个随时间变化的磁场$\boldsymbol{B}(\boldsymbol{r},t)$；

一个随时间变化的磁场$\boldsymbol{B}(\boldsymbol{r},t)$，根据法拉第定律［式（2.15c）］得到一个随时间变化的电场$\boldsymbol{E}(\boldsymbol{r},t)$；

一个随时间变化的电场 $\boldsymbol{E}(\boldsymbol{r},t)$，表现为式（2.15d）右侧的第二项，也就是位移电流；

位移电流能够激发一个随时间变化的磁场 $\boldsymbol{B}(\boldsymbol{r},t)$，如此反复。

通过耦合的旋度方程我们可以理解：场是由源产生，并可离开源独立传播。在自由空间中满足 $\rho=\boldsymbol{J}=0$，可以对法拉第定律两侧同取旋度，从而求得麦克斯韦方程组基本解的形式，推导如下：

$$\nabla\times\nabla\times\boldsymbol{E}=-\nabla\times\frac{\partial\boldsymbol{B}}{\partial t}\Rightarrow\nabla(\nabla\cdot\boldsymbol{E})-\nabla^2\boldsymbol{E}=\frac{\partial}{\partial t}\nabla\times\boldsymbol{B}$$

上式中使用了练习 2.6 中矢量运算恒等式，并在等式右侧交换了时间和空间导数。在没有任何源的情况下 $\nabla\cdot\boldsymbol{E}=0$，$\boldsymbol{J}=0$，将其和安培定律联立，可得

$$\left(\nabla^2-\mu_0\varepsilon_0\frac{\partial^2}{\partial t^2}\right)\boldsymbol{E}(\boldsymbol{r},t)=0 \tag{2.16}$$

同理，可以得到磁场类似的公式，参见练习 2.8。通过上述公式我们发现电磁波传播的速度（光速）可以表示为

$$c=\frac{1}{\sqrt{\mu_0\varepsilon_0}}$$

在 2.4 节中我们会更加深入地研究电磁波。

宇宙背景辐射。我最喜欢用宇宙背景辐射的例子来阐述麦克斯韦方程组的预测能力，宇宙背景辐射表现在大爆炸之后的约 40 万年，最初的等离子体已经得到充分冷却，原子已经稳定形成并持续地释放电磁辐射。根据麦克斯韦方程组，这种电磁辐射会一直在宇宙中不受干扰地自由传播，尽管电磁辐射的频率会由于宇宙的膨胀而降低，但事实是该辐射的极大值出现在微波区。这一点是非常神奇的：那就是即使在宇宙经历了数十亿年的历程，但麦克斯韦方程组依然能够很好地解释电磁波的动力学行为。尽管很多时候我们会认为这些现象是理所当然的，但我们有时更应感激我们手头的强大工具，正是这些工具使我们可以描述自然界中的各种现象。

电磁势在经典电动力学[1-2]中十分重要，但它在纳米光学领域的重要性要小得多。第 5 章中，将在纳米光学中引入格林函数，它相比电磁势具有许多优点。但是在研究量子光学中最重要的部分时，仍需借助电磁势这个概念来进行解释。

首先，利用齐次方程组和非齐次方程组的思想来“解读”麦克斯韦方程组，这种方法在后续的章节中显得越发重要。在麦克斯韦方程组中，“非齐次性”体现为外部电荷和电流强度的分布。电动势背后蕴含的物理思想是引入新的量，即选择一个电磁标势 $V(\boldsymbol{r},t)$ 和一个电磁矢势 $\boldsymbol{A}(\boldsymbol{r},t)$，它们自然而然地满足齐次麦克斯韦方程组；而决定其最终取值的方程，可以利用非齐次麦克斯韦方程组实现。

首先我们从 $\nabla\cdot\boldsymbol{B}=0$ 开始分析。引入一个矢量势 $\boldsymbol{A}$，将 $\boldsymbol{B}$ 与之关联，即

$$\boldsymbol{B}=\nabla\times\boldsymbol{A} \tag{2.17}$$

此式表示磁场没有源和汇，因为旋度场的散度 $\nabla\cdot\nabla\times\boldsymbol{A}$ 恒为 0。同理，对于另一个齐次方程——法拉第定律有：

$$\nabla\times\left(\boldsymbol{E}+\frac{\partial \boldsymbol{A}}{\partial t}\right)=-\nabla\times\nabla V=0$$

由于梯度场的旋度为0，这里将上式括号内的部分表示为$-\nabla V$，其中 V 是**标势**。负号是一个很自然的引入，这是缘于在静电学对电势的定义与克服电场力做功有关[2]。因此，我们可以用标势和矢势表示电场强度如下：

$$\boldsymbol{E}=-\nabla V-\frac{\partial \boldsymbol{A}}{\partial t} \tag{2.18}$$

上述 $\boldsymbol{E}$、$\boldsymbol{B}$ 和 V、$\boldsymbol{A}$ 之间的关系，使得麦克斯韦方程组中“齐次”方程部分被自然满足。而满足上述条件的电磁势定义并不唯一，我们可以在不引起 $\boldsymbol{E}$ 和 $\boldsymbol{B}$ 变化的情况下对其进行一些改变。设 $\lambda(\boldsymbol{r},t)$ 为任意标量函数。我们可以对 V 和 $\boldsymbol{A}$ 做出如下操作：

$$\boldsymbol{A}'=\boldsymbol{A}+\nabla V,\quad V'=V-\frac{\partial \lambda}{\partial t} \tag{2.19}$$

可以证明：V'、$\boldsymbol{A}'$的组合和 V、$\boldsymbol{A}$ 一样，都能够产生相同的电磁场 $\boldsymbol{E}$、$\boldsymbol{B}$。稍后我们将利用式（2.19）所定义的“规范变换”进行相关推导。

通过将以 V 和 $\boldsymbol{A}$ 表示的电磁场矢量 $\boldsymbol{E}$ 和 $\boldsymbol{B}$ 代入非齐次麦克斯韦方程组中，即高斯定理式（2.15a）和安培环路定理式（2.15d），我们即可得到 V 和 $\boldsymbol{A}$ 所满足的方程组，如下：

$$\begin{cases}\nabla\cdot\left(-\nabla V-\dfrac{\partial \boldsymbol{A}}{\partial t}\right)=-\nabla^2 V-\nabla\cdot\dfrac{\partial \boldsymbol{A}}{\partial t}=\dfrac{\rho}{\varepsilon_0}\\ \nabla\times\nabla\times\boldsymbol{A}=\nabla(\nabla\cdot\boldsymbol{A})-\nabla^2\boldsymbol{A}=\mu_0\boldsymbol{J}+\mu_0\varepsilon_0\dfrac{\partial}{\partial t}\left(-\nabla V-\dfrac{\partial \boldsymbol{A}}{\partial t}\right)\end{cases} \tag{2.20}$$

如格里菲斯[1]所述，这一方程组形式不太美观，这使人们甚至怀疑引入电磁势的意义。但幸运的是，我们可以用“洛伦兹规范条件”这一简洁的方法将 V 和 $\boldsymbol{A}$ 所满足的方程解耦。文献中常混淆该转换名称是带有或不带“t”的 Loren(t)z，但最近人们似乎一致认为应该以它的发明者洛伦兹（Ludvig Lorenz）的姓名来命名更加恰当，即“Lorenz 条件”。可以给电磁势附加如下的洛伦兹规范条件（另见习题 2.9）：

$$\nabla\cdot\boldsymbol{A}+\mu_0\varepsilon_0\frac{\partial V}{\partial t}=0 \tag{2.21}$$

从而得到如下解耦的方程组，分别描述电磁标势 V 和电磁矢势 $\boldsymbol{A}$：

$$\begin{cases}\left(\nabla^2-\mu_0\varepsilon_0\dfrac{\partial^2}{\partial t^2}\right)V(\boldsymbol{r},t)=-\dfrac{\rho(\boldsymbol{r},t)}{\varepsilon_0}\\ \left(\nabla^2-\mu_0\varepsilon_0\dfrac{\partial^2}{\partial t^2}\right)\boldsymbol{A}(\boldsymbol{r},t)=-\mu_0\boldsymbol{J}(\boldsymbol{r},t)\end{cases} \tag{2.22}$$

因此，在洛伦兹规范中 V 和 $\boldsymbol{A}$ 都服从波动方程，将在第 5 章中对这些方程组进行求解。此外，还有一些其他的常用的规范如库仑规范、横向规范等，我们将在后面部分麦克斯韦方程组的量子化时使用这些规范。

2.3 物质中的麦克斯韦方程组

将继续从齐次方程和非齐次方程的角度“解读”麦克斯韦方程组。显然，物质世界与电磁场相互“通信”的方式是通过电荷分布 ρ 和电流分布 $\boldsymbol{J}$ 的非均匀性实现的。事实上，近年来光学和纳米光学的成功主要得益于纳米科学和材料科学的进步，这使得我们能够拥有许多新型电荷源和电流源，从而对光与物质的相互作用进行前所未有的操控。如果仅仅研究考虑麦克斯韦方程组的电磁相互作用，那么电动力学可能已经变成一门十分枯燥的学科。

在处理物质中的麦克斯韦方程组时，可以很方便地将电荷和电流分布分解为两部分：一部分是可以被外界所操控的“外部”因素（external parts），另一部分则是与物质的电极化和磁化相关的“感应”因素（induced contributions）。后者显然并不容易被操控，因为微观的电极化和磁化会不可避免地反作用于场，图 2.5 简要概述了这种分类的基本原理。而外部因素和感应因素的区别并不是显而易见的，有时有必要人为地选择什么是“外部”、哪些是“感应”的成分。

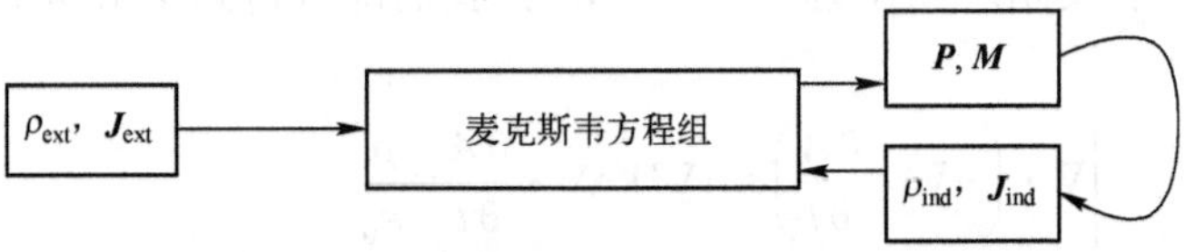

图 2.5 物质中麦克斯韦方程组的示意图

电荷及电流源分为外部因素和感应因素。ρ_{ext} 和 $\boldsymbol{J}_{ext}$ 可以由外部控制，并作为麦克斯韦方程组的源。而电磁场 $\boldsymbol{E}$ 和 $\boldsymbol{B}$ 通过麦克斯韦方程组的感应作用 ρ_{ind} 和 $\boldsymbol{J}_{ind}$ 得到极化强度 $\boldsymbol{P}$ 和磁化强度 $\boldsymbol{M}$。

与电荷分布和电流分布类似，引入**极化强度** $\boldsymbol{P}(\boldsymbol{r},t)$ 表示单位体积的电偶极矩，引入**磁化强度** $\boldsymbol{M}(\boldsymbol{r},t)$ 表示单位体积的磁偶极矩。这些定义解释了存在电磁场时的材料响应，还需要给出它们和电磁场的关系。根据文献［1-2］，可以利用 $\boldsymbol{P}$ 和 $\boldsymbol{M}$ 将电荷分布和电流分布分解成束缚作用和自由作用。

外部和感生的电流与电荷分布关系如下：

$$\begin{cases}\rho=\rho_{ext}+\rho_{ind}=\rho_{ext}-\nabla\cdot\boldsymbol{P}\\ \boldsymbol{J}=\boldsymbol{J}_{ext}+\boldsymbol{J}_{ind}=\boldsymbol{J}_{ext}+\nabla\times\boldsymbol{M}+\dfrac{\partial\boldsymbol{P}}{\partial t}\end{cases}\tag{2.23}$$

我们将在第 7 章中更加深入地研究上述分解过程。接下来我们实施的策略是建立一个理论，在该理论中只考虑外部源的效应，而消除那些无法被操控的束缚源。首先我们将式（2.23）中的电荷分布代入高斯定理中：

$$\varepsilon_0\nabla\cdot\boldsymbol{E}=\rho_{ext}-\nabla\cdot\boldsymbol{P}\Rightarrow\nabla\cdot(\varepsilon_0\boldsymbol{E}+\boldsymbol{P})=\rho_{ext}$$

括号内的表达式称为**介质的电通量密度矢量**：

$$\boldsymbol{D}=\varepsilon_0\boldsymbol{E}+\boldsymbol{P}\tag{2.24}$$

接下来，我们将式（2.23）中的电流分布代入安培环路定理，得到：

$$\frac{1}{\mu_0}\nabla\times\boldsymbol{B}=\boldsymbol{J}_{\text{ext}}+\nabla\times\boldsymbol{M}+\frac{\partial \boldsymbol{P}}{\partial t}+\varepsilon_0\frac{\partial \boldsymbol{E}}{\partial t}\Rightarrow\nabla\times\left(\frac{1}{\mu_0}\boldsymbol{B}-\boldsymbol{M}\right)=\boldsymbol{J}_{\text{ext}}+\frac{\partial \boldsymbol{D}}{\partial t}$$

括号内的表达式称为**磁场强度**：

$$\boldsymbol{H}=\frac{1}{\mu_0}\boldsymbol{B}-\boldsymbol{M} \tag{2.25}$$

磁场强度：认真的读者应该已经注意到在之前使用 $\boldsymbol{B}$ 表示“磁场”，这点在本书确实存在一些混乱。表 2.1 总结了物质的麦克斯韦方程组中出现的各种量的常用符号，其中“磁感应强度”用的是 $\boldsymbol{B}$，而“磁场强度”用于 $\boldsymbol{H}$。在本书中，作者将 $\boldsymbol{B}$、$\boldsymbol{H}$ 都表示为磁场，但是确切的意思根据上下文环境应该是能够理解清楚的。

表 2.1 物质中的麦克斯韦方程组涉及的不同量的列表

麦克斯韦方程组	符　号	名　称
自由空间	$\boldsymbol{E}(\boldsymbol{r},t)$	电场强度
	$\boldsymbol{B}(\boldsymbol{r},t)$	磁感应强度
	ε_0	真空介电常数
	μ_0	真空磁导率
物质	$\boldsymbol{P}(\boldsymbol{r},t)$	极化强度
	$\boldsymbol{M}(\boldsymbol{r},t)$	磁化强度
	$\boldsymbol{D}=\varepsilon_0\boldsymbol{E}+\boldsymbol{P}$	电通量密度矢量
	$\boldsymbol{H}=\frac{1}{\mu_0}\boldsymbol{B}-\boldsymbol{M}$	磁场强度
线性材料	$\boldsymbol{P}=\varepsilon_0\chi_e\boldsymbol{E}$	电极化率 χ_e
	$\boldsymbol{M}=\chi_m\boldsymbol{H}$	磁化率 χ_m
	$\boldsymbol{D}=\varepsilon\boldsymbol{E}$	介电常数 ε
	$\boldsymbol{B}=\mu\boldsymbol{H}$	磁导率 μ

通过引入新的物理量，可以写出如下物质中的麦克斯韦方程组：

$$\text{高斯定律：}\nabla\cdot\boldsymbol{D}=\rho_{\text{ext}} \tag{2.26a}$$

$$\text{无名公式：}\nabla\cdot\boldsymbol{B}=0 \tag{2.26b}$$

$$\text{法拉第定律：}\nabla\times\boldsymbol{E}=-\frac{\partial \boldsymbol{B}}{\partial t} \tag{2.26c}$$

$$\text{安培环路定理：}\nabla\times\boldsymbol{H}=\boldsymbol{J}_{\text{ext}}+\frac{\partial \boldsymbol{D}}{\partial t} \tag{2.26d}$$

值得一提的是上述方程组中齐次方程并没有改变，而只有非齐次方程组出现了变化，这是因为我们的分解过程将源分解成了外部因素和感应因素。

本构关系。式（2.26a）~式（2.26d）并不构成封闭的方程组，必须补充如下的本构关系：

$$\boldsymbol{D}=\boldsymbol{D}(\boldsymbol{E},\boldsymbol{B}),\quad \boldsymbol{H}=\boldsymbol{H}(\boldsymbol{E},\boldsymbol{B})$$

上式将 $\boldsymbol{D}$、$\boldsymbol{H}$ 和真实的场 $\boldsymbol{E}$、$\boldsymbol{B}$ 进行了关联，该关联可以利用极化和磁化的微观或者唯像的描述来实现，或者考虑线性材料。

真实场与辅助场。$\boldsymbol{E}$ 和 $\boldsymbol{B}$ 是电动力学中的“真实场”。$\boldsymbol{D}$ 和 $\boldsymbol{H}$ 是“辅助场”，这两

个量在处理物质中的麦克斯韦方程组时非常实用。但由于一些历史原因，人们对 $\boldsymbol{B}$ 和 $\boldsymbol{H}$ 的作用存在一些困惑，这点我们将在 2.3.1 节中进行更清楚的解释。一般而言，我们更愿意使用 $\boldsymbol{E}$ 和 $\boldsymbol{H}$ 来描述电磁场，因为它们从结果上看通常更对称，所以它们更容易求解。在本书中，我们将同时使用 $\boldsymbol{E}$、$\boldsymbol{B}$ 和 $\boldsymbol{E}$、$\boldsymbol{H}$ 这两种组合来描述电磁场，而希望读者谨记：带电粒子感受到的真实场始终是 $\boldsymbol{E}$ 和 $\boldsymbol{B}$。

2.3.1 线性材料

对大多数材料而言，材料的响应与外部电磁场之间近似地呈现一种线性关系，此时我们称其为线性材料，如下：

$$\boldsymbol{P}=\varepsilon_0\chi_{\mathrm{e}}\boldsymbol{E},\quad \boldsymbol{M}=\chi_{\mathrm{m}}\boldsymbol{H} \tag{2.27}$$

式中：χ_{e}、χ_{m}分别为电极化率和磁化率（electric and magnetic susceptibilities）。

极化。首先分析极化的表达式。这里我有一种强烈的物理上的冲动去建立极化强度 $\boldsymbol{P}$ 与电场强度 $\boldsymbol{E}$ 的内在联系。前面提到 $\boldsymbol{D}$ 是一个完全由外部电荷分布 ρ_{ext} 产生的辅助场，如果我们单纯地写作 $\boldsymbol{P}=\chi_{\mathrm{e}}\boldsymbol{D}$，它将表示任意位置的极化是由外部场引起的，这显然是一个错误的关系式。实际上，真实场 $\boldsymbol{E}$ 是外部场和极化场共同作用的结果，而极化场由整个被研究的物体在外场作用下产生，如式（2.27）所示。

磁化。磁化的情况就不同了，它仅仅是由传导电流引起的磁场强度 $\boldsymbol{H}$ 决定，这将直接导致前面所述对 $\boldsymbol{B}$ 和 $\boldsymbol{H}$ 概念的混淆。幸运的是，事实上并没有那么糟糕，这是因为几乎所有材料的磁化强度都非常小，因此相对于正确的表述 $\boldsymbol{M}=\chi_{\mathrm{m}}\boldsymbol{H}$，使用 $\boldsymbol{M}=\chi_{\mathrm{m}}\boldsymbol{B}$（错误关系）产生的误差通常可忽略不计。

这样我们就给出了 $\boldsymbol{D}$ 和 $\boldsymbol{E}$ 之间的关系：

$$\boldsymbol{D}=\varepsilon_0(1+\chi_{\mathrm{e}})\boldsymbol{E}=\varepsilon\boldsymbol{E} \tag{2.28}$$

其中，我们引入了一个新物理量介电常数 $\varepsilon=\varepsilon_0(1+\chi_{\mathrm{e}})$，类似地也可以得到：

$$\boldsymbol{B}=\mu_0(1+\chi_{\mathrm{m}})\boldsymbol{H}=\mu\boldsymbol{H} \tag{2.29}$$

其中引入了磁导率 $\mu=\mu_0(1+\chi_{\mathrm{m}})$。$\varepsilon$ 和 μ 在各向异性材料中是张量，除非特殊强调否则我们不考虑该效应。最后，线性介质中的麦克斯韦方程组可以表示为

$$\begin{cases}\nabla\cdot\varepsilon\boldsymbol{E}=\rho_{\mathrm{ext}}, & \nabla\times\boldsymbol{E}=-\dfrac{\partial\boldsymbol{B}}{\partial t}\\[2ex] \nabla\cdot\boldsymbol{B}=0, & \nabla\times\dfrac{1}{\mu}\boldsymbol{B}=\boldsymbol{J}_{\mathrm{ext}}+\varepsilon\dfrac{\partial\boldsymbol{E}}{\partial t}\end{cases} \tag{2.30}$$

2.3.2 边界条件

在电动力学和纳米光学中，我们经常需要分析由不同材料组成的物体被边界隔开的问题，由物质中的麦克斯韦方程组（2.26）可获知连接边界上方和下方电磁场的边界条件，记$\hat{\boldsymbol{n}}$是一个垂直于界面的单位矢量，它的正方向从下方介质指向上方的介质。在分析时，我们必须注意有可能存在于界面上的电荷或电流。接下来我们将借助 2.1.3 节的积分定理进行分析，具体方式如下：

在图 2.6 中，图（a）为对散度方程在高度为 $h\to0$ 的小盒子上进行积分，利用高斯定理将该积分转化为对边界的积分，$\partial\Omega$ 是上、下两种介质 2 与 1 的边界，$\hat{\boldsymbol{n}}$是边界的表

面法线。图（b）为对旋度方程在高度为 $h\to 0$ 的小区域上进行积分，利用斯托克斯定理将积分转化为对路径的线积分。

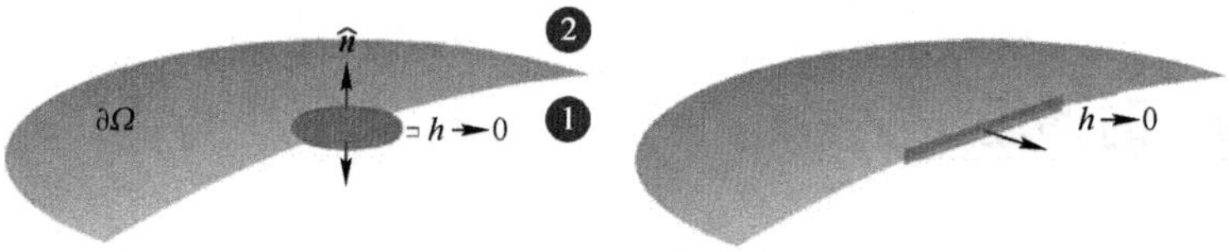

(a) (b)

图 2.6 推导麦克斯韦方程组边界条件用到的积分体积和积分曲面

高斯定理。如图 2.6 所示，对于麦克斯韦方程组中的散度方程，我们可以对一个非常薄、高度 $h\to 0$ 的圆柱体 $\delta\Omega_h$ 进行积分。假设圆盘的顶位于界面上方，底位于界面下方。利用高斯定理可以将对体积的积分转换为对边界的积分，当 $h\to 0$ 时圆柱体侧面的贡献为 0。

斯托克斯定律。对于麦克斯韦方程组的旋度方程，我们可对一个非常薄、高度 $h\to 0$ 的矩形 δS_h 进行积分。利用斯托克斯定理，能够将对曲面的积分转换为线积分，当 $h\to 0$ 时只需考虑平行于界面上线积分的贡献。由于圆柱体和矩形的空间尺寸都非常小，我们可以近似地认为被积分区域内的场和源都是常数。

对于式（2.26a）的高斯定理，我们利用上述方法得

$$\lim_{h\to 0}\int_{\delta\Omega_h}\nabla\cdot D\mathrm{d}^3r=\lim_{h\to 0}\int_{\partial\delta\Omega_h}\boldsymbol{D}\cdot\mathrm{d}S$$

$$=(\boldsymbol{D}_2-\boldsymbol{D}_1)\cdot\hat{\boldsymbol{n}}\delta S=\lim_{h\to 0}\int_{\delta\Omega_h}\rho_{\mathrm{ext}}\mathrm{d}^3r=\sigma_{\mathrm{ext}}\delta S$$

式中：σ_{ext} 为界面上可能的表面电荷分布；下标 1 和 2 分别为界面的下方区域和上方区域。需要注意的是，因为表面下方的法向矢量为 $-\hat{\boldsymbol{n}}$，所以 $\boldsymbol{D}_1$ 是负值。使用类似的方法分析 $\nabla\cdot\boldsymbol{B}$，就得到了第一组边界条件：

$$\hat{\boldsymbol{n}}\cdot(\boldsymbol{D}_2-\boldsymbol{D}_1)=\sigma_{\mathrm{ext}},\quad \hat{\boldsymbol{n}}\cdot(\boldsymbol{B}_2-\boldsymbol{B}_1)=0 \tag{2.31}$$

对于法拉第定律，可以通过对上述的微小矩形积分可得

$$\lim_{h\to 0}\int_{\delta S_h}\nabla\times\boldsymbol{E}\cdot\mathrm{d}S=\lim_{h\to 0}\int_{\partial\delta S_h}\boldsymbol{E}\cdot\mathrm{d}\ell=(\boldsymbol{E}_2-\boldsymbol{E}_1)\cdot\delta\ell$$

$$=-\lim_{h\to 0}\int_{\delta S_h}\frac{\partial\boldsymbol{B}}{\partial t}\cdot\mathrm{d}S=-\lim_{h\to 0}\frac{\mathrm{d}}{\mathrm{d}t}\int_{\delta S_h}\boldsymbol{B}\cdot\mathrm{d}S=0$$

在上式中的最后一步，我们利用了磁感应强度的通量在 $h\to 0$ 时趋于零。利用类似的方法分析式（2.26a）的安培环路定理可得

$$(\boldsymbol{H}_2-\boldsymbol{H}_1)\cdot\delta\ell=\lim_{h\to 0}\boldsymbol{J}_{\mathrm{ext}}\cdot\delta\boldsymbol{S}_h$$

此处需要注意：有可能存在一个表面电流分布 $\boldsymbol{K}_{\mathrm{ext}}$，它在 $h\to 0$ 时可能是非零量。于是我们得到了第二组边界条件：

$$\hat{\boldsymbol{n}}\times(\boldsymbol{E}_2-\boldsymbol{E}_1)=0,\quad \hat{\boldsymbol{n}}\times(\boldsymbol{H}_2-\boldsymbol{H}_1)=\boldsymbol{K}_{\mathrm{ext}} \tag{2.32}$$

在本书中我们多数情况下并不讨论表面存在自由电荷或电流的情况，这样根据麦克斯韦方程组，两种物质界面处的边界条件可总结如下：

–$\boldsymbol{D}$ 和 $\boldsymbol{B}$ 的垂直分量连续；

–$\boldsymbol{E}$ 和 $\boldsymbol{H}$ 的平行分量连续。

2.4 时谐场

对于线性材料而言，人们往往考虑它在确定频率 ω 光激励下的相应，一般材料的这种线性响应是在激励完成后的“瞬间”完成的，所以也会以频率 ω 振荡。此处，我们按照前面的符号约定假设电磁场的形式为

$$\boldsymbol{E}(\boldsymbol{r},t)=\mathrm{e}^{-\mathrm{i}\omega t}\boldsymbol{E}(\boldsymbol{r}),\quad \boldsymbol{B}(\boldsymbol{r},t)=\mathrm{e}^{-\mathrm{i}\omega t}\boldsymbol{B}(\boldsymbol{r}) \tag{2.33}$$

需要首先注意的是，真实的电磁场对应的物理量应该是一个实数，因此我们研究电磁场时需取相应表达式的实部。其次 $\boldsymbol{E}(\boldsymbol{r},t)$ 和 $\boldsymbol{E}(\boldsymbol{r})$ 使用相同的符号 $\boldsymbol{E}$ 来表示，一般而言并不会引起混淆，因为我们会说明电场是在时域中还是仅考虑时谐场。对于时谐场和线性响应的物质，麦克斯韦方程组可表示为

$$\begin{cases}\nabla\cdot\varepsilon\boldsymbol{E}=\rho, & \nabla\times\boldsymbol{E}=\mathrm{i}\omega\boldsymbol{B}\\ \nabla\cdot\boldsymbol{B}=0, & \nabla\times\dfrac{1}{\mu}\boldsymbol{B}=\boldsymbol{J}-\mathrm{i}\omega\varepsilon\boldsymbol{E}\end{cases} \tag{2.34}$$

我们并未严格地指明 ρ 和 $\boldsymbol{J}$ 对应的是外部电荷分布或电流分布，并且从现在起，会在上下文中尽量减少这种对应。

时谐波的乘积。有时我们需要计算两个以相同频率 ω 场乘积对时间的平均值：

$$\langle fg\rangle=\frac{1}{T}\int_0^T\mathrm{Re}(f\mathrm{e}^{-\mathrm{i}\omega t})\mathrm{Re}(g\mathrm{e}^{-\mathrm{i}\omega t})\mathrm{d}t$$

此处，$T=2\pi/\omega$。典型的案例是计算平均能量流的坡印亭（Poynting）矢量，在第 4 章中我们将对其进行更具体的研究。展开后的实部如下：

$$\langle fg\rangle=\frac{1}{4T}\int_0^T(f\mathrm{e}^{-\mathrm{i}\omega t}+f^*\mathrm{e}^{\mathrm{i}\omega t})(g\mathrm{e}^{-\mathrm{i}\omega t}+g^*\mathrm{e}^{\mathrm{i}\omega t})\mathrm{d}t$$

我们注意到，当在整个振荡周期上对上式进行积分时，振荡频率为 $\mathrm{e}^{\pm 2\mathrm{i}\omega t}$ 的项都为 0，而最后存在的项是

$$\langle fg\rangle=\frac{1}{4T}(fg^*+f^*g)=\frac{1}{2}\mathrm{Re}(fg^*) \tag{2.35}$$

利用傅里叶变换可以将任意电场分解成平面波：

$$\boldsymbol{E}(\boldsymbol{r})=\int\mathrm{e}^{\mathrm{i}\boldsymbol{k}\cdot\boldsymbol{r}}\boldsymbol{E}_k\frac{\mathrm{d}^3k}{(2\pi)^3} \tag{2.36}$$

式中：$\boldsymbol{k}$ 为波矢量；$\boldsymbol{E}_k$为傅里叶分量，同理也可以得到磁场相应的分解表达式。对于单个正弦波有

$$\boldsymbol{E}(\boldsymbol{r})=\boldsymbol{E}_k\mathrm{e}^{\mathrm{i}\boldsymbol{k}\cdot\boldsymbol{r}},\quad \boldsymbol{B}(\boldsymbol{r})=\boldsymbol{B}_k\mathrm{e}^{\mathrm{i}\boldsymbol{k}\cdot\boldsymbol{r}} \tag{2.37}$$

对更复杂的场的传播的处理方式为：先利用式（2.36）将场分解为平面波，分别考虑单个平面波的传播，再在最后将结果叠加在一起。Nabla 算子对平面波的作用变为 $\nabla\to\mathrm{i}\boldsymbol{k}$，见练习 2.10。在无源情况下也就是 $\rho=\boldsymbol{J}=0$ 时，平面波的麦克斯韦方程组写成

如下形式：

$$\begin{cases}\varepsilon\boldsymbol{k}\cdot\boldsymbol{E}_k=0, & \boldsymbol{k}\times\boldsymbol{E}_k=\omega\boldsymbol{B}_k\\ \boldsymbol{k}\cdot\boldsymbol{E}_k=0, & \boldsymbol{k}\times\boldsymbol{B}_k=-\omega\mu\varepsilon\boldsymbol{E}_k\end{cases}\tag{2.38}$$

这组方程组可以直接推导出如下结论：首先电磁波是横波，也就是说 $\boldsymbol{E}_k$ 和 $\boldsymbol{B}_k$ 与波数 $\boldsymbol{k}$ 垂直，这是由于 $\boldsymbol{k}\cdot\boldsymbol{E}_k=\boldsymbol{k}\cdot\boldsymbol{B}_k=0$；其次 $\boldsymbol{E}_k$ 和 $\boldsymbol{B}_k$ 与 $\boldsymbol{k}$ 满足右手螺旋定则：

$$\boldsymbol{k}\times\boldsymbol{k}\times\boldsymbol{E}_k=-k^2\boldsymbol{E}_k=\omega\boldsymbol{k}\times\boldsymbol{B}_k=-\omega^2\mu\varepsilon\boldsymbol{E}_k$$

这样我们又得到了平面波的波动方程，相应的色散关系为

$$k=\sqrt{\mu\varepsilon}\,\omega\tag{2.39}$$

将其代入法拉第定律可得

$$\boldsymbol{k}\times\boldsymbol{E}_k=\sqrt{\mu\varepsilon}\,\omega\hat{\boldsymbol{k}}\times\boldsymbol{E}_k=\omega\mu\boldsymbol{H}_k$$

$\boldsymbol{E}_k$ 和 $\boldsymbol{H}_k$ 的关系如下：

$$Z\boldsymbol{H}_k=\hat{\boldsymbol{k}}\times\boldsymbol{E}_k\tag{2.40}$$

这里，引入阻抗：

$$Z=\sqrt{\frac{\mu}{\varepsilon}}\tag{2.41}$$

这样我们就借助材料的阻抗用磁场 $\boldsymbol{H}_k$ 来表示电场 $\boldsymbol{E}_k$，反之亦然。

横电场和横磁场。在本节最后，我们将对横电场（TE）和横磁场（TM）进行简要分析，这对于本书后续的分析是极为重要的。假设 $\hat{\boldsymbol{n}}$ 是一个垂直于界面的法向矢量，我们可以将电磁场分解成垂直和平行于 $\hat{\boldsymbol{n}}$ 的分量：

$$\begin{aligned}\boldsymbol{E}_k&=[\boldsymbol{E}_k-\hat{\boldsymbol{n}}(\boldsymbol{n}\cdot\boldsymbol{E}_k)]+\hat{\boldsymbol{n}}(\hat{\boldsymbol{n}}\cdot\boldsymbol{E}_k)=\boldsymbol{E}_k^{\mathrm{TE}}+\hat{\boldsymbol{n}}(\hat{\boldsymbol{n}}\cdot\boldsymbol{E}_k)\\ \boldsymbol{H}_k&=[\boldsymbol{H}_k-\hat{\boldsymbol{n}}(\boldsymbol{n}\cdot\boldsymbol{H}_k)]+\hat{\boldsymbol{n}}(\hat{\boldsymbol{n}}\cdot\boldsymbol{H}_k)=\boldsymbol{H}_k^{\mathrm{TM}}+\hat{\boldsymbol{n}}(\hat{\boldsymbol{n}}\cdot\boldsymbol{H}_k)\end{aligned}\tag{2.42}$$

接下来，我们使用式（2.40）来表示 $\boldsymbol{H}_k$ 的法向分量，即 $\boldsymbol{E}_k$ 的平行分量：

$$Z\hat{\boldsymbol{n}}\cdot\boldsymbol{H}_k=\hat{\boldsymbol{n}}\cdot\hat{\boldsymbol{k}}\times\boldsymbol{E}_k\underset{\mathrm{c.p.}}{=}\hat{\boldsymbol{k}}\cdot\boldsymbol{E}_k\times\hat{\boldsymbol{n}}=\hat{\boldsymbol{k}}\cdot\boldsymbol{E}_k^{\mathrm{TE}}\times\hat{\boldsymbol{n}}=\hat{\boldsymbol{n}}\cdot\hat{\boldsymbol{k}}\times\boldsymbol{E}_k^{\mathrm{TE}}$$

在上式中我们进行了循环置换（cyclic permutation，c. p.），从而可得电磁场的分量形式为

$$\begin{cases}\boldsymbol{E}_k=\boldsymbol{E}_k^{\mathrm{TE}}-\hat{\boldsymbol{n}}(\hat{\boldsymbol{n}}\cdot\hat{\boldsymbol{k}}\times\boldsymbol{H}_k^{\mathrm{TM}})Z\\ \boldsymbol{H}_k=\boldsymbol{H}_k^{\mathrm{TM}}+\hat{\boldsymbol{n}}(\hat{\boldsymbol{n}}\cdot\hat{\boldsymbol{k}}\times\boldsymbol{E}_k^{\mathrm{TE}})Z^{-1}\end{cases}\tag{2.43}$$

这种分解的好处在于，当在界面处使用边界条件时，通常更容易处理横向电场 $\boldsymbol{E}_k^{\mathrm{TE}}$ 和横向磁场 $\boldsymbol{H}_k^{\mathrm{TM}}$。式（2.43）表明，任何场都可以分解为 TE 和 TM 分量。

2.5　纵向场和横向场

在本章最后，我们将简要讨论纵向场和横向场。我们从 2.1.2 节介绍的亥姆霍兹定理出发，即任何矢量场都可由其散度和旋度以及适当的边界条件确定。根据这个思路，我们可以将矢量函数 $\boldsymbol{F}(\boldsymbol{r})$ 分解为纵向分量和横向分量两部分。

将 $\boldsymbol{F}$ 分解为横向分量和纵向分量

$$\boldsymbol{F}(\boldsymbol{r})=\boldsymbol{F}^{\mathrm{L}}(\boldsymbol{r})+\boldsymbol{F}^{\perp}(\boldsymbol{r}) \tag{2.44}$$

这里，$\boldsymbol{F}^{\mathrm{L}}$和$\boldsymbol{F}^{\perp}$具有以下特征：

$$\begin{cases}\nabla\cdot\boldsymbol{F}^{\mathrm{L}}(\boldsymbol{r})=f(\boldsymbol{r}), & \nabla\times\boldsymbol{F}^{\mathrm{L}}(\boldsymbol{r})=0\\ \nabla\cdot\boldsymbol{F}^{\perp}(\boldsymbol{r})=0, & \nabla\times\boldsymbol{F}^{\perp}(\boldsymbol{r})=g(\boldsymbol{r})\end{cases} \tag{2.45}$$

其中，$f(\boldsymbol{r})$和$g(\boldsymbol{r})$为任意的标量函数或矢量函数。$\boldsymbol{F}(\boldsymbol{r})$的纵向部分具有非零散度，横向部分具有非零旋度。上述分解对于式（2.37）描述的正弦波而言非常清晰。其纵向部分（相对于波矢量$\boldsymbol{k}$）可以表示为

$$\boldsymbol{F}_k^{\mathrm{L}}=\hat{\boldsymbol{k}}F_k^{\mathrm{L}}=\hat{\boldsymbol{k}}(\hat{\boldsymbol{k}}\cdot\boldsymbol{F})=\overline{\overline{\boldsymbol{\mathcal{P}}}}_k^{\mathrm{L}}\cdot\boldsymbol{F}_k$$

式中：$\overline{\overline{\boldsymbol{\mathcal{P}}}}_k^{\mathrm{L}}$为一个投影矩阵，其表达式为

$$(\overline{\overline{\boldsymbol{\mathcal{P}}}}_k^{\mathrm{L}})_{ij}=\hat{k}_i\hat{k}_j$$

由此，矢量函数$\boldsymbol{F}_k$可以由下式分解为横向分量和纵向分量：

$$\boldsymbol{F}_k=(\overline{\overline{\boldsymbol{\mathcal{P}}}}_k^{\mathrm{L}})_{ij}\cdot\boldsymbol{F}_k+(\boldsymbol{I}-\overline{\overline{\boldsymbol{\mathcal{P}}}}_k^{\mathrm{L}})\cdot\boldsymbol{F}_k=(\overline{\overline{\boldsymbol{\mathcal{P}}}}_k^{\mathrm{L}})\cdot\boldsymbol{F}_k+(\overline{\overline{\boldsymbol{\mathcal{P}}}}_k^{\perp})\cdot\boldsymbol{F}_k \tag{2.46}$$

式中：$\boldsymbol{I}$为单位矩阵，式（2.46）的最后一项中我们引入了投影矩阵，由式（2.45）得到其纵向部分为

$$\mathrm{i}k\boldsymbol{F}_k^{\mathrm{L}}=f_k \tag{2.47}$$

同理，横向部分为

$$\mathrm{i}\boldsymbol{k}\times\boldsymbol{F}_k^{\perp}=\boldsymbol{g}_k\Rightarrow\mathrm{i}k\boldsymbol{F}_k^{\perp}=-\hat{\boldsymbol{k}}\times\boldsymbol{g}_k \tag{2.48}$$

因此，将形如式（2.44）的矢量函数分解为纵向分量和横向分量的一种可行方法是：利用傅里叶变换将其分解为正弦分量，对其应用投影矩阵，然后进行傅里叶逆变换得到最终分解的表达式。

麦克斯韦方程组

通过上述的讨论，我们可以将式（2.34）的麦克斯韦方程组表示为

$$\begin{cases}\mathrm{i}\boldsymbol{k}\cdot\varepsilon\boldsymbol{E}_k^{\mathrm{L}}=\rho_k, & \boldsymbol{k}\times\boldsymbol{E}_k^{\perp}=\omega\boldsymbol{B}_k\\ \boldsymbol{k}\cdot\boldsymbol{B}_k^{\mathrm{L}}=0, & \boldsymbol{k}\times\boldsymbol{B}_k^{\perp}=-\mathrm{i}\mu\boldsymbol{J}_k-\omega\mu\varepsilon\boldsymbol{E}_k\end{cases} \tag{2.49}$$

只要上下文交代清楚我们就可以区分纵向特征和横向特征。ρ_k和$\boldsymbol{J}_k$分别表示电荷分布和电流分布的傅里叶变换。磁感应强度的纵向分量$\boldsymbol{B}_k^{\mathrm{L}}$显然为0，因此磁场为纯横向场。通过式（2.47）中的高斯定理可以得到：

$$\boldsymbol{E}_k^{\mathrm{L}}=-\mathrm{i}\frac{\rho_k}{\varepsilon k} \tag{2.50}$$

利用连续性方程将电荷分布与电流分布的纵向分量联系起来：

$$\omega\rho_k=k\boldsymbol{J}_k^{\mathrm{L}}\Rightarrow\boldsymbol{J}_k^{\mathrm{L}}=\frac{\omega\rho_k}{k}=\mathrm{i}\omega\varepsilon\boldsymbol{E}_k^{\mathrm{L}}$$

因此，式（2.49）中的安培环路定理可以表示为

$$k\times\boldsymbol{B}_k^{\perp}=-\mathrm{i}\mu\boldsymbol{J}_k^{\perp}-\omega\mu\varepsilon\boldsymbol{E}_k^{\perp} \tag{2.51}$$

其中，$\boldsymbol{J}_k^{\mathrm{L}}$和$\boldsymbol{E}_k^{\mathrm{L}}$的纵向分量相互抵消，我们发现式（2.49）中两个散度方程决定了$\boldsymbol{E}_k$和$\boldsymbol{B}_k$的纵向分量，而旋度方程与电磁场的横向分量相关。

电磁势

纵向场和横向场的概念也同样适用于电磁势 V 和 $\boldsymbol{A}$。磁场显然是由磁矢势 $\boldsymbol{A}_k$ 的横向分量决定：

$$\boldsymbol{B}_k^{\perp}=\mathrm{i}\boldsymbol{k}\times\boldsymbol{A}_k^{\perp} \tag{2.52}$$

电场的纵向分量和横向分量分别为

$$\boldsymbol{E}_k^{\mathrm{L}}=-\mathrm{i}kV_k+\mathrm{i}\omega A_k^{L},\quad \boldsymbol{E}_k^{\perp}=\mathrm{i}\omega\boldsymbol{A}_k^{\perp} \tag{2.53}$$

在式（2.19）给出的规范变换下 $\boldsymbol{A}_k^{\perp}$ 并不受影响，仅作以下修改：

$$\boldsymbol{A}_k^{\mathrm{L}'}=\boldsymbol{A}_k^{\mathrm{L}}+\mathrm{i}\boldsymbol{k}\lambda_k,\quad V_k'=V_k+\mathrm{i}\omega\lambda_k$$

习题

我建议读者在开始练习前掌握分量符号和列维－齐维塔张量（Levi－Civita，1873）。这两个概念对于计算复杂表达式很有帮助。

点乘　点乘可表示为：$\boldsymbol{a}\cdot\boldsymbol{b}=a_ib_i$。

爱因斯坦求和约定　爱因斯坦求和约定规定，只对表达式中下标出现两次的元素求和，比如上式点积中的 i。

差乘　差乘可以表示为$(\boldsymbol{a}\times\boldsymbol{b})_i=\epsilon_{ijk}a_jb_k$，其中，$\epsilon_{ijk}$为列维－齐维塔张量，简称 ϵ 张量。它是一个完全反对称的张量，其定义如下：

$$\epsilon_{ijk}=\begin{cases}1 & \text{（下标构成 123 的偶排列：}\epsilon_{123},\ \epsilon_{312},\ \epsilon_{231}\text{）}\\ -1 & \text{（下标构成 123 的奇排列：}\epsilon_{213},\ \epsilon_{321},\ \epsilon_{132}\text{）}\\ 0 & \text{（其他）}\end{cases} \tag{2.54}$$

根据上述关系式，显而易见：当下标进行周期性轮换时该量保持不变 $\epsilon_{ijk}=\epsilon_{kij}=\epsilon_{jki}$；当交换任意两个下标的位置时产生一个负号，即 $\epsilon_{ijk}=-\epsilon_{jik}$。

关于列维－齐维塔张量最重要的关系式为

$$\epsilon_{ijk}\epsilon_{mnk}=\delta_{im}\delta_{jn}-\delta_{in}\delta_{jm} \tag{2.55}$$

我希望读者能记住这个关系式，因为它有助于读者理解本书中所介绍到的大多数表达式。

练习 2.1　使用列维－齐维塔张量计算下列矢量积：

(a) $\boldsymbol{a}\times(\boldsymbol{b}\times\boldsymbol{c})$。

(b) $(\boldsymbol{a}\times\boldsymbol{b})\times\boldsymbol{c}$，并比较其与（a）的区别。

练习 2.2　使用列维－齐维塔张量证明下式：

$$(\boldsymbol{a}\times\boldsymbol{b})\cdot(\boldsymbol{c}\times\boldsymbol{d})=(\boldsymbol{a}\cdot\boldsymbol{c})(\boldsymbol{b}\cdot\boldsymbol{d})-(\boldsymbol{a}\cdot\boldsymbol{d})(\boldsymbol{b}\cdot\boldsymbol{c})$$

练习 2.3　使用式（2.54）的定义证明 $\epsilon_{imn}\epsilon_{jmn}=2\delta_{ij}$。

练习 2.4　证明两个矢量函数 $\boldsymbol{F}(\boldsymbol{r})$ 和 $\boldsymbol{G}(\boldsymbol{r})$ 满足下列关系：

$$\nabla\cdot\boldsymbol{F}\times\boldsymbol{G}=(\nabla\times\boldsymbol{F})\cdot\boldsymbol{G}-\boldsymbol{F}\cdot(\nabla\times\boldsymbol{G})$$

提示：利用∇算子的乘积规则对右侧两个矢量函数进行运算。在上述等式中和在本书中许多地方，我们将使用括号来表示∇只作用于括号内的表达式。

练习 2.5 使用式（2.54）的定义证明为何$\nabla \cdot \nabla \times \boldsymbol{F}(\boldsymbol{r}) = 0$？

练习 2.6 证明任意矢量函数$\boldsymbol{F}(\boldsymbol{r})$满足$\nabla \times \nabla \times \boldsymbol{F} = \nabla(\nabla \cdot \boldsymbol{F}) - \nabla^2 \boldsymbol{F}$。

练习 2.7 对式（2.15d）的两侧同取散度∇，以推导连续性方程$\dfrac{\partial \rho}{\partial t} = -\nabla \cdot \boldsymbol{J}$。证明过程中需要用到另一个麦克斯韦方程，具体是哪一个？

练习 2.8 对式（2.15d）的两侧同取散度$\nabla\times$，并利用$\boldsymbol{J}=0$推导$\boldsymbol{B}$满足的波动方程。证明过程中需使用法拉第定律。

练习 2.9 利用式（2.21）的洛伦兹规范条件推导式（2.22）中对应的波动方程。

练习 2.10 已知含常矢量$\boldsymbol{E}_0$和$\boldsymbol{k}$的平面波$\boldsymbol{E}(\boldsymbol{r}) = \boldsymbol{E}_0 \mathrm{e}^{\mathrm{i}\boldsymbol{k}\cdot\boldsymbol{r}}$，计算$\nabla \cdot \boldsymbol{E}$和$\nabla \times \boldsymbol{E}$。证明为什么这样的平面波中存在替代关系$\nabla \to \mathrm{i}\boldsymbol{k}$。

练习 2.11 在给定的时刻，例如在$t=0$时，沿z方向传播的电场可以写成：

$$\hat{\boldsymbol{x}}E_x(z) + \hat{\boldsymbol{y}}E_y(z) = \mathrm{Re}[E_0 \hat{\boldsymbol{e}} \mathrm{e}^{\mathrm{i}kz}]$$

式中：E_0为振幅（假设是实数）；$\hat{\boldsymbol{e}}$为电场偏振方向的单位矢量。分别计算下列偏振情况下的$E_x(z)$和$E_y(z)$：

（a）$\hat{\boldsymbol{e}} = \hat{\boldsymbol{x}}$。

（b）$\hat{\boldsymbol{e}} = \cos\theta \hat{\boldsymbol{x}} + \sin\theta \hat{\boldsymbol{y}}$，$\theta$是实角。

（c）$\hat{\boldsymbol{e}} = \hat{\boldsymbol{x}} + \mathrm{i}\hat{\boldsymbol{y}}$。

（d）$\hat{\boldsymbol{e}} = \cos\theta \hat{\boldsymbol{x}} + \mathrm{i}\sin\theta \hat{\boldsymbol{y}}$，$\theta$是实角。

练习 2.12 利用练习 2.11 中的波计算相应的磁场分量$B_x(z)$和$B_y(z)$。通过法拉第定律将$\boldsymbol{E}$和$\boldsymbol{B}$关联起来，对于不同偏振$\boldsymbol{B}(z)$是怎样的？

练习 2.13 假设波$\boldsymbol{E}(\boldsymbol{r}) = E_0 \hat{\boldsymbol{y}} \mathrm{e}^{\mathrm{i}\boldsymbol{k}\cdot\boldsymbol{r}}$，其复波矢为$\boldsymbol{k} = k_x \hat{\boldsymbol{x}} + \mathrm{i}k_z \hat{\boldsymbol{z}}$。这种波称为倏逝波，它沿着$x$方向传播且在$z>0$时呈指数级衰减。计算$\boldsymbol{E}(\boldsymbol{r})$的实部并分析其偏振特性。

第 3 章

角谱表示

在本章中，我们将对如图 3.1 所示的情况进行讨论并对得出的结果进行归纳总结。假设已知给定平面 $z=0$ 处的电场：

$$\boldsymbol{E}(x,y,0)=\boldsymbol{E}_0(x,y)$$

当远离给定平面时，场 $\boldsymbol{E}(x,y,z)$ 有何变化？$\boldsymbol{E}(\boldsymbol{r})$ 在远场区的表现如何？当我们通过透镜或透镜系统聚焦于远场时会发生什么？为了回答这些问题，我们首先介绍一些在纳米光学领域发挥重要作用的新的概念。

角谱表示。在角谱表示中，我们将 $\boldsymbol{E}_0(x,y)$ 分解为其傅里叶分量 $\widetilde{\boldsymbol{E}}_0(k_x,k_y)$。然后，通过适当的相位调整，便可以轻松地将这些分量从 $z=0$ 处传播开来。

远场表示。为了计算远离平面 $z=0$ 时的电磁场，我们引入了平稳相位近似/定相近似的概念。我们发现，在远场中，传播场与 $\widetilde{\boldsymbol{E}}_0(k_x,k_y)$ 密切相关。

场聚焦。在实验中，为了获得原始场分布 $\boldsymbol{E}_0(x,y)$ 的图像，我们可以通过光学透镜来实现场聚焦。在理论纳米光学中，可以引入远场变换来模拟透镜性能。

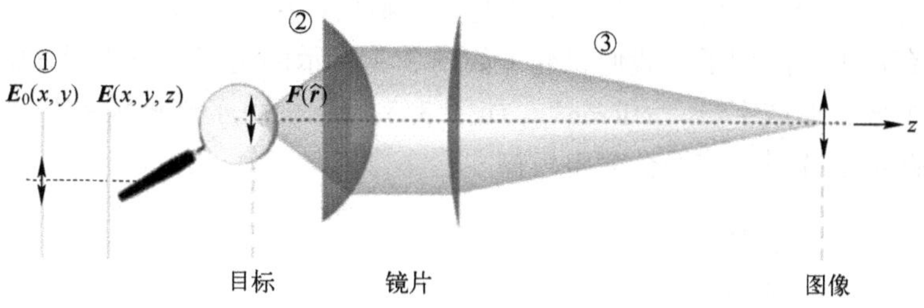

图 3.1　位于透镜焦点处的目标在 $z=0$ 处的角谱表示和成像示意图

在本章中我们将介绍以下内容：①如何利用角谱表示将场 $\boldsymbol{E}(x,y,z)$ 传播到远离目标的地方；②如何计算远离目标的远场 $\boldsymbol{F}(\hat{\boldsymbol{r}})$；③如何通过高斯参考球表示的透镜系统来获得目标图像。在从近场到远场的跃迁过程中，所有倏逝波都会从场分布中去除，这就是第 6 章将要讨论的光的衍射极限。

3.1 场的傅里叶变换

假设我们知道给定平面 $z=0$ 处的电场分布 $\boldsymbol{E}_0(x,y)$。我们可以引入傅里叶变换将场分解为它们的波矢量分量：

$$\widetilde{\boldsymbol{E}}_0(k_x,k_y)=(2\pi)^{-2}\int \mathrm{e}^{-\mathrm{i}(k_x x+k_y y)}\boldsymbol{E}_0(x,y)\,\mathrm{d}x\mathrm{d}y \tag{3.1}$$

显然，通过如下傅里叶逆变换，我们就可以得到原始场：

$$\boldsymbol{E}_0(x,y)=\int \mathrm{e}^{\mathrm{i}(k_x x+k_y y)}\,\widetilde{\boldsymbol{E}}_0(k_x,k_y)\,\mathrm{d}k_x\mathrm{d}k_y \tag{3.2}$$

当远离 $\boldsymbol{E}_0(x,y,0)=\boldsymbol{E}_0(x,y)$ 时，每个傅里叶分量都会获得一个相位因子：

$$\mathrm{e}^{\mathrm{i}k_z z}\widetilde{\boldsymbol{E}}_0(k_x,k_y)$$

其中，k_z 可以根据光频率和色散关系给出的 k 值确定：

$$k_z=\pm\sqrt{k^2-k_x^2-k_y^2} \tag{3.3}$$

波是沿 z 正方向传播还是沿 z 负方向传播由波的符号确定。当 $k^2<k_x^2+k_y^2$ 时，我们会得到一个与倏逝场相对应的虚波数，并且必须选择符号以使波从 $z=0$ 处衰减。因此，对于 $z>0$ 的半空间，根据标量波方程的式（1.19），我们可以得到角谱表示法。

角谱表示法（$z>0$）

$$\begin{aligned}\boldsymbol{E}_0(x,y)=&\int_{k^2>k_x^2+k_y^2}\mathrm{e}^{\mathrm{i}(k_x x+k_y y+\sqrt{k^2-k_x^2-k_y^2}z)}\,\widetilde{\boldsymbol{E}}_0(k_x,k_y)\,\mathrm{d}k_x\mathrm{d}k_y\\&+\int_{k^2<k_x^2+k_y^2}\mathrm{e}^{\mathrm{i}(k_x x+k_y y-\sqrt{k_x^2+k_y^2-k^2}z)}\,\widetilde{\boldsymbol{E}}_0(k_x,k_y)\,\mathrm{d}k_x\mathrm{d}k_y\end{aligned} \tag{3.4}$$

表达式的第一行和第二行分别对应传播波和倏逝波。从式（3.4）可以看出，为了计算远离给定平面的场，我们必须首先将 $\boldsymbol{E}(x,y,0)$ 分解为傅里叶分量，然后，每个傅里叶分量在远离 $z=0$ 时仅获得一个相位或是指数级衰减。显然，离 $z=0$ 越远，倏逝场衰减得越厉害，在传播长度 z 足够大的情况下，则只存在传播波。

举一个有代表性的例子，我们研究了如图 3.2 所示的情况，它由沿 z 轴方向密集排列的偶极子组成，形成字母“micron”。如图 3.3 所示，由于倏逝波的损失和散焦的影响，当远离偶极子片时，图像会变得模糊。

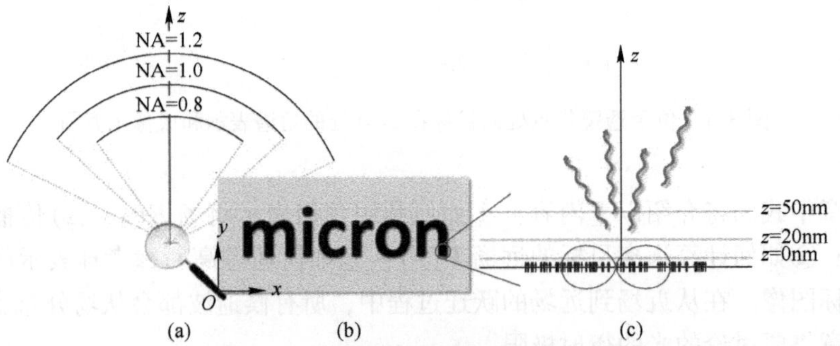

图 3.2　字母“micron”发射场的角谱表示和成像示意图

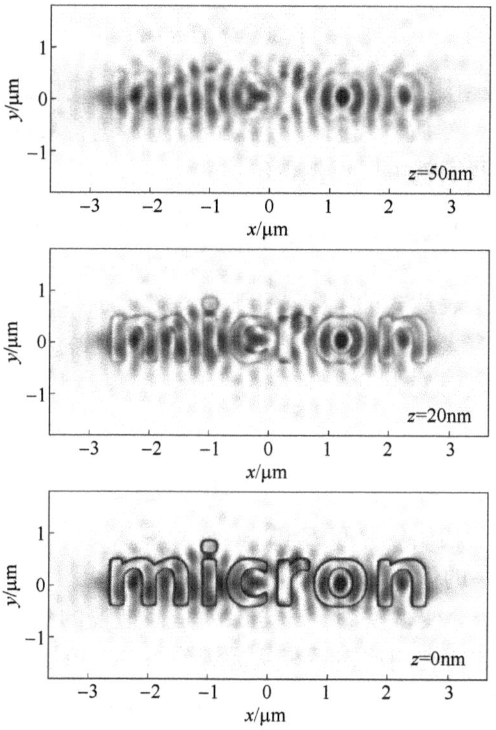

图 3.3　式（3.4）角谱表示法的计算

3.2　远场表示法

对于大传播距离，式（3.4）的电场是由如下远场振幅：

$$\boldsymbol{F}(\hat{\boldsymbol{r}}) = \lim_{r\to\infty} r\mathrm{e}^{-\mathrm{i}kr}\int_{k_x^2+k_y^2\leqslant k^2} \mathrm{e}^{\mathrm{i}\boldsymbol{k}\cdot\boldsymbol{r}}\,\widetilde{\boldsymbol{E}}_0(k_x,k_y)\,\mathrm{d}k_x\mathrm{d}k_y \tag{3.5}$$

调制的输出波：

$$\boldsymbol{E}(\boldsymbol{r}) \xrightarrow[kr\gg1]{} \frac{\mathrm{e}^{\mathrm{i}kr}}{r}\boldsymbol{F}(\hat{\boldsymbol{r}}) \tag{3.6}$$

在上述表达式中，我们忽略了所有倏逝波。式（3.6）看起来像一个讨厌的积分，当 $kr\to\infty$ 时，它开始剧烈振荡，因此我们在求值时必须小心谨慎。

在图 3.2 中，图（a）为物体位于放大镜中心的原点。弧线表示不同数值孔径（NA）的透镜捕捉到的波矢量分量范围，另见图 3.6。图（b）物体由图（c）所示的沿 z 方向密集排列的偶极子组成，形成字母“micron”。图（c）为偶极子片和图 3.6 所示场所在层的特写。

幸运的是，稳相近似法[4]提供了处理此类积分的方法。可以证明：积分的主要影响因素来自指数函数变化最小的区域，即所谓静止点，通常与指数中函数的极值相关联。远离这些极值时，指数的强烈振荡会导致破坏性干扰，对积分的贡献变为零。下面，我们简要介绍稳相近似法。

稳相近似法。第一步，我们假设存在一个一维积分：

$$I \underset{\lambda\to\infty}{\longrightarrow} \int_a^b \mathrm{e}^{\mathrm{i}\lambda g(u)} f(u)\,\mathrm{d}u$$

该积分在 $g(u)$ 的极值附近贡献最大[4]。简单起见，我们假设 $g(u)$ 只有一个极值，位于积分范围内的 u_0 处。然后，我们在 u_0 附近对 $g(u)$ 进行泰勒级数展开，并假设 $f(u)$ 在该处变化不大，这样我们就可以近似得出：

$$I \underset{\lambda\to\infty}{\longrightarrow} f(u_0)\int_{-\infty}^{\infty} \mathrm{e}^{\mathrm{i}\lambda\left[g(u_0)+\frac{1}{2}g''(u_0)(u-u_0)^2\right]}\,\mathrm{d}u = \left[\frac{2\pi}{\lambda\,|g''(u_0)|}\right]^{\frac{1}{2}} f(u_0)\,\mathrm{e}^{\mathrm{i}\lambda g(u_0)\pm i\frac{\pi}{4}}$$

上式指数中最后一个表达式的上限或下限由 $g''(u_0)$ 的符号而定。为了计算积分，我们将积分极限扩大到无穷大，这是一个很好的近似值，因为积分只在极值附近有显著影响，否则会因破坏性干扰而变为零，我们还利用了菲涅尔积分①的特性。类似的程序也适用于二维积分：

$$I \underset{\lambda\to\infty}{\longrightarrow} \int \mathrm{e}^{\mathrm{i}\lambda g(u,v)} f(u,v)\,\mathrm{d}u\mathrm{d}v$$

如图 3.2 所示，对于初始场分布 $\boldsymbol{E}_0(x,y)$，我们认为“micron”字母中充满了波长为 620nm、沿 z 方向振荡的偶极子。$\boldsymbol{E}_0(x,y)$ 对应偶极子层上方 10nm 处的场。当远离平面时（距离见插图），场会变得模糊，部分原因是倏逝场的衰减，部分原因是散焦。在 3.3 节中，我们将介绍如何利用透镜系统从远场分布中获得场图像。

我们再次假设在积分范围内，$g(u,v)$ 在位置 (u_0,v_0) 处有一个极值，并围绕该点展开 $g(u,v)$：

$$g(u,v)\approx g(u_0,v_0)+\frac{1}{2}g_{uu}(u-u_0)^2+\frac{1}{2}g_{vv}(v-v_0)^2+g_{uv}(u-u_0)(v-v_0)$$

其中，g 的不同偏导数必须在 (u_0,v_0) 处求值。接下来，我们进行主轴变换，旋转 u 轴和 v 轴，这样在旋转坐标系中，双积分因式分解为两个一元积分，可根据式（3.7）求值：

$$I \underset{\lambda\to\infty}{\longrightarrow} \pm\frac{2\pi i}{\lambda\sqrt{\Delta}} f(u_0,v_0)\,\mathrm{e}^{\mathrm{i}\lambda g(u_0,v_0)},\quad \Delta=g_{uu}g_{vv}-g_{uv}^2 \tag{3.7}$$

我们假定静止点是 $\Delta>0$ 的极值，而上述表达式的符号必须根据 $(g_{uu}+g_{vv})$（对应于最小值或最大值）的符号来选择。除归一化因子外，Δ 是 g 在静止点的高斯曲率。

接下来，我们采用稳相近似法对式（3.6）进行处理。用 r 代替之前的 λ。函数 g 变为

$$g(k_x,k_y)=k_x\hat{r}_x+k_y\hat{r}_y+k_z(k_x,k_y)\hat{r}_z$$

其中，我们引入了单位矢量 $\hat{\boldsymbol{r}}=(\hat{r}_x,\hat{r}_y,\hat{r}_z)$。请注意，通过式（3.3）的弥散关系，$k_z$ 与 k_x 和 k_y 隐含相关性。为了找到 g 的极值，我们将偏导数设为零：

$$g_x=\frac{\partial g}{\partial k_x}=\hat{r}_x-\frac{k_x}{k_y}\hat{r}_z=0\Rightarrow\frac{\hat{r}_x}{k_x}=\frac{\hat{r}_z}{k_z}$$

$$g_y=\frac{\partial g}{\partial k_y}=\hat{r}_y-\frac{k_y}{k_y}\hat{r}_z=0\Rightarrow\frac{\hat{r}_y}{k_y}=\frac{\hat{r}_z}{k_z}$$

① 更确切地讲，我们使用的公式为 $\int_0^\infty \cos(t^2)\,\mathrm{d}t = \int_0^\infty \sin(t^2)\,\mathrm{d}t = \sqrt{\frac{\pi}{8}}$。

显然，在极值处，$\boldsymbol{r}$ 和 $\boldsymbol{k}$ 变得平行，这一点我们可以从 $\boldsymbol{r}\cdot\boldsymbol{k}=rk\cos\theta$ 中猜测到，当 $\theta=0$时，$\boldsymbol{r}$ 和 $\boldsymbol{k}$ 变得最大。由于 $\boldsymbol{k}$ 的大小由光频固定，我们可以设定在极值处 $\boldsymbol{k}=k\hat{\boldsymbol{r}}$。此时，我们继续计算静止点的二阶导数：

$$g_{xx}=-\frac{\hat{r}_x^2+\hat{r}_z^2}{k\hat{r}_z^2},\quad g_{yy}=-\frac{\hat{r}_y^2+\hat{r}_z^2}{k\hat{r}_z^2},\quad g_{xy}=-\frac{\hat{r}_x\hat{r}_y}{k\hat{r}_z^2}$$

因此，结合式（3.7）我们可以得出电磁场远场振幅的最终表达式。

远场表示法

$$\boldsymbol{F}(\hat{\boldsymbol{r}})=-2\pi ik\hat{r}_z\widetilde{\boldsymbol{E}}_0(k\hat{r}_x,k\hat{r}_y)\tag{3.8}$$

这个表达式非常了不起。首先，尽管它的推导相当复杂，但它是一个非常简单的结果，即在给定方向上传播的电场仅由单个傅里叶分量决定。所有其他分量都会对远场区域产生破坏性干扰。其次，它表明自然界可以自行进行傅里叶变换。正如我们接下来要讨论的，在光学成像中需要做的是使用透镜或其他光学设备将传播到不同方向的傅里叶分量正确地组合在一起，以获得初始场分布 $\boldsymbol{E}_0(x,y)$ 的图像。现在应该很明显了，在这个过程中，所有的倏逝波会消失，这就为光学成像的分辨率提供了一个基本限制。

3.3 场成像和聚焦

在我们的理论方法中，我们通过图 3.4（a）高斯参考球来描述透镜。从焦点射出并穿过高斯球的光线会转化为平行于光轴传播的射线；反之，平行光线则转化为向焦点方向传播的射线。图（b）穿过参考球时，光束沿传播方向的面积发生变化，光束强度保持不变。

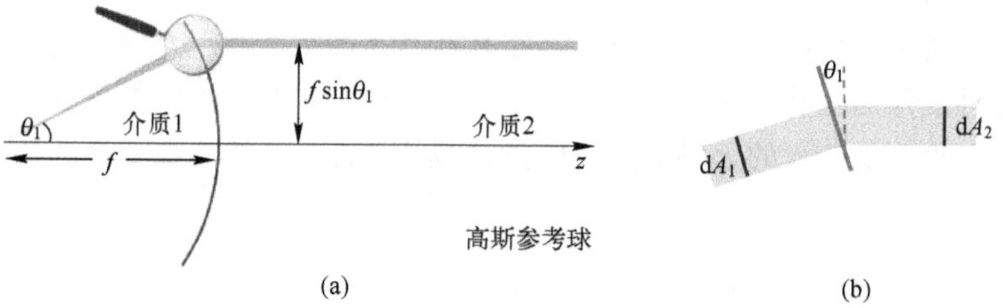

图 3.4 高斯参考球示意图

我们分析的最后一步是成像，在这一步中，我们必须正确地将远场分量组合在一起，以获得目标场 $\boldsymbol{E}_0(x,y)$ 的图像。我们可以尝试将全波光学计算应用于所有透镜元件对远场的完全变换，但这种方法极其困难，而且在大多数实际情况下甚至没有太大作用。如图 3.4 所示，理查德（Richards）和沃尔夫（Wolf，1922）[5] 提出了另一种方法，它基于物镜具有完美的消球面差/齐明成像特性这一假设。我们假设发出辐射 $\boldsymbol{E}_0(x,y)$ 的物体位于第一透镜的焦点 f 处，并且物体的尺寸远小于 f。成像是根据以下假设进行的。

几何光学。我们从光学远场 $\boldsymbol{F}(\hat{\boldsymbol{r}})$ 入手，利用几何光学定律沿着穿过光学系统的光线追踪这些场。对于我们所研究的问题，我们将依靠正弦条件，并通过半径为 f 的球面（所谓高斯参考球面）建立平面透镜模型。从焦点射出并穿过高斯参考球的光线会转化为平行于光轴传播的光线；反之，平行光线则转化为向焦点方向传播的光线。

强度定律。每条射线上的能量通量必须保持不变。时间平均能量通量可以通过坡印亭矢量 $\boldsymbol{S}=\boldsymbol{E}\times\boldsymbol{H}$ 计算得出，第 4 章将对此进行详细讨论。并且可以得到射线传输的功率：

$$\mathrm{d}P=\frac{1}{2}Z^{-1}\,|\boldsymbol{E}|^2\mathrm{d}A \tag{3.9}$$

式中：Z 为式（2.41）中的阻抗；$\mathrm{d}A$ 为垂直于射线传播的无限小截面。对于图 3.4 所示的从物侧到透镜侧的光线跃迁，我们可以通过 $\cos\theta_1=\mathrm{d}A_2/\mathrm{d}A_1$ 将两种介质的面积联系起来，并通过以下公式将电场幅值联系起来：

$$\frac{1}{2}Z_1^{-1}\,|\boldsymbol{E}_1|^2\mathrm{d}A_1=\frac{1}{2}Z_2^{-1}\,|\boldsymbol{E}_2|^2\cos\theta_1\mathrm{d}A_1$$

透射。在两种介质之间的界面处，如物体的嵌入介质和玻璃透镜之间，只有部分光线会被透射，其余的都会被反射。我们将在第 8 章中研究平面界面的反射和透射。我们将根据式（2.43）把进入的电场分解为 TE 和 TM 分量：

$$\boldsymbol{E}=\boldsymbol{E}^{\mathrm{TE}}+\boldsymbol{E}^{\mathrm{TM}}$$

式中：$\boldsymbol{E}^{\mathrm{TE}}$ 为平行于界面的分量；$\boldsymbol{E}^{\mathrm{TM}}$ 为余量。传输场的形式为

$$\boldsymbol{E}_{\mathrm{trans}}=T^{\mathrm{TE}}\boldsymbol{E}^{\mathrm{TE}}+T^{\mathrm{TM}}\boldsymbol{E}^{\mathrm{TM}}$$

式中：T^{TE}、T^{TM} 为透射系数。在下文中，我们将不再解释这些系数，对于带防反射涂层的透镜，这些系数也可以近似为 1。

在图 3.5 中，物体位于第一个透镜（介质 1）的焦点处，透镜穿过半径为 f 的高斯参考球。穿过参考球后，光束在透镜（介质 2）内平行于光轴 $\hat{z}$ 传播。穿过半径 $f'\gg f$ 的第二个参考球后，光束射向焦点（介质 3）。

如图 3.5 所示为场成像装置，包括一个焦距为 f 的采集透镜和一个焦距 $f'\gg f$ 的成像透镜。这种成像的工作方程的推导并不复杂，感兴趣的读者可参阅 3.6 节。简而言之，我们可以得到从传入的远场 $\boldsymbol{F}_1(\theta,\phi)$ 到像场 $\boldsymbol{E}_3(\rho,\varphi,z)$ 的成像变换表达式如下。

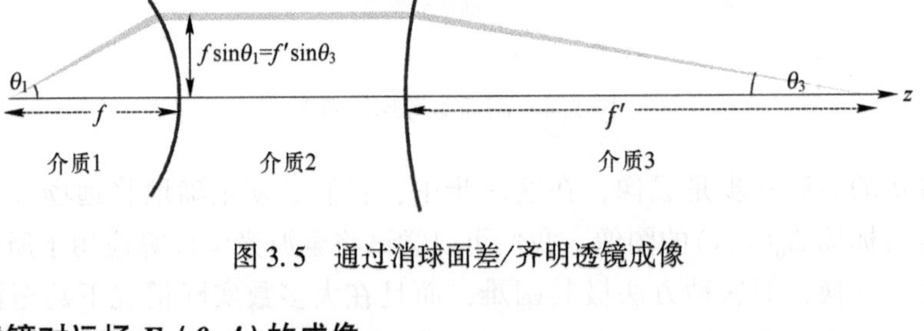

图 3.5　通过消球面差/齐明透镜成像

平面透镜对远场 $\boldsymbol{F}_1(\theta,\phi)$ 的成像

$$\begin{aligned}\boldsymbol{E}_3(\rho,\varphi,z)=&\sqrt{\frac{n_1}{n_3}}\,\frac{\mathrm{i}k_3\mathrm{e}^{\mathrm{i}(k_1f-k_3f')}}{2\pi}\,\frac{f}{f'}\int_0^{\theta_{\max}}\sqrt{\cos\theta}\sin\theta\mathrm{d}\theta\\&\times\int_0^{2\pi}\mathrm{d}\phi\overline{\overline{\mathcal{R}}}^{\mathrm{im}}\cdot\boldsymbol{F}_1(\theta,\phi)\,\mathrm{e}^{-\mathrm{i}k_3\cos\theta_3z}\,\mathrm{e}^{\mathrm{i}k_1\left(\frac{\rho}{M}\right)\sin\theta\cos(\phi-\varphi)}\end{aligned} \tag{3.10}$$

其不同术语的含义如下：

坐标系。在物侧（介质 1），我们使用球面坐标(θ,ϕ)，在像侧（介质 3），我们使用圆柱体坐标(ρ,φ,z)，$z=0$ 对应于焦平面。

介质。物侧的折射率和波数分别为 n_1、k_1，像侧的折射率和波数分别为 n_3、k_3，透镜的折射率在这里并不重要。

转换矩阵。如式（3.34）中明确给出的变换矩阵$\overline{\overline{\mathcal{R}}}^{\mathrm{im}}$所描述的那样，电场矢量的方向在穿过高斯参考球时发生改变。原则上，该矩阵还包括透射系数，不过我们通常将其设为 1。

透镜属性。物侧和像侧的参考球半径分别为f和f'，另见图 3.5。这里引入放大系数：

$$M=\frac{n_1}{n_3}\frac{f'}{f} \tag{3.11}$$

并假设$f'\gg f$，从而得出式（3.10）。$\theta_{\max}$是物侧透镜的最大接受角。事实证明，将截止角与所谓的数值孔径相关联很方便：

$$\mathrm{NA}=n\sin\theta_{\max} \tag{3.12}$$

NA 为一个无量纲数字。NA 越大，空间分辨率越高。在上述表达式中，$\theta_{\max}$决定了透镜能捕捉多少 k 空间，而透镜外介质的折射率 n 决定了介质中的有效光波长。

如图 3.6 所示为之前在图 3.3 中讨论过的“micron”字母示例。我们可以看到，分

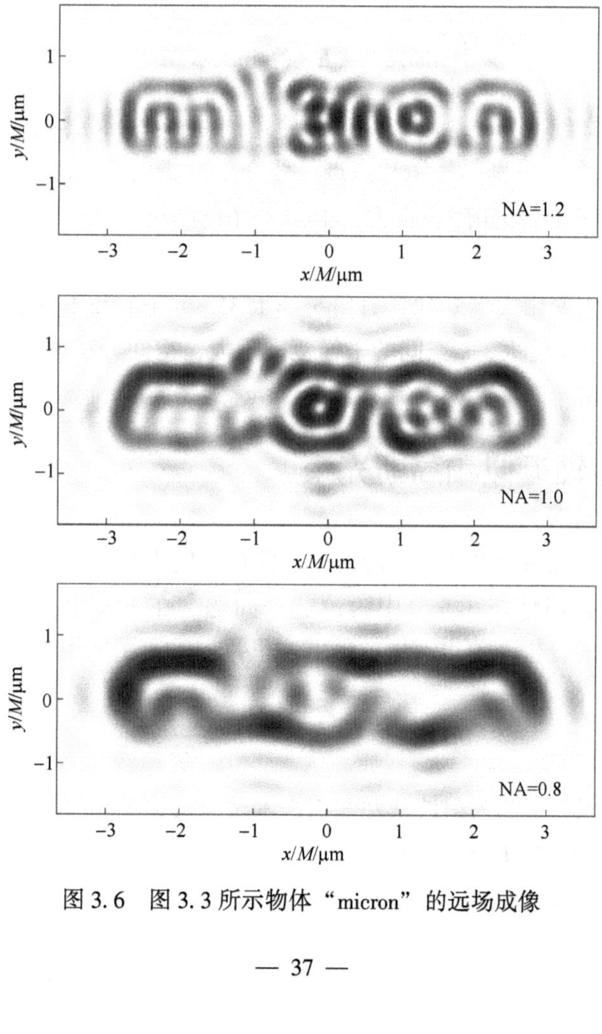

图 3.6　图 3.3 所示物体“micron”的远场成像

辨率随着 NA 值的增加而提高，这是因为有更多的 k 空间可用于图像重建。在所有情况下，倏逝场分量都会在成像过程中丢失。我们将在第 6 章讨论点扩散函数和光的衍射极限时再来讨论这一点。

场聚焦

对于场聚焦，也可以得到与式（3.10）类似的表达式。图 3.7 描述了我们所考虑的情况，即一束电场为 $\boldsymbol{E}_{\text{inc}}(\rho,\varphi)$ 的光束平行于光轴传播，撞击到焦点为 f 的高斯参考球并聚焦。焦点场 $\boldsymbol{E}(\rho,\varphi,z)$ 可以通过以下方式与入射场 $\boldsymbol{E}_{\text{inc}}$ 关联起来。

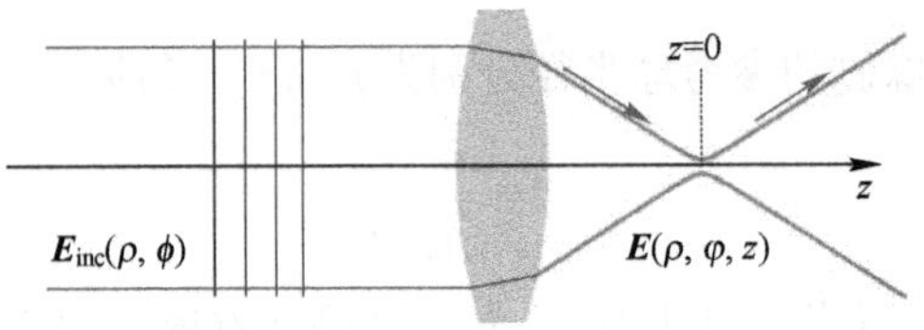

图 3.7 聚焦入射光场

入射场的焦点场 $\boldsymbol{E}_{\text{inc}}(\rho,\varphi)$

$$\begin{aligned}\boldsymbol{E}(\rho,\varphi,z)=&\frac{\mathrm{i}kf\mathrm{e}^{-\mathrm{i}kf}}{2\pi}\sqrt{\frac{n_{\text{inc}}}{n}}\int_0^{\theta_{\max}}\sqrt{\cos\theta}\sin\theta\mathrm{d}\theta\\&\times\int_0^{2\pi}\mathrm{d}\phi\overline{\overline{\mathcal{R}}}^{\text{foc}}\cdot\boldsymbol{E}_{\text{inc}}(f\sin\theta,\phi)\mathrm{e}^{-\mathrm{i}kz\cos\theta}\mathrm{e}^{\mathrm{i}k\rho\sin\theta\cos(\phi-\varphi)}\end{aligned}\qquad(3.13)$$

上述表达式的详细推导见 3.6 节。我们使用圆柱体坐标 (ρ,φ,z) 表示焦点侧，$z=0$ 对应于焦平面。n_{inc} 和 n 分别是透镜和焦点一侧介质的折射率，$k=nk_0$，k_0 是光在真空中的波长。$\overline{\overline{\mathcal{R}}}^{\text{foc}}$ 是电场的转换矩阵，在式（3.27）中已明确给出。上述表达式将在 3.5 节研究激光束焦场时使用。

图 3.6 中，我们使用式（3.10）计算 $n_1=1.33$、$n_3=1$ 和不同数值孔径 NA 下焦平面的场。数值孔径 NA 越大，k 空间的采样范围越大，空间分辨率也就越高。

3.4 傍轴近似和高斯光束

在许多情况下，光沿某个方向 z 传播，且仅在横向上缓慢扩散。一个明显的例子就是激光束的传播，我们将在 3.5 节中讨论这个问题。在下文中，我们假设 k_x，$k_y \ll k$，这将大大简化我们的分析。值得一提的是，这里我们采用了所谓傍轴近似：

$$k_z=k\sqrt{1-\frac{k_x^2+k_y^2}{k^2}}\approx k-\frac{k_x^2+k_y^2}{2k}\qquad(3.14)$$

图 3.7 中，电场为 e 的入射波从左侧撞击到聚焦透镜上，并被聚焦。式（3.13）描述了如何计算焦点侧的场 $\boldsymbol{E}(\rho,\varphi,z)$。

此外，我们还考虑了激光束：

$$\boldsymbol{E}(x,y,0)=\boldsymbol{E}_0 \mathrm{e}^{-\frac{x^2+y^2}{\omega_0^2}} \tag{3.15}$$

其中，$\boldsymbol{E}_0=E_0\boldsymbol{\epsilon}$ 包含振幅和偏振矢量 $\boldsymbol{\epsilon}$。在上述表达式中，ω_0是光束的腰半径。$z=0$ 处的场分布的傅里叶变换可以通过分析计算得出：

$$\widetilde{\boldsymbol{E}}(k_x,k_y)=(2\pi)^{-2}\int_{-\infty}^{\infty}\boldsymbol{E}_0\mathrm{e}^{-\frac{x^2+y^2}{\omega_0^2}+\mathrm{i}(k_x x+k_y y)}\mathrm{d}x\mathrm{d}y=\boldsymbol{E}_0\frac{\omega_0^2}{4\pi}\mathrm{e}^{-\frac{1}{4}\omega_0^2(k_x^2+k_y^2)}$$

这里我们利用了高斯积分的特性。由于选择了高斯包络，式（3.4）的角谱表示变为

$$\boldsymbol{E}(x,y,z)=\boldsymbol{E}_0\frac{\omega_0^2}{4\pi}\int_{-\infty}^{\infty}\mathrm{e}^{-\frac{1}{4}\omega_0^2(k_x^2+k_y^2)}\mathrm{e}^{\mathrm{i}\left[k_x x+k_y y+\left(k-\frac{k_x^2+k_y^2}{2k}\right)z\right]}\mathrm{d}k_x k_y \tag{3.16}$$

式（3.16）可以通过分析求解。详细推导过程见练习 3.5，引入一个新参数 $z_0=\dfrac{1}{2}k\omega_0^2$，并将 ρ 和 z 改为极坐标，就可以得到高斯光束的电场剖面。

高斯光束的电场剖面

$$\boldsymbol{E}(\rho,z)=\boldsymbol{E}_0\left[\frac{\omega_0}{\omega(z)}\right]^2\exp\left[-\frac{\rho^2}{\omega^2(z)}\left(1-\frac{\mathrm{i}z}{z_0}\right)+\mathrm{i}kz\right] \tag{3.17}$$

图 3.8 中，上下两条长曲线表示选定 z 值下的光束腰长 $\omega(z)$，黑线表示选定 z 值下的曲率半径 $R(z)$。

光束半径为 $\omega(z)=\omega_0\sqrt{1+(z/z_0)^2}$。图 3.8 所示为电场剖面示意图。理论上讲，上述表达式可以变得更加透明，参见文献［6］3.3 节或练习 3.6。关于式（3.17），有几点需要强调：

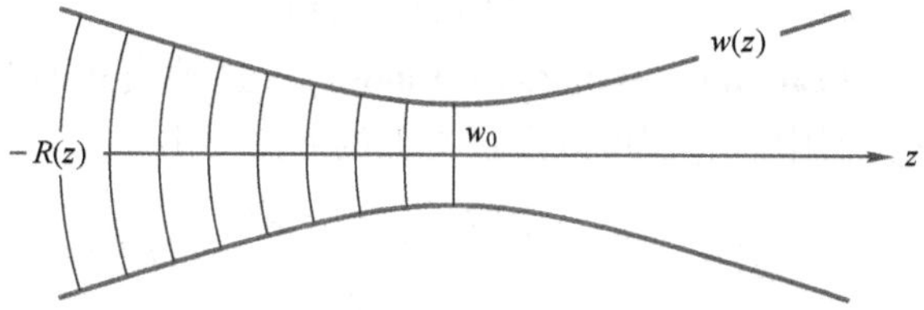

图 3.8 根据公式（3.17）计算得出的高斯光束轮廓

-高斯光束并不是麦克斯韦方程组的正确解。由于傍轴近似，它们还包含纵波成分。
-光束的强聚焦（对应于较小的 ω_0值）会导致场的快速散焦。
-相对于未聚焦的光束，高斯光束会产生相移，通常称为古伊相移。

激光模式（laser modes）

高斯光束通常是激光模式的最佳近似值，它可以在横向无明显色散的情况下传播很长距离。对于高阶激光模式，人们通常会区分不同的横向模式。

厄米-高斯模式（Hermite-Gaussian modes）。这些模式通常出现在带有矩形腔和端面反射镜的激光器中。在 x 方向和 y 方向上有 m 个和 n 个节点的模态可以根据式（3.16）中的基本模态生成，即

$$E_{mn}^{\mathrm{H}}(x,y,z)=\omega_0^{m+n}\frac{\partial^m}{\partial x^m}\frac{\partial^n}{\partial y^n}\boldsymbol{E}(x,y,z) \tag{3.18}$$

由于 x 和 y 的多项式正是厄米多项式，因此可以简化导数的计算。图 3.9 所示为一些选定的场剖面图，见式（3.18）。

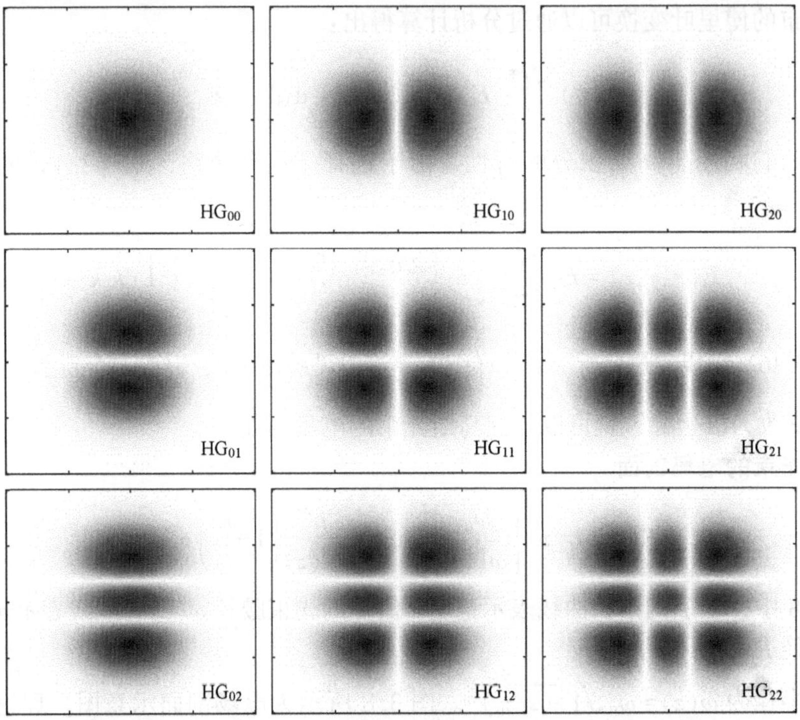

图 3.9　一些选定的厄米-高斯光束

图 3.9 中，我们绘制了 $z=0$ 平面上电场的绝对值。

拉盖尔-高斯模式（Laguerre-Gaussian modes）。这种模式通常出现在带有圆形腔体和端面反射镜的激光器中。它们可以通过类似的方法得出：

$$E_{mn}^{\mathrm{L}}(x,y,z)=k^n\omega_0^{2n+m}\mathrm{e}^{\mathrm{i}kz}\left(\frac{\partial}{\partial x}+\mathrm{i}\frac{\partial}{\partial y}\right)^m\frac{\partial^n}{\partial z^n}\mathrm{e}^{-\mathrm{i}kz}\boldsymbol{E}(x,y,z) \tag{3.19}$$

3.5　紧密聚焦激光束的场

最后，我们将研究厄米-高斯光束或拉盖尔-高斯光束通过高数值孔径透镜的紧密聚焦问题。我们从式（3.13）给出的焦点场角谱表示开始，并引入一些近似值：

-激光模式 $\boldsymbol{E}(x,y,z=0)$ 可以近似地表示撞击高斯参考球的远场，这是一个很好的近似值，因为激光束在横向的色散通常很小。

-透镜的透射系数近似为 1。

-对于激光束，我们考虑偏振矢量 $\boldsymbol{\epsilon}$。

考虑穿过高斯参考球后直接传输的激光场为

$$\boldsymbol{E}_{\mathrm{inc}}(\theta,\phi)=\sqrt{\frac{n_{\mathrm{inc}}}{n}}\cos^{\frac{1}{2}}\theta E_{mn}^{\mathrm{H}}(f\sin\theta,\phi,0)\overline{\overline{\mathcal{R}}}^{\mathrm{foc}}\cdot\boldsymbol{\epsilon}$$

式中：n_{inc}、n 分别为射入激光一侧和聚焦光斑一侧的折射率；f 为透镜的焦距。$\overline{\overline{\mathcal{R}}}^{\mathrm{foc}}$是式（3.27）中的转换矩阵，它将入射场传播到参考球上，我们使用$\rho=f\sin\theta$ 将入射激光束的圆柱体坐标与参考球的球面坐标联系起来。那么，焦点场可表示如下。

紧密聚焦激光束的场

$$\begin{aligned}\boldsymbol{E}(\rho,\varphi,z)=&\frac{\mathrm{i}kf\mathrm{e}^{-\mathrm{i}kf}}{2\pi}\sqrt{\frac{n_{\mathrm{inc}}}{n}}\times\int_0^{\theta_{\max}}\sqrt{\cos\theta}\sin\theta\mathrm{d}\theta\\&\times\int_0^{2\pi}\mathrm{d}\phi\boldsymbol{E}_{\mathrm{inc}}(\theta,\phi)\mathrm{e}^{-\mathrm{i}kz\cos\theta}\mathrm{e}^{\mathrm{i}k\rho\sin\theta\cos(\phi-\varphi)}\end{aligned}\tag{3.20}$$

让我们以入射偏振矢量$\hat{\boldsymbol{x}}$的基模为例，简要讨论这些积分的计算：

$$\boldsymbol{E}_{00}^{\mathrm{H}}=E_0\mathrm{e}^{-f^2\sin^2\theta/\omega_0^2}\hat{\boldsymbol{x}}$$

式（3.20）的计算过程如下：

-偏振矢量用直角坐标系表示。

-我们使用三角等式将$\overline{\overline{\mathcal{R}}}^{\mathrm{foc}}$产生的项转化为 $\cos n\phi$ 和 $\sin n\phi$ 的形式，见式（3.27）。

-方位角上的积分可以利用如下等式进行分析：

$$\int_0^{2\pi}\begin{Bmatrix}\sin n\phi\\\cos n\phi\end{Bmatrix}\mathrm{e}^{\mathrm{i}x\cos(\phi-\varphi)}\mathrm{d}\phi=2\pi i^n J_n(x)\begin{Bmatrix}\sin n\varphi\\\cos n\varphi\end{Bmatrix}\tag{3.21}$$

式中：$J_n(x)$为 n 阶贝塞尔函数。

-对 θ 上剩余的一维积分用数值方法求解。

我们首先用直角坐标表示偏振矢量，然后使用练习 3.4 中给出的三角函数等式求得 $t^{\rho}=t^{\phi}=1$，且

$$\overline{\overline{\mathcal{R}}}^{\mathrm{foc}}\cdot\hat{\boldsymbol{x}}=\frac{1}{2}\begin{pmatrix}(1+\cos\theta)-(1-\cos\theta)\cos2\phi\\-(1-\cos\theta)\sin2\phi\\-2\sin\theta\cos\phi\end{pmatrix}$$

在最后的表达式中，我们引入了函数：

$$\mathcal{I}_n(g(\theta))=i^n\int_0^{\theta_{\max}}\mathrm{e}^{-f^2\sin^2\theta/\omega_0^2}\mathrm{e}^{-\mathrm{i}kz\cos\theta}J_n(k\rho\sin\theta)g(\theta)\sin\theta\cos^{\frac{1}{2}}\theta\mathrm{d}\theta\tag{3.22}$$

因此，紧密聚焦基频激光模式的场可以写成以下形式：

$$\boldsymbol{E}(\rho,\varphi,z)=\mathrm{i}kf\mathrm{e}^{-\mathrm{i}kf}\sqrt{\frac{n_{\mathrm{inc}}}{n_{\mathrm{foc}}}}\frac{1}{2}\begin{pmatrix}\mathcal{I}_0(1+\cos\theta)-\mathcal{I}_2(1-\cos\theta)\cos2\varphi\\-\mathcal{I}_2(1-\cos\phi)\sin2\varphi\\-\mathcal{I}_1(\sin\theta)\cos\varphi\end{pmatrix}\tag{3.23}$$

计算时需要对 $\mathcal{I}_0$、$\mathcal{I}_1$和 $\mathcal{I}_2$三个积分进行数值计算。图 3.10 显示了根据式（3.23）计算出的不同 NA 值的强度曲线。我们可以观察到，随着数值孔径的增大，焦点场被限制得更紧，但当远离 $z=0$ 时，焦点场发散得更快。

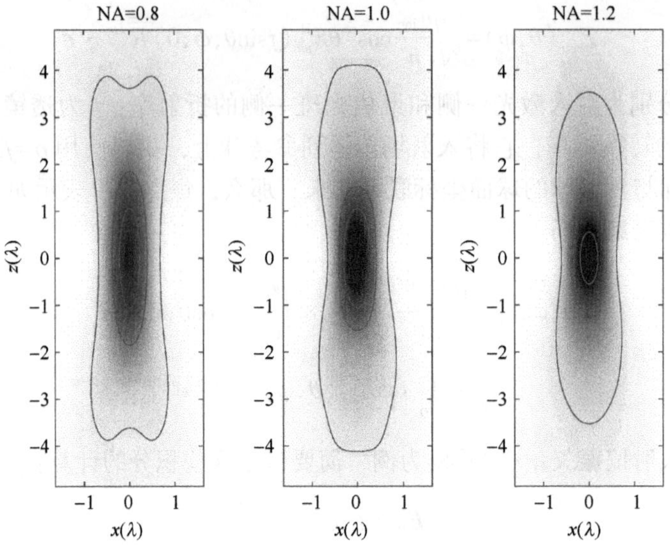

图 3.10 根据式（3.23）计算的不同 NA 值的 E_{00}^{H} 激光模式聚焦情况

3.6 成像和聚焦变换的细节

本节将详细介绍描述场成像和聚焦的式（3.10）和式（3.13）的推导过程。

3.6.1 聚焦远场

我们从聚焦情况开始讨论。图 3.11 所示为我们在这里要考虑的设置，它包括撞击到高斯参考球上的远场，远场在这里变为指向焦点。对于这两种介质，我们使用如下折射率、阻抗和坐标系：

介质 1 … n_{inc}，Z_{inc} 圆柱体坐标系 (ρ,ϕ,z)

介质 2 … n，Z 球面坐标系 (r,θ,ϕ)

图 3.10 中分别为最大强度的 10%、50% 和 80% 的等值线以及 xz 平面上的强度曲线。其中，嵌入介质的 $\lambda_0=620\text{nm}$ 和折射率为 1.33。

需要强调的是，两个系统的方位坐标是一致的。这是因为两个系统都以 z 轴为光轴。我们首先考虑从透镜侧到焦点侧的转换。详细视图见图 3.11。首先，我们注意到两种介质的截面通过 $\cos\theta=\mathrm{d}A_{inc}/\mathrm{d}A$ 相关。因此，根据式（3.9）的幂律，我们可以得到：

$$\frac{1}{2}Z_{inc}^{-1}|\boldsymbol{E}_{inc}|^2\mathrm{d}A=\frac{1}{2}Z^{-1}|\boldsymbol{E}|^2\frac{\mathrm{d}A}{\cos\theta}$$

这样，透射的光线的大小为

$$|\boldsymbol{E}|=\sqrt{\frac{n_{inc}}{n}}\cos^{\frac{1}{2}}\theta|\boldsymbol{E}_{inc}| \tag{3.24}$$

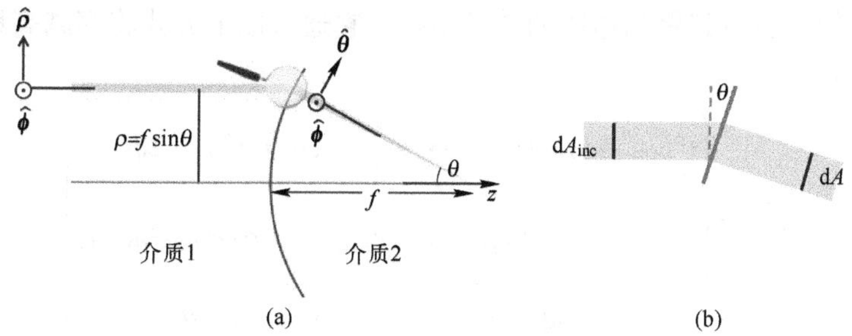

图 3.11 远场聚焦示意图

其中，我们将所有磁导率设为 μ_0，并用折射率表示阻抗。接下来，我们将透镜侧（介质 1）的场分解为径向分量和方位分量：

$$\boldsymbol{E}_{\text{inc}}=(\hat{\boldsymbol{\rho}}\cdot\boldsymbol{E}_{\text{inc}})\hat{\boldsymbol{\rho}}+(\hat{\boldsymbol{\phi}}\cdot\boldsymbol{E}_{\text{inc}})\hat{\boldsymbol{\phi}}=E_{\text{inc}}^{\rho}\hat{\boldsymbol{\rho}}+E_{\text{inc}}^{\phi}\hat{\boldsymbol{\phi}}$$

图 3.11 中，图（a）为进入介质 1 的场平行于光轴传播，穿过高斯参考球，在介质 2 中指向透镜焦点。我们在球体两侧标出了分析中使用的圆柱坐标系和球面坐标系。图（b）为穿过参考球时，垂直于光束传播方向的区域发生变化。

z 分量为零，因为电磁波是横向的。从图 3.11 中可以看出，在穿过高斯参考球时，方位分量相互转换，而 $\hat{\boldsymbol{\rho}}$ 分量变成了 $\hat{\boldsymbol{\theta}}$ 分量。在这种转换中，$\hat{\boldsymbol{\phi}}$ 分量具有 TE 特性，而 $\hat{\boldsymbol{\rho}}$ 分量具有 TM 特性。综合所有结果，我们可以得到转换后的电场：

$$\boldsymbol{E}=\sqrt{\frac{n_{\text{inc}}}{n}}\cos^{\frac{1}{2}}\theta(t^{\rho}E_{\text{inc}}^{\rho}\hat{\boldsymbol{\theta}}+t^{\phi}E_{\text{inc}}^{\phi}\hat{\boldsymbol{\phi}}) \tag{3.25}$$

式中：t^{ρ}、t^{ϕ} 分别为 TE 和 TM 传输系数。在计算中，我们总是将这些系数近似为 1。

转换矩阵

在这一点上做一些额外的工作是很方便的。更具体地说，我们要寻找一个转换矩阵 $\overline{\overline{\mathcal{R}}}^{\text{foc}}$，使得我们能够将式（3.25）改写为以下形式：

$$\boldsymbol{E}=\sqrt{\frac{n_{\text{inc}}}{n}}\cos^{\frac{1}{2}}\theta\overline{\overline{\mathcal{R}}}^{\text{foc}}\cdot\boldsymbol{E}_{\text{inc}}$$

在作用于矢量时，矩阵 $\overline{\overline{\mathcal{R}}}^{\text{foc}}$ 具有以下作用：

-将矢量投影到第一个参考系统的基础上；

-添加 TE 和 TM 传输系数；

-在第二参考系的基础上再次展开矢量。

为了使转换矩阵发挥作用，我们还必须将两个坐标系关联起来。在我们的样例中，方位角是相同的，而对于其他坐标，有 $\rho=f\sin\theta$。完成上述过程的转换矩阵可表示如下：

$$\overline{\overline{\mathcal{R}}}^{\text{foc}}=t^{\rho}(\hat{\boldsymbol{\theta}}\cdot\hat{\boldsymbol{\rho}}^{\text{T}})+t^{\phi}(\hat{\boldsymbol{\phi}}\cdot\hat{\boldsymbol{\phi}}^{\text{T}})$$

式中：T 为前项的转置。为了明确计算矩阵，我们用直角坐标系（cartesian coordinates）表示不同的单位矢量，详见练习 3.3，从而得出：

$$\begin{cases}\hat{\boldsymbol{\rho}}=\cos\phi\hat{\boldsymbol{x}}+\sin\phi\hat{\boldsymbol{y}}\\ \hat{\boldsymbol{\phi}}=-\sin\phi\hat{\boldsymbol{x}}+\cos\phi\hat{\boldsymbol{y}}\\ \hat{\boldsymbol{\theta}}=\cos\phi\cos\theta\hat{\boldsymbol{x}}+\sin\phi\cos\theta\hat{\boldsymbol{y}}-\sin\theta\hat{\boldsymbol{z}}\end{cases} \tag{3.26}$$

然后，我们就会得到聚焦透镜的转换矩阵，它通过以下方式将穿越高斯参考球前后的场关联起来：

$$\overline{\overline{\mathcal{R}}}^{\mathrm{foc}}=\begin{pmatrix} t^{\rho}\cos^2\phi\cos\theta+t^{\phi}\sin^2\phi & \frac{1}{2}(t^{\rho}\cos\theta-t^{\phi})\sin2\phi & 0 \\ \frac{1}{2}(t^{\rho}\cos\theta-t^{\phi})\sin2\phi & t^{\rho}\sin^2\phi\cos\theta+t^{\phi}\cos^2\phi & 0 \\ -t^{\rho}\cos\phi\sin\theta & -t^{\rho}\sin\phi\cos\theta & 0 \end{pmatrix} \tag{3.27}$$

如何计算焦距场

假设我们知道穿过焦点半径为 f 的高斯参考球后的远场 $\boldsymbol{F}(\hat{\boldsymbol{r}})$。接下来，我们将展示如何计算焦点侧（介质2）任意位置的场。我们从式（3.4）入手，它通过以下方式将电场与傅里叶分量关联起来：

$$\boldsymbol{E}(x,y,z)=\int_{k_x^2+k_y^2<k_{\max}^2}\mathrm{e}^{\mathrm{i}(k_xx+k_yy-k_zz)}\,\widetilde{\boldsymbol{E}}_0(k_x,k_y)\,\mathrm{d}k_x\mathrm{d}k_y$$

其中，$k_{\max}$是由透镜打开角度决定的截止波长。请注意，在指数中，我们将 k_zz 项取负号，因为与式（3.4）的角谱表示相比，我们现在的传播方式是相反的，即从高斯参考球向焦点传播。接下来我们使用式（3.8），将远场与傅里叶分量关联起来：

$$\boldsymbol{F}(\hat{\boldsymbol{r}})=-2\pi\mathrm{i}k_z\widetilde{\boldsymbol{E}}_0(k\hat{r}_x,k\hat{r}_y)$$

我们可以将这两个表达式合并得到：

$$\boldsymbol{E}(x,y,z)=\frac{\mathrm{i}}{2\pi}\int_{k_x^2+k_y^2<k_{\max}^2}\mathrm{e}^{\mathrm{i}(k_xx+k_yy-k_zz)}\boldsymbol{F}(\hat{\boldsymbol{k}})\,\frac{1}{k_z}\mathrm{d}k_x\mathrm{d}k_y \tag{3.28}$$

接下来，我们将进行两次坐标变换。为了对 k 空间进行积分，我们引入球面坐标，其坐标为

$$k_x=k\sin\theta\cos\varphi,\quad k_y=k\sin\theta\sin\phi,\quad k_z=k\cos\theta$$

然后，使用函数行列式（雅可比）对二维积分 $\mathrm{d}k_xk_y$进行变换：

$$J=\begin{vmatrix}\frac{\partial k_x}{\partial\theta} & \frac{\partial k_x}{\partial\phi}\\ \frac{\partial k_y}{\partial\theta} & \frac{\partial k_y}{\partial\phi}\end{vmatrix}=\begin{vmatrix}k\cos\theta\cos\phi & -k\sin\theta\sin\phi\\ k\cos\theta\sin\phi & k\sin\theta\cos\phi\end{vmatrix}=k^2\sin\theta\cos\phi$$

因此，$k_z^{-1}\mathrm{d}k_x\mathrm{d}k_y=k\sin\theta\mathrm{d}\theta\mathrm{d}\phi$。对于焦点位置，我们最终转换为圆柱体坐标，即$(x,y,z)=(\rho\cos\varphi,\rho\sin\varphi,z)$。据此，我们可以将式（3.28）的指数项重新表示为

$$k_xx+k_yy=k\sin\theta\cos\phi\rho\cos\varphi+k\sin\theta\sin\phi\sin\varphi=k\rho\sin\theta\cos(\phi-\varphi)$$

通过这些坐标变换，我们可以将式（3.28）改写为以下形式：

$$\boldsymbol{E}(\rho,\varphi,z)=\frac{\mathrm{i}k}{2\pi}\int_0^{\theta_{\max}}\sin\theta\mathrm{d}\theta\int_0^{2\pi}\mathrm{d}\phi\boldsymbol{F}(\theta,\phi)\,\mathrm{e}^{-\mathrm{i}kz\cos\theta}\,\mathrm{e}^{\mathrm{i}k\rho\sin\theta\cos(\phi-\varphi)} \tag{3.29}$$

式中：$\theta_{\max}$为透镜的开口角度。最后一步是将进入的远场与穿过高斯参考球后的远场联系起来，这可以通过式（3.27）的转换矩阵来实现，即

$$\left(\frac{\mathrm{e}^{\mathrm{i}kf}}{f}\right)\boldsymbol{F}(\theta,\phi)=\sqrt{\frac{n_{\mathrm{inc}}}{c}}\sqrt{\cos\theta}\,\overline{\overline{\mathcal{R}}}^{\mathrm{foc}}\cdot\boldsymbol{E}_{\mathrm{inc}}(f\sin\theta,\phi)$$

将该远场插入式（3.29）后，我们就得到了式（3.13）的最终表达式，它将入射场 $\boldsymbol{E}_{\text{inc}}$ 与焦点场关联起来。

3.6.2　远场成像

现在，我们再来研究一个更为复杂的问题，即如图 3.5 所示的通过两个透镜对远场成像。利用为场聚焦而发明的设备时，情况会变得非常相似。三种介质的折射率、阻抗和坐标系如下所示：

$$\text{介质 1：}\cdots\quad n_1, Z_1\quad \text{球面坐标系}(r_1, \theta_1, \phi)$$

$$\text{介质 2：}\cdots\quad n_2, Z_2\quad \text{圆柱体坐标系}(\rho_2, \phi, z_2)$$

$$\text{介质 3：}\cdots\quad n_3, Z_3\quad \text{球面坐标系}(r_3, \theta_3, \phi)$$

其中，方位角在所有参考系中都是一致的。接下来，我们通过透镜系统追踪射线。

物侧到透镜侧。对于光线从物侧到透镜侧的转换，我们通过 $\cos\theta_1 = \mathrm{d}A_2/\mathrm{d}A_1$ 将两种介质中的截面关联起来。因此，根据式（3.9）的幂律，我们可以得到：

$$\frac{1}{2}Z_1^{-1}|\boldsymbol{E}_1|^2\mathrm{d}A_1 = \frac{1}{2}Z_2^{-1}|\boldsymbol{E}_2|^2\cos\theta_1\mathrm{d}A_1$$

传输到介质 2 中的射线的量级为

$$|\boldsymbol{E}_2| = \sqrt{\frac{n_1}{n_2}}\cos^{-\frac{1}{2}}\theta_1|\boldsymbol{E}_1| \tag{3.30}$$

在这里，我们再次将所有磁导率设为 μ_0，并用折射率表示阻抗。当穿过高斯参考球时，方位分量相互转化，而 $\hat{\boldsymbol{\theta}}_1$ 分量则转化为 $\hat{\boldsymbol{\rho}}_2$ 分量。综合所有结果，我们可以得到透镜区域的电场情况：

$$\boldsymbol{E}_2 = \sqrt{\frac{n_1}{n_2}}\cos^{-\frac{1}{2}}\theta_1\tilde{t}(E_1^{\theta}\hat{\boldsymbol{\rho}}_2 + E_1^{\phi}\hat{\boldsymbol{\phi}}) \tag{3.31}$$

式中：系数 $\tilde{t}$ 为横向电场在界面上的传输。

透镜侧到像侧。对于透镜侧到像侧的转换，我们采用与 3.3 节中讨论的类似的方法，可得

$$\boldsymbol{E}_3 = \sqrt{\frac{n_2}{n_3}}\cos^{\frac{1}{2}}\theta_3(t^{\rho}E_2^{\rho}\hat{\boldsymbol{\theta}}_3 + t^{\phi}E_2^{\phi}\hat{\boldsymbol{\phi}}) \tag{3.32}$$

物侧到像侧。将上述两个等式结合起来，可以将物体和图像两侧的场联系起来，即

$$\boldsymbol{E}_3 = \sqrt{\frac{n_1}{n_3}}\sqrt{\frac{\cos\theta_3}{\cos\theta_1}}(\tilde{t}^{\theta}E_1^{\theta}\hat{\boldsymbol{\theta}}_3 + \tilde{t}^{\phi}E_1^{\phi}\hat{\boldsymbol{\phi}}) \tag{3.33}$$

式中：$\tilde{t}^{\theta}$、$\tilde{t}^{\phi}$ 为整个结构的转换系数。

与聚焦情况类似，我们现在可以引入成像系统的转换矩阵：

$$\overline{\overline{\mathcal{R}}}^{\text{im}} = \tilde{t}^{\theta}(\hat{\boldsymbol{\theta}}_3\cdot\hat{\boldsymbol{\theta}}_1^{\mathrm{T}}) + t^{\phi}(\hat{\boldsymbol{\phi}}\cdot\hat{\boldsymbol{\phi}}^{\mathrm{T}})$$

它根据下式将成像系统两侧的场关联起来：

$$\boldsymbol{E}_3 = \sqrt{\frac{n_1}{n_3}}\sqrt{\frac{\cos\theta_3}{\cos\theta_1}}\overline{\overline{\mathcal{R}}}^{\text{im}}\cdot\boldsymbol{E}_1$$

有时我们可以对方位坐标进行解析积分，条件是积分的形式为 $\sin n\phi$、$\cos n\phi$，但不包含三角函数的平方或乘积。我们在练习 3.4 中做了一些简单的处理后，可以得到成像透镜的转换矩阵：

$$\begin{cases}\mathcal{R}_{xx}^{\text{im}}=\frac{1}{2}[(\tilde{t}^{\theta}\cos\theta_1\cos\theta_3+\tilde{t}^{\phi})+(\tilde{t}^{\theta}\cos\theta_1\cos\theta_3-\tilde{t}^{\phi})\cos2\phi]\\ \mathcal{R}_{xy}^{\text{im}}=\frac{1}{2}(\tilde{t}^{\theta}\cos\theta_1\cos\theta_3-\tilde{t}^{\phi})\sin2\phi\\ \mathcal{R}_{xz}^{\text{im}}=-\tilde{t}^{\theta}\cos\phi\sin\theta_1\cos\theta_3\\ \mathcal{R}_{yx}^{\text{im}}=\frac{1}{2}(\tilde{t}^{\theta}\cos\theta_1\cos\theta_3-\tilde{t}^{\phi})\sin2\phi\\ \mathcal{R}_{yy}^{\text{im}}=\frac{1}{2}[(\tilde{t}^{\theta}\cos\theta_1\cos\theta_3+\tilde{t}^{\phi})-(\tilde{t}^{\theta}\cos\theta_1\cos\theta_3-\tilde{t}^{\phi})\cos2\phi]\\ \mathcal{R}_{yz}^{\text{im}}=-\tilde{t}^{\theta}\sin\phi\sin\theta_1\cos\theta_3\\ \mathcal{R}_{zx}^{\text{im}}=-\tilde{t}^{\theta}\cos\phi\cos\theta_1\sin\theta_3\\ \mathcal{R}_{zy}^{\text{im}}=-\tilde{t}^{\theta}\sin\phi\sin\theta_1\sin\theta_3\\ \mathcal{R}_{zz}^{\text{im}}=-\tilde{t}^{\theta}\sin\theta_1\sin\theta_3\end{cases}\tag{3.34}$$

现在我们可以将整个成像过程归纳起来。我们的出发点是式（3.29），即

$$\boldsymbol{E}_3(\rho_3,\varphi_3,z)=\frac{\mathrm{i}k_3}{2\pi}\times\int_0^{\theta_{3,\max}}\sin\theta_3\mathrm{d}\theta_3\times\int_0^{2\pi}\mathrm{d}\phi\boldsymbol{F}_3(\theta_3,\phi)\mathrm{e}^{-\mathrm{i}k_3\cos\theta_3 z}\mathrm{e}^{\mathrm{i}k_3\rho_3\sin\theta_3\cos(\phi-\varphi_3)}$$

这里，$\boldsymbol{F}_3$是图像一侧的远场。为了使该方程有意义，我们必须用物体角 θ_1 而不是 θ_3来表示远场。如图 3.5 所示，共轭光线在物像侧和像侧与光轴的距离相同，因此我们可以得到：

$$f\sin\theta_1=f'\sin\theta_3\tag{3.35}$$

求两边的总导数，得到：

$$f\cos\theta_1\mathrm{d}\theta_1=f'\cos\theta_3\mathrm{d}\theta_3\Rightarrow\mathrm{d}\theta_3=\frac{f}{f'}\frac{\cos\theta_1}{\cos\theta_3}\mathrm{d}\theta_1\xrightarrow[f'\gg f]{}\frac{f}{f'}\cos\theta_1\mathrm{d}\theta_1$$

在最后一个表达式中，我们对 $\cos\theta_3\approx1$ 进行了近似，一般对 $f'\gg f$ 有效。因此，指数表达式可以改写为

$$k_3\rho_3\sin\theta_3=\left(\frac{n_3}{n_1}k_1\rho_3\right)\left(\frac{f}{f'}\sin\theta_1\right)=k_1\frac{\rho}{M}\sin\theta_1$$

其中我们引入了放大系数：

$$M=\frac{n_1}{n_3}\frac{f'}{f}$$

远场振幅可通过以下方式进行关联：

$$\left(\frac{\mathrm{e}^{\mathrm{i}k_3f'}}{f'}\right)\boldsymbol{F}_3\approx\sqrt{\frac{n_1}{n_3}}\cos^{-\frac{1}{2}}\theta_1\overline{\overline{\mathcal{R}}}^{\text{im}}\cdot\left(\frac{\mathrm{e}^{\mathrm{i}k_1f}}{f}\right)\boldsymbol{F}_1(\theta_1,\phi)$$

其中我们再次使 $\cos\theta_3 \approx 1$。最后，我们将所有信息整合在一起，得出从物体一侧的远场到图像一侧的焦点场的映射式（3.10）。

在计算机上模拟成像。本章中推导的成像公式是一个非常有用的表达式，一旦已知给定平面 $z=0$ 中的物侧场 $\boldsymbol{E}^{\mathrm{obj}}$，就可以计算出像侧场 $\boldsymbol{E}^{\mathrm{im}}$。在下文中，与通常的数值计算一样，我们假设电场是在矩形网格的位置上给出的：

$$\boldsymbol{E}_i^{\mathrm{im}}\text{是位置}(Mx_i, My_i)\text{的像场}$$

$$\boldsymbol{E}_i^{\mathrm{obj}}\text{是位置}(x_i, y_i)\text{的物场}$$

M 是镜头系统的放大倍率。式（3.10）的成像公式根据式（3.36）提供了两个视场之间的线性映射：

$$\widetilde{\boldsymbol{E}}_{i\alpha}^{\mathrm{obj}} = \mathcal{F}\{\boldsymbol{E}^{\mathrm{obj}}\} \tag{3.36}$$

其中，α,β 表示笛卡儿坐标，我们使用了爱因斯坦的求和约定。人们希望用上述表达式计算像场，事实上，我们也将在本书的后半部分这样做。但是，如果将式（3.36）直接应用于大量位置 n 的成像，如百万数量级，大致相当于图 3.6 所示的情况，就会发现计算映射变得极其缓慢。原因是上述转换涉及矩阵乘法，因此需要 n^2 次运算，或者用计算机科学的术语表示，该算法的复杂度为 $\mathcal{O}(n^2)$。

幸运的是，有一种复杂度为 $\mathcal{O}(n)$ 的不同方法。它基于快速傅里叶变换（FFT），这是一种出色的算法，被 IEEE 期刊《科学与工程计算》（*Computing in Science and Engineering*）列为 20 世纪十大算法之一[7]。该算法可执行复杂度为 $\mathcal{O}(n\log n)$ 的傅里叶变换，比矩阵乘法的 $O(n^2)$ 快得多。由于成像变换深深植根于傅里叶变换，下面我们将重新审视成像，并展示如何进行复杂度仅为 $\mathcal{O}(n)$ 的运算。其基本原理是

$$\boldsymbol{E}_i^{\mathrm{obj}} \xrightarrow[\mathrm{FFT}]{} \widetilde{\boldsymbol{E}}_i \rightarrow \cdots \xrightarrow[\mathrm{FFT}^{-1}]{} \boldsymbol{E}_i^{\mathrm{im}}$$

我们首先将物侧场转换到波数空间。随后，我们对傅里叶分量进行一系列运算，以模拟透镜系统的性能，然后再转换回实数空间场 $\boldsymbol{E}_i^{\mathrm{im}}$。该算法的不同变换可归纳如下。

傅里叶变换。算法首先对物体场进行快速傅里叶变换：

$$\widetilde{E}_{i\alpha}^{\mathrm{obj}} = \mathcal{F}\{\boldsymbol{E}^{\mathrm{obj}}\}$$

如何将离散的 FFT 波数与我们分析所依据的连续波数空间的波数（$\boldsymbol{k}_i$）联系起来是一个微妙的问题，请感兴趣的读者参阅专业文献［8］进行深入研究。

物侧的远场。利用式（3.8）可以将傅里叶变换场与远场振幅联系起来，得到：

$$F_{i\alpha} = -2\pi \mathrm{i} k_{z,i}\theta_{\mathrm{step}}(k_{\max} - |\boldsymbol{k}_i|)\widetilde{E}_{i\alpha}^{\mathrm{obj}}$$

式中：$k_{\max} = n_1 k_0 \sin\theta_{\max} = NAk_0$；$\theta_{\mathrm{step}}$ 为海维赛德（Heaviside）的阶跃函数。

透镜。利用几何光学和强度定律，场必须通过透镜系统传播，参见式（3.33）：

$$\left(\frac{\mathrm{e}^{\mathrm{i}k'f'}}{f'}\right)F_{i\alpha}^{\mathrm{im}} \approx \left(\frac{\mathrm{e}^{\mathrm{i}kf}}{f}\right)\sqrt{\frac{n}{n'}}\cos^{-\frac{1}{2}}\theta_i\left(\tilde{t}_i^{\theta}\boldsymbol{F}_i^{\theta}\hat{\rho}_{i\alpha} + \tilde{t}_i^{\phi}\boldsymbol{F}_i^{\phi}\hat{\phi}_{i\alpha}\right)$$

该表达式的不同部分具有如下含义：

–我们用 k、n 表示物侧，用 k'、n' 表示像侧。

–单位矢量 $\hat{\boldsymbol{\phi}}_i$、$\hat{\boldsymbol{\theta}}_i$、$\hat{\boldsymbol{\rho}}_i = \cos\phi_i\hat{\boldsymbol{x}} + \sin\phi_i\hat{\boldsymbol{y}}$ 定义在物侧（另见练习 3.8）。

–$\boldsymbol{F}_i^{\theta}$、$\boldsymbol{F}_i^{\phi}$ 是投影在单位矢量上的远场矢量。

图像侧的远场图像一侧的傅里叶分量可由以下公式求得：

$$\widetilde{\boldsymbol{E}}_{i\alpha}^{\text{im}}=\frac{i}{2\pi k'}F_{i\alpha}^{\text{im}}$$

其中，我们本着傍轴近似的精神，近似将 $k'_{i,z}\approx k'$。

傅里叶逆变换。最后，我们通过快速傅里叶逆变换获得图像场：

$$E_{i\alpha}^{\text{im}}=\frac{1}{M^2}\mathcal{F}^{-1}\{\widetilde{\boldsymbol{E}}^{\text{im}}\}$$

其中，M 是式（3.11）中定义的放大系数。前置因子是由于在将远场转换为像场的表达式［式（3.28）］中，我们必须将 $\mathrm{d}k'_x\mathrm{d}k'_y$ 与 $\mathrm{d}k_x\mathrm{d}k_y$ 联系起来，以便使用傅里叶逆变换，这与我们的中心成像表达式［式（3.10）］的推导类似。

习题

NANOPT 工具箱。本书附带了一组 MATLAB 文件，我们将其称为 NANOPT 工具箱，可以从格拉茨大学的网页上下载。工具箱附有安装和使用说明。代码尽可能保持简单和基础，重点是演示如何用数值方法实现本书介绍的某些方法。书中的一些练习以工具箱为基础，我们通常会提到读者需要修改的某些文件。

练习 3.1 使用 NANOPT 工具箱中的 demomicron01. m 文件得到图 3.3。修改源代码以研究以下几点：

（a）沿 x 方向的偶极子会发生什么情况？计算图 3.3 中 z 平面上的场。

（b）如果字母的大小增加 10 倍，会发生什么情况？

练习 3.2 使用 NANOPT 工具箱中的 demomicron02. m 文件得到图 3.6。修改源代码以研究以下几点：

（a）沿 x 方向的偶极子会发生什么情况？使用与图 3.3 相同的 NA 值。

（b）如果字母的大小增加 10 倍，会发生什么情况？

（c）在角频谱表示的初始化中，将 $k_x\leqslant 0$ 的场设为零。这将使图像有何变化？解释发生变化的原因。

练习 3.3 从球面坐标(ρ,ϕ,θ)表示的矢量 $\boldsymbol{r}$ 入手，计算：

$$\boldsymbol{\rho}=\frac{\mathrm{d}\boldsymbol{r}}{\mathrm{d}\rho},\quad \boldsymbol{\phi}=\frac{\mathrm{d}\boldsymbol{r}}{\mathrm{d}\phi},\quad \boldsymbol{\theta}=\frac{\mathrm{d}\boldsymbol{r}}{\mathrm{d}\theta}$$

将每个矢量除以其范数，以得到单位矢量，并将结果与式（3.26）进行比较。

练习 3.4 利用练习 3.3 的结果求出式（3.27）的转换矩阵$\overline{\overline{\mathcal{R}}}^{\text{foc}}$。您可以使用下列三角函数等式：

$$\sin\phi\cos\phi=\frac{1}{2}\sin(2\phi),\quad \cos^2\phi=\frac{1}{2}[1+\cos(2\phi)],\quad \sin^2\phi=\frac{1}{2}[1-\cos(2\phi)]$$

练习 3.5 使用练习 1.4 中给出的高斯积分为高斯光束推导式（3.16）的电场剖面。

练习 3.6 证明公式（3.17）中高斯光束的电场剖面可以写成以下形式：

$$\boldsymbol{E}(\rho,z)=\boldsymbol{E}_0\left[\frac{\omega_0}{\omega(z)}\right]^2\exp\left[-\frac{\rho^2}{\omega^2(z)}\left(\mathrm{i}kz-\eta(z)+\frac{k\rho^2}{2R(z)}\right)\right]$$

波前半径 $R(z)=z(1+z_0^2/z^2)$ 和相位校正 $\eta(z)=\arctan(z/z_0)$。

练习 3.7　使用 NANOPT 工具箱中的 demofocus02. m 和 demofocus04. m 文件研究激光的聚焦场，见图 3. 10。

（a）改变 NA 值会发生什么情况？

（b）改变激光模式的顺序会发生什么情况？

（c）用数字说明聚焦激光在 xy 平面上的积分强度与 z 无关。

练习 3.8　设 $\sin\theta_3\approx 0$ 和 $\cos\theta_3\approx 1$，通过式（3. 34）证明对于成像的转换矩阵和 $f'\gg f$，物侧的$\hat{\theta}$分量转换为像侧的$\hat{\boldsymbol{\rho}}$分量。

第 4 章

对称性和力

如果没有埃米·诺特及其著名的诺特定理会怎样？诺特定理将对称性与守恒定律联系起来，为物理学提供了必要的指导原则，反之亦然。

在本章中，我们将讨论诺特定理对麦克斯韦方程组的影响。在自由空间中电磁波的动量、角动量和能量是守恒量。当物质存在时我们可以从电动力学是一个场理论这样的事实中获益。假设所有被分析的物质都位于给定的体积 Ω 内，通过确定穿出其边界 $\partial\Omega$ 的动量、角动量或能量通量，我们可以测量出有多少守恒量从光转移到物质，反之亦然。本章介绍的方法是直接建立在麦克斯韦方程组的基础之上的，和其他方式相比，其劣势是对称性特征并不明显，尤其是与基于拉格朗日函数的方法相比更为明显。但该方法的优点也显而易见，那就是分析过程大大简化。

4.1 光力

光子携带的动量为 $\hbar k$。对于波长为 600nm 的光，其动量约为

$$\hbar k \approx 10^{-34} \times \frac{2\pi}{600 \times 10^{-9}} \approx 10^{-27} \mathrm{m} \cdot (\mathrm{kg/s^1}) \tag{4.1}$$

每当光被电介质体散射或衍射时，部分光子动量就会从光转移到物质。虽然光力对宏观物体没有重要影响，但它们对纳米和微米尺寸的物体有显著影响。紧密聚焦的激光光束产生的力在飞牛到皮牛的范围内，这足以让人们通过光学手段捕获粒子。在过去的 20 年中，光镊已成为使用这种力学效应来捕获和操纵微观粒子的主要工具。稍后我们将选择几个典型应用进行讨论，感兴趣的读者请参考其他文献以获取更多详细信息[9-10]。

根据麦克斯韦方程及其基本对称性，可以很好地理解光捕获的基本原理。在本章中，我们将从三个不同的理论框架对光力进行描述。

偶极近似。对于尺寸远小于光波长的粒子，可以使用偶极近似，也就是将强光场中的粒子视为具有特定偏振特性的电偶极子，相关分析参见 4.1.1 节。

几何光学。对于尺寸远大于光波长的粒子，可以使用几何光学框架，类似于第 3 章讨论的光聚焦情况。相关分析参见 4.1.2 节。

波动光学。对于尺寸介于二者之间的粒子，必须借助麦克斯韦方程，正如将在 4.5 节中介绍的那样，力可以从麦克斯韦应力张量中获得。

4.1.1 偶极近似

首先考虑一个尺寸远小于光波长的粒子，我们稍后将详细说明这个粒子是如何被极化的，只要假设它有一些偶极矩 $\boldsymbol{p}$ 就足够了。作为一个通用模型，可以用两个电荷为 $\pm q$ 的粒子来描述偶极子，它们被距离矢量 $\boldsymbol{s}$ 分开，如图 4.1 所示。偶极矩为 $\boldsymbol{p}=q\boldsymbol{s}$（$\boldsymbol{s}$ 为矢量），我们用 $\boldsymbol{r}$ 表示质心坐标。这样形成电偶极子的两个粒子的电荷、坐标和速度可以表示为

$$\begin{cases} q_1=-q, \quad \boldsymbol{r}_1=\boldsymbol{r}-\dfrac{1}{2}\boldsymbol{s}, \quad \dot{\boldsymbol{r}}_1=\dot{\boldsymbol{r}}-\dfrac{1}{2}\dot{\boldsymbol{s}} \\ q_2=q, \quad \boldsymbol{r}_2=\boldsymbol{r}+\dfrac{1}{2}\boldsymbol{s}, \quad \dot{\boldsymbol{r}}_2=\dot{\boldsymbol{r}}+\dfrac{1}{2}\dot{\boldsymbol{s}} \end{cases}$$

图 4.1 中，偶极子可通过位于位置 $\boldsymbol{r}_1$、$\boldsymbol{r}_2$ 的两个电荷 $\pm q$ 来描述。其中，$\boldsymbol{s}$ 为相对位矢，$\boldsymbol{r}$ 为质心位矢。

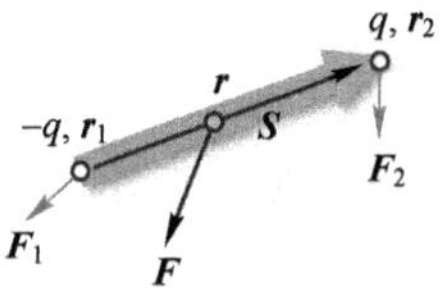

图 4.1 作用在偶极子上的力

作用在两个粒子上的电磁力和内力 $\boldsymbol{f}$ 表示如下：

$$\begin{cases} \boldsymbol{F}_1=-q[\boldsymbol{E}(\boldsymbol{r}_1)+v_1\times\boldsymbol{B}(\boldsymbol{r}_1)]+\boldsymbol{f}_{12} \\ \boldsymbol{F}_2=+q[\boldsymbol{E}(\boldsymbol{r}_2)+v_2\times\boldsymbol{B}(\boldsymbol{r}_2)]+\boldsymbol{f}_{21} \end{cases}$$

对于足够小的电偶极子，我们可以将电场在质心邻域进行如下展开：

$$\boldsymbol{E}\left(\boldsymbol{r}\pm\frac{1}{2}\boldsymbol{s}\right)\approx\boldsymbol{E}(\boldsymbol{r})\pm\frac{1}{2}\ \frac{\partial\boldsymbol{E}(\boldsymbol{r})}{\partial\boldsymbol{r}_k}s_k=\boldsymbol{E}(\boldsymbol{r})\pm\frac{1}{2}(\boldsymbol{s}\cdot\nabla)\boldsymbol{E}(\boldsymbol{r})$$

对于磁场也可以做类似的处理。为了计算作用在偶极子上的总力，由于内力的总和为零，即 $\boldsymbol{f}_{12}+\boldsymbol{f}_{21}=0$，因而电磁力的总和变为

$$\begin{aligned}\boldsymbol{F}=&-q\left[\boldsymbol{E}-\frac{1}{2}(\boldsymbol{s}\cdot\nabla)\boldsymbol{E}+\left(\dot{\boldsymbol{r}}-\frac{1}{2}\dot{\boldsymbol{s}}\right)\times\left(\boldsymbol{B}-\frac{1}{2}(\boldsymbol{s}\cdot\nabla)\boldsymbol{B}\right)\right]\\&+q\left[\boldsymbol{E}+\frac{1}{2}(\boldsymbol{s}\cdot\nabla)\boldsymbol{E}+\left(\dot{\boldsymbol{r}}+\frac{1}{2}\dot{\boldsymbol{s}}\right)\times\left(\boldsymbol{B}+\frac{1}{2}(\boldsymbol{s}\cdot\nabla)\boldsymbol{B}\right)\right]\end{aligned}$$

此处以及随后的讨论中，将忽略空间 $\boldsymbol{r}$ 对于 $\boldsymbol{E}$、$\boldsymbol{B}$ 的影响，上式变为

$$\boldsymbol{F}=(\boldsymbol{p}\cdot\nabla)\boldsymbol{E}+\dot{\boldsymbol{p}}\times\boldsymbol{B}+\dot{\boldsymbol{r}}(\boldsymbol{p}\cdot\nabla)\boldsymbol{B} \tag{4.2}$$

第二项可以改写为

$$\frac{\mathrm{d}}{\mathrm{d}t}\boldsymbol{p}\times\boldsymbol{B}=\dot{\boldsymbol{p}}\times\boldsymbol{B}+\boldsymbol{p}\times\left(\frac{\partial\boldsymbol{B}}{\partial\boldsymbol{r}_k}\dot{\boldsymbol{r}}_k+\frac{\partial\boldsymbol{B}}{\partial t}\right)=\dot{\boldsymbol{p}}\times\boldsymbol{B}-\boldsymbol{p}\times(\nabla\times\boldsymbol{E})+\boldsymbol{p}\times(\dot{\boldsymbol{r}}\cdot\nabla)\boldsymbol{B}$$

我们使用了依赖偶极子质心坐标 $\boldsymbol{r}$ 的 $\boldsymbol{B}(\boldsymbol{r},t)$，并在上式中最后一项应用了法拉第电磁感应定律。下面我们假设：场的变化远远小于场的幅值，并且偶极子的运动在场振荡的时间尺度内忽略不计，即

$$|(\hat{\boldsymbol{p}}\cdot\nabla)\boldsymbol{B}|\ll B, \quad |\dot{\boldsymbol{r}}\cdot\boldsymbol{B}|\ll\left|\boldsymbol{r}\cdot\frac{\partial\boldsymbol{B}}{\partial t}\right|$$

忽略了式（4.2）中的最后一项以及$(\dot{r}\cdot\nabla)\boldsymbol{B}$，可以得到：

$$\boldsymbol{F}=(\boldsymbol{p}\cdot\nabla)\boldsymbol{E}+\boldsymbol{p}\times(\nabla\times\boldsymbol{E})+\frac{\mathrm{d}}{\mathrm{d}t}\boldsymbol{p}\times\boldsymbol{B}$$

当考虑简谐波并在一个振荡周期内取平均值时，对时间的微分项变为零。在非均匀电磁场的情况下，作用在偶极子 $\boldsymbol{p}$ 上的力可以改写为式（4.3）（另见练习 4.1）。

作用在偶极子上的光力

$$\langle\boldsymbol{F}\rangle=\frac{1}{2}\mathrm{Re}\left\{\sum_k p_k\,\nabla E_k^*(\boldsymbol{r})\right\}\tag{4.3}$$

为了清楚，此处并没有使用爱因斯坦的求和约定，而是明确指出是针对笛卡儿坐标系的坐标 k 进行求和。

我们接下来考虑一个能够被外场极化的粒子，它在存在电场的情况下获得偶极矩：

$$\boldsymbol{p}=\alpha\boldsymbol{E}\tag{4.4}$$

式中：α 为粒子的极化率。在本书后面的部分中，我们将展示如何计算电介质或金属粒子的这个量，但目前假设 α 是已知的就足够了。将式（4.4）代入式（4.3）可以严格计算得到表达式的实部：

$$\langle\boldsymbol{F}\rangle=\frac{\alpha'}{4}(E_k\nabla E_k^*+E_k^*\nabla E_k)+\frac{\mathrm{i}\alpha''}{4}(E_k\nabla E_k^*-E_k^*\nabla E_k)$$

其中，第一项可以改写为

$$\nabla E_k^*E_k=2\,\nabla\langle\boldsymbol{E}\cdot\boldsymbol{E}\rangle$$

此处使用了对简谐场的统计平均，对于第二项可使用下式分析（见练习 4.2）。

$$E_k\nabla E_k^*-E_k^*\nabla E_k=\boldsymbol{E}\times(\nabla\times\boldsymbol{E}^*)-\boldsymbol{E}^*\times(\nabla\times\boldsymbol{E})+\nabla\times(\boldsymbol{E}\times\boldsymbol{E}^*)\tag{4.5}$$

利用法拉第定律$\nabla\times\boldsymbol{E}=\mathrm{i}\omega\boldsymbol{B}$，可以得出施加在偶极子上的力的最终表达式

作用在偶极子上的光力

$$\langle\boldsymbol{F}\rangle=\frac{\alpha'}{2}\nabla\langle\boldsymbol{E}\cdot\boldsymbol{E}\rangle+\omega\alpha''\langle\boldsymbol{E}\times\boldsymbol{B}\rangle+\frac{\mathrm{i}\alpha''}{4}\nabla\times(\boldsymbol{E}\times\boldsymbol{E}^*)\tag{4.6}$$

第一项称为偶极作用力或梯度力。对于 $\alpha'>0$，粒子被推向场强最大的区域，这种效应在光镊中被用于粒子捕获。其他两项适用于具有吸收效应的粒子（$\alpha''\neq0$）：第二项称为散射力或辐射压力，与粒子的吸收损耗有关；第三项是由于空间极化梯度的存在而产生的力[11]。

光学黏团

光捕获领域的创始人是亚瑟·阿斯金（Arthur Ashkin，2018 年诺贝尔物理学奖得主）。曾因“利用激光冷却和俘获原子”获得 1997 年诺贝尔奖，并于 2009 年至 2013 年在奥巴马总统执政期间担任美国能源部部长的朱棣文（Stephen Chu）回忆了他第一次与阿斯金讨论如何使用光捕获中性原子[12]。

在霍姆德尔（Holmdel）与我办公室同事亚瑟·阿斯金的交谈中，我开始了解他用光捕获原子的梦想。当他发现我是一个越来越感兴趣的听众时，就送给我他著作的复印版。

主要难点之一是将原子降到足够小的速度，以使光力足以将它们保持在光捕获中，这是他们通过被称为激光冷却的技术实现的。一旦完成，就可以在真空室内用肉眼看到

被困原子。

首次利用光学黏团只能将原子限制几十毫秒，但很快我们就将存储时间提高了一个数量级以上。令人惊讶的是，仅仅用了一周时间我们就能够利用肉眼观测而不是借助光电倍增管。最终我们做到了，并得到了如下图所示的图像。

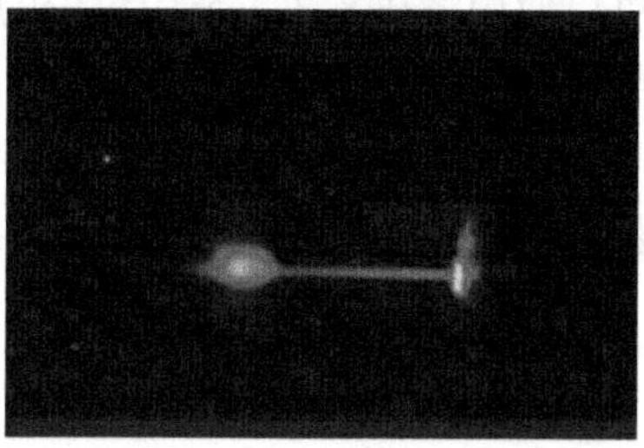

1997年诺贝尔物理学奖宣布后不久，亚瑟·阿斯金在接受采访时表达了他对获奖者的喜悦，并预测“光捕获”将产生另外两个诺贝尔奖，即“玻色-爱因斯坦凝聚（BEC）和原子激光将产生一个诺贝尔奖，同时也希望生物学家用光镊所做的伟大事情将获得另一个”。亚瑟·阿斯金是对的，BEC于2001年紧随其后获奖；直到2018年，亚瑟·阿斯金本人才因“光镊及其在生物系统中的应用”而获得该奖。那时他已经96岁了，是有史以来最年长的获奖者。

图4.2取自文献［12］。

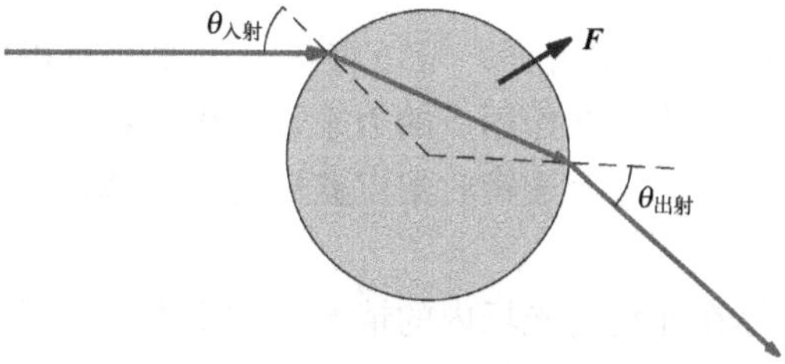

图4.2　穿过介电球的光线追迹

图4.2中，光线从左侧撞击介电球体，并在穿过它时发生衍射。通过改变光线方向（此处为向下），一个力作用在球体（此处为向上）。如果要使建模更真实，还可以在球体边界处引入光线入射和出射的菲涅尔反射系数和透射系数。

4.1.2　几何光学法

与刚才的讨论恰恰相反，对于尺寸远大于光波长的情形，可以采取几何光学的分析方案。图4.2所示为介电球示例的原理。我们的分析参考了3.3节光学透镜系统中光线追迹的研究方法。力的计算是通过简单的光线追踪分析来完成的，可以分为以下几个步骤。

光线。我们假设给定的激光模式通过具有高数值孔径的透镜紧密聚焦，并在聚焦透镜之前开始用光线描述。光沿着z方向上传播，可以通过对场强$\boldsymbol{I}(x,y)$进行积分得到入射光的总功率：

$$\boldsymbol{P}=\int\boldsymbol{I}(x,y)\mathrm{d}x\mathrm{d}y\approx\sum_i\boldsymbol{P}_i(x_i,y_i)\tag{4.7}$$

我们用一系列位于 x_i、y_i，功率 $\boldsymbol{P}_i$ 的光线对入射光场进行近似。

聚焦透镜。在聚焦透镜处光线被折射到焦点。当穿过高斯参考球时，入射场可以根据式（3.32）进行变换。

透射与反射。当光线穿过靠近透镜焦点的介电球边界时，它的一部分被反射，一部分被透射。通常情况下我们可以使用将在 8.3.1 节中讨论的菲涅尔系数来计算平面界面的反射和透射概率，输入功率必须满足守恒条件：

$$\boldsymbol{P}_i=\boldsymbol{P}_r+\boldsymbol{P}_t \tag{4.8}$$

式中：$\boldsymbol{P}_r$、$\boldsymbol{P}_t$分别为反射功率和传输功率。此外可使用光的折射定律计算相对于球体外表面法线的角度：

$$\theta_i=\theta_r,\quad n_i\sin\theta_i=n_t\sin\theta_t \tag{4.9}$$

式中：n_i、n_t分别为环境和介电球的折射率。

内部反射。任何进入介电球的光束都在光线的出口点被透射或反射。透射和反射可以用与上面讨论的相同的方式来计算。一般而言必须考虑是否有多次内部反射，如果是，有多少。

动量转移。对于光线在球体边界的每次反射和透射，光和粒子之间都会交换动量。作用在粒子上的力可以根据动量变化计算出来（参见 4.5 节）：

$$\boldsymbol{F}_{\text{part}}=\frac{n_i\boldsymbol{P}_i}{c}\hat{\boldsymbol{k}}_i-\frac{n_i\boldsymbol{P}_r}{c}\hat{\boldsymbol{k}}_r-\frac{n_t\boldsymbol{P}_t}{c}\hat{\boldsymbol{k}}_t \tag{4.10}$$

其中，$\hat{\boldsymbol{k}}$表示不同光线的传播方向。可以将各个射线的力相加以获得作用在粒子上的总力，或者可以使用各个作用在作用点的力来计算施加在粒子上的扭矩。

成像。出射光线可以由第二个透镜收集以获取有关球体位置的信息，成像完全类似于 4.1.1 节的分析。

如图 4.3 所示为球体在非均匀光场内的情况，如平面底部所示。假设最初所有的光线都向上传播，而我们只对横向 x 上的力感兴趣。当球体相对于场分布的最大值位于左侧时，如图 4.3（a），光向左侧散射。根据牛顿的作用力与反作用力定律，就产生一个沿着 x 轴正向的力作用在球体上，将球体推回到场强最大的区域。类似地，图 4.3（b）中球体位于场强最大值中心，在横向上没有感受到合力，并且，图 4.3（c）中球体位于场强最大值右侧时，再次被推回场强最大的区域。

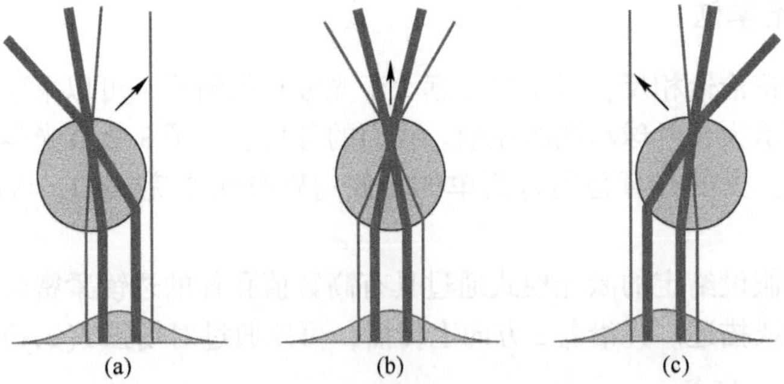

图 4.3　不均匀光场中的介电球

图 4.3 中，图（a）为当球体位于场分布的最大值的左侧时，光主要向左侧衍射。根据牛顿第三定律，即作用力与反作用力定律，作用在球体上的力将球体推向最大值。图（b）为当球体处于非均匀光场的中心时，横向上没有合力。图（c）为球体位于场强最大值右侧时，再次被推回最大场强区域。

第一个光学陷阱

在宣布 1997 年朱棣文（Steven Chu，1948）、克洛德·科昂·塔努吉（Claude Cohen-Tannoudji，1933）和威廉·菲利普斯（William Phillips，1948）因推进“激光冷却和捕获原子的方法”获诺贝尔奖后不久，亚瑟·阿斯金在接受贝尔实验室新闻采访时谈到了他对光学陷阱的发现，并因此在 20 多年后获得了 2018 年诺贝尔物理学奖。

辐射压使我感兴趣很久了。即使在哥伦比亚，当我为米尔曼制造兆瓦级磁控管时，我也曾经想，“你能用这种力量做什么？也许你可以用它推动微小物体”。所以我给自己买了一个麦克风，然后我在上面加载了脉冲。这是我还是大二的时候。我听到了一些噪声，我说：“啊，我看到了辐射压的影响。”事实证明，你知道，我不确定我是否看到了效果。无论如何，我知道了这个问题。

当我去参加一个会议时，我想起了它，有一个人用激光和激光腔中的小粒子进行了实验。他看到粒子停留在空腔里，来回移动，做着疯狂的事情。他称它们为跑步者和保镖。人们对此着迷。我听到了这个谈话，他当时说，“我们认为这可能是辐射压”。

当我回到家时，我做了一个计算并意识到，考虑到光束和粒子的大小，它不可能是辐射压。我认为，更有可能的是粒子被加热，由此导致了那些疯狂的行为。这让我又想起了辐射压。我决定试着看看辐射压。我计算了在一个小的透明球体上会有多少。这开始了我的整个试验。我所做的是将光束聚焦在水中的小球体上，看着它们被推着走，神秘地聚集在室壁上。我试图理解它，并使用简单的射线图将它弄清楚。

然后，我用另一个相反的光束替换了玻璃墙，希望可以仅用光将粒子固定在适当的位置。试验，表明了可行性，这就是第一个光阱。这是一个非常重要的发现，它让史蒂夫获得了诺贝尔奖，而且我相信，它将再产生另外两个诺贝尔奖。

4.1.3 光镊

上述原理可以概括为在三个空间维度上捕获粒子。基本原理如图 4.4 所示，其中介电球位于紧密聚焦激光束的最大区域。每当球离开焦点时，由散射光施加的光将其推回。请注意，对于足够大的球体，平衡位置对应于稍微偏移的球体中心，这样散射光的合力总和为零。

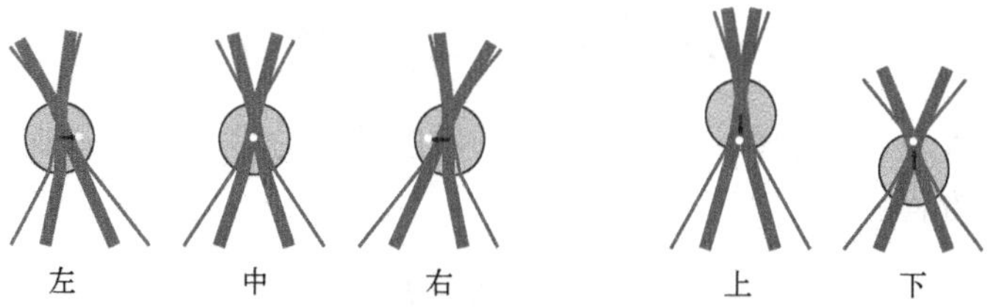

图 4.4 在三个空间维度上捕获介电球

图 4.4 中，球体位于足够强的激光束的紧密焦点中。每当它移出中心点（用白点表示）时，光线就会变得不对称散射，并且会在球体上施加一个力，将其推回光强最大的区域。

在过去的几十年里，光镊在生命科学领域受到了极大的关注。特别是随着激光的快速发展和空间光调制器的使用，现在可以产生复杂的光捕获势，其最小值可以随意移动、旋转和变形。有关详细讨论，感兴趣的读者可以阅读文献 [9-11，13]。

图 4.5 所示为光捕获的一个典型示例[13]。介电球连接到沿微管移动的驱动蛋白电机。通过将球体定位在光阱中并跟踪其位置，可以获得有关运动生物分子传播的详细信息。人们还可以通过移动阱最小值来拉开介电球，从而在系统上施加一个力。图中的蓝线和红线所示分别表示这种负载不存在时和存在时的动力学特性。

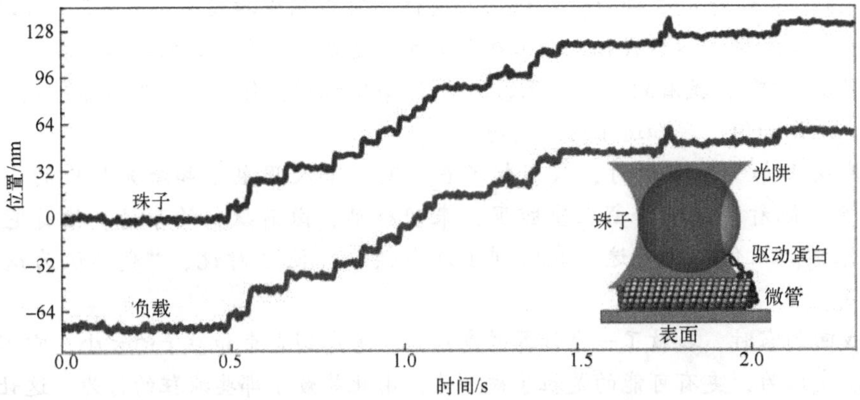

图 4.5　光镊在驱动蛋白电机步进和 RNA 折叠中的生物学应用（见彩插）

图 4.5 为力钳条件下单个驱动蛋白运动的运动记录，蓝色轨迹为当它沿着微管行走时的轨迹，迹线为 8nm 步长离散（插图未按比例表示）。在计算机控制下观察光阱位置以保持珠子后面的固定距离，从而在阻碍移动的方向上施加几皮牛（pN）的负载（红色轨迹）。图 4.5 的图片和标题取自文献 [13]。

4.2　连续性方程

连续性方程给出了物理学中守恒定律的一个典型例子，我们将在下面简要讨论它，因为它将为我们提供其他守恒定律的蓝图。根据安培环路定理的微分形式 [式（2.15d）]，等式两边取散度如下：

$$\nabla \cdot \nabla\times\frac{1}{\mu_0}\boldsymbol{B}=\nabla \cdot \boldsymbol{J}+\varepsilon_0\nabla \cdot \frac{\partial \boldsymbol{E}}{\partial t}=0$$

请注意该表达式必然为零，因为旋度场的散度始终为零。结合高斯定理 $\varepsilon_0\nabla \cdot \boldsymbol{E}=\rho$，可以得到连续性方程：

$$\frac{\partial \rho}{\partial t}=-\nabla \cdot \boldsymbol{J} \tag{4.11}$$

为了更好地理解这个表达式，将它对任意体积 Ω 积分并使用高斯定理可得

$$\int_{\Omega}\frac{\partial\rho}{\partial t}\mathrm{d}^3r=\frac{\mathrm{d}}{\mathrm{d}t}\rho\mathrm{d}^3r=-\int_{\Omega}\nabla\cdot\boldsymbol{J}\mathrm{d}^3r=-\oint_{\partial\Omega}\boldsymbol{J}\cdot\mathrm{d}\boldsymbol{S}$$

因此，式（4.11）的积分形式如下：

$$\frac{\mathrm{d}Q_{\Omega}}{\mathrm{d}t}=-\oint_{\partial\Omega}\boldsymbol{J}\cdot\mathrm{d}\boldsymbol{S}\tag{4.12}$$

式中：Q_{Ω}为包含在体积 Ω 中的电荷。这个等式的意义主要有以下几点。

全局电荷守恒。如果我们将体积 $\Omega\to\infty$，等式右侧的项变为零，我们发现电荷是自然界的一个守恒量。

局部电荷守恒。连续性方程不仅意味着全局电荷守恒，还意味着电荷可能在空间的某个区域被湮灭，并在其他地方瞬间产生。然而这种幽灵般的动作是被式（4.12）禁止的，该式指出每当体积中的总电荷发生变化（等式左侧）时，必然有局部电流密度 $\boldsymbol{J}$（等式右侧）传输进或传输出体积。

基于这个原因，电动力学有时被称为“局部场论”。这里的“局部”意味着所有物理量，例如场或电荷都在局部发生变化，并且必须通过某种方式输运到另一个位置。显然这种思想与相对论兼容（相对论指出没有任何信息的传播速度可以超过光速）。式（4.11）、式（4.12）将为我们提供其他守恒定律的蓝图。

4.3 坡印亭定理

下面我们研究线性无吸收材料中的能量传输问题。这并不意味着这些限制需要应用于空间中所有地方，但在我们所讨论的问题中这一限制是必须满足的。有关线性吸收材料的讨论将在第 7 章进行。

我们可以从一个以速度 v 在电磁场中运动的点电荷开始讨论。在时间间隔 $\mathrm{d}t$ 内传播距离 $\mathrm{d}\ell=v\mathrm{d}t$，电磁场所做的功（元功）可以表示为

$$\mathrm{d}W=\boldsymbol{F}\cdot\mathrm{d}\ell=q(\boldsymbol{E}+v\times\boldsymbol{B})\cdot\boldsymbol{v}\mathrm{d}t=q\boldsymbol{E}\cdot v\mathrm{d}t$$

上式中因为力 $qv\times\boldsymbol{B}$ 垂直于 $v\mathrm{d}t$，故磁场不做功，可得

$$\frac{\mathrm{d}W}{\mathrm{d}t}=qv\cdot\boldsymbol{E}\Rightarrow\frac{\mathrm{d}W}{\mathrm{d}t}=\int_{\Omega}\boldsymbol{J}\cdot\boldsymbol{E}\mathrm{d}^3r\tag{4.13}$$

上式将单个点电荷的结果推广到电荷空间分布的一般情况，另请参阅第 7 章了解此类处理方法的详细信息。接下来又可以通过安培定律［式（2.30）］将电流密度表示为电磁场：

$$\frac{\mathrm{d}W}{\mathrm{d}t}=\int_{\Omega}\left(\nabla\times\frac{1}{\mu}\boldsymbol{B}-\varepsilon\frac{\partial\boldsymbol{E}}{\partial t}\right)\cdot\boldsymbol{E}\mathrm{d}^3r$$

将式中的第二项进行简化，可表示为

$$\varepsilon\frac{\partial\boldsymbol{E}}{\partial t}\cdot\boldsymbol{E}=\frac{\partial}{\partial t}\left(\frac{\varepsilon}{2}\boldsymbol{E}\cdot\boldsymbol{E}\right)$$

对第一项中使用如下矢量恒等式（见练习 4.3）

$$\nabla\cdot\frac{1}{\mu}\boldsymbol{E}\times\boldsymbol{B}=\frac{1}{\mu}\boldsymbol{B}\cdot\nabla\times\boldsymbol{E}-\boldsymbol{E}\cdot\nabla\times\frac{1}{\mu}\boldsymbol{B}$$

代入原公式，可得

$$\frac{\mathrm{d}W}{\mathrm{d}t}=\int_{\Omega}\left[\frac{1}{\mu}\boldsymbol{B}\cdot(\nabla\times\boldsymbol{E})-\nabla\cdot\frac{1}{\mu}(\boldsymbol{E}\times\boldsymbol{B})-\frac{\partial}{\partial t}\left(\frac{\varepsilon}{2}\boldsymbol{E}\cdot\boldsymbol{E}\right)\right]\mathrm{d}^3r$$

对于括号中的第一项，可使用法拉第定律将$\nabla\times\boldsymbol{E}$ 用 $\boldsymbol{B}$ 表示，经过几次重新组合，可最终得到积分形式的坡印亭定理。

积分形式的坡印亭定理

$$\frac{\mathrm{d}W}{\mathrm{d}t}+\frac{\mathrm{d}}{\mathrm{d}t}\int_{\Omega}\left(\frac{\varepsilon}{2}\boldsymbol{E}\cdot\boldsymbol{E}+\frac{1}{2\mu}\boldsymbol{B}\cdot\boldsymbol{B}\right)\mathrm{d}^3r=-\oint_{\partial\Omega}\frac{1}{\mu}(\boldsymbol{E}\times\boldsymbol{B})\cdot\mathrm{d}\boldsymbol{S} \tag{4.14}$$

式（4.14）中使用了高斯定理将散度场的积分变为场对边界的积分。该表达式可以用与式（4.12）的连续性方程类似的思想来解释：公式左侧的项说明了存储在源中的机械能 $\mathrm{d}W/\mathrm{d}t$ 以及存储在场中的电磁能的变化，被积函数可以解释为电磁能量密度 u_{em}。

$$u_{\mathrm{em}}=\frac{\varepsilon}{2}\boldsymbol{E}\cdot\boldsymbol{E}+\frac{1}{2\mu}\boldsymbol{B}\cdot\boldsymbol{B} \tag{4.15}$$

公式右侧的项描述了通过边界的能量流，而能流密度通常称为坡印亭矢量。

坡印亭矢量

$$\boldsymbol{S}=\frac{1}{\mu}\boldsymbol{E}\times\boldsymbol{B}=\boldsymbol{E}\times\boldsymbol{H} \tag{4.16}$$

这种形式的能量守恒再次与局部场论相容：每当空间给定区域的能量发生变化时，该能量的变化必须通过电磁波或其他一些可以用 $\mathrm{d}W/\mathrm{d}t$ 表示的机械能的传递来实现。

平面波。2.4 节的内容可以用于分析简谐平面波。通过引入 $Z\boldsymbol{H}=\hat{\boldsymbol{k}}\times\boldsymbol{E}$，可以得到平均坡印亭矢量：

$$\langle\boldsymbol{S}\rangle=\frac{1}{2}\mathrm{Re}(\boldsymbol{E}\times\boldsymbol{H}^*)=\frac{1}{2}Z^{-1}|\boldsymbol{E}|^2\hat{\boldsymbol{k}} \tag{4.17}$$

式（4.17）中最后的推导利用了$\hat{\boldsymbol{k}}\cdot\boldsymbol{E}=0$，该式在第 3 章推导光线的聚焦功率流的式（3.9）时用到。如果用 $Z^{-1}\hat{\boldsymbol{k}}\times\boldsymbol{E}$ 替换式（4.15）中的磁场进行进一步分析，可以得到平均能流：

$$\langle u_{\mathrm{em}}\rangle=\frac{1}{2}\mathrm{Re}\left(\frac{\varepsilon}{2}\boldsymbol{E}\cdot\boldsymbol{E}^*+\frac{\mu}{2}\boldsymbol{H}\cdot\boldsymbol{H}^*\right)=\frac{\varepsilon}{2}|\boldsymbol{E}|^2 \tag{4.18}$$

因此式（4.17）可以写成如下形式：

$$\langle\boldsymbol{S}\rangle=\langle u_{\mathrm{em}}\rangle\frac{c}{n}\hat{\boldsymbol{k}} \tag{4.19}$$

式（4.1a）表明：对于平面波而言坡印亭矢量就是在介质中以光速沿$\hat{\boldsymbol{k}}$方向传输波的能量密度。其中 n 是折射率：

$$n=\sqrt{\frac{\mu\varepsilon}{\mu_0\varepsilon_0}}$$

倏逝波　对 $z>0$ 的电场进行分析：

$$\boldsymbol{E}(\boldsymbol{r})=\mathrm{e}^{\mathrm{i}\boldsymbol{k}\cdot\boldsymbol{r}}\hat{\boldsymbol{y}}E_0,\quad \boldsymbol{k}=k_x\hat{\boldsymbol{x}}+\mathrm{i}\kappa\hat{\boldsymbol{z}}$$

此时电场沿$\hat{\boldsymbol{y}}$方向偏振并沿 x 方向传播，但它在 z 方向具有倏逝特征，场强呈指数级衰减，磁场可以写作：

$$ZkH(k_x\hat{x}+i\kappa\hat{z})\times e^{ik\cdot r}\hat{y}E_0=(k_x\hat{z}-i\kappa\hat{x})e^{ik\cdot r}E_0$$

通过上式，我们可以得到平均坡印亭矢量：

$$\langle S\rangle=\frac{1}{2Zk}\mathrm{Re}\{\hat{y}\times(k_x\hat{z}+i\kappa\hat{x})\}|E_0|^2=\frac{1}{2}Z^{-1}|E_0|^2\hat{k}_x\hat{x} \tag{4.20}$$

综上所述，由于 $\mathrm{Re}\{i(\cdots)\}=0$，在 z 方向上并没有任何能量的传输。因此，倏逝波不传输能量。

4.4 光学截面

坡印亭定理对计算光学截面起着重要作用。如图 4.6 所示，我们假设平面波撞击粒子，部分能量被粒子散射或吸收。粒子的外围边界为 $\partial\Omega$，计算流入或流出边界的能量流。

现在，我们可以很轻松地将电磁场分解成与平面波激发相关的入射场和与粒子响应相关的散射场：

$$\boldsymbol{E}=\boldsymbol{E}_{\mathrm{inc}}+\boldsymbol{E}_{\mathrm{sca}},\quad \boldsymbol{H}=\boldsymbol{H}_{\mathrm{inc}}+\boldsymbol{H}_{\mathrm{sca}} \tag{4.21}$$

不难看出，吸收功率对应于进入边界 $\partial\Omega$ 的总场的能量流 $\boldsymbol{E}\times\boldsymbol{H}$，而散射功率对应于边界外散射场的能量流 $\boldsymbol{E}_{\mathrm{sca}}\times\boldsymbol{H}_{\mathrm{sca}}$。通过在时谐场的一个振荡周期内取平均值，我们可以得出吸收功率和散射功率。

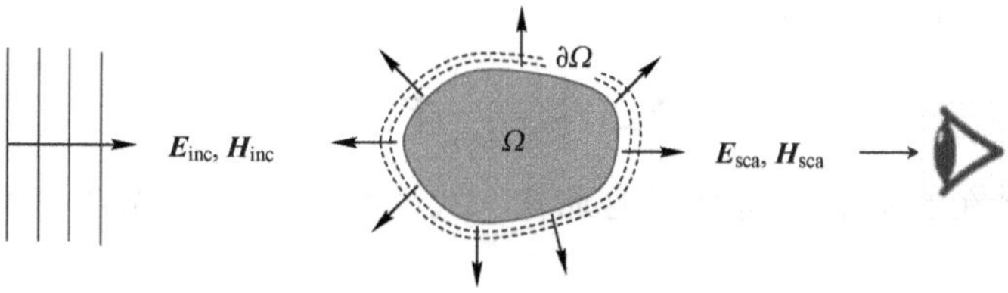

图 4.6 光学截面示意图

如图 4.6 所示，粒子嵌入背景介质中，并被具有场 $\boldsymbol{E}_{\mathrm{inc}}$、$\boldsymbol{H}_{\mathrm{inc}}$ 的平面波激发。粒子的响应由散射场 $\boldsymbol{E}_{\mathrm{sca}}$、$\boldsymbol{H}_{\mathrm{sca}}$ 表示。通过计算进出边界的能量流 $\partial\Omega$，我们获得了光学截面。入射平面波方向上的场衰减，见右侧的眼睛符号，与消光截面有关，消光截面是吸收和散射的总和。

吸收功率和散射功率

$$P_{\mathrm{abs}}=-\frac{1}{2}\oint_{\partial\Omega}\mathrm{Re}(\boldsymbol{E}\times\boldsymbol{H}^*)\cdot \mathrm{d}\boldsymbol{S} \tag{4.22a}$$

$$P_{\mathrm{sca}}=\frac{1}{2}\oint_{\partial\Omega}\mathrm{Re}(\boldsymbol{E}_{\mathrm{sca}}\times\boldsymbol{H}_{\mathrm{sca}}^*)\cdot \mathrm{d}\boldsymbol{S} \tag{4.22b}$$

上式中给 P_{abs} 的定义增加了一个负号，这样可以可使其表达式变为正的。上述定义同样适用于非平面波的激发，例如紧密聚焦的激光束等。

对于平面波，可以将吸收功率或散射功率与入射场的强度 I_{inc} 联系起来，I_{inc} 表示单位面积功率的大小，这已式（4.17）中计算过：

$$I_{\text{inc}}=\frac{1}{2}\mathrm{Re}(\hat{\boldsymbol{k}}\cdot\boldsymbol{E}_{\text{inc}}\times\boldsymbol{H}_{\text{inc}}^{*})=\frac{1}{2}Z^{-1}|\boldsymbol{E}_{\text{inc}}|^{2} \tag{4.23}$$

然后，我们将**光学截面**定义为吸收功率或散射功率 P 和 I_{inc} 之间的比例：

$$\sigma_{\text{abs}}=P_{\text{abs}}/I_{\text{inc}},\quad \sigma_{\text{sca}}=P_{\text{sca}}/I_{\text{inc}} \tag{4.24}$$

光学截面的量纲与面积一致，吸收和散射的总和通常称为消光。在实验中，可以通过在散射体后面放置一个指向波传播方向 $\hat{\boldsymbol{k}}_0$ 的光电探测器来测量它，并测量相比输入功率减少了多少。显然，从正向吸收或散射的所有能量将导致测量值的减少。

理论推导可知：有一种非常便捷的方法来计算消光截面。首先，式（4.22）中吸收功率和散射功率的表达式为

$$\begin{aligned}P_{\text{ext}}&=\frac{1}{2}\oint_{\partial\Omega}\mathrm{Re}(-\boldsymbol{E}\times\boldsymbol{H}^{*}+\boldsymbol{E}_{\text{sca}}\times\boldsymbol{H}_{\text{sca}}^{*})\cdot\mathrm{d}\boldsymbol{S}\\&=-\frac{1}{2}\oint_{\partial\Omega}\mathrm{Re}(\boldsymbol{E}_{\text{sca}}\times\boldsymbol{H}_{\text{inc}}^{*}+\boldsymbol{E}_{\text{inc}}\times\boldsymbol{H}_{\text{sca}}^{*})\cdot\mathrm{d}\boldsymbol{S}\end{aligned}$$

上式中，入射场在整个边界上积分能量通量必然为零（对于平面波而言，入射通量必然等于出射通量）。对于一个振幅为 E_0，偏振为 $\boldsymbol{\epsilon}_0$，波矢为 $\boldsymbol{k}_0$ 的平面波，其电场和磁场可以分别表示为

$$\boldsymbol{E}_{\text{inc}}=E_0\mathrm{e}^{\mathrm{i}\boldsymbol{k}_0\cdot\boldsymbol{r}}\boldsymbol{\epsilon}_0,\quad Z\boldsymbol{H}_{\text{inc}}=E_0\mathrm{e}^{\mathrm{i}\boldsymbol{k}_0\cdot\boldsymbol{r}}\hat{\boldsymbol{k}}_0\times\boldsymbol{\epsilon}_0$$

消光功率就变成了：

$$P_{\text{ext}}=\frac{1}{2}\oint_{\partial\Omega}\mathrm{Re}[E_0^{*}\mathrm{e}^{-\mathrm{i}\boldsymbol{k}_0\cdot\boldsymbol{r}}(Z^{-1}\boldsymbol{E}_{\text{sca}}\times(\hat{\boldsymbol{k}}_0\times\boldsymbol{\epsilon}_0^{*})+\boldsymbol{\epsilon}_0^{*}\times\boldsymbol{H}_{\text{sca}})]\cdot\mathrm{d}\boldsymbol{S} \tag{4.25}$$

这个表达式与远场散射相关：

$$\boldsymbol{E}_{\text{sca}}(\boldsymbol{r})\underset{kr\to\infty}{\longrightarrow}\frac{\mathrm{e}^{\mathrm{i}kr}}{r}\boldsymbol{F}(\hat{\boldsymbol{r}}) \tag{4.26}$$

正如我们将在 5.4 节中所介绍的那样，式（4.25）的消光功率可以用远场幅度表示。

消光功率

$$P_{\text{ext}}=\frac{2\pi}{k}Z^{-1}\mathrm{Im}[E_0^{*}\boldsymbol{\epsilon}_0^{*}\cdot\boldsymbol{F}(\hat{\boldsymbol{k}}_0)] \tag{4.27}$$

该表达式也被称为光学定理。与实验类似，消光可以从沿波传播方向的衰减获得，而消光功率可以通过对散射到各个方向（波的传播方向 $\hat{\boldsymbol{k}}_0$）的远场计算获得。

4.5 动量守恒

接下来分析动量是如何通过电磁波传输并转移到力学动量的。在前面章节中已经就光镊中的不同粒子进行了讨论。接下来的推导将密切遵循坡印亭定理，但稍微复杂一些。电磁场施加在点状粒子上的力可由洛伦兹力给出：

$$\boldsymbol{F}=q(\boldsymbol{E}+v\times\boldsymbol{B})$$

我们可以将力推广为电荷分布，并通过下式表达力学动量 $\boldsymbol{P}$ 的变化：

$$\frac{\mathrm{d}\boldsymbol{P}}{\mathrm{d}t}=\int_{\Omega}(\rho\boldsymbol{E}+\boldsymbol{J}\times\boldsymbol{B})\mathrm{d}^3r=\int_{\Omega}\boldsymbol{f}\mathrm{d}^3r \tag{4.28}$$

其中，定义了$\boldsymbol{f}$为力的体密度，即单位体积内所受的力。通过非均匀介质中的麦克斯韦方程组，将ρ和$\boldsymbol{J}$用场来替代：

$$\boldsymbol{f}=(\varepsilon\nabla\cdot\boldsymbol{E})\boldsymbol{E}+\left(\frac{1}{\mu}\nabla\times\boldsymbol{B}-\varepsilon\frac{\partial\boldsymbol{E}}{\partial t}\right)\times\boldsymbol{B} \tag{4.29}$$

同时

$$\frac{\partial}{\partial t}\boldsymbol{E}\times\boldsymbol{B}=\frac{\partial\boldsymbol{E}}{\partial t}\times\boldsymbol{B}+\boldsymbol{E}\times\frac{\partial\boldsymbol{B}}{\partial t}=\frac{\partial\boldsymbol{E}}{\partial t}\times\boldsymbol{B}-\boldsymbol{E}\times(\nabla\times\boldsymbol{E})$$

将式（4.29）右侧的最后一项写作：

$$\begin{aligned}\frac{\mathrm{d}\boldsymbol{P}}{\mathrm{d}t}+\frac{\mathrm{d}}{\mathrm{d}t}\int_{\Omega}\varepsilon\boldsymbol{E}\times\boldsymbol{B}\mathrm{d}^3r=\int_{\Omega}\Big[&\varepsilon\boldsymbol{E}(\nabla\cdot\boldsymbol{E})-\varepsilon\boldsymbol{E}\times(\nabla\times\boldsymbol{E})\\&+\frac{1}{\mu}\boldsymbol{B}(\nabla\cdot\boldsymbol{B})-\frac{1}{\mu}\boldsymbol{B}\times(\nabla\times\boldsymbol{B})\Big]\mathrm{d}^3r\end{aligned} \tag{4.30}$$

为使表达式在$\boldsymbol{E}$和$\boldsymbol{B}$中对称，在式（4.30）中加入了$\nabla\cdot\boldsymbol{B}$一项，且它始终为0。公式中的第二项可以被解释为是体积Ω内的总电磁动量$\boldsymbol{P}_{\mathrm{em}}$：

$$\boldsymbol{P}_{\mathrm{em}}=\int_{\Omega}\varepsilon\boldsymbol{E}\times\boldsymbol{B}\mathrm{d}^3r=\int_{\Omega}\mu\varepsilon\boldsymbol{E}\times\boldsymbol{H}\mathrm{d}^3r \tag{4.31}$$

将式（4.30）右边的项转换为边界积分，与将电磁能量密度u_{em}与坡印亭矢量$\boldsymbol{S}$关联起来的坡印亭定理比较，可以发现：动量密度流必须是张量而不是矢量，这里引入一个分量表示法与爱因斯坦求和约定来表示出现两次的下标。式（4.30）括号中的电场分量可以用式（2.54）表示的列维-奇维塔张量表示如下：

$$\begin{aligned}E_i\partial_jE_j-\varepsilon_{ijk}E_j\varepsilon_{klm}\partial_lE_m&=E_i\partial_jE_j-(\delta_{il}\delta_{jm}-\delta_{im}\delta_{jl})E_j\partial_lE_m\\&=E_i\partial_jE_j+(E_j\partial_jE_i-E_j\partial_iE_j)=\partial_jE_iE_j-\frac{1}{2}\partial_iE_jE_j\end{aligned}$$

由此可得

$$[\boldsymbol{E}(\nabla\cdot\boldsymbol{E})-\boldsymbol{E}\times(\nabla\times\boldsymbol{E})]_i=\partial_j\left[E_iE_j-\frac{1}{2}\delta_{ij}E_kE_k\right]$$

同理可得$\boldsymbol{B}$的对应表达式。此处引入对称张量非常方便：

$$T_{ij}=\varepsilon E_iE_j+\frac{1}{\mu}B_iB_j-\frac{1}{2}\delta_{ij}\left(\varepsilon E_kE_k+\frac{1}{\mu}B_kB_k\right) \tag{4.32}$$

这个表达式用$\boldsymbol{E}$和$\boldsymbol{H}$来表示会更简洁，也由此得到麦克斯韦应力张量表达式的最终形式。

麦克斯韦应力张量

$$T_{ij}=\varepsilon E_iE_j+\mu H_iH_j-\frac{1}{2}\delta_{ij}(\varepsilon E^2+\mu H^2) \tag{4.33}$$

它描述了动量是如何通过电磁场传输和传递的。通过应力张量①，可以将式（4.30）表示为

---

① 在整本书中，我们用顶部的双条表示张量，例如$\overline{\overline{T}}$。其中，张量的分量$(\overline{\overline{T}})_{ij}=T_{ij}$。

$$\frac{\mathrm{d}}{\mathrm{d}t}(\boldsymbol{P}+\boldsymbol{P}_{\mathrm{em}})=\int_{\Omega}\nabla\cdot\overline{\overline{\boldsymbol{T}}}\mathrm{d}^3r=\oint_{\partial\Omega}\overline{\overline{\boldsymbol{T}}}\cdot\hat{\boldsymbol{n}}\mathrm{d}S \tag{4.34}$$

式中：$\hat{\boldsymbol{n}}$为边界的表面法线。每当机械或电磁动量在给定体积内发生变化时，它必须以电磁场的形式被转移。这也恰恰说明了传输动量的量就是麦克斯韦应力张量。

亚伯拉罕–闵可夫斯基争议

亚伯拉罕–闵可夫斯基争议有时被认为是一个相当怪诞的故事。它涉及光子在折射率为 n 的介质中传播的动量问题，但是为了从一开始就明确这一点，该争议不仅包含任何量子方面的问题，且仅限于经典电动力学的分析中。该话题第一次是由赫尔曼 · 闵可夫斯基（Hermann Minkowski，1908）和麦克斯 · 亚伯拉罕（Max Abraham，1909）提出。有关该历史的一些详细信息以及对该主题的全面说明请参阅文献［14］。亚伯拉罕认为光子动量应该是

$$p_{\mathrm{photon}}=\frac{\hbar k_0}{n}$$

式中：k_0为真空中光的波数；n 为材料的折射率，赫尔曼 · 闵可夫斯基则认为光子动量应该是

$$p_{\mathrm{photon}}=n\hbar k_0$$

乍一看这像是一个糟糕的笑话，人们可能会认为一个简单的实验就可以确定两个定义中的正确的一个。事实上，确实有许多确凿的实验服从麦克斯 · 亚伯拉罕的定义。但不幸的是，似乎服从闵可夫斯基定义的实验数量相等。所以很明显其中存在着一些尴尬的事情。

现在，人们一致认为巴内特（Barnett）[15]已经解决了这个争论，这与我们将在第 13 章中更详细讨论的内容有关，即动力学动量和正则动量之间的区别。动力学动量仅与光的动量有关；正则动量是在电磁场存在时的动量。亚伯拉罕定义对应于动力学动量，而闵可夫斯基的形式对应于正则动量，然而在解释哪个实验必须使用哪种形式动量却是困难的。在此我们不再详细赘述，但希望跳过这个问题的读者都能够知道这个争论的悠久历史，并能够理解亚伯拉罕或闵可夫斯基定义的潜在困难。

光力和光扭矩

麦克斯韦应力张量可用于计算任意形状和大小的粒子的光力和光扭矩。通常来说，当粒子被以单一频率 ω 振荡的光场照射时，力非常弱以至于在粒子移动到其他地方之前需要多次场振荡。在这种条件下，可以假设存在时谐场并对在振荡周期 T 内的净力求均值。平均电磁力为

$$\left\langle\frac{\mathrm{d}\boldsymbol{P}_{\mathrm{em}}}{\mathrm{d}t}\right\rangle=\frac{1}{T}\int_0^T\frac{\mathrm{d}\boldsymbol{P}_{\mathrm{em}}}{\mathrm{d}t}\mathrm{d}t=0$$

对于时谐场而言，平均电磁力为零，且 $\boldsymbol{P}_{\mathrm{em}}$是式（4.31）中定义的电磁动量。参照我们对坡印亭定理和平面波的分析，麦克斯韦的应力张量可以在一段时间内取平均值，于是我们得到：

$$\langle T_{ij}\rangle=\frac{1}{2}\mathrm{Re}\left[\varepsilon E_iE_j^*+\mu H_iH_j^*-\frac{1}{2}\delta_{ij}(\varepsilon E_kE_k^*+\mu H_kH_k^*)\right] \tag{4.35}$$

我们现在可以通过定义围绕粒子的边界$\partial\Omega$来计算作用在粒子上的力。对于具有确

定边界的粒子，我们甚至可以采用粒子表面本身的边界。然后，通过计算流入或流出该边界的净动量给出施加在粒子上的力或力矩。

时谐场的光力和力矩

$$\langle \boldsymbol{F} \rangle = \oint_{\partial \Omega} \langle \overline{\overline{T}} \rangle \cdot \mathrm{d}\boldsymbol{S} \tag{4.36a}$$

$$\langle \boldsymbol{M} \rangle = \oint_{\partial \Omega} \boldsymbol{r} \times \langle \overline{\overline{T}} \rangle \cdot \mathrm{d}\boldsymbol{S} \tag{4.36b}$$

因此，一旦已知所研究问题的电磁场，就可以立即使用上述表达式计算光力和力矩。在后面的章节中，我们将展示如何求解具有确定边界粒子的麦克斯韦方程组，并使用上述方程计算电磁场对粒子施加的力或力矩。式（4.36）是计算作用在任意大小粒子上的场和力矩的一般表达式，对于比光波长小得多或大得多的粒子，我们可以再次使用前面讨论的更简单的偶极子近似或光线追迹求近似值。

4.6 光的角动量

除了动量光还可以携带角动量。正如通过（非归一化）偏振矢量 $\boldsymbol{\epsilon}_{\pm} = \hat{\boldsymbol{x}} \pm \mathrm{i}\hat{\boldsymbol{y}}$ 所描述的，圆偏振光是最普遍的形式。图 4.7 显示了一个示例，其中 DNA 链的一侧连接到基板上，另一侧连接到石英圆柱体上。通过将系统置于光阱内并使用圆偏振光，可以将角动量从光传递到石英圆柱体，并拽动 DNA 分子旋转。通过测量圆柱体的位置，可以获得有关施加的光扭矩和 DNA 链压缩的详细信息。

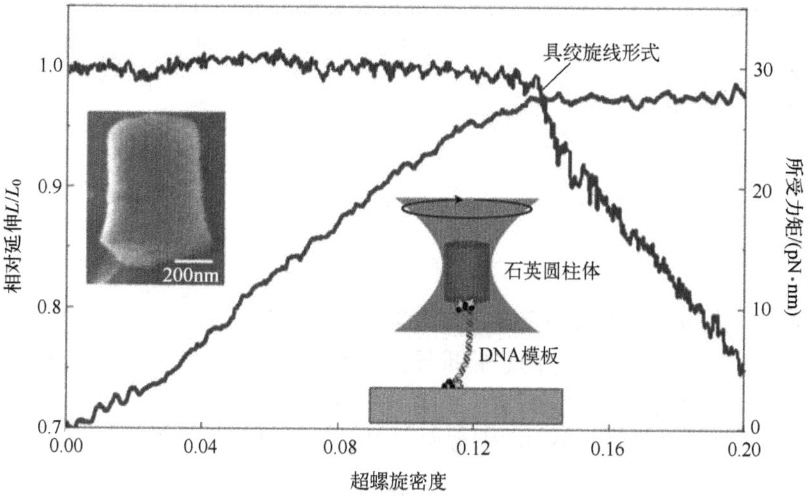

图 4.7 左侧的微纳加工得到石英圆柱的扫描电镜图以及右侧的实验装置示意图（未按比例）（见彩插）

如图 4.7 所示，实验装置中 DNA 分子一端与圆柱体相连，另一端与玻璃表面相连。其中 DNA 被 3 pN 的力拉伸并以 0.5 圈/秒的恒定速率旋转。DNA 的相对延伸和所受力矩被绘制为超螺旋密度的函数。超螺旋密度表示引入扭曲的程度，当密度接近 0.14 时，螺旋 DNA 经历一个从扭曲到绞旋线的相变，此后螺旋 DNA 所受力矩趋于平缓期，相对延伸的单调下降。图 4.7 和标题引自文献 [13]。

图 4.8 所示为具有轨道角动量（orbital angular momentum，OAM）[16-17] 的光束的产生示意图。一个聚焦的光束通过一个高度取决于方位角的介电螺旋，将获得轨道角动量。当然还存在其他使用 OAM 创建光的方法，例如通过使用全息图。对于前一章讨论的高斯-拉盖尔光束，电场的幅值可以表示为[18]

$$E(\rho,\phi,z=0)=E_0[\mathrm{e}^{\mathrm{i}\ell\phi}]\tanh\left(\frac{\rho}{\omega_v}\right)\exp\left(-\frac{\rho^2}{\omega_0^2}\right) \tag{4.37}$$

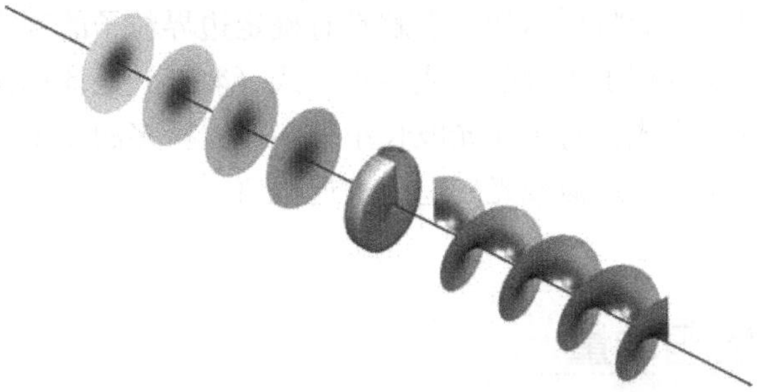

图 4.8　具有轨道角动量的光束的产生示意图

图 4.8 中，具有线性或圆偏振的聚焦光束从左侧进入相位板，该相位板由电介质制成且具有螺旋形式，高度随着方位角的增加而增加。当通过该设备时光获得一个与相位相关的延迟，通过后光将携带一个轨道角动量。

其中，E_0为峰值幅度，ω_0为高斯包络的束腰，ℓ 是拓扑电荷（或 OAM 量子数）的整数，ω_v是涡旋核的大小。对我们的讨论有重要影响是括号中的 $\mathrm{e}^{\mathrm{i}\ell\phi}$项，它与光束的轨道角动量相关。由于在中心处的相位 ϕ 并不确定，总的光相干相消，强度分布 $|E|^2$ 的中心处呈现一个暗斑。

习题

练习 4.1　从$(\boldsymbol{p}\cdot\nabla)\boldsymbol{E}+\boldsymbol{p}\times(\nabla\times\boldsymbol{E})$出发推导式（4.3）。

练习 4.2　按照本章中讨论的思路推导式（4.2）。

练习 4.3　证明关系$\nabla\cdot\boldsymbol{E}\times\boldsymbol{B}=\boldsymbol{B}\cdot\nabla\times\boldsymbol{E}-\boldsymbol{E}\cdot\nabla\times\boldsymbol{B}$ 成立。

练习 4.4　分析功率为 100mW 的激光束聚焦在面积 λ^2上的如下物理量：

（a）求焦点处的场强。假设光波长为 500nm 且场分布均匀。

（b）求每秒通过区域 λ^2的光子数。

（c）假设每个光子传递一个动量 $\hbar k$。求所有入射光子通量施加的力。

练习 4.5　使用 NANOPT 工具箱中的文件 demofocus01. m 计算紧密聚焦的 Hermite-Gaussian 激光模式的电场：

（a）求 100mW 激光功率下的场强（单位：V/m）。

（b）根据法拉第定律计算磁场，使用式（2.10）的有限差分近似计算旋度。

（c）计算坡印亭矢量的 z 分量并将其积分到 xy 平面上。证明当平面远离焦点 $z=0$ 的场时，场的通量不会改变。

练习 4.6 一个小介电球的极化率由下式给出：

$$\alpha=4\pi\varepsilon_2\left(\frac{\varepsilon_1-\varepsilon_2}{\varepsilon_1+2\varepsilon_2}\right)a^3$$

式中：a 为球体半径；ε_1、ε_2为球体内外的介电常数。考虑一个嵌入水（$n=1.33$）中的玻璃球（$n_1=1.5$），直径为 100nm。使用练习 4.5 的结果计算式（4.6）作用在焦点处和远离焦点处的玻璃球上的偶极力。（力的单位取 pN）

练习 4.7 与练习 4.6 相同，但假设小球为金质，介电常数为 $\varepsilon_1=-2.5+3.6i$，波长为 500nm，直径为 50nm。计算散射力和偏振梯度力。

练习 4.8 将式（4.14）中的机械功写成如下形式：

$$W=\int_{\Omega}u_{\mathrm{mech}}\mathrm{d}^3r$$

其中机械能密度为 u_{mech}，并将坡印亭定理转化为类似于连续性方程［式（4.11）］的微分形式。

练习 4.9 考虑一个有复极化矢量 $\boldsymbol{\epsilon}=\boldsymbol{\epsilon}'+\mathrm{i}\boldsymbol{\epsilon}''$的平面电磁波，以类似于式（4.19）的形式计算其能量密度和坡印亭矢量。

练习 4.10 考虑一个线偏振的平面波，通过严格计算证明坡印亭矢量通过球体边界的总通量为零。

练习 4.11 计算具有任意偏振的平面波的麦克斯韦应力张量［式（4.33）］。从波所携带动量和角动量的角度对结果进行解释。

练习 4.12 使用练习 4.6 中给出的极化率，假定一个由简谐场 $\boldsymbol{E}_0$激发的具有实极化率 $\varepsilon_1=\varepsilon_1'$的电介质粒子。

（a）计算球体的感应电偶极矩。

（b）利用静电场理论计算该电偶极矩产生的电场，该结论依然适用于近场振荡的电偶极子。

（c）计算近场区的麦克斯韦应力张量。

第 5 章

格林函数

格林函数为求解电动力学中的波动方程等微分方程提供了一种简洁的方法，并且在纳米光学中发挥着重要作用。本章首先介绍了简化标量波动方程中格林函数的基本概念，之后对整个麦克斯韦方程的求解方法进行分析。

5.1 什么是格林函数

对于一个函数 $f(\boldsymbol{r})$，其线性微分方程的表达式如下：

$$L(\boldsymbol{r})f(\boldsymbol{r})=-Q(\boldsymbol{r}) \tag{5.1}$$

式中：$L(\boldsymbol{r})$为一个微分算子，类似于泊松方程中的∇^2和亥姆霍兹方程中的(∇^2+k^2)；Q为一个外部源项。原则上，L也可以是一个包含空间积分的非局部算子，但在下文中，我们会主要使用基于式（5.1）的更简单的表达式。为了求解上述微分方程，我们引入格林函数 $G(\boldsymbol{r},\boldsymbol{r}_0)$，定义如下。

格林函数的定义

$$(\text{在适当的边界条件下})L(\boldsymbol{r})G(\boldsymbol{r},\boldsymbol{r}_0)=-\delta(\boldsymbol{r}-\boldsymbol{r}_0) \tag{5.2}$$

其中，$G(\boldsymbol{r},\boldsymbol{r}_0)$表示系统对$\boldsymbol{r}_0$处点源的响应，$\delta(\boldsymbol{r}-\boldsymbol{r}_0)$是狄拉克 δ 函数（Dirac's delta function，见附录 F)。需要强调的是：格林函数的建立是需要满足适当的边界条件，例如后文中将要讨论的亥姆霍兹方程在无穷远处的出射波。

格林与格林函数

在学习格林函数的模型之前，我们不妨先来称赞一下这个模型的发明者。多年前在 *Physics Today*[19] 上发表的一篇名为《提出格林函数的格林》（*The Green of the Green's functions*）的论文中，作者介绍到：众所周知，乔治·格林（George Green，1793）并没有接受过任何的数学教育，而是在他父亲的面包房里待了 5 年，然后被他父亲送去自己在诺丁汉附近的塔式磨坊里学习如何成为一名磨坊主。当夜幕降临后，诺丁汉的街道并不安全，因此，在很多年中，格林日日夜夜都在磨坊里工作。也就在这段时间里，他完成了自己的第一篇论文《一篇关于将数学分析应用于电磁学理论的论文》（*An Essay on the Application of Mathematical Analysis to the Theories of Electricity and Magnetism*)，但格林并不敢把这篇文章发给任何期刊[19]。

格林没有任何学术相关方面的资历，也不曾与任何科学机构有所联系，他觉得将自己的论文投向这些期刊是冒昧的行为。因此，他自费在诺丁汉悄悄地发表了这篇论文。在论文的前言里，他对于出版这篇论文的渴望显而易见。他写道："希望数学家们在得知这篇论文是由一个没有任何专业背景的年轻人所写时，能够怀着开放和包容的态度，这个年轻人只能利用自己有限时间和方法得到一些微不足道的理论知识，他所从事的日常工作与科学研究毫不相关。"

格林出版的主要目的是希望通过他的作品引起（英）国内外的数学家的注意。但意外的是，他的文章几乎没有得到任何回应。这一定使他非常失望。

如果不是因为机缘巧合，格林的努力可能永远不会被发现。而现如今，格林函数在物理学领域有着广泛的应用，并且已经成为求解微分方程的主要工具之一。

$G(\boldsymbol{r},\boldsymbol{r}_0)$巧妙的地方在于它可以直接将式（5.1）表示为如下形式：

$$f(\boldsymbol{r})=\int G(\boldsymbol{r},\boldsymbol{r}')Q(\boldsymbol{r}')\mathrm{d}^3r' \tag{5.3}$$

给上式的左侧加上微分算子$L(\boldsymbol{r})$可以得到：

$$L(\boldsymbol{r})\int G(\boldsymbol{r},\boldsymbol{r}')Q(\boldsymbol{r}')\mathrm{d}^3r'=-\int\delta(\boldsymbol{r}-\boldsymbol{r}')Q(\boldsymbol{r}')\mathrm{d}^3r'=-Q(\boldsymbol{r}),$$

这也证明了式（5.1）的正确性。由于在建立$G(\boldsymbol{r},\boldsymbol{r}')$时已经满足了边界条件，因此$f(\boldsymbol{r})$也就继承了这一边界条件。

接下来，我们只需为微分算子$L(\boldsymbol{r})$计算其相应的格林函数，稍后我们将看到，这项工作会远比它看起来更简单。这里需要强调的是：格林函数方法之所以有效，是因为算子$L(\boldsymbol{r})$的线性性质。$G(\boldsymbol{r},\boldsymbol{r}')$能够描述点源的响应，而通过在式（5.3）中叠加所有源$Q(\boldsymbol{r})$的贡献，就可以得到完整的解$f(\boldsymbol{r})$。

5.2 亥姆霍兹方程的格林函数

作为第一个案例，我们考虑第4章的亥姆霍兹方程：

$$(\nabla^2+k^2)f(\boldsymbol{r})=-Q(\boldsymbol{r}) \tag{5.4}$$

其中k表示波数。接下来利用上一节所提出的条件来求解格林函数：

$$(\nabla^2+k^2)G(\boldsymbol{r},\boldsymbol{r}')=-\delta(\boldsymbol{r}-\boldsymbol{r}') \tag{5.5}$$

在无限大均匀介质中格林函数只取决于$|\boldsymbol{r}-\boldsymbol{r}'|$，即$G(\boldsymbol{r},\boldsymbol{r}')=g(|\boldsymbol{r}-\boldsymbol{r}'|)$。由此，当$r\neq0$时，可得

$$\frac{1}{r^2}\frac{\partial}{\partial r}\left(r^2\frac{\partial g}{\partial r}\right)+k^2g=0$$

在这里我们使用球坐标来表示拉普拉斯算子，并忽略角向导数。通过简单的计算可以证明：方程的解可由出射球面波和入射球面波组合而成：

$$g(r)=C\frac{\mathrm{e}^{\mathrm{i}kr}}{r}+D\frac{\mathrm{e}^{-\mathrm{i}kr}}{r} \tag{5.6}$$

其中参数 C 和 D 由 $g(r)$ 的边界条件确定，我们更关注不违背因果律的解，因此令 $D=0$，只保留由出射球面波组成的“延迟解”[2]。通过在一个以原点为中心、半径为 a、体积为 Ω_a 的球体上对式（5.5）积分，就可以确定参数 C 的值，其表达式如下：

$$\lim_{a\to 0}\left(\int_{\Omega_a}\nabla\cdot\nabla\frac{Ce^{ikr}}{r}d^3r+k^2\int_{\Omega_a}\frac{Ce^{ikr}}{r}d^3r\right)=-1$$

在等式的右侧，我们假设即使狄拉克 δ 函数的自变量在一个无限小的体积内趋于 0，但它的积分结果也是 1；等式左侧括号内的第二项，我们引入球坐标 $d^3r=4\pi r^2dr$，并且可以发现它在极限 $a\to 0$ 时也变为 0；利用高斯定理对公式左侧括号内的第一项求积分，即可转化为对曲面的积分：

$$\lim_{a\to 0}\oint\nabla\left(\frac{Ce^{ikr}}{r}\right)\cdot d\boldsymbol{S}=\lim_{a\to 0}\oint\frac{d}{dr}\left(\frac{Ce^{ikr}}{r}\right)dS=\lim_{a\to 0}4\pi a^2\frac{d}{da}\left(\frac{Ce^{ika}}{a}\right)=-4\pi$$

其中，$d\boldsymbol{S}$ 的正方向定义为外表面法线沿着球体径向，由上式可得 $C=1/(4\pi)$。因此，在无界均匀介质中，标量波动方程的格林函数就变成下式：

亥姆霍兹方程的格林函数

$$G(\boldsymbol{r},\boldsymbol{r}')=G(\boldsymbol{r}-\boldsymbol{r}')=\frac{e^{ik|\boldsymbol{r}-\boldsymbol{r}'|}}{4\pi|\boldsymbol{r}-\boldsymbol{r}'|}\tag{5.7}$$

其中，Ω 表示一个具有清晰边界 $\partial\Omega$ 的体积，$\Omega_1=\Omega$ 和 Ω_2 分别表示体积的内部和外部，$\hat{\boldsymbol{n}}$ 表示体积 Ω 的外表面法线，Q 表示一个位于体积 Ω_1 内的源。对于“表示公式”，我们分析点 $\boldsymbol{r}$ 位于体积 Ω 内部和外部的两种情况。

5.2.1 亥姆霍兹方程的表示公式

格林函数可以用来推导一个非常有意义的公式，即表示公式（representation formula），在本书后面的章节中将会用到它。如图 5.1 所示，假设一个具有清晰边界 $\partial\Omega$ 的体积 Ω，分别分析体积 Ω 的内部和外部：

-Ω 内部区域用下标 1 表示，其中波数和格林函数分别用 k_1 和 G_1 表示。

-Ω 外部区域用下标 2 表示，其中波数和格林函数分别用 k_2 和 G_2 表示。

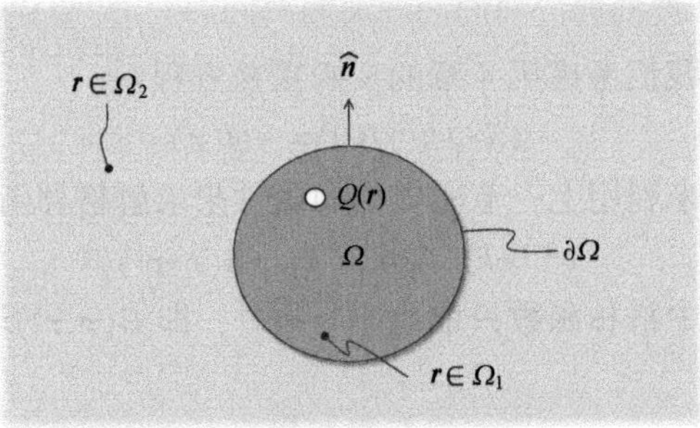

图 5.1 “表示公式”的示意图

首先分析内部区域：将式（5.4）乘以 $G_1(\boldsymbol{r},\boldsymbol{r}')$，并将式（5.5）乘以 $f(\boldsymbol{r})$。将 $\boldsymbol{r}\leftrightarrow\boldsymbol{r}'$ 交换后可得

$$G_1(\boldsymbol{r},\boldsymbol{r}')(\nabla'^2+k^2)f(\boldsymbol{r}')=-G_1(\boldsymbol{r},\boldsymbol{r}')Q(\boldsymbol{r}')\tag{5.8a}$$

$$f(\boldsymbol{r}')(\nabla'^2+k^2)G_1(\boldsymbol{r}',\boldsymbol{r})=-f(\boldsymbol{r}')\delta(\boldsymbol{r}'-\boldsymbol{r}) \tag{5.8b}$$

将上述方程在 Ω_1 上积分，引入一个由位于 Ω_1 内部源产生的入射场。

$$f_1^{\text{inc}}(\boldsymbol{r})=\int_{\Omega_1}G_1(\boldsymbol{r},\boldsymbol{r}')Q(\boldsymbol{r}')\mathrm{d}^3r' \tag{5.9}$$

这就是亥姆霍兹方程在波数为 k_1 的均匀介质中且没有附加边界条件下的解，而表示公式能够得出存在边界条件时的变化情况，这在稍后将进行推导。当对式（5.8）在 Ω_1 上积分时，我们需要注意式（5.8b）中的最后一项，当 $\boldsymbol{r}$ 和 $\boldsymbol{r}'$ 在不同的体积内时该项将会消失。将式（5.8）中的两个公式相减并对 Ω_1 进行积分，得到：

$$\left.\begin{array}{l}\boldsymbol{r}\in\Omega_1: f(\boldsymbol{r})\\ \boldsymbol{r}\in\Omega_2: 0\end{array}\right\}=\int_{\Omega_1}(G_1(\boldsymbol{r},\boldsymbol{r}')\nabla'^2 f(\boldsymbol{r}')-f(\boldsymbol{r}')\nabla'^2 G_1(\boldsymbol{r}',\boldsymbol{r}))\mathrm{d}^3r'+f_1^{\text{inc}}$$

对任意两个函数 $\phi(\boldsymbol{r})$ 和 $\psi(\boldsymbol{r})$ 使用格林定理[2]（见练习 5.1）：

$$\int_{\Omega_1}(\phi\nabla^2\psi-\psi\nabla^2\phi)\mathrm{d}^3r'=\oint_{\partial\Omega_1}\left(\phi\frac{\partial\psi}{\partial n}-\psi\frac{\partial\phi}{\partial n}\right)\mathrm{d}S \tag{5.10}$$

式中：$\partial\Omega$ 为体积 Ω 的边界；$\hat{\boldsymbol{n}}$ 为 Ω_1 外表面的法线，且法向导数为

$$\frac{\partial\psi}{\partial n}=\hat{\boldsymbol{n}}\cdot\nabla\psi \tag{5.11}$$

最后，对 $f(\boldsymbol{r})$ 使用格林定理即可得到“表示公式”：

对 Ω_1 求积分的“表示公式”

$$\left.\begin{array}{l}\boldsymbol{r}\in\Omega_1: f(\boldsymbol{r})\\ \boldsymbol{r}\in\Omega_2: 0\end{array}\right\}=f_1^{\text{inc}}(\boldsymbol{r})+\oint_{\partial\Omega}\left[G_1(\boldsymbol{r},\boldsymbol{s}')\frac{\partial f(\boldsymbol{s}')}{\partial n'}-\frac{\partial G_1(\boldsymbol{r},\boldsymbol{s}')}{\partial n'}f(\boldsymbol{s}')\right]\mathrm{d}S' \tag{5.12}$$

这可以解释为：如果我们已知函数 $f(\boldsymbol{s}')$ 及其法向导数 $\partial f(\boldsymbol{s}')/(\partial n')$ 在边界的值，那么就可以得到函数 $f(\boldsymbol{r})$ 在内部区域中的任何一处的值。其中，边界上任一点的位置用符号 $\boldsymbol{s}$ 表示。

同理外部区域 Ω_2 也可得到一个类似于式（5.12）的表达式。类比内部区域的表达式，我们引入一个新的入射场，它由位于外部区域 Ω_2 中的源产生，并由 G_2 而非 G_1 传到 $\boldsymbol{r}$ 处，此时可得

$$f_2^{\text{inc}}(\boldsymbol{r})=\int_{\Omega_1}G_2(\boldsymbol{r},\boldsymbol{r}')Q(\boldsymbol{r}')\mathrm{d}^3r' \tag{5.13}$$

当对 Ω_2 求积分时，图 5.2 与图 5.1 相比有两点不同之处：一是在无限远处仍有一个

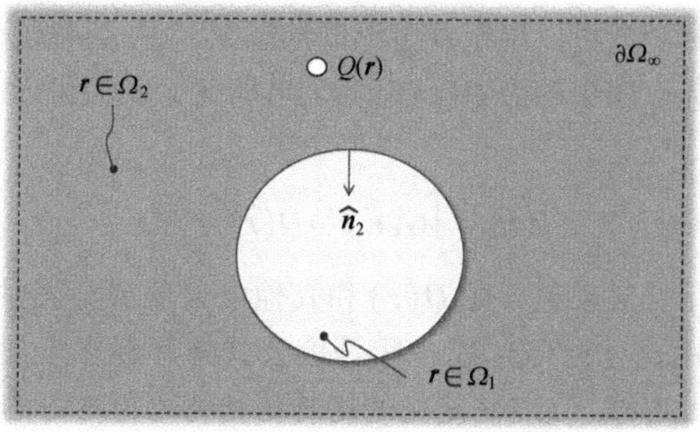

图 5.2　对 Ω_2 求“表示公式”和积分的示意图

边界$\partial\Omega_\infty$（虚线所示）。在大多数情况下，无限远处的边界条件已经包含在格林函数中，例如这里使用出射场而非入射场。二是外表面的法线$\hat{\boldsymbol{n}}_2$指向体积Ω_1。在通常情况下我们只使用Ω表面的法线$\hat{\boldsymbol{n}}$进行分析。这样$\hat{\boldsymbol{n}}_2=-\hat{\boldsymbol{n}}$，$Q$表示位于$\Omega_2$内部的源。

值得注意的是：在没有附加边界的情况下，上述场就是亥姆霍兹方程的解。与内部的情况相比，有两点需要认真考虑：第一，如图5.2所示，在体积外侧存在一个附加边界$\partial\Omega_\infty$，它在通常情况下认为是位于无穷远处，建立格林函数时已经考虑了该边界条件，譬如在亥姆霍兹方程中形如式（5.7）的输出场，因此我们无须特别考虑这个边界。第二，外部体积Ω_2的表面法线$\hat{\boldsymbol{n}}_2$是指向Ω_1的，如图5.2所示，它与$\hat{\boldsymbol{n}}$方向相反，因此我们只需保留$\hat{\boldsymbol{n}}$，并在“表示公式”中引入负号即可。

在Ω_2上积分的“表示公式”

$$\left.\begin{array}{l}\boldsymbol{r}\in\Omega_1:0\\ \boldsymbol{r}\in\Omega_2:f(\boldsymbol{r})\end{array}\right\}=f_2^{\mathrm{inc}}(\boldsymbol{r})-\oint_{\partial\Omega}\left[G_2(\boldsymbol{r},\boldsymbol{s}')\frac{\partial f(\boldsymbol{s}')}{\partial n'}-\frac{\partial G_2(\boldsymbol{r},\boldsymbol{s}')}{\partial n'}f(\boldsymbol{s}')\right]\mathrm{d}S' \quad (5.14)$$

这两个公式会让人们回想起第3章中介绍的角谱表示法，在那里我们已经将$z=0$平面的电磁场同远离平面的倏逝场与传播场关联起来。这两个表达式还可以在许多不同情境下发挥作用，例如：

狄利克雷问题和冯·诺依曼问题。理论上，我们能够借助式（5.12）和式（5.14）用f的法向导数来表示f，反之亦然。当$\boldsymbol{r}$无限接近边界时，我们可以获得函数与其表面导数的关系。因此，这要么是一个狄利克雷问题（已知函数在边界的取值），要么是一个冯·诺依曼问题（已知函数在边界上法向导数）

传输问题。对于波数分别为k_1、k_2的均匀介质，我们可以利用在内部和外部区域使用不同的格林函数，利用“表示公式”借助适当的边界条件边界处的函数值与其法向导数建立联系，这将留在第9章继续讨论。

将式（5.12）和式（5.14）合并为一个公式，如下：

$$f(\boldsymbol{r})=f_j^{\mathrm{inc}}(\boldsymbol{r})+\tau_j\oint_{\partial\Omega}\left[G_j(\boldsymbol{r},\boldsymbol{s}')\left(\frac{\partial f(\boldsymbol{s}')}{\partial n'}\right)-\left(\frac{\partial G_j(\boldsymbol{r},\boldsymbol{s}')}{\partial n'}\right)f(\boldsymbol{s}')\right]\mathrm{d}S' \quad (5.15)$$

其中，$\boldsymbol{r}\in\Omega_j$，此处引入$\tau_{1,2}=\pm1$来表示外部区域的解对应表面法线的变化。等式左侧为0时的方程有时可以用来对“表示公式”进行进一步处理。

5.2.2 格林函数与基本解

在物理学中，格林函数可以用于众多不同的场景，但这可能会产生混淆。首先我们假设存在一个位于无界空间中的源$Q(\boldsymbol{r})$。如上节所述，我们可以利用格林函数$G(\boldsymbol{r},\boldsymbol{r}')$直接计算下式的解：

$$f(\boldsymbol{r})=\int G(\boldsymbol{r},\boldsymbol{r}')Q(\boldsymbol{r}')\mathrm{d}^3r'$$

然而如图5.2所示：对于包含源$Q(\boldsymbol{r})$和其他电介质或金属纳米粒子组成的光子环境而言，我们必须使用式（5.15）或一些等价公式来解释在金属纳米颗粒边界处要满足的附加边界条件，此时式（5.7）定义的格林函数将不再唯一的确定$f(\boldsymbol{r})$。

理论上讲，此处可以引入一个全新的“总”格林函数$G_{\mathrm{tot}}(\boldsymbol{r},\boldsymbol{r}')$来表示这些变化后的边界条件，它能够将解和源通过下式关联起来：

$$f(\boldsymbol{r})=\int G_{\text{tot}}(\boldsymbol{r},\boldsymbol{r}')Q(\boldsymbol{r}')\mathrm{d}^3r'$$

假设存在一台计算机，它可以求解任意源 $Q(\boldsymbol{r})$ 满足的微分方程，关于这种解的架构我们将在第 9 章的粒子等离子体部分进行详细介绍。这样我们就能够引入一个点源 $Q_\delta(\boldsymbol{r})=\delta(\boldsymbol{r}-\boldsymbol{r}_0)$，并使用该计算机计算函数值 f_δ 以及其边界处的导数，并基于 $G_{\text{tot}}(\boldsymbol{r},\boldsymbol{r}')=f_\delta(\boldsymbol{r})$ 计算式（5.15）中的总格林函数。通过这样的构造就能够获悉点源对应的总格林函数，而通过叠加原理及对所有点源进行积分可以获得总响应。

在数学文献中采用了更为严谨的术语，它将无界介质对应的解 $G(\boldsymbol{r},\boldsymbol{r}')$ 称为基本解，而保留了将 $G_{\text{tot}}(\boldsymbol{r},\boldsymbol{r}')$ 作为格林函数的说法。因此，格林函数始终满足所研究问题的边界条件。本书中我们不会采取这种数学上的术语，但必要的时候我们会提醒读者关注该问题。

5.3 波动方程的格林函数

对于一个时谐电场所满足的波动方程：

$$-\nabla\times\nabla\times\boldsymbol{E}(\boldsymbol{r})+k^2\boldsymbol{E}(\boldsymbol{r})=-\mathrm{i}\mu\omega\boldsymbol{J}(\boldsymbol{r}) \tag{5.16}$$

其中 $k^2=\varepsilon\mu\omega^2$，理论上我们可以用类似于亥姆霍兹方程的方法来定义格林函数，但在这里我们的处理方式有所不同。我们首先注意到，在频域中电场可以通过 $\boldsymbol{E}=\mathrm{i}\omega\boldsymbol{A}-\nabla V$ 关联电磁势 V 和 $\boldsymbol{A}$。另外利用洛伦兹规范条件 $\nabla\cdot\boldsymbol{A}=\mathrm{i}\omega\mu V$，可以获得电磁矢势的亥姆霍兹方程：

$$(\nabla^2+k^2)\boldsymbol{A}(\boldsymbol{r})=-\mu\boldsymbol{J}(\boldsymbol{r})$$

显然，通过式（5.7）定义的格林函数可以得到 $\boldsymbol{A}$ 的表达式为

$$\boldsymbol{A}(\boldsymbol{r})=\mu\int G(\boldsymbol{r},\boldsymbol{r}')\boldsymbol{J}(\boldsymbol{r}')\mathrm{d}^3r' \tag{5.17}$$

然后，利用洛伦兹规范条件可以得到标势：

$$V(\boldsymbol{r})=\frac{\nabla\cdot\boldsymbol{A}(\boldsymbol{r})}{\mathrm{i}\varepsilon\mu\omega}=-\frac{\mathrm{i}\mu\omega}{k^2}\nabla\cdot\int G(\boldsymbol{r},\boldsymbol{r}')\boldsymbol{A}(\boldsymbol{r}')\mathrm{d}^3r'$$

其中，$k^2=\varepsilon\mu\omega^2$。因此，电场可以表示为

$$E_i(\boldsymbol{r})=\mathrm{i}\omega A_i(\boldsymbol{r})-\partial_iV(\boldsymbol{r})=\mathrm{i}\omega\mu\int\left(\delta_{ij}+\frac{\partial_i\partial_j}{k^2}\right)G(\boldsymbol{r},\boldsymbol{r}')J_j(\boldsymbol{r}')\mathrm{d}^3r' \tag{5.18}$$

式中：∂_i 为对第 i 个笛卡儿分量的导数，并假设 j 满足爱因斯坦求和约定。至此，我们可以很自然地引入并矢格林函数。

并矢格林函数

$$G_{ij}(\boldsymbol{r},\boldsymbol{r}')=\left(\delta_{ij}+\frac{\partial_i\partial_j}{k^2}\right)\frac{\mathrm{e}^{\mathrm{i}k|\boldsymbol{r}-\boldsymbol{r}'|}}{4\pi|\boldsymbol{r}-\boldsymbol{r}'|} \tag{5.19}$$

并通过式（5.20）将电场和电流源关联起来：

$$\boldsymbol{E}(\boldsymbol{r})=\mathrm{i}\omega\mu\int\overline{\overline{G}}(\boldsymbol{r},\boldsymbol{r}')\cdot\boldsymbol{J}(\boldsymbol{r}')\mathrm{d}^3r' \tag{5.20}$$

其中，$G_{ij}(\boldsymbol{r},\boldsymbol{r}')$ 的解释如下：对于一个指向 j 方向的电流源 $\boldsymbol{J}_j(\boldsymbol{r}')$，通过它能够获

得一个指向 i 的电场 $\boldsymbol{E}_i(\boldsymbol{r})$，有时候我们利用下述紧凑矩阵表示：

$$\overline{\overline{G}}(\boldsymbol{r},\boldsymbol{r}')=\left(\boldsymbol{I}+\frac{\nabla\nabla}{k^2}\right)\frac{\mathrm{e}^{\mathrm{i}k|\boldsymbol{r}-\boldsymbol{r}'|}}{4\pi|\boldsymbol{r}-\boldsymbol{r}'|}$$

此处我们假设$(\nabla\nabla)_{ij}=\partial_i\partial_j$，而矩阵$\overline{\overline{G}}$通常被称为并矢格林函数，或者简称为格林并矢。并矢格林函数在纳米光学领域发挥着十分重要的作用。类似于电场的波动方程，即式（5.16），格林函数$\overline{\overline{G}}$满足（见练习 5.6）：

$$-\nabla\times\nabla\times\overline{\overline{G}}(\boldsymbol{r},\boldsymbol{r}')+k^2\overline{\overline{G}}(\boldsymbol{r},\boldsymbol{r}')=-\delta(\boldsymbol{r}-\boldsymbol{r}')\boldsymbol{I} \tag{5.21}$$

为了知识的完备性，我们接下来将展示如何用并矢格林函数的表示磁场。对于时谐场而言，法拉第定律如下：

$$\nabla\times\boldsymbol{E}=\mathrm{i}\omega\mu\boldsymbol{H}$$

因此，对式（5.20）两边取旋度就可以得到磁场的表达式如下：

$$\boldsymbol{H}(\boldsymbol{r})=\nabla\times\int\overline{\overline{G}}(\boldsymbol{r},\boldsymbol{r}')\cdot\boldsymbol{J}(\boldsymbol{r}')\mathrm{d}^3r' \tag{5.22}$$

5.3.1 远场极限

在许多情况下人们会关注给定电流源的远场情况，理论上讲，我们可以对并矢格林函数在远场取极限。但在这里我们将采取另外一种处理方式，即首先通过式（5.17）将电流分布和矢量势建立关联。

$$\boldsymbol{A}(\boldsymbol{r})=\mu\int\frac{\mathrm{e}^{\mathrm{i}k|\boldsymbol{r}-\boldsymbol{r}'|}}{4\pi|\boldsymbol{r}-\boldsymbol{r}'|}\boldsymbol{J}(\boldsymbol{r}')\mathrm{d}^3r'$$

接下来假设 $r\gg r'$，可近似给出：

$$|\boldsymbol{r}-\boldsymbol{r}'|=r\sqrt{1-2\frac{r'}{r}\cos\theta+\left(\frac{r'}{r}\right)^2}\approx r\left(1-\frac{r'}{r}\cos\theta\right)=r-\hat{\boldsymbol{r}}\cdot\boldsymbol{r}'$$

式中：θ 为 $\boldsymbol{r}$ 和 $\boldsymbol{r}'$的夹角，这里只保留了平方根泰勒展开式中的最低阶项。在极限条件 $r\gg r'$下，将磁矢势展开，其主要部分可以写成：

$$\boldsymbol{A}(\boldsymbol{r})\underset{r\gg r'}{\rightarrow}\left(\frac{\mathrm{e}^{\mathrm{i}kr}}{4\pi r}\right)\mu\int\mathrm{e}^{-\mathrm{i}k\hat{\boldsymbol{r}}\cdot\boldsymbol{r}'}\boldsymbol{J}(\boldsymbol{r}')\mathrm{d}^3r'$$

远场区的磁场计算公式为

$$\boldsymbol{H}=\frac{1}{\mu}\nabla\times\boldsymbol{A}\rightarrow\frac{1}{\mu}\mathrm{i}k\hat{\boldsymbol{r}}\times\boldsymbol{A}$$

此处，我们假定在远场处的电磁场以平面波的形式在$\hat{\boldsymbol{r}}$方向传播，从而

$$\boldsymbol{H}(\boldsymbol{r})\underset{r\gg r'}{\rightarrow}\left(\frac{\mathrm{e}^{\mathrm{i}kr}}{4\pi r}\right)\mathrm{i}k\hat{\boldsymbol{r}}\times\int\mathrm{e}^{-\mathrm{i}k\hat{\boldsymbol{r}}\cdot\boldsymbol{r}'}\boldsymbol{J}(\boldsymbol{r}')\mathrm{d}^3r' \tag{5.23}$$

最后，结合式（2.40）和 $\mathrm{i}kZ=\mathrm{i}\omega\mu$，我们可以将远场区的电场与磁场联系起来，上式中 Z 表示阻抗，电场的远场表达式如下：

$$\boldsymbol{E}(\boldsymbol{r})\underset{r\gg r'}{\rightarrow}-\left(\frac{\mathrm{e}^{\mathrm{i}kr}}{4\pi r}\right)\mathrm{i}\omega\mu\int\mathrm{e}^{-\mathrm{i}k\hat{\boldsymbol{r}}\cdot\boldsymbol{r}'}\hat{\boldsymbol{r}}\times[\hat{\boldsymbol{r}}\times\boldsymbol{J}(\boldsymbol{r}')]\mathrm{d}^3r \tag{5.24}$$

与式（3.5）中给出的电场远场极限一致，我们可以得到球面波振幅，并将上式改写为如下形式：

$$E_i(\boldsymbol{r}) \underset{r\gg r'}{\longrightarrow} \left(\frac{\mathrm{e}^{\mathrm{i}kr}}{r}\right) \mathrm{i}\omega\mu \int \frac{\mathrm{e}^{-\mathrm{i}k\hat{\boldsymbol{r}}\cdot\boldsymbol{r}'}}{4\pi} (\delta_{ij} - \hat{r}_i \hat{r}_j) J_j(\boldsymbol{r}')\,\mathrm{d}^3 r'$$

这里我们已经计算了积分中的叉积，通过与式（5.20）中电场和电流分布之间的关系进行比较，我们可以将并矢格林函数的远场极限记为

$$G_{ij}(\boldsymbol{r},\boldsymbol{r}') \underset{r\gg r'}{\longrightarrow} \left(\frac{\mathrm{e}^{\mathrm{i}kr}}{r}\right) \frac{\mathrm{e}^{-\mathrm{i}k\hat{\boldsymbol{r}}\cdot\boldsymbol{r}'}}{4\pi} (\delta_{ij} - \hat{r}_i \hat{r}_j) \tag{5.25}$$

5.3.2 波动方程的表示公式

与亥姆霍兹方程类似，如图 5.1 和图 5.2 所示，我们可以得到一个将任意给定空间点的电场 $\boldsymbol{E}_j(\boldsymbol{r})$ 与已知体积的边界 $\partial\Omega$ 上的切向电场、磁场关联起来的表示公式：

麦克斯韦方程组的表示公式

$$\boldsymbol{E}(\boldsymbol{r}) = \boldsymbol{E}_j^{\mathrm{inc}}(\boldsymbol{r}) - \tau_j \oint_{\partial\Omega} \times \left\{ \mathrm{i}\omega\mu\, \overline{\overline{G}}_j(\boldsymbol{r},\boldsymbol{s}') \cdot \hat{\boldsymbol{n}}' \times \boldsymbol{H}(\boldsymbol{s}') - \left[\nabla' \times \overline{\overline{G}}_j(\boldsymbol{r},\boldsymbol{s}')\right] \cdot \hat{\boldsymbol{n}}' \times \boldsymbol{E}(\boldsymbol{s}') \right\} \mathrm{d}S' \tag{5.26}$$

其中，$r \in \Omega_j$ 可以位于体积 Ω 的内部或外部，但相应的 $\tau_{1,2} = \pm 1$ 的符号必须与之对应，具体的推导过程见 5.5 节。在式（5.26）中我们引入了输入场：

$$\boldsymbol{E}_j^{\mathrm{inc}}(\boldsymbol{r}) = \mathrm{i}\omega\mu \int_{\Omega_j} \overline{\overline{G}}_j(\boldsymbol{r},\boldsymbol{r}') \cdot \boldsymbol{J}(\boldsymbol{r}')\,\mathrm{d}^3 r' \tag{5.27}$$

该输入场是由 Ω_j 内的电流源产生。而式（5.26）展示了一个相当明确的关系：可以通过边界处切向电场和磁场计算空间任意一处的电磁场。

5.4 光学定理

在本节中，我们将证明 4.4 节所提到的光学定理，该证明过程分两步进行：首先计算表示式（5.26）的远场极限；然后将这个表达式与式（4.25）的 P_{ext} 进行比较，并证明这两个表达式是相互关联的。

“表示公式”的远场极限

从式（5.20）所展示的电场与并矢格林函数的关系中，我们发现“表示公式”大括号内的第一项可以解释为源 $\hat{\boldsymbol{n}}\times\boldsymbol{H}(\boldsymbol{r})$ 的电场。同理，与式（5.22）相比可以得出，“表示公式”的第二项对应了源为 $\hat{\boldsymbol{n}}\times\boldsymbol{E}(\boldsymbol{r})$ 的磁场。因此，我们可以通过式（5.23）和式（5.24）中电磁场的远场极限获得体积 Ω 外“表示公式”的远场极限：

$$\boldsymbol{E}(\boldsymbol{r}) \underset{r\gg r'}{\longrightarrow} \boldsymbol{E}_{\mathrm{inc}}(\boldsymbol{r}) + \left(\frac{\mathrm{e}^{\mathrm{i}kr}}{4\pi r}\right) \hat{\boldsymbol{r}} \times \oint_{\partial\Omega} \mathrm{e}^{-\mathrm{i}k\hat{\boldsymbol{r}}\cdot\boldsymbol{r}'} \left\{ -\mathrm{i}\omega\mu\hat{\boldsymbol{r}} \times \left[\hat{\boldsymbol{n}}' \times \boldsymbol{H}(\boldsymbol{r}')\right] + \mathrm{i}k\hat{\boldsymbol{n}}' \times \boldsymbol{E}(\boldsymbol{r}') \right\} \mathrm{d}S' \tag{5.28}$$

为了便于与消光功率进行比较，假设在远场极限下出射波沿 $\hat{\boldsymbol{k}}_0$ 方向传播，并在公式两侧同时乘以 $\boldsymbol{\epsilon}_0^*$。此时，具有切向磁场的项可以利用下式进行简化：

$$\boldsymbol{\epsilon}_0^* \cdot \hat{\boldsymbol{k}}_0 \times (\hat{\boldsymbol{k}}_0 \times \boldsymbol{u}) = \boldsymbol{\epsilon}_0^* \cdot [\hat{\boldsymbol{k}}_0(\hat{\boldsymbol{k}}_0 \cdot \boldsymbol{u}) - \boldsymbol{u}] = -\boldsymbol{\epsilon}_0^* \cdot \boldsymbol{u}$$

其中，我们利用了关系 $\boldsymbol{\epsilon}_0^* \cdot \hat{\boldsymbol{k}}_0 = 0$，$\boldsymbol{u}$ 表示任意矢量。于是得到：

$$\boldsymbol{\epsilon}_0^* \cdot \boldsymbol{E}(r\hat{\boldsymbol{k}}_0) \underset{r \gg r'}{\longrightarrow} \boldsymbol{\epsilon}_0^* \cdot \boldsymbol{E}_{\text{inc}}(r\hat{\boldsymbol{k}}_0) + \left(\frac{\mathrm{e}^{\mathrm{i}kr}}{4\pi r}\right) \mathrm{i}\omega\mu \oint_{\partial\Omega} \mathrm{e}^{-\mathrm{i}\boldsymbol{k}_0 \cdot \boldsymbol{r}'} \boldsymbol{\epsilon}_0^* \cdot \{\hat{\boldsymbol{n}}' \times \boldsymbol{H}(\boldsymbol{r}') + Z^{-1} \hat{\boldsymbol{k}}_0 \times [\hat{\boldsymbol{n}}' \times \boldsymbol{E}(\boldsymbol{r}')]\} \mathrm{d}S' \tag{5.29}$$

其中，$\mathrm{i}k = \mathrm{i}\mu\omega Z^{-1}$。参照光学截面的推导方法将电场分解为 $\boldsymbol{E} = \boldsymbol{E}_{\text{inc}} + \boldsymbol{E}_{\text{sca}}$，分别对应入射场和散射场的作用，磁场也同理。正如将在练习 5.9 中所介绍的，我们可以用散射场代替式（5.29）中边界积分的总场。于是就得到了式（4.26）远场振幅的最终表达式：

$$\boldsymbol{\epsilon}_0^* \cdot \boldsymbol{F}(\hat{\boldsymbol{k}}_0) = \frac{\mathrm{i}kZ}{4\pi} \oint_{\partial\Omega} \mathrm{e}^{-\mathrm{i}\boldsymbol{k}_0 \cdot \boldsymbol{r}'} \boldsymbol{\epsilon}_0^* \cdot \{\hat{\boldsymbol{n}}' \times \boldsymbol{H}_{\text{sca}}(\boldsymbol{r}') + Z^{-1} \hat{\boldsymbol{k}}_0 \times [\hat{\boldsymbol{n}}' \times \boldsymbol{E}_{\text{sca}}(\boldsymbol{r}')]\} \mathrm{d}S' \tag{5.30}$$

消光功率

我们接下来研究式（4.25）描述的消光功率：

$$P_{\text{ext}} = \frac{1}{2} \oint_{\partial\Omega} \mathrm{Re}[E_0^* \mathrm{e}^{-\mathrm{i}k_0 r} \{\boldsymbol{H}_{\text{sca}}(\boldsymbol{r}) \times \boldsymbol{\epsilon}_0^* + Z^{-1}(\hat{\boldsymbol{k}}_0 \times \boldsymbol{\epsilon}_0^*) \times \boldsymbol{E}_{\text{sca}}(\boldsymbol{r})\}] \cdot \mathrm{d}\boldsymbol{S}$$

为了便于分析，我们颠倒了括号中两项的顺序和叉积的顺序；括号中的后一项可以利用混合积的循环置换并通过如下步骤来简化：

$$(\hat{\boldsymbol{k}}_0 \times \boldsymbol{\epsilon}_0^*) \cdot (\boldsymbol{E}_{\text{sca}} \times \hat{\boldsymbol{n}}) = \boldsymbol{\epsilon}_0^* \cdot [\hat{\boldsymbol{n}}(\hat{\boldsymbol{k}}_0 \cdot \boldsymbol{E}_{\text{sca}}) - \boldsymbol{E}_{\text{sca}}(\hat{\boldsymbol{k}}_0 \cdot \hat{\boldsymbol{n}})] = \boldsymbol{\epsilon}_0^* \cdot \hat{\boldsymbol{k}}_0 \times (\hat{\boldsymbol{n}} \times \boldsymbol{E}_{\text{sca}})$$

最终得到消光功率的表达式为

$$P_{\text{ext}} = \frac{1}{2} \oint_{\partial\Omega} \mathrm{Re}[E_0^* \mathrm{e}^{-\mathrm{i}k_0 r} \boldsymbol{\epsilon}_0^* \cdot \{\hat{\boldsymbol{n}} \times \boldsymbol{H}_{\text{sca}}(\boldsymbol{r}) + Z^{-1} \hat{\boldsymbol{k}}_0(\hat{\boldsymbol{n}} \times \boldsymbol{E}_{\text{sca}}(\boldsymbol{r}))\}] \cdot \mathrm{d}\boldsymbol{S} \tag{5.31}$$

与式（5.30）对比发现：P_{ext}可以与远场振幅建立如下关联：

$$P_{\text{ext}} = \mathrm{Re}\left[\frac{2\pi}{\mathrm{i}kZ} E_0 \boldsymbol{\epsilon}_0^* \cdot \boldsymbol{F}(\hat{\boldsymbol{k}}_0)\right] = \frac{2\pi}{k} Z^{-1} \mathrm{Im}[E_0 \boldsymbol{\epsilon}_0^* \cdot \boldsymbol{F}(\hat{\boldsymbol{k}}_0)]$$

这也印证了我们对光学定理的证明过程。

5.5 波动方程表示公式的相关推导

本节将介绍如何推导式（5.26）所示的麦克斯韦方程组的表示。在本节内容里，我们对表示公式的推导过程很大程度上参考了周永祖（W. C. Chew）教授的著作[20]。首先，在电场的波动方程的右侧乘以并矢格林函数：

$$[-\nabla' \times \nabla' \times \boldsymbol{E}(\boldsymbol{r}')] \cdot \overline{\overline{G}}(\boldsymbol{r}', \boldsymbol{r}) + k^2 \boldsymbol{E}(\boldsymbol{r}') \cdot \overline{\overline{G}}(\boldsymbol{r}', \boldsymbol{r}) = -\mathrm{i}\omega\mu \boldsymbol{J}(\boldsymbol{r}') \cdot \overline{\overline{G}}(\boldsymbol{r}', \boldsymbol{r})$$

为了方便后续的推导，我们在书写波动方程时，将 $\boldsymbol{r}'$放在了前面；同时用 $\boldsymbol{E}(\boldsymbol{r}')$左乘并矢格林函数的波动方程：

$$-\boldsymbol{E}(\boldsymbol{r}') \cdot \nabla' \times \nabla' \times \overline{\overline{G}}(\boldsymbol{r}', \boldsymbol{r}) + k^2 \boldsymbol{E}(\boldsymbol{r}') \cdot \overline{\overline{G}}(\boldsymbol{r}', \boldsymbol{r}) = -\boldsymbol{E}(\boldsymbol{r}') \delta(\boldsymbol{r}' - \boldsymbol{r})$$

接下来，将上面两个等式在 $\boldsymbol{r}'$ 上积分，并将积分后的公式相减，得到：

$$\int_{\Omega}\{[-\nabla'\times\nabla'\times\boldsymbol{E}(\boldsymbol{r}')]\cdot\overline{\overline{G}}(\boldsymbol{r}',\boldsymbol{r})+\boldsymbol{E}(\boldsymbol{r}')\cdot\nabla'\times\nabla'\times\overline{\overline{G}}(\boldsymbol{r}',\boldsymbol{r})\}\mathrm{d}^3r'=-\boldsymbol{E}_{\mathrm{inc}}(\boldsymbol{r})+\boldsymbol{E}(\boldsymbol{r})$$

这里我们只考虑了 $\boldsymbol{r}$ 和 $\boldsymbol{r}'$ 位于同一个体积中的情况，大括号中的项可以转换为如下形式：

$$-\nabla'\cdot\{[\nabla'\times\boldsymbol{E}(\boldsymbol{r}')]\times\overline{\overline{G}}(\boldsymbol{r}',\boldsymbol{r})+\boldsymbol{E}(\boldsymbol{r}')\times[\nabla'\times\overline{\overline{G}}(\boldsymbol{r}',\boldsymbol{r})]\}\tag{5.32}$$

上述变换中使用了如下矢量恒等式：

$$\nabla\cdot\boldsymbol{a}\times\boldsymbol{b}=(\nabla\times\boldsymbol{a})\cdot\boldsymbol{b}-\boldsymbol{a}\cdot(\nabla\times\boldsymbol{b}).$$

为了简单，我们忽略 $\boldsymbol{E}$ 和 $\overline{\overline{G}}$ 中 $\boldsymbol{r}$ 和 $\boldsymbol{r}'$ 的依赖关系，可得

$$-\{(\nabla'\times\nabla'\times\boldsymbol{E})\cdot\overline{\overline{G}}-(\nabla'\times\boldsymbol{E})\cdot(\nabla'\times\overline{\overline{G}})+(\nabla'\times\boldsymbol{E})\cdot(\nabla'\times\overline{\overline{G}})-\boldsymbol{E}\cdot(\nabla'\times\nabla'\times\overline{\overline{G}})\}$$

至此，我们就完成了上述证明。接下来将使用这个修改后的表达式对大括号中的项进行体积积分，利用高斯定理，可得如下形式的边界积分式：

$$\boldsymbol{E}(\boldsymbol{r})=\boldsymbol{E}_{\mathrm{inc}}(\boldsymbol{r})-\oint_{\partial\Omega}\{[\nabla'\times\boldsymbol{E}(\boldsymbol{r}')]\times\overline{\overline{G}}(\boldsymbol{r}',\boldsymbol{r})+\boldsymbol{E}(\boldsymbol{r}')\times[\nabla'\times\overline{\overline{G}}(\boldsymbol{r}',\boldsymbol{r})]\}\cdot\hat{\boldsymbol{n}}'\mathrm{d}S'\tag{5.33}$$

式中：$\hat{\boldsymbol{n}}'$ 为曲面边界的法线。式（5.33）最早是由 Stratton 和 Chu[21] 得到的，因此该公式通常以这两位的名字命名。大括号中的第一项可以通过三重乘积进行循环置换，并使用 $\boldsymbol{E}$ 的旋度的法拉第定律将其简化为

$$[\nabla'\times\boldsymbol{E}(\boldsymbol{r}')]\times\overline{\overline{G}}(\boldsymbol{r}',\boldsymbol{r})\cdot\hat{\boldsymbol{n}}'=\mathrm{i}\omega\mu\hat{\boldsymbol{n}}'\times\boldsymbol{H}(\boldsymbol{r}')\cdot\overline{\overline{G}}(\boldsymbol{r}',\boldsymbol{r})$$

在第二项中，可以对三重积进行循环置换：

$$\boldsymbol{E}(\boldsymbol{r}')\times[\nabla'\times\overline{\overline{G}}(\boldsymbol{r}',\boldsymbol{r})]\cdot\hat{\boldsymbol{n}}'=\hat{\boldsymbol{n}}'\times\boldsymbol{E}(\boldsymbol{r}')\cdot\nabla'\times\overline{\overline{G}}(\boldsymbol{r}',\boldsymbol{r})$$

将此式代入式（5.32）中可以得到：

$$\boldsymbol{E}(\boldsymbol{r})=\boldsymbol{E}_{\mathrm{inc}}(\boldsymbol{r})-\oint_{\partial\Omega}\{\mathrm{i}\omega\mu\hat{\boldsymbol{n}}'\times\boldsymbol{H}(\boldsymbol{r}')\cdot\overline{\overline{G}}(\boldsymbol{r}',\boldsymbol{r})+\hat{\boldsymbol{n}}'\times\boldsymbol{E}(\boldsymbol{r}')\cdot\nabla'\times\overline{\overline{G}}(\boldsymbol{r}',\boldsymbol{r})\}\mathrm{d}S'$$

最后，我们使用对称张量 $\overline{\overline{G}}$（另见第 7.4 节）变换标量积中两项之间的顺序；利用梯度的旋度恒为 0 的性质，得到下式并与上式联立：

$$[\nabla'\times\overline{\overline{G}}(\boldsymbol{r}',\boldsymbol{r})]_{ij}=[\nabla'\times G(\boldsymbol{r}',\boldsymbol{r})\boldsymbol{I}]_{ij}=-[\nabla'\times\overline{\overline{G}}(\boldsymbol{r},\boldsymbol{r}')]_{ji}$$

最终就可以得到式（5.26）的表象公式，并重复将其写在此处：

$$\boldsymbol{E}(\boldsymbol{r})=\boldsymbol{E}_{\mathrm{inc}}(\boldsymbol{r})-\tau_j\oint_{\partial\Omega}\{\mathrm{i}\omega\mu\overline{\overline{G}}(\boldsymbol{r},\boldsymbol{s}')\cdot\hat{\boldsymbol{n}}'\times\boldsymbol{H}(\boldsymbol{s}')-[\nabla'\times\overline{\overline{G}}(\boldsymbol{r},\boldsymbol{s}')]\cdot\hat{\boldsymbol{n}}'\times\boldsymbol{E}(\boldsymbol{s}')\}\mathrm{d}S'$$

在介绍边界积分之前我们引入了因子 $\tau_{1,2}=\pm1$，这是为了强调一点，即对于 $\boldsymbol{r}\in\Omega_2$，边界的法矢量指向体积。这一点已经在式（5.14）中进行了详细的分析。

单层位势与双层位势

表示公式可写成更为简洁的形式。接下来，我们将引入切向电磁场的简写形式：$\boldsymbol{u}_E=\hat{\boldsymbol{n}}\times\boldsymbol{E}$ 和 $\boldsymbol{u}_H=\hat{\boldsymbol{n}}\times\boldsymbol{H}$。

单层位势。为了简化“表示公式”括号中的第一项，我们通过下式定义积分算子 $\mathbb{S}$（此处省略了 $\boldsymbol{u}$ 的电场下标）：

$$[\mathbb{S}\boldsymbol{u}](\boldsymbol{r})=\oint_{\partial\Omega}\left[\left(\boldsymbol{I}+\frac{\nabla\nabla}{k^2}\right)G(\boldsymbol{r},\boldsymbol{s}')\right]\cdot\boldsymbol{u}(\boldsymbol{s}')\mathrm{d}S'$$

简化第二项时，我们将用到$\nabla G(\boldsymbol{r},\boldsymbol{r}')=-\nabla' G(\boldsymbol{r},\boldsymbol{r}')$以及下式：

$$(\nabla G\cdot\boldsymbol{u})-(\nabla' G)\cdot\boldsymbol{u}=G\nabla'\cdot\boldsymbol{u}-\nabla'\cdot(G\boldsymbol{u})$$

最后一项可以用式（2.12）所示的高斯定律①的二维形式将边界积分转换为线积分，而对于闭合的边界线积分为0。此时可得

$$[\mathbb{S}\boldsymbol{u}](\boldsymbol{r})=\oint_{\partial\Omega}\left[G(\boldsymbol{r},\boldsymbol{s}')\boldsymbol{u}(\boldsymbol{s}')+\frac{1}{k^2}\nabla G(\boldsymbol{r},\boldsymbol{s}')\nabla'\cdot\boldsymbol{u}(\boldsymbol{s}')\right]\mathrm{d}S' \tag{5.34}$$

为了形式上的统一，在数学领域的相关文献中人们通常将$\mathbb{S}$称为单层位势积分算子。

双层位势。对于式（5.26）中括号内的第二项，我们可以从下式入手：

$$\nabla'\times\left(\boldsymbol{I}+\frac{\nabla\nabla}{k^2}\right)G(\boldsymbol{r},\boldsymbol{r}')=-\nabla\times\left(\boldsymbol{I}+\frac{\nabla\nabla}{k^2}\right)G(\boldsymbol{r},\boldsymbol{r}')=-\nabla\times\boldsymbol{I}G(\boldsymbol{r},\boldsymbol{r}')$$

其中，在最后一步利用了梯度的旋度恒为0，于是最后得到积分：

$$[\mathbb{D}\boldsymbol{u}](\boldsymbol{r})=\oint_{\partial\Omega}\nabla'\times\overline{\overline{G}}(\boldsymbol{r},\boldsymbol{s}')\cdot\boldsymbol{u}(\boldsymbol{s}')\mathrm{d}S'=-\oint_{\partial\Omega}\nabla\times G(\boldsymbol{r},\boldsymbol{s}')\boldsymbol{u}(\boldsymbol{s}')\mathrm{d}S' \tag{5.35}$$

同样，$\mathbb{D}$通常在数学领域相关文献中表示双层位势的积分算子。

两个算子之间的关系。通过式（5.35）计算单层位势的旋度可得

$$\nabla\times[\mathbb{S}\boldsymbol{u}](\boldsymbol{r})=\oint_{\partial\Omega}\nabla\times G(\boldsymbol{r},\boldsymbol{s}')\boldsymbol{u}(\boldsymbol{s}')\mathrm{d}S'=-[\mathbb{D}\boldsymbol{u}](\boldsymbol{r})$$

在单层算子的第二项中，梯度的旋度恒为0，故可以消去。同时计算式（5.35）中的双层位势旋度可得

$$\begin{aligned}\nabla\times[\mathbb{D}\boldsymbol{u}](\boldsymbol{s})&=-\oint_{\partial\Omega}\nabla\times\nabla\times G(\boldsymbol{r},\boldsymbol{s}')\boldsymbol{u}(\boldsymbol{s}')\mathrm{d}S'\\&=-\oint_{\partial\Omega}\{\nabla[\nabla\cdot G(\boldsymbol{r},\boldsymbol{s}')\boldsymbol{u}(\boldsymbol{s}')]-\nabla^2G(\boldsymbol{r},\boldsymbol{s}')\boldsymbol{u}(\boldsymbol{s}')\}\mathrm{d}S',\\&=-k^2[\mathbb{S}\boldsymbol{u}](\boldsymbol{r})\end{aligned}$$

这里用到了式（5.5）的标量格林函数的定义方程，由于$\boldsymbol{r}\neq\boldsymbol{r}'$，因此可以改写括号中的第二项。我们便得到了单层位势积分算子和双层位势积分算子之间的关系式：

$$\nabla\times[\mathbb{S}\boldsymbol{u}](\boldsymbol{r})=-[\mathbb{D}\boldsymbol{u}](\boldsymbol{r}),\quad \nabla\times[\mathbb{D}\boldsymbol{u}](\boldsymbol{r})=-k^2[\mathbb{S}\boldsymbol{u}](\boldsymbol{r}) \tag{5.36}$$

通过电场的一般表达式和法拉第定律$\mathrm{i}\omega\mu\boldsymbol{H}=\nabla\times\boldsymbol{E}$，我们可以将式（5.26）和相应的磁场表达式简写为：

麦克斯韦方程组的表示公式（Ⅱ）

$$\begin{aligned}\boldsymbol{E}(\boldsymbol{r})&=\boldsymbol{E}_j^{\mathrm{inc}}(\boldsymbol{r})-\tau_j\{+\mathrm{i}\omega\mu[\mathbb{S}\hat{\boldsymbol{n}}\times\boldsymbol{H}](\boldsymbol{r})-[\mathbb{D}\hat{\boldsymbol{n}}\times\boldsymbol{E}](\boldsymbol{r})\}\\\boldsymbol{H}(\boldsymbol{r})&=\boldsymbol{H}_j^{\mathrm{inc}}(\boldsymbol{r})-\tau_j\{-\mathrm{i}\omega\varepsilon[\mathbb{S}\hat{\boldsymbol{n}}\times\boldsymbol{E}](\boldsymbol{r})-[\mathbb{D}\hat{\boldsymbol{n}}\times\boldsymbol{H}](\boldsymbol{r})\}\end{aligned} \tag{5.37}$$

其中，$j=1,2$分别对应$\boldsymbol{r}\in\Omega_{1,2}$，且$\tau_{1,2}=\pm1$，$\mathbb{S}$和$\mathbb{D}$在前文中已经由式（5.34）和式（5.35）定义。$\boldsymbol{E}_j^{\mathrm{inc}}(\boldsymbol{r})$和$\boldsymbol{H}_j^{\mathrm{inc}}(\boldsymbol{r})$分别表示位于体积$\Omega_j$中的电流源产生的电磁场。我们将在第9章讨论边界积分方法时继续使用这个“表示公式”。

---

① 在微分几何领域有斯托克斯-嘉当定理（Stokes-Cartan theorem），从中可以导出高斯、斯托克斯和格林定律。这个框架使得我们能够将这些定律推广到任意维度和曲线空间。曲线边界的高斯定律的二维形式就是一个典型的例子，我们在本章中将会使用它，但不会给出证明过程。

习题

练习 5.1 证明格林定理：

$$\int_{\Omega}(\phi\nabla^2\psi-\psi\nabla^2\phi)\mathrm{d}^3r=\oint_{\partial\Omega}\left(\phi\frac{\partial\psi}{\partial n}-\psi\frac{\partial\phi}{\partial n}\right)\mathrm{d}S$$

证明括号中的部分可以改写成$\nabla\cdot(\phi\nabla\psi-\psi\nabla\phi)$的形式，并使用式（2.12）所示的高斯定理将体积转换为边界积分。

练习 5.2 推导亥姆霍兹方程的**超前格林函数**。提示：从式（5.6）入手，且只保留入射球面波的第二项，反复推导以获得 D。

练习 5.3 当$\boldsymbol{r}\in\Omega_2$时，将亥姆霍兹方程的解分解为入射场和散射场：

$$f(\boldsymbol{r})=f_{\text{inc}}(\boldsymbol{r})+f_{\text{sca}}(\boldsymbol{r})$$

利用$r\in\Omega_2$时的式（5.12）证明“表示公式”式（5.14）的右侧可以使用散射场代替总场。

练习 5.4 使用傅里叶变换和色散关系 $\omega=kc$，将亥姆霍兹方程的格林函数（见下式）转换到时域。

$$g(R)=\frac{\mathrm{e}^{\pm\mathrm{i}kF}}{4\pi R}$$

对比延迟格林函数（正号）和超前格林函数（负号）的结果，并给出相应的解释。

练习 5.5 推导一维亥姆霍兹方程的格林函数：

$$\left(\frac{\mathrm{d}^2}{\mathrm{d}x^2}+k^2\right)G(x)=-\delta(x)$$

在原点附近的一个小区域上对上述方程积分，可以得到边界条件：

$$G(0^+)=G(0^-),\quad \left.\frac{\mathrm{d}G}{\mathrm{d}x}\right|_{0^+}-\left.\frac{\mathrm{d}G}{\mathrm{d}x}\right|_{0^-}=-1$$

其中，$0^{\pm}$分别表示从正向或反向无限接近 0 的位置。为了获得推迟格林函数，应选择对应于无穷远处输出波的解。

练习 5.6 证明格林函数的定义公式（5.21），将方程改写为如下形式：

$$-(\epsilon_{ikl}\partial_k)(\epsilon_{lmn}\partial_m)G_{ni}(\boldsymbol{r},\boldsymbol{r}')+k^2G_{ij}(\boldsymbol{r},\boldsymbol{r}')=-\delta_{ij}\delta(\boldsymbol{r}-\boldsymbol{r}')$$

并利用式（5.19）表示 G。

练习 5.7 证明式（5.19）所示的并矢格林函数$\overline{\overline{G}}(\boldsymbol{r},\boldsymbol{r}')$可以写成：

$$G_{ij}(\boldsymbol{r},\boldsymbol{r}')=\left[(\delta_{ij}-\hat{R}_i\hat{R}_j)+\mathrm{i}\left(\frac{\delta_{ij}-3\hat{R}_i\hat{R}_j}{kR}\right)-\left(\frac{\delta_{ij}-3\hat{R}_i\hat{R}_j}{k^2R^2}\right)\right]\frac{\mathrm{e}^{\mathrm{i}kR}}{4\pi R},$$

其中，$\boldsymbol{R}=\boldsymbol{r}-\boldsymbol{r}'$，单位矢量$\hat{\boldsymbol{R}}=\boldsymbol{R}/R$。

练习 5.8 利用练习（5.7）的结论，证明位于原点的电偶极子 $\boldsymbol{p}$ 的电场 $\boldsymbol{E}(\boldsymbol{r})=\mu_0\omega^2\overline{\overline{G}}(\boldsymbol{r},0)\cdot\boldsymbol{p}$ 可以改写成以下形式：

$$\boldsymbol{E}=\frac{1}{4\pi\varepsilon_0}\left\{k^2(\hat{\boldsymbol{r}}\times\boldsymbol{p})\times\hat{\boldsymbol{r}}\frac{\mathrm{e}^{\mathrm{i}kr}}{r}+[3(\hat{\boldsymbol{r}}\cdot\boldsymbol{p})\hat{\boldsymbol{r}}-\boldsymbol{p}]\left(\frac{1}{r^3}-\frac{\mathrm{i}k}{r^2}\right)\mathrm{e}^{\mathrm{i}kr}\right\}$$

练习 5.9 证明在式（5.29）中可以用散射场代替总场，分析如下入射场的作用。

$$\oint_{\partial\Omega} e^{-ik_0\cdot r}\boldsymbol{\epsilon}_0^* \cdot \{\hat{\boldsymbol{n}} \times (\hat{\boldsymbol{k}}_0 \times \boldsymbol{E}_{\text{inc}}) + \hat{\boldsymbol{k}}_0 \times (\hat{\boldsymbol{n}} \times \boldsymbol{E}_{\text{inc}})\}\,\mathrm{d}S$$

其中 $\boldsymbol{E}_{\text{inc}} = E_0\boldsymbol{\epsilon}_0 e^{-ik_0\cdot r}$，利用 $\hat{\boldsymbol{k}}_0 \cdot \boldsymbol{\epsilon}_0 = 0$ 计算括号内的项，并证明只有非消失项与 $\oint_{\partial\Omega}\mathrm{d}\boldsymbol{S} = 0$ 成正比。

练习 5.10 利用体积 Ω 和位置 $\boldsymbol{r} \notin \Omega$ 推导式（5.26）的波动方程的表示公式（可参考关于亥姆霍兹方程的相应讨论），并使用结果来证明：

$$\oint_{\partial\Omega}\{i\omega\mu\overline{\overline{G}}(\boldsymbol{r},\boldsymbol{s}') \cdot \hat{\boldsymbol{n}}' \times \boldsymbol{H}_{\text{inc}}(\boldsymbol{s}') - [\nabla' \times \overline{\overline{G}}(\boldsymbol{r},\boldsymbol{s}')] \cdot \hat{\boldsymbol{n}}' \times \boldsymbol{E}_{\text{inc}}(\boldsymbol{s}')\}\,\mathrm{d}S' = 0$$

第 6 章

光学衍射极限及其突破

至此，我们已经掌握了研究光的衍射极限所需的所有基础知识。在本章中，我们首先研究单个电偶极子的成像，然后再分析衍射极限对常规光学显微技术的影响，最后将介绍一种能够对光学近场进行成像的技术——扫描近场光学显微技术（SNOM）以及获得 2014 年诺贝尔化学奖的光学定位显微技术。

6.1 单个电偶极子的成像

首先，对于一个位于 $\boldsymbol{r}_0$处并通过透镜系统成像的单个偶极子，我们使用第 3 章中所介绍的方法对其进行描述。同时，我们使用了第 5 章介绍的格林函数计算了偶极子辐射的远场。总的来说，其可以分解为以下几个步骤（图 6.1）：

-计算电偶极子的电流分布；

-使用式（5.24）计算偶极子的远场；

-将远场代入式（3.10）所示的成像表达式；

-对小数值孔径的全部积分进行解析求解。

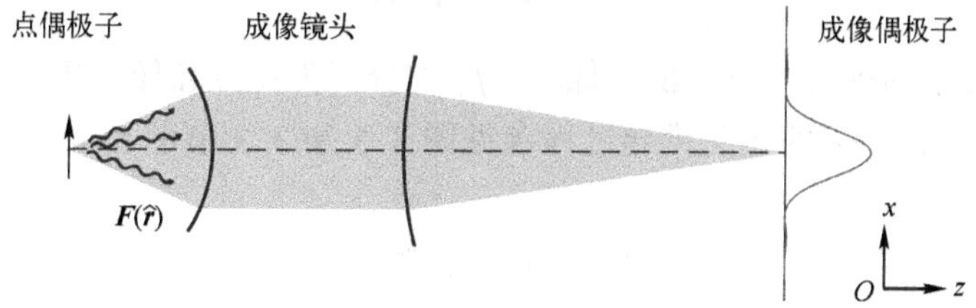

图 6.1 电偶极子成像

电偶极子位于透镜的焦点（参照图 3.4 中的高斯参考球），该透镜收集偶极子发出的远场 $\boldsymbol{F}(\hat{\boldsymbol{r}})$。由于消除了倏逝场，第二个透镜将受衍射极限的影响而最终成像为一个光斑。本节将展示如何对该问题进行解析求解。

首先，将振荡偶极子的电流分布作为初始表达式，且假定它的空间尺寸远小于所研究问题的任何其他相关长度。电流分布的表达式如下：

位于 $\boldsymbol{r}_0$ 处的点偶极子的电流分布

$$\boldsymbol{J}(\boldsymbol{r}) = -\mathrm{i}\omega\boldsymbol{p}\delta(\boldsymbol{r}-\boldsymbol{r}_0) \tag{6.1}$$

式中：$\boldsymbol{r}_0$ 为偶极位置；$\boldsymbol{p}$ 为偶极矩；ω 为振荡频率。

式（6.1）的证明 为了计算偶极子的电流分布，我们从下式入手：

$$\nabla \cdot x\boldsymbol{J} = \partial_i xJ_i = \delta_{i1}J_i + x\nabla \cdot \boldsymbol{J}$$

通过使用时谐场的连续性方程，表达式的最后一项可以与电荷分布相关联：

$$\mathrm{i}\omega\rho = \nabla \cdot \boldsymbol{J}$$

然后，我们在偶极子电荷分布所在的小体积上对 J_1 进行积分并得到：

$$\int_\Omega J_1(\boldsymbol{r})\,\mathrm{d}^3r = \oint_{\partial\Omega} x\boldsymbol{J}\cdot \mathrm{d}\boldsymbol{S} - \mathrm{i}\omega\int_\Omega x\rho(\boldsymbol{r})\,\mathrm{d}^3r = -\mathrm{i}\omega p_1$$

由式（6.1）所示的电流分布表达式可以获得相同的结果，从而完成了上述证明。在推导上述表达式时，因为 $\boldsymbol{J}$ 被限制在 Ω 内，故边界 $\partial\Omega$ 处的电流分布为零，我们随之引入偶极矩：

$$\boldsymbol{p} = \int_\Omega \boldsymbol{r}\rho(\boldsymbol{r})\,\mathrm{d}^3r \tag{6.2}$$

这种电场的远场分布可以使用式（5.24）计算得到：

$$\boldsymbol{E}(\boldsymbol{r}) \underset{r\gg r_0}{\longrightarrow} -\left(\frac{\mathrm{e}^{\mathrm{i}kr}}{4\pi r}\right)\omega^2\mu\mathrm{e}^{-\mathrm{i}k\hat{\boldsymbol{r}}\cdot \boldsymbol{r}_0}[\hat{\boldsymbol{r}}\times(\hat{\boldsymbol{r}}\times\boldsymbol{p})] = \left(\frac{\mathrm{e}^{\mathrm{i}kr}}{r}\right)\boldsymbol{F}(\hat{\boldsymbol{r}})$$

又由于：

$$-\hat{\boldsymbol{r}}\times(\hat{\boldsymbol{r}}\times\boldsymbol{p}) = \boldsymbol{p}-\hat{\boldsymbol{r}}(\hat{\boldsymbol{r}}\cdot\boldsymbol{p}) = \boldsymbol{p}_\perp$$

可得远场振幅表达式如下：

$$\boldsymbol{F}(\hat{\boldsymbol{r}}) = \frac{k^2}{4\pi\varepsilon}(\mathrm{e}^{-\mathrm{i}k\hat{\boldsymbol{r}}\cdot \boldsymbol{r}_0})\boldsymbol{p}_\perp \tag{6.3}$$

然后，将式（6.3）代入式（3.10）的成像表达式中：

$$\boldsymbol{E}_3(\rho,\varphi,z) = \sqrt{\frac{n_1}{n_3}}\frac{\mathrm{i}k_3\mathrm{e}^{\mathrm{i}(k_1f-k_3f')}}{2\pi}\frac{f}{f'}\int_0^{\theta_{\max}}\sqrt{\cos\theta}\sin\theta\,\mathrm{d}\theta$$
$$\times\int_0^{2\pi}\mathrm{d}\phi\,\overline{\overline{\mathcal{R}}}^{\mathrm{im}}\cdot\boldsymbol{F}_1(\theta,\phi)\,\mathrm{e}^{-\mathrm{i}k_3\cos\theta_3 z}\mathrm{e}^{\mathrm{i}k_1\left(\frac{\rho}{M}\right)\sin\theta\cos(\phi-\varphi)}$$

式中：$\boldsymbol{F}_1$ 为偶极子的远场振幅；$\boldsymbol{E}_3$ 为像场，f、f' 分别为物方和像方焦距；n_1、n_3 为折射率；k_1、k_3 为波数，更多的相关推导过程参见图 3.5 和 3.3 节的相关内容。接下来的计算可以通过如下方式简化：

$$\overline{\overline{\mathcal{R}}}^{\mathrm{im}}\cdot\boldsymbol{p}_\perp = \overline{\overline{\mathcal{R}}}^{\mathrm{im}}\cdot\boldsymbol{p}$$

这是因为变换矩阵仅投影在与 $\hat{\boldsymbol{r}}$ 垂直的方向上。如果假设 $f'\gg f$，则有 $\cos\theta_3\approx 1$，$\sin\theta_3\approx 0$，并且：

$$\cos\theta_3 = \sqrt{1-\left(\frac{f}{f'}\right)^2\sin^2\theta_1} \approx 1-\frac{1}{2}\left(\frac{f}{f'}\right)^2\sin^2\theta_1$$

对位于原点 $\boldsymbol{r}_0=0$ 处且指向光轴方向的电偶极子，根据式（3.34）得到：

$$\overline{\overline{\mathcal{R}}}^{\text{im}}\cdot\hat{\boldsymbol{x}}=\overline{\overline{\mathcal{R}}}_{xx}^{\text{im}}\hat{\boldsymbol{x}}+\overline{\overline{\mathcal{R}}}_{yx}^{\text{im}}\hat{\boldsymbol{y}}+\overline{\overline{\mathcal{R}}}_{zx}^{\text{im}}\hat{\boldsymbol{z}}$$

$$\approx\frac{1}{2}[(\cos\theta+1)+(\cos\theta-1)\cos2\phi]\hat{\boldsymbol{x}}+\frac{1}{2}(\cos\theta-1)\sin2\phi\hat{\boldsymbol{y}}$$

$$\overline{\overline{\mathcal{R}}}^{\text{im}}\cdot\hat{\boldsymbol{y}}=\overline{\overline{\mathcal{R}}}_{xy}^{\text{im}}\hat{\boldsymbol{x}}+\overline{\overline{\mathcal{R}}}_{yx}^{\text{im}}\hat{\boldsymbol{y}}+\overline{\overline{\mathcal{R}}}_{zy}^{\text{im}}\hat{\boldsymbol{z}}$$

$$\approx\frac{1}{2}(\cos\theta-1)\sin2\phi\hat{\boldsymbol{x}}+\frac{1}{2}\{(\cos\theta+1)-(\cos\theta-1)\cos2\phi\}\hat{\boldsymbol{y}}$$

其中，我们已经令 $t^{\theta}=t^{\phi}=1$。同理对于垂直于光轴的电偶极子有

$$\overline{\overline{\mathcal{R}}}^{\text{im}}\cdot\hat{\boldsymbol{z}}=\overline{\overline{\mathcal{R}}}_{xz}^{\text{im}}\hat{\boldsymbol{x}}+\overline{\overline{\mathcal{R}}}_{yz}^{\text{im}}\hat{\boldsymbol{y}}+\overline{\overline{\mathcal{R}}}_{zz}^{\text{im}}\hat{\boldsymbol{z}}\approx-\sin\theta\cos\phi\hat{\boldsymbol{x}}-\sin\theta\sin\phi\hat{\boldsymbol{y}}$$

然后利用式（3.21）给出方位角上的积分，引入如下对极角积分的泛函：

$$\widetilde{\mathcal{I}}_n(g(\theta))=i^n\int_0^{\theta_{\max}}\mathrm{e}^{-ik_3z\left[1-\frac{1}{2}\left(\frac{f}{f'}\right)^2\sin^2\theta\right]}J_n\left(k_1\frac{\rho}{M}\sin\theta\right)g(\theta)\sin\theta\cos^{\frac{1}{2}}\theta\mathrm{d}\theta \tag{6.4}$$

将上述公式联立，我们就得到了由位于透镜焦点处并指向$\hat{\boldsymbol{p}}$方向的电偶极子在像方产生的电场 $\boldsymbol{E}_{\hat{p}}$。

偶极子场的成像

$$\boldsymbol{E}_{\hat{x}}(\rho,\varphi,z)=\frac{1}{2}A[\widetilde{\mathcal{I}}_0(1+\cos\theta)\hat{\boldsymbol{x}}-\widetilde{\mathcal{I}}_2(1-\cos\theta)(\cos2\varphi\hat{\boldsymbol{x}}+\sin2\varphi\hat{\boldsymbol{y}})]$$

$$\boldsymbol{E}_{\hat{y}}(\rho,\varphi,z)=\frac{1}{2}A[\widetilde{\mathcal{I}}_0(1+\cos\theta)\hat{\boldsymbol{y}}-\widetilde{\mathcal{I}}_2(1-\cos\theta)(\cos2\varphi\hat{\boldsymbol{x}}-\cos2\varphi\hat{\boldsymbol{y}})]$$

$$\boldsymbol{E}_{\hat{z}}(\rho,\varphi,z)=-A\,\widetilde{\mathcal{I}}_1(\sin\theta)(\cos\varphi\hat{\boldsymbol{x}}+\sin\varphi\hat{\boldsymbol{y}}) \tag{6.5}$$

在这里我们引入前置因子 A，其相位 ψ 并不重要，表达式为

$$A=\mathrm{e}^{i\psi}\frac{\sqrt{n_1n_3}}{4\pi\varepsilon_0}k_0^3p\left(\frac{f}{f'}\right)$$

一个小数值孔径的系统可以近似地认为 $\sin\theta\approx\theta$，$\cos\theta\approx1$，这也与傍轴近似相一致。当 $z=0$ 时，贝塞尔函数的积分可以通过下式求解：

$$\int u^{v+1}J_v(u)\mathrm{d}u=u^{v+1}J_{v+1}(u)$$

此处引入无量纲的半径：

$$\tilde{\rho}=\frac{nk_0\theta_{\max}\rho}{M}=\frac{\mathrm{NA}}{M}k_0\rho \tag{6.6}$$

式中 NA 为数值孔径。由此可得

$$\int_0^{\theta_{\max}}\theta^{v+1}J_v(k_1\theta_\rho/M)\mathrm{d}\theta=\left(\frac{M}{k_1\rho}\right)^{v+2}\int_0^{\tilde{\rho}}u^{v+1}J_v(u)\mathrm{d}u=\theta_{\max}^{v+2}\frac{J_{v+1}(\tilde{\rho})}{\tilde{\rho}}$$

因此可得傍轴近似下偶极子的像场。

傍轴近似下电偶极子的成像

$$\boldsymbol{E}_{\hat{x}}(\rho,\varphi,0)\approx A\theta_{\max}^2\left[\frac{J_1(\tilde{\rho})}{\tilde{\rho}}\right]\hat{\boldsymbol{x}}$$

$$\boldsymbol{E}_{\hat{y}}(\rho,\varphi,0)\approx A\theta_{\max}^2\left[\frac{J_1(\tilde{\rho})}{\tilde{\rho}}\right]\hat{\boldsymbol{y}}$$

$$\boldsymbol{E}_{\hat{z}}(\rho,\varphi,0)\approx-A\theta_{\max}^3\left[\frac{J_2(\tilde{\rho})}{\tilde{\rho}}\right](\cos\varphi\hat{\boldsymbol{x}}+\sin\varphi\hat{\boldsymbol{y}}) \tag{6.7}$$

在图6.2中，上下两行分别表示沿 x 方向和 z 方向的偶极子在不同NA值的场强。在图的底部显示的是强度分布（实线），将其与近轴近似的结果（虚线）进行比较可以发现两者几乎无法区分。后者根据式（6.7）计算得到，并缩放到相同的高度。其中，$n_1=1.33$、$n_3=1$、$\lambda=620\text{nm}$。

图6.2展示了与光轴z垂直（图（a）~图(c)）和平行（图（d）~图(e)）的电偶极子成像的强度分布图。我们注意到：电偶极子最终被成像在一个与光波长相当的空间尺度，因此引入以下物理量以便于完成后续的推导。

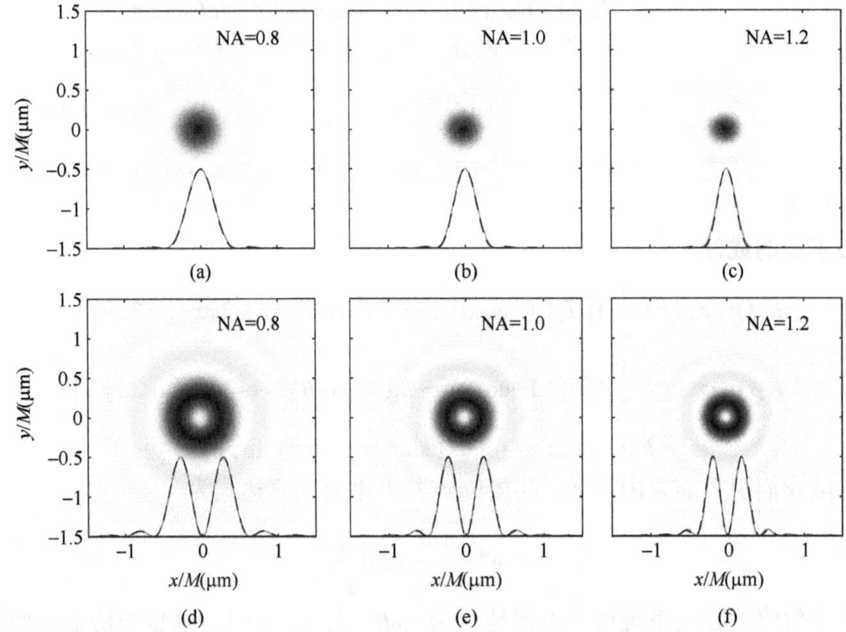

图6.2　根据式（6.5）计算得到的电偶极子成像

格林函数。类似于式（5.19）中引入的并矢格林函数，这里我们引入了点扩散格林函数$\overline{\overline{G}}_{\text{PSF}}$。

$$\boldsymbol{E}(\rho,\varphi,z)=\mu\omega^2\overline{\overline{G}}_{\text{PSF}}(\rho,\varphi,z)\cdot\boldsymbol{p} \tag{6.8}$$

上式给出了位于原点的点偶极子在位置(ρ,φ,z)处的像场。与式（6.5）进行类比，我们可以将格林函数表示为

$$\overline{\overline{G}}_{\text{PSF}}=\frac{1}{2}\mu\omega^2A\begin{pmatrix}\tilde{\mathcal{I}}_0-\tilde{\mathcal{I}}_2\cos2\varphi & -\tilde{\mathcal{I}}_2\sin2\varphi & -2\tilde{\mathcal{I}}_1\cos\varphi\\ -\tilde{\mathcal{I}}_2\sin2\varphi & \tilde{\mathcal{I}}_0+\tilde{\mathcal{I}}_2\cos2\varphi & -2\tilde{\mathcal{I}}_1\sin\varphi\\ 0 & 0 & 0\end{pmatrix} \tag{6.9}$$

式（6.9）中省略了函数$\tilde{\mathcal{I}}_n$的参数。此外，我们也可以使用式（6.7）的近轴近似进行相关定义。

点扩散函数。电偶极子的像场$I(\rho,\varphi,z)$为

$$I(\rho,\varphi,z)=|\overline{\overline{G}}_{\text{PSF}}(\rho,\varphi,z)\cdot\hat{\boldsymbol{p}}|^2$$

这里我们忽略了所有常数因子。假设偶极矩不是固定的而是随机旋转的，例如溶液中的分子通常就是这种情况，这就有必要计算所有电偶极子在空间取向的平均值，计算

公式如下：

$$\langle I(\rho,\varphi,z)\rangle = \frac{1}{4\pi}\oint|\overline{\overline{G}}_{\mathrm{PSF}}(\rho,\varphi,z)\cdot\hat{\boldsymbol{p}}|^2\mathrm{d}\Omega = \frac{2}{3}(|\widetilde{\mathcal{I}}_0|^2 + |\widetilde{\mathcal{I}}_2|^2 + 2|\widetilde{\mathcal{I}}_1|^2)$$

式中：$\hat{\boldsymbol{p}}$为单位偶极矩；$\oint(\cdot)\mathrm{d}\Omega$为偶极子在所有空间取向上的积分。有时我们将$\langle I(\boldsymbol{r},\boldsymbol{r}_0)\rangle$称为点扩散函数，对应于随机取向的电偶极子发射器，该函数描述了位于$\boldsymbol{r}_0$的电偶极子在成像过程中是如何展宽的。在存在多个电偶极子的情况下，我们可以根据式（6.8）计算电场的叠加然后对总电场取模方，可得像场。假如不考虑场的相干叠加且偶极子方向是随机的，那么也可以将点扩散函数$\langle I(\boldsymbol{r},\boldsymbol{r}_0)\rangle$与偶极子的位置进行卷积运算得到。

艾里斑。对于式（6.7）中关于沿x或y方向的偶极子的贝塞尔函数，其第一个零$J_1(x_0)=0$近似对应于$x_0\approx3.83$。电场分布为零的半径r_{Airy}称为艾里半径。

$$\frac{\mathrm{NA}}{M}\frac{2\pi r_{\mathrm{Airy}}}{\lambda}\approx3.83\Rightarrow r_{\mathrm{Airy}}\approx0.61\frac{M\lambda}{\mathrm{NA}} \tag{6.10}$$

半径为r_{Airy}的圆相应地被称为艾里斑。

6.2 光波的衍射极限

现在终于可以着手处理光的衍射极限问题了，对该问题的首次严格意义上的研究可能是恩斯特·卡尔·阿贝（Ernst Karl Abbe，1840）[22]，他使用半定量的分析法得出了两个物体的最小可分辨距离，即著名的光衍射极限。

阿贝衍射极限

$$d=\frac{\lambda}{2\mathrm{NA}}=\frac{\lambda}{2n\sin\theta_{\max}} \tag{6.11}$$

恩斯特·卡尔·阿贝

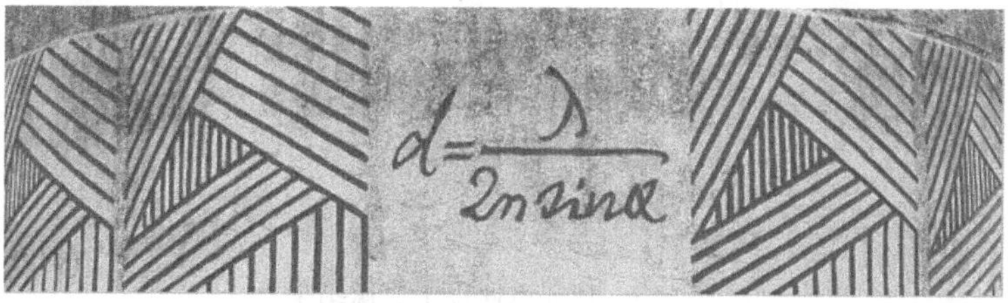

2019年春天，在写这本书的最后几章时，我去访问了耶拿（Jena）。在研究纳米光学和光的衍射极限一段时间后，如上图所示的阿贝衍射极限公式对我来说已经有了宗教般的意义。

阿贝是耶拿的教授，当时他被卡尔·蔡司聘请来改进光学仪器的加工工艺，这一工作在很大程度上是基于反复试验。他投入了大量的时间研究光学仪器和光学成像的理论描述，推导给出了光的衍射极限，引入数值孔径等诸多概念，使光学显微技术成为一门工程科学。几年后他成为蔡司公司的领导者，并致力于改善员工的工作和生活条件；他引入了 8 小时工作制，创建了养老金和退休金制度，且对公司员工在知识和事务方面的教育提供了有力支持。

我惊讶于蔡司公司对这座城市的繁荣产生的巨大影响，它持续地提升了整个城市市民的认知水平。看到一个科学思想能够以如此精练的形式广为传播并影响了成千上万人的生活，这于我而言是一个极为深刻的人生经历。

利用式（3.12）中对数值孔径的定义可以得到衍射极限的最终表达式，这也是阿贝在耶拿纪念碑上刻下的内容。有时我们也可以使用艾里半径进行估算：

$$d = 0.61\frac{\lambda}{\mathrm{NA}} \tag{6.12}$$

需要强调的是：诚然最小可分辨距离的定义是如此随意且并不十分严格，但衍射极限本身是物理学的一个基本问题，并且它本质上是源于图像中倏逝波信息的缺失。

图 6.3 中，图（a）右侧数字代表电偶极子的间距，单位是 μm；电偶极子均指向 x 轴正方向；相关参数与图 6.2 相同，箭头表示间距 $0.61\lambda/\mathrm{NA}$ 对应于光的衍射极限。

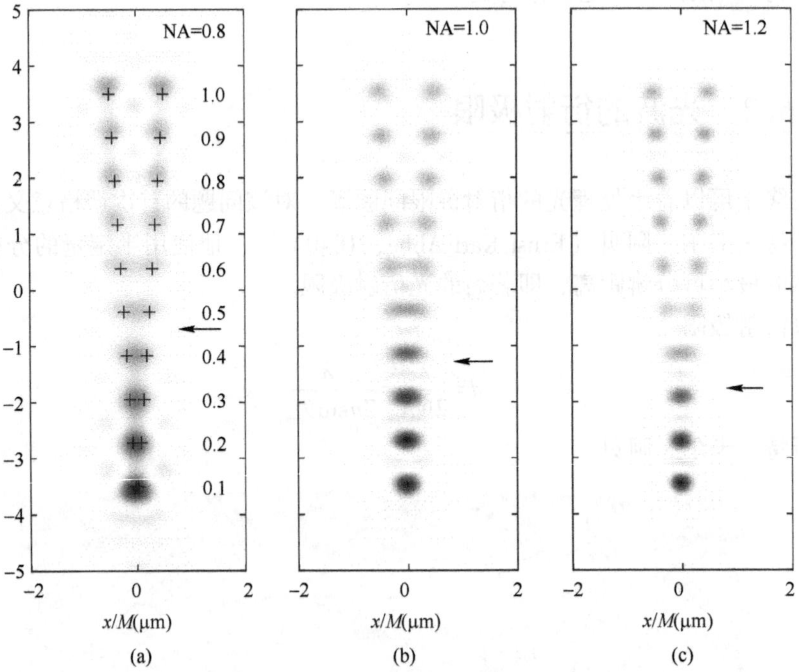

图 6.3　相邻电偶极子成像结果

如图 6.3 所示为相邻两个电偶极子成像的结果，它们之间相距为波长量级，具体的参数见图（a）；电偶极子均指向 x 轴正方向，图中比较了不同数值孔径 NA 透镜的聚焦效果。沿 z 方向电偶极子的成像结果如图 6.4 所示。从图像上能够明显看出，衍射极限给出了分辨率的基本下限。但即使电偶极子之间的距离大于最小可分辨距离，我们仍然很难从上图中推断出这些偶极子的精确数量和指向。在卢卡斯·诺沃提尼（Lukas Novotny）和伯特·赫克特（Bert Hecht）的著作[6]中可以找到对该问题的详尽描述，我们在此仅简要介绍如下。

轴向分辨率。到目前为止，我们只讨论了位于给定平面 z 中目标能够达到的分辨能力，而对于 z 轴方向上的分辨能力即所谓轴向分辨率，其结果显然差得多。首先对于式（6.5）中$\rho=0$的图像场，我们有 $J_0(0)=1$ 和 $J_{1,2}(0)=0$，因此只有$\widetilde{\mathcal{I}}_0$积分不等于零。简单起见，我们在 $\sin\theta\approx\theta$，$\cos\theta\approx1$ 的傍轴近似下进行积分，得到：

$$\widetilde{\mathcal{I}}_0(1+\cos\theta)\approx\int_0^{\theta_{\max}}\mathrm{e}^{-ik_{3z}\left[1-\frac{\eta}{2}\theta^2\right]}2\theta\mathrm{d}\theta=\frac{2i}{k_{3z\eta}}\mathrm{e}^{-ik_{3z}\left[1-\frac{\eta}{2}\theta^2\right]}\Bigg|_0^{\theta_{\max}}$$

其中 $\eta=(f/f')^2$。由此可得指向 x 或 y 方向电偶极子的场强分布：

$$|\boldsymbol{E}_{\hat{x}}(\rho=0,z)|^2\approx\frac{A^2}{4}\left(\frac{\mathrm{NA}^2}{2n_1^2}\right)\left[\frac{\sin\tilde{z}}{\tilde{z}}\right]^2,\quad \tilde{z}=\frac{k_0\mathrm{NA}^2}{4n_3M^2}z \tag{6.13}$$

我们可以将 z 坐标归一化改写为$\tilde{z}=z/(\Delta z)$的形式，其中 Δz 表示场的深度，且可以直接从式（6.13）中得到。对于典型的显微镜参数，轴向分辨率比径向分辨率低一百倍。

图 6.4 与图 6.3 相同，但电偶极子指向 z 轴方向。

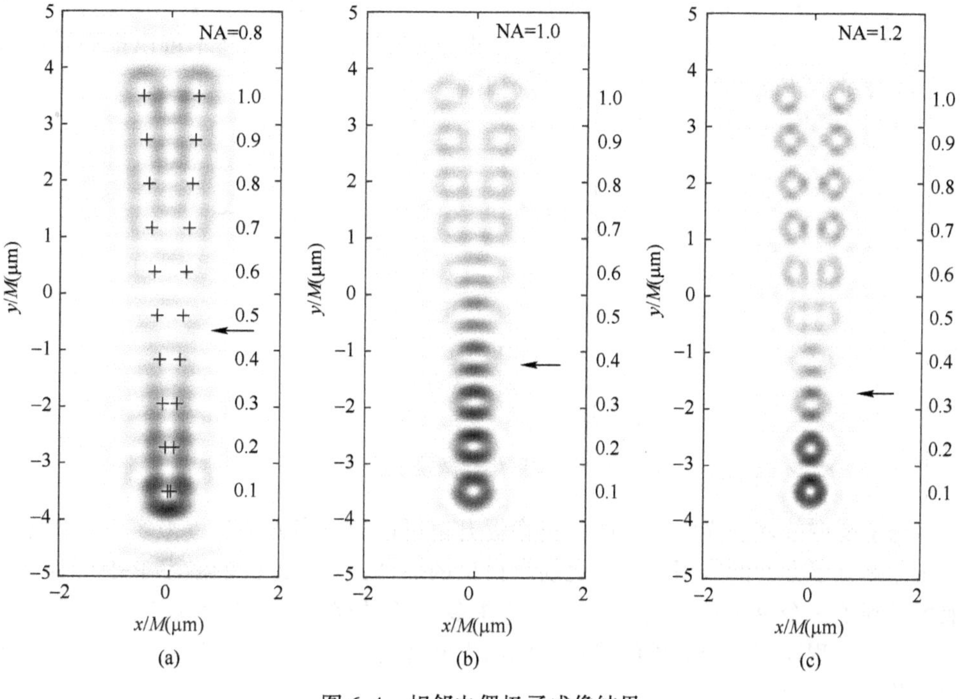

图 6.4　相邻电偶极子成像结果

激发点扩散函数。轴向分辨率差是三维物体显微技术的一个重要问题。有一种方法是可以通过不完全照亮整个样本，而是只照亮某些选定的点来提高分辨率。通过逐点扫描样品上的点可获知样品的完整图像，从而大大提升其空间分辨率。点扩散函数（PSF）给出了一种定量描述分辨本领增加的方法，这在式（6.8）中也介绍过。测量PSF 描述了点源是如何经由成像系统展开的，同理可以引入激发 PSF 来描述照明光是如何聚焦在所选定光点上的。总的点扩散函数近似地由这些 PSF 的乘积给出：

总 PSF≈激发 PSF×测量 PSF

通常来说，我们更清楚照明和探测光是如何产生的，例如通过相干或非相干散射过程。在本章以及本书后面部分所提出的工具使我们能够全面深入地了解整个照明和探测过程。然而在大多数情况下 PSF 的乘积提供了一个很好的近似值。为了弄清 PSF 乘积的本质，假设两个函数都是宽度为 σ_{exc} 和 σ_{det} 的高斯函数，通过相乘可得 $1/\sigma_{tot}=1/\sigma_{exc}+1/\sigma_{det}$，因此总宽度 σ_{tot} 是小于单个宽度的。

图 6.5 中，样品（这里是分子）通过聚焦透镜被照明。入射光被置于聚焦透镜和成像透镜（左侧，未标出）之间的分束器重定向。通过类似于图 3.5 的成像系统就能够探测到样品散射的光。

共聚焦显微技术。共聚焦显微技术是一种当前十分常用的技术，它通过将选择性激发与高分辨的检测技术相结合就可以实现更高的分辨率，尤其是轴向效果提升十分明显。通过选择性激发杂散光被强烈地抑制，这也是它的一个重要优点。

共聚焦显微技术可以用于检测位于高数值孔径透镜焦点上的物体，其基本原理与图 3.5 基本相同。如图 6.5 所示，与之不同的是在聚焦透镜和成像透镜之间的区域还引入了一个半透镜，使第一个透镜的焦点处的样品被激发，该激发过程与透镜的聚焦过程类似，详见 3.6.1 节。由于所引入的分束器是半透明的，因此探测过程的分析与之前几乎没有变化，仅仅是分束器降低了光强。总的来说，共聚焦显微技术可以提高轴向分辨率，但需要对样品进行激发、探测的逐点扫描。

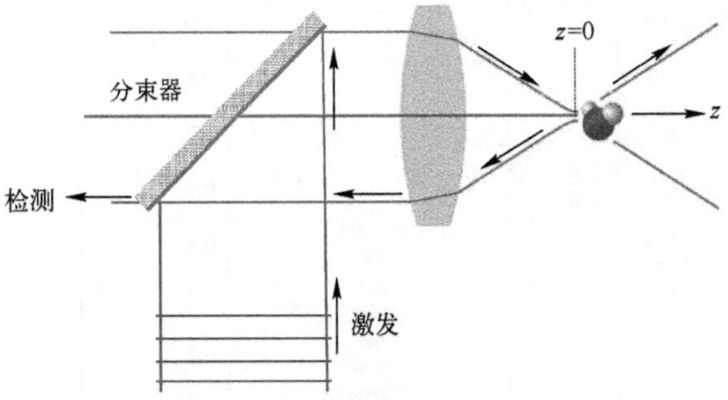

图 6.5　共聚焦显微技术示意图

多光子显微技术。光学显微的分辨率提升也可以通过多光子过程来实现，典型的案例是在探测分子方面的应用。正如之前所讨论的那样，高斯形式的激发 PSF 和探测 PSF 的乘积得到了一个更小的空间尺度，同理在多光子过程中有效激发点尺寸也会大大减少。多光子过程还有一个额外的优点，即激发和探测发生在不同的波长，这可以显著抑制背景散射。

在结束关于光学衍射极限的讨论之前，我们要问以下几个问题：我们能否真正地提高光学显微的分辨率？如果可以，如何实现？正如之前所讨论的那样，我们对可提高的分辨率的定义主要取决于我们感兴趣的物理量，而这多少是有些武断的。实际上，衍射极限的存在物理本质是源于成像时丢失了倏逝波这一客观事实；这些倏逝场携带高分辨的信息且在成像过程丢失，并且无法通过复杂的成像设备来恢复。然而在过去的几十年，出现了两种有可能突破衍射极限所预测的空间分辨率的方法。下面我们将简要介绍这两种方法。

近场显微技术。一种方法是近场显微技术，或被称作扫描近场光学显微技术（SN-OM），其基本思想是直接测量光学近场。它通常借助涂有很薄金属层的锥形光纤来实现，这样光就可以通过隧穿效应进出尖端；或者也可以将锥形光纤的末端去除，构造一个直径为几十纳米的小孔。需要注意的是这并不是必需的，因为光也可以穿过金属薄膜。当光纤靠近样品时，样品近场的探测光将通过光纤探头并转换为传播光子，而光子可以在光纤的另一端被探测到；利用光纤探头对样品进行逐点扫描就可以获得样品的光学图像。除了这种探测方法外，SNOM 还有其他使用方法，我们将在 6.3 节详细介绍。

定位显微技术。另一种方法在本质上与第一种方法完全不同，它建立在系统的先验信息基础之上。此前推导衍射极限时我们假定了并不知晓任何先验信息，在这个前提下，两个电偶极子必须至少相隔一个临界距离才能作为独立的目标被观察到。在共聚焦显微技术中，我们已经掌握了系统的先验信息，并且明确了解（通过特定的激发）光是从哪个点发出的。在定位显微技术（有时也被称为纳米显微技术）领域，人们可以用荧光分子来标记被研究的系统。正如我们将在 6.4 节中介绍的，我们可以在纳米级的空间精度下测量单个分子的位置。通过这种方式，我们并不对物体进行直接测量，而是通过对附着在物体上的分子进行间接测量。纳米显微技术是建立在关于系统的先验信息上，或者说，人们已知荧光分子附着于待测样品上，因此可以实现纳米级的空间分辨率。

6.3　扫描近场光学显微技术

扫描近场光学显微技术（SNOM）是在扫描探针显微技术的基础上发展而来的。如图 6.6 所示，光纤表面涂有一层金属层。当 SNOM 尖端靠近待测样品时，倏逝场被转换为传播光子并在光纤末端检测。有时可以通过在针尖上蚀刻一个小孔来增加光通量。除了这种直接探测模式之外还有另外一种被称为照明模式，即光通过光纤尖端被猝灭时形成一个亚波长光点照射样品，而待测样品的散射光将在远场被探测到；在该工作模式中，照明光和检测光都穿过了光纤。下面我们简要介绍两个描述 SNOM 的简单模型，即 Bethe-Bouwkamp 模型和更简单的偶极子模型。对近场光学探测技术有兴趣的读者可以阅读文献［6，24］。

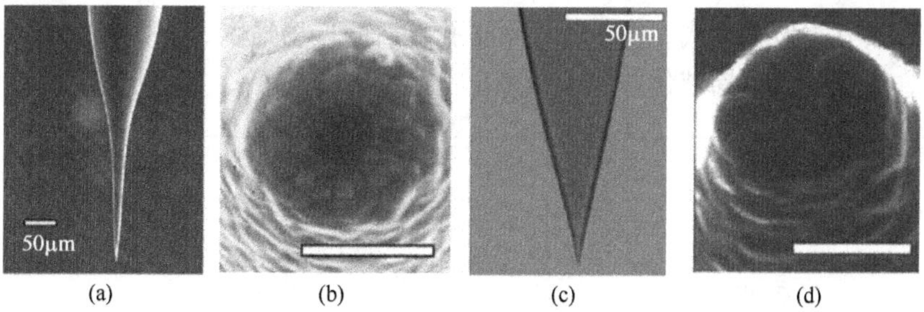

图 6.6　孔径探针及孔径区域的 SEM 特写

图 6.6 为利用拉伸［图（a）和图（b）］和蚀刻［图（c）和图（d）］制备的涂有金属铝的孔径探针：图（a）和图（c）为探针的光学影像。图（b）和图（d）为孔径区域的 SEM 特写，标尺为 300nm。图和标题取自文献［23］。

6.3.1 Bethe-Bouwkamp 模型

Bethe-Bouwkamp 模型为平面波撞击导电平面上小圆孔的近场提供了解析描述，并且因其简单性而被广泛用于 SNOM 建模。这个问题最初是由汉斯·贝特（Hans Bethe）[25]解决的，不幸的是，他没有正确地处理好孔边缘的边界条件。布坎普（Bouwkamp）[26]纠正了这一错误，所以该模型现在以他们两人的名字命名。模型表达式的推导依赖一个相当奇特的坐标系，即扁球面坐标系。考虑到即使是 20 世纪最杰出的物理学家之一、1967 年诺贝尔物理学奖获得者汉斯·贝特也并没有从一开始就把事情搞清楚，我们在这里也只介绍最终结论而不重复那些烦琐的计算。感兴趣的读者可以阅读布坎普的论文[26]，其中有非常清晰和详细的推导过程。

假设存在一个沿$\hat{\boldsymbol{x}}$极化并沿 z 传播的平面波，其电场 $\boldsymbol{E}(\boldsymbol{r})=\hat{\boldsymbol{x}}\mathrm{e}^{ikz}$，该平面波撞击在 $z=0$处的导电平面上，该导电平面上有一个半径为 a 的小圆孔。求解该问题时，我们需要用到扁球面坐标系，该坐标可以用(μ,v,ϕ)或(μ,υ,ϕ)来表示，它们通过下式与笛卡儿坐标系相关联：

$$\begin{cases}x=a\cosh\mu\cos v\cos\phi=a\sqrt{(1-u^2)(1+\upsilon^2)}\cos\phi\\ y=a\cosh\mu\cos v\sin\phi=a\sqrt{(1-u^2)(1+\upsilon^2)}\sin\phi\\ x=a\sinh\mu\sin v=au\upsilon\end{cases}\tag{6.14}$$

其中，$u=\sin v$，$\upsilon=\sinh\mu$。使用参数化的(μ,v,ϕ)可以对其进行逆变换：

$$\begin{Bmatrix}\mu\\ v\end{Bmatrix}=\begin{Bmatrix}\mathrm{Re}\\ \mathrm{Im}\end{Bmatrix}\left[\operatorname{arcosh}\left(\frac{\sqrt{x^2+y^2}+\mathrm{i}z}{a}\right)\right]$$

且 $\phi=\arctan(y/x)$。平面后 $z>0$ 的场可以用(u,υ)参数化表示：

$$\begin{cases}E_x=\mathrm{i}ku-\dfrac{2\mathrm{i}kau}{\pi}\left\{1+\upsilon\arctan\upsilon+\dfrac{1}{3}\,\dfrac{1}{u^2+\upsilon^2}+\dfrac{x^2-y^2}{3a^2(u^2+\upsilon^2)(1+\upsilon^2)^2}\right\}\\ E_y=-\dfrac{4\mathrm{i}kxyu}{3\pi a(u^2+\upsilon^2)(1+\upsilon^2)^2}\\ E_z=-\dfrac{4\mathrm{i}kx\upsilon}{3\pi(u^2+\upsilon^2)(1+\upsilon^2)^2}\end{cases}\tag{6.15}$$

磁场也具有类似表达式。图 6.7 展示了孔径后的近场强度。我们可以观察到，当远离孔径时，场被强烈地局域化并快速衰减。

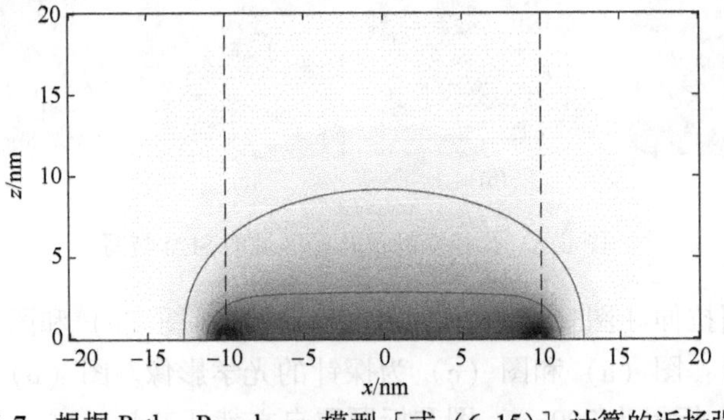

图 6.7　根据 Bethe-Bouwkamp 模型［式（6.15）］计算的近场强度

图 6.7 中，具有单位电场强度并沿$\hat{x}$极化的平面波沿 z 传播，并撞击到 $z=0$ 且具有一个半径为的小孔的导电平面上。该图所示为穿过小孔后的强度分布。虚线表示小孔的位置，实线表示等强度的轮廓。在计算时，$a=10\text{nm}$，$\lambda=620\text{nm}$。

除此之外，还存在一个更简单的描述 SNOM 的模型，它利用一个等效的电偶极子代替由尖端激发（或收集）的光。相应的等效电偶极子 $\boldsymbol{p}_{\text{eff}}$和磁偶极子 $\boldsymbol{m}_{\text{eff}}$取决于孔径半径 a 和入射电场 $\boldsymbol{E}_0$[25]：

$$\boldsymbol{p}_{\text{eff}}=\mp\frac{4}{3}\varepsilon a^3(\boldsymbol{E}_0\cdot\hat{z})\hat{z},\quad \boldsymbol{m}_{\text{eff}}=\mp\frac{8}{3}a^3[\hat{z}\times(\boldsymbol{E}_0\times\hat{z})] \tag{6.16}$$

式中：$\hat{z}$为垂直于孔径平面的单位矢量（指向远离光纤的方向）。表达式前面的负号和正号分别表示探测模式和照明模式。这些偶极子使 SNOM 的模型简单而精确。为了得到更真实的描述，我们通常会使用麦克斯韦求解器，这将在第 11 章更详细地介绍。

6.3.2 埃里克·白兹格与 SNOM 的相遇

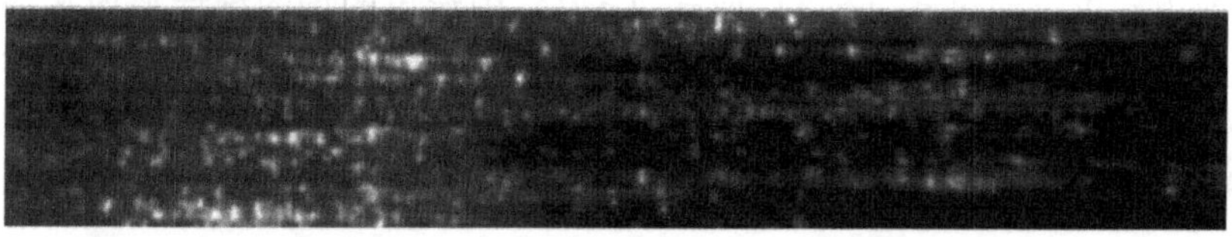

埃里克·白兹格（Eric Betzig，1960）是 SNOM 早期时代的关键人物之一，他回忆了他的一篇量子阱中局域激子态研究的著名论文[27]。

我还记得自己最近一次为近场技术的欢呼，那天我和哈拉尔（Harald）利用他低温隧道显微镜上的近场探针研究量子阱结构，这是半导体激光器（激光指示笔）的基础。在标准的光学衍射极限理论下，它的光谱本应像一个光滑的山丘，但我们看到了一系列疯狂的超清晰的线条。我们使用的探针非常小，光只能在某些离散的位置发射；这种光的波长对量子阱的厚度非常敏感，因此它们会发出不同的颜色，这意味着我们可以单独研究它们。

白兹格在 2014 年因另一个研究成果（定位显微技术）获得诺贝尔化学奖，因此他对 SNOM 领域的思考可能过于具有批判性（见下文）。不过阅读一位诺贝尔奖得主的回忆还是很有趣的，尽管这使得他离开科学界好多年。

那是一篇令人惊叹的论文，但此时我已经对近场的研究厌倦了。尽管近场已被证明是材料表征和研究纳米尺度光与物质相互作用的重要工具，但我最初的目标是制造一种光学显微镜，它能够以电子显微镜的分辨率观察活细胞。但是近场只适用于非常平坦的样品，你想看到的东西必须离表面非常近。如果距离超过 20nm，分辨率则会显著下降。显然细胞的表面粗糙度已经略大于 20nm，因此这一点的确难以实现。

与此同时，近场已经被毁掉了。当前有数百人在研究近场，然而大部分研究成果都是垃圾。人们在用那些看起来很锐但其实只是人造结构的成像照片来自娱自乐，并且不愿意接受这一事实。我觉得我的每个好结果都为一百份糟糕的论文提供了理由，那是在浪费人们的时间和纳税人的钱。所以我放弃了。

取自 Eric Betzig，“Nobel Lecture：Single molecules，cells，and super-resolution optics”，Rev. Mod. Phys. 87，1153（2015）。

6.4 定位显微技术

定位显微技术或超分辨显微技术获得了 2014 年诺贝尔化学奖，并在生命科学领域掀起了光学显微技术的革命。它以不同的名称出现并商业化，如光激活定位显微技术（PALM 或 FPALM）[28]、随机光学重建显微技术（STORM）[29]或受激辐射损耗（STED）显微技术[30]。在本书中，我们将简要介绍这些技术背后的基本原理，但不深入讨论细节。感兴趣的读者可以阅读有关文献了解更多的细节，例如文献［31］。

6.4.1 定位精度

假设我们知道辐射来自某个量子发射器，那么我们能在多大程度上定位发射器的位置？简单起见，我们假设偶极子发射器的方向是随机的，就像溶液中的分子运动一样，这样的发射方式可以通过式（6.5）或式（6.7）中给出的场的统计平均来描述。从原理上讲，接下来要介绍的方法也能够适用于偶极子方向确定的情况，例如固定在聚合物层中的分子。此外，我们还假设电偶极子的深度信息 z 是已知的，并将在接下来证明这一点。

图 6.8（a）为位于十字标记位置的电偶极子发射器发射光子，由于点扩散函数，电偶极子的成像被展宽。图（b）为 CCD 相机探测到的电偶极子图像。图（c）为根据高斯分布的最小二乘拟合或一些更精确的方法来确定发射的中心点，其精度主要取决于信噪比。

图 6.8（a）展示了位于十字标记位置的电偶极子的辐射图样：不同的点对应于探测单个光子的空间位置，整个空间分布的展宽是由于先前介绍的点扩散函数。如图（b）所示，CCD 相机的探测分辨率是由探测器的像素决定的。那么，从这张像素图像中，我们能多么精准地确定偶极子发射器的位置呢？答案可能有点令人惊讶：理论上可以实现任意精度，但在实际中受限于信噪比，即取决于检测到的光子数量。

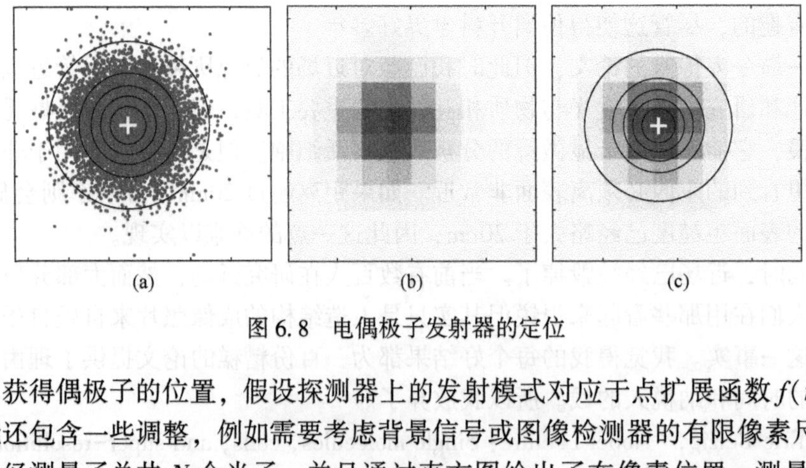

图 6.8　电偶极子发射器的定位

为了获得偶极子的位置，假设探测器上的发射模式对应于点扩展函数 $f(\boldsymbol{r},\boldsymbol{r}_0)$，该函数可能还包含一些调整，例如需要考虑背景信号或图像检测器的有限像素尺寸 a。假设我们已经测量了总共 N 个光子，并且通过直方图给出了在像素位置 $\boldsymbol{r}_i$ 测量的光子数

n_i。然后可以通过最小二乘拟合（或一些等效程序）以获得偶极子的最佳位置 $\boldsymbol{r}_0$，具体表达式为

$$\sum_i |n_i - f(\boldsymbol{r}_i, \boldsymbol{r}_0)|^2 \rightarrow \text{Min}$$

如果 f 包含额外的参数，例如未知的背景信号，则可以将它们代入最小二乘拟合。可以得到，这种拟合的定位精度 σ 为[32]

$$\sigma = \sqrt{\left(\frac{\sigma_{\text{PSF}}^2 + a^2/12}{N}\right)\left(\frac{16}{9} + \frac{8\pi\sigma_{\text{PSF}}^2 b^2}{a^2 N}\right)} \tag{6.17}$$

式中：N 为收集的光子数；a 表示图像检测器的像素大小；b^2 为平均背景信号；σ_{PSF} 为点扩散函数的标准偏差。最佳像素大小 a 取决于预期的光子数量和背景噪声。但对于大多数情况，像素大小应约等于点扩散函数的标准偏差。式（6.17）中最重要的结果是 σ 随 $N^{-\frac{1}{2}}$ 呈比例缩放，因此在 N 值较大的情况下 σ 可以任意变小。这一点也构成了定位显微技术的基础。

6.4.2 光激发定位显微技术

为了使偶极子定位用于光学显微，我们需要一些额外的条件：①荧光分子能够附着到目标样品上；②能够根据需要打开一些分子，以便对其进行定位；③分子一旦被定位，就将其关闭。幸运的是前两项任务在 20 世纪 90 年代中期就已经被化学家解决了。马蒂·查尔菲（Marty Chalfie）和同事发现了用于细胞光学显微技术检查的绿色荧光蛋白（GFP）。他与两位同事也因为这项研究成果获得 2008 年诺贝尔化学奖。

GFP 的初步发现和一系列重要的发展使其成为生物科学中的标记工具。通过使用 DNA 技术，研究人员现在可以将 GFP 与其他有趣但观察不到的蛋白质联系起来。这种发光标记使他们能够观察标记蛋白质的运动、位置和相互作用。

在埃里克·贝齐格（Eric Betzig）的诺贝尔奖自传中，他回忆起在 2002 年左右了解到该技术发展的那一刻。

我又开始阅读科学文献，很快就看到了马蒂·查尔菲关于绿色荧光蛋白的论文，这是他在 1994 年发表的，并且那时我已离开贝尔实验室。这对于我来说就像是一个宗教般的启示。近场成像之所以如此困难，部分原因就是如果不将荧光团放在一堆非特异性的垃圾上，就很难将蛋白质标记得足够密集。这是一种具有 100%特异性的标记方法，你甚至也可以在活细胞中进行标记。我简直不敢相信它竟然这么神奇。我本来不想回过头来研究显微技术，但当我了解了 GFP 那一刻，我就觉得我必须得回去继续研究。

虽然绿色荧光分子可以将定位与分子特异性结合，但我们仍然需要解决如何开启和关闭这些分子的发光问题。幸运的是，这些工作可以通过以下方式解决。

光激活。我们可以通过使用光开关分子来控制分子的荧光状态。在光激活中，任意分子可以在特定波长的照射下从光学黑暗的关闭状态切换到光学明亮的开启状态。其他分子具有这种光开关特性，这样在两种不同波长的照射下就能够实现开启和关闭状态之间的可逆切换。

漂白。即使分子不能以可控的方式关闭，但在光漂白后它们也会在一段时间内失

去光学活性。每当一个分子被光激活时，它都有很小的概率经历一个形态变化而失去光学活性。通常分子在漂白并失去光学活性之前会发出一定数量的光子，比如100万个。

图6.9中，一开始所有附着在样品上的分子都被关闭。微弱的激活脉冲会开启一些分子并在漂白之前定位。这一过程重复多次，直至获得被研究样品的影像，比如这里字母形成的“nano”字样。我们假设这些字母有着类似于图3.2和图3.3所示的结构，是由密集排列的偶极子发射器构成的。

对荧光分子的结合和开/关状态的控制，能够帮助我们理解图6.9所示的定位显微技术原理。最初，样品被全部处于关闭状态的荧光分子装饰。一个微弱的激发脉冲将一些分子激活并且利用前面所介绍的方法定位。一段时间后它们会漂白，所有分子都会再次处于关闭状态。按照激活、定位和漂白的顺序重复多次，直到得到被研究物体的影像。第一台光激活定位显微镜（PALM）就是在这个工作原理下制造出来的。埃里克·白兹格回忆道：

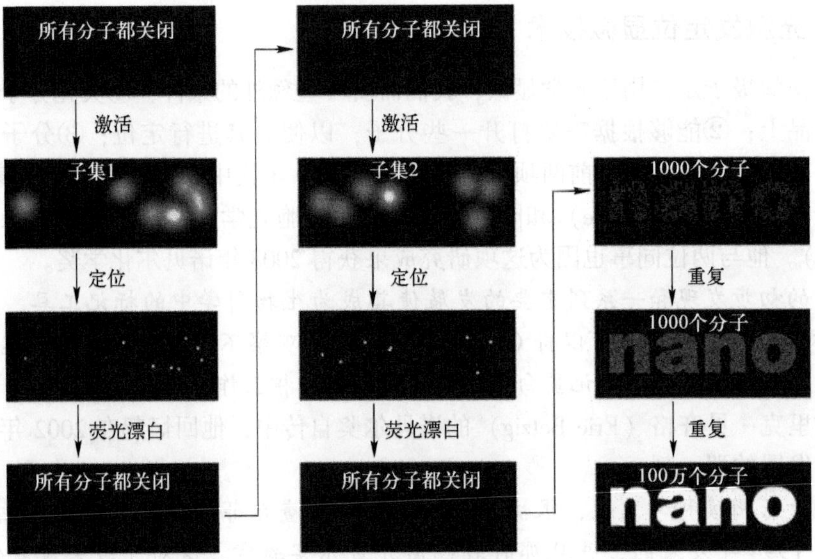

图6.9　定位显微技术原理

哈拉尔和我在位于拉霍亚的客厅里建造了第一台PALM。尽管我们都失业了，但哈拉尔从贝尔实验室那里得到了一些设备。我们把它从仓库里拿出来，每人投入25000美元来支付我们的所有开销。我们努力工作，并在9月将所有零件集齐，于詹妮弗（Jennifer）的实验室的暗室里重新组装了显微镜。当我们第一次将涂有分子的盖玻片放入显微镜并打开光激活灯时，第一个子集出现，我们知道我们成功了。

此后，定位显微技术蓬勃发展，并且成为生命科学领域的一个关键的组成部分。使用柱面透镜来产生光片并仅开启样品特定平面中的分子，人们还可以获得目标的三维图像。一般来说，在高分辨率和快速扫描之间会有一个折中，尽管可以实时观察亚衍射分辨率的活细胞，但更加精细的细胞显微观测往往需要更长的观测时间并保持样品不动。

6.4.3 受激辐射损耗显微技术

受激辐射损耗显微技术（STED）是一种独特的定位显微技术，它由史蒂芬·赫尔（Stefan Hell）及其同事于 20 世纪 90 年代中期研发。2014 年，他与埃里克·白兹格（Eric Betzig）和威廉·莫纳（William Moerner）因“超越了光学显微技术的局限性”而共同获得了诺贝尔化学奖。正如他在诺贝尔自传中所描述的那样，他在博士学位论文期间就对这个问题感兴趣，但研究进展一开始并不是十分顺利。

有传言说我的努力最终会像以前所有其他远场光学“超分辨”的尝试一样结束，也就是说这仅是一个学术好奇心。……我觉得仅仅改变光线的聚焦方式或重新排列镜头并不会从根本上改变研究结果。要做到这一点的唯一方法是通过一些量子光学效应或是其他看起来更有希望的方法。例如，通过被成像分子的状态。而最容易改变其状态的分子是荧光分子，幸运的是，这些分子也是生命科学领域所重点研究的分子。

1993 年秋天的一个星期六上午，我在浏览罗德尼·劳登（Rodney Loudon）关于光的量子理论的书籍，希望能从中找到一些有用的东西。几周前我曾设想过：如果使用稍微偏移的光束将荧光分子从激发态重新激发，会发生什么？当我的眼睛看到有关受激辐射的一章时我恍然大悟：为什么非要激发分子呢？我们完全可以不让它们受激发。也就是说，让它们不发荧光以便将它们与相邻的分子分开。这个想法让我兴奋不已，我立即查看了弗里茨·谢弗（Fritz Schäfer）关于染料激光的书，看看有哪些关于罗丹明类荧光团受激辐射的内容。一项快速的评估表明，通过这种方法在焦平面上可以实现至少 30~35nm 的图像分辨率，即超出衍射极限 6~8 倍；可实现的分辨率仅取决于样品的承受能力，而从理论上讲可以将分辨率无限提升。

图 6.10（a）为一个荧光分子被激发到电子激发态和振动能级，然后会经历一个振动的弛豫过程一直到达到其基态。在发射光子并弛豫到基态之前，它会在那里停留几纳秒。如果在这个等待期内开启另一个强耗尽脉冲，则分子会经历受激发射（通过向耗尽脉冲添加光子）并返回基态。图 6.10（b）所示为通过将高斯激发脉冲与环形耗尽脉冲组合在一起，有效激发光斑可以变得非常之小。

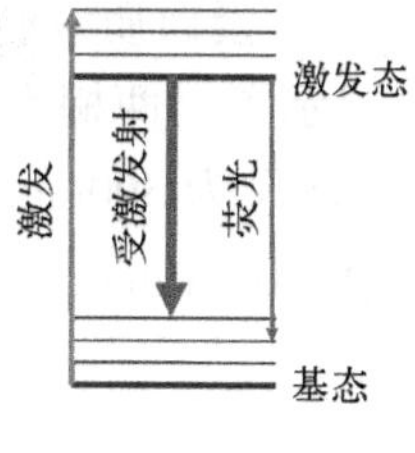

(a)

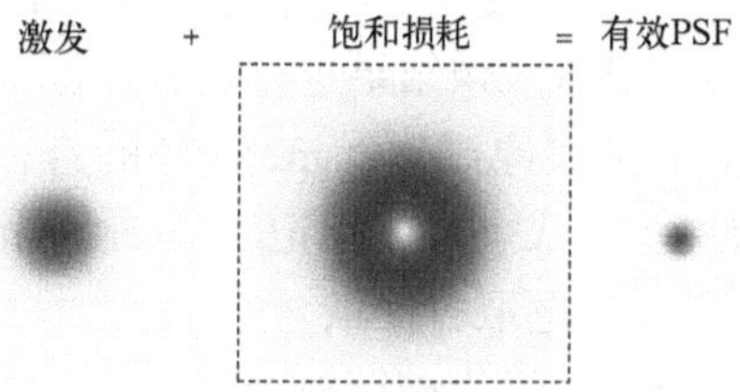

(b)

图 6.10　受激辐射损耗（STED）的原理

图 6.10 展示了基本原理，它能够产生一个远小于光衍射极限的光斑。图（a）所示为荧光分子的典型 Jablonski 能级图。该分子被建模为一个具有两个电子能级的简单系统，一个基态和一个激发态，同时也有一系列振动能级。假设分子最初处于基态，激发脉冲会将分子激发到电子激发态和振动能级，在经历弛豫后最终进入电子激发态的振动基态。通常情况下，它会在那里停留几纳秒然后发出可以被检测为荧光的光子。如果在

这段等待时间内施加第二个强耗尽脉冲，则分子将经历受激辐射过程中进入电子基态，同时辐射光子进入耗尽脉冲。STED 可以采用如下的分子激发和去激发方式。

激发光脉冲。如图 6.10（a）所示，利用第一个脉冲激发光激发分子。激发光通过远场光学器件聚焦到样品上，因此它的空间尺寸是光波长量级。

损耗光脉冲。第二个损耗光能够把分子带回到基态，它起到消耗激发态分子的作用。损耗光具有类似甜甜圈的形状并通过相位板获得，类似于我们之前在 4.6 节中对光轨道角动量的分析，并且通常比激发光强得多。因此，它会消耗掉除中心区域以外的所有分子。这种激发光和损耗光的组合能够产生比光的波长小得多的激发斑点（激发 PSF）。最后，剩余的未损耗分子发出的荧光被探测器接收为信号光。

PALM 或 STORM 与 STED 之间有一个主要区别：在前一种方案中，分子被随机激发，而在后一种方案中是以受控方式激发。在 STED 中，必须对样本上的激发点进行逐点扫描，这有些类似于传统的共聚焦显微技术。如图 6.11 所示为 STED 显微技术和共聚焦显微技术的比较结果。

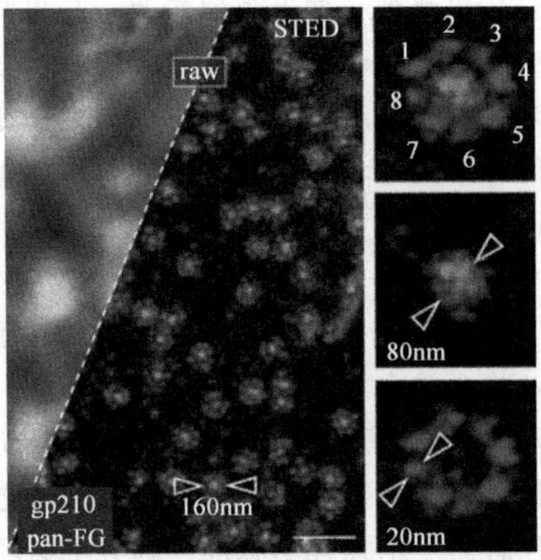

图 6.11　STED 显微技术的与共聚焦显微技术的比较结果

如图 6.11 所示，使用近红外纳秒脉冲的 STED 显微技术对蛋白质复合物进行荧光成像并与共聚焦显微成像结果进行比较。图（a）STED 图展示了对两栖类 NPC 亚基进行抗体标记的显微成像照片，gp210 环的直径约为 160nm，标尺为 500nm。图（b）单个 NPC 图像展示了八个抗体标记的 gp210 同型二聚体大小为 20～40nm，中央的亚基大小为 80nm。图和标题取自文献［33］

定位显微技术能否突破衍射极限?

本章一直关注光的衍射极限，其中最基本的问题是这个极限究竟是客观存在的，还是能够被突破的呢？就个人而言，我倾向于认为这是光的基本性质，但也有专家相信定位显微技术已经突破了该衍射极限。因此，在本书中我更愿意认为这是一个开放性题目，留待后续讨论。

争议的部分原因是衍射极限似乎没有唯一的定义，这个答案应当取决于人们如何对它进行准确定义，取决于定义的争论通常不会有明确的结果。不过在不考虑任何具体情况时，我对该问题的理解是：衍射极限与图像中倏逝波的损失直接相关，而这种丢失的信息还未曾恢复。在没有任何关于待测系统的先验信息的情况下，人们不可避免地会遇到衍射极限或类似的情况。

为了“突破”该衍射极限，我们需要额外的条件，例如检测到来自附着在样品上荧光分子的光，这些分子能够如此稳定地、准确地定位是一个伟大而又惊人的成就。然而在我看来，与传统显微技术相比，定位显微技术只是向大自然提出了一个不同的问题并把它解决了，因此我建议将传统显微技术和定位显微技术相互比较并没有实际的意义。

习题

练习 6.1　振荡偶极子的电场可以通过下式用并矢格林函数连同式（6.1）表示：

$$\boldsymbol{E}(\boldsymbol{r})=\mu_0\omega^2\overline{\overline{G}}(\boldsymbol{r},\boldsymbol{r}_0)\cdot\boldsymbol{p}$$

使用格林函数的渐近形式［式（5.25）］计算电偶极子的远场。

练习 6.2　使用 NANOPT 工具箱中的 demodip05. m 文件计算两个电偶极子的成像（像场的强度分布），这两个偶极子指向 x 轴正向并相距 d。对于不同的 NA 值，找出图片中可以区分偶极子的距离，并与式（6.12）进行比较。

练习 6.3　使用 NANOPT 工具箱中的 demodip06. m 文件计算沿 x 方向并相距 d 的两个电偶极子的图像 I_{12}。计算单个电偶极子的图像 I_1 和 I_2 并绘制 I_1+I_2 的图片。I_{12} 和 I_1+I_2 有区别吗？如果不同，请给出原因。

练习 6.4　使用与上练习 6.3 相同的文件讨论两个电偶极子不在同一平面的情况。这对成像有什么影响？

练习 6.5　假设存在两个方向不固定但随时间随机变化的电偶极子。讨论：当信号在足够长的时间间隔内取平均值时，其成像谱分布如何？

第 7 章

材料的性质

电动力学通过自由电荷和电流分布 ρ、$\boldsymbol{J}$ 以及介电常数和磁导率 ε、μ 与物质世界交流，至少对于线性材料是成立的。随着现代纳米科学和纳米技术的出现，纳米光学领域得到了快速发展。对光源和材料特性的精确控制为新型光学应用提供了前所未有的可能性。

有人可能会争辩说，物质电动力学理论的成功是由于对于线性材料来说所有微观细节可以隐藏在 ε、μ 这两个量中。原则上，无论是通过现象学模型、微观理论还是通过实验测量来获得它们都遵循这个规律。

$$\left.\begin{matrix}\text{现象学模型}\\ \text{微观理论}\\ \text{实验测量}\end{matrix}\right\}\rightarrow\varepsilon、\mu\rightarrow\text{麦克斯韦方程组}$$

重要的是我们手头有许多量，一旦它们符合这个规律，我们就可以将它们代入麦克斯韦方程组，并使用几世纪以来开发的各类技术解决我们感兴趣的问题，本书中也讨论了一些这类技术。在进行研究时，通过“链接器” ε、μ 将材料世界和电磁世界分开是一个不错的解决方案。

在本章中，我们将介绍一些关于 ε、μ 的唯象模型，并将讨论这些重要量的一般性质。特别是，我们会发现存在不同程度的复杂性，我们将在关于介电常数 ε 的示例中简要讨论。

恒定值。通常假设 ε 为恒定值就足够了。如玻璃或水，它们在光学频率范围内仅表现出适度的色散，并且通常（但不总是）可以近似为恒定值。通常在光学频率中，玻璃和水的折射率分别是 1.5 和 1.33。

时间上的非局部性。在许多感兴趣的情况下，材料具有内在动力学，因此必须考虑这一因素。例如，材料共振如何被作用在系统的电场激发上。介电通［量］密度 $\boldsymbol{D}(\boldsymbol{r},t)$ 与时间上非局部的电场 $\boldsymbol{E}(\boldsymbol{r},t)$ 之间的关系可以进行相关描述：

$$\boldsymbol{D}(\boldsymbol{r},t)=\int_0^{\infty}\varepsilon(\boldsymbol{r},\tau)\boldsymbol{E}(\boldsymbol{r},t-\tau)\,\mathrm{d}\tau \tag{7.1}$$

其中，这个表达式保留了因果关系，因为只有过去的字段会影响时间 t 的物质响应。我们将在 7.3.2 节中讨论，正因如此，ε 的实部和虚部彼此严格相关。

空间的非定域性。原则上，光学响应在空间上也可以是非局部的，有

$$\boldsymbol{D}(\boldsymbol{r},t)=\int_0^\infty\int\varepsilon(\boldsymbol{r}-\boldsymbol{r}',\tau)\boldsymbol{E}(\boldsymbol{r}',t-\tau)\mathrm{d}^3r'\mathrm{d}\tau \tag{7.2}$$

例如，金属可以在某个位置 $\boldsymbol{r}'$处产生极化并通过传导电子传输到另一个位置 $\boldsymbol{r}$，在那里它会对响应产生影响。对于典型的金属而言，非定域范围小于 1nm，因此通常可以通过局部响应来近似处理。尽管如此，多年来人们一直对这种非局部效应感兴趣，我们将在第 14 章更深入地研究它们。

各向异性。在各向异性材料中，沿给定方向取向的电场 $\boldsymbol{E}$ 可以引起沿不同方向的极化。通过张量$\overline{\overline{\varepsilon}}$以及可能在时间或空间上的附加卷积可以描述材料响应。

$$\boldsymbol{D}=\overline{\overline{\varepsilon}}\cdot\boldsymbol{E} \tag{7.3}$$

在本书中，我们不会进一步研究此类材料，主要是为了使符号尽可能简单，而且许多材料可以用各向同性函数$\overline{\overline{\varepsilon}}=\varepsilon\boldsymbol{I}$ 很好地描述。

通常来说，上述结论也适用于磁导率 μ。对于几乎所有已知材料的光学频率，可以认为 $\mu\approx\mu_0$。其中，超材料是一个例外，它们是人造的纳米结构阵列，它的介电和磁性可以完全定制。我们将在下面进一步简要分析这些材料。

7.1 德鲁德-洛伦兹模型和德鲁德模型

德鲁德-洛伦兹模型是介电函数最简单的描述方案之一。它基于谐振子模型，可以建模为附着在弹簧上的两个带相反电荷的粒子，系统由外部电场 $E(t)$驱动。在忽略细节的情况下，我们假设位移 $x(t)$导致偶极矩 $p(t)=\mathrm{e}x(t)$。驱动振荡器的牛顿运动方程可表示为

$$m\ddot{x}=-m\omega_0^2x-m\gamma\dot{x}+\mathrm{e}E(t) \tag{7.4}$$

式中：m、e 分别为振荡器的质量和电荷；ω_0为谐振频率；γ 为阻尼常数。我们假设时谐电场的表达式为

$$E=E_0\mathrm{e}^{-\mathrm{i}\omega t}$$

在初始阶段之后，系统以相同的频率 ω 振荡。那么，式（7.4）可以改写为

$$-\omega^2x=-\omega_0^2x+\mathrm{i}\gamma\omega x+\frac{\mathrm{e}E_0}{m}$$

上式中去掉了常见的指数项。因此，位移可以表示为

$$x=\frac{\mathrm{e}}{m}\frac{1}{\omega_0^2-\omega^2-\mathrm{i}\gamma\omega}E_0 \tag{7.5}$$

这就是谐振子通常的谐振依赖性。当频率 ω 达到谐振频率 ω_0时，它变得最大。在共振时，振幅由阻尼常数 γ 和驱动场的振幅决定。

根据上面的表达式，我们可以得到偶极矩 $p=\mathrm{e}x$，进而通过乘以振子密度 n 来得到极化 $P=n\mathrm{e}x$（请注意极化是偶极密度）。因此，我们可以得到：

$$P=n\mathrm{e}x=\frac{n\mathrm{e}^2}{m}\frac{1}{\omega_0^2-\omega^2-\mathrm{i}\gamma\omega}E_0=\varepsilon_0\chi_{\mathrm{e}}E_0$$

其中，P 和电化率χ_e之间的关系已经明确。使用 $\varepsilon=\varepsilon_0(1+\chi_e)$，我们可以得到密度为 n 的谐振子介质的介电常数，其表达式如下。

德鲁德–洛伦兹模型的介电常数

$$\varepsilon(\omega)=\varepsilon_0\left(1+\frac{ne^2}{\varepsilon_0 m}\frac{1}{\omega_0^2-\omega^2-\mathrm{i}\gamma\omega}\right) \tag{7.6}$$

图 7.1 展示了德鲁德–洛伦兹介电函数的典型示例。与损耗相关的虚部在谐振频率ω_0附近达到峰值，其中峰值的高度和宽度由阻尼常数 γ 控制。实部在 ω_0附近表现为典型谐振行为，对于振子跟随驱动场的小频率接近 1，对于振子过于惰性而无法跟随外部场的快速振荡的大频率接近零。

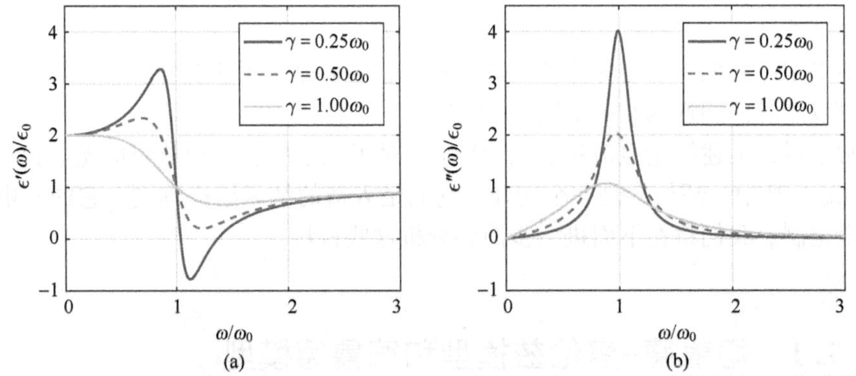

图 7.1 不同阻尼常数 γ 下德鲁德–洛伦兹介电常数的典型示例，见式（7.6）。图（a）$\varepsilon(\omega)$的实部和图（b）$\varepsilon(\omega)$的虚部。振子常数 $ne^2/(\varepsilon_0 m)=\omega_0^2$

尽管它很简单，但德鲁德–洛伦兹模型仍有一些魔力。一般而言，大多数材料共振可以用谐振子模型来描述，至少接近共振。显然，不要把模型的成分看得太重，它是一个通用的模型，可以用一些有效参数（如机械模拟的参数）来描述。在多个共振的条件下，也可以推导式（7.6）的结果并引入不同振子作用的总和。

对于金属，我们可以在没有任何恢复力的情况下使用德鲁德–洛伦兹模型，$\omega_0\to 0$。由此可以得出金属的德鲁德介电常数。

金属的德鲁德介电常数

$$\varepsilon(\omega)/\varepsilon_0=\kappa_b-\frac{\omega_p^2}{\omega(\omega+\mathrm{i}\gamma)} \tag{7.7}$$

其中，等离子频率可以直接从式（7.6）得到，表达式如下：

$$\omega_p=\sqrt{\frac{ne^2}{\varepsilon_0 m}} \tag{7.8}$$

当 $\kappa_b=1$ 时，通过等离子体频率，我们可以得到与传导电子的纵向等离子体振荡相关的 $\varepsilon(\omega_p)\approx 0$。其中，$\kappa_b$是束缚电子所产生的额外的作用。

典型值如表 7.1 所列，范围从铝的典型值为 1 到金的典型值约为 10。金、银和铝通过德鲁德模型计算的介电函数的实部［图 7.2（a）中的实线］和虚部［图 7.2（b）中的实线］。标记处为实验数据。我们发现，除了能量高于 2eV 的金的 ε''之外，在所有实验中的德鲁德函数值与实验数据之间的一致性很好。金的实验数据表明了其存在更大的阻尼。

表 7.1 一些选定的实验金属的德鲁德模型参数列表

材 料	κ_b	$\hbar\omega_p$(eV)	$\hbar/\gamma$(fs)
金（Au）	10	10	10
银（Ag）	3.3	10	30
铝（Al）	1	15	1

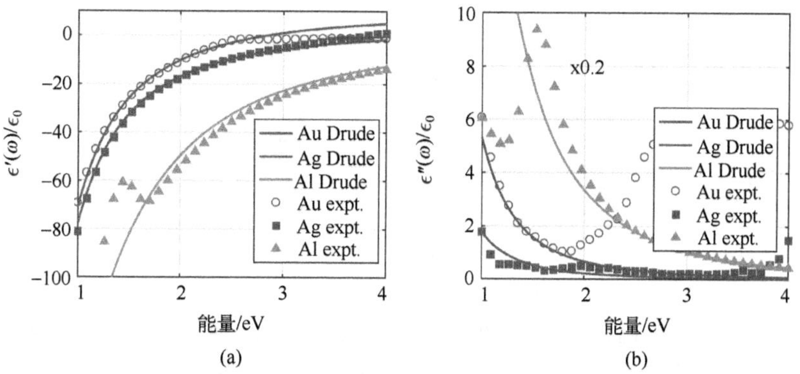

图 7.2 金 Au、银 Ag 和铝 Al 的德鲁德介电函数实部［图（a）］和虚部［图（b）］，实验数据为标记点。金、银的实验数据取自文献［34］，铝的实验数据取自文献［35］

为了弄清这种阻尼的起源，下面我们分析金属电子的微观细节。在固态物理学中，电子态是用布洛赫函数 $u_{n,\boldsymbol{k}}(\boldsymbol{r})$ 描述的，该函数由波矢量 $\boldsymbol{k}$ 和能带指数 n 控制[36]。$\boldsymbol{k}$ 与电子能量 $E_n(\boldsymbol{k})$ 之间的关系称为能带结构，它解释了固体中的电子和光学性质。对于简单的金属，能带结构通常可以很好地近似为抛物线分布：

$$E(\boldsymbol{k})=\frac{\hbar^2k^2}{2m} \tag{7.9}$$

式中：m 为电子质量。请注意，这种分布与自由电子的分布相同。在金属中，所有状态充满了费米能量 E_{F}，如图 7.3（a）所示，它由金属中的电子数决定。为了更快地分析清楚，我们还引入了电子态密度 $g(E)$，它对应于每单位能量和体积的电子态数，其表达式为

$$g(E)=\lim_{\Omega\to\infty}\Omega^{-1}\sum_{n,\boldsymbol{k}}\delta[E-E_n(\boldsymbol{k})]$$

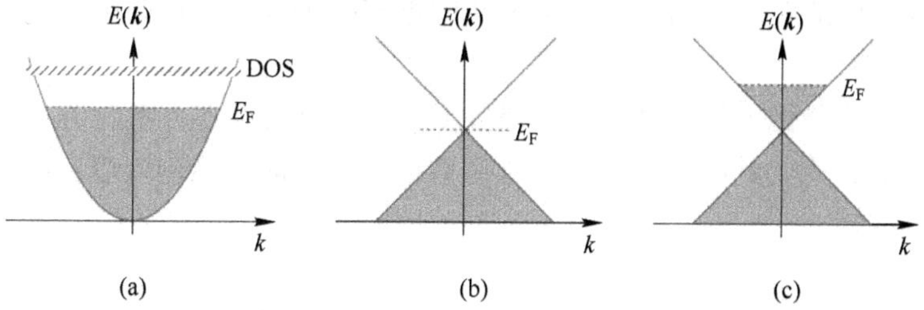

图 7.3 （a）抛物色散，（b）未掺杂和（c）掺杂石墨烯的带结构示意图。虚线表示费米能量。图（a）中的虚线区域表示状态密度（DOS），对应于每单位能量和体积可用的状态数

通过让固体的尺寸接近无穷大，可以更方便地达到热力学极限，即 $\Omega\rightarrow\infty$。根据式（7.9）的抛物线分布，可以得到如下表达式[36]：

$$g(E)=\frac{2}{(2\pi)^3}\int_{-\infty}^{\infty}\delta\left(E-\frac{h^2k^2}{2m}\right)\mathrm{d}^3k=\left[\frac{(2m)^{3/2}}{2\pi^2h^3}\right]\sqrt{E} \tag{7.10}$$

因此，状态密度与能量的平方根成正比。金、银等过渡金属的能带结构和态密度如图 7.4 所示。

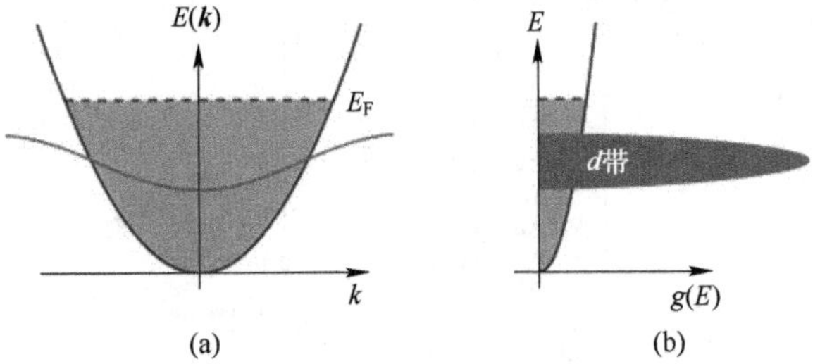

图 7.4　图（a）过渡金属的能带结构 $E(\boldsymbol{k})$ 示意图，图（b）过渡金属的电子态密度 $g(E)$ 示意图。除了传导电子的抛物线带之外，还有一个位于费米能级以下的局部 d 带。对于能量 $\hbar\omega$，电子可以从这些 d 带提升到 E_F 以上的状态，介电常数 $\varepsilon''(\omega)$ 的虚部大幅增加

除了类似自由电子的导带外，在费米能级以下还有一些与强局域化 d 电子相关的能带。这些 d 带的状态密度通常远高于自由电子的状态密度，并由此得到介电函数中的两种效应。

***d* 波段筛选**。当光子能量 $\hbar\omega$ 小于 d 带和费米能量之间的能量距离时，不会引起 d 带跃迁。然而，与电介质类似，d 波段状态可以被极化，这也导致了表 7.1 所列的金和银的 κ_b 值相对较大。一直相对应地，在不是过渡金属的铝中，原子在外壳中只有一个电子。相应地，束缚电子没有筛选作用，因此 $\kappa_b=1$。

***d* 波段跃迁**。对于能量 $\hbar\omega$，电子可以从 d 波段状态提升到高于 E_F 的状态，介电常数 $\varepsilon''(\omega)$ 的虚部（这是与这种跃迁相关的吸收的量度）大幅增加。如图 7.2 中的实验数据所示，在金中，d 带跃迁在光子能量高于 2eV 时出现，而在银中，d 带在能量上位于费米能量下方更深的位置，并且跃迁在更高的能量出现，如 4eV 左右。最后，在铝中我们没有观察到相应的转变。然而，在 1.5eV 附近有一个弱峰，这与另一种类型的带间跃迁有关。

总而言之，德鲁德模型为许多金属提供了一个可行的描述方案，但不适用于光子能量高于 2eV 的金，因为此时来自实验的真实数据或包括能带结构效应在内的详细理论计算将变得不可或缺。

石墨烯

石墨烯和其他二维材料即范德华材料最近引起了极大的关注[37]。文献［38］中讨论了石墨烯在等离子体和其他光学应用中的前景。虽然我们将在这里仅触及石墨烯等离子体激元的主题，但如图 7.3 所示，石墨烯的能带结构接近具有线性分布的电子能带的费米能。

$$E_{2D}(k)=\hbar\upsilon_F k \tag{7.11}$$

式中：υ_F为费米速度。未掺杂材料是一种半金属，在 E_F处具有消失的态密度，必须通过外栅极对其进行掺杂以使系统金属化[38]。在接下来的研究中，我们将用 μ 表示掺杂石墨烯的费米能。

由于其能带结构，掺杂石墨烯不能用简单的德鲁德模型来描述。使用所谓 Lindhard 框架[36]计算介电常数是最简单的方法，并可获得二维极化[39-40]：

$$\begin{aligned}P_{2D}(q,\omega)=&-\frac{g\mu}{2\pi\hbar^2\upsilon_F^2}+\frac{F(q,\omega)}{\hbar^2\upsilon_F^2}\\&\times\{[G(x_+)-\mathrm{i}\pi]-\theta(-x_--1)[G(-x_-)-\mathrm{i}\pi]\\&-\theta(x_-+1)G(x_-)\}\end{aligned} \tag{7.12}$$

式中：q 为波数；$x_\pm=(\hbar\omega\pm2\mu)/(\hbar\upsilon_F q)$；$\theta$ 为海维赛德（Heaviside）阶跃函数，$g=g_s g_v=4$ 为自旋和谷简并性的乘积。这两个函数的表达式如下：

$$F(q,\omega)=\frac{g}{16\pi}\frac{\hbar\upsilon_F^2q^2}{\sqrt{\omega^2-\upsilon_F^2q^2}},\quad G(x)=x\sqrt{x^2-1}-\ln(x+\sqrt{x^2-1})$$

极化在频率和波数空间中与感应表面电荷分布 σ_{ind}相关：

$$\sigma_{\mathrm{ind}}(q,\omega)=P_{2D}(q,\omega)\frac{e^2}{2\varepsilon_0 q} \tag{7.13}$$

其中，括号中的项是二维库仑势的傅里叶变换。当 $q\to0$ 时，式（7.12）可以简化为[39-40]

$$P_{2D}(q\to0,\omega)=\frac{gq^2}{8\pi\hbar\omega}\left[\frac{2\mu}{\hbar\omega}+\frac{1}{2}\ln\left|\frac{2\mu-\hbar\omega}{2\mu-\hbar\omega}\right|-\mathrm{i}\,\frac{\pi}{2}\theta(\hbar\omega-2\mu)\right] \tag{7.14}$$

括号中的第一项与带内转换相关，另外两项与带间转换相关。极化的实部和虚部如图 7.5 所示，在 $q=\omega$ 附近表现出共振行为。我们将在第 8 章分析石墨烯等离子体时回归到石墨烯介电函数。

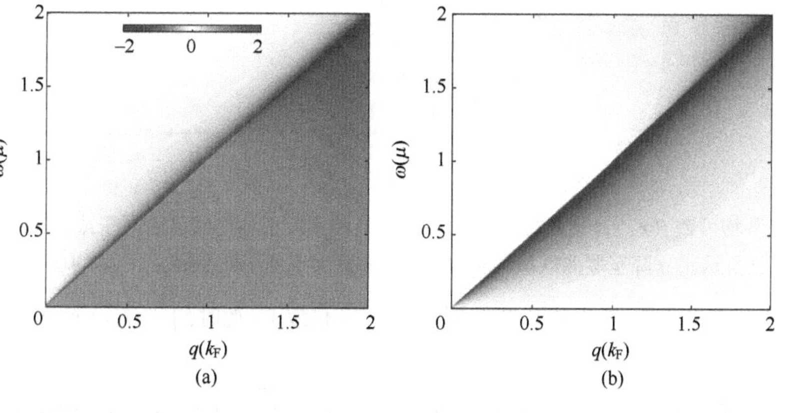

图 7.5　(a) 式（7.12）的石墨烯极化的实部［图（a）］和虚部［图（b）］。波数单位为 $k_F=\mu/(\hbar\upsilon_F)$，能量单位为费米能量 μ，极化单位为 $\mu/(\hbar^2\upsilon_F^2)$

7.2 从微观到宏观的电磁理论

物质中的电动力学服从极化和磁化的概念，这可能与电偶极子密度和磁偶极子密度有关。这种方法之所以有效，是因为电磁波的特征长度尺度在微米量级，倏逝波则可能是几十纳米到几百纳米，而物质的相关长度尺度在纳米范围内。出于这个原因，物质的具体细节在电磁波的动力学中没有起到什么重要作用，电磁波动力学只与某种平均物质状态相互作用。

对于如何对微观电荷和电流分布进行平均，没有明确的定义。有人可能会争辩说，这是因为求平均是如此强大，以至于无论起始表达式如何，人们总是可以得到相同的结果。另一方面，研究如何求平均的问题是没有意义的，因为无论过程如何，最终都将得到宏观麦克斯韦方程组。我们对该问题的分析遵循了杰克逊（Jackson）[2]的著作，旨在让读者掌握这种平均化背后的假设，同时也提高人们对于它可能在需要明确微观描述的小维度上失败的认识。

接下来，我们从微观麦克斯韦方程开始分析：

$$\nabla \cdot \boldsymbol{e}=\frac{\varrho}{\varepsilon_0},\quad \nabla\times\boldsymbol{e}=-\frac{\partial \boldsymbol{b}}{\partial t}$$

$$\nabla \cdot \boldsymbol{b}=0,\quad \nabla\times\boldsymbol{b}=\mu_0\boldsymbol{j}+\mu_0\varepsilon_0\frac{\partial \boldsymbol{e}}{\partial t} \tag{7.15}$$

其中，$\boldsymbol{e}$ 和 $\boldsymbol{b}$ 表示真实的微观场，$\boldsymbol{E}$ 和 $\boldsymbol{B}$ 表示平均场。ϱ和 $\boldsymbol{j}$ 表示将在半经典框架中描述的微观电荷和电流分布，尽管其与量子力学描述没有根本区别，但为了表达清楚，这里进行相应区分。

空间平均是通过引入一个采样函数 $f(\boldsymbol{r}-\boldsymbol{r}')$ 来实现的，该函数在某个小的空间区域上对给定的源点 $\boldsymbol{r}$ 进行平均，如图 7.6 所示。任何物理量 F 可以根据下式进行平均。

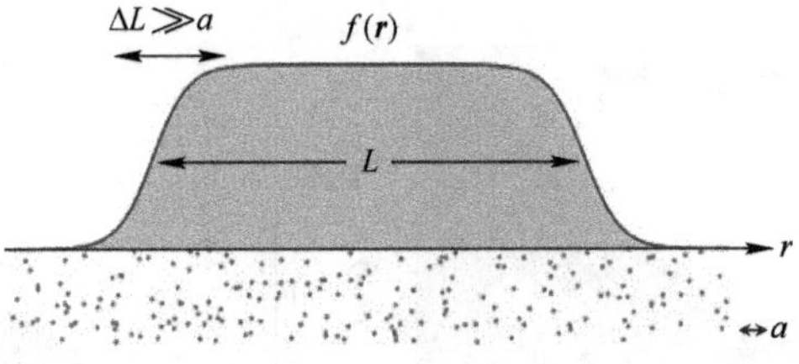

图 7.6　平均函数$f(\boldsymbol{r})$。（见彩插）宽度 L 应该足够大以平均足够多的原子或分子（如底部的红点所示），f 降至零的区域的宽度 ΔL 应该远大于原子间距离 a，这样原子波动对平均值没有显著影响。假设函数$f(\boldsymbol{r})$归一化为 1，此时，$\int_{-\infty}^{\infty} f(\boldsymbol{r})\mathrm{d}^3 r = 1$

$$\langle F(\boldsymbol{r},t)\rangle = \int_{-\infty}^{\infty} f(\boldsymbol{r}-\boldsymbol{r}')F(\boldsymbol{r}',t)\mathrm{d}^3 r' = \int_{-\infty}^{\infty} F(\boldsymbol{r}-\boldsymbol{r}',t)f(\tilde{\boldsymbol{r}})\mathrm{d}^3\tilde{r} \tag{7.16}$$

其中，后一个表达式是通过$\tilde{\boldsymbol{r}}=\boldsymbol{r}-\boldsymbol{r}'$来获得的。关于采样功能主要有以下几点。首先，它应该在一个很大的区域 L^3 上延伸，比如说 $L\approx 10\mathrm{nm}$，它包含足够数量的原子、分子或固体情况下的晶胞。其次，L 应该足够小，以使平均量 F 在区域内不会发生明显变化。同样，对于 $L\approx 10\text{nm}$，除亚纳米间隙或极其尖锐的纳米颗粒特征可能不符合外，即使对于强倏逝波，这也应该是一个很好的近似值。

式（7.16）的求平均方式具有导数与平均对易的优点，有

$$\frac{\partial}{\partial r_i}\langle F(\boldsymbol{r},t)\rangle = \int_{-\infty}^{\infty}\frac{F(\boldsymbol{r}-\tilde{\boldsymbol{r}},t)}{\partial r_i}f(\tilde{\boldsymbol{r}})\,\mathrm{d}^3\tilde{r} = \left\langle\frac{\partial F(\boldsymbol{r},t)}{\partial r_i}\right\rangle$$

时间导数同样具有类似的表达式。因此，我们可以立即通过式（7.15）求平均，并通过引入平均场 $\boldsymbol{E}=\langle\boldsymbol{e}\rangle$ 和 $\boldsymbol{B}=\langle\boldsymbol{b}\rangle$，可以推导出：

$$\nabla\cdot\boldsymbol{E}=\frac{\langle\varrho\rangle}{\varepsilon_0},\quad \nabla\times\boldsymbol{E}=-\frac{\partial\boldsymbol{B}}{\partial t}$$

$$\nabla\cdot\boldsymbol{B}=0,\quad \nabla\times\boldsymbol{B}=\mu_0\langle\boldsymbol{j}\rangle+\mu_0\varepsilon_0\frac{\partial E}{\partial t}\tag{7.17}$$

通过高斯定律以及由点状电荷 q_i 和偶极子 $\boldsymbol{p}_i$ 组成的电荷分布，可以对源项求平均：

$$\varrho(\boldsymbol{r})=\sum_i q_i\delta(\boldsymbol{r}-\boldsymbol{r}_i)+\lim_{\eta\to 0}\sum_i\frac{q_i}{\eta}\left[\delta\left(\boldsymbol{r}-\boldsymbol{r}_i-\frac{1}{2}\eta\hat{\boldsymbol{p}}_i\right)-\delta\left(\boldsymbol{r}-\boldsymbol{r}_i+\frac{1}{2}\eta\hat{\boldsymbol{p}}_i\right)\right]$$

假设偶极子是由两个相反电荷 $\pm p_i/\eta$ 组成的通用形式，它们之间的距离为 $\eta\hat{\boldsymbol{p}}_i$，我们将在计算结束时设置 $\eta\to 0$。电荷和偶极子的中心位置是 $\boldsymbol{r}_i$。自由电荷可以立即纳入求平均的过程，由此可得

$$\left\langle\sum_i q_i\delta(\boldsymbol{r}-\boldsymbol{r}_i)\right\rangle=\sum_i q_i f(\boldsymbol{r}-\boldsymbol{r}_i)=\rho_{\text{ext}}(\boldsymbol{r})$$

我们在对偶极子求平均时得到下式：

$$\lim_{\eta\to 0}\sum_i p_i\frac{f\left(\boldsymbol{r}-\boldsymbol{r}_i-\frac{1}{2}\eta\hat{\boldsymbol{p}}_i\right)-f\left(\boldsymbol{r}-\boldsymbol{r}_i+\frac{1}{2}\eta\hat{\boldsymbol{p}}_i\right)}{\eta}=-\sum_i\boldsymbol{p}_i\cdot\nabla f(\boldsymbol{r}-\boldsymbol{r}_i)$$

最后一项可以改写为

$$-\sum_i\boldsymbol{p}_i\cdot\nabla f(\boldsymbol{r}-\boldsymbol{r}_i)=-\nabla\cdot\left\langle\sum_i\boldsymbol{p}_i\delta(\boldsymbol{r}-\boldsymbol{r}_i)\right\rangle=-\nabla\cdot\boldsymbol{P}(\boldsymbol{r})$$

其中，$\boldsymbol{P}$ 表示偶极子密度的宏观极化。这给我们留下了麦克斯韦物质方程的高斯定律，即式（2.26a）。电流分布的求平均过程类似，但涉及更多内容，这里不再赘述。当涉及这个讨论和注释时，即使是埃文·杰克逊（Even Jackson）似乎也感到有些棘手[2]。

为了结束争论，我们必须考虑 $\langle\boldsymbol{j}\rangle$。由于它的矢量性质和速度的存在，即使没有涉及新的原理，推导也比处理前面的 $\langle\varrho\rangle$ 要复杂得多。这里我们只展示结果，将烦琐的细节留给喜欢挑战的读者。

7.3 时间响应的非局域性

时间响应的非局部的介电响应如下：

$$\boldsymbol{D}(\boldsymbol{r},t)=\int_0^{\infty}\varepsilon(\boldsymbol{r},\tau)\boldsymbol{E}(\boldsymbol{r},t-\tau)\,\mathrm{d}\tau$$

通过具有时间相关的渗透率μ，$\boldsymbol{B}$ 和 $\boldsymbol{H}$ 之间可能具有类似的关系。接下来，我们研究时谐场，参见 2.4 节。傅里叶变换的卷积定理表明，在傅里叶变换后，上述关系变为频率空间中的乘积，即

$$\boldsymbol{D}(\boldsymbol{r},\omega)=(\boldsymbol{r},\omega)\boldsymbol{E}(\boldsymbol{r},\omega) \tag{7.18}$$

超材料

金属和其他相关材料在光学频率范围内具有很强的介电响应，但天然材料没有与之可比的强磁响应。因此，在光学领域，几乎所有材料都可以设置$\mu=\mu_0$。这种区别产生的原因是其内部没有磁荷。约翰·彭德里（John Pendry）不久前总结了这些观察结果[41]。

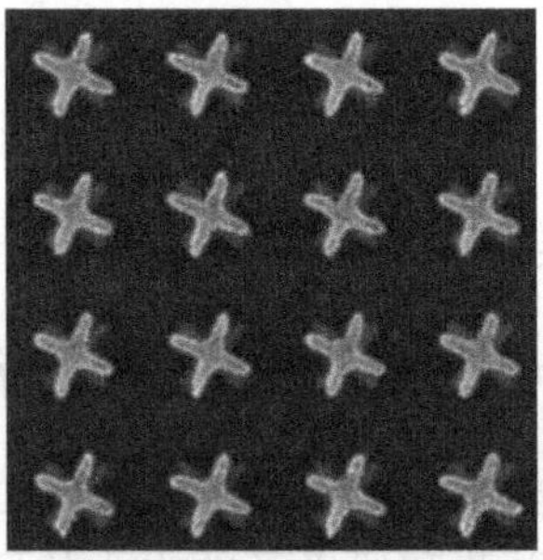

理想情况下，我们应该通过找到良好电导体的磁性类似物来继续研究磁性案例：不幸的是，没有！尽管如此，我们还是可以找到一些我们认为确实会产生有趣的磁效应的替代方案。

为什么我们要麻烦地对材料进行微结构化以产生特定的μ_{eff}？原因是原子和分子被证明是一组相当有限的元素，可以用来构建磁性材料。在大多数材料的磁响应开始减弱的千兆赫范围内的频率下尤其如此。那些保持适度活跃的材料，例如铁氧体，通常很重，并且可能没有非常理想的力学性能。相比之下，微结构材料可以被设计为具有相当大的磁活动，包括抗磁性和顺磁性，并且如果需要的话它可以做得非常轻。

在过去 20 年里，人们一直在努力构建这种人造材料，即所谓超材料。人们利用了这样一个事实，即通过开环谐振器可以在微波范围内实现强响应。正如本章所描述的，这一概念可以转化到光学领域，但满足其结构必须明显小于光波长才能获得具有有效材料参数的介质。上图展示了具有手性响应的超材料[42]，这是无数美丽示例中的一个。超材料已成为纳米光学和等离子体领域的重要参与者，随着样品制备技术的不断增加，它们将继续在该领域发挥关键作用。

请注意，我们对时域和频域中的量使用相同的符号。一般来说，我们将专注于这些量中的一个进行研究，因此几乎不会有混淆的危险。这种转换行为的巧妙之处在于，麦克斯韦的时谐场方程［见式（2.34）］对于频率相关的介电常数和磁导率看起来几乎相同。

$$\begin{cases}\nabla\cdot\varepsilon(\boldsymbol{r},\omega)\boldsymbol{E}(\boldsymbol{r},\omega)=\rho_{\text{ext}}(\boldsymbol{r},\omega)\\ \nabla\cdot\boldsymbol{B}(\boldsymbol{r},\omega)=0\\ \nabla\times\boldsymbol{E}(\boldsymbol{r},\omega)=\mathrm{i}\omega\boldsymbol{B}(\boldsymbol{r},\omega)\\ \nabla\times\mu^{-1}(\boldsymbol{r},\omega)\boldsymbol{B}(\boldsymbol{r},\omega)=\boldsymbol{J}_{\text{ext}}(\boldsymbol{r},\omega)-\mathrm{i}\omega\boldsymbol{E}(\boldsymbol{r},\omega)\end{cases} \tag{7.19}$$

出于这个原因，实际上我们在前几章中讨论的关于时谐场的所有内容可以直接转移到与频率相关的系统响应中。坡印亭定理是例外，我们将在下一节中重新分析坡印亭定理以及介电常数和磁导率的获得与损耗作用相关的假想这一事实。对于传播波和倏逝波，这会导致阻尼和衰减。

对于导体和金属，将传导载流子的响应纳入介电常数通常很方便。前文以及展示了如何通过德鲁德介电函数做到这一点。在一般情况下，欧姆定律可以推广到频率相关的传导率。

光导率

$$\boldsymbol{J}(\boldsymbol{r},\omega)=\sigma(\boldsymbol{r},\omega)\boldsymbol{E}(\boldsymbol{r},\omega) \tag{7.20}$$

$\sigma(\boldsymbol{r},\omega)$通常称为光导率，当$\omega\to0$时为静态电导率$\sigma_0$。频域中的连续性方程如下：

$$\mathrm{i}\omega\rho=\nabla\cdot\boldsymbol{J}=\nabla\cdot\sigma\boldsymbol{E} \tag{7.21}$$

从频域的连续性方程中，我们可以建立ρ和电场之间的关系。将此表达式代入高斯定律可得

$$\nabla\cdot\varepsilon_b\boldsymbol{E}=-\frac{\mathrm{i}}{\omega}\nabla\cdot\sigma\boldsymbol{E}\Rightarrow\nabla\cdot\left(\varepsilon_b+\frac{\mathrm{i}\sigma}{\omega}\right)\boldsymbol{E}=0$$

式中：ε_b为束缚电荷的介电常数。同理，安培定律可以改写为

$$\nabla\times\frac{1}{\mu}\boldsymbol{B}=\sigma\boldsymbol{E}-\mathrm{i}\omega\varepsilon_b\boldsymbol{E}=-\mathrm{i}\omega\left(\varepsilon_b+\frac{\mathrm{i}\sigma}{\omega}\right)\boldsymbol{E}$$

因此，对于式（7.20）的光导率，我们可以将自由载流子的影响纳入与频率相关的介电常数中并得到：

$$\varepsilon(\boldsymbol{r},\omega)=\varepsilon_b(\boldsymbol{r},\omega)+\frac{\mathrm{i}\sigma(\boldsymbol{r},\omega)}{\omega} \tag{7.22}$$

式中：ε_b为与束缚电荷相关的部分。

表面电荷。让我们考虑一个界面，例如，如图2.6所示，其中上层材料是介电常数为ε_2的电介质，下层材料是介电常数为ε_1的金属，其表达式由式（7.22）给出。通过麦克斯韦方程的边界条件可以推导出界面处的表面电荷分布。起始点由$\rho_{\mathrm{ind}}=-\nabla\cdot\boldsymbol{P}$给出，$\rho_{\mathrm{ind}}$和$\boldsymbol{P}$分别表示感应电荷密度和极化。类似于2.3.2节，通过将这个表达式整合到一个小体积上，可得

$$\sigma_{\mathrm{ind}}=-\hat{\boldsymbol{n}}\cdot(\boldsymbol{P}_2-\boldsymbol{P}_1)=-(P_2^{\perp}-P_1^{\perp})=-(P_2^{\perp}-[P_{\mathrm{ind}}^{\perp}+P_{\mathrm{ext}}^{\perp}])$$

在最终表达式中，进一步将$\boldsymbol{P}_2$分解为诱导极化或束缚极化，以及与自由载流子相关的外部极化。不同极化可由下式计算获得：

$$\boldsymbol{P}=\varepsilon_0\chi\boldsymbol{E}=(\varepsilon-\varepsilon_0)\boldsymbol{E}$$

最终可得

$$\sigma_{\mathrm{ind}}=\begin{cases}-(\varepsilon_2-\varepsilon_0)E_2^{\perp} & \text{（界面上侧的表面电荷）}\\(\varepsilon_1-\varepsilon_0)E_1^{\perp} & \text{（界面下侧的表面电荷）}\\(\varepsilon_1-\varepsilon_b)E_1^{\perp} & \text{（界面下侧的自由表面电荷）}\end{cases} \tag{7.23}$$

界面处的总极化电荷可以由下式获得：

$$\sigma_{\mathrm{pol}}=-(\varepsilon_2-\varepsilon_0)E_2^{\perp}+(\varepsilon_1-\varepsilon_0)E_1^{\perp}=\varepsilon_0(E_2^{\perp}-E_1^{\perp}) \tag{7.24}$$

其中，介电通［量］密度的法向分量在界面处是连续的。我们将在讨论表面和粒子等离子体时使用这些表达式。

7.3.1 坡印亭定理的重新审视

在本节中，我们将重新讨论关于线性介质的波印亭定理，该定理在 4.3 节中曾推导过，但当时考虑了色散和吸收效应。总的来说，我们将对式（4.14）的结果进行如下修改：

（1）由于分散，能量流的速度改变。

（2）由于吸收，能量流和密度在传播过程中衰减。

与之前推导坡印亭定理的过程类似，都是从电磁场对电流分布的功率开始分析，但现在将 $\boldsymbol{J}_{\text{ext}}$ 与场 $\boldsymbol{D}$、$\boldsymbol{H}$ 联系起来。

$$\frac{\mathrm{d}W}{\mathrm{d}t}=\int_{\Omega}\boldsymbol{J}_{\text{ext}}\cdot\boldsymbol{E}\mathrm{d}^3r=\int_{\Omega}\left(\nabla\times\boldsymbol{H}-\frac{\partial\boldsymbol{D}}{\partial t}\right)\cdot\boldsymbol{E}\mathrm{d}^3r$$

在第一项中使用如下转换：

$$\nabla\cdot\boldsymbol{E}\times\boldsymbol{H}=\boldsymbol{H}\cdot\nabla\times\boldsymbol{E}-\boldsymbol{E}\cdot\nabla\times\boldsymbol{H}=-\boldsymbol{H}\cdot\frac{\partial\boldsymbol{B}}{\partial t}-\boldsymbol{E}\cdot\nabla\times\boldsymbol{H}$$

由此可得

$$\frac{\mathrm{d}W}{\mathrm{d}t}+\int_{\Omega}\left(\boldsymbol{E}\cdot\frac{\partial\boldsymbol{D}}{\partial t}+\boldsymbol{H}\cdot\frac{\partial\boldsymbol{B}}{\partial t}\right)\mathrm{d}^3r=-\oint_{\partial\Omega}\boldsymbol{E}\times\boldsymbol{H}\cdot\mathrm{d}\boldsymbol{S}\tag{7.25}$$

上式是宏观麦克斯韦方程组的坡印亭定理。公式左侧的第二项与存储在电磁场中的能量相关，右侧的项表述了通过坡印亭矢量 $\boldsymbol{S}=\boldsymbol{E}\times\boldsymbol{H}$ 的能量传输。

线性介质的坡印亭定理。我们现在将这个结果专门用于具有非局部时间响应函数的线性介质。对电磁场进行傅里叶分解：

$$\boldsymbol{E}(\boldsymbol{r},t)=\int_{-\infty}^{\infty}\mathrm{e}^{-\mathrm{i}\omega t}\boldsymbol{E}(\boldsymbol{r},\omega)\mathrm{d}\omega=\int_{0}^{\infty}\mathrm{e}^{-\mathrm{i}\omega t}\boldsymbol{E}(\boldsymbol{r},\omega)\mathrm{d}\omega+\text{c. c.}$$

其中，c. c. 表示前项的复共轭。通过 $\boldsymbol{E}^*(\boldsymbol{r},\omega)=\boldsymbol{E}(\boldsymbol{r},-\omega)$，得到第二个表达式，这可以通过傅里叶积分的复共轭直接证明。两个函数的乘积可以展开如下：

$$\boldsymbol{E}(\boldsymbol{r},t)\cdot\boldsymbol{D}(\boldsymbol{r},t)=\int_{0}^{\infty}\mathrm{e}^{-\mathrm{i}(\omega-\omega')t}\boldsymbol{E}^*(\boldsymbol{r},\omega')\cdot\boldsymbol{D}(\boldsymbol{r},\omega)\mathrm{d}\omega\mathrm{d}\omega'+\text{c. c.}\tag{7.26}$$

假设 $\boldsymbol{E}(\boldsymbol{r},t)$ 是一个以频率 ω_0 为中心的窄谱分布（对应于长脉冲）。通常情况下，式（7.26）还应该包含以 $\mathrm{e}^{\pm\mathrm{i}(\omega+\omega')t}$ 振荡的项，当在 $2\pi/\omega_0$ 的振荡周期内求平均时，这些项变为零，简单起见将忽略它。从式（7.25）括号中的第一项开始分析：

$$\boldsymbol{E}\cdot\frac{\partial\boldsymbol{D}}{\partial t}=\int_{0}^{\infty}\mathrm{e}^{-\mathrm{i}(\omega-\omega')t}\boldsymbol{E}^*(\boldsymbol{r},\omega')\cdot[-\mathrm{i}\omega\varepsilon(\omega)]\boldsymbol{D}(\boldsymbol{r},\omega)\mathrm{d}\omega\mathrm{d}\omega'\tag{7.27}$$

对于窄谱线脉冲，括号中的项可近似为

$$\omega\varepsilon(\omega)\approx\omega_0\varepsilon(\omega_0)+\frac{\mathrm{d}}{\mathrm{d}\omega}[\omega\varepsilon(\omega)]_{\omega=\omega_0}(\omega-\omega_0)=g_0+g_1(\omega-\omega_0)\tag{7.28}$$

其中，g_0 决定吸收损失，g_1 决定色散校正。对于 g_0 项，式（7.27）中的积分变为

$$\int_{0}^{\infty}\{-\mathrm{i}g_0\mathrm{e}^{-\mathrm{i}(\omega-\omega')t}\boldsymbol{E}^*(\omega')\cdot\boldsymbol{E}(\omega)+\mathrm{i}g_0^*\mathrm{e}^{\mathrm{i}(\omega-\omega')t}\boldsymbol{E}(\omega')\cdot\boldsymbol{E}^*(\omega)\}\mathrm{d}\omega\mathrm{d}\omega'$$

此时，取决于电场的 $\boldsymbol{r}$ 已经被抑制。交换第二项 $\omega\leftrightarrow\omega'$ 之后可以发现：

$$2g''_0\int_0^{\infty}\mathrm{e}^{-\mathrm{i}(\omega-\omega')t}\boldsymbol{E}^*(\omega')\cdot\boldsymbol{E}(\omega)\mathrm{d}\omega\mathrm{d}\omega' = g''_0\boldsymbol{E}(t)\cdot\boldsymbol{E}(t)$$

对于 g_1 项，我们只考虑实部，它决定分散。g_1 的虚部将导致对上述吸收表达式的小小的修正。然后我们得到：

$$-\mathrm{i}g'_1\int_0^{\infty}\mathrm{e}^{-\mathrm{i}(\omega-\omega')t}\boldsymbol{E}^*(\omega')\cdot\boldsymbol{E}(\omega)[(\omega-\omega_0)-(\omega'-\omega_0)]\mathrm{d}\omega\mathrm{d}\omega'$$

交换第二项的 $\omega\leftrightarrow\omega'$，可以得到：

$$g'_1\frac{\partial}{\partial t}\int_0^{\infty}\mathrm{e}^{-\mathrm{i}(\omega-\omega')t}\boldsymbol{E}^*(\omega')\cdot\boldsymbol{E}(\omega)\mathrm{d}\omega\mathrm{d}\omega' = \frac{1}{2}g'_1\frac{\partial}{\partial t}\boldsymbol{E}(t)\cdot\boldsymbol{E}(t)$$

对磁场也可通过式（7.25）进行类似的推导。

综上所述，我们最终得出关于色散和吸收介质的坡印亭定理。

关于分散和吸收的坡印亭定理

$$\begin{aligned}&\frac{\mathrm{d}W}{\mathrm{d}t}+\frac{\mathrm{d}}{\mathrm{d}t}\int_{\Omega}\frac{1}{2}\left\{\left[\frac{\mathrm{d}\omega\varepsilon'(\omega)}{\mathrm{d}\omega}\right]_{\omega_0}\boldsymbol{E}\cdot\boldsymbol{E}+\left[\frac{\mathrm{d}\omega\mu'(\omega)}{\mathrm{d}\omega}\right]_{\omega_0}\boldsymbol{H}\cdot\boldsymbol{H}\right\}\mathrm{d}^3r\\&=-\oint_{\partial\Omega}\boldsymbol{E}\times\boldsymbol{H}\cdot\mathrm{d}\boldsymbol{S}-\int_{\Omega}\omega_0[\varepsilon''(\omega_0)\boldsymbol{E}\cdot\boldsymbol{E}+\mu''(\omega_0)\boldsymbol{H}\cdot\boldsymbol{H}]\mathrm{d}^3r\end{aligned} \tag{7.29}$$

在式（7.29）中，$\boldsymbol{E}(\boldsymbol{r},t)$、$\boldsymbol{H}(\boldsymbol{r},t)$ 是与时间相关的表达式，假定它们具有以频率 ω_0 为中心的窄谱。该式等号左侧和右侧的不同术语的解释如下：

等号左侧的第一项：外部源的功率。

等号左侧的第二项：储存在电磁场、材料极化和磁化中的有效能量密度。上述表达式考虑了色散效应，但对于恒定的 ε、μ，第二项可简化为式（4.14）。

等号右侧的第一项：坡印亭矢量描述的能量流。

等号右侧的第二项：由虚部 ε''、μ'' 表示的物质损失。

7.3.2 克莱默-克朗尼格关系

对于时间上的非局域响应，介电通［量］密度与电场相关：

$$\boldsymbol{D}(\boldsymbol{r},t)=\varepsilon_0\left\{\boldsymbol{E}(\boldsymbol{r},t)+\int_0^{\infty}\chi_{\mathrm{e}}(\boldsymbol{r},\tau)\boldsymbol{E}(\boldsymbol{r},t-\tau)\mathrm{d}\tau\right\}$$

这个表达式的重点在于：只有过去的场对系统的响应有影响，因此，因果关系得到满足。正如我们将在本节中讨论的那样此在介电常数的实部和虚部之间存在严格的关系，即所谓克莱默-克朗尼格关系（Kramers-Kronig 关系，K-K 关系），并且从实部的信息可以得到虚部，反之亦然。关系式的推导是相当普遍的，需要的内容仅有响应的因果关系和线性。

从上述公式的傅里叶变换可以发现：

$$\varepsilon(\omega)/\varepsilon_0 = 1+\int_0^{\infty}\mathrm{e}^{\mathrm{i}\omega\tau}\chi_{\mathrm{e}}(\tau)\mathrm{d}\tau \tag{7.30}$$

其中，我们抑制 $\boldsymbol{r}$ 对于 χ_{e} 的依赖性。取它的复共轭，我们可以建立正频率和负频率之间的关系：

$$\varepsilon^*(\omega)/\varepsilon_0=\varepsilon(-\omega^*)/\varepsilon_0 \tag{7.31}$$

其中考虑了复频率的因素，原因稍后会进行解释。在下文中，我们将会引入一个来自复分析的重要定理，即所谓柯西定理，我们将在附录 A 中对其进行简要介绍。柯西定理指出，如果被积函数在闭合轮廓 C 内是解析的，则沿 C 在复平面中的积分为零。下面我们将柯西定理应用于响应函数：

$$\chi_e(z)=\int_0^\infty e^{iz\tau}\chi_e(\tau)\,d\tau$$

其中，z 表示一个复频率。当$\chi_e(\omega)$存在于实频率时，将频率扩展到 $z''>0$ 的上复平面时不会发生任何严重的事情。在那里，指数读为

$$e^{i(z'+iz'')\tau}=e^{iz'\tau}e^{-z''\tau}$$

由于积分限制（因为响应的因果关系），总是存在 $\tau>0$，一切发生在上复平面上，函数值呈指数级衰减。因此，$\chi_e(z)$在上半复平面中是解析的。因此，我们可以将柯西定理应用于以下表达式：

$$\oint_C \frac{\chi_e(z)}{z-\omega}dz=0 \tag{7.32}$$

复平面上的积分路径 C 如图 7.7 所示。必须特别注意沿路径的两个点：

–对于 $z=\omega$，式（7.32）中的分母变为零，

–对于 $z\to 0$，金属的介电常数 $\varepsilon(z)\approx\varepsilon_0+i\sigma_0/z$ 可以有一个极点。

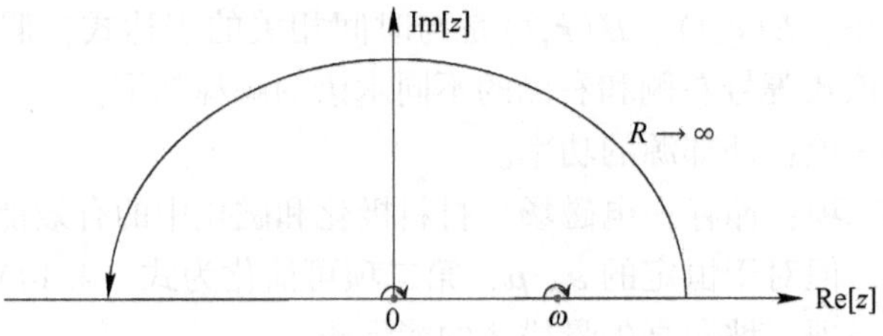

图 7.7　克莱默–克朗尼格关系推导的复积分路径

从图 7.7 中可以看出，围绕这些特殊点，复积分路径沿着上半平面中的小半圆移动。$z=\omega$ 周围的半圆可以参数化为

$$z=\omega+re^{i\phi}$$

其中，ϕ 从 π 到零，在计算结束时 $r\to 0$。假设$\chi_e(z)$在 $z=\omega$ 附近没有显著变化，因此将其从积分中提取出来：

$$\chi_e(\omega)\lim_{r\to 0}\int_\pi^0\frac{ire^{i\phi}d\phi}{\omega+re^{i\phi}-\omega}=-\chi_e(\omega)\lim_{r\to 0}\int_\pi^0 d\phi=-i\pi\chi_e(\omega)$$

其中，$dz=re^{i\phi}d\phi$。类似的过程可以应用于 $z=0$ 处的极点。我们最后注意到，由于 $e^{-z''\tau}$项，上半复平面中的大半圆变为零，我们可以将式（7.32）改写为

$$\mathcal{P}\int_{-\infty}^{\infty}\frac{\chi_e(\tilde\omega)}{\tilde\omega-\omega}d\tilde\omega-i\pi\left[\chi_e(\omega)-\frac{i\sigma_0}{\varepsilon_0\omega}\right]=0$$

公式右侧的积分是主值积分，其中，临界点 $\omega'=0$ 和 $\omega'=\omega$ 周围的（无限小）区域被排除在积分之外。(另见附录 F)。因此，我们得到：

$$\chi_e(\omega)=\frac{i\sigma_0}{\varepsilon_0\omega}-\frac{i}{\pi}\mathcal{P}\int_{-\infty}^{\infty}\frac{\chi_e(\tilde\omega)}{\tilde\omega-\omega}d\tilde\omega \tag{7.33}$$

通过取该等式两边的实部，可以得到等式左侧的$\chi_e'(\omega)$和右侧的$\chi_e''(\omega')$之间的关系。通过介电函数而不是电化率，以及使式（7.31）将$\varepsilon(\omega)$负频率与正频率相关联，我们最终得到克莱默-克朗尼格关系。

克莱默-克朗尼格关系

$$\varepsilon'(\omega)=\varepsilon_0+\frac{2}{\pi}\mathcal{P}\int_0^\infty\frac{\tilde{\omega}\varepsilon''(\tilde{\omega})}{\tilde{\omega}^2-\omega^2}\mathrm{d}\tilde{\omega} \tag{7.34a}$$

$$\varepsilon''(\omega)=\frac{\sigma_0}{\omega}-\frac{2\omega}{\pi}\mathcal{P}\int_0^\infty\frac{\varepsilon'(\tilde{\omega})-\varepsilon_0}{\tilde{\omega}^2-\omega^2}\mathrm{d}\tilde{\omega} \tag{7.34b}$$

克莱默-克朗尼格关系表明ε的实部和虚部是相关的。因此，如果我们知道整个频率范围内的$\varepsilon''(\omega)$，例如，通过吸收测量，我们可以立即计算出相应的实部。对于实际情况，相关频率范围通常非常大，并且在以这种方式利用关系时必须小心。

式（7.34）也对最优响应函数施加了限制。假设我们有一个材料介电常数$\varepsilon(\omega)$的期望清单，该清单在给定频率范围内应该有很大的$\varepsilon'(\omega)$变化，但在那里的损耗很小。原则上，克莱默-克朗尼格关系仅表明强色散必然伴随损耗，损耗可能位于其他频率范围内。然而，在许多情况下，如7.1节中的德鲁德模型所介绍的，色散是由微观共振引起的，并且通常必须为色散付出相同频率范围内的吸收损耗。$\varepsilon(\omega)$、$\mu(\omega)$的大频率变化会伴随一些相邻频率的显著损耗，这也是超材料设计中的一个主要缺点。

7.4　光学互易定理

光学中存在一个重要的定理，即所谓互易定理，从中可以推导出并矢格林函数的对称关系。假设：$\boldsymbol{J}_1$是产生场$\boldsymbol{E}_1$、$\boldsymbol{H}_1$的电流分布；$\boldsymbol{J}_2$是产生场$\boldsymbol{E}_2$、$\boldsymbol{H}_2$的电流分布。然后，可以推导出（洛伦兹）互易定理：

$$\int\boldsymbol{J}_1\cdot\boldsymbol{E}_2\mathrm{d}^3r=\int\boldsymbol{J}_2\cdot\boldsymbol{E}_1\mathrm{d}^3r \tag{7.35}$$

假设积分延伸到整个空间，该定理指出：如果交换电流放置点和测量场的点，则振荡电流分布和产生的电场之间的关系不会改变。

为了证明这个定理，在下面我们考虑具有频率相关和各向异性介电常数$\bar{\bar{\varepsilon}}$和渗透率$\bar{\bar{\mu}}$的材料。麦克斯韦方程的旋度方程可以表示为

$$\nabla\times\boldsymbol{E}=\mathrm{i}\omega\bar{\bar{\mu}}\cdot\boldsymbol{H},\ \nabla\times\boldsymbol{H}=\boldsymbol{J}-\mathrm{i}\omega\bar{\bar{\varepsilon}}\cdot\boldsymbol{E}$$

其中，简单起见，我们没有表明场和材料参数对于空间和频率的依赖性。我们接下来分析矢量恒等式：

$$\nabla\cdot(\boldsymbol{E}\times\boldsymbol{H})=\boldsymbol{H}\cdot(\nabla\times\boldsymbol{E})-\boldsymbol{E}\cdot(\nabla\times\boldsymbol{H})$$

将此恒等式应用于$\boldsymbol{E}_1$、$\boldsymbol{H}_2$和$\boldsymbol{E}_2$、$\boldsymbol{H}_1$，并使用麦克斯韦方程来计算旋度项，然后得到：

$$\nabla\cdot(\boldsymbol{E}_1\times\boldsymbol{H}_2)=\mathrm{i}\omega\boldsymbol{H}_2\cdot\bar{\bar{\mu}}\cdot\boldsymbol{H}_1+\mathrm{i}\omega\boldsymbol{E}_1\cdot\bar{\bar{\varepsilon}}\cdot\boldsymbol{E}_2-\boldsymbol{E}_1\cdot\boldsymbol{J}_2$$

$$\nabla\cdot(\boldsymbol{E}_2\times\boldsymbol{H}_1)=\mathrm{i}\omega\boldsymbol{H}_1\cdot\bar{\bar{\mu}}\cdot\boldsymbol{H}_2+\mathrm{i}\omega\boldsymbol{E}_2\cdot\bar{\bar{\varepsilon}}\cdot\boldsymbol{E}_1-\boldsymbol{E}_2\cdot\boldsymbol{J}_1 \tag{7.36}$$

将这两个等式相减。等式右侧的项可表示为

$$\boldsymbol{E}_1\cdot\bar{\bar{\varepsilon}}\cdot\boldsymbol{E}_2-\boldsymbol{E}_2\cdot\bar{\bar{\varepsilon}}\cdot\boldsymbol{E}_1=(\boldsymbol{E}_1)_i\varepsilon_{ij}(\boldsymbol{E}_2)_j-(\boldsymbol{E}_2)_i\varepsilon_{ij}(\boldsymbol{E}_1)_j$$

还可得到其对应的磁场表达式。显然，对于标量介电常数$\bar{\bar{\varepsilon}}=\varepsilon\boldsymbol{I}$，这两项相互抵消。在通常情况下，可以证明当所研究的系统表现出时间反演对称时，$\bar{\bar{\varepsilon}}$和$\bar{\bar{\mu}}$必须是对称张量[43]。当施加静磁场时，这种对称性会被破坏，这里我们不详细讨论这种情况。下面假设$\bar{\bar{\varepsilon}}$和$\bar{\bar{\mu}}$是对称张量，因此，上式的两项相互抵消。然后，减去式（7.36）的两个等式并整个空间积分可得

$$\int(\boldsymbol{J}_1\cdot\boldsymbol{E}_2-\boldsymbol{J}_2\cdot\boldsymbol{E}_1)\,\mathrm{d}^3r=\oint(\boldsymbol{E}_1\times\boldsymbol{H}_2-\boldsymbol{E}_2\times\boldsymbol{H}_1)\cdot\mathrm{d}\boldsymbol{S} \tag{7.37}$$

为了理解为什么等式右侧的项消失了，我们注意到远离电流源的电磁场是出射波。根据式（2.40），我们可以通过$Z\boldsymbol{H}=\hat{\boldsymbol{r}}\times\boldsymbol{E}$将远场区的电磁场联系起来，并且很容易地证明右侧的两项相互抵消。至此，我们就完成了对式（7.35）的互易定理的证明。

通过式（5.20）的并矢格林函数将电场与电流源联系起来可以得到下式：

$$\boldsymbol{J}_1(\boldsymbol{r})\cdot\bar{\bar{G}}(\boldsymbol{r},\boldsymbol{r}')\cdot\boldsymbol{J}_2(\boldsymbol{r}')=\boldsymbol{J}_2(\boldsymbol{r}')\cdot\bar{\bar{G}}(\boldsymbol{r}',\boldsymbol{r})\cdot\boldsymbol{J}_1(\boldsymbol{r})$$

因此，通过互易定理可以得到其对称关系，即**并矢格林函数的对称关系**：

$$G_{ij}(\boldsymbol{r},\boldsymbol{r}')=G_{ji}(\boldsymbol{r}',\boldsymbol{r}) \tag{7.38}$$

习题

练习 7.1 根据式（7.6）的德鲁德介电常数，计算$\varepsilon''(\omega)$和$|\varepsilon(\omega)|^2$变为最大的频率。并使用谐波振荡器模型论证为什么最大值在不同的频率。

练习 7.2 计算德鲁德介电函数的损失函数$\mathrm{Im}[-1/\varepsilon(\omega)]$，并使用表 7.1 中给出的参数绘制金和银的对应函数。分析损失函数的峰值位置与κ_b和等离子体频率ω_p的关系。

练习 7.3 分析带有一个尖锐的共振$\gamma\ll\omega_0$的式（7.6）的德鲁德介电常数。群速度v_g在哪里变得最小？一个光谱窄的波包在传播过程中如何衰减（由于材料损失）？

练习 7.4 计算式（7.10）中给出的状态密度。对比电子只能在两个空间维度上移动的电子气，分析当三维k空间积分被二维积分取代时会发生什么。为了计算积分，需要在三维中引入球坐标，在二维中引入圆柱坐标。

练习 7.5 分析一个介电函数，其虚部如下：

$$\varepsilon''(\omega)=\frac{\pi K}{2\omega_0}\delta(\omega-\omega_0)$$

式中：K为常数；ω_0为谐振频率。通过克莱默-克朗尼格关系计算对应的实部$\varepsilon'(\omega)$。

练习 7.6 从式（7.6）的德鲁德介电常数开始，通过傅里叶变换得到时间响应函

数。附录 A 中介绍的复积分技术和推导克莱默-克朗尼格关系是计算傅里叶积分最有效的方式。

练习 7.7　通过显式计算证明式（7.7）的德鲁德介电常数满足克莱默-克朗尼格关系。

练习 7.8　证明式（7.37）的右侧项在远场区变为零，其中磁场和电场通过 $Z\boldsymbol{H}=\hat{\boldsymbol{r}}\times\boldsymbol{E}$ 相关联。

练习 7.9　通过显式计算证明式（5.19）的并矢格林满足式（7.38）的对称关系。

第 8 章

分层介质

分层介质是将麦克斯韦方程与材料相结合的最简单的纳米系统，它是由不同材料堆叠形成的平面多层结构。尽管几何上很简单，但平面系统的物理特性出奇地丰富。本章首先研究金属和电介质之间的单一界面，证明在两种介质之间的界面上存在一种新型的激发类型，即所谓表面等离子体。然后，基于传递矩阵方法给出分层介质的一般描述方案，最后介绍分层介质的格林函数法及相关计算。

8.1 表面等离子体

考虑两种介质之间的界面，如图 8.1 所示。上层介质是介电常数为 $\varepsilon_1>0$ 的电介质，下层介质是介电常数为 $\varepsilon_2<0$ 的金属。简单起见，在下文中忽略了 ε_2 的虚部，在最后再讨论材料的损耗。两种材料中的磁导率均设置为 μ_0。假设波矢为 $\boldsymbol{k}_1$ $(k_x,0,k_{1z})$ 的电磁波沿负 z 方向传播并与界面发生相互作用，由于切向电磁场的连续性，波矢的平行分量 k_x 必须在界面处守恒。金属中波矢的 z 分量由下述色散关系确定。

$$k_x^2+k_{2z}^2=\varepsilon_2\mu_0\omega^2 \tag{8.1}$$

由于 $\varepsilon_2<0$，式（8.1）等号的右侧为负，所以 $k_{2z}^2<0$，这表明金属中波数 k_{2z} 为虚数。换句话说，在金属内部，波不能传播，而具有倏逝特性，其振幅在远离界面时呈指数级衰减。由此，从电介质侧入射的波会被金属反射，并且具有极小的损耗，这是金属内部指数衰减场引起的欧姆耗散导致的。在 8.3.3 节中将对这种现象进行更深入的讨论。

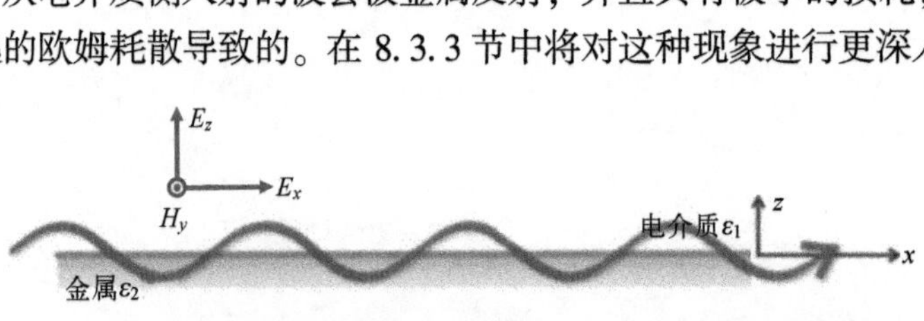

图 8.1　波在金属和电介质之间的界面上沿 x 方向传播的示意图。对于横磁（TM）模式，磁场平行于界面

从这个分析来看，对电介质-金属界面的研究似乎很无趣，其实不然。接下来将介绍的一种新型的波正是存在于电介质-金属界面上的，即表面等离子体，这种波被束缚在界面上，必须以特定的方式进行光学激发。激发模式可以分为以下两种。

（1）横磁（TM）模式：$\boldsymbol{H}=H_y\hat{\boldsymbol{y}}$平行于界面；

（2）横电（TE）模式：$\boldsymbol{E}=E_y\hat{\boldsymbol{y}}$平行于界面。

这里首先讨论横磁模式，稍后我们会发现在电介质-金属界面上不存在横向电场。对于界面上方和下方的磁场，假设：

$$\begin{cases}H_{1y}=h_1\mathrm{e}^{\mathrm{i}k}xx\mathrm{e}^{-\kappa}1zz=h_1\mathrm{e}^{\mathrm{i}k}1\cdot\boldsymbol{r},\boldsymbol{k}_1=(k_x,0,\mathrm{i}\kappa_{1z})\\H_{2y}=h_2\mathrm{e}^{\mathrm{i}k}xx\mathrm{e}^{\kappa}2zz=h_2\mathrm{e}^{\mathrm{i}k}2\cdot\boldsymbol{r},\boldsymbol{k}_2=(k_x,0,-\mathrm{i}\kappa_{2z})\end{cases}\tag{8.2}$$

其中，界面处于 $z=0$ 位置，$\kappa_{jz}=(k_x^2-\varepsilon_j\mu_0\omega^2)^{\frac{1}{2}}$，指数函数 $\mathrm{e}^{\pm\kappa_{jz}z}$表示上下介质中的磁场呈指数级衰减。电场可以从安培定律计算得到：

$$\begin{aligned}\boldsymbol{E}_1&=\frac{1}{\varepsilon_1\omega}H_{1y}\hat{\boldsymbol{y}}\times(k_x\hat{\boldsymbol{x}}+\mathrm{i}\kappa_{1z}\hat{z})=\frac{1}{\varepsilon_1\omega}H_{1y}(\mathrm{i}\kappa_{1z}\hat{\boldsymbol{x}}-k_x\hat{z})\\\boldsymbol{E}_2&=\frac{1}{\varepsilon_2\omega}H_{2y}\hat{\boldsymbol{y}}\times(k_x\hat{\boldsymbol{x}}-\mathrm{i}\kappa_{2z}\hat{z})=\frac{1}{\varepsilon_2\omega}H_{2y}(-\mathrm{i}\kappa_{2z}\hat{\boldsymbol{x}}-k_x\hat{z})\end{aligned}\tag{8.3}$$

由于电场和磁场在切向连续，利用式（8.2）和式（8.3）得到：

$$\begin{cases}H_{1y}|_{z=0}=H_{2y}|_{z=0}\Rightarrow h_1=h_2\\E_{1x}|_{z=0}=E_{2x}|_{z=0}\Rightarrow h_1\dfrac{\kappa_{1z}}{\varepsilon_1}=-h_2\dfrac{\kappa_{2z}}{\varepsilon_2}\end{cases}$$

从切向电场连续性的表达式中可以得到：

$$\frac{\kappa_{1z}}{\kappa_{2z}}=-\frac{\varepsilon_1}{\varepsilon_2}\tag{8.4}$$

因此，若实数和正 κ 值满足此表达式，则界面上方和下方的介电函数的符号必须不同。从而引入以下条件。

第一表面等离子体条件：

$$\varepsilon_1(\omega)\ \varepsilon_2(\omega)<0\tag{8.5}$$

如果界面上下层分别为理想电介质（$\varepsilon_1>0$）和金属材料（$\varepsilon_2<0$）时，方程（8.5）恒成立。接下来将式（8.4）的两边平方，并利用式（8.1）的色散关系消去 κ_{1z}^2、κ_{2z}^2 项，从而得出：

$$\frac{\varepsilon_1^2}{\varepsilon_2^2}=\frac{k_x^2-\varepsilon_1\mu_0\omega^2}{k_x^2-\varepsilon_2\mu_0\omega^2}\tag{8.6}$$

式中：$k_0=\sqrt{\varepsilon_0\mu_0}\,\omega$ 为自由空间中的波数。为了得到实波数 k_x，必须满足以下不等式。

第二表面等离子体条件

$$-\varepsilon_2(\omega)>\varepsilon_1(\omega)\tag{8.7}$$

即要求金属相对介电函数 ε_2 的负值必定比介电材料的 ε_1 大。对于具有类德鲁德（Drude-like）介电函数的典型金属，该条件很容易满足。

这种新型的激励通常被称为表面等离子体，是局限于界面的行波。这些波的物理性质由许多重要特征来表征。

表面电荷。在金属-电介质分界面上感应的表面电荷可通过式（7.24）计算得出：

$$\sigma=\varepsilon_0(\boldsymbol{E}_{1z}-\boldsymbol{E}_{2z})\big|_{z=0}=\frac{k_x}{\omega}\left(\frac{\varepsilon_0}{\varepsilon_2}-\frac{\varepsilon_0}{\varepsilon_1}\right)h_1\mathrm{e}^{\mathrm{i}k_x x} \tag{8.8}$$

显然，波在分界面处伴随着相干电荷密度振荡，如图 8.2 所示。与等离子体类似，分离的电荷会产生驱动表面等离激元振荡的恢复力。

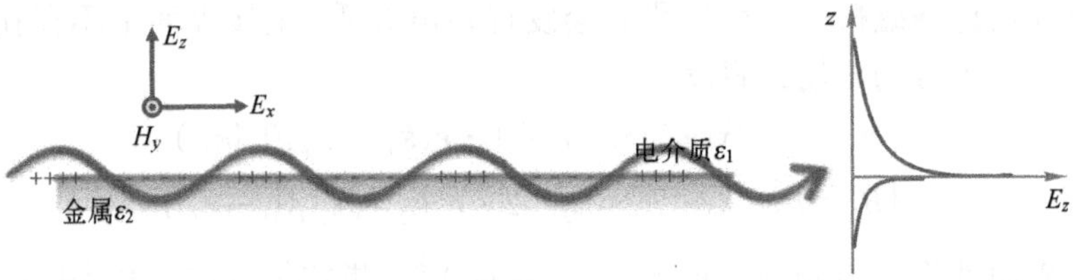

图 8.2　表面等离子体是在金属和电介质之间的分界面传播的电磁波。它们伴随着分界面上的相干电荷密度振荡。电场和磁场具有倏逝特性，从分界面向两侧呈指数级衰减

倏逝场。由于模式的局限性，电场和磁场具有倏逝特性 $\mathrm{e}^{-\kappa_{jz}|z|}$，如图 8.2 右侧的示意图所示，从分界处向两侧呈指数级衰减。

偏振。从式（8.3）中可知该表面波是椭圆偏振，（非归一化）偏振矢量为 $\mathrm{i}\kappa_{jz}\hat{\boldsymbol{x}}-k_x\hat{\boldsymbol{z}}$。

能量传输。电介质侧表面等离子体的平均坡印亭矢量（能流密度矢量）可由式（8.2）和式（8.3）计算得到：

$$S_1=\frac{1}{2}\mathrm{Re}(\boldsymbol{E}_1\times\boldsymbol{H}_1^*)=\frac{h_1^2}{2\varepsilon_1\omega}\mathrm{e}^{-2\kappa_{1z}z}\mathrm{Re}(\mathrm{i}\kappa_{1z}\hat{\boldsymbol{z}}+k_x\hat{\boldsymbol{x}})=\frac{h_1^2k_x}{2\varepsilon_1\omega}\hat{\boldsymbol{x}} \tag{8.9}$$

与之前的分析结果一致，可以发现倏逝波不在 z 方向传输能量。

损耗。金属中的损耗可以通过介电常数 $\varepsilon_2''>0$ 的虚部来描述。对表面等离子体进行上述推导时会发现，当介电常数变为复数 $\varepsilon_2=\varepsilon_2'+\mathrm{i}\varepsilon_2''$时，上述推导并没什么改变，唯一的区别是 k_x 多了一个虚部，对于无限小的损耗系数，可得到：

$$k_x=\sqrt{\frac{\varepsilon_1\varepsilon_2'}{\varepsilon_0(\varepsilon_1+\varepsilon_2')}}k_0\left[1+\frac{\mathrm{i}}{2}\,\frac{\varepsilon_1}{\varepsilon_1+\varepsilon_2'}\,\frac{\varepsilon_2''}{\varepsilon_2'}+\mathcal{O}(\varepsilon''^2)\right] \tag{8.10}$$

这引出了表面等离子体的阻尼：

$$\mathrm{e}^{\mathrm{i}(k_x'+\mathrm{i}k_x'')x}=\mathrm{e}^{-k''x}\mathrm{e}^{\mathrm{i}k'x}=\text{阻尼}\times\text{振荡}$$

κ_{2z}同样也有一个无限小的虚部。因此，式（8.9）中的坡印亭矢量可以得到 z 方向上的一个分量，该分量与进入金属的电磁能量流有关，并通过欧姆损耗转化为热量。

色散。对于一个 $\varepsilon_1=1$ 的德鲁德介电函数，式（8.6）的等离子体子色散关系如下，求解得到：

$$k_x=\sqrt{\frac{1-\dfrac{\omega_p^2}{\omega^2}}{2-\dfrac{\omega_p^2}{\omega^2}}}\frac{\omega}{c}\Rightarrow\omega=\sqrt{\frac{\omega_p^2+2k_x^2c^2-\sqrt{\omega_p^4+4k_x^4c^4}}{2}} \tag{8.11}$$

为确保 ω 为正，平方根的符号已选定，且满足 $k_x\to0$ 时，$\omega\to0$。如图 8.3 所示为表面等离激元色散关系 $\omega(k_x)$。黑色虚线表示光的色散线 $\omega=ck$，红色点线表示其渐近值：

$$\omega\xrightarrow[k_x\to\infty]{}\frac{\omega_p}{\sqrt{2}} \tag{8.12}$$

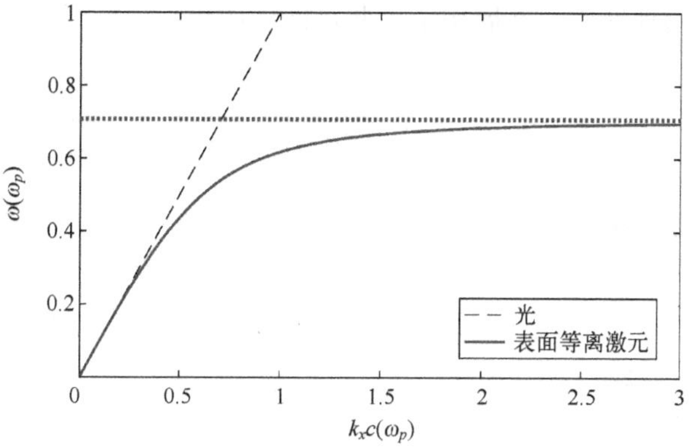

图 8.3 使用德鲁电函数 $\varepsilon_2(\omega)=1-\omega_p^2/\omega^2$ 和 $\varepsilon_1=1$，根据式（8.6）计算表面等离子体的色散。红色点线表示渐近值 $\omega_p/\sqrt{2}$，黑色虚线表示光色散 $\omega=ck$(见彩插)

渐近值最简单的获得方法是在式（8.11）的第一个表达式中将分母$(2-\omega_p^2/\omega^2)$取零获得。在整个过程中，光的色散线位于表面等离激元色散线之上，两条线永远不会相交。这是因为表面等离激元本质上是先与物质相互作用，这种特性会使得倏逝场浸入金属，并激发相干表面电荷的振荡。这将导致其速度始终比光速慢，如图 8.4 所示为真实的银介电函数的表面等离激元色散。该结果与德鲁模型相似，但不同的是，在等离子体频率处增加了与欧姆损耗相关的虚部。对于较大的光子能量，这些损耗变得非常大，以至于色散曲线会向后弯曲。

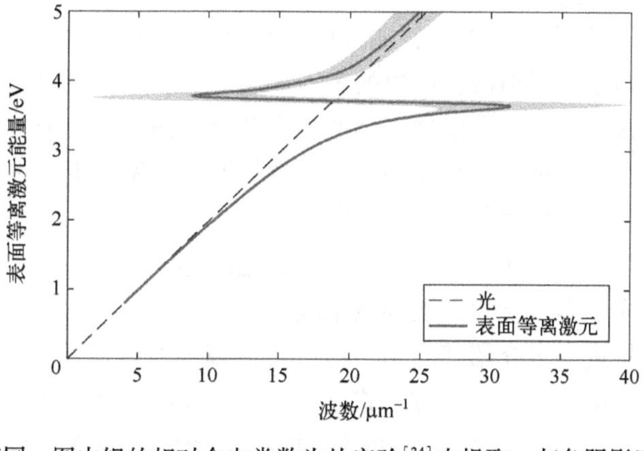

图 8.4 与图 8.3 相同，图中银的相对介电常数为从实验[34]中提取。灰色阴影区域表示与等离子体损耗相关的 $k_x' \pm \frac{1}{2}k_x''$展宽。对于高于 3.7eV 的能量，等离子体受到强烈的阻尼，色散会向后弯曲

光限制。由于光-物质混合的特性，表面等离子体的波长明显短于光在自由空间中的波长，这使得光可以被束缚在亚波长的体积中。

传播长度。图 8.5 显示了由表面等离子体阻尼产生的传播长度 $\mathrm{Im}(k_x)^{-1}$。一般来说，人们只关注衰减足够小的表面等离子体，比如能量低于 3.5eV 的银表面等离子体，它可以在不受阻尼的情况下远距离传播。

在 2007 年发表在《科学美国人》（*Scientific American*）杂志上的论文《等离子体的承诺》（*The Promise of Plasmonics*）[44]中，哈里·阿特沃特（Harry Atwater）生动地描述

了表面等离子体的物理性质，并展望了一些可能的应用。

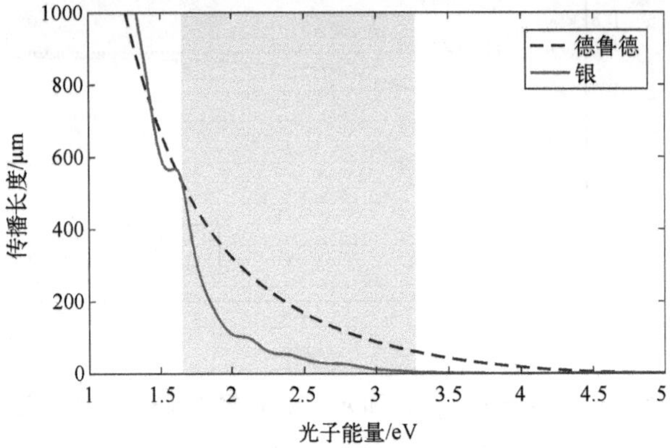

图 8.5　分别用德鲁介电函数（虚线）和实验[34]中提取的介电函数（实线）得到的银的表面等离子体的传播长度 $\mathrm{Im}(k_x)^{-1}$。灰色阴影区域表示可见状态。一般来说，人们只关注传播长度足够长的表面等离子体

20 世纪 80 年代，研究人员通过实验证实，在适当的情况下，将光波定向到金属和电介质（空气或玻璃等非导电材料）之间的分界面，可以在波和金属表面的移动电子之间产生共振相互作用（在金属中，电子不会与单个原子或分子紧密相连）。换句话说，表面电子的振荡与金属外部电磁场的振荡相匹配。其结果是产生表面等离子体密度波，电子沿着分界面传播，就像你把石头扔进水中后在池塘表面扩散的涟漪。

在过去 10 年里，研究人员发现，通过创造性地设计金属-电介质分界面，它们可以产生与外部电磁波频率相同但波长更短的表面等离子体。这种现象可以让等离子体沿着纳米级的互连线传输，将信息从微处理器的一个部分传输到另一个部分。对于芯片设计师来说，等离子体互连将是一个巨大的福音，他们能够开发出更小更快的晶体管，但很难构建能够在芯片上快速传输数据的微小电子电路。

或者，正如哈里·阿特沃特在一句话中所表达的那样[45]：

等离子体学使光子学有能力发展到纳米级。

本书后续章节将进一步介绍其应用。通过讨论模式对表面等离子体的 TE 模式进行分析并得出结论。除电场之外，通过与式（8.2）相同的假设，以完全相同的方式重复推导（另见练习 8.3），可以从分界面处的切向电场和磁场的连续性得到条件 $e_1=e_2$ 和 $e_1\kappa_{1z}=-e_2\kappa_{2z}$，这两个条件可以组合为

$$e_1(\kappa_{1z}+\kappa_{2z})=0 \tag{8.13}$$

显然这并不能得到两个正的 κ_{1z} 和 κ_{2z}。因此唯一可能的解是 $e_1=e_2=0$，这意味着在金属-电介质的分界面上不存在 TE 模式。

克雷奇曼几何结构与奥托几何结构

前面已经讨论了在金属和电介质之间的分界面上存在一种新型激子，即所谓表面等离子体，它与缚在光场的表面电荷相干激发有关。然而，这些表面等离子体不能直接通过光学手段激发，或者像哈里·阿特沃特（Harry Atwater）描述的那样，只能在“适当的情况下”激发。为了理解这些适当的情况是什么，本节首先分析光激发过程中的能量

守恒和动量守恒。

光携带能量和动量。下面从光子的角度进行表述，其中光子携带能量为 $\hbar\omega$，动量为 $\hbar\boldsymbol{k}$，这一假设同样适用于经典电磁描述。假设光以角频率 ω 振荡，并在介电常数为 ε_1 的介质中传播，入射到 $z=0$ 的金属表面。光子携带的动量为

$$\hbar\boldsymbol{k}=[\sin\theta\hat{\boldsymbol{x}}+\cos\theta\hat{\boldsymbol{z}}]\frac{\hbar k_0}{n_1} \tag{8.14}$$

其中，θ 为入射光相对于 z 轴的夹角，$k_0=\dfrac{\omega}{c}$，n_1 为电介质的折射率。为了激发表面等离子体激元，必须保持以下量守恒：

-能量 $\hbar\omega$；

-平行动量 $\hbar k_x=(\hbar k_0/n_1)\sin\theta$。

需要注意的是，对于平板结构，沿 z 方向的平移对称性被破坏，且根据诺特（Noether's）定理，沿 z 方向的动量不守恒。

表面等离激元色散如图 8.6 所示，但光线通过玻璃等介电材料传播时会产生折射。因此，表面等离子体子色散和玻璃中的光色散在箭头所示的点有交叉，此时表面等离激元通过光激发成为可能。

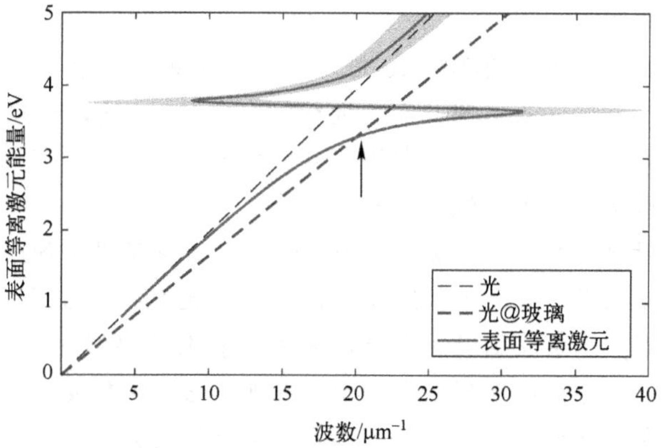

图 8.6 表面等离激元的光激发原理。

这里出现了表面等离子体的光激发问题：图 8.6 中的黑色虚线表示的色散曲线并不会与表面等离子体色散曲线相交（不考虑高能光子的反向弯曲）。这是因为表面等离子体相对于自由传播的光，速度会慢，这是混合光物质特性产生的影响。因此，即使对于 $\sin\theta=1$ 的掠入射，能量和动量也不能同时守恒。撞击到电介质-金属分界面上的光会被反射，但不能激发表面等离子体。

所以必须运用一个小技巧，用光学方法激发表面等离子体。基本原理如图 8.6 所示，依赖减缓入射光的速度，稍后利用几何方法来讨论。由于这种减速，斜射的光线现在穿过表面等离激元色散，见图 8.6 中的箭头，一个表面等离激元被发射。通过改变入射光的频率 ω 和角度 θ，可以绘制出整个表面等离激元色散。接下来要解决的问题是如何在不明显影响表面等离激元色散的情况下降低入射光的速度，根据式（8.6），表面等离激元色散取决于 ε_1 和 ε_2。因此，不能简单地增加 ε_1，因为这在减慢入射光的同时，

也会减慢表面等离激元的传播速度。Otto[46]和 Kretschmann[47]提出了两种几何结构，可以解决这个问题。

光的异常透射

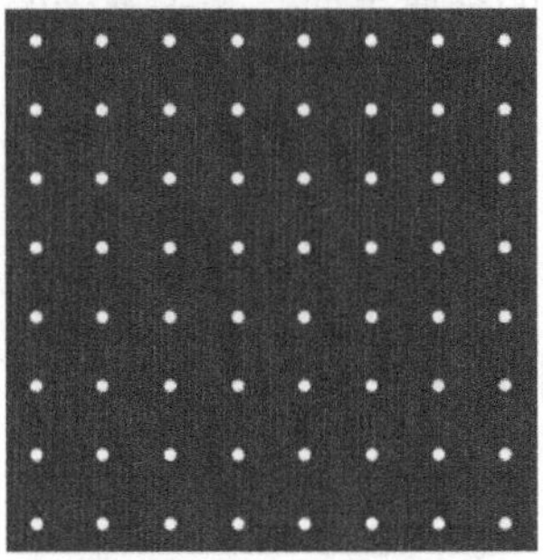

1998 年，Thomas Ebbesen 及其同事发表了一篇名为《通过亚波长孔阵列的非凡的光传输》（*Extraordinary optical transmission through sub-wavelength hole arrays*）的论文[48]，该论文引起了业界极大的兴趣，被公认为是等离子体光学领域的开创性论文。作者取了一片 200nm 的银薄膜，在上面钻了一组直径为 150nm 的亚波长孔并进行周期性排列。当用光照射孔阵时，他们观察到特定的波长值和传播角度会显著增加透射光强度。作者在论文中写道[48]：

特别是，当波长的直径为圆孔的 10 倍时，可以观测到透射率的尖峰。基于这些最大值，传输效率远超整体（当对圆孔面积进行标准化时），这比标准孔径理论预测的要大几个数量级。实验证明，这些不寻常的光学特性是由于在有周期性图案排列的金属膜表面上光与表面等离子体（电子激发态）的耦合。

简而言之，透射率大幅增加的原因是周期性孔阵打破了银层的平移对称性，并提供了由阵列晶格常数 a 确定的动量 $G=2\pi/a$。因此，当光照射到空气-银分界面时，它可以吸收额外的动量 G，并在被照射的金属表面激发表面等离激元。对于足够薄的薄膜，等离激元从银膜的一侧穿过小孔到达另一侧，在那里它再次转变为光。

这项实验的重要性在于，它证明了可以利用纳米结构完全调控金属的光学特性。这开创了等离子体光学的研究领域，表面等离子体也成为纳米加工中进行定制和控制的主要对象。

奥托（Otto）几何结构。在奥托几何结构中，光通过棱镜传播，并以角度 θ 撞击玻璃-空气分界面，在该分界面上发生全内反射，具体见图 8.7 的左边部分。当金属膜靠近该分界面放置时，入射光和反射光的倏逝场可激发在金属和空气之间分界面上传播的表面等离子体。

克雷奇曼（Kretschmann）几何结构。在克雷奇曼几何结构中，在棱镜顶部放置了一层厚度为几十纳米的金属膜。从棱镜一侧入射到金属上的光会被反射，但可以通过金属表面等离子体中的倏逝场，在金属-空气分界面上被激发。这种几何结构在实验中更容易实现，但必须确保金属膜足够薄，以使金属膜相邻侧的倏逝场保持足够大。

为了在麦克斯韦方程组的框架内描述这两种几何结构，接下来将进一步介绍分层介质的通用解决方案，即所谓传递矩阵方法，并将利用这种方法分析克雷奇曼几何结构，讨论利用这种几何结构的等离子体传感器的工作原理。

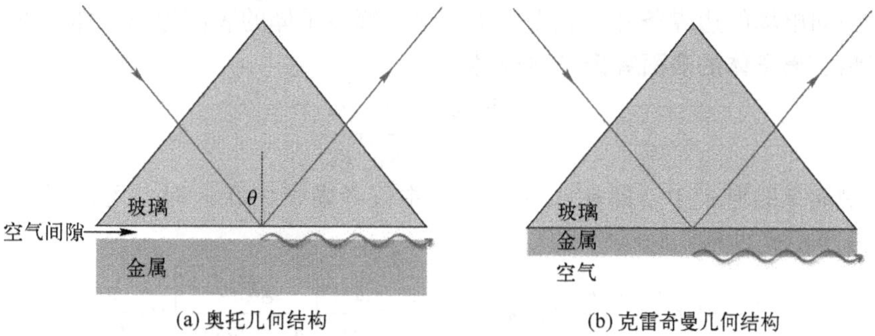

图 8.7 表面等离激元光激发的奥托几何结构和克雷奇曼几何结构。在奥托几何结构中，光通过棱镜传播，并以角度 θ 撞击玻璃-空气分界面，在该分界面上发生全内反射。当金属膜靠近该分界面放置时，入射光和反射光的倏逝场可激发在金属和空气之间分界面上传播的表面等离子体。在克雷奇曼（几何）结构中，在棱镜顶部放置了一层厚度为几十纳米的金属膜。反射光的倏逝场穿透该层，并在金属-空气分界面激发表面等离子体。

8.2 石墨烯等离子体

第 7 章简要介绍了掺杂石墨烯的光学特性。接下来将根据式（7.11）对表面等离子体进行分析，使其适用于这种具有线性带状结构色散的二维电子气体。假设石墨烯沉积在介电常数为 ε_2 的基底上，而石墨烯上方的材料的介电常数为 ε_1。与 8.1 节类似，只考虑 TM 模，并对磁场进行与式（8.2）相同的解析。不过，这里必须考虑石墨烯中掺杂电子的奇异表面电荷和电流分布并修改 $z=0$ 处的边界条件。

表面电荷。式（7.13）将感应表面电荷分布 σ 与外部电势相关联，据此，可以用与 TM 模相关的电势 $V=-\mathrm{i}k_xE_x$ 来表示 σ，具体方法如下：

$$\sigma(k_x,\omega)=P_{2D}(k_x,\omega)\left[\frac{\mathrm{i}e^2E_x}{k_x}\right] \tag{8.15}$$

表面电流。式（4.11）的连续性方程将表面电荷分布 σ 和电流分布 $\boldsymbol{K}$ 相关联：

$$\omega\sigma=k_xK_x\Rightarrow K_x(k_x,\omega)=\left[\frac{\mathrm{i}\omega e^2P_{2D}(k_x,\omega)}{k_x^2}\right]E_x=\sigma_{2D}E_x \tag{8.16}$$

式中：σ_{2D} 为光导率。

根据切向电场的连续性，可以得出以下结论：

$$E_{1x}\big|_{z=0}=E_{2x}\big|_{z=0}\Rightarrow h_1\frac{\kappa_{1z}}{\varepsilon_1}=-h_2\frac{\kappa_{2z}}{\varepsilon_2}$$

为了匹配切向磁场，还必须额外考虑表面电流分布 K_x，从而得出：

$$[H_{1y}-H_{2y}]_{z=0}=-K_x\big|_{z=0}\Rightarrow h_1-h_2=-\sigma_{2D}\frac{1}{2}\left(h_1\frac{\mathrm{i}\kappa_{1z}}{\varepsilon_1\omega}-h_2\frac{\mathrm{i}\kappa_{2z}}{\varepsilon_2\omega}\right)$$

最后一个表达式可以改写为如下形式：

$$h_1\frac{\kappa_{1z}}{\varepsilon_1}\left(\frac{\varepsilon_1}{\kappa_{1z}}+\frac{\mathrm{i}\sigma_{2D}}{2\omega}\right)=h_2\frac{\kappa_{2z}}{\varepsilon_2}\left(\frac{\varepsilon_2}{\kappa_{2z}}+\frac{\mathrm{i}\sigma_{2D}}{2\omega}\right)$$

结合切向电场的边界条件，就得出了石墨烯等离子体的表面等离子体条件[49]。

石墨烯等离子体的表面等离子体条件

$$\frac{\sigma_{2D}(k_x,\omega)}{i\omega}=\frac{\varepsilon_1}{\kappa_{1z}}+\frac{\varepsilon_2}{\kappa_{12}} \tag{8.17}$$

在其最简单的形式中，即在式（7.14）中仅考虑带内跃迁时，可以得到石墨烯在极限 $k_x \to 0$ 下的光导率：

$$\sigma_{2D}(k_x\to 0,\omega)=\frac{i\omega e^2}{k_x^2}P_{2D}(k_x\to 0,\omega)\approx\frac{i\omega e^2}{k_x^2}\left[\frac{gk_x^2\mu}{4\pi\,(\hbar\omega)^2}\right]=i\,\frac{ge^2\mu}{4\pi\hbar^2\omega}$$

在非迟延极限下，假设光速趋于无穷 $c\to\infty$，代入式（8.17）可得：

$$\kappa_{jz}=\sqrt{k_x^2-\frac{\varepsilon_j}{\varepsilon_0}\frac{\omega^2}{c^2}}\approx k_x$$

这样就得到等离子体色散：

$$\hbar\omega\approx\sqrt{\frac{ge^2\mu}{4\pi}\frac{k_x}{\varepsilon_1+\varepsilon_2}} \tag{8.18}$$

等离激元色散与波数的平方根成正比，这与金属表面等离子体在小波长时表现出的线性关系相反。

2012 年，《自然》杂志相继发表两篇论文[50-51]，首次报道了石墨烯等离子体的观测结果。图 8.8 展示了用扫描近场光学显微镜测量的石墨烯纳米带的红外光谱，分别为不同波长下观测的光谱，显示了约束等离子体模式波长下的最大强度（另见两侧部分的扫描图像）。从这些开创性的论文开始，石墨烯等离子体学已经成为一个生动而热门的研究领域。

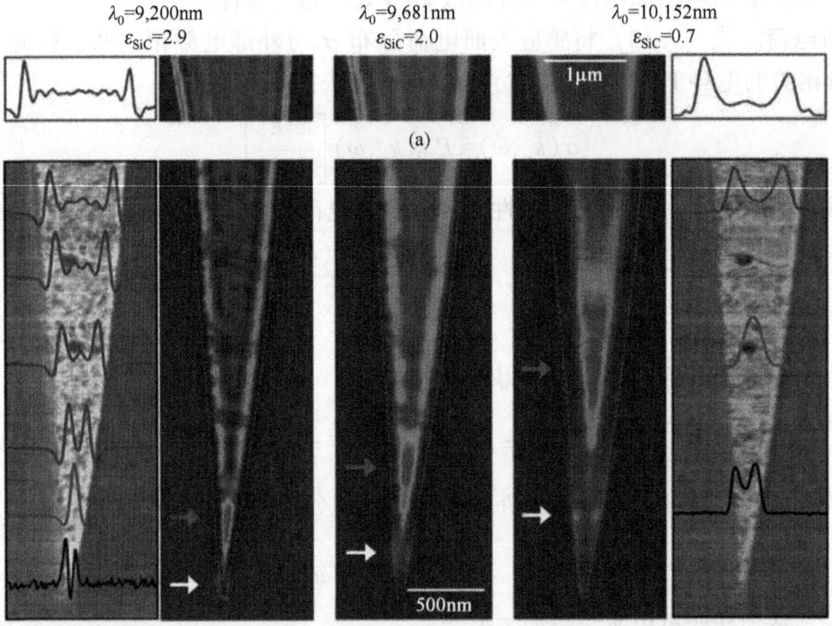

图 8.8　用 9200nm（左）、9681nm（中）和 10152nm（右）的成像波长（λ_0）拍摄的近场光学影像（见彩插）

图 8.8 分别对应于 SiC（碳化硅）介电常数 2.9、2.0 和 0.7。图（a）约 1μm 宽的石墨烯带影像，揭示了边缘间距以及等离子体波长对激发波长的强烈相关性；图（b）锥形石墨烯带的影像；两条石墨烯带都位于相同的 6H-SiC 基底上。其形态（通过原子力显微镜获得）在最左侧和最右侧的图中以灰度显示，并在中间的彩色部分中用虚线勾勒出来。图片和说明取自文献［50］。

8.3　传递矩阵法

传递矩阵法是分层介质麦克斯韦方程组的一种通用解法。本节首先讨论电磁场在单一平面界面上的反射和透射，然后思考分层系统的麦克斯韦方程组的解法。

8.3.1　菲涅尔系数

对时谐场的法拉第定律$\nabla\times\boldsymbol{E}=\mathrm{i}\mu\omega\boldsymbol{H}$，等号两边取旋度，并利用安培定律，结合麦克斯韦位移电流可以得到：

$$\nabla\times\frac{1}{\mu}\nabla\times\boldsymbol{E}=\mathrm{i}\omega(\nabla\times\boldsymbol{H})=\mathrm{i}\omega(-\mathrm{i}\omega\varepsilon\boldsymbol{E}) \tag{8.19}$$

假设存在没有电荷分布和电流分布的介质，即$\rho=\boldsymbol{J}=0$。根据式（8.19），以类似的方式对安培定律取旋度，就可以得到电磁场的波动方程：

$$\begin{cases}\mu\,\nabla\times\dfrac{1}{\mu}\nabla\times\boldsymbol{E}-\omega^2\mu\varepsilon\boldsymbol{E}=0\\[2ex]\varepsilon\,\nabla\times\dfrac{1}{\varepsilon}\nabla\times\boldsymbol{H}-\omega^2\mu\varepsilon\boldsymbol{H}=0\end{cases} \tag{8.20}$$

这两个波动方程呈现出一种对偶性，即通过替换 $\boldsymbol{E}\leftrightarrow\boldsymbol{H}$ 和 $\varepsilon\leftrightarrow\mu$ 可以得到另一个方程[20]。这种对偶性并没有太多的物理意义，也无法反映其潜在的对称性，实际上还可以找到其他的替换方法将一个方程变换为另一个方程。上述替换方法将被用于接下来的分析。

图 8.9 中，波矢量为 $\boldsymbol{k}$ 的平面波撞击介电常数为 $\varepsilon_{1,2}$、磁导率为 $\mu_{1,2}$ 的两种材料之间的分界面。当磁场矢量 $\boldsymbol{H}$ 平行于分界面时，波为横向磁波（TM 或 p 偏振），当电场矢量 $\boldsymbol{E}$ 平行于分界面时，波为横向电波（TE 或 s 偏振）。请注意，上面提到的 s 偏振和 p 偏振作为别称，广泛应用于其他文献中，但在本书中不会使用，它们分别指的是德语术语 senkrecht（垂直）和 parallel（平行），分别对应图 8.9 所示的电场相对于分界面方向和入射波形成的平面的方向。

考虑如图 8.9 所示的设置，即平面波入射到介电常数和磁导率分别为 ε_1、μ_1 和 ε_2、μ_2 的两种材料之间的分界面。偏振可以区分为以下两种情况。

横向电场（TE）。电场矢量 $\boldsymbol{E}$ 平行于分界面，换句话说，电场矢量与层的对称轴（即 Z 轴）垂直。

横向磁场（TM）。磁场矢量 $\boldsymbol{H}$ 平行于分界面。式（2.43）表明，一般的波总是可以分解为 TE 和 TM 分量。

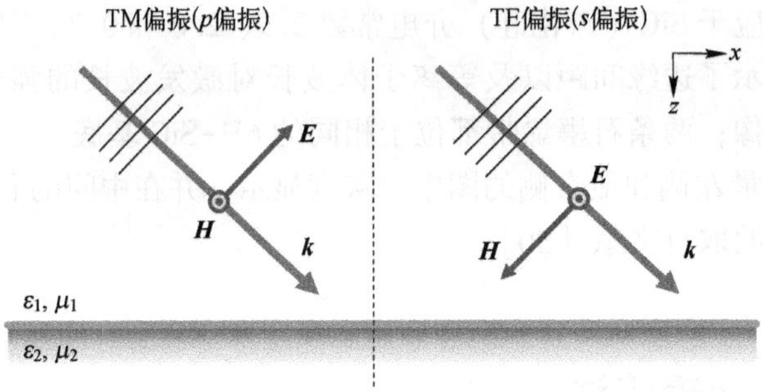

图 8.9　TM 与 TE 激励

这里首先考虑 TE 偏振的情况，然后根据对偶性原理直接得出 TM 偏振的结果。在不失一般性的情况下，假设波在 xz 平面上传播，电场矢量指向 y 轴方向，因此 $\boldsymbol{E}=E_y\hat{\boldsymbol{y}}$。根据高斯定律可得

$$\nabla\cdot\varepsilon(z)\boldsymbol{E}=\frac{\partial}{\partial y}\varepsilon(z)E_y=0\Rightarrow\varepsilon(z)\frac{\partial E_y}{\partial y}=0$$

其中，分层介质 $\varepsilon(z)$ 仅取决于 z 坐标。同时，E_y 不依赖 y。利用这一点并计算式（8.20）中的空间导数可得

$$\left[\frac{\partial^2}{\partial x^2}+\mu(z)\frac{\partial}{\partial z}\mu^{-1}(z)\frac{\partial}{\partial z}+\omega^2\mu\varepsilon\right]E_y=0 \tag{8.21}$$

对式（8.21）在 x 和 z 中因式分解。对于入射平面波，存在 $E_y=e_y(z)\mathrm{e}^{\pm\mathrm{i}k_x x}$，由此可得

$$\left[\mu(z)\frac{\partial}{\partial z}\mu^{-1}(z)\frac{\partial}{\partial z}+\omega^2\mu\varepsilon-k_x^2\right]e_y(z)=0 \tag{8.22}$$

在两种材料的分界面处，电场的平行分量守恒，即 $e_{1y}(z)=e_{2y}(z)$。对于第二类边界条件，必须考虑磁场，根据法拉第定律计算得出：

$$\mathrm{i}\omega\mu\boldsymbol{H}=\nabla\times[\mathrm{e}^{\pm\mathrm{i}k_x x}e_y(z)\hat{\boldsymbol{y}}]=\left[-\frac{\mathrm{d}e_y(z)}{\mathrm{d}z}\hat{\boldsymbol{x}}\pm\mathrm{i}k_x e_y(z)\hat{\boldsymbol{z}}\right]\mathrm{e}^{\pm\mathrm{i}k_x x}$$

由于磁场的切向分量在分界面处是连续的，可以得出 TE 波的两个边界条件：

$$e_{1y}=e_{2y},\quad \mu_1^{-1}\frac{\mathrm{d}e_{1y}}{\mathrm{d}z}=\mu_2^{-1}\frac{\mathrm{d}e_{2y}}{\mathrm{d}z} \tag{8.23}$$

菲涅尔（Fresnel）系数的其余推导过程非常简单。入射场、反射场和透射场的分量如下：

$$\begin{cases}e_{1y}(z)=e_0(\mathrm{e}^{\mathrm{i}k_{1z}z}+R^{\mathrm{TE}}\mathrm{e}^{-\mathrm{i}k_{1z}z}),\quad k_{1z}=\sqrt{\omega^2\mu_1\varepsilon_1-k_x^2}\\ e_{2y}(z)=e_0T^{\mathrm{TE}}\mathrm{e}^{\mathrm{i}k_{2z}z},\quad k_{2z}=\sqrt{\omega^2\mu_2\varepsilon_2-k_x^2}\end{cases} \tag{8.24}$$

式中：R^{TE}、T^{TE}分别为菲涅尔反射系数和透射系数，描述了波幅被反射和透射的程度；k_{1z}、k_{2z}分别为两种介质中波矢量在 z 方向的分量。需要注意的是，由于麦克斯韦边界条件，波矢量 k_x 的平行分量在分界面处守恒。令 $z=0$，将式（8.24）代入式（8.23）的边界条件中得到：

$$1+R^{\mathrm{TE}}=T^{\mathrm{TE}},\quad \frac{k_{1z}}{\mu_1}(1-R^{\mathrm{TE}})=\frac{k_{2z}}{\mu_2}T^{\mathrm{TE}} \tag{8.25}$$

最后得出菲涅尔反射系数和透射系数。

菲涅尔系数

$$R^{\mathrm{TE}}=\frac{\mu_2k_{1z}-\mu_1k_{2z}}{\mu_2k_{1z}+\mu_1k_{2z}},\quad T^{\mathrm{TE}}=\frac{2\mu_2k_{1z}}{\mu_2k_{1z}+\mu_1k_{2z}}$$

$$R^{\mathrm{TM}}=\frac{\varepsilon_2k_{1z}-\varepsilon_1k_{2z}}{\varepsilon_2k_{1z}+\varepsilon_1k_{2z}},\quad T^{\mathrm{TM}}=\frac{2\varepsilon_2k_{1z}}{\varepsilon_2k_{1z}+\varepsilon_1k_{2z}}\frac{Z_2}{Z_1} \tag{8.26}$$

TM 偏振的表达式可以通过显式计算或利用对偶原理得到。在后一种情况下，可以得到磁场系数。为了确保得到的系数与分界面处的电场相匹配，而不是与磁场相匹配，必须参考式（8.26），将 T^{TM} 与式（2.41）的阻抗比相乘。在上述形式中，菲涅尔系数具有以下特性。

边界条件。麦克斯韦方程组的边界条件必须在分界面处得到满足。

通量守恒。入射波、反射波和透射波的通量是守恒的。利用式（4.17）计算时间平均坡印亭矢量时，可以发现对于 z 分量有

$$\frac{1}{2}Z_1^{-1}\frac{k_{1z}}{k_1}-\frac{1}{2}Z_1^{-1}\ |R|^2\frac{k_{1z}}{k_1}=\frac{1}{2}Z_2^{-1}\ |T|^2\frac{k_{2z}}{k_2}$$

其中，左侧项分别对应入射波和反射波的能量通量，右侧项对应透射波的能量通量。上述表达式同样适用于 TE 极化和 TM 极化。根据 $k=\sqrt{\mu\varepsilon}\,\omega$，可得通量守恒：

$$|R|^2+|T|^2\left(\frac{\mu_1k_{2z}}{\mu_2k_{1z}}\right)=1 \tag{8.27}$$

极点。TM 菲涅尔系数的分母在以下条件时为 0：

$$\frac{k_{1z}}{k_{2z}}=-\frac{\varepsilon_1}{\varepsilon_2}$$

此时，对应的表达式为 TE 偏振。上式与之前针对表面等离子体推导出的式（8.4）相同。因此，反射系数的极点提供了有关局限于分界面的本征模信息。一个很显然的论据是，反射波和透射波分别由 e_0R 和 e_0T 给出。其中，e_0 是入射场的振幅。当 $R,T\to\infty$ 时，反射波和透射波即使在 $e_0\to 0$ 时，也必定存在，这可以解释为本征模在没有任何外部激励的情况下发生振荡。

8.3.2 传递矩阵

图 8.10 中，平面波撞击由厚度为 d_m 的不同层组成的系统，每层的介电常数 ε_m 和磁导率 μ_m 各不相同。在传递矩阵法中，波在层系统中传播。在每个界面，可以使用麦克斯韦方程组的边界条件来匹配场，并在层内采用自由波传播。

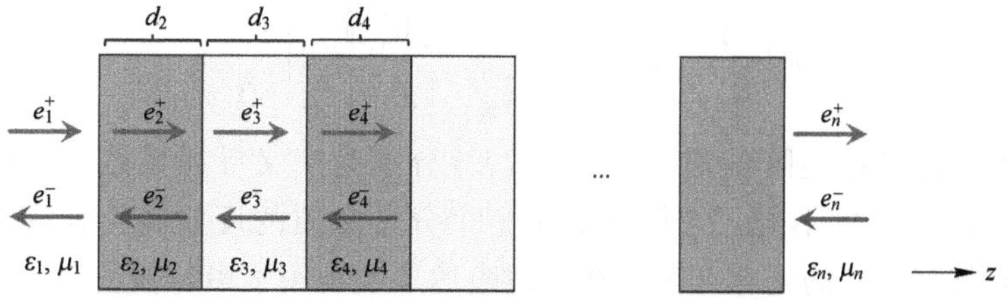

图 8.10 传递矩阵法的原理图

如图 8.10 所示的分层介质，引入一个双分量矢量，其中分量 e_m^+ 和 e_m^- 分别表示在介质 m 中向 z 轴正方向和负方向传播的场。简单起见，下文中将去掉表示电场分量的下标 y 和菲涅尔系数的上标 TE。对于第一个分界面，介质 1 中的电场是 $e_1^+ + e_1^-$，介质 2 中的电场为 $e_2^+ + e_2^-$。将这些场与式（8.23）的边界条件相比较可以得到：

$$e_1^+ + e_1^- = e_2^+ + e_2^-, \quad \frac{k_{1z}}{\mu_1}(e_1^+ - e_1^-) = \frac{k_{2z}}{\mu_2}(e_2^+ - e_2^-)$$

将第一个方程与 k_{1z}/μ_1 相乘，再与第二个等式相加或相减可得

$$T_{12}e_1^+ = e_2^+ + R_{12}e_2^-, \quad T_{12}e_1^- = R_{12}e_2^+ + e_2^- \tag{8.28}$$

这里明确指出了菲涅尔系数对介质指数的关系。因此可以通过矩阵方程将分界面两侧的场分量联系起来：

$$\begin{pmatrix} e_1^+ \\ e_1^- \end{pmatrix} = \frac{1}{T_{12}} \begin{pmatrix} 1 & R_{12} \\ R_{12} & 1 \end{pmatrix} \begin{pmatrix} e_2^+ \\ e_2^- \end{pmatrix} \tag{8.29}$$

下面引入矩阵：

$$\overline{\overline{M}}_{m-1,m} = \frac{1}{T_{m-1,m}} \begin{pmatrix} 1 & R_{m-1,m} \\ R_{m-1,m} & 1 \end{pmatrix} \tag{8.30}$$

它描述了如何通过麦克斯韦方程组的边界条件在分界面上建立场之间的联系。在多层系统中还必须考虑场在厚度为 d_m 的第 m 层传播时所获得的相位 $e^{\pm ik_{mz}d_m}$。这可以通过引入传播矩阵 $\overline{\overline{P}}_m$ 来实现：

$$\overline{\overline{P}}_m = \begin{pmatrix} e^{-ik_{mz}d_m} & 0 \\ 0 & e^{ik_{mz}d_m} \end{pmatrix} \tag{8.31}$$

传播矩阵中指数的符号是由于矩阵右侧的场对应于较大的 z 值。最后可以将分界面矩阵和传播矩阵组合为以下形式：

$$\begin{pmatrix} e_1^+ \\ e_1^- \end{pmatrix} = \overline{\overline{M}}_{1,n}^{\text{tot}} \begin{pmatrix} e_n^+ \\ e_n^- \end{pmatrix}$$

这里引入了传递矩阵 $\overline{\overline{M}}^{\text{tot}}$，它可以使波在分层系统中传播。

传递矩阵

$$\overline{\overline{M}}_{1,n}^{\text{tot}} = \overline{\overline{M}}_{1,2} \cdot \prod_{m=2}^{n-1} \overline{\overline{P}}_m \cdot \overline{\overline{M}}_{m,m+1} \tag{8.32}$$

转移矩阵是一个功能强大但又相当简单的方法，因为只需处理 2×2 矩阵的乘法运算。

沿 z 轴正方向传播的波的照度。考虑沿 z 轴正方向传播的波 $e_1^+ = e_0 e^{ik_{1z}}$。当撞击最低分界面时，一部分波被反射，另一部分波被透射：

$$e_0 \begin{pmatrix} 1 \\ \widetilde{R}_{1,n} \end{pmatrix} = e_0 \begin{pmatrix} [\![M_{1,n}^{\text{tot}}]\!]_{11} & [\![M_{1,n}^{\text{tot}}]\!]_{12} \\ [\![M_{1,n}^{\text{tot}}]\!]_{21} & [\![M_{1,n}^{\text{tot}}]\!]_{22} \end{pmatrix} \begin{pmatrix} \widetilde{T}_{1,n} \\ 0 \end{pmatrix} \tag{8.33}$$

式中：$[\![M_{1,n}^{\text{tot}}]\!]_{ij}$ 为总传递矩阵的矩阵元素；$\widetilde{R}$、$\widetilde{T}$ 分别为广义反射系数和透射系数，与菲涅尔系数（不带斜线）不同，它们考虑了整个分层介质的反射特性和透射特性，而菲涅尔系数仅与各个界面的场相匹配。在上述表达式中利用了沿 z 轴正方向传播的入射波的设置，即沿 z 轴正方向传播的区域 n 中的分量 e_n^- 必须为 0。由此可以求解广义系数并

得到：

$$\widetilde{T}_{1,n}=[\![M_{1,n}^{\text{tot}}]\!]_{11}^{-1},\quad \widetilde{R}_{1,n}=[\![M_{1,n}^{\text{tot}}]\!]_{21}[\![M_{1,n}^{\text{tot}}]\!]_{11}^{-1} \tag{8.34}$$

在严格计算反射波和透射波时必须注意相位因子的取值。让 z_1 和 z_n 分别表示第一个界面和最后一个界面的位置，并考虑如下形式的入射场：

$$e_1^+(z)=e_0\mathrm{e}^{\mathrm{i}k_{1z}z}\Rightarrow e_1^+(z_1)=e_0\mathrm{e}^{\mathrm{i}k_{1z}z_1}$$

利用广义反射系数和透射系数，反射场和透射场分量变为

$$z<z_1\cdots e_1^-(z)=e_0\widetilde{R}_{1,n}\exp[-\mathrm{i}k_{1z}(z-z_1)]$$

$$z>z_n\cdots e_n^+(z)=e_0\widetilde{T}_{1,n}\exp[\mathrm{i}(k_{nz}z+k_{1z}z_1)] \tag{8.35}$$

值得注意的是，利用类似的方法也可以计算分层介质内部其他地方的场。

沿 z 轴负方向传播的波的照度。对于沿 z 轴负方向传播的波 $e_0\mathrm{e}^{\mathrm{i}k_{nz}}$，可以使用相同的传递矩阵 $\overline{\overline{M}}$。广义反射系数和透射系数的计算公式为

$$e_0\begin{pmatrix}0\\ \widetilde{T}_{n,1}\end{pmatrix}=e_0\begin{pmatrix}[\![M_{1,n}^{\text{tot}}]\!]_{11} & [\![M_{1,n}^{\text{tot}}]\!]_{12}\\ [\![M_{1,n}^{\text{tot}}]\!]_{21} & [\![M_{1,n}^{\text{tot}}]\!]_{22}\end{pmatrix}\begin{pmatrix}\widetilde{R}_{n,1}\\ 1\end{pmatrix}$$

需要注意的是，与式（8.33）相比，这里交换了 $\widetilde{R}_{n,1}$、$\widetilde{T}_{n,1}$ 中代表层位置的下标，以强调入射波在介质 n 而不是介质 1 中传播。求解广义反射系数和透射系数可以得到：

$$\widetilde{R}_{n,1}=-[\![M_{1,n}^{\text{tot}}]\!]_{11}^{-1}[\![M_{1,n}^{\text{tot}}]\!]_{12}$$

$$\widetilde{T}_{n,1}=[\![M_{1,n}^{\text{tot}}]\!]_{22}-[\![M_{1,n}^{\text{tot}}]\!]_{21}[\![M_{1,n}^{\text{tot}}]\!]_{11}^{-1}[\![M_{1,n}^{\text{tot}}]\!]_{12} \tag{8.36}$$

传入场的形式如下：

$$e_n^-(z)=e_0\mathrm{e}^{\mathrm{i}k_{nz}z}\Rightarrow e_n^-(z_n)=e_0\mathrm{e}^{-\mathrm{i}k_{nz}z_n}$$

反射场和透射场分量则变成：

$$z>z_n\cdots e_n^+(z)=e_0\widetilde{R}_{n,1}\exp[\mathrm{i}k_{nz}(z-z_n)]$$

$$z<z_1\cdots e_1^-(z)=e_0\widetilde{T}_{n,1}\exp[-\mathrm{i}(k_{1z}z+k_{nz}z_n)] \tag{8.37}$$

电介质平板的反射系数和透射系数

为了便于解释说明，假设存在一个由三种介质组成的系统，其中外部介质 1 和 3 是半无限的，内层介质的厚度为有限厚度 d_2。将传递矩阵和传播矩阵合并可以得到：

$$\begin{pmatrix}e_1^+\\ e_1^-\end{pmatrix}=\frac{1}{T_{12}}\begin{pmatrix}1 & R_{12}\\ R_{12} & 1\end{pmatrix}\begin{pmatrix}\mathrm{e}^{-\mathrm{i}\phi_2} & 0\\ 0 & \mathrm{e}^{\mathrm{i}\phi_2}\end{pmatrix}\frac{1}{T_{23}}\begin{pmatrix}1 & R_{23}\\ R_{23} & 1\end{pmatrix}\begin{pmatrix}e_3^+\\ e_3^-\end{pmatrix}$$

式中：$\phi_2=k_{2z}d_2$ 为与通过平板传播相关的相位。由传递矩阵的元素可求得

$$\overline{\overline{M}}_{1,3}^{\text{tot}}=\frac{1}{T_{12}T_{23}}\begin{pmatrix}\mathrm{e}^{-\mathrm{i}\phi_2}+R_{12}R_{23}\mathrm{e}^{\mathrm{i}\phi_2} & \mathrm{e}^{-\mathrm{i}\phi_2}R_{23}+R_{12}\mathrm{e}^{\mathrm{i}\phi_2}\\ \mathrm{e}^{-\mathrm{i}\phi_2}R_{12}+R_{23}\mathrm{e}^{\mathrm{i}\phi_2} & \mathrm{e}^{-\mathrm{i}\phi_2}R_{12}R_{23}+\mathrm{e}^{\mathrm{i}\phi_2}\end{pmatrix}$$

基于上式和式（8.34）就得到了平板的广义反射系数和透射系数：

电介质平板的广义反射系数和透射系数

$$\widetilde{R}_{1,3}=R_{12}+\frac{T_{12}R_{23}T_{21}\mathrm{e}^{2\mathrm{i}\phi_2}}{1-R_{21}R_{23}\mathrm{e}^{2\mathrm{i}\phi_2}},\quad \widetilde{T}_{1,3}=\frac{T_{12}T_{23}\mathrm{e}^{\mathrm{i}\phi_2}}{1-R_{21}R_{23}\mathrm{e}^{2\mathrm{i}\phi_2}} \tag{8.38}$$

在分母中按照式（8.26）进行变量替换即 $R_{12}=-R_{21}$。为了从物理角度理解这个表达式，可以将 $\widetilde{R}_{13}$ 中的分母展开为一个几何级数：

$$\widetilde{R}_{1,3}=R_{12}+T_{12}R_{23}T_{21}\mathrm{e}^{2\mathrm{i}\phi_2}+T_{12}R_{23}(R_{21}R_{23})T_{21}e^{4\mathrm{i}\phi_2}+T_{12}R_{23}(R_{21}R_{23})^2T_{21}e^{6\mathrm{i}\phi_2}+\cdots$$

图 8.11 以示意图形式给出了一个直观解释。第一项 R_{12} 表示入射波在上分界面直接反射的情况。其余项则表示多次内部反射，例如，第二项（含 $T_{12}R_{23}T_{21}$）表示下界面处的一个反射，这一点从传播相位 $e^{2i\phi_2}$ 中也可以看出。

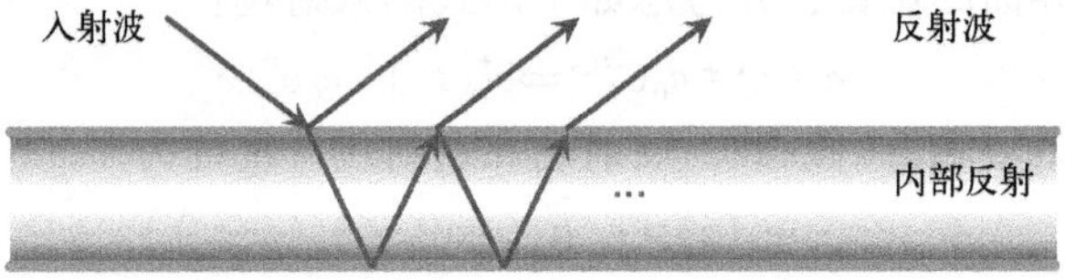

图 8.11　平板广义反射系数的示意图

8.3.3　再论表面等离子体

利用传递矩阵的形式，现在可以轻松计算分层介质的广义反射系数和透射系数。图 8.12 中（i）所示的黑色虚线为单层玻璃-金界面的反射系数。正如 8.1.1 节所述，光子和表面等离子体的色散关系并不交叉，因此光无法直接激发表面等离子体：对于所有入射角，反射系数 R^{TM} 接近 1，只有少量的损耗归因于消逝场进入金属中导致的欧姆损耗。

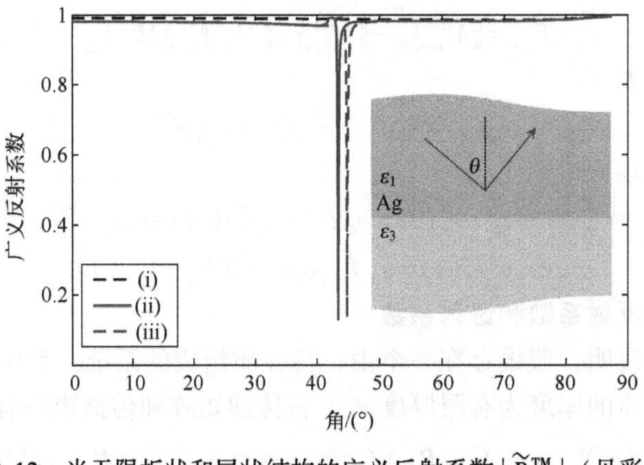

图 8.12　半无限板状和层状结构的广义反射系数 $|\widetilde{R}^{\mathrm{TM}}|$（见彩插）

在图 8.11 中，入射波会发生反射或透射，透射波可能会经历多次内部反射，而在上分界面上，它有一定的透射概率。在改图中没有标出下界面处的透射波。

在模拟中使用自由空间中波长为 $\lambda = 620\mathrm{nm}$ 的入射光，对应光子能量为 2eV，另有从光学实验中提取的银介电函数[34]，结构激发层上方的介质的折射率 $n_1 = 1.5$（玻璃），下方介质的折射率 $n_1 = 1$。（i）对于单一界面，无法激发表面等离子体。（ii）对于板状结构（厚度 $d = 50\mathrm{nm}$），表面等离子体以特定角度被激发，此时入射光子和表面等离子体的能量和动量恰好匹配。（iii）模拟最低层介质的介电常数 ε_3 增加 5%。由于表面等离子体具有强局域性，等离子体能量对局部介电环境的变化非常敏感。

如图 8.12 中（ii）所示的红色实线，在克雷奇曼几何结构中，情况发生了很大的变化。当入射角约为 43°时，入射光（通过上部玻璃介质）的能量和动量与下部银界面的表面等离子体的能量和动量相吻合，从而产生了表面等离子体。显然，广义反射系数显著下降，几乎所有入射光的能量都被传递到表面等离子体。由于表面等离子体的场具有很强的约束性，因此其色散对局部介电环境的变化非常敏感。对于半无限多层结构，等离子体色散由式（8.6）给出：

$$k_x = k_1 \sin\theta = \sqrt{\frac{\varepsilon_2 \varepsilon_3}{\varepsilon_0(\varepsilon_2+\varepsilon_3)}} k_0$$

式中：ε_2、ε_3 分别为金属和金属下方介电材料的介电常数，这里以 $k_1 \sin\theta$ 的形式表示入射光在反射倾角处的平行动量。当介电常数发生微小变化 $\varepsilon_3+\delta\varepsilon_3$ 时，反射倾角也会发生微小变化 $\theta+\delta\theta$。将上述表达式线性化后得到：

$$k_1[\sin\theta+\cos\theta\delta\theta] \approx \sqrt{\frac{\varepsilon_2 \varepsilon_3}{\varepsilon_0(\varepsilon_2+\varepsilon_3)}} \left[1+\frac{1}{2} \frac{\varepsilon_2}{\varepsilon_2+\varepsilon_3} \frac{\delta\varepsilon_3}{\varepsilon_3}\right] k_0$$

因此，对于最低阶近似，变化 $\delta\theta$ 计算式为

$$\delta\theta \approx \frac{1}{2} \frac{\varepsilon_2}{\varepsilon_2+\varepsilon_3} \frac{\delta\varepsilon_3}{\varepsilon_3} \tan\theta \tag{8.39}$$

如图 8.12 中（iii）所示的红色虚线是最低介质介电常数增加 5%时的反射系数。这种变化导致表面等离子体激发的角度 θ 发生显著偏移，表明表面等离子体对局部介电环境的变化具有很强的敏感性。这种灵敏度是由于表面等离子体场具有强局部性及倏逝性，在靠近金属表面的地方，电介质变化会对表面等离子体场产生显著影响。

图 8.13 中，金属表面具有感受器功能。与待测物结合后，下层介质的介电常数会发生轻微变化，从而导致表面等离子体色散发生改变，这种变化可以通过光学方法检测到。

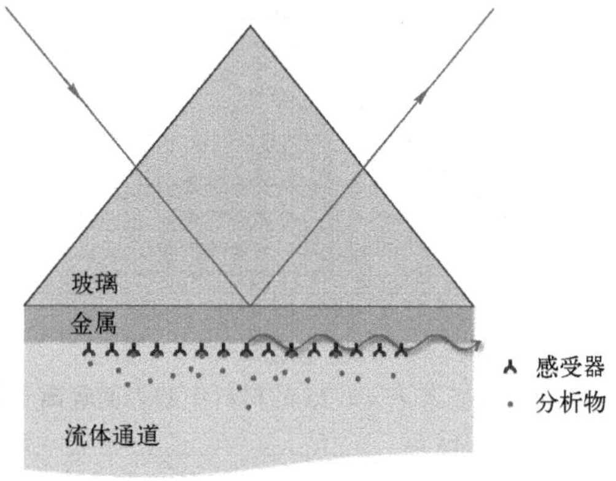

图 8.13 基于克雷奇曼结构配置的表面等离子体传感器示意图

表面等离子体传感器。 这种表面灵敏度可用于表面等离子体（生物）传感器，该传感器已在各个研究领域得到广泛应用，例如临床妊娠试验[44,52]。基本原理如图 8.13 所示：金属下表面可结合待测特定分析物实现传感功能。下层介质与输送液体（如水）的流体通道相连。如果液体中没有分析物，则感受器不会与任何东西结合，克雷奇曼几何结构的反射率倾角保持不变。而当液体中存在分析物时，它们可以与感受器结合，导致介电环境形成微小变化 $\delta\varepsilon$（分析物的折射率通常与液体的折射率存在一定差异），因此，通过光学检测方法可以观测到的反射率倾角发生偏移 $\delta\theta$。基于表面等离子体的传感器的灵敏度 $\delta\theta$ 可达到毫度量级。

耦合表面等离子体

在本章的开头讨论了金属-电介质分界面的表面等离子体。通过传递矩阵方法，现在能够计算例如在克雷奇曼几何结构中的金属膜等更复杂系统的表面等离子体色散。下面将更详细地讨论这两种方法之间的联系。首先要明确的是：传递矩阵提供了麦克斯韦方程的严格解法，所以不需要对其进行过多改进。但对这些严格解进行更直观的解释是很方便的。

与图 8.1 所示的单层金属-电介质分界面类似，首先考虑将一块介电常数为 ε_2 厚度为 d 的金属板嵌入介电常数为 ε_1 的电介质中。由于对称性，解是关于 z 轴的偶函数或奇函数。如练习 8.6 所述，可以推导出金属板修正后的表面等离子体条件如下（必须用数值方法求解）

$$\tanh\left(\frac{\kappa_{2z}d}{2}\right)=\begin{cases}-\left(\dfrac{\kappa_{1z}\varepsilon_2}{\kappa_{2z}\varepsilon_1}\right) & (h_y\text{ 为偶函数，}E_z\text{ 为奇函数})\\[2ex] -\left(\dfrac{\kappa_{2z}\varepsilon_1}{\kappa_{1z}\varepsilon_2}\right) & (h_y\text{ 为奇函数，}E_z\text{ 为偶函数})\end{cases}\tag{8.40}$$

如图 8.14 所示为一块 30nm 厚银膜的色散。可以看出，偶数模和奇数模的频率是相互分离的，这可以理解为局限于金属板上下分界面的模之间的耦合。当薄膜厚度增加时（见图 8.15 中 80nm 厚的薄膜），耦合会减弱，模分离度大大减小。

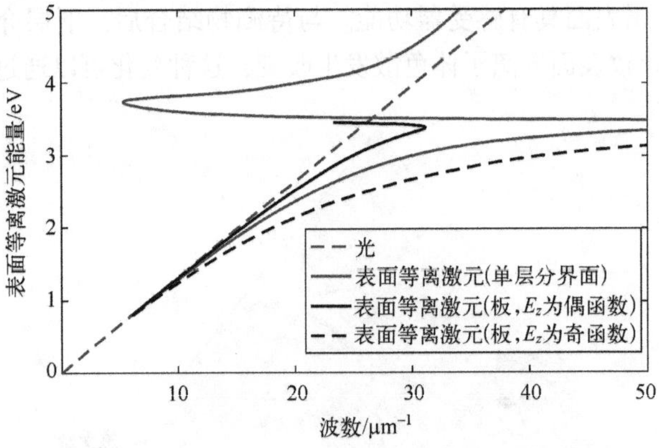

图 8.14 将 30nm 厚的银膜嵌入 $\varepsilon_1=2.25$ 的材料中的表面等离子体色散（见彩插）

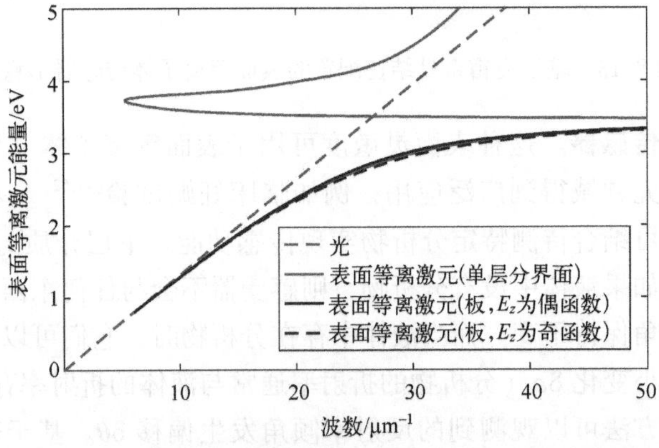

图 8.15 与图 8.14 相同，但使用了厚度为 80nm 的银膜

图 8.14 中，红色虚线表示光线，红色实线表示单层分界面的表面等离子体色散。黑线表示根据公式（8.40）计算得出的金属板的表面等离子体色散。

为了定性地理解，引入了一个基于两个耦合振子的简单模型，金属板两侧的表面等离子体以相同的平行动量 $\hbar k_x$ 传播（平板几何结构的守恒量）。下面从牛顿运动方程开始分析：

$$\frac{d^2x_a}{dt^2}+\gamma\frac{dx_a}{dt}+\omega_a^2x_a=gx_b+f_0e^{-i\omega t}$$

$$\frac{d^2x_b}{dt^2}+\gamma\frac{dx_b}{dt}+\omega_b^2x_b=gx_a$$

振子的振幅分别用 x_a 和 x_b 表示，其共振频率分别为 ω_a 和 ω_b，γ 为通用阻尼常数。这里还引入了两个振子之间的耦合常数 g，以及并振子 a 的驱动项，频率为 ω，振幅为 f_0。在外部驱动下，两个振子经过初始阶段后开始振荡，其频率 ω 与外部激励相同。引入复振幅矢量

$$\begin{pmatrix}x_a(t)\\x_b(t)\end{pmatrix}=e^{-i\omega t}\begin{pmatrix}\bar{x}_a\\\bar{x}_b\end{pmatrix}$$

在这里为了得到物理位移，必须取 x_a 和 x_b 的实部。将该矢量代入牛顿运动方程，消去共同的指数因子，即可得到矩阵方程：

$$\begin{pmatrix}\omega_a^2-\omega^2-i\gamma\omega & -g\\-g & \omega_b^2-\omega^2-i\gamma\omega\end{pmatrix}\begin{pmatrix}\bar{x}_a\\\bar{x}_b\end{pmatrix}=\begin{pmatrix}f_0\\0\end{pmatrix}\tag{8.41}$$

为了求解这个方程，既可以通过求系统本征模的方法获得解，也可以直接求解矩阵方程。在下文中将选择后一种方法，并通过一些简单的计算得到谐波驱动耦合振子系统的振幅：

谐波驱动耦合振子

$$\begin{cases}\bar{x}_a=\left[\dfrac{\omega_b^2-\omega^2-i\gamma\omega}{(\omega_a^2-\omega^2-i\gamma\omega)(\omega_b^2-\omega^2-i\gamma\omega)-g^2}\right]f_0\\\bar{x}_b=\left[\dfrac{g}{(\omega_a^2-\omega^2-i\gamma\omega)(\omega_b^2-\omega^2-i\gamma\omega)-g^2}\right]f_0\end{cases}\tag{8.42}$$

接下来根据这个简化的振子模型分析耦合等离子体系统。如图 8.16 所示为该系统的示意图。首先假设两个表面等离子体具有相同频率 $\omega_a=\omega_b$，金属膜上方和下方材料的介电常数相同，即 $\varepsilon_1=\varepsilon_3$。在这种情况下，式（8.41）中矩阵的本征模是单个表面等离子体模的对称和反对称叠加。$\omega_a=\omega_b=0$ 的本征频率在 $\omega_0\gg\gamma$ 和 $\omega_0\gg g$ 时可通过如下公式计算：

$$\omega_\pm\approx\omega_0-i\frac{\gamma\omega_0}{2}\pm\frac{g}{2}$$

它们被耦合常数 g 分开，并具有与单个振子相同的阻尼。频率较低的对称模有时被称为键合模，反对称模被称为反键合模。对于足够厚的金属膜，耦合 g 通常比 γ 小得多。

在图 8.16 中，两个表面等离子体被限制在金属板的界面上，构建通过倏逝表面等

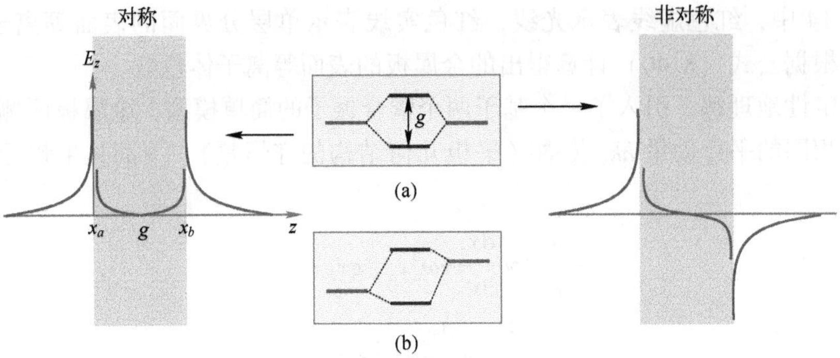

图 8.16　耦合表面等离子体示意图

离子体场耦合的谐波振子 x_a 和 x_b（耦合常数为 g）。图（a）当等离子体能量相等时，耦合系统的本征模由对称模和反对称模组成，分别表示在上图的左侧和右侧，能级分裂为 g。图（b）当等离子体能量不相等时，模分裂减少，本征模特征由非耦合振子 x_a 和 x_b 的特性决定。

原则上，类似的分析也适用于不同频率的振子，例如，如图 8.16（b）所示，对应于通常的克雷奇曼几何结构，在两个板分界面处具有不同的表面等离子体色散。入射光驱动振子 a，通过耦合将激发传递给振子 b。这为金属平板系统中的表面等离子体耦合问题提供了一种简单有效的解释。

8.4 负折射

在本章中可以发现，即使是像金属-介电界面这样简单的系统，也展现出了有趣的物理现象。对于其他材料组合，尤其是在光学范围内具有较大磁响应 $\mu(\omega)$ 的系统，是否存在类似的效应？正如在第 7 章中所讨论的，这种材料在自然界中并不存在，但可以通过人工制造。假设可以制造具有任意 $\varepsilon(\omega)$ 和 $\mu(\omega)$ 值的超材料，如图 8.17 所示。

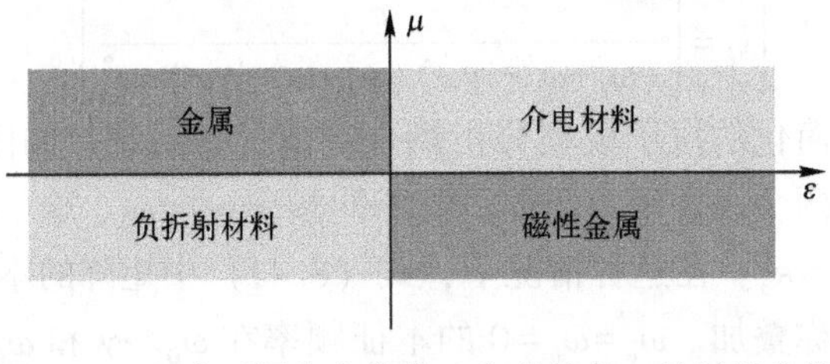

图 8.17　具有不同介电常数 ε 和磁导率 μ 的材料分类

$\varepsilon>0$，$\mu>0$。这种情况对应于普通的电介质，通常有 $\mu\approx\mu_0$。根据色散关系可以得到：

$$k^2=\varepsilon(\omega)\mu(\omega)\omega^2\Rightarrow\omega=\frac{kc}{n(\omega)},\quad n(\omega)=\sqrt{\frac{\varepsilon(\omega)\mu(\omega)}{\varepsilon_0\mu_0}}\tag{8.43}$$

因此，光速会因介质相对于自由空间的折射率 $n(\omega)$ 而改变，从而导致平面波（或几何光学中的光线）在不同 $n(\omega)$ 值的材料之间的界面处发生折射。

$\varepsilon<0$，$\mu>0$。这种情况对应于金属。根据色散关系 $\mu\varepsilon\omega^2=k_x^2+k_z^2$，可以观察到金属内部只存在具有虚波数的倏逝波。因此，光在电介质和金属之间的界面上会发生反射。此外，在这种界面上存在一种新型的激子，即之前讨论的表面等离子体。

$\varepsilon>0$，$\mu<0$。这种情况对应于磁性金属。由于对偶原理，其物理性质与普通金属相似；然而，电场和磁场的作用发生了变换。同时，光不能在磁性金属内传播，在介电体和磁性金属之间的分界面上存在表面等离子体（具有 TE 特征）。

$\varepsilon<0,\mu<0$。乍看起来，这似乎不是一个值得关注的情况。将这些材料的参数代入色散关系中会得到与式（8.43）相同的结果，其折射率为

$$n=\pm\sqrt{\frac{(-|\varepsilon|)(-|\mu|)}{\varepsilon_0\mu_0}}$$

这与 $\varepsilon>0$ 和 $\mu>0$ 的情况相同。然而，正如上式已经指出的，这里必须注意平方根的符号。通常情况下不必担心这个符号，对与普通电介质来说符号确实为正。然而，对于 $\varepsilon<0$ 和 $\mu<0$ 的材料，其必须为负号，这一点将在稍后证明，这里称这些材料为负折射材料。

那么，如何决定折射率的符号呢？在电动力学中，答案总是由麦克斯韦方程组给出。不含外部源项的平面波的旋度方程由式（2.38）给出：

$$\boldsymbol{k}\times\boldsymbol{E}=\mu\varepsilon\boldsymbol{H},\quad \boldsymbol{k}\times\boldsymbol{H}=-\varepsilon\omega\boldsymbol{E}$$

由此可见：

- 对于 $\varepsilon>0$ 和 $\mu>0$ 的材料，矢量 $\boldsymbol{k}$、$\boldsymbol{E}$、$\boldsymbol{H}$ 构成右手坐标系，即 $\hat{\boldsymbol{k}}\times\hat{\boldsymbol{E}}=\hat{\boldsymbol{H}}$；
- 对于 $\varepsilon<0$ 和 $\mu<0$ 的材料，矢量 $\boldsymbol{k}$、$\boldsymbol{E}$、$\boldsymbol{H}$ 构成左手坐标系，即 $\hat{\boldsymbol{k}}\times\hat{\boldsymbol{E}}=-\hat{\boldsymbol{H}}$。

下面分析图 8.9 所示的情况，其中平面波撞击正折射材料和负折射材料之间的分界面。具体来说，假设：

- 半空间 $z<0$ 的材料的参数 $\varepsilon_1=\varepsilon_0$，$\mu_1=\mu_0$；
- 半空间 $z>0$ 的材料的参数 $\varepsilon_2=-\varepsilon_0$，$\mu_2=-\mu_0$。

假设存在一个具有 TM 特征的入射平面波。对于正折射率材料中的波矢量和场，可以使用下式获得：

$$k_1=\begin{pmatrix}k_x\\0\\k_z\end{pmatrix},\quad \boldsymbol{H}_1=\begin{pmatrix}0\\H_y\\0\end{pmatrix},\quad \boldsymbol{E}_1=-Z_0\hat{\boldsymbol{k}}_1\times\boldsymbol{H}_1=\frac{Z_0H_y}{k}\begin{pmatrix}k_z\\0\\-k_x\end{pmatrix}$$

式中：Z_0 为自由空间中的阻抗。为了得到负折射率材料中的场，这里采用麦克斯韦方程组的边界条件，其切向电磁场和介质位移的法向分量具有连续性。由此得出：

$$E_{1x}=E_{2x},\quad \varepsilon_0E_{1z}=-\varepsilon_0E_{2z},\quad H_{1y}=H_{2y}$$

因此，将正折射材料的场传递到负折射材料时可以得到：

$$\boldsymbol{H}_2=\boldsymbol{H}_1,\quad \boldsymbol{E}_2=\begin{pmatrix}\boldsymbol{E}_{1x}\\0\\-\boldsymbol{E}_{1z}\end{pmatrix}=\frac{Z_0H_y}{k}\begin{pmatrix}k_x\\0\\k_z\end{pmatrix}\tag{8.44}$$

已知在负折射率材料中，矢量 $\boldsymbol{k}$、$\boldsymbol{E}$、$\boldsymbol{H}$ 构成左手坐标系：

$$k_2=-k\hat{\boldsymbol{E}}_2\times\hat{\boldsymbol{H}}_2=\begin{pmatrix}k_z\\0\\k_x\end{pmatrix}\times\begin{pmatrix}0\\1\\0\end{pmatrix}=\begin{pmatrix}k_x\\0\\-k_z\end{pmatrix}\tag{8.45}$$

在图 8.18 中，图（a）为射入正负折射率材料界面的平面波。黑色（深色）箭头表示两种材质中的波矢量（波因廷矢量）。图（b）为维塞拉戈（Veselago）透镜。光线从物体射出，在充满负折射率材料的板上重新定向，最后在物体的镜像位置重新聚焦，形成影像。

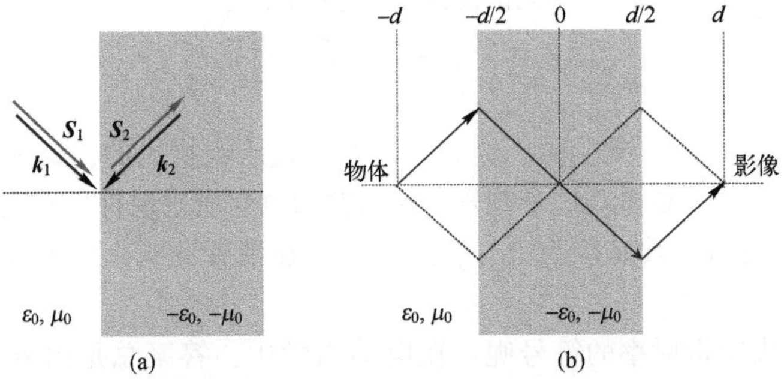

图 8.18　负折射和维塞拉戈透镜

因此，波矢量的平行分量保持不变，但 z 向分量指向相反的方向。换句话说，两种材料中的相速度都指向分界面。这是一种非同寻常的情况，正好对应之前所说的“负折射”。示意图见图 8.18。两种材料中的坡印亭矢量计算公式如下：

$$\boldsymbol{S}_1=\frac{1}{2}\boldsymbol{E}_1\times\boldsymbol{H}_1=\frac{Z_0H_y^2}{2k}\begin{pmatrix}k_x\\0\\k_z\end{pmatrix},\quad \boldsymbol{S}_2=\frac{1}{2}\boldsymbol{E}_2\times\boldsymbol{H}_2=\frac{Z_0H_y^2}{2k}\begin{pmatrix}-k_x\\0\\k_z\end{pmatrix}$$

这表明能量在正 z 方向持续流动，而相速度在负折射率材料中与能量流动方向相反。

8.4.1　维塞拉戈透镜

负折射率材料由维塞拉戈在 1964 年首次提出[53]，但一直停留在理论层面。维塞拉戈还意识到负折射材料板可以当作透镜使用。如图 8.18 所示，假设一个在 $z=-d$ 处的点光源，其厚度为 d。通过追踪物体发出的光线可以看到，它们在镜像位置 $z=d$ 处重新聚焦到板的另一侧。总的来说，维塞拉戈透镜并不是一款非常实用的设备，并且还带有许多相当不值一提的特点：

-没有曲率；

-没有光轴；

-没有放大功能；

-不能聚焦平行光线。

8.4.2　完美透镜

维塞拉戈透镜曾经引起过人们的兴趣，但它很快就被遗忘，但在 2000 年，当分析倏逝场在维塞拉戈透镜中传输时，约翰·潘德利（John Pendry）发现“负折射造就了完美透镜”[54]。我强烈建议大家通读这篇论文，它是撰写优秀研究论文的绝佳范例。约翰·潘德利在第一段中说：

几个世纪以来，光学透镜一直是科学家的主要工具之一。根据经典光学原理，可以轻易地理解透镜的工作原理：曲面通过折射率对比聚焦光线。同样，波动光学也决定了它们的局限性：任何透镜都无法将光线聚焦到小于一个波长平方的区域。除了更完美地打磨透镜或者发明更好的电介质，还有什么新东西可说的呢？在这篇文章中，我想挑战透镜性能的传统限制，提出一种“超级透镜”，并提出实现这种透镜的实用方案。

为了理解为什么维塞拉戈透镜是“超级透镜”，这里将使用之前研究的传递矩阵方法分析波聚焦。假设存在一个厚度为 d 的板，板内填充负折射材料，并位于真空中。假设波长为 $k_{1z}=\sqrt{k_0^2-k_x^2}=\mathrm{i}\sqrt{k_x^2-k_0^2}\equiv\mathrm{i}\kappa_0$ 的倏逝波撞击第一个分界面。使 $k_0=\dfrac{\omega}{c}$，并假设倏逝波的波长 $k_x>k_0$。在负折射材料内部有

$$k_{2z}=\sqrt{\varepsilon\mu\omega^2-k_x^2}=\mathrm{i}\sqrt{k_x^2-\varepsilon\mu\omega^2}\equiv\mathrm{i}\kappa$$

令 $\varepsilon\to-\varepsilon_0$，$\mu\to-\mu_0$。注意，此处已经省略了所有指代材质的下标。为了计算板状结构的透射系数，通过式（8.38）可以得到：

$$\widetilde{T}_{1,3}=\lim_{\varepsilon\to\varepsilon_0}\lim_{\mu\to-\mu_0}\frac{\dfrac{2\mu\kappa_0}{\mu\kappa_0+\mu_0\kappa}\dfrac{2\mu_0\kappa}{\mu_0\kappa+\mu\kappa_0}\mathrm{e}^{-\kappa d}}{1+\dfrac{\mu\kappa_0-\mu_0\kappa}{\mu\kappa_0+\mu_0\kappa}\dfrac{\mu_0\kappa-\mu\kappa_0}{\mu_0\kappa+\mu\kappa_0}\mathrm{e}^{-2\kappa d}} \tag{8.46}$$

这里需要注意，指数中的参数是这样选择的：在多次反射时，倏逝波会连续衰减，这可以通过将分母展开为一个几何级数得到，这与前面讨论的传播波的情况完全类似。

接下来，在取极限 $\varepsilon\to-\varepsilon_0$ 和 $\mu\to-\mu_0$ 时，可以得到 $\kappa\to\kappa_0$，由于分母 $\mu\kappa+\mu_0\kappa'$ 变为 0，菲涅尔透射系数和反射系数发散。因此，可以忽略式（8.46）分母中的常数因子 1。因此，可以求出负折射材料板的广义透射系数。

完美透镜的广义透射系数

$$\widetilde{T}_{13}=\lim_{\varepsilon\to-\varepsilon_0}\lim_{\mu\to-\mu_0}\frac{4\mu\mu_0\kappa_0\kappa}{(\mu\kappa_0-\mu_0\kappa)(\mu_0\kappa-\mu\kappa_0)}\mathrm{e}^{\kappa d}=\mathrm{e}^{\kappa_0 d} \tag{8.47}$$

换句话说，维塞拉戈透镜会放大倏逝波。在放大时，甚至使物体倏逝波的振幅在成像位置恰好等于原来位置的振幅。这的确是一个意想不到的惊人结果。约翰·潘德利在他的原始论文中总结道：

因此，即使进行了缜密的严格因果计算，最终结果仍是介质确实会放大倏逝波。可以得出结论，使用这种新透镜，传播波和倏逝波都有助于提高图像的分辨率。除了光圈和透镜表面完美性的限制之外，完美重建图像不存在任何物理障碍。

完美透镜在完美成像中似乎有一些魔力，如果仔细研究式（8.47）的理论计算，就不难发现这种魔力发生在哪里以及为什么会发生。维塞拉戈透镜做了一件人们没有预料到的事情，即放大倏逝波。参考文献［55］中提出了一个直观的维塞拉戈透镜解释模型，这有助于理解其中的部分奥妙。在这篇论文中，作者首先讨论了正负折射率材料之间界面的约束模式，类似于本章开头对表面等离子体的分析。结果表明，分界面同时

支持 TE 模和 TM 模，在理想材料参数的情况下，这两种模式是无阻尼的。因此可以再次使用式（8.42）的耦合振子模型，但是现在必须考虑耦合远大于阻尼的情况。第一个振子 x_a 对应于$-d/2$ 处界面的约束模式，它受物体的倏逝场驱动。共振时，几乎所有的激励转移到耦合振子 x_b 上，见练习 8.10，x_b 开始强烈振荡。该模型提出但没有完全解释之处在于：$d/2$ 处界面上的约束模式（对应于 x_b）以某种方式被激发，其倏逝场在成像位置处衰减为一个值，该值恰好与原物体位置处的值一致。

回顾式（7.34）的克拉莫-克若尼关系式，很明显材料参数$-\varepsilon_0$ 和$-\mu_0$ 无法在整个频率范围内实现，在其他频率中必定伴随损耗。目前也没有材料或超材料在光学范围内实现负折射率的可行方案。由于这些原因，完美透镜虽然吸引了很多人的关注，但到目前为止其应用仍然很少。在 8.5.2 节中将讨论在实验中实现完美透镜的近似策略。

8.5 分层介质的格林函数

图 8.19 中，偶极子位于分层介质上方的位置$(0,z')$，在位置(ρ,z)处计算反射场。

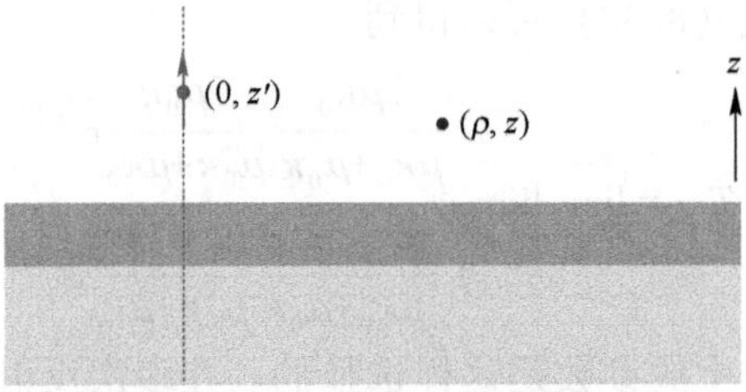

图 8.19 分层介质上方的偶极子

在本章的最后将讨论如何计算分层介质的格林函数。在此计算过程中，并矢格林函数$\overline{\overline{G}}(\boldsymbol{r},\boldsymbol{r}')$给出了位置 $\boldsymbol{r}$ 处的电场，该电场是由位置 $\boldsymbol{r}'$处的振荡偶极子（图 8.19）产生的。

$$\boldsymbol{E}(\boldsymbol{r})=\mu\omega^2\,\overline{\overline{G}}(\boldsymbol{r},\boldsymbol{r}')\cdot\boldsymbol{p}$$

在使用式（5.19）的格林函数时，上式仅适用于无界介质。为了计算分层介质的电场，还需要引入格林函数的反射部分：

$$\boldsymbol{E}(\boldsymbol{r})=\mu\omega^2\left[\overline{\overline{G}}(\boldsymbol{r},\boldsymbol{r}')+\overline{\overline{G}}_{\text{refl}}(\boldsymbol{r},\boldsymbol{r}')\right]\cdot\boldsymbol{p} \tag{8.48}$$

光学伪装

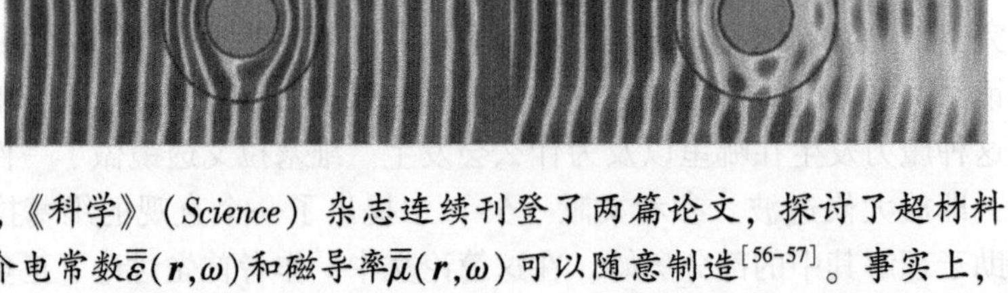

2006 年，《科学》(*Science*) 杂志连续刊登了两篇论文，探讨了超材料的问题：在超材料中，介电常数$\overline{\overline{\varepsilon}}(\boldsymbol{r},\omega)$和磁导率$\overline{\overline{\mu}}(\boldsymbol{r},\omega)$可以随意制造[56-57]。事实上，这两篇论文从一个略有不同的角度切入了这个问题，并问道：麦克斯韦方程组在弯曲空间中是怎样

的？事实证明，如果对$\bar{\bar{\varepsilon}}$和$\bar{\bar{\mu}}$进行重规范化，使其包含坐标系变换产生的因子，它们就与非弯曲空间的麦克斯韦方程组完全相同。因此，通过设计$\bar{\bar{\varepsilon}}$、$\bar{\bar{\mu}}$可以模拟弯曲空间的效果。在文献［56］的摘要中，作者写道：

本文利用超材料提供的设计自由度，展示了如何随意改变电磁场的方向，并提出了一种设计策略。守恒场——电场位移场 ***D***、磁感应强度场 ***B*** 和坡印亭矢量 ***S***——都以相同的方式发生位移。本文给出了一个简单的例子，说明了如何隐藏一个规定的空间体积，以完全排除所有电磁场。我们的工作与奇特的透镜设计和物体电磁场隐藏有关。

理论提出后不久，利用微波辐射进行的实验就证明了物体的隐形效果，因为在这种波长下制造超材料要容易得多[58]。上图显示了在理想材料参数的模拟（左图）和微波实验（右图）中，平面波如何绕着物体定向传播。这表明，控制电磁场并使其绕过物体确实是可能的。近年来，人们对这一课题产生了浓厚的兴趣，但生产高质量的超材料仍然是该领域的主要挑战之一。

图片由大卫·R·史密斯提供。

式（8.48）的选择必须使麦克斯韦方程组的边界条件在分层介质的分界面处得到满足。从概念上讲，反射格林函数的计算很简单，包括以下几个步骤。

平面波分解。首先将无界介质的并矢格林函数$\bar{\bar{G}}$分解为平面波。

菲涅尔系数。利用前面讨论的广义反射系数和透射系数，分解后的各个入射平面波在分层介质的界面处发生反射和透射。

积分。最后，对所有反射波和透射波进行积分，得到反射格林函数。

从技术上讲，各个步骤都比较复杂。首先将附录 B 中推导的格林函数平面波分解：

$$G_{ij}(\boldsymbol{r},\boldsymbol{r}') = \frac{1}{8\pi^3 k_m^2}\int_{-\infty}^{\infty} \mathrm{e}^{\mathrm{i}k(\boldsymbol{r}-\boldsymbol{r}')}\left(\frac{k_m^2\delta_{ij} - k_i k_j}{k^2 - k_m^2}\right)\mathrm{d}^3 k$$

其中，k_m 是源（偶极子）所在介质的波长。事实证明，在波长 k_m 上加一个小的虚部 $\mathrm{i}\eta$ 并在计算结束时使 $\eta\to 0$ 是很方便的。然后，k_z 的积分可以使用复分析进行分析，其余平行波矢量分量的积分则需要引入极坐标，并对方位角进行分析积分。附录式（B.9）的最终表达式仅为对径向波矢量分量 k_ρ 的积分，即

$$\begin{aligned}\bar{\bar{G}}_{ij}(\boldsymbol{r},\boldsymbol{r}') = &-\frac{\hat{z}_i\,\hat{z}_j}{k_m^2}\delta(\boldsymbol{r},\boldsymbol{r}') + \frac{i}{4\pi}\\ &\times\int_{-\infty}^{\infty}\frac{\mathrm{e}^{\mathrm{i}k_{mz}|z-z'|}}{k_{mz}}\{\langle \epsilon_i^{\mathrm{TE}}(\boldsymbol{k}_m^{\pm})\epsilon_j^{\mathrm{TE}}(\boldsymbol{k}_m^{\pm})\rangle + \langle \epsilon_i^{\mathrm{TM}}(\boldsymbol{k}_m^{\pm})\epsilon_j^{\mathrm{TM}}(k_m^{\pm})\rangle\}k_\rho \mathrm{d}k_\rho\end{aligned} \tag{8.49}$$

式中：ϵ^{TE}、ϵ^{TM}分别为具有 TE 和 TM 特征的偏振矢量，括号内表示方位角的平均值。这些项的明确形式见附录式（B.8）。当 $z>z'$时，$k_{mz}^{\pm} = \pm k_{mz}$的符号必须为正，否则为负。式（8.49）中：

-如式（5.21）所示，$\bar{\bar{G}}$在介质内部满足波长为 k_m 的并矢格林函数的定义方程；

-但在分层介质分界面处不符合麦克斯韦边界条件。

为了解释这些边界条件，引入了由齐次波动方程的解组成的反射格林函数$\bar{\bar{G}}_{\mathrm{refl}}$。

8.5.1 源点位于最顶层之上

首先讨论图 8.19 所示的情况，图中源点和观测点 z'和 z 都位于分层介质的最上层界

面的上方。用 n 表示最上层介质，用 z_n 表示分界面的位置。式（8.49）中的指数项为

$$\exp ik_{nz}|z-z'|=\begin{cases}\exp ik_{nz}(z-z') & (z>z')\\ \exp ik_{nz}(z'-z) & (z<z')\end{cases}$$

当 $z>z'$ 时，对应上行波，$z<z'$ 时，对应下行波。为了适当考虑 z_n 处的边界条件，这里引入了总格林函数：

$$\begin{aligned}G_{ij}^{\text{tot}}(\boldsymbol{r},\boldsymbol{r}')=&-\frac{\hat{z}_i\hat{z}_j}{k_n^2}\delta(\boldsymbol{r},\boldsymbol{r}')\\&+\frac{i}{4\pi}\int_0^\infty\frac{1}{k_{nz}}\{\langle[\mathrm{e}^{ik_{nz}|z-z'|}\boldsymbol{\epsilon}_i^{\text{TE}}(\boldsymbol{k}_n^\pm)+A_n^{\text{TE}}\mathrm{e}^{ik_{nz}z}\boldsymbol{\epsilon}_i^{\text{TE}}(\boldsymbol{k}_n^+)]\boldsymbol{\epsilon}_j^{\text{TE}}(\boldsymbol{k}_n^\pm)\rangle\\&+\langle[\mathrm{e}^{ik_{nz}|z-z'|}\boldsymbol{\epsilon}_i^{\text{TM}}(\boldsymbol{k}_n^\pm)+A_n^{\text{TM}}\mathrm{e}^{ik_{nz}z}\boldsymbol{\epsilon}_i^{\text{TM}}(\boldsymbol{k}_n^+)]\boldsymbol{\epsilon}_j^{\text{TE}}(\boldsymbol{k}_n^\pm)\rangle\}k_\rho\mathrm{d}k_\rho\end{aligned}$$

添加具有 TE 和 TM 特征的两个上行波的原因如下。

电场。格林并矢给出了 $\boldsymbol{r}$ 处的电场，而正是这个电场必须满足麦克斯韦在 $z=z_n$ 处的边界条件。因此为非初始坐标 z 添加了一个反射场。

齐次解。附加项是平面波，是齐次波动方程的解。因此，总格林函数仍然满足在 $\boldsymbol{r}=\boldsymbol{r}'$ 处有一个类 delta 源的定义方程。

边界条件。选择系数 A_n^{TE} 和 A_n^{TM} 时，必须确保在最顶部的分界面处满足麦克斯韦方程组的边界条件。

为了匹配 $z=z_n$ 处的场，通常有 $z<z'$，指数项 $\mathrm{e}^{ik_{nz}(z-z')}$ 对应下行波。除了归一化常数外，界面稍上方（但低于源位置）介质 n 中的 TE 电场可以表示为

$$e_n(z)=\mathrm{e}^{ik_{nz}(z-z')}+A_n^{\text{TE}}\mathrm{e}^{ik_{nz}z}$$

为了计算未知系数 A_n^{TE}，上行反射场可以通过传递矩阵方法的广义反射系数 $\widetilde{R}$ 与下行入射场相关联［参考式（8.36）］：

$$e_n^+=\widetilde{R}_{n,1}^{\text{TE}}e_n^-\Rightarrow[A_n^{\text{TE}}\mathrm{e}^{ik_{nz}z_n}]=\widetilde{R}_{n,1}^{\text{TE}}[\mathrm{e}^{ik_{nz}(z'-z_n)}]$$

因此，可以用以下形式表示反射波：

$$A_n^{\text{TE}}\mathrm{e}^{ik_{nz}z}=\widetilde{R}_{n,1}^{\text{TE}}\mathrm{e}^{ik_{nz}(z+z'-2z_n)}\tag{8.50}$$

同样的步骤也适用于 TM 场。将这两个场联立，就得出了分层介质的反射格林函数。

分层介质上方 z，z' 反射格林函数

$$\begin{aligned}G_{i,j}^{\text{refl}}(\boldsymbol{r},\boldsymbol{r}')=&\frac{i}{4\pi}\int_0^\infty\frac{\mathrm{e}^{ik_{nz}(z+z'-2z_n)}}{k_{nz}}\\&\times\{\widetilde{R}_{n,1}^{\text{TE}}\langle\boldsymbol{\epsilon}_i^{\text{TE}}(\boldsymbol{k}_n^+)\boldsymbol{\epsilon}_j^{\text{TE}}(\boldsymbol{k}_n^\pm)\rangle+\widetilde{R}_{n,1}^{\text{TM}}\langle\boldsymbol{\epsilon}_i^{\text{TM}}(\boldsymbol{k}_n^+)\boldsymbol{\epsilon}_j^{\text{TM}}(\boldsymbol{k}_n^\pm)\rangle\}k_\rho\mathrm{d}k_\rho\end{aligned}\tag{8.51}$$

其中，$z>z'$ 时，k_{nz}^+ 为正，$z<z'$ 时为负。上式将传递矩阵方法的广义反射系数与分别具有 TE 和 TM 特征的（角平均）偏振矢量积相结合，并在式（B.8）中明确给出。如附录 B 所述，可以将 k_ρ 的积分路径从实轴变换到复平面，这通常是有效计算反射格林函数所必需的。

当源位于最上层介质中，而观测点位于分层介质内部或下方时，必须对上述形式略作调整，以计算格林并矢。这里只讨论后一种情况，并将在本章末尾简要介绍一般源点和观测点的计算方法。最底层介质中的下行波可以通过以下方式与最上层介质的“入射”场关联起来。

$$e_1^- = \widetilde{T}_{n,1} e_n^- \Rightarrow A_1 \mathrm{e}^{\mathrm{i}k_{1z}z_1} = \widetilde{T}_{n,1}[\mathrm{e}^{\mathrm{i}k_{nz}(z'-z_n)}]$$

因此，分层介质上方的源 z' 和下方的观测点 z 的格林并矢可以写成：

$$G_{i,j}^{\mathrm{refl}}(\boldsymbol{r},\boldsymbol{r}') = \frac{i}{4\pi}\int_0^\infty \frac{\mathrm{e}^{ik_{1z}(z_1-z)+ik_{nz}(z'-z_n)}}{k_{nz}} \times \{\widetilde{T}_{n,1}^{\mathrm{TE}}\langle \boldsymbol{\epsilon}_i^{\mathrm{TE}}(\boldsymbol{k}_1^-)\boldsymbol{\epsilon}_j^{\mathrm{TE}}(\boldsymbol{k}_n^-)\rangle + \widetilde{T}_{n,1}^{\mathrm{TM}}\langle \boldsymbol{\epsilon}_i^{\mathrm{TM}}(\boldsymbol{k}_n^-)\boldsymbol{\epsilon}_j^{\mathrm{TM}}(\boldsymbol{k}_n^-)\rangle\} k_\rho \mathrm{d}k_\rho \tag{8.52}$$

请注意，在远离源点的层中，总格林函数仅包含反射部分。以下理由足以证明这种形式确实正确：

-该表达式满足 z 位于最底层介质中的齐次波动方程（因为平面波是齐次波动方程的解）；

-最底层界面处满足麦克斯韦方程组的边界条件（通过构造）。

理论上，通过使用前面讨论的传递矩阵法在分层介质中传播场也可以计算其他层的场。

8.5.2 不完美的维塞拉戈透镜成像

通过反射格林函数，现在可以模拟通过一个不完美的维塞拉戈透镜成像。事实上，约翰·潘德利的最初研究[54]中已经提出用介电常数 $\mu=\mu_0$、工作频率为 $-\varepsilon_0$ 的普通银板代替完美透镜 l 来进行原理验证试验。Fang 及其合作者介绍了首次实验的结果[59]。如图 8.20 所示为这种不完美超透镜的成像情况，使用图（a）一种损耗较小的负折射率材料，图（b）一种损耗较大且磁导率为 μ_0 的金属板，以及图（c）完全不使用金属板。可以清楚地观察到，即使是不完美的金属板也能对电偶极子产生相对较好的成像。

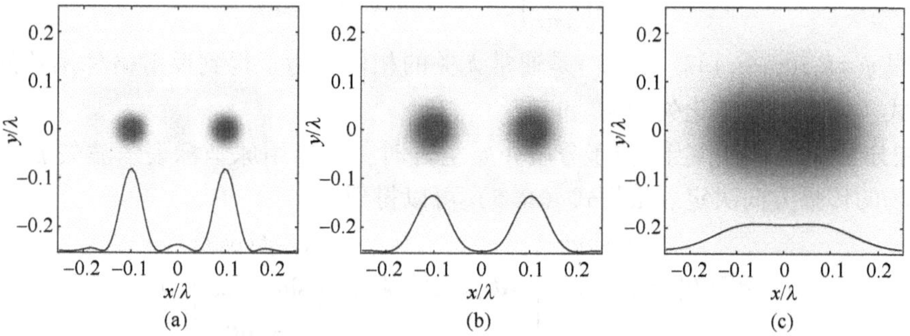

图 8.20 不完美超透镜的成像情况

图 8.20 中，两个相隔 80nm 电偶极子沿 z 方向成像，两个比偶极子之间相距 80nm，图（a）为穿过一块填充有损耗较小的负折射率材料的板，其材料参数为 $\varepsilon:\varepsilon_0=-1+0.01i$，$\mu:\mu_0=-1$，图（b）的金属材料参数为 $\varepsilon:\varepsilon_0=-1+0.1i$，$\mu:\mu_0=1$，图（c）为真空。平板的厚度为 40nm，物体和图像距离平板 20nm，参见图 8.18 中的维塞拉戈透镜示意图，光波长 $\lambda=400$nm。

8.5.3 远场极限

假设偶极子位于分层介质上方（图 8.19），值得分析的是远场发射的辐射。根据式（8.51）和式（8.52），可以发现反射格林函数包含如下形式的积分：

$$\begin{cases}\mathcal{I}_1=\dfrac{i}{4\pi}\displaystyle\int_0^{\infty}\mathrm{e}^{\mathrm{i}k_{nz}(z+z'-2z_n)}\langle\cdots\rangle k_\rho\mathrm{d}k_\rho\\ \mathcal{I}_2=\dfrac{i}{4\pi}\displaystyle\int_0^{\infty}\mathrm{e}^{\mathrm{i}k_{1z}(z_1-z)+\mathrm{i}k_{nz}(z'-z_n)}\langle\cdots\rangle k_\rho\mathrm{d}k_\rho\end{cases}$$

$\mathcal{I}_1$ 和 $\mathcal{I}_2$ 分别表示分层介质上方或下方的观测点 z。首先，去掉方位角上的平均值，见式（B.6）和之后的讨论，并将积分改写为

$$\begin{cases}\mathcal{I}_1=\dfrac{i}{8\pi^2}\displaystyle\int_{-\infty}^{\infty}\mathrm{e}^{\mathrm{i}k_x(x-x')+\mathrm{i}k_y(y-y')}\mathrm{e}^{\mathrm{i}k_{nz}(z+z'-2z_n)}[\cdots]\mathrm{d}k_x\mathrm{d}k_y\\ \mathcal{I}_2=\dfrac{i}{8\pi^2}\displaystyle\int_{-\infty}^{\infty}\mathrm{e}^{\mathrm{i}k_x(x-x')+\mathrm{i}k_y(y-y')}\mathrm{e}^{\mathrm{i}k_{1z}(z_1-z)+\mathrm{i}k_{nz}(z'-z_n)}[\cdots]\mathrm{d}k_x\mathrm{d}k_y\end{cases}$$

现在要寻找的是这两个表达式的远场极限，此时指数中的 $\boldsymbol{r}=(x,y,z)$ 变得非常大。这个积分的求法与在第 3 章中关于电磁场的远场表示法的讨论相同，这里使用了稳态近似求得

$$\frac{i}{8\pi^2}\int_{-\infty}^{\infty}\mathrm{e}^{\mathrm{i}\boldsymbol{k}\cdot\boldsymbol{r}}(\cdots)\mathrm{d}k_x\mathrm{d}k_y\underset{kr\gg1}{\longrightarrow}\frac{i}{8\pi^2}\left(\frac{\mathrm{e}^{\mathrm{i}kr}}{r}\right)[-2\pi\mathrm{i}k_z(\cdots)]_{\boldsymbol{k}=k\hat{\boldsymbol{r}}}$$

此处括号中的项必须针对波矢 $\boldsymbol{k}=k\hat{\boldsymbol{r}}$ 进行计算。由此得到第一个积分：

$$\mathcal{I}_1\to\left(\frac{\mathrm{e}^{\mathrm{i}k_nr}}{4\pi r}\right)[\mathrm{e}^{-\mathrm{i}\boldsymbol{k}\cdot\boldsymbol{r}'}\mathrm{e}^{2\mathrm{i}k_z(z'-z_n)}k_z(\cdots)]_{\boldsymbol{k}=k_n\hat{\boldsymbol{r}}}\tag{8.53}$$

括号内的第二个指数表示波从源点 z' 传播到分层介质的上界面 z_n，然后再传播回来时获得的相位。对于观测点 z 位于分层介质下方的积分，可以相应地得到：

$$\mathcal{I}_2\to\left(\frac{\mathrm{e}^{\mathrm{i}k_1r}}{4\pi r}\right)[\mathrm{e}^{-\mathrm{i}\boldsymbol{k}\cdot\boldsymbol{r}'}\mathrm{e}^{\mathrm{i}\psi}k_z(\cdots)]_{\boldsymbol{k}=\boldsymbol{k}_1\hat{\boldsymbol{r}}}\tag{8.54}$$

这里 $\psi=k_1z(z'-z_1)+k_{nz}(z'-z_n)$ 是通常无关的相位。为了得到反射格林函数的远场最终表达式，需要继续简化矢量 $\boldsymbol{\epsilon}^{\mathrm{TE}}$ 和 $\boldsymbol{\epsilon}^{\mathrm{TM}}$。

z 在分层介质之上。当 z 位于分层介质上方时，可以用球坐标表示波矢 $\boldsymbol{k}_n$，角度由电磁远场的传播方向决定。根据式（B.5）可以得到：

$$\boldsymbol{\epsilon}^{\mathrm{TE}}(\boldsymbol{k}_n^+)=\begin{pmatrix}\sin\phi\\-\cos\phi\\0\end{pmatrix}=\hat{\boldsymbol{\phi}},\quad\boldsymbol{\epsilon}^{\mathrm{TM}}(\boldsymbol{k}_n^+)=\begin{pmatrix}\cos\phi\cos\theta\\\sin\phi\cos\theta\\-\sin\theta\end{pmatrix}=\hat{\boldsymbol{\theta}}$$

式中：$\hat{\boldsymbol{\phi}}$、$\hat{\boldsymbol{\theta}}$ 分别为方位角和极角方向上的单位矢量。请注意，在上半空间，$\boldsymbol{k}_n=\boldsymbol{k}_n^+$ 始终指向上方。

z 在分层介质之下。当 z 位于分层介质下方时，可以用球坐标展开 $\boldsymbol{k}_1$，此时，$\boldsymbol{\epsilon}^{\mathrm{TE}}(\boldsymbol{k}_1^-)$ 和 $\boldsymbol{\epsilon}^{\mathrm{TM}}(\boldsymbol{k}_1^-)$ 又可以用 $\hat{\boldsymbol{\phi}}$ 和 $\hat{\boldsymbol{\theta}}$ 表示。请注意，在下半空间，$\boldsymbol{k}_1=\boldsymbol{k}_1^-$ 始终指向下方。还需要矢量：

$$\boldsymbol{\epsilon}^{\mathrm{TM}}(\boldsymbol{k}_n^-)=k_n^{-1}\begin{pmatrix}k_1\cos\phi\cos\theta\\k_1\sin\phi\cos\theta\\-k_{nz}\end{pmatrix}\times\begin{pmatrix}\sin\phi\\-\cos\phi\\0\end{pmatrix}=k_n^{-1}\begin{pmatrix}k_{nz}\cos\phi\\k_{nz}\sin\phi\\-k_1\sin\theta\end{pmatrix}$$

它将下层介质中的球坐标与源所在的上层介质中的波矢联系起来。k_{nz} 是波矢 z 方向的分量，需要根据色散关系计算得出。

最终，可以将反射（$z>0$）和透射（$z<0$）格林函数的远场极限表示为以下形式：

$$\begin{cases} G_{ij}^{\text{refl}}(\boldsymbol{r},\boldsymbol{r}')\rightarrow\left(\dfrac{\mathrm{e}^{\mathrm{i}k_nr}}{4\pi r}\right)\left[\mathrm{e}^{-\mathrm{i}\boldsymbol{k}\cdot\boldsymbol{r}'}\mathrm{e}^{2\mathrm{i}k_z(z'-z_n)}(\widetilde{R}_{n,1}^{\text{TE}}\hat{\phi}_i\hat{\phi}_j+\widetilde{R}_{n,1}^{\text{TM}}\hat{\theta}_i\hat{\theta}_j)\right]_{\boldsymbol{k}=k_n\hat{\boldsymbol{r}}} \\ G_{ij}^{\text{trans}}(\boldsymbol{r},\boldsymbol{r}')\rightarrow\left(\dfrac{\mathrm{e}^{\mathrm{i}k_1r}}{4\pi r}\right)\left[\mathrm{e}^{-\mathrm{i}\boldsymbol{k}\cdot\boldsymbol{r}'}\mathrm{e}^{\mathrm{i}\psi}\dfrac{k_{1z}}{k_{nz}}(\widetilde{T}_{n,1}^{\text{TE}}\hat{\phi}_i\hat{\phi}_j+\widetilde{T}_{n,1}^{\text{TM}}\hat{\theta}_i\boldsymbol{\epsilon}_j^{\text{TM}}(\boldsymbol{k}_n^-))\right]_{\boldsymbol{k}=k_1\hat{\boldsymbol{r}}} \end{cases} \tag{8.55}$$

其中，ϕ 和 θ 由电磁远场的传播方向决定，并将下层介质中的格林并矢称为透射。

接下来考虑位于分层介质之上的 $\boldsymbol{r}_0$ 处，一个力矩为 $\boldsymbol{p}$ 的偶极子。根据式（6.3），振荡偶极子的远场可以表示为

$$\boldsymbol{F}^{\text{dip}}(\hat{\boldsymbol{r}})=\frac{k_n^2}{4\pi\varepsilon_n}(\mathrm{e}^{-\mathrm{i}k_n\hat{\boldsymbol{r}}\cdot\boldsymbol{r}_0})[p_\phi\hat{\boldsymbol{\phi}}+p_\theta\hat{\boldsymbol{\theta}}]$$

其中，$p_\phi=\hat{\boldsymbol{\phi}}\cdot\boldsymbol{p}$ 和 $p_\theta=\hat{\boldsymbol{\theta}}\cdot\boldsymbol{p}$。同样，根据式（8.55）可以得到辐射到上半空间的远场振幅：

$$\boldsymbol{F}^{\text{refl}}(\hat{\boldsymbol{r}})=\frac{k_n^2}{4\pi\varepsilon_n}(\mathrm{e}^{-\mathrm{i}k_n\hat{\boldsymbol{r}}\cdot\boldsymbol{r}_0})[\mathrm{e}^{2\mathrm{i}k_{nz}(z_0-z_n)}(\widetilde{R}_{n,1}^{\text{TE}}p_\phi\hat{\boldsymbol{\phi}}+\widetilde{R}_{n,1}^{\text{TM}}p_\theta\hat{\boldsymbol{\theta}})]$$

两项作用之和表示为

$$\boldsymbol{F}(\hat{\boldsymbol{r}})=\frac{k_n^2}{4\pi\varepsilon_n}(\mathrm{e}^{-\mathrm{i}k_n\hat{\boldsymbol{r}}\cdot\boldsymbol{r}_0})[P_\phi\hat{\boldsymbol{\phi}}+P_\theta\hat{\boldsymbol{\theta}}]$$

其中，P_ϕ、P_θ 可以从上述等式中直接给出。在远场，特定方向 $\hat{\boldsymbol{r}}$ 的辐射功率由式（4.17）给出：

$$r^2\langle\boldsymbol{S}\rangle=\frac{1}{2}Z^{-1}|\boldsymbol{F}|^2\hat{\boldsymbol{r}}=\frac{1}{2}\left(\frac{k_n^2}{4\pi\varepsilon_n}\right)^2(|P_\phi|^2+|P_\theta|^2)\hat{\boldsymbol{r}}$$

因此，对于位于分层介质上方的偶极子，上半空间内辐射到给定方向 $\hat{\boldsymbol{r}}$ 的功率可以表示如下。

分层介质上方偶极子的辐射功率（$z>0$）

$$r^2\langle\boldsymbol{S}\rangle=\frac{1}{2}\left(\frac{k_n^2}{4\pi\varepsilon_n}\right)^2 \times(|1+\mathrm{e}^{2\mathrm{i}k_{nz}(z_0-z_n)}\widetilde{R}_{n,1}^{\text{TE}}|^2p_\phi^2+|1+\mathrm{e}^{2\mathrm{i}k_{nz}(z_0-z_n)}\widetilde{R}_{n,1}^{\text{TM}}|^2p_\theta^2) \tag{8.56}$$

对于下半空间的辐射可以进行类似处理。传输波的远场振幅为

$$\boldsymbol{F}^{\text{trans}}(\hat{\boldsymbol{r}})=\frac{k_1^2}{4\pi\varepsilon_1}(\mathrm{e}^{-\mathrm{i}k_1\hat{\boldsymbol{r}}\cdot\boldsymbol{r}_0})\left[\mathrm{e}^{\mathrm{i}\psi}\frac{k_{1z}}{k_{nz}}(\widetilde{T}_{n,1}^{\text{TE}}p_\phi\hat{\boldsymbol{\phi}}+\widetilde{T}_{n,1}^{\text{TM}}p^{\text{TM}}\hat{\boldsymbol{\theta}})\right]$$

此处引入了 $p^{\text{TM}}=\boldsymbol{\epsilon}^{\text{TM}}(\boldsymbol{k}_n^-)\cdot\boldsymbol{p}$。需要注意的是，当偶极子位置和观测点位于不同层时，只需考虑透射波，偶极子本身没有直接影响。因此，在下半空间中，偶极子向 $\hat{\boldsymbol{r}}$ 方向辐射的功率的表达式如下。

分层介质下方偶极子的辐射功率（$z<0$）

$$r^2\langle\boldsymbol{S}\rangle=\frac{1}{2}\left(\frac{k_n^2}{4\pi\varepsilon_n}\right)^2\left|\frac{k_{1z}}{k_{nz}}\right|^2[|\widetilde{T}_{n,1}^{\text{TE}}p_\phi|^2+|\widetilde{T}_{n,1}^{\text{TM}}p^{\text{TM}}|^2] \tag{8.57}$$

图 8.21 中，偶极子表面距离 z_0 分别为图（a）10nm，图（b）$\lambda/4$ 和图（c）$\lambda/2$，波长为 600nm。上层介质的介电常数为 ε_0，并使用表格中的数值表示金介电常数[34]。

发射模式通过式（8.56）计算得出。

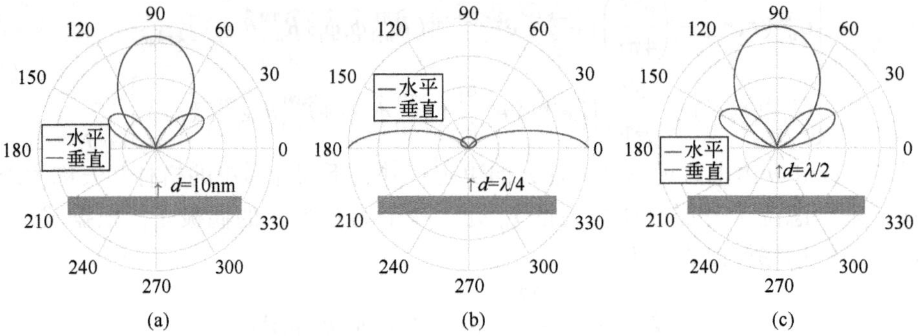

图 8.21　位于金表面上方的偶极子发射模式

图 8.22 中，偶极子表面距离 z_0 分别为图（a）10nm，图（b）$\lambda/4$ 和图（c）$\lambda/2$，波长同样为 600nm。上层介质的介电常数为 ε_0，玻璃的折射率为 1.5。

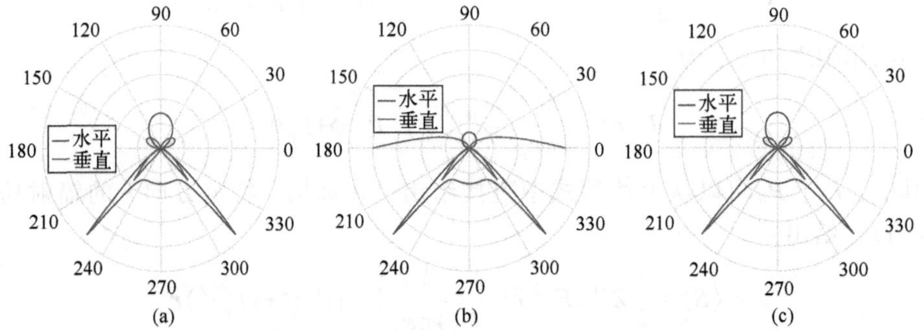

图 8.22　位于玻璃表面上方的偶极子发射模式

如图 8.21 所示为振荡偶极子辐射功率的角分布图。偶极子表面距离分别为图（a）10nm，图（b）$\lambda/4$ 和图（c）$\lambda/2$，$\lambda=600$nm，偶极子的方向分别平行和垂直于界面。从该图中可以看出，发射模式在很大程度上取决于 z_0，这归因于式（8.56）中直接发射波和反射波之间的干涉。图 8.22 所示为玻璃基板的发射功率，仿真参数与图 8.21 相同。可以观察到，大部分辐射进入玻璃基底。辐射进入下层介质的峰值角度时的角度对应于玻璃-空气界面的全内反射角。文献［6］对位于基底或其他类型分层介质上方的偶极子的发射特性以及“禁光”等效应进行了更深入的讨论。

8.5.4　源点位于层内

最后分析源点 z' 位于第 l 层内部的情况，观测点位于第 m 层内。与位于分层介质上方的源点类似，可以将反射格林函数表示为

$$\begin{aligned}G_{ij}^{\text{refl}}(\boldsymbol{r},\boldsymbol{r}') = &\frac{i}{4\pi}\int_0^\infty \frac{1}{k_{mz}}\\ &\times\left[\left\langle\left[A_m^{\text{TE}}\mathrm{e}^{ik_{mz}z}\boldsymbol{\epsilon}_i^{\text{TE}}(\boldsymbol{k}_m^+) + B_m^{\text{TE}}\mathrm{e}^{-ik_{mz}z}\boldsymbol{\epsilon}_i^{\text{TE}}(\boldsymbol{k}_m^-)\right]\boldsymbol{\epsilon}_j^{\text{TE}}(\boldsymbol{k}_\ell^\pm)\right\rangle\right.\\ &\left.+\left\langle\left[A_m^{\text{TM}}\mathrm{e}^{ik_{mz}z}\boldsymbol{\epsilon}_i^{\text{TM}}(\boldsymbol{k}_m^+) + B_m^{\text{TM}}\mathrm{e}^{-ik_{mz}z}\boldsymbol{\epsilon}_i^{\text{TM}}(\boldsymbol{k}_m^-)\right]\boldsymbol{\epsilon}_j^{\text{TM}}(\boldsymbol{k}_\ell^\pm)\right\rangle\right]k_\rho\mathrm{d}k_\rho\end{aligned}\tag{8.58}$$

通过在 ℓ 层中添加无界介质的 $\overline{\overline{G}}$ 就得到了总格林函数。在这种形式下，总格林函数

在第 ℓ 层满足非齐次波动方程，在其他地方满足齐次波动方程。这里必须计算上行波和下行波的系数 A_m 和 B_m，使得麦克斯韦方程组的边界条件在所有界面都满足。令 z_ℓ^+ 和 z_ℓ^- 分别表示第 ℓ 层上界面和下界面的位置。在第 ℓ 层内，可以看到 TE 波：

$$e_\ell(z)=\mathrm{e}^{\mathrm{i}k_{\ell z}|z-z'|}+A_\ell^{\mathrm{TE}}\mathrm{e}^{\mathrm{i}k_{\ell z}z}+B_\ell^{\mathrm{TE}}\mathrm{e}^{-\mathrm{i}k_{\ell z}z}$$

当 $z<z'$时，第一项 $\mathrm{e}^{\mathrm{i}k_{\ell z}(z'-z)}$对应于下行波。因此，可以将介质 ℓ 下界面 z_ℓ^- 处的场通过下式联系起来：

$$e_\ell^+=\widetilde{R}_{\ell,1}^{\mathrm{TE}}e_\ell^-\Rightarrow[A_\ell^{\mathrm{TE}}\mathrm{e}^{\mathrm{i}k_{\ell z}z_{\bar{\ell}}}]=\widetilde{R}_{\ell,1}^{\mathrm{TE}}[\mathrm{e}^{\mathrm{i}k_{\ell z}(z'-z_{\bar{\ell}})}+B_\ell^{\mathrm{TE}}\mathrm{e}^{-\mathrm{i}k_{\ell z}z_{\bar{\ell}}}]$$

当 $z>z'$时，第一项 $\mathrm{e}^{\mathrm{i}k_{\ell z}(z'-z)}$对应于上升波。因此，可以将介质 ℓ 上界面 z_ℓ^+ 处的场利用下式联系起来：

$$e_\ell^-=\widetilde{R}_{\ell,n}^{\mathrm{TE}}e_\ell^+\Rightarrow[B_\ell^{\mathrm{TE}}\mathrm{e}^{-\mathrm{i}k_{\ell z}z_\ell^+}]=\widetilde{R}_{\ell,n}^{\mathrm{TE}}[\mathrm{e}^{\mathrm{i}k_{\ell z}(z_\ell^+-z')}+A_\ell^{\mathrm{TE}}\mathrm{e}^{\mathrm{i}k_{\ell z}z_\ell^+}]$$

从这两个表达式中，可以计算出 A_ℓ^{TE} 和 B_ℓ^{TE}，进而将场传播到分层介质的不同层。TM 场也可使用相似的方法进行处理。

平板结构。作为例子，这里考虑源偶极子位于板内的情况。对于这种几何结构，可以用菲涅尔系数替换上述表达式中的广义反射系数。假设分界面分别位于 0 处和 d 处，于是得到：

$$\begin{cases}R_{21}^{\mathrm{TE}}[\mathrm{e}^{\mathrm{i}k_z(z'-z)}+B_2^{\mathrm{TE}}\mathrm{e}^{-\mathrm{i}k_zz}]_{z=0}=[A_2^{\mathrm{TE}}\mathrm{e}^{\mathrm{i}k_zz}]_{z=0}\\R_{23}^{\mathrm{TE}}[\mathrm{e}^{\mathrm{i}k_z(z-z')}+A_2^{\mathrm{TE}}\mathrm{e}^{\mathrm{i}k_zz}]_{z=d}=[B_2^{\mathrm{TE}}\mathrm{e}^{-\mathrm{i}k_zz}]_{z=d}\end{cases}$$

R_{21}^{TE}和 R_{23}^{TE}为 $z=0$ 和 $z=d$ 处界面的菲涅尔反射系数。TM 模式也可得到相应表达式。最终解出波的波幅：

$$\begin{cases}A_2^{\mathrm{TE}}=\dfrac{\mathrm{e}^{\mathrm{i}k_zd}R_{21}^{\mathrm{TE}}}{1-\mathrm{e}^{2\mathrm{i}k_zd}R_{21}^{\mathrm{TE}}R_{23}^{\mathrm{TE}}}[\mathrm{e}^{\mathrm{i}k_z(z'-d)}+\mathrm{e}^{\mathrm{i}k_z(d-z')}R_{23}^{\mathrm{TE}}]\\B_2^{\mathrm{TE}}=\dfrac{\mathrm{e}^{\mathrm{i}k_zd}R_{23}^{\mathrm{TE}}}{1-\mathrm{e}^{2\mathrm{i}k_zd}R_{21}^{\mathrm{TE}}R_{23}^{\mathrm{TE}}}[\mathrm{e}^{\mathrm{i}k_z(d-z')}+\mathrm{e}^{\mathrm{i}k_z(d+z')}R_{21}^{\mathrm{TE}}]\end{cases}\tag{8.59}$$

通过将分母展开为几何级数，可以得到类似于图 8.11 所示的情况的板内多次反射波。将这些系数代入式（8.58）中，就可以计算板内部区域的反射格林函数。

习题

练习 8.1 考虑表面等离子体存在复数 κ_{1z}和 κ_{2z}。计算平均坡印亭矢量 $\boldsymbol{S}_1$，$\boldsymbol{S}_2$，并解释结果及能量流向哪个方向。

练习 8.2 根据式（8.6）计算表面等离激元色散的渐近值 $k_x\to\infty$，找出平方根下分母实部变为 0 时 ω 的值。

练习 8.3 考虑磁导率为 μ_0，介电常数分别为 ε_1 和 ε_2 的两种材料之间的分界面。重复表面等离子体的推导过程，但现在是 $\boldsymbol{E}=\boldsymbol{E}_y\hat{\boldsymbol{y}}$的 TE 模。证明不存在这样的波。

练习 8.4 银的德鲁德介电常数表达式如下：

$$\varepsilon(\omega)=\varepsilon0\left[\kappa_b-\frac{\omega_p^2}{\omega(\omega+\mathrm{i}\gamma)}\right]$$

其中，$\kappa_b=3.3$，$\hbar\omega_p=9\text{eV}$，$\hbar\gamma=0.022\text{eV}$。用等离子体色散 $k_x(\omega)$ 计算在 0.5~3eV 范围内一些选定光子能量的波长 $\lambda=2\pi/k_x'$ 和传播长度 $\delta=2\pi/k_x''$。

练习 8.5 使用 NANOPT 工具箱中的 Demostat1. m 文件模拟克雷奇曼几何结构中的表面等离子体。

(a) 改变最底层介质的介电常数，计算反射光谱中等离子体的入射角。并绘制介电常数与角度的变化曲线。

(b) 与 (a) 相同，但在金属表面上部放置一块 20nm 厚的附加层。仅改变该层的介电常数，并设上半空间的介电常数为 ε_0。

练习 8.6 考虑将厚度为 d、介电常数为 ε_1 的金属板嵌入介电常数为 ε_2 的背景材料中。对于 TM 模，可以对磁场做如下分析：

$$\boldsymbol{H}(z)=\hat{\boldsymbol{y}}\mathrm{e}^{\mathrm{i}k_x x}\begin{cases}h_1\mathrm{e}^{-\kappa_{1z}z} & \left(z>\dfrac{d}{2}\right)\\ h_2(\mathrm{e}^{\kappa_{2z}z}\pm\mathrm{e}^{-\kappa_{2z}z}) & \left(-\dfrac{d}{2}<z<\dfrac{d}{2}\right)\\ \pm h_1\mathrm{e}^{+\kappa_{1z}z} & \left(z<-\dfrac{d}{2}\right)\end{cases}$$

由于对称性，解必定是关于 z 的奇函数或偶函数。

(a) 重复上述公式对表面等离子体的分析，证明这种模式是存在的。

(b) 证明对于较大的 L 值，这些模式的色散与单界面的色散相吻合。修正后的表面等离子体色散由式 (8.40) 给出。

(c) 讨论磁场和电场的奇偶特性。

(d) 比较奇数和偶数模式哪种能量更高？尝试用简单的论证来说明。

练习 8.7 考虑磁导率为 μ_0、介电常数分别为 ε_1 和 ε_2 的两种材料。求 TM 偏振波的反射波振幅消失时的布鲁斯特角 (Brewster angle)。对于 $n_1:n_2=1.5$，这个角度有多大？假设任意偏振的光照射到界面上。反射波的偏振如何？

练习 8.8 考虑两种介质 $n_1>n_2$ 时分界面处的反射和透射。求发生全反射的角度，即第二种介质中的波数 k_z 变成纯虚数时的角度。

练习 8.9 计算完美透镜的广义反射系数，并证明$\widetilde{R}_{13}=0$。

练习 8.10 作为完美透镜的简化模型，从式 (8.42) 出发计算两个谐振子的振幅，其中一个由外场驱动，计算当 $\omega=\omega_a=\omega_b$，$\gamma_a=\gamma_b\approx0$ 时的位移$\bar{x}_a$ 和$\bar{x}_b$。并对结果进行解释。可以参考文献 [55]。

练习 8.11 一个物体位于距离厚度为 d 的维塞拉戈透镜 δ 处。

(a) 在另一侧形成的像与镜头的距离是多少？

(b) 追踪穿过透镜的倏逝场，并证明它们在物、像位置上相等。

练习 8.12 使用 NANOPT 工具箱中的 Demostat 05. m 文件，了解金属基板上方偶极子的发射模式。研究不同偶极层距离下的像，并解释结果。

练习 8.13 同样使用 NANOPT 工具箱中的 Demostat 05. m 文件。分析金属基板上方偶极子的发射模式。用位于玻璃基底上的金属薄膜（厚度为 20nm、50nm 和 100nm）代替金属基底。改变金属膜的厚度，并将结果与半无限金属层的结果进行比较。

第 9 章

纳米粒子的等离子体激元

第 8 章重点研究了表面等离子体，它们是金属和电介质之间界面处的相干电荷振荡，可以被光激发并沿界面传播。它们在传播时伴随着倏逝电磁场，在远离界面时呈指数级衰减。本章将分析电介质中的金属纳米粒子，并证明其中存在相应的激发，这些激发称为粒子等离子体。我们从比光波长小得多的纳米粒子开始讨论，采用准静态近似方法可以进行分析，并将结果推广到更大的粒子。

9.1 准静态极限

标量势［见式（2.22）］的波动方程如下：

$$(\nabla^2+k^2)V(\boldsymbol{r})=-\frac{\rho(\boldsymbol{r})}{\varepsilon}$$

上式中考虑 $k^2=\mu\varepsilon\omega^2$ 的时谐场。其推导使用了如下的洛伦兹规范：

$$\nabla\cdot\boldsymbol{A}(\boldsymbol{r})=\mathrm{i}\mu\varepsilon\omega V(\boldsymbol{r})=\mathrm{i}\sqrt{\mu\varepsilon}\,kV(\boldsymbol{r})$$

为了理解准静态近似的本质，假设以下几点：

-纳米粒子远小于光波长。设 L 为纳米粒子的本征长度，通常为几十纳米，λ 为光波长，通常为微米量级。

-拉普拉斯算子∇^2 给出了它所作用的函数的曲率。现在，假设电磁场和电磁势在本征长度 L 上变化，因此以下估计成立：

$$|\nabla^2V|\sim\frac{1}{L^2}|V|\gg|k^2V|\sim\frac{1}{\lambda^2}|V|$$

因此，可以忽略 $V(\boldsymbol{r})$波动方程中的 k^2 项，并最终得到静电场的泊松方程。准静态近似的“准”是指在粒子边界处的电场匹配中，这里保留了与频率相关的介电常数 $\varepsilon(\boldsymbol{r},\omega)$。

准静态近似法

$$\nabla^2V(\boldsymbol{r})=-\frac{\rho(\boldsymbol{r})}{\varepsilon(\boldsymbol{r},\omega)}\tag{9.1}$$

此外，在评估边界条件时还需要考虑与频率相关的介电常数 $\varepsilon(\omega)$。

根据洛伦兹规范条件可得：

$$L|\nabla \cdot \boldsymbol{A}| \sim |\boldsymbol{A}| \sim L\left|\mathrm{i}\sqrt{\mu\varepsilon}\,kV(r)\right| \sim \frac{1}{\lambda c}|V| \ll \frac{1}{c}|V|$$

因此，矢量势远小于标量势，可以近似忽略。总而言之，准静态近似法对于小于100nm的纳米粒子效果非常好。可以直接使用静电学机制求解泊松方程，比求解波动方程更为简洁。通过如下方式可以将标量电势和电场联系起来：

$$\boldsymbol{E}(\boldsymbol{r}) = -\nabla V(\boldsymbol{r}) \tag{9.2}$$

当涉及以准静态近似法处理的小纳米粒子的光散射时，必须注意以下几点：

-由于光的波长远大于纳米粒子的尺寸，粒子受空间恒定但时间变化的电场驱动。对于时谐场，相应的电势为

$$V(\boldsymbol{r}) = -E_0\boldsymbol{\epsilon}_0 \cdot \boldsymbol{r} \tag{9.3}$$

式中：E_0 为电场幅度；$\boldsymbol{\epsilon}_0$ 为光偏振。

-对于光的散射、吸收和消光，必须借助完整的麦克斯韦方程来计算。因此计算纳米粒子的感应偶极矩以及振荡偶极子的远场。

本节的最后将介绍介电常数为 $\varepsilon_1(\omega)$、$\varepsilon_2(\omega)$ 的两种材料的界面处的静电势的边界条件（boundary conditions，b. c.）。切向电场的连续性是通过边界电势的连续性获得的。

第一个边界条件：

$$V(\boldsymbol{r}-0^+\hat{\boldsymbol{n}})\big|_{\partial\Omega} = V(\boldsymbol{r}+0^+\hat{\boldsymbol{n}})\big|_{\partial\Omega} \tag{9.4a}$$

式中：$\hat{\boldsymbol{n}}$为一个从内部指向外部的垂直于边界的矢量；0^+为一个无穷小的量。因此，如果沿平行于边界的方向求导数以得到 $\boldsymbol{E}_{\parallel}$，则两边的值相同。对于第二个边界条件，假定边界上不存在自由表面电荷，根据垂直于边界方向的电介质位移的连续性可以得到。

第二个边界条件：

$$\varepsilon_1(\omega)\frac{\partial V(\boldsymbol{r}-0^+\hat{\boldsymbol{n}})}{\partial n}\bigg|_{\partial\Omega} = \varepsilon_2(\omega)\frac{\partial V(\boldsymbol{r}+0^+\hat{\boldsymbol{n}})}{\partial n}\bigg|_{\partial\Omega} \tag{9.4b}$$

式中：$\partial/\partial n$ 为沿外表面法线方向的导数。

9.2 准静态极限下的球和椭球

本节将研究小球体和椭球体的光散射问题。球面解法称为准静态近似的米氏解法，椭球面解法则称为米氏-甘斯（Mie-Gans）解法。这两种解法都利用了特殊坐标，米氏解法使用球面坐标，米氏-甘斯解法使用椭球面坐标，以便以简单的形式表达边界条件，从而通过分析加以利用。遗憾的是，这种方法无法推广到任意粒子几何形状，因此在本章后面的部分将分别采用不同的计算方法求解。

9.2.1 准静态米氏理论

假设存在一个球体，它受到电场形式为式（9.3）的光照射并沿 $\hat{z}$ 方向极化（图 9.1）：

$$V(\boldsymbol{r}) = -E_0\,\hat{z} \cdot \boldsymbol{r} = -E_0 r\cos\theta$$

图 9.1 中，半径为 a 且介电常数为 ε_1 的介电球或金属球嵌入介电常数为 ε_2 的背景介质中。沿 z 方向施加强度为 E_0 的外部电场，并在球体中产生偶极矩。V_1 和 V_2 是拉普拉斯方程的解，其系数由球体边界处的电势及表面导数确定。

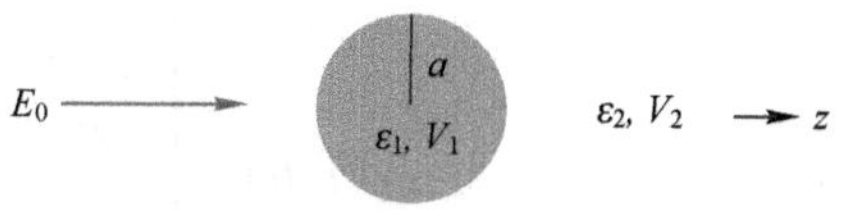

图 9.1　准静态米氏理论示意图

下面引入球坐标，并根据利用解不依赖方位角 ϕ 的特点，球坐标下的拉普拉斯方程表示为

$$\frac{1}{r}\frac{\partial^2}{\partial r^2}[rV(r,\theta)]+\frac{1}{r^2\sin\theta}\frac{\partial}{\partial\theta}\left[\sin\theta\frac{\partial V(r,\theta)}{\partial\theta}\right]=0 \tag{9.5}$$

可以看出，解的因式分解可以分为两个部分，它们分别仅取决于 r 和 θ，其形式为[2]

$$V(r,\theta)=\sum_{\ell=0}^{\infty}\left(A_\ell r^\ell+\frac{B_\ell}{r^{\ell+1}}\right)P_\ell(\cos\theta) \tag{9.6}$$

式中：A_ℓ、B_ℓ 为根据边界条件确定的系数；P_ℓ 为勒让德多项式，详见附录 C。现在，借助式（9.6）可以解决半径为 a 的纳米球的光激发问题。首先，将球内和球外的解写成如下形式：

$$V(r,\theta)=\begin{cases}V_1(r,\theta)=\sum\limits_\ell A_\ell r^\ell P_\ell(\cos\theta) & (r\leqslant a)\\ V_2(r,\theta)=\sum\limits_\ell \dfrac{B_\ell}{r^{\ell+1}}P_\ell(\cos\theta)-E_0r\cos\theta & (r>a)\end{cases}$$

式中：下标 1、2 分别为球内和球外的解。在球内，V 在原点处保持有限（因此所有 B_ℓ 系数设为零），而在球外，对于较大的半径，要求 $V\to -E_0r\cos\theta$（因此将所有 A_ℓ 系数设置为零）。通过勒让德多项式的定义可以得出：

$$-E_0r\cos\theta=-E_0rP_1(\cos\theta)$$

并由此计算得到边界条件。根据球体边界电势的连续性可以发现：

$$(V_1-V_2)_{r=a}=0\Rightarrow\begin{cases}A_\ell a^\ell=\dfrac{B_\ell}{a^{\ell+1}} & (\ell\neq 1)\\ A_\ell a=\dfrac{B_1}{a^2}-E_0a & (\ell=1)\end{cases}$$

同理，根据介质位移在径向的连续性可以得到：

$$\left(\varepsilon_1\frac{\partial V_1}{\partial r}-\varepsilon_2\frac{\partial V_2}{\partial r}\right)_{r=a}=0\Rightarrow\begin{cases}\varepsilon_1\ell A_\ell a^{\ell-1}=-\varepsilon_2\dfrac{(\ell+1)B_\ell}{a^{\ell+2}} & (\ell\neq 1)\\ \varepsilon_1A_1=-\varepsilon_2\left(2\dfrac{B_1}{a^3}+E_0\right) & (\ell=1)\end{cases}$$

对于所有的 ℓ，只有当 $A_\ell=B_\ell=0$ 时，才能同时满足 $\ell\neq 1$ 的方程①。对于 $\ell=1$，有

① 所得条件 $\varepsilon_1\ell=-\varepsilon_2(\ell+1)$ 既不能用于 $\varepsilon_0>0$、$\varepsilon_2>0$ 的介电粒子，也不能用于具有非零虚部的介电常数的金属粒子。

$$V(r,\theta)=\begin{cases}-\left(\dfrac{3\varepsilon_2}{\varepsilon_1+2\varepsilon_2}\right)E_0 r\cos\theta & (r\leqslant a)\\ \left(\dfrac{\varepsilon_1-\varepsilon_2}{\varepsilon_1+2\varepsilon_2}\right)\dfrac{a^3}{r^2}E_0\cos\theta-E_0 r\cos\theta & (r>a)\end{cases}\tag{9.7}$$

球体内的电场可以通过对标量电势求导得出。结合 $z=r\cos\theta$，可以得到：

$$\boldsymbol{E}_1=\left(\frac{3\varepsilon_2}{\varepsilon_1+2\varepsilon_2}\right)E_0\,\hat{z}\tag{9.8}$$

至于球体外的电场，感应部分的表达式是偶极子势的形式：

$$V_2(\boldsymbol{r})=\frac{1}{4\pi\varepsilon_2}\frac{\boldsymbol{p}\cdot\hat{\boldsymbol{r}}}{r^2}$$

因此，光激发球体的偶极矩如下。

光激发球体的偶极矩

$$\boldsymbol{p}=4\pi\varepsilon_2\frac{\varepsilon_1-\varepsilon_2}{\varepsilon_1+2\varepsilon_2}a^3E_0\,\hat{z}\tag{9.9}$$

式（9.7）通常是在静电学基础课程中推导出来的，尽管它的推导必须学习球坐标下的拉普拉斯方程，但最终结果并不令人陌生。同理，球内恒定电场和球外感应偶极场的发现也是众所周知的。然而，式（9.7）有一些特别之处。为了了解这一点，下面分别讨论介电纳米球和金属纳米球的表达式。

介电球体

假设存在一个 $\varepsilon_1>\varepsilon_2$ 的介电球体。根据式（9.8）可知，由于球体内的感应极化场屏蔽了外电场，所以球体内的电场小于球体外部的电场。为了获得极化电荷，首先计算电场的法向分量：

$$E^{\perp}=-\frac{\partial V}{\partial r}=\begin{cases}E_1^{\perp}=\dfrac{3\varepsilon_2}{2\varepsilon_2+\varepsilon_1}E_0\cos\theta & (r=a^-)\\ E_2^{\perp}=\dfrac{3\varepsilon_1}{2\varepsilon_2+\varepsilon_1}E_0\cos\theta & (r=a^+)\end{cases}\tag{9.10}$$

其中，$a^{\mp}$ 表示球体内部或外部无限小的位置。然后，通过式（7.24）得到极化电荷 σ_{pol}：

$$\sigma_{\text{pol}}(\theta)=-\varepsilon_0(E_2^{\perp}-E_1^{\perp})=3\varepsilon_0\frac{\varepsilon_1-\varepsilon_2}{\varepsilon_1+2\varepsilon_2}E_0\cos\theta\tag{9.11}$$

σ_{pol} 产生与外加电场方向相反的电场。在时域中分析上述情况时（图 9.2），可以发现极化电荷密度与驱动电场同相振荡，从而在任何时刻屏蔽了外场电场。

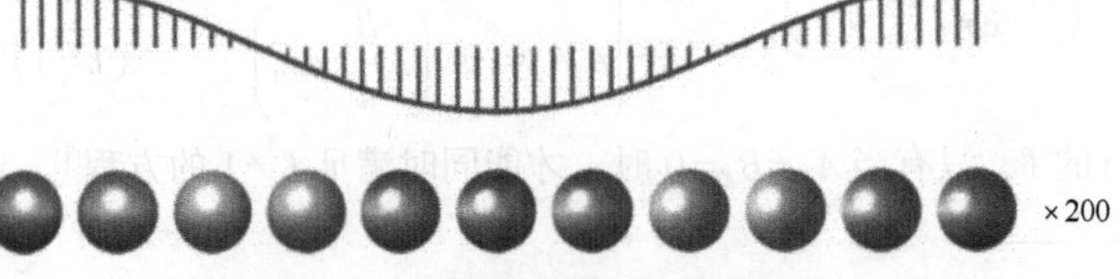

图 9.2　介电球表面的极化电荷振荡

其中，$\varepsilon_1=3\varepsilon_0$，$\varepsilon_2=\varepsilon_0$。电荷与激发场同相振荡，如图 9.2 顶部所示。比例因子 200 与图 9.3 中所示的金属纳米球的电荷振荡有关。

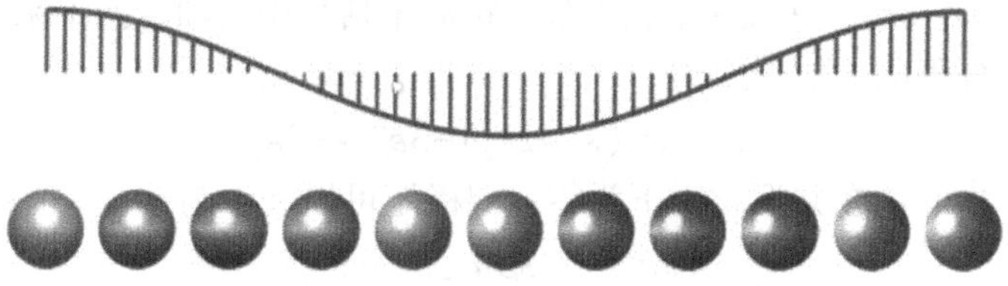

图 9.3 金属纳米球表面的极化电荷振荡

图 9.3 与图 9.2 相同，但金属纳米球的材料为银。与图 9.2 中所示的介电球相比，表面电荷大了 200 倍，并且在共振时具有 90°的相位差。

金属球体

对于金属球体，介电函数 $\varepsilon_1(\omega)$ 在于频率小于等离子体频率 ω_p 时会变为负值，详见 7.1 节的讨论。因此，式（9.7）中的分母在某些频率 ω_{SP} 处会变得非常小，即当 $\varepsilon_1(\omega_{SP})+2\varepsilon_2\approx 0$ 时：

$$\frac{\varepsilon_1-\varepsilon_2}{\varepsilon_1+2\varepsilon_2}\gg 1 \tag{9.12}$$

因此，式（9.9）中的感应偶极矩在这里变得非常大。它在 ω_{SP} 处保持有限的唯一原因是通过 $\varepsilon_1''(\omega_{SP})$ 描述的金属损耗。需要强调的是，对于德鲁德介电函数 $\varepsilon_1'(\omega)$，在整个负范围内的扫描频率都低于等离子体频率，当 $0<\omega\leqslant\omega_p$ 时：

$$-\infty<\varepsilon_1'(\omega)\leqslant 0$$

因此，式（9.12）的共振条件肯定会在某个频率上得到满足。为了更好地理解这些所谓表面等离子（SP）共振的性质，下面将研究球内的德鲁德介电函数：

$$\varepsilon_1(\omega)/\varepsilon_0=\kappa_b-\frac{\omega_p^2}{\omega(\omega+i\gamma)}$$

式中：κ_b 为金属中束缚价电子的介电响应。共振条件现在变为

$$\varepsilon_0\left(\kappa_b-\frac{\omega_p^2}{\omega_{SP}^2}\right)+2\varepsilon_2\approx 0 \tag{9.13}$$

因此，可以得到通过德鲁德介电常数描述的金属球体的等离子体频率。

球体的表面等离子体共振频率

$$\omega_{SP}\approx\frac{\omega_p}{\sqrt{\kappa_b+2\dfrac{\varepsilon_2}{\varepsilon_0}}}=\beta\omega_p \tag{9.14}$$

式中：β 为一个无量纲数，它给出了以等离子体频率 ω_p 为单位的表面等离子体频率。对于 $\kappa_b=1$ 和背景介电常数 $\varepsilon_2=\varepsilon_0$ 的理想自由电子气体，可以得到：

$$\beta=\frac{\omega_{SP}}{\omega_p}\rightarrow\frac{1}{\sqrt{3}}$$

振荡器模型。假设金属中的损耗足够小，即 $\gamma\ll\omega_{SP}$，那么可以在接近 ω_{SP} 的地方将德鲁德介电常数近似为

$$\frac{\varepsilon_1(\omega)}{\varepsilon_0}\approx\kappa_b-\frac{\omega_p^2}{\omega_{SP}^2}\left[1+\frac{\Delta\omega^2}{\omega_{SP}^2}+i\frac{\gamma}{\omega_{SP}}\right]^{-1}\approx\frac{\varepsilon_1(\omega_{SP})}{\varepsilon_0}+\frac{\omega_p^2\Delta\omega^2}{\omega_{SP}^4}+i\frac{\omega_p^2\gamma}{\omega_{SP}^3}$$

其中，$\Delta\omega^2=\omega^2-\omega_{SP}^2$，并且在泰勒级数中扩展了括号中的项。接下来将计算式（9.9）的感应偶极矩。分子的近似形式为

$$\varepsilon_1-\varepsilon_2=(\varepsilon_1+2\varepsilon_2)-3\varepsilon_2\approx-3\varepsilon_2$$

其中，括号中的项在共振频率下为零。偶极矩可以表示为

$$\boldsymbol{p}\approx\frac{4\pi\varepsilon_2^2}{\varepsilon_0}\left(\frac{3\beta^2\omega_{SP}^2}{\omega_{SP}^2-\omega^2-i\lambda\omega_{SP}}\right)a^3E_0\hat{z} \tag{9.15}$$

括号中的项与受驱动谐振子的共振项直接相关，该共振项先前在式（7.5）中对德鲁德-洛伦兹介电常数进行了推导。

表面电荷。与介电球相比，表面电荷是由自由载流子和束缚载流子产生的。下面分析 $\kappa_b=1$，$\varepsilon_2=\varepsilon_0$ 时的现象并将一般情况留给练习 9.2。此时，表面电荷完全由自由载流子产生，根据式（9.11）得到共振频率 $\omega=\omega_{SP}$。

$$\sigma(\theta)=3\varepsilon_0\left(\frac{\varepsilon_1-\varepsilon_2}{\varepsilon_1+2\varepsilon_2}\right)E_0\cos\theta\approx-3i\varepsilon_0\frac{\omega_{SP}}{\gamma}E_0\cos\theta \tag{9.16}$$

从这个表达式很明显可以看出，只有阻尼项 γ 能使表面电荷保证有限，否则它会变得非常大。局部表面等离子体可能与金属纳米粒子的共振相关，在金属和电介质之间的边界上，表面电荷分布会发生相干振荡。这种情况与前一章讨论的表面等离子体类似；然而，由于被限制在球体表面，此时得到的是离散的共振频率，而不是连续的模式。

图 9.3 描述了局部表面等离子体的行为。外部光场会在粒子边界分离载流子。除了驱动光场之外，分离的载流子还产生了恢复力。因此，如果以共振频率 ω_{SP} 驱动球体，就会形成一个振幅很大的振荡，在静止状态下，光场吸收的能量等于金属损耗的能量（另见练习 9.1）。请注意，在式（9.16）中，表面电荷 σ 是完全虚数，驱动场和球极化之间的相位差为 90°，这与驱动谐振子的共振行为一致。

粒子等离子体。局部表面等离子体有不同的名称，有时与补充词"极化子"结合在一起，以强调材料和电动激发的混合性质。在下文中将引用术语"粒子等离子体"一词来表示具有有限尺寸的粒子的任何类型的表面等离子体激发，并进一步讨论共振频率和场增强可以通过纳米粒子的形状和尺寸来定制。这为在纳米尺度上限制电磁场提供了一个灵活多变的平台，可用于多领域。

麦克斯韦方程组。从麦克斯韦方程中推导出的表达式看起来很简单，而粒子等离子体的共振物理学相当复杂，两者之间存在一些差异。乍看之下，这似乎有些出乎意料，因为我们必须对麦克斯韦理论的结果进行额外的解释，才能揭开其更深层次的物理原理。然而，这是因为麦克斯韦方程确实包含了描述粒子等离子体的所有必要成分，人们只需以全新的视角来重新审视这些结果，就能发现其中所隐藏的内容。

9.2.2 米氏-甘斯理论

静电问题可以解析求解的第二种几何形状是椭球体。a_k 表示半轴，并假设 $a_1\geqslant a_2\geqslant a_3$。

在博伦（Bohren）和赫夫曼（Huffman）的优秀教科书[60]中，作者首先讨论了以下

问题。

用椭球粒子的偶极矩来表示均匀静电场诱导下的椭球粒子的偶极矩的自然坐标是椭球坐标。

对这种奇特坐标系的细节感兴趣的读者可以参考上面引用的书籍，此处仅简单地介绍最终的结果。对于球形纳米粒子，偶极矩可以用类似于式（9.9）的形式来表示，并且可以找到沿主轴 $\hat{\boldsymbol{e}}_k$ 的光偏振的结果。

光激发椭球体的偶极矩

$$\boldsymbol{p}=4\pi\varepsilon_2\frac{\varepsilon_1-\varepsilon_2}{3\varepsilon_2+3L_k(\varepsilon_1-\varepsilon_2)}a_1a_2a_3E_0\,\hat{\boldsymbol{e}}_k \tag{9.17}$$

引入去极化因子可得

$$L_k=\frac{1}{2}a_1a_2a_3\int_0^{\infty}\frac{\mathrm{d}q}{(a_k^2+q^2)\sqrt{(a_1^2+q^2)(a_2^2+q^2)(a_3^2+q^2)}}$$

它满足求和规则 $L_1+L_2+L_3=1$。对于球体，$L_k=\dfrac{1}{3}$，并且式（9.17）可以还原为之前推导的结果。对于 $a_1\geqslant a_2=a_3=a_\perp$ 的扁平椭球体，可以对上述积分进行解析求解，获得沿长轴的去极化因子：

$$L_1=\frac{1-\mathrm{e}^2}{\mathrm{e}^2}\left(-1+\frac{1}{2\mathrm{e}}\ln\frac{1+\mathrm{e}}{1-\mathrm{e}}\right),\quad \mathrm{e}^2=1-\frac{a_\perp^2}{a_1^2}$$

与球体类似，可以通过寻找式（9.17）中给出的分母的零点来计算表面等离子体共振频率 ω_{SP}。

$$3\varepsilon_2+3L_k[\varepsilon_1'(\omega_{\mathrm{SP}})-\varepsilon_2]=0 \tag{9.18}$$

有关球形粒子等离子体激发的共振行为的全部讨论同样适用于椭圆形粒子，然而，由于去极化因子 L_k 的存在，可以通过选择不同的纳米粒子几何形状来控制共振频率。在更详细地证明这一点之前，需要先推导出准静态光学截面的表达式。

9.2.3 光学截面

由外部光场 $\boldsymbol{E}_{\mathrm{inc}}$ 引起的偶极矩：

$$\boldsymbol{p}=\overline{\overline{\alpha}}(\omega)\cdot\boldsymbol{E}_{\mathrm{inc}}=4\pi\varepsilon\overline{\overline{\alpha}}_{\mathrm{vol}}(\omega)\cdot\boldsymbol{E}_{\mathrm{inc}} \tag{9.19}$$

式中：$\overline{\overline{\alpha}}$为粒子的极化张量。在国际单位制（SI）中，极化率的单位为 C·(m²/V)，通常更方便的做法是将系数 $4\pi\varepsilon$（其中 ε 为背景介质的介电常数）去掉，从而获得具有体积维度的极化率 α_{vol}。显然，式（9.19）的极化率适用于球体（$\overline{\overline{\alpha}}=\alpha\boldsymbol{I}$）、椭球体（$\overline{\overline{\alpha}}$为对角矩阵）以及其他纳米粒子几何形状。式（6.3）中给出的振荡偶极子的远场表示为

$$\boldsymbol{E}_{\mathrm{sca}}\underset{kr\gg1}{\longrightarrow}\left(\frac{\mathrm{e}^{ikr}}{r}\right)\frac{k^2}{4\pi\varepsilon}\boldsymbol{p}_\perp$$

$$\boldsymbol{H}_{\mathrm{sca}}\underset{kr\gg1}{\longrightarrow}Z^{-1}\left(\frac{\mathrm{e}^{ikr}}{r}\right)\frac{k^2}{4\pi\varepsilon}\hat{\boldsymbol{r}}\times\boldsymbol{p}_\perp$$

其中，场沿方向 $\hat{\boldsymbol{r}}$ 和 $\boldsymbol{p}_\perp=\boldsymbol{p}-\hat{\boldsymbol{r}}(\hat{\boldsymbol{r}}\cdot\boldsymbol{p})$ 传播。将这些远场代入散射功率［式（4.22）］：

$$P_{\mathrm{sca}}=\frac{1}{2}\oint_{\partial\Omega}\mathrm{Re}(\boldsymbol{E}_{\mathrm{sca}}\times\boldsymbol{H}_{\mathrm{sca}}^*)\cdot\hat{\boldsymbol{r}}\mathrm{d}S$$

将位于远场区域的球体作为边界，并将远场导入这个表达式可以得到：

$$P_{\text{sca}}=\frac{1}{2}Z^{-1}\left(\frac{k^2}{4\pi\varepsilon}\right)^2\oint\mathrm{Re}[\boldsymbol{p}_\perp\times(\hat{\boldsymbol{r}}\times\boldsymbol{p}_\perp^*)]\cdot\hat{\boldsymbol{r}}\mathrm{d}\Omega$$

其中，$\mathrm{d}S=r^2\mathrm{d}\Omega$ 和 $\mathrm{d}\Omega$ 表示在方位角和极角上的无限小的表面元素。对三重乘积进行循环置换可得

$$\mathrm{Re}[\boldsymbol{p}_\perp\times(\hat{\boldsymbol{r}}\times\boldsymbol{p}_\perp^*)]\cdot\hat{\boldsymbol{r}}=|\hat{\boldsymbol{r}}\times\boldsymbol{p}_\perp|^2=|\hat{\boldsymbol{r}}\times\boldsymbol{p}|^2$$

合并上式可得

$$P_{\text{sca}}=Z^{-1}\frac{k^4}{32\pi^2\varepsilon^2}\int|\hat{\boldsymbol{r}}\times\boldsymbol{p}|^2\mathrm{d}\Omega \tag{9.20}$$

可以通过选择一个坐标系来进行积分，在该坐标系中，$\boldsymbol{p}$ 指向 z 方向：

$$\int|\hat{\boldsymbol{r}}\times\boldsymbol{p}|^2\mathrm{d}\Omega=2\pi\int_0^\pi p^2\sin^2\theta\sin\theta\mathrm{d}\theta=\frac{8\pi}{3}p^2$$

为了获得最终表达式，假设一个具有强度 $I_{\text{inc}}=\frac{1}{2}Z^{-1}|E_0|^2$，形式为 $E_0\boldsymbol{\epsilon}_0$ 的入射光场，将散射功率除以 I_{inc}，就得到了可极化粒子散射截面的最终表达式。

可极化粒子的散射截面

$$C_{\text{sca}}=\frac{k^4}{6\pi\varepsilon^2}|\bar{\bar{\alpha}}\cdot\boldsymbol{\epsilon}_0|^2=\frac{8\pi}{3}k^4\ |\bar{\bar{\alpha}}_{\text{vol}}\cdot\boldsymbol{\epsilon}_0|^2 \tag{9.21}$$

对于消光截面，式（4.27）的光学定理为

$$P_{\text{ext}}=\frac{2\pi}{k}Z^{-1}\mathrm{Im}[E_0^*\boldsymbol{\epsilon}_0^*\cdot\boldsymbol{F}(\hat{\boldsymbol{k}}_0)]=\frac{2\pi}{k}Z^{-1}\frac{k^2}{4\pi\varepsilon}\mathrm{Im}[\ |E_0|^2\boldsymbol{\epsilon}_0^*\cdot\bar{\bar{\alpha}}\cdot\boldsymbol{\epsilon}_0]$$

除以入射强度 I_{inc} 后，就得到了消光截面。

可极化粒子的消光截面

$$C_{\text{ext}}=\frac{k}{\varepsilon}\mathrm{Im}[\boldsymbol{\epsilon}_0^*\cdot\bar{\bar{\alpha}}\cdot\boldsymbol{\epsilon}_0]=4\pi k\mathrm{Im}[\boldsymbol{\epsilon}_0^*\cdot\bar{\bar{\alpha}}_{\text{vol}}\cdot\boldsymbol{\epsilon}_0] \tag{9.22}$$

接下来使用上述结果计算金属纳米球体和椭球体的光谱。图 9.4 和图 9.5 分别为银和金介质球体与椭球体的消光截面。可以观察到，随着轴比的增加，等离子体模式向较低能量的方向移动，并且共振变得更尖锐。在所有图中，光的偏振是沿椭圆体的长轴 z 轴进行的。从椭圆体的去极化系数 L_k 可以看出，存在与 x 方向和 y 方向电荷振荡相关

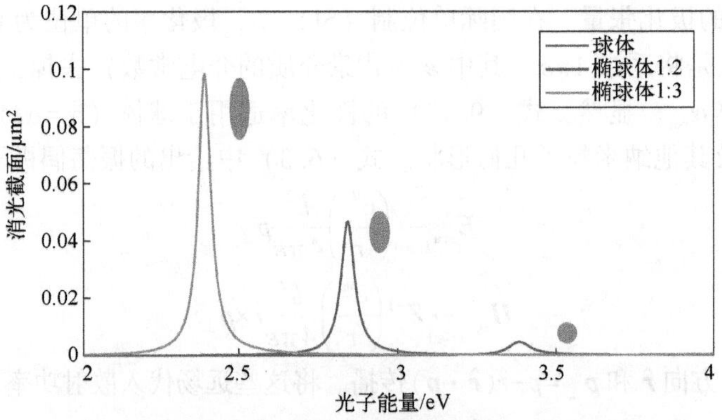

图 9.4　不同轴比的银介质球体和椭球体的消光截面

的等离子体共振，但其共振频率与轴比关系不大。

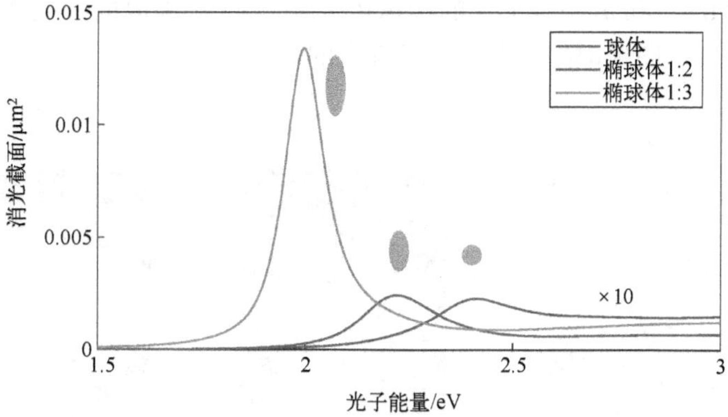

图 9.5 不同轴比的金介质球体和椭球体的消光截面

当比较银纳米粒子和金纳米粒子时，可以发现由于金介电函数的虚部较大，因此金的等离子频率阻尼要强得多。特别是当共振频率超过 2eV 时，光谱授予 $\varepsilon_1''(\omega)$ 相关的损耗的影响。图 9.6 显示了不同轴比的椭球体的共振峰位置以及 C_{ext} 的最大值（对应于点的大小）。可以观察到，银和金的等离子峰都会随着轴比的增加而向更小的能量移动。

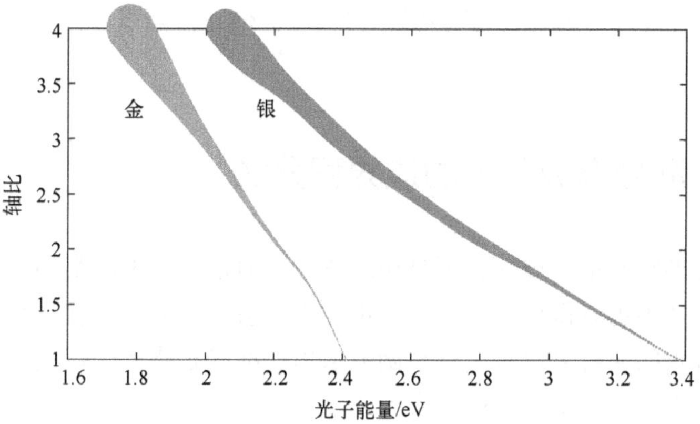

图 9.6 不同轴比下金银纳米椭球体的共振位置

在图 9.4 中，$a_1=a_2=20$nm，a_3 为变量。消光截面是在平面波激励和沿长轴偏振的情况下计算得出的，银的介电函数取自文献［34］。嵌入介质的折射率 $n_2=1.33$。

在图 9.5 中，球体的值按 10 倍缩放以获得更好的可见性。与银相比，金的截面要小得多，这是因为金的介电常数虚部较大，因而阻尼较大。

图 9.7 展示了不同轴比的椭球体和沿 z 方向的光偏振的场增强。随着轴比的增加，场增强变得显著增加。这是由于纳米结构的尖锐特征处存在更紧密的场约束，以及在较低能量处共振的阻尼较小。由于后一种效应，等离子体激元可以被更强烈地激发出来，这在前面简单振荡器模型［式（9.15）］处已经讨论过。事实上，正是明显的共振和强大的场增强相结合，才使得等离子体纳米粒子在各种应用中如此引人关注。

在图 9.6 中，对于每个轴比，圆圈的位置对应 C_{ext} 最大的光子能量，大小对应 C_{ext} 的值。黄金值按 5 倍缩放以获得更好的可见性。

在图9.7中，近场增强$|\boldsymbol{E}(\boldsymbol{r})|^2$分别对应于在图9.6中球体［图（a）］、$a_1:a_3=1:2$的椭球体［图（b）］和$a_1:a_3=1:3$的椭球体［图（c）］提取的共振能量处，以及在$\hat{z}$方向上的光偏振。该图顶部的色条显示了各自的增强因子范围。

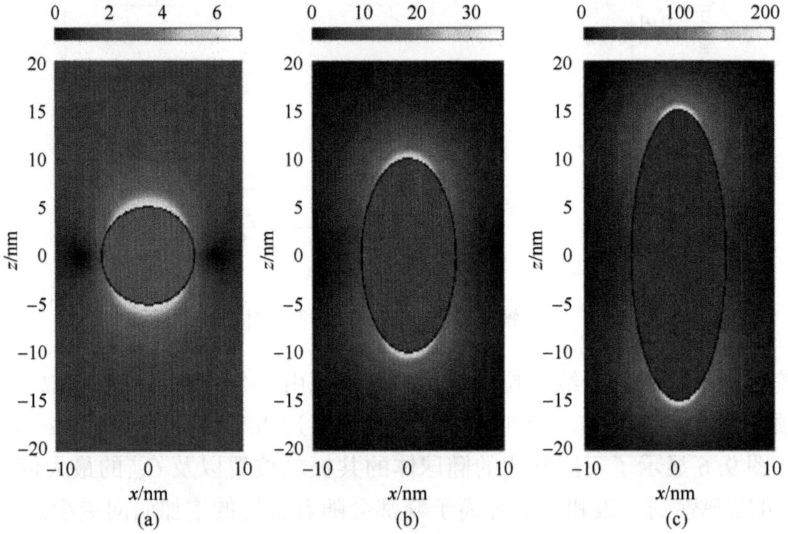

图9.7　银介质的球体和椭球体的强度增强

9.3　准静态极限下的边界积分法

当纳米粒子形状既不是球体也不是椭球体时，通常必须采用某种数值方案。下面介绍边界积分法，从中可以得出一些重要结论。该方法的数值实现将在第11章讨论。

对于泊松方程的通解可以采用格林函数求出。准静态格林函数遵循亥姆霍兹方程的函数，详见式（5.7），当$k\to 0$时，可得

$$G(\boldsymbol{r},\boldsymbol{r}')=\frac{1}{4\pi|\boldsymbol{r}-\boldsymbol{r}'|}\tag{9.23}$$

为了计算给定外部电势V_{inc}的感应电势，可以从式（5.15）的表达式入手，让$\boldsymbol{r}$接近边界。这种方法将在下文进一步用来求解完整的麦克斯韦方程组（无准静态近似）。然而，对于准静态情况，可以引入一种基于表面电荷分布σ的更简单的方法，它可以捕捉粒子等离子体的物理本质。首先，粒子内部和外部的总电势为

$$V(\boldsymbol{r})=V_{\text{inc}}(\boldsymbol{r})+\oint_{\partial\Omega}G(\boldsymbol{r},\boldsymbol{s}')\sigma(\boldsymbol{s}')\mathrm{d}S'\tag{9.24}$$

其中，积分在粒子边界上延伸。V_{inc}同样是与外部源或入射波相关的电势。$\boldsymbol{r}$和$\boldsymbol{s}$分别表示位于边界外和边界上的位置。对式（9.24）两边应用拉普拉斯算子可得

$$\boldsymbol{r}\notin\partial\Omega\text{时：}\ \nabla^2V(\boldsymbol{r})=\nabla^2V_{\text{inc}}(\boldsymbol{r})-\oint_{\partial\Omega}\delta(\boldsymbol{r}-\boldsymbol{s}')\sigma(\boldsymbol{s}')\mathrm{d}S'=-\frac{\rho(\boldsymbol{r})}{\varepsilon}$$

在推导这一结果时用到了准静态格林函数的定义方程：

$$\nabla^2 G(\boldsymbol{r},\boldsymbol{r}') = -\delta(\boldsymbol{r}-\boldsymbol{r}') \tag{9.25}$$

假设$\nabla^2 V_{\text{inc}}$给出了所考虑的体积内的电荷分布。对于入射光场，该项是不存在的，最终将得到拉普拉斯方程。通过构造，式（9.24）满足泊松方程，并且由于格林函数的定义，它建立了在无穷远处衰减场的适当边界条件。接下来计算未知的表面电荷分布$\sigma(\boldsymbol{s})$，从而满足式（9.4）在粒子边界处的边界条件。

在图9.8中，观察点位于$(\boldsymbol{s}+\eta\hat{\boldsymbol{n}})$处，通过取极限$\eta\to 0$，使其从外部或内部接近边界。关注的量在一个小的圆盘状边界$\partial\Omega_a$上积分。

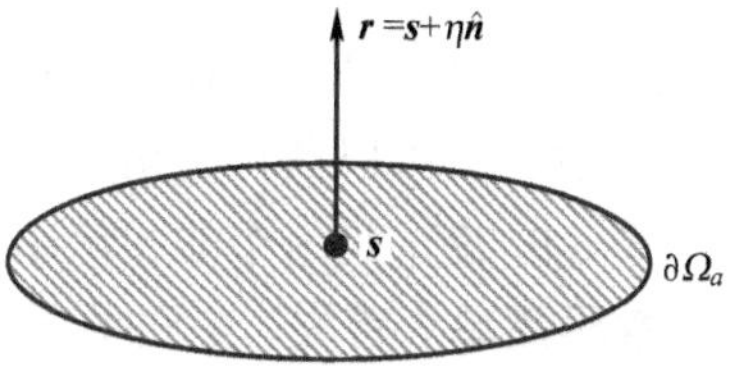

图9.8　狄利克雷迹线和诺依曼迹线示意图

狄利克雷迹线。当从外部或内部接近$\boldsymbol{r}\to\boldsymbol{s}$边界时，首先计算边界处的势：

$$V(\boldsymbol{s}^{\pm}) = V_{\text{inc}}(\boldsymbol{s}^{\pm}) + \lim_{\eta\to 0}\oint_{\partial\Omega}\frac{\sigma(\boldsymbol{s}')\mathrm{d}S'}{4\pi|\boldsymbol{s}\pm\eta\hat{\boldsymbol{n}}-\boldsymbol{s}'|}$$

在数学文献中，这种限制过程称为狄利克雷迹线。V_{inc}可以毫无困难地执行限制。对于第二项，因为$1/r$对格林函数的依赖性，这里必须更加小心。在一个较小的边界区域内进行积分对于获得良好的结果至关重要。建立一个坐标系，令$\boldsymbol{s}$位于原点，$\boldsymbol{r}$沿z轴接近该点，见图9.8。对于小边界区域，假设存在一个位于xy平面上半径为a的圆盘。那么，涉及格林函数的项可以表示为

$$\lim_{\eta\to 0}\oint_{\partial\Omega_a}\frac{\sigma(\boldsymbol{s}')\mathrm{d}S'}{4\pi|\boldsymbol{s}\pm\eta\hat{\boldsymbol{n}}-\boldsymbol{s}'|} \approx \frac{1}{2}\sigma(\boldsymbol{s})\lim_{\eta\to 0}\int_0^a\frac{\rho\mathrm{d}\rho}{\sqrt{\rho^2+\eta^2}} = \frac{1}{2}\sigma(\boldsymbol{s})a\underset{a\to 0}{\longrightarrow}0$$

假设$\sigma(\boldsymbol{s}')$在圆盘内缓慢变化，可以通过其中心位置$\boldsymbol{s}$的值来近似，并从积分中取出。此外，积分是在极坐标下求得的。上述表达式表明，可以顺利地得出狄利克雷迹线，并且无论从外部还是内部接近边界，都可以获得相同的值。

诺依曼迹线。将相同的分析应用于下式：

$$\frac{\partial V(\boldsymbol{s}^{\pm})}{\partial n} = \frac{\partial V_{\text{inc}}(\boldsymbol{s}^{\pm})}{\partial n} - \lim_{\eta\to 0}\hat{\boldsymbol{n}}\cdot\oint_{\partial\Omega}\frac{\boldsymbol{s}\pm\eta\hat{\boldsymbol{n}}-\boldsymbol{s}'}{4\pi|\boldsymbol{s}\pm\eta\hat{\boldsymbol{n}}-\boldsymbol{s}'|^3}\sigma(\boldsymbol{s}')\mathrm{d}S'$$

这种限制过程称为诺依曼迹线。在右侧的第二项中已经计算了关于$\boldsymbol{r}$的正态导数，可以安全地对输入作用进行限制。再次为第二项引入极坐标可以得到：

$$\mp\frac{1}{2}\sigma(\boldsymbol{s})\lim_{\eta\to 0}\int_0^a\frac{\eta\rho\mathrm{d}\rho}{(\rho^2+\eta^2)^{\frac{3}{2}}} = \mp\frac{1}{2}\sigma(\boldsymbol{s})\lim_{\eta\to 0}\left[-\frac{\eta}{\sqrt{\rho^2+\eta^2}}\right]_0^a\underset{a\to 0}{\longrightarrow}\mp\frac{1}{2}\sigma(\boldsymbol{s})$$

其中，负号或正号表示从外部或内部接近边界。此外，$(\boldsymbol{s}-\boldsymbol{s}')\cdot\hat{\boldsymbol{n}}=0$，这对于图9.8中所示的小平面圆盘有效。从这个结果中可以发现，无论从外部还是内部接近边界，诺依曼迹线都会给出不同的结果。

到此为止，计算$\partial\Omega$处的边界条件的所有要素已经介绍完毕。由于狄利克雷迹线的特性，势的连续性得到满足：

$$V(\boldsymbol{s}^{+}) = V(\boldsymbol{s}^{-})$$

对于第二种边界条件，如式（9.4b）所示，必须计算势导数：

$$\frac{\partial V(\boldsymbol{s}^{\pm})}{\partial n} = \frac{\partial V_{\text{inc}}(\boldsymbol{s})}{\partial n} \mp \frac{1}{2}\sigma(\boldsymbol{s}) + \oint_{\partial\Omega}\frac{\partial G(\boldsymbol{s},\boldsymbol{s}')}{\partial n}\sigma(\boldsymbol{s}')\mathrm{d}S' \tag{9.26}$$

根据介电通（量）密度的连续性，在一些简单的处理后可得**准静态边界积分方程**：

$$\Lambda(\omega)\sigma(s)+\oint_{\partial\Omega}\frac{\partial G(s,s')}{\partial n}\sigma(s')\mathrm{d}S'=-\frac{\partial V_{\mathrm{inc}}(s)}{\partial n} \tag{9.27}$$

其中，$\Lambda(\omega)=\frac{1}{2}\frac{\varepsilon_1(\omega)+\varepsilon_2(\omega)}{\varepsilon_1(\omega)-\varepsilon_2(\omega)}$。

式（9.27）是一个积分方程，可以用于计算给定外部激励下的表面电荷分布 σ。计算出 σ 后，就可以获得电势，进而利用式（9.24）获得其他各处的电场。由于多种原因，式（9.27）是一个非常吸引人的表达式。

推导简单。首先，它的推导过程相当简单，其核心是等离子体的核心对象（表面电荷分布）。因此，可以非常直观地解释结果。

计算简单。正如将在 11.2 节中提到的，将式（9.27）用于数值计算的过程并不复杂。

本征模态。最吸引人的一点可能就是边界积分方程可以通过引入几何本征模来求解，这使我们能够将几何与材料属性分开。其缩写形式为

$$F(s,s')=\frac{\partial G(s,s')}{\partial n}=\frac{\partial}{\partial n}\left(\frac{1}{4\pi|s-s'|}\right)$$

上式为格林函数的表面导数。遗憾的是，F 仅对特定的几何形状（如球体）是对称的，在进行本征模分析时必须小心谨慎。可以分别求出 F 的左右本征模 $u_k(s)$ 和 $\tilde{u}_k(s)$，定义为①：

等离子体本征模式（准静态极限）

$$\begin{cases}\oint_{\partial\Omega}F(s,s')u_k(s')\mathrm{d}S'=\lambda_k u_k(s)\\ \oint_{\partial\Omega}\tilde{u}_k(s')F(s',s)\mathrm{d}S'=\lambda_k\tilde{u}_k(s)\end{cases} \tag{9.28}$$

它们具有相同的本征值 λ_k 并构成一个完整的双正交集合，其正交关系为

$$\oint_{\partial\Omega}\tilde{u}_k(s)u_{k'}(s)\mathrm{d}S=\delta_{kk'} \tag{9.29}$$

具体细节将在 9.7 节中更详细地讨论。在那里还将证明可以使用对称关系来证明本征值总是实值：

$$\oint_{\partial\Omega}G(s,s_1)F(s_1,s')\mathrm{d}S_1=\oint_{\partial\Omega}G(s',s_1)F(s_1,s'')\mathrm{d}S_1=0 \tag{9.30}$$

同时，u_k 和 $\tilde{u}_k$ 可以通过以下方式相互关联：

$$\tilde{u}_k(s)=\oint_{\partial\Omega}G(s,s')u_k(s')\mathrm{d}S' \tag{9.31}$$

u_k 和 $\tilde{u}_k$ 的巧妙之处在于它们的特性仅取决于纳米粒子的几何形状，而所有材料特性都包含在 $\Lambda(\omega)$ 中。一旦本征模 u_k 和 $\tilde{u}_k$ 被计算出来（例如通过数值计算），就可以根据这些本征模扩展给定外部扰动 V_{inc} 的表面电荷：

---

① 在这种情况下，特征值取值范围为 $-1/2\leqslant\lambda_k\leqslant0$。在文献中，人们经常重新标度特征值，使它们位于 $-1\leqslant\lambda_k\leqslant0$ 的范围内[61-62]，但是在这里更倾向于使用式（9.28）。

$$\sigma(\boldsymbol{s}) = \sum_k C_k u_k(\boldsymbol{s})$$

将此表达式代入边界积分公式（9.27），并利用 u_k 是 F 的本征模这一事实可得到：

$$\oint_{\partial\Omega} \widetilde{u}_k(\boldsymbol{s}) \sum_{k'} [\Lambda(\omega) + \lambda_{k'}] C_{k'} u_{k'}(\boldsymbol{s}) \mathrm{d}S = -\oint_{\partial\Omega} \widetilde{u}_k(\boldsymbol{s}) \frac{\partial V_{\text{inc}}(\boldsymbol{s})}{\partial n} \mathrm{d}S$$

其中，将方程的两边乘以 $\widetilde{u}_k$ 并对粒子边界进行积分。利用本征模的双正交性，可以计算出膨胀系数，并得到准静态边界积分方程的本征模解，其形式为

$$\sigma(\boldsymbol{s}) = -\sum_k (\Lambda(\omega) + \lambda_k)^{-1} \left[\oint_{\partial\Omega} \widetilde{u}_k(\boldsymbol{s}') \frac{\partial V_{\text{inc}}(\boldsymbol{s}')}{\partial n'} \mathrm{d}S'\right] u_k(\boldsymbol{s}) \tag{9.32}$$

该表达式对于许多应用特别有用，并且允许根据简单积分的计算来求解边界积分方程。

格林函数。详细说明见9.7节，等离子体纳米粒子在准静态极限下的总格林函数可以表示如下。

总格林函数的本征模展开

$$G_{\text{tot}}(\boldsymbol{r},\boldsymbol{r}') = G(\boldsymbol{r},\boldsymbol{r}') - \sum_k V_k(\boldsymbol{r}) \left[\frac{\lambda_k \pm \frac{1}{2}}{\Lambda(\omega) + \lambda_k}\right] V_k(\boldsymbol{r}') \tag{9.33}$$

正负号的选择取决于 $\boldsymbol{r}$ 和 $\boldsymbol{r}'$ 位于粒子外部还是内部。我们引入了本征势：

$$V_k(\boldsymbol{r}) = \oint_{\partial\Omega} G(\boldsymbol{r},\boldsymbol{s}') u_k(\boldsymbol{s}') \mathrm{d}S' \tag{9.34}$$

对外部电荷分布 $\rho(\boldsymbol{r})$ 的响应可以写为

$$V(\boldsymbol{r}) = \varepsilon_2^{-1} \int G(\boldsymbol{r},\boldsymbol{r}') \rho(\boldsymbol{r}') \mathrm{d}^3 r'$$

其中，$\boldsymbol{r}$ 假定位于粒子外部，相应地必须在式（9.33）中取正号。

微扰理论。正如将在下面介绍的耦合粒子，本征模分析可以很容易地推广到微扰理论，这与量子力学非常相似。

9.3.1 等离子体本征模

图9.9显示了纳米盘示例的等离子体本征模式。最低本征值的模式具有图（a）偶极、图（b）四极和图（c）六极本征。在这里，表面电荷集中在粒子边缘。此外，还存在局限于平面的图（d）和图（e）模式，其表面电荷沿径向振荡。在光学实验中，只有偶极子模式可以被激发，而其他模式都没有净偶极矩，因此在光学上仍是暗态[63]。

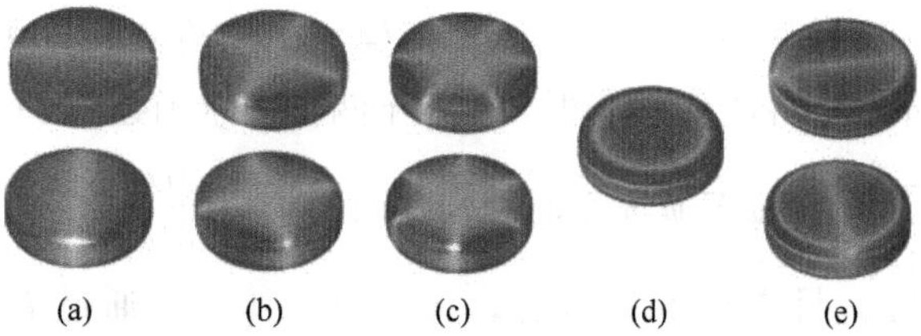

图9.9 纳米盘的一些选定本征模

下面将讨论如何确定给定本征值 λ_k 的谐振频率 ω_k。根据式（9.32）可以发现，当共振分母趋近零时，表面电荷分布 σ 变得最大。

$$\Lambda'(\omega_k)+\lambda_k=0$$

在图 9.9 中，图（a）、（b）和（c）分别为偶极子、四极子和最低能量的六极子模式，它们都是二重简并，并且在方位角方向上具有节点。更高的激发模式（图（d）、图（e））在径向上也有节点。

在图 9.10 中，图（a）为具有不同轴比的椭球体能量最低模式的本征值 λ_1。对于特定的轴比（此处为 3），共振条件为 $\lambda_1+\Lambda'(\omega)=0$。图（b）为银和金的实部 $\Lambda'(\omega)$，$n_2=1.33$。$-\lambda_1$ 和 $\Lambda'(\omega)$ 的交叉点给出了谐振位置。对于金，只有在轴比较大时才会出现明显的共振，这是因为在 2eV 以上会出现很强的带间阻尼。

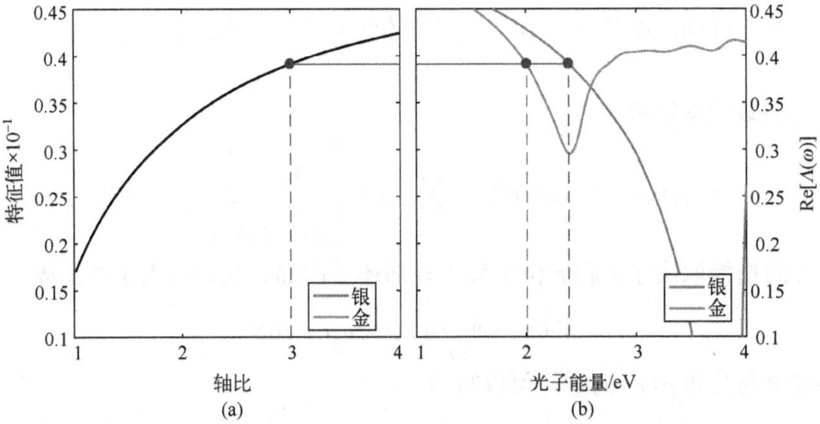

图 9.10　构造如何获得给定本征值 λ_k 的共振频率（见彩插）

正如之前讨论过的球体，虚部 $\Lambda''(\omega_k)$ 使 σ 在共振时保持有限。这里再次强调，在上述表达式中，$\Lambda(\omega)$ 仅取决于材料特性，而 λ_k 仅取决于纳米粒子的几何形状。图 9.10 展示了如何确定银椭球体或金椭球体的谐振频率 ω_k。图（a）为不同轴比的偶极模式的（负）本征值 λ_1。此外，还有其他模式，例如四极模式和六极模式，在此不予考虑。图（b）显示了银和金在不同频率 ω 下的 $\Lambda(\omega)$。在共振时，$-\lambda_1$ 和 $\Lambda'(\omega)$ 的值必须彼此相等，如图 9.10 中红线所示，轴比为 1∶3。其中，金和银的谐振频率分别约为 2eV 和 2.4eV（另见图 9.4 和图 9.5）。从结构中还可以观察到，只有在光子能量保持在 2eV 以下的足够大的长宽比时，金才存在明显的谐振。对于较大的光子能量，金的强损耗会导致等离子体共振的显著衰减，进而使光谱中的等离子体谐振强烈变宽（例如图 9.5 中球体的微弱峰）。

文献［62，65］详细研究了等离子体本征模，下面将复现其中一些结果，以便直观地理解本征值。首先是格林第一特性[2]，对于两个任意函数 ϕ 和 ψ：

$$\int_{\Omega}(\phi\,\nabla^2\psi+\nabla\phi\cdot\nabla\psi)\,\mathrm{d}^3r=\int_{\partial\Omega}\phi\,\frac{\partial\psi}{\partial n}\mathrm{d}S$$

令 $\phi=V_k$，$\psi=V_{k'}$，且本征电势为公式（9.34）所示。通过 $\boldsymbol{E}_k=-\nabla V_k$ 和 $\nabla^2V_k=0$（远离边界）可以得到：

$$\int_{\Omega_{1,2}} \boldsymbol{E}_k \cdot \boldsymbol{E}_{k'} \mathrm{d}^3 r = \tau_{1,2} \oint_{\partial\Omega} V_k \left[\frac{\partial V_{k'}}{\partial n}\right]_{1,2} \mathrm{d}S \tag{9.35}$$

右侧电势的表面导数必须解释为诺依曼迹线，其位置是从内部或外部接近的，并且因子 $\tau_{1,2}=\pm 1$ 表示在 Ω_2 情况下表面法线的变化，正如之前在5.2.1节中讨论的表达式。根据本征模的定义［式（9.28）］，并使用类似于式（9.26）的表达式来计算本征势的表面导数，右侧的积分可以计算为

$$\pm\oint_{\partial\Omega} V_k \left[\pm\frac{1}{2}u_{k'}(\boldsymbol{s}) + \oint_{\partial\Omega} F(\boldsymbol{s},\boldsymbol{s}')u_{k'}(\boldsymbol{s}')\mathrm{d}S'\right]\mathrm{d}S = \left(\frac{1}{2} \pm \lambda_k\right)\delta_{kk'}$$

等离子体颜色

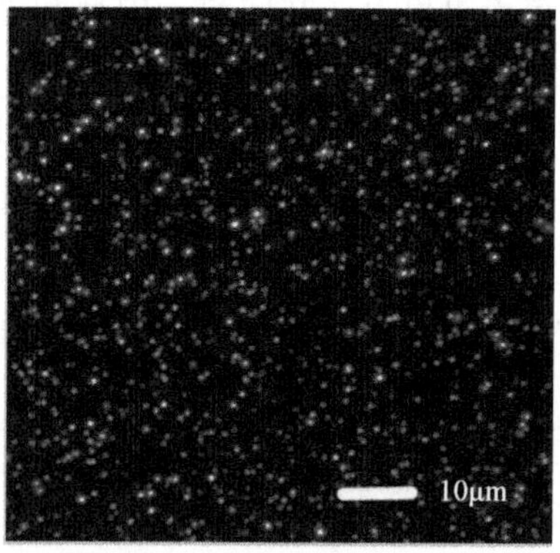

根据金属纳米粒子的形状和大小，等离子体共振可以在可见光或红外范围内发生。上图为暗场显微镜图像，其中金属纳米粒子位于玻璃基底上，玻璃基底在全内反射角下从下方照射。只有在纳米粒子的位置上光线才会发生散射，颜色取决于不同几何形状的共振频率。在中世纪教堂的彩色玻璃窗上也可以看到类似的色彩效果，金属纳米颗粒被嵌入玻璃基质中，呈现出明亮闪耀的色彩。与染料不同，金属颗粒不会因光散射而降解，因此颜色也不会随时间而变化。

等离子体可以利用这些共振，这些共振与金属纳米粒子和嵌入电介质之间的界面处的相干电子电荷振荡相关，并与强倏逝场共同作用。通过共振驱动粒子等离子体，可以在纳米尺寸的体积内产生高场强。等离子体在纳米尺度上实现光约束这一简单原理为许多应用带来了希望，如传感器、光收集或癌症治疗[44,64]。

图片由 Carsten Sönnichsen 提供。

为了得到最后一个表达式，我们使用了式（9.28）的本征模定义以及正交关系：

$$\oint_{\partial\Omega} u_k(\boldsymbol{s})G(\boldsymbol{s},\boldsymbol{s}')u_{k'}(\boldsymbol{s}')\mathrm{d}S\mathrm{d}S' = \delta_{kk'}$$

上式由式（9.29）和式（9.31）得出。因此，可以发现：

$$\int_{\Omega_{1,2}} \boldsymbol{E}_k \cdot \boldsymbol{E}_{k'} \mathrm{d}^3 r = \left(\frac{1}{2} \pm \lambda_k\right)\delta_{kk'}$$

换句话说，本征模的场在内部和外部体积 $\Omega_{1,2}$ 中彼此正交。通过加减 Ω_1 和 Ω_2 的表达式可得**本征值与静电能量的关系**：

$$\lambda_k = \frac{1}{2}\frac{W_k^1 - W_k^2}{W_k^1 + W_k^2}, \quad W_k^{1,2} = \frac{\varepsilon_0}{2}\int_{\Omega_{1,2}} \boldsymbol{E}_k \cdot \boldsymbol{E}_{k'} \mathrm{d}^3 r \tag{9.36}$$

式中：$W^{1,2}$分别为粒子内部和外部的表面电荷分布$u_k(s)$的静电能。因此可以根据本征模式表面电荷分布的静电能对本征值进行简单解释。

静电极限。在静电极限下，所有场都从金属中发出，对应于$W^1=0$。这对应于本征值$\lambda_0=-1/2$，转换为共振频率$\omega\to0$。表面电荷分布具有净电荷，类似于带电的金属边界，通常不能被光学激发。

偶极模式。对于球体和椭球体中的偶极激发，粒子内部存在恒定电场，详见图9.7。随着长宽比的增加，电荷分布的正负部分被推向椭球体的两端。因此，与W_1相比，粒子外部的电场分布W_2增大，并且本征值也会降低，从而导致等离子体共振红移（图9.6）。

高激发数。等离子体本征模式具有大量节点，类似于具有短波长的表面等离子体。因此，电场被紧密地限制在粒子边界上，并向粒子内部和外部延伸。对于$W^1\approx W^2$，等离子体本征值趋近零。

在图9.11中，金属纳米颗粒被受体功能化。在流体通道中与分析物结合后，介电环境发生变化，等离子体共振发生轻微变化（比较光谱的虚线和实线）。这种移动可以用光学方法检测到，有时灵敏度可达单分子水平。图片取自文献［66］。

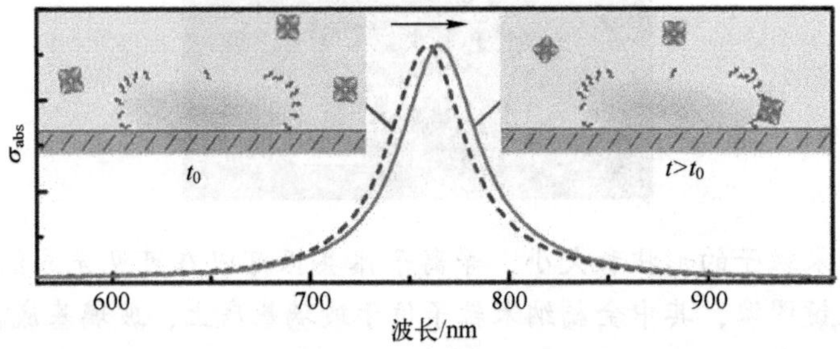

图9.11　等离子体（生物）传感器的工作原理

等离子体传感器

与表面等离子体的情况类似，电介质环境变化时等离子体共振的变化可用于具有极高灵敏度的等离子体（生物）传感器，工作原理如图9.11所示，包括一个等离子体纳米粒子，其受体功能化，受体只能与特定的分析物结合。当待检测的分析物与受体结合时，介电环境会发生微小的变化，可以观察到等离子体共振位置的（微小）移动。与平面金属的表面等离子体相比，粒子等离子体具有更紧密的场约束，这通常使基于纳米粒子的检测器具有极高的灵敏度。在某些情况下，甚至可以检测到单个分子的结合。

通常，传感器的灵敏度S被定义为在嵌入介质的折射率dn_2发生微小变化时谐振频率$d\omega_{res}$的变化[67]：

$$S_\omega=\frac{d\omega_{res}}{dn_2}$$

为了有效地检测ω_{res}的微小变化，等离子峰需要足够窄。Γ表示等离子峰的宽度。这样就可以将S_ω和Γ之间的比值定义为品质因数（FOM）：

$$\mathrm{FOM}=S_\omega:\Gamma=\frac{1}{\Gamma}\frac{d\omega_{res}}{dn_2}$$

可以从偶极共振的共振分母$\Lambda(\omega)+\lambda_{dip}$估算出这个量。将该表达式在接近共振时线

性化可得

$$\Lambda(\omega)\approx\Lambda_{\text{res}}+\left[\frac{\delta\Lambda}{\delta\varepsilon_1}\right]\left(\frac{\delta\varepsilon_1}{\delta\omega}\right)\delta\omega+\left[\frac{\delta\Lambda}{\delta\varepsilon_2}\right]\delta\varepsilon_2$$

利用括号中的项仅在符号上不同的特点（从 Λ 的定义可以立即看出），从 $\text{Re}[\Lambda(\omega)+\lambda_{\text{dip}}]=0$ 可以获得共振频率的变化：

$$\delta\omega\approx\left(\frac{\delta\varepsilon_1'}{\delta\omega}\right)^{-1}\delta\varepsilon_2$$

如果假设等离子峰的宽度近似取决于金属介电常数的虚部 $\Gamma\propto\varepsilon_1''$，则可以得到：

$$\text{FOM}\propto\left(\varepsilon_1''\frac{\delta\varepsilon_1'}{\delta\omega}\right)^{-1}$$

需要强调的是，该表达式仅取决于在粒子等离子体共振处计算的金属的材料特性 ε_1'' 和 ε_1'。对于小阻尼，ε_1' 在工作点处具有很强的频率依赖性，其阻尼最大。通过调整粒子的几何形状，可以调整共振频率，进而调整等离子体传感器的品质因数。

9.3.2　耦合粒子

图 9.12 体现的分别是在间隙距离为 5nm［图（a）］、2nm［图（b）］和 1nm［图（c）］时的共振能量下的近场增强 $|\boldsymbol{E}(\boldsymbol{r})|^2$，以及光在 $\hat{z}$ 方向上的偏振情况。该图顶部的色条显示了各自的增强因子范围。

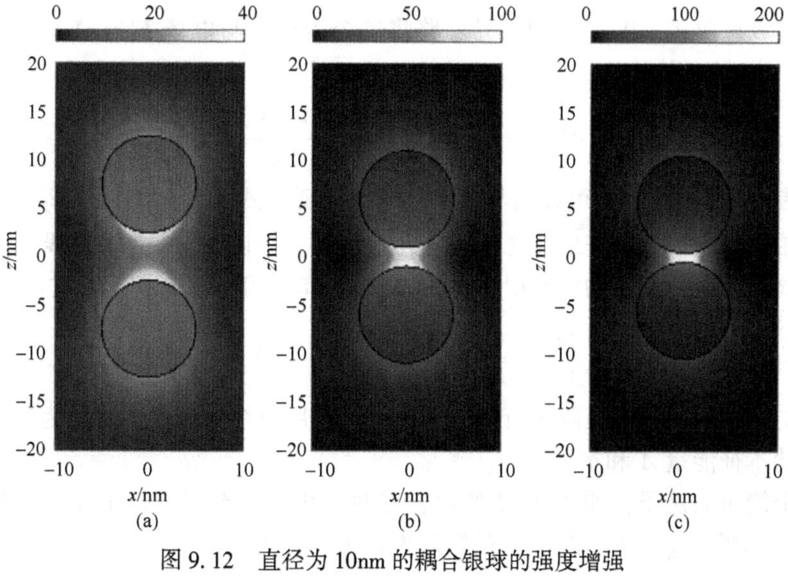

图 9.12　直径为 10nm 的耦合银球的强度增强

粒子间耦合是提高等离子体纳米粒子场强的一种成功方法。图 9.12 显示了两个纳米球相互靠近并被极化矢量沿对称轴方向的平面波激发的情况。可以看出，当粒子相互靠近时，与耦合结构相关的等离子体共振频率处的场强会增大。下面在本征模的框架下分析这种粒子间耦合。

耦合粒子的本征值表达式为

$$\oint_{\partial\Omega}F(\boldsymbol{s},\boldsymbol{s}')U_k(\boldsymbol{s}')\,\mathrm{d}S'=\Lambda_k U_k(\boldsymbol{s})\tag{9.37}$$

其中，积分延伸到两个粒子的边界上，在下面将其表示为左粒子(L)和右粒子(R)。$U_k(\boldsymbol{s})$表示具有本征能量 Λ_k 的本征模，u_m^{L} 和 u_n^{R} 表示单个粒子的本征模态，$\boldsymbol{\lambda}_m^{\mathrm{L}}$ 和 $\boldsymbol{\lambda}_n^{\mathrm{R}}$ 表示相应的本征模态，本征模态 u_m^{L} 和 u_n^{R} 形成一个完整的集合。因此，耦合粒子的本征值方程可以根据非耦合粒子的本征模展开。

耦合粒子的本征值方程。首先通过非耦合粒子的本征模扩展耦合粒子的本征模：

$$U_k(\boldsymbol{s}) = \begin{cases} \sum\limits_m C_{m,k}^{\mathrm{L}} u_m^{\mathrm{L}}(\boldsymbol{s}) & (\boldsymbol{s} \in \partial \Omega^{\mathrm{L}}) \\ \sum\limits_n C_{n,k}^{\mathrm{R}} u_n^{\mathrm{R}}(\boldsymbol{s}) & (\boldsymbol{s} \in \partial \Omega^{\mathrm{R}}) \end{cases}$$

式中：$C_{m,k}^{\mathrm{L}}$、$C_{n,k}^{\mathrm{R}}$为要确定的膨胀系数。接下来将这个表达式代入式（9.37），将左边的公式与邻接的本征模$\widetilde{u}_m^{\mathrm{L}}$ 和$\widetilde{u}_n^{\mathrm{R}}$ 相乘，并对边界进行积分可以得到：

$$\begin{cases} \lambda_m^{\mathrm{L}} C_{m,k}^{\mathrm{L}} + \sum\limits_{n'} C_{n',k}^{\mathrm{R}} \oint \widetilde{u}_m^{\mathrm{L}}(\boldsymbol{s}_{\mathrm{L}}) F(\boldsymbol{s}_{\mathrm{L}}, \boldsymbol{s}_{\mathrm{R}}) u_{n'}^{\mathrm{R}}(\boldsymbol{s}_{\mathrm{R}}) \mathrm{d}S_{\mathrm{L}} S_{\mathrm{R}} = \Lambda_k C_{m,k}^{\mathrm{L}} \\ \lambda_n^{\mathrm{R}} C_{n,k}^{\mathrm{R}} + \sum\limits_{m'} C_{m',k}^{\mathrm{L}} \oint \widetilde{u}_n^{\mathrm{R}}(\boldsymbol{s}_{\mathrm{R}}) F(\boldsymbol{s}_{\mathrm{R}}, \boldsymbol{s}_{\mathrm{L}}) u_{m'}^{\mathrm{L}}(\boldsymbol{s}_{\mathrm{L}}) \mathrm{d}S_{\mathrm{L}} S_{\mathrm{R}} = \Lambda_k C_{n,k}^{\mathrm{R}} \end{cases} \tag{9.38}$$

前面已经利用式（9.28）的本征值表达式将边界积分 $F(\boldsymbol{s}_{\mathrm{L}}, \boldsymbol{s}_{\mathrm{L}})$ 和 $F(\boldsymbol{s}_{\mathrm{R}}, \boldsymbol{s}_{\mathrm{R}})$ 与本征值 $\boldsymbol{\lambda}^{\mathrm{L}}$ 和 $\boldsymbol{\lambda}^{\mathrm{R}}$ 联系起来。对其余的边界积分，引入：

$$\mathcal{F}_{mn} = \oint \widetilde{u}_m^{\mathrm{L}}(\boldsymbol{s}_{\mathrm{L}}) F(\boldsymbol{s}_{\mathrm{L}}, \boldsymbol{s}_{\mathrm{R}}) u_n^{\mathrm{R}}(\boldsymbol{s}_{\mathrm{R}}) \mathrm{d}S_{\mathrm{L}} S_{\mathrm{R}} \tag{9.39}$$

正如练习 9.10 中所讨论的，积分是实值，并且具有对称性$\mathcal{F}_{mn} = \mathcal{F}_{nm}$。使用格林第一公式，可以按照式（9.35）的推导思路将这个表达式与电场 $\boldsymbol{E}_m^{\mathrm{L}} = -\nabla V_m^{\mathrm{L}}$ 和 $\boldsymbol{E}_n^{\mathrm{R}} = -\nabla V_n^{\mathrm{R}}$ 联系起来。由此可得

$$\int_{\Omega_2} \boldsymbol{E}_m^{\mathrm{L}} \cdot \boldsymbol{E}_n^{\mathrm{R}} \mathrm{d}^3 r = -\sum_{j=\mathrm{L},\mathrm{R}} \oint_{\partial \Omega j} V_m^{\mathrm{L}}(\boldsymbol{s}_j) \frac{\partial V_n^{\mathrm{R}}(\boldsymbol{s}_j)}{\partial n} \mathrm{d}S_j = -2\mathcal{F}_{mn}$$

上式表明矩阵元素$\mathcal{F}_{mn}$可以用与单个粒子的本征模式相关的表面电荷分布之间的静电相互作用能来表示。矩阵$\overline{\overline{\mathcal{F}}}$由这些矩阵元素组成，矩阵$\overline{\overline{\boldsymbol{\lambda}}}^{\mathrm{L}}$ 和$\overline{\overline{\boldsymbol{\lambda}}}^{\mathrm{R}}$ 对角线上有单粒子本征值。连同用于展开系数的矩阵$\overline{\overline{\boldsymbol{C}}}^{\mathrm{L}}$ 和$\overline{\overline{\boldsymbol{C}}}^{\mathrm{R}}$，式（9.38）可改写为如下形式：

$$\begin{pmatrix} \overline{\overline{\boldsymbol{\lambda}}}^{\mathrm{L}} & \overline{\overline{\mathcal{F}}} \\ \overline{\overline{\mathcal{F}}} & \overline{\overline{\boldsymbol{\lambda}}}^{\mathrm{R}} \end{pmatrix} \cdot \begin{pmatrix} \overline{\overline{\boldsymbol{C}}}^{\mathrm{L}} \\ \overline{\overline{\boldsymbol{C}}}^{\mathrm{R}} \end{pmatrix} = (\overline{\overline{\boldsymbol{C}}}^{\mathrm{L}}\ \overline{\overline{\boldsymbol{C}}}^{\mathrm{R}}) \cdot \overline{\overline{\Lambda}} \tag{9.40}$$

通过对左侧的第一个矩阵进行对角化，可以使用单个粒子的模式作为基函数来计算耦合粒子的本征能量 Λ 和本征函数。

举一个简单的例子，如图 9.12 所示，有两个相同的粒子，每个粒子均视为具有本征能量 λ 的单模 $u_{\mathrm{L,R}}$。式（9.40）的矩阵方程可简化为

$$\begin{pmatrix} \boldsymbol{\lambda} & \mathcal{F} \\ \mathcal{F} & \boldsymbol{\lambda} \end{pmatrix} \cdot \begin{pmatrix} \boldsymbol{C}^{\mathrm{L}} \\ \boldsymbol{C}^{\mathrm{R}} \end{pmatrix} = (\boldsymbol{C}^{\mathrm{L}} \boldsymbol{C}^{\mathrm{R}}) \cdot \begin{pmatrix} \Lambda_1 & 0 \\ 0 & \Lambda_2 \end{pmatrix}$$

其中，$\mathcal{F}$表示两个粒子之间的相互作用。因此，耦合粒子的本征模可以与键合和反键模态相关联，即 $\boldsymbol{C}^{\mathrm{L}} = \pm \boldsymbol{C}^{\mathrm{R}}$，对应的本征值如下。

耦合粒子的本征值

$$\Lambda_{1,2} = \lambda \pm \mathcal{F} \tag{9.41}$$

单个粒子的偶极共振（本征值λ）通过$\mathcal{F}$耦合，并分裂为键合（平行偶极矩）和反

键（反平行偶极矩）。

如图 9.13 所示，孤立球体的两种偶极模式耦合形成键合（偶极矩的平行取向→→）和反键（偶极矩的反平行取向→←）模式。只有键合构型具有净偶极矩并且可以被光学激发。对于这种构型，间隙区域的电荷在两个球体上符号相反，因此产生了图 9.12 中的强间隙场。

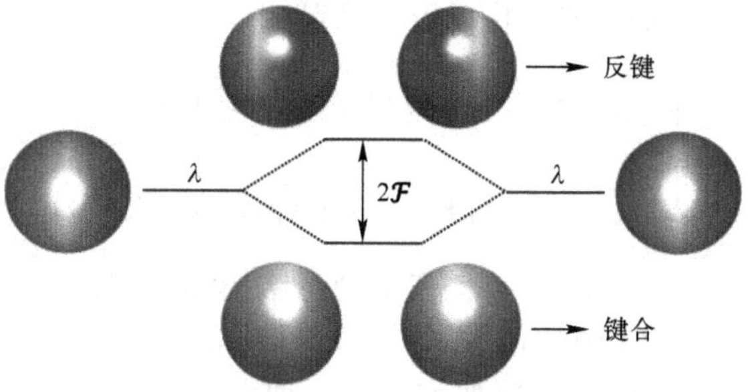

图 9.13 两个等离子体纳米粒子之间的耦合示意图

在图 9.14 中，圆圈表示基于仅包括单个球体的偶极模式的微扰理论的结果，正方形表示包括偶极和四极模式的结果。

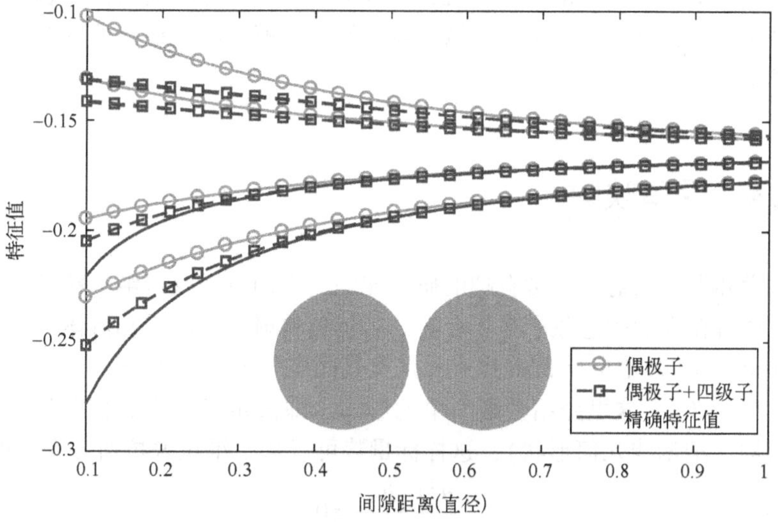

图 9.14 耦合球体和不同间隙距离的精确（红线）和近似（符号）本征值（见彩插）

图 9.14 显示了耦合纳米球的最低本征值与间隙距离的函数关系。从精确结果（红线）可以看出，当球体彼此靠近时，键合模式→→的最低本征值变小，因此等离子体共振峰值发生了偏移。此外，还观察到与垂直于对称轴方向的偶极矩↑↓，以及这些模式的反键构型↑↑、←→相关联的其他模式。根据式（9.41）计算出的近似本征值与精确结果非常吻合，至少在间隙距离足够大的情况下是如此。对于较小的粒子间距离，仅考虑偶极模式已经不够了。当除了具有本征值 λ_1 的偶极子模式还包括具有本征值 λ_2 的四极子模式（均平行于对称轴对齐）时，粒子间的相互作用矩阵可［式（9.40）］表示为

$$
\begin{pmatrix} \lambda_1 & 0 & \mathcal{F}_{11} & \mathcal{F}_{12} \\ 0 & \lambda_2 & \mathcal{F}_{12} & \mathcal{F}_{22} \\ \mathcal{F}_{11} & \mathcal{F}_{12} & \lambda_1 & 0 \\ \mathcal{F}_{11} & \mathcal{F}_{22} & 0 & \lambda_2 \end{pmatrix}
$$

其中，$\mathcal{F}_{11}$和$\mathcal{F}_{22}$表示真正的偶极子和四极子模式之间的相互作用，$\mathcal{F}_{12}$是偶极子-四极子相互耦合。将上述矩阵对角化后可以得到：

$$
\begin{cases} \Lambda_{1,2} = \dfrac{1}{2}\left[(\lambda_1^- + \lambda_2^-) \pm \sqrt{(\lambda_1^- + \lambda_2^-)^2 + 4\mathcal{F}_{12}^2} \right] \\ \Lambda_{3,4} = \dfrac{1}{2}\left[(\lambda_1^+ + \lambda_2^+) \pm \sqrt{(\lambda_1^+ + \lambda_2^+)^2 + 4\mathcal{F}_{12}^2} \right] \end{cases} \tag{9.42}
$$

其中，$\lambda_1^{\pm} = \lambda_1 \pm \mathcal{F}_{11}$，$\lambda_2^{\pm} = \lambda_2 \pm \mathcal{F}_{22}$，表示键合结构和反键结构之间的距离由于$\mathcal{F}_{12}$的影响进一步拉大。从图 9.14 中的正方形标记可见相应的结果。实际上，其精确结果的一致性比式（9.41）的偶极子情况要好得多。偶极子和四极子模式的混合也可以在图 9.13 所示的键合结构和反键结构的电荷分布中看到，相对于非耦合球体，电荷分布发生了变化：在键合结构中，更多的电荷累积在间隙区域，导致间隙场的增加和相应的等离子体共振的红移，而在反键结构中，电荷被推出间隙区域。在图 9.14 中，当球体之间的距离进一步减小时，精确本征值和近似本征值再次开始偏离，这表明更多的多极态也有显著作用。更复杂的等离子体纳米粒子的杂化模型已经在其他参考文献中进行了详细研究[68]。

9.4 保角映射

变换光学和保角映射是非常有趣的研究课题，它们可以获得纳米粒子几何形状的解析解，而这些解在人们的想象中是不存在的。保角映射在静电学和流体力学中已有一定的历史，并由约翰-彭德里（John Pendry）及其同事[69]引入等离子体学领域，早期相关工作另见文献［70］。这里介绍其最简单的形式，即假定准静态近似和沿 z 方向无限延伸的纳米结构（纳米线几何形状），这样标量势可以从二维拉普拉斯方程获得，有

$$
\frac{\partial^2 V}{\partial x^2} + \frac{\partial^2 V}{\partial y^2} = 0
$$

为了保持问题的二维特性，输入的电势 V_{inc} 必须与 z 无关。同理，在存在电荷分布的情况下，拉普拉斯方程必须由泊松方程取代，因此假设分布由沿 z 方向的线电荷组成。

变换光学和保角映射的神奇之处出现了：在二维空间中，可以接触到复杂分析领域，并将在附录 A 中简要概述复变分析以及该领域开发的强大工具。令 $z = x + \mathrm{i}y$ 表示复变变量。任何函数 $f(z)$ 都可以根据下式分解为实部和虚部：

$$
f(x,y) = u(x,y) + \mathrm{i}v(x,y)
$$

在下文中需要关注的是解析函数，这些函数可以围绕任意点 z_0 展开泰勒级数，并且无论如何接近 z_0，其极限$\lim\limits_{z \to z_0} f(z)$都会给出 $f(z_0)$ 的值。解析函数是平滑且无限可微的。

这里还需要考虑具有极点的函数，如 $1/z$，其中 $f(z)$ 在除极点 $z=0$ 之外的任何地方都是可解析的。如附录 A 所示，对于解析函数，可以推导出柯西-黎曼方程，如式（A.2）所示，它通过以下方式连接实部和虚部的导数：

$$\frac{\partial u}{\partial x}=\frac{\partial v}{\partial y},\quad \frac{\partial v}{\partial x}=-\frac{\partial u}{\partial y} \tag{9.43}$$

这种解析的直接结果就是 u 和 v 是所谓谐函数，这些函数在二维空间中满足拉普拉斯方程。实际上，可以发现：

$$\frac{\partial^2 u}{\partial x^2}=\frac{\partial}{\partial x}\left(\frac{\partial u}{\partial x}\right)=\frac{\partial}{\partial x}\left(\frac{\partial v}{\partial y}\right)=\frac{\partial}{\partial y}\left(\frac{\partial v}{\partial x}\right)=\frac{\partial}{\partial y}\left(-\frac{\partial u}{\partial y}\right)=-\frac{\partial^2 u}{\partial y^2}$$

同理，还可以证明 v 是谐函数。接下来将说明解析函数的一些显著特性，并将在本节的后面部分证明这些性质。进行坐标变换 $z'=g(z)$，即可以得到：

$$u'(x',y')=u[x'(x,y),y'(x,y)] \tag{9.44}$$

上式是谐函数。具有解析函数 $g(z)$ 的坐标变换的一个重要几何特性是它们保留了角度，因此定义了保角映射。这将产生以下重要结论。假设：

-$V(x,y)$ 是拉普拉斯或泊松方程的解；

-二维域 D 的边界 ∂D 处的给定值为 V；

-在 ∂D 处的给定正态导数为 $\partial V/\partial n$。

然后，还可以转换为

$$V'(x',y')=V[x'(x,y),y'(x,y)]$$

即拉普拉斯或泊松方程的解。由于保留了角度（更具体地说，因为外表面法线 $\hat{\boldsymbol{n}}$ 保持垂直于边界），对于变换后的边界 $\partial D'$，新解满足相同的边界条件。在等离子体领域内，可以利用解之间的这种密切联系。

参考结构。令 D 为沿 z 无限延伸的线状结构的二维域，其内部填充具有一定介电常数 ε 的材料。将 $V(x,y)$ 表示拉普拉斯或泊松方程的解，它在边界 ∂D 处具有式（9.4）的适当边界条件。

转换结构。令 $x'=x'(x,y)$，$y'=y'(x,y)$ 为保留角度的坐标变换。那么 $V'(x',y')$ 也是拉普拉斯或泊松方程的解，通过构造，它在变换后的边界 $\partial D'$ 处满足式（9.4）的适当边界条件。

事实上，这是一个非常了不起的发现。对于边界为 ∂D 的单一结构，只需求解一次拉普拉斯方程或泊松方程，然后通过简单的坐标转换，就能立即求出变换边界 $\partial D'$ 的无数解。

9.4.1 精选实例

在讨论保角映射的数学细节及其对拉普拉斯方程求解的影响之前，不妨先举几个例子，让大家了解这种方法的作用。下面首先研究映射

$$z'=g(z)=\frac{1}{z^*} \tag{9.45}$$

它定义了复平面的反转。用实部和虚部来表示时可以得到（注意，如果分母中没有复数共轭，y 坐标只会得到一个负号）：

$$x'=\frac{x}{x^2+y^2},\quad y'=\frac{y}{x^2+y^2}$$

假设在复平面中存在一个平行于实轴的直线：

$$z(t)=y_0(\tan t+\mathrm{i}) \tag{9.46a}$$

式中：$t\in(-\pi/2,\pi/2)$为实值参数，使得$x(t)$可以扫描所有值。由此可以得到：

$$x'(t)=y_0^{-1}\frac{\tan t}{\tan^2t+1}=\frac{\sin t\cos t}{y_0}=\frac{\sin(2t)}{2y_0}$$

$$y'(t)=y_0^{-1}\frac{1}{\tan^2t+1}=\frac{\cos^2t}{y_0}=\frac{1+\cos(2t)}{2y_0} \tag{9.46b}$$

换言之，具有碰撞参数$\mathrm{i}y_0$的直线转换为以$1/(2y_0)$为圆心、半径为$\mathrm{i}/(2y_0)$的圆。如图9.15所示为这种映射的几个示例。图（a）为将填充有介电材料的半无限平板映射到圆柱体上。相应地，图（b）为两个平板映射到两个接触圆柱体上。该结构非常引人注目，因为它包含一个奇异点，即两个圆柱体的接触点，这是很难用非解析模型来研究的。最后，图（c）为平板到新月形圆柱体的映射，文献［69］中建议将其作为等离子体光捕获装置。

此外，图9.15（c）中展示了激发的映射，其中原点（原始帧）的偶极子映射到位于无穷远处的两个电荷（变换帧）。相应的电场是恒定的，并且模拟了准静态极限下的平面波激发，沿偶极子方向的电场是恒定的；反过来，也可以在原始框架中使用无限远的两个电荷来模拟变换框架中振荡偶极子的激发。

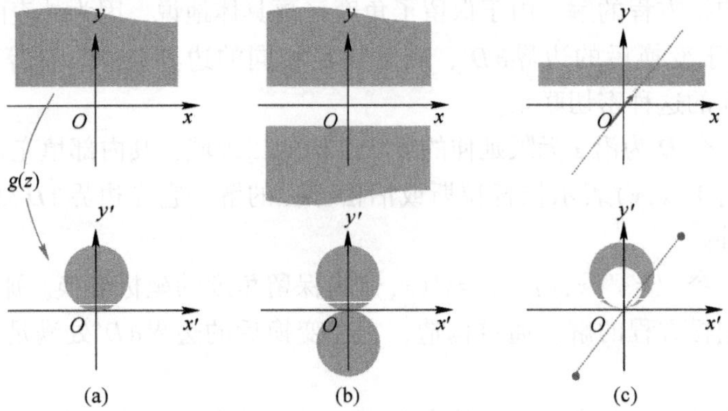

图9.15　通过复平面反转进行的共形映射

在图9.15中，图（a）为半无限空间映射在圆柱体上。图（b）为由间隙隔开的两个半空间映射到两个接触的圆柱体上。图（c）为一块板映射到一个新月形圆柱体上。在该图中还展示了外部源的转换（此处为偶极子），它被映射为位于无穷远处的两个电荷。相应的电场是沿偶极子方向的恒定场。

9.4.2　关于保角映射的详细信息

在介绍图9.15中所示结构的结果之前，首先简要证明拉普拉斯方程在保角映射下仍然有效，并且这种映射保留了角度。假设映射$g(z)$是一一对应的，这意味着存在逆变换。对于在式（9.45）中给出的复平面反转的例子来说无疑是正确的。从式（9.44）

中可以发现函数 u、v 与带素数坐标和无素数坐标相关联：

$$\frac{\partial u'}{\partial x'}=\frac{\partial u}{\partial x}\frac{\partial x}{\partial x'}+\frac{\partial u}{\partial y}\frac{\partial y}{\partial x'}$$

沿着同样的思路，可以得到：

$$\begin{cases}\dfrac{\partial^2 u'}{\partial x'^2}=\dfrac{\partial^2 u}{\partial x^2}\left(\dfrac{\partial x}{\partial x'}\right)^2+2\dfrac{\partial^2 u}{\partial x\partial y}\left(\dfrac{\partial x}{\partial x'}\right)\left(\dfrac{\partial y}{\partial x'}\right)+\dfrac{\partial^2 u}{\partial y^2}\left(\dfrac{\partial y}{\partial x'}\right)^2\\ \dfrac{\partial^2 u'}{\partial y'^2}=\dfrac{\partial^2 u}{\partial x^2}\left(\dfrac{\partial x}{\partial y'}\right)^2+2\dfrac{\partial^2 u}{\partial x\partial y}\left(\dfrac{\partial x}{\partial y'}\right)\left(\dfrac{\partial y}{\partial x'}\right)+\dfrac{\partial^2 u}{\partial y^2}\left(\dfrac{\partial y}{\partial y'}\right)^2\end{cases}$$

对复函数 $z=x+\mathrm{i}y$ 使用柯西-黎曼方程：

$$\frac{\partial x}{\partial x'}=\frac{\partial y}{\partial y'},\quad \frac{\partial y}{\partial x'}=-\frac{\partial x}{\partial y'}$$

然后得到：

$$\frac{\partial^2 u'}{\partial x'^2}+\frac{\partial^2 u'}{\partial y'^2}=\left[\left(\frac{\partial x}{\partial x'}\right)^2+\left(\frac{\partial y}{\partial y'}\right)^2\right]\left[\frac{\partial^2 u}{\partial x^2}+\frac{\partial^2 u}{\partial y^2}\right] \tag{9.47}$$

因此，每当 u 解了拉普拉斯方程时，u' 也就解了。为了证明保角映射保留了角度，将进行如下操作。

相位角和梯度角。首先介绍一个复数的相位或参数：

$$\ln(re^{\mathrm{i}\theta})=\ln r+\mathrm{i}\theta\Rightarrow\theta=\arg z=\mathrm{Im}(\ln z)$$

假设存在一条取决于参数 t 的曲线 $z(t)$。关于这个参数 t 的导数用 $\dot{z}(t)$ 表示，并给出曲线的切线。该切线的梯度角由下式给出：

$$\theta=\arg[\dot{z}(t)]$$

曲线相交。接下来介绍两条曲线 $z_1(t)$ 和 $z_2(t)$，假设它们相交于点 $z=z_1(t_1)=z_2(t_2)$。对于每个 t 值，可以定义一条曲线的切线，两条曲线在交点 z 处的夹角可以表示为

$$\theta=\theta_2-\theta_1=\arg[\dot{z}_2(t_2)]-\arg[\dot{z}_1(t_1)]$$

保角映射。在保角映射时，曲线 $z(t)$ 转换为 $z'=g[z(t)]$。使用链式法则可以发现：

$$\dot{z}'(t)=\frac{\mathrm{d}z'}{\mathrm{d}t}=\frac{\mathrm{d}g}{\mathrm{d}z}\frac{\mathrm{d}z}{\mathrm{d}t}=g'[z(t)]\dot{z}(t)$$

对于变换后的曲线之间的角度可得

$$\theta'=\mathrm{Im}\{\ln[g'(z)\dot{z}_2(t_2)]\}-\mathrm{Im}\{\ln[g'(z)\dot{z}_2(t_2)]\}=\arg\dot{z}_2-\arg\dot{z}_1$$

因此，尽管切矢量 $\dot{z}_{1,2}(t)$ 的角度在映射时发生了变化，但曲线之间的相对角度保持不变。这就是之前所说的角度保持。

对于等离子体学最重要的是，垂直于给定粒子边界 ∂D 的方向 $\hat{\boldsymbol{n}}$ 映射到新的方向 $\boldsymbol{n}'$，该方向同样垂直于变换后的边 $\partial D'$。这产生了一个重要的结论，即在边界 ∂D 处满足式（9.4）的狄利克雷和诺依曼边界条件的势 $V(x,y)$ 被映射到同样满足在 $\partial D'$ 处的边界条件的势 $V'(x',y')$ 上。

9.4.3　接触圆柱体

有意思的部分到此结束，难点部分开始了。下面分析接触圆柱体的情况，如

图 9.15（b）所示，沿 y 方向施加恒定电场。这里将重点关注接触点处的电势。

偶极子激发。起始表达式是单位偶极子在原点产生沿 $\hat{\boldsymbol{y}}$ 方向的电势，在整个 z 轴上进行积分。如下所示：

$$V_{\mathrm{dip}}(\boldsymbol{r})=\frac{1}{4\pi\varepsilon_b}\int_{-\infty}^{\infty}\frac{\hat{\boldsymbol{y}}\cdot\hat{\boldsymbol{r}}}{r^2}\mathrm{d}z=\frac{1}{2\pi\varepsilon_b}\frac{y}{r^2}$$

ε_b 为嵌入介质的介电常数。由于该偶极子位于两个金属板之间的间隙区域（如图 9.15b 所示），可以通过沿 x 轴的傅里叶变换求解泊松方程。势相对于 x 的傅里叶变换为：

$$\widetilde{V}_{\mathrm{dip}}(k,y)=\frac{1}{4\pi\varepsilon_b}\int_{-\infty}^{\infty}\mathrm{e}^{-\mathrm{i}kx}\frac{y}{x^2+y^2}\mathrm{d}x=\frac{1}{2\varepsilon_b}\mathrm{sgn}(y)\mathrm{e}^{-|ky|}\tag{9.48}$$

半无限空间的泊松方程。感应电势是拉普拉斯方程的解，其形式为

$$\left(\frac{\partial^2}{\partial x^2}+\frac{\partial^2}{\partial y^2}\right)\mathrm{e}^{\mathrm{i}kx}\mathrm{e}^{\pm ky}=0$$

因为式（9.48）中的 V_{dip} 是 y 的奇函数，所以感应电势也必须是奇函数。鉴于此，对感应电势($y>0$)进行以下解析：

$$\widetilde{V}_{\mathrm{ind}}(k,y)=\begin{cases}a(k)\mathrm{e}^{\mathrm{i}kx}\sinh(|k|y) & (y<\delta/2)\\ b(k)\mathrm{e}^{\mathrm{i}kx}\mathrm{e}^{-|k|(y-\delta/2)} & (y>\delta/2)\end{cases}$$

其中，$-\delta/2<y<\delta/2$ 对应于填充有介电常数为 ε 的材料的半无限空间之间的间隙区域，如图 9.15（b）所示。$y>\delta/2$ 则对应于一个在远离界面时呈指数级衰减的电势。系数 $a(k)$、$b(k)$ 必须从层界面 $y=\delta/2$ 处的边界条件中获得。根据电势和介电通［量］密度法向导数的连续性［式（9.4）］可得

$$\frac{1}{2}\varepsilon_b^{-1}\mathrm{e}^{-\frac{1}{2}|k|\delta}+a(k)\sinh\left(\frac{1}{2}|k|\delta\right)=b(k)$$

$$-\frac{1}{2}\mathrm{e}^{-\frac{1}{2}|k|\delta}+\varepsilon_b a(k)\cosh\left(\frac{1}{2}|k|\delta\right)=-\varepsilon b(k)$$

求解 $a(k)$ 可得

$$a(k)=-\frac{1}{\varepsilon_b}\frac{\mathrm{e}^{\alpha}}{\mathrm{e}^{|k|\delta}-\mathrm{e}^{\alpha}},\quad \mathrm{e}^{\alpha}=\frac{\varepsilon-\varepsilon_b}{\varepsilon+\varepsilon_b}$$

通过傅里叶逆变换可以得到感应电势，从而得到文献［71］，［式（5）］：

$$V_{\mathrm{ind}}(x,y)=-\frac{1}{\varepsilon_b}\int_{-\infty}^{\infty}\left[\frac{\mathrm{e}^{\alpha}}{\mathrm{e}^{|k|\delta}-\mathrm{e}^{\alpha}}\right]\mathrm{e}^{\mathrm{i}kx}\sinh(|k|y)\frac{\mathrm{d}k}{2\pi}\tag{9.49}$$

近似积分解。在文献［71-72］中给出了关于如何使用复积分近似求解该积分的信息。对于 $\varepsilon'<-\varepsilon_b$，积分主要由 $|k|\delta=\alpha$ 处靠近实轴的极点支配，尽管原则上还存在其他极点和分支切口，但它们会导致偏差，如蠕动波[71]。对于 $x>0$，可以在式（9.49）的积分路径添加一个复平面内半径为 R 的半圆，相关路径如图附录 B.1 所示，其中，R 在计算结束时趋于无穷大。无论是指数 $\mathrm{e}^{\mathrm{i}kx}$ 还是渐近 $\mathrm{e}^{-|k|\delta}$ 形式，括号中的项都会导致被积函数呈指数衰减（y 绑定到小于 $\delta/2$ 的值，因此 sinh 的影响较小）。因此，利用余数定理计算式（9.49）得到：

$$V_{\mathrm{ind}}(x,y)=\int_C f(x,y;k)\,\mathrm{d}k\approx 2\pi\mathrm{i}\lim_{k\to k_0}(k-k_0)f(x,y;k)$$

其中，极点 $k_0=\alpha/\delta$。由此可得

$$V_{\text{ind}}(x,y)\approx-\frac{i}{\delta\varepsilon_b}\mathrm{e}^{ik_0x}\sinh(k_0y) \tag{9.50}$$

保角映射。通过保角映射分析此表达式。根据式（9.46）可以发现 $\delta=a^{-1}$ 由圆柱体半径 a 的倒数给出，并且变换后的圆柱体圆周上的位置 $(x',y')=a(\sin\theta,1+\cos\theta)$ 源自 $(x,y)=\frac{1}{2}a^{-1}\left(\tan\frac{\theta}{2},1\right)$。

将结果联立，可得出沿对称轴施加恒定电场时接触圆柱体的感应电势。

接触圆柱体的电势（平面波激发）

$$V_{\text{ind}(a,\theta)}\approx-\frac{\text{i}a}{\varepsilon_b}\exp\left[\text{i}\alpha\tan\frac{\theta}{2}\right]\sinh\alpha \tag{9.51}$$

在图 9.16 中，图（a）为一个振荡偶极子发射表面等离子体，这些等离子体沿板状结构的界面传播，并由于金属的欧姆损耗而受到衰减，这可以通过介电常数 ε 的虚部来描述。图（b）为复平面反转保角映射后，板状结构被映射到两个接触圆柱体。无穷远处的波被映射到原点，这里的指数衰减是由于 ε''。为了便于观察，图中仅展示了上层粒子的等离子振荡。

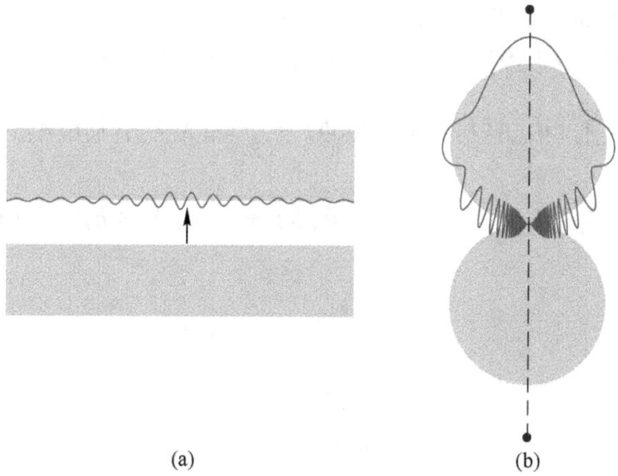

(a)　　　　(b)

图 9.16　接触圆柱体的电位示意图（实部）

图 9.16（a）所示为板状结构的偶极子激发［式（9.50）］，图 9.16（b）为映射的接触圆柱结构［式（9.51）］的电势，其中振荡偶极子映射在沿 y 具有恒定电场的平面波激发上。在图 9.16（a）中，振荡偶极子发射表面等离子体，等离子体沿金属界面传播，并由于金属损耗而耗散能量。在映射结构中，恒定电场激发出粒子等离子激元，这些粒子等离子体向接触点传播，并在绝热条件下减速。由于 α 的虚部较小，接近触摸点的振幅呈指数级衰减。在文献［72］中，作者还讨论了接触圆柱体的光学特性，并得出消光截面 $C_{\text{ext}}\propto\text{Re}(\ln\alpha)$ 这一令人惊讶的结果。当接近圆柱体的接触点时，等离子体振荡的波长因为绝热减速而变得越来越短，圆柱体无法起到谐振器的作用。因此，C_{ext} 没有表现出任何共振特征。

变换光学和保角映射是一种强大的方法，尤其适用于分析奇异点，因为在奇异点附近，数值方案的预测能力会受限。另外，在等离子体奇异点附近，等离子体波长变得越

来越短，场强会变得极高，因此经典电动力学和局部介电常数的有效性有待商榷。因此，考虑奇异点附近的校正变得很重要，例如非局部介电函数或量子隧穿[73]，这将在本书的后面部分进行讨论。

9.5 米氏散射理论

麦克斯韦方程组（不使用准静态近似）只能在少数受限的几何条件下进行解析求解。最重要的例子可能就是米氏理论[74]，它提供了任意大小的球形颗粒的光散射解。米氏理论是特殊函数的集结，包括球面谐波函数以及球面贝塞尔函数和汉克尔函数，不太熟悉这些函数的读者可能会觉得这种方法高深莫测且令人困惑。然而，最终结果却出奇的简单，并在各个领域得到广泛应用。下文将简要介绍米氏理论的基本要素并给出其主要结论，推导的细节详见附录 E。

如图 9.17 所示，假设存在一个半径为 R、介电常数为 ε_1 和磁导率为 μ_1 的球形纳米粒子，它被嵌入材料特性为 ε_2 和 μ_2 的介质中。球体被带有电场 $\boldsymbol{E}_2^{\text{inc}}$ 的入射平面波激发，纳米粒子的响应由球体内外的散射场 $\boldsymbol{E}_1^{\text{sca}}$、$\boldsymbol{E}_2^{\text{sca}}$ 描述。通过将球内外的电磁场以球面波的形式展开（球面波是波方程的解），并使用麦克斯韦方程组的边界条件匹配球体边界处的场，就得到了米氏解。通过式（E.4）可将横向电场展开：

$$\begin{cases}\boldsymbol{E}_1^{\text{sca}}(\boldsymbol{r}) = Z_1 \sum\limits_{\ell,m} \left[d_{\ell m} j_\ell(k_1 r) \boldsymbol{X}_{\ell m}(\theta,\phi) + \dfrac{i}{k_1} c_{\ell m} \nabla \times j_\ell(k_1 r) \boldsymbol{X}_{\ell m}(\theta,\phi) \right] \\ \boldsymbol{E}_2^{\text{sca}}(\boldsymbol{r}) = Z_2 \sum\limits_{\ell,m} \left[d_{\ell m} h_\ell^{(1)}(k_2 r) \boldsymbol{X}_{\ell m}(\theta,\phi) + \dfrac{i}{k_2} a_{\ell m} \nabla \times h_\ell^{(1)}(k_2 r) \boldsymbol{X}_{\ell m}(\theta,\phi) \right]\end{cases}$$

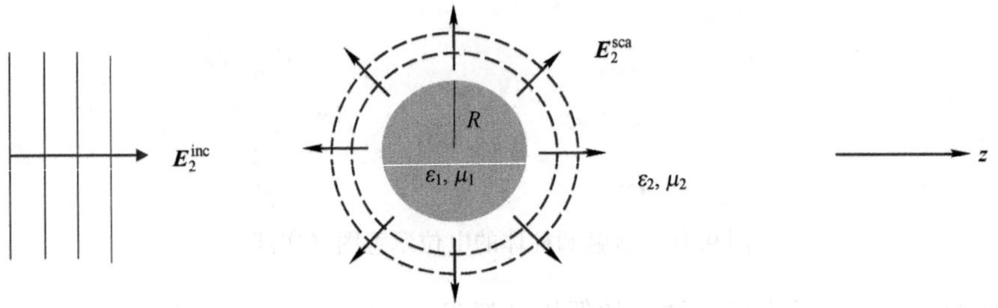

图 9.17 米氏问题示意图

在图 9.17 中，一个半径为 R 且材料特性为 ε_1、μ_1 的球形粒子嵌入材料特性为 ε_2、μ_2 的介质中。粒子被具有电场 $\boldsymbol{E}_2^{\text{inc}}$ 的平面波激发，球体的响应分别由球形粒子内外的散射场 $\boldsymbol{E}_1^{\text{sca}}$、$\boldsymbol{E}_2^{\text{sca}}$ 描述。

其中，k 和 Z 分别表示波长和阻抗。公式中不同项的注释如下：

$\boldsymbol{c}_{\ell m}$、$\boldsymbol{d}_{\ell m}$ 为球体内电磁场的系数。

$\boldsymbol{a}_{\ell m}$、$\boldsymbol{b}_{\ell m}$ 为球体外电磁场的系数。这些系数必须根据麦克斯韦方程的边界条件确定。

$\boldsymbol{j}_\ell(\boldsymbol{k}_1\boldsymbol{r})$ 为球面贝塞尔函数的阶数，它是球面波方程的解，见式（C.25）。如式（C.28）所示，这些函数在原点处保持有限，因此选在球体内部。

$\boldsymbol{h}_{\ell}^{(1)}(\boldsymbol{k}_2\boldsymbol{r})$ 为 ℓ 阶的球面汉克尔函数。它们具有大参数的出射波形式［式（C.29）］，因此被选在球体外部。

$\boldsymbol{X}_{\ell m}(\boldsymbol{\theta},\boldsymbol{\phi})$ 是式（D.8）的矢量球谐函数，它与 $\nabla\times\boldsymbol{X}_{\ell m}(\theta,\phi)$ 一起为横向矢量函数的角度部分提供了完整的基础。

这里省略了实际的、有些技术性的计算细节（详见附录 E），而只陈述最终结论。事实证明，引入式（E.11）的黎卡提-贝塞尔函数很方便，有

$$\psi_{\ell}(x)=xj_{\ell}(x),\quad \xi_{\ell}(x)=xh_{\ell}(x)$$

其导数形式为 $\xi_{\ell}'(x)$，$\psi_{\ell}'(x)$。表征球外电磁场的米氏系数可以表示为式（E.22）的形式。

米氏系数

$$\begin{cases} a_{\ell}=\dfrac{Z_2\psi_{\ell}(x_1)\psi_{\ell}'(x_2)-Z_1\psi_{\ell}'(x_1)\psi_{\ell}(x_2)}{Z_2\psi_{\ell}(x_1)\xi_{\ell}'(x_2)-Z_1\psi_{\ell}'(x_1)\xi_{\ell}(x_2)} \\ b_{\ell}=\dfrac{Z_2\psi_{\ell}'(x_1)\psi_{\ell}(x_2)-Z_1\psi_{\ell}(x_1)\psi_{\ell}'(x_2)}{Z_2\psi_{\ell}'(x_1)\xi_{\ell}(x_2)-Z_1\psi_{\ell}(x_1)\xi_{\ell}'(x_2)} \end{cases} \tag{9.52}$$

表征球体内场特性的系数 c_{ℓ}、d_{ℓ} 也具有类似的表达式。引入 $x_{1,2}=k_{1,2}R$，通过这些系数，可以立即用式（E.30）和式（E.26）的形式表示平面波激发的散射和消光截面。

球体的散射和消光截面

$$\begin{cases} C_{\text{sca}}=\dfrac{2\pi}{k_2^2}\sum_{\ell}(2\ell+1)(|a_{\ell}|^2+|b_{\ell}|^2) \\ C_{\text{ext}}=\dfrac{2\pi}{k_2^2}\sum_{\ell}(2\ell+1)\text{Re}[a_{\ell}+b_{\ell}] \end{cases} \tag{9.53}$$

式（9.53）的巧妙之处在于它是一个相对简单的表达式，可以非常高效地计算光学横截面。

图 9.18 根据米氏理论［式（9.53）］计算得出。银的介电函数取自文献［34］，嵌入介质的介电常数为 ε_0。

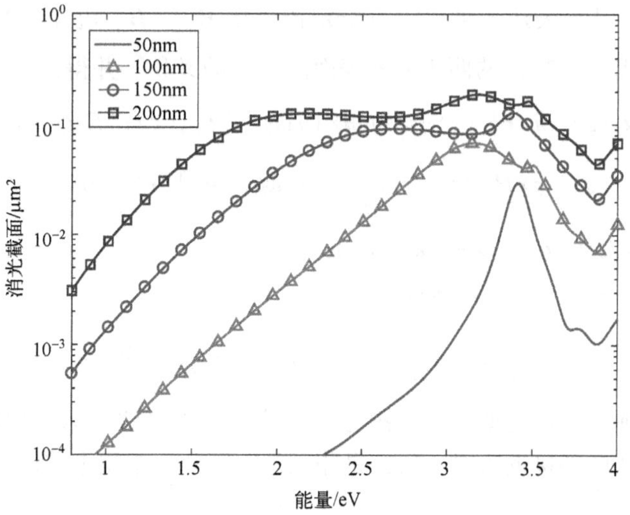

图 9.18　不同直径银纳米球体的消光截面

如图 9.18 所示为不同直径的银纳米球体的消光截面。对于直径为 50nm 的最小球体，其光谱与图 9.4 所示的准静态情况非常相似。在图 9.18 中可以观察到许多特征。

红移。随着纳米粒子尺寸的增加，偶极子峰值会向红线接近。从定性的角度来看，作用在粒子等离子体表面电荷分布上的电场力变得迟缓，这是有限光速的影响。如果将粒子等离子体描绘成一种机械振荡器，那么迟滞可以与弹簧常数的软化关联起来，从而导致共振频率的红移。

辐射阻尼。由于辐射阻尼的作用，随着偶极子尺寸的增大，顶峰也会变宽。这是因为大偶极子的发光效率更高。对于最大的球体，偶极子共振变得宽广，以至于根本难以辨认。

打破选择规则。随着尺寸的增大，常用的光学选择规则（在准静态极限下得出）变得平缓，光谱中出现新的顶峰。它们可以与四极和其他多极模态相关联。

上述特征具有普遍性，在其他纳米粒子几何形状中也可以观察到。一般而言，对于体积庞大的系统，例如球体或立方体，准静态近似适用于尺寸小于 50nm 的纳米粒子。对于扁平或强烈拉长的结构，准静态近似在尺寸达到约 100nm 时仍然有效。对于形状不同于球体的较大结构，则无法获得解析解，通常只能采用数值模拟方法。作为实现这一目标的第一步，下面将介绍边界积分法处理麦克斯韦方程组的方法。在第 11 章将详细介绍纳米光学中的数值技术。

9.6 波动方程的边界积分法

根据完整的麦克斯韦方程，还可以推导出一种边界积分法，以计算任意大小和形状的粒子的电磁场。然而，事实证明这比准静态情况复杂得多。

式（5.26）将整个体积中的电磁场 $\boldsymbol{E}(\boldsymbol{r})$、$\boldsymbol{H}(\boldsymbol{r})$ 与边界处的（切向）场 $\hat{\boldsymbol{n}}\times\boldsymbol{E}$、$\hat{\boldsymbol{n}}\times\boldsymbol{H}$ 联系起来。在下文中，将执行一个限制过程 $\boldsymbol{r}\to\boldsymbol{s}$ 并使用麦克斯韦方程组的边界条件来获得一个表达式，从该表达式可以计算给定传入场 $\boldsymbol{E}_{\text{inc}}$、$\boldsymbol{H}_{\text{inc}}$ 边界处的电磁场。由于只关注切向场，在式（5.26）的两边取外表面法线 $\hat{\boldsymbol{n}}$ 的叉积，并得到：

$$\begin{cases}\boldsymbol{u}_E(\boldsymbol{s})=\hat{\boldsymbol{n}}\times\boldsymbol{E}_j^{\text{inc}}(\boldsymbol{s})-\tau_j\lim\limits_{\boldsymbol{r}\to\boldsymbol{s}}\hat{\boldsymbol{n}}\times\{+\mathrm{i}\omega\mu[\mathbb{S}\boldsymbol{u}_H](\boldsymbol{r})-[\mathbb{D}\boldsymbol{u}_E](\boldsymbol{r})\}\\ \boldsymbol{u}_H(\boldsymbol{s})=\hat{\boldsymbol{n}}\times\boldsymbol{H}_j^{\text{inc}}(\boldsymbol{s})-\tau_j\lim\limits_{\boldsymbol{r}\to\boldsymbol{s}}\hat{\boldsymbol{n}}\times\{-\mathrm{i}\omega\mu[\mathbb{S}\boldsymbol{u}_E](\boldsymbol{r})-[\mathbb{D}\boldsymbol{u}_H](\boldsymbol{r})\}\end{cases} \tag{9.54}$$

其中，切向电磁场 $\boldsymbol{u}_E=\hat{\boldsymbol{n}}\times\boldsymbol{E}$，$\boldsymbol{u}_H=\hat{\boldsymbol{n}}\times\boldsymbol{H}$。

单层。式（5.34）的单层电势为

$$\lim_{\boldsymbol{r}\to\boldsymbol{s}}\hat{\boldsymbol{n}}\times[\mathbb{S}\boldsymbol{u}](\boldsymbol{r})=\lim_{\boldsymbol{r}\to\boldsymbol{s}}\hat{\boldsymbol{n}}\times\oint_{\partial\Omega}\left[G(\boldsymbol{r},\boldsymbol{s}')\boldsymbol{u}(\boldsymbol{s}')+\frac{1}{k^2}\nabla G(\boldsymbol{r},\boldsymbol{s}')\nabla'\cdot\boldsymbol{u}(\boldsymbol{s}')\right]\mathrm{d}S'$$

其中，第一项的分析类似于准静态方法的狄利克雷迹线，第二项只涉及切向导数，无论从外部还是从内部接近边界，值都是相同的。因此，单层电势的值并不取决于限制过程的方向。

双层。对于双层电势，可以得到：

$$\lim_{r\to s}\hat{\boldsymbol{n}}\times[\mathbb{D}\boldsymbol{u}](\boldsymbol{r})=-\lim_{r\to s}\hat{\boldsymbol{n}}\times\oint_{\partial\Omega}\nabla\times G(\boldsymbol{r},\boldsymbol{r}')\boldsymbol{u}(\boldsymbol{r}')\mathrm{d}S'$$

$$=\lim_{r\to s}\oint_{\partial\Omega}\left\{\nabla[\hat{\boldsymbol{n}}\cdot G(\boldsymbol{r},\boldsymbol{s}')\boldsymbol{u}(\boldsymbol{s}')]-\frac{\partial G(\boldsymbol{r},\boldsymbol{s}')}{\partial n}\boldsymbol{u}(\boldsymbol{s}')\right\}\mathrm{d}S'$$

其中，外积已经被简化了。括号中的第一项在$\boldsymbol{r}\to\boldsymbol{s}'$时变为0，因为对于切向矢量场$\boldsymbol{u}$，有$\hat{\boldsymbol{n}}\cdot\boldsymbol{u}=0$。第二项的计算与之前对准静态情况的分析相同：

$$\lim_{r\to s}\hat{\boldsymbol{n}}\times[\mathbb{D}\boldsymbol{u}](\boldsymbol{r})=\frac{1}{2}\tau_j\,\hat{\boldsymbol{n}}\times\boldsymbol{u}(s)+\hat{\boldsymbol{n}}\times[\mathbb{D}\boldsymbol{u}](s)$$

其中，$\tau_{1,2}=\pm1$ 中的正负号必须根据内部或外部接近边界确定。

综上所述，可以利用式（9.54）得到：

$$\begin{cases}\dfrac{1}{2}\boldsymbol{u}_E(s)=\hat{\boldsymbol{n}}\times\boldsymbol{E}_j^{\mathrm{inc}}(s)-\tau_j\,\hat{\boldsymbol{n}}\times\{+\mathrm{i}\omega\mu[\mathbb{S}\boldsymbol{u}_H](s)-[\mathbb{D}\boldsymbol{u}_E](s)\}\\[2ex]\dfrac{1}{2}\boldsymbol{u}_H(s)=\hat{\boldsymbol{n}}\times\boldsymbol{H}_j^{\mathrm{inc}}(s)-\tau_j\,\hat{\boldsymbol{n}}\times\{-\mathrm{i}\omega\varepsilon[\mathbb{S}\boldsymbol{u}_E](s)-[\mathbb{D}\boldsymbol{u}_H](s)\}\end{cases}\tag{9.55}$$

至此，求解麦克斯韦方程的边界积分法的所有要素已经介绍完了。如图9.19所示，假设一个或多个纳米粒子受到某种入射激发（如平面波）的影响，边界积分法的基本量是切向电磁场：

$$\boldsymbol{u}_E=\hat{\boldsymbol{n}}\times\boldsymbol{E},\quad \boldsymbol{u}_H=\hat{\boldsymbol{n}}\times\boldsymbol{H}$$

其在粒子边界处是连续的。假设粒子激发仅通过外部区域，使得 $\boldsymbol{E}_1^{\mathrm{inc}}$ 和 $\boldsymbol{H}_1^{\mathrm{inc}}$ 都为零。

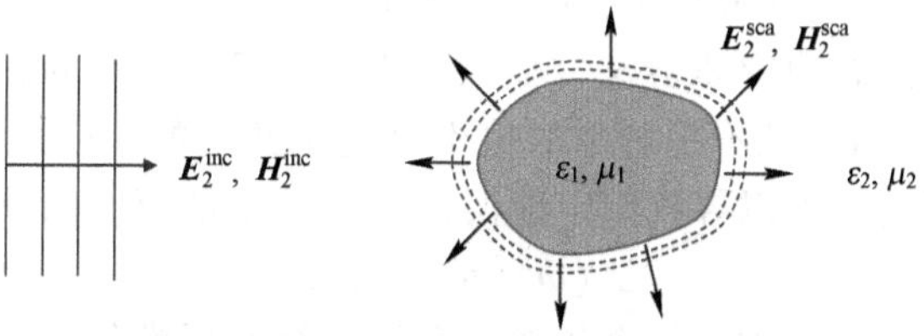

图9.19　边界积分法透射问题示意图

一个或多个纳米粒子受到某些入射场激发，例如平面波激发，系统的响应由纳米粒子内部和外部的散射电磁场$\boldsymbol{E}_{1,2}^{\mathrm{sca}}$、$\boldsymbol{H}_{1,2}^{\mathrm{sca}}$描述。在边界积分法中，需要匹配粒子边界$\partial\Omega$处的切向电磁场$\hat{\boldsymbol{n}}\times\boldsymbol{E}$、$\hat{\boldsymbol{n}}\times\boldsymbol{H}$，其中，$\hat{\boldsymbol{n}}$为外表面法线。一旦知道$\partial\Omega$处的切向场，就可以使用表示式计算其他任何地方的场。图9.19中，ε_1 和μ_1 表示纳米粒子的材料参数，ε_2 和μ_2 表示嵌入介质的材料参数。

由此，从式（9.55）中可以得到粒子内部的方程：

$$\begin{cases}\dfrac{1}{2}\boldsymbol{u}_E(s)=-\mathrm{i}\omega\mu_1\hat{\boldsymbol{n}}\times[\mathbb{S}_1\boldsymbol{u}_H](s)+\hat{\boldsymbol{n}}\times[\mathbb{D}_1\boldsymbol{u}_E](s)\\[2ex]\dfrac{1}{2}\boldsymbol{u}_H(s)=\mathrm{i}\omega\varepsilon_1\hat{\boldsymbol{n}}\times[\mathbb{S}_1\boldsymbol{u}_E](s)+\hat{\boldsymbol{n}}\times[\mathbb{D}_1\boldsymbol{u}_H](s)\end{cases}\tag{9.56}$$

其中，$\mathbb{S}_{1,2}$和$\mathbb{D}_{1,2}$为积分算子，格林函数在波长$k_{1,2}$时求值。同理，在粒子外部，可以得到：

$$\begin{cases}\dfrac{1}{2}\boldsymbol{u}_E(s)=\hat{\boldsymbol{n}}\times\boldsymbol{E}^{\text{inc}}(s)+\mathrm{i}\omega\mu_2\,\hat{\boldsymbol{n}}\times[\mathbb{S}_2\boldsymbol{u}_H](s)-\hat{\boldsymbol{n}}\times[\mathbb{D}_2\boldsymbol{u}_E](s)\\ \dfrac{1}{2}\boldsymbol{u}_H(s)=\hat{\boldsymbol{n}}\times\boldsymbol{H}^{\text{inc}}(s)-\mathrm{i}\omega\varepsilon_2\,\hat{\boldsymbol{n}}\times[\mathbb{S}_2\boldsymbol{u}_E](s)-\hat{\boldsymbol{n}}\times[\mathbb{D}_2\boldsymbol{u}_H](s)\end{cases}\tag{9.57}$$

根据式（9.56）和式（9.57），计算给定输入场 $\boldsymbol{E}^{\text{inc}}$ 和 $\boldsymbol{H}^{\text{inc}}$ 的未知数 $\boldsymbol{u}_{E,H}$ 必须提取两个方程。在文献中，存在这些方程的无数不同组合以及根据麦克斯韦波动方程推导出的略微修改的表示式。这些方法通常以所选方程命名，例如，电场积分方程（EFIE）、磁场积分方程（MFIE）以及组合场积分方程（CFIE），感兴趣的读者可参考专业文献。这里介绍一种两组方程相减得到的变式。这样就得到了完整麦克斯韦方程组的边界积分方程。

麦克斯韦方程的边界积分方程

$$\begin{cases}\hat{\boldsymbol{n}}\times(\mathbb{D}_1[\boldsymbol{u}_E]+\mathbb{D}_2[\boldsymbol{u}_E])-\hat{\boldsymbol{n}}\times(\mathrm{i}\omega\mu_1\mathbb{S}_1[\boldsymbol{u}_H]+\mathrm{i}\omega\mu_2\mathbb{S}_2[\boldsymbol{u}_H])=\hat{\boldsymbol{n}}\times\boldsymbol{E}^{\text{inc}}\\ \hat{\boldsymbol{n}}\times(\mathbb{D}_1[\boldsymbol{u}_H]+\mathbb{D}_2[\boldsymbol{u}_H])+\hat{\boldsymbol{n}}\times(\mathrm{i}\omega\varepsilon_1\mathbb{S}_1[\boldsymbol{u}_E]+\mathrm{i}\omega\varepsilon_2\mathbb{S}_2[\boldsymbol{u}_E])=\hat{\boldsymbol{n}}\times\boldsymbol{H}^{\text{inc}}\end{cases}\tag{9.58}$$

这就是著名的 Poggio-Miller-Chang-Harrington-Wu-Tsai 公式[75-77]。式（9.58）定义了未知切向电场和磁场的两个积分方程。一旦计算出这些场，可以立即使用表达式计算其他任何地方的场。在第 11 章中将介绍如何使用数值伽辽金法（Galerkin）求解上述算子方程。

原则上，也可以计算全麦克斯韦方程组解的本征模，但结果要复杂得多。以紧凑形式重组式（9.58）：

$$\mathbb{A}(\omega)[\boldsymbol{u}]=\boldsymbol{f}^{\text{inc}}$$

式中：$\mathbb{A}(\omega)$ 为传输问题的积分算子，$\boldsymbol{u}$ 为由切向电磁场组成的解矢量，$\boldsymbol{f}^{\text{inc}}$ 与入射场相关的不均匀性。与准静态边界积分法［式（9.27）］相比，$\mathbb{A}(\omega)$ 无法再分成几何部分和材料部分。此外，$\mathbb{A}(\omega)$ 既不是对称的也不是厄密共轭的。因此，在对完整麦克斯韦方程组的本征模分析时，可以寻找给定谐振频率 ω 的本征模，以及邻接模 $\tilde{\boldsymbol{u}}_k$。

$$\mathbb{A}(\omega)[\boldsymbol{u}_k]=\lambda_k\boldsymbol{u}_k$$

然而，这种方法的缺点是必须对每个频率 ω 分别进行本征模分解。此外，还可以计算所谓准静态模[78-79]：

$$\mathbb{A}(\omega)[\boldsymbol{u}_k]=0$$

这与复本征频率 ω_k 相关。实部给出谐振频率，虚部与模式的寿命有关。这些模态具有准静态方法本征模的一些吸引人的特征，但其用途往往比较有限，在此不再赘述，感兴趣的读者请参阅文献［78-79］以获取详细信息。

9.7 准静态极限下的本征模展开

本节将进一步详细介绍准静态极限中的本征模方法，并演示式（9.33）对准静态格林函数的本征模分解。

9.7.1 欧阳和艾萨克森的本征模分析

从欧阳和艾萨克森[80]的开创性工作出发，证明式（9.28）的本征模分解的基本性质。首先，引入具有如下性质的积分算子$\mathbb{G}$：

$$\begin{cases}[\mathbb{G}f](\boldsymbol{s})=\oint_{\partial\Omega}G(\boldsymbol{s},\boldsymbol{s}')f(\boldsymbol{s}')\mathrm{d}S'\\[f\mathbb{G}](\boldsymbol{s})=\oint_{\partial\Omega}f(\boldsymbol{s}')G(\boldsymbol{s}',\boldsymbol{s})\mathrm{d}S'\end{cases}$$

对应的算子$\mathbb{F}$用于格林函数的表面导数。重要的是，组合运算符相对于 $\boldsymbol{s}$ 和 $\boldsymbol{s}'$ 是对称的：

$$[\mathbb{G}\mathbb{F}](\boldsymbol{s},\boldsymbol{s}')=[\mathbb{G}\mathbb{F}](\boldsymbol{s}',\boldsymbol{s})\tag{9.59}$$

这可以通过计算格林特性来证明：

$$\int_{\Omega}(\phi\nabla^2\psi-\psi\nabla^2\phi)\mathrm{d}^3r=\oint_{\partial\Omega}\left(\phi\frac{\partial\psi}{\partial n}-\psi\frac{\partial\phi}{\partial n}\right)\mathrm{d}S\tag{9.60}$$

接下来，分别让 $\boldsymbol{r}'$ 和 $\boldsymbol{r}''$ 从外部或内部接近表面，完全类似于之前在 9.3 节中对冯·诺依曼迹线的讨论。两种限制程序都给出 ±1/2 的影响，当求取两项的差值时会相互抵消。因此得到：

$$\oint_{\partial\Omega}[G(\boldsymbol{s}',\boldsymbol{s})F(\boldsymbol{s},\boldsymbol{s}'')-G(\boldsymbol{s}'',\boldsymbol{s})F(\boldsymbol{s},\boldsymbol{s}')]\mathrm{d}S=0\tag{9.61}$$

这证明了$\mathbb{G}\mathbb{F}$是对称算子。算子$\mathbb{G}$也是对称的，可以对角化为

$$\mathbb{G}=\mathbb{Q}^{\mathrm{T}}\Lambda\mathbb{Q}=(\Lambda^{1/2}\mathbb{Q})^{\mathrm{T}}(\Lambda^{1/2}\mathbb{Q})=\mathbb{U}^{\mathrm{T}}\mathbb{U}\tag{9.62}$$

式中：$\mathbb{Q}$ 为实数算子；Λ 为对角线。在最后的等式中，由于$\mathbb{G}$是正定的，因此所有本征值大于零。现在可以构造另一个对称算子：

$$\mathbb{D}=(\mathbb{U}^{-1})^{\mathrm{T}}\mathbb{G}\mathbb{F}\mathbb{U}^{-1}=(\mathbb{U}^{-1})^{\mathrm{T}}\,\mathbb{U}^{\mathrm{T}}\mathbb{U}\mathbb{F}\mathbb{U}^{-1}=\mathbb{U}\mathbb{F}\mathbb{U}^{-1}$$

其具有实本征值且本征函数形成一个完整的正交集合。因此可得

$$[\mathbb{D}x_k](\boldsymbol{s})=\lambda_k x_k(\boldsymbol{s})\Rightarrow[\mathbb{F}\mathbb{U}^{-1}x_k](\boldsymbol{s})=\lambda_k[\mathbb{U}^{-1}x_k](\boldsymbol{s})$$
$$[x_k\mathbb{D}](\boldsymbol{s})=\lambda_k x_k(\boldsymbol{s})\Rightarrow[x_k\mathbb{U}\mathbb{F}](\boldsymbol{s})=\lambda_k[x_k\mathbb{U}](\boldsymbol{s})$$

并且，式（9.28）的本征模 u_k、$\tilde{u}_k$ 与 x_k 相关：

$$u_k(\boldsymbol{s})=[\mathbb{U}^{-1}x_k](\boldsymbol{s}),\quad\tilde{u}_k(\boldsymbol{s})=[x_k\mathbb{U}](\boldsymbol{s})\tag{9.63}$$

从这些表达式中，可以很容易地证明 u_k 和 $\tilde{u}_k$ 的双正交性，即对前面所述的本征模性质的证明。使用式（9.63）还可以证明以下正交关系（见练习 9.9）

$$\oint_{\partial\Omega}\frac{u_k(\boldsymbol{s})u_{k'}(\boldsymbol{s}')}{4\pi|\boldsymbol{s}-\boldsymbol{s}'|}\mathrm{d}S\mathrm{d}S'=\delta_{kk'}\tag{9.64}$$

通过与式（9.29）的双对等关系的比较，可以通过式（9.65）将 $\tilde{u}_k(\boldsymbol{s})$ 与 $u_k(\boldsymbol{s})$ 关联起来：

$$\tilde{u}_k(\boldsymbol{s})=\oint_{\partial\Omega}G(\boldsymbol{s},\boldsymbol{s}')u_k(\boldsymbol{s}')\mathrm{d}S'\tag{9.65}$$

9.7.2　格林函数的本征模分解

式（9.24）的表示式为

$$V(\boldsymbol{r})=V_{\mathrm{inc}}(\boldsymbol{r})+\oint_{\partial\Omega}G(\boldsymbol{r},\boldsymbol{s}')\times\left\{-\sum_k u_k(\boldsymbol{s}')\,(\Lambda(\omega)\lambda_k)^{-1}\left[\oint_{\partial\Omega}\tilde{u}_k(\boldsymbol{s}'')\,\frac{\partial V_{\mathrm{inc}}(\boldsymbol{s}'')}{\partial n''}\mathrm{d}S''\right]\right\}\mathrm{d}S'\tag{9.66}$$

其中插入了式（9.32）的本征模解。假设外部电势是由某种电荷分布 $\rho(\boldsymbol{r})$ 产生的，即

$$V_{\text{inc}}(\boldsymbol{r}) = \varepsilon_2^{-1}\int G(\boldsymbol{r},\boldsymbol{r}')\rho(\boldsymbol{r}')\,\mathrm{d}^3r'$$

正如第 5 章中关于格林函数的分析，在上述情况下，G 只考虑了无穷远处的边界条件，因此与其说是格林函数，不如将其称为基本解（尽管本书将坚持使用物理学中常用的格林函数术语）。然而，式（9.66）建议为麦克斯韦方程引入准静态极限总格林函数。

总格林函数的本征模态表示：

$$G_{\text{tot}}(\boldsymbol{r},\boldsymbol{r}_0) = G(\boldsymbol{r},\boldsymbol{r}_0) - \sum_k \left[\oint_{\partial\Omega} G(\boldsymbol{r},\boldsymbol{s}')u_k(\boldsymbol{s}')\,\mathrm{d}S'\right]\left[\Lambda(\omega)+\lambda_k\right]^{-1} \times \left[\oint_{\partial\Omega}\tilde{u}_k(\boldsymbol{s}'')\frac{\partial G(\boldsymbol{s}'',\boldsymbol{r}_0)}{\partial n''}\mathrm{d}S''\right] \tag{9.67}$$

因此可以常规形式表示外部电荷分布的解：

$$V(\boldsymbol{r}) = \varepsilon_2^{-1}\int G_{\text{tot}}(\boldsymbol{r},\boldsymbol{r}')\rho(\boldsymbol{r})\,\mathrm{d}^3r'$$

可以用更对称的形式改写这个表达式。式（9.67）括号中的最后一项可以用式（9.65）中 $\tilde{u}_k(\boldsymbol{s})$ 和 $u_k(\boldsymbol{s})$ 之间的关系表示为

$$\oint_{\partial\Omega}\left[u_k(\boldsymbol{s}_1)G(\boldsymbol{s}_1,\boldsymbol{s}'')\right]\frac{\partial G(\boldsymbol{s}'',\boldsymbol{r}_0)}{\partial n''}\mathrm{d}S''\mathrm{d}S_1$$

根据欧阳-艾萨克森方法［式（9.60）］的对称关系可得

$$\oint_{\partial\Omega}G(\boldsymbol{r}_1,\boldsymbol{s}'')\frac{\partial G(\boldsymbol{s}'',\boldsymbol{r}_0)}{\partial n}\mathrm{d}S'' = \oint_{\partial\Omega}\frac{\partial G(\boldsymbol{r}_1,\boldsymbol{s}'')}{\partial n''}G(\boldsymbol{s}'',\boldsymbol{r}_0)\,\mathrm{d}S''$$

在这里，还必须在等式两边进行限制使 $\boldsymbol{r}_1\to\boldsymbol{s}_1$。虽然这可以在公式左侧顺利运用，但右侧的限幅必须类似于冯·诺依曼迹线过程的方式进行，因此得出：

$$\lim_{\boldsymbol{r}_1\to\boldsymbol{s}_1}\oint_{\partial\Omega}\frac{\partial G(\boldsymbol{r}_1,\boldsymbol{s}'')}{\partial n''}G(\boldsymbol{s}'',\boldsymbol{r}_0)\,\mathrm{d}S'' = \pm\frac{1}{2}G(\boldsymbol{s}_1,\boldsymbol{r}_0) + \oint_{\partial\Omega}\frac{\partial G(\boldsymbol{s}_1,\boldsymbol{s}'')}{\partial n''}G(\boldsymbol{s}'',\boldsymbol{r}_0)\,\mathrm{d}S''$$

符号取决于 $\boldsymbol{r}_1$ 是从外部还是从内部接近边界。根据 $u_k(\boldsymbol{s})$ 是格林函数的表面导数的本征函数这一事实可得

$$\oint_{\partial\Omega}u_k(\boldsymbol{s}_1)\frac{\partial G(\boldsymbol{s}_1,\boldsymbol{s}'')}{\partial n''}G(\boldsymbol{s}'',\boldsymbol{r}_0)\,\mathrm{d}S''\mathrm{d}S_1 = \lambda_k\oint_{\partial\Omega}u_k(\boldsymbol{s}'')G(\boldsymbol{s}'',\boldsymbol{r}_0)\,\mathrm{d}S''$$

综上所述，我们得出了本征函数展开的准静态格林函数的最终表达式，见式（9.33）。有关本征模和这些模态中格林函数展开的更详细讨论，查阅文献［62］。

习题

练习 9.1 将粒子等离子体模拟为具有共振频率 ω_0 和阻尼 γ 的驱动谐振子。

（a）计算谐波驱动振荡器的解。

（b）计算自由振荡器的解。

（c）假设在 0 时，外场 $E_0e^{-i\omega t}$级数展开。请写出均匀（自由振荡器）解和特殊（驱动振荡器）解的总和。分析驱动振荡器如何接近稳态。

（d）证明在稳态下外场所做的功等于耗散功率。

（e）找出振幅和吸收功率最大处的振荡频率。

练习 9.2 类比式（9.16）计算具有德鲁德介电函数［式（7.7）］的金属纳米球的表面电荷分布 $\sigma(\theta)$，并使用式（7.23）将 $\sigma(\theta)$分解为自由作用和约束作用。

练习 9.3 从式（9.6）开始计算球内外的准静态电势。按照准静态米氏理论，且仅考虑球体内（外）的系数 $A_\ell(B_\ell)$。

（a）通过计算边界条件，寻找没有外部激励的解的共振模式。使用德鲁德介电函数［式（7.7）］证明这些模式仅存在于某些复频率 ω_ℓ。讨论各种模式的物理意义。

（b）根据德鲁德阻尼项 γ 的较小值对 ω_ℓ 先进行泰勒级数展开，并将所得模式频率与式（9.14）的表面等离子体共振频率进行比较。

（c）计算式（7.6）的德鲁德-洛伦兹介电常数的共振模式。

练习 9.4 求解一个球体（半径为 a，介电常数为 ε_1）和涂层（厚度为 δ，介电常数为 ε_2）组合的带涂层球体在准静态极限下的麦克斯韦方程组，该涂层球体嵌入介电常数为 ε_3 的背景介质中。假设沿 z 方向施加电场。按照 9.2.1 节中讨论球体的思路，写下三个区域中解的解析式，并根据麦克斯韦方程组的边界条件确定未知系数。

练习 9.5 计算一个小球体在准静态极限下的散射截面和消光截面。为德鲁德介电函数确定截面达到最大值的频率。使用练习 9.1（e）的结果来解释这一结果。

练习 9.6 将米氏-甘斯理论中的去极化因子 L_k 与边界积分法的本征值 λ_k 联系起来。

练习 9.7 使用 NANOPT 工具箱中的 demobem03. m 和 demobem04. m 文件，用第 11 章中描述的边界元法（BEM）计算和绘制椭圆体的本征值 λ_k 和本征模态 $u_k(\boldsymbol{s})$。

（a）将数值本征值与米氏-甘斯理论的解析表达式进行比较。

（b）绘制本征模图并根据偶极模式和多极模式给出解释。

（c）研究长椭球体和扁椭球体。它们有什么区别？有什么相似之处？

（d）将扁椭球体的结果与图 9.9 中所示的圆盘本征模进行比较。你能识别所有模式吗？

习题 9.8 垂直于粒子边界方向的电场可以由 $E_\perp=-\partial_n V$ 得到，其中，$\partial_n=\hat{\boldsymbol{n}}\cdot\nabla$。从式（9.27）的边界积分方程出发，说明如何利用表面电荷分布 σ 来表示感应场 $E_\perp$。

习题 9.9 使用欧阳和艾萨克森的本征模［式（9.62）］，证明式（9.64）的正交关系。

提示：从 x_k 的正交关系开始，然后将 x_k 与 u_k 联系起来。

习题 9.10 证明对于式（9.39）中定义的 $\mathcal{F}_{mn}$，对称关系 $\mathcal{F}_{mn}=\mathcal{F}_{nm}$成立。从邻接本征函数（式（9.65））定义出发，利用式（9.61）的对称性。

练习 9.11 使用 NANOPT 工具箱中的文件 demobem05. m 和 demobem06. m 计算并绘制耦合球体或椭球体的本征值 λ_k 和本征模 $u_k(\boldsymbol{s})$。

（a）从耦合球体的情况开始，绘制本征模。将单球模式作为基函数，根据键合和反键模式解释具有最低本征值 λ_k 的模式。可参考图 9.14 的分析。

(b) 球体或椭球体的耦合效应是否更明显？解释距离相关性并给出解释。

练习 9.12 使用式（7.24）计算接触圆柱体的表面电荷分布，即式（9.51）。

练习 9.13 从米氏理论式（9.53）的散射和消光截面开始，使用式（C.28）执行约束 $kR \ll 1$。

(a) 证明在最低阶近似中，可以恢复准静态米氏理论的结果。

(b) 导出散射截面的前序校正。

练习 9.14 使用 NANOPT 工具箱中的文件 demospecmie01.m。

(a) 使用金、银球体研究 50nm 到 1 μm 范围内球体的散射光谱和消光光谱。

(b) 研究最小球体和最大球体的最小截止值 ℓ_{max} 角阶数，这是使结果收敛所必需的。

(c) 使用 demospecmie03.m 研究发射特性的共振频率和球半径并解释结果。

(d) 研究 $n_1 = 1.5$ 的介质球体的散射光谱和发射特性。

练习 9.15 使用 NANOPT 工具箱中的 demoimmie01.m 文件来模拟金属纳米球的光激发。激发光的传播方向是沿 z 轴方向，用成像透镜在 x 方向观察散射光，见第 3 章。研究激发光的线偏振和圆偏振对图像的影响，并解释结果。可以查阅文献［81］。

第 10 章

光子局域态密度

在本章中，我们研究了量子发射器和其他局域探针与等离激元体纳米粒子的耦合。我们将引入光子局域态密度（LDOS）的概念，这是衡量振子将能量传递给其环境效率的指标。在本章的后面部分，我们还将讨论表面增强拉曼光谱（SERS）和电子能量损失光谱（EELS），二者在纳米光学和等离激元领域起着重要作用。本章结合了前几章中介绍的许多概念，如格林函数、分层介质和粒子等离子体。我们的分析基于经典电动力学框架，但在本书的后面部分证明，只需将结果稍加调整就可以考虑量子效应。

10.1 量子发射的衰变率

我们首先考虑振荡偶极子的耗散功率，该偶极子可能位于等离子体纳米粒子附近或一些非寻常的光子环境中。下面我们进行推导，假设光子所处环境的响应是线性的。电流分布 $\boldsymbol{J}$ 与电磁场功率的关系已在式（4.13）中得出，即

$$\frac{\mathrm{d}W}{\mathrm{d}t}=-\int \boldsymbol{J}(\boldsymbol{r},t)\cdot\boldsymbol{E}(\boldsymbol{r},t)\,\mathrm{d}^3r$$

其中 $\boldsymbol{E}$ 是电场。式（4.13）中的负号是因为我们需要电流分布相对于电能的功率场（而不是电流分布产生的电场）。设偶极子的振荡角频率为 ω，则一个振荡周期内平均的耗散功率为

$$\left\langle\frac{\mathrm{d}W}{\mathrm{d}t}\right\rangle=-\frac{1}{2}\int\mathrm{Re}\{\boldsymbol{J}^*(r,t)\cdot\boldsymbol{E}(r,t)\}\,\mathrm{d}^3r=-\frac{1}{2}\mathrm{Re}\{(\mathrm{i}\omega\boldsymbol{p}^*)\cdot\boldsymbol{E}(r_0)\}$$

上式中，我们利用式（6.1）将电流分布与量子发射器的偶极矩 $\boldsymbol{p}$ 联系起来。接下来利用并矢格林函数将电场与场的源，即量子发射器本身联系起来。从式（5.20）得

$$\boldsymbol{E}(\boldsymbol{r})=\mathrm{i}\omega\mu\int\overline{\overline{G}}_{\mathrm{tot}}(\boldsymbol{r},\boldsymbol{r}')\cdot\boldsymbol{J}(r')\,\mathrm{d}^3r'=\mu\omega^2\,\overline{\overline{G}}_{\mathrm{tot}}(\boldsymbol{r},\boldsymbol{r}_0)\cdot\boldsymbol{p}$$

这里的$\overline{\overline{G}}_{\mathrm{tot}}$是在非寻常光子环境下自由空间和反射空间的总格林函数：

$$\overline{\overline{G}}_{\mathrm{tot}}(\boldsymbol{r},\boldsymbol{r}')=\overline{\overline{G}}(\boldsymbol{r},\boldsymbol{r}')+\overline{\overline{G}}_{\mathrm{refl}}(\boldsymbol{r},\boldsymbol{r}')\tag{10.1}$$

综上所述，我们得出了偶极子耗散的平均功率。

偶极发射器耗散的平均功率

$$P=\left\langle\frac{\mathrm{d}W}{\mathrm{d}t}\right\rangle=\frac{\omega^3}{2c^2\varepsilon}\mathrm{Im}\{\boldsymbol{p}^*\cdot\overline{\overline{G}}_{\mathrm{tot}}(\boldsymbol{r}_0,\boldsymbol{r}_0,\omega).\boldsymbol{p}\}\tag{10.2}$$

结果表明耗散功率可以由并矢格林函数和偶极矩来计算。$\boldsymbol{p}^*\cdot\boldsymbol{E}$ 的虚部表示振荡偶极子和偶极子产生的场之间的异相分量。通常情况下，一部分耗散功率被偶极子辐射，另一部分被转移到光子环境中变为热能散失，如欧姆损耗。我们还可以从式（10.2）中得出许多表达式。

自由空间。为了计算自由空间中偶极子振荡的辐射功率，设偶极子沿$\hat{z}$方向。由习题5.7中给出的二元格林函数的显式表达式得

$$\begin{aligned}\mathrm{Im}\{G_{zz}(\boldsymbol{r},\boldsymbol{r}')\}&=\mathrm{Im}\left\{\left[1-\hat{R}_z^2+\mathrm{i}\left(\frac{1-3\hat{R}_z^2}{kR}\right)-\left(\frac{1-3\hat{R}_z^2}{kR}\right)\right]\right\}\\&\quad\times\frac{1}{4\pi R}\left(1+\mathrm{i}kR-\frac{1}{2}k^2R^2-\frac{i}{6}k^3R^3+\cdots\right)\\&=\frac{k}{6\pi}+O(kR)\end{aligned}\tag{10.3}$$

定义 $R=r-r'$并将 $\mathrm{e}^{\mathrm{i}kR}$展开为泰勒级数。在 $R\to0$ 极限下得到：

$$P_0=\frac{\omega^3p^2}{2c^2\varepsilon}\left(\frac{k}{6\pi}\right)=\frac{\mu\omega^4p^2}{12\pi c}\tag{10.4}$$

与式（9.20）的偶极子振荡散射功率比较，有

$$P_{\mathrm{sca}}=Z^{-1}\frac{k^4}{32\pi^2\varepsilon^2}\left(\frac{8\pi}{3}p^2\right)=\frac{\mu\omega^4p^2}{12\pi c}$$

结果相同。

光子增强。对式（10.1）进行格林函数分解我们可以将耗散功率的增强表示为

$$\frac{P}{P_0}=1+\frac{6\pi}{k}\mathrm{Im}\{\hat{\boldsymbol{p}}^*\cdot\overline{\overline{G}}_{\mathrm{refl}}(\boldsymbol{r}_0,\boldsymbol{r}_0,\omega).\hat{\boldsymbol{p}}\}\tag{10.5}$$

式中：$\hat{\boldsymbol{p}}$ 为偶极矩的单位矢量。在某些情况下，该增强因子也可以小1，此时耗散功率受到抑制。

辐射功率。一般来说，只有一部分耗散功率被转换为辐射，而其余的耗散功率在光子环境中被吸收，并最终转化为热量，如等离激元纳米颗粒的欧姆损耗。为了计算散射功率，利用式（4.22），该方程使用包围偶极子以及光子环境的所有相关粒子的边界$\partial\Omega$处的电磁场来计算坡印亭定理中的 P_{sca}。还可以令$\partial\Omega$取无穷大。

衰变率。考虑一个发射光子能量为 $\hbar\omega$ 的光子的量子发射器。尽管我们在经典条件下进行上述推导，但我们可以尝试通过以下方法计算衰变率 Γ：

$$\Gamma=\frac{P}{\hbar\omega}\tag{10.6}$$

该表达式背后的基本原理为：P 给出表示单位时间耗散的能量。根据量子力学，该系统只能发射能量量子为 $\hbar\omega$ 的光子。因此，式（10.6）将给出单位时间的衰变概率，即衰变率。我们将在后面得出的结果，全量子方法也会给出同样的结果。

我们利用式（10.4）计算自由空间中的量子发射器的散射率：

$$\Gamma_0=\frac{\mu\omega^4p^2}{12\pi c}\frac{1}{\hbar\omega}=\frac{\mu\omega^3}{3\pi\hbar c}\left(\frac{p}{2}\right)^2 \tag{10.7}$$

同样的结果可以从全量子力学处理中获得，通常称为 Wigner-Weisskopf 衰变率。关于偶极矩，有一个相当微妙且技术性质的问题。在经典电动力学中含时偶极矩为

$$\boldsymbol{p}(t)=\mathrm{Re}\{\mathrm{e}^{-\mathrm{i}\omega t}\boldsymbol{p}\}=\frac{1}{2}(\mathrm{e}^{-\mathrm{i}\omega t}\boldsymbol{p}+c.c)$$

而在量子力学中，$\boldsymbol{p}$ 通常指从基态到激发态的偶极跃迁矩。参见 15.4 节中完整的量子描述。

偶极算子的期望值与经典结果相差 1/2，正如式（10.7）右侧的项中所指出的那样。在任何情况下都有如下关系：

$$\frac{\Gamma}{\Gamma_0}=\frac{P}{P_0}$$

上式用来计算量子发射器在给定光子环境中的衰减率相对于其自由空间衰减率的增强。下文仍会用到自由空间中振荡偶极子的寿命 $\tau_0=1/\Gamma_0$ 和位于不同光子环境中的偶极子的寿命 $\tau=1/\Gamma$。

Purcell 因子。在量子电动力学领域 Purcell 因子表示辐射衰变率的增强[82]。此处的增强通常是指量子发射器在空腔中的衰减，例如，利用两个反射镜将光限制在体积为 Ω_{cav} 的空腔中。光在反射镜之间反射，直到从腔中以损耗形式散失。人们通常引入品质因子 $Q=\delta\omega/\omega$ 描述光在腔中传播的时间。对于参数为 Ω_{cav} 和 Q 的腔，Purcell 因子为[82]

$$F=\frac{3}{4\pi^2}\left(\frac{\lambda}{n}\right)^3\left(\frac{Q}{\Omega_{\mathrm{cav}}}\right) \tag{10.8}$$

其中 λ/n 是腔内光的有效波长。由此我们发现，光与物质的相互作用可由缩小腔的体积或增加光在空腔中的传播时间来增强。确定等离子体纳米粒子的腔膜体积 Ω_{cav} 有一定难度，尽管金属的欧姆损失会导致其品质降低），但由于其等效模式体积非常小，往往等离子体纳米粒子可以获得相当大的 Purcell 因子。

有效极化率

下面我们解决有效极化率如何正确选择的问题。在第 9 章中，我们在式（9.19）中推导了一个小的可极化粒子的诱导偶极矩表达式：

$$\boldsymbol{p}=\bar{\bar{\alpha}}(\omega)\cdot\boldsymbol{E}_{\mathrm{inc}}(\boldsymbol{r}_0)$$

式中：$\bar{\bar{\alpha}}$为极化率张量，$\boldsymbol{E}_{\mathrm{inc}}$ 为使粒子极化的入射电场。如文献［83］所述，感应偶极子受到辐射阻尼影响。利用先前由自由空间衰减率导出的 $\mathrm{iIm}\{G_{zz}(\boldsymbol{r}_0,\boldsymbol{r}_0)\}$ 得

$$\boldsymbol{p}=\bar{\bar{\alpha}}(\omega)\cdot\left[\boldsymbol{E}_{\mathrm{inc}}(\boldsymbol{r}_0)+\omega^2\mu\left(\frac{\mathrm{i}k}{6\pi}\right)\bar{\bar{\alpha}}\cdot\boldsymbol{p}\right]$$

括号中的第一项是外场，第二项是偏振粒子在自身上产生的场。求解上面方程的 $\boldsymbol{p}$：

$$\boldsymbol{p}=\left(1-\frac{\mathrm{i}k}{6\pi\varepsilon}\right)^{-1}\cdot\bar{\bar{\alpha}}\cdot\boldsymbol{E}_{\mathrm{inc}}(\boldsymbol{r}_0)=\bar{\bar{\alpha}}_{\mathrm{eff}}(\omega)\boldsymbol{E}_{\mathrm{inc}}(\boldsymbol{r}_0) \tag{10.9}$$

当可极化粒子被放置在非平凡的光子环境中时，我们还可以通过在有效极化率中引

入增强因子 $P:P_0$ 来考虑额外的损耗：

$$\overline{\overline{\alpha}}_{\text{eff}}=\left(1-\frac{\mathrm{i}k^3}{6\pi\varepsilon}\left[\frac{P}{P_0}\right]\overline{\overline{\alpha}}\right)^{-1}\cdot\overline{\overline{\alpha}}$$

原则上，有效极化率张量$\overline{\overline{\alpha}}_{\text{eff}}$可应用于第 9 章推导的所有光学截面。小颗粒的校正项通常很小，因为可以忽略。然而，与完整的麦克斯韦方程组的解相比，较大粒子的额外的阻尼项使结果改进显著。

光子局域态密度

首先我们介绍本章标题“光子局域态密度”的含义。态密度（DOS），由固体物理学引入，它指的是单位能量和单位体积上的电子态数。设 E_i 为固态系统的电子能级，如金属中的自由电子。态密度 $D(E)$ 定义为[36]

$$D(E)=\frac{1}{\Omega}\sum_i\delta(E-E_i)$$

式中：Ω 为系统的体积；i 为不同的状态。有限系统 $D(E)$ 通常由一系列尖峰组成，而在热力学极限 $\Omega\to\infty$ 时态密度是一个连续函数。

我们可以尝试采用与光子系统类似的概念。光子态密度的一个定义是

$$\rho(\omega)=\frac{1}{\Omega}\sum_{k,s}\delta(\omega-\omega_{ks}) \tag{10.10}$$

式中：k 为光子态的波数；s 为不同的偏振。该式中，我们假设电磁场被限制在体积 Ω 内，如利用镜子包围的体积。取极限 $\Omega\to\infty$ 时我们可以用积分代替对 k 的求和：

$$\rho(\omega)\underset{\Omega\to\infty}{\to}\frac{2}{\Omega}\frac{\Omega}{(2\pi)^3}\int\delta(\omega-ck)\,\mathrm{d}^3k=\frac{1}{4\pi^3}\int_0^\infty\delta(\omega-ck)4\pi k^2\mathrm{d}k \tag{10.11}$$

在这里，我们为极化自由度增加了一个因子 2，而额外的因子 $\Omega/(2\pi)^3$ 是由于用积分代替[36]。通过计算积分，我们最终得到了自由空间光子态密度。

自由空间光子态密度

$$\rho^0(\omega)=\frac{\omega^2}{\pi^2c^3} \tag{10.12}$$

上标零表示自由空间的结果。对于不同的光子环境，如存在纳米颗粒或分层介质的情况下，引入与格林并矢相关的局部态密度便于后续计算。然而局部态密度在不同文献中的定义并不唯一。根据文献［84］，我们引入了沿 $\hat{\boldsymbol{p}}$ 方向投影的局部态密度。

沿 $\hat{\boldsymbol{p}}$ 投影的光子局域态密度

$$\rho_{\hat{p}}(\boldsymbol{r},\omega)=\frac{6\omega}{\pi c^2}\mathrm{Im}\{\hat{\boldsymbol{p}}^*\cdot\overline{\overline{G}}_{\text{tot}}(\boldsymbol{r},\boldsymbol{r},\omega).\hat{\boldsymbol{p}}\} \tag{10.13}$$

联立式（10.3）得

$$\rho^0_{\hat{z}}(\boldsymbol{r},\omega)=\frac{6\omega}{\pi c^2}\mathrm{Im}\{G_{zz}(\boldsymbol{r},\boldsymbol{r},\omega)\}=\frac{6\omega}{\pi c^2}\frac{\omega}{6\pi c}=\frac{\omega^2}{\pi^2c^3}$$

与式（10.12）的自由空间态密度 $\rho^0(\omega)$ 一致。在所有角度上求平均值（详见练习 10.1）得态的平均局部密度：

$$\rho(\boldsymbol{r},\omega)=\langle\rho_{\hat{p}}(\boldsymbol{r},\omega)\rangle_{\hat{p}}=\frac{2\omega}{\pi c^2}\mathrm{Im}\{\mathrm{tr}(\overline{\overline{G}}_{\text{tot}}(\boldsymbol{r},\boldsymbol{r},\omega))\} \tag{10.14}$$

其中，tr 表示格林并矢上的迹，即其对角线元素之和。量子发射器的衰变率可以通过

$$\Gamma_{\text{tot}}=\frac{P}{\hbar\omega}=\frac{\omega}{3\hbar\varepsilon}\left(\frac{p}{2}\right)^2\rho_{\hat{p}}(\boldsymbol{r},\omega) \tag{10.15}$$

根据式（10.7）的 Wigner-Weisskopf 衰变率的讨论。括号中的项对应偶极算符的量子力学期望值。同样，如果在振荡偶极子的取向上求平均值可得角平均衰减率：

$$\langle\Gamma_{\text{tot}}\rangle_{\hat{p}}=\frac{\omega}{\hbar\varepsilon}\rho(\boldsymbol{r},\omega) \tag{10.16}$$

图 10.1 显示了两个银纳米颗粒的二聚体的光子 LDOS，其数据是从电子能量损失光谱实验中提取的。此处，我们不再讨论实验数据是如何获得的，而是利用其结果来论述为什么光子 LDOS 的概念非常有用。图中的颜色对应于光子 LDOS 的增强和具有最大 $\rho_{\hat{p}}^0$ 值的振荡偶极子的方向。

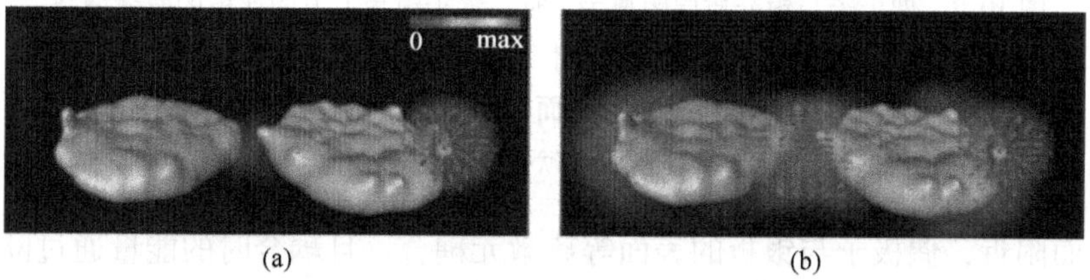

图 10.1　电子显微镜下两个耦合等离子体纳米颗粒和两种不同等离子体模式的光子 LDOS[85]。图（a）表示被限制在右侧粒子上的突起处的模式，图（b）显示了键合偶极模式，其中单个粒子上的偶极矩彼此平行定向。图案的颜色对应光子 LDOS 的增强，以及具有最大 $\rho_{\hat{p}}^0$ 值的振荡偶极子的方向。图改编自文献［85］

图（a）表示限制在右侧粒子突起处的等离激元模式。该尖锐特征的强近场增强导致了强 LDOS 增强。也就是说，位于该特征附近的振荡偶极子的衰减速度将比在自由空间中快得多。图案靠近纳米颗粒的方向大致对应于电场的方向。图（b）表示了键合偶极模式，其中单个纳米颗粒的偶极矩相互平行。此时两个粒子的间隙区域可观测到强 LDOS 增强，这与我们在第 9 章中对耦合粒子的讨论非常相似。通常情况下，例如在文献［86］中，LDOS 也有磁性贡献。

10.2　光子环境中的量子发射器

利用第 9 章中的方法，我们可以计算多种不同条件下光子的 LDOS。下面我们从分层介质开始，然后研究一些特定几何形状的等离激元纳米粒子。

10.2.1　金属板上方的量子发射器

我们首先考虑偶极子在金属层上方的情况，其示意图见图 10.2 的插图。将用于增强偶极子耗散功率的式（10.5）与式（8.51）的对分层介质的反射格林函数联立。图 10.2 表示位于银介质层上方偶极子寿命的增减 $\tau:\tau_0$，且界面附近 τ 急剧下降。

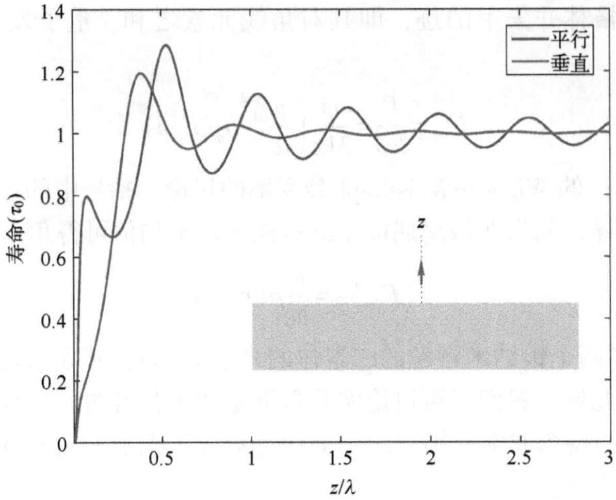

图 10.2 偶极子与银介质层距离为 z 时，置于银片上方的偶极的寿命增减。
靠近银表面时观察到因振荡偶极上反射场的相长或相消作用而产生的寿命振荡。
在金属表面附近，由于偶极子发射表面等离激元而损失能量，寿命急剧下降。
计算时取 $\lambda=400\text{nm}$，并且利用文献中给出的银介电函数[34]（见彩插）

在界面附近，偶极子与银板的表面等离激元耦合，且耦合时的能量通过欧姆损耗转换为热。偶极子与金属距离越大，其与等离激元的近场耦合越少，偶极子寿命越长，而耗散的功率主要是由发射辐射产生。当观测距离与发射辐射波长相当时，可以观察到 τ 的振荡，因为反射场对振荡偶极子有相长和相消作用。Drexhage[87] 首次证明了这些效应，并在文献［88］中进行了详细讨论。

10.2.2 准静态近似

在第二个例子中，我们考虑与等离激元纳米粒子相互作用的量子发射器，并在准静态近似中对其进行描述。我们首先推导了准静态近似下振荡偶极子耗散功率的表达式。我们从偶极子对电场所做的功开始：

$$P=P_0-\frac{1}{2}\mathrm{Re}\{(\mathrm{i}\omega\boldsymbol{p}^*)\cdot[-\nabla V_{\mathrm{refl}}(\boldsymbol{r}_0)]\}$$

式中：P_0 为偶极子在自由空间中的辐射功率；$V_{\mathrm{refl}}(\boldsymbol{r}_0)$ 为偶极子在 $\boldsymbol{r}_0$ 时等离激元纳米粒子的反射电势。利用式（9.23）的静态格林函数表示用偶极子电荷分布来表示 V_{refl}：

$$V_{\mathrm{refl}}(\boldsymbol{r})=\varepsilon^{-1}\int_\Omega G_{\mathrm{refl}}(\boldsymbol{r},\boldsymbol{r}')\cdot\rho(\boldsymbol{r}')\mathrm{d}^3r'=\int_\Omega G_{\mathrm{refl}}(\boldsymbol{r},\boldsymbol{r}')\cdot\left[\frac{\nabla'\cdot J(\boldsymbol{r}')}{\mathrm{i}\varepsilon\omega}\right]\mathrm{d}^3r'$$

这里 Ω 是包围偶极子的体积，我们在上式中利用连续性方程联系电荷和电流分布。下面我们对其进行分部积分，将 $\boldsymbol{J}$ 的导数转化为格林函数。

利用 $\nabla\cdot(G\mathbf{J})=(\nabla G)\cdot\mathbf{J}+G(\nabla\cdot\mathbf{J})$ 得

$$V_{\mathrm{refl}}(\boldsymbol{r})=-\frac{i}{\varepsilon\omega}\oint_{\partial\Omega}G_{\mathrm{refl}}(\boldsymbol{r},\boldsymbol{r}')J(\boldsymbol{r}')\cdot\mathrm{d}S'+\frac{i}{\varepsilon\omega}\int_\Omega J(\boldsymbol{r}')\cdot\nabla' G_{\mathrm{refl}}(\boldsymbol{r},\boldsymbol{r}')\cdot\rho(\boldsymbol{r}')\mathrm{d}^3r'$$

利用式（2.12）的高斯定理将得到上式等号右侧第一项。对位于偶极电荷分布之外的边界 $\boldsymbol{J}$ 为零，即第一项为零。利用式（6.1）将 $\boldsymbol{J}$ 与偶极矩 $\boldsymbol{p}$ 关联得

$$P=P_0-\frac{\omega}{\varepsilon}\mathrm{Im}\{(\boldsymbol{p}^*\cdot\nabla)(\boldsymbol{p}\cdot\nabla')G_{\mathrm{refl}}(\boldsymbol{r},\boldsymbol{r}')\}_{r=r'=r_0}$$

我们利用式（9.33）的本征模分处理格林函数：

$$G_{\mathrm{refl}}(\boldsymbol{r},\boldsymbol{r}')=-\sum_k V_k(\boldsymbol{r})\frac{\lambda_k+\frac{1}{2}}{\Lambda(\omega)+\lambda_k}V_k(\boldsymbol{r}')$$

式中：$V_k(\boldsymbol{r})$为与本征值为λ_k的第k个本征模有关的电势；$\Lambda(\omega)$为与纳米颗粒和包埋介质的频率相关介电常数的函数。通过上述分解，我们得出了准静态近似中偶极发射器的平均耗散功率。

偶极发射器的平均耗散功率（准静态）

$$P=P_0+\frac{\omega}{2\varepsilon}\sum_k\mathrm{Im}\left\{\frac{\lambda_k+\frac{1}{2}}{\Lambda(\omega)+\lambda_k}\right\}|\boldsymbol{p}\cdot\nabla V_k(\boldsymbol{r})|^2_{r=r_0} \tag{10.17}$$

图 10.3（a）表示由式（10.17）计算的位于银纳米球上方的偶极子的寿命τ的减少。远离球体时τ与自由空间寿命τ_0近似。随着距离的缩短，偶极子会耦合到更多的模式，而导致τ的下降。虚线表示仅考虑偶极（偶极和四极）模式的仿真结果。其与考虑所有模式仿真结果（实线）在偶极子与纳米球间距较大时拟合得非常好，但在偶极子与纳米球间距较小偶极子开始耦合到更多模式时拟合变得更差。图 10.3（b）表示由总偶极矩（偶极加等离子体纳米粒子）和式（9.20）中振荡偶极子的散射功率计算的辐射寿命增强$\tau:\tau_0$。此处，寿命是减少还是增强取决于偶极子取向。在谐振时，取向沿z方向的偶极子与沿z方向的等离激元的偶极子模式耦合最强，其偶极矩与驱动偶极子偶极矩不同步。因此，两个偶极矩在发射过程中贡献相加，耦合系统发光效率更高；相反，与x方向平行的偶极子产生与驱动偶极子在取向相反的镜像偶极子。由于总偶极矩的降低，发射辐射降低，且τ甚至略大于自由空间值τ_0。

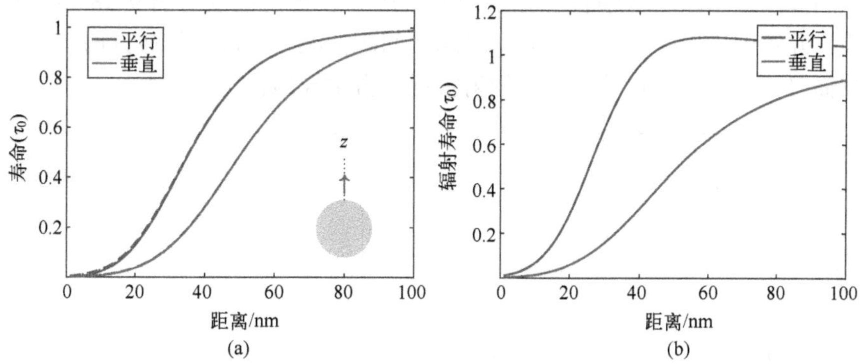

图 10.3 位于银纳米球附近振荡偶极子的寿命减少，计算条件为 355nm 的偶极共振波长下的准静态近似。图（a）沿平行于x的偶极子和垂直于z方向的偶极子的总寿命。实线表示本征模下的仿真结果，虚线表示仅考虑偶极（偶极和四极）模的仿真结果。图（b）与图（a）的辐射寿命相同。两图的距离都表示与纳米球的距离。参数选取为文献［34］的银介电函数，嵌入介质的介电常数为 1，球体半径为 50nm

图 10.4 为比例为 1:2 的银椭球沿长轴方向的类似行为。因为沿 z 方向和 x,y 方向的等离子体偶极模式共振频率不同，所以偶极子在较小距离下的辐射寿命显著增加。由于对称性，水平偶极子只能激发 x,y 方向上的等离子体模式，这种模式比与 z 方向上模式能量高，因此，偶极子与其耦合的等离激元模式是非共振的。镜像偶极子可以有效地描述表面感应电荷分布，这降低了总偶极矩，减少了散射并延长了辐射寿命。

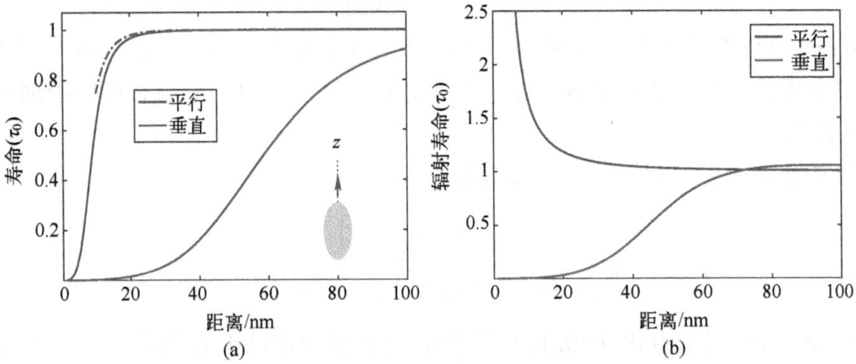

图 10.4　与图 10.3 的描述相同，但描述对象为长轴比为 1:2、长轴为 50nm、偶极共振波长为 400nm 的椭球体

10.2.3　米氏理论

辐射功率 P_{rad} 和总耗散功率 P_{tot} 可以利用米氏理论解析求解。此处我们省略了结果的推导，但在附录 E 中给出了详细推导过程。式（E.37）和式（E.38）给出了位于金属（或电介质）球体附近的振荡偶极子辐射功率，式（E.41）和式（C.42）给出了它们的总耗散功率。因为振荡偶极子与等离子体模式耦合导致等离子体模式通过辐射或欧姆损耗耗散功率，所以上述两公式有所不同。

图 10.5 表示位于银纳米球上方偶极子的辐射功率和总耗散功率之比 $P_{rad}:P_{tot}$，即插图中所示偶极子位于银纳米颗粒上方时的量子产率。我们选取与图 9.18 中消光光谱相同的参数，并考虑不同的球体直径和偶极球体间距情况。距离球体较远时，几乎所有的功率都被辐射，只有在靠近球体处非辐射损耗才占主导地位。

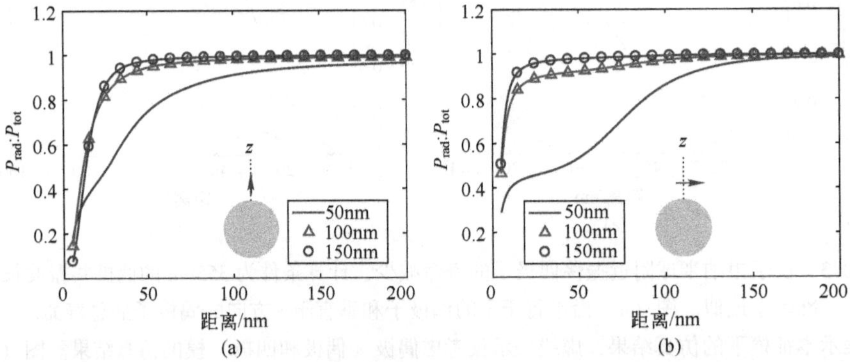

图 10.5　根据米氏理论计算的银纳米球上方偶极子的量子产率。（见彩插）参数与图 9.18 中的相同，分别计算在偶极子共振为 3.4eV（50nm）、3.15eV（100nm）和 2.6eV（150nm）处的辐射散射功率 P_{rad} 和总耗散功率 P_{tot}。图（a）和图（b）表示的分别是垂直和平行于 z 轴的偶极子

Novotny 小组[84]对分子-纳米球耦合系统进行研究。在实验中，将一个金纳米球连接到光纤上，对光纤进行光栅扫描并将染料分子嵌入薄膜。这样，就有可能在实验上观察到之前在米氏理论中分析的系统。在讨论图 10.6 的结果之前，我们先讨论自由空间中振荡偶极子的情况。采用辐射衰变率和总衰变率的概念比辐射散射功率和总耗散功率的概念方便，式（10.6）表示这些量之间的联系。

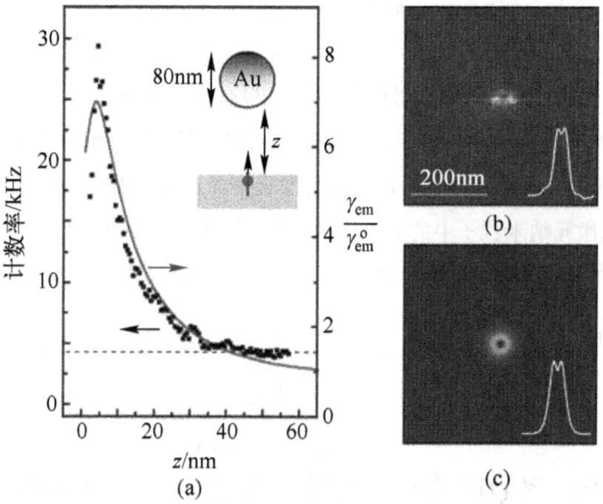

图 10.6 偶极子（染料分子）和金纳米粒子组成的相干驱动系统的荧光测量[84]

（a）偶极子和纳米球距离减小时，由于较大分子与纳米颗粒耦合，辐射先增加，然后由于非辐射衰减和欧姆损耗的增加，辐射减小；（b）和（c）分别表示实验和仿真在金纳米粒子分子上的发射模式。

辐射衰减率。自由空间处于激发态的分子通过发射光子衰变。我们定义相应的衰变率为单位时间内的衰变次数 Γ_{rad}^0。上标 0 代表这是自由空间的衰变。

分子衰变率。除辐射衰变之外，还有许多分子内部衰变通道，分子通过这些通道的衰变速率为 Γ_{mol}，而且此过程不发射光子。激发能量通常先转化为分子振动能，最后再转化为到热能。

量子产率。自由空间衰变率与总衰变率之间的比例称为量子产率。

$$QY^0=\frac{\Gamma_{rad}^0}{\Gamma_{mol}+\Gamma_{rad}^0} \tag{10.18}$$

量子产率表示通过发射光子的方式而不是通过内部衰变的方式激发分子的概率。经典分子量子产率相对较小，大约只有 10%甚至更低。

漂白。经典分子具有一定的漂白概率。通常假设一个分子在经历构象变化并变得光学不活跃之前平均要发射 100 万个光子。因此，涉及光学的分子实验通常只能在几秒到几分钟内进行。通过将分子嵌入基质中并使其处在低温条件下可以有效抑制漂白效应。其他量子发射器，如量子点量子产率更高，并且稳定时间更长。

下面讨论一个分子靠近等离激元纳米粒子的情况。改变光子环境内部分子衰变通道通常不受影响，但以下特性会发生变化（图 10.7）：

辐射衰变。分子-纳米粒子耦合系统通常辐射衰变率 Γ_{rad} 较强，见图 10.3 和图 10.4，但是在某些情况下 Γ_{rad} 也会减小。

非辐射衰变。除了辐射衰变，等离子体纳米粒子还可因欧姆损耗衰变。由此产生的非辐射衰变为 $\Gamma_{nr}=\Gamma_{tot}-\Gamma_{rad}$，根据式（10.2）中总耗散功率计算得出总衰变速率 Γ_{tot}。

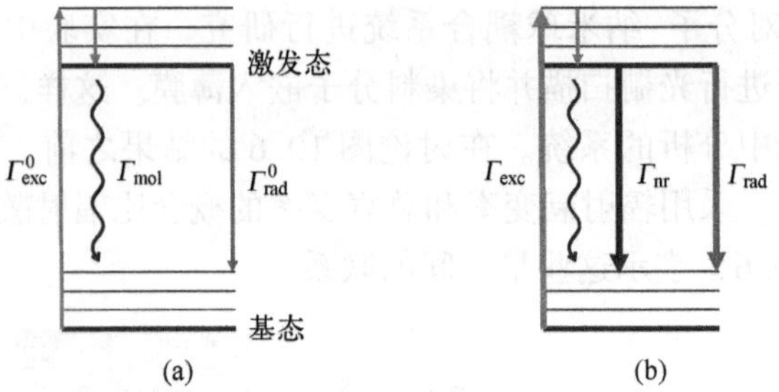

图 10.7　分子光激发的雅布伦斯基图

（a）自由空间中分子的 Γ_{exc}^0 是分子的激发率，通常表示激发态的激发振动能级。分子在快速振动弛豫后处在激发分子态的振动基态，然后由内部弛豫衰变（Γ_{mol}）或通过发射光子（Γ_{rad}^0）衰变；
（b）对于耦合到等离激元纳米粒子中的分子，激发率和辐射衰减率会发生变化。非辐射衰变通道中，分子将能量转移到等离激元纳米颗粒而衰变，在等离激元纳米颗粒中能量经欧姆损耗转化为热量。

量子产率。通过调整上述速率，偶极子-纳米粒子量子产率为

$$QY=\frac{\Gamma_{rad}}{(\Gamma_{mol}+\Gamma_{nr})+\Gamma_{rad}} \tag{10.19}$$

对于自由空间量子产率 QY^0 来说速率变化带来的改变并不明显。因为与等离子体纳米粒子的耦合产生非辐射衰变通道（Γ_{nr}），所以量子产率在不存在内部弛豫时总是下降的。对于 QY^0 较小的分子，在等离子体纳米粒子存在的情况下，量子产率会增加；对于等离激元纳米粒子，足够远的分子辐射衰变占主导地位。

荧光速率。此外，等离子体纳米粒子存在时激发速率 Γ_{exc} 也改变，详情见图 10.7。荧光速率，即单位时间发射的光子数量，其变化与 $\Gamma_{exc}\times QY$ 有关，文字表述为

荧光速率=激发速率×量子产率

荧光强度的净变化取决于各种速率变化。图 10.6 中随着分子-纳米球间距的减少，因为辐射衰变超过了内部分子衰变，所以荧光强度增加。只有在间距很小时，荧光才会因为 Γ_{nr}的增加而猝灭。此处，分子主要激发多极等离子体模式，如图 10.5 所示，该模式通过欧姆损耗衰减。

10.3　表面增强拉曼散射

拉曼散射和表面增强拉曼散射（SERS）是量子过程。但是适用经典方法也可以了解该过程的很多知识。量子描述方法通常更困难，如文献［89］，经典方法除了缺少热布居因子外结果与量子方法类似。考虑由外部电场 $\boldsymbol{E}_L$ 驱动的振荡器

$$\boldsymbol{p}(t)=[\bar{\bar{\alpha}}_0+\bar{\bar{\alpha}}_1\cos(\Omega_{vib}t)]\cdot(\boldsymbol{E}_L\cos(\omega_L t)) \tag{10.20}$$

其中 $\boldsymbol{p}(t)$ 是振荡的偶极矩。将极化率分解为与时间相关的项 $\bar{\bar{\alpha}}_0$ 和以比外场频率 ω_L 小得多（$\Omega_{vib}<\omega_L$）的频率振荡的项 $\bar{\bar{\alpha}}_1\cos(\Omega_{vib}t)$。该模型对应极化率由分子振动调控的分子。现在我们只考虑与 $\bar{\bar{\alpha}}_1$ 呈比例的项有

$$\begin{aligned}\boldsymbol{p}_1(t)&=\bar{\bar{\alpha}}_1\cdot\boldsymbol{E}_L\cos(\omega_L t)\cos(\Omega_{vib}t)\\&=\bar{\bar{\alpha}}_1\cdot\boldsymbol{E}_L\frac{1}{2}\{\cos[(\omega_L+\Omega_{vib})t]+\cos[(\omega_L-\Omega_{vib})t]\}\end{aligned}$$

因此，振子不仅在驱动频率 ω_L（由与 $\bar{\bar{\alpha}}_0$ 呈比例的项描述）下振荡，而且在调制频率即拉曼频率下振荡。

拉曼频率

$$\omega_R^{\pm}=\omega_L+\Omega_{vib} \tag{10.21}$$

在第 9 章中，我们推导出了可极化粒子的散射截面式（9.21）。我们直接用其表示（经典）拉曼截面

$$C_R=\frac{k^4}{6\pi\varepsilon^2}\left|\frac{1}{2}\bar{\bar{\alpha}}_1\cdot\varepsilon_L\right|^2 \tag{10.22}$$

式中：k 为发射光的波数（设 $\omega_R^{\pm}\approx\omega_L$，$k$ 就是驱动场的波数）；ε 为嵌入介质的介电常数；ε_L 为驱动场的极化。量子力学描述给出的结果与其相似；斯托克斯频率 ω_R^{+} 和反斯托克斯频率 ω_R^{-} 的散射光强度通常不同。

1923 年，斯梅卡尔从理论上预测了拉曼效应，5 年后，印度物理学家钱德拉塞卡拉-文卡塔-拉曼在实验上观察到了拉曼效应。从此拉曼效应得到了广泛应用。拉曼效应可以检测振动频率，而振动频率是特定分子在光学频率范围内的指纹。1974 年，弗莱施曼小组从沉积在电化学粗糙金属电极上的单层分子中观察到强拉曼信号[91]。该文章第一次观测到了 SERS。尼和埃默里[90]观察到单分子的 SERS 信号，如图 10.8 所示。作者在论文摘要中写道：

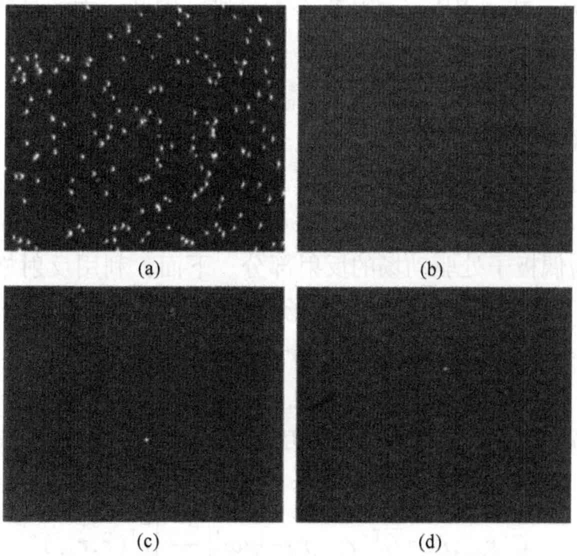

图 10.8　用倏逝波激发单个 Ag 纳米颗粒的成像。激光束在玻璃-液体界面的全内反射可减少激光散射背景。(a) 未加滤镜的照片描述了固定在聚赖氨酸涂层表面上的所有颗粒的散射激光。(b) 对空白 Ag 胶体样品（与 1mM NaCl 和无罗丹明 6G 分析物分子一起培养）拍摄的加滤镜的照片。(c) 和 (d) 对少数分子培育的 Ag 胶体样品拍摄的加滤镜照片，照片中至少有一个拉曼散射颗粒。图取自文献［90］

利用表面增强拉曼散射在室温下实现了单分子和单纳米粒子的光学检测和光谱分析。从大量异质群中筛选出特定尺寸依赖性的单个银胶体纳米颗粒，并将其用于放大吸附分子的光谱特征。对于吸附纳米颗粒上的单个罗丹明 6G 分子，本征拉曼增强因子数

量级在 $10^{14}\sim10^{15}$，远大于传统方法测量得的平均值。这种增强效应导致其振动拉曼信号比单分子荧光的更强烈、更稳定。

尽管高达 15 个数量级的 SERS 增强看似可疑，但后续工作已经证实大增强因子的存在。下面，我们分析了改进光子环境中的拉曼散射。并展示了该改进对振子的激发过程和振子的发射特性的影响。实验观察到这两种效应结合会导致 SERS 信号的巨大增强。

辐射增强。我们首先修正辐射过程。在修正的光子环境下，振荡偶极子产生的电场为

$$E(\boldsymbol{r})=\mu\omega^2[\overline{\overline{G}}(\boldsymbol{r},\boldsymbol{r}_{\text{dip}})+\overline{\overline{G}}_{\text{refl}}(\boldsymbol{r},\boldsymbol{r}_{\text{dip}})]\cdot\boldsymbol{p}$$

式中：$\overline{\overline{G}}$为自由空间中振子的辐射；$\overline{\overline{G}}_{\text{refl}}$表示等离子体纳米粒子有关的修正项。$\boldsymbol{r}_{\text{dip}}$是驱动偶极子的位置。远离偶极和等离子体纳米颗粒时电磁场为出射波形式：

$$E(\boldsymbol{r})\underset{r\gg r_{\text{dip}}}{\longrightarrow}\mu\omega^2\left(\frac{\mathrm{e}^{ikr}}{r}\right)[\overline{\overline{f}}(\hat{\boldsymbol{r}},\boldsymbol{r}_{\text{dip}})+\overline{\overline{f}}_{\text{refl}}(\hat{\boldsymbol{r}},\boldsymbol{r}_{\text{dip}})]\cdot\boldsymbol{p}$$

式中：$\overline{\overline{f}}$、$\overline{\overline{f}}_{\text{refl}}$分别为自由空间的渐进形式和反射格林函数。自由空间部分可从式（5.25）中得出：

$$f_{ij}(\hat{\boldsymbol{r}},\boldsymbol{r}_{\text{dip}})=\frac{\mathrm{e}^{-ik\hat{\boldsymbol{r}}\cdot\boldsymbol{r}_{\text{dip}}}}{4\pi}(\delta_{ij}-\hat{r}_i\hat{r}_i)\tag{10.23}$$

且顺序统一。相反，等离子体纳米颗粒存在时，从远场极限下反射格林函数获得的$\overline{\overline{f}}_{\text{refl}}$的增强可以变得很大，其增强因子高达百个数量级。因此，在拉曼频率下从振荡偶极子发射光的远场振幅为

$$\boldsymbol{F}(\hat{\boldsymbol{r}})=\mu\omega^2[\overline{\overline{f}}(\hat{\boldsymbol{r}},\boldsymbol{r}_{\text{dip}};,\omega_{\text{R}}^{\pm})+\overline{\overline{f}}_{\text{refl}}(\hat{\boldsymbol{r}},\boldsymbol{r}_{\text{dip}};,\omega_{\text{R}}^{\pm})]\cdot\boldsymbol{p}_1\tag{10.24}$$

我们定义光发射的拉曼频率为 $\omega_{\text{R}}^{\pm}$。

激发增强。除了辐射增强过程外，振子的驱动场也发生了变化。式（10.20）变为

$$\boldsymbol{p}(t)=[\overline{\overline{\alpha}}_0+\overline{\overline{\alpha}}_1\cos(\Omega_{\text{vib}}t)]\cdot[\boldsymbol{E}_L(\boldsymbol{r}_{\text{dip}},t)+\boldsymbol{E}_{\text{refl}}(\boldsymbol{r}_{\text{dip}},t)]$$

式中：$\boldsymbol{E}_{\text{refl}}(\boldsymbol{r}_{\text{dip}},t)$为偶极子处驱动场的反射部分。下面，利用反射格林函数的远场振幅$\overline{\overline{f}}_{\text{refl}}$来表示激发增强。首先，我们假设入射场 $\boldsymbol{E}_L$ 由矩为 $\boldsymbol{p}_L$ 的振荡偶极子产生，该偶极子与偶极子和等离子体纳米粒子的距离为 $\boldsymbol{r}$。$\boldsymbol{r}_{\text{dip}}$处的电场为

$$\boldsymbol{E}(\boldsymbol{r}_{\text{dip}})=\mu\omega^2[\overline{\overline{G}}(\boldsymbol{r}_{\text{dip}},\boldsymbol{r})+\overline{\overline{G}}_{\text{refl}}(\boldsymbol{r}_{\text{dip}},\boldsymbol{r})]\cdot\boldsymbol{p}_L$$

利用式（7.38）中对称关系和光学的互易定理导出了格林并矢，我们将格林函数重写为

$$\overline{\overline{G}}(\boldsymbol{r}_{\text{dip}},\boldsymbol{r})=\overline{\overline{G}}^{\text{T}}(\boldsymbol{r}_{\text{dip}},\boldsymbol{r})\to\mu\omega^2\left(\frac{\mathrm{e}^{ikr}}{r}\right)\overline{\overline{f}}^{\text{T}}(\hat{\boldsymbol{r}},\boldsymbol{r}_{\text{dip}})$$

式中：上标 T 为矩阵的转置。可以获得$\overline{\overline{G}}$对应的表达式。然后我们考虑振幅为 $\boldsymbol{E}_L$ 沿$\hat{\boldsymbol{k}}_L$方向入射的平面波。利用式（10.23）中自由空间格林函数渐近形式，我们将入射场表示为

$$\boldsymbol{E}_L\mathrm{e}^{i\boldsymbol{k}_L\cdot\boldsymbol{r}_{\text{dip}}}=\overline{\overline{f}}^{\text{T}}(-\hat{\boldsymbol{k}}_L,\boldsymbol{r}_{\text{dip}})\cdot4\pi\boldsymbol{E}_L$$

因此，偶极子处的总驱动场可以写成

$$\boldsymbol{E}_{\text{tot}}(\boldsymbol{r}_{\text{dip}})=[\overline{\overline{f}}(-\hat{\boldsymbol{k}}_L,\boldsymbol{r}_{\text{dip}};,\omega_L)+\overline{\overline{f}}_{\text{refl}}(-\hat{\boldsymbol{k}}_L,\boldsymbol{r}_{\text{dip}};,\omega_L)]\cdot4\pi\boldsymbol{E}_L\tag{10.25}$$

由联立散射和激发过程的增强式（10.24）和式（10.25），得散射拉曼过程的远场

振幅为

$$\boldsymbol{F}(\hat{\boldsymbol{r}})=\mu\omega^2[\bar{\bar{f}}(\hat{\boldsymbol{r}},\boldsymbol{r}_{\mathrm{dip}};,\omega_R^{\pm})+\bar{\bar{f}}_{\mathrm{refl}}(\hat{\boldsymbol{r}},\boldsymbol{r}_{\mathrm{dip}};,\omega_R^{\pm})]\cdot\bar{\bar{\alpha}}_1$$
$$\times[\bar{\bar{f}}(-\hat{\boldsymbol{k}}_L,\boldsymbol{r}_{\mathrm{dip}};,\omega_L)+\bar{\bar{f}}_{\mathrm{refl}}(-\hat{\boldsymbol{k}}_L,\boldsymbol{r}_{\mathrm{dip}};,\omega_L)]\cdot 4\pi\boldsymbol{E}_L$$

式（4.17）将 $\boldsymbol{F}(\hat{\boldsymbol{r}})$ 与远场坡印亭矢量相关联。将该公式除以驱动场的强度 $I_{\mathrm{inc}}=\frac{1}{2}Z^{-1}|E_L|^2$，并在所有角度上对其积分得表面增强拉曼散射的横截面。

表面增强拉曼散射（SERS）的截面

$$C_{\mathrm{SERS}}=\oint|2\pi\mu\omega^2[\bar{\bar{f}}(\hat{\boldsymbol{r}},\boldsymbol{r}_{\mathrm{dip}})+\bar{\bar{f}}_{\mathrm{refl}}(\hat{\boldsymbol{r}},\boldsymbol{r}_{\mathrm{dip}})]\cdot\bar{\bar{\alpha}}_1 \times[\bar{\bar{f}}(-\hat{\boldsymbol{k}}_L,\boldsymbol{r}_{\mathrm{dip}})+\bar{\bar{f}}_{\mathrm{refl}}(-\hat{\boldsymbol{k}}_L,\boldsymbol{r}_{\mathrm{dip}})]^{\mathrm{T}}\cdot\boldsymbol{\varepsilon}_L|^2\mathrm{d}\Omega \tag{10.26}$$

我们已经抑制了远场振幅的频率依赖性，因为当 $\Omega_{\mathrm{vib}}<\omega_L$ 时，驱动频率 ω_L 下的频率可以估算。第一行括号中的项表示散射过程的增强，第二行括号中的项表示激发过程的增强。综上所述，拉曼横截面与增强因子的四次方呈比例：

$$C_{\mathrm{SERS}}\propto|f_{\mathrm{refl}}|^4 \tag{10.27}$$

因此，对于数量级为几百的场增强因子 $|f_{\mathrm{refl}}|$，其 SERS 增强数十亿量级。那么对于发射频率为驱动频率 ω_L 的振子，是否存在类似的增强因子。重复上述分析，我们确实得到了类似的增强。然而，这种情况下还需要考虑等离子体纳米粒子直接发射的光。这种与散射光频率相同，且具更高的强度的光完全掩盖了共振偶极发射。SERS 的驱动振荡器可以充当频率调制器，使散射的拉曼光谱与驱动场失谐。

SERS 将等离激元与化学灵敏度相结合，并且可以通过特定的拉曼光谱识别分子。这开辟了一个跨学科研究领域，该领域取得振奋人心的进展，如尖端增强拉曼散射（TERS）。我们在这里不进行详细介绍，而仅向感兴趣的读者提供相关文献，如文献［89，92］。

10.4　荧光共振能量转移

荧光共振能量转移（FRET）是 $\boldsymbol{r}_D$ 处供体分子通过非辐射偶极耦合将能量转移到 $\boldsymbol{r}_A$ 附近受体分子的过程。该过程在光合成中十分重要，福斯特[93]第一次对其进行了研究。这里在经典框架下讨论 FRET。供体分子对受体所做的功为（另见本章开头的讨论）

$$P_{D\to A}=\frac{1}{2}\int\mathrm{Re}\{\boldsymbol{J}_A^*(\boldsymbol{r})\cdot\boldsymbol{E}_D(\boldsymbol{r})\}\mathrm{d}^3r=-\frac{\omega}{2}\mathrm{Im}\{\boldsymbol{p}_A^*(\boldsymbol{r})\cdot\boldsymbol{E}_D(\boldsymbol{r})\}$$

式中：$\boldsymbol{p}_A$ 为受体分子的偶极矩。由光学的互易定理可知，一旦能量从供体转移到受体反向过程就会开始。然而，FRET 复合物的受体分子中激发通常发生快速分子内弛豫，这样分子间 FRET 通道就不存在反向过程。此处我们没有对弛豫进行详细分析，而是简单地假设受体对供体没有任何反作用。假设受体的偶极矩 $\boldsymbol{p}_A$ 由受体极化率 $\bar{\bar{\alpha}}_A$ 引起，即

$$\boldsymbol{p}_A=\bar{\bar{\alpha}}_A\cdot\boldsymbol{E}_D(\boldsymbol{r}_A)=\left[\sum_a\boldsymbol{n}_a\alpha_a\boldsymbol{n}_a^{\mathrm{T}}\right]\cdot\boldsymbol{E}_D(\boldsymbol{r}_A)$$

我们在上式中对极化率进行主轴变换，并假设特征矢量 $\boldsymbol{n}_a$ 为实数。能量从供体转

移到受体的功率为

$$P_{D\to A}=\frac{\omega}{2}\sum_a \alpha''_a\,|\,n_a\cdot \boldsymbol{E}_D(\boldsymbol{r}_A)\,|^2$$

最后，我们利用并矢格林函数将供体电场与场源，即供体偶极子联系起来。就得到了供体对受体的作用。

供体对受体的功率表示

$$P_{D\to A}=\frac{\mu^2 p_D^2\omega^5}{2}\sum_a \alpha''_a\,|\,\boldsymbol{n}_a\cdot \overline{\overline{G}}(\boldsymbol{r}_A,\boldsymbol{r}_D)\cdot \boldsymbol{n}_D\,|^2 \tag{10.28}$$

将式（10.28）进一步简化。首先，我们假设受体分子的取向随机，有

$$\frac{1}{4\pi}\oint\left|\hat{\boldsymbol{r}}\cdot E\,\hat{z}\,\right|^2\mathrm{d}\Omega=\frac{1}{2}|E|^2\int_0^{\pi}\cos\theta^2\sin\theta\mathrm{d}\theta=\frac{1}{3}|E|^2$$

在不失一般性的情况下，我们假定供体的电场方向为 z。我们也对供体的偶极矩取平均得

$$P_{D\to A}=\frac{\mu^2 p_D^2\,\overline{\alpha}''_A\omega^5}{6}\mathrm{tr}\{\,|\overline{\overline{G}}(\boldsymbol{r}_A,\boldsymbol{r}_D)\,|^2\} \tag{10.29}$$

式中：$\overline{\alpha}''=\frac{1}{3}\mathrm{tr}(\overline{\overline{\alpha}}'')$ 为平均极化率张量的虚部。接下来，我们将这个表达式与供体的发射特性，确切地说是供体的散射功率和受体的吸收特性，也就是消光功率联系起来。由式（10.4）中得供体发射的功率为

$$P_D=\frac{\mu\omega^4 p_D^2}{12\pi c}$$

从式（9.22）中得取向随机的受体吸收功率为

$$C_{\mathrm{abs}}=\mu\omega c\overline{\alpha}''_A$$

令消光截面等于准静态极限中的吸收截面，在不引入式（10.9）的有效极化率时有

$$\frac{P_{D\to A}}{P_D}=2\pi C_{\mathrm{abs}}(\omega)\,\mathrm{tr}\{\,|\overline{\overline{G}}(\boldsymbol{r}_A,\boldsymbol{r}_D)\,|^2\} \tag{10.30}$$

若供体不仅发射单频率光，还以非平凡的线形 $f_D(\omega)$ 发射光，该表达式也会改变。$f_D(\omega)$ 可能由一些振动边带或更复杂分子水平结构产生。受体吸收同样可以是宽带的，此时我们对频率进行积分。FRET 速率还与供体发射和受体吸收之间的重叠有关。详细的讨论请参见例[6]。

对于自由空间中彼此靠近的偶极子，我们可以使用练习 5.7 中计算出的自由空间格林函数，令 $\boldsymbol{R}=\boldsymbol{r}_A-\boldsymbol{r}_D$，有

$$G_{ij}(\boldsymbol{r}_D,\boldsymbol{r}_A)\approx\frac{3\,\hat{R}_i\,\hat{R}_j-\delta_{ij}}{4\pi k^2R^3}$$

这样就有

$$\frac{P_{D\to A}}{P_D}\approx\left[\frac{R_0}{R}\right]^6 \tag{10.31}$$

式中：R 为供体-受体间距；R_0 为福斯特半径，通常为几纳米量级。由于其强烈的距离依赖性，当间距小于 R_0 时，FRET 概率非常高，随着间距增大急剧下降。

当供体-受体复合物置于不同的环境中，距离小于福特斯半径 R_0 时有效 FRET 转移难以实现。然而，存在等离子体纳米颗粒时，当供体和受体都耦合到等离子体近场时，FRET 转移可在较长间距上实现[95]。图 10.9 表示巴恩斯的实验，其证明了在 120nm 厚的银膜上存在能量转移[94]。当只有供体分子在银膜上时，荧光几乎是单指数衰减的。而具有受体分子的样品衰减特征为多指数衰减。当供体分子和受体分子置于膜的对侧时，荧光衰减仅使人联想到受体衰减，从而证明了从供体到受体的有效激发转移。

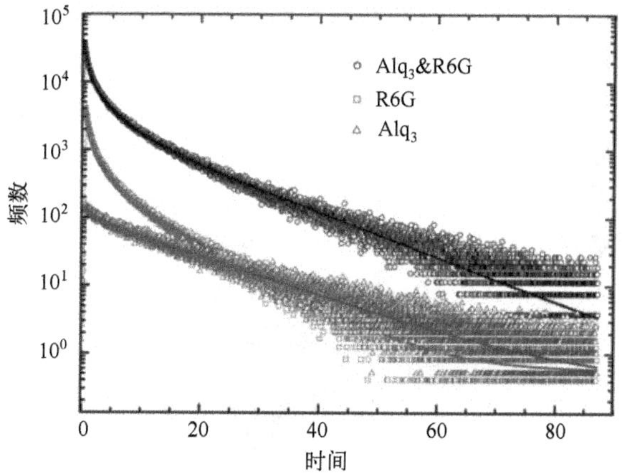

图 10.9 120nm 厚银膜上的荧光共振能量转移[94]。(见彩插) 供体染料分子 Alq_3 在膜的一侧，受体染料分子罗丹明 6G(R6G)在另一侧。放置在银膜顶部的供体分子组成的样品衰减特征为单指数荧光衰减。放置在银膜顶部的受体分子组成的样品衰减特征为多指数衰减。当两个分子放置在膜的对侧时，荧光衰减仅使人联想到受体衰减，从而证明了从供体到受体的有效激发转移。

10.5 电子能量损失谱

电子能量损失谱（EELS）是一项基于电子显微镜的技术，该技术可对纳米空间 5~600meV 的能量分辨率下等离子体纳米颗粒的场进行测量。其基本原理如图 10.10 所示。动能在 50~300keV 范围内的快速电子，对应的电子速度为穿过金属纳米颗粒光速的 0.4~0.7 倍。它有一定概率激发粒子等离激元，从而损失一小部分动能。利用光谱分析能量损失，可以绘制出等离子体光谱。此时通常的光学选择定则并不适用于电子探针，因此整个光谱都可以使用。此外，对样本上的光束进行光栅扫描就能得到等离子体场的详细空间信息。

EELS 在等离子体领域历史悠久。事实上，EELS[97] 首次观测到了表面等离激元。虽然该领域在那以后或多或少保持着活跃，但直到 2007 年才实现下一个突破。当时两个小组独立地发现，以纳米分辨率绘制等离子体纳米颗粒的场图是有可能的[98-99]。这些论文标志着 EELS 已经成为等离子体近场的一种高度准确且通用的测量技术。其最近的发展可以参考几篇综述文章[100-101]。

EELS 的理论描述可由量子力学框架完全描述，我们将在第 14 章中具体介绍。然而，通过将经典电磁理论与量子物理的粒子性相结合，即电子只能以 $\hbar\omega$ 倍数损失能量，

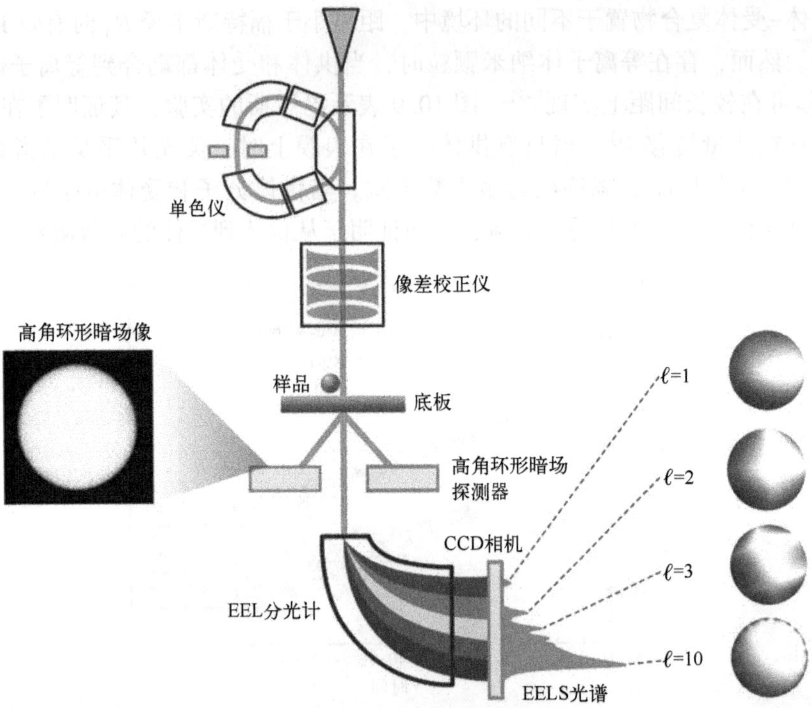

图 10.10　电子能量损失谱（EELS）示意图，这是一种基于电子显微镜的技术[96]。速度约为一半光速的快速电子穿过或金属纳米颗粒，并以一定概率激发粒子等离子体。利用光谱分析电子的能量损失并对样品电子束进行光栅扫描，就能得到等离子激元模式的光谱和空间特性的信息。EELS 将电子显微镜的亚纳米空间分辨率和 10~100meV 的光谱分辨率结合。上图由 David J. Masiello 提供。

我们推导出了半经典公式。半经典公式包含 EELS 理论的要点。假设以速度 v 沿 $\hat{z}$ 方向垂直传播快速电子。其轨迹为

$$\boldsymbol{r}_e(t)=\boldsymbol{R}_0+\hat{z}vt \tag{10.32}$$

其中冲击参数 $\boldsymbol{R}_0=(x_0,y_0)$。我们假设电子能量损失很小不会明显改变电子轨迹。下面计算快速电子的电流分布 $\boldsymbol{J}(\boldsymbol{r},t)$ 产生的电磁场，但目前我们假设等离激元纳米粒子的电磁响应 $\boldsymbol{E}(\boldsymbol{r},t)$、$\boldsymbol{H}(\boldsymbol{r},t)$ 已知（如利用 9.6 节的边界积分方法）。电子对电场所做的功为

$$\mathrm{d}W=-q(\boldsymbol{E}[\boldsymbol{r}_e(t),t]+\boldsymbol{v}\times\boldsymbol{B}[\boldsymbol{r}_e(t),t])\cdot\boldsymbol{v}\mathrm{d}t=-q\boldsymbol{E}[\boldsymbol{r}_e(t),t]\cdot\boldsymbol{v}\mathrm{d}t$$

式中：$q=-e$ 为电荷；$\boldsymbol{v}=v\hat{z}$ 为电子的速度。由于 $(\boldsymbol{v}\times\boldsymbol{B})\cdot\boldsymbol{v}=0$，磁场不能直接做功。电子对电磁场所做的总功与快速电子的能量损失 ΔE 对应。在整个电子轨迹上积分可得能量损失

$$\Delta E=e\int_{-\infty}^{\infty}\boldsymbol{v}\cdot\boldsymbol{E}[\boldsymbol{r}_e(t),t]\mathrm{d}t$$

利用电场的傅里叶变换，可以将能量损失频谱分解为不同的频率分量

$$\Delta E=\frac{e}{\pi}\int_{-\infty}^{\infty}\mathrm{Re}\left\{\int_0^{\infty}\mathrm{e}^{-\mathrm{i}\omega t}\boldsymbol{v}\cdot\boldsymbol{E}[\boldsymbol{r}_e(t),\omega]\mathrm{d}\omega\right\}\mathrm{d}t \tag{10.33}$$

其中，$\boldsymbol{E}^*(\boldsymbol{r},\omega)=\boldsymbol{E}(\boldsymbol{r},-\omega)$ 对任意实值方程 $\boldsymbol{E}(\boldsymbol{r},t)$ 成立。因此我们必须引入量子方法。

经典方法。纯经典方法中能量损失 ΔE 只是一个数字。将不同等离子体模式的单个能量损失相加得到总能量损失。并且 ΔE 不包含光谱信息。

量子方法。在量子方法中，电子以 $\hbar\omega$ 的倍数损失能量。通过光谱分析单个电子的能量损失，我们就能获得电子是否损失一定能量的概率。

半经典方法。与之前我们在式（10.6）中对于振荡偶极子的耗散功率和相应衰变率关系的讨论类似，我们采用半经典描述。我们通过式（10.34）将能量损失 ΔE 与损失概率 $\mathcal{P}_{\mathrm{EELS}}(\boldsymbol{R}_0,\omega)$ 相联系：

$$\Delta E = \int_0^{\infty} \hbar\omega \mathcal{P}_{\mathrm{EELS}}(\boldsymbol{R}_0,\omega)\,\mathrm{d}\omega \tag{10.34}$$

这个表达式背后的原理是量子力学的粒子性，它规定电子只能以 $\hbar\omega$ 整数倍损失能量。

通过结合式（10.33）和式（10.34），我们得到了电子能量损失概率。

电子能量损失概率

$$\mathcal{P}_{\mathrm{EELS}}(\boldsymbol{R}_0,\omega) = \frac{e}{\pi\hbar\omega}\int_{-\infty}^{\infty} \mathrm{Re}\{\mathrm{e}^{-\mathrm{i}\omega t}\boldsymbol{v}\cdot\boldsymbol{E}[\boldsymbol{r}_{\mathrm{e}}(t),\omega]\}\,\mathrm{d}t \tag{10.35}$$

这个表达式是导出电子能量损失概率方程的出发点。下面，我们首先计算快速电子的电磁场，然后利用反射格林函数将电场与快速电子的电流源相联系。

10.5.1 快速电子产生的场

沿式（10.32）中轨迹传播的快速电子的电荷分布为

$$\rho(\boldsymbol{r},t) = -e\delta(\boldsymbol{R}-\boldsymbol{R}_0)\delta(z-vt) \tag{10.36}$$

其中，$\boldsymbol{R}=(x,y)$是电子的平面内坐标。相应的电流分布为 $\boldsymbol{J}(\boldsymbol{r},t)=\boldsymbol{v}\rho(\boldsymbol{r},t)$。为了计算在无界介质中的该分布的电场（我们稍后说明等离激元纳米粒子的存在），我们将麦克斯韦方程转换到频率和波数空间。首先计算时间上的傅里叶变换：

$$\rho(\boldsymbol{r},\omega) = \int \mathrm{e}^{\mathrm{i}\omega t}\rho(\boldsymbol{r},\omega)\,\mathrm{d}t = -\frac{e}{v}\delta(\boldsymbol{R}-\boldsymbol{R}_0)\mathrm{e}^{\mathrm{i}qz} \tag{10.37}$$

其中，波数为 $q=\omega/v$。我们再计算空间傅里叶变换

$$\rho(\boldsymbol{k},\omega) = -\frac{e}{v}\int_{-\infty}^{\infty}\mathrm{e}^{-\mathrm{i}\boldsymbol{k}\cdot\boldsymbol{r}}\delta(\boldsymbol{R}-\boldsymbol{R}_0)\mathrm{e}^{\mathrm{i}qz}\mathrm{d}^3r = -\frac{2\pi e}{v}\mathrm{e}^{-\mathrm{i}\boldsymbol{k}\cdot\boldsymbol{R}_0}\delta(k_z-q)$$

为了得到电场，我们将上述结果与倒易空间中的并矢格林函数相结合（见下面括号中的项），由附录 B.2 得

$$E_i(\boldsymbol{k},\omega) = \mathrm{i}\omega\mu\left(-\frac{1}{k_1^2}\,\frac{k_ik_j-k_1^2\delta_{ij}}{k^2-k_1^2}\right)\left[-\frac{2\pi e}{v}\mathrm{e}^{-\mathrm{i}\boldsymbol{k}\cdot\boldsymbol{R}_0}\delta(k_z-q)\right]v\delta_{jz}$$

式中：k_1 为电子传播的介质内部的波数。下面我们计算平行于和垂直于实空间中电子传播方向 E_z、E_x。

平行分量。通过傅里叶逆变换得实空间中的电场：

$$E_z(\boldsymbol{r},\omega) = \left(\frac{\mathrm{i}\omega\mu e}{4\pi^2k_1^2}\right)\int_{-\infty}^{\infty}\mathrm{e}^{\mathrm{i}\boldsymbol{k}\cdot(\boldsymbol{r}-\boldsymbol{R}_0)}\left(\frac{k_z^2-k_1^2}{k^2-k_1^2}\right)\delta(k_z-q)\,\mathrm{d}^3k \tag{10.38}$$

为了简化这个表达式，我们引入

$$q^2-k_1^2=\frac{\omega^2}{v^2}(1-v^2\varepsilon\mu)=q^2\gamma_\varepsilon^{-2},\quad \gamma_\varepsilon=\frac{1}{\sqrt{1-v^2\varepsilon\mu_0}} \tag{10.39}$$

我们令电导率为μ_0。引入极坐标，上述积分变为

$$\int_0^\infty\int_0^{2\pi}\mathrm{e}^{\mathrm{i}(qz+k_\rho\rho\cos\varphi)}\frac{\gamma_\varepsilon^{-2}q^2}{k_\rho^2+\gamma_\varepsilon^{-2}q^2}\mathrm{d}\varphi k_\rho\mathrm{d}k_\rho$$

$$=2\pi\gamma_\varepsilon^{-2}q^2\mathrm{e}^{\mathrm{i}qz}\int_0^\infty\frac{J_0(k_\rho\rho)}{k_\rho^2+\gamma_\varepsilon^{-2}q^2}k_\rho\mathrm{d}k_\rho=2\pi\gamma_\varepsilon^{-2}q^2\left[\mathrm{e}^{\mathrm{i}qz}K_0\left(\frac{q\rho}{\gamma_\varepsilon}\right)\right]$$

式中：K_0为零阶修正贝塞尔函数。

垂直分量。对于垂直分量E_x有

$$E_x(\boldsymbol{r},\omega)=\left(\frac{\mathrm{i}\omega\mu e}{4\pi^2k_1^2}\right)\int_{-\infty}^\infty\mathrm{e}^{\mathrm{i}\boldsymbol{k}\cdot(\boldsymbol{r}-\boldsymbol{R}_0)}\left(\frac{k_xk_z}{k^2-k_1^2}\right)\delta(k_z-q)\mathrm{d}^3k$$

右侧的积分计算为

$$\int_0^\infty\int_0^{2\pi}\mathrm{e}^{\mathrm{i}(qz+k_\rho\rho\cos\varphi)}\frac{qk_\rho\cos\varphi}{k_\rho^2+\gamma_\varepsilon^2q^2}\mathrm{d}\varphi k_\rho\mathrm{d}k_\rho$$

$$=2\pi\mathrm{i}q\mathrm{e}^{\mathrm{i}qz}\int_0^\infty\frac{J_1(k_\rho\rho)}{k_\rho^2+\gamma_\varepsilon^{-2}q^2}k_\rho^2\mathrm{d}k_\rho=2\pi\mathrm{i}\gamma_\varepsilon^{-1}q^2\left[\mathrm{e}^{\mathrm{i}qz}K_1\left(\frac{q\rho}{\gamma_\varepsilon}\right)\right]$$

式中：K_1为一阶修正贝塞尔函数。

综上所述，与快速电子相关的电场的表达式如下。

快速电子的电场

$$\boldsymbol{E}_{\mathrm{inc}}(\boldsymbol{r},\omega)=\left(\frac{e\omega}{2\pi v^2\gamma_\varepsilon}\right)\mathrm{e}^{\mathrm{i}qz}\left[\frac{i}{\gamma_\varepsilon}K_0\left(\frac{q\rho}{\gamma_\varepsilon}\right)\hat{z}-K_1\left(\frac{q\rho}{\gamma_\varepsilon}\right)\hat{\boldsymbol{\rho}}\right] \tag{10.40}$$

这里我们引入了$\boldsymbol{\rho}=\boldsymbol{R}-\boldsymbol{R}_0$。图 10.11 表示式（10.40）给出的电场的z分量和径向分量。可以看出径向分量远大于z分量。对于足够小的径向距离ρ，径向分量与$1/\rho$有

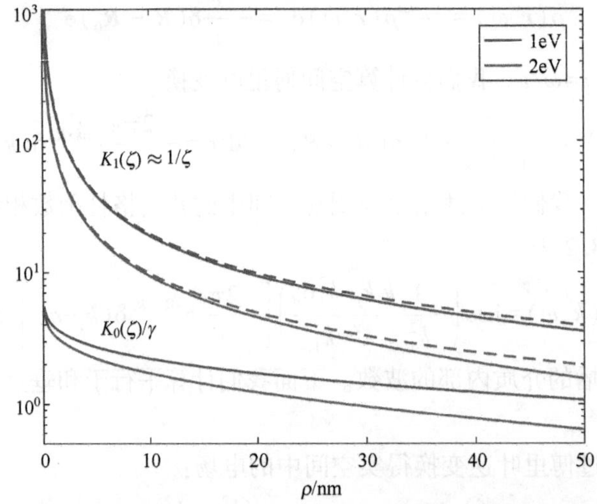

图 10.11　式（10.40）在$z(K_0)$和径向(K_1)方向的电场分量及其方向上的损耗能量。我们令$\zeta=q\rho/\gamma_\varepsilon$。虚线表示带电导线的径向电场与$1/\rho$的关系，其在距离足够小时与$K_1$一致

关，这让人联想到带电导线产生的电场。距离较大时，电场呈指数级衰减。

10.5.2 体积损耗和表面损耗

我们现在分析快速电子的损耗贡献。一般在 $\varepsilon''>0$ 的有损介质中，即电子没有激发粒子等离子体激元，损耗也可能存在。其损耗可由式（10.35）的电子能量损失概率和式（10.38）中 $R=R_0$ 时电场来计算电子能量损失概率，电子处电场为

$$\mathcal{P}_{\text{bulk}}(\omega)=\frac{e}{\pi\hbar\omega}\int_0^L\text{Re}\left\{\left(\frac{\text{i}\omega\mu e}{2\pi k_1^2}\right)\int_0^{q_{\max}}\left(\frac{q^2\gamma_\varepsilon^{-2}}{k_\rho^2+q^2\gamma_\varepsilon^{-2}}\right)k_\rho\,\text{d}k_\rho\right\}\text{d}z$$

在上面的表达式中，我们利用 $z=vt$ 将积分换元，且只考虑有限的传播距离 L。

这就是典型的 EELS 实验，即电子穿过有限尺寸的金属纳米颗粒。此外，我们用截止参数 $q_{\max}$ 代替 k_ρ 作为积分上限，$q_{\max}$ 与显微镜光谱仪外的半孔径收集角 φ_{out} 有关，类似于式（3.12）的光学数值孔径。φ_{out} 的值一般为几十毫弧度[100]。对上述积分进行积分得体积损失的表达式。

体积损耗

$$\mathcal{P}_{\text{bulk}}(\omega)=\frac{e^2L}{4\pi^2\hbar v^2}\text{Im}\left\{\left(\frac{v^2}{c^2}-\frac{\varepsilon_0}{\varepsilon}\right)\ln\left[\frac{\gamma_\varepsilon^2 q_{\max^2}}{q^2}+1\right]\right\} \tag{10.41}$$

在无延迟极限 $c\to\infty$ 时表达式简化为

$$\mathcal{P}_{\text{bulk}}^{\text{NR}}(\omega)=\frac{e^2L}{4\pi^2\hbar v^2}\text{Im}\left\{-\frac{\varepsilon_0}{\varepsilon(\omega)}\right\}\ln\left[\frac{q_{\max^2}}{q^2}+1\right] \tag{10.42}$$

对于 Drude 型介电函数 $\varepsilon(\omega)/\varepsilon_0=1-\omega_p^2/[\omega(\omega+\text{i}\gamma)]$，$\omega_p$ 和 γ 是自由电子气的等离激元和碰撞频。损耗函数可解析计算

$$\text{Im}\left\{-\frac{\varepsilon_0}{\varepsilon(\omega)}\right\}=\frac{2\omega\gamma\omega_p^2}{(\omega_p^2-\omega^2)^2+4\omega^2\gamma^2}$$

该表达式对应于等离子体频率 $\omega\approx\omega_p$ 处的洛伦兹峰，该洛伦兹可由碰撞频率 γ 加宽。对于更真实的介电函数，如从光学实验[34]中提取的介电函数，其形状类似。在与粒子等离子体激元相关的低能区几乎没有体损耗，且在体等离子体激元能量处有明显的峰值，见图 10.12。金存在于 d 波带吸收的 2eV 以上的宽分布。

对于在更复杂的光子环境中传播的电子，包括一个或多个等离子体纳米颗粒的时，能量损失可分为以下贡献。

体积损耗。对于电子传播的所有有损材料，都有体积损耗 $\mathcal{P}_{\text{bulk}}$。体积损耗取决于传播长度 L 和 $\varepsilon(\omega)$ 中材料编码。

限制效应。已知无界介质的体积损耗。当电子在有限体积中传播时，我们推测修正出现在接近体积边界的地方，例如，与靠近界面的不太有效的筛选。这些修改导致了所谓限制效应。

表面损耗。此外，等离子体或电介质纳米颗粒存在其他损耗成分，其中快速电子激发表面等离子体或某些其他类型的表面激发。在许多情况下，人们对这些损失贡献最感兴趣，因为它们具体取决于纳米颗粒的几何形状。

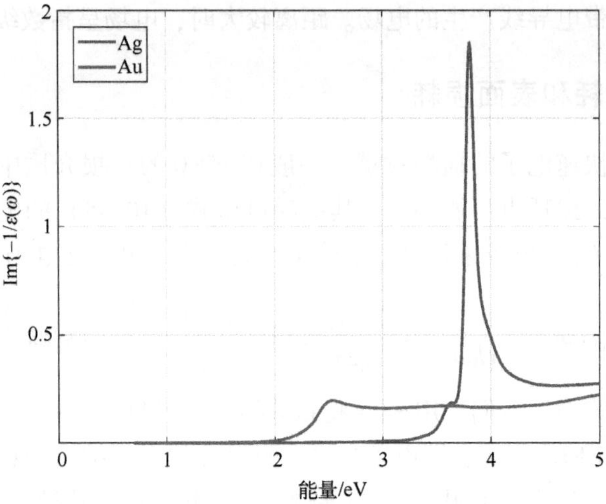

图 10.12　文献［34］中列出的介电函数。图中分别包含银（Ag）和金（Au）的损耗函数 $\mathrm{Im}\{-1/\varepsilon(\omega)\}$。银的损耗函数主要缘于体等离子激元的激发，而金的损失函数是一个大于 2eV 的宽带分布，这与 d 带的吸收有关。

10.5.3　格林并矢表达 EELS

下面，我们提出了能在相同基础上解释限制损耗和表面损耗贡献的形式。我们从式（10.35）出发，利用并矢格林函数将电场与快速电子的电流分布联系起来，有

$$\mathcal{P}_{\mathrm{EELS}}(\boldsymbol{R}_0,\omega)=\frac{e}{\pi\hbar\omega}\times\int_{-\infty}^{\infty}\mathrm{Re}\{\mathrm{e}^{-\mathrm{i}q(z-z')}\,\hat{z}\cdot[\mathrm{i}\omega\mu_0\overline{\overline{G}}(\boldsymbol{R}_0,z,\boldsymbol{R}_0,z')\cdot(-e\hat{z})]\}\,\mathrm{d}z\mathrm{d}z'$$

我们已在格林函数中分别指出了平行分量和垂直分量（相对于电子传播方向）z 和 $\boldsymbol{R}_0$ 的依赖性。系数可由下式化简：

$$\frac{e^2\mu_0\varepsilon_0}{\pi\hbar\varepsilon_0}=\left(\frac{1}{4\pi\varepsilon_0}\frac{e^2}{\hbar c}\right)\frac{4}{c}=\frac{4\alpha}{c}$$

其中，括号中的项是精细结构常数，$\alpha=1/137$。我们最终将格林函数分解为自由空间部分$\overline{\overline{G}}$和反射部分$\overline{\overline{G}}_{\mathrm{refl}}$，二者分别表示限制效应和表面效应。综上所述，我们得出了反射格林函数下总能量损失概率。

电子能量损失概率（格林函数形式）

$$\mathcal{P}_{\mathrm{EELS}}(\boldsymbol{R}_0,\omega)=\frac{4\alpha}{c}\int_{-\infty}^{\infty}\mathrm{Im}\{\mathrm{e}^{-\mathrm{i}q(z-z')}\,\hat{z}\cdot\overline{\overline{G}}_{\mathrm{refl}}(\boldsymbol{R}_0,z,\boldsymbol{R}_0,z')\cdot\hat{z}\}\,\mathrm{d}z\mathrm{d}z'+\mathcal{P}_{\mathrm{bulk}}(\omega)\tag{10.43}$$

回顾上述工作。在图 10.13 中我们考虑单个快速电子经过或穿透金属或电介质纳米颗粒（远离几何结构）的问题，该过程中电子会损失一部分动能。为了计算能量损失概率，我们进行如下操作。

半经典损失公式。我们从式（10.35）的半经典表达式出发。它给出了电子对作用在自身上的电场的功率的频率分解。这些场是由电子本身引起的。半经典损失公式的量

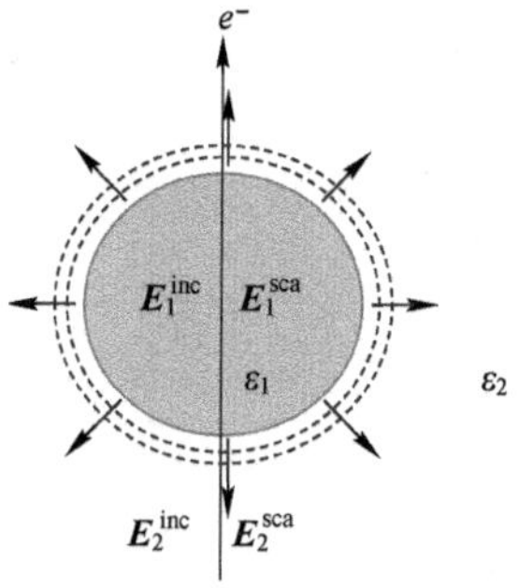

图 10.13 EELS 概率计算示意图。单个快速电子沿着 z 方向穿过等离子体纳米球。电子的“入射”场为 $\boldsymbol{E}_{1,2}^{inc}$，见式（10.40），“散射”场是 $\boldsymbol{E}_{1,2}^{sca}$。二者导致限制效应和表面效应。估算电子在整个轨迹上电场所做的功可得电子能量损失，详情见式（10.35）。远场散射电磁场可以作为阴极发光来测量

子体现为电子只能以 $\hbar\omega$ 的倍数失去能量。该理论的其他部分都是经典的。

入射电场。电子的“入射”电场不仅取决于填充介电常数 ε_1、ε_1 的无界介质，而且取决于电子是在纳米颗粒内部还是外部传播。这些场满足了两种介质内的麦克斯韦方程。麦克斯韦方程包括对快速电子的电荷和电流源，但不满足粒子边界的边界条件 $\partial\Omega$。

散射电场。为了计算 $\partial\Omega$ 处的边界条件，我们还引入了“散射”电场 $\boldsymbol{E}_{1,2}^{sca}$、$\boldsymbol{H}_{1,2}^{sca}$，并利用 9.6 节中引入的边界积分方法。这些场是无麦克斯韦方程组的解。入射场和散射场共同得出介质内部的麦克斯韦方程组，并且适当地考虑了 $\partial\Omega$ 处的边界条件。因此，$\boldsymbol{E}_{inc}+\boldsymbol{E}_{sca}$ 和 $\boldsymbol{H}_{inc}+\boldsymbol{H}_{sca}$ 能解决所研究问题。

体积损耗和边界损耗。尽管我们人为地将入射场和散射场分离，但事实证明将式（10.35）中的损耗划分为由 $\boldsymbol{E}_{inc}$ 引起的体积损耗和由 $\boldsymbol{E}_{sca}$ 引起的边界损耗十分方便。边界损耗可以进一步分为限制损耗和表面损耗，但这种分类在我们所采取的方法中有些不明确。

非局域性。从式（10.43）中可以清楚地看出，电子能量损失是一个非局部过程。其中，电子首先在位置 z' 激发等离激元或其他类型的表面激发，且感应场作用在位置 z 处的电子上。这种非局部性使得利用光子 LDOS 或一些相关量来解释 EELS 变得复杂。

阴极发光。最后，通过分析粒子的远场散射场，或分析坡印亭矢量在所有粒子周围的边界电磁能的变化量，得出阴极发光概率［100,101］。阴极发光包含与等离子体或介电纳米颗粒光学性质有关的补充信息。

图 10.14 所示为基底长度约为 80nm、高度为 10nm 的银纳米三角形 EELS 光谱仿真图。我们至少观察到四个明显的峰，并将其标记为(a~d)，除了 3.8eV 附近的体等离子体峰（图 10.12）。图 10.15 所示为共振能量处的 EELS 图。对样品上电子束进行光栅扫描电子束可得该图，且得到的结果与文献［99］的开创性论文中的实验图一致。观察到的模式可归因于（a）偶极子、（b）和（c）局限于纳米粒子边缘处的多级等离子体模式以及（d）局限在上下三角形表面的面模式。在不考虑细节的情况下，上述示例很好地展现了 EELS 映射粒子等离激元模式的能力。该方法的空间分辨率在纳米范围内，光谱分辨率通常在 100meV 范围内。

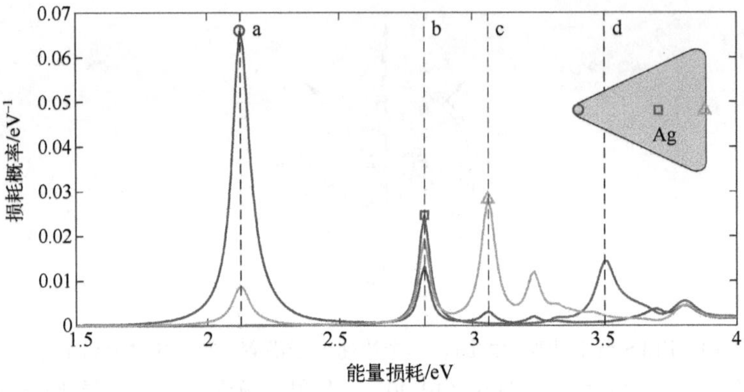

图 10.14　如插图所示的基底长度约为 80nm、高度为 10nm 的银纳米三角形以及电子束在三个不同位置的 EELS 光谱。我们在仿真中使用的介电常数由光学实验[34]得出。虚线表示等离激元共振能量的位置，并在这些位置得出图 10.15 的空间 EELS 图

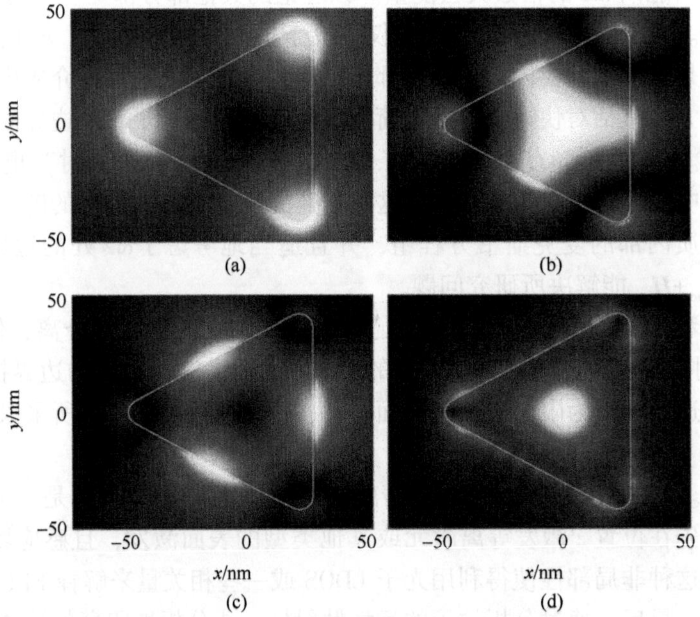

图 10.15　图 10.14 中所研究的纳米三角形在等离激元共振处的空间 EELS 图。图中模式可分为（a）偶极模式、（b）和（c）六极模式及（d）呼吸模式

10.5.4　准静态极限

我们在本节末尾讨论准静态近似中的 EELS。我们需要利用第 9 章中所讨论的等离激元本征模式。我们从能量损失概率式（10.35）出发，有

$$\mathcal{P}_{\mathrm{EELS}}(\boldsymbol{R}_0,\omega)=-\frac{1}{\pi\hbar\omega}\int_{-\infty}^{\infty}\mathrm{Re}\{\boldsymbol{J}^*(\boldsymbol{r},\omega)\cdot\boldsymbol{E}_{\mathrm{ind}}(\boldsymbol{r},\omega)\}\,\mathrm{d}^3r+\mathcal{P}_{\mathrm{bulk}}$$

此处我们令电荷分布式（10.37）中 $\boldsymbol{J}(\boldsymbol{r})=v\rho(\boldsymbol{r},\omega)$。我们仍将电场分为“散射”部分和“入射”部分。其中“散射”部分也称感应部分，而“入射”部分被纳入整体贡献。在准静态近似中 $\mathcal{P}_{\mathrm{bulk}}$ 必须由式（10.42）代替。我们还利用 $\boldsymbol{E}_{\mathrm{ind}}=-\nabla V_{\mathrm{ind}}$ 将感应电

场与电势联系起来。我们利用矢量恒等式：

$$\nabla\cdot(\boldsymbol{J}^{*}V_{\mathrm{ind}})=(\nabla\cdot\boldsymbol{J}^{*})V_{\mathrm{ind}}+\boldsymbol{J}^{*}\cdot\nabla V_{\mathrm{ind}}$$

在整个空间上积分并使用散度定理时，因为 V_{ind} 无穷大处接近零，所以左侧的项为零。利用连续性方程 $\mathrm{i}\omega\rho=\nabla\cdot\boldsymbol{J}$ 我们得到：

$$\mathcal{P}_{\mathrm{EELS}}(\boldsymbol{R}_0,\omega)=-\frac{1}{\pi\hbar}\int\mathrm{Im}\{\rho^{*}(\boldsymbol{r},\omega)V_{\mathrm{ind}}(\boldsymbol{r},\omega)\}\,\mathrm{d}^3r+\mathcal{P}_{\mathrm{bulk}}^{\mathrm{NR}}\tag{10.44}$$

下面，我们假设电子轨迹不会穿过等离子体纳米颗粒（远离几何结构）。然后，感应电势可以通过准静态格林函数与电子电荷分布 $\rho(\boldsymbol{r})$ 建立联系。

结合式（9.33）的本征模分解，对于诱导格林函数可得

$$\mathcal{P}_{\mathrm{EELS}}=\frac{1}{\pi\hbar\varepsilon_0}\int\mathrm{Im}\left\{\rho^{*}(\boldsymbol{r},\omega)\sum_k V_k(\boldsymbol{r})\left[\frac{\lambda_k+\frac{1}{2}}{\Lambda(\omega)+\lambda_k}\right]V_k(\boldsymbol{r}')\rho(\boldsymbol{r}',\omega)\right\}\mathrm{d}^3r\mathrm{d}^3r'$$

式中：λ_k 为本征势 $V_k(\boldsymbol{r})$ 的本征值。这就引出了准静态极限下的电子能量损失概率。

电子能量损失概率（准静态极限）

$$\mathcal{P}_{\mathrm{EELS}}(\boldsymbol{R}_0,\omega)=\frac{e^2}{\pi\hbar v^2\varepsilon_0}\sum_k\mathrm{Im}\left\{\frac{\lambda_k+\frac{1}{2}}{\Lambda(\omega)+\lambda_k}\right\}\left|\int_{-\infty}^{\infty}\mathrm{e}^{\mathrm{i}qz}V_k(\boldsymbol{R}_0,z)\,\mathrm{d}z\right|^2\tag{10.45}$$

该表达式表示将损耗函数分解为线形函数和振子强度方法。花括号中的项给出了谐振频率下的洛伦兹线形，其中 $\mathrm{Re}[\Lambda(\omega)+\lambda_k]\approx0$，而积分给出了描述特定本征模被电子束激发程度的系数。

习题

练习 10.1　从式（10.13）出发，偶极矩 $\boldsymbol{p}$ 为实数时。证明所有偶极方向上的平均值与并矢格林函数 $\frac{1}{3}\mathrm{tr}\overline{\overline{G}}$ 等价。

练习 10.2　利用 NANOPT 工具箱中的文件 demostrat03. m 计算金衬底上方偶极子的寿命。

（a）若用玻璃基底上薄金属膜（研究厚度在 10～100nm）代替金属基底，会发生什么？

（b）修改程序，以计算偶极距离固定时，不同跃迁频率下的寿命。改变金属膜的厚度会发生什么？你能辨别出图 8.14 和图 8.15 中平板的耦合表面等离激元模式吗？

练习 10.3　使用 NANOPT 工具箱中的文件 demodipmie02. m，该文件计算米氏理论中位于金球上方的偶极子的衰变率。研究如果球体直径在 50～500nm 范围内变化结果会怎样。确定最小截止值 $l_{\max}$ 以求得收敛结果所需的角度阶数的最大值。

练习 10.4　证明准静态极限中偶极发射器耗散的功率式（10.17）可以写成：

$$\frac{P}{P_0}=1+\frac{6\pi}{k^3}\sum_k\mathrm{Im}\left\{\frac{\lambda_k+\frac{1}{2}}{\Lambda(\omega)+\lambda_k}\right\}|\hat{\boldsymbol{p}}\cdot\nabla V_k(\boldsymbol{r})|_{r=r_0}^2$$

利用式（9.64）获得本征模 $u_k(\boldsymbol{s})$ 的实际尺寸，并证明右侧的第二项是无量纲的。

练习 10.5 利用 NANOPT 工具箱中的文件 demobem07. m 计算固定频率和不同偶极子-纳米球距离下纳米球上方振荡偶极子的衰变率，见图 10.3。利用 demobem08. m 计算固定偶极子-纳米球距离下不同振荡频率下的衰变率。

（a）修改程序使其能计算椭球体的衰变率，见图 10.3。

（b）点-纳米球距离为 10nm 时，绘制水平和垂直偶极子的表面电荷分布，并将结果进行比较。

（c）绘制水平偶极子以跃迁频率为变量的总散射率的函数，并找到衰减率最大的谐振频率。绘制相应的表面电荷分布。

练习 10.6 从与练习 10.5 中的文件出发，修改程序使其适用于耦合球体。可以将文件 demobem02. m 作为模板。对于直径为 50nm 的球体，间距分别为 5nm、10nm、25nm、50nm 时，求解垂直和水平定向偶极子对轴的共振频率，并计算共振时总衰减率和辐射衰减率的增强。

练习 10.7 考虑式（10.34）中定义的 $\mathcal{P}_{\mathrm{EELS}}(\boldsymbol{R}_0,\omega)$，它表示冲击参数为 $\boldsymbol{R}_0$ 的快速电子损失能量 $\hbar\omega$ 的概率。利用诱导场 $\boldsymbol{E}_{\mathrm{sca}}$ 或“散射”场 $\boldsymbol{E}_{\mathrm{sca}}$ 定义阴极发光概率 $\mathcal{P}_{\mathrm{CL}}(\boldsymbol{R}_0,\hbar)$，它表示具有冲击参数 $\boldsymbol{R}_0$ 的快速电子产生能量为 $\hbar\omega$ 光子的概率。利用式（3.5）的远场振幅 $\boldsymbol{F}(\hat{\boldsymbol{r}})$ 表示最终结果。

提示：从式（4.22）的散射率出发。

练习 10.8 考虑式（10.41）的 EELS 整体损耗率。实数 $\varepsilon(\omega)$ 在什么条件下会发生损耗？可以参考文献［2,100］以便对造成这些损耗的切伦科夫辐射进行更彻底的讨论。

练习 10.9 利用式（9.34）重写式（10.45）右侧的最后一项。其形式如下：

$$\int_{-\infty}^{\infty} \mathrm{e}^{\mathrm{i}qz} V_k(\boldsymbol{r})\,\mathrm{d}z = \oint_{\partial\Omega} \left[\int_{-\infty}^{\infty} \mathrm{e}^{\mathrm{i}qz} G(\boldsymbol{r},\boldsymbol{s}')\,\mathrm{d}z\right] u_k(\boldsymbol{s}')\,\mathrm{d}S'$$

利用

$$\int_{-\infty}^{\infty} \frac{\mathrm{e}^{\mathrm{i}qz}}{\sqrt{\rho^2+z^2}}\mathrm{d}z = 2K_0(q\rho)$$

分析括号中的积分。该方法仅可获得积分在粒子边界上延伸的表达式，而不能得到其在 z 轴上延伸的表达式。

第 11 章

纳米光学中的计算方法

在本书中，我们主要关注的是纳米光学和等离激元的概念，并且计算对应问题的解析解。然而，在过去的几十年中，数值模拟的方法已成为解决各种纳米光学问题的首选方法。数值技术的优势在于用途更加广泛，且允许与实验进行更为密切的比较。在本章中，我们将在并未深入涉及过多技术细节的情况下简要介绍目前最流行的模拟技术。

11.1 时域有限差分（finite difference time domain, FDTD）模拟

我们从一种可能被认为是所有计算麦克斯韦方程求解器之母的方法开始，即所谓时域有限差分（FDTD）模拟。对于更详细的信息，读者可参考其他教材，如文献［102-103］。FDTD 方法是一种通用的模拟方案，适用于解决麦克斯韦方程组，对系统没有特定限制。它于 1966 年被 Yee[104] 首次引入，并在约 10 年后由 Taflove 和 Browdin 成功实现。

我们将从时间依赖的微分旋度方程开始对 FDTD 方法的讨论：

$$\varepsilon\frac{\partial \boldsymbol{E}}{\partial t}=\nabla\times\boldsymbol{H}-\boldsymbol{J},\quad \mu\frac{\partial \boldsymbol{H}}{\partial t}=-\nabla\times\boldsymbol{E} \tag{11.1}$$

该方程的求解需要有以下限制：

$$\nabla\cdot\varepsilon\boldsymbol{E}=\rho,\quad \nabla\cdot\mu\boldsymbol{H}=0$$

FDTD 发展的早期

在 2015 年《自然光子学》杂志的一篇采访中，作为 FDTD 方法的发明者之一的 Allen Taflove 回忆到，在 20 世纪 70 年代他写博士学位论文的时候，数值模拟技术并没有受到太多关注。

我的导师 Brodwin 同意让我在博士学位论文中继续研究这个课题，尽管这不是他研究的主要方向。1975 年，我的算法开发、编码和验证已经发展到可以实现微波照射人眼的全三维模型的程度。那一年，我在 *IEEE Transactions on Microwave Theory and Tech-*

niques 上发表了两篇论文，并获得了博士学位。但是，和 Yee 的论文一样，我的工作并没有被引用。

然而即使是在 10 年之后，FDTD 模拟仍需要在超级计算机上进行，比如当时著名的 Cray，因此通常得不到社会的认可。在采访中，Taflove 回忆了这样一段经历：

FDTD 被忽视了，有时甚至被嘲笑。有这样一个插曲一直铭刻在我记忆里。在 1986 年 一次讨论计算电磁学未来的公开会议上，一位国际知名的教授竟然嘲笑我，就因为我使用了超级计算机。他直接指着我嘲讽道："看看这里的 Taflove，当早上起床时他会跪地并俯首祷告'那么现在，让大家都使用 Cray 吧'。"这让我惊恐得说不出话来。

可以证明，如果初始条件满足以上约束，那么场就会按照式（11.1）演化，其解满足所有时刻的散度方程。为了证明这一点，我们对式（11.1）的两边取散度得到：

$$\frac{\partial}{\partial t}(\nabla\cdot\varepsilon\boldsymbol{E})=-\nabla\cdot\boldsymbol{J}=\frac{\partial\rho}{\partial t},\quad \frac{\partial}{\partial t}(\nabla\cdot\mu\boldsymbol{H})=0$$

由于时间和空间导数可以交换位置以及旋度的散度为零，我们得到上式。此外，我们也利用了连续性方程将$\nabla\cdot\boldsymbol{J}$与$\rho$对时间的导数联系起来。可以将第一个方程改写为

$$\frac{\partial}{\partial t}(\nabla\cdot\varepsilon\boldsymbol{E}-\rho)=0$$

因为旋度方程正确地传播了散度约束，我们发现如果$\nabla\cdot\varepsilon\boldsymbol{E}=\rho$在初始时间成立，那么它在以后的时间也成立①。对于磁场同样也可以得出类似结论。因此，在 $\boldsymbol{E}$、$\boldsymbol{H}$ 的时间演化中只考虑旋度方程就足够了。接下来，我们将研究三维、二维和一维空间中的麦克斯韦方程组。

三维空间。在三维空间中，麦克斯韦方程组可以用分量形式表示为

$$\begin{cases}\varepsilon\dfrac{\partial E_x}{\partial t}=\dfrac{\partial H_z}{\partial y}-\dfrac{\partial H_y}{\partial z}-J_x,\quad \mu\dfrac{\partial H_x}{\partial t}=\dfrac{\partial E_y}{\partial z}-\dfrac{\partial E_z}{\partial y}\\ \varepsilon\dfrac{\partial E_y}{\partial t}=\dfrac{\partial H_x}{\partial z}-\dfrac{\partial H_z}{\partial x}-J_y,\quad \mu\dfrac{\partial H_y}{\partial t}=\dfrac{\partial E_z}{\partial x}-\dfrac{\partial E_x}{\partial z}\\ \varepsilon\dfrac{\partial E_z}{\partial t}=\dfrac{\partial H_y}{\partial x}-\dfrac{\partial H_x}{\partial y}-J_z,\quad \mu\dfrac{\partial H_z}{\partial t}=\dfrac{\partial E_x}{\partial y}-\dfrac{\partial E_y}{\partial x}\end{cases}\tag{11.2}$$

二维空间。在二维空间中，我们假定 ε、μ 只依赖 x、y。那么式（11.2）可化为两组方程，分别表示为横电（TE）和横磁（TM），即

$$\begin{cases}(\text{TE})\quad \varepsilon\dfrac{\partial E_x}{\partial t}=\dfrac{\partial H_z}{\partial y}-J_x \qquad (\text{TM})\quad \mu\dfrac{\partial H_x}{\partial t}=-\dfrac{\partial E_z}{\partial y}\\ (\text{TE})\quad \varepsilon\dfrac{\partial E_y}{\partial t}=-\dfrac{\partial H_z}{\partial x}-J_y \qquad (\text{TM})\quad \mu\dfrac{\partial H_y}{\partial t}=\dfrac{\partial E_z}{\partial x}\\ (\text{TM})\quad \varepsilon\dfrac{\partial E_z}{\partial t}=\dfrac{\partial H_y}{\partial x}-\dfrac{\partial H_x}{\partial y}-J_z \qquad (\text{TE})\quad \mu\dfrac{\partial H_z}{\partial t}=\dfrac{\partial E_x}{\partial y}-\dfrac{\partial E_y}{\partial x}\end{cases}\tag{11.3}$$

TE 方程只包含 E_x、E_y 和 H_z 分量，TM 方程只包含 H_x、H_y 和 E_z 分量。

① 散度约束对精确解无条件成立。在近似解的情况下，就像在计算电动力学中一样，约束并不恒成立，必须分别检查其对于每个算法的适用性。

一维空间。在一维空间中，我们假定 ε、μ 只依赖 x。于是式（11.3）又可以进一步简化：

$$\begin{cases} \varepsilon\dfrac{\partial E_x}{\partial t}=-J_x & \mu\dfrac{\partial H_x}{\partial t}=0 \\ (\text{TE})\quad \varepsilon\dfrac{\partial E_y}{\partial t}=-\dfrac{\partial H_z}{\partial x}-J_y & (\text{TM})\quad \mu\dfrac{\partial H_y}{\partial t}=\dfrac{\partial E_z}{\partial x} \\ (\text{TM})\quad \varepsilon\dfrac{\partial E_z}{\partial t}=\dfrac{\partial H_y}{\partial x}-J_z & (\text{TE})\quad \mu\dfrac{\partial H_z}{\partial t}=-\dfrac{\partial E_y}{\partial x} \end{cases} \tag{11.4}$$

前两个方程独立于其余方程，TE 方程只包含 E_y 和 H_z 分量，TM 方程只包含 H_y 和 E_z 分量。

11.1.1　FDTD 方法的奇特性

在时域有限差分方法中，我们严格遵循麦克斯韦方程组，并通过有限差分近似得到时间和空间的导数。FDTD 方法的神奇之处在于 yee[104] 的深刻见解，他认识到电磁场耦合方程组可以通过两个交错网格而有效地求解。我们首先讨论在一维情况下式（11.4）中的 TE 方程。首先，我们引入两个交错空间网格（图 11.1）。

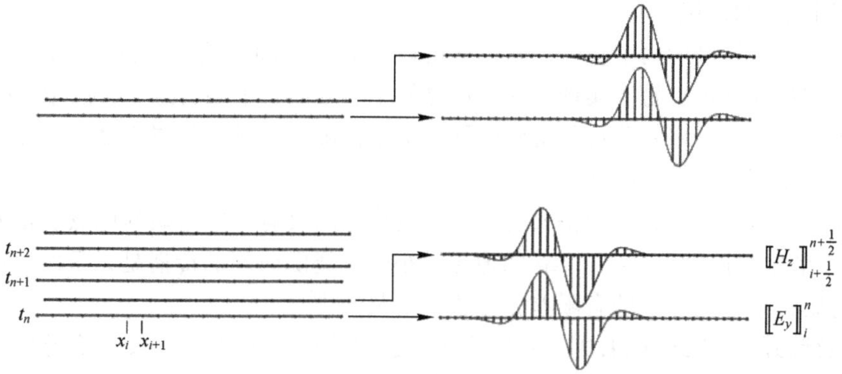

图 11.1　一维时域有限差分（FDTD）原理图。图中给出了两个交错网格在离散位置处的电场和磁场。根据式（11.9）的 FDTD 算法，通过反复更新电磁场，将电磁场随时间向前传播

交错空间网格（一维空间）

$$\begin{cases} x_i = \mathrm{i}\Delta x \\ x_{i+\frac{1}{2}} = \left(i+\dfrac{1}{2}\right)\Delta x \quad (i=1,2,\cdots,N_x) \end{cases} \tag{11.5}$$

两个空间网格相互移动了格点常数 Δx 的一半。类似地，我们引入了两个交错时间网格。

交错时间网格

$$\begin{cases} t_n = n\Delta t \\ t_{n+\frac{1}{2}} = \left(n+\dfrac{1}{2}\right)\Delta t \quad (n=1,2,\cdots) \end{cases} \tag{11.6}$$

两个时间网格相互移动了时间步长 Δt 的一半。接下来，我们能够近似得到在整数

格点位置的电场：

$$[\![E_y]\!]_i^n = E_y(i\Delta x, n\Delta t) \tag{11.7}$$

我们用符号⟦…⟧表示利用 FDTD 方法中的离散电磁场。类似地，我们能够近似得到在半整数网格位置的磁场：

$$[\![H_z]\!]_{i+1/2}^{n+1/2} = H_z([i+1/2]\Delta x, [n+1/2]\Delta t) \tag{11.8}$$

通过这些交错网格，式（11.4）中的空间和时间导数可以近似地用以下形式表示。

一维空间上的 FDTD 方程（TE）

$$\mu_{i+1/2}\frac{[\![H_z]\!]_{i+1/2}^{n+1/2}-[\![H_z]\!]_{i+1/2}^{n-1/2}}{\Delta t} = -\frac{[\![E_y]\!]_{i+1}^{n}-[\![E_y]\!]_{i}^{n}}{\Delta x} \tag{11.9a}$$

$$\varepsilon_i\frac{[\![E_y]\!]_{i}^{n+1}-[\![E_y]\!]_{i}^{n}}{\Delta t} = -\frac{[\![H_z]\!]_{i+1/2}^{n+1/2}-[\![H_z]\!]_{i-1/2}^{n+1/2}}{\Delta x} - [\![J_y]\!]_i^{n+1/2} \tag{11.9b}$$

如果初始电场和磁场已知，则可以通过这些表达式依次计算出后续时间序列的电场。在时域内求解麦克斯韦方程组的算法可以表示为：

-给定初始时刻 $t_{1/2}$ 的磁场 $[\![H_z]\!]^{1/2}$，

-给定初始时刻 t_1 的电场 $[\![E_z]\!]^1$，

-利用式（11.9a）计算 $t_{n+1/2}$ 时刻的磁场，

-利用式（11.9b）计算 t_{n+1} 时刻的电场。

通过连续重复最后两个步骤，我们就可以得到随时间传播的电磁场。FDTD 的美妙之处在于它特别直观、易于实现，并且计算效率非常高，下面对这个方法做一些补充。

精确度。通过有限差分近似得到的导数不是精确的，其结果具有 Δx^3 和 Δt^3 阶的误差。因此，该算法具有二阶精度。

稳定性。这种被称为蛙跳格式的电磁场演化方法具有一些隐藏的优点。正如我们将在 11.1.2 节中讨论的，当 Δx、Δt 的值足够小时，场随时间的传播是无条件稳定的，这是其他稳定性得不到保证的有限差分方法所不及的[102]。

发散行为。由于式（11.9）保留了解的散度约束，因此，如果初始场具有正确的散度属性，那么 FDTD 在后续时间的解也会具有这些属性[102]。

高维问题。FDTD 方案可以很容易地推广到二维问题和三维问题，正如下面将进一步讨论的。

阶梯效应。在 FDTD 中，金属或介质纳米粒子的建模是根据空间依赖的材料属性 ε_i、$\mu_{i+1/2}$ 实现的。由于 FDTD 方法的基础是矩形网格，这将导致纳米粒子被近似为具有阶梯状边界的体积。这种近似引入了额外的误差，这些误差通常被称为“阶梯误差”①。

图 11.2 展示了一个简单的一维 FDTD 场传播示例。一个电磁场脉冲撞击一个由具有更大介电常数材料构成的平板。类似于我们在第 8 章关于分层介质的讨论，场的一部分在界面处发生反射和透射。我们也可以清楚地观察到层外和层内的不同速度。

① 由于阶梯效应的影响，我们必须小心处理交错网格。通常人们感兴趣的是具有空间变化介电常数（而不是磁导率）的介质或金属体。因此，人们用 ε_i 定义物体的边界，并且如有必要，将 $\mu_{i+1/2}$ 设置为物体在所定义边界内的磁导率。

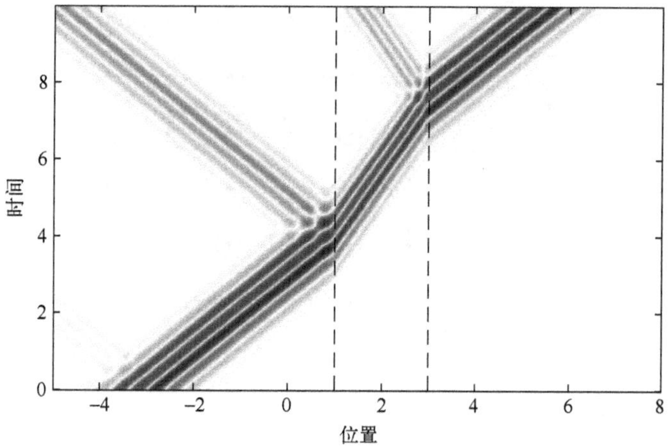

图 11.2 一维 FDTD 场传播示例。一束电磁脉冲冲击介电常数 $\kappa=3$ 的平板，场在该层的界面上发生反射和透射。位置和时间以无量纲单位表示

二维情况

FDTD 的形式可以很容易地扩展到二维空间和三维空间。在这里我们仅讨论具有 TE 偏振的二维情况。我们定义网格位置处的电场和磁场：

$$[\![E_x]\!]^n_{i+\frac{1}{2},j},\quad [\![E_y]\!]^n_{i,j+\frac{1}{2}},\quad [\![H_z]\!]^{n+1/2}_{i+1/2,j+1/2}$$

其中，j 表示二维网格的 y 坐标，如图 11.3 所示。从式（11.3）我们可以发现，在 TE 偏振下可以得到：

$$\begin{cases}\mu_{i+1/2,j+1/2}\dfrac{[\![H_z]\!]^{n+1/2}_{i+1/2,j+1/2}-[\![H_z]\!]^{n-1/2}_{i+1/2,j+1/2}}{\Delta t}\\ =\dfrac{[\![E_y]\!]^n_{i,j+1/2}-[\![E_y]\!]_{i,j-1/2}}{\Delta y}-\dfrac{[\![E_x]\!]^n_{i+1/2,j}-[\![E_x]\!]_{i-1/2,j}}{\Delta x}\\ \varepsilon_{i+1/2,j}\dfrac{[\![E_x]\!]^{n+1}_{i+1/2,j}-[\![E_x]\!]^n_{i+1/2,j}}{\Delta t}\\ =\dfrac{[\![H_z]\!]^{n+1/2}_{i+1/2,j+1/2}-[\![H_z]\!]^{n+1/2}_{i+1/2,j-1/2}}{\Delta y}-[\![J_x]\!]^{n+1/2}_{i+1/2,j}\\ \varepsilon_{i,j+1/2}\dfrac{[\![E_y]\!]^{n+1}_{i,j+1/2}-[\![E_y]\!]^n_{i,j+1/2}}{\Delta t}\\ =-\dfrac{[\![H_z]\!]^{n+1/2}_{i+1/2,j+1/2}-[\![H_z]\!]^{n+1/2}_{i-1/2,j+1/2}}{\Delta x}-[\![J_y]\!]^{n+1/2}_{i,j+1/2}\end{cases}\tag{11.10}$$

对于 TM 电磁场同样有类似的表达式。对这些方程的进一步研究表明，所有的导数都可以用中心有限差分来近似，其中在离散化电磁场的 Yee 元胞方案中，所有需要在相邻网格位置上出现的场都能自然地出现。我们将在后面更详细地展示二维问题的结果。此外，Yee 元胞也可以定义在三维情况下，在文献［102-103］中我们可以得到完整的讨论结果。

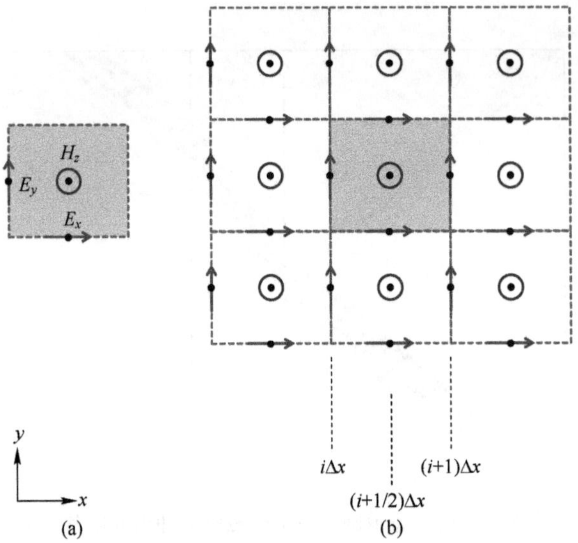

图 11.3 在 TE 偏振下的二维 FDTD 网格。(a) 展示的是电场和磁场分量的两个交错空间网格。(b) 展示了二维 Yee 网格的一个“单元格”，也就是所谓 Yee 元胞。通过计算式 (11.10) 中的有限差分，我们可以得知所有表达式的结果都是二阶中心差分的

11.1.2 稳定性和色散

接下来我们考虑一维空间中波在恒定 ε 值和 μ 值的均匀介质中传播的情况。为了进一步简化，我们假设取周期性边界条件。因此，我们可以对电场和磁场的解进行傅里叶级数展开：

$$[\![H_z]\!]_{i+1/2}^{n-1/2} = \sum_k e^{ikx_{i+1/2}} [\![\mathcal{H}_z]\!]_k^{n-1/2}, \quad [\![E_y]\!]_i^n = \sum_k e^{ikx_i} [\![\mathcal{E}_y]\!]_k^n$$

其中 $[\![\mathcal{H}_z]\!]_k^{n-1/2}$ 和 $[\![\mathcal{E}_y]\!]_k^n$ 为傅里叶系数。由此式 (11.9) 中的电磁场可以表示为

$$[\![Z\mathcal{H}_z]\!]_k^{n+1/2} = [\![Z\mathcal{H}_z]\!]_k^{n-1/2} - S(e^{i\varphi/2} - e^{-i\varphi/2})[\![\mathcal{E}_y]\!]_k^n$$

$$[\![\mathcal{E}_y]\!]_k^{n+1} = [\![\mathcal{E}_y]\!]_k^n - S(e^{i\varphi/2} - e^{-i\varphi/2})[\![Z\mathcal{H}_z]\!]_k^{n+1/2}$$

在上述方程中，我们引入了阻抗 Z，相位 $\varphi = k\Delta x$，以及稳定因子 $S = c\Delta t/\Delta x$，其中 c 是介质中的光速。上述方程组可以重写成矩阵形式：

$$\begin{pmatrix} 1 & 0 \\ 2iS\sin\dfrac{\varphi}{2} & 1 \end{pmatrix} \cdot \begin{pmatrix} [\![Z\mathcal{H}_z]\!]_k^{n+1/2} \\ [\![\mathcal{E}_y]\!]_k^{n+1} \end{pmatrix} = \begin{pmatrix} 1 & -2iS\sin\dfrac{\varphi}{2} \\ 0 & 1 \end{pmatrix} \cdot \begin{pmatrix} [\![Z\mathcal{H}_z]\!]_k^{n-1/2} \\ [\![\mathcal{E}_y]\!]_k^{n} \end{pmatrix}$$

该形式可以变形为

$$\begin{pmatrix} [\![Z\mathcal{H}_z]\!]_k^{n+1/2} \\ [\![\mathcal{E}_y]\!]_k^{n+1} \end{pmatrix} = \begin{pmatrix} 1 & -2iS\sin\dfrac{\varphi}{2} \\ -2iS\sin\dfrac{\varphi}{2} & 1-4S^2\sin^2\dfrac{\varphi}{2} \end{pmatrix} \cdot \begin{pmatrix} [\![Z\mathcal{H}_z]\!]_k^{n-1/2} \\ [\![\mathcal{E}_y]\!]_k^{n} \end{pmatrix} \tag{11.11}$$

右侧的矩阵是所谓增益矩阵，在每个时间步长中作用在电磁场矢量上，以便将场在时间中传播。根据冯·诺依曼条件，该矩阵的特征值必须小于或等于 1，这样才能得到一个数值稳定的算法。依据简单的代数运算得出增益矩阵的特征值应为

$$\lambda_{\pm}=1-2\left(S\sin\frac{\varphi}{2}\right)^2\pm2\sqrt{\left(S\sin\frac{\varphi}{2}\right)^4-\left(S\sin\frac{\varphi}{2}\right)^2} \tag{11.12}$$

当 $S\leqslant1$ 时，其绝对值等于 1。因此，当 $S\leqslant1$ 时，FDTD 的蛙跳更新格式是无条件稳定的。对于更高维的格式也可以得出类似的结论[102-103]。

然而，FDTD 传播方案的简易性也有相应的代价。对于平面波，电磁场应具有相位：

$$\mathrm{e}^{-\mathrm{i}\omega\Delta t}=\mathrm{e}^{-\mathrm{i}kc\Delta t}=1-\mathrm{i}kc\Delta t-\frac{1}{2}(kc\Delta t)^2+\frac{i}{6}(kc\Delta t)^3+\mathcal{O}(\Delta t^4)$$

对于在时间间隔 Δt 中的传播，在上一个等式中，我们对小的参量进行了指数展开。如果我们通过下式将特征值 $\lambda_{\pm}$ 拓展到小参量 $k\Delta x$ 上，则有

$$\lambda_{\pm}=1\mp\mathrm{i}kc\Delta t-\frac{1}{2}(kc\Delta t)^2\pm\frac{i}{24}\left(\frac{1}{S^2}+3\right)(kc\Delta t)^3+\mathcal{O}(\Delta t^4)$$

我们观察到级数中只有最低阶项与指数函数相符。因此，离散 FDTD 更新方案的色散关系 $\omega(k)$ 与精确波解的色散 $\omega=kc$ 有所不同。当在均匀介质中模拟波包传播时，由于麦克斯韦方程的有限差分离散引起的人为色散，FDTD 解会导致波包展宽。在更高维度中情况更不利，色散程度还取决于波的传播方向[102-103]。

最后我们注意到，当 $S=1$ 时存在一组奇特的 Δx 值和 Δt 值，其使得色散完全被抑制。然而，由于在实际的 FDTD 模拟中通常存在具有不同材料参数的区域，对应不同的 c 值和 S 值，这样一个独特的时间步长通常没有太多实际用处。

11.1.3　完美匹配层

FDTD 仿真的计算区域必须为有限大小。因此，我们必须注意电磁场在区域边界处的行为。在极少数情况下，如果区域足够大，通过初始条件施加在系统上或通过电流源而产生的电磁场会保持在区域内。然而，随着时间的推移，电磁场总会到达边界。由于区域边界的网格点与外部网格点没有连接，FDTD 方程的朴素解将导致在区域边界出现虚假反射，从而破坏仿真结果。在 FDTD 中存在几种抑制虚假反射的技术，其中最重要的技术包括吸收边界条件（ABC）和完美匹配层（PML）。特别是后者，它最初被 Berenger 所引入[107]，是 FDTD 中一个具有真正突破意义的改进。

考虑一个入射到介质板上的平面波，正如在传输矩阵方法下讨论的。对于法向入射的 TM 偏振平面波，式（8.26）的菲涅尔反射系数变为

$$R^{\mathrm{TM}}=\frac{\varepsilon_2k_1-\varepsilon_1k_2}{\varepsilon_2k_1+\varepsilon_1k_2}=\frac{\varepsilon_2\sqrt{\varepsilon_1\mu_1}\,\omega-\varepsilon_1\sqrt{\varepsilon_2\mu_2}\,\omega}{\varepsilon_2\sqrt{\varepsilon_1\mu_1}\,\omega+\varepsilon_1\sqrt{\varepsilon_2\mu_2}\,\omega}=\frac{Z_1-Z_2}{Z_1+Z_2}$$

其中，令 $k=\sqrt{\varepsilon\mu}\,\omega$，在分子和分母中提取出 $\varepsilon_1\varepsilon_2\omega$，以阻抗表示反射系数。

$$Z_1=\sqrt{\frac{\mu_1}{\varepsilon_1}},\quad Z_2=\sqrt{\frac{\mu_2}{\varepsilon_2}} \tag{11.13}$$

PML 的精妙之处在于，通过将感兴趣的仿真区域用人工介质包围（图 11.4），其介电常数和磁导率能够满足以下条件：①内部介质的阻抗 Z_1 匹配了外部人工材料的阻抗 Z_2，背向反射得到了抑制；②使外部材料具有耗散性以衰减出射波。有大量文献专门讨论 PML 以及可能的推广和改进，接下来我们只概述主要思路而不涉及任何细节，感兴

趣的读者可参考文献［102-103］。

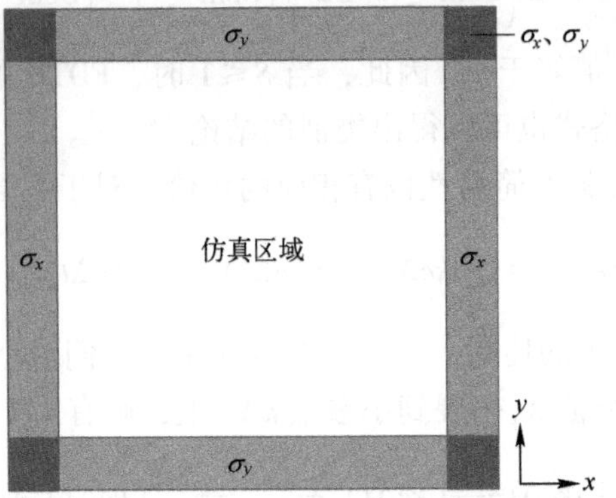

图 11.4　使用了完美匹配层的二维空间 FDTD 仿真原理图。我们所关注的仿真区域被完美匹配层（PML）包围，其电导率在 σ_x、σ_y 间选取。通过这种设定，场在到达仿真区域边界时不会被反射（阻抗匹配），并且被 PML 材料吸收

PML 材料的介电常数和磁导率如下：

$$\varepsilon_2=\varepsilon_1\left(1+\mathrm{i}\frac{\sigma}{\omega}\right),\quad \mu_2=\mu_1\left(1+\mathrm{i}\frac{\sigma}{\omega}\right) \tag{11.14}$$

我们立即观察到，通过这种选取，我们得到 $Z_1=Z_2$，并且 PML 材料具有耗散性。但这里仍然存在一个问题。在上述讨论中，我们假设波在界面沿法线入射，而对于倾斜入射的一般情况，情况会更加复杂。在接下来的内容中，我们研究了二维空间中 TM 波的情况，其中 E_z、H_x 和 H_y 为动态变量。对于三维空间的情况可以参考文献［107］。与式（11.3）相似，可以将麦克斯韦方程组的旋度方程重写为以下形式：

$$\begin{cases}\varepsilon\dfrac{\partial E_{zx}}{\partial t}=\dfrac{\partial H_y}{\partial x}-\dfrac{1}{2}J_x,\quad \mu\dfrac{\partial H_x}{\partial t}=-\left(\dfrac{\partial E_{zx}}{\partial y}+\dfrac{\partial E_{zy}}{\partial y}\right)\\ \varepsilon\dfrac{\partial E_{zy}}{\partial t}=-\dfrac{\partial H_y}{\partial x}-\dfrac{1}{2}J_x,\quad \mu\dfrac{\partial H_y}{\partial t}=\left(\dfrac{\partial E_{zx}}{\partial x}+\dfrac{\partial E_{zy}}{\partial x}\right)\end{cases} \tag{11.15}$$

在式（11.15）中我们人为地将 E_z 分为 E_{zx} 和 E_{zy}，但是由于磁场分量 H_x 和 H_z 与 $E_z=E_{zx}+E_{zy}$ 耦合，这种分解纯粹是形式上的。然而，现在我们继续在式（11.15）中添加耗散项：

$$\begin{cases}\varepsilon\dfrac{\partial E_{zx}}{\partial t}+\sigma_x E_{zx}=\dfrac{\partial H_y}{\partial x}-\dfrac{1}{2}J_x,\quad \mu\dfrac{\partial H_x}{\partial t}+\sigma_y H_x=-\left(\dfrac{\partial E_{zx}}{\partial y}+\dfrac{\partial E_{zy}}{\partial y}\right)\\ \varepsilon\dfrac{\partial E_{zy}}{\partial t}+\sigma_y E_{zy}=-\dfrac{\partial H_y}{\partial x}-\dfrac{1}{2}J_x,\quad \mu\dfrac{\partial H_y}{\partial t}+\sigma_x H_y=\left(\dfrac{\partial E_{zx}}{\partial x}+\dfrac{\partial E_{zy}}{\partial x}\right)\end{cases} \tag{11.16}$$

其中 σ_x 和 σ_y 为电导率。下一步我们研究图 11.4 中描述的情况，在这里我们感兴趣的二维仿真区域被填充 PML 材料的薄层所围绕，这些材料的选取如下：

$$E_{yz}^n=E_y(i\Delta x,n\Delta t)$$

显然，在这种选取下麦克斯韦方程组在 PML 内部无法成立。然而这并不是问题，因为 PML 的目的只有：①抑制从 PML 材料到计算仿真区域的反射；②通过电导率 σ_x 和 σ_y 来衰减 PML 材料中的场。在边角处我们设置 $\sigma_x=\sigma_y$ 以去除从仿真区域出射的所有

波。添加这些 PML 层后，我们可以极为高效地进行仿真，与不带 PML 层的 FDTD 仿真相比没有任何主要复杂程度的增加。唯一的例外是将 E_z 分解为 E_{zx} 和 E_{zy} 所引起的轻微开销。请注意，总的仿真区域包括感兴趣的区域（其特性由麦克斯韦方程组控制）和人工 PML 材料（其特性由非物理的电导率控制。值得一提的是还有一种替代方法来抑制仿真区域边界的反射，该方法基于频率相关和各向异性的材料参数 $\overline{\overline{\varepsilon}}$、$\overline{\overline{\mu}}$[102-103]。同时，我们必须小心，因为在大多数 PML 实现的过程中不吸收远场波，所以必须使仿真区域足够大，使得远场波在到达边界之前已经衰减。

在使用 PML 层的 FDTD 仿真中，式（11.16）的离散形式会产生额外的复杂度，其中有限宽度的 PML 层仍可能导致仿真边界处明显的反射。为了抑制这些反射，一种有效的方法是采用分段的 $\sigma_x(x)$ 和 $\sigma_y(y)$ 分布，σ 值开始逐渐增大。一个典型的方案是 $\sigma(d)=\sigma_0 d^m$，这里 d 是从 PML 边界到仿真区域的距离，σ_0 是适当选择的常数，m 是 3~4 的值。采用这种方法可以有效地抑制 FDTD 仿真边界处的反射。图 11.5 显示了没有 PML 层［图（a）~图（c）］和有 PML 层［图（d）~图（f）］时仿真的出射波的例子。

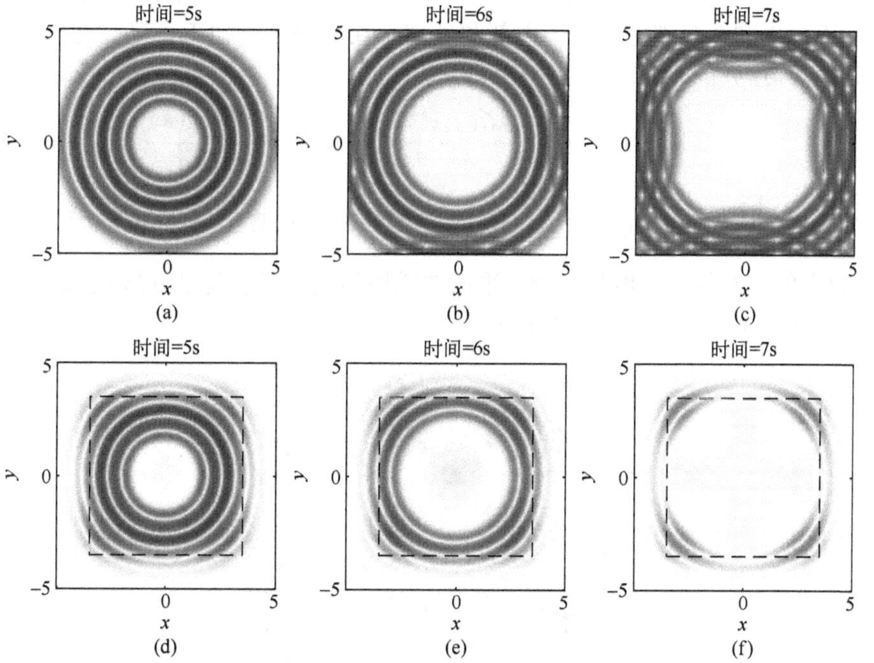

图 11.5 无［图（a）~图（c）］以及有［图（d）~图（e）］完美匹配层时出射波的二维 FDTD 仿真电场分布 $E_z(x,y)$。在没有 PML 层的情况下，波会在边界处反射，造成仿真中的虚假效应。使用 PML 层后，出射波被 PML 材料吸收，由于阻抗匹配，后向反射被强烈抑制。x、y 和 t 为无量纲单位

11.1.4 材料特性

作为在时域的求解方案，FDTD 中与频率相关的材料参数比较复杂。对于德鲁德或德鲁德-洛伦兹型的介电常数，通常足以对金属进行恰当的描述，所以我们可以依靠在 7.1 节中介绍的微观描述模型。例如在德鲁德-洛伦兹模型中，我们使用式（7.4）描述

一个受激谐振子：

$$m\ddot{x}=-m\omega_0^2x-m\gamma\dot{x}+eE(t)$$

式中：m、e 分别为谐振子的质量和电荷；ω_0 为谐振频率；γ 为阻尼常数。由 $P=nex$ 可知振子位移与材料极化相关，其中 n 是振子的密度。通过引入恰当的离散化振子运动方程，上述模型可以很容易地合并到 FDTD 的形式中。

关于这种方法的更详细的讨论，以及用于实现其他频率相关的介电常数和磁导率的更为先进的技术，读者可以参阅文献［102-103］。

11.2 边界元法

在前面的章节中，我们已经比较详细地介绍了边界积分的方法。在讨论其离散化版本，即所谓边界元法（BEM）时，我们将基于先前推导的结果进行讨论。我们设想的系统如图 11.6 所示，介电常数 ε_1 的金属或介质粒子嵌入介电常数 ε_2 的背景介质。我们将一直用下标 1 和 2 分别定义粒子内部和外部。在准静态近似下，可以使用式（9.27）计算粒子边界$\partial\Omega$处的表面电荷 $\sigma(s)$，即

$$\Lambda(\omega)\sigma(s)+\oint_{\partial\Omega}\frac{\partial G(s,s')}{\partial n}\sigma(s')\mathrm{d}S'=-\frac{\partial V_{\mathrm{inc}}(s)}{\partial n}$$

式中：$\Lambda(\omega)=\frac{1}{2}(\varepsilon_1+\varepsilon_2)/(\varepsilon_1-\varepsilon_2)$；$G(s,s')$为在粒子边界上连接位置 s 和 s'的格林函数；V_{inc}为入射激发的标量电势，例如平面波或振荡偶极子。若是 $\sigma(s)$已知，我们就可以使用式（9.24）计算其他位置的电势。

图 11.6　准静态 BEM 中边界的离散化，球体的边界由多个边界元（如三角形）近似。在其最简单的形式下，我们通过位于边界元质心处的表面电荷来近似表面电荷分布，并且在质心位置匹配电势及表面导数（配点法）

为了使这个表达式适于数值计算，我们将粒子边界离散化为足够小的边界元素 T_i，如图 11.6 所示。为了提供真实粒子边界的有意义近似，这些元素应该足够小，其中较小的元素在尖锐的边缘或角落，较大的元素在粒子的平坦区域。所选择网格的精度通常是通过在运行仿真时使用不同数量的边界元素 n 来设置的，并且与对应的仿真结果相比

较。如果模拟结果相似，我们就说它们是收敛的并保留结果，反之则会进一步增加边界元素的数量并再次运行模拟。每个边界元素 $\mathcal{T}_i$ 具有以下特性：

-质心位置 $\boldsymbol{s}_i$，

-法矢量 $\boldsymbol{n}_i$，

-面积 $\mathcal{A}_i$，

-表面电荷分布 $\boldsymbol{\sigma}_i$。

我们接着假设给定边界元素内的表面电荷 $q_i=\sigma_i\mathcal{A}_i$ 位于质心位置 $\boldsymbol{s}_i$。接下来将给出更精确的近似方案，对于格林函数的表面导数，我们得到：

$$[\![F_{\text{stat}}]\!]_{ii'}=\left[\!\!\left[\frac{\partial G_{\text{stat}}}{\partial n}\right]\!\!\right]_{ii'}=-\boldsymbol{n}_i\cdot\frac{\boldsymbol{s}_i-\boldsymbol{s}_{i'}}{4\pi\,|\boldsymbol{s}_i-\boldsymbol{s}_{ii'}|^3}\tag{11.17}$$

这里给出了 F_{stat} 的准静态近似。在接下来的内容中，我们用 $[\![\cdots]\!]$ 来表示指代边界元法中量的离散化而产生的矢量或矩阵。边界积分方程于是可以表示为一个矩阵方程：

$$\sum_{i'}\left(\Lambda(\omega)\delta_{ii'}+F_{ii'}^{\text{stat}}\mathcal{A}_{i'}\right)\sigma_{i'}=-\left(\frac{\partial V_{\text{inc}}}{\partial n}\right)_i$$

未知的表面电荷可由该方程的解获得，这也是在准静态近似中我们计算表面电荷分布的方法。

边界元法（准静态）

$$[\![\sigma]\!]=-[\![\Lambda(\omega)+\boldsymbol{\mathcal{F}}_{\text{stat}}]\!]^{-1}\cdot\left[\!\!\left[\frac{\partial V_{\text{inc}}}{\partial n}\right]\!\!\right]\tag{11.18}$$

在式（11.18）中我们引入了矩阵 $\boldsymbol{\mathcal{F}}_{ii'}^{\text{stat}}=F_{ii'}^{\text{stat}}\mathcal{A}_{i'}$。概括地说，边界元法中计算表面电荷分布的过程包主要括以下步骤。

-用有限大小的边界元对粒子边界进行离散化，

-根据式（11.17）计算格林函数的表面导数，

-对式（11.18）的矩阵方程求解。

这种方法可以很容易地实现，同时结果也令人惊异的精确，我们将在稍后进行证明。此外，还有一个额外要点需要仔细考虑，这是由 Fuchs 和 Liu[108] 首先提出的与对角线元素 F_{ii}^{stat} 有关的问题。假设 $\boldsymbol{s}'$ 是粒子边界 $\partial\Omega$ 上的一个点，$\boldsymbol{r}$ 是边界 S 上包围 $\partial\Omega$ 的一个点。根据高斯定理，电场通过某个封闭边界 S 的通量与边界内的体积中包含的总电荷 Q 成正比，我们得到：

$$\oint_S\boldsymbol{E}\cdot\mathrm{d}\boldsymbol{S}=\frac{Q}{\varepsilon_0}\Rightarrow-\oint_S\frac{\partial G_{\text{stat}}(\boldsymbol{r},\boldsymbol{s}')}{\partial n}\mathrm{d}S=1$$

如果我们从外部接近边界 $S\to\partial\Omega$，那么就必须对前面诺依曼迹中讨论过的极限 $\boldsymbol{r}\to\boldsymbol{s}$ 多加注意，它给出了一个额外的因子 $-\frac{1}{2}\delta(\boldsymbol{s}-\boldsymbol{s}')$。我们于是得到：

$$\oint_{\partial\Omega}\frac{\partial G_{\text{stat}}(\boldsymbol{s},\boldsymbol{s}')}{\partial n}\mathrm{d}S=-\frac{1}{2}$$

因此，在将边界积分以边界单元离散化的过程中，我们得到了求和规则：

$$\sum_i F_{ii'}^{\text{stat}}\mathcal{A}_i=-\frac{1}{2}\tag{11.19}$$

一旦非对角线元素从式（11.17）中计算出，该式就允许我们对对角线元素 F_{ii}^{stat} 进行计算。即使边界元素的数量相对较少，这个求和规则对于获得准确的结果也是至关重要的。接下来我们讨论几个代表性的例子，感兴趣的读者也可以关注我们留下的更多的问题。

偶极矩。一旦表面电荷分布已知，我们就可以由式（11.20）计算纳米颗粒的偶极矩：

$$\boldsymbol{p} = \sum_i \boldsymbol{s}_i(\sigma_i \mathcal{A}_i) \tag{11.20}$$

进而，我们能够根据式（9.21）和式（9.22）计算光的散射和吸收光谱。

收敛性。球形和椭球形纳米颗粒光谱的计算是一个典型的例子，我们可以从 Mie-Gans 理论中得到光谱的解析结果。图 11.7 展示了数值结果（符号标记）与 Mie-Gans 理论的解析表达式（实线）之间的比较。尽管只有几百个边界元素，但整体吻合得非常好。

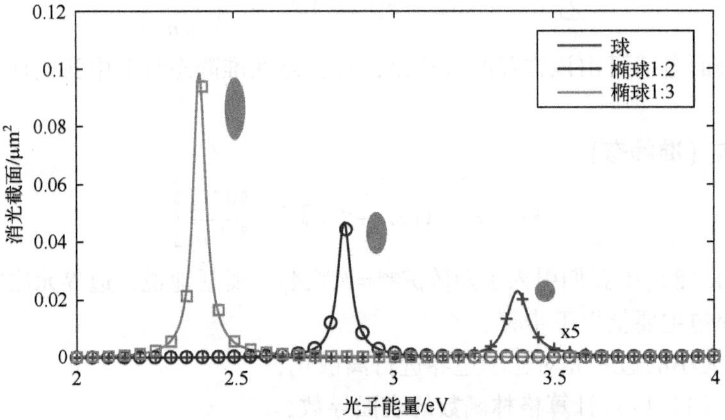

图 11.7　根据式（9.22）计算的银纳米球/椭球的消光截面，以及边界元法结果（符号标记）与准静态米氏和 Mie-Gans 理论解析结果的比较，材料参数和几何结构与图 9.4 相同。尽管有大约 500 个的少量边界元素，解析和数值结果之间仍然表现出极好的一致性

本征模式。基于式（9.28），准静态方法的特征值和特征模态可以在边界元方法中由式（11.21）简单计算得出：

$$[\![\mathcal{F}_{\text{stat}}]\!] \cdot [\![u_k]\!] = \lambda_k [\![u_k]\!] \tag{11.21}$$

上述方程的解可以使用特征值问题的标准数值方法轻松得到，我们可以从大多数线性代数软件包中获得。

全麦克斯韦方程组

上述讨论的 BEM 方法有一个变种，可以用于求解全麦克斯韦方程组。该方法由 Garcia de Abajo 及其同事开发[109]，并广泛应用于等离子体领域。与式（9.58）中基于电磁场的常规方法不同，该方法使用标量势 V 和矢量势 $\boldsymbol{A}$ 作为基本量而不是电磁场 $\boldsymbol{E}$、$\boldsymbol{B}$，我们将在下文进一步讨论这种方法。本书的作者也曾参与开发一种实现该方法的开源工具箱[110]，感兴趣的读者可以阅读。

从式（2.22）的亥姆霍兹方程出发，对于时谐场有

$$\begin{cases}(\nabla^2+k_j^2)V_j(\boldsymbol{r})=-\dfrac{\rho(\boldsymbol{r})}{\varepsilon_j}\\(\nabla^2+k_j^2)\boldsymbol{A}_j(\boldsymbol{r})=-\mu_0\boldsymbol{J}(\boldsymbol{r})\end{cases}$$

这里 $k_j^2=\mu_0\varepsilon_j\omega^2$，而 $j=1,2$ 分别表示纳米颗粒由边界 $\partial\Omega$ 分开的内部和外部区域。在整个过程中，我们将所有磁导率都设为 μ_0，并且上式是在式（2.21）的洛伦兹规范条件下得到的，有

$$\nabla\cdot\widetilde{\boldsymbol{A}}_j=\mathrm{i}k_0\kappa_jV_j \tag{11.22}$$

式中：$\varepsilon_j=\varepsilon_0\kappa_j$；$k_0$ 为光在真空中的波数。使用与标量势维度相同的矢量势 $\widetilde{\boldsymbol{A}}_j=c\boldsymbol{A}_j$ 能够帮助简化计算，这里的 c 为真空中的光速。电磁场于是可以通过势函数表示为

$$\boldsymbol{E}_j=\mathrm{i}k_0\widetilde{\boldsymbol{A}}_j-\nabla V_j,\quad c\boldsymbol{B}_j=\nabla\times\widetilde{\boldsymbol{A}}_j$$

类比准静态方法中标量电势的方程（9.24），我们为电磁势做出以下假设：

$$\begin{cases}V_j(\boldsymbol{r})=V_j^{\mathrm{inc}}(\boldsymbol{r})+\oint_{\partial\Omega}G_j(\boldsymbol{r},\boldsymbol{s}')\sigma_j(\boldsymbol{s}')\,\mathrm{d}S'\\\widetilde{\boldsymbol{A}}_j(\boldsymbol{r})=\widetilde{\boldsymbol{A}}_j^{\mathrm{inc}}(\boldsymbol{r})+\oint_{\partial\Omega}G_j(\boldsymbol{r},\boldsymbol{s}')\boldsymbol{h}_j(\boldsymbol{s}')\,\mathrm{d}S'\end{cases} \tag{11.23}$$

式中：V_j^{inc}、$\widetilde{\boldsymbol{A}}_j^{\mathrm{inc}}$ 为入射激励的电磁势，而亥姆霍兹方程的格林函数可以通过式（5.5）定义为

$$(\nabla^2+k_j^2)G_j(\boldsymbol{r},\boldsymbol{r}')=-\delta(\boldsymbol{r}-\boldsymbol{r}')$$

式（11.23）的设定使得粒子内外的亥姆霍兹方程始终成立。在此之前我们已经介绍了表面电荷分布 σ_1、σ_2 和表面电流分布 $\boldsymbol{h}_1$、$\boldsymbol{h}_2$，在准静态方法中，我们也必须引入表面电流分布，并且不能再将粒子内外的 σ_1、σ_2 设定为相等。必须确定未知的表面电荷和电流分布，以满足粒子边界 $\partial\Omega$ 处的麦克斯韦方程组。

在边界元法中，我们再次使用有限大小的元素 $\mathcal{T}_i$ 来近似边界，并且考虑边界元质心处的表面电荷 $[\![\sigma_j]\!]$ 和电流 $[\![\boldsymbol{h}_j]\!]$。正如 11.6 节中所讨论的那样，这些表面电荷和电流分布可以从式（11.66）中获得：

$$\begin{cases}[\![\sigma_2]\!]=[\![\mathcal{G}_2]\!]^{-1}\cdot[\![\Sigma]\!]^{-1}\cdot([\![\widetilde{D}^e]\!]+ik_0[\![\hat{\boldsymbol{n}}]\!]\cdot(\kappa_1-\kappa_2)[\![\Delta]\!]^{-1}\cdot[\![\widetilde{\boldsymbol{\alpha}}]\!])\\[\![\boldsymbol{h}_2]\!]=[\![\mathcal{G}_2]\!]^{-1}\cdot[\![\Delta]\!]^{-1}\cdot([\![\widetilde{\boldsymbol{\alpha}}]\!]+ik_0[\![\hat{\boldsymbol{n}}]\!]\cdot(\kappa_1-\kappa_2)[\![\mathcal{G}_2]\!]\cdot[\![\sigma_2]\!])\end{cases}$$

连同式（11.58），我们就可以计算粒子内部的表面电荷和电流分布 $[\![\sigma_j]\!]$、$[\![\boldsymbol{h}_j]\!]$。有关各个矩阵的定义，请参见 11.6 节。总的来说，与准静态方案相比这个求解方法要复杂得多，但对于边界离散化（如几千个边界元素）问题而言，其在数值上还是易于实现且高效的。

11.3 伽辽金法

在 11.1 节中我们介绍了边界元法，利用边界元素质心位置 $\boldsymbol{s}_i$ 处有限数量的值 $[\![\sigma]\!]_i$ 来近似表面电荷分布 $\sigma(s)$。这种方法并没有错，并且实际上在等离激元领域许多研究人员一直在使用它（目前也仍在使用）。然而，在某些情况下存在更好的方法。“更好”可以从两种不同的路线来理解。

插值。首先，我们可以设想一种改进的基于插值的近似方案。以最简单的即边界元内的 $\sigma(s)$ 的线性插值为例，它能够提供更准确的模拟结果。关于这一点的系统性方法就是稍后我们将讨论的伽辽金法。

收敛性。伽辽金法的另一个优势就是它可以在数值数学领域进行更严谨的研究。虽然在这里我们不讨论这些问题，但一般来讲，某些类型的边界元方法在细化边界离散化时需要保证收敛，与基于质心的方法不同，后者常常无法得出严谨的结论。因此，本节讨论的基于场的边界元法通常被视为计算电动力学中通常采用的“标准”方法。

接下来，我们将首先以一般形式介绍伽辽金法，然后推敲其在边界元法框架内的实现。相同的伽辽金法也可以用于基于有限元法（FEM）的其他麦克斯韦求解器，在本章后面我们将讨论这一点。

11.3.1 伽辽金法的构想

首先考虑一个方程：

$$\int_{\mathcal{D}} K(\boldsymbol{r},\boldsymbol{r}')u(\boldsymbol{r}')\mathrm{d}V' = b(\boldsymbol{r}) \tag{11.24}$$

式中：K 为核；u 为我们要寻求的解；b 为非均匀性。$\boldsymbol{r}$ 受限于有限区域 $\mathcal{D}$，该区域对于 BEM 方法是二维的，对于 FEM 方法则是三维的。区域 $\mathcal{D}$ 上的积分用 $\mathrm{d}V$ 表示。伽辽金法提供了一种将算子方程（如式（11.24））转换为矩阵的表示方法，并且可以通过矩阵求逆来求解。我们首先用一个 n 维的截断基函数 $\varphi_\nu(\boldsymbol{r})$ 对解 $u(\boldsymbol{r})$ 进行展开。

近似解

$$u(\boldsymbol{r}) \approx u^e(\boldsymbol{r}) = \sum_{\nu=1}^{n} \varphi_\nu(\boldsymbol{r}) u_\nu^e \tag{11.25}$$

式中：$u^e(\boldsymbol{r})$ 为利用展开系数 u_ν^e 得到的近似解；上标 e 为即将在后面介绍的能够支持这些基函数的有限元记号。在截断基函数下，我们定义的式（11.24）不再成立，而是通过下式提供一个有限残差：

$$\int_{\mathcal{D}} K(\boldsymbol{r},\boldsymbol{r}')\Big[\sum_{\nu'=1}^{n} \varphi_{\nu'}(\boldsymbol{r}')\boldsymbol{u}_{\nu'}^e\Big]\mathrm{d}V' - b(\boldsymbol{r}) = \mathrm{res} \tag{11.26}$$

现在我们在截断函数空间内寻找最佳的可能解矢量 $\boldsymbol{u}_{\nu'}^e$。为此，我们将式（11.26）与一个试函数相乘，得

$$w^e(\boldsymbol{r}) = \sum_{\nu=1}^{n} \widetilde{\varphi}_\nu(\boldsymbol{r}) w_\nu^e \tag{11.27}$$

在伽辽金法中，我们对 $w^e(\boldsymbol{r})$ 使用相同的函数 $\widetilde{\varphi}_\nu(\boldsymbol{r}) = \varphi_\nu(\boldsymbol{r})$ 作为近似解矢量的展开，为了更具一般性，此处应考虑更普遍的情况，即展开项的个数与测试函数的数量不同，但从算法的实施角度考虑，可以让展开项的个数和测试函数的数量相同。接下来，我们在整个域 $\mathcal{D}$ 上将式（11.26）乘以试函数合并得到：

$$\sum_{\nu=1}^{n} w_i^e \Big[\sum_{\nu'=1}^{n} K_{\nu\nu'} u_{\nu'}^e - b_\nu\Big] = \sum_{\nu=1}^{n} w_\nu^e \int_{\mathcal{D}} \widetilde{\varphi}_i(\boldsymbol{r})\,\mathrm{res}\,\mathrm{d}V$$

其中，我们引入了一些缩写：

$$\begin{cases} K_{vv'} = \iint_{\mathcal{D}} \widetilde{\varphi}_v(\boldsymbol{r}) K(\boldsymbol{r},\boldsymbol{r}') \varphi_{v'}(\boldsymbol{r}') \mathrm{d}V \mathrm{d}V' \\ b_v = \int_{\mathcal{D}} \widetilde{\varphi}_v(\boldsymbol{r}) b(\boldsymbol{r}) \mathrm{d}V \end{cases} \tag{11.28}$$

在最优解处，上述表达式的值不随试函数的微小变化 δw_v^e 而改变。显然，在表达式括号中的内容变为零时，残差项最小，这可以用显式矢量和矩阵表示为

$$\overline{\overline{K}} \cdot \boldsymbol{u}^e = \boldsymbol{b} \tag{11.29}$$

这个方程可以通过简单的矩阵求逆来解决。通过对截断形式的矩阵求逆来求解算子方程的方法称为 Petrov-Galerkin 方法、加权残差法或矩法。在专业文献中，人们经常将定义式（11.24）称为伽辽金强形式，而以试函数为基础的展开则被称为弱形式。

变分公式

伽辽金法也可被表述为一个变分问题。我们再次从定义式（11.24）以及式（11.25）基函数 $\varphi_v(\boldsymbol{s})$ 形式的解的展开出发，引入函数：

$$\mathcal{S} = \int_{\mathcal{D}} w^e(\boldsymbol{r}) \left[\int K(\boldsymbol{r},\boldsymbol{r}') u^e(\boldsymbol{r}) \mathrm{d}V' - b(\boldsymbol{r}) \right] \mathrm{d}V \tag{11.30}$$

通过使该函数相对于试函数的系数 w_i^e 最小化，我们可以得到近似解，于是得到：

$$\frac{\delta \mathcal{S}}{\delta w_v^e} = \sum_{v'=1}^{n} K_{vv'} u_{v'}^e - b_v = 0 \tag{11.31}$$

其中 v 遍及问题的所有自由度。在习题 11.8 中，我们展示了边界元方法的配点法可以使用这种变分方法来表述。

11.3.2　非结构化网格

伽辽金法通常是将计算域 $\mathcal{D}$ 分解成有限大小的单元 $\mathcal{T}_i$，即

$$\mathcal{D} = \bigcup_{i=1}^{\mathcal{N}} \mathcal{T}_i \tag{11.32}$$

在边界元法中，$\mathcal{T}_i$ 通常是三角形；而在有限元方法中，$\mathcal{T}_i$ 通常是四面体。我们假设相邻单元共享一个公共顶点、边或面，此外不对网格做其他额外的假设。与 FDTD 方法的结构化网格不同，这种网格被称为非结构化网格。在结构化网格中，在所有笛卡儿方向上每个网格点都有一个明确定义的邻域。对于非结构网格，我们引入以下量。

局部自由度。在每个单元 $\mathcal{T}_i$ 内，我们引入局部自由度 u_{ia}^e 来描述解的特征。例如，在三角形中，u_{ia}^e 可能与三角形角上的函数值相关联，其中 $a=1,2,3$。

局部形函数。通过下式，我们引入局部形函数 $N_{ia}(\boldsymbol{r})$ 来近似 $\mathcal{T}_i$ 内的解：

$$u^e(\boldsymbol{r}) = \sum_a N_{ia}^e(\boldsymbol{r}) u_{ia}^e \quad (\boldsymbol{r} \in \mathcal{T}_i)$$

在 $\mathcal{T}_i$ 单元之外，形函数 $N_{ia}(\boldsymbol{r})$ 假设为零，这种性质有时被称为“局部支撑”。在三角形中，形函数可以在三角形的角到三角形内部进行线性插值。

全局自由度。一般来说，我们会对解施加一定的约束，比如 $u^e(\boldsymbol{r})$ 从一个单元 $\mathcal{T}_i$ 到相邻单元时是连续的。通过在网格的相邻单元之间分享信息可以实现这一点，例如通过将相邻三角形的顶点分配相同的 u^e 值。因此，自由度的总数不是由网格单元（三角形或四面体）的数量 $\mathcal{N}$ 所控制，而是取决于网格顶点的数量。考虑到这一点，我们引入

全局自由度$[\![u^e]\!]_v$，其中v取1到全局自由度的总数n。

变换矩阵。我们最终需要说明如何将全局自由度$[\![u^e]\!]_v$转化为局部自由度。为此，我们引入变换矩阵$\boldsymbol{T}_{ia,v}$，其具有以下的变换特性。

$$u_{ia}^e = \sum_r \boldsymbol{T}_{ia,v} [\![u^e]\!]_v$$

通俗地讲，T获取全局自由度$[\![u^e]\!]_v$的元素并将其分配给给定单元$\mathcal{T}_i$中的局部自由度u_{ia}^e，参见图11.8。通常，矩阵$\boldsymbol{T}$只有少数非零矩阵元，因此它是稀疏的。

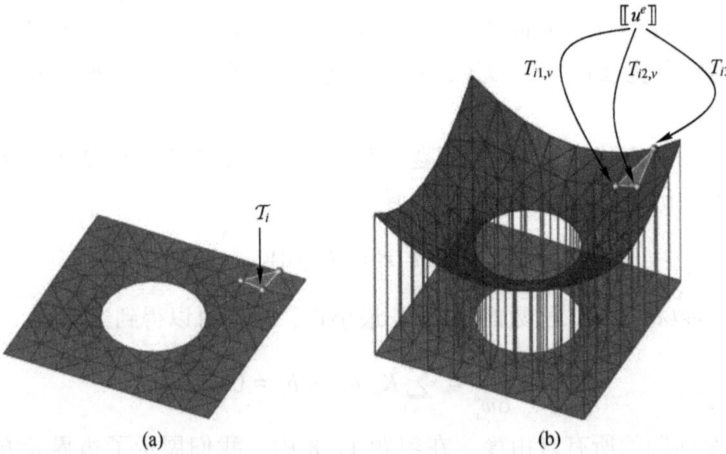

图11.8　伽辽金法示意图。(a) 使用有限大小单元$\mathcal{T}_i$组成的非结构化网格对计算区域$\mathcal{D}$近似。(b) 使用单元顶点的函数值u_{ia}^e的值对解$u(\boldsymbol{r})$近似，这是通过单元内的（线性）插值实现的。通过将变换矩阵$\boldsymbol{T}_{ia,v}$及全局自由度$[\![u^e]\!]_v$分配给局部的顶点，我们将相邻单元共的公共顶点分配相同的u^e值，这样就能获得平滑的函数

我们现在已经准备充分，可以对具有非结构化网格和局部支撑形函数的伽辽金方法进行阐述了。根据式（11.32）对解进行展开得

$$u^e(\boldsymbol{r}) = \sum_{ia} \sum_v N_{ia}^e(\boldsymbol{r}) (\boldsymbol{T}_{ia,v} [\![u^e]\!]_v) \tag{11.33}$$

我们可以这样理解：括号中的项将全局自由度$[\![u^e]\!]$映射到局部自由度u_{ia}^e，并且形状函数$N_{ia}(\boldsymbol{r})$在单元$\mathcal{T}_i$中执行插值。对于试函数，可以采用完全类似的方法，可能使用不同的形状函数$\widetilde{N}_{ia}^e(\boldsymbol{r})$。将这些函数插入伽辽金法的矩阵元素中，我们得到式（11.28）的矩阵元素。

伽辽金法的矩阵元素

$$\begin{cases} [\![K]\!]_{vv'} = \sum_{ia} \sum_{i'a'} T_{ia,v} \left[\int_{\mathcal{T}_i} \int_{\mathcal{T}_{i'}} \widetilde{N}_{ia}^e(\boldsymbol{r}) K(\boldsymbol{r}, \boldsymbol{r}') N_{i'a'}^e(\boldsymbol{r}') \mathrm{d}V \mathrm{d}V' \right] T_{i'a',v'} \\ [\![b]\!]_v = \sum_{ia} T_{ia,v} \left[\int_{\mathcal{T}_i} \widetilde{N}_{ia}^e(\boldsymbol{r}) b(\boldsymbol{r}) \mathrm{d}V \right] \end{cases} \tag{11.34}$$

可以发现，由于形状函数的局部支撑，积分仅限于单元$\mathcal{T}_i$、$\mathcal{T}_{i'}$上，因此这些矩阵元素能够经过简单计算得到。与之前的讨论十分类似，我们得到一个矩阵方程$[\![K]\!] \cdot [\![u^e]\!] = [\![b]\!]$，并且可以通过矩阵求逆来求解。

矢量解

在计算电动力学中，我们通常需要对具有矢量函数的方程求解，例如 BEM 方法中的切向电场和磁场。尽管我们必须考虑矢量解的不同分量，但一般来说还是可以沿着本节的思路进行讨论。正如接下来将详细介绍的，我们从一开始引入矢量形状函数 $N_{ia}^{e}(\boldsymbol{r})$ 是很方便的，因为这样就可以轻松地对函数施加物理约束，比如在 BEM 方法中从一个单元到另一个单元中矢量流的连续性。这些约束对于精确解总是满足的，但在弱形式的近似解中可能会出错，这对于抑制虚假解是至关重要，我们在文献中能够找到对相关内容更明确的阐述。

11.4 边界元法

在本节中，我们将伽辽金法应用于边界积分以求解全麦克斯韦方程组。一般来说，这种方法相当复杂且包含许多技术性细节。不过，通过第 5、第 9 和第 11 章中介绍的理论和技术，我们不需要太多额外的操作就能够推导出工作方程。接下来，我们首先考虑矢量形状单元，即所谓 Raviart-Thomas 或 Rao-Wilton-Glisson 基函数，然后简述在 9.6 节中引入的边界积分方法方程的实现。

11.4.1 Raviart-Thomas 基函数

假设 $\boldsymbol{u}(s)$ 是一个矢量场，其所有矢量都与粒子边界相切，这与式（9.58）中基于场的 BEM 法相对应。正如在 9.6 节中讨论的那样，切向磁场和电场也可以被解释为表面电流和磁化。

对于离散化的粒子边界，我们需要确保近似解 $\boldsymbol{u}^{e}(s)$ 满足两个相邻三角形边缘处特定的边界条件。假设 $A=lh$ 是一个包围具有长度 l 的给定边缘的二维区域（图 11.9），其中 h 是我们令其在最后趋于零的区域高度。从高斯定理的二维形式中，我们得到：

$$\int_A \nabla \cdot \boldsymbol{u}\,\mathrm{d}S = \oint_{\partial A} \boldsymbol{u} \cdot \mathrm{d}\boldsymbol{\eta} = 0 \Rightarrow [\boldsymbol{u}(s^+) - \boldsymbol{u}(s^-)] \cdot \boldsymbol{\eta} = 0 \qquad (11.35)$$

式中：$\boldsymbol{\eta}$ 为垂直于边的矢量；$\boldsymbol{u}(s^{\pm})$ 为边界两侧相邻区域矢量场的值。式（11.35）表明，离开某个三角形的切向场的通量（沿着 $\boldsymbol{\eta}$ 的方向）必须等于进入其相邻三角形的通量。而式（9.58）中的表面电流分布表明在边界不会出现奇异的线电荷分布。

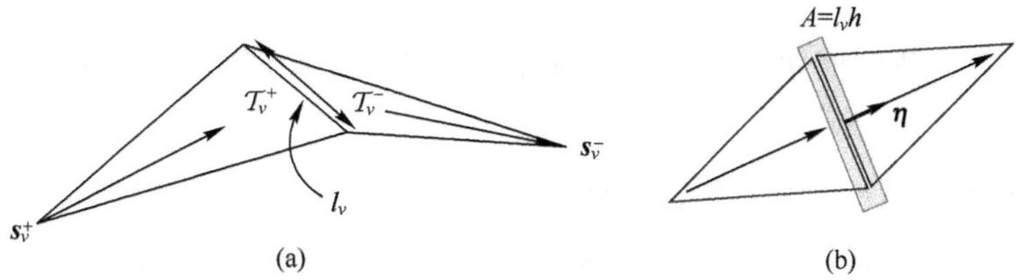

图 11.9 Raviart-Thomas 单元。(a) 每条边都有两个相邻的三角形 T_v^+ 和 T_v^-，分别位于边的左右侧（边的方向是确定的）。在 T_v^+ 中，形函数源自与边相对的顶点 s_v^+，并指向边；在 T_v^- 中，其指向相反的方向。我们通过定义矢量函数使离开三角形 T_v^+ 的通量等于进入三角形 T_v^- 的通量。(b) 二维高斯定理的示意图。A 是包围边的域，具有高度 $h \to 0$，$\boldsymbol{\eta}$ 是垂直于边的矢量。详情请参阅文字描述

接下来，可以引入一个三角形的序列 E_v，且不考虑其指向性，$v=1,2,\cdots,n$，其中，n 表示边的总数，边两侧的三角形用 $\mathcal{T}_v^{\pm}$ 表示，$\boldsymbol{s}_v^{\pm}$ 表示边对面的顶点，如图 11.9 所示。由此，我们可以定义以下矢量形函数。

BEM 法的基函数（伽辽金）

$$\boldsymbol{\varphi}_v(\boldsymbol{s})=\begin{cases}\boldsymbol{N}_{v+}^{e}(\boldsymbol{s})=\dfrac{l_v}{2\mathcal{A}_v^{+}}(\boldsymbol{s}-\boldsymbol{s}_v^{+}) & (\boldsymbol{s}\in\mathcal{T}_v^{+})\\ \boldsymbol{N}_{v-}^{e}(\boldsymbol{s})=-\dfrac{l_v}{2\mathcal{A}_v^{-}}(\boldsymbol{s}-\boldsymbol{s}_v^{-}) & (\boldsymbol{s}\in\mathcal{T}_v^{-})\\ 0 & (\text{其他})\end{cases}\tag{11.36}$$

利用 Raviart-Thomas 形函数 $\boldsymbol{N}_{v\pm}^{e}(\boldsymbol{s})$ 从网格边缘到两侧三角形 $\mathcal{T}_v^{\pm}$ 的内部进行插值。

在这里，l_v 是边的长度，$\mathcal{A}_v^{\pm}$ 是三角形的面积。需要注意的是，形函数正负号的选择是任意的，唯一要保证的是这两个函数具有不同的符号。为了统一通过边的通量以保证通量守恒，形函数的前因子已经确定，这一点在练习 11.9 中有更详细的讨论。我们通常将 $\boldsymbol{N}_{v\pm}^{e}$ 称为 Raviart-Thomas 或 Rao-Wilton-Glisson 元。

接下来，我们用 $\boldsymbol{N}_{ia}^{e}$ 表示给定三角形 $\mathcal{T}_i$ 中的 Raviart-Thomas 函数，其中 a 标记三角形的三条边。假设这些函数具有式（11.36）中的通量方向，我们可以用以下形式来展开矢量场：

$$\boldsymbol{u}^{e}(\boldsymbol{s})=\sum_{v}\sum_{ia}\boldsymbol{N}_{ia}^{e}(\boldsymbol{s})(\boldsymbol{T}_{ia,v}\,[\![u^{e}]\!]_{v})\tag{11.37}$$

其中，系数 $[\![u^{e}]\!]_{v}$ 表征解 $\boldsymbol{u}^{e}(\boldsymbol{s})$，$\boldsymbol{T}_{ia,v}$ 则是先前定义的从独特边到局部单元边的变换矩阵。简单来说，括号中的项将全局边转换为局部三角形边，然后形函数 $\boldsymbol{N}_{ia}^{e}$ 将边缘的切向场插值到三角形内部。式（11.28）中的矩阵元素和离散化核的非均匀性可以用以下形式写出：

$$\begin{cases}[\![K]\!]_{vv'}=\displaystyle\sum_{ia}\sum_{i'a'}\boldsymbol{T}_{ia,v}T_{i'a',v'}\int_{\mathcal{T}_i}\int_{\mathcal{T}_{i'}}\boldsymbol{N}_{ia}^{e}(\boldsymbol{s})\cdot K(\boldsymbol{s},\boldsymbol{s}')\boldsymbol{N}_{i'a'}^{e}(\boldsymbol{s}')\,\mathrm{d}S\mathrm{d}S'\\ [\![b]\!]_{v}=\displaystyle\sum_{ia}\boldsymbol{T}_{ia,v}\int_{\mathcal{T}_i}\boldsymbol{N}_{ia}^{e}(\boldsymbol{s})\cdot\boldsymbol{b}(\boldsymbol{s})\,\mathrm{d}S\end{cases}\tag{11.38}$$

请注意，与伽辽金法一致，我们使用了相同的试和扩展函数 $\boldsymbol{N}_{ia}^{e}$。

11.4.2 全麦克斯韦方程组的伽辽金法

在 9.6 节中，我们推导了一种基于场的边界积分方法来解决全麦克斯韦方程组，其式（9.58）的核心表达式为

$$\begin{cases}\hat{\boldsymbol{n}}\times(\mathbb{D}_1[\boldsymbol{u}_E]+\mathbb{D}_2[\boldsymbol{u}_E])-\hat{\boldsymbol{n}}\times(\mathrm{i}\omega\mu_1\mathbb{S}_1[\boldsymbol{u}_H]+\mathrm{i}\omega\mu_2\mathbb{S}_2[\boldsymbol{u}_H])=\hat{\boldsymbol{n}}\times\boldsymbol{E}^{\mathrm{inc}}\\ \hat{\boldsymbol{n}}\times(\mathbb{D}_1[\boldsymbol{u}_H]+\mathbb{D}_2[\boldsymbol{u}_H])+\hat{\boldsymbol{n}}\times(\mathrm{i}\omega\varepsilon_1\mathbb{S}_1[\boldsymbol{u}_E]+\mathrm{i}\omega\varepsilon_2\mathbb{S}_2[\boldsymbol{u}_E])=\hat{\boldsymbol{n}}\times\boldsymbol{H}^{\mathrm{inc}}\end{cases}$$

其中，$\boldsymbol{u}_E=\hat{\boldsymbol{n}}\times\boldsymbol{E}$，$\boldsymbol{u}_H=\hat{\boldsymbol{n}}\times\boldsymbol{H}$ 表示切向电磁场，而单层和双层积分算子 $\mathbb{S}_j$、$\mathbb{D}_j$ 可以通过下式定义：

$$\begin{cases}[\mathbb{S}_j\boldsymbol{u}](\boldsymbol{s})=\oint_{\partial\Omega}\left[G_j(\boldsymbol{s},\boldsymbol{s}')\boldsymbol{u}(\boldsymbol{s}')+\dfrac{1}{k_j^2}\nabla G_j(\boldsymbol{s},\boldsymbol{s}')\nabla'\cdot\boldsymbol{u}(\boldsymbol{s}')\right]\mathrm{d}S'\\[\mathbb{D}_j\boldsymbol{u}](\boldsymbol{s})=\oint_{\partial\Omega}[\nabla'\times G_j(\boldsymbol{s},\boldsymbol{s}')]\cdot\boldsymbol{u}(\boldsymbol{s}')\mathrm{d}S'\end{cases}\tag{11.39}$$

有关这些表达式的推导请参见5.5节。为了得到伽辽金法弱形式，我们将边界积分方程与试函数 $\boldsymbol{w}_{E,H}^e(\boldsymbol{s})$ 相乘，并在边界上进行积分。此外，我们还利用

$$\oint_{\partial\Omega}\boldsymbol{w}_{E,H}^e(\boldsymbol{s})\cdot\hat{\boldsymbol{n}}\times[\cdots]\mathrm{d}S=-\oint_{\partial\Omega}\hat{\boldsymbol{n}}\times\boldsymbol{w}_{E,H}^e(\boldsymbol{s})\cdot[\cdots]\mathrm{d}S$$

将外表面的法线与试函数的叉乘交换位置。接下来，在 Thomas-Raviart 单元的基础上我们令切向电磁场 $\boldsymbol{u}_{E,H}$ 和试函数 $\hat{\boldsymbol{n}}\times\boldsymbol{w}_{E,H}^e$ 展开，得

$$\boldsymbol{u}_{E,H}^e(\boldsymbol{s})=\sum_v\sum_{ia}\boldsymbol{N}_{ia}^e(\boldsymbol{s})(\boldsymbol{T}_{ia,v}[\![u_{E,H}^e]\!]_v)$$

同时，对于 $\boldsymbol{w}_{E,H}^e$ 也能得到对应的表达式。在伽辽金方法的离散化中，我们得到了单层矩阵和双层矩阵的相应表达式：

$$\begin{cases}[\![\mathbb{S}_j]\!]_{vv'}=\displaystyle\sum_{ia}\sum_{i'a'}\boldsymbol{T}_{ia,v}T_{i'a',v'}\oint_{T_i}\oint_{T_{i'}}\\\qquad\times\left\{\boldsymbol{N}_{ia}^e(\boldsymbol{s})\cdot\boldsymbol{N}_{i'a'}^e(\boldsymbol{s}')-\dfrac{[\nabla\cdot\boldsymbol{N}_{ia}^e(\boldsymbol{s})][\nabla'\cdot\boldsymbol{N}_{i'a'}^e(\boldsymbol{s}')]}{k_j^2}\right\}G_j(\boldsymbol{s},\boldsymbol{s}')\mathrm{d}S\mathrm{d}S'\\[\![\mathbb{D}_j]\!]_{vv'}=\displaystyle\sum_{ia}\sum_{i'a'}\boldsymbol{T}_{ia,v}T_{i'a',v'}\oint_{T_i}\oint_{T_{i'}}\boldsymbol{N}_{ia}^e(\boldsymbol{s})\cdot[\nabla'G_j(\boldsymbol{s},\boldsymbol{s}')]\times\boldsymbol{N}_{i'a'}^e(\boldsymbol{s}')\mathrm{d}S\mathrm{d}S'\end{cases}\tag{11.40}$$

这里，我们对 $\mathbb{S}_j$ 分部积分，以便将格林函数的导数代入 Raviart-Thomas 单元，并具有如下的非均匀性：

$$[\![q_{E,H}^{\mathrm{inc}}]\!]_v=\sum_{ia}\boldsymbol{T}_{ia,v}\oint_{T_i}\boldsymbol{N}_{ia}^e(\boldsymbol{s})\cdot\begin{Bmatrix}\boldsymbol{E}^{\mathrm{inc}}(\boldsymbol{s})\\\boldsymbol{H}^{\mathrm{inc}}(\boldsymbol{s})\end{Bmatrix}\mathrm{d}S$$

我们于是就能得到基于场的边界元法的工作方程[111]。

基于场的 BEM 法工作方程（伽辽金）

$$\begin{pmatrix}[\![\mathbb{D}_1+\mathbb{D}_2]\!] & -\mathrm{i}\omega[\![\mu_1\mathbb{S}_1+\mu_2\mathbb{S}_2]\!]\\\mathrm{i}\omega[\![\varepsilon_1\mathbb{S}_1+\varepsilon_2\mathbb{S}_2]\!] & [\![\mathbb{D}_1+\mathbb{D}_2]\!]\end{pmatrix}\cdot\begin{pmatrix}[\![u_E^e]\!]\\[\![u_H^e]\!]\end{pmatrix}=\begin{pmatrix}[\![q_E^{\mathrm{inc}}]\!]\\[\![q_H^{\mathrm{inc}}]\!]\end{pmatrix}.\tag{11.41}$$

通过矩阵方程的反演，我们得到了能够表征解的矢量 $[\![u_{E,H}^e]\!]$。在计算积分时，我们必须注意格林函数及其表面导数在 $\boldsymbol{s}\to\boldsymbol{s}'$ 时的发散行为。尽管所有的积分都是表现良好的，但对于在单个三角形以及在公共边或顶点的三角形上的积分，我们必须小心处理。这些积分可以通过解析积分[112]或使用完全数值积分方便地求解，其中适当的坐标变换能够将奇异贡献运用于数值积分[113-114]。关于详细信息，感兴趣的读者可以参阅相关文献。

图11.10展示了不同尺寸银纳米球消光截面的数值模拟结果。切向场根据式（11.41）计算得到，消光截面则是直接在粒子边界计算坡印亭矢量得到。我们还与米氏理论的解析结果（实线）进行了比较，发现两者完全一致。

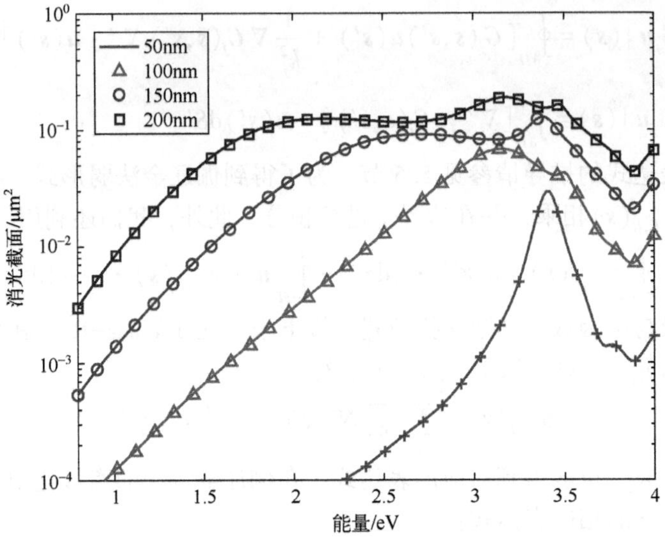

图 11.10　不同尺寸银纳米球的 BEM 伽辽金模拟。我们将数值结果（符号）与米氏理论的解析结果（实线）进行比较，见图 9.18，结果完全一致。仿真中使用的球体的离散边界如图 11.6 所示

11.5　有限元法

有限元法（FEM）是一种求解麦克斯韦方程组的常规方案，可以处理任意的场源、非均匀介质以及磁场环境。与 FDTD 方法类似，它是从旋度式（11.1）入手，在时域或频域内进行求解。其许多特点与 FDTD 方法类似，例如也考虑了完美匹配层。然而，有限元法从一开始就采用非结构化网格，通常是将三维计算域 $\Omega=\bigcup_i \mathcal{T}_i$ 的离散化为四面体 $\mathcal{T}_i$，因而可以避免 FDTD 方法中固有的阶梯近似误差。此外，在有限元法中，可以使用任意多项式阶数的基函数，这为高精度仿真提供了可能。很多人认为有限元法是最灵活最精确的数值模拟方法，尽管它的实施有些费力，也存在许多技术细节，在我们简短的讨论中将不考虑这些问题。

接下来我们首先讨论频域中的有限元法，然后考虑合适的基本单元，即所谓 Nedelec 单元。最后，我们将讨论利用不连续伽辽金法在时域求解麦克斯韦方程组的这一问题。

11.5.1　频域的有限元法

简单来说，有限元法是伽辽金法求解全麦克斯韦方程组的直接实现。我们从旋度方程开始，为了不失一般性同时考虑各向异性材料参数 $\overline{\overline{\varepsilon}}$、$\overline{\overline{\mu}}$，有

$$\nabla\times\boldsymbol{E}=-\overline{\overline{\mu}}\cdot\frac{\partial \boldsymbol{H}}{\partial t},\quad \nabla\times\boldsymbol{H}=\boldsymbol{J}+\overline{\overline{\varepsilon}}\cdot\frac{\partial \boldsymbol{E}}{\partial t}$$

我们必须指定基本单元才能在伽辽金法下利用这些方程。按照一般思想，我们可以将电场和磁场分配给四面体的顶点，并在单元内线性插值。然而不幸的是，这样操作有

时会导致收敛到错误解或虚假模式[115-116]。这种错误是缘于缺少无散场的约束，使用矢量基函数有利于改善错误，这一点在 Hesthaven 的综述文章中有所讨论[116]。

寻求矢量基函数主要是因为麦克斯韦方程的边界条件是矢量的，所以在寻求协调离散化时利用矢量基函数也是自然的。这种基函数通常被称为旋度协调元，且应该满足麦克斯韦方程解的基本性质，例如支持解的切向连续性。这允许在不同材料的单元之间施加切向连续性，并且能够自然地施加边界条件。此外，使用这样的单元还保证了频域有限元方案中不存在虚假模式。

矢量基函数的一个常见选择是 Nedelec 单元 $\boldsymbol{N}_{ia}^{e}(\boldsymbol{r})$，在我们接下来的讨论中，了解其最简单的版本（线性棱边单元）的特性就足够了：

-通过将场值附加到构成非结构化网格的四面体的边上来获得近似解，

-Nedelec 形状单元 $\boldsymbol{N}_{ia}^{e}(\boldsymbol{r})$将解从边缘插值到四面体内部，

-当两个四面体具有一个公共面并且其公共边上附加的场值相同时，公共面的切向场分量是连续的。

最后一条性质满足了两个区域之间界面上连续切向场的边界条件。在有限元法中，全局自由度与四面体边上的时间依赖电场和磁场系数$[\![u_{E,H}^{e}(t)]\!]$相关联。我们于是引入基函数。

有限元法的基函数（伽辽金）

$$\boldsymbol{\varphi}_{\nu}(\boldsymbol{r})=\sum_{ia}\boldsymbol{N}_{ia}^{e}(\boldsymbol{r})\boldsymbol{T}_{ia,v} \tag{11.42}$$

从网格的唯一边 v 转换到包含边 v 的四面体 $\mathcal{T}_i$ 的局部边 a 上，并使用 Nedelec 形函数 $\boldsymbol{N}_{ia}^{e}(\boldsymbol{r})$进行插值。

其近似解 $\boldsymbol{E}^{e}$ 具有以下形式

$$\boldsymbol{E}^{e}(\boldsymbol{r},t)=\sum_{ia}\sum_{v}\boldsymbol{N}_{ia}^{e}(\boldsymbol{r})(T_{ia,v}[\![u_{E}^{e}(t)]\!]_{v}) \tag{11.43}$$

对于磁场也有相应的表达式。在这里，我们假定 $\boldsymbol{N}_{ia}^{e}$是具有局部支撑的 Nedelec 单元，这意味着当$\boldsymbol{r}$ 位于四面体 $\mathcal{T}_i$ 之外时，其值为零。通俗地说，括号中的项将全局自由度$[\![u_{E,H}^{e}]\!]$（定义在网格的唯一边上）引入局部单元 $\mathcal{T}_i$ 的边上，其中 $\boldsymbol{T}_{ia,v}$是变换矩阵。$\boldsymbol{N}_{ia}^{e}$在每个四面体中执行插值。将这个假设代入法拉第定律中得到：

$$\bar{\bar{\mu}}\cdot\sum_{a'v}\boldsymbol{N}_{ia'}^{e}(\boldsymbol{r})(T_{ia',v}[\![\partial_t u_{H}^{e}(t)]\!]_{\nu})=-\sum_{a'v}\nabla\times\boldsymbol{N}_{ia'}^{e}(\boldsymbol{r})(T_{ia',v}[\![u_{E}^{e}(t)]\!]_{v})$$

其中我们假设$\boldsymbol{r}$ 位于 $\mathcal{T}_i$ 的内部，对于安培定律也可以得到类似的表达式。接下来，我们将这些表达式乘以试函数，即

$$\boldsymbol{w}_{E,H}^{e}(\boldsymbol{r},t)=\sum_{ia}\sum_{v}\boldsymbol{N}_{ia}^{e}(\boldsymbol{r})(\boldsymbol{T}_{ia,v}[\![w_{E,H}^{e}(t)]\!]_{v})$$

并对四面体体积积分。由于基函数的局部支撑，我们只需考虑形函数均位于同一四面体内部的积分。为了简化最终表达式，我们引入质量矩阵：

$$\begin{Bmatrix}\boldsymbol{M}_{ia,ia'}^{\varepsilon}\\ \boldsymbol{M}_{ia,ia'}^{\mu}\end{Bmatrix}=\int_{\mathcal{T}_i}\boldsymbol{N}_{ia}^{e}(\boldsymbol{r})\cdot\begin{Bmatrix}\bar{\bar{\varepsilon}}\\ \bar{\bar{\mu}}\end{Bmatrix}\cdot\boldsymbol{N}_{ia'}^{e}(\boldsymbol{r})\,\mathrm{d}^3r \tag{11.44}$$

以及刚度矩阵 $\boldsymbol{S}$ 和非齐次项 $\boldsymbol{J}$：

$$\begin{cases} S_{ia,ia'} = \int_{T_i} \boldsymbol{N}_{ia}^e(\boldsymbol{r}) \cdot \nabla \times \boldsymbol{N}_{ia'}^e(\boldsymbol{r}) \mathrm{d}^3 r \\ J_{ia}(t) = \int_{T_i} \boldsymbol{N}_{ia}^e(\boldsymbol{r}) \cdot \boldsymbol{J}(\boldsymbol{r},t) \mathrm{d}^3 r \end{cases} \tag{11.45}$$

有了这些，麦克斯韦方程组的旋度方程变为

$$\begin{cases} \sum_{i,aa'} \sum_{v'} \boldsymbol{T}_{ia,v} T_{ia',v'} (M_{ia,ia'}^{\mu} [\![\partial_t u_H^e(t)]\!]_{v'} + S_{ia,ia'} [\![u_E^e(t)]\!]_{v'}) = 0 \\ \sum_{i,aa'} \sum_{v'} \boldsymbol{T}_{ia,v} T_{ia',v'} (M_{ia,ia'}^{e} [\![\partial_t u_E^e(t)]\!]_{v'} - S_{ia,ia'} [\![u_H^e(t)]\!]_{v'}) = - \sum_{ia} T_{ia,v} J_{ia}(t) \end{cases}$$

有限元法的工作方程可以直接由这些表达式得出，于是我们得到：

$$\begin{cases} [\![M^{\mu}]\!] \cdot [\![\partial_t u_H^e(t)]\!] + [\![S]\!] \cdot [\![u_E^e(t)]\!] = 0 \\ [\![M^{e}]\!] \cdot [\![\partial_t u_E^e(t)]\!] - [\![S]\!] \cdot [\![u_H^e(t)]\!] = - [\![J(t)]\!] \end{cases} \tag{11.46}$$

其中我们引入了：

$$[\![A]\!]_{vv'} = \sum_{i,aa'} \boldsymbol{T}_{ia,v} T_{ia',v'} A_{ia,ia'}$$

以及 $[\![J]\!]_v = \sum_{ia} \boldsymbol{T}_{ia,v} J_{ia}$ 作为质量和刚度矩阵。在频域中，时间导数算符需要替换为 $-\mathrm{i}\omega$，电场和磁场系数可以通过矩阵反演获得。由于基函数的局部支撑性质，有限元法中的矩阵是稀疏的，因此可以用于快速高效地求解工作方程。

11.5.2 Nedelec 单元

有限元法（FEM）的基本单元通常称为棱边单元、Nedelec 单元、Whitney 形式或者旋度协调矢量元[115-118]。下面我们将简要介绍其最简单的形式，该形式能够在给定四面体内表示矢量场 $\boldsymbol{u}(\boldsymbol{r}) = \boldsymbol{a} + \boldsymbol{b} \times \boldsymbol{r}$。若想获得更高阶多项式的基本单元的更加全面的讨论和推导，感兴趣的读者可以参考相关专业文献。在给定的四面体 $\mathcal{T}$ 内，矢量函数定义如下：

$$\boldsymbol{u}^e(\boldsymbol{r}) = \sum_{a=1}^{6} \boldsymbol{N}_a^e(\boldsymbol{r}) u_a^e$$

式中：$\boldsymbol{N}_a^e$ 为 Nedelec 单元；u_a^e 为在四面体的六条边 a 处给定的近似矢量场的系数。获得形状单元的步骤如下。

-用 $\boldsymbol{r}_k$ 表示四面体的四个顶点；

-引入四个线性基函数 $\lambda_k(\boldsymbol{r}) = a_k + b_k x + c_k y + d_k z$，通过特定系数使得函数在给定顶点为 1，在其他位置为 0，对应于 $\lambda_k(\boldsymbol{r}_{k'}) = \delta_{kk'}$；

-每条棱边 $\mathcal{E}_a$ 从顶点 $\boldsymbol{r}_{a1}$ 指向顶点 $\boldsymbol{r}_{a2}$，其方向必须在开始时指定。

有了这些步骤，最低阶的 Nedelec 单元可通过下列方式定义。

旋度协调 Nedelec 单元

$$\boldsymbol{N}_a^e(\boldsymbol{r}) = [\nabla \lambda_{a1}(\boldsymbol{r})] \lambda_{a2}(\boldsymbol{r}) - \lambda_{a1}(\boldsymbol{r}) [\nabla \lambda_{a2}(\boldsymbol{r})] \tag{11.47}$$

对于给定的矢量场 $\boldsymbol{u}(\boldsymbol{r})$，我们可以从下式中获得棱边上的场系数 u_a^e

$$u_a^e = \int_{\mathcal{E}_a} \boldsymbol{u} \cdot \boldsymbol{\tau}_a \mathrm{d}s$$

式中：$\boldsymbol{\tau}_a$ 为棱边 $\mathcal{E}_a$ 上的单位矢量；$\mathrm{d}s$ 为沿着棱边的积分。

单位四面体：考虑一个具有代表性的例子，即具有顶点 $\boldsymbol{r}_1=(0,0,0)$，$\boldsymbol{r}_2=(1,0,0)$，$\boldsymbol{r}_3=(0,1,0)$ 和 $\boldsymbol{r}_4=(0,0,\pm1)$ 的单位四面体。线性基函数的系数可以从下式中获得：

$$\begin{pmatrix} a_1 & b_1 & c_1 & d_1 \\ a_2 & b_2 & c_2 & d_2 \\ a_3 & b_3 & c_3 & d_3 \\ a_4 & b_4 & c_4 & d_4 \end{pmatrix} \cdot \begin{pmatrix} 1 & 1 & 1 & 1 \\ 0 & 1 & 0 & 0 \\ 0 & 0 & 1 & 0 \\ 0 & 0 & 0 & \pm1 \end{pmatrix} = \mathbb{1}$$

这就引出了线性基函数：

$$\lambda_1(\boldsymbol{r})=1-x-y-z,\quad \lambda_2(\boldsymbol{r})=x,\quad \lambda_3(\boldsymbol{r})=y,\quad \lambda_4(\boldsymbol{r})=\pm z$$

以及它们的导数：

$$\nabla\lambda_1(\boldsymbol{r})=-\hat{\boldsymbol{x}}-\hat{\boldsymbol{y}}-\hat{\boldsymbol{z}},\quad \nabla\lambda_2(\boldsymbol{r})=\hat{\boldsymbol{x}},\quad \nabla\lambda_3(\boldsymbol{r})=\hat{\boldsymbol{y}},\quad \nabla\lambda_4(\boldsymbol{r})=\pm\hat{\boldsymbol{z}}$$

于是，Nedelec 形函数可以化为

$$\begin{cases} \boldsymbol{N}_1^e(\boldsymbol{r})=-(1-y-z)\hat{\boldsymbol{x}}-x\hat{\boldsymbol{y}}-x\hat{\boldsymbol{z}} \\ \boldsymbol{N}_2^e(\boldsymbol{r})=-y\hat{\boldsymbol{x}}-(1-x-z)\hat{\boldsymbol{y}}-y\hat{\boldsymbol{z}} \\ \boldsymbol{N}_3^e(\boldsymbol{r})=\mp z\hat{\boldsymbol{x}}\mp z\hat{\boldsymbol{y}}\mp(1-x-y)\hat{\boldsymbol{z}} \\ \boldsymbol{N}_4^e(\boldsymbol{r})=y\hat{\boldsymbol{x}}-x\hat{\boldsymbol{y}} \\ \boldsymbol{N}_5^e(\boldsymbol{r})=\pm z\hat{\boldsymbol{x}}\mp x\hat{\boldsymbol{y}} \\ \boldsymbol{N}_6^e(\boldsymbol{r})=\pm z\hat{\boldsymbol{y}}\mp y\hat{\boldsymbol{z}} \end{cases} \tag{11.48}$$

其中，$\boldsymbol{N}_1^e(\boldsymbol{r})\cdots\boldsymbol{N}_6^e(\boldsymbol{r})$ 分别对应：顶点 $\boldsymbol{r}_1$ 到 $\boldsymbol{r}_2$ 的边 E_1，顶点 $\boldsymbol{r}_1$ 到 $\boldsymbol{r}_3$ 的边 E_2，顶点 $\boldsymbol{r}_1$ 到 $\boldsymbol{r}_4$ 的边 E_3，顶点 $\boldsymbol{r}_2$ 到 $\boldsymbol{r}_3$ 的边 E_4，顶点 $\boldsymbol{r}_2$ 到 $\boldsymbol{r}_4$ 的边 E_5，顶点 $\boldsymbol{r}_3$ 到 $\boldsymbol{r}_4$ 的边 E_6。

相关图示请参阅图 11.11。接下来考虑两个四面体，其中 $\boldsymbol{r}_4$ 位于 xy 平面的上方或下方。它们共用一个由顶点 $\boldsymbol{r}_1$、$\boldsymbol{r}_2$、$\boldsymbol{r}_3$ 构成的公共面。根据式（11.48）中给出的 Nedelec 单元我们不难推断出，在 $z=0$ 平面内，两个四面体的 $\boldsymbol{N}_a^e$ 的切向矢量分量是相同的，这与我们提到的关于旋度协调元的假设一致。这一点对于任意四面体也成立，不过证明过程我们在此省略了。

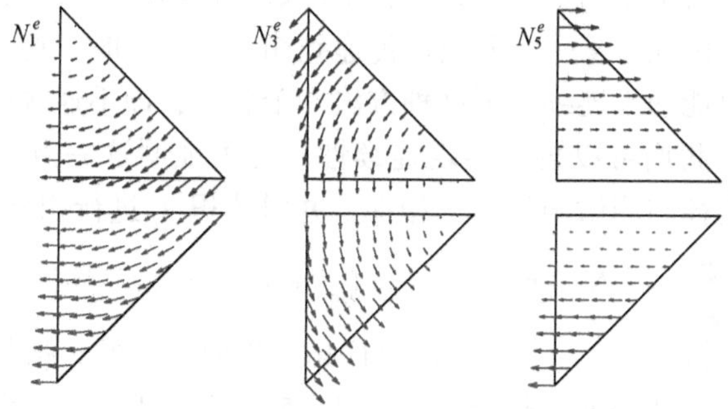

图 11.11　本节讨论的单位四面体中 xz 平面内的 Nedelec 单元，能够确保矢量场的切向连续性。我们在此只展示了给定平面内的非零单元

我们继续计算了位于 xy 平面下方的四面体以及位于 xy 平面的面上的 $\hat{\boldsymbol{n}}\times\boldsymbol{N}_a^e$。显然，指向四面体外部的表面法矢量 $\hat{\boldsymbol{n}}=\hat{\boldsymbol{z}}$。通过简单的代数运算可以得到：

$$\hat{z}\times N_1^e = x\hat{x}-(1-y)\hat{y},\ \hat{z}\times N_2^e=(1-x)\hat{x}-y\hat{y},\ \hat{z}\times N_4^e = x\hat{x}+y\hat{y}$$

其中所有其他组合在 $z=0$ 时的值为 0。

将该结果与 BEM 方法中利用 xy 平面的单位三角形的 Raviart - Thomas 单元的式（11.36）进行比较，我们能发现一些有趣之处。抛开一些我们不感兴趣的标准化常数，$\hat{n}\times N_a^e$ 的结果与给定表面上具有外表面法矢量 $\hat{n}$ 的 Raviart-Thomas 单元完全一致。

这不仅仅是一次巧合，事实上我们确实可以为 Raviart-Thomas 单元设计出一条与 Nedelec 单元相似的构造规则。由于 Nedelec 和 Raviart-Thomas 单元之间的密切联系，我们有机会将边界元和有限元模拟有效地结合起来。在伽辽金法的变分公式中就有最简单的例子，这使得同时处理这两种方法成为可能。我们在此不再深究这个话题。

11.5.3 不连续伽辽金法

原则上，有限元法的工作方程（11.46）也可以在时域内求解。与 FDTD 方法不同，我们不局限于时间步进的有限差分，而是借助更精细的方法，例如龙格-库塔法。然而在时域内求解式（11.46）时，我们在每个时间步长中都需要对大而稀疏的质量矩阵 $[\![M]\!]$ 进行反演，这可能使仿真变得非常缓慢。

不连续伽辽金法是一种避免反演该质量矩阵的方法，它使得在时域内进行有限元法仿真变得快速可行。首先，我们增加了全局自由度的数量，并为每个四面体 $\mathcal{T}_i$ 引入了独立的基函数 $\boldsymbol{\varphi}_{ia}(\boldsymbol{r})$。

有限元法的基函数（不连续伽辽金法）

$$\boldsymbol{\varphi}_{ia}(\boldsymbol{r})=\begin{cases}\boldsymbol{N}_{ia}^e(\boldsymbol{r}) & (\boldsymbol{r}\in\mathcal{T}_i)\\ 0 & (\text{其他})\end{cases} \tag{11.49}$$

式中：$\boldsymbol{N}_{ia}^e(\boldsymbol{r})$ 为四面体 $\mathcal{T}_i$ 中所有边 a 的 Nedelec 形函数。

由此可以得到近似解 $\boldsymbol{E}^e$，有

$$\boldsymbol{E}^e(\boldsymbol{r},t)=\sum_{ia}\boldsymbol{N}_{ia}^e(\boldsymbol{r})\,[\![u_E^e(t)]\!]_{ia} \tag{11.50}$$

同样，对于磁场也有相应的表达式。乍一看，这似乎不是一个太好的主意。首先，我们显著扩大了全局自由度的空间。其次，基函数仅在局部定义，相邻单元中的函数通常彼此间没有联系。因此，从一个四面体传递到相邻四面体时，切向电磁场的连续性不能得到保证。这种可能的不连续给了这种方法一个名字，即不连续的伽辽金法。不过通过一些额外的步骤，我们可以再次实现连续性。为了证明这一点，我们将式（11.50）的设想代入法拉第定律与测试函数 $\boldsymbol{w}_{E,H}^e$ 相乘，并对体积 $\mathcal{T}_i$ 进行积分，最终得到：

$$\int_{\mathcal{T}_i}\boldsymbol{N}_{ia}^e(\boldsymbol{r})\cdot\sum_{a'}\left[\bar{\bar{\mu}}\cdot\boldsymbol{N}_{ia'}^e(\boldsymbol{r})\,[\![\partial_t u_H^e(t)]\!]_{ia'}+\nabla\times\boldsymbol{N}_{ia'}^e(\boldsymbol{r})\,[\![u_E^e(t)]\!]_{ia'}\right]\mathrm{d}^3r=0$$

这个表达式与有限元法的工作方程（11.46）相似。显然，括号中第二项的旋度表达式是通过空间导数与相邻元素耦合的。在 11.5.1 节描述的有限元法方案中，我们考虑了这种耦合以及切向电磁场的连续性（源自麦克斯韦方程组），这是因为式（11.42）的基函数从开始时就已经具有了这种连续性。对于式（11.49）中的局部基函数，我们必须采取不同的方法。首先，我们对括号中的第二项进行分部积分：

$$\int_{\mathcal{T}_i}\boldsymbol{N}_{ia}^e\cdot\nabla\times\boldsymbol{N}_{ia'}^e\mathrm{d}^3r=\oint_{\partial\mathcal{T}_i}\boldsymbol{N}_{ia}^e\times\boldsymbol{N}_{ia'}^e\cdot\hat{\boldsymbol{n}}\mathrm{d}S-\int_{\mathcal{T}_i}\nabla\times\boldsymbol{N}_{ia}^e\cdot\boldsymbol{N}_{ia'}^e\mathrm{d}^3r$$

在这里，我们通过高斯定理将含$\nabla\times\boldsymbol{N}_{ia}^{e}\cdot\boldsymbol{N}_{ia'}^{e}$的项转化为边界积分，其中$\hat{\boldsymbol{n}}$是四面体$\mathcal{T}_i$的外表面法矢量。然后通过三重积的循环置换，我们得到了边界项：

$$-\oint_{\partial\mathcal{T}_i}\boldsymbol{N}_{ia}^{e}(\boldsymbol{s})\cdot\sum_{a'}(\hat{\boldsymbol{n}}\times\boldsymbol{N}_{ia'}^{e}(\boldsymbol{s})\,[\![u_E^e(t)]\!]_{ia'})\,\mathrm{d}S \tag{11.51}$$

为了清楚易懂，在这里我们重新引入了场系数$[\![u_E^e(t)]\!]$，并在a'上进行求和。因此，括号中的项可以视为$\hat{\boldsymbol{n}}\times\boldsymbol{E}_E(\boldsymbol{s},t)$。接下来就是不连续伽辽金法的巧妙之处：由于电磁场的切向连续性，我们可以在边界项中加入相邻单元的切向场分量，从而实现单元间的耦合并重塑切向场分量的连续性，详见图 11.12。

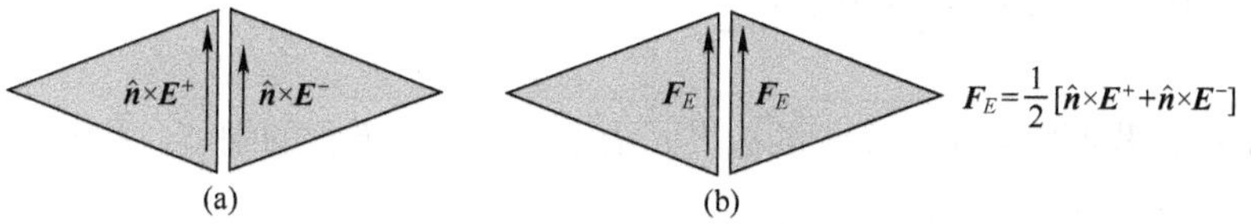

图 11.12 不连续伽辽金法示意图。(a) 我们首先为每个体积单元都分别定义局部自由度。因此，相邻单元界面处的切向通量可以是不连续的。(b) 为了保证切向连续性，我们利用中心通量或迎风通量的方案来混合局部通量，从而在刚度矩阵$[\![S]\!]$中实现将单元的耦合，并使得质量矩阵$[\![M^{\varepsilon}]\!]$和$[\![M^{\mu}]\!]$（必须是对角的）分块对角化

让我们先将如何选择耦合项的问题搁置一边，然后在式（11.51）括号内的表达式中引入一个仅依赖切向场分量的通量项$\boldsymbol{F}_E(\boldsymbol{s},t)$。在精确解中，这一项必须等于相邻单元的通量，因此在选择上有一定的自由度。对于法拉第定律，我们得到：

$$\int_{\mathcal{T}_i}\boldsymbol{N}_{ia}^{e}(\boldsymbol{r})\cdot[\partial_t\boldsymbol{H}^e(\boldsymbol{r},t)+\nabla\times\boldsymbol{E}^e(\boldsymbol{r},t)]\,\mathrm{d}^3r=\oint_{\partial\mathcal{T}_i}\boldsymbol{N}_{ia}^{e}(\boldsymbol{s})\cdot\boldsymbol{F}_E(\boldsymbol{s},t)\,\mathrm{d}S$$

与先前讨论的伽辽金法的方案类似，我们引入式（11.44）和式（11.45）的质量和刚度矩阵，对于旋度方程我们得到：

$$\begin{cases}\sum_{a'}(M_{ia,ia'}^{\mu}\,[\![\partial_t u_H^e(t)]\!]_{ia'}+S_{ia,ia'}\,[\![u_E^e(t)]\!]_{ia'})=\oint_{\partial\mathcal{T}_i}\boldsymbol{N}_{ia}^{e}\cdot\boldsymbol{F}_E\,\mathrm{d}S\\ \sum_{a'}(M_{ia,ia'}^{\varepsilon}\,[\![\partial_t u_E^e(t)]\!]_{ia'}-S_{ia,ia'}\,[\![u_H^e(t)]\!]_{ia'})=\oint_{\partial\mathcal{T}_i}\boldsymbol{N}_{ia}^{e}\cdot\boldsymbol{F}_H\,\mathrm{d}S-J_{ia}(t)\end{cases}$$

方程右侧电场和磁场通量的项可以用与电磁场相同的基展开，于是有

$$\oint_{\partial\mathcal{T}_i}\boldsymbol{N}_{ia}^{e}\cdot\boldsymbol{F}_{E,H}\,\mathrm{d}S=\oint_{\partial\mathcal{T}_i}\boldsymbol{N}_{ia}^{e}\cdot\sum_{a'}\boldsymbol{N}_{ia}^{e}\,[\![F_{E,H}^{e}]\!]_{ia'}\,\mathrm{d}S=\sum_{a'}\mathcal{F}_{ia,ia'}\,[\![F_{E,H}^{e}]\!]_{ia'}$$

其中$\mathcal{F}$是对 Nedelec 基函数进行边界积分的简写符号。在后文中我们用$[\![A]\!]_{ia,ia'}=\boldsymbol{A}_{ia,ia'}$表示不连续伽辽金法的矩阵。我们得到时间相关的有限元法工作方程。

有限元法的工作方程（不连续伽辽金法）

$$\begin{cases}[\![M^{\mu}]\!]\cdot[\![\partial_t u_H^e(t)]\!]+[\![S]\!]\cdot[\![u_E^e(t)]\!]=[\![\mathcal{F}]\!]\cdot[\![F_E^e(t)]\!]\\ [\![M^{\varepsilon}]\!]\cdot[\![\partial_t u_E^e(t)]\!]-[\![S]\!]\cdot[\![u_H^e(t)]\!]=[\![\mathcal{F}]\!]\cdot[\![F_H^e(t)]\!]-[\![J(t)]\!]\end{cases} \tag{11.52}$$

我们仍然需要对质量矩阵进行反演，不过现在它们是分块对角形式的，并且按照每个四面体内 Nedelec 单元数量的顺序分解为子矩阵。这些子矩阵的对角化速度很快，不再是时域有限元方程求解的主要瓶颈。

最后，我们简要谈论一下该如何正确选择通量项$\boldsymbol{F}_{E,H}$。用$\boldsymbol{E}^-$、$\boldsymbol{H}^-$分别表示四面体

$\mathcal{T}_i$ 中的电磁场，$\boldsymbol{E}^+$、$\boldsymbol{H}^+$表示相邻单元中的场。在中心通量方案中，我们设定

$$\boldsymbol{F}_E(\boldsymbol{s})=\frac{1}{2}\hat{\boldsymbol{n}}\times[\boldsymbol{E}^+(\boldsymbol{s})+\boldsymbol{E}^-(\boldsymbol{s})],\quad \boldsymbol{F}_H(\boldsymbol{s})=\frac{1}{2}\hat{\boldsymbol{n}}\times[\boldsymbol{H}^+(\boldsymbol{s})+\boldsymbol{H}^-(\boldsymbol{s})]$$

我们也存在其他选择，例如迎风通量方案，感兴趣的读者请参阅更专业的文献[115-116，118]。一般来说，不同方法的稳定性和收敛性显著取决于所选择的通量方案。

11.6 位势有限元法

在本节中，我们将介绍基于势的边界元法中获得工作方程的细节。我们从式（11.23）中的标量势和矢量势的表达式开始：

$$\begin{cases} V_j(\boldsymbol{r})=V_j^{\text{inc}}(\boldsymbol{r})+\oint_{\partial\Omega}G_j(\boldsymbol{r},\boldsymbol{s}')\sigma_j(\boldsymbol{s}')\,\mathrm{d}S' \\ \widetilde{\boldsymbol{A}}_j(\boldsymbol{r})=\widetilde{\boldsymbol{A}}_j^{\text{inc}}(\boldsymbol{r})+\oint_{\partial\Omega}G_j(\boldsymbol{r},\boldsymbol{s}')\boldsymbol{h}_j(\boldsymbol{s}')\,\mathrm{d}S' \end{cases} \tag{11.53}$$

如果我们在方程的两侧取导数$\partial_n=\boldsymbol{n}\cdot\nabla$，则得到：

$$\begin{cases} \partial_n V_j(\boldsymbol{r})=\partial_n V_j^{\text{inc}}(\boldsymbol{r})+\oint_{\partial\Omega}\partial_n G_j(\boldsymbol{r},\boldsymbol{s}')\sigma_j(\boldsymbol{s}')\,\mathrm{d}S' \\ \partial_n\widetilde{\boldsymbol{A}}_j(\boldsymbol{r})=\partial_n\widetilde{\boldsymbol{A}}_j^{\text{inc}}(\boldsymbol{r})+\oint_{\partial\Omega}\partial_n G_j(\boldsymbol{r},\boldsymbol{s}')\boldsymbol{h}_j(\boldsymbol{s}')\,\mathrm{d}S' \end{cases} \tag{11.54}$$

接下来我们考虑极限$\boldsymbol{r}\to\boldsymbol{s}$。只需用$\boldsymbol{s}$替换$\boldsymbol{r}$，这个极限即可在式（11.53）中安全实现。在式（11.54）中的极限过程则必须更加小心，正如之前对诺依曼迹的讨论那样，然后我们得到：

$$\begin{cases} \partial_n V_j(\boldsymbol{s})=\partial_n V_j^{\text{inc}}(\boldsymbol{s})+\oint_{\partial\Omega}\partial_n F_j(\boldsymbol{s},\boldsymbol{s}')\sigma_j(\boldsymbol{s}')\,\mathrm{d}S'\pm\frac{1}{2}\sigma_j(\boldsymbol{s}) \\ \partial_n\widetilde{\boldsymbol{A}}_j(\boldsymbol{s})=\partial_n\widetilde{\boldsymbol{A}}_j^{\text{inc}}(\boldsymbol{s})+\oint_{\partial\Omega}\partial_n F_j(\boldsymbol{s},\boldsymbol{s}')\boldsymbol{h}_j(\boldsymbol{s}')\,\mathrm{d}S'\pm\frac{1}{2}\boldsymbol{h}_j(\boldsymbol{s}) \end{cases} \tag{11.55}$$

这里上标或下标分别表示在粒子内部或外部的电磁势，$F_j=\partial_n G_j$表示格林函数的表面导数。在边界元法中，我们将边界近似为有限大小的单元，并考虑这些边界单元的质心处的位势。因此对于式（11.53）的位势，我们得到：

$$\begin{cases} [\![V_j]\!]=[\![V_j^{\text{inc}}]\!]+[\![\mathcal{G}_j]\!]\cdot[\![\sigma_j]\!] \\ [\![\widetilde{\boldsymbol{A}}_j]\!]=[\![\widetilde{\boldsymbol{A}}_j^{\text{inc}}]\!]+[\![\mathcal{G}_j]\!]\cdot[\![\boldsymbol{h}_j]\!] \end{cases} \tag{11.56}$$

式中：$[\![\mathcal{G}_j]\!]_{ii'}=[\![G_j]\!]_{ii'}\mathcal{A}_{i'}$为离散化格林函数的矩阵元（详见习题 11.5）。同样，对于式（11.55）的表面导数，我们得到：

$$\begin{cases} [\![\partial_n V_j]\!]=[\![\partial_n V_j^{\text{inc}}]\!]+[\![\mathcal{H}_j]\!]\cdot[\![\sigma_j]\!] \\ [\![\partial_n\widetilde{\boldsymbol{A}}_j]\!]=[\![\partial_n\widetilde{\boldsymbol{A}}_j^{\text{inc}}]\!]+[\![\mathcal{H}_j]\!]\cdot[\![\boldsymbol{h}_j]\!] \end{cases} \tag{11.57}$$

这里$[\![\mathcal{H}_{1,2}]\!]=[\![\mathcal{F}_{1,2}\pm\frac{1}{2}\mathbb{1}]\!]$，其中$[\![\mathcal{F}_j]\!]_{ii'}=[\![F_j]\!]_{ii'}\mathcal{A}_{i'}$是格林函数的表面导数的矩阵元。接下来，我们利用麦克斯韦方程的边界条件计算未知的表面电荷和电流分布。在推导工

作方程时，我们不再明确注明 BEM 方法中离散化矩阵的符号⟦···⟧。

位势的连续性。我们首先假设在粒子边界处标量势和矢量势是连续的，由此 $\boldsymbol{E}$ 的切向分量和 $\boldsymbol{B}$ 的法向分量的连续性也能得到保证。从式（11.56）中，我们得到：

$$\begin{cases}\mathcal{G}_1\cdot\sigma_1=\mathcal{G}_2\cdot\sigma_2+\delta V^{\mathrm{inc}}, & \delta V^{\mathrm{inc}}=V_2^{\mathrm{inc}}-V_1^{\mathrm{inc}}\\ \mathcal{G}_1\cdot\boldsymbol{h}_1=\mathcal{G}_2\cdot\boldsymbol{h}_2+\delta\widetilde{\boldsymbol{A}}^{\mathrm{inc}}, & \delta\widetilde{\boldsymbol{A}}^{\mathrm{inc}}=\widetilde{\boldsymbol{A}}_2^{\mathrm{inc}}-\widetilde{\boldsymbol{A}}_1^{\mathrm{inc}}\end{cases}\tag{11.58}$$

电通［量］密度的连续性。此外，电通［量］密度的法向分量是连续的，有

$$\hat{\boldsymbol{n}}\cdot\boldsymbol{D}_j=\varepsilon_j(\mathrm{i}k_0\,\hat{\boldsymbol{n}}\cdot\widetilde{\boldsymbol{A}}_j-\partial_n V_j)$$

在粒子边界处是连续的。在其离散化版本中，这种连续性可以表示为（我们在方程两边消去一个 ε_0 因子）

$$\begin{cases}\kappa_1\{\mathrm{i}k_0\,\hat{\boldsymbol{n}}\cdot(\widetilde{\boldsymbol{A}}_1^{\mathrm{inc}}+\mathcal{G}_1\cdot\boldsymbol{h}_1)-(\partial_n V_1^{\mathrm{inc}}+\mathcal{H}_1\cdot\sigma_1)\}\\ \kappa_2\{\mathrm{i}k_0\,\hat{\boldsymbol{n}}\cdot(\widetilde{\boldsymbol{A}}_2^{\mathrm{inc}}+\mathcal{G}_2\cdot\boldsymbol{h}_2)-(\partial_n V_2^{\mathrm{inc}}+\mathcal{H}_2\cdot\sigma_2)\}\end{cases}\tag{11.59}$$

洛伦兹规范条件的连续性。最后，我们利用从式（11.22）的洛伦兹规范条件推导出的连续性：

$$\partial_n\widetilde{\boldsymbol{A}}_j-\mathrm{i}k_0\kappa_j V_j\tag{11.60}$$

这在练习 11.6 中有所展示。我们能从离散形式中得到：

$$\begin{aligned}&\partial_n\widetilde{\boldsymbol{A}}_1^{\mathrm{inc}}+\mathcal{H}_1\cdot\boldsymbol{h}_1-\mathrm{i}k_0\kappa_1(V_1^{\mathrm{inc}}+\mathcal{G}_1\cdot\sigma_1)\\&=\partial_n\widetilde{\boldsymbol{A}}_2^{\mathrm{inc}}+\mathcal{H}_2\cdot\boldsymbol{h}_2-\mathrm{i}k_0\kappa_2(V_2^{\mathrm{inc}}+\mathcal{G}_2\cdot\sigma_2)\end{aligned}\tag{11.61}$$

式（11.58）~式（11.61）包含未知量 σ_j、$\boldsymbol{h}_j$ 的 8 个方程，它们可以改写为

$$\mathcal{G}_1\cdot\sigma_1-\mathcal{G}_2\cdot\sigma_2=\delta V^{\mathrm{inc}}\tag{11.62a}$$

$$\mathcal{G}_1\cdot\boldsymbol{h}_1-\mathcal{G}_2\cdot\boldsymbol{h}_2=\delta\widetilde{\boldsymbol{A}}^{\mathrm{inc}}\tag{11.62b}$$

$$\kappa_1\mathcal{H}_1\cdot\sigma_1-\kappa_2\mathcal{H}_2\cdot\sigma_2-\mathrm{i}k_0\,\hat{\boldsymbol{n}}\cdot\{\kappa_1\mathcal{G}_1\cdot\boldsymbol{h}_1-\kappa_2\mathcal{G}_2\cdot\boldsymbol{h}_2\}=D^e\tag{11.62c}$$

$$\mathcal{H}_1\cdot\boldsymbol{h}_1-\mathcal{H}_2\cdot\boldsymbol{h}_2-\mathrm{i}k_0\,\hat{\boldsymbol{n}}\cdot\{\kappa_1\mathcal{G}_1\cdot\sigma_1-\kappa_2\mathcal{G}_2\cdot\sigma_2\}=\boldsymbol{\alpha}\tag{11.62d}$$

其缩写为

$$D^e=(\kappa_2\,\partial_n V_2^{\mathrm{inc}}-\kappa_1\,\partial_n V_1^{\mathrm{inc}})-\mathrm{i}k_0\,\hat{\boldsymbol{n}}\cdot(\kappa_2\widetilde{\boldsymbol{A}}_2^{\mathrm{inc}}-\kappa_1\widetilde{\boldsymbol{A}}_1^{\mathrm{inc}})$$

$$\boldsymbol{\alpha}=\mathrm{i}k_0\,\hat{\boldsymbol{n}}\cdot(\kappa_2 V_2^{\mathrm{inc}}-\kappa_1 V_1^{\mathrm{inc}})+(\partial_n\widetilde{\boldsymbol{A}}_2^{\mathrm{inc}}-\partial_n\widetilde{\boldsymbol{A}}_1^{\mathrm{inc}})$$

接下来我们将简要讨论如何高效地求解这组方程。我们首先通过前两个方程消除 σ_1、$\boldsymbol{h}_1$，并利用

$$\mathcal{H}_j\cdot\cdots=(\mathcal{H}_j\cdot\mathcal{G}_j^{-1})\cdot\mathcal{G}_j\cdot\cdots=\Sigma_j\cdot\mathcal{G}_j\cdot\cdots$$

其中，$\Sigma_j=\mathcal{H}_j\cdot\mathcal{G}_j^{-1}$，然后从式（11.62）的最后两个方程我们得到：

$$\begin{aligned}&\kappa_1\Sigma_1\cdot(\mathcal{G}_2\cdot\sigma_2+\delta V^{\mathrm{inc}})-\kappa_2\Sigma_2\cdot\mathcal{G}_2\cdot\sigma_2\\&\quad-\mathrm{i}k_0\,\hat{\boldsymbol{n}}\cdot\{\kappa_1(\mathcal{G}_2\cdot\boldsymbol{h}_2+\delta\widetilde{\boldsymbol{A}}^{\mathrm{inc}})-\kappa_2\mathcal{G}_2\cdot\boldsymbol{h}_2\}=D^e\end{aligned}\tag{11.63a}$$

$$\begin{aligned}&\Sigma_1\cdot(\mathcal{G}_2\cdot\boldsymbol{h}_2+\delta\widetilde{\boldsymbol{A}}^{\mathrm{inc}})-\Sigma_2\cdot\mathcal{G}_2\cdot\boldsymbol{h}_2\\&\quad-\mathrm{i}k_0\,\hat{\boldsymbol{n}}\cdot\{\kappa_1(\mathcal{G}_2\cdot\sigma_2+\delta V^{\mathrm{inc}})-\kappa_2\mathcal{G}_2\cdot\sigma_2\}=\boldsymbol{\alpha}\end{aligned}\tag{11.63b}$$

接下来我们引入辅助矩阵：

$$\Delta=\Sigma_1-\Sigma_2\tag{11.64}$$

将式（11.63b）改写为

$$\Delta\cdot\mathcal{G}_2\cdot\boldsymbol{h}_2-\mathrm{i}k_0\hat{\boldsymbol{n}}\cdot(\kappa_1-\kappa_2)\mathcal{G}_2\cdot\boldsymbol{\sigma}_2=\boldsymbol{\alpha}-\Sigma_1\cdot\delta\widetilde{\boldsymbol{A}}^{\mathrm{inc}}+\mathrm{i}k_0\hat{\boldsymbol{n}}\cdot\delta V^{\mathrm{inc}}=\widetilde{\boldsymbol{\alpha}}$$

该表达式对于 $\mathcal{G}_2\cdot\boldsymbol{h}_2$ 是可解的。将其代入式（11.63a），我们得到：

$$\Sigma\cdot\mathcal{G}_2\cdot\boldsymbol{\sigma}_2=\widetilde{D}^e+\mathrm{i}k_0\hat{\boldsymbol{n}}\cdot(\kappa_1-\kappa_2)\Delta^{-1}\cdot\widetilde{\boldsymbol{\alpha}}$$

在这里我们引入了辅助量：

$$\begin{cases}\Sigma=\kappa_1\Sigma_1-\kappa_2\Sigma_2+k_0^2(\kappa_1-\kappa_2)^2\hat{\boldsymbol{n}}\cdot\Delta^{-1}\cdot\hat{\boldsymbol{n}}\\ \widetilde{D}^e=D^e-\kappa_1\Sigma_1\cdot\delta V^{\mathrm{inc}}+\mathrm{i}k_0\kappa_1\hat{\boldsymbol{n}}\cdot\delta\widetilde{\boldsymbol{A}}^{\mathrm{inc}}\end{cases}\tag{11.65}$$

基于位势的边界元法的工作方程最终可归纳如下。

位势边界元法的工作方程

$$\begin{cases}[\![\sigma_2]\!]=[\![\mathcal{G}_2]\!]^{-1}\cdot[\![\Sigma]\!]^{-1}\cdot([\![\widetilde{D}^e]\!]+\mathrm{i}k_0[\![\hat{\boldsymbol{n}}]\!]\cdot(\kappa_1-\kappa_2)[\![\Delta]\!]^{-1}\cdot[\![\widetilde{\boldsymbol{\alpha}}]\!])\\ [\![\boldsymbol{h}_2]\!]=[\![\mathcal{G}_2]\!]^{-1}\cdot[\![\Delta]\!]^{-1}\cdot([\![\widetilde{\boldsymbol{\alpha}}]\!]+\mathrm{i}k_0[\![\hat{\boldsymbol{n}}]\!]\cdot(\kappa_1-\kappa_2)[\![\mathcal{G}_2]\!]\cdot[\![\sigma_2]\!])\end{cases}\tag{11.66}$$

连同式（11.58）可以用于计算边界内的表面电荷和电流分布 σ_1、$\boldsymbol{h}_1$。求解工作方程需要进行四次矩阵反演和两次矩阵相乘，以及一些计算量较低的矩阵相加和矩阵与矢量的乘积。

习题

练习 11.1 在 FDTD 方法中使用“奇特”的时间步长 $\Delta t=\Delta x/c$ 计算式（11.12）稳定矩阵的特征值。证明该情况下 FDTD 方法中的数值色散完全被抑制。

练习 11.2 考虑一个 TM 波，通过电场 z 分量 E_z 描述。该波向左传播，有

$$\left(\frac{\partial}{\partial x}-\frac{1}{v}\frac{\partial}{\partial t}\right)E_z=0$$

式中：v 为对应介质中的光速。在 FDTD 方法的框架中，该方程的解通过空间和时间坐标的中心差分近似，结果为

$$\frac{[\![E_z]\!]_{3/2}^{n+1}-[\![E_z]\!]_{3/2}^{n}}{\Delta t}=v\,\frac{[\![E_z]\!]_{2}^{n+1/2}-[\![E_z]\!]_{1}^{n+1/2}}{\Delta x}$$

我们已经在边界内部的网格点 $i=3/2$ 处对波动方程进行了求解，其中假定 $i=1$ 为左边界。由于电场 E_z 仅在整数时间和空间坐标上有定义，我们通过 $[\![E_z]\!]_{3/2}=\frac{1}{2}([\![E_z]\!]_1+[\![E_z]\!]_2)$ 来近似 E_z 的半整数项。

（a）计算式（11.67）的离散化波动方程的结果。

（b）求解未知量 $[\![E_z]\!]_1^{n+1}$。

如果根据（b）中推导的方程演化电场，那么撞击左边界的波将在没有任何反射的情况下离开仿真域，这就是所谓吸收边界条件的本质[102]。

练习 11.3 在 FDTD 中，通过使用各向异性介电常数 $\bar{\bar{\varepsilon}}$ 和磁导率 $\bar{\bar{\mu}}$ 也可以实现完美匹配层。

（a）沿用第 8 章中介绍的菲涅尔系数的推导，计算局部材料参数为 ε_1、μ_1 和非局部材料参数为 $\bar{\bar{\varepsilon}}_2$、$\bar{\bar{\mu}}_2$ 的两种介质界面的菲涅尔系数值。

$$\bar{\bar{\varepsilon}}_2=\begin{pmatrix}\varepsilon_2^{\perp} & & \\ & \varepsilon_2^{\perp} & \\ & & \varepsilon_2^{z}\end{pmatrix},\quad \bar{\bar{\mu}}_2=\begin{pmatrix}\mu_2^{\perp} & & \\ & \mu_2^{\perp} & \\ & & \mu_2^{z}\end{pmatrix}$$

（b）按照11.1.3节的思路，确定$\varepsilon_2^{\perp}$、ε_2^{z}和$\mu_2^{\perp}$、μ_2^{z}的值，使入射波的菲涅尔反射系数为零（阻抗匹配），并且在介质2中耗散。

练习11.4　从式（11.1）的旋度方程开始，将场分为入射场和散射场：$\boldsymbol{E}=\boldsymbol{E}_{\text{inc}}+\boldsymbol{E}_{\text{sca}},\boldsymbol{H}=\boldsymbol{H}_{\text{inc}}+\boldsymbol{H}_{\text{sca}}$。

（a）假设入射场$\boldsymbol{E}_{\text{inc}}$、$\boldsymbol{H}_{\text{inc}}$是在介电常数$\varepsilon_b$、磁导率$\mu_b$的背景介质下的齐次波动方程的解。

（b）推导散射场和非均匀材料参数$\varepsilon(\boldsymbol{r}),\mu(\boldsymbol{r})$的运动方程，并证明入射场在形式上可以视为电流和磁流分布。

练习11.5　对于位势边界元法的对角元素，我们必须关注式（5.7）中的格林函数在$\boldsymbol{r}\to\boldsymbol{r}'$的奇异行为。设$\boldsymbol{s}_i$为三角形边界单元$\mathcal{T}_i$的质心，并考虑

$$[\![\mathcal{G}_{\text{stat}}]\!]_{ii}=\int_{\mathcal{T}_i}\frac{1}{4\pi|\boldsymbol{s}_i-\boldsymbol{s}'|}\mathrm{d}S'$$

证明通过引入以$\boldsymbol{s}_i$为原点的极坐标可以安全地进行积分。对径向积分进行解析，推导出极角上的一维积分（必须通过数值求解）。

练习11.6　利用边界处磁场$\boldsymbol{B}$的切向分量的连续性证明：

$$\hat{\boldsymbol{n}}\times(\boldsymbol{B}_2-\boldsymbol{B}_1)=\nabla(\hat{\boldsymbol{n}}\cdot\delta\boldsymbol{A})-(\hat{\boldsymbol{n}}\cdot\nabla)\delta\boldsymbol{A}=0$$

其中，$\delta\boldsymbol{A}=\boldsymbol{A}_2-\boldsymbol{A}_1$，由于$\delta\boldsymbol{A}$的切向导数为零，右侧的第一项可以化为$\nabla(\hat{\boldsymbol{n}}\cdot\delta\boldsymbol{A})=\hat{\boldsymbol{n}}(\nabla\cdot\delta\boldsymbol{A})$。利用式（11.22）的洛伦兹规范条件推导式（11.60）中表达式的连续性。

练习11.7　推导伽辽金法的矩阵元并证明式（11.34）的非齐次性。将综合指数$[ia]$用于变换矩阵$\boldsymbol{T}_{[ia],v}$并以矩阵乘法的形式改写表达式。

练习11.8　伽辽金法的变分公式可以应用于边界元法的配点公式。基于式（9.27）准静态方法的泛函如下：

$$\mathcal{S}=\oint_{\partial\Omega}w^e(\boldsymbol{s})\left\{\oint_{\partial\Omega}[\Lambda(\omega)\delta(\boldsymbol{s}-\boldsymbol{s}')+F^{\text{stat}}(\boldsymbol{s},\boldsymbol{s}')]u^e(\boldsymbol{s}')\mathrm{d}S'+\frac{\partial V^{\text{inc}}(\boldsymbol{s})}{\partial n}\right\}\mathrm{d}S$$

选择给定边界单元之内为常数、之外为零的函数作为解$u^e(\boldsymbol{s})$，以及位于质心处的狄拉克δ函数作为试函数，有

$$\tilde{\varphi}_i(\boldsymbol{s})=\delta(\boldsymbol{s}-\boldsymbol{s}_i),\quad \varphi_i(\boldsymbol{s})=\begin{cases}1 & (\boldsymbol{s}\in\mathcal{T}_i)\\ 0 & (\text{其他})\end{cases}$$

证明通过$\delta\mathcal{S}/\delta w_i^e$可推导式（11.18），其矩阵元

$$[\![\mathcal{F}^{\text{stat}}]\!]_{ii'}=\int_{\mathcal{T}_{i'}}F^{\text{stat}}(\boldsymbol{s}_i,\boldsymbol{s}')\mathrm{d}S'$$

取三角形内的平均值。在文献［109-110］中也使用了这样的格林函数积分方案。

练习11.9　考虑边界元法中式（11.36）的Raviart-Thomas基本单元。通过具体的计算证明在两个相邻三角形之间的边上，通量$\boldsymbol{\varphi}_v\cdot\boldsymbol{\eta}$是守恒的。

练习11.10　对于任意四面体而非单位四面体，推导式（11.48）中的Nedelec单元。设计能够将单位四面体的基函数转换为任意四面体的基函数的变换规则。

第 12 章

纳米光学的量子效应

纳米光学与量子领域结合的原因有很多。例如，单个量子发射器与等离子体纳米粒子相互作用仅发射单个光子。人们估计经典激光激发时撞击等离子体纳米颗粒的光子数量，发现其只是等离子体寿命（约 10fs）时间尺度上的一个光子。因此，等离激元与量子领域联系紧密。在本书第一部分中，我们利用经典电动力学对等离子体进行动力学建模。本书的第二部分讨论了以下问题：为什么经典电动力学在描述等离子体方面如此成功？在何种条件下，经典描述会失效，需要进行量子处理？在纳米光学和等离激元中描述量子效应需要什么工具？

在量子物理中，粒子表现出波动性。真正的量子现象，如干涉、量子化或隧穿并没有经典对应。另外，电子或原子等粒子要么可以被观测，要么根本观察不到。正如粒子能表现出波动性，波动现象也能表现出粒子性。爱因斯坦方程表示这一行为为

$$E=h\nu \tag{12.1}$$

它表示，可以从光场中提取（或添加到光场中）的能量最小是普朗克常数 h 乘以光频率。含有这些能量的粒子称为光子，其在量子电动力学中发挥着核心作用。因此，尽管我们在日常生活中对光的粒子性并不熟悉。但从经典域到量子域光的波动性基本不变。因此，光的量子方面只关注粒子性。与物质的波动性相比，粒子性产生的现象并不那么壮观——至少对不太奇异的光子有作用。因此，本书量子部分的核心信息之一为：本书“经典”部分得出的大多数结果保持不变。其仅需要由热玻色-爱因斯坦因子或其他类型的分布函数来补充，就可以正确地解释光子的噪声特性。

尽管这一结论很简单，但得出它需要多方面的理论工具；不熟悉这一话题的读者有时会感到困惑，或者怀疑整个话题是否真的很有趣，又或者认为这一问题现在还很棘手。然而，量子部分开发的工具提供了一个多功能、强大的工具库，其可用于量子纳米光学和量子光学。简而言之，从这里开始，我们将介绍以下概念。

量子电动力学。为了量子化麦克斯韦方程组以及麦克斯韦理论所需的物质部分，我们使用了正则量子化的概念，它提供了将经典模型进行量子化的方法。对于光场，量子化引起了麦克斯韦方程的算符形式，必须用光子波函数来补充。而对于物质部分，量子化引起了薛定谔方程，其中光与物质的相互作用最小耦合或多极哈密顿量给出。

相关函数。在线性响应下，扰动系统可由平衡系统的波动描述。这是波动-耗散定理的本质。介电函数和光学电导率可以与密度-密度和电流-电流相关性有关，也可以与电磁场的相关性有关。光学电导率也可以与经典电动力学的并矢格林函数有关。

波动电动力学。热平衡下线性系统响应可由上述相关函数来表示。我们利用电磁场的交叉谱密度计算各种量，如置于非平凡光子环境中的量子发射器的衰变率、其能量再归一化（兰姆位移）以及作用在其上的卡西米尔-波尔德力。我们还将研究宏观物体之间的卡西米尔力，以及纳米尺度的热辐射和热通量。

量子光学工具箱。对于线性光子环境和放置该环境中的量子发射器的非线性响应，我们可以使用量子光学工具箱。量子光学工具箱包括林德布拉德形式的主方程或其推广，以及用于计算光谱或光子相关性的量子回归定理。

下面，我们将更加详细地讨论这些技术，并在后续章节中更深入地介绍它们。我们还会增加关于它们如何在纳米光学和等离激元领域使用的讨论。

12.1　三步走入量子

步骤 1　正则量子化

正则量子化规定了如何将经典模型进行量子化。在麦克斯韦方程组的背景下，先用经典拉格朗日函数描述光-物质的相互作用，具体内容将在第 13 章进行讨论。再利用拉格朗日函数进行正则量子化。正则量子化就是将量子力学中非对易算符代替动态变量及其正则动量。从经典模型到量子模型的方法乍一看有些尴尬，因为我们事先不知道其量子版本可能是什么样子。然而，若我们将经典模型视为（更基本的）量子模型的近似，该方法会更加明朗。经典近似已包含了许多量子版本样貌的有用提示。多数系统都可利用正则量子化来获得量子模型。正如保罗·狄拉克所强调的那样，量子模型必须独立，并必须在不与经典模型联系的情况下进行实验。

对于麦克斯韦方程组，正则量子化给出了电磁场算符：

$$\boldsymbol{E}(\boldsymbol{r}),\boldsymbol{H}(\boldsymbol{r})\rightarrow\hat{\boldsymbol{E}}(\boldsymbol{r}),\hat{\boldsymbol{B}}(\boldsymbol{r}) \tag{12.2}$$

如图 12.1 所示，物质算符也有类似的表达式。对于场量子化，我们考虑限制在量子化箱中的电磁场，并分别用 ω_λ 和 $\boldsymbol{u}_\lambda(\boldsymbol{r})$ 表示相应波动方程的本征频率和模函数。在上述特征基中，电磁场算符可以表示为[4,119]

$$\hat{\boldsymbol{E}}(\boldsymbol{r})=\sum_\lambda\left(\frac{\hbar\omega_\lambda}{2\varepsilon_0}\right)^{\frac{1}{2}}i\left(\boldsymbol{u}_\lambda(\boldsymbol{r})\,\hat{a}_\lambda-\boldsymbol{u}_\lambda^*(\boldsymbol{r})\,\hat{a}_\lambda^\dagger\right) \tag{12.3}$$

其中，$\hat{a}_\lambda$、$\hat{a}_\lambda^\dagger$ 是具有玻色子对易关系的光子算符，选择前置因子的原因将在第 13 章中进行解示。此处，我们观察到，封装在频率 ω_λ 和模函数 $\boldsymbol{u}_\lambda(\boldsymbol{r})$ 中的量子化电场的传播特性是从经典波动方程的解中获得的，并且它只是这些模的占用，由光子算符$\hat{a}_\lambda$、$\hat{a}_\lambda^\dagger$ 描述，才能解释光的新量子特性。

如果我们只对自由空间中的电磁场感兴趣，我们的量子化之旅将到此结束。这同样适用于存在非吸收电介质的麦克斯韦方程组，在非吸收电介质中，我们只需用更复杂的

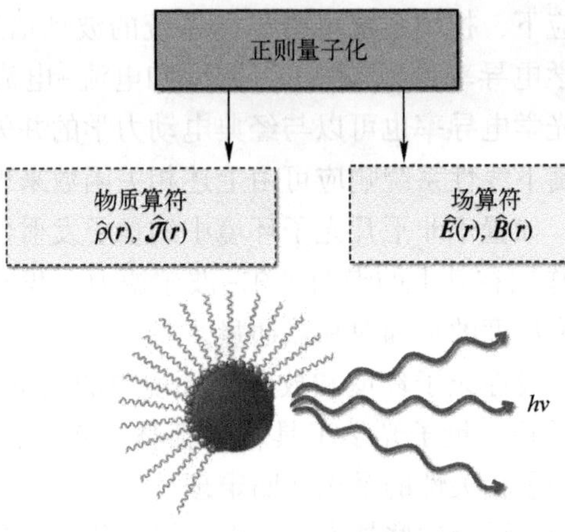

图 12.1　拉格朗日形式为描述光、物质及其相互作用提供了统一的平台。通过正则量子化，我们将光-物质系统带入量子领域。物质激发和电磁场的算符必须额外应用于波函数。我们可以用该方法描述量子发射器发射光子时的衰变问题，如底部胶体量子点所示

光子环境中的本征频率和本征模式来代替本征频率。然而，在存在吸收材料（如金属或掺杂半导体）的情况下，量化过程将会失效。因为波动方程的本征频率 ω_λ 由于介电常数的虚部所描述的损耗而产生虚部，因此光子波函数的范数无法保持不变。因此，在吸收介质存在的情况下，我们必须在完全量子化前增加一个到两个步骤。

步骤 2　相关函数

当存在吸收介质时量化存在的麦克斯韦方程组时，第二步经常可省略。在从头描述材料响应时，第二步非常有用。在线性响应中，我们可以建立 Kubo 公式下热平衡下无扰动系统的波动与弱扰动系统中可观测值期望值之间的刚性关系。这就是波动-耗散定理的本质，该定理将在第 14 章中进行更详细的讨论。

在 Kubo 公式下，我们考虑了一个量子力学系统，该系统由哈密顿描述，通过

$$\hat{V}(t)=\hat{v}X(t) \tag{12.4}$$

耦合到一个经典外场 $X(t)$，其中$\hat{v}$是解释该耦合的算子。在线性响应中，一些可观察到的变化$\hat{u}$可由式（12.5）得出：

$$\delta u(t)=-\frac{i}{\hbar}\int_0^t \langle[\hat{u}(t),\hat{v}(t')]\rangle_{\mathrm{eq}}X(t')\,\mathrm{d}t' \tag{12.5}$$

如第 14 章所述。此处，算符由系统哈密顿量的相互作用图中给出，并且必须在热平衡下估算对易子期望值。式（12.5）的巧妙之处在于，它将扰动系统（左侧）的性质与未扰动系统（右侧）的波动联系起来，后者通常更容易计算。将方程左侧表示为耗散部分，将右侧表示为波动部分将很方便计算。上述方法共同构成了波动-耗散定理，见图 12.2。

这一定理可应用于纳米光学中。在自由空间中，电磁场算符（涨落部分）的相关性与经典电动力学的并矢格林函数（耗散部分）有关。对于带电多体系统和外部电势 V_{ext}，热平衡下的密度-密度相关性（波动部分）与感应电荷密度（耗散部分）有关。因此，密度-密度相关性与介电函数有关，而电流-电流相关性与光学电导率有关。这样，我们可以将基于相关函数的微观材料描述和基于介电常数和磁导率的宏观材料描述

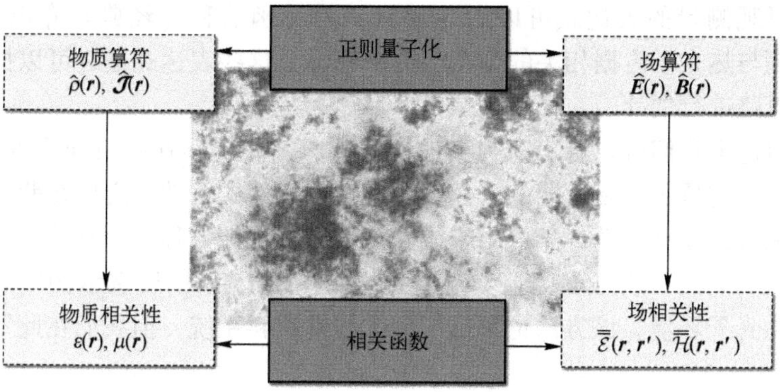

图 12.2　波动–耗散定理可将热平衡下的相关性与系统的线性响应联系起来。对于材料部分，我们可以将密度–密度相关性与介电函数相联系，将电流–电流相关性与光学电导率相联系。对于光部分，我们可以将场相关性与经典电动力学的并矢格林函数联系起来

直接联系。我们将在本书的后面利用该结论来解决量子等离子体领域的选取问题，例如非局部响应函数或等离子体隧穿。

材料参数 ε、μ 与密度和电流波动的微观描述之间的联系是纳米光学和等离激元的成分。然而，存在一种方法可以将麦克斯韦方程组引入量子域，而无须涉及任何微观描述[120]。该方法基于多极哈密顿量，并以极化和磁化算符为主要研究对象，其描述方法与本书前几部分介绍的宏观麦克斯韦方程组非常相似。在吸收介质存在的情况下量子化麦克斯韦方程组时，这种方法更适用。由于多极哈密顿量在固态物理中并未广泛使用，我们仍坚持微观描述方案，并只对唯象方法进行简要评价。

步骤 3　波动电动力学

量子域中的波动电动力学处理存在吸收介质（如金属）时麦克斯韦方程的量子化。我们从微观的麦克斯韦方程开始。微观麦克斯韦方程明确地包括了所有电流源，有

$$\hat{\boldsymbol{J}}(\boldsymbol{r}',\omega)=\hat{\boldsymbol{J}}_{\text{ext}}(\boldsymbol{r},\omega)+\hat{\boldsymbol{J}}_{\text{ind}}(\boldsymbol{r},\omega) \tag{12.6}$$

式中：$\hat{\boldsymbol{J}}_{\text{ext}}$ 为外部源，与量子发射体相关；$\hat{\boldsymbol{J}}_{\text{ind}}$ 为吸收介质的感应微观电流。波动电动力学的总体思想是在第二步中找出与吸收介质相关的电流源 $\hat{\boldsymbol{J}}_{\text{ind}}$。如第 15 章所示，电场算符 $\hat{\boldsymbol{E}}$ 和电流源之间的关系可以用线性响应表示

$$\hat{\boldsymbol{E}}(\boldsymbol{r},\omega)=\hat{\boldsymbol{E}}_{\text{inc}}(\boldsymbol{r},\omega)+\mathrm{i}\mu_0\omega\int\overline{\overline{G}}_{\text{tot}}(\boldsymbol{r},\boldsymbol{r}',\omega)\cdot\hat{\boldsymbol{J}}(\boldsymbol{r}',\omega)\,\mathrm{d}^3\boldsymbol{r}' \tag{12.7}$$

式中：$\hat{\boldsymbol{E}}_{\text{inc}}$ 为与入射辐射相关的场算符；G_{tot} 为经典电动力学的总格林函数。注意，该格林函数必须对包括所有吸收体的光子环境进行计算。为使波动电动力学发挥作用，我们进行如下工作。

可观测量　我们从指定的可观测值出发。典型的例子是量子发射体的衰变率，其发射频率的再归一化，即兰姆位移或作用在量子发射体上的卡西米尔–波尔德力。在线性响应中，这些可观察量都可以用场相关函数来表示。

相关性　利用式（12.7），场波动可以与吸收介质的电流波动联系起来，并且利用库伯公式，电流波动可以进一步与吸收介质中的光学电导率或介电常数建立联系。

评估 可观测量的表达式可以用（经典）格林函数和（经典）介电常数来表示，此外还可以用与热光子占据相关的分布函数来修饰。这些表达式最终可以按照本书前几部分讨论的思路进行估计。

从上述讨论中我们可以看出，与其他量子化方案相比，在吸收介质存在的情况下，麦克斯韦方程组的量子化是不同的，这将导致算符表达式有效。之后在薛定谔方程中引入了近似。相反，波动电动力学可用于得到工作方程，该方程从一开始就包括线性材料响应的近似值。然而，该方法功能十分强大，如在第 15 章中所选示例所示，且该方法一般用于线性光子环境。该方法也可推广到非线性材料系统，但我们在此不进行讨论。

12.2 量子光学工具箱

在本书的最后几章中，我们将研究少能级系统。例如，与荧光分子或量子点相关的嵌入线性光子环境中，电磁场引起系统的非线性响应的系统。量子光学工具箱提供了一种灵活的机制，该机制用于描述与环境相互作用的系统，即所谓开放量子系统，并计算其光学特性，如图 12.3 所示，其中 e 为激发态，g 为基态。简而言之，工具箱的主要组成部分如下。

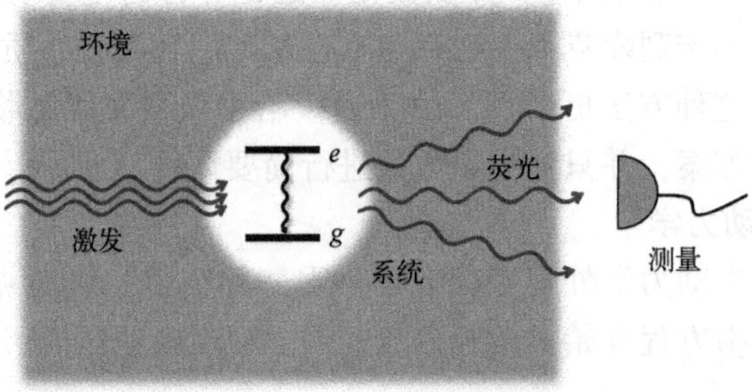

图 12.3 量子光学工具箱示意图。这里少能级系统是具有基态和激发态的能级系统，系统由强外部光场驱动，因而引起非线性响应。该系统还与其环境相互作用，如在去相位过程和弛豫过程。量子光学工具箱为描述开放量子系统动力学以及计算相干驱动系统的荧光光谱和光子相关性提供了一种灵活的机制

统计算符。与环境作用的系统不能用波函数描述。因此，必须引入统计算符$\hat{\rho}$来解释这件事。由于环境耦合，系统的状态只有在一定概率下才是已知的。

林德布拉德形式的主方程 统计算符时间演化可用林德布拉德形式的主方程来描述，它既考虑了由外部光场控制的相干时间演化，也考虑了由环境耦合引起的非相干时间演化。在后续过程，系统经历相移和弛豫。利用林德布拉德算符描述环境耦合，取决于散射过程的初态和最终态，以及散射发生的速率。

量子回归定理。光激发系统的衰变通道之一是辐射衰变，即系统通过发射光子衰变。在光学实验中检测到的正是这种光子，并以荧光光谱或光子相关性的形式得到系统信息。利用量子回归定理，我们可以仅从系统动力学的理论中计算光子相关函数，而无须明确考虑光子动力学。

尽管以上几点看似平常，但事实证明，量子光学工具箱才是真正的宝库。量子光学工具箱提供了一种灵活、高效和稳健的机制，人们可在了解它的基本成分后轻松使用它。量子光学的教科书中有很多关于工具箱的文献，所以此处我们仅对其进行简要讨论，主要讨论工具箱在纳米光学和等离子体激元领域中的应用。

12.3　本书第13~第18章概述

本书第二部分量子相关的内容可按章节概括如下。

第13章：量子电动力学概述。我们首先讨论了麦克斯韦方程组的量子化和材料部分使用正则量子化过程。演示过程可能比具体情况更详细和专业；然而，该方法可完整描述光子水平上描述光子和光物质相互作用。

第14章：关联函数。我们首先介绍了相关函数、谱函数和互谱密度，而不涉及任何特定的物理系统。因为相关函数是纳米光学和等离子体激元领域的强大工具：相关函数能将热平衡下场波动与经典电动力学的格林函数联系起来，并分别提供密度-密度相关性和电流-电流相关性与介电函数和光学电导率之间的直接联系。然后，我们介绍了量子等离子体中的选择应用，包括非局域性和电荷转移等离子体，并对等离子体纳米粒子的电子能量损失谱（EELS）进行了量子描述。

第15章：纳米光学中的热效应。我们在波动电动力学的框架下研究纳米光学中的热效应。我们以基于微观材料描述的一般方式进行开发。我们表明，该框架可对位于非平凡光子环境中的量子发射器的衰变率和跃迁频率进行再归一化，并对作用在这些发射器上的卡西米尔-波尔德力进行完整的量子描述。我们还讨论了卡西米尔力和宏观物体之间的热传递。

第16章：能级系统。本书的最后几章涉及单个量子发射器，如非平凡光子环境下的荧光分子或量子点。环境响应的处理是线性的，而量子发射器的动力学描述是非线性的。我们从一般的两级系统开始讨论，其布洛赫矢量可表示为一个简单图形。在 T_1 和 T_2 时间上引入弛豫和相移过程。

第17章：主方程。我们用林德布拉德形式对主方程进行描述，将二能级系统的结果推广到一般的少能级系统。我们对主方程的多种求解方案进行讨论，并对弛豫和相移的微观描述方案进行了思考。

第18章：光子噪声。在最后一章中，我们介绍了量子回归定理，该定理允许从系统动力学计算荧光光谱和光子相关性，而无须明确考虑光子。量子回归定理使量子光学工具箱充分发挥作用。

读者应该已经对纳米光学和等离激元领域中使用的理论和计算方法有了全面的了解，并且应该能够熟练查阅科学文献。本书主题的选取有些个人化和选择性，许多重要的主题都未涉及。其中包括非线性材料响应、量子发射器和材料或周期性结构和光子晶体的具体描述。因此，纳米光学领域仍有很大的发现空间。

第 13 章

量子电动力学概述

本章首先在拉格朗日形式下研究带电粒子与电磁场的相互作用和麦克斯韦方程组，这样做的主要原因是拉格朗日形式中的经典模型与其量子形式之间存在直接联系。在此基础上将讲述如何利用量子力学语言描述光与物质的相互作用，继而将电磁场正则量子化，并引入光子的概念。

正如在接下来的章节中讨论的那样，纳米光学中通常可以追踪光子的自由度，并使用并矢格林函数来处理这一问题。为什么要花费大量时间引入电磁场的量子化呢？首先，为了理解为什么光子可以从该理论中移除，就必须理解最初它为什么存在。其次，光子这一概念是量子光学和纳米光学在量子层面上不容错过的一个核心主题，毕竟几代物理学家都在非常努力地为场论提出合适的量子化方案而奋斗。

13.1 预备知识

让我们从量子力学中的一个简单的概念开始介绍，量子力学中主要研究对象是波函数 $|\psi(t)\rangle$，它随时间的演化取决于薛定谔方程：

$$i\hbar\frac{d}{dt}|\psi(t)\rangle=\hat{H}(t)|\psi(t)\rangle \tag{13.1}$$

式中：$\hbar$ 为约化普朗克常数；$H(t)$ 为含时哈密顿算符，在本书中将采用狄拉克符号 (*bra-ket*) 进行描述。任何可观测量都对应一个厄米算符 $\hat{A}$，其期望值为

$$\langle\hat{A}\rangle=\langle\psi(t)|\hat{A}|\psi(t)\rangle \tag{13.2}$$

幺正变换是量子力学中一个重要的概念，它可以在不影响基础物理的情况下大大简化理论方法。设 $\hat{U}$ 是一个幺正算符，满足 $\hat{U}^\dagger\hat{U}=\hat{U}\hat{U}^\dagger=\hat{I}$，其中 $\hat{U}^\dagger$ 表示算符的厄米共轭，$\hat{I}$ 是单位算符。假设波函数有如下变换：

$$|\psi(t)\rangle\rightarrow|\psi'(t)\rangle=\hat{U}^\dagger|\psi(t)\rangle$$

并对算符也做相应的变换：

$$\hat{A} \to \hat{A}' = \hat{U}^{\dagger}\hat{A}\hat{U}$$

可以看出，这种变换并不会改变$\hat{A}$的期望值，有

$$\langle \psi'(t) | \hat{A}' | \psi'(t) \rangle = (\langle \psi(t) | \hat{U})(\hat{U}^{\dagger}\hat{A}\hat{U})(\hat{U}^{\dagger} | \psi(t) \rangle) = \langle \psi(t) | \hat{A} | \psi(t) \rangle \quad (13.3)$$

在上面的表达式中，$\hat{U}^{\dagger}\hat{U}$和$\hat{U}\hat{U}^{\dagger}$都是单位算符。在几何解释中，一个幺正算符并不改变矢量的“长度”和矢量间的“夹角”，因此完全可以将其当作抽象矢量空间中的一种旋转算符。幺正算符只改变“坐标系统”而不影响基础物理特性。

另一类幺正变换由时间演化算符$\hat{U}(t-t_0)$引入，该算符表示将一个波函数由t_0时刻传播到t时刻，即

$$|\psi(t)\rangle = \hat{U}(t,t_0)|\psi(t_0)\rangle \quad (13.4)$$

将该式代入 Schrödinger 方程中，可得

$$\mathrm{i}\hbar \frac{\mathrm{d}}{\mathrm{d}t}\hat{U}(t,t_0) = \hat{H}(t)\hat{U}(t,t_0) \Rightarrow \hat{U}(t,t_0) = 1 - \frac{i}{\hbar}\int_{t_0}^{t}\hat{H}(t')\hat{U}(t',t_0)\mathrm{d}t' \quad (13.5)$$

上式中我们用到了等式$\hat{U}(t_0,t_0)=\hat{I}$，方程右边的积分式就是时间演化算符。对于不含时哈密顿量$\hat{H}$，很容易求得

$$\hat{U}(t,t_0) = \exp\left[-\frac{i}{\hbar}\hat{H}(t-t_0)\right] \quad (13.6)$$

注意括号里的项表示与时间无关的哈密顿量$\hat{H}$和$t-t_0$之间的乘积。下面设$t_0=0$，$|\psi_0\rangle$表示时刻为 0 时的波函数。接下来引入绘景或表象的概念。

在**薛定谔绘景**中，波函数与时间相关，有

$$|\psi_S(t)\rangle = \hat{U}(t,0)|\psi_0\rangle \quad (13.7)$$

而算符$\hat{A}_S$与时间无关（除非算符本身与时间有关）。因此波函数随时间改变，而算符并不随时间变化。与之相反，在**海森堡绘景**中，波函数$|\psi_0\rangle$与时间无关而算符随时间演化：

$$\hat{A}_H(t) = \hat{U}^{\dagger}(t,0)\hat{A}_S\hat{U}(t,0) \quad (13.8)$$

很容易验证：算符$\hat{A}$的期望值在薛定谔绘景和海森堡绘景中是相同的。对海森堡绘景中的算符进行时间微分，并利用式(13.5)对时间演化算符求导，得到算符$\hat{A}$的海森堡运动方程：

海森堡运动方程

$$\mathrm{i}\hbar \frac{\mathrm{d}}{\mathrm{d}t}\hat{A}_H(t) = \hat{A}_H(t)\hat{H}(t) - \hat{H}(t)\hat{A}_H(t) = [\hat{A}_H(t), \hat{H}(t)] \quad (13.9)$$

其中，$[\hat{A},\hat{B}]=\hat{A}\hat{B}-\hat{B}\hat{A}$表示算符之间的对易。

第三种绘景称为相互作用绘景或狄拉克绘景，这种绘景可以用来处理哈密顿量可以分为$\hat{H}_0$和$\hat{V}(t)$两部分的问题，其中$\hat{H}_0$表示精确描述部分，$\hat{V}(t)$通常被视为微扰，有

$$\hat{H}(t) = \hat{H}_0 + \hat{V}(t)$$

引入时间演化算符$\hat{U}_0(t,0)$，它只与$\hat{H}_0$的时间演化有关

$$\mathrm{i}\hbar \frac{\mathrm{d}}{\mathrm{d}t}\hat{U}_0(t,0) = \hat{H}_0\,\hat{U}_0(t,0),\quad \hat{U}_0(0,0) = 1$$

在**相互作用绘景**中，波函数和算符有如下变换：

$$|\psi_I(t)\rangle = \hat{U}_0^\dagger(t,0)\,|\psi_S(t)\rangle \tag{13.10a}$$

$$\hat{A}_I(t) = \hat{U}_0^\dagger(t,0)\hat{A}_S\,\hat{U}_0(t,0) \tag{13.10b}$$

容易看出：算符在相互作用绘景的期望值与薛定谔绘景和海森堡绘景中的期望值相同。由相互作用绘景中波函数的定义式(13.10a)，我们可以在相互作用绘景中定义时间演化算符：

$$\hat{U}_I(t,0) = \hat{U}_0^\dagger(t,0)\,\hat{U}(t,0) \tag{13.11}$$

$\hat{U}_I$ 的时间导数由下式给出：

$$\mathrm{i}\hbar \frac{\mathrm{d}}{\mathrm{d}t}\hat{U}_I = \mathrm{i}\hbar\left[\left(\frac{\mathrm{d}}{\mathrm{d}t}\hat{U}_0^\dagger\right)\hat{U} + \hat{U}_0^\dagger\left(\frac{\mathrm{d}}{\mathrm{d}t}\hat{U}\right)\right] = (-\hat{U}_0^\dagger\,\hat{H}_0)\,\hat{U} + \hat{U}_0^\dagger[\,(\hat{H}_0 + \hat{V})\,\hat{U}]$$

这里我们省略了所有算符的时间参数，其与$\hat{H}_0$ 作用相互抵消。由此，可得相互作用绘景中时间演化算符的定义式：

相互作用绘景中时间演化算符

$$\mathrm{i}\hbar \frac{\mathrm{d}}{\mathrm{d}t}\hat{U}_I(t,0) = \hat{V}_I(t)\,\hat{U}_I(t,0),\quad \hat{U}_I(0,0) = 1 \tag{13.12}$$

其中，相互作用绘景中的哈密顿量 $V_I(t)$ 由式(13.10b)定义。式(13.12)可以写成积分方程：

$$\hat{U}_I(t,0) = 1 - \frac{i}{\hbar}\int_0^t \hat{V}_I(t')\,\hat{U}_I(t',0)\,\mathrm{d}t' \tag{13.13}$$

从该表达式可以看出，相互作用绘景的优点特别明显。哈密顿量中可以精确处理的部分$\hat{H}_0$，被置于波函数和算符中，而哈密顿量的非平凡部分$\hat{V}$控制系统的时间演化。通常情况下，Volterra 型积分方程(13.12)可以迭代求解。利用最低阶微扰理论，从式（13.13）可得：

$$\hat{U}_I(t,0) = 1 - \frac{i}{\hbar}\int_0^t \hat{V}_I(t')\,\mathrm{d}t' + \mathcal{O}(\hat{V}^2) \tag{13.14}$$

类似地，相互作用绘景中算符的时间演化可以从式（13.15）中得到：

$$\hat{U}_I^\dagger(t,0)\,\hat{A}_I(t)\,\hat{U}_I(t,0) = \hat{A}_I(t) - \frac{i}{\hbar}\int_0^t [\hat{A}_I(t),\hat{V}_I(t')]\,\mathrm{d}t' + \mathcal{O}(\hat{V}^2) \tag{13.15}$$

本书后面部分将经常使用这些表达式。

最后，在本书中我们经常在不同的绘景之间来回切换。为了简单可以忽略用来表示薛定谔绘景、海森堡绘景或相互作用绘景的下标。虽然这么做会导致描述混乱，但我们将始终努力谨慎地指出我们在哪个绘景中分析问题。

13.1.1 初识量子电动力学

为防止读者失去耐心，我们从麦克斯韦方程组的量子形式开始介绍，所有的细节将在本章后面的部分进行讨论。正如 13.3 节中那样，在库仑规范下运算会很方便，标量势由静电的瞬时库仑势给出，而矢量势是完全横向的。

考虑一个电荷为 q 质量为 m 的粒子系统与外部电磁场相互作用，其最小耦合哈密顿量写作：

$$\hat{H}=\sum_{i}\left[\frac{(\hat{\boldsymbol{\pi}}_{i}-q\boldsymbol{A}^{\perp}(\boldsymbol{r}_{i},t))^{2}}{2m}+qV(r_{i},t)\right]+\frac{1}{8\pi\varepsilon_{0}}\sum_{i\neq j}\frac{q^{2}}{|r_{i}-r_{j}|} \tag{13.16}$$

这里$\hat{\pi}_i$ 是粒子 i 的正则动量，满足对易关系为$[r_{ik},\hat{\pi}_{i'k'}]=\mathrm{i}\hbar\delta_{ii'}\delta_{kk'}$，其中 i、i'表示不同的粒子，k、k'是笛卡儿坐标，括号中的项表示动能和对外部电磁场的耦合。右边的第二项表示带粒子之间的库仑相互作用。重要的是要认识到：在量子力学中虽然所有的可观测量不依赖所选择的规范，但是基本的量是电磁势，而非电磁场。在式（13.16）中，$\boldsymbol{A}^{\perp}$的上标表示矢量势是横向的。

光子的历史

从历史的角度来看，辐射的量子化部分最初是由普朗克在解释黑体辐射和提出黑体辐射公式的背景下提出的。后来，爱因斯坦在描述光电效应时也采用了这种方法。Roy Glauber[121]对光子历史和光电效应进行了简短而全面的讨论：

金属被更强的光照射时会产生更多的光电子。爱因斯坦对此有一个淳朴而简单的解释。他认为：光本身由局域的能量包组成，每个包拥有一个量子化的能量。当光照射到金属上时，每个包就被单个电子吸收。然后，电子携带一个特定的能量溢出，这个能量就是包能量 $h\nu$ 减去电子为了逃离金属需要消耗的能量。

值得指出的是，20 世纪 20 年代末出现了术语上的一个小转变。一旦实物粒子表现出光量子的某些波状行为，就认为光量子本身可能就是基本粒子，并按照 G. N. Lewis 在 1926 年的提议将其称为“光子”。光子看似就像实物粒子一样离散，但它们的存在更短暂，光子有时会自发产生或自发湮灭。

当考虑电磁场量子化时，矢量势 $\boldsymbol{A}^{\perp}$必须用算符$\hat{\boldsymbol{A}}^{\perp}$代替。在平面波基矢中，这一算符可写为

$$\hat{\boldsymbol{A}}^{\perp}(\boldsymbol{r})=\sum_{k,s}\left(\frac{\hbar}{2\Omega\varepsilon_{0}\omega}\right)^{\frac{1}{2}}(\mathrm{e}^{\mathrm{i}\boldsymbol{k}\cdot\boldsymbol{r}}\hat{a}_{ks}+\mathrm{e}^{-\mathrm{i}\boldsymbol{k}\cdot\boldsymbol{r}}\hat{a}_{ks}^{\dagger})\boldsymbol{\epsilon}_{ks} \tag{13.17}$$

式中：k 为光子波矢；极化矢量 $\boldsymbol{\epsilon}_{ks}$表示两个正交极化方向；$\Omega$ 为量子化体积（我们可以让它趋于一个极限值）；$\omega=kc$ 为光的角频率。算符 $\hat{a}_{ks}$、$\hat{a}_{ks}^{\dagger}$为量子电动力学的主要研究对象，它们分别湮灭和产生光子。二者满足玻色子对易关系：

$$[\hat{a}_{ks},\hat{a}_{k's'}^{\dagger}]=\delta_{kk'}\delta_{ss'},\quad [\hat{a}_{ks},\hat{a}_{k's'}]=[\hat{a}_{ks}^{\dagger},\hat{a}_{k's'}^{\dagger}]=0 \tag{13.18}$$

利用式（13.17）中的矢量势算符，电磁场的哈密顿量可以写成如下形式：

$$\hat{H}_{\mathrm{em}}=\int\left[\frac{\varepsilon_{0}}{2}\hat{\boldsymbol{E}}^{\perp}(\boldsymbol{r})\cdot\hat{\boldsymbol{E}}^{\perp}(\boldsymbol{r})+\frac{1}{2\mu_{0}}\hat{\boldsymbol{B}}(\boldsymbol{r})\cdot\hat{\boldsymbol{B}}(\boldsymbol{r})\right]\mathrm{d}^{3}r \tag{13.19}$$

其中矢量势算符$\hat{\boldsymbol{A}}^{\perp}$表示横向电场和磁场。为使其有意义，物质算符和场算符必须分别应用到波函数上。

对于光与物质相互作用系统的量子化形式，必须将式（13.16）的最小耦合哈密顿量与式（13.19）的场哈密顿量结合起来。在海森堡绘景中，电场和磁场算符随时间的

演化为

$$\varepsilon_0 \frac{\partial}{\partial t}\hat{\boldsymbol{E}}(\boldsymbol{r},t)=\frac{1}{\mu_0}\nabla\times\hat{\boldsymbol{B}}(\boldsymbol{r},t)-\hat{\boldsymbol{J}}(\boldsymbol{r},t) \tag{13.20a}$$

$$\frac{\partial}{\partial t}\hat{\boldsymbol{B}}(\boldsymbol{r},t)=-\nabla\times\hat{\boldsymbol{E}}(\boldsymbol{r},t) \tag{13.20b}$$

式中：$\hat{J}$为与带电粒子相关的电流算符。此外，场算符满足：

$$\nabla\cdot\hat{\boldsymbol{E}}(\boldsymbol{r},t)=\frac{\hat{\rho}(\boldsymbol{r},t)}{\varepsilon_0} \tag{13.20c}$$

$$\nabla\cdot\hat{\boldsymbol{B}}(\boldsymbol{r},t)=0 \tag{13.20d}$$

式中：$\hat{\rho}$为电荷密度算符。人们可以立即将这些方程与经典电动力学中的麦克斯韦方程区分开，二者主要区别是现在这些方程是算符方程。正如我们将在本章后面展示的那样，光子的传播特性受经典波特性的控制，而在量子方法中主要受制于不同的噪声特性。此外，因为电磁场算符$\hat{E}$、$\hat{B}$一般不对易，所以不同时空点的场测量可能会相互影响。

在本章的剩余部分将介绍正则量子化过程，在这一过程中将从经典模型开始最终得到量子形式。将该方法应用于光与物质耦合和麦克斯韦方程组，并讨论光子状态，推导多极哈密顿量。

13.2 正则量子化

我们首先回顾经典力学的拉格朗日形式，见图 13.1。简单起见，我们只考虑单个粒子，得出的规律推广到多粒子也同样适用。设 r 和 $v=\dot{r}$ 表示粒子的位置和速度。尽管在有附加约束的情况下，r 和 v 可能与通常的笛卡儿坐标不同，但是我们在这里对这一问题没有兴趣。对于任意可能的轨迹 $r_{\text{trial}}(t)$，我们可以定义

$$S=\int_{t_0}^{t_1}L(r_{\text{trial}}(t),\dot{r}_{\text{trial}}(t),t)\,\mathrm{d}t \tag{13.21}$$

式中：$L(r,\dot{r},t)$为拉格朗日函数。拉格朗日形式的基本假设是作用量 S 成为系统真实轨迹 $r(t)$ 的一个极值。

拉格朗日形式

$$S\rightarrow\text{系统时间演化的极值 } r(t) \tag{13.22}$$

从这一原理推导质点的运动方程，步骤如下。

变分。首先假设我们已经知道真解 $r(t)$，然后考虑 $r(t)$ 周围的小变化 $\delta r(t)$ 并在初始和终止时间固定位置的约束下（图 13.2），有

$$\delta r(t_0)=\delta r(t_1)=0$$

线性化。一个普通函数 $f(x)$ 可以展开为位置 x_0 周围的泰勒级数：

$$f(x)=f(x_0)+f'(x_0)\delta x+\frac{1}{2}f''(x_0)\delta x^2+\mathcal{O}(x^3)$$

其中 $\delta x=x-x_0$。在极值处函数的一阶导数必须为零：

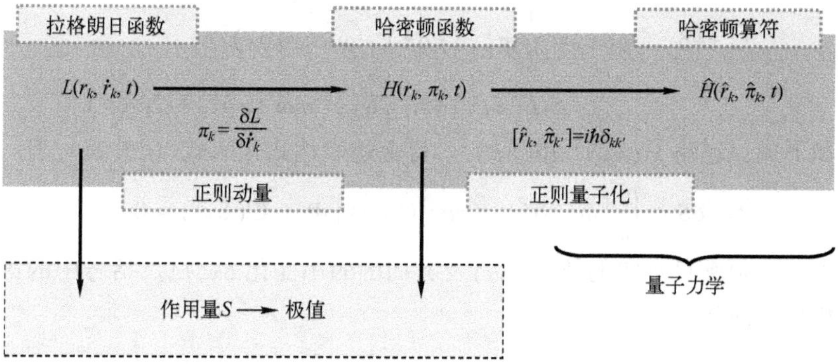

图 13.1　从经典描述到量子描述的路径。在经典力学中，我们从一个依赖广义坐标 r_k 和速度 $\dot{r}_k$ 的拉格朗日函数开始，利用正则动量 π_k 进行勒让德变换，得到哈密顿函数。拉格朗日函数和哈密顿函数都服从作用量原理，系统的运动方程遵循作用量 S 的极值原理。通过用算符替换坐标 r_k 和正则动量 π_k 并使用正则量子化过程，最终得到经典模型的量子化形式。这种方法既适用于物质自由度也适用于电磁场，具体内容将在本章后面详细讨论

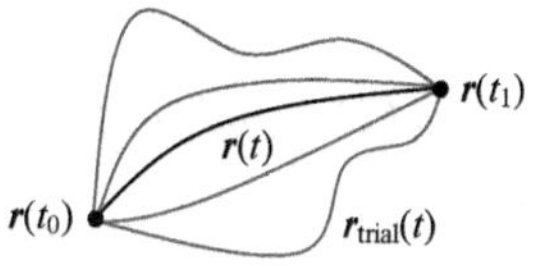

图 13.2　拉格朗日形式示意图。当确定初始时刻 t_0 和最终时刻 t_1 的位置时的所有可能轨迹（$r_{\text{trial}}(t)$）。在拉格朗日形式中，作用量在真解 $r(t)$ 时达到极值

$$f'(x_0) = 0$$

同样，对于式（13.21）中的积分操作，我们对小变化 $\delta r(t)$ 进行了拉格朗日函数的展开，并且要求在极值时一阶贡献为零。

拉格朗日形式可以替代牛顿运动方程，它吸引人之处在于其建立在 S 的最小化这一普遍假设之上。尽管拉格朗日方程一般并不告诉我们如何得到 L（类似于牛顿的运动方程中的力也需要猜测的现象）。此外，拉格朗日形式为经典理论的正则量子化提供了一个明确的路线，我们将在下面进一步讨论。

谐振子示例

我们举一个简单的例子来说明拉格朗日形式：对于一维谐振子，拉格朗日函数写作：

$$L(x, \dot{x}) = T - V = \frac{1}{2}m\dot{x}^2 - \frac{1}{2}m\omega^2 x^2 \tag{13.23}$$

式中：T、V 分别为动能和势能；m 为粒子的质量；ω 为谐振子的频率。接下来我们研究轨迹接近真实轨迹 $x(t)$ 时拉格朗日函数的行为（我们想要计算 $x(t)$，但是到目前为止我们只知道它能使 S 最小化）有

$$x_{\text{trial}}(t) = x(t) + \delta x(t)$$

对于一个小的变化量 δx，拉格朗日方程根据下列式变化：

$$L(x+\delta x,\dot{x}+\delta\dot{x})=\frac{1}{2}m\{(\dot{x}+\delta\dot{x})^2-\omega^2(x+\delta x)^2\}$$
$$\approx L(x,\dot{x})+m(\dot{x}\delta\dot{x})-m\omega^2(x\delta x)+\mathcal{O}(\delta x^2)$$

这里和下式，忽略了$(\delta x)^2$和$(\delta\dot{x})^2$。将上述表达式代入式（13.21）有

$$\delta S=\int_{t_0}^{t_1}\{m(\dot{x}\delta\dot{x})-m\omega^2(x\delta x)\}\,\mathrm{d}t+\mathcal{O}(\delta x^2)=0$$

这个方程必须满足真实的轨迹$x(t)$及其周围的小变化$\delta x(t)$。括号中的第一项可以通过分部积分来简化：

$$\int_{t_0}^{t_1}m(\dot{x}\delta\dot{x})\,\mathrm{d}t=m(\dot{x}\delta x)\Big|_{t_0}^{t_1}-\int_{t_0}^{t_1}m(\ddot{x}\delta x)\,\mathrm{d}t$$

如果我们保持初始和最终位置不变，右边的第一项变成零。作用量S的变分就变成：

$$\delta S=-\int_{t_0}^{t_1}(m\ddot{x}+m\omega^2x)\delta x(t)\,\mathrm{d}t=0 \tag{13.24}$$

由于这个表达式必须适用于任何足够小的变化$\delta x(t)$，因此，可以推断括号中的项必须为零。这就引出了运动方程：

$$\ddot{x}(t)=-\omega^2x(t)$$

这符合谐振子的牛顿运动方程。

13.2.1 欧拉-拉格朗日方程

虽然上述过程可以推广到任意势V、更高的空间维数和更大数量的粒子，但是在这里没有具体计算多粒子的情况。首先考虑稍微偏离真解$r(t)$的轨迹，有

$$r_{\mathrm{trial}}(t)=r(t)+\delta r(t)$$

由于$\delta r(t_1)=\delta r(t_2)=0$，必须保证所有的试验轨迹经过相同的始末位置。对于足够小的偏差δr，我们可以围绕真迹展开拉格朗日函数，有

$$\delta L=\sum_k\left(\frac{\partial L}{\partial\dot{r}_k}\delta\dot{r}_k+\frac{\partial L}{\partial r_k}\delta r_k\right)+\mathcal{O}(\delta r^2)$$

其中，拉格朗日函数的导数必须理解为泛函导数。在极值时，作用量S不应因小的改变δr而改变，由式（13.21）得到：

$$\delta S=\int_{t_0}^{t_1}\sum_k\left(\frac{\partial L}{\partial\dot{r}_k}\delta\dot{r}_k+\frac{\partial L}{\partial r_k}\delta r_k\right)\mathrm{d}t=0$$

对括号中的第一项进行分部积分，将$\delta\dot{r}_k$的时间导数移至前一项，给出：

$$\sum_k\frac{\partial L}{\partial\dot{r}_k}\delta r_k\Big|_{t_0}^{t_1}-\int_{t_0}^{t_1}\sum_k\left(\frac{\mathrm{d}}{\mathrm{d}t}\frac{\partial L}{\partial\dot{r}_k}-\frac{\partial L}{\partial r_k}\right)\delta r_k(t)\,\mathrm{d}t=0$$

由于约束条件$\delta r_k(t_0)=\delta r_k(t_1)=0$，所以左边的第一项是零。由于等式对于任意变化$\delta r_k(t)$都必须满足括号中的表达式必须为零，这就得到欧拉-拉格朗日方程：

欧拉-拉格朗日方程

$$\frac{\mathrm{d}}{\mathrm{d}t}\frac{\partial L}{\partial\dot{r}_k}-\frac{\partial L}{\partial r_k}=0 \tag{13.25}$$

13.2.2 哈密顿形式

作为拉格朗日形式的一种变体，哈密顿形式引入正则动量作为基本量，它提供了与量子力学的直接联系。在哈密顿力学中，人们通常处理不同类型的动量。

正则动量 正则动量定义为①

$$\pi_k = \frac{\partial L}{\partial \dot{r}_k} \tag{13.26}$$

正则动量在哈密顿形式和经典模型的正则量子化中都扮演着重要角色。

动力学动量 粒子的动力学动量定义为

$$\boldsymbol{\pi}_{\text{kin}} = m\dot{\boldsymbol{r}} \tag{13.27}$$

通常情况下正则动量和动量是相同的，但也在一些例子中两个定义明显不同。例如，处于电磁场中的粒子，动量只是带电粒子的动量，而正则动量则与粒子和电磁场的动量都有关，这一点将在下面更详细地讨论。

哈密顿函数可以通过拉格朗日函数的勒让德变换得到：

$$H(r,p,t) = \sum_k \pi_k \dot{r}_k - L(r,\dot{r},t) \tag{13.28}$$

H 需要用位置 r_k 和正则动量 π_k 表示，这意味着我们必须在整个式子中消去速度 $\dot{r}_k$ 只留下 r_k 和 π_k。原则上，哈密顿形式可以从类似于式（13.21）的作用量原理独立得出，而无须与拉格朗日形式联系。然而，由于我们已经有了 L，可使用式（13.28）精确计算 H 和得到的 r_k、π_k 的运动方程。

拉格朗日函数的全微分是

$$\mathrm{d}L = \sum_k \left(\frac{\partial L}{\partial \dot{r}_k}\mathrm{d}\dot{r}_k + \frac{\partial L}{\partial r_k}\mathrm{d}r_k\right) + \frac{\partial L}{\partial t}\mathrm{d}t = \sum_k (\pi_k \mathrm{d}\dot{r}_k + \dot{\pi}_k \mathrm{d}r_k) + \frac{\partial L}{\partial t}\mathrm{d}t$$

上式中用了欧拉－拉格朗日方程（13.25）得到了其最终表达式。同理，式（13.28）中 H 的全微分为

$$\mathrm{d}H = \sum_k (\pi_k \mathrm{d}\dot{r}_k + \dot{r}_k \mathrm{d}\pi_k) - \mathrm{d}L = \sum_k (\dot{r}_k \mathrm{d}\pi_k - \dot{\pi}_k \mathrm{d}r_k) - \frac{\partial L}{\partial t}\mathrm{d}t$$

在最后一步，将 $\mathrm{d}L$ 的表达式代入消去带有 $\pi_k \mathrm{d}\dot{r}_k$ 的项，并将其与哈密顿量的全微分比较，有

$$\mathrm{d}H = \sum_k \left(\frac{\partial H}{\partial \pi_k}\mathrm{d}\pi_k + \frac{\partial H}{\partial r_k}\mathrm{d}r_k\right) + \frac{\partial H}{\partial t}\mathrm{d}t$$

最终导出了哈密顿运动方程，该方程描述了 r_k、π_k 随 H 的时间演化。

哈密顿运动方程

$$\dot{r}_k = \frac{\partial H}{\partial \pi_k}, \quad \dot{\pi}_k = -\frac{\partial H}{\partial r_k} \tag{13.29}$$

为了方便书写上面的表达式，可以引入**泊松括号**。通过任意两个函数 u 和 v 定义泊松括号：

① 在这里我们未使用动量的常用符号 p。因为 p 已经表示了偶极矩，所以我们用 π 表示动量。

$$\{u,v\} = \sum_k \left(\frac{\partial u}{\partial r_k} \frac{\partial v}{\partial \pi_k} - \frac{\partial v}{\partial r_k} \frac{\partial u}{\partial \pi_k} \right) \tag{13.30}$$

这样，哈密顿运动方程就表示为

$$\dot{r}_k = \{r_k, H\}, \quad \dot{\pi}_k = \{\pi_k, H\}$$

通过精确计算验证可以得到基本泊松括号关系$\{r_k, \pi_{k'}\} = \delta_{kk'}$。

13.2.3 正则量子化

正则量子化是指运用经典模型在量子力学中运行量子化的过程。本质上正则量子化就是用算符$\hat{r}_k$、$\hat{\pi}_k$ 或 q 数替换了位置 r_k 和正则动量 π_k。Paul Dirac[122]说：

q 数只是一个名字。对普通数字而言，当人们想要区分它们和那些动力学变量时就可以称之为 c 数。字母 q 和 c 的原因是，q 让你想到量子（quantum）或奇异（queer），c 使人想到古典（classical）或对易（commuting）。c 数和 q 数之间的本质区别是 c 数和所有的数对易，而 q 数一般不与 q 数对易。

若要从经典理论过渡到量子理论，我们必须在**正则量子化**中做以下替换：

$$\{u,v\} \rightarrow \frac{1}{\mathrm{i}\hbar}[u,v] = \frac{1}{\mathrm{i}\hbar}(\hat{u}\hat{v} - \hat{v}\hat{u}) \tag{13.31}$$

其中，$\hat{u}$、$\hat{v}$现在变成了奇异算符或量子算符，泊松括号由对易子取代。更重要的是，位置和动量之间的基本对易关系如下。

正则对易关系

$$[\hat{r}_k, \hat{\pi}_{k'}] = \hat{r}_k \hat{\pi}_{k'} - \hat{\pi}_{k'} \hat{r}_k = \mathrm{i}\hbar\delta_{kk'} \tag{13.32}$$

这种量子化方法将在下文中用于物体和电磁场动力学的量子化。在实空间表示法中，位置算符变成 r（我们通常避免明确指明 r 是一个算符），正则动量可以表示为

$$\hat{\boldsymbol{\pi}} = -\mathrm{i}\hbar\nabla \tag{13.33}$$

令人惊讶的是，是大自然选择了用正则量子化过程来沟通经典和量子世界。Paul Dirac 深度评价了经典理论和量子理论之间的联系[122]。

现在让我们考虑经典理论和量子理论之间的联系。经典理论中的哈密顿量是经典动力学变量的一个函数。我们建立了量子哈密顿量，它是量子力学变量中的同一个函数；但我想让你们注意，这个量子化的过程并不是唯一确定的。给定一个经典的哈密顿量，我们一般不能确定地说其相应的量子哈密顿量是什么。经典的哈密顿函数可能包含两个不对易的因子的乘积。经典理论并没有告诉我们这两个因子的顺序；当我们转变到量子理论时，我们必须先决定其顺序。

从经典理论到量子理论的过程中，没有一个唯一定义明确的过程。这意味着，量子理论的建立必须依靠其自身，我们必须让它独立于经典理论。经典理论的唯一价值是为我们提供了获得量子理论的线索；量子理论必须独立存在。如果我们足够聪明并且能够马上想出一个好的量子理论，我们可以完全不使用经典理论。但我们没有那么聪明，我们必须得到尽可能多的线索才有可能建立一个好的量子理论。

经典理论对我们帮助很大。它为我们提供了合适的哈密顿量，我们可以用它开始在量子理论中研究。我们可以研究来看看它们是好是坏。当你有了一个哈密顿方程并且你

学过它，你可能发现你必须修改它；但这仍然是一个好的开始，如果没有经典理论你根本不会有这个开始。

这是正则量子化的一个很好的动机。在物理教育中，我们通常从经典理论开始，并且我们假设它是独立存在的；正则量子化就变成了一个魔术，把我们从经典理论带到了量子领域，但这种观点是具有误导性的。其实如果没有量子理论，经典理论根本就不会存在，（笔者希望）正则量子化能够给予人们适当的启示，让人们从经典近似的知识中揭示量子理论。

谐振子的例子

下面讨论一维谐振子的正则量子化，其拉格朗日函数为

$$L=\frac{1}{2}m(\dot{x}^2-\omega^2x^2)$$

对于正则动量，我们立即得到：

$$\pi=\frac{\partial L}{\partial \dot{x}}=m\dot{x}$$

在这种情况下正则动量和动力学动量是相等的。将拉格朗日函数与哈密顿函数相联系的式（13.28）代入，得到：

$$H=\frac{\pi^2}{2m}+\frac{1}{2}m\omega^2x^2 \tag{13.34}$$

在量子力学中，位置和动量成为算符，基本的对易关系如式（13.32）所示。哈密顿算符直接从谐振子的经典哈密顿函数类比而来，有

$$\hat{H}=\frac{\hat{\pi}^2}{2m}+\frac{1}{2}m\omega^2x^2 \tag{13.35}$$

由于谐振子对麦克斯韦方程组的量子化具有重要意义，我们将继续在量子力学的框架内研究它的本征能级和函数。为了方便，引入以下算符：

$$\hat{a}=\left(\frac{m\omega}{2\hbar}\right)^{\frac{1}{2}}\left[x+\frac{i}{m\omega}\hat{\pi}\right],\quad \hat{a}^\dagger=\left(\frac{m\omega}{2\hbar}\right)^{\frac{1}{2}}\left[x-\frac{i}{m\omega}\hat{\pi}\right] \tag{13.36}$$

利用式（13.36）的正则对易关系，很容易证明算符满足对易关系：

$$[\hat{a},\hat{a}^\dagger]=1,\quad [\hat{a},\hat{a}]=[\hat{a}^\dagger,\hat{a}^\dagger]=0 \tag{13.37}$$

可以用这种形式来表示哈密顿算符即

$$H=\hbar\omega\left(\hat{a}\hat{a}^\dagger+\frac{1}{2}\right)$$

在接下来的推导中，利用算符$\hat{a}$、$\hat{a}^\dagger$可以很容易计算谐振子的本征能量和本征态。假设已经得到一个能量E_n和其相应本征态$|n\rangle$（我们稍后将讨论如何计算这个态）。可以证明$\hat{a}^\dagger|n\rangle$也是一个本征态：

$$\hat{H}(\hat{a}^\dagger|n\rangle)=\hbar\omega\left(\hat{a}^\dagger\hat{a}+\frac{1}{2}\right)\hat{a}^\dagger|n\rangle=\hbar\omega\left(\hat{a}^\dagger[\hat{a}^\dagger\hat{a}+1]+\frac{1}{2}\hat{a}^\dagger\right)|n\rangle=\hat{a}^\dagger(\hat{H}+\hbar\omega)|n\rangle$$

其中，我们利用式（13.37）的对易关系得到$\hat{a}\hat{a}^\dagger=\hat{a}^\dagger\hat{a}+1$，如果由最右边表达式以及条件$|n\rangle$是$\hat{H}$的本征态得到：

$$\hat{H}(\hat{a}|n\rangle)=(E_n-\hbar\omega)(\hat{a}|n\rangle)$$

因此 $a^{\dagger}|n\rangle$ 是哈密顿算符的本征态，其本征能量为 $E_n+\hbar\omega$，同样地，我们可以证明 $\hat{a}|n\rangle$ 也是（非规范）本征态：

$$\hat{H}(\hat{a}|n\rangle)=(E_n-\hbar\omega)(\hat{a}|n\rangle)$$

但是现在能量减少了 $\hbar\omega$。换句话说，产生算符 $\hat{a}^{\dagger}$ 使系统产生一个激子，而湮灭运算符 $\hat{a}$ 减少一个激子。接下来要计算本征态，因为谐振子电势 $1/2\omega^2x^2$ 是下方有界的，所以系统必然具有基态 $|0\rangle$。由于不存在能量比基态更高的状态，因此有

$$\hat{a}|0\rangle=0\Rightarrow\left(\frac{m\omega}{2\hbar}\right)^{\frac{1}{2}}\left[x+\frac{\hbar}{m\omega}\frac{\mathrm{d}}{\mathrm{d}x}\right]\psi_0(x)=0$$

在这里，我们使用了式（13.33）的正则动量来推导右侧的微分方程。很容易证明解是

$$\psi_0(x)=\left(\frac{m\omega}{\pi\hbar}\right)^{\frac{1}{4}}\exp\left[-\frac{m\omega}{2\hbar}x^2\right],\quad E_0=\frac{1}{2}\hbar\omega \tag{13.38}$$

从上述基态出发，可以通过将产生算符 $\hat{a}^{\dagger}$ 作用于基态来获得谐振子的归一化激发态。

谐振子的本征态

$$|n\rangle=\frac{1}{\sqrt{n!}}(\hat{a}^{\dagger})^n|0\rangle,\quad E_n=\hbar\omega\left(n+\frac{1}{2}\right) \tag{13.39}$$

图 13.3 给出了产生和湮灭算符如何将系统提升到更高或降至更低能量的状态，并由此增加或减少能量量子 $\hbar\omega$ 的图示。在本章后面的部分中，我们将对电磁场哈密顿量使用类似的方法，它在广义坐标和速度中是二次的。虽然它与真实的物理谐振子没有直接联系，但我们将使用类似的湮灭和产生算符来减少或增加一个能量为 $\hbar\omega$ 的光子。

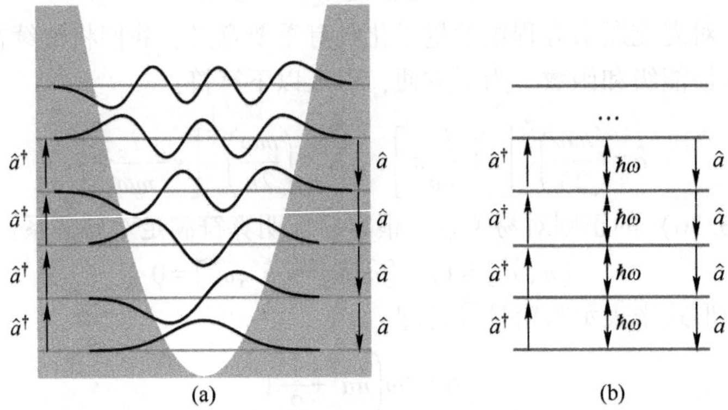

图 13.3　谐振子示意图。在（a）中，阴影区域描绘了抛物线分布的电势。此外，我们还绘制了最低本征能量 $E_n=\hbar\omega(n+1/2)$ 的本征函数。为了清晰，这些本征函数是上下错开的。产生算符 $\hat{a}^{\dagger}$ 将系统提升到更高能量的状态，并产生一个激发量子 $\hbar\omega$。类似地，湮灭算符 $\hat{a}$ 移除一个激发量子，并将系统带到较低能量的状态。（b）在本章后面，我们将对电磁场的哈密顿量使用类似的方案，它在广义坐标和速度中是二次的。虽然与谐振子没有直接联系，但我们将使用类似的湮灭算符和产生算符，移除或添加一个能量为 $\hbar\omega$ 的光子

在有多个谐振子的情况下，也可以使用湮灭和产生算符的方法处理：

$$\hat{H}=\sum_{i=1}^{N}\left(\frac{\hat{\pi}_i^2}{2m_i}+\frac{1}{2}m\omega_i^2x_i^2\right)$$

对于每个谐振子，我们根据式（13.36）引入湮灭和产生算符$\hat{a}_i$、$\hat{a}_i^\dagger$，假设它们满足对易关系：

$$[\hat{a}_i,\hat{a}_j^\dagger]=\delta_{ij},\quad [\hat{a}_i,\hat{a}_j]=[\hat{a}_i^\dagger,\hat{a}_j^\dagger]=0 \tag{13.40}$$

此处，我们虽然不清楚为什么将不同振子的算符进行对易，但稍后我们会看到，这样选择使我们得到具有玻色子对称性质的波函数。最后，我们定义了基态$|0\rangle$，在基态中所有振荡子处于各自的最低能量态。从$|0\rangle$开始通过下式得到激发态：

$$|n_1,n_2,\cdots,n_N\rangle=(n_1!\ n_2!\ \cdots!\ n_N!)^{-\frac{1}{2}}(\hat{a}_1^\dagger)^{n_1}(\hat{a}_2^\dagger)^{n_2}\cdots(\hat{a}_N^\dagger)^{n_N}|0\rangle \tag{13.41}$$

在本章的后面部分我们将看到福克（Fock）态在电磁场的量子化中的重要作用。

复坐标

有时将拉格朗日形式扩展到复坐标系十分有用。例如，考虑由两个实坐标x_1、x_2和它们的速度构成的拉格朗日函数。现在我们引入复坐标

$$X=\frac{1}{\sqrt{2}}(x_1+ix_2) \tag{13.42}$$

把拉格朗日函数改写成X、X^*的函数以及它们的时间导数。很容易证明x_1、x_2与X、X^*有关：

$$x_1=\frac{1}{\sqrt{2}}(X+X^*),\quad x_2=-\frac{i}{\sqrt{2}}(X-X^*)$$

下面我们将X和X^*视为两个独立变量。由此立即获得

$$\begin{cases}\dfrac{\partial L}{\partial X}=\dfrac{\partial L}{\partial x_1}\dfrac{\partial x_1}{\partial X}+\dfrac{\partial L}{\partial x_2}\dfrac{\partial x_2}{\partial X}=\dfrac{1}{\sqrt{2}}\left(\dfrac{\partial L}{\partial x_1}-i\dfrac{\partial L}{\partial x_2}\right)\\[2ex]\dfrac{\partial L}{\partial X^*}=\dfrac{\partial L}{\partial x_1}\dfrac{\partial x_1}{\partial X^*}+\dfrac{\partial L}{\partial x_2}\dfrac{\partial x_2}{\partial X^*}=\dfrac{1}{\sqrt{2}}\left(\dfrac{\partial L}{\partial x_1}+i\dfrac{\partial L}{\partial x_2}\right)\end{cases}$$

速度也有类似的表达式。与式（13.42）的坐标变换类似，定义复动量

$$\Pi=\frac{1}{\sqrt{2}}(\pi_1+i\pi_2)=\left(\frac{\partial L}{\partial X^*}\right)$$

与Π^*的表达式类似。可以很容易地证明以下关系成立。

$$\dot{x}_1\pi_1+\dot{x}_2\pi_2=\dot{X}\Pi^*+\dot{X}^*\Pi$$

因此，具有复变元的拉格朗日函数和哈密顿函数之间的关系如下：

$$H=\dot{X}\Pi^*+\dot{X}^*\Pi-L \tag{13.43}$$

其中，需要将速度$\dot{X}$、$\dot{X}^*$替换成正则动量Π、Π^*。从上面的表达式可以明显看出，H完全是一个实函数。将上述模型规范量子化时必须慎重。在实数域有

$$[\hat{x}_1,\hat{\pi}_1]=[\hat{x}_2,\hat{\pi}_2]=i\hbar,\quad [\hat{x}_1,\hat{\pi}_2]=[\hat{x}_2,\hat{\pi}_1]=0$$

很容易发现

$$[\hat{X},\hat{\Pi}]=\frac{1}{2}[\hat{x}_1+i\hat{x}_2,\hat{\pi}_1+i\hat{\pi}_2]=0$$

相反，它与$\hat{\Pi}$厄米共轭算符的对易关系变为

$$[\hat{X},\hat{\Pi}^{\dagger}]=\frac{1}{2}[\hat{x}_1+i\hat{x}_2,\hat{\pi}_1-i\hat{\pi}_2]=\mathrm{i}\hbar \tag{13.44}$$

这表明基本对易关系必须为$\hat{X}$、$\hat{\Pi}^{\dagger}$定义，而不是为$\hat{X}$、$\hat{\Pi}$。

13.3 库仑规范

在2.2.1节我们已经讨论了电磁势的概念，并表明它们的定义不唯一，而受规范变换影响。规范变换改变电势，但不改变电磁场。因此，规范变换可用于方便理论计算，而不会影响基础物理。

洛伦兹规范。在本书的“经典”部分中我们只是采用了洛伦兹规范。标量势和矢量势都满足波动方程，见式（2.22）。如第1章开头所述，波动方程的解可以用随光速传播的波函数表示。这个解决方案明显遵循相对论原理，即任何信息的传播速度都不能超过光速，这使得它们对大多数研究非常有吸引力。

库仑规范。库仑规范（有时被称为横向规范）是另一种形式。

库仑规范

$$\nabla\cdot\boldsymbol{A}=0 \tag{13.45}$$

式（2.45）定义了任意矢量函数可以分解为纵向部分和横向部分，显然库仑规范中的$\boldsymbol{A}$完全是一个横向的函数。因此横向电场和磁场仅由$\boldsymbol{A}$决定，而纵向部分由标量势V（通过构造）决定。使用式（2.20）可得电磁场标量势的定义方程如下：

$$\nabla^2V(\boldsymbol{r},t)=-\frac{\rho(\boldsymbol{r},t)}{\varepsilon_0}\Rightarrow V(\boldsymbol{r},t)=\frac{1}{4\pi\varepsilon_0}\int\frac{\rho(\boldsymbol{r}',t)}{|\boldsymbol{r}-\boldsymbol{r}'|}\mathrm{d}^3r' \tag{13.46}$$

此处无穷大介质中的形式与静电学中的库仑势相同（因此该规范变换取名为“库仑规范”）。任意位置$\boldsymbol{r}$上的电磁场标势由其他位置$\boldsymbol{r}'$上电荷分布决定，这似乎与相对论原理不一致。然而这个问题有一个解决方案，格里菲斯（Griffiths）在他的《电动力学》一书中对这个问题做了很好的解释[1]：

库仑规范中的电磁场标势有一个奇特的地方：它由当前的电荷分布决定。如果我在实验室里移动一个电子，月球上的电势V会立即记录这种变化。从狭义相对论的角度来看这个结论特别奇怪，因为狭义相对论不允许任何信息的传播速度超过光速。关键是V本身并不是一个上可测量的物理量，所有在月球上的人都可以测量$\boldsymbol{E}$，这也包括$\boldsymbol{A}$。在库仑规范中，这种可测量的物理量被以某种方式嵌入矢量势中，虽然V瞬时反映了整个空间ρ的变化，但组合$-\nabla V-(\partial\boldsymbol{A})/(\partial t)$不会；只有在“信息”经过足够长时间之后，$\boldsymbol{E}$才会发生改变。

因为库仑规范对月球上的人和我来说都似乎有些奇怪，所以迄今为止我一直避免使用它，并且选择了物理上更清晰的洛伦兹规范。然而，在量子力学和量子电动力学领域，我们将电磁场明确划分为与$\boldsymbol{A}$和V直接相关的横向部分和纵向部分有利于分析问题。因此从这里开始，我们将专门研究库仑规范。在任意情况下，对于电动势导出的所有结果，物理上可测量的量都与所选的规范无关。我们通常称这一原理为规范不变性。

电磁场矢势的定义方程可以从式（2.20）中得到，即

$$\left(\nabla^2-\varepsilon_0\mu_0\frac{\partial^2}{\partial t^2}\right)\boldsymbol{A}(\boldsymbol{r},t)=-\mu_0\left[\boldsymbol{J}(\boldsymbol{r},t)-\varepsilon_0\nabla\left(\frac{\partial V(\boldsymbol{r},t)}{\partial t}\right)\right]$$

上式中用到了$\nabla\cdot\boldsymbol{A}=0$，结合式（13.46）定义的瞬时库仑势，可得

$$\boldsymbol{J}(\boldsymbol{r},t)-\nabla\int\frac{1}{4\pi|\boldsymbol{r}-\boldsymbol{r}'|}\left[\frac{\partial\rho(\boldsymbol{r}',t)}{\partial t}\right]\mathrm{d}^3r'=\boldsymbol{J}(\boldsymbol{r},t)+\nabla\int\frac{\nabla'\cdot\boldsymbol{J}(\boldsymbol{r}',t)}{4\pi|\boldsymbol{r}-\boldsymbol{r}'|}\mathrm{d}^3\boldsymbol{r}'$$

推导上式中的第二项时使用了电荷连续性方程。使用横向δ函数，参见式（F.12）和式（F.15），可以证明右侧的项等于横向电流分布$\boldsymbol{J}^{\perp}$. 值得注意的是：这种使$\boldsymbol{J}$横向的操作是空间非局域的，然后可得矢势的定义方程如下：

$$\left(\nabla^2-\mu_0\varepsilon_0\frac{\partial^2}{\partial t^2}\right)\boldsymbol{A}(\boldsymbol{r},t)=-\mu_0\boldsymbol{J}^{\perp}(\boldsymbol{r},t)\tag{13.47}$$

库仑规范中的并矢格林函数。在接下来的内容中，我们将介绍如何使用标量格林函数求解这个微分方程，以及如何用V和$\boldsymbol{A}$表示电场。利用式（5.7）的标量格林函数，利用对时间的傅里叶变换，式（13.47）变为

$$(\nabla^2+k^2)\boldsymbol{A}(\boldsymbol{r})=-\mu_0\boldsymbol{J}^{\perp}(\boldsymbol{r})\Rightarrow\boldsymbol{A}(\boldsymbol{r})=\frac{\mu_0}{4\pi}\int G(\boldsymbol{r},\boldsymbol{r}')\boldsymbol{J}^{\perp}(\boldsymbol{r}')\mathrm{d}^3r'$$

上式中利用式（5.7）的标量格林函数消除了电磁场矢势和电流分布对ω的依赖性。电场强度由以下公式得到：

$$\boldsymbol{E}(\boldsymbol{r})=\mathrm{i}\mu_0\omega\int G(\boldsymbol{r},\boldsymbol{r}')\boldsymbol{J}^{\perp}(\boldsymbol{r}')\mathrm{d}^3r'-\nabla\left(\frac{1}{4\pi\varepsilon_0}\int\frac{\rho(\boldsymbol{r}')}{|\boldsymbol{r}-\boldsymbol{r}'|}\mathrm{d}^3r'\right)$$

右边第二项随电荷分布$\rho(\boldsymbol{r})$的改变而瞬间变化。然而这一看似非物理的行为将由电磁场矢势纠正，矢势也有一个瞬时变化的项是由非局域的横向运算产生。可以使用式（F.16）将电流分布的横向运算与格林函数交换，有

$$\int G(\boldsymbol{r},\boldsymbol{r}')\boldsymbol{J}^{\perp}(\boldsymbol{r}')\mathrm{d}^3r'=\int\overline{\overline{G}}(\boldsymbol{r},\boldsymbol{r}')\cdot\boldsymbol{J}(\boldsymbol{r}')\mathrm{d}^3r'-\frac{1}{k^2}\nabla\int\frac{\nabla'\cdot\boldsymbol{J}(\boldsymbol{r}')}{4\pi|\boldsymbol{r}-\boldsymbol{r}'|}\mathrm{d}^3r'$$

式中，$\overline{\overline{G}}$为式（5.19）的并矢格林函数。将该式乘$\mathrm{i}\mu_0\omega$，右侧第二项可以改写为

$$-\frac{\mathrm{i}\mu_0\omega}{k^2}\nabla\int\frac{\mathrm{i}\omega\rho(\boldsymbol{r}')}{4\pi|\boldsymbol{r}-\boldsymbol{r}'|}\mathrm{d}^3r'=\nabla\int\frac{\rho(\boldsymbol{r}')}{4\pi\varepsilon|\boldsymbol{r}-\boldsymbol{r}'|}\mathrm{d}^3r'$$

这个项被瞬时库仑势抵消，最终得到：

$$\boldsymbol{E}(\boldsymbol{r})=\mathrm{i}\mu_0\omega\int\overline{\overline{G}}(\boldsymbol{r},\boldsymbol{r}')\cdot\boldsymbol{J}(\boldsymbol{r}')\mathrm{d}^3r'$$

这一结果已在第5章中使用洛伦兹规范导出。令人欣慰的是，根据规范不变性原理，最终的结果并不取决于所选规范。

库仑规范的优点是纵向场分量完全由标量势V控制，而横向场分量完全由矢量势$\boldsymbol{A}$控制。代价是，V将对电荷分布ρ的变化瞬间做出反应，这个结论并不物理。然而，由于横向矢势考虑到电磁场满足狭义相对论的要求，即任何信息的传播速度都不能超过光速，因此库仑规范在概念上没有错。

13.4 麦克斯韦方程组的正则量子化

接下来我们将建立电动力学的拉格朗日形式，并使用正则量子化给出麦克斯韦方程组的量子化形式。这里有必要为读者推荐 Cohen-Tannoudji 等的《光子和原子》一书[123]，这是一本极为出色的著作，书中详细且清晰地解释了光的量子理论。相比之下，本章只是以一种相当简洁的形式介绍光的量子理论，或者说本章只介绍涉及基本理解层面的若干主题。

13.4.1 拉格朗日形式

在麦克斯韦方程的框架内，拉格朗日形式的中心主题是电磁场标势 V 和矢势 $\boldsymbol{A}$。在 13.6 节将详细讨论拉格朗日形式。简而言之，拉格朗日函数可以分为三部分：

$$L=L_{\mathrm{mat}}+L_{\mathrm{em}}+L_{\mathrm{int}} \tag{13.48}$$

式中：L_{mat}为带电粒子的贡献；L_{em}为电磁场的贡献；L_{int}表示光与物质相互作用。对于质量为 m 的带电粒子而言，其拉格朗日函数只包含动能，即

$$L_{\mathrm{mat}}=\frac{1}{2}\sum_i mv_i^2 \tag{13.49a}$$

在处理具有内部结构的粒子时，例如分子，可以加入一个势能项来描述其振动自由度，但为了简单此处并不考虑这种情况。电磁场的拉格朗日函数写为［另见式（13.105）］

$$L_{\mathrm{em}}=\int\left(\frac{\varepsilon_0}{2}\boldsymbol{E}\cdot\boldsymbol{E}-\frac{1}{2\mu_0}\boldsymbol{B}\cdot\boldsymbol{B}\right)\mathrm{d}^3r \tag{13.49b}$$

其中，场 $\boldsymbol{E}$、$\boldsymbol{B}$ 能够通过电磁场标势 V 和矢势 $\boldsymbol{A}$ 表示。正如 13.6.2 节中计算的，只需将 L_{em}和光与物质相互作用项 L_{int}代入拉格朗日形式的作用量原理，就可以重新得到麦克斯韦方程组。一个带电粒子与电磁场的相互作用可表示如下［另见式（13.101）］：

$$L_{\mathrm{int}}=-qV(\boldsymbol{r},t)+q\boldsymbol{v}\cdot\boldsymbol{A}(\boldsymbol{r},t) \tag{13.49c}$$

对于多粒子情况，可以引入电荷分布和电流分布，参考第 7 章中讨论的从微观到宏观电动力学的过渡，得出光与物质的相互作用项为

$$L_{\mathrm{int}}=\int\mathcal{L}_{\mathrm{int}}=\int[-\rho(\boldsymbol{r},t)V(\boldsymbol{r},t)+\boldsymbol{J}(\boldsymbol{r},t)\cdot\boldsymbol{A}(\boldsymbol{r},t)]\mathrm{d}^3r \tag{13.49d}$$

更多详细信息可参见 13.6.1 节的推导过程。接下来对拉格朗日函数进行正则量子化，它可以分三步进行。

（1）从物质自由度的量子化开始，考虑一个或多个带电粒子在经典电磁场中运动；

（2）对自由空间中的麦克斯韦方程组量子化，并引入光子的概念；

（3）结合（1）和（2）中的结果给出量子化的光与物质系统的哈密顿量。

13.4.2 物质的量子化部分

我们从一个带电粒子与外部电磁场相互作用系统的量子化开始介绍，此处尽管对电

磁场进行的是经典处理，但以下所有结果都适用电磁场矢势算符$\hat{\boldsymbol{A}}$（麦克斯韦方程组的量子化将需要它）。对于与经典电磁场耦合带电粒子的拉格朗日函数$\frac{1}{2}mv^2-qV+q\boldsymbol{v}\cdot\boldsymbol{A}$，可计算其正则动量如下：

$$\pi_k=\frac{\partial}{\partial v_k}(L_{\mathrm{mat}}+L_{\mathrm{int}})=mv_k+qA_k \tag{13.50}$$

接下来对式（13.28）进行勒让德变换，可得

$$H=\boldsymbol{v}\cdot(m\boldsymbol{v}+q\boldsymbol{A})-\frac{1}{2}mv^2+qV-q\boldsymbol{v}\cdot\boldsymbol{A}=\frac{1}{2}mv^2+qV$$

由此得到了用电磁势 V、$\boldsymbol{A}$ 表示的带电粒子与电磁场相互作用的哈密顿量

$$H=\frac{(\boldsymbol{\pi}-q\boldsymbol{A}(\boldsymbol{r},t))^2}{2m}+qV(\boldsymbol{r},t) \tag{13.51}$$

利用 13.2.3 节中讨论的正则量子化过程，如图 13.4 所示，将得到所谓最小耦合哈密顿量。

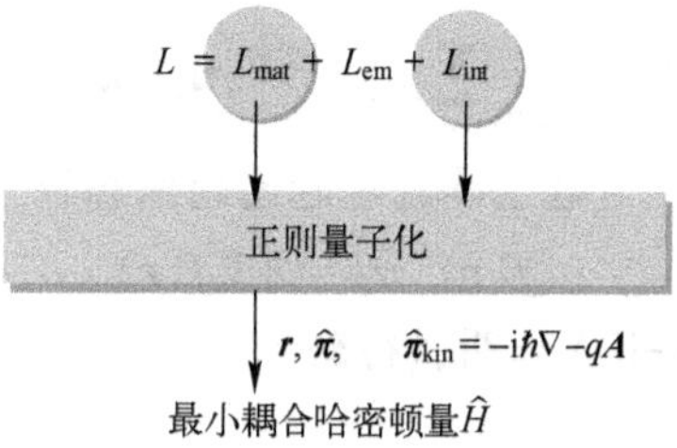

图 13.4 光与物质相互作用部分的量子化。对物质、光与物质相互作用的拉格朗日算符进行正则量子化，这将得到粒子的空间坐标 $\boldsymbol{r}$ 和正则动量$\hat{\boldsymbol{\pi}}$这两个动力学量，最终给出形如式（13.52）的最小耦合哈密顿。此处对外部电磁场进行了经典处理

最小耦合哈密顿量

$$\hat{H}=\frac{[\hat{\boldsymbol{\pi}}-q\boldsymbol{A}(\boldsymbol{r},t)]^2}{2m}+qV(\boldsymbol{r},t) \tag{13.52}$$

在式（13.52）中**正则动量算符**为

$$\hat{\boldsymbol{\pi}}=-\mathrm{i}\hbar\nabla \tag{13.53}$$

它描述了带电粒子在电磁场中的动量，而**动力学动量算符**表示为

$$\hat{\boldsymbol{\pi}}_{\mathrm{kin}}=-\mathrm{i}\hbar\nabla-q\boldsymbol{A}(\boldsymbol{r},t) \tag{13.54}$$

它仅仅描述了带电粒子本身的动量。我们在本章开头已经见过这两个动量，同样在第 4 章讨论**亚伯拉罕-闵可夫斯基**的争论时也提到了这两个动量。在库仑规范中$\nabla\cdot A=0$，动量算符和矢势对易，最小耦合哈密顿量可以改写为

$$\hat{H}=\frac{\hat{\boldsymbol{\pi}}^2}{2m}-\frac{q}{m}\boldsymbol{A}(\boldsymbol{r},t)\cdot\hat{\boldsymbol{\pi}}+qV(\boldsymbol{r},t)+\frac{q^2A^2(\boldsymbol{r})}{2m} \tag{13.55}$$

在线性响应中最后一项可以忽略，因为它对应了电磁场矢势的二次函数，这样就得到了其哈密顿量为

$$\hat{H}_{\mathrm{int}}=-\frac{q}{m}\boldsymbol{A}(\boldsymbol{r},t)\cdot\hat{\boldsymbol{\pi}}+qV(\boldsymbol{r},t) \tag{13.56}$$

多粒子系统的光与物质相互作用

可以把上述方法推广到多粒子系统。为了简单假设所有粒子有相同的质量 m 和电荷 q，并将哈密顿量写成：

$$\hat{H}_0+\hat{H}_{\text{int}}=\sum_i\frac{\hat{\boldsymbol{\pi}}_i^2}{2m}+\sum_i\left[-\frac{q}{m}\boldsymbol{A}(\boldsymbol{r}_i)\cdot\hat{\boldsymbol{\pi}}_i+qV(\boldsymbol{r}_i)+\frac{q^2A^2(\boldsymbol{r}_i)}{2m}\right]\tag{13.57}$$

在这里$\hat{H}_0$仅描述物质的哈密顿，而$\hat{H}_{\text{int}}$对应式（13.55）中光与物质之间的耦合。一般来说，多粒子系统的处理是一个复杂的任务，因此，通常引入二次量子化的方法描述基本粒子的不可区分性[124-125]，此处我们遵循 Pines 和 Nozieres 著作[126]的一个比较简单的方法进行处理。

粒子密度和电流算符。首先引入粒子密度算符

$$\hat{n}(\boldsymbol{r})=\sum_i\delta(\boldsymbol{r}-\boldsymbol{r}_i)\Longleftrightarrow\hat{n}_k=\sum_i\mathrm{e}^{-\mathrm{i}\boldsymbol{k}\cdot\boldsymbol{r}_i}\tag{13.58}$$

式中：$\hat{n}_k$ 为$\hat{n}(\boldsymbol{r})$的傅里叶变换，接下来使用海森堡运动方程计算系统哈密顿量$\hat{H}_0$引起的$\hat{n}(\boldsymbol{r})$随时间演化，有

$$\mathrm{i}\hbar\frac{\mathrm{d}\hat{n}_k}{\mathrm{d}t}=[\hat{n}_k,\hat{H}_0]=\frac{1}{2m}\sum_i\left([\mathrm{e}^{-\mathrm{i}\boldsymbol{k}\cdot\boldsymbol{r}_i},\hat{\boldsymbol{\pi}}_i]\hat{\boldsymbol{\pi}}_i+\hat{\boldsymbol{\pi}}_i[\mathrm{e}^{-\mathrm{i}\boldsymbol{k}\cdot\boldsymbol{r}_i},\hat{\boldsymbol{\pi}}_i]\right)$$

为了明确推导思路，这里省略了算符对时间的依赖性，有

$$[f(\boldsymbol{r}),\hat{\boldsymbol{\pi}}]=\mathrm{i}\hbar\nabla f(\boldsymbol{r})$$

上式可以很容易地用$\hat{\boldsymbol{\pi}}=-\mathrm{i}\hbar\nabla$证明，得到：

$$\frac{\mathrm{d}\hat{n}_k}{\mathrm{d}t}=-\frac{i}{2m\hbar}\sum_i\left(\mathrm{e}^{-\mathrm{i}\boldsymbol{k}\cdot\boldsymbol{r}_i}\hbar\boldsymbol{k}\cdot\hat{\boldsymbol{\pi}}_i+\hbar\boldsymbol{k}\cdot\hat{\boldsymbol{\pi}}_i\mathrm{e}^{-\mathrm{i}\boldsymbol{k}\cdot\boldsymbol{r}_i}\right)=-\mathrm{i}\boldsymbol{k}\cdot\hat{\boldsymbol{j}}_k$$

在上式中引入了粒子的电流算符：

$$\hat{\boldsymbol{j}}(\boldsymbol{r})=\frac{1}{2m}\sum_i[\delta(\boldsymbol{r}-\boldsymbol{r}_i)\hat{\boldsymbol{\pi}}_i+\hat{\boldsymbol{\pi}}_i\delta(\boldsymbol{r}-\boldsymbol{r}_i)]\tag{13.59}$$

其傅里叶变换$\hat{\boldsymbol{j}}_k$可以用 $\mathrm{e}^{-\mathrm{i}k\cdot r_i}$替换$\delta(r-r_i)$得到。由于 r_i 和$\hat{\boldsymbol{\pi}}_i$ 并不对易，因此需要使用对称的形式。当只考虑系统哈密顿量 H_0 对$\hat{n}(r)$随时间演化的影响时，粒子密度和电流算符满足连续性方程：

$$\frac{\mathrm{d}\hat{n}(\boldsymbol{r})}{\mathrm{d}t}=-\nabla\cdot\hat{\boldsymbol{j}}(\boldsymbol{r})\Leftrightarrow\frac{\mathrm{d}\hat{\boldsymbol{n}}_k}{\mathrm{d}t}=-\mathrm{i}\boldsymbol{k}\cdot\hat{\boldsymbol{j}}_k\tag{13.60}$$

为了进一步描述光与物质的相互作用，进行如下推导：

$$[\hat{n}(\boldsymbol{r}),\hat{H}_{\text{int}}]=-\frac{q}{m}\sum_i[\hat{n}(\boldsymbol{r}),\hat{\boldsymbol{\pi}}_i]\cdot\boldsymbol{A}(\boldsymbol{r}_i,t)=-\frac{\mathrm{i}q\hbar}{m}\sum_i\nabla_i\hat{n}(\boldsymbol{r})\cdot\boldsymbol{A}(\boldsymbol{r}_i,t)$$

上式中利用了$\hat{n}$和 A^2 的对易关系，最后一项可以写成：

$$\sum_i\nabla_i\hat{n}(\boldsymbol{r})=\sum_{ij,k}\nabla_i(\mathrm{e}^{\mathrm{i}\boldsymbol{k}\cdot(\boldsymbol{r}-\boldsymbol{r}_j)})=\sum_{i,k}\nabla_i(\mathrm{e}^{\mathrm{i}\boldsymbol{k}\cdot(\boldsymbol{r}-\boldsymbol{r}_i)})=-\nabla\hat{n}(\boldsymbol{r})$$

这样就能够把 Nabla 算子（哈密顿算子）从所有粒子的求和中提出。利用密度算符的海森堡运动方程可以得到如下修正的连续性方程：

$$\frac{\mathrm{d}\hat{n}(\boldsymbol{r})}{\mathrm{d}t}=-\nabla\cdot\left[\hat{\boldsymbol{j}}(\boldsymbol{r})-\frac{q}{m}\hat{n}(\boldsymbol{r})\boldsymbol{A}(\boldsymbol{r},t)\right]\tag{13.61}$$

右边的电流算符可以用式（13.54）中的动力学动量来解释，并且通过下面的定义很方便地将其分为顺磁贡献和抗磁贡献两类：

$$\hat{\boldsymbol{J}}(\boldsymbol{r})=\hat{\boldsymbol{J}}_{\text{para}}(\boldsymbol{r})+\hat{\boldsymbol{J}}_{\text{dia}}(\boldsymbol{r})=q\hat{\boldsymbol{j}}(\boldsymbol{r})-\frac{q^2}{m}\hat{n}(\boldsymbol{r})\boldsymbol{A}(\boldsymbol{r},t) \tag{13.62}$$

这样多粒子系统的光与物质耦合项就可以写作如下。

多粒子系统的光-物质相互作用

$$\hat{H}_{\text{int}}=\int\left\{-\left[q\hat{\boldsymbol{j}}(\boldsymbol{r})\right]\cdot\boldsymbol{A}(\boldsymbol{r},t)+\left[q\hat{n}(\boldsymbol{r})\right]V(r,t)+\frac{q^2\,\hat{n}(r)}{2m}A^2(\boldsymbol{r},t)\right\}\mathrm{d}^3r \tag{13.63}$$

需要注意的是：在线性响应中在第一项中是采用顺磁算符还是总电流算符并不重要，因为二者相差了一个与 A^2 成比例的项，同理也可以忽略括号中的最后一项。

13.4.3　麦克斯韦方程组的量子化

利用电磁场的拉格朗日函数和光与物质相互作用的拉格朗日函数可以给出麦克斯韦方程组的量子化具体方法，由式（13.49）得

$$\begin{aligned}L_{\text{em}}+L_{\text{int}}=\int\Big[&\frac{\varepsilon_0}{2}(-\nabla V-\dot{\boldsymbol{A}})\cdot(-\nabla V-\dot{\boldsymbol{A}})\\&-\frac{1}{2\mu_0}(\nabla\times\boldsymbol{A})\cdot(\nabla\times\boldsymbol{A})+\boldsymbol{J}\cdot\boldsymbol{A}-\rho V\Big]\mathrm{d}^3r\end{aligned} \tag{13.64}$$

式中：$\dot{\boldsymbol{A}}$为电磁场矢势对时间的导数。如果把这个表达式进行常规的量子化，你会发现该拉格朗日函数并不依赖电磁场标势的时间导数，因而 V 的正则动量为零。

解决这个问题的一种常用方法是从拉格朗日函数中去除电磁场标势，可以证明这一过程与库仑规范[123]等价。有关该步骤的详细信息请参考 13.6.3 节。事实证明：我们很容易在傅里叶空间中利用平面波基底展开所有的物理量。例如，电磁场矢势展开如下：

$$\boldsymbol{A}(\boldsymbol{r},t)=\Omega^{-1/2}\sum_{\boldsymbol{k}}\mathrm{e}^{\mathrm{i}\boldsymbol{k}\cdot\boldsymbol{r}}\boldsymbol{A}_{\boldsymbol{k}}=\Omega^{-1/2}\sum_{\boldsymbol{k}\in K^+}(\mathrm{e}^{\mathrm{i}\boldsymbol{k}\cdot\boldsymbol{r}}\boldsymbol{A}_{\boldsymbol{k}}+\mathrm{e}^{-\mathrm{i}\boldsymbol{k}\cdot\boldsymbol{r}}\boldsymbol{A}_{k}^{*}) \tag{13.65}$$

式中：Ω 是一个最终推导后将趋于无穷大的量子化体积。由于 $\boldsymbol{A}(\boldsymbol{r},t)$ 是实函数，因此其傅里叶展开系数 $\boldsymbol{A}_{\boldsymbol{k}}$ 服从如下对称关系：

$$\boldsymbol{A}_{\boldsymbol{k}}=\boldsymbol{A}_{-\boldsymbol{k}}^{*}$$

在式（13.65）中我们将求和限制在倒易空间的一半并用 K^+ 表示，通过上述对称关系我们可以将剩余波矢联系起来。消除冗余变量对于模型的正则量子化非常重要，见图 13.5。式（13.64）的拉格朗日函数被写成［式（13.108）］：

$$L_{\text{em}}^{\perp}+L_{\text{int}}=\sum_{\boldsymbol{k}\in K^+}\left[\varepsilon_0(|\dot{\boldsymbol{A}}_{\boldsymbol{k}}|^2-\omega^2|\boldsymbol{A}_{\boldsymbol{k}}|^2)-\frac{|\rho_{\boldsymbol{k}}|^2}{k^2\varepsilon_0}+2\mathrm{Re}\{\boldsymbol{J}_{\boldsymbol{k}}\cdot\boldsymbol{A}_{\boldsymbol{k}}^{*}\}\right] \tag{13.66}$$

括号中的第一项表示横向电磁场的贡献，其余两项表示带电粒子与电磁场的耦合。由于带电粒子之间的瞬时库仑相互作用，我们消除了括号第二项中的电磁场标势。$\boldsymbol{A}_{\boldsymbol{k}}$是一个横向矢量函数，这样它就能够展开为两个正交极化矢量，其中 $\boldsymbol{\epsilon}_{\boldsymbol{k}s}$垂直于 $\boldsymbol{k}$，得到：

$$\boldsymbol{A}_{\boldsymbol{k}}=\sum_{s}\boldsymbol{\epsilon}_{\boldsymbol{k}s}A_{\boldsymbol{k}s} \tag{13.67}$$

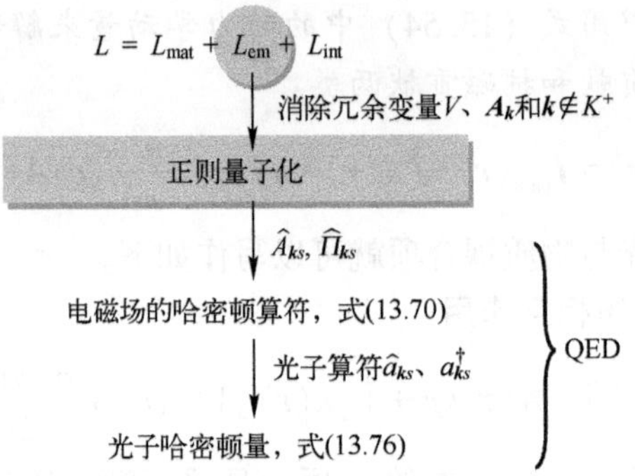

图 13.5　麦克斯韦方程组的量子化。从经典电动力学的拉格朗日函数出发，消除其中的冗余变量：在库仑规范中，用电荷分布来表示标量势 V，而在波数空间中，由于对称关系 $\boldsymbol{A}_k = \boldsymbol{A}^*_{-k}$，因此只需一个半空间 $\boldsymbol{k} \in K^+$。横向矢量势 $\boldsymbol{A}_{ks}$ 由两个极化矢量 $\boldsymbol{\epsilon}_k$ 和广义速度展开，将拉格朗日函数应用于一般的正则量子化过程中。最后，引入光子算符，将哈密顿量改写为式（13.67）的最终形式

上式中用 s 表示不同的极化方向，A_{ks} 描述了与波矢 $\boldsymbol{k}$ 和极化方向 s 相关的电磁场矢势分量。因而横向电磁场的拉格朗日函数可以表示为

$$L_{em}^{\perp} = \sum_{k \in K^+} \sum_{s} \varepsilon_0 (\dot{A}_{ks}^* \dot{A}_{ks} - \omega^2 A_{ks}^* A_{ks})$$

正如在复坐标系下拉格朗日函数的式（13.43）中所讨论的，我们必须通过式（13.68）定义**正则场动量**：

$$\Pi_{ks} = \frac{\partial L_{em}^{\perp}}{\partial \dot{A}_{ks}^*} = \varepsilon_0 \dot{A}_{ks} \tag{13.68}$$

并根据下式计算哈密顿函数

$$\begin{aligned} H_{em} &= \sum_{k \in K^+} \sum_{s} (\Pi_{ks} \dot{A}_{ks}^* + \Pi_{ks}^* \dot{A}_{ks}) - L_{em}^{\perp} \\ &= \sum_{k \in K^+} \sum_{s} \left(\frac{1}{\varepsilon_0} \Pi_{ks}^* \Pi_{ks} + \varepsilon_0 \omega^2 A_{ks}^* A_{ks} \right) \end{aligned}$$

这样就可以对场哈密顿量进行正则量子化，基本对易关系定义如下：

$$[\hat{A}_{ks}, \hat{\Pi}_{k's'}^\dagger] = [\hat{A}_{ks}^\dagger, \hat{\Pi}_{k's'}] = \mathrm{i}\hbar \delta_{kk'} \delta_{ss'} \tag{13.69}$$

所有其他量的对易都为零：

$$[\hat{A}_{ks}, \hat{\Pi}_{k's'}] = [\hat{A}_{ks}^\dagger, \hat{\Pi}_{k's'}^\dagger] = 0$$

$$[\hat{A}_{ks}, \hat{A}_{k's'}] = [\hat{A}_{ks}, \hat{A}_{k's'}^\dagger] = [\hat{\Pi}_{ks}, \hat{\Pi}_{k's'}] = [\hat{\Pi}_{ks}, \hat{\Pi}_{k's'}^\dagger] = 0$$

由此我们可得哈密顿算符：

$$\hat{H}_{em} = \frac{1}{2} \sum_{k,s} \left(\frac{1}{\varepsilon_0} \hat{\Pi}_{ks}^\dagger \hat{\Pi}_{ks} + \varepsilon_0 \omega^2 \hat{A}_{ks}^\dagger \hat{A}_{ks} \right) \tag{13.70}$$

在倒易半空间中对经典模型进行量化后，最终可以取消求和限制并引入另外一半因子来代替。有了电磁场的量子化以及式（13.70）的哈密顿量，理论层面的任务就已经完成了，接下来要做的是分析电磁场量子化的最终结果。

这里我们也许应该暂停一下并重新审视刚刚发展起来的量子电动力学理论。

式（13.70）的哈密顿量展示了量子力学所固有的波粒二象性：光的波动性在于它所满足的经典麦克斯韦理论；而稍后将在后面内容看到，基本光量子（光子）的传播与经典光波完全一致。光的粒子性要求我们只能探测到能量为 $h\nu$ 整数倍的能量，稍后本书将展示如何通过光子产生算符和湮灭算符很好地解释这一点。此外，我们也有理由提出这样的问题：在什么情况下需要光的量子理论，在什么时候可以使用经典处理方法？Mandel 和 Wolf[4] 在他们的著作中对该问题进行了解答：

迄今为止，电磁场一直被认为是可以用"c 数"的函数来描述的经典场。经典电磁理论在解释各种光学现象方面都非常成功，尤其是那些与波传播有关的光学现象，这证明了经典方法的有效性。似乎几乎没有什么能撼动光学中经典电磁理论的地位。

另外，我们如今经常遇到光子数很少的情况，这使得其研究范畴完全处于量子领域。在电磁频谱的微波区域或在更长的波长下，场中每种模式的光子数量通常非常大，因此我们有理由对系统进行经典处理；然而在光学区域情况通常恰恰相反，对于除激光以外的几乎所有光源，其光子的平均数量通常远小于 1，因此经典的描述是远远不够的，必须将其视为量子电动力学的一个分支。

那么为何经典光学在很多情况下都符合得这么好呢？这是因为我们很少测量光的非经典特征，比如波动剧烈的相位。在许多情况下，知道光的强度就足以处理问题了，而经典波动光学很好地描述了这一点。事实上即使在极低的光照下，经典光学也能解释很多现象。然而经典光学并不总是有效的，会有一些光学现象（但并非总是）涉及少量子数，必须对场进行量子力学处理，这时量子电动力学将起至关重要的作用。电磁辐射的量子理论是迄今为止最成功、最全面的光学理论，它的所有预测都与实验没有矛盾。

以上表述的主要思想在于：经典麦克斯韦理论通常都能够很好地描述光学现象，只有在极少数情况下才需要量子修正。这个观点很好地阐明了以下章节将遇到的问题：在多数情况下我们仍然可以使用经典的方法，只需要考虑一些光的量子特性作为辅助即可。

将式（13.67）的电磁场矢势表示与式（13.65）的平面波展开相结合为

$$\hat{\boldsymbol{A}}(\boldsymbol{r}) = \frac{1}{\sqrt{\Omega}}\sum_{\boldsymbol{k}\in K^+}\sum_{s}\left(\mathrm{e}^{\mathrm{i}\boldsymbol{k}\cdot\boldsymbol{r}}\hat{A}_{\boldsymbol{k}s} + \mathrm{e}^{-\mathrm{i}\boldsymbol{k}\cdot\boldsymbol{r}}\hat{A}_{\boldsymbol{k}s}^{\dagger}\right)\boldsymbol{\epsilon}_{\boldsymbol{k}s} \tag{13.71}$$

式（13.71）中为了简单假设极化矢量是实的，电场的横向分量可表示为

$$\boldsymbol{E}_{\boldsymbol{k}}^{\perp} = -\dot{\boldsymbol{A}}_{\boldsymbol{k}} \Rightarrow \hat{\boldsymbol{E}}_{\boldsymbol{k}} = -\frac{1}{\varepsilon_0}\sum_{s}\boldsymbol{\epsilon}_{\boldsymbol{k}s}\hat{\Pi}_{\boldsymbol{k}s}$$

类似于电磁场矢势的分析，可得到横向电场算符的实空间表示：

$$\hat{\boldsymbol{E}}^{\perp}(\boldsymbol{r}) = -\frac{1}{\varepsilon_0\sqrt{\Omega}}\sum_{\boldsymbol{k}\in K^+}\sum_{s}\left(\mathrm{e}^{\mathrm{i}\boldsymbol{k}\cdot\boldsymbol{r}}\hat{\Pi}_{\boldsymbol{k}s} + \mathrm{e}^{-\mathrm{i}\boldsymbol{k}\cdot\boldsymbol{r}}\hat{\Pi}_{\boldsymbol{k}s}^{\dagger}\right)\boldsymbol{\epsilon}_{\boldsymbol{k}s} \tag{13.72}$$

此外，磁场算符可以由 $\hat{B}(r) = \nabla\times\hat{A}(r)$ 得到。利用这些算符，就可以将式（13.70）的哈密顿量重新写成下面的形式。

自由电磁场的哈密顿算符

$$\hat{H}_{\mathrm{em}} = \int\left[\frac{\varepsilon_0}{2}\hat{\boldsymbol{E}}^{\perp}(\boldsymbol{r})\cdot\hat{\boldsymbol{E}}^{\perp}(\boldsymbol{r}) + \frac{1}{2\mu_0}\hat{\boldsymbol{B}}(\boldsymbol{r})\cdot\hat{\boldsymbol{B}}(\boldsymbol{r})\right]\mathrm{d}^3r \tag{13.73}$$

上述结果与经典电磁场中的能量表达式一致，只是此处的电场和磁场由算符取代。

13.4.4 光子

电磁场的哈密顿量$\hat{H}_{em}$中的电磁场矢势及其共轭动量都是二次的，在接下来的内容中，尽管电磁场中并不存在“实物谐振子”，但我们仍可以使用与谐振子完全相似的产生和湮灭算符重写其哈密顿量。考虑算符：

$$\hat{a}_{ks}=\left(\frac{\varepsilon_0}{2\hbar\omega}\right)^{\frac{1}{2}}\left[\omega\hat{A}_{ks}+\frac{i}{\varepsilon_0}\hat{\Pi}_{ks}\right],\quad \hat{a}_{ks}^{\dagger}=\left(\frac{\varepsilon_0}{2\hbar\omega}\right)^{\frac{1}{2}}\left[\omega\hat{A}_{ks}^{\dagger}-\frac{i}{\varepsilon_0}\hat{\Pi}_{ks}^{\dagger}\right] \tag{13.74}$$

利用式（13.69）的基本对易关系，很容易证明：

$$[\hat{a}_{ks},\hat{a}_{k's'}^{\dagger}]=\delta_{kk'}\delta_{ss'},\quad [\hat{a}_{ks},\hat{a}_{k's'}]=[\hat{a}_{k's'}^{\dagger},\hat{a}_{k's'}^{\dagger}]=0 \tag{13.75}$$

此外，得到：

$$\hat{a}_{ks}^{\dagger}\hat{a}_{ks}=\left(\frac{\varepsilon_0}{2\hbar\omega}\right)\left[\frac{1}{\varepsilon_0^2}\hat{\Pi}_{ks}^{\dagger}\hat{\Pi}_{ks}+\omega^2\hat{A}_{ks}^{\dagger}\hat{A}_{ks}+\frac{\mathrm{i}\omega}{\varepsilon_0}(\hat{A}_{ks}^{\dagger}\hat{\Pi}_{ks}-\hat{\Pi}_{ks}^{\dagger}\hat{A}_{ks})\right]$$

$$\hat{a}_{ks}\hat{a}_{ks}^{\dagger}=\left(\frac{\varepsilon_0}{2\hbar\omega}\right)\left[\frac{1}{\varepsilon_0^2}\hat{\Pi}_{ks}\hat{\Pi}_{ks}^{\dagger}+\omega^2\hat{A}_{ks}\hat{A}_{ks}^{\dagger}+\frac{\mathrm{i}\omega}{\varepsilon_0}(\hat{\Pi}_{ks}\hat{A}_{ks}^{\dagger}-\hat{A}_{ks}\hat{\Pi}_{ks}^{\dagger})\right]$$

当将这两项相加并利用式（13.69）的基本对易关系，可以发现：

$$\hat{a}_{ks}^{\dagger}\hat{a}_{ks}+\hat{a}_{ks}\hat{a}_{ks}^{\dagger}=\frac{1}{\hbar\omega}\left(\frac{1}{\varepsilon_0}\hat{\Pi}_{ks}^{\dagger}\hat{\Pi}_{ks}+\varepsilon_0\omega^2\hat{A}_{ks}^{\dagger}\hat{A}_{ks}\right)+\frac{\mathrm{i}\omega}{\varepsilon_0}(\cdots)$$

使用与动量算符类似的对称关系$\hat{A}_{k,s}=\hat{A}_{-k,s}^{\dagger}$，可以证明当在整个波矢空间求和时，括号中的最后一项变为零。因此式（13.70）的场哈密顿量可以写成下面的形式：

光子哈密顿量

$$\hat{H}_{em}=\sum_{k,s}\hbar\omega\left((\hat{a}_{ks}^{\dagger}\hat{a}_{ks}+\frac{1}{2}\right) \tag{13.76}$$

式（13.76）的推导利用了$\omega=ck$，它与本章讨论过的一组谐振子哈密顿量形式相同。类比经典谐振子可以认为：算符$\hat{a}_{k,s}^{\dagger}$产生了一个具有波数$\boldsymbol{k}$和偏振s的光子；类似地，算符$\hat{a}_{k,s}$表示光场中湮灭了一个光子。这些算符作用的量子态就是福克态，它可以理解为由具有不同光子数组成的状态。

最终可以用$\hat{a}_{k,s}$和$\hat{a}_{k,s}^{\dagger}$来表示电磁场矢势和场算符，根据光子算符的定义式（13.74），可以发现

$$\hat{a}_{k,s}+\hat{a}_{-k,s}^{\dagger}=\left(\frac{2\varepsilon_0\omega}{\hbar}\right)^{\frac{1}{2}}\hat{A}_{ks},\quad \hat{a}_{k,s}-\hat{a}_{-k,s}^{\dagger}=i\left(\frac{2}{\hbar\varepsilon_0\omega}\right)^{\frac{1}{2}}\hat{\Pi}_{ks}$$

当把它带入电磁场矢势算符的式（13.71）表达式中，可得

$$\hat{\boldsymbol{A}}(\boldsymbol{r})=\sum_{k\in K^+}\sum_{s}\left(\frac{\hbar}{2\Omega\varepsilon_0\omega}\right)^{\frac{1}{2}}[\mathrm{e}^{\mathrm{i}\boldsymbol{k}\cdot\boldsymbol{r}}(\hat{a}_{k,s}+\hat{a}_{-k,s}^{\dagger})+\mathrm{e}^{-\mathrm{i}\boldsymbol{k}\cdot\boldsymbol{r}}(\hat{a}_{k,s}^{\dagger}+\hat{a}_{-k,s})]\boldsymbol{\epsilon}_{ks}$$

$\hat{a}_{-k,s}$、$\hat{a}_{-k,s}^{\dagger}$分别描述湮灭和产生一个具有波数$-\boldsymbol{k}$的光子，这与经典平面波是一致的，因此可以将求和拓展到整个波矢空间，从而矢势算符表示为

$$\hat{\boldsymbol{A}}(\boldsymbol{r})=\sum_{k,s}\left(\frac{\hbar}{2\Omega\varepsilon_0\omega}\right)^{\frac{1}{2}}[\mathrm{e}^{\mathrm{i}\boldsymbol{k}\cdot\boldsymbol{r}}\hat{a}_{ks}+\mathrm{e}^{-\mathrm{i}\boldsymbol{k}\cdot\boldsymbol{r}}\hat{a}_{ks}^{\dagger}]\boldsymbol{\epsilon}_{ks} \tag{13.77}$$

类似地，可以导出用光子湮灭算符和创造算符来表示的电场和磁场算符。

电场和磁场算符

$$\begin{cases}\hat{\boldsymbol{E}}^{\perp}(\boldsymbol{r})=\sum\limits_{\boldsymbol{k},s}\left(\dfrac{\hbar\omega}{2\Omega\varepsilon_0}\right)^{\frac{1}{2}}\mathrm{i}[\mathrm{e}^{\mathrm{i}\boldsymbol{k}\cdot\boldsymbol{r}}\hat{a}_{\boldsymbol{k}s}-\mathrm{e}^{-\mathrm{i}\boldsymbol{k}\cdot\boldsymbol{r}}\hat{a}_{\boldsymbol{k}s}^{\dagger}]\boldsymbol{\epsilon}_{\boldsymbol{k}s}\\ \hat{\boldsymbol{B}}(\boldsymbol{r})=\sum\limits_{\boldsymbol{k},s}\left(\dfrac{\hbar}{2\Omega\varepsilon_0\omega}\right)^{\frac{1}{2}}\mathrm{i}[\mathrm{e}^{\mathrm{i}\boldsymbol{k}\cdot\boldsymbol{r}}\hat{a}_{\boldsymbol{k}s}-\mathrm{e}^{-\mathrm{i}\boldsymbol{k}\cdot\boldsymbol{r}}\hat{a}_{\boldsymbol{k}s}^{\dagger}]\boldsymbol{k}\times\boldsymbol{\epsilon}_{\boldsymbol{k}s}\end{cases}\tag{13.78}$$

对易关系。考虑矢势与横向电场算符之间的对易关系：

$$[\hat{E}_i^{\perp}(\boldsymbol{r}'),\hat{A}_j(\boldsymbol{r})]=\frac{\mathrm{i}\hbar}{2\Omega\varepsilon_0}\sum_{\boldsymbol{k},s}[\mathrm{e}^{\mathrm{i}\boldsymbol{k}\cdot(\boldsymbol{r}-\boldsymbol{r}')}+\mathrm{e}^{-\mathrm{i}\boldsymbol{k}\cdot(\boldsymbol{r}-\boldsymbol{r}')}](\boldsymbol{\epsilon}_{\boldsymbol{k}s})_i(\boldsymbol{\epsilon}_{\boldsymbol{k}s})_j$$

上式中利用了式（13.75）中给出的基本对易关系。极化矢量与$\hat{\boldsymbol{k}}$一起构成了一组基，因此对极化矢量乘积的求和给出了它们在垂直于$\hat{\boldsymbol{k}}$方向上的投影。考虑热力学极限$\Omega\to\infty$并利用式（10.11），可得

$$[\hat{E}_i^{\perp}(\boldsymbol{r}),\hat{A}_j(\boldsymbol{r}')]=\frac{\mathrm{i}\hbar}{\varepsilon_0}\int_{-\infty}^{\infty}(\delta_{ij}-\hat{k}_i\hat{k}_j)\mathrm{e}^{\mathrm{i}\boldsymbol{k}\cdot\boldsymbol{r}}\frac{\mathrm{d}^3k}{2\pi^3}=\frac{\mathrm{i}\hbar}{\varepsilon_0}\delta_{ij}^{\perp}(\boldsymbol{r}-\boldsymbol{r}')\tag{13.79}$$

利用式（F.12）中定义的横向δ函数，采取类似的方式可得

$$[\hat{B}_i(\boldsymbol{r}),\hat{A}_j(\boldsymbol{r}')]=0$$

其中利用了关系式$(\boldsymbol{k}\times\boldsymbol{\epsilon})\cdot\boldsymbol{k}=0$，场算符之间的其他对易关系将在下一节讨论。

13.4.5　光与物质耦合系统的量子化

当对光与物质耦合系统进行量子化时，可从带电粒子的拉格朗日函数和式（13.49a）出发，有

$$L=\frac{1}{2}\sum_i mv_i^2+\sum_{k\in K^+}\left[\varepsilon_0(|\dot{\boldsymbol{A}}_k|^2-\omega^2|\boldsymbol{A}_k|^2)-\frac{|\rho_k|^2}{k^2\varepsilon_0}+2\mathrm{Re}\{\boldsymbol{J}_k\cdot\boldsymbol{A}_k^*\}\right]$$

正如在13.6.3节中严格推导所给出的结论，当转到实空间表象时，上述拉格朗日函数可以改写为

$$L=\frac{1}{2}\sum_i mv_i^2+L_{\mathrm{em}}^{\perp}-W_{\mathrm{coul}}+\int\boldsymbol{J}(\boldsymbol{r})\cdot\boldsymbol{A}(\boldsymbol{r})\mathrm{d}^3r\tag{13.80}$$

其中带电粒子间的瞬时库仑相互作用为

$$W_{\mathrm{coul}}=\frac{1}{2}\sum_{i\neq j}\frac{q^2}{4\pi\varepsilon_0|\boldsymbol{r}_i-\boldsymbol{r}_j|}\tag{13.81}$$

对于式（13.80）的拉格朗日函数，可以很容易得出以下两点结论。

（1）物质部分的正则量子化可以完全类似于13.4.2节中给出的讨论，只是使用矢势算符$\hat{\boldsymbol{A}}$代替经典矢势$\boldsymbol{A}$。

（2）横向电磁场的量子化由拉格朗日函数中$L_{\mathrm{em}}^{\perp}$项给出，这完全类似于13.4.3节中给出的讨论。

结合上述量子化过程，可以得到光和物质耦合系统的总哈密顿量。

光与物质相互作用系统哈密顿量

$$\hat{H} = \hat{H}_{\text{em}} + \sum_i \frac{[\hat{\boldsymbol{\pi}}_i - q\hat{\boldsymbol{A}}(\boldsymbol{r}_i)]^2}{2m} + W_{\text{coul}} \tag{13.82}$$

等号右边的第一项是式（13.76）中的光子哈密顿量；第二项是矢势算符的最小耦合哈密顿量，而不是经典矢势；最后一项描述了构成多粒子系统中带电粒子之间的瞬时库仑耦合。从理论上讲，式（13.82）的哈密顿量构成了光与物质相互作用系统全量子理论的最初形式（图 13.6）。

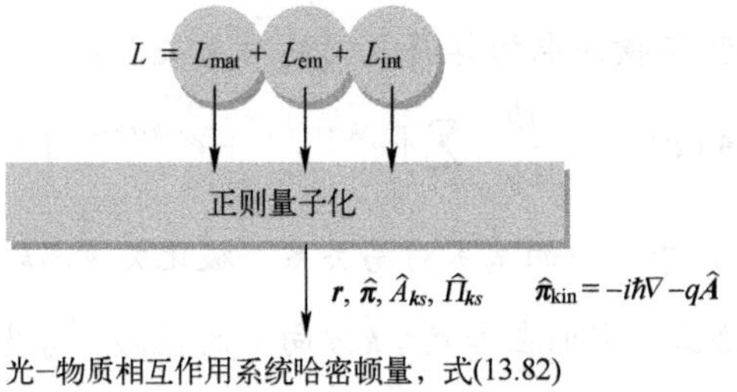

图 13.6　光与物质相互作用系统的量子化：物质部分的动力学变量由 $\boldsymbol{r}$ 和正则动量算符$\hat{\boldsymbol{\pi}}$表示；光场由矢势算符$\hat{\boldsymbol{A}}$和它的动量$\hat{\boldsymbol{\Pi}}$表示

如果有需要，可以重新引入一个与外部电荷分布有关的标势，假设总电荷分布可以分成两部分：

$$\rho(\boldsymbol{r}) = \rho^{(1)}(\boldsymbol{r}) + \rho^{(2)}(\boldsymbol{r})$$

其中，第一部分与所我们所期望进行严格动力学分析的载流子有关；第二部分与外部电荷分布有关，它可以通过某种方法来控制。这样式（13.81）的瞬时库仑势可被拆分为

$$W_{\text{coul}} = W_{\text{coul}}^{(1)} + W_{\text{coul}}^{(2)} + \sum_{i_1} qV_{\text{ext}}(\boldsymbol{r}_{i_1}) \tag{13.83}$$

式中对 i_1 的求和仅考虑分布为 $\rho^{(1)}$ 的载流子，V_{ext} 是由外部电荷分布产生的标势。光子和第一个子系统的哈密顿量可以写成：

$$\hat{H} = \hat{H}_{\text{em}} + \sum_{i_1} \left(\frac{[\hat{\boldsymbol{\pi}}_{i_1} - q\hat{\boldsymbol{A}}(\boldsymbol{r}_{i_1})]^2}{2m} + qV_{\text{ext}}(\boldsymbol{r}_{i_1}) \right) + W_{\text{coul}}^{(1)} \tag{13.84}$$

利用同样的方法，我们还可以得到一个与外部电流分布相关的外部电磁场矢势，但此处就不再过多赘述。

本节最后，将导出算符形式的麦克斯韦方程。利用式（13.76）中的光子哈密顿量，很容易证明：

$$[\hat{a}_{ks}, \hat{H}_{\text{em}}] = \hbar\omega\,\hat{a}_{ks}, \quad [\hat{a}_{ks}^{\dagger}, \hat{H}_{\text{em}}] = -\hbar\omega\,\hat{a}_{ks}^{\dagger}$$

利用式（13.78）中的电磁场算符也能够证明：

$$\frac{1}{\mathrm{i}\hbar}[\hat{\boldsymbol{E}}^{\perp}(\boldsymbol{r}), \hat{H}_{\text{em}}] = \frac{1}{\mu_0\varepsilon_0}\nabla\times\hat{\boldsymbol{B}}(\boldsymbol{r}), \quad \frac{1}{\mathrm{i}\hbar}[\hat{\boldsymbol{B}}(\boldsymbol{r}), \hat{H}_{\text{em}}] = -\nabla\times\hat{\boldsymbol{E}}^{\perp}(\boldsymbol{r}) \tag{13.85}$$

式（13.85）中利用了普通波动方程 $\boldsymbol{k}\times\boldsymbol{k}\times\boldsymbol{\epsilon}_{ks} + k^2\boldsymbol{\epsilon}_{ks} = 0$ 完成了推导。当进一步考虑式（13.63）中的相互作用哈密顿量$\hat{H}_{\text{int}}$时，可得如下电磁场算符的海森堡运动方程（稍后将给出相关推导）。

场算符的海森堡运动方程

$$\begin{cases}\dfrac{\partial}{\partial t}\hat{\boldsymbol{B}}(\boldsymbol{r},t)=-\nabla\times\hat{\boldsymbol{E}}(\boldsymbol{r},t)\\ \varepsilon_0\dfrac{\partial}{\partial t}\hat{\boldsymbol{E}}(\boldsymbol{r},t)=\dfrac{1}{\mu_0}\nabla\times\hat{\boldsymbol{B}}(\boldsymbol{r},t)-\hat{\boldsymbol{J}}(\boldsymbol{r},t)\end{cases}\tag{13.86}$$

上式中明确指出了算符的时间依赖性，这也正是麦克斯韦理论中的旋度方程，只是经典的电磁场被场算符取代。这些算符必须被作用于波函数才有实际的物理意义。

式（13.86）的证明。在海森堡绘景中忽略了所有算符的时间依赖性，而$\hat{\boldsymbol{E}}^{\perp}$，$\hat{\boldsymbol{B}}$与外部标势$V_{\text{ext}}$和库仑式$W_{\text{coul}}$均对易。基于此，并利用$\hat{\boldsymbol{B}}$和$\hat{\boldsymbol{A}}$之间的对易关系，可得

$$\frac{1}{\mathrm{i}\hbar}[\hat{\boldsymbol{B}}(\boldsymbol{r}),\hat{H}_{\text{int}}]=0$$

其中$\hat{H}_{\text{int}}$是光与物质相互作用的哈密顿量。对于横向电场算符，计算要长一些，可从下式开始：

$$\frac{1}{\mathrm{i}\hbar}[\hat{\boldsymbol{E}}^{\perp}(\boldsymbol{r}),\hat{H}_{\text{int}}]=\frac{1}{\mathrm{i}\hbar}\int\left[\hat{\boldsymbol{E}}^{\perp}(\boldsymbol{r}),-(q\hat{\boldsymbol{j}}(\boldsymbol{r}'))\cdot\hat{\boldsymbol{A}}(\boldsymbol{r}')+\frac{q^2\hat{n}(r')}{2m}\hat{A}^2(\boldsymbol{r}')\right]\mathrm{d}^3r'$$

利用电场强度和矢势算符之间的对易关系式（13.79），得到：

$$\frac{1}{\mathrm{i}\hbar}[\hat{\boldsymbol{E}}^{\perp}(\boldsymbol{r}),\hat{H}_{\text{int}}]=\frac{1}{\varepsilon_0}\left(-q\hat{\boldsymbol{j}}^{\perp}(\boldsymbol{r})+\frac{q^2\hat{n}(r')}{m}\hat{\boldsymbol{A}}(\boldsymbol{r})\right)=-\frac{1}{\varepsilon_0}\hat{\boldsymbol{J}}^{\perp}(\boldsymbol{r})$$

其中横向电流算符$\hat{\boldsymbol{J}}^{\perp}$的定义见式（13.62），接下来考虑电场算符的纵向分量：

$$\hat{\boldsymbol{E}}^{L}(\boldsymbol{r})=-\nabla\int\frac{q\hat{n}(\boldsymbol{r}')}{4\pi\varepsilon_0|\boldsymbol{r}-\boldsymbol{r}'|}\mathrm{d}^3r'$$

取方程两边对时间的导数，得到式（13.61）的连续性方程：

$$\frac{\partial}{\partial t}\hat{\boldsymbol{E}}^{L}(\boldsymbol{r})=\nabla\int\frac{\nabla'\cdot\hat{\boldsymbol{J}}(\boldsymbol{r}')}{4\pi\varepsilon_0|\boldsymbol{r}-\boldsymbol{r}'|}\mathrm{d}^3r'=-\frac{1}{\varepsilon_0}\hat{\boldsymbol{J}}^{L}(\boldsymbol{r})$$

其中使用了式（F.12）中的纵向δ函数，综合所有结果可得出式（13.86）。

请注意：式（13.86）中的$\hat{\boldsymbol{E}}$是横向和纵向运算符之和，利用式$\nabla\times\hat{\boldsymbol{E}}^{L}=0$可得出安培定律；最后，麦克斯韦方程组的散度部分转化为对算符的约束；标势是泊松方程的解见式（13.46），其构造符合高斯定律；类似地，对于磁感应强度算符$\hat{\boldsymbol{B}}=\nabla\times\hat{\boldsymbol{A}}$，则一直都有$\nabla\cdot\hat{\boldsymbol{B}}=0$。

13.4.6 谐振子态

在量子电动力学中，光子态可以映射到谐振子的状态上。虽然在本书中并不会过度关注奇异的光子态，但在接下来的部分，我们仍要简单思考一些常用的谐振子态在量子光学中的应用。其中，Wigner 准概率分布[127-128]是一种绘制谐振子波函数的简便方法。

Wigner 函数

$$W(x,p)=\frac{1}{h}\int_{-\infty}^{\infty}\mathrm{e}^{-\mathrm{i}py/\hbar}\psi\left(x+\frac{y}{2}\right)\psi^*\left(x-\frac{y}{2}\right)\mathrm{d}y\tag{13.87}$$

该函数是一个实函数，而且具有许多显著的特性。对其在所有动量p上积分有

$$\int_{-\infty}^{\infty} W(x,p)\,\mathrm{d}p = |\psi(x)|^2$$

它给出了实空间中的概率分布。同样对其在所有位置 x 上积分，有

$$\int_{-\infty}^{\infty} W(x,p)\,\mathrm{d}x = |\widetilde{\psi}(p)|^2, \quad \widetilde{\psi}(p) = h^{-\frac{1}{2}}\int_{-\infty}^{\infty} \mathrm{e}^{-\mathrm{i}px/\hbar}\psi(x)\,\mathrm{d}x$$

它给出了动量空间中的概率分布。因此 $W(x,p)$ 可类似地用经典（单粒子）相空间分布函数来解释，其函数值与在 x 位置发现动量为 p 的粒子的概率有关；只是经典理论无法解释具有负 Wigner 函数值的奇异量子态。

接下来利用 Wigner 函数计算谐振子的状态。考虑如下形式的哈密顿量：

$$\hat{H} = \frac{\hat{\pi}^2}{2m} + \frac{1}{2}m\omega^2 x^2$$

式中：m 为谐振子的质量；ω 为谐振子的角频率。由谐振子的特殊性质可以解析计算 Wigner 函数的时间演化[128]［式（48）］

$$W(x,p,t) = W\left(x\cos(\omega t) - \frac{p}{m\omega}\sin(\omega t), p\cos(\omega t) + m\omega x\sin(\omega t), 0\right) \qquad (13.88)$$

换言之，从初始时刻的 Wigner 函数出发，其随时间演化是通过在相空间中以角频率 ω 绕原点转动获得，稍后我们将重新讨论这一发现。

福克态。图 13.7 展示了具有给定激子数量福克状态的 Wigner 函数。图（a）表示高斯分布的基态，其宽度 $\Delta x = \Delta p$ 且 $\Delta x\Delta p = \hbar/2$。图（b）、（c）分别表示第一激发态和第二激发态，函数沿径向的节点数量不断增加。因此其分布既有正值也有负值，说明它是一个非经典态。根据式（13.88），所有福克态在相空间中都具有角对称性，这点与不显示时间的定态相符。

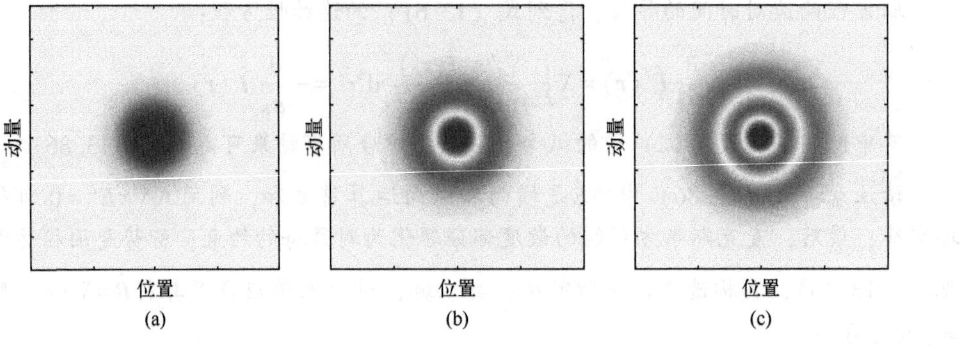

图 13.7　光子数态的 Wigner 分布。（a）基态、（b）单光子态、（c）双光子态。基态为高斯形状，其宽度 Δx 和 Δp 相等，符合海森堡测不准原理 $\Delta x\Delta p = \hbar/2$。激发态随激发光子数量的增加沿径向有更多的节点，波函数见图 13.3（a）

相干态。相干态是谐振子的最"经典"态，它是通过移动谐振子的基态波函数获得，见图 13.8，相干态会随时间的推移在相空间中旋转。当投射到位置坐标轴或动量坐标轴上时，将得到类似于经典振子的运动，其不确定度 $\Delta x = \Delta p$ 且 $\Delta x\Delta p = \hbar/2$。相干态对于具有确定相位和振幅（对应于谐振子的动量）的激光场通常符合得很好。相干态和相干光的更详细的讨论可以在量子光学的专业文献中找到，例如文献[4,119,127]。

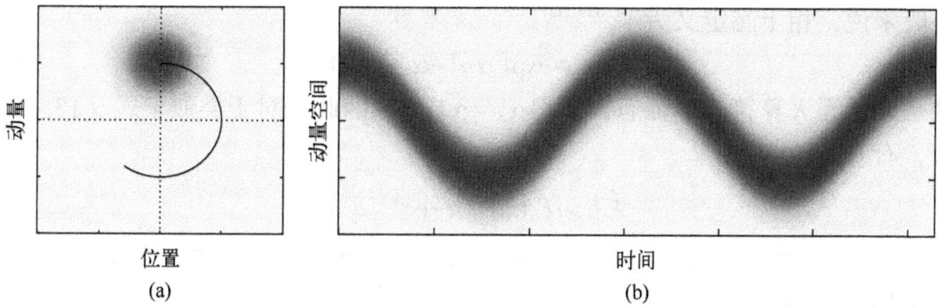

图 13.8　相干态的 Wigner 分布。相干态是通过在相空间中置换谐振子的基态而产生的，随后的时间演化是位移分布随角频率 ω 的振荡。(a) 显示了顺时针振荡分布函数在动量坐标上的投影。相干态的位置不确定性 Δx 和动量不确定性 Δp 相等，相干态通常表示为经典态

压缩态。压缩态通常是在保持 $\Delta x\Delta p=\hbar/2$ 不变的情况下，通过减少相干态中 Δx 或 Δp 得到。图 13.9 展示了一个 压缩态的 Wigner 分布，在初始时刻它具有较小的位置涨落；随着时间的推移，压缩分布在相空间中的旋转使位置坐标轴或动量坐标轴上的投影振幅产生周期性的锐化或模糊现象。压缩态通常可以由光与物质相互作用的非线性过程产生，并且通常被用于信噪比低于经典噪声极限的量子测量[119,127]。

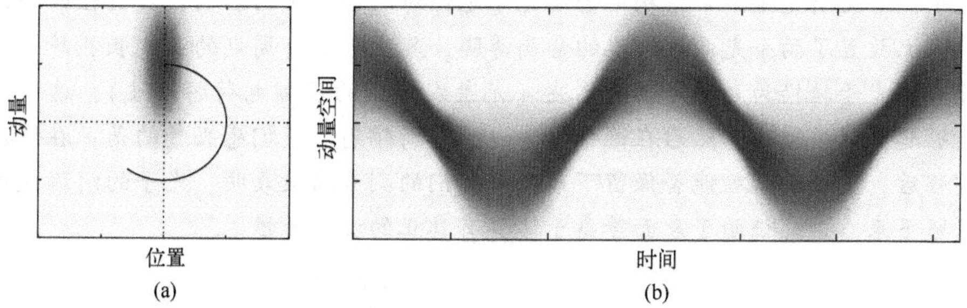

图 13.9　与图 13.8 相同，但适用于压缩状态

热态。在热平衡态时，谐振子满足如下的与玻耳兹曼因子有关的热力学分布规律：

$$\bar{n}_{\text{th}}(\omega)=Z^{-1}\sum_{n=0}^{\infty}\mathrm{e}^{-\beta(n\hbar\omega)}n,\quad Z=\sum_{n=0}^{\infty}\mathrm{e}^{-\beta(n\hbar\omega)}=\frac{1}{1-\mathrm{e}^{-\beta\hbar\omega}}$$

这里 $\beta=1/(k_{\mathrm{B}}T)$ 反比于热力学温度，k_{B} 是玻耳兹曼常数，Z 是对几何级数求和得到的归一化常数。利用 Z 和 β 关系可得到玻色–爱因斯坦分布函数：

$$\bar{n}_{\text{th}}(\omega)=\frac{1}{\mathrm{e}^{\beta\hbar\omega}-1}\tag{13.89}$$

第 15 章将更详细地讨论热光子态。

纠缠态。它是由两个或多个光子组成的一种非经典态。例如，考虑光子模式 $\hat{a}_{\pm\boldsymbol{k},s}$ 的态，其在以极化 $s_{1,2}$ 正或负 $\boldsymbol{k}$ 方向上传播，如果某个态可表示为

$$\psi=\frac{1}{\sqrt{2}}[(\hat{a}^{\dagger}_{+\boldsymbol{k},s_1})(\hat{a}^{\dagger}_{-\boldsymbol{k},s_2})-(\hat{a}^{\dagger}_{+\boldsymbol{k},s_2})(\hat{a}^{\dagger}_{-\boldsymbol{k},s_1})]|0\rangle$$

这就是一个偏振纠缠态，它具有许多有趣的性质[119,127]。尽管这样的光子态在真正的量子等离子体实验[129-130]中非常重要，但在这里并不做详细讨论。

最后我们做一个评述，最容易实现从量子电动力学到经典电动力学转变的是相干

态。一般来说，相干态定义为[4, 119, 127]

$$|\alpha\rangle = \exp[\alpha \hat{a}^{\dagger} - \alpha^{*} \hat{a}]\,|0\rangle \tag{13.90}$$

这是光子湮灭算符的本征态，即$\hat{a}\,|\alpha\rangle = \alpha\,|\alpha\rangle$。因此，对于类似于式（13.78）的电场算符，有

$$\hat{\boldsymbol{E}}^{\perp} = i\mathcal{E}_0(\mathrm{e}^{i\boldsymbol{k}\cdot\boldsymbol{r}}\hat{a} - \mathrm{e}^{-i\boldsymbol{k}\cdot\boldsymbol{r}}\hat{a}^{\dagger})\boldsymbol{\epsilon}$$

其期望值$\langle\alpha|\hat{\boldsymbol{E}}^{\perp}|\alpha\rangle$是一个行为几乎接近经典光的场，“几乎”指的是平均值附近只有极小的（泊松的）场涨落。

等离子体纠缠

这是一个非常精妙的实验。Altewische 及其同事[129]通过穿孔金属膜发送纠缠光子，从而将光子转化为表面等离子体激元，这些等离子体激元从膜的一侧耦合到另一侧，然后再次转化为光子。令人惊讶的是，他们仍然观察到透射光子之间存在很大程度的纠缠。他们在论文摘要中写道：

当一个双粒子系统的量子力学波函数不能分解为两个单粒子波函数时，它的状态就被称为纠缠，这将导致一个量子力学体系中最反直觉的特性之一“非定域性”。在实验中实现光子纠缠是相对容易的事情：利用非线性晶体，入射光子可以自发地分裂成一对纠缠光子；本文研究了纳米结构中金属光学元件对纠缠光子的影响，我们在两个纠缠光子的路径上放置了两个光学足够厚的金属薄膜，其上加工有周期的亚波长孔阵列。这种薄膜能够将光子转换为表面等离子体波（光激发产生的压缩电荷密度波），这些等离子体波能够隧穿通过圆孔，然后在远处作为光子重新辐射。我们感兴趣的是：在经历了该转换过程后，光子的纠缠能否保留下来？而我们的测量结果表明：光子的纠缠能在转换之后保留下来，由此证明了表面等离子体具有真正的量子属性。

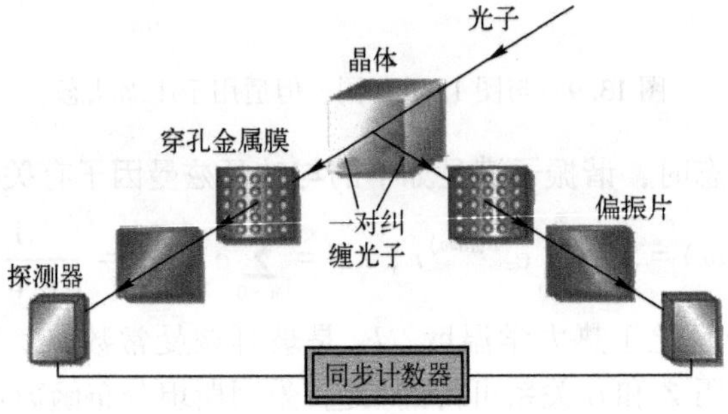

摘选自 Bill Barnes，“Survival of the entangled”，Nature 418：281-282（2002）。

13.5 多极哈密顿量

在本章的剩余部分中，我们将讨论由 Power、Zienau 和 Woolley[131-132]引入的幺正变换，它将标势算符和矢势算符替换为电磁场算符。由此产生的哈密顿量对物质中麦克斯韦方程的量子化非常有用，但在本书中将采用不同的方法。在文献［123，133］中对该主题进行了详细的阐述。考虑下面的幺正算符：

$$\hat{\mathcal{U}}=\mathrm{e}^{-\mathrm{i}(q/\hbar)\boldsymbol{A}\cdot\boldsymbol{r}}$$

假设所研究的量子力学系统比激发光的波长小得多，因此我们可以近似地设置 $\boldsymbol{A}(\boldsymbol{r})\approx\boldsymbol{A}(\boldsymbol{r}_0)=\boldsymbol{A}_0$，其中 $\boldsymbol{r}_0$ 是系统的位置，$\boldsymbol{A}_0$ 是一个常矢势算符（但与时间有关），然后有

$$\hat{\boldsymbol{\pi}}\rightarrow\hat{\mathcal{U}}\hat{\boldsymbol{\pi}}\hat{\mathcal{U}}^{\dagger}=(\mathrm{e}^{-\mathrm{i}(q/\hbar)\boldsymbol{A}_0\cdot\boldsymbol{r}})\hat{\boldsymbol{\pi}}(\mathrm{e}^{\mathrm{i}(q/\hbar)\boldsymbol{A}_0\cdot\boldsymbol{r}})=\hat{\boldsymbol{\pi}}-\frac{iq}{\hbar}[\boldsymbol{r}\cdot\boldsymbol{A}_0,\hat{\boldsymbol{\pi}}]$$

上式中将$\hat{\mathcal{U}}$进行了泰勒级数展开，由于对易关系$[\boldsymbol{r}\cdot\boldsymbol{A}_0,\hat{\boldsymbol{\pi}}]=\mathrm{i}\hbar\boldsymbol{A}_0$ 最终给出了一个与 $\boldsymbol{A}_0\cdot\boldsymbol{r}$ 对易的常矢量，这样所有高阶项都为零。因此有

$$\hat{\boldsymbol{\pi}}\rightarrow\hat{\boldsymbol{\pi}}+q\boldsymbol{A}_0$$

薛定谔方程也能够进行相应的变换：

$$\mathrm{i}\hbar\,\hat{\mathcal{U}}\left[\frac{\mathrm{d}}{\mathrm{d}t}|\psi(t)\rangle\right]=\mathrm{i}\hbar\,\frac{\mathrm{d}}{\mathrm{d}t}[\hat{\mathcal{U}}|\psi(t)\rangle]-\mathrm{i}\hbar\,\frac{\mathrm{d}\,\hat{\mathcal{U}}}{\mathrm{d}t}|\psi(t)\rangle$$

有

$$-\mathrm{i}\hbar\,\frac{\mathrm{d}\,\hat{\mathcal{U}}}{\mathrm{d}t}=-\mathrm{i}\hbar\left[-i\,\frac{q}{\hbar}\,\frac{\mathrm{d}\boldsymbol{A}_0\cdot\boldsymbol{r}}{\mathrm{d}}\right]\hat{\mathcal{U}}=q[\boldsymbol{r}\cdot\boldsymbol{E}_0^{\perp}]\hat{\mathcal{U}}$$

其中 $\boldsymbol{E}_0^{\perp}$ 是在原子坐标系统中计算的横向电场，从而可以得到如下在偶极近似下的哈密顿量。

偶极近似下哈密顿

$$\hat{H}=\left[\frac{\hat{\boldsymbol{\pi}}^2}{2m}+U(\boldsymbol{r})\right]-q\boldsymbol{r}\cdot\boldsymbol{E}_0^{\perp} \tag{13.91}$$

为了讨论的完备性，此处引入了一个势函数 $U(\boldsymbol{r})$，它由形成分子或纳米结构的原子核或离子的静电库仑势引起。式（13.91）表明：一个弱量子发射器的光与物质耦合可以用偶极子算符 $q\boldsymbol{r}$ 同电场 $\boldsymbol{E}_0^{\perp}$ 之间的乘积描述。

Power-Zienau-Woolley 变换可以推广到包含更高阶的多极耦合情形，这可以通过替换刚才的幺正算符实现：

$$\hat{\mathcal{U}}(\boldsymbol{r})=\exp\left[-\frac{iq}{\hbar}\int_{r_0}^{r}\boldsymbol{A}(\boldsymbol{r}')\cdot\mathrm{d}\boldsymbol{r}'\right] \tag{13.92}$$

需要对电磁场矢势从电荷分布参考点 $\boldsymbol{r}_0$ 到场点 $\boldsymbol{r}$ 之间的直线进行积分，这种引入$\hat{U}$的变换有时也被称为“Peierls 替换”，Woolley 将其描述如下[132]：

当存在由电磁矢势 $\boldsymbol{A}(\boldsymbol{r})$ 描述的横向电磁场时，波函数的相位产生了一个变化，该变化与电磁矢势从粒子所在位置 $\boldsymbol{r}$ 到电荷分布参考点 $\boldsymbol{r}_0$ 的积分有关。换句话说，由于波函数描述了在时间 t 时刻发现该系统组分的概率幅，可以认为这种变换在形式上消除了分子电荷分布，而只需考虑电偶极子在其质心 $\boldsymbol{r}_0$ 处点的叠加。这种解释与 Power 和 Zienau 的观点一致，即该变换将分子的电荷分布及其场转化为重新定义的辐射场模式中。

接下来介绍该变换的相关细节，首先引入极化算符

$$\hat{\boldsymbol{P}}(\boldsymbol{r}')=q(\boldsymbol{r}-\boldsymbol{r}_0)\int_0^1\delta(\boldsymbol{r}'-\boldsymbol{r}_0-\lambda[\boldsymbol{r}-\boldsymbol{r}_0])\mathrm{d}\lambda \tag{13.93}$$

稍后将对其进行更深入的分析，式（13.92）的幺正变换可以改写为

$$\hat{\mathcal{U}}(\boldsymbol{r}) = \exp\left[-\frac{i}{\hbar}\int \hat{\boldsymbol{P}}(\boldsymbol{r}')\cdot\boldsymbol{A}(\boldsymbol{r}')\mathrm{d}^3r'\right] \tag{13.94}$$

以与常矢势相同的方式进行处理，正则动量算符变为

$$\hat{\boldsymbol{\pi}} \to \hat{\mathcal{U}}\hat{\boldsymbol{\pi}}\hat{\mathcal{U}}^\dagger = \hat{\boldsymbol{\pi}} - \frac{i}{\hbar}\left[\int \hat{\boldsymbol{P}}(\boldsymbol{r}')\cdot\boldsymbol{A}(\boldsymbol{r}')\mathrm{d}^3r', \hat{\boldsymbol{\pi}}\right] = \hat{\boldsymbol{\pi}} + \nabla\int \hat{\boldsymbol{P}}(\boldsymbol{r}')\cdot\boldsymbol{A}(\boldsymbol{r}')\mathrm{d}^3r'$$

上式中使用了如下对易关系：

$$[f(\boldsymbol{r}), \hat{\boldsymbol{\pi}}] = \mathrm{i}\hbar\nabla f(\boldsymbol{r})$$

其中等式右侧最后一项可进行改写，先假定 $\boldsymbol{r}_0=0$，引入

$$S = \int \boldsymbol{P}(\boldsymbol{r}')\cdot\boldsymbol{A}(\boldsymbol{r}')\mathrm{d}^3r' = q\int_0^1 \boldsymbol{r}\cdot\boldsymbol{A}(\lambda\boldsymbol{r})\mathrm{d}\lambda$$

可证明以下关系成立：

$$\frac{\partial S}{\partial r_i} = q\int_0^1\left[A_i + r_j\frac{\partial A_j}{\partial r_i}\lambda\right]\mathrm{d}\lambda = q\int_0^1 [\boldsymbol{A} + \lambda\boldsymbol{r}\times(\nabla\times\boldsymbol{A}) + \lambda(\boldsymbol{r}\cdot\nabla)\boldsymbol{A}]_i\mathrm{d}\lambda$$

括号中的最后一项可以改写为 $\lambda\dfrac{\mathrm{d}\boldsymbol{A}}{\mathrm{d}\lambda}$。通过分部积分并再次引入 $\boldsymbol{r}_0$ 有

$$\nabla\int \hat{\boldsymbol{P}}(\boldsymbol{r}')\cdot\boldsymbol{A}(\boldsymbol{r}')\mathrm{d}^3r' = q\int_0^1 \boldsymbol{r}\times\boldsymbol{B}(\boldsymbol{r}_0 + \lambda[\boldsymbol{r}-\boldsymbol{r}_0])\mathrm{d}\lambda + q\boldsymbol{A}(\boldsymbol{r}) \tag{13.95}$$

其中，磁场为 $\boldsymbol{B}=\nabla\times\boldsymbol{A}$。综上所述，就得到通过 U 的幺正变换后的多极哈密顿量，而不是式（13.52）的最小耦合哈密顿量。

多极哈密顿量（单粒子）

$$\hat{H} = \frac{\left(\hat{\boldsymbol{\pi}} + q\int_0^1 \boldsymbol{r}\times\boldsymbol{B}\mathrm{d}\lambda\right)^2}{2m} - q\int_0^1 \boldsymbol{E}^\perp\mathrm{d}\lambda + U(\boldsymbol{r}) \tag{13.96}$$

其中电磁场必须在 $\boldsymbol{r}_0+\lambda(\boldsymbol{r}-\boldsymbol{r}_0)$ 上进行估算。注意横向电场项 $\boldsymbol{E}^\perp$ 出现的原因与之前讨论的恒矢势的情况相同。将 $\boldsymbol{E}^\perp$、$\boldsymbol{B}$ 在中心位置 $\boldsymbol{r}_0$ 附近泰勒展开，可得多极电磁相互作用项，此处不再进行赘述。

极化算符。现在讨论式（13.93）的极化算符 $\hat{\boldsymbol{P}}$，它可以通过在波矢空间中的狄拉克 δ 函数来重写如下：

$$\hat{\boldsymbol{P}}(\boldsymbol{r}') = q\boldsymbol{r}\int_0^1\left[\int_{-\infty}^{\infty} \mathrm{e}^{i\boldsymbol{k}\cdot(\boldsymbol{r}'-\lambda\boldsymbol{r})}\frac{\mathrm{d}^3k}{(2\pi)^3}\right]\mathrm{d}\lambda$$

上式中简单起见已令 $\boldsymbol{r}_0=0$。对于 $\hat{\boldsymbol{P}}$ 的散度有

$$\nabla'\cdot\hat{\boldsymbol{P}}(\boldsymbol{r}') = q\int_0^1\left[\int_{-\infty}^{\infty}(i\boldsymbol{r}\cdot\boldsymbol{k})\mathrm{e}^{i\boldsymbol{k}\cdot(\boldsymbol{r}'-\lambda\boldsymbol{r})}\frac{\mathrm{d}^3k}{(2\pi)^3}\right]\mathrm{d}\lambda = -q\int_0^1\frac{\mathrm{d}}{\mathrm{d}\lambda}\left[\int_{-\infty}^{\infty}\mathrm{e}^{i\boldsymbol{k}\cdot(\boldsymbol{r}'-\lambda\boldsymbol{r})}\frac{\mathrm{d}^3k}{(2\pi)^3}\right]\mathrm{d}\lambda$$

对 λ 求积分，并回到狄拉克 δ 函数的实空间中表示，可得

$$-\nabla'\cdot\hat{\boldsymbol{P}}(\boldsymbol{r}') = q[\delta(\boldsymbol{r}'-\boldsymbol{r})-\delta(\boldsymbol{r}')] = \rho(\boldsymbol{r}')-\rho_0(\boldsymbol{r}') \tag{13.97}$$

其中，$\rho(\boldsymbol{r}')=q\delta(\boldsymbol{r}'-r)$，$\rho_0(\boldsymbol{r}')=q\delta(\boldsymbol{r}')$。右边的项可以理解为极化电荷的空间分布，其对应的两个点电荷分别位于 $\boldsymbol{r}$ 和坐标原点，ρ_0 是与时间无关的参考电荷分布。利用与式（13.60）相同的方法，可以导出连续性方程：

$$\frac{\mathrm{d}\rho}{\mathrm{d}t} = -\frac{i}{\hbar}[\rho, \hat{H}] = -\nabla\cdot\hat{\boldsymbol{J}}$$

其中电流算符为$\hat{\boldsymbol{J}}=q\hat{\boldsymbol{J}}$，可以使用式（13.97）重写对易关系如下：

$$-\frac{i}{\hbar}[\rho,\hat{H}]=\frac{i}{\hbar}[-\nabla\cdot\hat{\boldsymbol{P}},\hat{H}]=\frac{i}{\hbar}\nabla\cdot[\hat{\boldsymbol{P}},\hat{H}]=-\nabla\cdot\frac{\mathrm{d}\hat{\boldsymbol{P}}}{\mathrm{d}t}$$

上式中认为$\hat{\boldsymbol{P}}$仅取决于位置和时间，因此可以用动能部分代替$\hat{H}$，后者与 Nabla 算符对易。上述方程表明：电流算符可分解为[123]

$$\hat{\boldsymbol{J}}=\frac{\mathrm{d}\hat{\boldsymbol{P}}}{\mathrm{d}t}+\nabla\times\hat{\boldsymbol{M}} \tag{13.98}$$

等号右边的第一项是极化电流，第二项是磁化电流，且两项均无源，在下文中不会明确考虑这点（磁化效应的讨论见文献［120］）。注意上面的分解完全符合经典电动力学的原理。

到目前为止所给出的公式可推广到许多粒子系统，多极哈密顿量表述为

$$\hat{H}=\sum_i\frac{\hat{\boldsymbol{\pi}}_i^2}{2m}-\int\hat{\boldsymbol{P}}(\boldsymbol{r})\cdot\hat{\boldsymbol{E}}^{\perp}(\boldsymbol{r},t)\,\mathrm{d}^3r+\int\hat{\rho}(\boldsymbol{r})V(\boldsymbol{r},t)\,\mathrm{d}^3r$$

偏振算符定义为类似于式（13.93）的形式：

$$\hat{\boldsymbol{P}}(\boldsymbol{r}')=\sum_i q(\boldsymbol{r}_i-\boldsymbol{r}_0)\int_0^1\delta(\boldsymbol{r}'-\boldsymbol{r}_0-\lambda[\boldsymbol{r}_i-\boldsymbol{r}_0])\,\mathrm{d}\lambda \tag{13.99}$$

这里的求和是对系统中的所有粒子求和。具有电磁标势的项可以用式（13.97）重写为

$$\int\hat{\rho}(\boldsymbol{r})V(\boldsymbol{r},t)\,\mathrm{d}^3r=\int[-\nabla\cdot\hat{\boldsymbol{P}}(\boldsymbol{r})]V(\boldsymbol{r},t)\,\mathrm{d}^3r=\int\hat{\boldsymbol{P}}(\boldsymbol{r})\cdot[\nabla V(\boldsymbol{r},t)]\,\mathrm{d}^3L$$

上式中忽略边界项并进行了分部积分，这是因为对局域电荷分布而言边界项为零，括号中的项显然与电场的纵向部分有关。综上所述，我们得出了光-物质相互作用的多极哈密顿量。

多极哈密顿量（光-物质相互作用）

$$\hat{H}_{\text{int}}=-\int\hat{\boldsymbol{P}}(\boldsymbol{r})\cdot\boldsymbol{E}(\boldsymbol{r},t)\,\mathrm{d}^3r \tag{13.100}$$

式中：$\hat{\boldsymbol{P}}$为式（13.99）的极化算符；$\hat{\boldsymbol{E}}$为经典电场。对于场算符也有类似的表达式。式（13.100）描述了物质中麦克斯韦方程的量子化形式，并将在文献［120，134］中详细讨论。这种方法的优点是它继承了经典电动力学中将电荷和电流分离为自由部分和束缚部分的策略，并将其直接作用于量子领域。基于这点，我们可以仅根据介电常数和磁导率函数而不需要接触微观物质描述就得出麦克斯韦方程组的量子化版本。而固体物理（以及等离子激元物理中）通常有自己的微观描述，所以直接使用微观描述似乎比绕道使用极化和磁化更自然。在接下来的章节中，我们将讲述如何做到这一点。

13.6　电动力学中的拉格朗日形式

本节将展示如何在拉格朗日函数的框架内描述光和物质的相互作用系统。首先考虑带电粒子在电磁场中的运动，然后考虑麦克斯韦方程组的拉格朗日形式。

13.6.1 带电粒子的拉格朗日函数

考虑质量为 m、带电量为 q 的粒子在电磁场 $\boldsymbol{E}$、$\boldsymbol{B}$ 中运动。通过严格计算表明：可以从包含电磁场标势 V 和矢势 $\boldsymbol{A}$ 的拉格朗日函数得到洛伦兹力的牛顿运动方程。

点电荷和电磁场的拉格朗日函数

$$L(\boldsymbol{r},\boldsymbol{v})=\frac{1}{2}mv^2-qV(\boldsymbol{r},t)+q\boldsymbol{v}\cdot\boldsymbol{A}(\boldsymbol{r},t) \tag{13.101}$$

式（13.101）的证明。为了证明拉格朗日函数确实能导出洛伦兹力，首先在笛卡儿坐标系下写出其表达式：

$$L=\frac{1}{2}m\sum_j v_j^2-qV+q\sum_j v_jA_j$$

上式中对 j 进行了求和。欧拉–拉格朗日方程（13.25）的一阶泛函导数计为

$$\frac{\mathrm{d}}{\mathrm{d}t}\frac{\partial L}{\partial v_k}=\frac{\mathrm{d}}{\mathrm{d}t}(mv_k+qA_k)=m\dot{v}_k+q\frac{\mathrm{d}A_k}{\mathrm{d}t}=m\dot{v}_k+q\left(\sum_j\frac{\partial A_k}{\partial r_j}\frac{\mathrm{d}r_j}{\mathrm{d}t}+q\frac{\partial A_k}{\partial t}\right)$$

上式中在表示 $\boldsymbol{A}$ 对时间的全导数时，还必须考虑电磁场矢势所在位置对时间的导数 $\boldsymbol{r}(t)$。对于二阶泛函导数，得到：

$$\frac{\partial L}{\partial r_k}=-q\frac{\partial V}{\partial r_k}+q\sum_j v_j\frac{\partial A_j}{\partial r_k}$$

总结以上结果，我们得到了欧拉–拉格朗日方程（13.25）：

$$m\dot{v}=q\left\{-\nabla V-\frac{\partial\boldsymbol{A}}{\partial t}+\nabla(\boldsymbol{v}\cdot\boldsymbol{A})-(\boldsymbol{v}\cdot\nabla)\boldsymbol{A}\right\}$$

括号中的前两个表达式是电场，而另外两项满足下式关系：

$$\boldsymbol{v}\times\boldsymbol{B}=\boldsymbol{v}\times(\nabla\times\boldsymbol{A})=\nabla(\boldsymbol{v}\cdot\boldsymbol{A})-(\boldsymbol{v}\cdot\nabla)\boldsymbol{A}$$

这样就从式（13.101）拉格朗日方程中得出洛伦兹力的牛顿运动方程 $m\dot{\boldsymbol{v}}=q(\boldsymbol{E}+\boldsymbol{v}\times\boldsymbol{B})$，完成了相关证明。

在多粒子的情况下，可以将上述拉格朗日函数进行推广，如下：

$$L=\sum_i\left[\frac{1}{2}mv_i^2-qV(\boldsymbol{r}_i,t)+q\boldsymbol{v}_i\cdot\boldsymbol{A}(\boldsymbol{r}_i,t)\right]$$

引入电荷密度和电流密度函数：

$$\rho(\boldsymbol{r})=q\sum_i\delta(\boldsymbol{r}-\boldsymbol{r}_i),\quad \boldsymbol{J}(\boldsymbol{r})=q\sum_i\boldsymbol{v}_i\delta(\boldsymbol{r}-\boldsymbol{r}_i) \tag{13.102}$$

据此，拉格朗日函数可改写为

$$L=\sum_i\frac{1}{2}mv_i^2+\int[-\rho(\boldsymbol{r})V(\boldsymbol{r},t)+\boldsymbol{J}(\boldsymbol{r},t)\cdot\boldsymbol{A}(\boldsymbol{r},t)]\mathrm{d}^3r \tag{13.103}$$

13.6.2 麦克斯韦方程组的拉格朗日函数

在麦克斯韦方程组的表述下，拉格朗日形式的主要对象是电磁标势 V 和矢势 $\boldsymbol{A}$。有了这两个势函数，麦克斯韦方程组的齐次性自动满足。作为一种场论，此时必须处理同时依赖空间和时间坐标的对象，不同于与 $\boldsymbol{r}(t)$，粒子的 $\dot{r}(t)$ 只依赖时间。相应地，可引入**拉格朗日密度** $\mathcal{L}$，它依赖 V、$\boldsymbol{A}$ 以及它们对空间和时间的导数。作用量与 $\mathcal{L}$ 通过

式（13.104）相联系：

$$S=\int_{t_1}^{t_2}\int_{\Omega}\mathcal{L}\mathrm{d}^3r\mathrm{d}t\rightarrow \text{极值} \tag{13.104}$$

本着与经典力学相同的理念，此处假设电磁势随时间的演化能够使得该作用量恰好有极值，而这个过程必然得出麦克斯韦方程组的非齐次方程。同时假设在初始时刻和最终时刻的势是确定的。此外，要么假定存在一个无穷大的空间让电磁场的势在无穷远处趋于0，或对于考虑的问题而言其边界的势是固定的。

在进行实际计算之前，简要介绍如何得出欧拉-拉格朗日方程。假设我们已经知道了 V、$\boldsymbol{A}$ 的解，并考虑它们的微小变化 δV、$\delta\boldsymbol{A}$。在极值点处所有线性变化的贡献必须为零。与经典力学的拉格朗日形式类似，使用分部积分来去除 $\delta\boldsymbol{V}$、$\delta\boldsymbol{A}$ 的空间导数和时间导数。通过很简单的计算，很容易得到麦克斯韦理论的拉格朗日密度。

麦克斯韦理论的拉格朗日密度

$$\mathcal{L}=\left(\frac{\varepsilon_0}{2}\boldsymbol{E}\cdot\boldsymbol{E}-\frac{1}{2\mu_0}\boldsymbol{B}\cdot\boldsymbol{B}\right)+\boldsymbol{J}\cdot\boldsymbol{A}-\rho V \tag{13.105}$$

场 $\boldsymbol{E}$、$\boldsymbol{B}$ 必须另外通过标量势 V 和矢量势 $\boldsymbol{A}$ 来表示，这是麦克斯韦方程拉格朗日形式的基本量。

式（13.105）的证明。接下来证明我们的确可以从式（13.105）中得到麦克斯韦方程组的非齐次方程。式（13.104）的变分为

$$\begin{aligned}\delta S&=\int\left(\varepsilon_0\boldsymbol{E}\cdot\delta\boldsymbol{E}-\frac{1}{\mu_0}\boldsymbol{B}\cdot\delta\boldsymbol{B}+\boldsymbol{J}\cdot\delta\boldsymbol{A}-\rho\delta V\right)\mathrm{d}^3r\mathrm{d}t\\&=\int\left(\varepsilon_0\boldsymbol{E}\cdot\left[-\nabla\delta V-\frac{\partial\delta\boldsymbol{A}}{\partial t}\right]-\frac{1}{\mu_0}\boldsymbol{B}\cdot\nabla\times\delta\boldsymbol{A}+\boldsymbol{J}\cdot\delta\boldsymbol{A}-\rho\delta V\right)\mathrm{d}^3r\mathrm{d}t\end{aligned}$$

在第二行中用电磁势的形式表示 $\delta\boldsymbol{E}$、$\delta\boldsymbol{B}$。利用分部积分消除 δV、$\delta\boldsymbol{A}$ 对空间和时间的导数，并将它们重新代入电磁场中。首先：

$$-\varepsilon_0\int\boldsymbol{E}\cdot\frac{\partial\delta\boldsymbol{A}}{\partial t}\mathrm{d}t=\varepsilon_0\int\frac{\partial E}{\partial t}\cdot\delta\boldsymbol{A}\mathrm{d}t+\text{b. t.}$$

其中，b. t. 表示附加边界项。因为边界处的潜在变化为零，所以该项可以忽略。类似地，我们得到了标势：

$$-\varepsilon_0\int E\cdot\nabla\delta V\mathrm{d}^3r=-\varepsilon_0\int[\nabla\cdot(E\delta V)-(\nabla\cdot E)\delta V]\mathrm{d}^3r$$

可以使用高斯定理将括号中的第一项转化为对边界的积分，使用与之前相同的推理，可以忽略该积分。对于磁场的贡献，我们发现：

$$-\frac{1}{\mu_0}\int B\cdot\nabla\times\delta A\mathrm{d}^3r=\frac{1}{\mu_0}\int[\nabla\cdot(B\times\delta A)-(\nabla\times B)\cdot\delta A]\mathrm{d}^3r$$

上式中利用了等式 $\nabla\cdot B\times\delta A=(\nabla\times B)\cdot\delta A-B\cdot\nabla\times\delta A$。括号内的第一项可以再次转换为沿边界的积分且其积分结果为0。把所有贡献加在一起，得到 δS：

$$\delta S=\int\left[(\varepsilon_0\nabla\cdot\boldsymbol{E}-\rho)\delta V+\left(\varepsilon_0\frac{\partial E}{\partial t}-\frac{1}{\mu_0}\nabla\times\boldsymbol{B}+\boldsymbol{J}\right)\cdot\delta\boldsymbol{A}\right]\mathrm{d}^3r\mathrm{d}t=0$$

实际上，括号中的第一项和第二项代表高斯定理和包含麦克斯韦位移电流的安培定律。这样就完成了对式（13.105）的拉格朗日密度的证明。

13.6.3 库仑规范中的拉格朗日函数

接下来，将拉格朗日密度中的 $\boldsymbol{E}$、$\boldsymbol{B}$ 用 V、$\boldsymbol{A}$ 表示：

$$\mathcal{L}=\frac{\varepsilon_0}{2}\left(-\nabla V-\frac{\partial \boldsymbol{A}}{\partial t}\right)\cdot\left(-\nabla V-\frac{\partial \boldsymbol{A}}{\partial t}\right)-\frac{1}{2\mu_0}(\nabla\times\boldsymbol{A})\cdot(\nabla\times\boldsymbol{A})+\boldsymbol{J}\cdot\boldsymbol{A}-\rho V \tag{13.106}$$

尽管该拉格朗日密度能够得到麦克斯韦方程，但我们并不认为这就是完成了其正则量子化过程，因为它不显含 V 对时间的导数。如 13.4.3 节开头所述，该问题可以通过从拉格朗日函数中形式上消除标量势来克服。在下面的讨论中，我们从任意规范中给出的电磁势开始引入横向电磁矢势 $\boldsymbol{A}^{\perp}$，并将其作为唯一的动力学量，可以证明这一过程与库仑规范[123]等价。事实证明，把所有的量以平面波形式展开是很方便的，就如同式（13.65）中电磁矢势的展开。在整个空间上对拉格朗日密度式（13.106）积分，可得

$$L_k=\varepsilon_0(-i\boldsymbol{k}V_k-\dot{\boldsymbol{A}}_k)\cdot(i\boldsymbol{k}V_k^*-\dot{\boldsymbol{A}}_k^*)-\frac{1}{\mu_0}(\boldsymbol{k}\times\boldsymbol{A}_k)\cdot(\boldsymbol{k}\times\boldsymbol{A}_k^*)+2\mathrm{Re}(\boldsymbol{J}_k\cdot\boldsymbol{A}_k^*-\rho_k V_k^*) \tag{13.107}$$

其中，总拉格朗日量是通过对波矢量 $\boldsymbol{K}^{+}$ 求和得到的。因为平面波基矢有正交性，所以 $\mathrm{e}^{\pm 2i\boldsymbol{k}\cdot\boldsymbol{r}}$ 在整个空间上的积分为零。在波数空间有

$$\boldsymbol{E}_k=-i\boldsymbol{k}V_k-\dot{\boldsymbol{A}}_k\Rightarrow -ik^2V_k=\boldsymbol{k}\cdot\boldsymbol{E}_k+\boldsymbol{k}\cdot\dot{\boldsymbol{A}}_k=-i\frac{\rho_k}{\varepsilon_0}+\boldsymbol{k}\cdot\dot{\boldsymbol{A}}_k$$

符号 $\dot{\boldsymbol{A}}_k$ 表示对时间求导数，上式中我们利用了高斯定理给出了方程右边的最后一项。因此电场可以写成：

$$\boldsymbol{E}_k=\frac{1}{k^2}\left[-i\frac{\boldsymbol{k}\rho_k}{\varepsilon_0}+\boldsymbol{k}(\boldsymbol{k}\cdot\dot{\boldsymbol{A}}_k)\right]-\dot{\boldsymbol{A}}_k=-i\frac{\boldsymbol{k}\rho_k}{k^2\varepsilon_0}-\dot{\boldsymbol{A}}_k^{\perp}$$

现在已经消除了电磁标势，在上式中引入了电磁矢势的横向部分，有

$$A_i^{\perp}=\left(\delta_{ij}-\frac{k_ik_j}{k^2}\right)A_j$$

右边采用了爱因斯坦求和法则。可以很容易地证明：拉格朗日函数的磁场贡献可以只用 $\boldsymbol{A}^{\perp}$ 的项表示：

$$(\boldsymbol{k}\times\boldsymbol{A})\cdot(\boldsymbol{k}\times\boldsymbol{A}^*)=k^2\left(\delta_{ij}-\frac{k_ik_j}{k^2}\right)A_iA_j^*=k^2\ |\boldsymbol{A}^{\perp}|^2$$

因此，拉格朗日函数的电磁场项可以写成：

$$\varepsilon_0\boldsymbol{E}_k\cdot\boldsymbol{E}_k^*-\frac{1}{\mu_0}\boldsymbol{B}_k\cdot\boldsymbol{B}_k^*=\frac{|\rho_k|^2}{k^2\varepsilon_0}+\varepsilon_0\ |\dot{\boldsymbol{A}}_k^{\perp}|^2-\frac{k^2}{\mu_0}|\boldsymbol{A}_k^{\perp}|^2$$

源项为

$$2\mathrm{Re}\{\boldsymbol{J}_k\cdot\boldsymbol{A}_k^*-\rho_kV_k^*\}=2\mathrm{Re}\left\{\boldsymbol{J}_k\cdot\boldsymbol{A}_k^*-\rho_k\left(\frac{\rho_k^*}{k^2\varepsilon_0}-\frac{i\boldsymbol{k}}{k^2}\cdot\dot{\boldsymbol{A}}_k^*\right)\right\}$$

为了简化该项，可以给 L_k 加上对时间的全导数，有

$$L_k \to L_k + \frac{\mathrm{d}F}{\mathrm{d}t} = L_k + \frac{\mathrm{d}}{\mathrm{d}t} 2\mathrm{Re}\left\{\rho_k\left(-\frac{i\boldsymbol{k}}{k^2}\cdot\boldsymbol{A}_k^*\right)\right\}$$

该项仅对初始时间和最终时间的作用量有贡献，而对 δS 没有贡献，这是因为势函数的变分 δV、δA 为0。因此，源项变为

$$2\mathrm{Re}\left\{\left(\boldsymbol{J}_k - \dot{\rho}_k \frac{i\boldsymbol{k}}{k^2}\right)\cdot\boldsymbol{A}_k^* - \frac{|\rho_k|^2}{k^2\varepsilon_0}\right\} = 2\mathrm{Re}\left\{\left(\boldsymbol{J}_k - \frac{\boldsymbol{k}(\boldsymbol{k}\cdot\boldsymbol{J}_k)}{k^2}\right)\cdot\boldsymbol{A}_k^* - \frac{|\rho_k|^2}{k^2\varepsilon_0}\right\}$$

在上述最后的表达式中利用了连续性方程 $\dot{\rho}_k + i\boldsymbol{k}\cdot\boldsymbol{J}_k = 0$。综合所有结果，得到拉格朗日函数的最终表达式。

麦克斯韦理论下的拉格朗日函数（库仑规范）

$$L = \sum_{k\in K^+}\left[\varepsilon_0\left(|\dot{\boldsymbol{A}}_k^\perp|^2 - \omega^2|\boldsymbol{A}_k^\perp|^2\right) - \frac{|\rho_k|^2}{k^2\varepsilon_0} + 2\mathrm{Re}\{\boldsymbol{J}_k^\perp\cdot\boldsymbol{A}_k^{\perp *}\}\right] \tag{13.108}$$

式（13.108）利用了关系 $k^2 = \varepsilon_0\mu_0\omega^2$。括号中的第一项可以独立地与横向电磁场相关联，另外两项则揭示了物质和场之间的相互作用。这个函数只依赖横向磁场矢势，因此可以对其应用正则量子化过程。我们可以解除平面波展开并回到实空间表示，除电流项的贡献外，其余项都很容易转换回来。

电流项的变换。$\boldsymbol{J}_k^\perp\cdot\boldsymbol{A}_k^{\perp *}$ 项中可以用总电流来代替横向电流，如下：

$$\boldsymbol{J}_k^\perp\cdot\boldsymbol{A}_k^{\perp *} = (\boldsymbol{J}_k^\perp + \boldsymbol{J}_k^L)\cdot\boldsymbol{A}_k^{\perp *} = \boldsymbol{J}_k\cdot\boldsymbol{A}_k^{\perp *}$$

因为 $\boldsymbol{A}_k^{\perp *}$ 是一个横函数，所以自然有 $\boldsymbol{J}_k^\perp\cdot\boldsymbol{A}_k^{\perp *} = 0$。当回到实空间表示时，我们得到：

$$\sum_{k\in K^+} 2\mathrm{Re}\{\boldsymbol{J}_k^\perp\cdot\boldsymbol{A}_k^\perp\} \to \int \boldsymbol{J}(\boldsymbol{r})\cdot\boldsymbol{A}^\perp(\boldsymbol{r})\mathrm{d}^3r - \int \boldsymbol{J}^L(\boldsymbol{r})\cdot\boldsymbol{A}^\perp(\boldsymbol{r})\mathrm{d}^3r$$

上式第一项中用总电流替换了横向电流 $\boldsymbol{J}^\perp$，然后减去纵向分量完成了修正。一般来说，这种横向运算的操作在空间中是非局域的并且不能保证 $\boldsymbol{J}^L(\boldsymbol{r})\cdot\boldsymbol{A}^\perp(\boldsymbol{r})$ 为零。只有在对整个空间进行积分时，才能使用式（F.14）中的纵向delta函数 δ^L 将导数 $\overline{\overline{\delta}}^L\cdot\boldsymbol{J}$ 将重新排列到 $\boldsymbol{A}^\perp$ 上，特此忽略了局部电流分布为零的附加边界条件。由此，第二个积分 $\boldsymbol{J}^L(\boldsymbol{r})\cdot\boldsymbol{A}^\perp(\boldsymbol{r})$ 实际上变成了零。

最后，将形成电荷分布的粒子动能贡献加入式（13.108）的拉格朗日函数中，得到光与物质耦合系统的总拉格朗日函数为

$$\begin{aligned} L = &\int\left(\frac{\varepsilon_0}{2}|\dot{\boldsymbol{A}}^\perp(\boldsymbol{r})|^2 - \frac{1}{2\mu_0}|\nabla\times\boldsymbol{A}^\perp(\boldsymbol{r})|^2\right)\mathrm{d}^3r \\ &+ \frac{1}{2}\sum_i m v_i^2 - W_{\mathrm{coul}} + \int\boldsymbol{J}(\boldsymbol{r})\cdot\boldsymbol{A}^\perp(\boldsymbol{r})\mathrm{d}^3r \end{aligned} \tag{13.109}$$

式（13.109）中忽略了所有量对时间的依赖性，并引入了形如（13.81）的库仑耦合 W_{coul}，在接下来的各章中由于只讨论库仑规范，因此不再特意指出电磁矢势的横向性。

习题

练习13.1 考虑由位置0和 L 处的两个反射镜所形成谐振腔中的光场，其矢势为

$$A(r,t)=\sqrt{\frac{2}{\Omega\varepsilon_0}}Q(t)\sin kz\hat{x}$$

其中，$z\in[0,L]$，$Q(t)$表示振幅，Ω是谐振腔的体积，$k=\pi/L$是波数，这些都是为了以后方便选择待定系数。

（a）计算相应的电场和磁场。

（b）利用式（13.105）计算拉格朗日函数并证明其具有谐振子的形式。

（c）使用与谐振子的对应关系对系统进行正则量子化，可参考式（13.34）对其讨论。用场算符$\hat{a}$、$\hat{a}^\dagger$表示哈密顿量，并证明电场算符可以为

$$\hat{E}(r)=i\left(\frac{\hbar\omega}{\Omega\varepsilon_0}\right)^{\frac{1}{2}}\sin kz(\hat{a}-\hat{a}^\dagger)\hat{x}$$

练习 13.2 将练习 13.1 中条件改为支持两种模式的光学腔，其电磁矢势为

$$A(r,t)=\sqrt{\frac{2}{\Omega\varepsilon_0}}[Q_1(t)\sin kz+Q_2(t)\cos kz]\hat{x}$$

（a）利用两个模函数，重复练习 13.1 的量子化过程。

（b）在$A(r,t)$中引入$e^{\pm ikz}$形式的基函数，并利用式（13.42）及其之后的讨论进行正则量子化。证明电场算子可以写成如下形式：

$$\hat{E}(r)=\sum_{q=\pm k}i\left(\frac{\hbar\omega}{2\Omega\varepsilon_0}\right)^{\frac{1}{2}}e^{iqz}(\hat{a}_q-\hat{a}_q^\dagger)\hat{x}$$

练习 13.3 计算对易式：

$$[\hat{E}_i^\perp(r),\hat{E}_j^\perp(r')],[\hat{E}_i^\perp(r),\hat{B}_j^\perp(r')],[\hat{B}_i^\perp(r),\hat{B}_j^\perp(r')]$$

可仿照式（13.79）及其后续推导进行计算。

练习 13.4 计算 0℃及有限温度下电场期望$\langle\hat{E}^\perp(r)\rangle$和涨落$\langle\hat{E}^\perp(r)\cdot\hat{E}^\perp(r)\rangle$。

练习 13.5 假设标势V和矢势A不满足库仑规范$\nabla\cdot A=0$，利用式（2.19）找到一个函数$\lambda(r,t)$，使变换后的电势满足库仑规范。

练习 13.6 对于标量场$\phi(x,t)$，考虑如下作用量：

$$S=\int\left[i\hbar\phi^*\partial_t-\frac{h^2}{2m}(\partial_x\phi^*)(\partial_x\phi)+\phi^*V(x)\phi\right]dxdt$$

其中，∂_x,∂_t表示关于t和x的导数，将ϕ、ϕ^*视为自变量。

（a）利用作用量原理$\delta S/\delta\phi=0,\delta S/\delta\phi^*=0$导出运动方程，忽略所有表面项。

（b）ϕ和ϕ^*的正则共轭动量是多少？

（c）写出其哈密顿函数。

练习 13.7 考虑式（13.66）的拉格朗日函数，对于外部电磁场中的多粒子系统，有

$$L=\frac{1}{2}\sum_i mv_i^2-\frac{1}{2}\sum_{i\neq j}\frac{q^2}{4\pi\varepsilon_0|r_i-r_j|}+\sum_i q[-V_{ext}(r_i,t)+v_iA_{ext}(r_i,t)]$$

推导经典哈密顿函数，并利用式（13.29）中给出的哈密顿运动方程求$\dot{r}_i$、$\dot{v}_i$。

练习 13.8 光子相干态可表示为

$$|\alpha\rangle=e^{1\frac{1}{2}|\alpha|^2}\sum_{n=0}^{\infty}\frac{\alpha^n}{\sqrt{n!}}|n\rangle$$

式中：$|n\rangle$为式（13.39）中的数态。

（a）证明$|n\rangle$是$\hat{a}$的本征态。

（b）计算内积$\langle\alpha|\alpha\rangle$。

（c）计算$\hat{a}$、$\hat{a}^{\dagger}\hat{a}$、$\hat{a}^{\dagger}\hat{a}^{\dagger}\hat{a}\hat{a}$的期望值$\langle\alpha|\cdots|\alpha\rangle$。

练习 13.9 计算系统在（a）基态、（b）热态、（c）相干态下的光子相关函数 $G^{(1)}=\langle\hat{a}^{\dagger}(t)|\hat{a}(0)\rangle$。

练习 13.10 将式（13.96）的多极哈密顿量展开为 $\boldsymbol{r}-\boldsymbol{r}_0$ 中的二阶函数，并将结果用电偶极矩、磁偶极矩和四极矩表示。

第 14 章

关联函数

本章将研究形如下式的关联函数：

$$\langle \hat{u}(t)\hat{v}(0) \rangle_{eq}$$

式中：$\hat{u}(t)$、$\hat{v}(0)$为在不同时间作用于系统的两个算符；括号表示平衡系统在零温度或有限温度下的平均值。虽然初看这个函数的用途似乎相当有限，但事实证明关联函数是一个非常强大且在各种问题中被大量使用的工具。考虑如图 14.1 所示的例子。其中，算符$\hat{v}(0)$在零时刻对系统产生激励，该激励在没有外部耦合的情况下传播，最后算符$\hat{u}(t)$在稍后的时间测量了系统的某些性质，这种设置会让人不自觉地想起前面在第 5 章中讨论过的格林函数。事实上，关联函数在量子物理中具有许多类似格林函数的迷人特性。最重要的是：如果已经知晓系统关联函数，则系统的线性响应可以在无须严格描述被扰动系统的情况下得出。

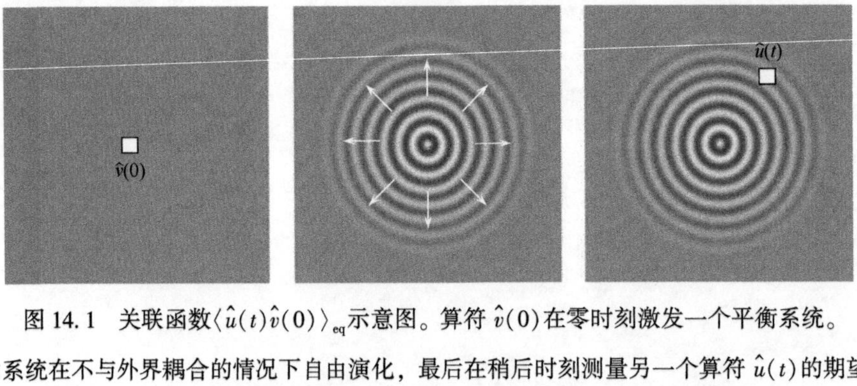

图 14.1　关联函数$\langle \hat{u}(t)\hat{v}(0) \rangle_{eq}$示意图。算符 $\hat{v}(0)$在零时刻激发一个平衡系统。扰动系统在不与外界耦合的情况下自由演化，最后在稍后时刻测量另一个算符 $\hat{u}(t)$的期望值。在 Kubo 的形式中，系统对外界扰动的线性响应仅由关联函数计算，该函数可在热平衡状态下求得

在本章的开始，我们将对关联函数进行一般性的讨论，并在不涉及任何具体物理系统的情况下推导出许多有用的表达式。一旦建立这些表达式，关联函数将变得非常有用，并适用于纳米光学中的各种问题。我们将证明电磁场算符的关联函数与并矢格林函数密切相关，而介电常数和光电导率可以用密度-密度关联函数和电流-电流关联函数

表示。本章最后将介绍量子等离子体中的一些应用，包括非局域性和电荷转移等离子体，并利用费米黄金法则推导电子能量损失谱的量子力学描述。

14.1 统计算符

在本节中，我们计算算符和算符乘积的平均值。考虑由哈密顿量$\hat{H}_0$ 描述的系统，其本征能量 E_m 和本征态$|m\rangle$定义为

$$\hat{H}_0|m\rangle = E_m|m\rangle \tag{14.1}$$

在0℃下，可以按通常的方式计算算符平均值：

$$\langle\cdots\rangle_{\mathrm{eq}} = \langle 0|\cdots|0\rangle \tag{14.2}$$

其中，$|0\rangle$表示系统的基态，括号之间的点用于插入算符。还需指出：期望值是针对系统平衡计算的，这里是它的基态。在有限温度下，还必须对所有状态$|m\rangle$求和，这些态出现的概率为

$$P_m = Z^{-1}\mathrm{e}^{-\beta E_m}, Z = \sum_m \mathrm{e}^{-\beta E_m} \tag{14.3}$$

式中：Z 为概率分布归一化所需的配分函数；$\beta = 1/(k_B T)$；k_B 为玻耳兹曼常数。代入式（14.2），算符的期望值就变成：

$$\langle\cdots\rangle_{\mathrm{eq}} = Z^{-1}\sum_m \mathrm{e}^{-\beta E_m}\langle m|\cdots|m\rangle \tag{14.4}$$

在同一基兼顾绝对零度和有限温度的一种简便方法是引入平衡态统计算符。

平衡态统计算符

$$\hat{\rho}_{\mathrm{eq}} = Z^{-1}\sum_m \mathrm{e}^{-\beta E_m}|m\rangle\langle m| \tag{14.5}$$

在零度时，统计算符变为

$$\hat{\rho}_{\mathrm{eq}} = |0\rangle\langle 0|$$

算符的期望值写成如下形式：

$$\langle\cdots\rangle_{\mathrm{eq}} = \mathrm{tr}(\hat{\rho}_{\mathrm{eq}}) = \sum_m \langle m|\hat{\rho}_{\mathrm{eq}}\cdots|m\rangle = Z^{-1}\sum_m \mathrm{e}^{-\beta E_m}\langle m|\cdots|m\rangle$$

上式中定义了“迹”，是算符对一个完备基期望值的求和。例如对哈密顿算符$\hat{H}_0$ 而言，可以利用正交关系$\langle m|n\rangle = \delta_{mn}$得到右边的最终表达式。由于$|m\rangle$是哈密顿量的本征态，可以很容易地计算海森堡绘景中的统计算符：

$$\mathrm{e}^{\frac{i}{\hbar}\hat{H}_0 t}\hat{\rho}_{\mathrm{eq}}\mathrm{e}^{-\frac{i}{\hbar}\hat{H}_0 t} = Z^{-1}\sum_m \mathrm{e}^{-\beta E_m}(\mathrm{e}^{\frac{i}{\hbar}E_m t}|m\rangle\langle m|\mathrm{e}^{-\frac{i}{\hbar}E_m t}) = \hat{\rho}_{\mathrm{eq}}$$

可以发现：从薛定谔绘景到海森堡绘景时算符并未发生改变。在第 17 章中将更详细地研究时变系统中的统计算符。

绝热极限

考虑两个算符$\hat{u}$，$\hat{v}$的关联函数：

$$\langle\hat{u}(t)\,\hat{v}(t')\rangle_{\mathrm{eq}} = Z^{-1}\sum_{m,n}\mathrm{e}^{-\beta E_m}\langle m|\hat{u}(t)|n\rangle\langle n|\hat{v}(t')|m\rangle$$

上式中，我们在两个算符之间插入了求和 $\sum_n |n\rangle\langle n|$，这种用完整状态集表示的方法有时被称为莱曼表示。通常很难甚至不可能计算出上面的表达式，然而我们可以从中得到一些有用的关系。首先计算矩阵元的时间依赖性：

$$\langle m|(\mathrm{e}^{\frac{i}{\hbar}\hat{H}_0t})\hat{u}(\mathrm{e}^{-\frac{i}{\hbar}\hat{H}_0t})|n\rangle=\mathrm{e}^{-\mathrm{i}\omega_{nm}t}\langle m|\hat{u}|n\rangle$$

上式中使用了缩写 $\hbar\omega_{nm}=E_n-E_m$，这样关联函数被精确计算：

$$\langle\hat{u}(t)\ \hat{v}(t')\rangle_{\mathrm{eq}}=Z^{-1}\sum_{m,n}\mathrm{e}^{-\beta E_m}(\mathrm{e}^{-\mathrm{i}\omega_{nm}(t-t')})\langle m|\hat{u}|n\rangle\langle n|\hat{v}|m\rangle$$

更普遍地，当处理足够大系统的期望值时，可以考虑热力学极限，即让系统尺寸接近无穷大。或者至少系统的尺寸足够大，以便我们用对系统自由度上的某种积分来代替 m 和 n 上的总和。这样一来，由于以不同频率振荡的指数项之间的相消干涉，关联函数作为时间差 $t-t'$ 的函数快速衰减。

图 14.2 显示了几个具有代表性的示例。图（a）、图（b）显示了不同宽度光谱函数的洛伦兹线型。时域中的响应是具有指数衰减的振荡，洛伦兹的宽度越大，函数在时间上衰减得越快。其他线型也有类似的行为，例如高斯线型。图（c）显示了一系列 δ 峰，对应于孤立的有限尺寸系统的态密度。时间响应呈现周期性返回的模式，完全没有衰减。相反，当向线型函数添加一个小的展宽时，参见图（d），时间响应函数会衰减（尽管仍有一些可观察到的回归）。最后一个例子是指有限尺寸的系统，它们足够大以至于即使是由环境耦合引起的小线展宽也足以导致相消干涉和整体时间衰减。因此，热力学极限通常也可以很好地应用于有限尺寸系统。

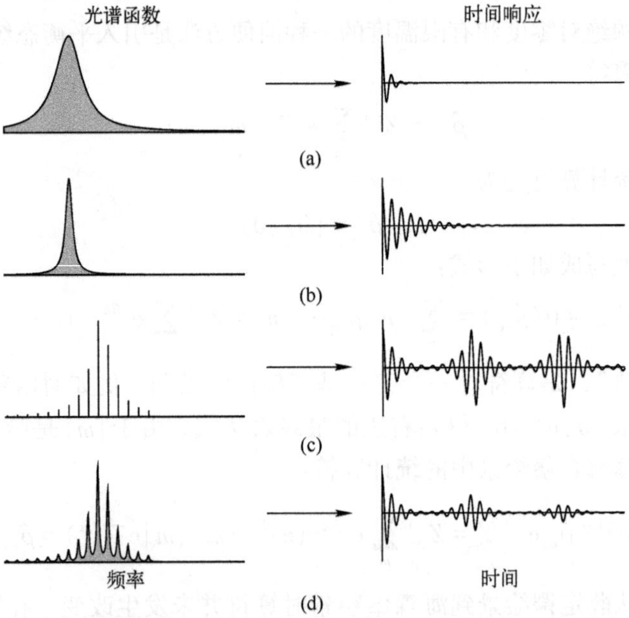

图 14.2　光谱函数示例及其对应的时间响应。(a)、(b) 不同宽度的洛伦兹线型；(c) 一系列 δ 峰；(d) 一系列扩大的 δ 峰。

在许多情况下，我们希望在计算热力学极限之前操作关联函数。此时就必须小心大的时间差 $t-t'\to\infty$，有限系统的关联函数继续振荡。这与热力学极限中系统的关联函数相反，热力学极限中的关联函数由于相消干涉而早已衰减。在这种情况下，需要使用“绝热极限”，并在关联函数中添加一个小的阻尼项 η，

$$\langle \hat{u}(t)\ \hat{v}(t')\rangle_{\text{eq}} = \lim_{\eta\to 0} Z^{-1}\sum_{m,n} \mathrm{e}^{-\beta E_m}(\mathrm{e}^{-\mathrm{i}\omega_{nm}(t-t')}\mathrm{e}^{-\eta(t-t')})\langle m|\hat{u}|n\rangle\langle n|\hat{v}|m\rangle \tag{14.6}$$

此处 η 在计算结束时接近零。有了这个额外的阻尼项，就可以将关联函数与积分上限接近无穷大的时间积分一起使用，后续的讨论就是这样，必须明确的是：η 与任何物理阻尼无关，仅仅是在计算热力学极限之前，为了在无限时间区间对关联函数积分而引入的参数。

14.2　久保公式

久保公式是一个强大的工具，它允许仅使用未扰动系统的性质来计算扰动系统在线性响应下的性质，请参见图 14.3。假设系统的动力学可以用哈密顿量 $\hat{H}_0$ 和一个耦合到外部经典场 $X(t)$ 的如下形式来描述：

$$\hat{V}(t)=\hat{v}X(t) \tag{14.7}$$

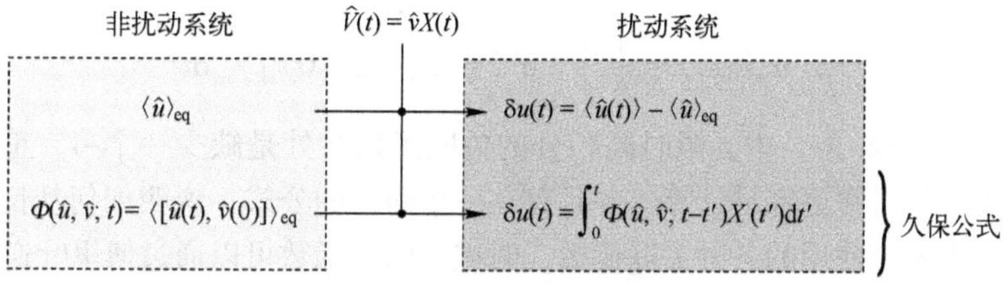

图 14.3　久保公式原理图。当存在一个随时间变化的哈密顿量 $V(t)=\hat{\imath}\,X(t)$ 时，算子 $\hat{u}$ 的期望值的变化可以从时变波函数中计算，其中 $\hat{\imath}$ 是一个系统算子，$X(t)$ 是一些外部的经典场。或者，在线性响应中，首先计算未扰动系统的关联函数 $\Phi(\hat{u},\hat{o})$，然后使用式（14.8）的久保公式来计算该关联函数和外部场 $X(t)$ 的期望值，而不考虑扰动系统

这里 $\hat{v}$ 是一个算符，用于与外场的耦合。例如，式（13.91）中的偶极相互作用。下面将在 $\hat{H}_0$ 的相互作用绘景下讨论，在最低阶微扰论中，算符 $\hat{u}$ 的时间演化可以由式（13.15）计算：

$$\hat{U}^{\dagger}(t,0)\ \hat{u}(t)\ \hat{U}(t,0)=\hat{u}(t)\ -\frac{i}{\hbar}\int_0^t[\hat{u}(t),\hat{v}(t')]X(t')\mathrm{d}t' + \mathcal{O}(X^2)$$

式中：$\hat{U}$ 为相互作用绘景（13.12）中的时间演化算符。引入下述缩写：

$$\delta u(t)=\langle\hat{U}^{\dagger}(t,0)\hat{u}(t)\hat{U}(t,0)-\hat{u}(t)\rangle_{\text{eq}}$$

由此，得到了算符 $\hat{u}$ 期望值的久保公式

$$\delta u(t)=-\frac{i}{\hbar}\int_0^t\langle[\hat{u}(t),\hat{v}(t')]\rangle_{\text{eq}}X(t')\mathrm{d}t' \tag{14.8}$$

该表达式允许仅利用未受扰动系统的关联函数来计算扰动系统线性响应下的性质，这对实际计算非常有利。导入关联函数：

$$\Phi(\hat{u},\hat{v};t-t')=-\frac{i}{\hbar}\theta(t-t')\langle[\hat{u}(t),\hat{v}(t')]\rangle_{\text{eq}} \tag{14.9}$$

在热平衡中，它仅取决于时间差 $t-t'$，θ 是解释因果反应的海维赛德阶跃函数。

补充：阶跃函数/开关函数：自变量小于或等于零时函数值是 0，自变量大于零时函数值是 1。

久保公式的傅里叶变换变为

$$\delta u(\omega)=\int_0^\infty e^{i\omega t}\left[\int_0^t \Phi(\hat{u},\hat{v};t-t')X(t')\,dt'\right]dt=\Phi(\hat{u},\hat{v};\omega)X(\omega)$$

上式用到时域的卷积变为频率空间上的乘积，并引入了如下关联函数的傅里叶变换：

久保公式的关联函数

$$\Phi(\hat{u},\hat{v};\omega)=-\frac{i}{\hbar}\int_0^\infty e^{i\omega t}\langle[\hat{u}(t),\hat{v}(0)]\rangle_{eq}dt \tag{14.10}$$

为了清晰起见，在时域和频域中使用相同的符号，但通常我们只对频率表示更感兴趣。

14.2.1 谱函数

通常引入谱函数是很方便的。

谱函数

$$\rho(\hat{u},\hat{v};\omega)=\frac{1}{\hbar}\int_{-\infty}^\infty e^{i\omega t}\langle[\hat{u}(t),\hat{v}(0)]\rangle_{eq}dt \tag{14.11}$$

它不同于式（14.10）中无限时间积分的关联函数之处是缺少一个-i。正如将在下面展示的，这个函数通常更容易计算，并且存在一个简单的公式，说明如何从谱函数中获得线性响应理论中通常使用的各种关联函数。时域中的谱函数可以通过傅里叶逆变换得到：

$$\rho(\hat{u},\hat{v};t)=\int_{-\infty}^\infty e^{-i\omega' t}\rho(\hat{u},\hat{v};\omega')\frac{d\omega'}{2\pi}$$

此处使用 ω' 的原因稍后会变得清晰。将这个表达式代入式（14.10）得到久保公式的关联函数：

$$\Phi(\hat{u},\hat{v};\omega)=-i\lim_{\eta\to 0}\int_{-\infty}^\infty\left[\int_0^\infty e^{i(\omega-\omega'+i\eta)t}dt\right]\rho(\hat{u},\hat{v};\omega')\frac{d\omega'}{2\pi}$$

上式中重新引入了绝热极限添加的小阻尼常数 η，并确保被积函数在较大的时间延迟下变为零。对时间积分之后，将得到谱函数和关联函数之间的关系

$$\Phi(\hat{u},\hat{v};\omega)=\lim_{\eta\to 0}\int_{-\infty}^\infty\frac{\rho(\hat{u},\hat{v};\omega')}{\omega-\omega'+i\eta}\frac{d\omega'}{2\pi} \tag{14.12}$$

其中，$t\to\infty$ 时的积分项由于 η 而被忽略。

对称关系与克拉莫-克兰尼克关系。在热平衡中，谱函数仅取决于算符 $\hat{u}$、$\hat{v}$ 之间的时间差，因此可以从式（14.11）中求出：

$$\begin{aligned}\rho(\hat{u},\hat{v};\omega)&=\frac{1}{\hbar}\int_{-\infty}^\infty e^{i\omega t}\langle[\hat{u}(t),\hat{v}(0)]\rangle_{eq}dt\\&=\frac{1}{\hbar}\int_{-\infty}^\infty e^{-i\omega t}\langle[\hat{u}(0),\hat{v}(t)]\rangle_{eq}dt\end{aligned} \tag{14.13}$$

推导出以下对称关系：

$$\rho(\hat{u},\hat{v};\omega)=-\rho(\hat{v},\hat{u};-\omega)=\rho^*(\hat{v},\hat{u};\omega) \tag{14.14}$$

其中，最后一个表达式是通过取ρ的复共轭并利用$\hat{u}$、$\hat{v}$是厄米算符得到。

在具有时间反演对称性的系统中，通常存在关联函数相对于算符$\hat{u}$、$\hat{v}$是交换对称的情况：

$$\Phi_{\mathrm{sym}}(\hat{u},\hat{v};\omega)=\Phi_{\mathrm{sym}}(\hat{v},\hat{u};\omega) \tag{14.15}$$

从式（14.12）中，可以发现

$$\begin{aligned}\Phi_{\mathrm{sym}}(\hat{u},\hat{v};\omega)&=\frac{1}{2}[\Phi(\hat{u},\hat{v};\omega)+\Phi(\hat{v},\hat{u};\omega)]\\&=\lim_{\eta\to 0}\frac{1}{2}\int_{-\infty}^{\infty}\frac{\rho(\hat{u},\hat{v};\omega')+\rho(\hat{v},\hat{u};\omega')}{\omega-\omega'+\mathrm{i}\eta}\frac{\mathrm{d}\omega'}{2\pi}\end{aligned}$$

利用谱函数的对称关系，可以很容易地证明对称化的谱函数是实函数。

$$\rho_{\mathrm{sym}}(\hat{u},\hat{v};\omega)=\frac{1}{2}[\rho(\hat{u},\hat{v};\omega)+\rho(\hat{v},\hat{u};\omega)]=\rho_{\mathrm{sym}}^{*}(\hat{u},\hat{v};\omega)$$

将这个函数代入式（14.12），并在等式的两边取虚部，得到：

$$\Phi''_{\mathrm{sym}}(\hat{u},\hat{v};\omega)=-\frac{1}{2}\rho_{\mathrm{sym}}(\hat{u},\hat{v};\omega) \tag{14.16}$$

上式中使用了公式（F.6），将分母写成了一个delta函数和主值积分。类似地，实部为

$$\Phi'_{\mathrm{sym}}(\hat{u},\hat{v};\omega)=-\mathcal{P}\int_{-\infty}^{\infty}\frac{\Phi''_{\mathrm{sym}}(\hat{u},\hat{v};\omega')}{\omega-\omega'}\frac{\mathrm{d}\omega'}{\pi} \tag{14.17}$$

其中，$\mathcal{P}$表示主值积分。这表明，对称关联函数的实部和虚部能够通过一个类似于第7章推导的克拉莫-克兰尼克关系进行关联。这不是偶然的，因为之前的推导是基于线性和因果响应的一般假设。这些假设显然也适用于其他类型的关联函数，相应的克拉莫-克兰尼克关系也都适用。

14.2.2　交叉谱密度

假设要计算算符乘积的关联函数（而不是对易），即

$$\langle\hat{u}(t)\hat{v}(0)\rangle_{\mathrm{eq}}$$

正如将在下面讨论的，在热平衡中，这些函数可以与谱函数$\rho(\hat{u},\hat{v};t)$建立关联，首先，考虑算符的傅里叶变换：

$$\hat{u}(\omega)=\int_{-\infty}^{+\infty}\mathrm{e}^{\mathrm{i}\omega t}\,\hat{u}(t)\,\mathrm{d}t$$

然后有

$$\langle\hat{u}(\omega)\,\hat{v}(\omega')\rangle_{\mathrm{eq}}=\int_{-\infty}^{\infty}\mathrm{e}^{\mathrm{i}(\omega t+\omega' t')}\,\langle\hat{u}(t)\,\hat{v}(t')\rangle_{\mathrm{eq}}\mathrm{d}t\mathrm{d}t'$$

利用时间坐标$T=(t+t')/2$，$\tau=t-t'$上述积分可以改写为

$$\langle\hat{u}(\omega)\,\hat{v}(\omega')\rangle_{\mathrm{eq}}=\int_{-\infty}^{\infty}\mathrm{e}^{\mathrm{i}(\omega+\omega')T}\mathrm{e}^{\frac{\mathrm{i}}{2}(\omega-\omega')\tau}\left\langle\hat{u}\left(T+\frac{1}{2}\tau\right)\hat{v}\left(T-\frac{1}{2}\tau\right)\right\rangle_{\mathrm{eq}}\mathrm{d}T\mathrm{d}\tau$$

由此可以得出以下交叉谱密度表达式：

交叉谱密度

$$\langle\hat{u}(\omega)\,\hat{v}(\omega')\rangle_{\mathrm{eq}}=2\pi\delta(\omega+\omega')\int_{-\infty}^{\infty}\mathrm{e}^{\mathrm{i}\omega t}\,\langle\hat{u}(t)\,\hat{v}(0)\rangle_{\mathrm{eq}}\mathrm{d}t \tag{14.18}$$

为了计算右边的积分，将热平衡态的期望值$\langle\cdots\rangle_{\mathrm{eq}}$在一组完备基中展开：

$$\int_{-\infty}^{\infty} e^{i\omega t} \langle \hat{u}(t)\, \hat{v}(0) \rangle_{eq} dt = \int_{-\infty}^{\infty} z^{-1} \sum_{m,n} e^{-\beta E_m} e^{i(\omega-\omega_{nm})t} \langle m|\hat{u}|n\rangle \langle n|\hat{v}|m\rangle dt$$

计算出时间积分，可得

$$\int_{-\infty}^{\infty} e^{i\omega t} \langle \hat{u}(t)\, \hat{v}(0) \rangle_{eq} dt = Z^{-1} \sum_{m,n} e^{-\beta E_m} \langle m|\hat{u}|n\rangle \langle n|\hat{v}|m\rangle 2\pi\delta(\omega - \omega_{nm})$$

$$\int_{-\infty}^{\infty} e^{i\omega t} \langle \hat{v}(0)\, \hat{u}(t) \rangle_{eq} dt = Z^{-1} \sum_{m,n} e^{-\beta E_n} \langle n|\hat{v}|m\rangle \langle m|\hat{u}|n\rangle 2\pi\delta(\omega - \omega_{nm})$$

其中，第二行中的表达式是通过颠倒运算符的顺序并将 m 与 n 互换而得到的。将两个式子相减，得到式（14.11）的谱函数：

$$\rho(\hat{u},\hat{v};\omega) = \frac{1}{\hbar Z} \sum e^{-\beta E_m} \langle m|\hat{u}|n\rangle \langle n|\hat{v}|m\rangle (1 - e^{-\beta\hbar\omega}) 2\pi\delta(\omega - \omega_{nm}) \quad (14.19)$$

上式利用了 $E_n = E_m + \hbar\omega_{nm}$。由此观察到交叉谱密度可以通过以下方式与谱函数相关联

$$\int_{-\infty}^{\infty} e^{i\omega t} \langle \hat{u}(t)\, \hat{v}(0) \rangle_{eq} dt = \frac{\hbar\rho(\hat{u},\hat{v};\omega)}{1 - e^{-\beta\hbar\omega}} = \hbar\rho(\hat{u},\hat{v};\omega)(\bar{n}_{th}(\hbar\omega) + 1)$$

利用玻色-爱因斯坦分布 $\bar{n}_{th}(\hbar\omega) = 1/(e^{\beta\hbar\omega} - 1)$，可以得到交叉谱密度和谱函数之间关系的最终表达式：

交叉谱密度与谱函数的关系

$$\begin{cases} \int_{-\infty}^{\infty} e^{i\omega t} \langle \hat{u}(t)\hat{v}(0) \rangle_{eq} dt = \hbar\rho(\hat{u},\hat{v};\omega)(\bar{n}_{th}(\hbar\omega) + 1) \\ \int_{-\infty}^{\infty} e^{i\omega t} \langle \hat{v}(0)\hat{u}(t) \rangle_{eq} dt = \hbar\rho(\hat{u},\hat{v};\omega)\, \bar{n}_{th}(\hbar\omega) \end{cases} \quad (14.20)$$

这些关系非常有用，因为它们表明所有可能的关联函数可以与一个量相关，即谱函数，如图 14.4。在以下几节中，我们将给出一些有代表性的例子。

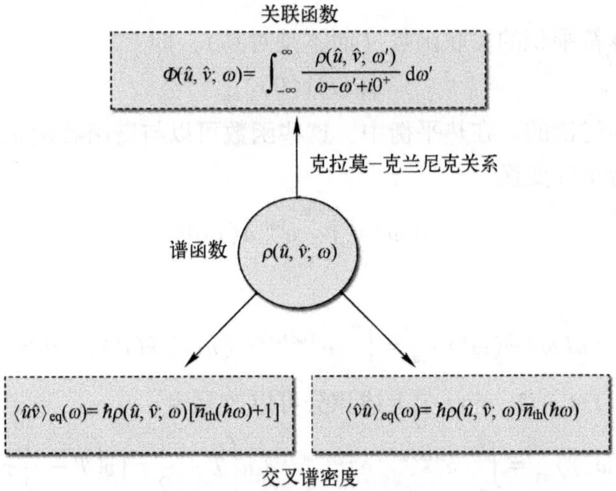

图 14.4　谱函数与关联函数和交叉谱密度的关系。式（14.11）的谱函数是平衡系统波动的量度。它通过等式（14.12）的克拉莫-克兰尼克关系与关联函数相关联，关联函数允许在久保理论中仅使用未受干扰系统的波动计算系统的线性响应。人们通常对式（14.20）的交叉谱密度感兴趣，即算符乘积 $\hat{u}\hat{v}$ 和 $\hat{v}\hat{u}$ 的期望值。在热平衡中，这些密度可以用谱函数和玻色-爱因斯坦分布 $\bar{n}_{th}$ 表示。因此，所有关联函数都可以从谱函数 $\rho(\hat{u},\hat{v};\omega)$ 中获得。

14.3　电磁场的关联函数

作为第一个例子，考虑在自由空间麦克斯韦理论中电场算符的关联函数，

$$\langle \hat{E}_i(\boldsymbol{r},t)\hat{E}_j(\boldsymbol{r}',t')\rangle_{\text{eq}}$$

它描述了位置和时间 $\boldsymbol{r}'$、t' 的电场波动如何在一段时间 t 传播到另一个位置 $\boldsymbol{r}$。我们期望这个表达式一方面取决于电场的传播特性，正如稍后将展示的那样，它可以用经典电动力学的格林函数来表达；另一方面，关联函数反映了引起电场波动的难易程度，这可以用光子的热布居数来表示。使用 14.2 节给出的结论，我们可以计算电场涨落的谱。

从光子算符的时间演化开始，使用式（13.76）中相互作用绘景下的光子哈密顿量

$$\mathrm{i}\hbar\frac{\mathrm{d}}{\mathrm{d}t}\hat{a}_{\boldsymbol{k}s}=[\hat{a}_{\boldsymbol{k}s},\hat{H}_{\text{em}}]=\omega\,\hat{a}_{\boldsymbol{k}s}\Rightarrow\hat{a}_{\boldsymbol{k}s}(t)=\mathrm{e}^{-\mathrm{i}\omega t}\hat{a}_{\boldsymbol{k}s}$$

光子频率 $\omega=kc$。式（13.77）的矢势算符可以写成：

$$\boldsymbol{A}(\boldsymbol{r},t)=\sum_{\boldsymbol{k},s}\left(\frac{\hbar}{2\Omega\varepsilon_0\omega}\right)^{\frac{1}{2}}[\mathrm{e}^{\mathrm{i}(\boldsymbol{k}\cdot\boldsymbol{r}-\omega t)}\,\hat{a}_{\boldsymbol{k}s}+\mathrm{e}^{-\mathrm{i}(\boldsymbol{k}\cdot\boldsymbol{r}-\omega t)}\,\hat{a}_{\boldsymbol{k}s}^{+}]\boldsymbol{\epsilon}_{\boldsymbol{k}s}$$

事实证明，引入 $\boldsymbol{A}^+(\boldsymbol{r},t)$ 是很方便的，它只包含 $\boldsymbol{A}(\boldsymbol{r},t)$ 中含有湮灭算符 $\hat{a}_{\boldsymbol{k}s}$ 的部分，有

$$\boldsymbol{A}^+(\boldsymbol{r},t)=\sum_{\boldsymbol{k},s}\left(\frac{\hbar}{2\Omega\varepsilon_0\omega}\right)^{\frac{1}{2}}\mathrm{e}^{\mathrm{i}(\boldsymbol{k}\cdot\boldsymbol{r}-\mathrm{i}\omega)t}\,\hat{a}_{\boldsymbol{k}s}\tag{14.21}$$

加号表示场算符以正频率 $\mathrm{e}^{-\mathrm{i}\omega t}$ 振荡；回想一下，这是物理学文献中通常采用的时间依赖性。类似地，$\boldsymbol{A}^-(\boldsymbol{r},t)$ 表示以负频率 $\mathrm{e}^{-\mathrm{i}(-\omega)t}=\mathrm{e}^{\mathrm{i}\omega t}$ 振荡的贡献。因此，可以将矢势算符分为正频率分量和负频率分量。

正负频率分量

$$\boldsymbol{A}(\boldsymbol{r},t)=\boldsymbol{A}^-(\boldsymbol{r},t)+\boldsymbol{A}^+(\boldsymbol{r},t)\tag{14.22}$$

由于 $\boldsymbol{A}^-$ 是 $\boldsymbol{A}^+$ 的厄米共轭，式（14.22）中的和是实算符。与之类似，电磁场算符也可以分为相应的正频率分量和负频率分量。

不同时刻的场对易：接下来计算矢势算符在不同时刻 t、t' 的对易关系：

$$[\hat{A}_i(\boldsymbol{r},t),\hat{A}_j(\boldsymbol{r}',t')]=[\hat{A}_i^+(\boldsymbol{r},t),\hat{A}_j^-(\boldsymbol{r}',t')]+[\hat{A}_i^-(\boldsymbol{r},t),\hat{A}_j^+(\boldsymbol{r}',t')]$$

利用对易关系 $[\hat{a}_{\boldsymbol{k}s},\hat{a}_{\boldsymbol{k}'s'}^{\dagger}]=\delta_{\boldsymbol{k}\boldsymbol{k}'}\delta_{ss'}$ 可得

$$\begin{cases}\mathcal{I}_1=[\hat{A}_i^+(\boldsymbol{r},t),\hat{A}_j^-(\boldsymbol{r}',t')]=\displaystyle\sum_{\boldsymbol{k},s}\frac{\hbar}{2\Omega\varepsilon_0\omega_k}\mathrm{e}^{\mathrm{i}\boldsymbol{k}\cdot(\boldsymbol{r}-\boldsymbol{r}')}\mathrm{e}^{-\mathrm{i}\omega_k(t-t')}(\boldsymbol{\epsilon}_{+\boldsymbol{k}s})_i(\boldsymbol{\epsilon}_{+\boldsymbol{k}s})_j\\ \mathcal{I}_2=[\hat{A}_i^-(\boldsymbol{r},t),\hat{A}_j^+(\boldsymbol{r}',t')]=-\displaystyle\sum_{\boldsymbol{k},s}\frac{\hbar}{2\Omega\varepsilon_0\omega_k}\mathrm{e}^{\mathrm{i}\boldsymbol{k}\cdot(\boldsymbol{r}-\boldsymbol{r}')}\mathrm{e}^{+\mathrm{i}\omega_k(t-t')}(\boldsymbol{\epsilon}_{-\boldsymbol{k}s})_i(\boldsymbol{\epsilon}_{-\boldsymbol{k}s})_j\end{cases}$$

且有

$$\sum_s(\boldsymbol{\epsilon}_{\boldsymbol{k}s})_i(\boldsymbol{\epsilon}_{\boldsymbol{k}s})_j=(\delta_{ij}-\hat{k}_i\hat{k}_j)$$

是在 k 的横向上的投影。利用热力学极限 $\sum_{\mathrm{k}} \to \Omega/(2\pi)^3\int \mathrm{d}^3k$，得到：

$$\mathcal{I}_{1,2} = \pm\frac{\hbar}{2\varepsilon_0 c}\int_{-\infty}^{\infty}\frac{1}{k}(\delta_{ij}-\hat{k}_i\hat{k}_j)\mathrm{e}^{\mathrm{i}\boldsymbol{k}\cdot(\boldsymbol{r}-\boldsymbol{r}')}\mathrm{e}^{\mp\mathrm{i}kc(t-t')}\frac{\mathrm{d}^3k}{(2\pi)^3}$$

利用 $\boldsymbol{R}=\boldsymbol{r}-\boldsymbol{r}'$，$\tau=t-t'$ 分别表示位置差和时间差，在球坐标系下重写积分形式：

$$\mathcal{I}_{1,2} = \pm\frac{\hbar}{2\varepsilon_0 c}\int_{0}^{\infty}\frac{1}{k}\mathrm{e}^{\mp\mathrm{i}kc\tau}\left(\delta_{ij}+\frac{\partial_i\partial_j}{k^2}\right)\left[\oint\mathrm{e}^{\mathrm{i}\boldsymbol{k}\cdot\boldsymbol{R}}\frac{\mathrm{d}\Omega}{(2\pi)^3}\right]k^2\mathrm{d}k$$

括号内的积分可根据以下公式计算：

$$\oint\mathrm{e}^{\mathrm{i}\boldsymbol{k}\cdot\boldsymbol{R}}\frac{\mathrm{d}\Omega}{(2\pi)^3} = \frac{1}{4\pi^2}\int_{-1}^{1}\mathrm{e}^{\mathrm{i}kRu}\mathrm{d}u = \frac{1}{4\mathrm{i}\pi^2 kR}[\mathrm{e}^{\mathrm{i}kR}-\mathrm{e}^{-\mathrm{i}kR}] = \frac{2}{\pi k}\mathrm{Im}[g(R)]$$

其中，引入了 $u=\cos\theta$ 进行积分，并利用式（5.7）的标量格林函数 $g(R)=\mathrm{e}^{\mathrm{i}kR}/(4\pi R)$。因此，可以表示为对频率 $\omega=ck$ 的积分。

$$\mathcal{I}_{1,2} = \pm 2\hbar\mu_0\int_{0}^{\infty}\mathrm{e}^{\mp\mathrm{i}\omega\tau}\left(\delta_{ij}+\frac{\partial_i\partial_j}{k^2}\right)\mathrm{Im}[g(R)]\frac{\mathrm{d}\omega}{2\pi} \tag{14.23}$$

综合以上讨论，可得矢势算符的对易关系：

$$[\hat{A}_i^{\pm}(\boldsymbol{r},t),\hat{A}_j^{\mp}(\boldsymbol{r}',t')] = \pm 2\hbar\mu_0\int_{0}^{\infty}\mathrm{e}^{\mp\mathrm{i}\omega(t-t')}\mathrm{Im}[\overline{\overline{G}}(\boldsymbol{r},\boldsymbol{r}')]_{ij}\frac{\mathrm{d}\omega}{2\pi} \tag{14.24}$$

其中利用了并矢格林函数式（5.19）：$G_{ij}(\boldsymbol{r},\boldsymbol{r}')=\left(\delta_{ij}+\frac{\partial_i\partial_j}{k^2}\right)\frac{\mathrm{e}^{\mathrm{i}k|\boldsymbol{r}-\boldsymbol{r}'|}}{4\pi|\boldsymbol{r}-\boldsymbol{r}'|}$。利用电场磁场和矢势的如下关系：

$$\boldsymbol{E}^{\pm}(\boldsymbol{r},t)=-\frac{\partial}{\partial t}\boldsymbol{A}^{\pm}(\boldsymbol{r},t),\quad \boldsymbol{B}^{\pm}(\boldsymbol{r},t)=\nabla\times\boldsymbol{A}^{\pm}(\boldsymbol{r},t)$$

可以得到如下的对易关系：

$$\begin{aligned}
&[\hat{E}_i^{\pm}(\boldsymbol{r},t),\hat{A}_j^{\mp}(\boldsymbol{r}',t')] = 2\mathrm{i}\hbar\mu_0\int_{0}^{\infty}\mathrm{e}^{\mp\mathrm{i}\omega(t-t')}\omega\mathrm{Im}[\overline{\overline{G}}(\boldsymbol{r},\boldsymbol{r}',\omega)]_{ij}\frac{\mathrm{d}\omega}{2\pi}\\
&[\hat{E}_i^{\pm}(\boldsymbol{r},t),\hat{E}_j^{\mp}(\boldsymbol{r}',t')] = \pm 2\hbar\mu_0\int_{0}^{\infty}\mathrm{e}^{\mp\mathrm{i}\omega(t-t')}\omega^2\mathrm{Im}[\overline{\overline{G}}(\boldsymbol{r},\boldsymbol{r}')]_{ij}\frac{\mathrm{d}\omega}{2\pi}
\end{aligned} \tag{14.25}$$

磁场的对易关系留作课后习题。利用式（14.25）的对易关系，可以很容易地计算出两个电场算符的谱函数式（14.11）：

$$\rho_{ij}^{\pm}(\boldsymbol{r},\boldsymbol{r}',\omega) = \frac{1}{\hbar}\int_{-\infty}^{\infty}\mathrm{e}^{\mathrm{i}\omega t}\langle[\hat{E}_i^{\pm}(\boldsymbol{r},t),\hat{E}_j^{\mp}(\boldsymbol{r}',0)]\rangle_{\mathrm{eq}}\mathrm{d}t \tag{14.26}$$

首先注意到对易关系给出一个“c 数”，因此不必明确地计算热平衡下的平均值。从式（14.25）可得：

$$\rho_{ij}^{\pm}(\boldsymbol{r},\boldsymbol{r}',\omega) = \pm 2\mu_0\int_{-\infty}^{\infty}\mathrm{e}^{\mathrm{i}\omega\tau}\int_{0}^{\infty}\mathrm{e}^{\mp\mathrm{i}\omega'\tau}\omega'^2\mathrm{Im}[\overline{\overline{G}}(\boldsymbol{r},\boldsymbol{r}',\omega')]_{ij}\frac{\mathrm{d}\omega'}{2\pi}\mathrm{d}\tau$$

在计算对时间积分，得到电场算符的谱函数如下：

电场算符的谱函数

$$\rho_{ij}^{\pm}(\boldsymbol{r},\boldsymbol{r}',\omega) = \pm 2\mu_0\omega^2\mathrm{Im}[\overline{\overline{G}}(\boldsymbol{r},\boldsymbol{r}',\pm\omega)]_{ij}\theta(\pm\omega) \tag{14.27}$$

从谱函数的定义，也可以证明下列关系成立：

$$\rho_{ij}^{-}(\boldsymbol{r},\boldsymbol{r}',-\omega)=-\rho_{ij}^{+}(\boldsymbol{r},\boldsymbol{r}',\omega) \tag{14.28}$$

如图 14.5 所示，由电场算符的谱函数可以计算出关联函数和交叉谱密度。更重要的是，所有的电场涨落都可以用经典电动力学的并矢格林函数以及热布居因子$\bar{n}_{\text{th}}(\hbar\omega)$来表示。这为人们建立了场的宏观与微观性质之间的直接联系，它表现为场的涨落和经典麦克斯韦理论的格林函数。

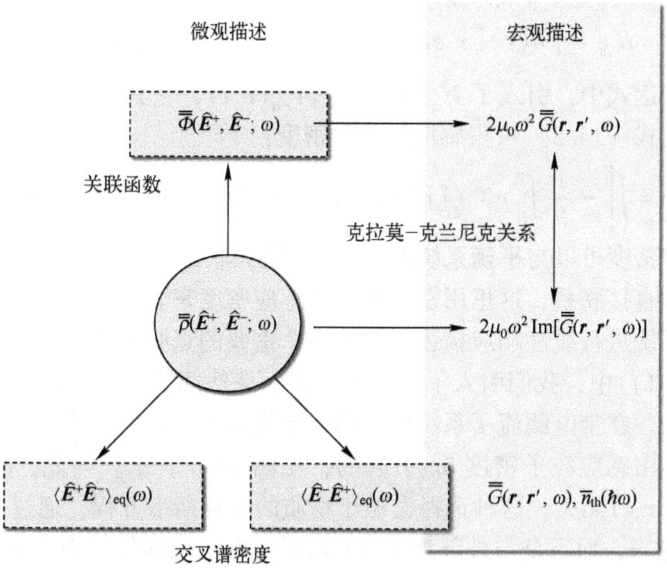

图 14.5 自由空间电场算符的谱函数$\overrightarrow{\rho}$与关联函数和交叉谱密度的关系。谱函数是热平衡场涨落的度量，它与经典电动力学的并矢格林函数虚部有关。关联函数可以通过克拉莫-克兰尼克关系式与谱函数联系起来。电场算符的交叉谱密度可以用并矢格林函数和热布居数$\bar{n}$表示。如第 15 章所示，上述所有关系也适用于介质或金属纳米结构形成的非平凡光子环境

如果只是对于自由空间中的场算符来说，上述结果只是显得很有趣但不会太有用。诚然在量子光学中，通常没有谱函数和关联函数，电场算符是基本量。但对于一个非平凡的光子环境来说，情况发生了巨大的变化，这是纳米光学最感兴趣的。如第 15 章所示，对于此类环境，可以导出类似于图 14.5 所示的关系，其中格林函数替换为总格林函数。推导过程有点复杂，且基于一个重要的假设，即线性光学响应。我们将展示非平凡光子环境的谱函数，以及相应的关联函数和交叉谱密度在波动电动力学中起着核心作用，并允许我们在吸收介质存在的情况下量化麦克斯韦方程组。

14.4 库仑系统的关联函数

14.4.1 纵向场的响应

在本章的剩余部分，我们将重点讨论麦克斯韦方程组中物质部分的关联函数。我们将久保公式应用于带电粒子系统，其与外部势的耦合相互作用为：

$$\hat{H}_{\text{int}}(t)=\int\hat{\rho}(\boldsymbol{r})V_{\text{ext}}(\boldsymbol{r},t)\mathrm{d}^3r$$

对横向电磁场的耦合将在下面进一步介绍。用粒子数密度$\hat{n}$来代替电子的电荷密度$\hat{\rho}$是很方便的。这两个量通过 e 联系起来，有

$$\hat{\rho}(\boldsymbol{r})=-e\,\hat{n}(\boldsymbol{r}) \tag{14.29}$$

哈密顿量变为：

$$\hat{H}_{\text{int}}=\int\hat{n}(\boldsymbol{r})[-eV_{\text{ext}}(\boldsymbol{r},t)]\mathrm{d}^3r=\int\hat{n}(\boldsymbol{r})U_{\text{ext}}(\boldsymbol{r},t)\mathrm{d}^3r \tag{14.30}$$

在上一个表达式中，引入了 $U_{\text{ext}}(\boldsymbol{r},t)=-eV_{\text{ext}}(\boldsymbol{r},t)$，它具有能量量纲。经过傅里叶变换，从久保公式（14.8）可得感应粒子数密度：

$$\delta n(\boldsymbol{r},\omega)=\int\left[-\frac{i}{\hbar}\int_0^{\infty}\mathrm{e}^{i\omega t}\langle[\hat{n}(\boldsymbol{r},t),\hat{n}(\boldsymbol{r}',0)]\rangle_{\text{eq}}\mathrm{d}t\right](-eV(\boldsymbol{r}',\omega))\mathrm{d}^3r' \tag{14.31}$$

因此，感应密度可以与平衡系统的密度-密度关联函数有关，可以建立微观和宏观材料描述之间的直接联系，这里用密度涨落和感应密度来表示。

在对库仑系统进行线性响应描述时，有一个重要的点必须考虑。读者可能已经注意到，在式（14.31）中，我们引入了总势 V，而不是外部势 $V_{\text{ext}}(\boldsymbol{r},t)$，这是应用久保公式时的必然选择。在带电载流子系统中，响应始终是对总场的响应，即外部场和感应场的总和，后者是由感应粒子密度 δn 引起的，见图 14.6 表示。因此，δn 应与总电势 V 有关，而与 $V_{\text{ext}}(\boldsymbol{r},t)$无关。这种选择类似于物质的麦克斯韦方程，通过 $P=\varepsilon_0\chi_e E$ 将极化与总场 E 联系起来，而不是与外部势 $V_{\text{ext}}(\boldsymbol{r},t)$对应的电位移矢量 D 联系起来。

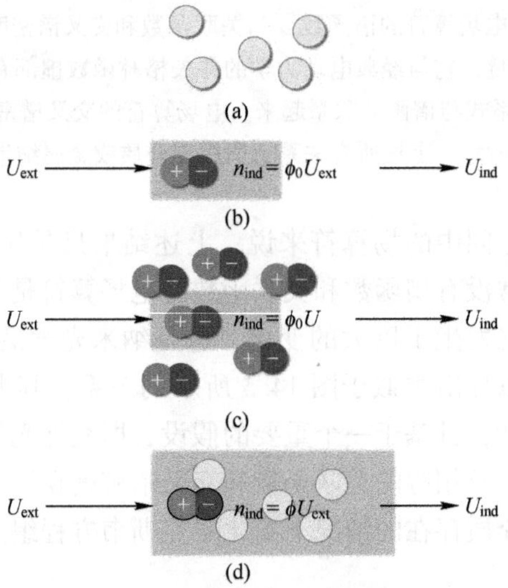

图 14.6 （a）考虑一个由可极化介质组成的多体系统，这里用可极化球体表示。（b）当施加外部电势 U_{ext}时，系统会极化。根据久保理论，感应密度 n_{ind}由密度-密度关联函数 Φ_0 和外部电势 U_{ext}的乘积给出。然后，可以从泊松方程的解计算出感应电势 $U_{\text{ind}}=U_0 n_{\text{ind}}$。（c）在多粒子系统中，系统的响应是由总电势 $U=U_{\text{ext}}+U_{\text{ind}}$引起的，它是系统中所有极化电荷产生的外部电势和感应电势之和。这导致了一个必须自洽求解的 U 方程。（d）可以为相互作用的电子系统引入一个密度-密度关联函数，该函数已经包含了极化电荷的影响，因此可以直接从 $n_{\text{ind}}=\Phi U_{\text{ext}}$ 计算感应密度。有关详细信息请参阅正文。

在库仑规范中，可以将感应电势与感应电荷分布 $e\delta n$ 建立联系：

$$U_{\text{ind}}(\boldsymbol{r},\omega)=-e\int\frac{(-e)\delta n(\boldsymbol{r}',\omega)}{4\pi\varepsilon_0|\boldsymbol{r}-\boldsymbol{r}'|}\mathrm{d}^3r'=\int U_0(\boldsymbol{r},\boldsymbol{r}')\delta n(\boldsymbol{r}',\omega)\mathrm{d}^3\boldsymbol{r}'$$

在上式中引入了泊松方程的解 U_0，有

$$U_0(\boldsymbol{r},\boldsymbol{r}')=\frac{e^2}{4\pi\varepsilon_0|\boldsymbol{r}-\boldsymbol{r}'|}\tag{14.32}$$

由式（14.31）得到（图 14.7）：

$$U_{\text{ind}}(\boldsymbol{r},\omega)=\int U_0(\boldsymbol{r},\boldsymbol{r}')\Phi_0(\hat{n}(\boldsymbol{r}'),\hat{n}(\boldsymbol{r}'');\omega)U(\boldsymbol{r}'',\omega)\mathrm{d}^3r'\mathrm{d}^3r''\tag{14.33}$$

Φ_0 的下标 0 表示关联函数是对非相互作用的系统进行操作，并未考虑在多粒子系统的电子之间库仑相互作用。

重要的是要认识到：外部电势是被屏蔽的。下面将进一步说明，对于可以在空间中进行傅里叶变换的均匀系统，式（14.33）的解特别简单。然而，我们仍然考虑非均匀系统，引入一个有效的屏蔽函数 $K(\boldsymbol{r},\boldsymbol{r}',\omega)$ 定义：

$$U(\boldsymbol{r},\omega)=\int K(\boldsymbol{r},\boldsymbol{r}',\omega)U_{\text{ext}}(\boldsymbol{r}',\omega)\mathrm{d}^3r'\tag{14.34}$$

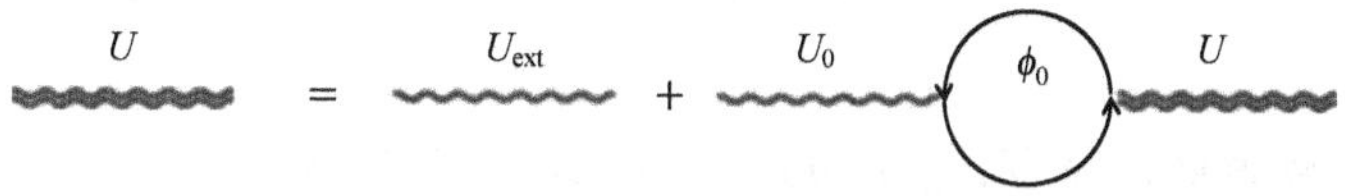

图 14.7　屏蔽库仑势。屏蔽库仑势由外部库仑势 U_{ext} 和感应部分组成。Φ_0 是密度-密度关联函数，$\delta n=\Phi_0U$ 是总库仑势引起的密度变化。通过 $U_0\delta n=U_0\Phi_0U$，可得到激发极化场

如果把 U，U_{ext} 和场 E，D 联系起来，可以观察到 K 起着逆介电常数 ε^{-1} 的作用。将式（14.33）的左边改写成 $U-U_{\text{ext}}$ 的形式，就得到：

$$\int[\delta(\boldsymbol{r}-\boldsymbol{r}'')-\int U_0(\boldsymbol{r},\boldsymbol{r}')\Phi_0(\hat{n}(\boldsymbol{r}'),\hat{n}(\boldsymbol{r}'');\omega)\mathrm{d}^3r']U(\boldsymbol{r}'',\omega)\mathrm{d}^3r''=U_{\text{ext}}(\boldsymbol{r},\omega)$$

与式（14.34）比较发现，屏蔽外部标量势的介电函数如下：

屏蔽外部标量势的介电函数

$$K^{-1}(\boldsymbol{r},\boldsymbol{r}',\omega)=\delta(\boldsymbol{r}-\boldsymbol{r}')-\int U_0(\boldsymbol{r},\boldsymbol{r}'')\Phi_0(\hat{n}(\boldsymbol{r}''),\hat{n}(\boldsymbol{r}');\omega)\mathrm{d}^3r''\tag{14.35}$$

通过将这个方程从左边乘以 K，对整个空间积分，得到了逆介电函数的积分方程：

$$K(\boldsymbol{r},\boldsymbol{r}',\omega)=\delta(\boldsymbol{r}-\boldsymbol{r}')+\int K(\boldsymbol{r},\boldsymbol{r}_1,\omega)U_0(\boldsymbol{r}_1,\boldsymbol{r}_2)\Phi_0(\hat{n}(\boldsymbol{r}_2),\hat{n}(\boldsymbol{r}');\omega)\mathrm{d}^3r_1\mathrm{d}^3r_2$$

这个积分方程的解给出了逆介电函数。

密度-密度关联函数：Φ_0 表示非相互作用系统的密度响应。有时，为相互作用的电子系统引入一个密度-密度关联函数 Φ 是很方便的，它只考虑了对外部电势 U_{ext} 的响应，并且已经在形成多粒子系统的电子之间建立了库仑相互作用。与式（14.31）类似，有

$$\delta n(\boldsymbol{r},\omega)=\int\Phi(\hat{n}(\boldsymbol{r}),\hat{n}(\boldsymbol{r}');\omega)U_{\text{ext}}(\boldsymbol{r}',\omega)\mathrm{d}^3\boldsymbol{r}'\tag{14.36}$$

其中，我们从密度-密度关联函数 Φ 中删除了下标0。类似地，代替式（14.33），我们得到（图14.8）：

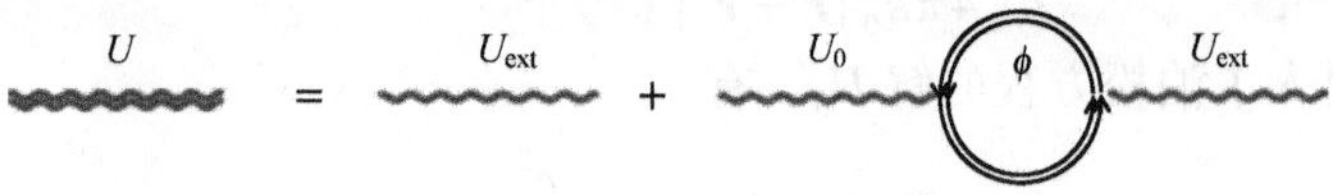

图14.8　与图14.7相同，但用于相互作用电子系统的密度-密度关联函数。

$\delta n=\Phi U_{ext}$是由外部库仑势引起的密度变化

$$U_{ind}(\boldsymbol{r},\omega)=\int U_0(\boldsymbol{r},\boldsymbol{r}')\Phi(\hat{n}(\boldsymbol{r}'),\hat{n}(\boldsymbol{r}'');\omega)U_{ext}(\boldsymbol{r}'',\omega)\,d^3r'd^3r'' \tag{14.37}$$

在这里，右边的电势是外部电势（以前它是总电势），但响应函数 Φ 现在是相互作用系统的，而不是非相互作用系统的。从这个表达式很容易建立 Φ 和 Φ_0 之间的关系。简而言之，假设不同的贡献通过空间中的卷积连接，得到：

$$U_{ind}=U_0\Phi U_{ext}=U_0\Phi_0 U=U_0\Phi_0(U_{ext}+U_0\Phi U_{ext})$$

括号中正好是总电势 $U_{ext}+U_{ind}$。这样做是因为

$$\Phi(\hat{n}(\boldsymbol{r}),\hat{n}(\boldsymbol{r}');\omega)=\Phi_0(\hat{n}(\boldsymbol{r}),\hat{n}(\boldsymbol{r}');\omega)+\int\Phi_0(\hat{n}(\boldsymbol{r}),\hat{n}(\boldsymbol{r}_1);\omega)U_0(\boldsymbol{r}_1,\boldsymbol{r}_1')\Phi(\hat{n}(\boldsymbol{r}_1'),\hat{n}(\boldsymbol{r}');\omega)\,d^3r_1d^3r_1' \tag{14.38}$$

假设外部电势由电荷分布 $\rho_{ext}(r,\omega)=-en(r,\omega)$ 通过下式产生：

$$U_{ext}(\boldsymbol{r},\omega)=\int U_0(\boldsymbol{r},\boldsymbol{r}')n_{ext}(\boldsymbol{r}',\omega)\,d^3\boldsymbol{r}'$$

将此表达式代入式（14.37）有

$$U_{ind}(\boldsymbol{r},\omega)=\int W_{ind}(\boldsymbol{r},\boldsymbol{r}',\omega)n_{ext}(\boldsymbol{r}',\omega)\,d^3r' \tag{14.39}$$

在这里引入了屏蔽库仑势：

$$W_{ind}(\boldsymbol{r},\boldsymbol{r}',\omega)=\int U_0(\boldsymbol{r},\boldsymbol{r}_1)\Phi(\hat{n}(\boldsymbol{r}_1),\hat{n}(\boldsymbol{r}_1');\omega)U_0(\boldsymbol{r}_1,\boldsymbol{r}')\,d^3r_1d^3r_1' \tag{14.40}$$

它描述了相互作用的电子系统对位置为 $\boldsymbol{r}'$ 单位点电荷的响应。因此，除了 e^2/ε_0 前因子外，屏蔽库仑势与前几章中使用的“反射”（诱导）格林函数相同。对于局部介电常数，可以采用在本书“经典”部分中提出的所有方法；对于非局域响应，我们必须稍微修改一些内容，这将在14.5.1节中讨论。

14.4.2　林德哈德介电函数

对于空间均匀系统，式（14.35）的介电函数最容易求解。在这里，实空间中的卷积变成了波数空间中的乘积，得到：

$$K^{-1}(\boldsymbol{q},\omega)=1-\left(\frac{e^2}{\varepsilon_0 q^2}\right)\Phi_{nn}^0(\boldsymbol{q},\omega)$$

其中括号中的项是 U_0 的傅里叶变换，$\Phi_{nn}^0(\boldsymbol{q},\omega)$ 是非相互作用系统密度-密度关联函数的傅里叶变换。上述表达式与介电常数为 $\varepsilon(\boldsymbol{q},w)=\varepsilon_0K^{-1}(\boldsymbol{q},w)$ 的麦克斯韦方程组有关。为了更详细地研究密度-密度关联函数 Φ_{nn}^0，可以使用久保公式式（14.10）进行

计算。从密度算符的傅里叶变换开始：

$$\hat{n}_q = \int e^{-iq\cdot r}\,\hat{n}(r)\,d^3r, \quad \hat{n}(r) = \sum_q e^{iq\cdot r}\,\hat{n}_q \tag{14.41}$$

把这个代入久保公式就得到：

$$\Phi^0_{nn}(q,\omega) = -\frac{i}{\hbar}\int e^{i\omega t}e^{-iq\cdot(r-r')}\sum_{k,k'}\int\langle[e^{ik\cdot r}\,\hat{n}_k(t), e^{ik'\cdot r'}\,\hat{n}_{k'}]\rangle_{eq}\,dt\,d^3r\,d^3r'$$

在均匀系统中有

$$\Phi^0_{nn}(q,\omega) = -\frac{i}{\hbar}\int_0^\infty e^{i\omega t}\langle[\hat{n}_q(t), \hat{n}_{-q}]\rangle_{eq}\,dt \tag{14.42}$$

下面假设系统哈密顿量$\hat{H}_0$的本征态是平面波$|k\rangle$，能量为E_k，概率为$f_0(E_k)$。假设动量守恒，密度-密度关联函数可以表示为

$$\Phi^0_{nn}(q,\omega) = -\frac{i}{\hbar}\sum_k\int_0^\infty e^{i(\omega+i\eta)t}[f_0(E_k)\langle k|\hat{n}_q(t)|k+q\rangle\langle k+q|\hat{n}_{-q}|k\rangle$$

$$-f_0(E_{k+q})\langle k+q|\hat{n}_{-q}|k\rangle\langle k|\hat{n}_q(t)|k+q\rangle]\,dt$$

对于平面波哈德，矩阵元化为一，时间积分可以按照前面讨论的绝热极限进行。由此，得到了林德介电函数。

林德哈德介电函数

$$\varepsilon(q,\omega)/\varepsilon_0 = 1 - \left(\frac{e^2}{\varepsilon_0 q^2}\right)\lim_{\eta\to 0}\sum_k\frac{f_0(E_k) - f_0(E_{k+q})}{\hbar\omega + i\eta + E_k - E_{k+q}} \tag{14.43}$$

这个函数以前在式（7.12）中被用于表示石墨烯的二维电子气体，此处用库仑势$e^2/2\varepsilon_0 q$的二维傅里叶变换替换括号中的项。对于以简单金属为代表的三维电子气体，林德哈德介电函数可以在零温度下解析计算，如文献［124-125］中详细描述的那样。这里只给出$E_q \ll h\omega, qv_F \ll \omega$下的结果，其中$v_F$为费米速度[125]［式（5.5.9）］。

$$\varepsilon'(q,\omega)/\varepsilon_0 = 1 - \frac{\omega_p^2}{\omega^2}\left\{1 + \frac{1}{\omega^2}\left[\frac{3}{5}(qv_F)^2 - E_q^2\right] + \mathcal{O}\left(\frac{1}{\omega^4}\right)\right\} \tag{14.44}$$

式中：ω_p为等离子体频率。在所谓流体力学模型中，也可以得到一个类似的介电函数，该模型以密度$n(r,t)$和速度$v(r,t)$分布来描述电子。运动方程为[135-136]

$$m\left[\frac{\partial v}{\partial t} + v\cdot\nabla v\right] = -m\gamma v - \frac{\nabla p_{deg}}{n} - e(E + v\times B) \tag{14.45}$$

式中：p_{deg}为简并电子气体的压强；γ为阻尼常数。利用这个模型中，可得纵向介电函数：

$$\varepsilon^L(q,\omega)/\varepsilon_0 = 1 - \frac{\omega_p^2}{\omega^2 + i\gamma\omega - \beta^2 q^2} \tag{14.46}$$

横向介电常数由式（7.7）的德鲁德式给出。对于自由电子气体，可以设$\beta^2=(3/5)v_F^2$，与q较小时的林德哈德公式（14.44）一致。在许多情况下，式（14.46）抓住了非局部介电常数的基本物理性质。在后面14.5.1节讨论量子等离子体中非局域的影响时，我们将重新分析这些介电常数函数。

14.4.3 对纵向场和横向场的响应

下面将关于多粒子系统的结果推广到纵向和横向电磁场响应。出发点是式（13.63）

表示的多体光与物质相互作用，用电流和粒子密度算符$\hat{\boldsymbol{j}}$、$\hat{n}$表示如下：

$$\hat{H}_{\text{int}} = -e\int\left(-\hat{\boldsymbol{j}}(\boldsymbol{r},t)\cdot\boldsymbol{A}(\boldsymbol{r},t)+\hat{n}(\boldsymbol{r},t)V(\boldsymbol{r},t)\right)\mathrm{d}^3r$$

作为外加磁场的结果，系统中会感应到电流，根据式（13.62），该电流由顺磁性和反磁性贡献组成：

$$\boldsymbol{J}(\boldsymbol{r},t) = \left\langle -e\hat{\boldsymbol{j}}(\boldsymbol{r},t) - \frac{e^2}{m}\hat{n}(\boldsymbol{r},t)\boldsymbol{A}(\boldsymbol{r},t)\right\rangle \tag{14.47}$$

从这里开始，我们将在一个关于非耦合光物质系统的相互作用绘景中讨论。考虑一个经典的矢量势，但当$\boldsymbol{A}$被任意算子取代时，分析将几乎保持相同。在线性响应中，顺磁响应（括号中的第一项）可以用电流-电流关联函数表示。抗磁性响应（括号中的第二项）已经线性地依赖矢量电势，因此不必考虑$\hat{n}$的任何修改，得到：

$$\boldsymbol{J}(\boldsymbol{r},t) = \left\langle -\frac{i}{\hbar}\int_0^t\left[-e\hat{\boldsymbol{j}}(\boldsymbol{r},t),\hat{H}_{\text{int}}(t')\right]\mathrm{d}t' - \frac{e^2}{m}\hat{n}(\boldsymbol{r},t)\boldsymbol{A}(\boldsymbol{r},t)\right\rangle_{\text{eq}}$$

假设电流$\langle\hat{\boldsymbol{j}}\rangle_{\text{eq}}=0$在平衡系统中不存在。正如将在下面展示的，电流响应可以为

$$\boldsymbol{J}(\boldsymbol{r},\omega) = \int\overline{\overline{\sigma}}(\boldsymbol{r},\boldsymbol{r}',\omega)\cdot\boldsymbol{E}(\boldsymbol{r}',\omega)\mathrm{d}^3r' \tag{14.48}$$

非局域光学电导率表示为：

光学电导率

$$\overline{\overline{\sigma}}(\boldsymbol{r},\boldsymbol{r}',\omega) = \frac{i}{\omega}\left[e^2\,\overline{\overline{\Phi}}_{jj}(\boldsymbol{r},\boldsymbol{r}',\omega)+\frac{e^2n_0(\boldsymbol{r})}{m}\delta(\boldsymbol{r}-\boldsymbol{r}')\mathbb{1}\right] \tag{14.49}$$

式中：$n_0(\boldsymbol{r})$为系统的平衡态密度；“$\overline{\overline{\Phi}}_{jj}$”为电流-电流关联函数：

$$\overline{\overline{\Phi}}_{jj}(\boldsymbol{r},\boldsymbol{r}',\omega) = \Phi(\hat{\boldsymbol{j}}(\boldsymbol{r}),\hat{\boldsymbol{j}}(\boldsymbol{r}');\omega)$$

这表示外部电场引起的电流响应。一般来说，电流-电流关联函数的计算可能相当复杂，即使对于简单的均质系统也是如此[124-126]。上述方法的优点在于，它给出了一个原则上如何进行的方法，前提是有电流-电流的关联性。在这方面，该方法类似于经典电动力学的并矢格林函数法，例如，它允许我们仅根据该格林函数来表示荧光或拉曼散射的光散射速率。如何实际计算格林函数的问题可以在第二步中解决，但在许多情况下，这种写下一般解的方法是非常有益的。

式（14.49）的证明：从矢量势的电流响应开始，相应地忽略了标量势项，得到：

$$\boldsymbol{J}_1(\boldsymbol{r},t) = \left\langle\frac{ie^2}{\hbar}\int_0^t\left[\hat{\boldsymbol{j}}(\boldsymbol{r},t),\int\hat{\boldsymbol{j}}(\boldsymbol{r}',t')\cdot\boldsymbol{A}(\boldsymbol{r}',t')\mathrm{d}^3r'\right]\mathrm{d}t' - \frac{e^2}{m}\hat{n}(\boldsymbol{r},t)\boldsymbol{A}(\boldsymbol{r},t')\right\rangle_{\text{eq}}$$

类似地，电流对标量势的响应也变为

$$J_2(\boldsymbol{r},t) = \langle\boldsymbol{J}_2(\boldsymbol{r},t)\rangle_{\text{eq}} = \left\langle -\frac{ie^2}{\hbar}\int_0^t\left[\hat{\boldsymbol{j}}(\boldsymbol{r},t),\int\hat{n}(\boldsymbol{r}',t')V(\boldsymbol{r},t')\mathrm{d}^3r'\right]\mathrm{d}t'\right\rangle_{\text{eq}}$$

用分部积分法把时间积分重新写成以下形式：

$$\int_0^t[\hat{\boldsymbol{j}}(\boldsymbol{r},t),\hat{n}(\boldsymbol{r}',t')V(\boldsymbol{r},t')]\mathrm{d}t' = [\hat{\boldsymbol{j}}(\boldsymbol{r},t),\hat{n}(\boldsymbol{r}',t')\mathcal{V}(\boldsymbol{r}',t')]\Big|_0^t - \int_0^t\left[\hat{\boldsymbol{j}}(\boldsymbol{r},t),\frac{\partial\hat{n}(\boldsymbol{r}',t')}{\partial t'}\mathcal{V}(\boldsymbol{r}',t')\right]\mathrm{d}t$$

其中，$\mathcal{V}$是标量势对时间的积分。接下来使用式（13.61）的连续性方程，在线性响应中，反磁电流（与矢量势成正比）可以忽略，将最后一项重写为以下形式：

$$-\left[\hat{\boldsymbol{j}}(\boldsymbol{r},t),\frac{\partial\hat{n}(\boldsymbol{r}',t')}{\partial t'}\mathcal{V}(\boldsymbol{r}',t')\right]\approx[\hat{\boldsymbol{j}}(\boldsymbol{r},t),\nabla'\cdot\hat{\boldsymbol{j}}(\boldsymbol{r}',t')\mathcal{V}(\boldsymbol{r}',t')]$$

把所有的结果放在一起，进行分部积分，把对$\hat{j}$的导数变为对 V 的求导，得到：

$$\boldsymbol{J}_2(\boldsymbol{r},t)=-\frac{\mathrm{i}e^2}{\hbar}\int\left([\hat{\boldsymbol{j}}(\boldsymbol{r},t),\hat{n}(\boldsymbol{r}',t')\mathcal{V}(\boldsymbol{r}',t')]\Big|_0^t+\int_0^t[\hat{\boldsymbol{j}}(\boldsymbol{r},t),\hat{\boldsymbol{j}}(\boldsymbol{r}',t')\cdot\nabla'\mathcal{V}(\boldsymbol{r}',t')]\mathrm{d}t'\right)\mathrm{d}^3r'$$

在括号中的第一项中，假设$[\hat{\boldsymbol{j}}(\boldsymbol{r},t),\hat{n}(\boldsymbol{r}',0)]|$对于足够大的时间参数 t 可以忽略，使用了与绝热极限相同的推理。除了零点附近的初始瞬态外，这是一个很好的近似。对于等时间对易，使用式（13.58）、式（13.59），有

$$\frac{1}{m}\sum_i\delta(\boldsymbol{r}-\boldsymbol{r}_i)[\boldsymbol{\pi}_i,\mathcal{V}(\boldsymbol{r}_i)]=-\frac{\mathrm{i}\hbar}{m}\sum_i\delta(\boldsymbol{r}-\boldsymbol{r}_i)\nabla_i\mathcal{V}(\boldsymbol{r}_i)=-\frac{\mathrm{i}\hbar}{m}\hat{n}(\boldsymbol{r})\nabla\mathcal{V}(\boldsymbol{r})$$

可得

$$\boldsymbol{J}_2(\boldsymbol{r},t)=-\frac{\mathrm{i}e^2}{\hbar}\int_0^t[\hat{\boldsymbol{j}}(\boldsymbol{r},t),\int\hat{\boldsymbol{j}}(\boldsymbol{r}',t')\cdot\nabla'\mathcal{V}(\boldsymbol{r}',t')\mathrm{d}^3r']\mathrm{d}t'+\frac{e^2}{m}\hat{n}(\boldsymbol{r})\nabla\mathcal{V}(\boldsymbol{r})$$

与矢量势诱导的电流 $\boldsymbol{J}_1$ 相比，$\boldsymbol{J}_2$ 具有相同的形式，但此处与$-\nabla\mathcal{V}$有关，而不是$\boldsymbol{A}$。把得到的所有结果放在一起，有

$$\begin{aligned}\boldsymbol{J}(\boldsymbol{r},t)=&-\frac{e^2}{m}\langle\hat{n}(\boldsymbol{r},t)\rangle_{\mathrm{eq}}(\boldsymbol{A}(\boldsymbol{r},t)-\nabla'\mathcal{V}(\boldsymbol{r},t))\\&+\int\left\langle\frac{\mathrm{i}e^2}{\hbar}\int_0^t[\hat{\boldsymbol{j}}(\boldsymbol{r},t),\hat{\boldsymbol{j}}(\boldsymbol{r}',t')\cdot(\boldsymbol{A}(\boldsymbol{r}',t')-\nabla'\mathcal{V}(\boldsymbol{r}',t'))]\mathrm{d}t'\right\rangle_{\mathrm{eq}}\mathrm{d}^3\boldsymbol{r}'\end{aligned}\tag{14.50}$$

可以很容易地观察到矢量势和时间积分标量势的组合就是时间积分电场。为了得到式（14.49）的最终表达式，可以从对易中取出时间积分场，并将上述方程在频率空间中表示。

14.4.4 涨落耗散定理

最后将推导出电流涨落与介电常数函数之间的一个重要关系，这个关系将在第15章中发挥重要作用。从麦克斯韦旋度方程开始：

$$\nabla\times\boldsymbol{E}=\mathrm{i}\omega\boldsymbol{B},\quad\frac{1}{\mu_0}\nabla\times\boldsymbol{B}=\boldsymbol{J}_{\mathrm{ext}}+\boldsymbol{J}_{\mathrm{ind}}-\mathrm{i}\omega\varepsilon_0\boldsymbol{E}$$

为了简单，此处没有考虑磁响应（磁响应可以作类似处理）。现在用光电导率来表示感应电流：

$$\boldsymbol{J}_{\mathrm{ind}}(\boldsymbol{r},\omega)=\int\overline{\overline{\sigma}}(\boldsymbol{r},\boldsymbol{r}',\omega)\cdot\boldsymbol{E}(\boldsymbol{r}',\omega)\mathrm{d}^3r'\Rightarrow\boldsymbol{J}_{\mathrm{ind}}=\overline{\overline{\sigma}}\cdot E$$

在这里，引入了一种简写符号，其中假设非局部光导率和电场通过空间卷积连接，然后可以像通常一样通过法拉第方程的旋度获得电场的波动方程，这导致：

$$\nabla\times\nabla\times\boldsymbol{E}=\mathrm{i}\omega\mu_0\boldsymbol{J}_{\mathrm{ext}}+\omega^2\mu_0\left(\varepsilon_0 11+\frac{\mathrm{i}\,\overline{\overline{\sigma}}}{\omega}\right)\cdot\boldsymbol{E}=\mathrm{i}\omega\mu_0\boldsymbol{J}_{\mathrm{ext}}+\omega^2\mu_0\,\overline{\overline{\varepsilon}}\cdot\boldsymbol{E}$$

在上一个表达式中，我们引入了非局域介电常数$\overline{\overline{\varepsilon}}$。在时间反演对称情况下，并矢电流-电流关联函数是对称的[43]。非局域介电常数张量也是对称的：

$$\overline{\overline{\varepsilon}}(\boldsymbol{r},\boldsymbol{r}',\omega)=\delta(\boldsymbol{r}-\boldsymbol{r}')\left[\varepsilon_0-\frac{e^2 n_0(\boldsymbol{r})}{m\omega^2}\right]11-\frac{e^2}{\omega^2}\overline{\overline{\Phi}}_{jj}(\boldsymbol{r},\boldsymbol{r}',\omega)=\overline{\overline{\varepsilon}}^{\mathrm{T}}(\boldsymbol{r}',\boldsymbol{r},\omega)$$

式中：T为矩阵的转置，使用式（14.49）将光电导率与电流-电流关联函数联系起来。上面的关系，连同式（14.16）、式（14.20），可以通过介电常数的虚部来表示电流算符的交叉谱密度。

涨落耗散定理

$$\frac{1}{\hbar}\int_{-\infty}^{\infty}\mathrm{e}^{\mathrm{i}\omega t}\langle\hat{J}_i(\boldsymbol{r},t)\ \hat{J}_j(\boldsymbol{r}',0)\rangle_{\mathrm{eq}}\mathrm{d}t=2\omega^2\mathrm{Im}\left[\overline{\overline{\varepsilon}}(\boldsymbol{r},\boldsymbol{r}',\omega)\right]_{ij}(\bar{n}_{\mathrm{th}}(\hbar\omega)+1)\quad(14.51)$$

这个方程将左侧的电流波动谱与右侧的吸收损耗（耗散）联系起来。式（14.51）对于正频率和负频率均适用。负频率的表达式可以用式（7.31）改写，$\varepsilon(-\omega)=\varepsilon\cdot(\omega)$，以及

$$\bar{n}_{\mathrm{th}}(-\hbar\omega)+1=\frac{\mathrm{e}^{-\beta\hbar\omega}}{\mathrm{e}^{-\beta\hbar\omega}-1}=-\bar{n}_{\mathrm{th}}(\hbar\omega)$$

通过这些可得：

$$\frac{1}{\hbar}\int_{-\infty}^{\infty}\mathrm{e}^{-\mathrm{i}\omega t}\langle\hat{J}_i(\boldsymbol{r},t)\ \hat{J}_j(\boldsymbol{r}',0)\rangle_{\mathrm{eq}}\mathrm{d}t=2\omega^2\mathrm{Im}\left[\overline{\overline{\varepsilon}}(\boldsymbol{r},\boldsymbol{r}',\omega)\right]_{ij}\bar{n}_{\mathrm{th}}(\hbar\omega)\quad(14.52)$$

式（14.51）和式（14.52）的涨落耗散定理将材料响应的关联函数微观描述与经典电动力学的材料响应函数直接联系起来，见图14.9。

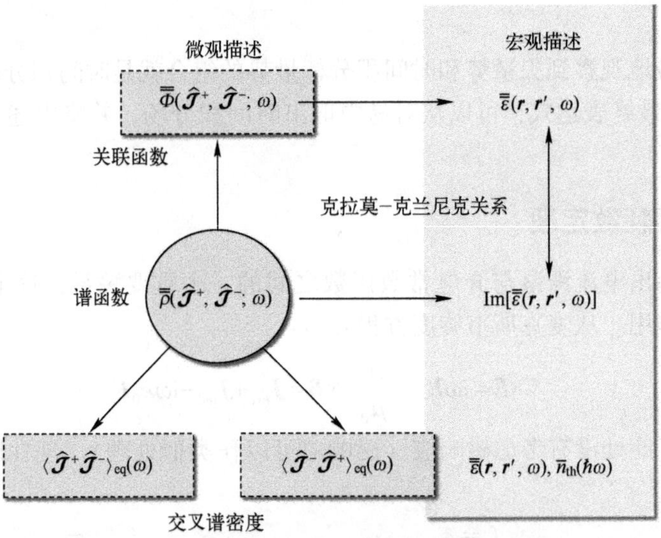

图14.9　电流算符的谱函数$\overrightarrow{\rho}$与关联函数和交叉谱密度之间的关系。谱函数是热平衡中电流波动的度量，它与经典电动力学的介电常数函数的虚部有关。关联函数可以通克拉莫-克兰尼克关系与谱函数相关联。电流算符的交叉谱密度可以用式（14.51）表示，即介电常数函数和热布居数$\bar{n}_{\mathrm{th}}(\hbar\omega)$，从而在微观材料描述和经典电动力学的响应函数之间建立直接联系

总而言之，电场和电流场算符的关联函数可以完美地协同工作，并且与经典电动力学的并矢格林函数和介电常数函数相关。这将在第 15 章讨论存在吸收介质时麦克斯韦方程的量子化时使用。本章的其余部分将讨论在量子等离子体激元背景下细化介电常数函数的影响。

14.5 量子等离子体

多年来，等离子体激元一直是基于经典电动力学的主题，它用介电常数对材料进行描述。虽然在 21 世纪初，越来越多的研究领域转向了量子，但等离子激元仍然是经典的，原因在本书的几个地方都强调了：响应函数的概念（例如介电常数和磁导率）作为电动力学和物质世界可以很容易地适应多种类型的量子效应，没有迫切需要明确描述量子动力学。然而，在某些时候，研究人员遇到了太多问题，并开始创造术语“量子等离子体激元”，因为它不同于德鲁德介电函数或相关材料描述。例如，这些不同包括介电响应的空间非局域效应，通过耦合等离子体纳米粒子狭窄间隙的电子隧穿等。有了久保理论，就可以讨论这样的量子等离子体问题。

14.5.1 等离子体的非定域性

等离子体电子学是一个有着悠久历史的领域，多年来，某些学科出现、消失，并再次出现。非局域性就是一个突出的例子。1980 年前后，人们对纳米颗粒进行了深入的研究，例如，文献［137－138］，2012 年前后又回到议程上来，发表了两篇重要论文[139-140]。文献［73，136］对此主题进行了详尽的评述。在下文将讨论非局域描述的基本特征和固有问题，然后思考准静态近似下麦克斯韦方程组的解。

首先考虑在所谓流体力学模型中获得的式（14.46）的非局域介电函数（从这里我们忽略表示介电常数纵向特性的上标 L）。

$$\varepsilon(q,\omega)/\varepsilon_0=\kappa_b-\frac{\omega_p^2}{\omega^2+\mathrm{i}\gamma\omega-\beta^2q^2} \tag{14.53}$$

式中：ω_p 为等离子体频率；γ 为阻尼常数；β 为与费米速度相关的因子。对照式（7.7）的德鲁德介电函数，此处引入了与屏蔽局域“d-带电子”相关的额外作用 κ_b。在下文将专门考虑由式（14.53）给出的非局域介电常数，虽然大多数分析可以容易地得到更精细的介电常数函数。对于线性但非局域的响应，位置 r 处的电位移矢量 $\boldsymbol{D}(\boldsymbol{r},\omega)$ 与位置 $\boldsymbol{r}'$ 处的电场 $\boldsymbol{E}(\boldsymbol{r}',\omega)$ 有关，有

$$\boldsymbol{D}(\boldsymbol{r},\omega)=\int\varepsilon(\boldsymbol{r}-\boldsymbol{r}',\omega)\boldsymbol{E}(\boldsymbol{r}',\omega)\,\mathrm{d}^3r'$$

然后，电场可以通过 $\boldsymbol{E}(\boldsymbol{r},\omega)=-\nabla V(\boldsymbol{r},\omega)$ 表示，高斯定律变成：

$$\nabla\cdot\boldsymbol{D}(\boldsymbol{r},\omega)=-\nabla\cdot\int\varepsilon(\boldsymbol{r}-\boldsymbol{r}',\omega)\,\nabla'V(\boldsymbol{r}',\omega)\,\mathrm{d}^3\boldsymbol{r}'=\rho(\boldsymbol{r},\omega) \tag{14.54}$$

式中：$\rho(\boldsymbol{r},\omega)$ 为外部电荷分布。为了求解这个方程，可以方便地引入格林函数 $G_{\mathrm{nl}}(\boldsymbol{r}_1-\boldsymbol{r}',\omega)$，有如下定义：

$$\nabla\cdot\int\varepsilon(\boldsymbol{r}-\boldsymbol{r}_1,\omega)\,\nabla_1 G_{\mathrm{nl}}(\boldsymbol{r}_1-\boldsymbol{r}',\omega)\,\mathrm{d}^3 r_1=-\delta(\boldsymbol{r}-\boldsymbol{r}') \tag{14.55}$$

如下所示，格林函数可以计算为

$$G_{\mathrm{nl}}(\boldsymbol{r},\omega)=\frac{1}{2\pi^2}\int_0^\infty\frac{1}{\varepsilon(q,\omega)}\frac{\sin qr}{qr}\mathrm{d}q \tag{14.56}$$

其中，$\varepsilon(q,\omega)$是实空间介电常数$\varepsilon(r,\omega)$的傅里叶变换，q为波数。

式（14.56）的证明。首先介绍空间傅里叶变换及其逆变换：

$$\widetilde{G}_{\mathrm{nl}}(q,\omega)=\int\mathrm{e}^{-\mathrm{i}q\cdot r}G_{\mathrm{nl}}(\boldsymbol{r},\omega)\,\mathrm{d}^3 r \tag{14.57a}$$

$$G_{\mathrm{nl}}(r,\omega)=(2\pi)^{-3}\int\mathrm{e}^{\mathrm{i}q\cdot r}G_{\mathrm{nl}}(\boldsymbol{r},\omega)\,\mathrm{d}^3 q \tag{14.57b}$$

式（14.55）中出现的介电常数和格林函数的卷积可以转化为

$$\nabla\cdot\int\varepsilon(\boldsymbol{r}-\boldsymbol{r}_1,\omega)\,\nabla G_{\mathrm{nl}}(\boldsymbol{r}_1-\boldsymbol{r}',\omega)\,\mathrm{d}^3 r_1=\int\mathrm{e}^{\mathrm{i}q\cdot(r-r')}i\boldsymbol{q}\cdot\varepsilon(\boldsymbol{q},\omega)\,i\boldsymbol{q}\,\widetilde{G}_{\mathrm{nl}}(\boldsymbol{q},\omega)\frac{\mathrm{d}^3 q}{(2\pi)^3}$$

iq源于对空间的导数。利用$\delta(\boldsymbol{r})=(2\pi)^{-3}\int^{iq\cdot r}\mathrm{d}^3 q$将该表达式代入式（14.55）中则有

$$\widetilde{G}_{\mathrm{nl}}(\boldsymbol{q},\omega)=\frac{1}{q^2\varepsilon(q,\omega)} \tag{14.58}$$

得到在球坐标中，有

$$G_{\mathrm{nl}}(\boldsymbol{r},\omega)=\frac{1}{4\pi^2}\int_0^\infty\left(\int_0^\pi\mathrm{e}^{\mathrm{i}qr\cos\theta}\sin\theta\mathrm{d}\theta\right)\left(\frac{1}{q^2\varepsilon(q,\omega)}\right)q^2\mathrm{d}q$$

最终将得到式（14.56）。

对于流体动力学介电常数，格林函数可以解析计算。利用积分[141]：

$$\int_0^\infty\frac{\sin(ax)}{x}\mathrm{d}x=\frac{\pi}{2}\mathrm{sign}a \tag{14.59a}$$

$$\int_0^\infty\frac{\sin(ax)}{x(b^2+x^2)}\mathrm{d}x=\frac{\pi}{2b^2}(1-\mathrm{e}^{-ab})\quad(\mathrm{Re}b>0,a>0) \tag{14.59b}$$

通过第一个积分，可以计算局域介电常数$\varepsilon(0,\omega)$的格林函数，或者可以去掉傅里叶变换，使用前几章推导的格林函数。第二个积分可以通过将正弦分解成指数并计算复积分来证明，如附录A所示，但这里采用了一种捷径，只使用式（14.59）的结果，缩写为

$$\omega_\gamma=\sqrt{\omega^2+\mathrm{i}\gamma\omega}\approx\omega+\frac{i}{2}\gamma$$

非局域介电函数可以表示为

$$\frac{\varepsilon(q,\omega)}{\varepsilon_0}=\kappa(q,\omega)=\kappa_b-\frac{\omega_p^2}{\omega_\gamma^2-\beta^2q^2}=\frac{\kappa(0,\omega)\omega_\gamma^2-\beta^2q^2}{\omega_\gamma^2-\beta^2q^2}$$

引入波数：

$$Q=\frac{\omega_\gamma}{\beta}\sqrt{-\kappa(0,\omega)} \tag{14.60}$$

用它来表示等离子体激元，介电函数总是负的，因此Q几乎可以被认为是实的，只

有与金属损耗有关的很小的虚部。有了这个，可得：

$$\frac{1}{\kappa}=1+\left(\frac{1}{\kappa}-1\right)=1+\frac{\omega_\gamma^2}{\beta^2}[\kappa(0,\omega)-1]\left(\frac{1}{q^2+Q^2}\right)$$

对于式（14.56）的非局域格林函数，从式（14.59）的积分中发现：

$$G_{\mathrm{nl}}(\boldsymbol{r},\omega)=\frac{1}{2\pi^2\varepsilon_0 r}\left[\frac{\pi}{2}+\frac{\pi\omega_\gamma^2[\kappa(0,\omega)-1]}{2\beta^2Q^2}(1-\mathrm{e}^{-Q_r})\right]$$

通过一些简单的操作，得到了流体力学模型中非局域格林函数的最终表达式。

非局域流体动力学介电常数的格林函数

$$G_{\mathrm{nl}}(\boldsymbol{r},\omega)=\frac{1}{4\pi\varepsilon(0,\omega)r}+\left(\frac{1}{\varepsilon_0}-\frac{1}{\varepsilon(0,\omega)}\right)\frac{\mathrm{e}^{-Qr}}{4\pi r} \tag{14.61}$$

利用表 7.1 的德鲁德参数和 Au 和 Ag 的费米速度 $v_{\mathrm{F}}\approx1.4\times10^6\mathrm{m/s}$，得到光子能量为 $\hbar\omega=1\mathrm{eV}$，反波数为 $Q^{-1}\approx0.5\mathrm{nm}$，频率依赖性很小。因此，当粒子或场限制在约 1nm 的尺度上发生显著变化时，非局域效应作用显域。

14.5.2　附加边界条件

在有界面的情况下，考虑非局域响应变得更加复杂。图 14.10（a）显示了在体介质中，$\boldsymbol{r}$ 位置的电场引起 $\boldsymbol{r}'$ 处介质响应：

$$\boldsymbol{P}(\boldsymbol{r},\omega)=\varepsilon_0\int\chi_{\mathrm{e}}(\boldsymbol{r}-\boldsymbol{r}',\omega)\boldsymbol{E}(\boldsymbol{r}',\omega)\mathrm{d}^3r' \tag{14.62}$$

式中：$\boldsymbol{P}$ 为极化率；χ 为电极化率。显然，当存在将非局域金属与局域电介质材料界面时，该描述必须进行修改，如图 14.10（b）所示。在下面讨论将基于 Halevi 和 Fuchs[138] 的研究，考虑没有外部电流分布的波动方程：

$$\nabla\times\nabla\times\boldsymbol{E}-\mu_0\omega^2\boldsymbol{D}=0$$

如果用极化强度表示电位移 $\boldsymbol{D}=\varepsilon_0\boldsymbol{E}+\boldsymbol{P}$，得到：

$$\nabla^2\boldsymbol{E}-\nabla(\nabla\cdot\boldsymbol{E})+\mu_0\varepsilon_0\omega^2\boldsymbol{E}=-\mu_0\omega^2\boldsymbol{P} \tag{14.63}$$

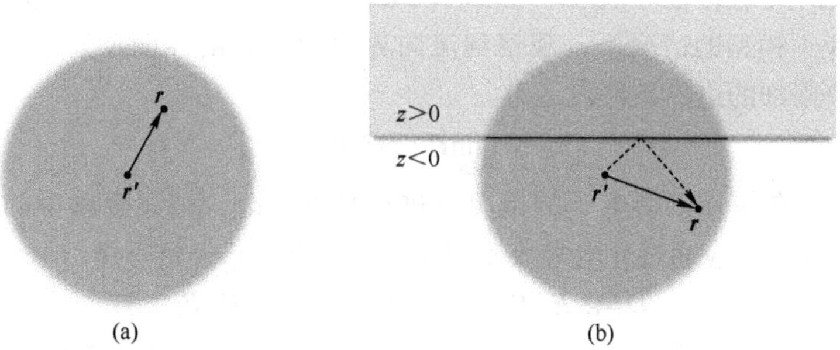

图 14.10　对于非局域介电常数，位置 r' 处的激励在位置 r 处产生响应。整体响应（a）是直接的，仅取决于相对位置差 $r-r'$，表面响应（b）还包含一个间接部分（虚线）。阴影圆圈表示半径约为 $1/Q$ 的区域，其中非局域性起着相当大的作用

考虑图 14.10（b）中描述的情况，其中平面界面将填充局域电介质的区域 $z>0$ 与填充非局域金属的区域 $z<0$ 分开。电场和极化强度可以用这种形式表示为

$$\boldsymbol{E}(\boldsymbol{r},\omega)=\boldsymbol{E}(z,\omega)\mathrm{e}^{\mathrm{i}k_xx},\quad \boldsymbol{P}(\boldsymbol{r},\omega)=\boldsymbol{P}(z,\omega)\mathrm{e}^{\mathrm{i}k_xx}$$

在这里，根据之前在第 8 章的讨论，界面处电场切向分量守恒导致动量 k_x 守恒。非线性材料中电场与极化强度之间的一般线性响应具有以下形式：

$$\boldsymbol{P}(z,\omega)=\varepsilon_0\int_{-\infty}^{0}\bar{\bar{\chi}}(z,z',\omega)\cdot\boldsymbol{E}(z,\omega)\mathrm{d}z \tag{14.64}$$

其中，极化率张量依赖平行动量 k_x。考虑最简单的情况，取体磁化率 $\chi_e(z-z',\omega)$，它取决于位置差 $z-z'$，考虑界面的影响：

$$\chi_{ij}(z,z')=(\chi_e(z-z',\omega)+U_i\chi_e(z+z',\omega))\delta_{ij} \tag{14.65}$$

如图 14.10（b）所示，第一项对应于激励直接从 z'到 z，而第二项反映了界面处的激励。U_i 通常是复数，反映了场的反射。Fuchs 和 Kliewer[142] 提出了一个特别简单的反射模型，他们通过 $U_{x,y}=1$ 和 $U_z=-1$ 在界面上引入了镜面反射。

在文献［138］中，作者继续讨论局域和非局域介质界面的菲涅尔系数。让我们先考虑无限扩展的非局域介质中的平面波。从波动方程出发，频率和波矢量必须满足色散关系：

对于横波，$\boldsymbol{k}\cdot\boldsymbol{E}=0$，有

$$\mu_0\varepsilon(k,\omega)\omega^2=k_x^2+k_z^2(\text{横}) \tag{14.66a}$$

$$\varepsilon(k,\omega)=0(\text{纵}) \tag{14.66b}$$

对于纵波，$\boldsymbol{k}\times\boldsymbol{E}=0$。忽略了纵向和横向介电常数之间的差异，这对于波矢量来说是一个很好的近似，与布里渊区的延伸相比，波矢量很小。在没有非局域性的情况下，式（14.66a）将给出 k_z的一个解，而式（14.66b）没有实际频率的解。因此，只有横模会被激发。在存在非局域性的情况下，式（14.66a）给出了 k_z的两个解，式（14.66b）给出了一个附加解。因此，在局域和非局域介质之间的界面，从局域侧撞击界面的波可以在非局域侧激发三个波。对于计算反射和透射系数的详细讨论参见文献［138］，显然通常麦克斯韦方程的边界条件不足以匹配界面处的 4 个波（注：切向场的连续性已经在波表达式中考虑）

因此，必须指定一个额外的边界条件（ABC）来解释非局域介质的性质。该附加条件必须从界面的反射特性中提取，见式（14.65），并取决于反射参数 U_i。在 Fuchs-Kliewer 镜面反射模型的情况下，观察到流向界面的电流由界面反射的电流补偿。$\boldsymbol{J}_P=-\mathrm{i}\omega\boldsymbol{P}$，因此将附加的边界条件表示为

$$\lim_{z\to0^-}\boldsymbol{P}_z(z)=0 \tag{14.67}$$

它必须在存在额外束缚电子的情况下进行轻微修改，过渡金属中的“d-带电子”就是这样，其介电响应应通过介电常数 ε_b来描述。将电位移矢量写作

$$\boldsymbol{D}=\varepsilon_0\boldsymbol{E}+\boldsymbol{P}_\mathrm{b}+\boldsymbol{P}_\mathrm{f}=\varepsilon_0\boldsymbol{E}+(\varepsilon_b-\varepsilon_0)\boldsymbol{E}+\boldsymbol{P}_\mathrm{f}$$

式中：$\boldsymbol{P}_\mathrm{b}$、$\boldsymbol{P}_\mathrm{f}$ 分别为束缚电子和自由电子的贡献。对于指向外表面法线$\hat{\boldsymbol{n}}$的一般界面，可得附加边界条件：

$$\hat{\boldsymbol{n}}\cdot\boldsymbol{P}_\mathrm{f}=\hat{\boldsymbol{n}}\cdot(\boldsymbol{D}-\varepsilon_b\boldsymbol{E})=0 \tag{14.68}$$

其中，$\boldsymbol{D}$、$\boldsymbol{E}$ 必须在界面侧的非局域介质中计算。

球形纳米颗粒的 Dasgupta 和 Fuchs 方法

非局域介质的麦克斯韦方程组只能解析地求解简单的几何体，如平板、圆柱体或球体。在这里参考了 Dasgupta 和 Fuchs[137] 的研究，并在准静态近似下计算金属纳米球的

光学响应。然而，该分析与第 9 章提出的准静态米氏理论密切相关，并对非局域材料进行了一些重要的修改。

考虑的情况包括一个非局域介电常数 ε_1 的金属纳米球（半径 a），它被浸没在一个局域介电常数 ε_2 的电介质中，见图 14.11。由于非局域性，并且我们希望将式（14.56）的非局域格林函数用于无界介质，①可将球体内的麦克斯韦方程组的解扩展到外部区域 $r>a$，在球外区域引入虚拟材料。②假设实际球体内的场与 $r<a$ 区域内虚拟材料的场相同。③该方案可能引起的误差将在稍后通过使用方程的附加边界条件（14.68）来纠正，最终使得解与所有边界条件的约束一致。

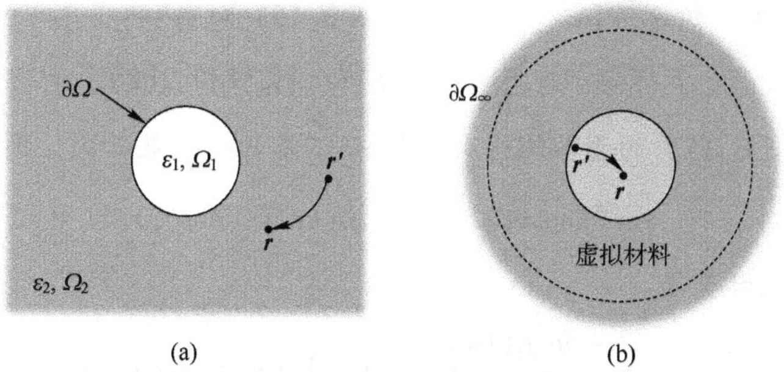

图 14.11 Dasgupta 和 Fuchs[137] 关于金属纳米球（半径 a，边界 $\partial\Omega$）具有非局域介电常数 $\varepsilon_1(k,\omega)$ 的解决方案示意图，其嵌入具有介电常数 ε_2 的局部电介质中。（a）在外部区域 Ω_2，准静态近似下的麦克斯韦方程组与第 9 章中描述的方法完全相似。（b）在内部区域 Ω_1 中，我们将非局域材料扩展到外部区域，从而引入一个虚拟材料。假设实际场与 $r<a$ 的扩展问题的场一致。为了修正虚拟介质的，引入了附加边界条件（ABC）。远离球体的边界 $\partial\Omega_\infty$ 将在稍后用边界积分法处理

如图 4.11 所示，问题的解可以用势 V、V_D、V_E 表示，这是由两个参数 σ、p 决定的，它们与表面电荷分布和感应偶极矩有关：

$$\begin{cases} r>a: & \boldsymbol{E}=-\nabla V, & \cdots & V(r,\theta)=-E_0 r\cos\theta+\dfrac{p}{4\pi\varepsilon_2 r^2}\cos\theta \\ r<a: & \boldsymbol{D}=-\nabla V_D, & \cdots & V_D(r,\theta)=\dfrac{1}{3}\sigma r\cos\theta \\ r<a: & \boldsymbol{E}=-\nabla V_E, & \cdots & V_E(r,\theta)=a^2\sigma F(r)\cos\theta \end{cases} \tag{14.69}$$

式中：E_0 为入射电场的强度，假设是沿 z 方向的，$F(r)$ 定义为

$$F(r)=\frac{2}{\pi}\int_0^\infty \frac{j_1(ka)j_1(kr)}{\varepsilon_1(k,\omega)}\mathrm{d}k \tag{14.70}$$

式（14.69）的证明。在具有 ε_2 的外部区域，类似地进行了 9.2.1 节的准静态米氏理论的推导，并假设：

$$r>a:\quad V(r,\theta)=-E_0 r\cos\theta+\frac{p}{4\pi\varepsilon_2 r^2}\cos\theta \tag{14.71}$$

其中第一项表示入射波的电场，第二项表示感应偶极子的电场。注意到 $\cos\theta=$

$P_1(\cos\theta)$ 可以用勒让德多项式表示，可以使用 9.2.1 节中相同的推理来忽略其他多极贡献。在球体内部，引入势 V_D、V_E。电位移的势是通过下述方程来定义的：

$$r<a:\quad \nabla^2 V_D = -\sigma\delta(r-a)\cos\theta \tag{14.72}$$

式中：σ 为虚构的表面电荷。虽然 V_D 的径向导数在实际的球-介质界面上是连续的，但在虚构介质中，它在 $r=a$ 处是不连续的。为了将电位移与电场联系起来，可进行傅里叶变换得到：

$$-k^2\tilde{V}_D(\boldsymbol{k}) + a^2\sigma\left(\int \mathrm{e}^{-\mathrm{i}\boldsymbol{k}\cdot\boldsymbol{r}}\cos\theta \mathrm{d}\Omega\right)_{r=a} = 0$$

其中，$\mathrm{d}\Omega$ 表示立体角积分。积分可以通过式（E.15）计算：

$$\mathrm{e}^{-\mathrm{i}\boldsymbol{k}\cdot\boldsymbol{r}} = 4\pi\sum_{\ell\cdot m}(-i)^{\ell} j_{\ell}(kr)Y^*_{\ell m}(\hat{\boldsymbol{r}})Y_{\ell m}(\boldsymbol{k})$$

其中，取式（E.15）的复共轭得到 $\mathrm{e}^{-\mathrm{i}\boldsymbol{k}\cdot\boldsymbol{r}}$ 而不是 $\mathrm{e}^{\mathrm{i}\boldsymbol{k}\cdot\boldsymbol{r}}$ 的展开式。因此找到：

$$\int \mathrm{e}^{-\mathrm{i}\boldsymbol{k}\cdot\boldsymbol{r}}\cos\theta \mathrm{d}\Omega = -4\pi i j_1(kr)P_1(\cos\theta_k)$$

可以计算傅里叶变换：

$$\begin{aligned}\tilde{V}_D(\boldsymbol{k}) &= -\frac{4\pi i a^2 j_1(ka)}{k^2}\sigma\cos\theta_k \Rightarrow V_D(\boldsymbol{r}) = \frac{1}{3}\sigma r\cos\theta \\ \tilde{V}_E(\boldsymbol{k}) &= -\frac{4\pi i a^2 j_1(ka)}{\varepsilon_1(k,\omega)k^2}\sigma\cos\theta_k \Rightarrow V_E(\boldsymbol{r}) = a^2\sigma F(r)\cos\theta\end{aligned} \tag{14.73}$$

在实空间，使用了积分

$$\frac{2}{\pi}\int_0^{\infty} j_1(ka)j_1(kr)\mathrm{d}k = \frac{r}{3a^2} \tag{14.74}$$

并引用式（14.70）中定义的函数 $F(r)$ 即可得证。

不考虑附加边界条件（ABC）的解。首先计算偶极矩采用通常的边界条件，即切向电场和法向电位移的条件：

$$V_E(a^-) = V(a^+) \Rightarrow a^2\sigma F(a) = -E_0 a + \frac{p}{4\pi\varepsilon_2 a^2}$$

$$\left[\frac{\partial V_D(r)}{\partial r}\right]_{r=a^-} = \varepsilon_2\left[\frac{\partial V(r)}{\partial r}\right]_{r=a^+} \Rightarrow \frac{\sigma}{3} = -\varepsilon_2\left(E_0 + \frac{2p}{4\pi\varepsilon_2 a^3}\right)$$

其中±表示在球体边界外面或里面的微小位置变化。求偶极矩，就得到：

$$p = 4\pi\varepsilon_2\frac{1-3\varepsilon_2 aF(a)}{1+6\varepsilon_2 aF(a)}a^3E_0 \tag{14.75}$$

在式（14.74）中，可以发现 $\varepsilon_1(0,\omega)F(a) = 1/(3a)$，从而得到准静态米氏理论的式（9.9）的结果。

考虑 ABC 条件的解。到目前为止还没有考虑附加边界条件（ABC）。事实上，可以发现：

$$\left[\frac{\partial V_D}{\partial r} - \varepsilon_b\frac{\partial V_E}{\partial r}\right]_{r=a^-} \neq 0$$

式（14.68）并不满足 ABC。在文献［137］中，作者提出了一种克服这一缺陷的方法。他们首先观察到，在式（14.69）中，人们总是可以把齐次拉普拉斯方程的解加到 V_D 中，例如，在虚秒介质中的一个恒定电场 $-C\hat{z}$ 对应的势：

$$V_D(r,\theta)=\frac{1}{3}\sigma r\cos\theta+Cr\cos\theta \tag{14.76}$$

该场扩展到无穷大，然而，这不成问题，因为在非局域介质中，“实”场是那些 $r<a$ 的场。常数场的傅里叶变换是

$$\boldsymbol{D}(\boldsymbol{k})=-\int \mathrm{e}^{-\mathrm{i}\boldsymbol{k}\cdot\boldsymbol{r}}(-C\hat{z})\,\mathrm{d}^3r=(2\pi)^3\delta(\boldsymbol{k})(-C\hat{z})$$

因此，相应的电场变成

$$\boldsymbol{E}(\boldsymbol{r})=\int \mathrm{e}^{\mathrm{i}\boldsymbol{k}\cdot\boldsymbol{r}}\frac{\boldsymbol{D}(\boldsymbol{k})}{\varepsilon(k,\omega)}\frac{\mathrm{d}^3k}{(2\pi)^3}=-\frac{C\hat{z}}{\varepsilon_2(0,\omega)} \tag{14.77}$$

式（14.69）中的电场势必须改写成下面的形式

$$V_E(r,\theta)=a^2\sigma F(r)\cos\theta+\left(\frac{Cr}{\varepsilon_1(0,\omega)}\right)\cos\theta$$

这样就得到了下面的一组边界条件

$$\begin{cases}\text{1st b. c.}: & a^2\sigma F(a)+\dfrac{Ca}{\varepsilon_1(0,\omega)}=-E_0a+\dfrac{p}{4\pi\varepsilon_2a^2}\\[2ex] \text{2nd b. c.}: & \dfrac{\sigma}{3}+C=-\varepsilon_2\left(E_0+\dfrac{2p}{4\pi\varepsilon_2a^3}\right)\\[2ex] \text{ABC}: & \dfrac{\sigma}{3}+C-\varepsilon_b\left(a^2\sigma\left[\dfrac{\mathrm{d}F(r)}{\mathrm{d}r}\right]_{r=a^-}+\dfrac{C}{\varepsilon_1(0,\omega)}\right)=0\end{cases} \tag{14.78}$$

经过一些化简，就得到了具有非局域介电常数的光激发纳米球的诱导偶极矩，最终结果参见文献［137］。

包含非局域性的纳米球偶极矩

$$p=4\pi\varepsilon_2\frac{1-3\varepsilon_2aF(a)+K(\varepsilon_1(0,\omega)-\varepsilon_2)}{1+6\varepsilon_2aF(a)+K(\varepsilon_1(0,\omega)+2\varepsilon_2)}a^3E_0 \tag{14.79}$$

其中

$$K=(\varepsilon_1(0,\omega)-\varepsilon_b)^{-1}\left(3\varepsilon_ba^2\left[\frac{\mathrm{d}F}{\mathrm{d}r}\right]_{r=a}-1\right)$$

图14.12显示了在没有（虚线）和有（实线）非局域效应的情况下计算的单个金纳米球的消光光谱。有人观察到，由于非局域性，偶极表面等离子体峰发生蓝移，这是式（14.45）中附加压力项的影响。当比较有ABC和没有ABC的结果时，可以发现加入ABC对光谱有明显的影响。一般来说，非局域效应只对小球体重要。

乍一看，Dasgupta 和 Fuchs 的方法[137]似乎是专门为球形纳米粒子定制的，人们可能想知道如何将该方法扩展到其他纳米粒子几何形状。在下文将简要介绍几种推广该方案的尝试。

流体动力学模型。在流体动力学模型中，可以通过一个速度势 Ψ 来处理：

$$J=-\nabla\Psi$$

其动力学由式（14.45）决定。这个势保留了麦克斯韦理论中标量势 V 的许多性质，因此可以平等地对待 Ψ、V。在文献［143］中，作者在这种方法中导出了类似于

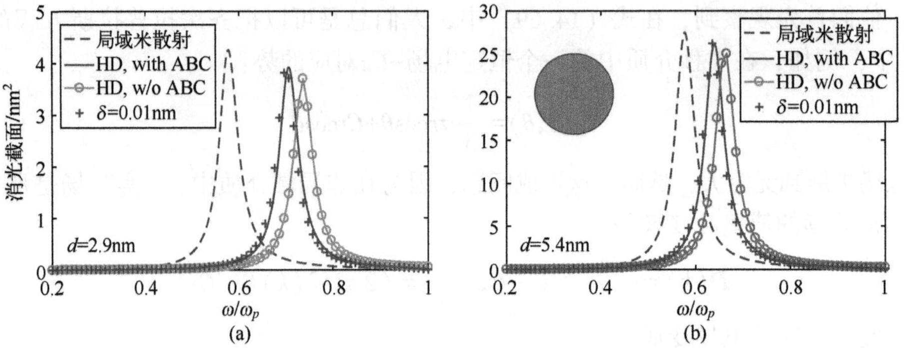

图 14.12 考虑非局域介电常数和不考虑非局域介电常数时计算的金纳米球消光截面。(a) 2.9 nm 直径的球和局域介电常数（虚线）的结果，有和没有 ABC（实线，圆符号）的流体动力学模型，由公式（14.79）和（14.75）计算。十字符号表示了 Luo 等[144]的人工涂层结果。(b) 与面板（a）相同，但适用于直径为 5.4nm 的球体。在所有模拟中，使用文献［144］的德鲁德介电函数，$k_b=1$，$w_p=3.3\text{eV}$，$\gamma=0.165\text{eV}$，$\beta=0.0036\text{c}$。$\varepsilon_2=\varepsilon_0$

式（14.79）的表达式，并推广到介质上的金属球体。

人工涂层。在文献［144］中，作者首先使用流体力学模型研究选定几何体的非局域光学响应，如分层介质、圆柱体和球体。从解析表达式中可以看出，非局域效应可以通过一个替代系统来模拟，该替代系统具有局部介电常数的纳米颗粒，被薄的介电层覆盖。为了获得良好的近似值，该人工层的介电常数 ε 层的厚度 δ 可根据文献［144］进行选择：

$$\varepsilon_{\text{layer}}=\frac{\varepsilon_1(0,\omega)\varepsilon_2}{\varepsilon_1(0,\omega)-\varepsilon_2}Q\delta$$

这种方法的明显优点是，可以使用标准麦克斯韦解算器模拟非局域效应。唯一需要修改的是加入足够薄的人工涂层。图 14.12 中的十字符号展示了此类人工层模型的模拟结果，面板（b）插图中描绘了几何结构，这与式（14.79）的预测非常一致。

边界元法。正如在本书中大力提倡边界元法（BEM）方法一样，人们可能想知道是否也可以考虑非定域性。朝这个方向迈出的第一步是文献［145］，但他们并未考虑附加边界条件。下文将介绍如何用边界元法处理。

在外部区域，可以用通常的方式将电势与表面电荷分布联系起来：

$$\boldsymbol{r}\in\Omega_2:\quad V(\boldsymbol{r})=\oint_{\partial\Omega}G(\boldsymbol{r}-\boldsymbol{s}')\sigma_2(\boldsymbol{s}')\mathrm{d}S'+V_{\text{inc}}(\boldsymbol{r})$$

式中：G 为泊松方程的格林函数 $G(R)=1/(4\pi R)$；V_{inc} 为外部势，例如，它与平面波激发有关。在纳米颗粒内部，作了以下分析：

$$\begin{cases}\boldsymbol{r}\in\Omega_1:\quad V_D(\boldsymbol{r})=\oint_{\partial\Omega}G(\boldsymbol{r}-\boldsymbol{s}')\left[\sigma_1(\boldsymbol{s}')+\widetilde{\sigma}_1(\boldsymbol{s}')\right]\mathrm{d}S'\\ V_E(\boldsymbol{r})=\oint_{\partial\Omega}\left[G_{\text{nl}}(\boldsymbol{r}-\boldsymbol{s}',\omega)\sigma_1(\boldsymbol{s}')+\dfrac{G(\boldsymbol{r}-\boldsymbol{s}')}{\varepsilon_1(0,\omega)}\widetilde{\sigma}_1(\boldsymbol{s}')\right]\mathrm{d}S'\end{cases}\tag{14.80}$$

利用式（14.56）的非局域格林函数。暂时不考虑 $\widetilde{\sigma}_1$ 贡献。可以观察到 V_D 是式（14.72）的解，从式（14.55）的非局域格林函数定义中，可以发现 V_E 是相同表面电荷分布的电场。因此，V_D、V_E 的解与 Dasgupta 和 Fuchs 方法的式（14.69）完全一致。

到目前为止还没有使用 ABC。如前所述，总是可以将拉普拉斯方程的解添加到 V_D 和 V_E 中。图 14.11 展示了如何实现这一点，将一个表面电荷分布附加到远离纳米粒子的边界 $\partial\Omega_\infty$。如第 5 章在所述，当在界面处固定其法向导数（与表面电荷有关）时，电势完全确定。对于 V_E，可以进行类似的操作，并观察到对于较大值的 $|r-r'|$，非局域格林函数可以通过下式给出：

$$G_{\mathrm{nl}}(\boldsymbol{r}-\boldsymbol{r}',\omega)\underset{r\gg r'}{\longrightarrow}\frac{G(\boldsymbol{r}-\boldsymbol{r}')}{\varepsilon_1(0,\omega)}$$

这种渐近极限对于式（14.61）尤其明显，但对于其他形式的介电常数函数也可以给出。神奇的是：对于泊松方程的解来说，不管是将 $\widetilde{\sigma}_1$ 附加到无穷远处的边界还是纳米颗粒边界，重要的是在某个闭合边界上给出势能值，这就是“表示公式”的本质。然而，“表示公式”通常不适用于电场和非局部介电常数（读者可能想回到第 5 章，检查在推导过程中我们是否明确使用了拉普拉斯方程）。由于这个原因，此处绕开了无穷远处的边界，这使得我们可以用局域格林函数替换非局域格林函数，然后再次利用表示公式。

式（14.80）与 Dasgupta 和 Fuchs 伽形式是等价的。最后补充如下关于 V，V_D 和 V_E 的边界条件：

$$V_E=V,\quad \frac{\partial V_D}{\partial n}=\varepsilon_2\frac{\partial V}{\partial n},\quad \frac{\partial V_D}{\partial n}-\varepsilon_b\frac{\partial V_E}{\partial n}=0$$

其中，所有电势和法向导数必须在粒子边界处进行计算（外部为 V，内部为 V_D，V_E）。从边界积分到边界元的变换与第 11 章讨论的内容是相同的，最终得到的方案与局部介电常数的方案没有太大区别。与其他方案相比，边界元法的一个优点是，它不仅限于流体动力学介电常数，而且可以轻松地与更复杂的介电函数一起使用。

图 14.13 显示了两个耦合纳米球的结果。在局部模型中，随着间隙的减小，耦合偶

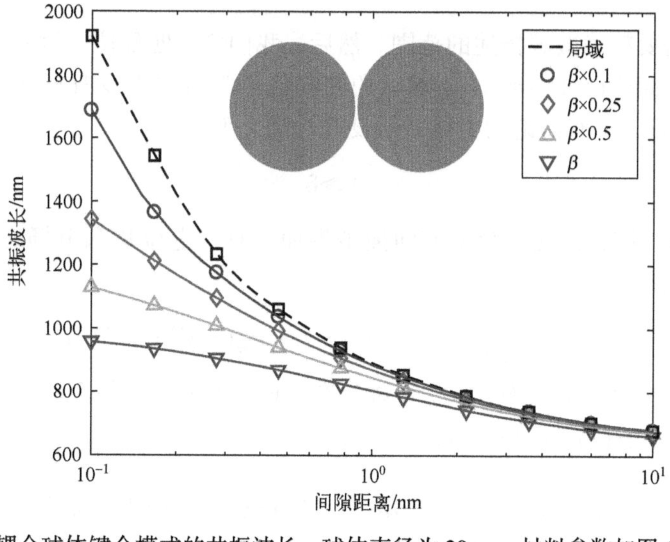

图 14.13 耦合球体键合模式的共振波长，球体直径为 20nm，材料参数如图 14.12 所示。在局域模型中，由于两个球体之间的耦合强度增加，共振会随着间隙距离的减小而不断发生红移。当包含非局域性时，可以开始看到间隙接近 $Q^{-1}\approx$ 1nm 时，差异明显，对于最小间隙距离，峰值位置回落到约 1000nm。图中还绘制了不同 β 值的结果，见式（14.53）

极子模式的共振位置不断地发生红移，这是耦合强度增加的结果，而在非局域模型中，峰值位置在约 1000nm 处饱和。这一现象在文献［140］实验观察到。

14.5.3 Feibelman 参数

在本节结束之前，我们将简要讨论界面附近介电响应的修改。关于这个话题的详细讨论见文献［146-148］。考虑介质和金属之间的平面界面，它是由平面波激发，正如前面在第 8 章中的菲涅尔系数中讨论的一样。到目前为止，我们只关注界面处材料性质突变的情况。然而，图 14.14 显示了一个更真实的描述，其中材料性质在 z 附近平稳变化，这是由于电子的量子力学波函数。我们现在正在寻求对电磁波在此类界面上的反射和透射的修正。正如接下来将要讨论的内容，这可以作如下处理：（1）从通常的电磁场描述开始，不需要任何修改，只是界面附近的材料响应更复杂；（2）通过改变菲涅尔系数来校正这些修改。

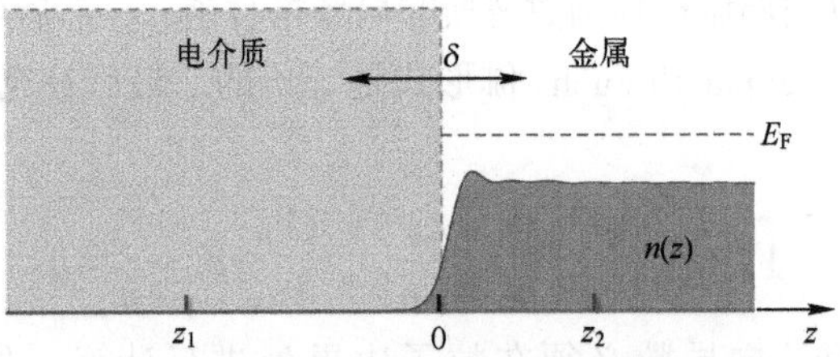

图 14.14　Feibelman 参数示意图。$n(z)$表示基态电子密度，E_F 表示金属中的费米能量，灰色阴影区域表示电介质的势垒。为了解释金属中电子密度的量子效应，引入了一个描述，在这个描述中，不直接在界面 $z=0$ 处匹配电磁场，而是在距离约 1nm 的位置 z_1、z_2 处匹配电磁场。在电磁场的匹配中，引入了 Feibelman 参数 $d_\perp$、$d_\parallel$，来表示电荷分布的实际形式

假设 δ 是需要精确微观描述的范围。然后，我们希望匹配位于该 δ 范围之外的位置 z_1 和 z_2 处的场，如图 14.14 所示。z_1 和 z_2 的精确值通常对结果没有显著影响，通常设置 δ≤1N · m［146］。下面讨论的中往往假设波长远大于 δ，即：

$$\lambda \gg \delta$$

考虑一个 TM 波，其磁场沿 y 方向撞击界面。对于电位移和电场之间的线性关系，最普遍的是方案是：

$$D_x(z) = \int_{-\infty}^{\infty} [\varepsilon_{xx}(z,z')E_x(z') + \varepsilon_{xz}(z,z')E_z(z')]\mathrm{d}z'$$

突变界面：对于突变界面，$z<0$ 的电介质侧的电磁场可以表示为

$$\boldsymbol{H}(z) = H_0[\mathrm{e}^{\mathrm{i}k_{1z}z} + R\mathrm{e}^{-\mathrm{i}k_{1z}z}]\boldsymbol{y}$$

$$\boldsymbol{E}(z) = \frac{Z_1}{k_1}H_0[(\mathrm{e}^{\mathrm{i}k_{1z}z} - R\mathrm{e}^{-\mathrm{i}k_{1z}z})k_{1z}\boldsymbol{x} - (\mathrm{e}^{\mathrm{i}k_{1z}z} + R\mathrm{e}^{-\mathrm{i}k_{1z}z})k_x\hat{z}] \tag{14.81a}$$

式中：R 为 TM 反射系数，使用式（2.40）将电场与磁场联系起来。类似地，在 $z>0$ 的金属面上，通过一个类似的标记发现

$$\boldsymbol{H}(z)=H_0[T\mathrm{e}^{\mathrm{i}k_{2z}z}]\boldsymbol{y}$$
$$\boldsymbol{E}(z)=\frac{Z_2}{k_2}H_0[T\mathrm{e}^{\mathrm{i}k_{2z}z}](k_{2z}\boldsymbol{x}-k_x\hat{z}) \tag{14.81b}$$

式中：T 为 TM 透射系数。对于小参数 $k_z z$，电磁场可以根据

$$H_y(z)\approx H_y(0^{\pm})+\left[\frac{\mathrm{d}H_y}{\mathrm{d}z}\right]_{0^{\pm}}z$$
$$E_x(z)\approx E_x(0^{\pm})+\left[\frac{\mathrm{d}E_x}{\mathrm{d}z}\right]_{0^{\pm}}z \tag{14.81c}$$

在 $z=0^-$ 的电介质侧和 $z=0^+$ 的金属侧进行计算。通过将指数替换为1，可以直接从上述表达式中读取最低阶贡献，并且可以使用麦克斯韦方程简化导数项，稍后将这样做。

对于麦克斯韦方程组的常见边界条件，系数 R、T 将由式（8.26）中的菲涅尔系数给出。然而，在这里将寻求一个精确的描述，以解释修改后的边界条件。为了匹配界面上的电磁场，可以从麦克斯韦方程组开始，写下方程组中式（14.81）场的旋度部分如下：

$$\begin{cases}\dfrac{\mathrm{d}H_y(z)}{\mathrm{d}z}=\mathrm{i}\omega D_x(z)\\[2ex]\mathrm{i}k_xE_z(x)-\dfrac{\mathrm{d}E_x(z)}{\mathrm{d}z}=\mathrm{i}\mu_0\omega H_y(z)\end{cases} \tag{14.82}$$

在整个过程中，我们将磁导率设置为 μ_0。接下来将对这组方程从 z_1 积分到 z_2，得到：

$$\begin{cases}H_y(z_2)-H_y(z_1)=\mathrm{i}\omega\displaystyle\int_{z_1}^{z_2}D_x(z)\,\mathrm{d}z\\[2ex]E_x(z_2)-E_x(z_1)-\mathrm{i}k_x\displaystyle\int_{z_1}^{z_2}E_z(z)\,\mathrm{d}z=-\mathrm{i}\mu_0\omega\displaystyle\int_{z_1}^{z_2}H_y(z)\,\mathrm{d}z\end{cases} \tag{14.83}$$

如果让 z_1、z_2 接近零，就得到通常的边界条件，即 H_y、E_x 的切向场在界面处是连续的。因此，上述方程式中的积分贡献提供了修正。

长波展开。 在下面的长波展开中，我们对 $k_z z$ 的幂进行展开，并且只保留一阶项。先把 D_x、E_z 分解成

$$\begin{cases}D_x(z)=\varepsilon_1\theta(-z)E_x(0^-)+\varepsilon_2\theta(z)E_x(0^+)+\Delta D_x(z)\\E_z(z)=\theta(-z)E_z(0^-)+\theta(z)E_z(0^+)+\Delta E_z(z)\end{cases} \tag{14.84}$$

其中，右边的前两项是式（14.81）的最低阶解，最后一项是余项。磁场 Hy 也可以进行类似的分解。将这些分解代入式（14.83），然后有

$$\begin{cases}H_y(z_2)-H_y(z_1)\approx\mathrm{i}\omega\left[\varepsilon_2z_2E_z(0^+)-\varepsilon_1z_2E_z^0(0^-)+\displaystyle\int_{z_1}^{z_2}D_x(z)\,\mathrm{d}z\right]\\[2ex]E_x(z_2)-E_x(z_1)\approx\mathrm{i}k_x\left[z_2E_z(0^+)-z_1E_z(0^-)+\displaystyle\int_{z_1}^{z_2}\Delta E_z(z)\,\mathrm{d}z\right]\\\qquad-\mathrm{i}\mu_0\omega[z_2H_y(0^+)-z_1H_y(0^-)]\end{cases} \tag{14.85}$$

由于以下原因，我们在上面忽略了 Hy 的校正。与界面处不连续的 D_x、E_z 相比，Hy

是连续的，因此该修正是 $k_z z$ 的高阶无穷小。

接下来，使用式（14.81c）展开左侧的项，z_1、z_2 呈比例的项利用式（14.82）而相互抵消：

$$\begin{cases}\left[\dfrac{\mathrm{d}H_y}{\mathrm{d}z}\right]_{0^+} z_2-\left[\dfrac{\mathrm{d}H_y}{\mathrm{d}z}\right]_{0^-} z_1=\mathrm{i}\omega[\varepsilon_2 z_2 E_z(0^+)-\varepsilon_1 z_1 E_z(0^-)]\\ \left[\dfrac{\mathrm{d}E_x}{\mathrm{d}z}\right]_{0^+} z_2-\left[\dfrac{\mathrm{d}E_x}{\mathrm{d}z}\right]_{0^-} z_1=\mathrm{i}k_x[z_2 E_x(0^+)-z_1 E_x(0^-)]\\ \qquad\qquad -\mathrm{i}\mu_0\omega[z_2 H_y(0^+)-z_1 H_y(0^-)]\end{cases}$$

可以得到：

$$\begin{cases}H_0(T-1-R)=\mathrm{i}\omega\displaystyle\int_{z_1}^{z_2}\Delta D_x(z)\,\mathrm{d}z\\ \dfrac{Z_2 k_{2z}}{k_2}H_0 T-\dfrac{Z_1 k_{1z}}{k_1}H_0(1-R)=\mathrm{i}k_x\displaystyle\int_{z_1}^{z_2}\Delta E_z(z)\,\mathrm{d}z\end{cases}$$

引入归一化修正：

$$\Delta\overline{D}_x=\frac{\Delta D_x}{\varepsilon_0 E_x(0^+)},\quad \Delta\overline{E}_z=\frac{\Delta E_z}{E_z(0^+)} \tag{14.86}$$

假设修正量与金属侧的磁场成正比，则可以在电介质侧取场和 $k_z z$ 同阶项，但上面的形式似乎更适合研究下面的问题。有了这个，可以重写了 R、T 的方程：

$$T-1-R=\mathrm{i}\frac{\varepsilon_0 k_{2z}T}{\varepsilon_2}\int_{z_1}^{z_2}\Delta\overline{D}_x(z)\,\mathrm{d}z$$

$$\frac{k_{2z}T}{\varepsilon_2\omega}-\frac{k_{1z}}{\varepsilon_1\omega}(1-R)=\frac{\mathrm{i}k_x^2 T}{\varepsilon_2\omega}\int_{z_1}^{z_2}\Delta\overline{E}_z(z)\,\mathrm{d}z$$

通过求解反射系数，得出［文献［147］，等式（14a）］

$$R=\frac{\varepsilon_2 k_{1z}\left(1-\dfrac{\mathrm{i}\varepsilon_0 k_{2z}}{\varepsilon_2}\displaystyle\int_{z_1}^{z_2}\Delta\overline{D}_x(z)\,\mathrm{d}z\right)-\varepsilon_1 k_{2z}\left(1+\dfrac{\mathrm{i}k_x^2}{k_{2z}}\displaystyle\int_{z_1}^{z_2}\Delta\overline{E}_z(z)\,\mathrm{d}z\right)}{\varepsilon_2 k_{1z}\left(1-\dfrac{\mathrm{i}\varepsilon_0 k_{2z}}{\varepsilon_2}\displaystyle\int_{z_1}^{z_2}\Delta\overline{D}_x(z)\,\mathrm{d}z\right)+\varepsilon_1 k_{2z}\left(1+\dfrac{\mathrm{i}k_x^2}{k_{2z}}\displaystyle\int_{z_1}^{z_2}\Delta\overline{E}_z(z)\,\mathrm{d}z\right)}$$

在这里参考文献［147］，并引入了等效波数：

$$\begin{cases}\tilde{k}_{1z}=\left[1+\mathrm{i}k_{2z}\left(1-\dfrac{\varepsilon_0}{\varepsilon_2}\right)d_{\parallel}(\omega)\right]k_{1z}\\ \tilde{k}_{2z}=\left[1+\mathrm{i}\dfrac{k_x^2}{k_{2z}}\left(1-\dfrac{\varepsilon_0}{\varepsilon_2}\right)d_{\perp}(\omega)\right]k_{2z}\end{cases} \tag{14.87}$$

反射系数重新写为：

$$R=\frac{\varepsilon_2\tilde{k}_{1z}-\varepsilon_1\tilde{k}_{2z}}{\varepsilon_2\tilde{k}_{1z}+\varepsilon_1\tilde{k}_{2z}} \tag{14.88}$$

在 $\tilde{k}_{1z}$、$\tilde{k}_{2z}$ 的定义中，我们引入了 Feibelman 参数。

Feibelman 参数

$$\begin{cases} d_{\parallel}(\omega) = \dfrac{\varepsilon_0}{\varepsilon_0 - \varepsilon_2}\displaystyle\int_{z_1}^{z_2} \Delta \overline{D}_x(z)\,\mathrm{d}z \\ d_{\perp}(\omega) = -\dfrac{\varepsilon_0}{\varepsilon_0 - \varepsilon_2}\displaystyle\int_{z_1}^{z_2} \Delta \overline{E}_z(z)\,\mathrm{d}z \end{cases} \tag{14.89}$$

Feibelman 参数的巧妙之处在于，它们允许用两个参数 $d_{\parallel}$、$d_{\perp}$ 描述一个原则上复杂的问题，即界面附近的微观电子响应，但这两个参数取决于平行波矢量分量 k_x

在许多情况下，Feibelman 参数可以用感应电荷分布更明确地表示。将电介质的介电常数设为 ε_0，从高斯定律开始，有

$$\mathrm{i}k_x D_x(z) + \frac{\mathrm{d}D_z(z)}{\mathrm{d}z} \approx \frac{\mathrm{d}D_z(z)}{\mathrm{d}z} = \delta\rho(z)$$

此处忽略了与 k_x 呈比例的项，预计它会小得多。$\delta\rho$ 是感应电荷分布。通过 z 积分，得到：

$$(\varepsilon_2 - \varepsilon_0)E_z(0^+) \approx \int_{z_1}^{z_2} \delta\rho(z)\,\mathrm{d}z$$

用 $Dz(0^-) \approx Dz(0^+)$。通过分部积分，可得：

$$\int_{z_1}^{z_2} E_z(z)\,\mathrm{d}z = zE_z(z)\Big|_{z_1}^{z_2} - \int_{z_1}^{z_2} z\frac{\mathrm{d}E_z(z)}{\mathrm{d}z}\mathrm{d}z = -\int_{z_1}^{z_2} z\frac{\mathrm{d}\Delta E_z(z)}{\mathrm{d}z}\mathrm{d}z$$

$$\approx -\left(\int_{z_1}^{z_2} z\frac{\mathrm{d}\Delta \overline{E}_z(z)}{\mathrm{d}z}\mathrm{d}z\right)E_z(0^+) \approx -\varepsilon_0 \int_{z_1}^{z_2} z\delta\rho(z)\,\mathrm{d}z$$

上式中在最后一步中再次使用了高斯定律。把上面的方程式组合起来，最终得到：

$$d_{\perp}(\omega) \approx \left(\int_{z_1}^{z_2} z\delta\rho(z)\,\mathrm{d}z\right) \Big/ \left(\int_{z_1}^{z_2} \delta\rho(z)\,\mathrm{d}z\right) \tag{14.90}$$

因此，$d_{\perp}$ 是表面电荷分布位置的量度。通过类似的方式，可以证明 $d_{\parallel}$ 是感应电流法向导数的量度[146-147]。

文献［149］中研究了等离子体纳米颗粒在 Feibelman 参数框架下的表面效应。在文献［150］中作者用 Feibelman 参数研究非局域效应是否能够引起表面等离子体共振的红移或蓝移。

Feibelman 参数 $d_{\perp}(\omega)$ 的实部给出了界面上感应电荷密度的质心位置，并确定了金属团簇中的有限尺寸效应以及平面上表面等离子体激元的色散。当从凝胶边缘测量时，碱金属为正，即屏蔽电荷转移到真空中，因为金属外的传导电子溢出。重要的是，对于金和银等贵金属，有限尺寸效应和表面屏蔽导致偶极等离子体共振的蓝移。碱金属和贵金属之间的差异可以解释为由于贵金属中局域 d-电子对总屏蔽的贡献。当考虑到 d-电子的贡献时，$\mathrm{Re}[d_{\perp}(\omega)]$ 变为负值，表明屏蔽电荷主要在金属内部感应。

近年来，人们已经做出了巨大努力，将第一性原理计算应用于等离子体纳米颗粒的理论建模。可选的方法有密度泛函理论（DFT）和含时密度泛函理论（TDDFT）。这些方法是固体理论的成功案例之一，也是目前理论物理和化学中应用最广泛的模拟方法之

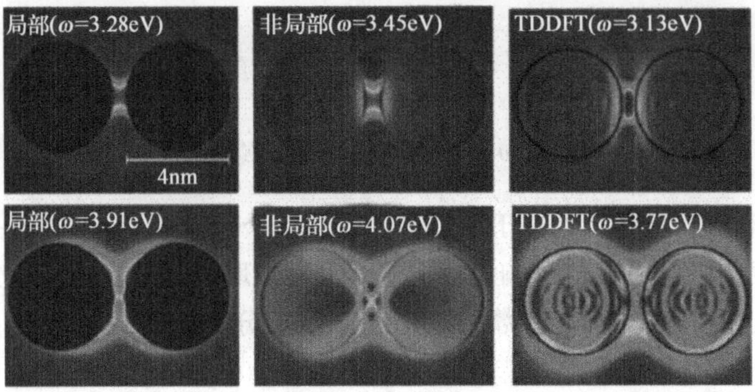

一。1998 年诺贝尔化学奖的一部分授予沃尔特·科恩“对密度泛函理论的发展”。在本书中，我们不介绍这些技术，尽管它们在许多等离子体研究中具有重要意义和广泛应用，但请感兴趣的读者参考文献 [73]。有关 DFT 和 TDDFT 的最新介绍，请参见文献 [151]。上图取自文献 [152]，报告了直径为 4nm 的钠纳米线二聚体的偶极（顶行）和四极（底行）共振的场增强。

总之，由于界面附近电子电荷密度的量子效应，Feibelman 参数解释了麦克斯韦方程组边界条件的修正。虽然这些修正的细节可能相当复杂，但通常只需引入两个额外的参数（然而，它们可能仍然取决于频率和平行波矢量 $\boldsymbol{k}_x$）就足以正确描述相关物理现象。这表明，在完整的从头算模拟和基于有效材料描述的唯象模型之间，仍有很大的空间。

14.5.4 电荷转移等离子体激元

如第 9 章所述，当两个金属球之间的间隙减小时，键合等离子体激元模式逐渐发生红移。如图 14.13 所示，由于非局域性，在小于 1nm 的距离内，红移发生饱和。另一个发生在小粒子间隙的效应是量子隧穿，即电子通过隙区从一个粒子隧穿到另一个粒子。这就产生了一种新型的等离子体激元共振，通常称为电荷转移等离子体激元，本节将对此进行简要讨论。近年来，量子隧穿受到了实验[153-155]和理论[73,156-157]的极大关注。

图 14.15 展示了亚纳米范围内由小间隙隔开的两种金属的电势和电子密度。电子被限制在金属区域，对于 4~5eV 范围内的 Au 和 Ag，需要比金属功函数更大的能量才能将电子从靠近费米能量的初始状态释放出来。然而，对于小于功函数的能量，电子可以穿透经典禁带区域并穿过禁带。从该图中所示的电子密度分布可以推断出，禁带区域的电子波函数具有指数衰减的倏逝特性。通常，必须从复杂的固态理论（如密度泛函理论[151]）中获得真实的密度分布。下面，我们考虑基于 JelLUM 模型的一种相当简单的方法。在这里，金属的离子晶格近似于均匀的正电荷背景，其中电子以自由粒子的形式移动，禁带区域被模拟为具有一定高度的势垒。电子波函数在金属内部为 $e^{i\boldsymbol{k}_1\cdot\boldsymbol{r}}$，在禁带区域为 $e^{i\boldsymbol{k}_2\cdot\boldsymbol{r}}$。利用能量守恒可以发现：

$$E=\frac{\hbar^2}{2m}(k_x^2+k_{1z}^2)=\frac{\hbar^2}{2m}(k_x^2+k_{2z}^2)+U_{\text{gap}} \tag{14.91}$$

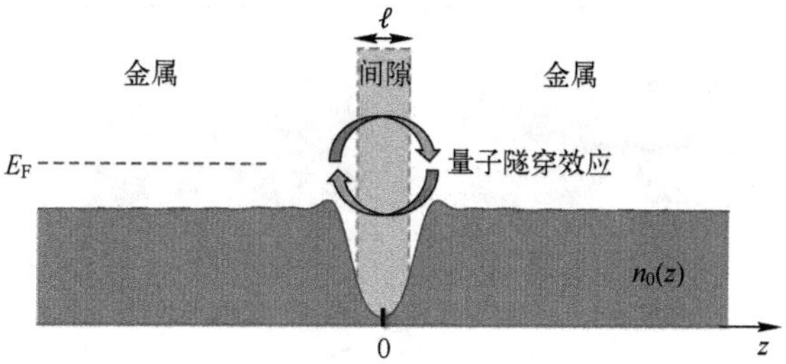

图 14.15 在亚纳米范围内被间隙（间隙距离 ℓ）隔开的两种金属之间的量子隧穿示意图。$n_0(z)$表示基态电子密度，E_F表示金属中的费米能，灰色阴影区域表示间隙的势垒

其中，m 是电子质量，假设金属-间隙界面处切向的动量守恒，这是波函数连续性的结果[158]。当电子能量小于 U_{gap}时，电子波函数在禁带区域具有倏逝特性。利用波函数导数的连续性[158]，可以计算界面处反射波和透射波的振幅，这与第 8 章中讨论的传递矩阵方法类似。唯一的区别是 k_{1z}、k_{2z}和 k_x、E 之间的关系，必须根据式（14.91）的抛物线型色散计算。下面需要重点考虑的是波矢为 k 的入射电子通过距离为 l 的禁带区转移的概率 $T(\boldsymbol{k},\ell)$。它可以从上面描述的凝胶模型中计算出来，也可以从更复杂的理论方法中计算出来，这些理论方法可能包括金属中的电子-电子相互作用或间隙区域中的镜像电荷[156-157]。

在文献［156］中，作者利用经典的电子动力学提出了一个量子修正的模型。该模型在间隙处引入了一个电导率约 $\sigma_{gap}(\ell)$ 的人工材料，σ 的选择应确保其为沿间隙方向施加的电场提供适当的隧道电流。此处可以使用文献［156-157］的方案将电子转移概率与禁带电导率建立联系：

$$\hat{\sigma}_{gap}(\ell)=\frac{\ell}{8\pi}\int_{-\infty}^{\infty}T(\boldsymbol{k},\ell)f(E(\boldsymbol{k}))\,\mathrm{d}^3k \tag{14.92}$$

式中：f 为金属电子的费米-狄拉克分布函数，可以用绝对零度的阶跃函数很好地近似。

图 14.16 显示了耦合球体的消光光谱，灰线和红线分别代表忽略和考虑隧道效应。在隧穿的情况下，使用量子修正模型和代表银的人工材料[157]。在没有隧穿时的情况，减小间隙距离（见虚线），键合偶极子模式会连续地红移，如第 9 章所述。若考虑量子隧穿，①键合模式变宽，峰值位置饱和；②光子能量低于 1eV 时，会出现额外的电荷转移等离子体。在插图中展示了电荷转移等离子体激元的物理性质，其中电子从一个球体穿过隧道到达另一个球体，形成了一种新的偶极等离子体激元模式，偶极电荷分布延伸到两个球体上。

对于图 14.17 所示的耦合立方体，观察到了相当不同的行为。在这里，当忽略或考虑量子隧穿时，消光光谱看起来几乎相同。正如前面在式（9.36）中所讨论的，等离子体激元共振能量取决于粒子内部和外部静电能量之间的比例。立方体结构让人想起电容器，相应地，当减小间隙距离时，结构的静电能量饱基于此，电荷转移等离子体的共振频率与具有平坦间隙的键合偶极模式共振频率非常相似，如插图所示。因此，间隙的形态对电荷转移等离子体的共振能量有重要影响[159]。最后，光谱低能量区域中的小峰归因于横向腔模式，这可以解释为间隙区域内的耦合表面等离子体模式[159-160]。它们的物理起源与量子隧穿无关，相应地它们出现在所有光谱曲线中。

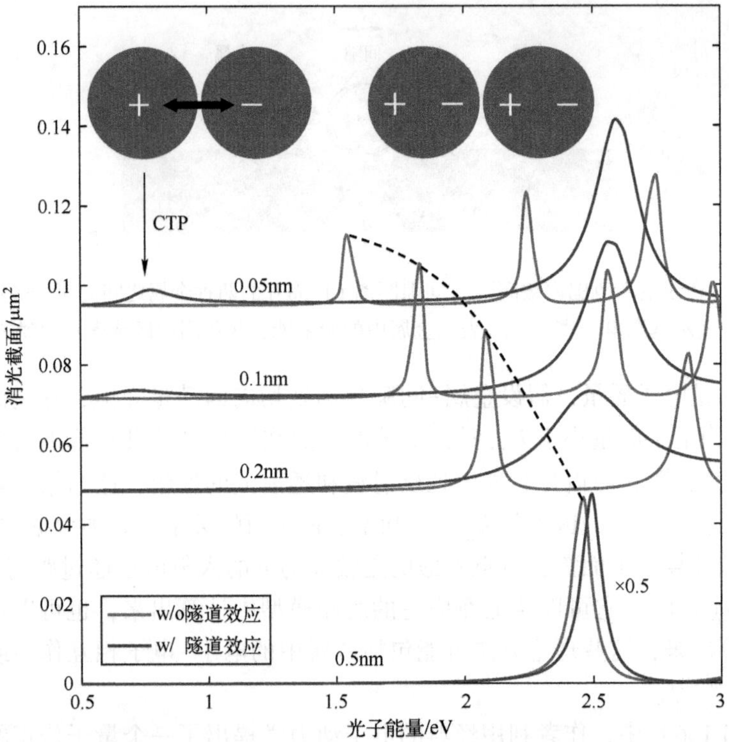

图 14.16 具有不同间隙距离的耦合球体的消光截面（在面板中报告），不考虑（灰线）和考虑（红线）量子隧穿。这些球体的直径为 50nm，我们使用德鲁德类型的材料和代表银的隧道参数[157]。在没有隧穿的情况下，当减小间隙距离时，键合偶极峰持续地红移（虚线是眼睛的向导）。隧穿导致最小间隙距离（比如 0.2nm 以下）的行为明显不同：模式变宽，峰值位置饱和，光子能量低于 1eV 时会出现额外的电荷转移等离子体（CTP）。如插图中黑色箭头所示，在 CTP 中，电子从一个球体隧穿到另一个球体，并产生一个新颖的低能等离子体峰。为了清晰，对光谱进行了纵向偏移，并且对于 0.5nm 的最大间隙距离以及所有无隧道的光谱，将其数值缩小了一半

14.6 重温电子能量损失谱

在本章的剩余部分，将介绍费米黄金法则的一般推导过程，然后将其用于等离子体纳米颗粒电子能量损失谱（EELS）的量子描述。考虑一个通用的设置，其中一个系统耦合到一个热库（reservoir）。例如，在 EELS 中，“系统”由快电子组成，快电子与等离子体纳米颗粒的多个电子形成的“储存器”耦合。总的$\hat{H}$为

$$\hat{H}=\hat{H}_0+\hat{V}$$

式中：$\hat{H}_0$ 为未耦合的系统和热库；$\hat{V}$为耦合。采用相对于 $\hat{H}_0$ 的相互作用绘景。耦合系统和热库的动力学将在第 17 章中进行更详细的研究，下面采用相对于$\hat{V}$的最低阶级扰理论。假设初始状态的形式为$|i,r\rangle$，其中 i 和 r 分别标记系统和热库的状态。作为耦合的

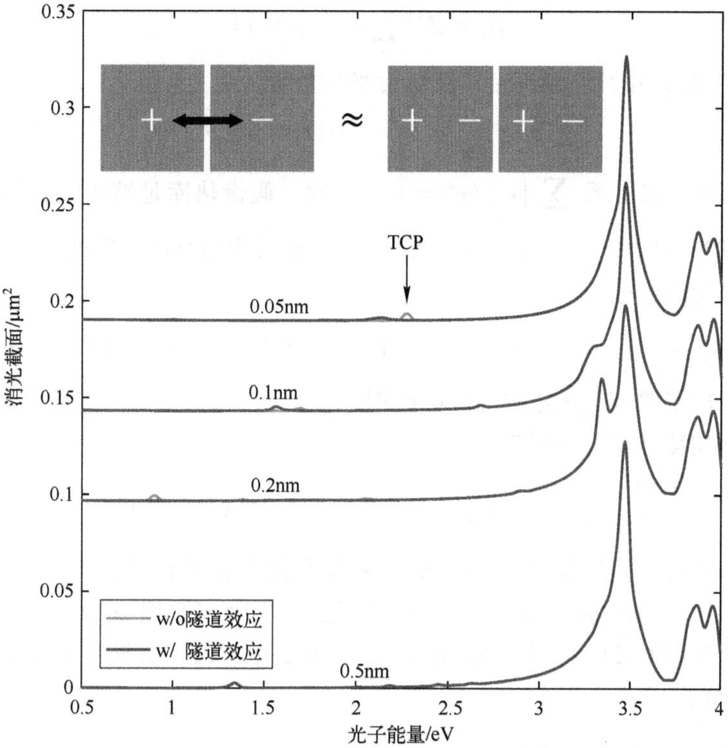

图 14.17 长度与图 14.16 相同的银色立方体。不考虑量子隧穿的消光光谱（灰线）和考虑量子隧穿的消光光谱几乎相同。如文献［159］和正文中所述，这归因于缺口的形态。低能范围内的小峰值归因于横向腔等离子体激元（TCP）[159-160]

影响，系统可以被散射到状态$|f,r'\rangle$。系统和热库的时间演化由下式决定：

$$\hat{U}(t,0)\,|i,r\rangle$$

式中：$\hat{U}$为相互作用绘景中的时间演化算符。目前，只考虑一个初始的热库状态，但最终会在热库状态下引入平均值。发现系统处于状态f的概率如下：

$$P_f(t)=\sum_{r'}\langle i,r|\hat{U}^{\dagger}(t,0)|f,r'\rangle\langle f,r'|\hat{U}(t,0)|i,r\rangle$$

上式对所有最终的热库状态进行了求和。对于单指数衰减，P_f增加的速率与散射速率$\Gamma_{i\to f}$成正比：

$$\Gamma_{i\to f}=\frac{\mathrm{d}}{\mathrm{d}t}\sum_{\sigma'}\langle i,r|\hat{U}^{\dagger}(t,0)|f,r'\rangle\langle f,r'|\hat{U}(t,0)|i,r\rangle$$

对于$\hat{V}$中的最低阶，可以用式（13.14）的形式表示时间演化算符，并与式（13.12）一起有

$$\Gamma_{i\to f}=\frac{1}{\hbar^2}\int_0^t\sum_{r'}\langle i,r|\hat{V}(t)|f,r'\rangle\langle f,r'|\hat{V}(t')|i,r\rangle\mathrm{d}t'+\text{c. c.}\tag{14.93}$$

上式中 c. c. 表示复共轭，且推导中利用了关系式$\langle i,r|f,r'\rangle=0$

费米黄金法则的评估。为了得到最终表达式，引入了两个额外的修正。首先，为了解释热布居的热库状态，引入了类似于式（14.5）的热库统计算符：

$$\hat{\rho}_R = Z^{-1} \sum_r \mathrm{e}^{-\beta E_r} |r\rangle\langle r| \tag{14.94}$$

对式（14.93）中热库全部自由度进行平均可得：

$$\sum_{rr'} p_r \langle r|\cdots|r'\rangle\langle r'|\cdots|r\rangle = \mathrm{tr}_R(\hat{\rho}_R \cdots)$$

上式利用了完备关系 $\sum_{r'} |r'\rangle\langle r'| = 1$ 、其次，假设热库足够大，其频谱是连续的。假设式（14.93）的被积函数作为时间差 $t - t'$的函数快速衰减。因此，可以完全按照之前的讨论引入绝热极限：

$$\int_0^t \langle \cdots \hat{V}(t) \cdots \hat{V}(t') \cdots \rangle \mathrm{d}t' \approx \lim_{\eta \to 0} \int_{-\infty}^0 \mathrm{e}^{\eta t'} \langle \cdots \hat{V}(0) \cdots \hat{V}(t') \cdots \rangle \mathrm{d}t'$$

综上，得出了费米黄金定律计算的散射率。

费米黄金定律计算的散射率

$$\Gamma_{i \to f} = \frac{1}{\hbar^2} \lim_{\eta \to 0} \int_{-\infty}^0 \mathrm{e}^{\eta t}\, \mathrm{tr}_R(\hat{\rho}_R \langle i|\hat{V}(0)|f\rangle\langle f|\hat{V}(t)|i\rangle)\, \mathrm{d}t + \mathrm{c.\,c.} \tag{14.95}$$

这个表达式可以这样解释：在时间 t，系统和热库相互作用，受扰系统和热库在时间上传播，最后在时间零点再次耦合。由于海森堡不确定原理 $\Delta E \Delta t \approx \hbar$，可以观察到，对于有限的碰撞时间 Δt，一个值为 ΔE 的能量可以在散射中交换。有关更详细的讨论，请参见第 17 章。

14.6.1 快电子的能量损失

在第 10 章中，我们在半经典框架内讨论了电子能量损失谱（EELS）。利用密度-密度关联函数和式（14.34）的介电常数之间的关系，现在可以在量子力学的框架内分析这个问题。我们的讨论参考了里奇[161]的原著，更多细节参见文献［162］，作者研究了金属薄膜中快电子的等离子体损耗。这篇论文是第一篇介绍表面等离子体激元概念的论文，尽管 1957 年这篇论文发表在《物理评论》上时，实验结果并不特别令人信服。

人们可能会想到，这些亚等离子体频率损耗可能与一些实验者使用薄箔观察到的低能损耗相一致。损失的观测值似乎并不是在相同金属中观察到的“特征”损耗的 $1/\sqrt{2}$ 倍。然而，应注意的是，金属薄膜可能具有高度的颗粒结构。Heavens 讨论了蒸发金属薄膜的晶粒结构随衬底成分、冷凝速率和冷凝量等的强烈变化。本文献中给出了电子显微照片，清楚地显示了随着沉积的材料数量增加，金属从小晶粒尺寸到晶粒合并形成几乎均匀薄膜的状态的转变。对于平均尺寸为 a 的小颗粒，表面去极化效应肯定会比上面处理的厚度为 a 的半无限平面箔更大。因此，人们会认为实际箔材中的降低后的损耗更接近 $\hbar\omega_p/\sqrt{3}$，它适用于球形晶粒，而不是 $\hbar\omega_p/\sqrt{2}$。对于已观察到的低谷损失，这似乎是正确的。

显然，这里提到的两种激发类型是表面等离子体激元和粒子等离子体激元，对于球形粒子，它们都已成为等离子体激元研究领域的工作。接下来，我们针对电子并不穿透等离子体细米颗粒的“远场几何结构”，评估快电子能量损失的费米黄金法则。见图 14.18。电子和等离子体纳米颗粒之间的耦合用准静态近似来描述：

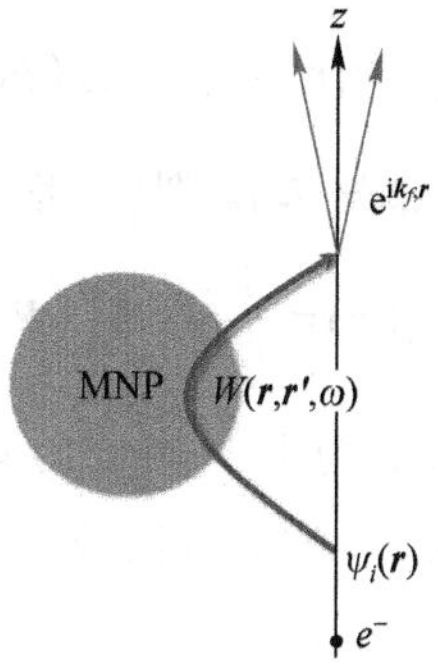

图 14.18　电子能量损失概率计算示意图。一个快速的电子与一个金属纳米颗粒相互作用，失去了它的一小部分动能。ψ_i表示电子的初始波函数，通过屏蔽库仑相互作用 W 描述了电子极化纳米颗粒和极化作用于电子的自相互作用过程。相互作用后的最终波函数用波矢 $\boldsymbol{k}_f$分解为平面波

$$\langle f|\hat{V}|i\rangle = \int \frac{e^2\psi_f^*(\boldsymbol{r})\psi_i(\boldsymbol{r})\ \hat{n}(\boldsymbol{r}')}{4\pi\varepsilon_0|\boldsymbol{r}-\boldsymbol{r}'|}\mathrm{d}^3r\mathrm{d}^3r' = \int\psi_f^*(\boldsymbol{r})\psi_i(\boldsymbol{r})U_0(\boldsymbol{r},\boldsymbol{r}')\ \hat{n}(\boldsymbol{r}')\,\mathrm{d}^3\boldsymbol{r}' \tag{14.96}$$

式中：$\psi(r)$为快电子的波函数；$\hat{n}(\boldsymbol{r})$为等离子体纳米颗粒的粒子密度算符；U_0为式（14.32）中引入的库仑势。代入式（14.95）后，密度算符可以组合为

$$\int_{-\infty}^{0}\mathrm{e}^{-\mathrm{i}(\omega+i\eta)t}\langle\hat{n}(\boldsymbol{r},0)\ \hat{n}(\boldsymbol{r}',t)\rangle_{\mathrm{eq}}\mathrm{d}t = \int_0^{\infty}\mathrm{e}^{\mathrm{i}(\omega+i\eta)t}\langle\hat{n}(\boldsymbol{r},t)\ \hat{n}(\boldsymbol{r}',0)\rangle_{\mathrm{eq}}\mathrm{d}t$$

缩写$\langle\cdots\rangle_{\mathrm{eq}}=\mathrm{tr}_R(\hat{\rho}_R\cdots)$。为了得到右边的表达式，我们使用了积分只取决于算符之间的时间差。使用式（14.12）~式（14.17）与式（14.20）一起，重新将其写作密度-密度关联函数的形式。

$$\lim_{\eta\to 0}\int_0^{\infty}\mathrm{e}^{\mathrm{i}(\omega+\mathrm{i}\eta)t}\langle\hat{n}(\boldsymbol{r},t)\ \hat{n}(\boldsymbol{r}',0)\rangle_{\mathrm{eq}}\mathrm{d}t = \mathrm{i}\hbar\Phi(\hat{n}(\boldsymbol{r}),\hat{n}(\boldsymbol{r}');\omega)(\bar{n}_{\mathrm{th}}(\hbar\omega)+1) \tag{14.97}$$

哪个关联函数？是相互作用还是非相互作用系统？由于$\hat{V}$仅包括快电子（外部电荷分布）和金属电子之间的库仑耦合，因此金属电子之间的相互库仑耦合已经包含在相互作用绘景中。因此，必须为相互作用系统计算 Φ，而不是非相互作用系统计算 Φ_0正如我们在式（14.97）中正确地做的那样，可以将密度-密度关联函数与库仑势 U_0结合起来，得到：

$$W_{\mathrm{ind}}(\boldsymbol{r},\boldsymbol{r}',\omega) = \int U_0(\boldsymbol{r},\boldsymbol{r}_1)[\Phi(\hat{n}(\boldsymbol{r}_1),\hat{n}(\boldsymbol{r}_1');\omega)]U_0(\boldsymbol{r}_1',\boldsymbol{r}')\,\mathrm{d}^3r_1\mathrm{d}^3r_1$$

库仑势由式（14.40）给出。综合所有结果，将式（14.95）的散射率改写为

$$\Gamma = \frac{i}{\hbar}\int\psi_i^*(\boldsymbol{r})\psi_f(\boldsymbol{r})W_{\mathrm{ind}}(\boldsymbol{r},\boldsymbol{r}',\omega)(\bar{n}_{\mathrm{th}}(\hbar\omega)+1)\psi_f^*(\boldsymbol{r}')\psi_i(\boldsymbol{r}')\,\mathrm{d}^3r\mathrm{d}^3r' + \mathrm{c.\,c.}$$

其中 $\hbar\omega=E_f-E_i$ 是电子的能量损失。E_i和 E_f分别是快电子的初始能量和最终能量。对于具有时间反演对称性的系统，$W_{\mathrm{ind}}(\boldsymbol{r}',\boldsymbol{r},\omega)=W_{\mathrm{ind}}(\boldsymbol{r},\boldsymbol{r}',\omega)$的关系成立，正如第 7 章在完整麦克斯韦方程组的光学互易定理中所讨论的那样。相应的对称性也适用于准静态极限。因此，我们可以将右边的第一项与第二项与复共轭项结合起来，得到：

$$\Gamma = \frac{2}{\hbar}\int\psi_i^*(\boldsymbol{r})\psi_f(\boldsymbol{r})\mathrm{Im}[-W_{\mathrm{ind}}(\boldsymbol{r},\boldsymbol{r}',\omega)](\bar{n}_{\mathrm{th}}(\hbar\omega)+1)\psi_f^*(\boldsymbol{r}')\psi_i(\boldsymbol{r}')\mathrm{d}^3r\mathrm{d}^3r'$$

散射率的估算我们遵循里奇的原始工作[161]，并考虑该形式的初始电子波包，有

$$\psi_i(\boldsymbol{r}) = \frac{1}{\sqrt{L}}\mathrm{e}^{\mathrm{i}k_iz}\phi_\perp(\boldsymbol{R})$$

式中：k_i为中心波数沿 z 方向传播；L 为电子轨迹的量子尺度；$\phi_\perp(\boldsymbol{R})$为横向 R 上的波函数，忽略沿 R 的色散[162]。最终状态用平面波 $\psi_f(\boldsymbol{r})=\mathrm{e}^{\mathrm{i}\boldsymbol{k}_f\cdot\boldsymbol{r}}$表示，忽略能量守恒式中的反冲项，即::

$$\hbar\omega = E_i - E_f = \hbar v(k_i - k_{fz}) + \frac{\hbar^2k_{f\rho}^2}{2m} \approx \hbar v(k_i - k_{fz})$$

式中：$\hbar^2k_{f\rho}^2/2m$ 为反冲项；k_{fz}、$k_{f\rho}$分别为 $\boldsymbol{k}_f$ 的 z 分量和横向分量；m 为自由电子质量。跃迁概率 $\mathcal{P}(\hbar\omega)$ 由跃迁速率 Γ 乘以相互作用时间 L/v 得到，其中 v 是电子速度。

$$\mathcal{P}(\hbar\omega) = \frac{2}{v}\int\frac{\mathrm{d}^3\boldsymbol{k}_f}{(2\pi)^3}(\bar{n}_{\mathrm{th}}(\hbar\omega)+1)\delta(\hbar\omega - \hbar v[k_i - k_{fz}])$$
$$\times\int\mathrm{e}^{\mathrm{i}\boldsymbol{k}_f\cdot\boldsymbol{r}}\phi_\perp^*(\boldsymbol{R})\mathrm{e}^{-\mathrm{i}k_iz}\mathrm{Im}[-W_{\mathrm{ind}}(\boldsymbol{r},\boldsymbol{r}',\omega)]\mathrm{e}^{-\mathrm{i}\boldsymbol{k}_f\cdot\boldsymbol{r}'}\phi_\perp(\boldsymbol{R}')\mathrm{e}^{\mathrm{i}k_iz'}\mathrm{d}^3r\mathrm{d}^3r'$$

上式对快电子的所有终态求和，并引入了损耗能 $\hbar\omega$ 的 δ 函数。总损耗概率是通过对所有损耗能量 $\hbar\omega$ 进行积分得到的，k_{fz}的 z 分量由狄拉克的 δ 函数确定。$\boldsymbol{k}_{f\perp}$上的积分应仅延伸至电子显微镜外的有限接受角 φ_{out}，该角度之前已在第 10.5.2 节给出。然而，对于能量在 100keV 范围内的电子，以及 $\varphi_{\mathrm{out}}\gg 1\mathrm{mrad}$，可以使用以下近似值[162]：

$$\int\mathrm{e}^{\mathrm{i}\boldsymbol{k}_f\cdot(\boldsymbol{R}-\boldsymbol{R}')}\mathrm{d}^2k_f \approx (2\pi)^2\delta(\boldsymbol{R}-\boldsymbol{R}')$$

可得

$$\mathcal{P}(\hbar\omega) = \frac{1}{\pi\hbar v^2}\int|\phi_\perp(\boldsymbol{R})|^2\mathrm{e}^{\mathrm{i}q(z'-z)}\mathrm{Im}[-W_{\mathrm{ind}}(\boldsymbol{r},\boldsymbol{r}',\omega)](\bar{n}_{\mathrm{th}}(\hbar\omega)+1)\mathrm{d}^2R\mathrm{d}z\mathrm{d}z'$$

其中 $q=\omega/\nu$，如果电子束的横向延伸在碰撞参数 $\boldsymbol{R}_0$附近达到极值，可以得到更简单的表达式：

$$\mathcal{P}(\boldsymbol{R}_0,\hbar\omega) = \frac{1}{\pi\hbar v^2}\int\mathrm{e}^{\mathrm{i}q(z'-z)}\mathrm{Im}[-W_{\mathrm{ind}}(\boldsymbol{R}_0,z,\boldsymbol{R}_0,z',\omega)](\bar{n}_{\mathrm{th}}(\hbar\omega)+1)\mathrm{d}z\mathrm{d}z' \tag{14.98}$$

现在可以用快电子的电荷分布 $\rho(\boldsymbol{r},\omega)$，即式（10.37）来重写如下

$$\frac{1}{v^2}\int\mathrm{e}^{\mathrm{i}q(z'-z)}W_{\mathrm{ind}}(\boldsymbol{R}_0,z,\boldsymbol{R}_0,z',\omega)\mathrm{d}z\mathrm{d}z' = \int\rho^*(\boldsymbol{r},\omega)V_{\mathrm{ind}}(\boldsymbol{r},\omega)\mathrm{d}^3r$$

在这里，根据式（14.39）引入了感生电势：

$$(-e)^2V_{\mathrm{ind}}(\boldsymbol{r},\omega) = \int W_{\mathrm{ind}}(\boldsymbol{r},\boldsymbol{r}',\omega)\rho(\boldsymbol{r}',\omega)\mathrm{d}^3r'$$

综合所有结果，得出了快电子的能量损失概率：

电子能量损失概率

$$\mathcal{P}(\boldsymbol{R}_0,\hbar\omega)=-\frac{1}{\pi\hbar}\int \mathrm{Im}[\rho^*(\boldsymbol{r},\omega)V_{\mathrm{ind}}(\boldsymbol{r},\omega)](\bar{n}_{\mathrm{th}}(\hbar\omega)+1)\mathrm{d}^3r \tag{14.99}$$

这个结果与式（10.44）的半经典结果相同，唯一的例外是热布居因子。在光学区域，光子能量 $\hbar\omega$ 在 eV 范围内，而热能通常小得多，例如，在室温下，我们有 $k_BT\approx$ 25meV。因此可以忽略热增强，得到半经典结果。

对于非等离子体系统，比如用洛伦兹型介电函数［式（7.6）］描述的离子纳米系统，情况会有所改变。图 14.19 所示为边长为 150nm 的 MgO 纳米立方体获得的电子能量损失谱[163]。立方体的共振与等离子体纳米颗粒的共振相似，但它们是由离子而不是电子运动引起的。由于离子和电子之间的质量差异，共振能量被转移到 100meV 的范围。在面板顶部显示的能量损失方面，我们观察到分别位于纳米立方体边缘和表面的表面声子极性子的蓝色和绿色损失，这些极性子的性质与第 9 章讨论的粒子等离子体非常相似。在理论方法中，我们只需修改纳米颗粒的介电常数，其他一切保持不变。

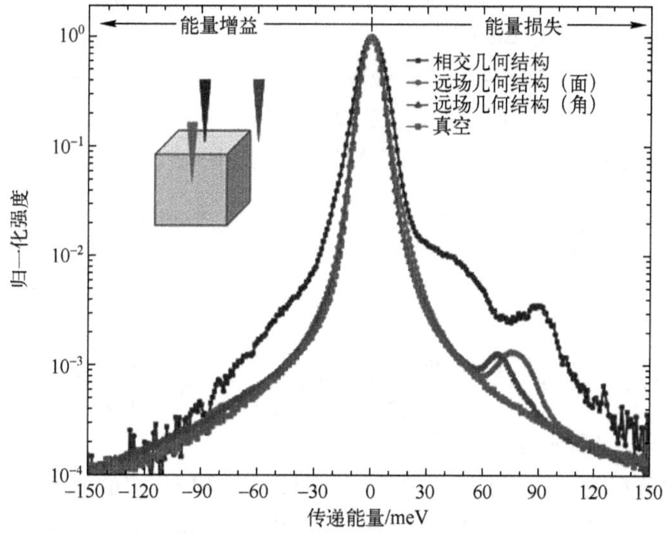

图 14.19　离子纳米立方体（此处为 150nm MgO 立方体）的归一化电子能量损失谱，使用位于不同位置的电子束获得（见彩插）：绿色，远场几何结构（光束位于面附近）；蓝色，远场几何结构（光束位于角落附近）；黑色，相交几何结构。红色的光谱是在真空中获得的 ZLP 光谱。曲线已进行归一化，使共振峰值最大值接近分数散射概率。传递能量为正值和负值的区域分别标记为能量损失和能量增益。图和标题改编自文献［163］

在这里显示图 14.19 的原因是，在能量增益侧，对应于负转移能量，边缘和面共振的表面声子峰被镜像，但是强度显著降低。在这里，快电子通过吸收热填充的立方体共振来获得能量。事实上，可以从式（14.99）计算相应的概率。首先注意到：

$$\mathrm{Im}[-W_{\mathrm{ind}}(\boldsymbol{r},\boldsymbol{r}',-\omega)](\bar{n}_{\mathrm{th}}(-\hbar\omega)+1)=\mathrm{Im}[W_{\mathrm{ind}}(\boldsymbol{r},\boldsymbol{r}',\omega)](-\bar{n}_{\mathrm{th}}(\hbar\omega))$$

上式中用式（14.14）重写了第一项。第二项中的关系可以通过使用 $\bar{n}_{\mathrm{th}}(\hbar\omega)=1/(\mathrm{e}^{\beta\hbar\omega}-1)$ 进行精确计算。因此，得到电子能量增益的概率：

$$\mathcal{P}(\boldsymbol{R}_0,-\hbar\omega)=-\frac{1}{\pi\hbar}\int\mathrm{Im}[\rho^*(\boldsymbol{r},\omega)V_{\mathrm{ind}}(\boldsymbol{r},\omega)]\,\bar{n}_{\mathrm{th}}(\hbar\omega)\,\mathrm{d}^3r \tag{14.100}$$

其中，能量增益 $\hbar\omega$ 现在被认为是一个正数。因此，能量损失和增益的热增强因子可以分别用受激辐射和吸收来解释。对于室温下 75meV 的能量损失，可以得到 $\bar{n}_{\mathrm{th}}:(\bar{n}_{\mathrm{th}}+1)\approx 1:20$，与图中描述的情况大致一致。在第 15 章中，我们将更详细地讨论热效应的影响。

习题

练习 14.1 考虑如下形式的关联函数：

$$\mathcal{T}(t)=\int_{-\infty}^{\infty}\mathrm{e}^{-\mathrm{i}\omega t}\mathcal{D}(\omega)\,\mathrm{d}\omega$$

其中，$\mathcal{D}(\omega)$是以 ω_0 为中心的宽度为 $\Delta\omega$ 的高斯分布。使用练习 1.4 中给出的积分来估算其关联函数，并讨论 $\Delta\omega$ 的影响。

练习 14.2 利用式（14.24）计算磁场算符在不同时间的对易关系。

练习 14.3 用电场算符简化对易子是很方便的。

（a）证明式（14.25）可写成 $\mathcal{T}_1+\mathcal{T}_2$ 的形式，其中

$$\mathcal{T}_{1,2}=\mp\frac{\hbar c}{\varepsilon_0}\left(\frac{\delta_{ij}}{c^2}\partial_t^2-\partial_i\partial_j\right)\int_0^{\infty}\mathrm{e}^{\mp ikc\tau}\left[\frac{\sin kR}{4\pi^2R}\right]\mathrm{d}k$$

（b）算出积分并得出：

$$[\hat{E}_i(\boldsymbol{r},t),\hat{E}_j(\boldsymbol{r}',t')]=\frac{\hbar c}{\varepsilon_0}\left(\frac{\delta_{ij}}{c^2}\partial_t^2-\partial_i\partial_j\right)\frac{1}{4\pi R}\left[\delta\left(\tau-\frac{R}{c}\right)-\delta\left(\tau+\frac{R}{c}\right)\right]$$

通常定义 $\boldsymbol{R}=\boldsymbol{r}-\boldsymbol{r}'$ 和 $\tau=t-t'$。

这一结果的解释为：由于括号中的项在连接 $\boldsymbol{r}$、t 和 $\boldsymbol{r}'$、t' 的光锥上为零，因此只有当两个不同时空点不能通过光信号连接时，才能同时测量这两个点的电场。如果两个时空点可以通过光信号连接，则电场测量结果会相互影响。

练习 14.4 写出式（14.43）对色散为 $E_k=\hbar^2k^2/2m$ 电子的 Lindhard 介电函数，并求介电常数虚部的角积分。

练习 14.5 利用库仑势的二维傅里叶变换 $e^2/(2\varepsilon_0 q)$ 和线性电子色散 $E_k=\hbar v_f k$ 得到式（14.43）对于类石墨烯材料的 Lindhard 介电函数。写出介电常数的虚部作为单个变量的积分。可利用文献［39−40］获得求解介电函数的详细分析。

练习 14.6 对于齐次系统，密度−密度相关性的谱函数与式（14.42）类似：

$$\rho_{nn}(q,\omega)=\frac{1}{\hbar}\int_{-\infty}^{\infty}\mathrm{e}^{\mathrm{i}\omega t}\langle[\hat{n}_q(t),\hat{n}_{-q}(t)]\rangle_{\mathrm{eq}}\,\mathrm{d}t$$

（a）引入莱曼表象来计算零温度下的时间积分。

（b）证明以下关系成立：

$$\int_{-\infty}^{\infty}\omega\rho_{nn}(q,\omega)\,\mathrm{d}\omega=\text{常数}\times\langle 0|[[\hat{n}_q,\hat{H}]\,\hat{n}_{-q}]|0\rangle$$

式中：$\hat{H}$为系统的多体哈密顿量。

（c）计算$\hat{H}=\hat{\pi}_q^2/2m$ 时方程右侧产生的表达式称为 f-sum 规则。

（d）f-sum 规则在有限温度下也有效吗？

练习 14.7　考虑材料参数为$\bar{\bar{\varepsilon}}_1$、$\bar{\bar{\mu}}_1$ 和$\bar{\bar{\varepsilon}}_2$、$\bar{\bar{\mu}}_2$ 的两种材料之间的界面。沿着第 8 章中讨论的步骤推导菲涅尔系数。

练习 14.8　考虑式（14.79）的对非局部性的纳米球的诱导偶极矩和 9.2.1 节的粒子等离子体的共振条件。得出等离子体共振在什么条件下发生蓝移？

练习 14.9　考虑式（14.88）的修正反射系数 R 和包含费布尔曼参数 $d_\perp$、$d_\parallel$ 的关系。令 $d_\parallel=0$，对 R 进行泰勒展开，以获得较小的 $d_\perp$ 值。讨论正负 $d_\perp$ 值之间的差异。

第 15 章

纳米光学中的热效应

近年来，纳米尺度下热辐射和光力引起了人们极大的兴趣。尽管这一主题很重要，但是我们在本书中仅简单介绍这一概念，并向对这个主题感兴趣的读者提供丰富的参考文献，如文献［134，164-170］。在第 4 章中，我们见到了由坡印亭矢量和麦克斯韦应力张量所描述的电磁场 $\boldsymbol{E}$、$\boldsymbol{H}$ 的传输能量和动量。类似地，在热平衡状态下能量和动量可以通过场的涨落进行传输：

$$\langle \hat{E}_i(\boldsymbol{r},\omega)\hat{E}_j(\boldsymbol{r}',\omega')\rangle_{\mathrm{eq}},\langle \hat{E}_i(\boldsymbol{r},\omega)\hat{H}_j(\boldsymbol{r}',\omega')\rangle_{\mathrm{eq}},\langle \hat{H}_i(\boldsymbol{r},\omega)\hat{H}_j(\boldsymbol{r}',\omega')\rangle_{\mathrm{eq}}$$

这会对热传递或卡西米尔力和卡西米尔-Polder 力等产生影响。人们印象中的系统通常包含一个或几个介电体或金属体，但在下文中它指处于热平衡状态下的吸收体或吸收材料。另外，我们还将考虑量子发射器，如与吸收体相互作用的分子点或量子点。将结合前几章讨论的几个概念，并且在吸收材料的电磁场算符和电流噪声算符之间的线性响应关系上得到了涨落电动力学场理论的描述。理论描述的主要步骤如图 15.1 所示，可总结如下。

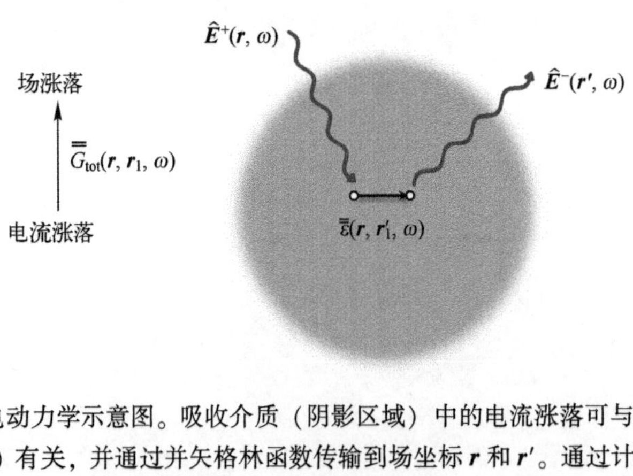

图 15.1　涨落电动力学示意图。吸收介质（阴影区域）中的电流涨落可与非局域介电常数 $\overline{\overline{\varepsilon}}(\boldsymbol{r}_1,\boldsymbol{r}_1',\omega)$ 有关，并通过并矢格林函数传输到场坐标 $\boldsymbol{r}$ 和 $\boldsymbol{r}'$。通过计算热平衡中场算符的期望值（相关函数）得到了交叉谱密度

噪声电流。本章的核心方程式之一是式（15.25），它将电场算符$\hat{\boldsymbol{E}}$与吸收材料的电流算符$\hat{\boldsymbol{J}}$联系起来：

$$\hat{\boldsymbol{E}}(r,\omega)=\hat{\boldsymbol{E}}_{\text{inc}}(r,\omega)+\mathrm{i}\mu_0\omega\int\overline{\overline{G}}_{\text{tot}}(\boldsymbol{r},\boldsymbol{r}',\omega)\cdot\hat{\boldsymbol{J}}(\boldsymbol{r}',\omega)\,\mathrm{d}^3r'$$

式中：$\hat{\boldsymbol{E}}_{\text{inc}}$为来源不同的电场，如传入的热辐射；$\overline{\overline{G}}_{\text{tot}}$为经典电动力学的总格林函数。这种关系仅能在线性材料响应下获得。

关联函数。上述场算符和电流算符之间的关系可以用电流涨落表示场涨落。电流涨落可以使用式（14.51）中的涨落耗散定理进行计算：

$$\frac{1}{\hbar}\langle\hat{\boldsymbol{J}}(\boldsymbol{r},\omega)\otimes\hat{\boldsymbol{J}}^{\dagger}(\boldsymbol{r}',\omega')\rangle=2\mu_0\omega^2\mathrm{Im}[\overline{\overline{\varepsilon}}(\boldsymbol{r},\boldsymbol{r}',\omega)](\bar{n}_{\text{th}}(\hbar\omega)+1)2\pi\delta(\omega-\omega')$$

它将电流关联函数与介电常数的虚部和热布居因子联系起来。

格林函数。将场算符和电流算符之间的关系与涨落耗散定理结合起来，得到了以下表达式：

$$\int\overline{\overline{G}}_{\text{tot}}(\boldsymbol{r},\boldsymbol{r}_1,\omega)\cdot\mathrm{Im}[\overline{\overline{\varepsilon}}(\boldsymbol{r}_1,\boldsymbol{r}_1',\omega)]\cdot\overline{\overline{G}}_{\text{tot}}^{*}(\boldsymbol{r}_1',\boldsymbol{r}',\omega)\,\mathrm{d}^3r_1\mathrm{d}^3r_1'$$

如下文所述，二重积分可以使用一个在第5章中推导过的表达式进行简化。这样一来，场涨落和与之相关的量可以仅用经典格林函数和热布居因子来表示，例如那些需要计算辐射热传递或卡西米尔和卡西米尔-Polder力的量。

下面将详细讨论这一方法的步骤。

15.1 交叉谱密度及其应用

光子环境通常可以用电磁场的关联函数来分析。考虑电场的交叉谱密度［文献［164］，式（23）］。

交叉谱密度

$$\varepsilon_{ij}(\boldsymbol{r},\boldsymbol{r}',\omega)=\frac{1}{\hbar}\int_{-\infty}^{\infty}\mathrm{e}^{\mathrm{i}\omega(t-t')}\langle\hat{E}_i(\boldsymbol{r},t)\,\hat{E}_j(\boldsymbol{r}',t')\rangle_{\text{eq}}\mathrm{d}(t-t')\tag{15.1}$$

必须在热平衡状态下求其平均值。有时对t和t'单独进行傅里叶变换非常方便。首先定义电场算符的傅里叶变换：

$$\hat{E}_i(\boldsymbol{r},\omega)=\int_{-\infty}^{\infty}\mathrm{e}^{\mathrm{i}\omega t}\,\hat{E}_i(\boldsymbol{r},t)\,\mathrm{d}t\tag{15.2}$$

根据场算符以正频率和负频率振荡的式（14.22），可以将式（15.2）中电场算符分解为

$$\hat{E}_i(\boldsymbol{r},\omega)=\theta(\omega)\hat{E}_i^{+}(\boldsymbol{r},\omega)+\theta(-\omega)\hat{E}_i^{-}(\boldsymbol{r},\omega)$$

其中，海维赛德阶跃函数为$\theta(\pm\omega)$。正频率项$\hat{E}^{+}$与光子湮灭有关，而第二项的负频率项$\hat{E}^{-}$与光子的产生有关。同样，可以将交叉谱密度分解为正频率分量和负频率分量：

$$\mathcal{E}_{ij}(\boldsymbol{r},\boldsymbol{r}',\omega)=\theta(\omega)\mathcal{E}_{ij}^{+}(\boldsymbol{r},\boldsymbol{r}',\omega)+\theta(-\omega)\mathcal{E}_{ij}^{-}(\boldsymbol{r},\boldsymbol{r}',\omega)$$

因为式（15.1）的交叉谱密度只取决于时间差 $t-t'$，可以得到［文献［164］］

$$\hbar^{-1}\langle \hat{E}_i(\boldsymbol{r},\omega)\hat{E}_j^{+}(\boldsymbol{r}',\omega')\rangle_{\mathrm{eq}}=2\pi\delta(\omega-\omega')\varepsilon_{ij}(\boldsymbol{r},\boldsymbol{r}',\omega) \tag{15.3}$$

在推导这个表达式时使用了式（14.18）和

$$\hat{E}_i^{+}(\boldsymbol{r},\omega)=\int_{-\infty}^{\infty}\mathrm{e}^{-\mathrm{i}\omega t}\,\hat{E}_i(\boldsymbol{r},t)\,\mathrm{d}t$$

接下来，可以用更加简洁的表达式：

$$\hbar^{-1}\langle \hat{\boldsymbol{E}}(\boldsymbol{r},\omega)\otimes\hat{\boldsymbol{E}}^{\dagger}(\boldsymbol{r}',\omega')\rangle_{\mathrm{eq}}=2\pi\delta(\omega-\omega')\overline{\overline{\mathcal{E}}}(\boldsymbol{r},\boldsymbol{r}',\omega')$$

括号内的电场算符的乘积符号表示并矢。用算符形式的麦克斯韦方程式（13.86）来关联电场和磁场算符：

$$\nabla\times\hat{\boldsymbol{E}}(\boldsymbol{r},\omega)=\mathrm{i}\omega\mu_0\,\hat{\boldsymbol{H}}(\boldsymbol{r},\omega)$$

由此，可以从电场的交叉谱密度中得到其他表达式，如

$$\begin{cases}\mathrm{i}\mu_0\omega\,\langle\hat{\boldsymbol{H}}(r,\omega)\otimes\hat{\boldsymbol{E}}^{\dagger}(r,\omega)\rangle_{\mathrm{eq}}=\langle\nabla\times\hat{\boldsymbol{E}}(r,\omega)\otimes\hat{\boldsymbol{E}}^{\dagger}(r',\omega')\rangle_{\mathrm{eq}}\\-\mathrm{i}\mu_0\omega\,\langle\hat{\boldsymbol{E}}(r,\omega)\otimes\hat{\boldsymbol{H}}^{\dagger}(r,\omega)\rangle_{\mathrm{eq}}=\langle\hat{\boldsymbol{E}}(r,\omega)\otimes\nabla'\times\hat{\boldsymbol{E}}^{\dagger}(r',\omega')\rangle_{\mathrm{eq}}\\\mu_0^2\omega^2\,\langle\hat{\boldsymbol{H}}(r,\omega)\otimes\hat{\boldsymbol{H}}^{\dagger}(r,\omega)\rangle_{\mathrm{eq}}=\langle\nabla\times\hat{\boldsymbol{E}}(r,\omega)\otimes\nabla\times\hat{\boldsymbol{E}}^{\dagger}(r',\omega')\rangle_{\mathrm{eq}}\end{cases} \tag{15.4}$$

为了方便，将张量第二个参数的旋度简写为

$$\langle\cdots\otimes\nabla'\times\hat{\boldsymbol{E}}^{\dagger}(r',\omega)\rangle_{\mathrm{eq}}=\langle\cdots\otimes\times\hat{\boldsymbol{E}}^{\dagger}(r',\omega)\rangle_{\mathrm{eq}}=\overleftarrow{\nabla}' \tag{15.5}$$

这样式（15.4）的交叉谱密度就有了更简洁的形式：

$$\begin{cases}\dfrac{\mathrm{i}\mu_0\omega}{\hbar}\langle\hat{\boldsymbol{H}}(r,\omega)\otimes\hat{\boldsymbol{E}}^{\dagger}(r',\omega')\rangle=2\pi\delta(\omega-\omega')\nabla\times\overline{\overline{\varepsilon}}(\boldsymbol{r},\boldsymbol{r}',\omega)\\-\dfrac{\mathrm{i}\mu_0\omega}{\hbar}\langle\hat{\boldsymbol{E}}(r,\omega)\otimes\hat{\boldsymbol{H}}^{\dagger}(r',\omega')\rangle=2\pi\delta(\omega-\omega')\overline{\overline{\varepsilon}}(\boldsymbol{r},\boldsymbol{r}',\omega)\times\overleftarrow{\nabla}'\\\dfrac{\mu_0^2\omega^2}{\hbar}\langle\hat{\boldsymbol{H}}(r,\omega)\otimes\hat{\boldsymbol{H}}^{\dagger}(r',\omega')\rangle=2\pi\delta(\omega-\omega')\nabla\times\overline{\overline{\varepsilon}}(\boldsymbol{r},\boldsymbol{r}',\omega)\times\overleftarrow{\nabla}'\end{cases} \tag{15.6}$$

15.1.1 自由空间中的交叉谱密度

在自由空间中，电场的交叉谱密度可以沿用与第 14 章中久保理论的计算方式。使用式（14.20）得到：

$$\overline{\overline{\varepsilon}}(\boldsymbol{r},\boldsymbol{r}',\omega)=\overline{\overline{\rho}}(\boldsymbol{r},\boldsymbol{r}',\omega)\left[\bar{n}_{\mathrm{th}}(\hbar\omega)+1\right]$$

上式中使用了式（14.11）给出的电场算符谱函数 $\overline{\overline{\rho}}$。这里 $\bar{n}_{\mathrm{th}}$ 是玻色-爱因斯坦分布函数。对于正频率有

$$\overline{\overline{\varepsilon}}^{+}(\boldsymbol{r},\boldsymbol{r}',\omega)=\overline{\overline{\rho}}^{+}(\boldsymbol{r},\boldsymbol{r}',\omega)\left[\bar{n}_{\mathrm{th}}(\hbar\omega)+1\right]$$

对于负频率，得到：

$$\overline{\overline{\varepsilon}}^{-}(\boldsymbol{r},\boldsymbol{r}',\omega)=-\overline{\overline{\rho}}^{+}(\boldsymbol{r},\boldsymbol{r}',-\omega)\left[\bar{n}_{\mathrm{th}}(\hbar\omega)+1\right]$$

上式中使用了式（14.28）的谱函数，结合关系式 $\bar{n}_{\mathrm{th}}(\hbar\omega)+1=-\bar{n}_{\mathrm{th}}(-\hbar\omega)$，可以得到：

$$\overline{\overline{\varepsilon}}^{\pm}(\boldsymbol{r},\boldsymbol{r}',\omega)=\overline{\overline{\rho}}^{+}(\boldsymbol{r},\boldsymbol{r}',\pm\omega)\,\theta(\pm\omega)\begin{Bmatrix}\bar{n}_{\mathrm{th}}(+\hbar\omega)+1\\\bar{n}_{\mathrm{th}}(-\hbar\omega)\end{Bmatrix} \tag{15.7}$$

通过式（14.11），用并矢格林函数表示谱函数：

$$\overline{\overline{\rho}}^{+}(r,r',\omega)=2\mu_0\omega^2\mathrm{Im}[\overline{\overline{G}}(r,r',\omega)]\theta(\omega)$$

最终得到自由空间的交叉谱密度：

$$\overline{\overline{\varepsilon}}^{\pm}(\boldsymbol{r},\boldsymbol{r}',\omega)=2\mu_0\omega^2\mathrm{Im}[\overline{\overline{G}}(\boldsymbol{r},\boldsymbol{r}',\pm\omega)]\theta(\pm\omega)\begin{Bmatrix}\bar{n}_{\mathrm{th}}(+\hbar\omega)+1\\ \bar{n}_{\mathrm{th}}(-\hbar\omega)\end{Bmatrix} \tag{15.8}$$

这里，交叉谱密度的传播特性由经典电动力学的格林函数描述，在量子电动力学中光子传播特性与经典电动力学中光传播特性类似，只有光的噪声特性在量子区发生了改变，这点与我们之前的讨论一致。在上述情况下，玻色-爱因斯坦因子解释了光子模式的热布居。

我们将在本章后面的部分展示如何在非平凡光子环境中计算交叉谱密度。虽然分析将建立在一些新概念的基础上，例如电场和电流算符之间的线性响应关系，但最终结果大家会非常熟悉。

15.1.2 交叉光谱密度的用处

我们在开始详细讨论交叉密度的计算前先给出一些例子来说明交叉谱密度的用处。

寿命和兰姆位移。对于量子发射器，如我们称之为“原子”的分子点或量子点，它的基态和第一激发态之间的能量差为 $\hbar\omega$。由于光-物质的相互作用，受激原子可以通过发射光子而衰变。我们将利用式（14.95）的费米黄金法则证明在最低阶微扰理论中，跃迁速率计算式为

$$\Gamma=\frac{1}{\hbar}\mathrm{Im}[\boldsymbol{p}\cdot\overline{\overline{\varepsilon}}^{+}(\boldsymbol{r}_0,\boldsymbol{r}_0,\omega)\cdot\boldsymbol{p}^{*}] \tag{15.9}$$

式中：$\boldsymbol{p}$ 为原子的跃迁偶极矩；$\boldsymbol{r}_0$ 为原子位置。光-物质耦合的另一个影响是改变原子跃迁频率的 $\delta\omega(r_0)$，我们称 $\delta\omega(\boldsymbol{r}_0)$ 为兰姆位移。

卡西米尔-Polder 力　在第 4 章已经讨论了电磁场携带的动量可以对微小可极化粒子施加力的作用。在热场和真空场涨落的情况下，这些力表示为可通过兰姆位移的空间变化来计算的卡西米尔-Polder 力[120,134]：

$$\boldsymbol{F}(\boldsymbol{r}_0)=-\nabla(\hbar\delta\omega(\boldsymbol{r}_0)) \tag{15.10}$$

当原子的质心运动可以用经典框架来描述时，上述结果可以用经典力来解释。

卡西米尔力。在热平衡下，可以根据电场和磁场的交叉谱密度计算真空和热场涨落引起的麦克斯韦应力张量。在闭合边界上对麦克斯韦张量积分，就得到了宏观物体所受的力。在涨落电动力学中，它们被称为卡西米尔力。

热传导。场波动产生的能流由电磁场间的交叉谱密度计算，并由坡印亭定理解释。我们从这个量中可以获得有关纳米尺度热辐射和热通量的详细信息。

15.2 噪声电流

下文中将从算符层面分析外部电磁场的电流响应。假设$\hat{\boldsymbol{n}}(\boldsymbol{r},t)$、$\hat{\boldsymbol{j}}(\boldsymbol{r},t)$是非耦合光-物质系统的相互作用中的粒子和电流密度算符。总电流在有外部电场的情况下如

式（13.62）中那样由顺磁项和抗磁项组成，可以得到：

$$\hat{\boldsymbol{J}}_{\text{tot}}(\boldsymbol{r},t)=\hat{U}_I^{\dagger}(t,0)\left[-e\hat{\boldsymbol{j}}(\boldsymbol{r},t)-\frac{e^2}{m}\hat{n}(\boldsymbol{r},t)\hat{\boldsymbol{A}}(\boldsymbol{r},t)\right]\hat{U}_I(t,0)$$

$\hat{U}_I$ 是相互绘作用绘景公式（13.12）中的时间演化算符，它表示式（13.63）的光与物质相互耦合（此处暂时还不考虑）。对线性介质的响应可以沿用之前在 14.4.3 节中的处理方式，然后得到：

$$\hat{\boldsymbol{J}}_{\text{tot}}(\boldsymbol{r},t)-(-e\hat{\boldsymbol{j}}(\boldsymbol{r},t))=-\frac{i}{\hbar}\int_0^t[-e\hat{\boldsymbol{j}}(\boldsymbol{r},t),\hat{H}(t')_{\text{int}}]\mathrm{d}t'-\frac{e^2}{m}\hat{n}(r,t)\hat{\boldsymbol{A}}(r,t) \tag{15.11}$$

等号左侧的项可以理解为感应电流算符，右侧的算符是顺磁电流算符（第一项）和抗磁电流算符（第二项）。式（15.11）是一个算符方程，因为需要预判在以后步骤中该如何使用算符，所以在算符层面上做近似时必须谨慎。在热平衡中，有

$$\langle\hat{\boldsymbol{j}}(\boldsymbol{r},t)\rangle_{\text{eq}}=0,\langle\hat{\boldsymbol{j}}(\boldsymbol{r},t)\hat{\boldsymbol{j}}(\boldsymbol{r}',t')\rangle_{\text{eq}}\neq 0$$

在 14.4.3 节我们一直关注电流算符在外部经典电磁场中的期望值，因为式（15.11）左侧的$\hat{\boldsymbol{j}}$的期望值在热平衡时为零，所以可将其忽略。在交叉谱密度的背景下关心电流涨落，因此必须保留电流算符$\hat{\boldsymbol{j}}$，以便以后计算涨落项$\langle\hat{\boldsymbol{j}}\hat{\boldsymbol{j}}\rangle_{\text{eq}}$。读者可回顾 14.4.3 节，式（14.49）也可以在算符层面上进行。因此，在频域可以得到：

$$\hat{\boldsymbol{J}}_{\text{tot}}(\boldsymbol{r},\omega)-\hat{\boldsymbol{J}}(\boldsymbol{r},\omega)=\int\hat{\overline{\overline{\sigma}}}(\boldsymbol{r},\boldsymbol{r}',\omega)\cdot\hat{\boldsymbol{E}}(\boldsymbol{r}',\omega)\mathrm{d}^3r$$

其中$\hat{\boldsymbol{J}}=-e\hat{\boldsymbol{j}}$是相互作用绘景中的电流算符，引入非局域光电导算符：

$$\hat{\overline{\overline{\sigma}}}(\boldsymbol{r},\boldsymbol{r}',\omega)=\frac{\mathrm{i}e^2}{\omega}\int_0^{\infty}\mathrm{e}^{\mathrm{i}\omega t}\left(-\frac{i}{\hbar}\int_0^t[\hat{\boldsymbol{j}}(\boldsymbol{r},t),\hat{\boldsymbol{j}}(\boldsymbol{r}',t')]\mathrm{d}t'+\frac{\hat{n}(\boldsymbol{r},t)}{m}\delta(\boldsymbol{r}-\boldsymbol{r}')\mathrm{I}\right)\mathrm{d}t \tag{15.12}$$

当计算电流的关联函数时，我们通常会计算其期望值：

$$\langle[\hat{\overline{\overline{\sigma}}}(r,r',\omega)]\cdot\hat{\boldsymbol{E}}(r',\omega)\cdots\rangle_{\text{eq}}\to\overline{\overline{\sigma}}(r,r',\omega)\cdot\langle\hat{\boldsymbol{E}}(r',\omega)\rangle_{\text{eq}}$$

由于$\hat{\overline{\overline{\sigma}}}\cdot\hat{\boldsymbol{E}}$表示电场算符$\hat{\boldsymbol{E}}$最低阶的材料响应，因此可以用其期望值替换算符级的电导率张量式（14.49）。这点已经在上面右侧的等式中完成。由算符作用在较早时间（由点表示）所引起的修正至少为$\hat{\boldsymbol{E}}^2$ 级，因此可以将其忽略。在线性响应中，电流与电场之间的算符方程如下：

算符形式的广义欧姆定律

$$\hat{\boldsymbol{J}}_{\text{tot}}(\boldsymbol{r},\omega)=\int\overline{\overline{\sigma}}(\boldsymbol{r},\boldsymbol{r}',\omega)\cdot\hat{\boldsymbol{E}}(\boldsymbol{r}',\omega)\mathrm{d}^3r'+\hat{\boldsymbol{J}}(\boldsymbol{r},\omega) \tag{15.13}$$

示意图见图 15.2。右边的第一项表示可能包括损耗的电场感应的电流，第二项是抵消这些损耗所需的噪声电流。

在前面的章节中不引入微观材料的情况下，也可以分离感应电流和噪声电流。例如，沃格尔和韦尔希的书[120]中介绍的方法，他们提出了一种仅基于一般介电常数和磁导率的形式。Scheel 及其同事对其进行了细化和概括，包括非定域性和非线性[134]。

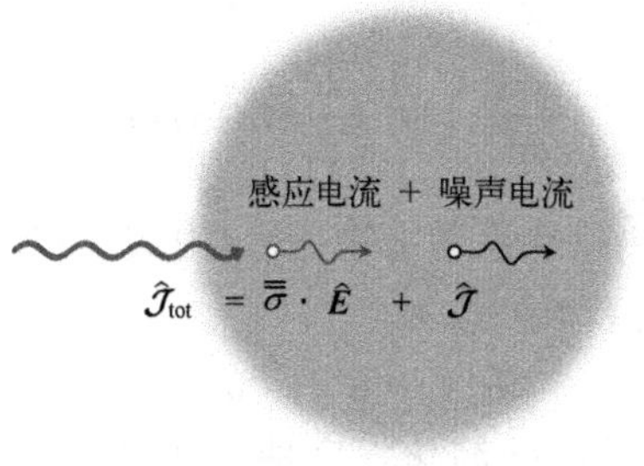

图 15.2 电流源示意图。电流要么由入射光子激发，这时电流和电场算符通过光导率$\hat{\sigma}$关联，要么通过吸收介质中的真空或热电流涨落关联

耦合振荡器实例

讨论简单模型的噪声项很有必要。在这里依据 Skury 和 ZuBaLy[127] 的研究，对一个谐振子（一般其称为“系统”）和一群谐振子（称“热库”）耦合。系统的谐振子的频率是由产生算符$\hat{a}^+$和湮灭算符$\hat{a}$描述。热库由频率为 ω_k 的谐振子组成，用产生算符$\hat{b}_k^+$ 和湮灭算符$\hat{b}_k$ 描述。总哈密顿量的形式为

$$\hat{H}_0 + \hat{V} = \left[\hbar\Omega\,\hat{a}^+\,\hat{a} + \sum_k \hbar\omega_k\,\hat{b}_k^+\,\hat{b}_k\right] + \hbar\sum_k g_k(\hat{a}\,\hat{b}_k^+ + \hat{b}_k\,\hat{a}^+) \tag{15.14}$$

等号右侧的第二项表示耦合常数为 g_k 的系统-热库耦合，其中激励要么从系统转移到热库（第一项）或从热库转移到系统（第二项）。利用括号中项的相互作用绘景，可以将系统-热库耦合改写为

$$\hat{V}(t) = \hbar\sum_k g_k(\mathrm{e}^{-\mathrm{i}(\Omega-\omega_k)t}\,\hat{a}\,\hat{b}_k^+ + \mathrm{e}^{\mathrm{i}(\Omega-\omega_k)t}\,\hat{b}_k\,\hat{a}^+)$$

算符的海森堡运动方程为

$$\begin{cases}\dfrac{\mathrm{d}}{\mathrm{d}t}\hat{a}(t) = -\mathrm{i}\sum_k g_k\mathrm{e}^{\mathrm{i}(\Omega-\omega_k)t}b_k(t)\\[2ex]\dfrac{\mathrm{d}}{\mathrm{d}t}\hat{b}_k(t) = -\mathrm{i}g_k\mathrm{e}^{-\mathrm{i}(\Omega-\omega_k)t}\,\hat{a}(t)\end{cases}$$

第二个方程的积分形式为

$$\hat{b}_k(t) = \hat{b}_k(0) - \mathrm{i}g_k\int_0^t \mathrm{e}^{-\mathrm{i}(\Omega-\omega_k)t'}\,\hat{a}(t')\,\mathrm{d}t'$$

第一项表示热库模式随时间的演化，第二项表示系统-热库耦合。把这个公式代入$\hat{a}$的运动方程中，就得到了

$$\frac{\mathrm{d}}{\mathrm{d}a}\hat{a}(t) = -\sum_k g_k^2\int_0^t \mathrm{e}^{\mathrm{i}(\Omega-\omega_k)(t-t')}\,\hat{a}(t')\,\mathrm{d}t' + \left[-i\sum_k g_k\mathrm{e}^{\mathrm{i}(\Omega-\omega_k)t}\,\hat{b}_k(0)\right] \tag{15.15}$$

括号中最后一项看作由时间零点的热库模式决定的噪声项。考虑右边的第一项，对于足够大的热库，求和可以用积分代替，热库响应函数因干扰而快速衰减，如第 14 章所述。然后得到：

$$\sum_k g_k^2\mathrm{e}^{\mathrm{i}(\Omega-\omega_k)(t-t')} \approx g^2\int_0^\infty \mathrm{e}^{\mathrm{i}(\Omega-\omega)(t-t')}\mathrm{d}\omega \approx 2\pi g^2\delta(t-t') \tag{15.16}$$

在这里认为 $g(\omega)$ 随函数变化，但变化得很慢，所以将其当作一个常数。算符$\hat{a}$随时间的

变化可以写成：

$$\frac{\mathrm{d}}{\mathrm{d}t}\hat{a}(t)=-\frac{\Gamma}{2}\hat{a}(t)+\hat{f}(t)$$

式中：Γ 为散射率，Γ 的值由耦合系数 g 决定；$\hat{f}$为式（15.15）给出的噪声算符。如果忽略噪声算符，则系统的$\hat{a}$的衰减公式为

$$\hat{a}(t)=\mathrm{e}^{-(\Gamma/2)t}\hat{a}(0)$$

对于$\hat{a}^{\dagger}(t)$来说也有相应的时间演化。这种衰变显然与量子力学所要求的概率守恒以及耦合系统和热库的时间演化是统一的这一事实相矛盾。因此，必须利用额外的噪声项$\hat{f}(t)$对其进行修正。更具体地说，要求噪声算子$\hat{f}(t)$满足合适的关联函数：

$$\begin{aligned}\langle\hat{f}^{\dagger}(t),\hat{f}(t')\rangle &= \left\langle\left[\mathrm{i}\sum_{k}g_{k}\mathrm{e}^{-\mathrm{i}(\Omega-\omega_{k})t}\ \hat{b}_{k}^{\dagger}\right]\left[-\mathrm{i}\sum_{k}g_{k'}\mathrm{e}^{-\mathrm{i}(\Omega-\omega_{k}')t'}\ \hat{b}_{k'}\right]\right\rangle_{\mathrm{eq}}\\ &\approx 2\pi g^{2}\ \bar{n}_{\mathrm{th}}(\hbar\omega)\delta(t-t')\end{aligned}$$

其中使用了与式（15.16）中相同的近似值来得到最后的项。然后，分别由 Γ 和$\hat{f}$描述的散射和涨落，保证概率守恒。虽然有很多关于这些称为 Langevin 噪声算符的文献，例如文献［119，127］，但是在接下来的讨论并不需要这些文献。因为 Langevin 噪声算符的动力学可以从微观描述中获得，它们的噪声特性已经被充分讨论。然而，简单的谐振子例子是为了更好地理解开放量子系统在耗散和涨落方面的物理意义，并且这两个方面在开放量子系统中自然地结合在一起。

15.2.1 格林函数法

在第 5 章讨论了利用格林函法求解微分方程。在下文中，首先将该方法推广到非局域微分算符$\hat{L}(\boldsymbol{r},\boldsymbol{r}')$，然后将该方法推广到算符方程。考虑线性微分方程：

$$\int L(\boldsymbol{r},\boldsymbol{r}')f(\boldsymbol{r}')\mathrm{d}^{3}r'=-Q(\boldsymbol{r})\tag{15.17}$$

式中：$\hat{f}(\boldsymbol{r}')$为未知项；$Q(\boldsymbol{r})$为源项。为了求解这个方程，引入格林函数：

$$\int L(\boldsymbol{r},\boldsymbol{r}')G(\boldsymbol{r},\boldsymbol{r}_{0})\mathrm{d}^{3}r'=-\delta(\boldsymbol{r},-\boldsymbol{r}_{0})\tag{15.18}$$

它描述了系统对位于 $\boldsymbol{r}_0$ 位置的点源的响应。此外，假设格林函数建立在适当的边界条件下，例如无限远处的出射波。微分方程的解可以写成：

$$f(\boldsymbol{r})=\int G(\boldsymbol{r},\boldsymbol{r}')Q(\boldsymbol{r}')\mathrm{d}^{3}r\tag{15.19}$$

通过将该表达式代入式（15.17）并将式（15.18）的定义表达式用于格林函数，可以很容易地验证这一点。下一步考虑算符$\hat{F}(\boldsymbol{r})$的微分方程：

$$\int L(\boldsymbol{r},\boldsymbol{r}')\ \hat{F}(\boldsymbol{r}')\mathrm{d}^{3}r'=-\hat{Q}(\boldsymbol{r})\tag{15.20}$$

式中：$\hat{Q}(\boldsymbol{r})$为源算符。如果假设$\hat{F}(\boldsymbol{r})$具有与$f(\boldsymbol{r})$相同的边界条件，例如波动方程中的出射波，可以使用式（15.18）中定义的相同格林函数来表示算符的解为

$$\hat{F}(\boldsymbol{r})=\int G(\boldsymbol{r},\boldsymbol{r}')\ \hat{Q}(\boldsymbol{r}')\mathrm{d}^{3}r'\tag{15.21}$$

该公式可以通过将式（15.21）插入式（15.20）的微分方程并使用格林函数的定义来证明。下面我们以算符形式应用格林函数的解对波方程进行求解，并考虑当前运算符与外部电流贡献的关系，例如由量子发射器产生的或由耗散和噪声项组成的式（15.13）的感应电流。

外部电流分布。首先考虑自由空间中的外部电流分布$\hat{J}_{\text{ext}}$。麦克斯韦方程（13.20）可以写为如下形式的波动方程：

$$-\nabla\times\nabla\times\hat{E}^{+}(\boldsymbol{r},\omega)+k^{2}\hat{E}^{+}(\boldsymbol{r},\omega)=-\mathrm{i}\mu_{0}\omega\hat{J}_{\text{ext}}^{+}(\boldsymbol{r},\omega) \tag{15.22}$$

$k^2=\varepsilon_0\mu_0\omega^2$。如5.3节讨论的波动方程那样只考虑正频率$\omega$。因此，可以使用自由空间的并矢格林函数方程（15.19）来表示式（15.22）的解：

$$\hat{\boldsymbol{E}}^{+}(\boldsymbol{r},\omega)=\hat{\boldsymbol{E}}_{\text{inc}}^{+}(\boldsymbol{r},\omega)+\mathrm{i}\mu_{0}\omega\int\overline{\overline{G}}(\boldsymbol{r},\boldsymbol{r}',\omega)\cdot\hat{\boldsymbol{J}}_{\text{ext}}^{+}(\boldsymbol{r}',\omega)\mathrm{d}^{3}r' \tag{15.23}$$

引入的部分$\hat{\boldsymbol{E}}_{\text{inc}}^{+}$是齐次麦克斯韦方程组的解。通过构造，该解满足方程并在无穷远处建立了出射波的适当边界条件。注意，输出波的边界条件对具有正频率的电场算符适用，对于$\hat{\boldsymbol{E}}^{-}$必须选择入射波。或者，也可以仅仅取式（15.23）的厄米共轭。

感应电流分布。接下来考虑式（15.13）的情况，其中J与吸收介质的微观电流源相关联，微观电流源分别由感应项和噪声项组成，另见图15.2。波动方程为

$$-\nabla\times\nabla\times\hat{\boldsymbol{E}}^{+}(r)+k^{2}\hat{\boldsymbol{E}}^{+}(r)=-\mathrm{i}\mu_{0}\omega\left[\int\overline{\overline{\sigma}}(\boldsymbol{r},\boldsymbol{r}')\cdot\hat{\boldsymbol{E}}^{+}(\boldsymbol{r}')\mathrm{d}^{3}r'+\hat{\boldsymbol{J}}^{+}(\boldsymbol{r})\right]$$

为了符号的简洁性，所有算符随ω变化可以略去。等式改写为

$$-\nabla\times\nabla\times\hat{\boldsymbol{E}}^{+}(\boldsymbol{r})+\mu_{0}\omega^{2}\left[\int\varepsilon_{0}\delta(\boldsymbol{r}-\boldsymbol{r}')I+\frac{\mathrm{i}\,\overline{\overline{\sigma}}(\boldsymbol{r},\boldsymbol{r}')}{\omega}\right]\cdot\hat{\boldsymbol{E}}^{+}(\boldsymbol{r}')\mathrm{d}^{3}r'=-\mathrm{i}\mu_{0}\omega\hat{\boldsymbol{J}}^{+}(\boldsymbol{r})$$

括号中的是非局域介电常数张量$\overline{\overline{\varepsilon}}(\boldsymbol{r},\boldsymbol{r}')$。为了求解这个方程，上式中引入了总格林函数$\overline{\overline{G}}_{\text{tot}}$，其定义为

$$-\nabla\times\nabla\times\overline{\overline{G}}_{\text{tot}}(\boldsymbol{r},\boldsymbol{r}',\omega)+\mu_{0}\omega^{2}\int\overline{\overline{\varepsilon}}(\boldsymbol{r},\boldsymbol{r}_{1},\omega)\cdot\overline{\overline{G}}_{\text{tot}}(\boldsymbol{r}_{1},\boldsymbol{r}',\omega)\mathrm{d}^{3}r_{1}=-\delta(\boldsymbol{r}-\boldsymbol{r}')I \tag{15.24}$$

电场算符可以写成以下形式：

电场算符和噪声电流算符间关系

$$\hat{\boldsymbol{E}}(\boldsymbol{r},\omega)=\hat{\boldsymbol{E}}_{\text{inc}}^{+}(\boldsymbol{r},\omega)+\mathrm{i}\mu_{0}\omega\int\overline{\overline{G}}_{\text{tot}}(\boldsymbol{r},\boldsymbol{r}',\omega)\cdot\hat{\boldsymbol{J}}^{+}(\boldsymbol{r}',\omega)\mathrm{d}^{3}r' \tag{15.25}$$

该式看似与均匀介质的解式（15.17）相同，唯一的区别是用总格林函数代替了格林函数。然而，其中的物理内容更为复杂。如前所述，简单谐振子模型中格林函数可能包括与介电常数虚部相关的损耗。必须引入一个额外的电流噪声算子来抵消这种损耗，这种方法在基于微观材料动力学的研究中经常使用。

最后，在外部电流分布和感应电流分布都存在时，电场算符可以表示为

$$\hat{\boldsymbol{E}}^{+}(r,\omega)=\hat{\boldsymbol{E}}_{\text{inc}}^{+}(\boldsymbol{r},\omega)+\mathrm{i}\mu_{0}\omega\int\overline{\overline{G}}_{\text{tot}}(\boldsymbol{r},\boldsymbol{r}',\omega)\cdot\left[\hat{\boldsymbol{J}}_{\text{ext}}^{+}(\boldsymbol{r}',\omega)+\hat{\boldsymbol{J}}^{+}(\boldsymbol{r}',\omega)\right]\mathrm{d}^{3}r' \tag{15.26}$$

其中，括号内的第一项表示外部电流分布，第二项表示吸收介质的噪声电流分布。

15.3 重识交叉谱密度

我们最终利用15.2节的结果来计算非常光子环境的交叉谱密度

$$2\pi\delta(\omega-\omega')\overline{\overline{\varepsilon}}(\boldsymbol{r},\boldsymbol{r}',\omega)=\langle\hat{\boldsymbol{E}}(\boldsymbol{r},\omega)\otimes\hat{\boldsymbol{E}}^{+}(\boldsymbol{r}',\omega')\rangle_{\mathrm{eq}} \tag{15.27}$$

在正频率 ω 的情况下，算符 $\hat{\boldsymbol{E}}$ 可以与正频率振荡算符 $\hat{\boldsymbol{E}}^{+}$ 相关联。然后，可以使用式（15.25）计算右侧的表达式，可以得到：

$$\left\langle\left[\hat{\boldsymbol{E}}_{\mathrm{inc}}^{+}(\boldsymbol{r},\omega)+\mathrm{i}\mu_0\omega\int\overline{\overline{G}}_{\mathrm{tot}}(\boldsymbol{r},\boldsymbol{r}_1,\omega)\cdot\hat{\boldsymbol{J}}^{+}(\boldsymbol{r}_1,\omega)\mathrm{d}^3r_1\right]\otimes\right.$$
$$\left.\left[\hat{\boldsymbol{E}}_{\mathrm{inc}}^{-}(\boldsymbol{r},\omega')-\mathrm{i}\mu_0\omega'\int\overline{\overline{G}}_{\mathrm{tot}}^{*}(\boldsymbol{r}',\boldsymbol{r}_1',\omega')\cdot\hat{\boldsymbol{J}}^{-}(\boldsymbol{r}_1',\omega')\mathrm{d}^3r_1'\right]\right\rangle_{\mathrm{eq}}$$

在热平衡中，因为入射热场的涨落与吸收介质的噪声电流无关，所以期望 $\langle\hat{E}_{\mathrm{inc}}\otimes\hat{J}_{\mathrm{eq}}\rangle_{\mathrm{eq}}$ 的值为零。可以使用式（14.51）的涨落耗散定理将电流涨落与介电常数的虚部联系起来：

$$\frac{1}{\hbar}\langle\hat{\boldsymbol{J}}^{+}(\boldsymbol{r},\omega)\otimes\hat{\boldsymbol{J}}^{-}(\boldsymbol{r}',\omega')\rangle=2\omega^2\mathrm{Im}[\overline{\overline{\varepsilon}}(\boldsymbol{r},\boldsymbol{r}',\omega')](\bar{n}_{\mathrm{th}}(\hbar\omega)+1)2\pi\delta(\omega-\omega')$$

因此，从式（15.27）中得到：

$$\begin{aligned}\overline{\overline{\varepsilon}}^{+}(\boldsymbol{r},\boldsymbol{r}',\omega)&=\overline{\overline{\varepsilon}}_{\mathrm{inc}}^{+}(\boldsymbol{r},\boldsymbol{r}',\omega)+2\mu_0^2\omega^4(\bar{n}_{\mathrm{th}}(\hbar\omega)+1)\\&\times\int\overline{\overline{G}}_{\mathrm{tot}}(\boldsymbol{r},\boldsymbol{r}_1,\omega)\cdot\mathrm{Im}[\overline{\overline{\varepsilon}}(\boldsymbol{r},\boldsymbol{r}',\omega)]\cdot\overline{\overline{G}}_{\mathrm{tot}}^{*}(\boldsymbol{r}_1',\boldsymbol{r}',\omega')\mathrm{d}^3r_1\mathrm{d}^3r_1'\end{aligned} \tag{15.28}$$

上式中使用了7.4节的互易定理替换空间坐标 $\overline{\overline{G}}^{*}$．在右边的最后一项中，引入了并矢函数“$\overline{\overline{U}}$”“$\overline{\overline{V}}$”的简写符号，有

$$V_{\Omega}[\overline{\overline{U}},\overline{\overline{V}}](\boldsymbol{r},\boldsymbol{r}')=\mu_0\omega^2\int_{\Omega}\overline{\overline{U}}(\boldsymbol{r}_1,\boldsymbol{r}_1',\omega)\cdot\mathrm{Im}[\overline{\overline{\varepsilon}}(\boldsymbol{r}_1,\boldsymbol{r}_1',\omega)]\cdot\overline{\overline{V}}(\boldsymbol{r}_1',\boldsymbol{r}',\omega)\mathrm{d}^3r_1\mathrm{d}^3r_1' \tag{15.29}$$

上式与吸收介质中的吸收耗散有关。式（15.28）可以写成更为紧凑的形式：

$$\begin{cases}\overline{\overline{\varepsilon}}^{+}(\boldsymbol{r},\boldsymbol{r}',+\omega)=\overline{\overline{\varepsilon}}_{\mathrm{inc}}^{+}(\boldsymbol{r},\boldsymbol{r}',\omega)+2\mu_0\omega^2V_{\Omega}[\overline{\overline{G}}_{\mathrm{tot}},\overline{\overline{G}}_{\mathrm{tot}}^{*}](\boldsymbol{r},\boldsymbol{r}',\omega)[\bar{n}_{\mathrm{th}}(\hbar\omega)+1]\\\overline{\overline{\varepsilon}}^{-}(\boldsymbol{r},\boldsymbol{r}',-\omega)=\overline{\overline{\varepsilon}}_{\mathrm{inc}}^{-}(\boldsymbol{r},\boldsymbol{r}',\omega)+2\mu_0\omega^2V_{\Omega}[\overline{\overline{G}}_{\mathrm{tot}}^{*},\overline{\overline{G}}_{\mathrm{tot}}](\boldsymbol{r},\boldsymbol{r}',\omega)\bar{n}(\hbar\omega)\end{cases} \tag{15.30}$$

其中，负频率的交叉谱密度与正频率的表达式获得方式相同。式（15.30）是一个非常有用的公式，它用经典电动力学的并矢格林函数和玻色-爱因斯坦分布函数来表示热平衡中的光子环境。

15.3.1 格林公式的表示公式

正如在15.7节中确指出的那样。格林函数关系可将体积积分 V_{Ω} 大大简化，该关系让人想起式（5.26）中电磁场的表示公式。

格林函数表示公式

$$\begin{cases}\mathrm{Im}[\overline{\overline{G}}_{\mathrm{tot}}(\boldsymbol{r},\boldsymbol{r}')]\Theta_{\Omega}(\boldsymbol{r},\boldsymbol{r}')=V_{\Omega}[\overline{\overline{G}}_{\mathrm{tot}},\overline{\overline{G}}_{\mathrm{tot}}^{*}](\boldsymbol{r},\boldsymbol{r}')+B_{\partial\Omega}[\overline{\overline{G}}_{\mathrm{tot}},\overline{\overline{G}}_{\mathrm{tot}}^{*}](\boldsymbol{r},\boldsymbol{r}')\\\mathrm{Im}[\overline{\overline{G}}_{\mathrm{tot}}(\boldsymbol{r},\boldsymbol{r}')]\Theta_{\Omega}(\boldsymbol{r},\boldsymbol{r}')=V_{\Omega}[\overline{\overline{G}}_{\mathrm{tot}}^{*},\overline{\overline{G}}_{\mathrm{tot}}](\boldsymbol{r},\boldsymbol{r}')+B_{\partial\Omega}[\overline{\overline{G}}_{\mathrm{tot}}^{*},\overline{\overline{G}}_{\mathrm{tot}}](\boldsymbol{r},\boldsymbol{r}')\end{cases} \tag{15.31}$$

$\Theta_{\Omega}(\boldsymbol{r},\boldsymbol{r}')$ 在 $\boldsymbol{r},\boldsymbol{r}'$ 位于体积 Ω 内时不为零。通过下式引入边界积分算符

$$B_{\partial\Omega}[\overline{\overline{U}},\overline{\overline{V}}](\boldsymbol{r}_1,\boldsymbol{r}_2)=\frac{i}{2}\oint_{\partial\Omega}\{\overline{\overline{U}}(\boldsymbol{r}_1,\boldsymbol{r})\times[\nabla\times\overline{\overline{V}}(\boldsymbol{r}_1,\boldsymbol{r})]+[\nabla\times\overline{\overline{U}}(\boldsymbol{r},\boldsymbol{r}')]\times\overline{\overline{V}}(\boldsymbol{r}_1,\boldsymbol{r}_2)\}\cdot\hat{n}\mathrm{d}S \tag{15.32}$$

式（15.31）可以解释为，与虚部相关的格林函数耗散可以分为与吸收耗散相关的体积项 V 和与散射耗散相关的边界项 B。例如，在考虑振荡偶极子的情况下，其介电常数在填充有无损材料的均匀空间中没有虚部，然后从式（15.31）得到：

$$\mathrm{Im}[\overline{\overline{G}}(\boldsymbol{r}_0,\boldsymbol{r}_0)]=B_{\partial\Omega}[\overline{\overline{G}},\overline{\overline{G}}^*](\boldsymbol{r}_0,\boldsymbol{r}_0) \tag{15.33}$$

将无界均匀空间的总格林函数替换为格林函数“G”，在偶极子位置 $\boldsymbol{r}_0$ 处对其进行计算。将两边的方程乘以偶极矩 $\boldsymbol{p}$，并根据

$$\boldsymbol{E}(\boldsymbol{r})=\mu_0\omega^2\,\overline{\overline{G}}(\boldsymbol{r},\boldsymbol{r}_0)\cdot\boldsymbol{p}$$

重新写式（15.33）：

$$\begin{aligned}&\mu_0^2\omega^4\boldsymbol{p}\cdot\mathrm{Im}[\overline{\overline{G}}(\boldsymbol{r}_0,\boldsymbol{r}_0)]\cdot\boldsymbol{p}^*\\&\quad=\frac{i}{2}\oint_{\partial\Omega}\{[\nabla\times\boldsymbol{E}(r)]\times\boldsymbol{E}^*(r)+\boldsymbol{E}(r)\times[\nabla\times\boldsymbol{E}^*(r)]\}\cdot\hat{n}\mathrm{d}S\end{aligned}$$

通过法拉第定律，将电场的旋度与磁场联系起来，从而得出：

$$\mu_0\omega^4\boldsymbol{p}^*\cdot\mathrm{Im}[\overline{\overline{G}}(\boldsymbol{r}_0,\boldsymbol{r}_0)]\cdot\boldsymbol{p}=\mu_0\omega\oint_{\partial\Omega}\mathrm{Re}[\boldsymbol{E}(\boldsymbol{r})\times\boldsymbol{H}^*(\boldsymbol{r})]\cdot\hat{n}\mathrm{d}S=2\mu_0\omega\boldsymbol{P}_{\mathrm{sca}}$$

此处右边的边界积分正好是式（4.22）的散射截面。事实上，这是之前使用经典描述方案推导的式（10.2）的表达式，它被用于计算振荡偶极子耗散的平均功率。这表明边界项可以用给定体积内电流源（此处为单个振荡偶极子）产生的出射辐射来解释。

15.3.2 吸收介质的交叉光谱密度

为了得到交叉谱密度的最终表达式，可以从式（15.30）中的第一行开始，并将其与表示公式一起重写为

$$\begin{aligned}\overline{\overline{\varepsilon}}^{+}(\boldsymbol{r},\boldsymbol{r}',\omega)=&\,\overline{\overline{\varepsilon}}^{+}_{\mathrm{inc}}(\boldsymbol{r},\boldsymbol{r}',\omega)\\&+2\mu_0\omega^2(\mathrm{Im}[\overline{\overline{G}}_{\mathrm{tot}}(\boldsymbol{r},\boldsymbol{r}',\omega)]-B_{\partial\Omega}[\overline{\overline{G}}_{\mathrm{tot}},\overline{\overline{G}}_{\mathrm{tot}}](\boldsymbol{r},\boldsymbol{r}',\omega))(\bar{n}_{\mathrm{th}}(\hbar\omega)+1)\end{aligned} \tag{15.34}$$

在接下来将讨论的热平衡中，入射项和边界项相互抵消。有如图 15.3 所示的两种推导，这两个例子将更加具体地描述热光子是如何产生的。在这里遵循文献［171］的规定并引入一个吸收边界壳，该壳位于远离所有其他吸收体的位置（在“无穷远处”）。壳的外部是一个完美的镜子，因此没有辐射泄漏，而壳的内部由足够厚的材料层组成，其损耗很小以至于满足 $\mathrm{Im}[\varepsilon_2]<0$ 。这种吸收材料有两个用途第一，通过电流涨落产生热辐射；第二，由于材料损耗，所有入射光子被吸收（只要层足够厚）。因为壳层位于无穷远处，所以坐标 r,r' 远离外壳时总格林函数 $G_{\mathrm{tot}}(\boldsymbol{r},\boldsymbol{r}')$ 的存在并没有明显改变。

推导 I　假设把边界 $\partial\Omega=\partial\Omega_2$ 用于式（15.31）中，在壳外边界贡献 $B_{\partial\Omega}$ 变为零。见图 15.3（a）。也可以忽略接下来的交叉谱密度，因为所有相关的电流源位于 Ω 内部，

并且没有来自外部的辐射。然后从式（15.31）中得出：

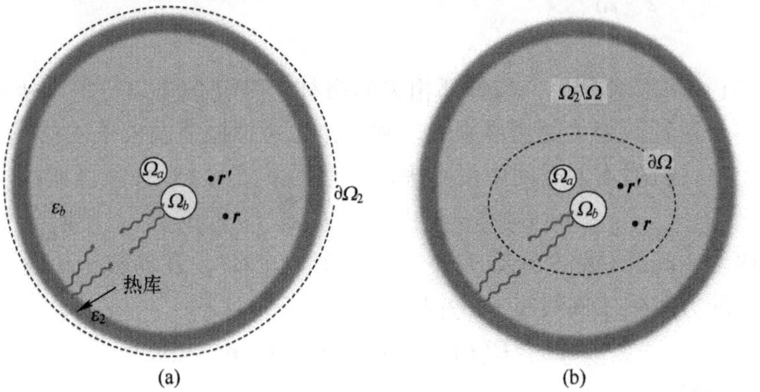

图 15.3　对于处于热平衡的吸收体 Ω_a 和 Ω_b，位置 $\boldsymbol{r}$ 和 $\boldsymbol{r}'$ 处电场相关的交叉谱密度计算示意图。在远离所有其他吸收体的地方放置一个介电常数 ε_b 的外壳，它的虚部就产生热辐射并吸收入射辐射。(a) 当边界位于壳外时，边界项 B 没有贡献 $\partial\,\Omega_2$。(b) 当边界远离壳层时，有来自入射热辐射和边界项 b 的贡献 $\partial\,\Omega$，但二者相互抵消。有关详细信息，请参阅正文

$$\mathrm{Im}[\overline{\overline{G}}_{\mathrm{tot}}(\boldsymbol{r},\boldsymbol{r}')]=V_{\Omega}[\overline{\overline{G}}_{\mathrm{tot}},\overline{\overline{G}}^{*}_{\mathrm{tot}}](\boldsymbol{r},\boldsymbol{r}')+V_{\Omega_2\backslash\Omega}[\overline{\overline{G}}_{\mathrm{tot}},\overline{\overline{G}}^{*}_{\mathrm{tot}}](\boldsymbol{r},\boldsymbol{r}')$$

其中，体积 Ω 包围了研究中的所有吸收体，而 Ω_2/Ω 是无限大时产生热辐射并吸收撞击光子的壳的体积。当假设 G_{tot} 不明显受无穷远处的层的影响时，因为材料 ε_2 距离所有吸收体和位置足够远，得到了更简单的表达式来代替式（15.34）：

$$\overline{\overline{\varepsilon}}^{+}(\boldsymbol{r},\boldsymbol{r}',\omega)=2\mu_0\omega^2\mathrm{Im}[\overline{\overline{G}}_{\mathrm{tot}}(\boldsymbol{r},\boldsymbol{r}',\omega)](\overline{n}_{\mathrm{th}}(\hbar\omega)+1) \tag{15.35}$$

式中：$\overline{\overline{G}}_{\mathrm{tot}}$ 为在吸收体存在的情况下的总格林函数。

推导Ⅱ　也可以考虑图 15.3（b）中描述的边界所在的情况。$\partial\,\Omega$ 位于无限远处的吸收壳内。入射热辐射由无限远处的电流源产生，从式（15.30）中得出：

$$\overline{\overline{\varepsilon}}^{+}_{\mathrm{inc}}(\boldsymbol{r},\boldsymbol{r}',\omega)=2\mu_0\omega^2V_{\Omega_2\backslash\Omega}[\overline{\overline{G}}_{\mathrm{tot}},\overline{\overline{G}}^{*}_{\mathrm{tot}}](\boldsymbol{r},\boldsymbol{r}',\omega)(\overline{n}_{\mathrm{th}}(\hbar\omega)+1)$$

注意，在无限远处积分体积延伸到壳层上，当所有附加吸收体都位于 Ω 内部时，积分体积可以延伸到 Ω_2/Ω。从式（15.31）中，可以发现位置 $\boldsymbol{r},\boldsymbol{r}'$ 位于 Ω 内部（位于 Ω_2/Ω 外部），有

$$0=V_{\Omega_2\backslash\Omega}[\overline{\overline{G}}_{\mathrm{tot}},\overline{\overline{G}}^{*}_{\mathrm{tot}}](\boldsymbol{r},\boldsymbol{r}')-B_{\partial\Omega}[\overline{\overline{G}}_{\mathrm{tot}},\overline{\overline{G}}^{*}_{\mathrm{tot}}](\boldsymbol{r},\boldsymbol{r}')$$

边界项 B 前面的负号是因为体积 Ω_2/Ω 的外表面法线指向体积 Ω，这与式（15.32）中对 $\hat{n}$ 的定义相反。关于这一点的详细讨论，另见第 5 章。从式（15.34）中，可以发现：

$$\begin{aligned}\overline{\overline{\varepsilon}}^{+}(\boldsymbol{r},\boldsymbol{r}',\omega)=&2\mu_0\omega^2B_{\partial\Omega}[\overline{\overline{G}}_{\mathrm{tot}},\overline{\overline{G}}^{*}_{\mathrm{tot}}](\boldsymbol{r},\boldsymbol{r}')(\overline{n}_{\mathrm{th}}(\hbar\omega)+1)\\&+2\mu_0\omega^2(\mathrm{Im}[\overline{\overline{G}}_{\mathrm{tot}}(\boldsymbol{r},\boldsymbol{r}',\omega)]-B_{\partial\Omega}[\overline{\overline{G}}_{\mathrm{tot}},\overline{\overline{G}}^{*}_{\mathrm{tot}}](\boldsymbol{r},\boldsymbol{r}',\omega)(\overline{n}_{\mathrm{th}}(\hbar\omega)+1))\end{aligned}$$

右侧的第一项是在边界积分形式下的输入交叉谱密度 $\varepsilon^{+}_{\mathrm{inc}}$。可以发现两个边界形式下交叉谱密度互相抵消，因此得到式（15.35）。

热平衡下的交叉谱密度

$$\overline{\overline{\varepsilon}}^{\pm}(\boldsymbol{r},\boldsymbol{r}',\omega)=2\mu_0\omega^2\mathrm{Im}[\overline{\overline{G}}_{\mathrm{tot}}(\boldsymbol{r},\boldsymbol{r}',\pm\omega)]\theta(\pm\omega)\begin{Bmatrix}\bar{n}_{\mathrm{th}}(+\hbar\omega)+1\\ \bar{n}_{\mathrm{th}}(-\hbar\omega)\end{Bmatrix} \tag{15.36}$$

上层的等式表示在正频率情况下能量 $\hbar\omega$ 被转移到热光子环境，下面的表达式对应从光子环境获得能量的反向过程。式（15.36）是一个非常显著的结果，它用并矢格林函数表示交叉谱密度，这些推导是在经典电动力学的框架内得到的。除自由空间并矢格林函数被总格林函数取代这一点外，最终结果几乎与式（15.8）的自由空间表达式相同。$\varepsilon^{\pm}$的表达式将经典电动力学的格林函数所解释的光子传播特性与玻色-爱因斯坦分布函数所描述的场和电流算符的噪声特性结合起来，并且对于电磁耦合，热平衡系统的线性响应可以唯一地用交叉谱密度表示。

关联函数。关联函数是描述物理系统响应特性的一种方法。在热平衡中所有的量可以用一个谱函数来表示，如关联函数或交叉谱密度。

线性响应。成功的关键是迄今为止我们一直研究系统的线性响应。正如久保理论中所讨论的那样，线性响应允许我们仅用关联函数就可表示受扰系统的响应，并在算符水平上将电流源与电场联系起来，其中格林并矢解释了光子的传播特性。如上所述，我们还必须对吸收材料引入噪声项来抵消其损耗。通过使用格林函数，可以从描述中去移除光子。光子的性质仍然以格林函数（考虑光子传播）和热玻色-爱因斯坦分布函数的形式存在，但已不再需要明确描述光子动力学。

格林函数。和之前一样，格林函数在纳米光学中扮演着重要的角色，因为格林函数允许我们不考虑系统特性之前就得出结果。例如，在式（15.31）的积分方程中，能够将式（15.12）中看似复杂的积分项转化为相对简单的格林函数贡献。

15.4 重识光子局域态密度

作为交叉谱密度的第一个应用，考虑一个最初处于能量为 e 的激发态的量子发射器，量子激发器通过发射光子衰减，如图 15.4 所示。量子发射器可以是原子、分子或量子点。简单起见，在下面将其统一称为“原子”，从式（13.91）开始，在偶极子近似下考虑光与物质的相互作用：

$$\hat{V}=-\hat{\boldsymbol{p}}\cdot[\hat{\boldsymbol{E}}^{+}(\boldsymbol{r}_0)+\hat{\boldsymbol{E}}^{-}(\boldsymbol{r}_0)] \tag{15.37}$$

现在引入电场算符来描述光子的湮灭和产生。这里，$\hat{\boldsymbol{p}}$ 是偶极算符，$\boldsymbol{r}_0$ 是原子的位置。接下来，将介绍旋转波近似（RWA），我们将在第 16 章更详细地研究它。就像处理$\hat{\boldsymbol{E}}^{+}$和$\hat{\boldsymbol{E}}^{-}$一样，考虑到光激发（光子）的湮灭和产生时，我们可以拆分偶极子算符分为两部分$\hat{\boldsymbol{p}}=\hat{\boldsymbol{p}}^{+}+\hat{\boldsymbol{p}}^{-}$，这两部分分别以正负频率分量振荡，这可能与原子激发的湮灭和产生有关。在旋转波近似下，只保留交叉项，有

$$\hat{V}=-[\hat{\boldsymbol{p}}^{-}\cdot\hat{\boldsymbol{E}}^{+}(\boldsymbol{r}_0)+\hat{\boldsymbol{p}}^{+}\cdot\hat{\boldsymbol{E}}^{-}(\boldsymbol{r}_0)] \tag{15.38}$$

第一项说明激发从光场转移到原子，第二项说明其反向过程。令$|g\rangle,|e\rangle$ 为原子的基态和激发态。原子衰变率可以根据费米黄金法则式（14.95）来计算，得到：

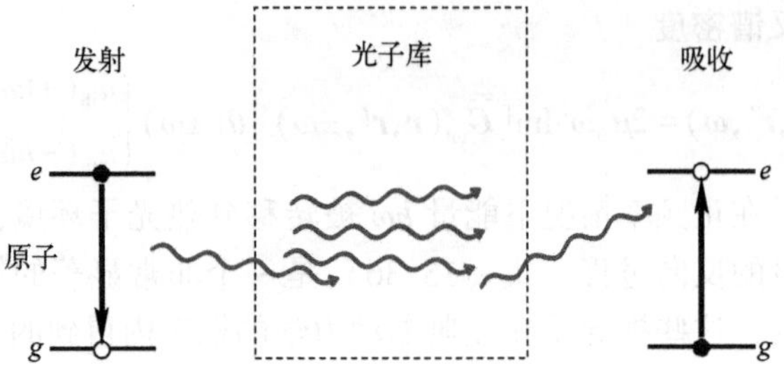

图 15.4　原子中光子发射和光子吸收过程示意图。在发射的情况下，原子通过发射光子从激发态 e 衰减到基态 g。对于吸收，原子通过吸收光子从最初处于基态 g 跃迁到激发态 e。热库中的热填充光子可通过玻色–爱因斯坦占据因子提高散射率。

$$\begin{cases}\varGamma_{e\to g}^{\text{em}}=\dfrac{1}{\hbar^2}\lim\limits_{\eta\to 0}\displaystyle\int_0^\infty \mathrm{e}^{-\eta t}\mathrm{tr}_R(\hat{\rho}_R\langle e|\hat{V}(t)|g\rangle\langle g|\hat{V}|e\rangle)\,\mathrm{d}t+c.c.\\ \varGamma_{g\to e}^{\text{abs}}=\dfrac{1}{\hbar^2}\lim\limits_{\eta\to 0}\displaystyle\int_0^\infty \mathrm{e}^{-\eta t}\mathrm{tr}_R(\hat{\rho}_R\langle g|\hat{V}(t)|e\rangle\langle e|\hat{V}|g\rangle)\,\mathrm{d}t+c.c.\end{cases}$$

式中：$\hat{\rho}_R$ 为热光子（热库）的统计算符。第一行表示光子发射过程，这一过程中原子从激发态衰变为基态；第二行表示光子吸收过程，原子通过吸收热填充光子从基态提升为激发态。设 $\boldsymbol{p}=\langle e|\hat{p}^-|g\rangle$ 是偶极矩，可以将散射率改写为

$$\begin{cases}\varGamma_{e\to g}^{\text{em}}=\dfrac{1}{\hbar^2}\lim\limits_{\eta\to 0}\displaystyle\int_0^\infty \mathrm{e}^{\mathrm{i}(+\omega+\mathrm{i}\eta)t}\boldsymbol{p}\cdot\langle\hat{\boldsymbol{E}}^+(\boldsymbol{r}_0,t)\otimes\hat{\boldsymbol{E}}^-(\boldsymbol{r}_0,0)\rangle_{\text{eq}}\\ \varGamma_{e\to g}^{\text{em}}=\dfrac{1}{\hbar^2}\lim\limits_{\eta\to 0}\displaystyle\int_0^\infty \mathrm{e}^{\mathrm{i}(+\omega+\mathrm{i}\eta)t}\boldsymbol{p}^*\cdot\langle\hat{\boldsymbol{E}}^+(\boldsymbol{r}_0,t)\otimes\hat{\boldsymbol{E}}^-(\boldsymbol{r}_0,0)\rangle_{\text{eq}}\end{cases}$$

式中：$\hbar\omega=E_e-E_g$ 为原子激发态和基态之间的能量差。电场算符的乘积是并矢运算，这样在括号外的偶极子算符和括号内的电场算符之间就有两个标量乘积。用傅里叶逆变换：

$$\frac{1}{\hbar}\hat{\boldsymbol{E}}^\pm(\boldsymbol{r}_0,t)\otimes\hat{\boldsymbol{E}}^\mp(\boldsymbol{r}_0,0)_{\text{eq}}=\int_{-\infty}^\infty \mathrm{e}^{-\mathrm{i}\omega' t}\,\bar{\bar{\varepsilon}}^\pm(\boldsymbol{r}_0,\boldsymbol{r}_0,\omega')\frac{\mathrm{d}\omega'}{2\pi}$$

可以很容易地推导出下面的表达式：

$$\frac{1}{\hbar}\int_0^\infty \mathrm{e}^{\mathrm{i}(\pm\omega+\mathrm{i}\eta)t}\,\hat{\boldsymbol{E}}^\pm(\boldsymbol{r}_0,t)\otimes\hat{\boldsymbol{E}}^\mp(\boldsymbol{r}_0,0)_{\text{eq}}\mathrm{d}t=i\int_{-\infty}^\infty\frac{\bar{\bar{\varepsilon}}^\pm(\boldsymbol{r}_0,\boldsymbol{r}_0,\omega')}{\pm\omega-\omega'+\mathrm{i}\eta}\frac{\mathrm{d}\omega'}{2\pi}$$

此外，从交叉谱密度的定义中发现：

$$\begin{cases}(\varepsilon_{ij}^+(\boldsymbol{r}_0,\boldsymbol{r}_0,\omega))^*=\varepsilon_{ji}^+(\boldsymbol{r}_0,\boldsymbol{r}_0,\omega)\Rightarrow(\boldsymbol{p}\cdot\bar{\bar{\varepsilon}}^+\cdot\boldsymbol{p}^*)^*=\boldsymbol{p}\cdot\bar{\bar{\varepsilon}}^+\cdot\boldsymbol{p}^*\\ (\varepsilon_{ij}^-(\boldsymbol{r}_0,\boldsymbol{r}_0,\omega))^*=\varepsilon_{ji}^-(\boldsymbol{r}_0,\boldsymbol{r}_0,\omega)\Rightarrow(\boldsymbol{p}^*\cdot\bar{\bar{\varepsilon}}^-\cdot\boldsymbol{p})^*=\boldsymbol{p}^*\cdot\bar{\bar{\varepsilon}}^-\cdot\boldsymbol{p}\end{cases}$$

这表明右边的项是实值。可以使用式（F.6）用柯西主值积分和狄拉克 δ 函数来表示频率分母，其中只有狄拉克 δ 函数形式与复共轭相结合。然后，将量子发射器衰变率的费米黄金法则与交叉谱密度和并矢格林函数之间的关系式（15.36）结合起来。

量子发射器衰减率

$$\begin{cases}\hbar\varGamma_{e\to g}^{\text{em}}=2\mu_0\omega^2\mathrm{Im}[\boldsymbol{p}\cdot\bar{\bar{G}}_{\text{tot}}(r_0,r_0,\omega)\cdot\boldsymbol{p}^*](\bar{n}_{\text{th}}(\hbar\omega)+1)\\ \hbar\varGamma_{g\to e}^{\text{abs}}=2\mu_0\omega^2\mathrm{Im}[\boldsymbol{p}^*\cdot\bar{\bar{G}}_{\text{tot}}(r_0,r_0,\omega)\cdot\boldsymbol{p}]\bar{n}_{\text{th}}(\hbar\omega)\end{cases}\tag{15.39}$$

式中：$\hbar\omega$ 为原子的跃迁能，对于光子发射和吸收来说原子的跃迁能都是正数。这一例子计算了原子在自由空间和零温度下的衰变率式（15.39），可以使用式（10.3）的结果来计算格林函数的虚部，得到：

$$2\omega^2\mu_0\mathrm{Im}[\boldsymbol{p}\cdot\overline{\overline{G}}(\boldsymbol{r}_0,\boldsymbol{r}_0,\omega)\cdot\boldsymbol{p}^*]=2\omega^2\mu_0 p^2\frac{k}{6\pi}$$

上式推导中使用了式（10.3），并假设有一个沿 z 方向的实际偶极矩，尽管对于不同的时刻会得到相同的结果。综上所述，可得到了 Wigner-Weisskopf 衰减率：

$$\varGamma=\frac{\mu_0\omega^3p^2}{3\pi\hbar c} \tag{15.40}$$

这与半经典理论推导的式（10.7）一致。

经典与量子结论的对比。在经典电动力学中，时间谐波场都使用了复数表示法，其中所有的量 X 具有形如 $\mathrm{e}^{-\mathrm{i}\omega t}$的时间相关性，通过对实空间运算得到物理量

$$X(t)\to\mathrm{Re}[\mathrm{e}^{-\mathrm{i}\omega t}X]$$

在量子力学中，引入了带有正负频率分量的振动算符$\hat{X}^{\pm}$，总算符是其和：

$$\hat{X}=\hat{X}^{+}+\hat{X}^{-}$$

因此，为了直接比较经典结果和量子结果，原则上应该重新缩放$\hat{X}\to\frac{1}{2}\hat{X}$。然而，在本书中，将保留经典物理和量子物理的不同定义，并在需要时添加一句提示。

式（15.39）中除玻色-爱因斯坦布居有数不同外，与经典麦克斯韦方程式（10.15）得出的结果相同。对于光子发射过程，由于热填充光子对发射过程的激励，散射率提高了一个因子$\bar{n}_{\mathrm{th}}+1$。而光子吸收散射率取决于光子布居 n_{th}，这一过程不存在经典对变。因此，在热光子布居得到恰当计算的前提下，第 10 章中给出的所有结果均适用。

15.4.1　兰姆位移

在 15.3 节中，讨论了由费米黄金法则计算的光子发射或吸收引起的原子衰变率。接下来将分析原子跃迁的归一化频率，它是光-物质相互作用的结果，原子跃迁的归一化频率即所谓兰姆位移。出发点是拉比能量算符：

$$\hbar\hat{\Omega}^{+}=\boldsymbol{p}\cdot\hat{\boldsymbol{E}}^{+}(\boldsymbol{r}_0) \tag{15.41}$$

以及它的厄米共轭 $\hbar\hat{\Omega}^{-}$。式（15.38）中的光-物质的相互作用可以表示为

$$\hat{V}=-(\mathrm{e}^{\mathrm{i}\omega t}\hbar\hat{\Omega}^{+}(t)\,|e\rangle\langle g|+\mathrm{e}^{-\mathrm{i}\omega t}\hbar\hat{\Omega}^{-}(t)\,|g\rangle\langle e|)$$

在整个过程中利用了相互作用绘景下非耦合光与物质哈密顿量$\hat{H}_0$。括号中的第一项描述了系统从基态到激发态时光子被消灭的过程，第二项表示其反向过程。考虑极化函数：

$$p(t)=\langle\psi(t)\,|g\rangle\langle e|\psi(t)\rangle \tag{15.42}$$

这解释了原子基态和激发态之间的相干性。在薛定谔绘景中，不考虑微扰时极化函数时间演化将由下式给出：

$$\dot{p}_s(t)\approx-\mathrm{i}\omega p_s(t)$$

式中：ω 为原子的跃迁频率。时间依赖性在相互作用绘景中被消除，在没有光-物质相互作用的情况下，时间演化变成$\dot{p}(t)\approx 0$。当考虑光与物质的相互作用时，极化函数时间演化近似处理如下：

$$\dot{p}(t)=-i\left(\delta\omega-\frac{\mathrm{i}\Gamma}{2}\right)p(t)$$

式中：$\delta\omega$ 为跃迁频率的再归一化；Γ 为极化的衰减率。接下来，为了计算参数 $\delta\omega$、Γ，我们计算 P 的时间演化。

波函数解。类似于 14.6.1 节费米黄金法则的推导。考虑基态 $|g,r\rangle$ 和 $|e,r\rangle$，r 表示热库（光子）的自由度。系统和热库相互作用的一般状态可以写成以下形式：

$$|\psi(t)\rangle=\sum_r\left(C_{gr}(t)\,|g,r\rangle+C_{er}(t)\,|e,r\rangle\right) \tag{15.43}$$

式中：C_{gr}、C_{er}为概率密度幅。将这个波函数代入薛定谔方程得到：

$$\begin{aligned}&\mathrm{i}\hbar\sum_r\left(\dot{C}_{gr}(t)\,|g.r\rangle+\dot{C}_{er}(t)\,|e,r\rangle\right)\\&=-\sum_r\left([\mathrm{e}^{\mathrm{i}\omega t}\hbar\hat{\Omega}^{+}(t)]C_{gr}(t)\,|e,r\rangle+[\mathrm{e}^{-\mathrm{i}\omega t}\hbar\hat{\Omega}^{-}(t)]C_{er}(t)\,|g,r\rangle\right)\end{aligned}$$

下一步将左式投影到基态，从而得到概率密度幅的运动方程：

$$\begin{cases}i\dot{C}_{gr}(t)=-\sum\limits_{r'}\mathrm{e}^{-\mathrm{i}\omega t}\Omega^{-}_{rr'}(t)\,C_{er'}(t)\\ i\dot{C}_{er}(t)=-\sum\limits_{r'}\mathrm{e}^{+\mathrm{i}\omega t}\Omega^{+}_{rr'}(t)\,C_{gr'}(t)\end{cases}$$

其中 $\Omega^{\pm}_{rr'}=\langle r|\hat{\Omega}|r'\rangle$。继续对上述方程进行形式积分，并将解代入原始运动方程中，得到：

$$\begin{cases}i\dot{C}_{gr}(t)=-\sum\limits_{r'}\mathrm{e}^{-\mathrm{i}\omega t}\Omega^{-}_{rr'}(t)\left[C_{er'}(0)+i\int_0^t\sum\limits_{r'}\mathrm{e}^{+\mathrm{i}\omega t'}\Omega^{+}_{r'r''}(t')\,C_{gr''}(t')\,\mathrm{d}t'\right]\\ i\dot{C}_{er}(t)=-\sum\limits_{r'}\mathrm{e}^{+\mathrm{i}\omega t}\Omega^{+}_{rr'}(t)\left[C_{gr'}(0)+i\int_0^t\sum\limits_{r''}\mathrm{e}^{-\mathrm{i}\omega t'}\Omega^{-}_{r'r''}(t')\,C_{er''}(t')\,\mathrm{d}t'\right]\end{cases}$$

下面假设积分中的系数 $C_{gr}(t')$、$C_{er}(t')$ 随时间变化而缓慢地变化，这样它们就可以被 t 时刻系数所取代。这就是所谓马尔可夫近似，由于热库模式的破坏性干扰，积分随着时间差 $t-t'$ 的函数衰减得很快，因此它是一个很好的近似；另见第 14 章中关于绝热极限的讨论。

此外，设在时间零点唯一的非消失系数 $C_{gr}=\overline{\overline{C}}_g\delta_{rr_0},C_{er}=\overline{\overline{C}}_e\delta_{rr_0}$ 适用于单个热库模式 r_0，在下面的其他系数中舍弃了适用于光-物质相互作用最低阶数的近似值，然后得到：

$$\begin{cases}i\dot{\widetilde{C}}_g(t)\delta_{rr_0}=\left[-i\int_0^t\mathrm{e}^{-\mathrm{i}\omega(t-t')}\sum\limits_{r'}\Omega^{-}_{r_0r'}(t)\Omega^{+}_{r'r_0}(t')\,\mathrm{d}t'\right]\widetilde{C}_g(t)\\ i\dot{\widetilde{C}}_e(t)\delta_{rr_0}=\left[-i\int_0^t\mathrm{e}^{+\mathrm{i}\omega(t-t')}\sum\limits_{r'}\Omega^{+}_{r_0r'}(t)\Omega^{-}_{r'r_0}(t')\,\mathrm{d}t'\right]\widetilde{C}_e(t)\end{cases} \tag{15.44}$$

因为矩阵元素$\langle r_0|\hat{\Omega}^{\pm}|r_0\rangle$为 0，所以在初始时刻忽视了系数。其表达式为

$$p(t)=\sum_r p_r C_{er}(t)\,C^{*}_{gr}(t) \tag{15.45}$$

与式（15.42）的极化函数相对应，然而此式包含对系统状态进行了额外的求和。当将

式（15.44）括号内的项乘 p_r 并对 r 求和时，得到：

$$\begin{cases}\displaystyle\int_0^\infty e^{i(-\omega+i\eta)t}\sum_{r,r'}p_r\Omega_{rr'}^-(t)\Omega_{r'r}^+(0)\,dt = \frac{i}{\hbar}\int_{-\infty}^{\infty}\frac{\boldsymbol{p}^*\cdot\overline{\overline{\varepsilon}}^-(\boldsymbol{r}_0,\boldsymbol{r}_0,\omega')\cdot\boldsymbol{p}}{-\omega-\omega'+i\eta}\frac{d\omega'}{2\pi}\\ \displaystyle\int_0^\infty e^{i(+\omega+i\eta)t}\sum_{r,r'}p_r\Omega_{rr'}^+(t)\Omega_{r'r}^-(0)\,dt = \frac{i}{\hbar}\int_{-\infty}^{\infty}\frac{\boldsymbol{p}\cdot\overline{\overline{\varepsilon}}^+(\boldsymbol{r}_0,\boldsymbol{r}_0,\omega')\cdot\boldsymbol{p}^*}{\omega-\omega'+i\eta}\frac{d\omega'}{2\pi}\end{cases}$$

此处引入了对足够大的时滞有效的绝热极限。在得出右边的项时，利用 $\sum_{r'}|r'\rangle\langle r'| = I$ 并根据之前对散射率的讨论，计算了交叉谱密度。式（15.45）中极化函数的时间演化最终可以得

$$\frac{d}{dt}p(t) = -i\left(\delta\omega+\frac{i\Gamma}{2}\right)p(t)$$

归一化能量为 $\delta\omega$，衰减率为 Γ。

综合所有结果，得到了极化函数的频率移动：

$$\delta\omega-\frac{i\Gamma}{2} = \lim_{\eta\to 0}\frac{1}{\hbar}\int_{-\infty}^{\infty}\left[\frac{\boldsymbol{p}\cdot\overline{\overline{\varepsilon}}^+(\boldsymbol{r}_0,\boldsymbol{r}_0,\omega')\cdot\boldsymbol{p}^*}{\omega-\omega'+i\eta}+\frac{\boldsymbol{p}^*\cdot\overline{\overline{\varepsilon}}^-(\boldsymbol{r}_0,\boldsymbol{r}_0,\omega')\cdot\boldsymbol{p}}{\omega+\omega'+i\eta}\right]\frac{d\omega'}{2\pi} \tag{15.46}$$

式（15.46）与式（15.39）比较的结果表明衰变率是激发态的发射衰变率和基态的吸收衰变率之和。最后，利用式（15.36）将交叉谱密度与并矢格林函数联系起来，并得出：

$$\delta\omega = \frac{\mu_0}{\pi\hbar}\mathcal{P}\int_0^\infty \boldsymbol{p}\cdot\mathrm{Im}[\overline{\overline{G}}_{\mathrm{tot}}(\boldsymbol{r}_0,\boldsymbol{r}_0,\omega')]\cdot\boldsymbol{p}^*\left(\frac{1+2\bar{n}_{\mathrm{th}}(\hbar\omega')}{\omega-\omega'}\right)\omega'^2 d\omega' \tag{15.47}$$

其中 $\mathcal{P}$ 表示柯西主值积分，见附录 F。上述表达式在进行以下两种修正前还不能使用。下面分别讨论零温度和有限温度下的兰姆位移。首先考虑原子嵌入自由空间时的情况，此时格林函数可以由式（5.19）中自由空间函数代替。使用式（10.3），可以发现：

$$\boldsymbol{p}\cdot\mathrm{Im}[\overline{\overline{G}}(\boldsymbol{r}_0,\boldsymbol{r}_0,\omega')]\cdot\boldsymbol{p}^* = \frac{\omega p^2}{6\pi c}$$

重新写兰姆位移：

$$\delta\omega = \frac{\mu_0 p^2}{6\pi^2\hbar nc}P\int_0^\infty\frac{\omega'^3 d\omega'}{\omega-\omega'}$$

可以看到这是一个发散积分。在量子电动力学领域中，这种发散量会出现在不止一个地方，这必须用再次归一化的方法消除。在本书中，我们不讨论这一复杂的话题，反而采取一种实用的观点，因为自由空间频率归一化不能直接测量，所以假设它已经包含在原子跃迁频率 ω 中。作为光子环境的一种影响，这种现象引发的额外兰姆位移可以通过将式（15.47）中的总格林函数替换为反射格林函数来计算。这就给出了与温度无关的兰姆位移的最终结果。

兰姆位移（与温度无关）

$$\delta\omega^{(1)} = \frac{\mu_0}{\pi\hbar}\mathcal{P}\int_0^\infty \boldsymbol{p}\cdot\mathrm{Im}[\overline{\overline{G}}_{\mathrm{refl}}(\boldsymbol{r}_0,\boldsymbol{r}_0,\omega')]\cdot\boldsymbol{p}^*\left(\frac{1}{\omega-\omega'}\right)\omega'^2 d\omega' \tag{15.48}$$

接下来我们讨论有限温度情况。正如文献［134，172］中明确指出的那样，在有限温度下，旋转波近似仅保留共振项，其中激发从原子转移到光场，反之亦然，知道这些仍不足以计算兰姆位移。更详细的分析还包括其他非共振项，然后给出了与**温度相关的兰姆位移**[134,172]：

$$\delta\omega^{(2)}=\frac{\mu_0}{\pi\hbar}\mathcal{P}\int_0^{\infty}\boldsymbol{p}\cdot\mathrm{Im}[\overline{\overline{G}}_{\mathrm{tot}}(\boldsymbol{r}_0,\boldsymbol{r}_0,\omega')]\cdot\boldsymbol{p}^*\left(\frac{\bar{n}_{\mathrm{th}}(\hbar\omega')}{\omega-\omega'}+\frac{\bar{n}_{\mathrm{th}}(\hbar\omega')}{\omega+\omega'}\right)\omega'^2\mathrm{d}\omega' \tag{15.49}$$

对于与温度无关的兰姆位移，可以使用交叉谱密度的克拉莫-克兰尼克关系，根据一般关联函数的式（14.17），将式（15.48）重新简写为

$$\delta\omega^{(1)}=-\frac{\mu_0\omega^2}{\hbar}\mathrm{Re}[\boldsymbol{p}\cdot\overline{\overline{G}}_{\mathrm{refl}}(\boldsymbol{r}_0,\boldsymbol{r}_0,\omega)\cdot\boldsymbol{p}^*] \tag{15.50}$$

对于纳米球，可以使用附录 E 中讨论的米氏理论来计算散射率增强和兰姆位移。利用式（E.41）及其推导得到位于 $r_0\hat{z}$ 并沿 $\hat{z}$ 定向的偶极子的表达式（温度为零）

$$\begin{aligned}\frac{\Gamma}{\Gamma_0}&=1-\frac{3}{2}\mathrm{Re}\left\{\sum_{l=0}^{\infty}l(l+1)(2l+1)a_l\left[\frac{h_l^{(1)}(x)}{x}\right]^2_{x=kr_0}\right\}\\\frac{\delta\omega}{\Gamma_0}&=-\frac{3}{4}\mathrm{Im}\left\{\sum_{l=0}^{\infty}l(l+1)(2l+1)a_l\left[\frac{h_l^{(1)}(x)}{x}\right]^2_{x=kr_0}\right\}\end{aligned} \tag{15.51}$$

式中：Γ_0 为自由空间的 Wigner-Weisskopf 衰变率；a_l 为式（E.22）中给出的米氏系数。图 15.5 展示了直径为 40nm 的银纳米球的 $\delta\omega$、Γ，以及距离球 10nm 且偶极子沿 z 方向的偶极子的 $\delta\omega$、Γ。人们观察到兰姆位移既可以是正的，又可以是负的，并且可以扩大数百倍。图 15.6 显示了在图 15.5 中用虚线表示的选定跃迁波长下，函数变量为偶极子和球体之间距离的兰姆位移。

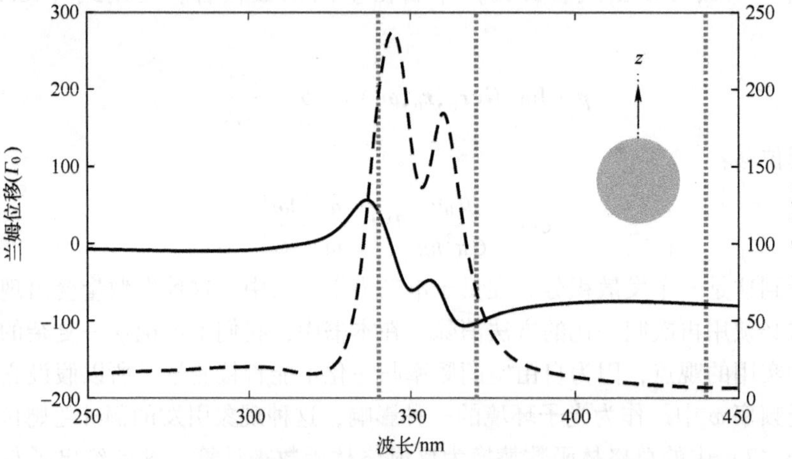

图 15.5　直径为 40nm 的银纳米球和距离球体 10nm 的偶极子的兰姆位移 $\delta\omega$（实线，左轴）和衰减率 Γ（虚线，右轴）。$\delta\omega$，Γ 均以 Wigner-Weisskopf 衰减率 Γ_0 为单位给出。虚线表示图 15.6 中描述的与距离相关的兰姆位移的波长

15.5　纳米尺度的力

在第 4 章讨论了电磁场携带动量的情况下可以对电介质和金属体施力。我们在这里表明，在没有外部电磁场的情况下这种力也存在，而力现在由场的涨落引起。为了方便，将施加在小的可极化粒子和大物体上的力分开处理，并将这些力表示为小粒子的卡西米尔-波德力和大粒子的卡西米尔力。本节的分析与文献［120，134］密切相关。

15.5.1　卡西米尔-波德力

当原子移动足够慢时，其动力学可以近似地用以下形式的等效哈密顿量来描述：

$$\hat{H}_{\text{atom}}=\frac{\hat{\boldsymbol{\pi}}^2}{2M}+\hbar\delta\omega(\boldsymbol{r}) \tag{15.52}$$

式中：M 为原子的质量；$\delta\omega(\boldsymbol{r})$为上面讨论过的兰姆位移。在这个模型中，忽略了由原子运动引起的内部激发过程，这可能会导致高速运动的原子的非接触摩擦[173]。从海森堡的运动方程中，可以得到了作用在原子上的力：

$$\hat{\boldsymbol{F}}(\boldsymbol{r})=\frac{\mathrm{d}}{\mathrm{d}t}\hat{\boldsymbol{\pi}}=\frac{1}{\mathrm{i}\hbar}[\hat{\boldsymbol{\pi}},\hat{H}_{\text{atom}}]=-\nabla(\hbar\delta\omega(\boldsymbol{r})) \tag{15.53}$$

原子的运动许多时候可以用经典理论来处理，而 F 可以解释为作用在原子上的经典力。显然，式（15.53）中的卡西米尔-波尔德力是由电磁场涨落导致的，并且力又将粒子推至负值更大的兰姆位移区域。

图 15.6 显示了金属纳米球前偶极子的兰姆位移，并将球和偶极子距离作为函数的变量。可以观察到对于所研究的偶极跃迁波长 λ_{dip}，当 $\lambda_{\text{dip}}=340\text{nm}$ 时，卡西米尔-波尔德力是排斥力；反之则是吸引力。图 15.5 表示了 $\delta\omega$ 与共振波长的函数关系，图 15.6 与图 15.5 的比较表明，当“$\hbar\omega_{\text{dip}}$”位于纳米球等离子体激元共振的高能侧时，力是排斥的；当“$\hbar\omega_{\text{dip}}$”位于低能侧时，力变为吸引力。

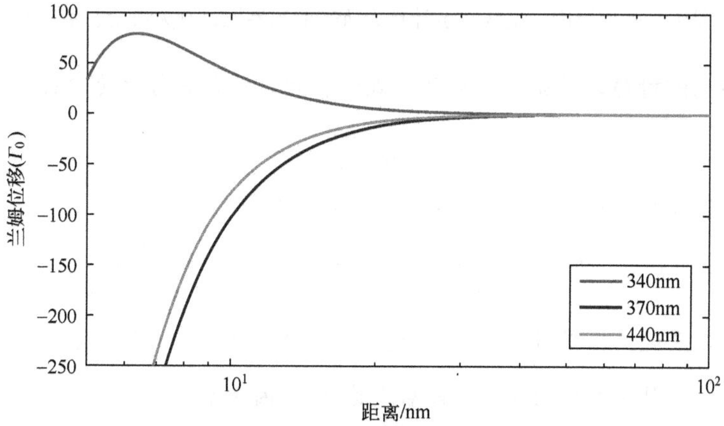

图 15.6　当改变银纳米球和偶极子之间的距离时，并且与图 15.5 中使用的参数相同时的兰姆位移。图 15.5 中的虚线表示偶极子的跃迁波长

15.5.2 卡西米尔力

较大物体之间的卡西米尔力处理方式有所不同。此处介绍了两种不同的描述方案，其中一种基于真空涨落，另一种基于麦克斯韦应力张量。

两个完美导电板之间的卡西米尔力

图 15.7 描述了两个完美导电的平板间距为 L 的情况。在第 13 章讨论电磁场的量子化时，我们已经得知光子模式具有（无限）基态能量：

$$E_0 = \frac{1}{2}\sum_i \hbar\omega_i$$

在这里 i 标记了不同的光子模式。因为基态能量一般无法测量，所以一般的计算时会将其舍弃。在场约束的情况下，如由两个导电板产生的场约束时，在禁带区域光子态密度会减小，这使板之间产生吸引力，下面我们将展示如何计算这个力。

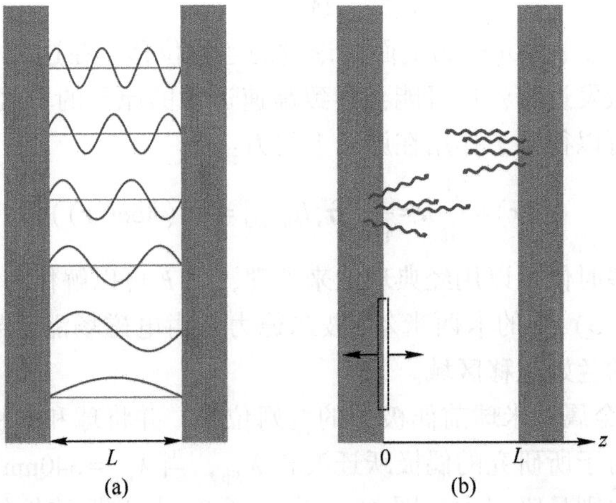

图 15.7 卡西米尔力示意图。(a) 电磁模式被限制在两个完美导电的平板之间，这两个平板间距为 L。光子态密度比自由空间中的值小，这导致两个平板之间产生吸引力。(b) 同样的效应也可以用（真空和热）辐射涨落来描述，涨落是力产生的原因。虚线表示计算力所需的边界框，有关讨论，请参阅正文

卡西米尔力的计算。首先，注意到垂直于表面的模式有离散的波数：

$$k_n = \frac{n\pi}{L}$$

其中，n 为一个整数。基态能量可以由下式计算：

$$E_0(d) = \frac{A\hbar c}{(2\pi)^2}\int_{-\infty}^{\infty}\left(\sum_{n=1}^{\infty}\sqrt{k_\parallel + k_n^2}\right)\mathrm{d}^2 k_\parallel = \frac{A\hbar}{2\pi c}\sum_{n=1}^{\infty}\int_{ck_n}^{\infty}\omega^2\mathrm{d}\omega$$

式中：A 为量化区域；$k_\parallel$ 为平行动量，模式极化数的因子可以抵消一半的因子。利用 $\omega = c\,(k_\parallel^2 + k_n^2)^{\frac{1}{2}}$ 并引入了极坐标得到最后表达式 。因为基态能量是无限的，所以必须引入正则化过程。引入一个指数截止项 $\Lambda = 1/\varepsilon$ 得到：

$$\sum_{n=1}^{\infty}\int_{ck_n}^{\infty}\mathrm{e}^{-\varepsilon\omega}\omega^2\mathrm{d}\omega = \frac{\partial^2}{\partial\varepsilon^2}\left(\sum_{n=1}^{\infty}\int_{ck_n}^{\infty}\mathrm{e}^{-\varepsilon\omega}\mathrm{d}\omega\right) = \frac{\partial^2}{\partial\varepsilon^2}\left(\frac{1}{\varepsilon}\sum_{n=1}^{\infty}\mathrm{e}^{-\varepsilon ck_n}\right)$$

正如下文将进一步讨论的那样，因为这种截止可以被激发，所以在足够高的光子能量下所有材料必须透明。最后一个表达式中的求和可以精确计算，当以 ε 的幂展开求解时，得到单位面积的能量，有

$$\frac{E_0(d)}{A}\approx\left(\frac{3\hbar L}{\pi^2c^2}\right)\Lambda^4-\left(\frac{\hbar}{2\pi c}\right)\Lambda^3-\frac{\pi^2}{720}\frac{\hbar c^2}{L^3} \tag{15.54}$$

因为前两项在极限 $\Lambda\to\infty$ 处发散，所以这里我们不再考虑。并且这两项对极板之间的力没有贡献。

右边的最后一项是卡西米尔能量密度[174]，通过式（15.55）计算单位面积上的力：

$$F=-\frac{1}{A}\frac{\mathrm{d}E(L)}{\mathrm{d}L}=-\frac{\pi^2}{240}\frac{\hbar c}{L^4} \tag{15.55}$$

场涨落产生的卡西米尔力

尽管卡西米尔使用了不同的推导公式来消除分歧项，但是上述推导仍与卡西米尔（Casimir）的原著[174]一致。这些分歧也已在文献中进行了深入分析，例如文献［175-176］。在本节中，我们提供了该力的另一种推导，这时力由涨落的真空场或热场引起，如图 15.7（b）所示。这种方法更符合本章介绍的涨落电动力学，希望对上述推导不太满意的读者能更喜欢下面的讨论。

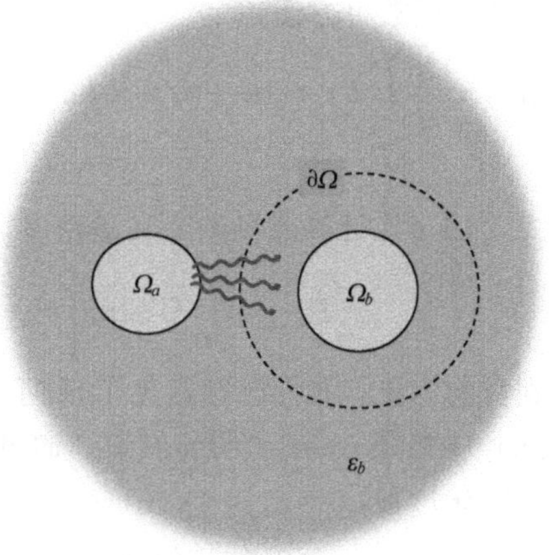

图 15.8　作用在体积为 Ω_b 的物体上的卡西米尔力的计算示意图。我们将物体封闭在一个边界为∂Ω 的体积内，并使边界置于介电常数为 ε_b 的均匀背景材料中。通过计算穿过∂Ω 的麦克斯韦应力张量，我们得到作用在电介质或金属体上的力

考虑图 15.8 所示的情况，其中两个介电体或金属体位于介电常数 ε_b 的背景材料中。我们的目标是计算作用在体积 Ω_b 上的力，它可能没有明显的边界但有空间上不均匀介电常数。首先，将物体放置在一个体积 Ω 中，体积 Ω 的边界完全位于背景介质中。接下来，使用作用在宏观电荷分布上的总洛伦兹力，宏观电荷分布以电荷密度 ρ 和电流密度 J 为特征，其形式为

$$\hat{\boldsymbol{F}}=\int_\Omega[\hat{\rho}(\boldsymbol{r},t)\,\hat{\boldsymbol{E}}(\boldsymbol{r},t)+\hat{\boldsymbol{J}}(\boldsymbol{r},t)\times\hat{\boldsymbol{B}}(\boldsymbol{r},t)]\,\mathrm{d}^3r \tag{15.56}$$

在 4.5 节经典电动力学的框架内计算过这个力，读者可以在本节中利用算符进行同样的导而无须任何修改，得到：

$$\hat{\rho}(\boldsymbol{r},t)\hat{\boldsymbol{E}}(\boldsymbol{r},t)+\hat{\boldsymbol{J}}(\boldsymbol{r},t)\times\hat{\boldsymbol{B}}(\boldsymbol{r},t)=\nabla\cdot\lim_{r\to r'}\overline{\overline{\hat{T}}}(\boldsymbol{r},\boldsymbol{r}',t)-\varepsilon_b\frac{\mathrm{d}}{\mathrm{d}t}[\hat{\boldsymbol{E}}(\boldsymbol{r},t)\times\hat{\boldsymbol{B}}(\boldsymbol{r},t)] \tag{15.57}$$

这里引入了麦克斯韦应力张量的算符：

$$\hat{T}_{ij}(\boldsymbol{r},\boldsymbol{r}',t)=\varepsilon_b\,\hat{E}_i(\boldsymbol{r},t)\hat{E}_j(\boldsymbol{r}',t)+\frac{1}{\mu_0}\hat{B}_i(\boldsymbol{r},t)\hat{B}_j(\boldsymbol{r}',t)$$
$$-\frac{1}{2}\delta_{ij}\left(\varepsilon_b\,\hat{E}_k(\boldsymbol{r},t)\hat{E}_k(\boldsymbol{r}',t)+\frac{1}{\mu_0}\hat{B}_k(\boldsymbol{r},t)\hat{B}_k(\boldsymbol{r}',t)\right)$$

在热平衡中，式（15.57）右侧的时间导数项消失，场算符乘积的期望值与式（15.1）的交叉谱密度相关，然后得到：

$$\langle \hat{f}(\boldsymbol{r}) \rangle_{\text{eq}} = \nabla \cdot \int_{-\infty}^{\infty} \lim_{r' \to r} \left\langle \overline{\overline{T}}^{+} (\boldsymbol{r},\boldsymbol{r}',\omega) + \overline{\overline{T}}^{-} (\boldsymbol{r},\boldsymbol{r}',\omega) \right\rangle_{\text{eq}} \frac{\mathrm{d}\omega}{2\pi}$$

式中：$\hat{f}$为力密度算符，由式（15.57）的左侧给出，$\hat{T}^{\pm}$由下式给出：

$$\overline{T}(\boldsymbol{r},\boldsymbol{r}',\omega)_{\text{eq}} = \varepsilon_b \, \overline{\varepsilon}^{\pm}(\boldsymbol{r},\boldsymbol{r}',\omega) + \mu_0 \, \overline{H}^{\pm}(\boldsymbol{r},\boldsymbol{r}',\omega)$$
$$- \frac{1}{2}\mathrm{tr}[\varepsilon_b \, \overline{\varepsilon}^{\pm}(\boldsymbol{r},\boldsymbol{r}',\omega) + \mu_0 \, \overline{H}^{\pm}(\boldsymbol{r},\boldsymbol{r}',\omega)]$$

这里$\hat{H}^{\pm}$是磁场的交叉谱密度，其定义与式（15.1）类似，只是用磁场算符代替电场算符。现在可以使用式（15.36）将交叉谱密度与并矢格林函数联系起来。事实证明，引入如下辅助函数更方便：

$$\overline{\overline{\theta}}_{\text{tot}}(\boldsymbol{r},\boldsymbol{r}') = \frac{\hbar}{\pi} \int_0^{\infty} (1 + 2\bar{n}_{\text{th}}(\hbar)) \times \mathrm{Im}[\mu_0 \varepsilon_b \omega^2 \, \overline{\overline{G}}_{\text{tot}}(\boldsymbol{r},\boldsymbol{r}',\omega) + \nabla \times \overline{\overline{G}}_{\text{tot}}(\boldsymbol{r},\boldsymbol{r}',\omega) \times \overleftarrow{\nabla}'] \mathrm{d}\omega \tag{15.58}$$

利用式（15.6）计算磁场的交叉谱密度。作用在体积 Ω 内物体上的力可以表示为

$$\langle \hat{\boldsymbol{F}} \rangle_{\text{eq}} = \int_{\Omega} \nabla \cdot \lim_{r' \to r} \left[\overline{\overline{\theta}}_{\text{tot}}(\boldsymbol{r},\boldsymbol{r}') - \frac{1}{2}\mathrm{tr}(\overline{\overline{\theta}}_{\text{tot}}(\boldsymbol{r},\boldsymbol{r}')I) \right] \mathrm{d}^3 r$$

到目前为止，我们已经避免了任何奇点或无穷大上的计算。然而，格林函数在式（15.58）中极限 $\boldsymbol{r}' \to \boldsymbol{r}$ 上明显发散。通过将格林函数分解为两个部分，可以得到一个合适的正则化过程：

$$\overline{\overline{G}}_{(\text{tot})}(\boldsymbol{r},\boldsymbol{r}',\omega) = \overline{\overline{G}}(\boldsymbol{r},\boldsymbol{r}',\omega) + \overline{\overline{G}}_{\text{refl}}(\boldsymbol{r},\boldsymbol{r}',\omega)$$

其中第一部分是均匀背景的格林函数，第二部分“反射”部分与其本身有关。我们已在前面的章节中对这种分解进行了详细的讨论。由于没有对嵌入同质背景材料中的单个物体施加的力，因此可以不考虑（单独）“G”的部分贡献只保留反射部分的卡西米尔力。

卡西米尔力

$$\langle \hat{\boldsymbol{F}} \rangle_{\text{eq}} = \oint_{\partial\Omega} \lim_{r' \to r} \left[\overline{\overline{\theta}}_{\text{refl}}(\boldsymbol{r},\boldsymbol{r}') - \frac{1}{2}\mathrm{tr}(\overline{\overline{\theta}}_{\text{refl}}(\boldsymbol{r},\boldsymbol{r}')I) \right] \cdot \hat{n} \mathrm{d}S \tag{15.59}$$

在这里用高斯定理将体积积分转化为边界积分。式（15.59）对于实际计算非常方便，因为其计算只需了解经典格林函数，它对整个频率范围有效。作为一个代表性的例子，我们重新计算了两个间距为 L 的导体板之间的卡西米尔力，如图 15.7 所示。具体来说，设两板位置分别为 0 和 L，并将式（8.58）、式（8.59）的反射格林函数用于平板结构。如练习 15.8 所述，z 方向上单位面积上的力可计算为

$$f_z = -\frac{\hbar}{2\pi^2} \int_0^{\infty} \mathrm{d}\omega (1 + 2\bar{n}_{\text{th}}(\hbar\omega)) \int_0^{\infty} \mathrm{d}k_\rho k_\rho k_z \mathrm{Re}\left[\sum_\lambda \frac{\mathrm{e}^{2ik_z l} R_1^\lambda R_2^\lambda}{1 - \mathrm{e}^{2ik_z L} R_1^\lambda R_2^\lambda} \right] \tag{15.60}$$

式中：$R_{1,2}^\lambda$为 $z=0$ 和 $z=L$ 界面处的反射系数；对 λ 求和表示在横向电模和磁模上运算。值得注意的是，力 f_z 独立于力 z。这个表达式是 Lifshitz 最早得到的［177］。接下来，我们在零温度条件并考虑频率独立的反射系数 $r_\lambda = R_1^\lambda R_2^\lambda$ 时计算它 。然后得到：

$$f_z = -\frac{\hbar}{2\pi^2}\sum_{\lambda}\int_0^{\infty}\mathrm{Re}\left[\sum_{n=1}^{\infty} r_{\lambda}^{n}\int_0^{\infty} k_{\rho}k_z \mathrm{e}^{2\mathrm{i}nk_zL}\mathrm{d}k_{\rho}\right]\mathrm{d}\omega \tag{15.61}$$

把分母展开成几何级数。接下来，如附录 B 所述的那样将 k_{ρ} 积分扩展到复平面，并使用图 B.5 所示的边界。对于传播模式，首先沿实轴从 0 到 k 积分，得到括号中的项：

$$\mathrm{Re}\left[\sum_{n=1}^{\infty} r_{\lambda}^{n}\int_0^{k}\mathrm{e}^{2\mathrm{i}nk_zL}k_z^2\mathrm{d}k_z\right] = \frac{1}{8L^3}\mathrm{Re}\left[\sum_{n=1}^{\infty} r_{\lambda}^{n}\left(-\frac{i\xi^2\mathrm{e}^{\mathrm{i}n\xi}}{n}+\frac{2\xi\mathrm{e}^{\mathrm{i}n\xi}}{n^2}+\frac{2i}{n^3}(\mathrm{e}^{\mathrm{i}n\xi}-1)\right)\right] \tag{15.62}$$

利用 $\xi=2kL$ 和多重对数 $Li_m(z)=\sum\limits_{n=1}^{\infty}\frac{z^n}{n^m}$ 等式右边可以被改写为

$$\frac{1}{8L^3}\mathrm{Re}\left[-i\xi^2 Li_1(r_{\lambda}\mathrm{e}^{\mathrm{i}\xi})+2\xi Li_2(r_{\lambda}\mathrm{e}^{\mathrm{i}\xi})+2i(Li_3(r_{\lambda}\mathrm{e}^{\mathrm{i}\xi})-Li_3(r_{\lambda}))\right]$$

对于倏逝模，设 $k_z=i\kappa$ 与式以获得与式（15.62）类似结果：

$$\mathrm{Re}\left[-i\sum_{n=1}^{\infty} r_{\lambda}^{2}\int_0^{\infty}\mathrm{e}^{-2n\kappa L}\kappa^2\mathrm{d}\kappa\right] = \mathrm{Re}\left[\frac{2i}{8L^3}Li_3(r_{\lambda})\right]$$

它可由传播模式表达式中的相应项抵消。综合所有结果，从式（15.61）得到：

$$f_z = -\frac{\hbar c}{32\pi^2L^4}\sum_{\lambda}\int_0^{\infty}\mathrm{Re}\left[-i\xi^2Li_1(r_{\lambda}\mathrm{e}^{\mathrm{i}\xi})+2\xi Li_2(r_{\lambda}\mathrm{e}^{\mathrm{i}\xi})+2iLi_3(r_{\lambda}\mathrm{e}^{\mathrm{i}\xi})\right]\mathrm{d}\xi$$

对积分进行解析求解，得到：

$$f_z = -\frac{\hbar c}{32\pi^2L^4}\sum_{\lambda}\mathrm{Re}\left[-\xi^2Li_2(r_{\lambda}\mathrm{e}^{\mathrm{i}\xi})-4i\xi Li_3(r_{\lambda}\mathrm{e}^{\mathrm{i}\xi})+6Li_4(r_{\lambda}\mathrm{e}^{\mathrm{i}\xi})\right]_0^{\infty}$$

最后，假设理想导体板的反射系数的中 $r_{\lambda}=\mathrm{e}^{-\varepsilon\omega}$，$\varepsilon\to 0$，这样材料在低频时是理想导体，但在高频时将透明。积分函数在积分上限为零，得到：

$$f_z = \frac{3\hbar c}{8\pi^2L^4}Li_4(1) = \frac{3\hbar c}{8\pi^2L^4}\left(\frac{\pi^4}{90}\right) = \frac{\pi^2}{240}\frac{\hbar c}{L^4} \tag{15.63}$$

这个表达式与之前所述的式（15.55）结果一致。为了理解力的方向，考虑图 157（b）中的包络线（虚线）。麦克斯韦应力张量在间隙区域的 f_z 具有恒定的值，因为电磁场在板内被完全屏蔽，所以 f_z 在板内部为零。在 $z=0$ 时，作用在板上的每单位面积力可通过以下公式计算：

$$F = \lim_{z\to 0^+}[\overline{\overline{\theta}}_{\mathrm{refl}}(\boldsymbol{r},\boldsymbol{r})]_{zz} - \lim_{z\to 0^-}[\overline{\overline{\theta}}_{\mathrm{refl}}(\boldsymbol{r},\boldsymbol{r})]_{zz} = f_z$$

类似地，可以发现在 $z=L$ 处作用在板上的力指向负 z 方向。这表明两个板块之间的力是吸引力的。尽管基本描述的物理性质不同，但描述卡西米尔力的两种方法给出了相同的结果。如图 15.7 所示，第一种方法建立在板间区域模式密度降低的基础上，并且结果与量子化电磁模式基态能量降低相关的力。第二种方法利用量子场和热场涨落，并通过麦克斯韦应力张量计算力。一般来说，这两种方法仅对理想导体一致，而对于具有任意频率相关介电常数的物体，必须采用式（15.59），利用经典电动力学的格林函数可以简化计算卡西米尔力。

图 15.9 显示了金纳米球与电介质或金属基底之间测得的卡西米尔力[165]。根据材料的分解，卡西米尔力既可以是排斥力，又可以是吸引力。图 15.10 显示了两个镀金球体

之间测得的力以及与理论预测[178]的比较，理论预测在整个距离范围内表现出完美的一致性。

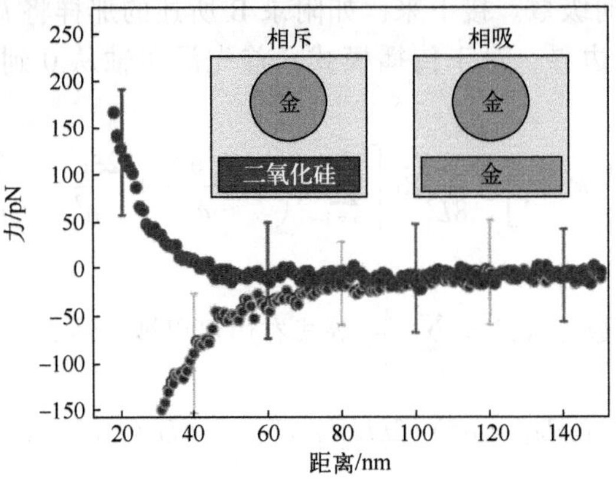

图 15.9 测得的镀金（100nm）聚苯乙烯球与二氧化硅板之间的排斥力及浸入支撑基体中的镀金球和镀金板之间的吸引卡西米尔力。圆点代表50个数据集的平均力，以及相应的误差条。数据取自文献［165］

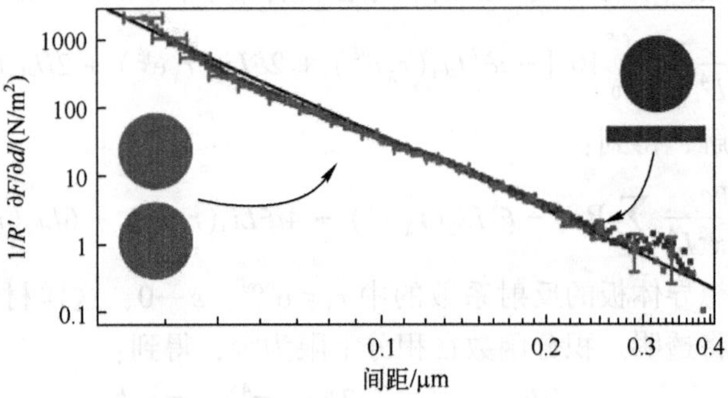

图 15.10 球-板和球-球测量几何体的卡西米尔力空间微分测量。结果与两个金球的卡西米尔力导数的计算值一致，均方根微扰粗糙度值为 4.9nm（黑线）。灰色阴影区域显示了球体方向的不确定性导致的粗糙度校正的不确定性。图和说明摘自文献［178］

15.6 纳米尺度的热传递

本节以简要讨论纳米尺度的热传递结束本章，这方面与卡西米尔力都是非常活跃的研究领域，二者都有许多有趣的研究和应用。例如，参见文献［164，167，173，180］及其参考文献。图 15.11 展示了一个影响深远的研究，作者用一个周期性的微观结构研究了热源。

由极性材料（SiC）制成的热红外光源可以在长距离（多个波长）上相干，并在明确的方向上辐射[179]。一般来说，利用本章提出的工具，如我们可以使用本章开头介绍的交叉光谱密度计算发射辐射。

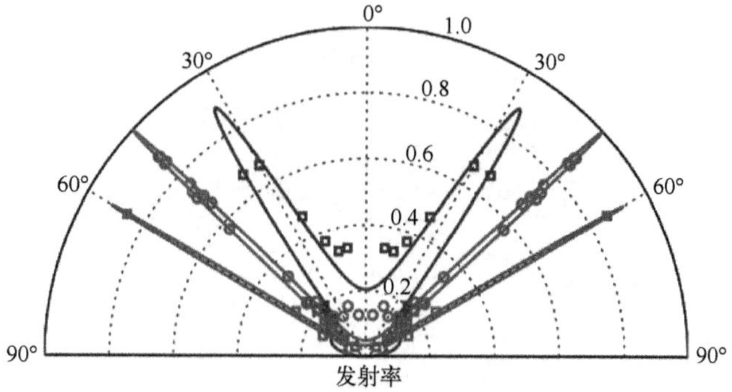

图 15.11 具有纳米结构光栅的热源的相干光发射。SiC 光栅在 p 方向偏振和 $\lambda=11.04\mu m$、11.36μm 和 11.86μm 不同波长下的发射率。发射率是利用基尔霍夫定律测量镜面反射率得出的。数据取自文献［179］

三种粉色

本章包含很多繁杂的理论和太多的方程式，因此让读者看到提出的工具对做实际的事情是十分有益的。范汕洄和斯坦福大学的同事在过去几年中已经证明，人们可以通过纳米结构改变材料的发射和吸收特性做很多了不起的事情。上面的平板显示了文献［181］“有色物体的光子热处理”，三种颜色物体的温度取决于能量的流入和流出：

$$P_{net}=P_{sun}^{visibie}+P_{sun}^{inf\ rared}-(P_{rad}-P_{atm})$$

其中，右侧的前两个量对应日光吸收的功率，而 P_{rad} 是物体的总热辐射功率，P_{atm} 是环境温度下大气吸收的热辐射功率。对于颜色大致相同的物体，$P_{sun}^{visibie}$ 没有太大的变化，但 $P_{sun}^{inf\ rared}$ 受纳米材料结构的变化影响，范汕洄的工作就是对分层介质的简单应用。作者通过对加利福尼亚州斯坦福市的屋顶温度测量发现即使是对于颜色大致相同的物体，温度差异也会极大，对于热样品差异超过 80℃，对于色漆和冷样温度差异分别大约为 60℃和 40℃。此外，热的样品会比黑漆的样品更热。

在下文中，研究了两种不同温度恒温热源之间的热传递，如图 15.12 所示。从坡印亭矢量开始：

$$\langle \hat{S}(\boldsymbol{r})\rangle_{eq}=\frac{1}{2}\mathrm{Re}\,\langle \hat{\boldsymbol{E}}^{+}(\boldsymbol{r})\times\hat{\boldsymbol{H}}^{-}(\boldsymbol{r})+\hat{\boldsymbol{E}}^{-}(\boldsymbol{r})\times\hat{\boldsymbol{H}}^{+}(\boldsymbol{r})\rangle_{eq} \tag{15.64}$$

坡印亭矢量描述了真空和热场涨落产生的能量通量密度。可以使用式（15.6）用交叉谱密度表示坡印亭矢量：

$$\langle \hat{S}(r,\omega)\rangle_{eq}=\frac{1}{2}\lim_{r'\to r}\mathrm{Re}\left[\frac{i}{\mu_0\omega}(\overline{\overline{\varepsilon}}^{+}(\boldsymbol{r},\boldsymbol{r}',\omega)-\overline{\overline{\varepsilon}}^{-}(\boldsymbol{r},\boldsymbol{r}',\omega))\times\vec{\nabla}'\right]$$

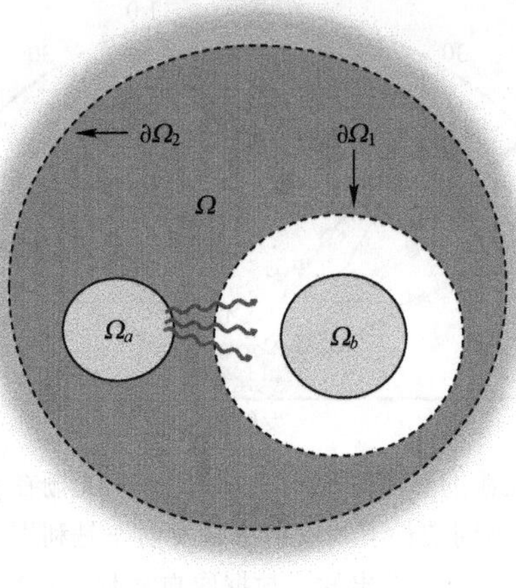

图 15.12　纳米尺度下热传递计算。考虑两个温度分别为 T_a、T_b 的物体 Ω_a、Ω_b，并计算物体之间的辐射流。在体积 Ω 上积分，该体积 Ω 包括物体 a 但不包括物体 b。Ω 的外边界用 $\partial\Omega_2$ 表示，Ω_b 的边界用 $\partial\Omega_1$ 表示。通过计算坡印亭矢量的通量 $a\to b$ 和 $b\to a$，可以计算热通量

假设只对体积 Ω 内产生的场涨落感兴趣。相应的交叉谱密度可从式（15.30）中得到：

$$\begin{cases}\overline{\overline{\varepsilon}}^{+}(\boldsymbol{r},\boldsymbol{r}',+\omega)\,|_{\Omega}=2\mu_0\omega^2 V_{\Omega}[\overline{\overline{G}}_{\text{tot}},\overline{\overline{G}}_{\text{tot}}^{*}](\boldsymbol{r},\boldsymbol{r}',\omega)(\overline{n}_{\text{th}}(\hbar\omega)+1)\\ \overline{\overline{\varepsilon}}^{-}(\boldsymbol{r},\boldsymbol{r}',-\omega)\,|_{\Omega}=2\mu_0\omega^2 V_{\Omega}[\overline{\overline{G}}_{\text{tot}}^{*},\overline{\overline{G}}_{\text{tot}}](\boldsymbol{r},\boldsymbol{r}',\omega)\overline{n}_{\text{th}}(\hbar\omega)\end{cases}$$

总结上述贡献并使用式（15.72）中体积项的对称关系，可以将 Ω 内部的电流源引起的坡印亭矢量写成：

$$\langle\hat{\boldsymbol{S}}(r,\omega)\rangle_{\text{eq}}\,|_{\Omega}=\omega\lim_{r\to r'}[V_{\Omega}[\overline{\overline{G}}_{\text{tot}},\overline{\overline{G}}_{\text{tot}}^{*}](\boldsymbol{r},\boldsymbol{r}',\omega)\times\vec{\nabla}'](1+2\overline{n}_{\text{th}}(\hbar\omega))\tag{15.65}$$

现在可以通过以下公式计算热通量：

$$Q_{a\to b}=-\oint_{\partial\Omega_1}\left[\int_0^{\infty}\hat{S}\,(r,\omega)_{\text{eq}}\,|_{\Omega}\mathrm{d}\omega\right]\cdot\hat{\boldsymbol{n}}_1\mathrm{d}S\tag{15.66}$$

其中“负号”可以使温度 T_a 大于 T_b 时的量为正值，相关定义请参见第 4 章中的吸收截面。在热平衡中，热通量 $Q_{a\to b}$ 必须等于通量 $Q_{b\to a}$、当物体 a 和 b 为不同的恒定温度时，净通量 $\Delta Q_{a\to b}$ 由下式决定

$$\langle\Delta\hat{\boldsymbol{S}}(\boldsymbol{r},\omega)\rangle_{\text{eq}}\,|_{\Omega}=\langle\hat{\boldsymbol{S}}(\boldsymbol{r},\omega)\rangle_{\text{eq}}\,|_{\Omega}^{T_b}-\langle\hat{\boldsymbol{S}}(\boldsymbol{r},\omega)\rangle_{\text{eq}}\,|_{\Omega}^{T_a}\tag{15.67}$$

两个物体 a 和 b 之间的净热通量可以根据坡印亭定理计算

物体 a 与 b 之间的净热通量

$$\Delta Q_{a\to b}=-\oint_{\partial\Omega_1}\left[\int_0^{\infty}\langle\Delta\hat{\boldsymbol{S}}(\boldsymbol{r},\omega)\rangle_{\text{eq}}\mathrm{d}\omega\right]\cdot\hat{\boldsymbol{n}}_1\mathrm{d}S\tag{15.68}$$

可以使用式（15.65）和格林函数的表示式（15.31）将公式（15.68）转换为双边界积分。文献［182-183］中描述了相关的方法，并将其作为习题留给感兴趣的读者。

15.7　表示公式推导的细节

本节将展示如何推导式（15.31）中格林函数的表示公式。从式（15.24）的格林函数定义开始，并将其重写（这里省略了格林函数的下标）

$$\begin{cases}[-\nabla\times\nabla\times\overline{\overline{G}}(\boldsymbol{r},\boldsymbol{r}')]_{ij}+\mu_0\omega^2\int\varepsilon_{ik}(\boldsymbol{r},\boldsymbol{r}_1)G_{kj}(\boldsymbol{r}_1,\boldsymbol{r}')\mathrm{d}^3r_1=-\delta(\boldsymbol{r}-\boldsymbol{r}')\delta_{ij}\\ [-\nabla'\times\nabla'\times\overline{\overline{G}}(\boldsymbol{r},\boldsymbol{r}')]_{ji}+\mu_0\omega^2\int\varepsilon_{jk}(\boldsymbol{r}',\boldsymbol{r}_1)G_{ki}(\boldsymbol{r}_1,\boldsymbol{r})\mathrm{d}^3r_1=-\delta(\boldsymbol{r}-\boldsymbol{r}')\delta_{ij}\end{cases}\tag{15.69}$$

第二行中的表达式是通过对将第一行中的方程转置并将素数坐标与非素数坐标交换得到。利用式（7.35）中并矢格林函数的互易关系和介电常数张量的相应表达式 $\varepsilon_{ij}(\boldsymbol{r},\boldsymbol{r}')=\varepsilon_{ji}(\boldsymbol{r},\boldsymbol{r}')$，将第二行改写为

$$[-\nabla'\times\nabla'\times\overline{\overline{G}}(\boldsymbol{r},\boldsymbol{r}')]_{ij}+\mu_0\omega^2\int G_{ik}(\boldsymbol{r},\boldsymbol{r}_1)\varepsilon_{kj}(\boldsymbol{r}_1,\boldsymbol{r}')\mathrm{d}^3r_1=-\delta(\boldsymbol{r}-\boldsymbol{r}')\delta_{ij}$$

接下来，将等式（15.69）的第二个等式右乘以$\overline{\overline{G}}^*$左乘以$\overline{\overline{G}}$，得到

$$\begin{cases}-\delta(\boldsymbol{r}-\bar{\boldsymbol{r}})\overline{\overline{G}}^*(\boldsymbol{r},\boldsymbol{r}')=[-\bar{\nabla}\times\bar{\nabla}\times\overline{\overline{G}}(\boldsymbol{r},\bar{\boldsymbol{r}})]\times\overline{\overline{G}}^*(\bar{\boldsymbol{r}},\boldsymbol{r}')\\ \qquad\qquad+\mu_0\omega^2\int_\Omega\overline{\overline{G}}(\boldsymbol{r},\bar{\boldsymbol{r}})\times\overline{\overline{\varepsilon}}(\bar{\boldsymbol{r}},\boldsymbol{r}_1)\times\overline{\overline{G}}^*(\boldsymbol{r}_1,\boldsymbol{r}')\mathrm{d}^3r_1\\ -\overline{\overline{G}}(\boldsymbol{r}-\bar{\boldsymbol{r}})\delta(\boldsymbol{r},\boldsymbol{r}')=\overline{\overline{G}}(\boldsymbol{r},\bar{\boldsymbol{r}})\times[-\bar{\nabla}\times\bar{\nabla}\times\overline{\overline{G}}(\boldsymbol{r},\bar{\boldsymbol{r}})]\\ \qquad\qquad+\mu_0\omega^2\int_\Omega\overline{\overline{G}}(\boldsymbol{r},\bar{\boldsymbol{r}})\times\overline{\overline{\varepsilon}}^*(\bar{\boldsymbol{r}},\boldsymbol{r}_1)\times\overline{\overline{G}}^*(\boldsymbol{r}_1,\boldsymbol{r}')\mathrm{d}^3r_1\end{cases}\tag{15.70}$$

将这两个表达式相减，并在体积 Ω 对$\bar{\boldsymbol{r}}$积分，得到

$$\begin{aligned}2i\mathrm{Im}[\overline{\overline{G}}(\boldsymbol{r},\boldsymbol{r}')]\Theta_\Omega(\boldsymbol{r},\boldsymbol{r}')=2iV_\Omega[\overline{\overline{G}},\overline{\overline{G}}^*](\boldsymbol{r},\boldsymbol{r}')+\int_\Omega\\ \times\{[-\bar{\nabla}\times\bar{\nabla}\times\overline{\overline{G}}(\boldsymbol{r},\bar{\boldsymbol{r}})]\cdot\overline{\overline{G}}^*(\bar{\boldsymbol{r}},\boldsymbol{r}')\\ +\overline{\overline{G}}(\boldsymbol{r},\bar{\boldsymbol{r}})\cdot\bar{\nabla}\times\bar{\nabla}\times\overline{\overline{G}}^*(\bar{\boldsymbol{r}},\boldsymbol{r}')\}\mathrm{d}^3\bar{r}\end{aligned}\tag{15.71}$$

这里的 Θ_Ω是1还是0取决于$\boldsymbol{r},\boldsymbol{r}'$是否都位于体积 Ω 的内部或外部。我们不考虑$\boldsymbol{r},\boldsymbol{r}'$位于不同的体积中。在上述等式中，引入了式（15.29）的体积积分：

$$V_\Omega[\bar{\bar{u}},\bar{\bar{v}}](\boldsymbol{r},\boldsymbol{r}')=\mu_0\omega^2\int_\Omega\bar{\bar{u}}(\boldsymbol{r},\boldsymbol{r}_1,\omega)\cdot\mathrm{Im}[\overline{\overline{\varepsilon}}(\boldsymbol{r}_1,\boldsymbol{r}_1{}',\omega)]\cdot\bar{\bar{v}}(\boldsymbol{r}_1',\boldsymbol{r}',\omega)\mathrm{d}^3r_1\mathrm{d}^3r_1'$$

其中，“$\bar{\bar{u}}$”和“$\bar{\bar{v}}$”是两个任意函数。利用光学的互易定理和 V 的定义，可以很容易地导出对称关系：

$$V_\Omega[\overline{\overline{G}}_{\mathrm{tot}},\overline{\overline{G}}^*_{\mathrm{tot}}](\boldsymbol{r},\boldsymbol{r}')=V_\Omega[\overline{\overline{G}}^*_{\mathrm{tot}},\overline{\overline{G}}_{\mathrm{tot}}](\boldsymbol{r}',\boldsymbol{r})=(V_\Omega[\overline{\overline{G}}^*_{\mathrm{tot}},\overline{\overline{G}}_{\mathrm{tot}}](\boldsymbol{r},\boldsymbol{r}'))^*\tag{15.72}$$

为清晰起见，上式中省略了 ω。在5.5节我们推导了两个矢量函数 u、v 的恒等式：

$$\begin{aligned}&\int_\Omega\{[-\nabla\times\nabla\times\boldsymbol{u}(\boldsymbol{r})]\cdot\boldsymbol{v}(\boldsymbol{r})+\boldsymbol{u}(\boldsymbol{r})\cdot\nabla\times\nabla\times\boldsymbol{v}(\boldsymbol{r})\}\mathrm{d}^3\\ &=-\oint_{\partial\Omega}\{[\nabla\times\boldsymbol{u}(\boldsymbol{r})]\times\boldsymbol{v}(\boldsymbol{r})+\boldsymbol{u}(\boldsymbol{r})\times[\nabla\times\boldsymbol{v}(\boldsymbol{r}))\}\cdot\hat{\boldsymbol{n}}\mathrm{d}S\end{aligned}\tag{15.73}$$

它们可用于简化式（15.71）中的最后一项。事实证明，引入对体积 V 的积分是很方便的，缩写如下：

$$B_{\partial\Omega}[\overline{\overline{u}},\overline{\overline{v}}](\boldsymbol{r}_1,\boldsymbol{r}_2)=\frac{i}{2}\oint_{\partial\Omega}\{\overline{\overline{u}}(\boldsymbol{r}_1,\boldsymbol{r})\times[\nabla\times\overline{\overline{v}}(\boldsymbol{r},\boldsymbol{r}_2)]$$
$$+[\nabla\times\overline{\overline{u}}(\boldsymbol{r},\boldsymbol{r}')]\times\overline{\overline{v}}(\boldsymbol{r},\boldsymbol{r}_2)\}\cdot\hat{\boldsymbol{n}}\mathrm{d}S$$

综上所述，可得出格林函数的最终表达式（15.31），其中第二行的表达式由第一行表达式的复共轭得到。

边界条件

人们总想计算位于或接近边界 $\partial\Omega$ 的边界项 $B_{\partial\Omega}(\boldsymbol{r}',\boldsymbol{r})$。这样做的时候，必须注意格林函数在极限 $\boldsymbol{r}_1,\boldsymbol{r}_2\to\boldsymbol{r}$ 处的奇异行为，这种限制可以通过以下方式避免。首先，假设边界位于一个有恒定背景介电常数 ε_b 的区域内。然后，可以将总格林函数表示为无界背景介质的格林函数"$\overline{\overline{G}}_b$"之和，并且将其表示为反射格林函数，类似于前几章，有

$$\overline{\overline{G}}_{\mathrm{tot}}(\boldsymbol{r},\boldsymbol{r}')=\overline{\overline{G}}_b(\boldsymbol{r},\boldsymbol{r}')+\overline{\overline{G}}_{\mathrm{refl}}(\boldsymbol{r},\boldsymbol{r}')$$

位于背景区域 $\overline{\overline{G}}_b$ 内的 $\boldsymbol{r}_1$，$\boldsymbol{r}_2$ 满足以下定义：

$$-\nabla\times\nabla\times\overline{\overline{G}}_b(\boldsymbol{r},\boldsymbol{r}')+k_b^2\,\overline{\overline{G}}_b(\boldsymbol{r},\boldsymbol{r}')=-\delta(\boldsymbol{r}-\boldsymbol{r}')I,$$

而反射格林函数满足齐次波动方程：

$$-\nabla\times\nabla\times\overline{\overline{G}}_{\mathrm{refl}}(\boldsymbol{r},\boldsymbol{r}')+k_b^2\,\overline{\overline{G}}_{\mathrm{refl}}(\boldsymbol{r},\boldsymbol{r}')=0$$

对于 $\mathrm{Im}[\varepsilon_b]=0$ 的非吸收介质，可以使用式（15.33）来计算含自由空间格林函数乘积的边界项的高度奇异部分，然后可得

$$B_{\partial\Omega}[\overline{\overline{G}}_{\mathrm{tot}},\overline{\overline{G}}^*_{\mathrm{tot}}](\boldsymbol{r},\boldsymbol{r}')=B_{\partial\Omega}[\overline{\overline{G}}_{\mathrm{tot}},\overline{\overline{G}}^*_{\mathrm{refl}}](\boldsymbol{r},\boldsymbol{r}')$$
$$+B_{\partial\Omega}[\overline{\overline{G}}_{\mathrm{refl}},\overline{\overline{G}}^*_{\mathrm{tot}}](\boldsymbol{r},\boldsymbol{r}')-B_{\partial\Omega}[\overline{\overline{G}}_{\mathrm{refl}},\overline{\overline{G}}^*_{\mathrm{refl}}](\boldsymbol{r},\boldsymbol{r}')+\mathrm{Im}[\overline{\overline{\boldsymbol{C}}}_b(\boldsymbol{r},\boldsymbol{r}')]\tag{15.74}$$

右边的前两项可以用在第9章和第11章中关于边界积分和边界元方法的讨论进行类比计算。第三项修正了反射格林函数项的重复计算，因为反射格林函数中的所有奇异贡献已移除，所以此项可以很容易地进行计算。

习题

练习 15.1 使用场算符重复第4章的计算：

（a）式（4.14）的坡印亭定理。

（b）式（4.36）的光学力。

练习 15.2 考虑式（15.37）的光-物质相互作用和式（13.78）的自由空间电场算符 $\hat{\boldsymbol{E}}^{\perp}$。在不使用交叉光谱密度的情况下计算式（14.95）的费米黄金法则表达式，并表明最终结果与式（15.40）的 Wigner-Weisskopf 衰变率一致。

练习 15.3 使用 NANOPT 工具箱中的文件 demostrat03.m 计算位于金衬底上方的偶极子的寿命的减少。

（a）改写程序以计算零温度下式（15.39）、式（15.50）的散射率和兰姆位移。

（b）研究兰姆位移对材料的依赖性。对比 Au、Ag 和介电材料硅的 $\varepsilon:\varepsilon_0=0$ 进行比较。

（c）计算准静态近似中散射率和兰姆位移的增强。在衬底内放置一个镜像偶极子，并将镜像偶极子的电场近似反射的格林函数与精确结果进行比较，以确定准静态近似有效的距离范围。

练习 15.4 使用 NANOPT 工具箱中的文件 demodipmie01. m 和 demodipmie 02. m 来计算位于金纳米球上方的偶极子的衰变率。利用 miessolver 类的 lambshift 函数对程序进行改写，以计算相应的兰姆位移。使用程序重现图 15.5 和图 15.6 中给出的结果。

练习 15.5 使用 NANOPT 工具箱中的文件 demobem06. m 和 demobem07. m，并利用准静态近似计算位于纳米球上方的偶极子的减少寿命。

（a）对程序进行改写令其也可利用式（15.50）计算兰姆位移。将小球与练习 15.4 中得出的精确米氏结果进行比较。

（b）利用偶极共振处的跃迁频率和相对于它的红移和蓝移，计算轴比为 1:2 和 1:3 的纳米椭球的兰姆位移。

练习 15.6 考虑量子发射器的频率正则化和衰变率的式（15.46）。

（a）用并矢格林函数表示交叉谱密度。

（b）将总格林函数拆分为自由空间贡献 G 和反射部分 G_{refl}，并保留反射部分。

（c）使用格林函数的 Kramers-Kronig 关系，在频率正则化和衰变率之间建立类似的联系，二者分别与格林函数的实部和虚部相关。

练习 15.7 使用式（15.4）的结果计算作用在直径为 100nm 的金球上方的电偶极子上的力。当偶极层间距为 10nm、20nm、50nm，偶极矩为 0. 1enm 时计算以 pN 为单位的力，并得出力在哪个跃迁频率最大？

练习 15.8 推导式（15.60）中作用在两块板之间的力的 Lifschitz 结果。从式（8.58）、式（8.59）中给出的板结构的反射格林函数出发，该函数可以重写为紧凑形式：

$$G_{ij}^{\text{refl}}(\boldsymbol{r},\boldsymbol{r}')=\frac{i}{8\pi^2}\int_{-\infty}^{\infty}\frac{\mathrm{e}^{\mathrm{i}k_{\parallel}\cdot(\boldsymbol{r}-\boldsymbol{r}')}}{k_z}\sum_{\lambda}\left[\boldsymbol{\epsilon}_i^{\lambda+}A^{\lambda}\mathrm{e}^{\mathrm{i}k_z z}+\boldsymbol{\epsilon}_i^{\lambda-}B^{\lambda}\mathrm{e}^{-\mathrm{i}k_z z}\right]\boldsymbol{\epsilon}_j^{\lambda\pm}\mathrm{d}k_x\mathrm{d}k_y$$

剩下的计算有些繁琐，可以分为以下步骤。

（a）计算格林函数元素 $G_{xx}^{\text{refl}}=G_{yy}^{\text{refl}}$ 和 G_{zz}^{refl} 在极限 $\boldsymbol{r}\to\boldsymbol{r}'$ 的值。利用等式（B.8）

$$\langle\boldsymbol{\epsilon}^{\text{TE}}\boldsymbol{\epsilon}^{\text{TE}}\rangle=\frac{1}{2}\begin{pmatrix}1&&\\&1&\\&&0\end{pmatrix},\langle\boldsymbol{\epsilon}^{\text{TM}}\boldsymbol{\epsilon}^{\text{TM}}\rangle=\frac{1}{2k^2}\begin{pmatrix}\pm k_z^2&&\\&\pm k_z^2&\\&&2k_\rho^2\end{pmatrix}$$

其中 TM 情况下的符号取决于偏振矢量的波数自变量 $\hat{\boldsymbol{k}}^{\pm}$ 的符号组合。

（b）为了计算磁场格林函数，用 $\mathrm{e}^{\mathrm{i}\boldsymbol{k}\cdot\boldsymbol{r}}$、$\mathrm{e}^{-\mathrm{i}\boldsymbol{k}'\cdot\boldsymbol{r}'}$ 和 $\boldsymbol{k}=\boldsymbol{k}^{\pm}$，$\boldsymbol{k}'=\boldsymbol{k}^{\pm}$ 表示上面给出的反射格林函数。使用

$$\nabla\times(\mathrm{e}^{\mathrm{i}(\boldsymbol{k}\cdot\boldsymbol{r}-\boldsymbol{k}'\cdot\boldsymbol{r}')}\boldsymbol{\epsilon}^{\lambda}\boldsymbol{\epsilon}^{\lambda})\times\overleftarrow{\nabla}'=(k\times\boldsymbol{\epsilon}^{\lambda})(k'\times\boldsymbol{\epsilon}^{\lambda})\mathrm{e}^{\mathrm{i}(\boldsymbol{k}\cdot\boldsymbol{r}-\boldsymbol{k}'\cdot\boldsymbol{r}')}$$

并使用式（B.5）计算叉积。以便计算极限 $\boldsymbol{r}\to\boldsymbol{r}'$ 时的磁场格林函数。

（c）考虑数量

$$\overline{\overline{\theta}}(\boldsymbol{r},\boldsymbol{r},\omega)=\frac{\hbar}{\pi}\lim_{\boldsymbol{r}\to\boldsymbol{r}'}\mathrm{Im}\left[k^2\,\overline{\overline{G_{\mathrm{refl}}}}(\boldsymbol{r},\boldsymbol{r}',\omega)+\nabla\times\overline{\overline{G_{\mathrm{refl}}}}(\boldsymbol{r},\boldsymbol{r}',\omega)\times\overleftarrow{\nabla}'\right]$$

其由等式（15.58）在 $\boldsymbol{r}\to\boldsymbol{r}'$ 时定义计算单位面积的力

$$f_z=\int\left[\frac{1}{2}\theta_{zz}(\boldsymbol{r},\boldsymbol{r},\omega)-\theta_{xx}(\boldsymbol{r},\boldsymbol{r},\omega)\right]\mathrm{d}\omega$$

从而得出式（15.60）的最终表达式。

第 16 章

二能级系统

到目前为止，本书只研究了材料的线性响应。本章将介绍新的内容，即考虑具有非线性动力学的量子发射器。先是介绍最简单的二能级系统模型，这样就可以用布洛赫矢量（Bloch vector）来表示系统状态。第 17 章将讨论将其推广到多能级系统，还将介绍一些具有代表性的纳米光学和等离子体光学的示例。

16.1 布洛赫球

二能级系统是可以引入叠加态的最简单的量子系统，在量子信息和量子计算领域引起了人们极大的研究兴趣；在这些领域中一个二能级系统往往被称为“量子比特”，它能够切实地展示出包含在量子物理中的所有“奇异”行为。本书中我们沿用一个比较古老的表示方法，令二能级系统的基态为 g，激发态为 e。因此系统任意的状态可表示为

$$|\Psi\rangle = C_g|g\rangle + C_e|e\rangle \rightarrow \begin{pmatrix} C_e \\ C_g \end{pmatrix} = C_g\begin{pmatrix} 0 \\ 1 \end{pmatrix} + C_e\begin{pmatrix} 1 \\ 0 \end{pmatrix} \tag{16.1}$$

典型的二能级系统就是分子或量子点，如图 16.1 所示。它们可以通过吸收光子从基态跃迁到激发态。稍后我们会将结果推广到更多的能级，但大多数物理过程用二能级系统描述就足够了。一般来说，系统由两个复数 C_g 和 C_e 或者 4 个实数决定。如果再假定波函数已归一化，且定义一个无关紧要的全局相位，则用两个实数来表征波函数。一个简单处理方法是用 ϕ 和 θ 表示：

$$|\psi\rangle = \sin\left(\frac{\theta}{2}\right)|g\rangle + \mathrm{e}^{-\mathrm{i}\phi}\cos\left(\frac{\theta}{2}\right)|e\rangle \tag{16.2}$$

这样就可以通过布洛赫球上的任意一点将状态形象化表示，如图 16.2 所示。基态位于南极，激发态位于北极。引入一个布洛赫矢量，它从原点指向球面上任意一个由 θ 和 ϕ 确定的点。布洛赫矢量起初是在描述电子自旋时引入的，利用三维矢量来描述电子自旋会使其图像变得特别清晰。同样的描述方法很容易被推广到其他二能级系统，成为

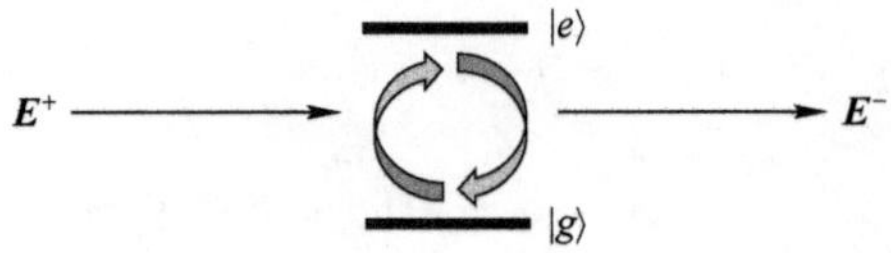

图 16.1 由基态 g 和激发态 e 组成的二能级系统示意图。通过吸收光子，系统从基态跃迁到激发态；反之亦然，即通过发射光子，系统从激发态跃迁到基态。$E^{\pm}$是与吸收和发射光子有关的电场振幅

非常有用的可视化工具。

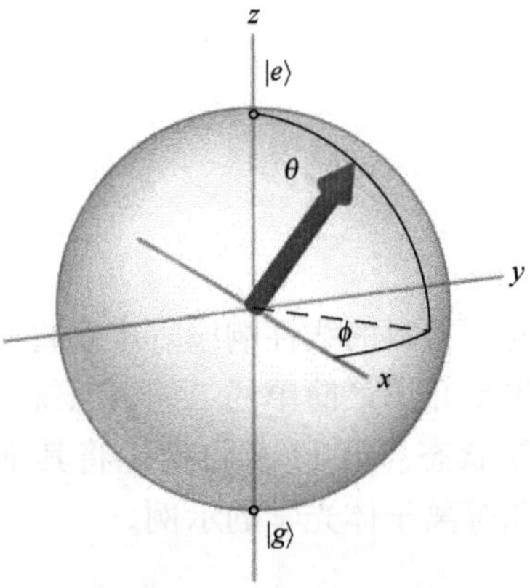

图 16.2 二能级系统的布洛赫球表示。二能级系统的一般状态对应布洛赫球的一个点，其用 θ、ϕ 表征。基态位于南极，激发态位于北极

在二能级系统引入泡利矩阵是非常方便的。

泡利矩阵

$$\boldsymbol{\sigma}_1=\begin{pmatrix}0 & 1\\1 & 0\end{pmatrix},\quad \boldsymbol{\sigma}_2=\begin{pmatrix}0 & -\mathrm{i}\\\mathrm{i} & 0\end{pmatrix},\quad \boldsymbol{\sigma}_3=\begin{pmatrix}1 & 0\\0 & -1\end{pmatrix} \tag{16.3}$$

与单位矩阵一起：

$$\boldsymbol{I}=\begin{pmatrix}1 & 0\\0 & 1\end{pmatrix}$$

泡利矩阵能够构成任何二能级算符的完整基（见习题 16.1）。这意味着任何算符$\hat{A}$都可以写成如下形式：

$$\hat{A}=a_0\boldsymbol{I}+\sum_{j=1}^{3}a_j\boldsymbol{\sigma}_j=a_0\boldsymbol{I}+\boldsymbol{a}\cdot\boldsymbol{\sigma} \tag{16.4}$$

式（16.4）中的最后一项引入了一个矩阵的矢量$\boldsymbol{\sigma}=\sigma_1\hat{\boldsymbol{x}}+\sigma_2\hat{\boldsymbol{y}}+\sigma_3\hat{\boldsymbol{z}}$和标积$\boldsymbol{a}\cdot\boldsymbol{\sigma}$，通过求和能够给出形如式（16.4）的算符表达式。泡利矩阵是厄米共轭的：

$$\sigma_j^{\dagger}=\sigma_j \tag{16.5}$$

这对于厄米算符 $A=A^{\dagger}$ 而言，就要求其展开式中的标量 a_0 和矢量 $\boldsymbol{a}$ 都必须是实数。另一个重要的性质是泡利矩阵的等幂性，即

$$\sigma_j^2=\boldsymbol{I} \tag{16.6}$$

并且满足关系：

$$\sigma_i\sigma_j=\delta_{ij}\boldsymbol{I}+\mathrm{i}\varepsilon_{ijk}\sigma_k \tag{16.7}$$

式（16.7）中使用了式（2.55）的完全反对称 Levi-Civita 张量。以上所有的性质可以很容易地通过计算验证。下文中还将使用以下两个算符：

$$\begin{cases}|e\rangle\langle g|\to\sigma_+=\dfrac{1}{2}(\sigma_1+\mathrm{i}\sigma_2)=\begin{pmatrix}0&1\\0&0\end{pmatrix}\\|g\rangle\langle e|\to\sigma_-=\dfrac{1}{2}(\sigma_1-\mathrm{i}\sigma_2)=\begin{pmatrix}0&0\\1&0\end{pmatrix}\end{cases} \tag{16.8}$$

σ_+能够将系统从基态跃迁到激发态，反之 σ_-将系统从激发态跃迁到基态。

回顾布洛赫矢量

利用泡利矩阵，可以将布洛赫矢量 $\boldsymbol{u}$ 写成下面有趣的形式：

$$\boldsymbol{u}=\langle\psi|\boldsymbol{\sigma}|\psi\rangle=\begin{pmatrix}\cos\phi\sin\theta\\\sin\phi\sin\theta\\\cos\theta\end{pmatrix} \tag{16.9}$$

式（16.9）可以从式（16.2）给出的波函数推导得出。为了理解布洛赫矢量不同分量的物理意义。首先用式（16.1）的波函数计算其 z 分量

$$u_z=\langle\sigma_3\rangle=|C_e|^2-|C_g|^2$$

它表示激发态与基态的布居差，该分量取-1 对应于基态，取+1 对应于激发态，分别位于布洛赫球的南极和北极。同理，可得

$$u_x=2\mathrm{Re}\{C_gC_e^*\},\quad u_y=2\mathrm{Im}\{C_gC_e^*\}$$

因此，布洛赫矢量的 x 和 y 分量与基态和激发态的叠加特性有关。我们将在下面进一步讨论，这与麦克斯韦方程组的偏振问题直接相关。

16.2　二能级动力学

接下来考虑在哈密顿量不含时的情况下二能级系统的动力学：

$$\hat{H}=E_0\boldsymbol{I}+\frac{1}{2}\hbar\boldsymbol{\Omega}\cdot\boldsymbol{\sigma} \tag{16.10}$$

方便起见选择系数为 1/2。由于$\hat{H}$是厄米算符，矢量 $\boldsymbol{\Omega}$ 必须是实数。下面我们也将考虑与时间有关的矢量 $\boldsymbol{\Omega}(t)$，但目前我们仍假定它与时间无关并设 $E_0=0$。该哈密顿量随时间演化算符为

$$\hat{U}(t,0)=\mathrm{e}^{-\mathrm{i}\frac{1}{2}\boldsymbol{\Omega}\cdot\boldsymbol{\sigma}t}=\sum_{n=0}^{\infty}\frac{\left(-\dfrac{i}{2}t\right)^n}{n!}(\boldsymbol{\Omega}\cdot\boldsymbol{\sigma})^n$$

在上式中最后一步将幂指数进行了泰勒展开。现在用式（16.7）将泡利矩阵的乘积简化为

$$(\boldsymbol{\Omega}\cdot\boldsymbol{\sigma})^2=\Omega_i\Omega_j(\delta_{ij}\boldsymbol{I}+\mathrm{i}\varepsilon_{ijk}\sigma_k)=\Omega^2\boldsymbol{I}$$

其中 Levi-Civita 张量项为零，这是因为 $\Omega_i\Omega_j$ 是一个对称矩阵。因此可以将时间演化算符写为

$$\hat{U}(t,0)=\sum_{n=0}^{\infty}\frac{\left(-\frac{i}{2}\Omega t\right)^{2n}}{(2n)!}\boldsymbol{I}+\sum_{n=0}^{\infty}\frac{\left(-\frac{i}{2}\Omega t\right)^{2n+1}}{(2n+1)!}\hat{\boldsymbol{\Omega}}\cdot\boldsymbol{\sigma}$$

式中：$\hat{\boldsymbol{\Omega}}$为单位矢量，因此式（16.10）哈密顿量的时间演化算符如下。

二能级系统的时间演化算符

$$\hat{U}(t,0)=\cos\left(\frac{\Omega t}{2}\right)I-\mathrm{i}\sin\left(\frac{\Omega t}{2}\right)\hat{\boldsymbol{\Omega}}\cdot\boldsymbol{\sigma} \tag{16.11}$$

通过简单的计算就能很容易地验证，$\hat{U}(t,0)$是幺正矩阵，且满足$\hat{U}\hat{U}^{\dagger}=\boldsymbol{I}$。同样，也可以给出泡利矩阵幺正变换如下：

$$\mathrm{e}^{\mathrm{i}\frac{1}{2}\boldsymbol{\Omega}\cdot\boldsymbol{\sigma}t}\boldsymbol{\sigma}\mathrm{e}^{-\mathrm{i}\frac{1}{2}\boldsymbol{\Omega}\cdot\boldsymbol{\sigma}t}=\cos(\Omega t)\boldsymbol{\sigma}+\sin(\Omega t)\hat{\boldsymbol{\Omega}}\times\boldsymbol{\sigma}+[1-\cos(\Omega t)](\hat{\boldsymbol{\Omega}}\cdot\boldsymbol{\sigma})\hat{\boldsymbol{\Omega}} \tag{16.12}$$

光驱动的二能级系统

下面考虑如下形式的哈密顿量：

$$\hat{H}(t)=\sum_{i=e,g}E_i|i\rangle\langle i|+\hat{H}_{\mathrm{op}}(t) \tag{16.13}$$

第一项表示基态和激发态的能量即E_g与E_e，第二项

$$\hat{H}_{\mathrm{op}}(t)=-q\boldsymbol{r}\cdot\boldsymbol{E}(t)$$

为偶极近似下的光与物质耦合，见式（13.91）。$q\boldsymbol{r}$是偶极子算符，$\boldsymbol{E}$是二能级系统处的电场，我们将它设成为经典场。光与物质耦合在二能级系统展开为

$$\hat{H}_{\mathrm{op}}(t)=-q\{\langle e|\boldsymbol{r}|g\rangle\sigma_{+}+\langle g|\boldsymbol{r}|e\rangle\sigma_{-}\}\cdot\boldsymbol{E}(t)$$

上式中假定对角元素$\langle g|\boldsymbol{r}|g\rangle$和$\langle e|\boldsymbol{r}|e\rangle$都是零。括号中的第一项描述了偶极子由基态跃迁到激发态的过程，第二项描述了反向跃迁。在本书中使用的符号比较便捷，即泡利矩阵$\boldsymbol{\sigma}_{x,y,z}$及跃迁与反跃迁算符$\sigma_{\pm}$都没有加算符符号。至于电场，可以把它分解为正频率和负频率分量：

$$\boldsymbol{E}(t)=\boldsymbol{E}^{+}(t)+\boldsymbol{E}^{-}(t)$$

这正如14.3节中详细讨论的那样，当时我们证明了$\boldsymbol{E}^{+}$与光子吸收相关，$\boldsymbol{E}^{-}$与光子辐射相关，尽管接下来我们将在经典范畴中处理电场。在许多情况下，这种场分解能够极大地把光与物质相互作用哈密顿量进行化简。假设光的振荡频率近似等于二能级系统的能量差$\hbar\omega\approx E_e-E_g$，这样可以写出：

$$\boldsymbol{E}(t)=\mathrm{e}^{-\mathrm{i}\omega t}\boldsymbol{\varepsilon}^{+}(t)+\mathrm{e}^{\mathrm{i}\omega t}\boldsymbol{\varepsilon}^{-}(t) \tag{16.14}$$

式中：$\boldsymbol{\varepsilon}^{\pm}$为随时间变化的慢变函数。在相互作用绘景中，光与物质耦合表示为

$$\begin{aligned}\hat{H}_{\mathrm{op},I}(t)=&-\mathrm{e}^{+\mathrm{i}(E_e-E_g-\omega)t}[\boldsymbol{p}\cdot\boldsymbol{\varepsilon}^{+}(t)]\sigma_{+}-\mathrm{e}^{+\mathrm{i}(E_e-E_g+\omega)t}[\boldsymbol{p}\cdot\boldsymbol{\varepsilon}^{-}(t)]\sigma_{+}\\&-\mathrm{e}^{-\mathrm{i}(E_e-E_g-\omega)t}[\boldsymbol{p}^{*}\cdot\boldsymbol{\varepsilon}^{-}(t)]\sigma_{-}-\mathrm{e}^{-\mathrm{i}(E_e-E_g+\omega)t}[\boldsymbol{p}^{*}\cdot\boldsymbol{\varepsilon}^{+}(t)]\sigma_{-}\end{aligned}$$

这里引入了偶极矩$\boldsymbol{p}=\langle e|q\boldsymbol{r}|g\rangle$。在旋转波近似下只保留低频振荡项：

$$\hat{H}_{\mathrm{op},I}(t)\approx-\mathrm{e}^{+\mathrm{i}(E_e-E_g-\omega)t}[\boldsymbol{p}\cdot\boldsymbol{\varepsilon}^{+}(t)]\sigma_{+}-\mathrm{e}^{-\mathrm{i}(E_e-E_g-\omega)t}[\boldsymbol{p}^{*}\cdot\boldsymbol{\varepsilon}^{-}(t)]\sigma_{-}$$

转换成薛定谔绘景，可得旋转波近似下的光与物质耦合哈密顿量。

旋转波近似下的光与物质耦合哈密顿量

$$\hat{H}_{\mathrm{op}}(t)=-\{\hbar\Omega_{\mathrm{R}}(t)\sigma_{+}+\hbar\Omega_{\mathrm{R}}^{*}(t)\sigma_{-}\} \tag{16.15}$$

这里引入了Rabi能量：

$$\hbar\Omega_R(t)=\langle e|q\boldsymbol{r}|g\rangle\cdot\boldsymbol{E}^+(t) \tag{16.16}$$

本章中为避免与式（16.10）引入的 $\boldsymbol{\Omega}$ 混淆，令 Rabi 的能量为 $\hbar\Omega_R$，Rabi 频率为 Ω_R。但在以后的章节，如果在不会发生混淆的情况下我们将去掉下标。一般情况下 Ω_R 是复数，其绝对值表示了光与物质相互作用的强度，也表示了偶极矩与电场矢量 $\boldsymbol{E}^+$ 的关系。

在旋转波近似中忽略了高频振荡 $\omega+(E_e-E_g)/\hbar$ 的贡献，这是因为如果假定该项变化很快，它对系统的动力学不会有任何显著的影响。旋转波近似对于 $\hbar\Omega_R\ll E_e-E_g$ 的情况非常有效，它能够很好地满足我们所研究的大部分系统。图 16.3 展示了在考虑和不考虑旋转波近似下，对 $\Omega_R:\omega=1:10$ 的光与物质耦合时共振激发的计算。即使对于这样的强耦合，非共振项也不起实际作用，这反映了旋转波近似的有效性。

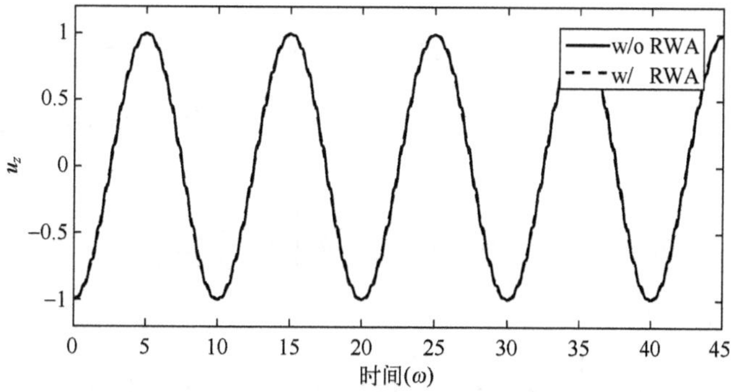

图 16.3　二能级系统的激发：实线和虚线分别对应有（无）旋转波近似的情况，其中 $\Omega_R:\omega=1:10$，图中画出了布洛赫矢量的 z 分量随时间变化的函数。即使对于如此强的光与物质耦合，也几乎是无法区分其区别的

时谐场

对于时谐光激发的情况，二能级系统的动力学可以进一步简化。考虑电场形式为

$$\boldsymbol{E}(t)=\frac{1}{2}(\boldsymbol{E}_0\mathrm{e}^{-\mathrm{i}\omega t}+\boldsymbol{E}_0^*\mathrm{e}^{\mathrm{i}\omega t})$$

其中，复振幅 $\boldsymbol{E}_0$ 通常表示为光激发的强度和相位。二能级系统的基态和激发态的能量差写为

$$\hbar\omega+\hbar\Delta=E_e-E_g \tag{16.17}$$

式中：ω 为时协场的角频率；Δ 为相对于二能级系统谐振的失谐频率。根据泡利矩阵，哈密顿量可以用以下形式表示：

$$\hat{H}(t)=\frac{1}{2}\hbar\omega\sigma_3+\frac{1}{2}\{\hbar\Delta\sigma_3-(\mathrm{e}^{-\mathrm{i}\omega t}\hbar\Omega_R\sigma_++\mathrm{e}^{\mathrm{i}\omega t}\hbar\Omega_R^*\sigma_-)\}=\hat{H}_0+\hat{V}(t)$$

其中，Rabi 能量 $\hbar\Omega_R=\langle e|q\boldsymbol{r}|g\rangle\cdot\boldsymbol{E}_0$ 是复数。接下来将引入相对于 $\hat{H}_0=\frac{1}{2}\hbar\omega\sigma_3$ 的相互作用绘景。稍后将看到：相互作用绘景下，与时间有关的泡利矩阵抵消了电场对时间的依赖，会得到一个与时间无关的二能级系统哈密顿量。

时谐场驱动的二能级系统哈密顿量

$$\hat{V}_I=\frac{1}{2}\{\hbar\Delta\sigma_3-\hbar\Omega'_{\mathrm{R}}\sigma_1+\hbar\Omega''_{\mathrm{R}}\sigma_2\} \tag{16.18}$$

式中：Ω'_{R}、Ω''_{R} 分别为 Rabi 频率的实部和虚部。值得注意的是，尽管我们描述的是一个与时间有关的问题，但相互作用绘景下的哈密顿量并不依赖时间。更重要的是：随着时间快速变化的 ω 已经完全从问题中移除，仅剩能量的失谐 $\hbar\Delta$ 和反映光与物质耦合强度的 Rabi 能量 $\hbar\Omega_{\mathrm{R}}$。

从这里开始我们将在与中心光频 ω 同步的“旋转坐标系”中进行计算，并且使用 $\hat{H}_0$ 表示相互作用，但并不明确指出它是在相互作用绘景下处理的。式（16.18）中的哈密顿量可以写为

$$\hat{V}=\frac{\hbar}{2}(-\Omega'_{\mathrm{R}}\hat{\boldsymbol{x}}+\Omega''_{\mathrm{R}}\hat{\boldsymbol{y}}+\Delta\hat{\boldsymbol{z}})\cdot\boldsymbol{\sigma}=\frac{1}{2}\hbar\boldsymbol{\Omega}\cdot\boldsymbol{\sigma}$$

上式中类比式（16.10）引入矢量 $\boldsymbol{\Omega}=(-\Omega'_{\mathrm{R}},\Omega''_{\mathrm{R}},\Delta)$。可得布洛赫矢量随时间的演变方程：

$$i\hbar\dot{u}_k=\mathrm{i}\hbar\frac{\mathrm{d}}{\mathrm{d}t}\langle\psi|\sigma_k|\psi\rangle=|\langle\psi|\left[\sigma_k,\frac{1}{2}\hbar\Omega\cdot\boldsymbol{\sigma}\right]|\psi\rangle \tag{16.19}$$

对最后一项进行简化为

$$\left[\sigma_k,\frac{1}{2}\hbar\boldsymbol{\Omega}\cdot\boldsymbol{\sigma}\right]=\frac{1}{2}\hbar\Omega_\ell[\sigma_k,\sigma_\ell]=\mathrm{i}\hbar\varepsilon_{k\ell m}\Omega_\ell\sigma_m$$

上式的最后一步应用了 $[\sigma_k,\sigma_\ell]=2\mathrm{i}\varepsilon_{k\ell m}\sigma_m$，这可以从式（16.7）的基本关系推导出。这样就最终得到了时谐波驱动的二能级系统布洛赫矢量随时间的演化公式。

时谐波驱动的二能级系统布洛赫矢量随时间的演化

$$\frac{\mathrm{d}\boldsymbol{u}}{\mathrm{d}t}=\boldsymbol{\Omega}\times\boldsymbol{u} \tag{16.20}$$

这可以理解为一个自旋 $\boldsymbol{u}$ 在假想磁场中的演化：

$$\boldsymbol{\Omega}=-\Omega'_{\mathrm{R}}\hat{\boldsymbol{x}}+\Omega''_{\mathrm{R}}\hat{\boldsymbol{y}}+\Delta\hat{\boldsymbol{z}}$$

该虚拟场的 x、y 分量分别由 Rabi 频率的实部和虚部给出，z 分量是由二能级系统相对于 ω 的失谐量给出。布洛赫矢量方程的解可由式（16.12）给出，得到：

$$\boldsymbol{u}(t)=\cos(\Omega t)\boldsymbol{u}_0+\sin(\Omega t)\hat{\boldsymbol{\Omega}}\times\boldsymbol{u}_0+[1-\cos(\Omega t)](\hat{\boldsymbol{\Omega}}\cdot\boldsymbol{u}_0)\hat{\boldsymbol{\Omega}} \tag{16.21}$$

式中：$\boldsymbol{u}_0$ 为零时刻的布洛赫矢量。式（16.21）也称 Rodrigues 的旋转公式，描述了 $\boldsymbol{u}_0$ 绕转轴 $\hat{\boldsymbol{\Omega}}$ 的旋转。式（16.21）也可以写成矩阵形式：

$$\vec{u}=\overline{\overline{\boldsymbol{R}}}(\hat{\boldsymbol{\Omega}},\Omega t)\cdot\boldsymbol{u}_0$$

旋转矩阵为

$$\boldsymbol{R}_{ij}(\hat{\boldsymbol{e}},\theta)=\cos\theta\delta_{ij}+\sin\theta\varepsilon_{ijk}\hat{\boldsymbol{e}}_k+(1-\cos\theta)\hat{\boldsymbol{e}}_i\hat{\boldsymbol{e}}_j.$$

共振激发和自由时间演化　为了之后的使用，这里明确地给出两个特殊的旋转矩阵。首先，对于共振激发和纯实数的 Rabi 频率，可得 $\hat{\boldsymbol{\Omega}}=-\hat{\boldsymbol{x}}$，这样 $\overline{\overline{\boldsymbol{R}}}$ 就成为绕 x 旋转的旋转矩阵：

$$\overline{\overline{\boldsymbol{R}}}(-\hat{\boldsymbol{x}},\theta)=\begin{pmatrix}1 & 0 & 0\\ 0 & \cos\theta & \sin\theta\\ 0 & -\sin\theta & \cos\theta\end{pmatrix}\tag{16.22}$$

其次，在没有任何驱动的情况下，只存在失谐项时$\hat{\boldsymbol{\Omega}}=\hat{z}$，这样$\overline{\overline{\boldsymbol{R}}}$就成为绕$z$旋转的旋转矩阵

$$\overline{\overline{\boldsymbol{R}}}(\hat{z},\theta)=\begin{pmatrix}\cos\theta & -\sin\theta & 0\\ \sin\theta & \cos\theta & 0\\ 0 & 0 & 1\end{pmatrix}\tag{16.23}$$

图 16.4 展示了最初处于基态的系统在不同 $\boldsymbol{\Omega}$ 矢量下布洛赫矢量的轨迹，其初态对应布洛赫球的南极。左图表示有一个大的失谐，相应的 $\boldsymbol{u}$ 被激发时并没有被带到远离南极的地方；相反，对于零失谐，布洛赫矢量在南北极之间振荡，如右图所示。

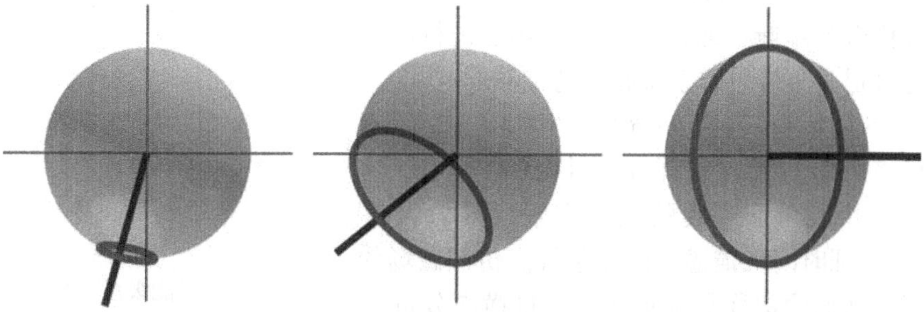

图 16.4　由式（16.21）计算得到，初始基态（南极）的布洛赫矢量在不同 $\boldsymbol{\Omega}$ 矢量下的时间演化。蓝线表示 $\boldsymbol{\Omega}$ 的方向

用布洛赫矢量和假想磁场描述系统动力学的图像显然借鉴了电子与核的自旋共振。对于电子而言，它的自旋和磁场间的耦合可通过 Zeeman 耦合写为

$$\hat{H}=-\hat{\boldsymbol{\mu}}\cdot(B_0z+\boldsymbol{B}_{\perp}\cos\omega t)\tag{16.24}$$

式中：B_0为沿 z 方向的静磁场，它能够把电子的两个自旋态产生能量分裂；$\boldsymbol{B}_{\perp}$ 为一个以 ω 振荡的射频场，它引起了电子自旋态之间的跃迁。磁矩算符为

$$\hat{\boldsymbol{\mu}}=\left(\frac{g\mu_B}{\hbar}\right)\boldsymbol{\sigma}$$

其中，电子的 g 因子约为 2，μ_B 为玻耳磁子，$\boldsymbol{\sigma}$ 为电子自旋算符。可以很容易验证，通过这个模型并引入类似于光学问题中的旋转波近似，能够得到一个类似于式（16.20）的运动方程。此处布洛赫矢量指向电子平均自旋的方向，$\boldsymbol{\Omega}$ 的横向分量指向射频场 $\boldsymbol{B}_{\perp}$ 的方向，电子能级劈裂与射频场 $\hbar\omega$ 之间的失谐给出了纵向分量 Ω_z。尽管二能级系统的光激发和静磁场中电子自旋的射频激发是基于两种不同的物理机制，但使用布洛赫矢量和 Rabi 矢量来描述驱动场是通用的，可以广泛地应用于其他二能级系统。

16.3　弛豫和退相

到目前为止，我们所讨论的是与外界隔绝的量子力学理想二能级系统。一般地，系

统与环境发生的相互作用会对其时间演化有显著影响。通常可以区分以下几种时间演化类型。

相干动力学 相干时间演化是由薛定谔方程决定的，哈密顿量包含有孤立系统的部分和与外场耦合的部分。

$$i\hbar\frac{\mathrm{d}}{\mathrm{d}t}|\Psi(t)\rangle=(\hat{H}_0+\hat{H}_{\mathrm{op}}(t))|\Psi(t)\rangle$$

非相干动力学 非相干时间演化是由环境耦合引起的，通常包含不可控因素。非相干过程可区分如下：

——弛豫过程（relaxation）：描述的是系统经历了一个从初态到末态的变化，并与环境发生了能量交换。

——退相过程（dephasing）：描述了叠加态的相位受环境耦合的影响，通常不需要与环境进行能量交换。这种退相直接导致系统相干特性减弱。

图 16.5 所示为二能级系统与环境相互作用示意图。我们将在第 17 章中更详细地讨论环境耦合，这里只介绍一个简单而直观的描述方案，用 T_2、T_2^* 和 T_1 三个特征时间来描述二能级系统。仿照磁场的描述方式，我们通常称影响布洛赫矢量横向分量 u_x 和 u_y 的时间 T_2、T_2^* 为“横向”弛豫时间，影响布洛赫矢量 z 分量的时间 T_1 为“纵向”弛豫时间。

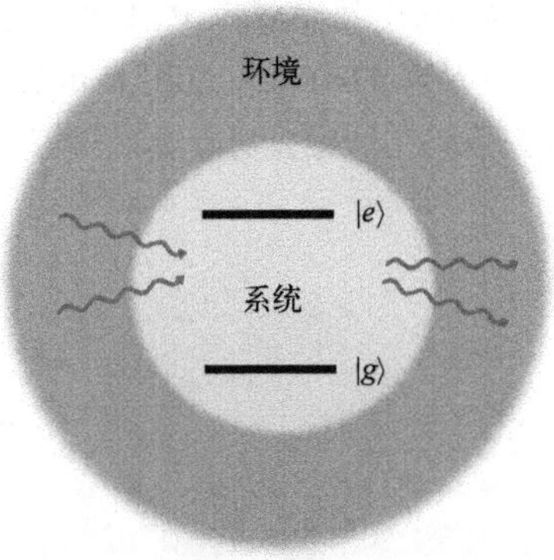

图 16.5 二能级系统与环境相互作用的示意图。这导致了能级之间的散射（弛豫）和叠加特性的损失（退相）

T_2 退相时间

从下面的简单模型分析。考虑一个由外部光场共振驱动到某个随机时间 t_r 的二能级系统，此时它与环境发生相互作用。假定这种耦合的影响是基态和激发态之间的相位被打乱，具有以下形式：

$$|\psi(t_r)\rangle=\sin\left(\frac{\theta}{2}\right)|g\rangle+\mathrm{e}^{-\mathrm{i}\phi}\cos\left(\frac{\theta}{2}\right)|e\rangle\rightarrow\sin\left(\frac{\theta}{2}\right)|g\rangle+\mathrm{e}^{-\mathrm{i}\phi_r}\cos\left(\frac{\theta}{2}\right)|e\rangle$$

式中：ϕ_r 为某个随机相位，因而布洛赫矢量发生的变化为

$$u(t_r)=\begin{pmatrix}\boldsymbol{u}_\perp\cos\phi\\ \boldsymbol{u}_\perp\sin\phi\\ u_z\end{pmatrix}\rightarrow\begin{pmatrix}\boldsymbol{u}_\perp\cos\phi_r\\ \boldsymbol{u}_\perp\sin\phi_r\\ u_z\end{pmatrix}$$

这里使用 $u_\perp$ 表示布洛赫矢量的横向分量。在经历该散射过程后，系统的时间演化又可以用前面提到的相干动力学描述，直到它再次从环境中获得某个随机相位。由于横向分量获取的相位是随机的，因此系统随机的时间演化与没有环境耦合的系统并不相同。

接下来有必要将上述描述与量子系统的测量建立联系。通常在实验中，要么测量大量相同（至少足够相似）的量子系统，要么对单个系统进行多次重复测量。对于后者而言，系统必须在每次实验开始前都处于相同（至少足够相似）的状态。无论是对很多系统多次测量还是对单一系统进行多次重复试验，最终的测量结果将是一个系综的统

计平均值。布洛赫矢量的平均时间演化为

$$\langle u(t) \rangle = \frac{1}{N}\sum_{\mu=1}^{N} u^{(\mu)}(t) \tag{16.25}$$

式中：N 为测量的次数；μ 为单个测量结果。图 16.6 给出了 $N=100$ 个二能级系统退相和随机相位跃迁的仿真结果。图的下半部分展示了单个系统的演化轨迹，它由一个被相位突变中断的相干演化确定，散射发生的时间是从一个呈指数分布的曲线 $e^{-\Gamma t_r}$ 中随机获取。顶部曲线展示了统计平均结果，它呈现随指数递减的演化规律。在许多情况下，这种退相可以通过在布洛赫方程引入衰减项来进行建模。

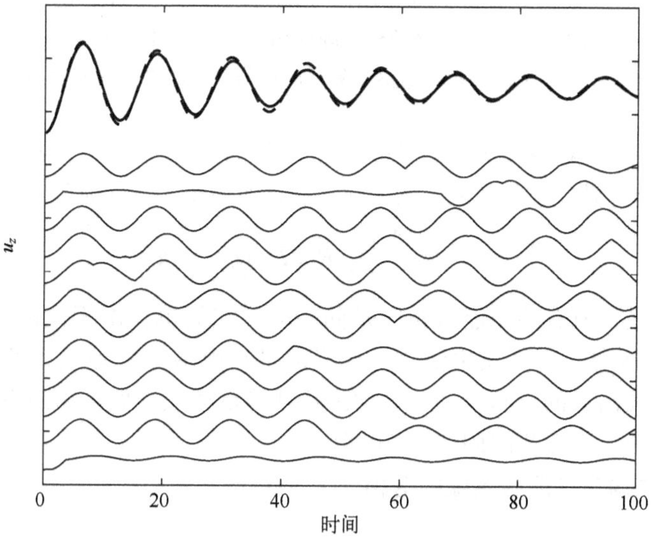

图 16.6　由外界光场共振驱动的 100 个二能级系统的退相模拟，其中环境耦合是通过随机相位跃迁来进行模拟的。较低的曲线显示单个系统布洛赫矢量 z 方向分量随时间演化的曲线；最上层的曲线显示系综的平均值（实线）和阻尼系数为 $2\times T_2$ 的指数衰减振荡（虚线），其中 $\boldsymbol{\Omega}=0.5$ 和 $T_2=30$

退相时间为 T_2 的二能级系统纯退相

$$\dot{\boldsymbol{u}} = \boldsymbol{\Omega}\times\boldsymbol{u} - \frac{1}{T_2}\boldsymbol{u}_{\perp} \tag{16.26}$$

这里 $\boldsymbol{u}_{\perp}=\boldsymbol{u}-(\hat{z}\cdot\boldsymbol{u})\hat{z}$是布洛赫矢量的横向部分。如图 16.6 中的粗实线所示，上述唯像的退相时间模型很好地再现了仿真结果的平均值。但需要注意的是，式（16.26）并不依赖某个特定的模型，而是通过从实验或其他理论模型中获取一个时间常数 T_2 从而提供一般性描述。因此，T_2 的描述方法在各个研究领域得到了广泛应用。

图 16.7（a）给出了在没有任何外部驱动场的情况下，以及在布洛赫球赤道处的初始状态下布洛赫矢量的时间演化。当布洛赫矢量由失谐 Δ 决定的频率绕 z 轴旋转时，u_z 分量保持不变，并由于退相损失而向原点衰减。

T_2^* 时间和非均匀展宽

即使仅存在完全相干时间动力学时系统也会呈指数级衰减。考虑一个具有不同失谐 Δ_μ 的二能级系统系综，在纳米结构中经常会遇到这样的情况，例如对于量子点而言，它

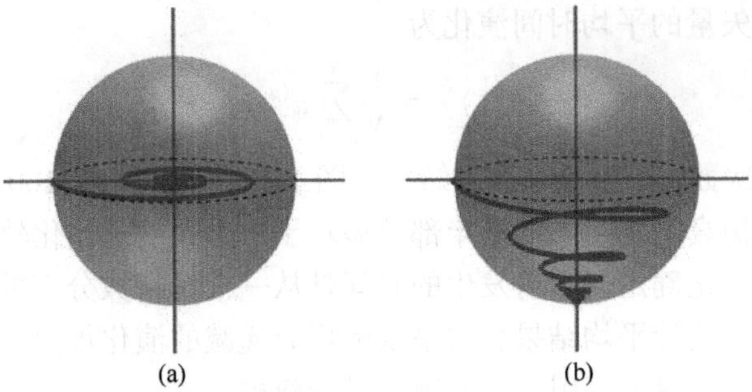

(a) (b)

图 16.7 (a) 纯退相的布洛赫矢量的演化轨迹，见式 (16.26)；(b) 只有 T_1 弛豫时布洛赫矢量的演化轨迹，见式 (16.28)。纯退相时 u_z 并不随时间改变，只有横向分量 $\boldsymbol{u}_\perp$ 衰减；而纯弛豫过程中布洛赫矢量向着与二能级系统基态方向衰减。

们只是在大小或成分上略有差异。但是即使对于结构相同的分子，在环境影响下，如在应力或场的涨落也会导致跃迁能级的细微变化。这样布洛赫矢量随时间演化的统计平均为

$$\langle \boldsymbol{u}(t) \rangle = \frac{1}{N}\sum_{\mu=1}^{N} \overline{\overline{R}}(\hat{\boldsymbol{\Omega}}_\mu, \Omega_\mu t) \cdot \boldsymbol{u}_0^{(\mu)}$$

因此，即使最初所有的二能级系统是同步的，它们也会由于失谐量 Δ_μ 的不同使得每个“时钟”以不同的速度发生演化。最终的平均响应近似地呈指数级衰减，该衰减的时间特征量与失谐量的分布有关。这种由跃迁能量或跃迁偶极矩的不均匀分布引起的退相可以通过一个等效退相时间 T_2^* 来模拟。

T_2^* 时间下非均匀二能级系综的退相

$$\dot{\boldsymbol{u}} = \boldsymbol{\Omega}\times\boldsymbol{u} - \frac{1}{T_2^*}\boldsymbol{u}_t \tag{16.27}$$

一般来说，T_2^* 同时包含纯退相 T_2 和系综的整体效果，因此满足关系 $T_2 \geqslant T_2^*$。图 16.8 (a) 显示了在没有外部驱动场的情况下，非均匀增宽系综的布洛赫矢量随时间的演化。

光子回波。光子回波是一种可以区分纯退相和非均匀增宽退相的技术手段。假设所有二能级系统初始时都处于基态，零时刻一个面积为 π/2 的强短脉冲使它们到达 $\boldsymbol{u}_0 = \hat{\boldsymbol{y}}$。相应地时间演化由下式给出：

$$\langle \boldsymbol{u}(t) \rangle = \left\langle \begin{pmatrix} \cos\Delta t & -\sin\Delta t & 0 \\ \sin\Delta t & \cos\Delta t & 0 \\ 0 & 0 & 1 \end{pmatrix} \cdot \begin{pmatrix} 0 \\ 1 \\ 0 \end{pmatrix} \right\rangle = \left\langle \begin{pmatrix} -\sin\Delta t \\ \cos\Delta t \\ 0 \end{pmatrix} \right\rangle$$

其中 $\langle\cdots\rangle$ 表示对失谐的系综取平均值，并使用式 (16.23) 的旋转矩阵描述无外界驱动时随时间的自由演化。由于失谐 Δ 不同，平均布洛赫矢量的横向分量随时间衰减。随后在 T 时刻，加载一个面积为 π 的强短脉冲，相应的旋转矩阵参见式 (16.22)，它将布洛赫矢量变为

$$\langle \boldsymbol{u}(T) \rangle = \left\langle \begin{pmatrix} 1 & 0 & 0 \\ 0 & -1 & 0 \\ 0 & 0 & -1 \end{pmatrix} \cdot \begin{pmatrix} -\sin\Delta T \\ \cos\Delta T \\ 0 \end{pmatrix} \right\rangle = -\left\langle \begin{pmatrix} \sin\Delta T \\ \cos\Delta T \\ 0 \end{pmatrix} \right\rangle$$

再次应用旋转矩阵 $\overline{\overline{\boldsymbol{R}}}(\hat{z}, \Delta t)$ 计算随之而来的自由时间演化，可得

$$\langle \boldsymbol{u}(T+t)\rangle = -\left\langle\begin{pmatrix}\cos\Delta t\sin\Delta T-\sin\Delta t\cos\Delta T\\ \sin\Delta t\sin\Delta T+\cos\Delta t\cos\Delta T\\ 0\end{pmatrix}\right\rangle$$

值得注意的是，在等待另一个周期 T 时，所有的布洛赫矢量将再次同步 $\boldsymbol{u}(2T)=-\hat{\boldsymbol{y}}$，引起了所谓“光子回波”，如图 16.8 所示。目前有许多基于光子回波效应的光谱技术用于测量纯退相时间 T_2，这个时间通常会被其他光谱技术的非均匀展宽所完全掩盖。

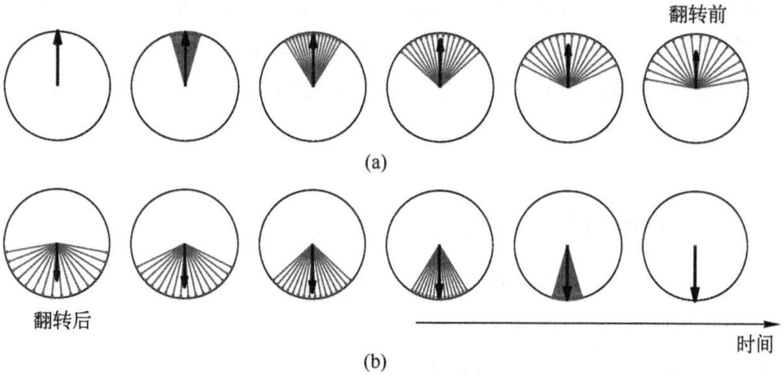

图 16.8 (a) 在无驱动情况下，非均匀增宽二能级系统系综在 xy 平面上布洛赫矢量的时间演化示意图，不同的失谐量 Δ_μ 导致每个子系统的布洛赫矢量都有自己的节奏。平均布洛赫矢量（黑箭头）的长度随时间的延长而缩短。(b) 在光子回波实验中 π 脉冲是在时间 T 后施加，这使得 x 轴上的布洛赫矢量发生翻转。随着时间的推移，布洛赫矢量在时间 $2\times T$ 时再次聚焦，这就产生了所谓光子回波

T_1 弛豫时间

与环境的能量交换导致二能级系统的两个态之间发生散射。考虑一个系统从激发态回到基态的散射过程，$\boldsymbol{u}_{\mathrm{eq}}=-\hat{\boldsymbol{z}}$是在没有外部激励时平衡态的布洛赫矢量，此时用一个时间 T_1 并将其引入布洛赫方程来描述这种能量弛豫是很方便的。

由 T_1 描述的二能级系统弛豫过程

$$\dot{\boldsymbol{u}}=\boldsymbol{\Omega}\times\boldsymbol{u}-\frac{1}{T_1}(\boldsymbol{u}-\boldsymbol{u}_{\mathrm{eq}})-\frac{1}{T_2^*}\boldsymbol{u}_{\perp} \tag{16.28}$$

完整起见，上式中还包含了退相贡献。式（16.28）包含两个等效的弛豫参数和退相参数即 T_1、T_2 及 T_2^*，这对于很多系统而言常常是一个很好的描述。在大多数情况下 $T_2\ll T_1$，这意味着退相比弛豫更重要。然而 T_1 描述的弛豫过程也会导致布洛赫矢量横向分量的衰减。下一章我们将继续讨论这个问题。

图 16.7 (b) 显示了一个初始位于布洛赫球的赤道处的布洛赫矢量在没有任何外场驱动场的情况下随时间的演化。由于失谐，布洛赫矢量会绕 z 轴旋转；同时又由于弛豫，它会逐渐向着向南极方向衰减，最终到达系统基态。

16.4 杰恩斯-卡明斯模型

本章的剩余部分将讨论可以解析求解的杰恩斯-卡明斯（Jaynes-Cummings，J-C）

模型，它描述了二能级系统和谐振子之间的相互作用。例如，在量子光学中，该模型可被用于描述腔内（谐振子）的二能级原子。系统的哈密顿量为

$$\hat{H}=\hbar\omega\left(\hat{a}^{\dagger}\hat{a}+\frac{1}{2}\right)+\sum_{i=g,e}E_{i}|i\rangle\langle i|+\frac{1}{2}\hbar\lambda\left(\hat{a}^{\dagger}|g\rangle\langle e|+\hat{a}|e\rangle\langle g|\right) \tag{16.29}$$

式中：$\hat{a}$、$\hat{a}^{\dagger}$ 分别为谐振子的湮灭算符和产生算符，参考式（13.55）及随后的讨论；$|g\rangle$ 和 $|e\rangle$ 为二能级系统的基态和激发态。右边最后一项描述了原子与腔的相互作用且耦合系数为 λ，原子从激发态回到基态同时谐振子被激发（括号中的第一项），或者经历一个相反的过程，即谐振子使原子从基态跃迁到激发态（第二项）。这种相互作用类似于先前在式（16.15）中讨论的旋转波近似。由于这种特殊结构，总的激发数目：

$$\hat{N}=\hat{a}^{\dagger}\hat{a}+|e\rangle\langle e|$$

是守恒的，等号右边的两项分别为谐振子和二能级系统的激发数目，这可以通过简单的计算 $[\hat{N},\hat{H}]=0$ 求得。这种守恒性在 J-C 模型的解析解中扮演着重要的角色，稍后将会演示这一点。

首先，将式（16.29）改写为（除常数项）

$$\hat{H}_0+\hat{V}=\hbar\omega\left(\hat{a}^{\dagger}\hat{a}+\frac{1}{2}\sigma_3\right)+\frac{\hbar}{2}\left(\Delta\sigma_3+\lambda\left[\hat{a}^{\dagger}\sigma_-+\hat{a}\sigma_+\right]\right)$$

其中，失谐的定义类似于式（16.17），上式中还引入了本章开始时定义的泡利矩阵。使用关于 $\hat{H}_0$ 的相互作用绘景表示，得到了 J-C 哈密顿量。

J-C 哈密顿量

$$\hat{V}=\frac{\hbar}{2}\left[\Delta\sigma_3+\lambda\left(\hat{a}^{\dagger}\sigma_-+\hat{a}\sigma_+\right)\right] \tag{16.30}$$

考虑如下解的形式：

$$|\psi(t)\rangle=\sum_{n=0}^{\infty}\left(C_g^n(t)|g,n\rangle+C_e^n(t)|e,n\rangle\right) \tag{16.31}$$

式中：n 为谐振子的激发数目，参见式（13.39）；C_g^n、C_e^n 为波函数的展开系数。由于 J-C 哈密顿量中激发数目是守恒的，所以很容易证明：

——C_g^0 并不与其他系数发生耦合；

——其他系数只发生诸如 C_g^{n-1}、C_e^n 的成对耦合。

因此从式（16.30）可得

$$i\hbar\frac{\mathrm{d}}{\mathrm{d}t}\begin{pmatrix}C_e^n\\C_g^{n-1}\end{pmatrix}=\frac{\hbar}{2}\left[\Delta\sigma_3+\lambda\sqrt{n}\sigma_1\right]\begin{pmatrix}C_e^n\\C_g^{n-1}\end{pmatrix}$$

上式可以用（16.11）的二能级系统随时间演化算符求解，然后得到：

$$\begin{pmatrix}C_e^n(t)\\C_g^{n-1}(t)\end{pmatrix}=\left[\cos\left(\frac{\Omega_n t}{2}\right)I-i\sin\left(\frac{\Omega_n t}{2}\right)\frac{\lambda\sqrt{n}\sigma_1+\Delta\sigma_3}{\Omega_n}\right]\begin{pmatrix}C_e^n(0)\\C_g^{n-1}(0)\end{pmatrix} \tag{16.32}$$

其中，等效频率 $\Omega_n=(\Delta^2+\lambda^2 n)^{\frac{1}{2}}$。作为一个特例可考虑零失谐的情况，并且假设零

时刻系统处于二能级系统的基态。很容易证明，在以后某个时刻找到该二能级系统处于基态的概率是

$$P_g(t)=\sum_{n=0}^{\infty}|C_g^n(t)|^2=\frac{1}{2}\sum_{n=0}^{\infty}\mathcal{P}_n(1+\cos[\sqrt{n}\lambda t]) \tag{16.33}$$

式中：$\mathcal{P}_n$ 为初始时刻谐振子的第 n 个激发态出现的概率。假设最初谐振子只是处于某个特定的状态，这样 P_g 将以单一频率 $\lambda\sqrt{n}$ 振荡。这种情况类似于 16.2.1 节中讨论的相干驱动，尽管现在的激励是在二能级系统和谐振子之间传递，而不是经典光场。振荡频率 $\lambda\sqrt{n}$ 会随着谐振子激发数的增加而增加，这是因为在相互作用过程中受激发射和受激吸收的增强。

如果谐振子初始时处于更复杂的状态，情况会发生很大的改变。图 16.9 展示了谐振子最初是平均激发数为 $\bar{n}=10$ 相干态的情况，参见式（13.90）。此时由式（16.33）给出的概率 $P_g(t)$ 将是不同频率振荡的相消干涉叠加，类似于上面讨论的非均匀展宽。尽管系统随时间的演化由薛定谔方程决定且是完全相干的，但在 $\lambda t\approx 2$ 的初始瞬态结束后，二能级子系统的表现几乎是经典的，即基态和激发态之间不存在任何相干性，这是可以由布洛赫矢量的横向分量来描述的，原子处于基态或激发态可以用确定的概率来预测。因为系统是有限的，所以在一段时间后比如 $\lambda t=10$，相干性会循环发生，该循环发生的特征时间尺度可由下式给出：

$$T_{\text{revival}}\approx 2\pi\frac{\sqrt{\bar{n}}}{\lambda}$$

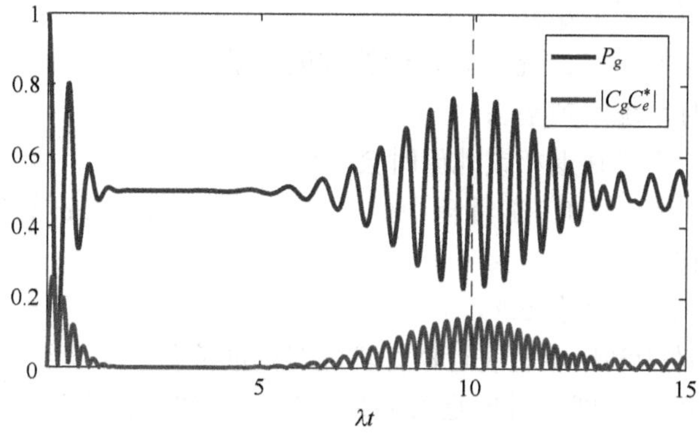

图 16.9　J-C 模型的解［式（16.33）］。二能级系统初始处于基态，谐振子处于平均激发数为$\bar{n}=10$ 的相干态。深色曲线表示在二能级系统处于基态的概率，品浅色曲线表示布洛赫矢量横向分量 $\boldsymbol{u}_\perp$ 所描述的二能级系统相干特性

因此，对于一个具有很大的$\bar{n}$值和很小的耦合系数 λ 的“经典”谐振子而言，T_{revival} 会变得非常大，图 16.9 的虚线表明该恢复时间的估计值与精确计算的结果能够很好地吻合。J-C 模型可以被视为开放量子系统的典型样例，它表明：即使整个系统经历完全相干的时间演化，其子系统的动力学也可能是非相干的，其时间演化可以通过弛豫过程或退相过程来描述。这一点将在第 17 章中更加详细地讨论。

习题

练习 16.1　证明泡利矩阵和 $\boldsymbol{I}$ 形成一组完备基。

建议：可以考虑矩阵 $\boldsymbol{\sigma}_{\pm}=\frac{1}{2}(\sigma_1\pm\sigma_2)$ 和 $\boldsymbol{P}_{\pm}=\frac{1}{2}(\boldsymbol{I}\pm\sigma_3)$，任意 2×2 的矩阵可以写成上述四个矩阵的线性叠加。

练习 16.2　请严格证明式（16.9）。

从泡利矩阵和式（16.2）表示的波函数出发，利用下述三角恒等式化简表达式：

$$\sin\left(\frac{\theta}{2}\right)\cos\left(\frac{\theta}{2}\right)=\frac{1}{2}\sin(\theta),\quad \cos^2\left(\frac{\theta}{2}\right)-\sin^2\left(\frac{\theta}{2}\right)=\frac{1}{2}\cos(\theta)$$

练习 16.3　对于以下两种情况，从式（16.21）出发推导布洛赫矢量随时间演化。

（a）零失谐 $\Delta=0$ 时的共振激励。假设外场 Ω 在 T 时刻消失，证明最终的布洛赫矢量仅取决于脉冲面积 $\theta=\Omega T$。

（b）大失谐 $\Delta\gg\Omega$ 时的强激励。

练习 16.4　考虑由两个周期为 T 的共振脉冲激发的系统，这两个脉冲相隔 δT。

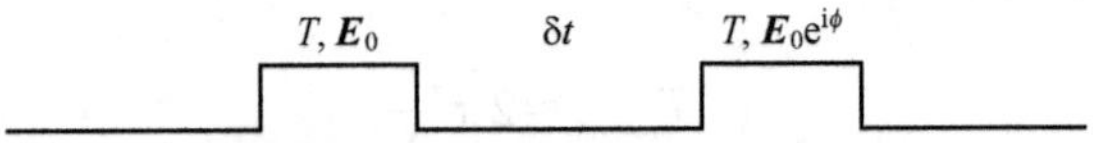

假定脉冲场强为 $\boldsymbol{E}_0$，并考虑两脉冲之间存在一个附加的相位 ϕ，利用练习 16.3 的结果计算系统最终态的偶极矩 $\boldsymbol{p}$。

（a）相位 ϕ 为多少时，二能级系统能够被最大激发？

（b）ϕ 为何值时系统回到基态？

（c）定性地讨论在存在退相或弛豫时会发生什么。

练习 16.5　利用 NANOPT 工具箱中的文件 demotwolevel01. m 计算相干驱动的二能级系统随时间的演化。

（a）失谐改变时会发生什么？

（b）将程序修改为利用旋转波近似计算随时间的演化。

（c）改变各种耦合强度，对比是否利用旋转波近似的仿真结果。耦合为多少时才能观察到二者间明显的差异？

练习 16.6　在存在退相和弛豫时，利用式（16.28）完成共振驱动二能级系统($\Delta=0$)稳态 $\dot{u}=0$ 的相关计算：

（a）将方程表示为矩阵形式，并求解稳态布洛赫矢量。

（b）给出激发态的总激发数相对于激发强度 Ω 的函数；当 Ω 取小值时对该函数进行幂级数展开。

练习 16.7　利用 NANOPT 工具箱中的文件 demotwolevel04. m 计算存在退相和损耗时，相干驱动二能级系统随时间的演化规律。将布洛赫矢量的轨迹在布洛赫球上展示出来。估算参数 Δ、T_1、T_2 的影响，并给出物理解释。

第 17 章

主方程

在第 16 章中讨论了二能级系统的相干动力学和非相干动力学，广泛地使用了布洛赫矢量，这使我们能够以更直观的方式对系统的状态及其动力学进行可视化描述。本章将结果推广到具有多能级的系统，不过事实证明我们并不能轻易地将布洛赫矢量形式推广到更多的能级，因此不得不诉诸不同的描述方案。然而这些修改并不太复杂，我们将要使用的工具是通用的，并且可以在不同的环境下使用。

17.1 密度算符

假设 $|\psi\rangle$ 是某个系统的状态，$\hat{A}$ 是作用于系统空间中的厄米算符，则算符的期望值：

$$\langle \hat{A} \rangle = \langle \psi | \hat{A} | \psi \rangle$$

是可观测的，它提供了实验结果的信息。假设我们对几乎相同的系统进行实验，或者对同一系统进行多次实验。由于实验中的不可控因素，且极有可能是与环境的相互作用引起的，系统的状态 $|\psi^{(\mu)}\rangle$ 仅在 p_μ 的概率下才能得到。期望值为

$$\langle \hat{A} \rangle = \sum_\mu p_\mu \langle \psi^{(\mu)} | \hat{A} | \psi^{(\mu)} \rangle \tag{17.1}$$

式（17.1）中包含两种平均值，一种是量子力学算符的平均值，另一种是系统状态的不确定性带来的统计平均值。我们接下来要发展的体系是为了能够在相同的基础上处理这些平均过程。第一步，考虑一个完备的基矢：

$$\sum_i |i\rangle\langle i| = 1$$

这里 i 表示基矢的不同状态，算符的迹被定义为

$$\mathrm{tr}\{\hat{A}\} = \sum_i \langle i | \hat{A} | i \rangle$$

在处理符算乘积的迹时，可以使用习题 17.1 中给出的

$$\mathrm{tr}\{\hat{A}_1 \hat{A}_2 \cdots \hat{A}_n\} = \mathrm{tr}\{\hat{A}_n \hat{A}_1 \cdots \hat{A}_{n-1}\} \tag{17.2}$$

然后在式（17.1）中以$|i\rangle$为基展开$|\psi^{(\mu)}\rangle$，有

$$\langle\hat{A}\rangle = \sum_\mu p_\mu \sum_{ij} \langle\psi^{(\mu)}|i\rangle\langle i|\hat{A}|j\rangle\langle j|\psi^{(\mu)}\rangle$$
$$= \sum_\mu p_\mu \sum_{ij} \langle j|\psi^{(\mu)}\rangle\langle\psi^{(\mu)}|i\rangle\langle i|\hat{A}|j\rangle$$

在上一个表达式中，交换了不同项的顺序。为了处理这样的期望值，引入密度算符是很方便的。

密度算符

$$\hat{\rho} = \sum_\mu p_\mu |\psi^{(\mu)}\rangle\langle\psi^{(\mu)}| \tag{17.3}$$

有了这个算符，一个算符的期望值可以简单地表示为

$$\langle\hat{A}\rangle = \mathrm{tr}\{\hat{\rho}\hat{A}\} \tag{17.4}$$

这可以很容易地通过完备基扩展迹来验证。上述定义扩展了式（14.5）对热平衡系统的定义。密度算符的构造可以提供两种平均。

量子力学平均。量子力学平均必须在通常意义上被解释为纯态$|\psi^{(\mu)}\rangle$下测量算符$\hat{A}$得到特征值的概率，要得到平均值，需要进行多次测量。

统计平均。当系统的状态在测量之前不确定时，就像通常系统与环境相互作用时的情况，我们必须采用额外的平均来说明系统处于状态$|\psi^{(\mu)}\rangle$的概率p_μ。

密度算符$\hat{\rho}$满足几个重要的关系。首先用完备基来计算$\hat{\rho}$的迹：

$$\mathrm{tr}\{\hat{\rho}\} = \sum_\mu \sum_i p_\mu \langle i|\psi^{(\mu)}\rangle\langle\psi^{(\mu)}|i\rangle = \sum_\mu \sum_i p_\mu \langle\psi^{(\mu)}|i\rangle\langle i|\psi^{(\mu)}\rangle$$

再一次去掉基矢可以发现：

$$\mathrm{tr}\{\hat{\rho}\} = \sum_\mu p_\mu \langle\psi^{(\mu)}|\psi^{(\mu)}\rangle = \sum_\mu p_\mu = 1$$

这里使用的波函数是归一化的，所有概率的和必须是1。原则上，密度算符也可以计算纯态：

$$\hat{\rho}_{\mathrm{pure}} = |\psi\rangle\langle\psi| \tag{17.5}$$

对于纯态，密度算符变成投影：

$$\hat{\rho}^2_{\mathrm{pure}} = |\psi\rangle\langle\psi|\psi\rangle\langle\psi| = \hat{\rho}_{\mathrm{pure}}$$

因此，可得到下列任何密度算符都必须满足的性质：

密度算符的性质

$$\mathrm{tr}\{\hat{\rho}\} = 1, \quad \mathrm{tr}\{\hat{\rho}^2\} \leqslant 1 \tag{17.6}$$

其中，最后一个表达式的等号只适用于纯态。

二能级系统的例子

二能级系统的密度算符可以写成：

$$\hat{\rho} = \frac{1}{2}(I + \boldsymbol{u}\cdot\boldsymbol{\sigma}) \tag{17.7}$$

为了得到第1项的系数，注意到$\mathrm{tr}\{I\} = 2$。相反，泡利矩阵的迹是零。然后可以从下式得到布洛赫矢量$\boldsymbol{u}$的分量：

$$u_k = \mathrm{tr}\{\hat{\rho}\sigma_k\} = \frac{1}{2}\mathrm{tr}\Big\{\sigma_k + \sum_j u_j\sigma_j\sigma_k\Big\} = \frac{1}{2}\mathrm{tr}\Big\{\sum_j u_j(\delta_{jk}I + i\epsilon_{jkl}\sigma_\ell)\Big\}$$

再次使用I和泡利矩阵迹的性质。纯态涉及

$$\text{tr}\{\hat{\rho}^2\}=\frac{1}{4}\text{tr}\{I+u_iu_j(\delta_{ij}I+i\epsilon_{ijk}\sigma_k)+2\boldsymbol{u}\cdot\boldsymbol{\sigma})\}\leqslant 1$$

上式中使用了式（17.7）的结果。如果认为I和σ_k的迹分别是2和0，就会发现：

$$\boldsymbol{u}\cdot\boldsymbol{u}\leqslant 1 \tag{17.8}$$

事实上，在前面已经发现，对于相干时间演化，布洛赫矢量的长度是1，$\boldsymbol{u}$位于布洛赫球上。在考虑T_1和T_2弛豫和退相时间后，位于布洛赫球内的布洛赫矢量的长度减小，$\vec{u}$位于布洛赫球内。这是纯态$\text{tr}\,\hat{\rho}^2\leqslant 1$的直接结果。

17.1.1　密度算符的时间演化

密度算符的相干时间演化可以通过薛定谔方程的左矢和右矢的时间导数计算得到，即

$$i\hbar\frac{\mathrm{d}\hat{\rho}}{\mathrm{d}t}=\sum_\mu p_\mu(\hat{H}(t)\,|\psi^{(\mu)}\rangle\langle\psi^{(\mu)}|-|\psi^{(\mu)}\rangle\langle\psi^{(\mu)}|\hat{H}(t))$$

左矢的导数是负数，将哈密顿从和中提取出来，得到冯·诺依曼方程，根据该方程给出了密度算符的时间导数。

$\hat{\rho}$的冯·诺依曼时间演化方程

$$i\hbar\frac{\mathrm{d}\hat{\rho}}{\mathrm{d}t}=[\hat{H}(t),\hat{\rho}] \tag{17.9}$$

冯·诺依曼方程在处理密度算符时使用，它与量子态满足的薛定谔方程类似。我们将在下面进一步讨论式（17.9）的修正以考虑非相干环境耦合，这与布洛赫方程（16.26）与式（16.28）中引入的退相和弛豫项非常相似。利用式（13.5）的时间演化算符，可以很容易地求解上述形式的冯·诺依曼方程，得到：

$$\hat{\rho}(t)=\hat{\boldsymbol{U}}(t,0)\hat{\rho}_0\hat{\boldsymbol{U}}^\dagger(t,0) \tag{17.10}$$

式中：$\hat{\rho}_0$为0时刻的密度算符。

二能级系统的例子

布洛赫矢量的时间演化可以由下式获得：

$$i\hbar\dot{u}_k=\text{tr}\left\{i\hbar\frac{\mathrm{d}\hat{\rho}}{\mathrm{d}t}\sigma_k\right\}=\text{tr}\{[\hat{H}(t),\hat{\rho}]\sigma_k\}$$

可以在迹下进行循环置换，通过下式将密度算符切换到$\hat{\sigma}$：

$$i\hbar\dot{u}_k=\text{tr}\{(\hat{H}\hat{\rho}-\hat{\rho}\hat{H})\sigma_k\}=\text{tr}\{\hat{\rho}(\sigma_k\hat{H}-\hat{H}\sigma_k)\}=\langle[\sigma_k,\hat{H}]\rangle$$

与式（16.19）比较发现，这正是之前为推导布洛赫矢量的时间演化而对二能级系统求出的表达式。然而，上面的推导稍微一般化，因为它不仅适用于纯态，而且适用于需要附加系综平均的混合态。

光驱动的多能级系统

对光驱动的多能级系统的描述与二能级系统的情况非常相似，但是，必须在一定程度上更小心地使用符号，这将使讨论稍微复杂，但不会添加太多新的物理内容。考虑一个多能级系统以基矢$|i\rangle$以及下面哈密顿函数的形式表示：

$$\hat{H}(t)=\sum_i E_i|i\rangle\langle i|+\hat{H}_{\mathrm{op}}(t) \tag{17.11}$$

第一项表示能量 E_i，在偶极子近似中，光与物质的相互作用表示为

$$\hat{H}_{\mathrm{op}}(t)=-\sum_{ij}[\langle i|qr|j\rangle\cdot E(t)]|i\rangle\langle j|$$

下面再次将电场 $\boldsymbol{E}=\boldsymbol{E}^{+}+\boldsymbol{E}^{-}$ 分解为分别以正频率和负频率振荡的贡献。类似地，引入了具有以下属性的跃迁算符：

$$\sigma_{ij}=|i\rangle\langle j|=\begin{cases}\sigma_{ij}^{+} & (E_i<E_j)\\ \sigma_{ij}^{-} & (E_i>E_j)\end{cases} \tag{17.12}$$

使用相互作用绘景，$\sigma_{ij}^{\pm}$ 分别以正频率和负频率振荡，正如 16.2.1 节所讨论的。在旋转波近似下，对于式（16.15）中讨论的二能级系统，只保留随时间缓慢变化的项：

$$\hat{H}_{\mathrm{op}}(t)\approx-\sum_{ij}{}'(\hbar\Omega_{ij}(t)\sigma_{ij}^{-}+\hbar\Omega_{ji}^{*}(t)\sigma_{ji}^{+}) \tag{17.13}$$

求和中的上标“′”提醒我们，只有 $E_i<E_j$ 时才能被考虑，而且已经引入了（复值）Rabi 能量：

$$\hbar\Omega_{ij}(t)=\langle i|q\boldsymbol{r}|j\rangle\cdot\boldsymbol{E}^{+}(t)$$

接下来考虑频率为 ω 的时谐电磁场。假设是以 $\hbar\omega$ 为能量单位的系统，激发态的能量为 $E_i\approx n_i\hbar\omega$，其中 n_i 是一个整数，光跃迁只发生在相差一个量子 $\hbar\omega$ 的态。典型例子是具有激子态和双激子态的量子点，见图 17.1。

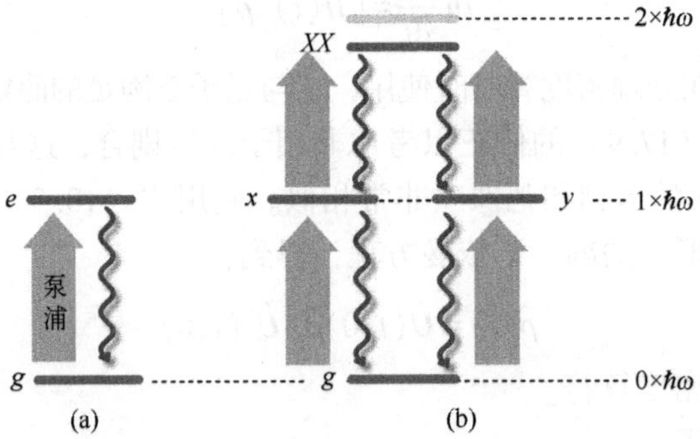

图 17.1 典型的多能级系统。(a) 具有基态和激发态 g 和 e 的二能级系统，它们之间的能量差约为 $\hbar\omega$。(b) 基态 g、单激子态 x、y 和双激子态 XX 的量子点能级图，其能量因为双激子结合能相对于激子能量提升了 2 倍

如果上述假设不适用，必须在式（17.13）的光-物质耦合中保持全时间相关性。否则，把所有的哈密顿量按贡献分解

$$\hat{H}(t)=\sum_i n_i\hbar\omega\sigma_{ii}+\left[\sum_i\hbar\Delta_i\sigma_{ii}-\sum_{ij}{}'(\hbar\Omega_{ij}(t)\sigma_{ij}^{-}+\hbar\Omega_{ji}^{*}(t)\sigma_{ji}^{+})\right] \tag{17.14}$$

在这里引入了失谐：

$$\hbar\Delta_i=E_i-n_i\hbar\omega$$

接下来，对式（17.14）中的第一项采用相互作用绘景。与前面讨论的二能级系统的方式一样，这种相互作用绘景消除了拉比能量中与时间有关的因素，得到了谐波驱动的多能级系统与时间无关的哈密顿量。

谐波驱动多能级系统的哈密顿量

$$\hat{V}_I = \sum_i \hbar\Delta_i \sigma_{ii} - \sum_{ij}{}' (\hbar\Omega_{ij}\sigma_{ij}^- + \hbar\Omega_{ji}^*\sigma_{ji}^+) \tag{17.15}$$

17.2　林德布拉德形式的主方程

对于与环境相互作用的系统来说，事情会变得更加有趣。在本节中，我们将讨论如何在密度算符的框架中考虑这种相互作用。首先给出一个使用林德布拉德算符进行环境耦合的方法，并讨论几个有代表性的例子。在本章的后面部分，将更详细地论证林德布拉德方法，并使用微观模型来描述系统环境耦合。简单地说，描述多能级系统相干和非相干动力学的林德布拉德形式的主方程具有如下形式：

林德布拉德形式的主方程

$$\frac{\mathrm{d}\hat{\rho}}{\mathrm{d}t} = -\frac{i}{\hbar}(\hat{H}_{\text{eff}}\hat{\rho}(t) - \hat{\rho}\hat{H}_{\text{eff}}^\dagger(t)) + \sum_k \hat{L}_k \hat{\rho} \hat{L}_k^\dagger \tag{17.16}$$

这里引入了林德布拉德算符$\hat{L}_k$和等效哈密顿量：

$$\hat{H}_{\text{eff}}(t) = \hat{H}(t) - \frac{i\hbar}{2}\sum_k \hat{L}_k^\dagger \hat{L}_k$$

它不同于通常的哈密顿量，因为它是一个非厄米算符，因此，由$\hat{H}_{\text{eff}}$单独引起的时间演化不会保持波函数的范数。林德布拉德算符$\hat{L}_k$通常是这种形式：

$$\hat{L}_k = \sqrt{\Gamma_k}\sigma_{fi}$$

并且用散射率Γ_k来描述从初始状态i到最终状态f的散射。图17.2是一个简单的例子。式（17.16）可以改写为

$$\frac{\mathrm{d}\hat{\rho}}{\mathrm{d}t} = -\frac{i}{\hbar}[\hat{H},\hat{\rho}] + \sum_k \left\{\hat{L}_k\hat{\rho}\hat{L}_k^\dagger - \frac{1}{2}(\hat{L}_k^\dagger\hat{L}_k\hat{\rho} + \hat{\rho}\hat{L}_k^\dagger\hat{L}_k)\right\} \tag{17.17}$$

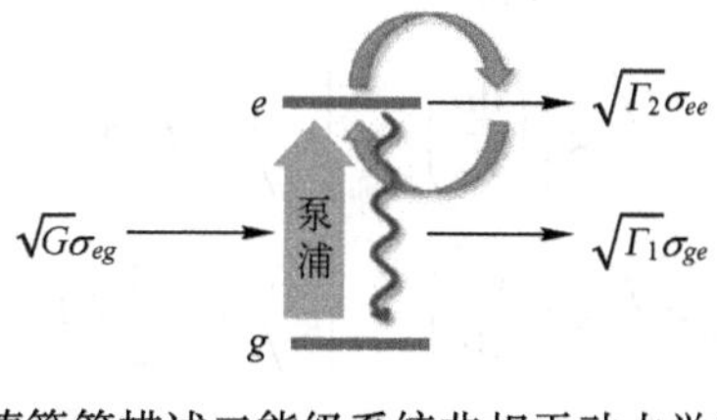

图17.2　用林德布拉德算符描述二能级系统非相干动力学的例子。G是从基态到激发态的非相干泵浦的产生速率，也可以按照17.1节的讨论使用相干驱动场。Γ_1为激发态到基态的辐射衰减率，Γ_2为激发态的退相率

通过在方程两边取迹，可以发现在循环排列后，右边的项变成了零。因此，林德布拉德形式的主方程具有保留密度算符迹的重要性质。林德布拉德方程是主方程具有马尔可夫时间演化和迹保持的最一般形式。

马尔可夫。在马尔可夫时间演化中，系统的动力学可以由在单个时间的$\hat{\rho}(t)$来描

述。正如将在下面讨论的，对于一个与环境相互作用的系统，当从该理论推导出环境自由度时，动力学通常取决于系统的过去，因此马尔可夫时间演化只是一个近似。

迹的保持。主方程的解必须是$\hat{\rho}$的迹保持统一并且所有对角元素是正的（因此算符是正定的）。这符合量子力学和统计物理的要求，因为对角线元素可以被解释为找到相应状态系统的概率。

二能级系统的例子

接下来，将林德布拉德形式应用于第16章的二能级系统，也见图17.2。从这里开始，可以方便地在状态基矢$|g\rangle$、$|e\rangle$下进行计算，并在计算结束时才改为布洛赫矢量描述。

弛豫。弛豫是从激发态到基态的过渡，速率为Γ_1，有

$$\hat{L}_1=\sqrt{\Gamma_1}\sigma_{ge} \tag{17.18}$$

需要注意的是，在量子力学中，算符应该从右到左读取，因此σ_{ge}描述了$e\to g$的跃迁。

纯退相。纯退相只影响激发态的速率Γ_2，$e\to e$散射，有

$$\hat{L}_2=\sqrt{\Gamma_2}\sigma_{ee} \tag{17.19}$$

正如我们将在下面展示的，这个算符对密度算符有影响，并导致前面讨论的二能级系统的退相。

我们从计算等效哈密顿量开始：

$$\hat{H}_{\text{eff}}=\hat{H}_0-\frac{i\hbar}{2}(\Gamma_1\sigma_{eg}\sigma_{ge}+\Gamma_2\sigma_{ee}\sigma_{ee})=\hat{H}_0-\frac{i\hbar}{2}(\Gamma_1+\Gamma_2)\sigma_{ee}$$

上式利用了$\sigma_{ij}\sigma_{kl}=\delta_{jk}\sigma_{il}$这一明显关系来处理跃迁算符$\sigma_{ij}=|i\rangle\langle j|$。下面只考虑等效哈密顿量的非相干部分，将二能级系统式（17.17）中方括号内的项表示为

$$\left(\frac{\mathrm{d}\hat{\rho}}{\mathrm{d}t}\right)_{\text{incoh}}=\Gamma_1(\sigma_{ge}\hat{\rho}\sigma_{eg})+\Gamma_2(\sigma_{ee}\hat{\rho}\sigma_{ee})-\frac{1}{2}(\Gamma_1+\Gamma_2)(\sigma_{ee}\hat{\rho}+\hat{\rho}\sigma_{ee})$$

这个算符方程可以通过在基态的左右两侧做投影转化为矩阵形式：

$$\begin{cases}(\dot{\rho}_{ee})_{\text{incoh}}=\left\langle e\left|\left(\frac{\mathrm{d}\hat{\rho}}{\mathrm{d}t}\right)_{\text{incoh}}\right|e\right\rangle=\Gamma_2\rho_{ee}-(\Gamma_1+\Gamma_2)\rho_{ee}\\(\dot{\rho}_{gg})_{\text{incoh}}=\left\langle g\left|\left(\frac{\mathrm{d}\hat{\rho}}{\mathrm{d}t}\right)_{\text{incoh}}\right|g\right\rangle=\Gamma_1\rho_{ee}n\\(\dot{\rho}_{ge})_{\text{incoh}}=\left\langle g\left|\left(\frac{\mathrm{d}\hat{\rho}}{\mathrm{d}t}\right)_{\text{incoh}}\right|e\right\rangle=-\frac{1}{2}(\Gamma_1+\Gamma_2)\rho_{ge}\end{cases}$$

最后在密度矩阵元素和布洛赫矢量之间使用了以下关系：

$$\boldsymbol{u}=2\mathrm{Re}\{\rho_{ge}\}\boldsymbol{x}+2\mathrm{Im}\{\rho_{ge}\}\boldsymbol{y}+(\rho_{ee}-\rho_{gg})\hat{z}$$

得到非相干部分的时间演化：

$$\begin{cases}(\dot{u}_1)_{\text{incoh}}=2\mathrm{Re}\{(\dot{\rho}_{ge})_{\text{incoh}}\}=-\frac{1}{2}(\Gamma_1+\Gamma_2)u_1\\(\dot{u}_2)_{\text{incoh}}=2\mathrm{Im}\{(\dot{\rho}_{ge})_{\text{incoh}}\}=-\frac{1}{2}(\Gamma_1+\Gamma_2)u_2\\(\dot{u}_3)_{\text{incoh}}=(\dot{\rho}_{ee}-\dot{\rho}_{gg})_{\text{incoh}}=-2\Gamma_1\rho_{ee}\end{cases} \tag{17.20}$$

最后一项可以用迹性质 $\rho_{ee}+\rho_{gg}=1$ 重写，得到：

$$2\rho_{ee}=\rho_{ee}+(1-\rho_{gg})=u_3+1$$

与式（16.28）比较，当进行以下处理时，两种结果是一致的：

$$\frac{1}{T_1}=\Gamma_1,\quad \frac{2}{T_2}=\Gamma_1+\Gamma_2 \tag{17.21}$$

因此可以用主方程的林德布拉德方法导出二能级系统的弛豫和退相时间描述。

17.3 求解林德布拉德形式的主方程

本章的核心是主方程，它可以写成紧凑的形式：

$$i\hbar\frac{\mathrm{d}\hat{\rho}}{\mathrm{d}t}=\mathbb{L}(t)\hat{\rho} \tag{17.22}$$

这里$\mathbb{L}$是刘维尔算符，有时也被称为超级算符，因为它作用于算符本身。对于冯·诺依曼方程$\mathbb{L}$是通过式（17.23）定义的：

$$\mathbb{L}(t)\hat{\rho}=[\hat{H}(t),\hat{\rho}] \tag{17.23}$$

对于林德布拉德形式的主方程，$\mathbb{L}$必须进行修改，使其给出式（17.16）的右侧。将$\mathbb{L}$和密度算符在一组完备基展开，可以将主方程改写成以下形式：

$$i\hbar\,\dot{\rho}_{ij}=\mathbb{L}_{ij,kl}\rho_{kl} \tag{17.24}$$

从这个表达式可以看出，这个方程的解并不比 Schrödinger 方程的解复杂。在数值上，我们经常把 ij 对指标和一个超指标$[ij]$联系起来，这可以通过简单的约定来实现，然后主方程

$$i\hbar\dot{\rho}_{[ij]}=\mathbb{L}_{ij\,kl\,\rho\,kl}$$

变成一个矢量方程，$\mathbb{L}$是一个矩阵。接下来将简要讨论方程（17.22）的刘维尔方程的可能解方案。

微分方程。式（17.22）是一个与时间相关的微分方程，在很多情况下可以直接在时域内求解。特别是当使用旋转波近似时，快速的时间依赖性已经从哈密顿量中去除，微分方程系统可以在计算机上有效地求解，例如，使用龙格-库塔法[8]。

本征模分解。对于时谐场，可以得到相互作用绘景下式（17.15）的哈密顿量，它不依赖时间。在这种情况下，可以寻找本征模式：

$$\mathbb{L}\mathbb{X}=\mathbb{X}\boldsymbol{\Lambda},\quad \mathbb{X}\mathbb{L}=\boldsymbol{\Lambda}\mathbb{X} \tag{17.25}$$

一般来说，$\mathbb{L}$既不是对称矩阵，也不是厄米矩阵，所以必须分别计算特征矢量 $\boldsymbol{X}$、$\tilde{\mathbb{X}}$的左右矩阵。$\boldsymbol{\Lambda}$是一个在对角线上有特征值的矩阵。如练习 17.2 所示，左右特征矢量形成与的双正交集

$$\boldsymbol{XX}=\boldsymbol{XX}=\boldsymbol{I}$$

其中 $\boldsymbol{I}$ 为单位矩阵，式（17.22）的刘维尔方程可以用以下形式来求解：

$$\exp\left(-\frac{i}{\hbar}\mathbb{L}t\right)\boldsymbol{XX}=\boldsymbol{X}\exp\left(-\frac{i}{\hbar}\boldsymbol{\Lambda}t\right)\boldsymbol{X}$$

因为$\boldsymbol{\Lambda}$是一个对角矩阵，可以很容易求出指数函数。这使得我们可以用密度算符

的本征模来解它的主方程。

主方程的本征模解

$$\rho_{ij}(t)=\left[\mathbb{X}\exp\left(-\frac{i}{\hbar}\boldsymbol{\Lambda}t\right)\mathbb{X}\right]_{ij,kl}\rho_{kl}(0) \tag{17.26}$$

对于光学驱动的退相和弛豫系统，上面的表达式甚至允许从平衡基态开始到得到系统的稳态：

$$\rho_{ij}^{\infty}=\lim_{t\to\infty}\left[\mathbb{X}\exp\left(-\frac{i}{\hbar}\boldsymbol{\Lambda}t\right)\mathbb{X}\right]_{ij,kl}\rho_{kl}^{\mathrm{eq}}$$

我们将在第 18 章讨论光子相关测量时回到这个表达式。

林德布拉德形式的主方程也可以用一种随机方法来求解，这种方法称为“主方程的展开”[186]，并在许多研究领域得到广泛应用[187]。它由两部分组成，一个 Schrödinger 的非厄米哈密顿量$\hat{H}_{\mathrm{eff}}$方程的解和一个与主方程的散射项有关的随机部分，其中波函数“跳跃”到一个可能的散射状态。

随机分解。密度算符是态矢量的统计求和

$$\hat{\rho}=\sum_{\mu}p_{\mu}\,|\psi^{(\mu)}\rangle\langle\psi^{(\mu)}|$$

μ的总和来自各种纯态的统计平均值。为了简单，在下面我们将讨论限制在一个状态矢量$|\psi\rangle$，一般情况可以用类似的方法得到。将投影$|\psi\rangle\langle\psi|$代入到林德布拉德形式的主方程，式（17.16），得到：

$$\frac{\mathrm{d}}{\mathrm{d}t}|\psi\rangle\langle\psi|=-\frac{i}{\hbar}\left(\hat{H}_{\mathrm{eff}}(t)\,|\psi\rangle\langle\psi|-|\psi\rangle\langle\psi|\hat{H}_{\mathrm{eff}}^{\dagger}(t)\right)+\sum_{k}\hat{L}_{k}|\psi\rangle\langle\psi|\hat{L}_{k}^{\dagger} \tag{17.27}$$

右边的第一项可以解释为$\hat{H}_{\mathrm{eff}}$影响下的非厄米 Schrödinger 类演化，可以使用通过定义的（非幺正）时间演化算符求解：

$$i\hbar\frac{\mathrm{d}}{\mathrm{d}t}\hat{U}_{\mathrm{eff}}(t,t')=\hat{H}_{\mathrm{eff}}(t)\,\hat{U}_{\mathrm{eff}}(t,t'),\quad \hat{U}_{\mathrm{eff}}(t,t)=\boldsymbol{I} \tag{17.28}$$

相比之下，第二项描述了一个时间演化，其中，$|\psi\rangle$是投影或跳转到一种可能的状态$\hat{L}_k|\psi\rangle$。对于足够小的时间间隔δt，由$\hat{H}_{\mathrm{eff}}$的时间演化可由下式给出：

$$|\psi(t+\delta t)\rangle=\hat{U}_{\mathrm{eff}}(t+\delta t,t)\,|\psi(t)\rangle\approx\left(1-\frac{i}{\hbar}\hat{H}_{\mathrm{eff}}\delta t\right)|\psi(t)\rangle$$

注意，$\hat{H}_{\mathrm{eff}}$是非厄米的，因此以后的波函数没有归一化。对于δt的最低阶，范数δp的变化由下式给出：

$$\delta p=\frac{i\delta t}{\hbar}\langle\psi(t)\,|\hat{H}_{\mathrm{eff}}(t)-H_{\mathrm{eff}}^{\dagger}(t)\,|\psi(t)\rangle=\delta t\sum_{k}\langle\psi(t)\,|\hat{L}_{k}^{\dagger}\hat{L}_{k}|\psi(t)\rangle=\sum_{k}\delta p_{k} \tag{17.29}$$

完整的主方程演化必须保持范数。这个缺失范数δt是由$\hat{L}_k|\psi(t)\rangle$引入的。系统以δp_k的概率散射。因此，密度算符的时间演化可以分解为

$$\hat{\rho}(t+\delta t)\approx\left[\hat{U}_{\mathrm{eff}}(t+\delta t,t)\,\hat{\rho}\,\hat{U}_{\mathrm{eff}}^{\dagger}(t+\delta t,t)\right]+\delta t\left[\sum_{k}\hat{L}_{k}\hat{\rho}\hat{L}_{k}^{\dagger}\right] \tag{17.30}$$

右边方括号中的项通常称为条件密度算符[186]。第一项描述了系统在存在相干时间演化和向外散射时的传播，其中系统从其当前状态散射出去，而第二项描述了需要保持$\hat{\rho}$迹的内散射。这种随机解的优点是只考虑依赖单一状态指数的波函数，而不考虑依赖两个状态指数的密度矩阵。有兴趣的读者可参考文献［187］进行更详细的讨论。

17.3.1 量子点与金属纳米球耦合

如前几章所讨论的，林德布拉德形式的主方程可以与非平凡的光子环境结合起来。我们在此参考 Artuso 和 Bryant[188]的工作，考虑一个量子点耦合到金属纳米粒子上，如图 17.3 所示。将量子点视为具有偶极矩 $\boldsymbol{p}$ 的二能级系统，因此可以采用一般二能级系统的大部分结果。光-物质耦合用拉比能量来描述：

$$\hbar\Omega=\boldsymbol{p}\cdot\left[\boldsymbol{E}_{\text{inc}}^{+}(\boldsymbol{r}_{\text{dot}})+\boldsymbol{E}_{\text{refl}}^{+}(\boldsymbol{r}_{\text{dot}})\right] \tag{17.31}$$

式中：$\boldsymbol{E}_{\text{inc}}^{+}$、$\boldsymbol{E}_{\text{refl}}^{+}$分别为量子点 $\boldsymbol{r}_{\text{dot}}$ 位置的入射光和反射光。在考虑“点-纳米球”耦合系统的主方程解之前，让我们从更一般的角度来分析这个问题。

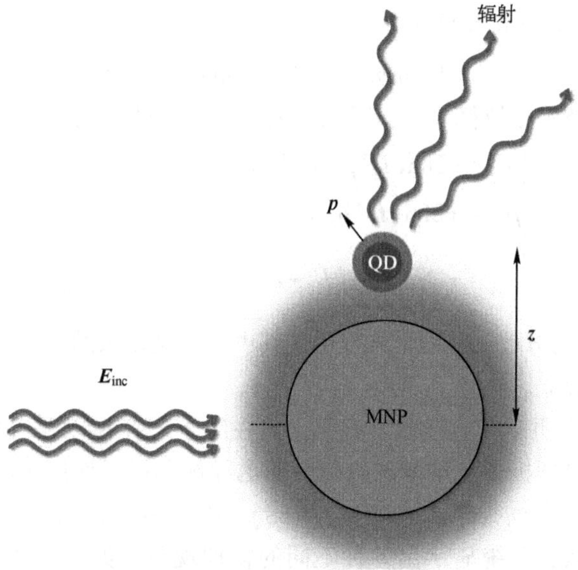

图 17.3 量子点（QD）与金属纳米粒子（MNP）耦合。该系统由入射激光场激发，金属纳米粒子的存在改变了量子点的激发和弛豫过程

光子环境。下面考虑金属纳米粒子的线性响应，通过反射的格林函数或它的一些近似来描述它。量子点动力学可以用林德布拉德形式的主方程以非线性方式处理。请注意，这种分离到线性光子环境和位于这个光子环境内的量子发射器的非线性动力学是一般性质的，可以立即应用到其他情况。总格林函数恰当地解释了电磁场矢量子发射体的靠近与远离。

相干动力学。如图 17.3 所示并在式（17.31）中明确指出：金属纳米粒子的存在改变了量子点的激发。因此极化的纳米球改变量子点的激发通道；反之，量子点的跃迁偶极矩改变纳米球的极化。这导致耦合必须以自洽的方式进行讨论。

非相干动力学。最后，量子点的散射和移相通道可以在非平凡光子环境中进行修改，如15.4节中关于光子发射和吸收所讨论的那样。这导致了必须修正散射和退相速率Γ_1、Γ_2，最后在林德布拉德算符的主方程进行求解。

在下面介绍文献［188］中一个简化的描述方案。量子点和纳米粒子分别被简化为偶极子$\boldsymbol{P}_{\mathrm{dot}}$与$\boldsymbol{P}_{\mathrm{sph}}$，它们相距一段距离$z$。诱导偶极子的量子点可以表示为

$$\boldsymbol{P}_{\mathrm{dot}}=\boldsymbol{p}\rho_{ge}(t)$$

可以发现球体的诱导偶极子为

$$\boldsymbol{P}_{\mathrm{sph}}\approx\left[4\pi\varepsilon_b\left(\frac{\varepsilon_b-\varepsilon_{\mathrm{sph}}}{2\varepsilon_b+\varepsilon_{\mathrm{sph}}}\right)a^3\right]\left(\boldsymbol{E}_{\mathrm{inc}}+\frac{1}{4\pi\varepsilon_b}\frac{3(\boldsymbol{P}_{\mathrm{dot}}\cdot\hat{z})\hat{z}-\boldsymbol{P}_{\mathrm{dot}}}{z^3}\right)$$

其中，方括号里的项为半径为a的球的极化率α_{asp}，见式（9.9），圆括号里的项为球原点处的总电场。$\varepsilon_{\mathrm{sph}}$、$\varepsilon_b$分别为金属纳米球和嵌入介质的介电常数。类似地，可以得到点位置的总电场：

$$\boldsymbol{E}(\boldsymbol{r}_{\mathrm{dot}})\approx\boldsymbol{E}_{\mathrm{inc}}+\frac{1}{4\pi\varepsilon_b}\left(\frac{3(\boldsymbol{P}_{\mathrm{sph}}\cdot\hat{z})\hat{z}-\boldsymbol{P}_{\mathrm{sph}}}{z^3}\right)$$

用式（17.15）中的哈密顿量：

$$\hat{V}=\hbar\Delta\sigma_{ee}-(\hbar\Omega\sigma_{eg}+\hbar\Omega^*\sigma_{ge}) \tag{17.32}$$

考虑弛豫和退相的林德布拉德算符，得到了密度矩阵元的运动方程：

$$\begin{cases}\dot{\rho}_{ee}=-2\mathrm{Im}(\Omega^*\rho_{ge})-\Gamma_1\rho_{ee}\\ \dot{\rho}_{gg}=+2\mathrm{Im}(\Omega^*\rho_{ge})+\Gamma_1\rho_{ee}\\ \dot{\rho}_{ge}=-i\Delta\rho_{ge}-\dfrac{1}{2}(\Gamma_1+\Gamma_2)\rho_{ge}+i\Omega^*(\rho_{ee}-\rho_{gg})\end{cases} \tag{17.33}$$

有时被称为光学布洛赫方程。前两个方程中的其中一个是多余的，因为约束条件$\rho_{gg}+\rho_{ee}=1$必须在任何时候都成立。

驱动场Ω有两个贡献与直接激发有关，它在纳米球存在以及自相互作用时被修改。在后一种情况下，电偶极子使纳米球极化，而诱导球偶极子作用于电偶极子。这种自相互作用导致了复杂的电动力学，在文献［188］中有一些详细的研究，其中作者表明，因为激发和耦合参数，系统显示出各种不同的物理现象，如法诺线型或激子诱导透明，相关示例见图17.4。

17.3.2 激光和等离子激光器

激光——受激辐射产生的光的简称——已经彻底改变了光学领域[189]。关于激光的文献有很多，如果认为可以在这里添加一些非常有用的东西，那就太自以为是了。随着工具的发展，我们已经了解了激光的基本理论，那么，为什么不花点时间来展示如何在原理上继续下去呢？

从式（17.33）的光学布洛赫方程开始，并假设Ω只与外部驱动场有关，没有自相互作用的改变，就像孤立的量子发射体（从这里表示为“原子”）的情况一样。在静止状态下，式（17.33）中的时间导数必须设为零，得到了三个线性方程的未知量ρ'_{ge}、ρ''_{ge}、ρ_{ee}，可以解出：

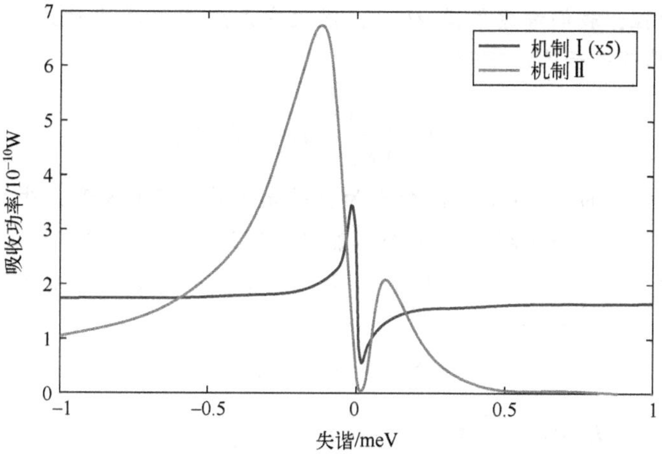

图 17.4 受驱动的量子点耦合到金属纳米球的吸收功率作为失谐的函数（$\hbar\omega=2.5\text{eW}$）。对于金纳米球（$a=18\text{nm}$），我们采取与文献［188］相同的仿真参数，找到了小的量子点偶极矩 $\boldsymbol{p}=0.25\text{enm}$ 时的 Fano 线型（机制I）和大的电偶极矩 $\boldsymbol{p}=2\text{enm}$ 时的激子诱导透明（机制Ⅱ）。机制I的曲线被放大 5 倍。

$$\rho_{ee}^{\infty}=\frac{\Gamma\Omega^2}{\Delta^2\Gamma_1+\frac{1}{4}\Gamma^2\Gamma_1+2\Gamma\Omega^2}$$

其中 $\Gamma=\Gamma_1+\Gamma_2$，并假设 Ω 是实的。最重要的是，从上面的方程中，我们可以观察到，即使对于大的 Ω 值，与强驱动场相关，激发态的布居也会被限制在小于或等于 1/2 的值上。由于激光的先决条件是粒子数反转，使受激发射大于吸收，因此激光的活性介质一般由具有三个或更多能级的量子发射器组成。

图 17.5 显示了最简单的三能级图，它包括一个基态和激发态 g、e，以及一个通过光或电泵浦填充的辅助态（aux）。我们假设有一个从辅助态到激发态的快速衰减，在这个过程中，原子保持不变，直到它通过自发或受激发射变得稀疏。当受激辐射超过自发辐射时，通过受激辐射实现光的放大，这是激光的基础。虽然我们可以很容易地用林德布拉德形式的主方程方法描述上述三能级系统，但我们在这里采用了一种更简单的描述方法，有效地去除辅助原子态，并考虑激励态的非相干泵浦，林德布拉德算符如图 17.2 所示。为了描述激光过程，我们引入了以下几个概念。

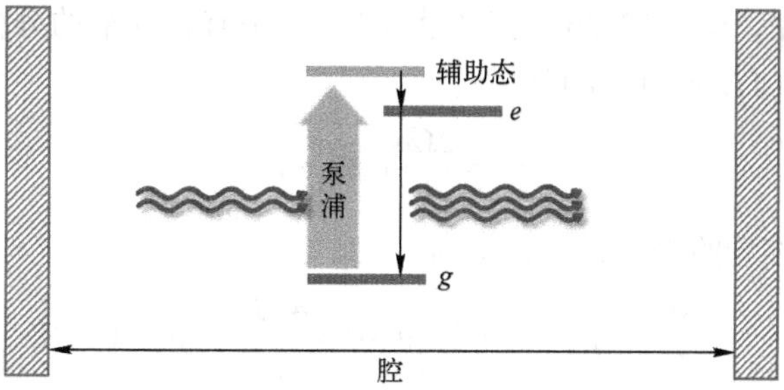

图 17.5 激光原理图。例如，通过使用镜子将光场限制在一个腔中。有源介质由有效的三能级系统组成，包括基态、激发态和辅助态。原子被泵浦从地面到辅助态，在辅助态中，它们快速衰变为 e，从而获得 e 和 g 之间的粒子数反转。当入射光子撞击原子时，它会经历受激发射，从而导致腔内光场的放大

腔场。对于腔，我们考虑单模 $\boldsymbol{u}(\boldsymbol{r})$，假设它是腔内电场波动方程的解，并根据习题 13.1 将电场算符表示为以下形式：

$$\boldsymbol{E}(\boldsymbol{r})=i\left(\frac{\hbar\omega}{\varepsilon_0}\right)^{\frac{1}{2}}\boldsymbol{u}(\boldsymbol{r})(\hat{a}-\hat{a}^\dagger) \tag{17.34}$$

式中：ω 为空腔模式的频率；$\hat{a}$、$\hat{a}^\dagger$ 分别为空腔光子的湮灭算符和产生算符。

活性介质。活性介质被描述为 N 个二能级系统的系综，密度矩阵的形式为 $\rho^{(\mu)}$，其中 μ 表示不同的原子。原则上，不同的原子可能有一个失谐的分布 $\Delta^{(\mu)}$，但为了简单，我们这里只考虑相同的原子。

哈密顿量。腔原子耦合系统的哈密顿量可表示为

$$\begin{aligned}\hat{H}=&\hbar\omega\left[\sum_\mu\sigma_{ii}^{(\mu)}+\left(\hat{a}^\dagger\hat{a}+\frac{1}{2}\right)\right]\\&+\left[\hbar\Delta\sum_\mu\sigma_{ii}^{(\mu)}-\hbar\Omega\sum_\mu i(\hat{a}\sigma_{eg}^{(\mu)}-\hat{a}^\dagger\sigma_{ge}^{(\mu)})\right]\end{aligned} \tag{17.35}$$

方括号中的最后一项表示相互作用，剩下的项表示未耦合的原子和腔光子。我们引入了拉比能量：

$$\hbar\Omega=\left(\frac{\hbar\omega}{\varepsilon_0}\right)^{\frac{1}{2}}\boldsymbol{u}(\boldsymbol{r})\cdot\boldsymbol{p}$$

假设它是实数。在整个过程中，对式（17.35）右边的第一项用相互作用绘景。

这里遵循文献［192，194］并考虑一个半经典的描述，其中原子是用它们的密度矩阵 $\boldsymbol{\rho}$ 来描述的，而激光的电场是用期望值 $a=\langle\hat{a}\rangle$ 表示的。于是，光学布洛赫方程（17.33）变为

$$\dot{\rho}_{ee}=-2\mathrm{Re}(\Omega a^*\rho_{ge})-\Gamma_1\rho_{ee}+G(1-\rho_{ee}) \tag{17.36a}$$

$$\dot{\rho}_{ge}=-i\Delta\rho_{ge}-\frac{1}{2}\Gamma\rho_{ge}+\Omega a(2\rho_{ee}-1) \tag{17.36b}$$

$\Gamma=\Gamma_1+\Gamma_2+G$，$G$ 为产生速率，见图 17.2，此处没有明确表示密度矩阵的 μ 依赖关系。由 $\hat{a}$ 的海森堡运动方程，得到

$$\dot{a}=-\frac{\gamma}{2}a+N\Omega\rho_{ge} \tag{17.36c}$$

式中：γ 表示腔损耗。式（17.36）在文献［192］中有较详细的分析，下面只研究 $\Delta=0$ 时的稳态。从式（17.36b）我们得到：

$$\rho_{ge}=\frac{2\Omega a}{\Gamma}(2\rho_{ee}-1)$$

将该式代入空腔场的表达式中，得到：

$$\left[\frac{2N\Omega^2}{\Gamma}(2\rho_{ee}-1)-\frac{\gamma}{2}\right]a=0\Rightarrow\frac{4N\Omega^2}{\gamma\Gamma}(2\rho_{ee}-1)=1$$

它的平凡解 $a=0$ 或者括号里的项必须为 0。后一种条件导致了右边的表达式，表明激光只能通过粒子数反转来实现。此外，必须满足以下激光条件，见文献［192］：

$$4N\Omega^2\geqslant\gamma\Gamma \tag{17.37}$$

这意味着原子-腔耦合与原子-腔损失相比必须足够强。当满足这个条件时，阈值

泵浦运率 G 和腔中光子的平均数目可由式（17.36a）计算出来。

等离子激光器（SPASER）

SPASER 是受激辐射（emission of radiation）放大的表面等离子体（surface plasmon amplification）的英文缩写，由 David Bergman 和 Mark Stockman 在 2003 年提出，如下[190]：

我们矢量子纳米等离子体迈出了一步：将纳米系统的表面等离子体场量子化并考虑其受激辐射。我们介绍了一种表面等离子体量子发生器，并考虑了表面等离子体通过受激辐射放大的现象。等离子激光器可以产生选定的表面等离子体模式的时间相干高强度场，这些模式可以强定位在纳米尺度上，包括与远区电磁场不耦合的暗模式。

多年来，马克一直是等离子体理论领域的领军人物之一，他同样具有物理直觉和进行粗略计算的能力，以估计这些提议的可行性。读他的论文总是很有启发性和说明性的。此外，他的人生经历也颇具传奇色彩，例如文献［190］中的图 1 就是一个漂亮的例子。

马克曾在各种场合大力宣传他的等离子激光器，尽管付出了巨大的努力，实验实现的难度还是比预期的要大。其主要原因可能是强金属损耗使其难以达到激发发射的必要条件。Noginov 和他的同事发表的第一个发现中[191]，他们使用了一个由有机染料分子的硅壳包围的金核，但是这个实验受到了一些批评，因为它不能被其他人重复[192]。奥尔顿和他的同事[193]提出了一种更有前途的方法，他们使用一种半导体 CdS 纳米线，通过一层薄的绝缘间隙与银表面分离。对于这个和其他实验的综述，参见文献［192］。

17.4 环境耦合

在本节中，我们将接触环境耦合的微观描述。一般来说，这是一个困难的话题，有很多专门的文献，例如 Breuer 和 Petruccione 编写的书[187]。此节主要说明如何从原则上推导广义主方程，以及通常涉及哪些近似。我们从所有输运方程之母——玻耳兹曼方程开始。虽然它依赖经典力学，但它的推导基本上为所有其他输运方程提供了蓝图，包括那些在量子力学领域使用的输运方程。

17.4.1 玻耳兹曼方程

路德维希·玻耳兹曼在格拉茨大学待了将近 20 年，我在那里教书和工作，每天我都会经过他的牌匾。据说，他在格拉茨的那段时间是他一生中最快乐和富有成效的时期之一。他在格拉茨城外的一座山上有一所房子，离我长大的地方很近，有传言说他甚至养了一头牛，过着农夫的生活。可以肯定的是，他在格拉茨的那段时间制定了著名的热力学第二定律，这就是今天所知的：

$$S=k_B\ln W \tag{17.38}$$

式中：k_B 为玻耳兹曼常数。这个方程把熵 S 和热力学概率 W 联系起来，表明大系统趋向于更可能的构型。对于非常大的系统，通常有大约10^{23}个粒子，就像通常气体或固体的情况一样，“可能”意味着（几乎）肯定。

热力学第二定律与其他理论的根本区别在于，它与系统动力学无关，而只依赖概率推理。虽然这个通用的方法使它如此强大——实际上它可以应用于所有的基本理论，包括经典力学和量子力学，以及电动力学——但有时人们会觉得式（17.38）与此有点相斥，因为它没有给出任何关于系统如何接近平衡的信息。

玻耳兹曼意识到了这个问题，并用一个描述系统趋向平衡的输运方程来支持第二定律。起初，他认为这个方程和第二定律一样基本，但很快他就意识到，要想获得一个有意义的方法，需要进行若干次近似。玻耳兹曼输运方程的中心对象是分布函数 $f(\boldsymbol{r},\boldsymbol{v},t)$，它给出了在位置 $\boldsymbol{r}$ 处以速度 $\boldsymbol{v}$ 运动的粒子的密度。对于在外力 $\boldsymbol{F}$ 的作用下运动但没有内部碰撞的粒子，我们可以在一个很小的时间间隔内得到 dt，有

$$f\left(\boldsymbol{r}+\boldsymbol{v}\mathrm{d}t,\boldsymbol{v}+\frac{\boldsymbol{F}}{m}\mathrm{d}t,t+\mathrm{d}t\right)\mathrm{d}^3r\mathrm{d}^3p-f(\boldsymbol{r},\boldsymbol{v},t)\mathrm{d}^3r\mathrm{d}^3p=0$$

上式表明，当使用随粒子运动的参考系时，扩散 $\boldsymbol{r}+\boldsymbol{v}\mathrm{d}t$ 和漂移 $\boldsymbol{v}+\frac{\boldsymbol{F}}{m}\mathrm{d}t$ 不会改变相空间体积元内的粒子数。左边第一项用泰勒级数展开除以 dt，得到：

$$\frac{\mathrm{d}f}{\mathrm{d}t}=(\nabla_r f)\cdot\boldsymbol{v}+(\nabla_v f)\cdot\frac{\boldsymbol{F}}{m}+\frac{\partial f}{\partial t}=0$$

当考虑粒子之间的相互作用时，分布函数可能会因这些相互作用引起的碰撞而改变。

带有碰撞积分的玻耳兹曼方程

$$(\nabla_r f)\cdot\boldsymbol{v}+(\nabla_v f)\cdot\frac{\boldsymbol{F}}{m}+\frac{\partial f}{\partial t}=\left(\frac{\partial f}{\partial t}\right)_{\mathrm{coll}} \tag{17.39}$$

右边的项是碰撞积分，它解释了粒子相互作用的影响。为了使这个方程对实际应用有用，我们必须指定这一项，这时就出现了困境。

一般来说，即使所有的粒子在零时刻是不相关的，但由于散射，它们变得相关了。让我们假设粒子间的力是足够短的范围，这样散射的影响可以用微分横截面来描述

$$\sigma_{\mathrm{coll}}(\boldsymbol{v}_1,\boldsymbol{v}_2\rightarrow\boldsymbol{v}_1',\boldsymbol{v}_2') \tag{17.40}$$

这解释了从初始状态 $\boldsymbol{v}_1$，$\boldsymbol{v}_2$ 到最终状态 $\boldsymbol{v}_1'$，$\boldsymbol{v}_2'$ 的散射概率。理想状态是只在接触过程中相互作用的硬球体，这样散射的持续时间接近于零，并且瞬态跃迁发生。示意图见图 17.6。由于这种散射的影响，两个粒子在碰撞后相互关联。

$$f(\boldsymbol{r},\boldsymbol{v}_1,t)f(\boldsymbol{r},\boldsymbol{v}_2,t)\underset{\sigma_{\mathrm{coll}}}{\Rightarrow}f_2(\boldsymbol{r},\boldsymbol{v}_1',\boldsymbol{r},\boldsymbol{v}_2',t)$$

这里我们假设碰撞发生在位置 $\boldsymbol{r}$，并引入了两个粒子的分布函数 $f_2(\boldsymbol{r}_1,\boldsymbol{v}_1,\boldsymbol{r}_2,\boldsymbol{v}_2,t)$，它给出了一个粒子以速度 $\boldsymbol{v}_1$ 在位置 $\boldsymbol{r}_1$ 的概率，而另一个粒子以速度 $\boldsymbol{v}_2$ 在位置 $\boldsymbol{r}_2$ 的概率。显然，下一次碰撞与三个粒子相关，用一个三粒子分布函数 f_3 来描述，以此类推。

为了截断这个无穷的体系，玻耳兹曼将两粒子分布函数分解为两个单粒子函数的乘积。

两粒子关联的因式分解

$$f_2(\boldsymbol{r}_1,\boldsymbol{v}_1,\boldsymbol{r}_2,\boldsymbol{v}_2,t)\approx f(\boldsymbol{r}_1,\boldsymbol{v}_1,t)f(\boldsymbol{r}_2,\boldsymbol{v}_2,t) \tag{17.41}$$

他进行这种分解的动机是在所谓分子混沌中阐明的。它表明，在一个有足够多的粒子的系统中，在不断增加的粒子之间共享的相关性具有净效应，这种过去建立起来的相

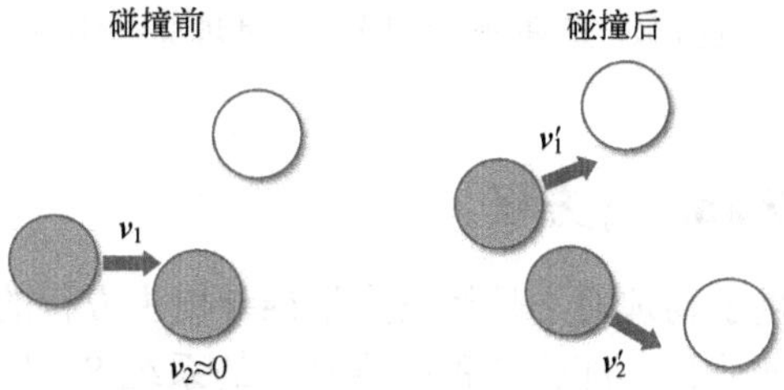

图 17.6 玻耳兹曼著名的硬球系综碰撞假设示意图。碰撞前，速度分别为 $\boldsymbol{v}_1$、$\boldsymbol{v}_2$ 的两个灰色粒子不相关，但在碰撞后，通过微分横截面变得相关，这给出了在完成散射后速度为 $\boldsymbol{v}_1'$、$\boldsymbol{v}_2'$ 的两个粒子的概率。因此，即使从一组不相关的球体开始，它们也会因散射效应而相互关联。碰撞利用分子混沌假设忽略了这些关联，文中对此进行了更详细的描述

关性现在在多粒子关联的海洋中稀释了。这一近似结果对所有感兴趣的系统都非常有效，但它只是一个临时假设，有用但不能被证明。更糟糕的是，分解本身在动力学中引入了一种不可逆性，因为它打破了时间反转对称性，这对于一个旨在演示从不可能状态到可能状态的转变的方程来说，是一个有点令人不快的特征。结果，玻耳兹曼受到了同时代人的严重攻击，他在世时也没有得到他理应得到的认可。

一般来说，这就是我想告诉你们的关于玻耳兹曼输运方程的全部内容，但既然已经开始推导，我们就不应该结束它。微分截面定义为

$$\sigma_{\text{coll}} = \frac{\text{散射粒子数}}{\text{入射通量}}$$

速度为 $\boldsymbol{v}_1$ 的粒子对速度为 $\boldsymbol{v}_2$ 的第二个粒子的入射通量为 $|\boldsymbol{v}_1 - \boldsymbol{v}_2|$。碰撞积分由两个贡献组成，一个是由位于 r，$\boldsymbol{v}_1$ 附近的给定相空间元素分散出来的粒子的负贡献，一个是分散进去的粒子的正贡献：

$$\begin{aligned}
&\left(\frac{\partial f(\boldsymbol{r},\boldsymbol{v}_1,t)}{\partial t}\right)_{\text{coll}} \\
&= -\int \sigma_{\text{coll}}(\boldsymbol{v}_1,\boldsymbol{v}_2 \to \boldsymbol{v}_1',\boldsymbol{v}_2')\,|\boldsymbol{v}_1 - \boldsymbol{v}_2|\,f(\boldsymbol{r},\boldsymbol{v}_1,t)f(\boldsymbol{r},\boldsymbol{v}_2,t)\,\mathrm{d}^3\boldsymbol{v}_1'\mathrm{d}^3\boldsymbol{v}_2\mathrm{d}^3\boldsymbol{v}_2' \\
&\quad + \int \sigma_{\text{coll}}(\boldsymbol{v}_1',\boldsymbol{v}_2' \to \boldsymbol{v}_1,\boldsymbol{v}_2)\,|\boldsymbol{v}_1' - \boldsymbol{v}_2'|\,f(\boldsymbol{r},\boldsymbol{v}_1',t)f(\boldsymbol{r},\boldsymbol{v}_2',t)\,\mathrm{d}^3\boldsymbol{v}_1'\mathrm{d}^3\boldsymbol{v}_2\mathrm{d}^3\boldsymbol{v}_2'
\end{aligned} \tag{17.42}$$

这个表达式就是玻耳兹曼著名的碰撞假设。利用散射截面的时间反演对称和动量守恒可以进一步简化，但我们保留式（17.42）为最终表达式。理解玻耳兹曼方程的两个核心近似可归纳如下。

散射。粒子相互作用用散射概率来描述。理想的情况是硬球，散射是瞬时的。如果不是这样，散射过程最终应该足够短，以便在下一次散射发生之前完成一次散射。

忽略粒子的关联。由于这种散射，粒子变得相关。在“分子混沌”假设的精神下，忽略了这些相关性，该假设认为，在一个足够大的系统中，相关性被转移到越来越多的粒子上，而两个粒子在过去的散射中产生的关联，在未来会作用于其中一个粒子的概率是如此小，以至于可以完全忽略它。

人们曾多次尝试超越这些近似，但随后又不得不在其他地方做出类似的假设，例如，忽略三体关联而不是两体关联。玻耳兹曼输运方程是一个伟大的工具，在大多数情

况下（几乎全部）有效，但它建立在不能从第一原理证明的假设上。这一直是，也将永远是它的光荣和痛苦。

17.4.2 Nakajima-Zwanzig 方程

接下来，我们利用量子物理而不是经典力学推导出主方程的类玻耳兹曼方程。假设所考虑的问题可分为两部分，一部分是我们感兴趣的系统 S，另一部分是与系统假定弱相互作用的“热库” R。设$\hat{\omega}$为同时考虑系统自由度和热库自由度的密度算符。假设系统和热库密度算符分别可以通过对热库自由度和系统自由度求迹得到：

$$\hat{\rho}_S(t)=\mathrm{tr}_R\{\hat{w}(t)\},\quad \hat{\rho}_R(t)=\mathrm{tr}_S\{\hat{w}(t)\} \tag{17.43}$$

下面我们将回到之前的符号$\hat{\rho}=\hat{\rho}_S$。还引入了投影算符$\mathbb{P}$、$\mathbb{Q}$，$\mathbb{P}+\mathbb{Q}=\boldsymbol{I}$，它们投影到系统和热库不相关的子空间上：

$$\mathbb{P}\hat{w}(t)=\hat{\rho}_S(t)\otimes\hat{\rho}_R(t) \tag{17.44}$$

以及$\mathbb{Q}\hat{\omega}(t)$上。其原理见图 17.7。上式中“$\otimes$”表示系统与热库子空间的直积。用式(17.43)和式(17.44)可以很容易地表明

$$\mathrm{tr}_R\{\mathbb{Q}\hat{w}\}=\mathrm{tr}_S\{\mathbb{Q}\hat{w}\}=0$$

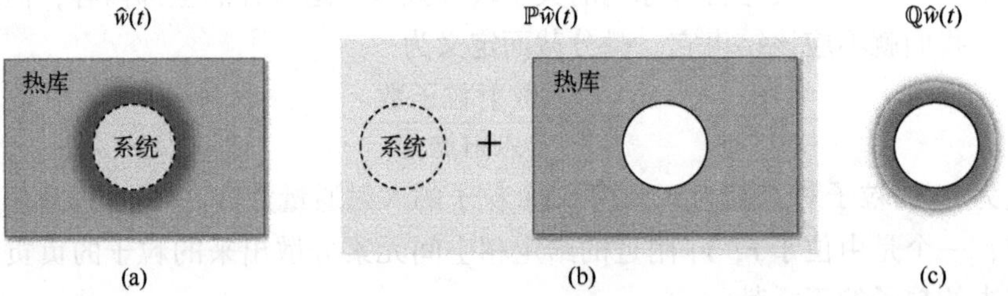

图 17.7 Nakajima-Zwanzig 方法的密度和投影算符示意图。(a) 总密度算符$\hat{\omega}(t)$可用于相互作用系统和热库。(b)（超级）算符$\mathbb{P}$在系统与热库解耦的子空间上进行投影。通过对热库自由度的求迹，可以得到系统算符$\hat{\rho}_S$。(c)（超级）算符$\mathbb{Q}$在互补子空间上进行求解

因此，$\mathrm{tr}_R\{\hat{w}\}=\mathrm{tr}_R\{\mathbb{P}\hat{w}\}=\hat{\rho}_S$，系统的主方程可以通过热库自由度求迹得到：

$$i\hbar\frac{\mathrm{d}\hat{\rho}_S}{\mathrm{d}t}=i\hbar\mathrm{tr}_R\left\{\frac{\mathrm{d}\hat{w}}{\mathrm{d}t}\right\}=\mathrm{tr}_R\{\mathbb{P}(\mathbb{L}_S(t)+\mathbb{L}_R+\mathbb{V})\hat{w}\}$$

式中：$\mathbb{L}_S$、$\mathbb{L}_R$分别为系统和热库的刘维尔算符；$\mathbb{V}$为系统-热库耦合。我们假设只有系统部分显式地依赖时间，尽管我们不会进一步利用这一点。关于上述方程的一个重要的观测结果是，我们只能在时间导数项中找到热库，在右边的耦合$\mathbb{V}$导致了系统和热库之间的相关性。通过观察投影算符$\mathbb{P}$与$\mathbb{L}_S$、$\mathbb{L}_R$交换，可以简化表达式，$\mathbb{L}_S$和$\mathbb{L}_R$分别解释解耦系统和热库子空间中的动力学。这样就得到：

$$\begin{aligned}i\hbar\frac{\mathrm{d}\hat{\rho}_S}{\mathrm{d}t}&=\mathrm{tr}_R\{\mathbb{P}(\mathbb{L}_S(t)+\mathbb{L}_R+\mathbb{V})(\mathbb{P}+\mathbb{Q})\hat{w}\}\\&=\mathrm{tr}_R\{(\mathbb{P}\mathbb{L}_S\mathbb{P})\hat{\rho}_S+(\mathbb{P}\mathbb{Q})\hat{\rho}_R\}\end{aligned} \tag{17.45}$$

此处使用了$\mathbb{P}\mathbb{L}_{S,R}\mathbb{Q}=0$和$\mathbb{P}\mathbb{V}\mathbb{P}=0$。后一个表达式是零，因为$\mathbb{V}$从不相关子空间耦合

到相关子空间，因此只有形式为$\mathbb{PVQ}$的项和$\mathbb{PVQ}$给出非零贡献。接下来我们将分别介绍系统和热库的时间演化算符：

$$\begin{cases} i\hbar \dfrac{\mathrm{d}}{\mathrm{d}t}\mathbb{U}_S(t,t') = \mathbb{L}_S(t)\mathbb{U}_S(t,t'), \quad \mathbb{U}_S(t,t) = \boldsymbol{I} \\ i\hbar \dfrac{\mathrm{d}}{\mathrm{d}t}\mathbb{U}_R(t,t') = \mathbb{L}_R\mathbb{U}_R(t,t'), \quad \mathbb{U}_R(t,t) = \boldsymbol{I} \end{cases}$$

在不存在系统-热库相互作用的情况下，总时间演化算符为直积：

$$\mathbb{U}_0(t,t') = \mathbb{U}_S(t,t') \otimes \mathbb{U}_R(t,t')$$

因为算符作用于不同的子空间。在存在系统-热库相互作用的情况下，总时间演化算符的形式为

$$\mathbb{U}(t,t') = \mathbb{U}_0(t,t') - \frac{i}{\hbar}\int_{t'}^{t} \mathbb{U}_0(t,\tau)\ \mathbb{V}\mathbb{U}(\tau,t')\mathrm{d}\tau \tag{17.46}$$

实际上，通过对等式两边同时求导，就可以得到：

$$i\hbar \frac{\mathrm{d}}{\mathrm{d}t}\mathbb{U}(t,t') = (\mathbb{L}_S(t) + \mathbb{L}_R)\ \mathbb{U}_0(t,t') + \mathbb{U}_0(t,t)\ \mathbb{V}\mathbb{U}(\tau,t')$$

$$- (\mathbb{L}_S(t) + \mathbb{L}_R)\ \frac{i}{\hbar}\int_{t'}^{t} \mathbb{U}_0(t,\tau)\ \mathbb{V}\mathbb{U}(\tau,t')\mathrm{d}\tau$$

通过式（17.46）将右边的积分项表示为$\mathbb{U}(t,t')-\mathbb{U}_0(t,t')$得到：

$$i\hbar \frac{\mathrm{d}}{\mathrm{d}t}\mathbb{U}(t,t') = (\mathbb{L}_S(t) + \mathbb{L}_R + \mathbb{V})\mathbb{U}(t,t')$$

上式表明$\mathbb{U}(t,t')$满足时间演化算符的运动方程，且边界条件$\mathbb{U}(t,t)=\boldsymbol{I}$。我们现在可以将时间演化算符应用于密度算符，$\mathbb{U}(t,0)\hat{\omega}(0)$，并从等式（17.46）的左侧使用算符$\mathbb{Q}$，得到$\hat{\rho}_R$ 的正式解。这给出

$$\mathbb{Q}\hat{w}(t) = \mathbb{Q}\mathbb{U}_0(t,0)\ \hat{w}(0) - \frac{i}{\hbar}\int_{t_0}^{t} \mathbb{Q}\mathbb{U}_0(t,\tau)[\mathbb{Q}\mathbb{V}\mathbb{P}]\ \mathbb{U}(\tau,t_0)\ \hat{w}(t_0)\mathrm{d}\tau$$

式中：t_0 为问题的初始时间。为了清楚，用投影运算符将相互作用项$\mathbb{V}$ 装饰在括号中。可以插入左边的$\mathbb{Q}$投影是因为$\mathbb{U}_0$在不同的子空间之间不耦合，因此$\mathbb{Q}\mathbb{U}_0=\mathbb{Q}\mathbb{U}_0\mathbb{Q}$。由于$\mathbb{V}$在不同的子空间之间耦合，可以右乘以的$\mathbb{P}$投影，因此$\mathbb{Q}\mathbb{V}=\mathbb{Q}\mathbb{V}\mathbb{P}$ 。

将上述表达式代入系统密度算符式（17.45）的简化主方程中，最终得到了描述$\hat{\rho}_S$在存在额外的系统-热库相互作用时的时间演化的 Nakajma-Zwanzig 方程[195]。

Nakajima-Zwanzig 方程

$$i\hbar \frac{\mathrm{d}\hat{\rho}_S}{\mathrm{d}t} = \mathbb{L}_S(t)\ \hat{\rho}_S$$

$$+ \mathrm{tr}_R\left\{\mathbb{P}\mathbb{Q}\hat{w}(t) - \frac{i}{\hbar}\int_{t_0}^{t}[\mathbb{P}\mathbb{U}_0(t,t')\ \mathbb{V}]\ \hat{\rho}_S(t') \otimes \hat{\rho}_R(t')\mathrm{d}t'\right\} \tag{17.47}$$

式（17.47）是在不引入任何近似的情况下导出的主方程的正式解。从这个意义上说，它对于得出一般性结论非常有帮助，但从实用的角度来看毫无价值，尽管我们稍后将讨论近似策略。关于 Nakajima-Zwanzig 方程的第一个有趣的点是，它在时间上是非局域的，并扩展到系统的过去，而总密度算符的主方程，作为我们的开始表达式，在时间上

是局域的。时间上从局域到非局域的转变是由于我们已经正式地求出了热库的自由度。我们为消除这些自由度所付出的代价是，必须明确地考虑这个系统的过去。式（17.47）右边的不同贡献可以解释如下。

系统自由度。带有刘维尔算符$\mathbb{L}_S$的第一项只考虑系统子空间中的相互作用。这部分以前被指定为相干系统相互作用，可以单独用 Schrödinger 的方程来描述。

热库的关联。第二项$\mathbb{PVQ}\,\omega(t)$解释了系统和热库之间可能的初始关联，在玻耳兹曼分子混沌假设的精神下将被忽略。

系统-热库散射。最后一项解释了系统和环境之间的散射。通过括号中从右到左的表达式（图 17.8），我们发现，最初系统通过$\mathbb{V}$与热库相互作用，诱导波动分别在系统和热库子空间中传播，最后，波动通过另一个系统-热库相互作用$\mathbb{V}$作用回系统。正如下面将要讨论的，相关性的这种积累和反作用可以近似地用散射截面来描述，这通常允许我们将 Nakajima-Zwanzig 方程简化为林德布拉德形式的主方程。

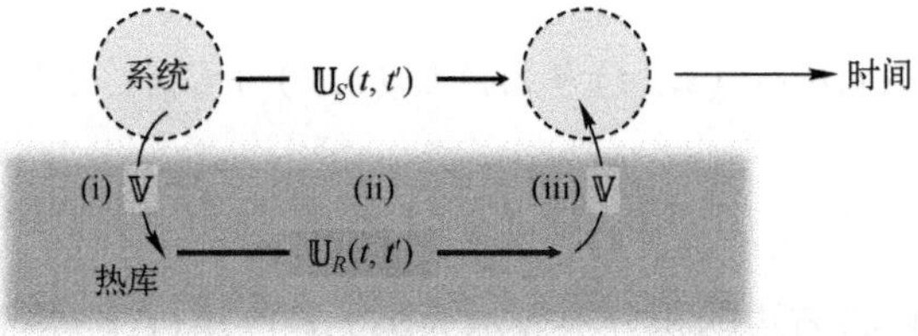

图 17.8 Nakajima-Zwanzig 方法中系统-热库相互作用示意图。我们没有明确地描述相互作用的系统和热库，而是求出了热库自由度，并以 Nakajima-Zwanzig 方程［式（17.47）］结束，该方程仅适用于系统密度算符$\hat{\rho}_S$。系统-热库相互作用用散射型过程描述：（i）t'时刻系统与热库相互作用，由（超级）算符$\mathbb{V}$描述，它引起系统-热库相关性；（ii）相关性在系统和热库的隔离子空间中传播；（iii）最终在t时刻相关性作用于系统子空间

重温主方程

虽然 Nakajima-Zwanzig 方程的推导是一般的，但我们可以在最低阶微扰理论中，不使用超级算符重新推导它。首先分别介绍了系统和热库的常用时间演化算符，并通过时间演化算符进行了定义：

$$i\hbar\frac{\mathrm{d}}{\mathrm{d}t}\hat{U}_S(t,t')=\hat{H}_S(t)\hat{U}_S(t,t'),\hat{U}_S(t,t)=I_S$$

$$i\hbar\frac{\mathrm{d}}{\mathrm{d}t}\hat{U}_R(t,t')=\hat{H}_R(t)\hat{U}_R(t,t'),\hat{U}_R(t,t)=I_R$$

总密度算符$\hat{\omega}(t)$的冯·诺依曼方程可以写成下面的形式：

$$i\hbar\frac{\mathrm{d}\hat{w}(t)}{\mathrm{d}t}=[\hat{H}_S(t)+\hat{H}_R+\hat{V},\hat{w}(t)]$$

式中：$\hat{V}$为系统与热库的耦合。接下来介绍密度算符的相互作用绘景：

$$\hat{w}_I(t)=\hat{U}_0^\dagger(t,0)\hat{w}(t)\hat{U}_0(t,0),\quad \hat{U}_0(t,0)=\hat{U}_S(t,0)\otimes\hat{U}_R(t,0)$$

以及相互作用项$\hat{V}_I(t)$对应变换。$\hat{\omega}_I(t)$的冯·诺依曼方程为

$$i\hbar\frac{\mathrm{d}\hat{w}_I(t)}{\mathrm{d}t}=[\hat{V}_I(t),\hat{w}_I(t)] \tag{17.48}$$

可以很容易地通过对等式两边取时间导数，并使用$\hat{U}_S$、$\hat{U}_R$ 的定义方程来显示。请注意，$\hat{w}_I$ 的时间导数现在只由系统-热库相互作用引起。为了只得到系统部分的时间演化，在式（17.48）中求出热库自由度：

$$i\hbar\frac{\mathrm{d}\hat{\rho}_I(t)}{\mathrm{d}t}=\mathrm{tr}_R\{[\hat{V}_I(t),\hat{w}_I(t)]\} \tag{17.49}$$

系统密度算符重新写作 $\hat{\rho}$（不带下标 S）。正如 Nakajima-Zwanzig 方程的推导一样，求迹过程只能安全地对时间导数项执行。接下来对式（17.48）进行积分：

$$\hat{w}_I(t)=\hat{w}_I(t_0)-\frac{i}{\hbar}\int_{t_0}^{t}[\hat{V}_I(\tau),\hat{w}_I(t')]\mathrm{d}t'$$

并将得到的表达式代入式（17.49）中。同时，引入了一些额外的近似：

（1）由于分子混沌行为，忽略了系统动力学中的$\hat{w}_I(t_0)$项；

（2）假设在第一次系统-热库相互作用之前，系统和热库是不相关的：

$$\hat{w}_I(\tau)\approx\hat{\rho}_I(t')\otimes\hat{\rho}_{R,I}(t')$$

（3）忽略了热库密度算符的时间依赖性：

$$\hat{\rho}_I(t')\approx\hat{\rho}_I(t)+\mathcal{O}(\hat{V})$$

请注意，此替换只适用于$\hat{V}$中的最低阶次近似。

通过这些替换，最终得到了主方程，它在系统-热库哈密顿量$\hat{V}$的二阶范围内都是正确的，并且描述了$\hat{\rho}_I$ 在存在环境耦合时的时间演化。

系统热库耦合主方程

$$\left(\frac{\mathrm{d}\hat{\rho}_I(t)}{\mathrm{d}t}\right)_{\text{incoh}}=-\frac{1}{\hbar^2}\int_{t_0}^{t}\mathrm{tr}_R\{[\hat{V}_I(t),[\hat{V}_I(t'),\hat{\rho}_I(t)\otimes\hat{\rho}_R]]\}\mathrm{d}t' \tag{17.50}$$

这个方程与前面导出的 Nakajima-Zwanzig 方程具有相同的物理内容，但是，它对于实际操作而言更实用。

17.4.3 费米黄金法则

作为一个例子，下面我们考虑一个二能级系统耦合到一个谐振子系统的情况：

$$\hat{H}=\frac{1}{2}\hbar\omega\sigma_3+\sum_\lambda\hbar\omega_\lambda\hat{a}_\lambda^\dagger\hat{a}_\lambda+i\sum_\lambda g_\lambda(\hat{a}_\lambda^\dagger\sigma_--\hat{a}_\lambda\sigma_+) \tag{17.51}$$

这个模型有时被称为 Caldeira-Leggett 模型[196]。$\hbar\omega$ 是二能级系统基态和激发态之间的能量差，$\hbar\omega_\lambda$ 是由玻色子场算符$\hat{a}_\lambda$ 描述的谐振子的能量，g_λ 是系统-谐振子耦合常数，假设为实数。右边的最后一项定义了系统与环境的相互作用$\hat{V}$，它由能量从二能级系统转移到环境的项组成，反之亦然。$\sigma_\pm$是二能级系统中常用的升降算符，先前在式（16.8）中介绍过。

如果我们将相互作用表示中的$\hat{V}$代入式（17.50）中，经过简单的计算就可以得到：

$$\left(\frac{\partial\hat{\rho}_I(t)}{\partial t}\right)_{\text{incoh}}=-\int_{t_0}^{t}\sum_{\lambda\lambda'}g_\lambda g_{\lambda'}$$

$$\times\left[\langle\hat{a}_\lambda(t)\,\hat{a}^\dagger_{\lambda'}(t')\rangle\sigma_+(t)\sigma_-(t')\,\hat{\rho}_I(t)+\langle\hat{a}_{\lambda'}(t')\,\hat{a}^\dagger_\lambda(t)\rangle\hat{\rho}_I(t)\sigma_+(t')\sigma_-(t)\right.$$
$$-\langle\hat{a}_\lambda(t)\,\hat{a}^\dagger_{\lambda'}(\tau)\rangle\sigma_-(t')\,\hat{\rho}_I(t)\sigma_+(t)-\langle\hat{a}_{\lambda'}(t')\,\hat{a}^\dagger_\lambda(t)\rangle\sigma_-(t)\,\hat{\rho}_I(t)\sigma_+(t')$$
$$+\langle\hat{a}^\dagger_\lambda(t)\,\hat{a}_{\lambda'}(t')\rangle\sigma_-(t)\sigma_+(t')\,\hat{\rho}_I(t)+\langle\hat{a}^\dagger_{\lambda'}(t')a_\lambda(t)\rangle\,\hat{\rho}_I(t)\sigma_-(t')\sigma_+(t)$$
$$\left.-\langle\hat{a}^\dagger_\lambda(t)\,\hat{a}_{\lambda'}(t')\rangle\sigma_+(t')\,\hat{\rho}_I(t)\sigma_-(t)-\langle\hat{a}^\dagger_{\lambda'}(t)\,\hat{a}_\lambda(t)\rangle\sigma_+(t)\,\hat{\rho}_I(t)\sigma_-(t')\right]\mathrm{d}t' \tag{17.52}$$

$\hat{\rho}_I$ 和 $\sigma_\pm$ 描述了环境耦合对系统的影响。括号内的项 $\langle\cdots\rangle=\mathrm{tr}_R\{\hat{\rho}_R\cdots\}$，并描述了激励在环境中的传播。在热平衡中，它们可以被简化为

$$\langle a^\dagger_\lambda a_{\lambda'}\rangle=\bar{n}(\hbar\omega_\lambda)\delta_{\lambda\lambda'}$$

式中：$\bar{n}$ 为玻色-爱因斯坦分布函数。请注意，在式（17.52）中，我们没有考虑带有两个湮灭或产生算符的项，因为它们的期望值在热平衡中会消失。式（17.52）的第二、三行表达式描述了能量从系统向环境传递的发射过程，以及第四、五行的吸收过程。通过 $\Delta_\lambda=\omega_\lambda-\omega$，可以重写括号中的项为

$$\begin{aligned}&(\bar{n}_\lambda+1)\left[\mathrm{e}^{-\mathrm{i}\Delta_\lambda(t-t')}(\sigma_+\sigma_-\hat{\rho}_I-\sigma_-\hat{\rho}_I\sigma_+)+\mathrm{e}^{\mathrm{i}\Delta_\lambda(t-t')}(\hat{\rho}_I\sigma_+\sigma_--\sigma_-\hat{\rho}_I\sigma_+)\right]\\&+\bar{n}_\lambda\left[\mathrm{e}^{\mathrm{i}\Delta_\lambda(t-t')}(\sigma_-\sigma_+\hat{\rho}_I-\sigma_+\hat{\rho}_I\sigma_-)+\mathrm{e}^{-\mathrm{i}\Delta_\lambda(t-t')}(\hat{\rho}_I\sigma_-\sigma_+-\sigma_+\hat{\rho}_I\sigma_-)\right]\end{aligned} \tag{17.53}$$

其中没有明确表示 $\hat{\rho}_I(t)$ 的时间依赖性，并引入了热分布函数的速记符号 $\bar{n}_\lambda$。剩下的积分是这样的：

$$\mathcal{I}=\sum_\lambda\int_{t_0}^{t}\mathcal{F}_\lambda\mathrm{e}^{\pm\mathrm{i}\Delta_\lambda(t-t')}\mathrm{d}t'\approx\lim_{\eta\to0}\sum_\lambda\int_{-\infty}^{t}\mathcal{F}_\lambda\mathrm{e}^{(\pm\mathrm{i}\Delta_\lambda-\eta)(t-t')}\mathrm{d}t' \tag{17.54}$$

其中，$\mathcal{F}_\lambda$ 是由耦合常数和热分布函数组成的项。在热力学极限下被积函数作为 $t-t'$ 的函数衰减得很快，正如在第 14 章中详细讨论的那样，它允许我们引入在右边计算出的绝热极限。上述积分提供了两个时间尺度，可以根据玻耳兹曼理论进行分析。

存储时间。被积函数的衰减给出了系统的存储时间，可以解释为碰撞完成所需的时间。类似于玻耳兹曼方程的硬球极限，我们希望这个时间比连续散射之间的时间短得多。这是大多数感兴趣的系统的情况，但原则上，假设必须为每个问题单独进行证明。

散射时间。积分 $\mathcal{I}$ 的值与散射率有关，这是散射发生的频率。相应的时间尺度与一次碰撞时间相关的记忆时间无关，可以很容易地看到，考虑 $\mathcal{F}$ 的尺度，它只影响 $\mathcal{I}$，而不影响被积函数的衰减时间。以硬球表示，碰撞时间由相互作用范围决定，而连续散射之间的时间由速度分布和球的浓度决定。

最后，求出式（17.54）的积分，从而得到一种有效的方法：

$$\mathcal{I}\approx\pm i\lim_{\eta\to0}\sum_\lambda\frac{\mathcal{F}_\lambda}{\Delta_\lambda\pm\mathrm{i}\eta}\approx\sum_\lambda\mathcal{F}_\lambda\pi\delta(\Delta_\lambda)$$

其中，我们使用了式（F.6）来得到最后的表达式，忽略了与柯西主部分相关的二能级系统的能量重正化。求出式（17.53）中给出的表达式，可以发现所得积分可以与两种散射率有关。

费米散射率的黄金法则结果

$$\begin{cases}\Gamma_{\text{abs}}=\dfrac{2\pi}{\hbar}\sum\limits_{\lambda}g_{\lambda}^{2}\,\bar{n}(\hbar\omega_{\lambda})\delta(\hbar\omega_{\lambda}-\hbar\omega_{0})\\ \Gamma_{\text{em}}=\dfrac{2\pi}{\hbar}\sum\limits_{\lambda}g_{\lambda}^{2}[\bar{n}(\hbar\omega_{\lambda})+1]\delta(\hbar\omega_{\lambda}-\hbar\omega_{0})\end{cases}\tag{17.55}$$

这些散射率与吸收和发射过程有关，也可以用费米黄金法则来推导。然而，令人欣慰的是，更详细的方法得到了同样的结果。最后，将式（17.52）转化为林德布拉德形式的主方程式（17.16），用林德布拉德算符计算吸收和发射：

$$\hat{L}_{\text{abs}}=\sqrt{\Gamma_{\text{abs}}}\,\sigma_{+},\quad \hat{L}_{\text{em}}=\sqrt{\Gamma_{\text{em}}}\,\sigma_{-}$$

小结 本章的目的是展示如何描述与环境耦合的开放多能级系统的量子动力学。我们首先给出了一个用林德布拉德形式的主方程描述这种耦合的简单方法，然后用一个玻耳兹曼类输运方程的微观描述来支持方程。后一部分可能给人一种印象，就是这种形式的推导必须对每个系统分别进行。事实上，情况并非如此。

林德布拉德形式的主方程的优点是人们可以用物理直觉猜出散射的林德布拉德算符。我们将在第 18 章中讨论，而且实验结果经常提供散射通道和速率的直接提示。从这个意义上说，这种方法应该被认为是半定量性质的，尽管其结果往往令人惊讶地好。如果所考虑的问题迫使人们更深入地研究环境耦合的描述，例如，使用微观描述，那么本章中所做的工作将有助于作为第一个起点，但肯定需要更仔细地阅读专业文献。

习题

练习 17.1 重写式（17.2）为矩阵元形式：

$$\text{tr}\{\hat{A}_1\hat{A}_2\cdots\hat{A}_n\}=\sum_{i_1}\sum_{i_2}\cdots\sum_{i_n}\langle i_1|\hat{A}_1|i_2\rangle\langle i_2|\hat{A}_2|i_3\rangle\cdots\langle i_n|\hat{A}_n|i_1\rangle$$

证明算符的迹满足如上公式。

练习 17.2 考虑特征值方程：

$$\bar{\bar{\boldsymbol{A}}}\cdot x_k^{\text{R}}=\lambda_k^{\text{R}}x_k^{\text{R}},\quad (x_k^{\text{L}})^{\text{T}}\cdot\bar{\bar{\boldsymbol{A}}}=\lambda_k^{\text{L}}\,(x_k^{\text{L}})^{\text{T}}$$

（a）证明第二个方程可以写成 $\bar{\bar{A}}^{\text{T}}x_k^{\text{L}}\cdot=\lambda_k^{\text{L}}x_k^{\text{L}}$。

（b）利用行列式的性质讨论为什么$\bar{\bar{\boldsymbol{A}}}$和$\bar{\bar{\boldsymbol{A}}}^{\text{T}}$特征值相同，继而得出左特征值和右特征相等。

（c）证明特征值方程可以改写为

$$\bar{\bar{\boldsymbol{A}}}\cdot\bar{\bar{\boldsymbol{X}}}^{\text{R}}=\bar{\bar{\boldsymbol{X}}}^{\text{R}}\cdot\bar{\bar{\boldsymbol{\Lambda}}},\quad \bar{\bar{\boldsymbol{X}}}^{\text{L}}\cdot\bar{\bar{\boldsymbol{A}}}=\bar{\bar{\boldsymbol{\Lambda}}}\cdot\bar{\bar{\boldsymbol{X}}}^{\text{L}}$$

式中：$\bar{\bar{\boldsymbol{\Lambda}}}$是以对角线为特征值的矩阵；$\bar{\bar{\boldsymbol{X}}}^{\text{L}}$、$\bar{\bar{X}}^{\text{R}}$ 为特征矢量构成的矩阵。

（d）将左边第一个方程乘$\bar{\bar{\boldsymbol{X}}}^{\text{L}}$，右边的第二个方程乘$\bar{\bar{\boldsymbol{X}}}^{\text{R}}$，求两矩阵之差$[\bar{\bar{\boldsymbol{X}}}^{\text{L}}\bar{\bar{\boldsymbol{X}}}^{\text{R}},\bar{\bar{\boldsymbol{\Lambda}}}]=0$。由此可知：

$$\bar{\bar{\boldsymbol{X}}}^{\text{L}}\bar{\bar{\boldsymbol{X}}}^{\text{R}}=\bar{\bar{\boldsymbol{X}}}^{\text{R}}\bar{\bar{\boldsymbol{X}}}^{\text{L}}=\boldsymbol{I}$$

练习 17.3 考虑 $\Delta=0$ 的二能级系统和两个形式分别为 $L_1=\sqrt{\Gamma_1}\sigma_{de}$，$L_2=\sqrt{\Gamma_2}\sigma_{eg}$的林德布拉德算符。

(a) 计算系统的稳态。该计算可由在主方程中令$\dot{\rho}=0$实现。

(b) 计算热平衡状态的占有率。

(c) 证明Γ_1、Γ_2有何种关系时二能级系统的稳态为热平衡态。

练习 17.4 利用 NANOPT 工具箱中有关级联结构的文件 democascade01. m，其示意图为 17.1（b）。该结构由 0、1、2 三个状态组成，这些结构产生 0→1、1→2 的光学耦合。相应地，我们引入了林德布拉德算符表示 1→0、2→1 的辐射衰变，并根据$\Delta_2=\Delta_1-1$确定Δ_1、Δ_2。状态 2 的总体变最大时驱动场的频率为多少，并进行解释。

练习 17.5 证明如何从式（17.52）和式（17.55）的散射率中推导林德布拉德形式的主方程。

练习 17.6 重复 17.4.3 节的费米黄金法则的推导。然而，对于形式的光-物质相互作用有

$$\hat{V}_I(t)=(\mathrm{e}^{\mathrm{i}\omega t}\hat{\Omega}_I^+(t)\sigma_{eg}+\mathrm{e}^{-\mathrm{i}\omega t}\hat{\Omega}_I^-(t)\sigma_{eg})$$

对于 Rabi 能量算符表达式$\hbar\hat{\Omega}_I^+=p\cdot\hat{E}^+(r_0)$及相应$\hbar\hat{\Omega}_I^-$，我们利用非耦合光物质系统的相互作用对其进行表示，其中$\hbar\omega$是二能级系统的能量差。

(a) 导出类似于式（17.52）的表达式，并利用式（15.1）的交叉谱密度来表达电场算符的期望值。

(b) 在时间积分中引入绝热极限，并对积分进行计算。

(c) 证明最终结果与式（15.39）的光子散射率和式（15.47）的兰姆位移相同。

第 18 章

光子噪声

在前面，我们展示了如何使用林德布拉德形式的主方程方法描述光驱动多能级系统的相干动力学和非相干动力学。接下来，我们将探讨实验中通常遇到的问题，即获取有关该多能级系统动力学的信息。图像如图 18.1 所示，它由一个光学驱动的多能级系统组成，其中激发态由于退相和光子散射而产生损耗。在后一个过程中发射光子，系统回到其基态。重要的是，在实验中可以精确地观察到发射的光子，从而为我们提供有关系统动力学的信息。描述光子的发射和探测是本章的主题。

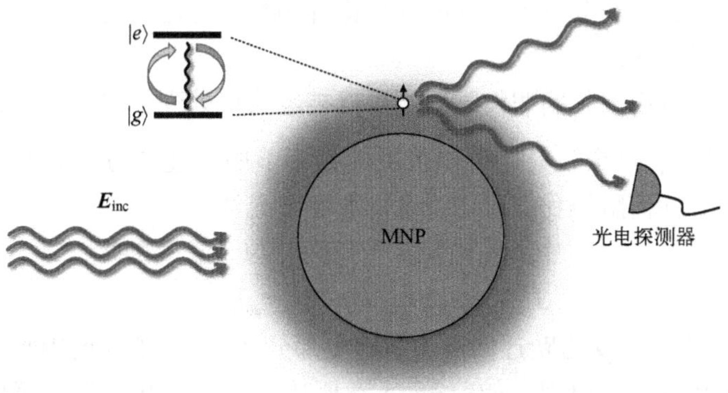

图 18.1　光学驱动的二能级系统会发生退相和光子发射。一个可以被看作二能级系统的偶极子，被放置在一个“非平凡”光子环境中，此处指一个金属纳米球。该系统由入射光场和林德布拉德算子描述的相干动态驱动。最重要的是，通过辐射衰减，光子被发射出来，由光电探测器观察到。在本章中，我们将讨论如何使用量子光学工具从理论上描述此类光子探测实验

在第 13 章中，我们已经看到，在量子电动力学中，电磁场是由算符描述的，算符可以与光子的产生和湮灭算符有关，并且还必须作用于波函数。所以接下来要做的是描述光子是如何在多能级系统的衰变中产生的，光子从量子发射、到达探测器、最后计算探测概率，而这一探测概率可直接与实验进行比较。幸运的是这种方法有一条捷径：如果光子从其源（量子发射器）到探测器的传播可以用线性麦克斯韦方程来描述，那么就可以使用第 5 章介绍的并矢格林函数来将电场与电流源联系起来。这样一来，就得到

了电流关联函数，该函数能够在系统的子空间中进行估算。

本章推导的量子回归定理，以一种相对简单的方式完成了计算此类关联函数的任务，并将使量子光学这一工具充分发挥作用。正如本书和这里所强调的，量子光学是专门用来使用的，只有那些愿意使用它的人才能看到它真正的魅力。本章最后将纳米光学领域的几个精选案例作为本书的终篇。

18.1 光子探测器和光谱仪

图 18.1 示意性地描述了一个设置，其中以下二能级系统被表示为“原子”，位于非平凡光子环境中，此处代表金属纳米球。原子由入射光场相干驱动，其激发被附近的纳米颗粒改变，其动力学由主方程描述，由林德布拉德算符描述光子发射、退相以及可能的其他相互作用。通过辐射衰减，光子被发射出来，在光学实验中最终在光电探测器中被探测到。下面讨论的出发点是式（15.18）：

$$\hat{\boldsymbol{E}}^{+}(\boldsymbol{r},\omega)=\hat{\boldsymbol{E}}_{\mathrm{inc}}^{+}(\boldsymbol{r},\omega)+\mathrm{i}\mu_0\omega\int\overline{\overline{G}}_{\mathrm{tot}}(\boldsymbol{r},\boldsymbol{r}',\omega)\cdot\left[\boldsymbol{J}_{\mathrm{atom}}^{+}(\boldsymbol{r}',\omega)+\boldsymbol{J}_{\mathrm{ind}}^{+}(\boldsymbol{r}',\omega)\right]\mathrm{d}^3r' \tag{18.1}$$

上式把场算符分为与入射辐射有关的部分，以及与原子电流源和光电环境中的吸收材料有关的部分。评论如下：

线性度：在式（18.1）中，我们假设光子传播可以用线性麦克斯韦方程来描述，其中电场算符可以通过经典电动力学的并矢格林函数与电流算符相关联。请注意，原子的动力学仍然可以是非线性的。

光激发：在本章中，我们假设入射场可以被经典地处理，也就是说，我们用一个经典场来代替算子$\hat{\boldsymbol{E}}_{\mathrm{inc}}$，这个经典场可以按照前面章节中描述的方法合并到主方程中。请注意，原则上没有任何阻碍我们考虑激发的非经典光场。

电流源：在式（18.1）中，将电流源分离为与原子有关的部分

$$\boldsymbol{J}_{\mathrm{atom}}^{+}(\boldsymbol{r},\omega)=-\mathrm{i}\omega\boldsymbol{p}\delta(\boldsymbol{r}-\boldsymbol{r}_{\mathrm{atom}})\boldsymbol{\sigma}_{ge}^{+} \tag{18.2}$$

式中：$\boldsymbol{r}_{\mathrm{atom}}$为原子位置；$\boldsymbol{p}$ 为跃迁偶极矩。感应部分 $\boldsymbol{J}_{\mathrm{ind}}^{+}$因光子环境中吸收材料的噪声电流而产生，这是热辐射的原因，如前第 15 章所述。从现在起，为了简单，它们将被忽略，但如果想要加入也并不困难。

迟延：对式（18.1）进行傅里叶变换：

$$\boldsymbol{E}^{+}(\boldsymbol{r},t)=\boldsymbol{E}_{\mathrm{inc}}^{+}(\boldsymbol{r},t)-\mu_0\int_{-\infty}^{\infty}\int_{-\infty}^{t}\overline{\overline{G}}_{\mathrm{tot}}(\boldsymbol{r},\boldsymbol{r}',t-t')\cdot\left[\frac{\partial}{\partial t'}\boldsymbol{J}_{\mathrm{atom}}^{+}(\boldsymbol{r}',t')\right]\mathrm{d}t'\mathrm{d}^3r' \tag{18.3}$$

上式中利用了频率空间中的乘积替换为时间上的卷积。从上面的表达式可以明显看出，光子从原子传播到探测器需要一段时间。我们稍后将讨论如何以简单的方式考虑这一点。

18.1.1 光电探测器

给定位置 $\boldsymbol{r}$ 处光强度算符如下：

$$\hat{I}^{+}(\boldsymbol{r},t)=\boldsymbol{E}^{-}(\boldsymbol{r},t)\boldsymbol{E}^{+}(\boldsymbol{r},t) \tag{18.4}$$

当用光子产生和湮灭算符表示时，该强度与光子数$\hat{a}^{\dagger}\hat{a}$有关。光子的探测概率是通过在探测器一个立体角$\partial\Omega_{\text{det}}$上积分，并获取光场的期望值有

$$P_{\text{det}}^{(1)}(t)=\text{常数}\times\oint_{\partial\Omega_{\text{det}}}\langle\hat{I}(s,t)\rangle\mathrm{d}S \tag{18.5}$$

其中，常数因子取决于检测效率，可以将其归为一个前置因子，对接下来的讨论没有意义。

正规序：我们也会对相同或不同时间的双光子强度感兴趣，有

$$\hat{I}(\boldsymbol{r},t_1)\hat{I}(\boldsymbol{r},t_2)=E^{-}(\boldsymbol{r},t_1)E^{+}(\boldsymbol{r},t_1)E^{-}(\boldsymbol{r},t_2)E^{+}(\boldsymbol{r},t_2)$$

在处理这些表达式时，必须注意电场算符$\boldsymbol{E}^{+}$和$\boldsymbol{E}^{-}$一般情况下并不对易，这可能会导致虚假结果。用光子产生和湮灭算符表示如下：

$$\hat{a}^{\dagger}\hat{a}\hat{a}^{\dagger}\hat{a}=\hat{a}^{\dagger}\hat{a}^{\dagger}\hat{a}\hat{a}+\hat{a}^{\dagger}\hat{a}$$

上式中使用了基于对易关系$[\hat{a},\hat{a}^{\dagger}]=1$交换左手边的湮灭和产生算符。显然，右边的第二项即使对于单光子态也会给出双光子强度。这显然是一个错误的结果，在计算光子探测概率时必须放弃。为此，可以方便地引入正常排序的概念：

$$:\hat{a}^{\dagger}\hat{a}\hat{a}^{\dagger}\hat{a}:=\hat{a}^{\dagger}\hat{a}^{\dagger}\hat{a}\hat{a} \tag{18.6}$$

其中，介于：(…)：之间的算符被重新排列，使所有产生算符位于所有湮灭操作符的左侧。对于电场算符，相应地得到：

$$:\hat{I}(\boldsymbol{r}_1,t_1)\hat{I}(\boldsymbol{r}_2,t_2):=\hat{E}^{-}(\boldsymbol{r}_1,t_1)E^{-}(\boldsymbol{r}_2,t_1)E^{+}(\boldsymbol{r}_2,t_2)E^{+}(\boldsymbol{r}_1,t_1) \tag{18.7}$$

18.1.2　光谱仪

在光谱仪中，入射光被分解成不同的频率分量，最后测量给定频率（更精确地说是小频率范围）的光强度。我们不关心光谱仪在实验中如何处理这种分解的问题，而只是假设离开光谱仪的场算符可以写成：

$$\hat{\boldsymbol{E}}_{\omega}^{+}(\boldsymbol{r},t)=\int_0^{\infty}\mathrm{e}^{\mathrm{i}\omega\tau}\,\hat{\boldsymbol{E}}^{+}(\boldsymbol{r},t-\tau)\mathrm{d}\tau \tag{18.8}$$

从这里开始，我们忽略$\hat{\boldsymbol{E}}^{\pm}$的空间依赖性，并假设系统是在稳态条件下测量的，即光谱不应依赖时间。在光谱仪外，我们放置了一组光电探测器或一个电荷耦合器件（CCD）相机，其中探测器的时间平均光强为

$$S(\omega)\propto\lim_{T\to 0}\frac{1}{T}\int_0^{T}\langle\hat{\boldsymbol{E}}_{\omega}^{-}(t)\cdot\hat{\boldsymbol{E}}_{\omega}^{+}(t)\rangle\mathrm{d}t=\langle\langle\hat{\boldsymbol{E}}_{\omega}^{-}(t)\cdot\hat{\boldsymbol{E}}_{\omega}^{+}(t)\rangle\rangle$$

附加括号表示时间平均值。将式（18.8）代入上述表达式为

$$S(\omega)\propto\int_0^{\infty}\mathrm{e}^{\mathrm{i}\omega(\tau'-\tau)}\langle\langle\hat{\boldsymbol{E}}^{-}(t-\tau')\cdot\hat{\boldsymbol{E}}^{+}(t-\tau')\rangle\rangle\mathrm{d}\tau\mathrm{d}\tau'$$

括号中项取决于$\hat{\boldsymbol{E}}^{-}$与$\hat{\boldsymbol{E}}^{+}$的时间差可以重写形式（18.8）中的积分为

$$S(\omega)\propto\int_{-\infty}^{\infty}\mathrm{e}^{\mathrm{i}\omega\tau}\langle\langle\hat{\boldsymbol{E}}^{-}(t)\cdot\hat{\boldsymbol{E}}^{+}(t+\tau)\rangle\rangle\mathrm{d}\tau$$

最后使用关系：

$$\{\mathrm{e}^{\mathrm{i}\omega\tau}\langle\langle\hat{\boldsymbol{E}}^{-}(t)\cdot\hat{\boldsymbol{E}}^{+}(t+\tau)\rangle\rangle\}^{*}=\mathrm{e}^{-\mathrm{i}\omega\tau}\langle\langle\hat{\boldsymbol{E}}^{-}(t+\tau)\cdot\hat{\boldsymbol{E}}^{+}(t)\rangle\rangle$$

可得

$$S(\omega) \propto \mathrm{Re}\left\{\int_0^\infty \mathrm{e}^{\mathrm{i}\omega\tau}\langle \hat{\boldsymbol{E}}^-(0)\cdot\hat{\boldsymbol{E}}^+(\tau)\rangle\right\} \tag{18.9}$$

这里我们再次移除了时间平均值，并为第一个算符加入了一个特定的时间零点，这个零点在我们感兴趣的稳态条件下并不重要。接下来，使用式（18.1）将电场和电流算符联系起来，并将光驱动原子的光谱表示如下。

光驱动原子的光谱

$$S(\omega) \propto \left(u^2\omega^4\oint_{\partial\Omega\mathrm{det}}\left|\overline{\overline{G}}(s,\boldsymbol{r}_{\mathrm{atom}},\omega)\cdot\boldsymbol{p}\right|^2\mathrm{d}S\right)\times\mathrm{Re}\left\{\int_0^\infty \mathrm{e}^{\mathrm{i}\omega\tau}\langle\boldsymbol{\sigma}^-(0)\boldsymbol{\sigma}^+(\tau)\rangle\mathrm{d}\tau\right\} \tag{18.10}$$

括号中的第一项描述了光子部分，并说明了发射光子从原子到光谱仪的传播。第二部分为原子动力学，并用在光驱动原子的非平衡条件下要评估的电流关联函数来表示荧光光谱。下面将展示如何在使用主方程方法时方便地计算此类关联函数。通过在不同的衰变通道和跃迁偶极矩上引入额外的求和，式（18.10）可以很容易地推广到多能级系统。

$$S(\omega) \propto [N(\boldsymbol{r}_{\mathrm{atom}},\omega)]\mathrm{Re}\left\{\int_0^\infty \mathrm{e}^{\mathrm{i}\omega\tau}\langle\boldsymbol{\sigma}^-(0)\boldsymbol{\sigma}^+(\tau)\rangle\mathrm{d}\tau\right\} \tag{18.11}$$

式中：$N(\boldsymbol{r}_{\mathrm{atom}},\omega)$为直接从式（18.10）括号中的项中读出的光子部分。

18.1.3 光子关联

通过测量多能级系统发射的光子关联，可以获得关于多能级系统动力学的有用信息：

$$G^{(2)}(t,\tau) \propto \langle :\hat{I}(t+\tau)\hat{I}(t):\rangle \tag{18.12}$$

这里，引入式（18.7）的正规序和探测器的强度算符：

$$\hat{I}(t) = \oint_{\partial\Omega\mathrm{det}}\hat{I}(s,t)\mathrm{d}S$$

光子关联给出了在时间 $t+\tau$ 测量光子的概率信息，其前提是之前在时间 t 测量另一个光子。典型的实验装置如图 18.2 所示。由一个半透半反镜 M 和两个光电探测器 D_1、D_2组成。原则上，单台光电探测器足以进行测量，但是，一般来说，探测器的死区时间非常长，即探测器在光子测量后恢复并准备测量第二个光子所需的时间非常长，因此，时间较短的光子关联 τ 通常只能用两个探测器来测量。

在时间 t，一个光子撞击镜子 M，被随机反射或发射（以相同的概率）到检测器 D_1 或 D_2，在那里被检测到。稍后，第二个光子 $t+\tau$ 撞击同一个反射镜，并再次反射或传输到其中一个探测器。如果发生在第二个探测器上测量光子到达，并记录时间延迟 τ，以累积关联函数 $G^{(2)}$。如果入射到同一探测器上，则探测器刚刚从第一次检测中恢复，并不会记录第二个光子，关联函数中也不会添加任何内容。在稳态激发下，式（18.12）的双光子关联不依赖 t，并且可以方便地引入**双光子关联函数（归一化）**：

$$g^{(2)}(\tau) = \lim_{T\to\infty}\frac{1}{T}\int_0^T\frac{\langle :\hat{I}(t+\tau)\hat{I}(t):\rangle}{\langle\hat{I}\rangle^2}\mathrm{d}t \tag{18.13}$$

请注意，由于上述结果与光子探测的顺序（光子推动相关测量的开始和停止信号的

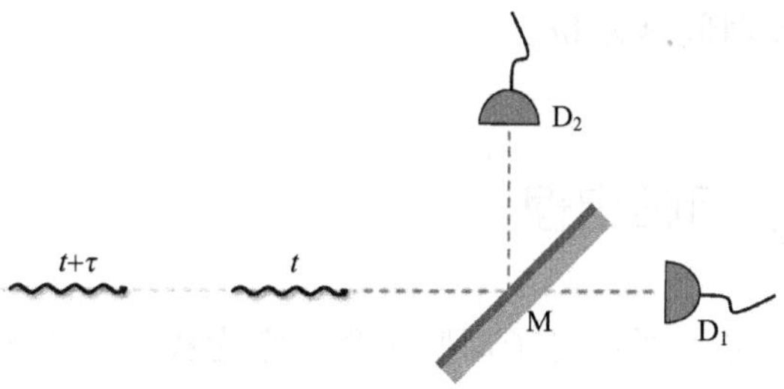

图 18.2 光子相关测量示意图。光子在时间 t 撞击半透半反镜 M，并以与探测器 D_1 或 D_2 相同的概率被发射或反射。检测后，探测器需要很长时间才能恢复。当第二个光子在稍后的时间 $t+\tau$ 到达时，它被第二个光电探测器探测到的概率为 50%。通过收集两个探测器都发出咔嗒声的事件，可以测量双光子关联

顺序）无关，因此上述数量也可定义为负延迟时间 τ。

在某些情况下，将多能级系统的不同跃迁发射的光子关联起来也很有用。如果光子以不同的频率 ω_a 和 ω_b 发射，这些频率窗口并不引入明显的时间延迟（另见下文讨论），就可以引入另一个相关函数：

$$g_{ab}^{(2)}(\tau) = \lim_{T\to\infty}\frac{1}{T}\int_0^T \frac{\langle :\hat{I}_a(t+\tau)\hat{I}_b(t): \rangle}{\langle \hat{I}_a\rangle\langle \hat{I}_b\rangle}\mathrm{d}t \tag{18.14}$$

这里的 $\hat{I}_a$、$\hat{I}_b$ 是两个跃迁的强度算符。式（18.14）给出了测量频率为 ω_a 且时间延迟为 τ 的光子的概率，该概率受频率为 ω_b 且时间为“零”的光子的第二次测量的影响。

为了将这些光子关联与电流关联联系起来，首先引入跃迁算符 $\sigma_{a,b}$，原子跃迁的偶极子矩阵元 $p_{a,b}$。例如，对于单跃迁的光子关联，例如二能级系统，可以选择相同的算符和偶极矩，做出以下假设：

原子动力学。*原子动力学的相关时间尺度假定由与弛豫和退相相关的 T_1、T_2 给出。对于典型的荧光团或量子点，这些时间在皮秒到纳秒的范围内。*

光子环境。*假设光子环境的格林函数在频率 ω_a，ω_b 附近 $1/T_{1,2}$ 的频率范围内缓慢变化。该假设不适用于高度结构化的环境，例如分层介质中的导模，但对于等离子体激元峰值宽度在十分之几电子伏范围内的光子环境来说，这无疑是有效的。*

利用上述假设，可以在式（18.1）中通过中心频率 ω_a，ω_b 来对格林函数的频率进行近似，并进行傅里叶变换得到

$$\boldsymbol{E}^+(\boldsymbol{r},t) \approx \boldsymbol{E}_{\mathrm{inc}}^+(\boldsymbol{r},t) + \mathrm{i}\mu_0\omega_{a,b}\int \overline{\overline{G}}_{\mathrm{tot}}^+(\boldsymbol{r},\boldsymbol{r}',\omega_{a,b})\cdot \boldsymbol{J}_{\mathrm{atom}}^+(\boldsymbol{r}',t-\delta t)\mathrm{d}^3r' \tag{18.15}$$

式中：δt 为光子从原子传播到探测器所需的时间。式（18.15）是非色散介质的一个很好的近似值，其中光子波包的时间包络在传播过程中没有改变，传播效应可以通过光子传播时间 δt 以及在中心频率处计算的格林函数来计算。如果上述假设无效，我们必须求助式（18.3），这在一定程度上使我们的分析复杂化，但没有添加任何特别新的内容。式（18.12）的双光子关联可以改写为

$$G_{ab}^{(2)}(t,\tau) \propto [N(\boldsymbol{r}_{\mathrm{atom}},\omega_a)N(\boldsymbol{r}_{\mathrm{atom}},\omega_b)]\langle \sigma_a^-(t)\sigma_b^-(t+\tau)\sigma_b^+(t+\tau)\sigma_a^+(t)\rangle \tag{18.16}$$

括号中的第一项表示光子传播，第二项表示双时间光子相关函数，此处放弃了光子

发射和探测之间的恒定时间延迟 δt。

18.2 量子回归定理

在本节中，我们推导了所谓量子回归定理，它为我们提供了如何计算多时间相关函数：

$$I=\langle \hat{A}_1^-(t_1)\hat{A}_2^-(t_2)\cdots\hat{A}_n^-(t_n)\hat{A}_n^+(t_n)\cdots\hat{A}_2^+(t_2)\hat{A}_1^+(t_1)\rangle \tag{18.17}$$

它们由“孪生”算符$\hat{A}_i^{\pm}(t_i)$组成，作用于多能级系统的子空间，并以正负频率分量传播，可与光子湮灭和产生算符相关联，按正规序给出。右边是湮灭算符，左边是产生算符。当在特定时间只有一个湮灭或产生算符存在时，例如为了计算荧光光谱，另一个孪生算符应替换为单位算符 1。在上面的表达式中，算符在海森堡绘景中给出，假设 $t_1<t_2<\cdots<t_n$。从研究以下表达式开始：

$$\tilde{I}=\langle \hat{A}_1^-(t_1)\hat{B}(t_2)\hat{A}_1^+(t_1)\rangle=\mathrm{tr}\{[\hat{A}_1^-(t_1)\hat{\omega}\hat{A}_1^-(t_1)]\hat{B}(t_2)\}$$

在这里，我们将时间晚于 t_1的所有算子集中到$\hat{B}(t_2)$中，并在迹下使用循环置换得到最后一个表达式。$\hat{\omega}$是由原子和光子环境组成的整个系统的统计算符。然后，通过归纳法计算多时间关联函数。量子回归定理非常普遍，它建立在两个假设之上。

初始条件。假设最初系统和光子库是不相关的，因此$\hat{\omega}=\hat{p}_s\otimes\hat{p}_R$。

马尔可夫动力学。考虑了马尔可夫时间演化，系统与热库发生散射相互作用，该过程进行的极快，以至于系统–热库关联在散射过程中是唯一重要的事情，但密度算符被破坏了。考虑系统的时间演化（超）算子 U。

$$\hat{p}_S(t)=\mathrm{tr}_R\{\hat{U}(t,t_0)[\hat{p}_s\otimes\hat{p}_R]\hat{U}^\dagger(t,t_0)\}=U[\hat{p}s](t,t_0) \tag{18.18}$$

它将$\hat{p}_S$ 从时间 t_0 传播到 t。可以用$\hat{\omega}$通过小时间步长的传播来想象马尔可夫时间演化：

$$\hat{\omega}(t+\delta t)\approx\{U[\hat{p}s(t)](t+\delta t,t)\}\otimes\hat{p}_R$$

式中，δt 足够长，可以完成散射，但足够短，使得$\hat{p}_S$ 不会发生明显变化（其时间演化可以用马尔可夫主方程描述）。因此，在 δt 内，系统和热库相互作用，导致系统中的弛豫和退相，但在 δt 结束时，算子$\hat{\omega}$根据前一章讨论的分子混沌假设再次分解。一般来说，在量子回归定理中，我们只要求在测量算子$\hat{A}^{\pm}$作用于系统之后才能执行此类因式分解，但由于测量时间是任意的，因此最好遵循上述更严格的假设。

接下来考虑算子的期望值。

$$\begin{aligned}I&=\mathrm{tr}\{[\hat{U}^\dagger(t_1,t_0)\hat{A}_1^+\hat{U}(t_1,t_0)][\hat{p}_S\otimes\hat{p}_R][\hat{U}^\dagger(t_1,t_0)\hat{A}_1^-\hat{U}(t_1,t_0)]\hat{B}(t_2)\}\\&=\mathrm{tr}\{[\hat{A}_1^+\hat{p}_S(t_1)\hat{A}_1^-\otimes\hat{p}_R][\hat{U}(t_1,t_0)\hat{U}^\dagger(t_2,t_0)\hat{B}\hat{U}(t_2,t_0)\hat{U}^\dagger(t_1,t_0)]\}\end{aligned}$$

在第一行中，使用时间演化算符$\hat{U}$将海森堡算符$\hat{A}^{\pm}$转换为薛定谔绘景。在第二行中，使用$\hat{U}$传播了$\hat{p}_S$，并使$\hat{A}_1$ 仅在系统子空间中起作用，因此可以与热库的密度算符交换。我们还将$\hat{B}$从海森堡绘景转换为薛定谔绘景，并在求迹运算下进行了循环置换。探寻$\hat{u}$的幺正性和群的性质。现在我们通过组合两个连续的时间传播。

$$\hat{U}(t_2,t_0)\hat{U}^{\dagger}(t_1,t_0)=\hat{U}(t_2,t_0)\hat{U}(t_0,t_1)=\hat{U}(t_2,t_1)$$

得到期望值：

$$\mathrm{tr}\{\hat{U}(t_2,t_1)[\hat{A}_1^+\hat{p}_S\hat{A}_1^-\otimes\hat{p}_R]\hat{U}^{\dagger}(t_2,t_1)\hat{B}\}=\mathrm{tr}_S\{U[\hat{A}_1^+\hat{p}_S(t_1)\hat{A}_1^-](t_2,t_1)\hat{B}\}$$

这里重要的一点是，涨落$\hat{A}_1^+p_S\hat{A}_1^-$以与密度算符$\hat{p}_S$式（18.18）相同的方式传播。因此，如果手头有一台机器来计算$\hat{p}_S$的时间演化，例如林德布拉德形式的主方程，我们可以立即使用同一台机器计算多时间相关函数。这就是量子回归定理的本质，我们现在用一种一般形式来表述。假设密度算符的时间演化可以写成以下形式（此处省略下标S）：

$$i\hbar\frac{\mathrm{d}\hat{p}}{\mathrm{d}t}=L(t)\hat{p}$$

这里L是控制动力学方程的刘维尔算子，它的最一般形式是林德布拉德形式的主方程。时间传播密度算符可以写成：

$$\hat{p}(t)=U[\hat{p}(t_0)](t,t_0)$$

利用式（18.18）中引入的时间演化算子。然后，可以使用量子回归定理计算式（18.17）中给出的多时间关联函数

量子回归定理

$$\begin{cases}\delta\hat{p}_1=\hat{A}_1^+\{U[\hat{p}(t_0)](t,t_0)\}\hat{A}_1^-\\ \delta\hat{p}_i=\hat{A}_i^+\{U[\delta\hat{p}_{i-1}(t_{i-1})](t_i,t_{i-1})\}\hat{A}_i^-\quad(i=2,3,\cdots,n)\\ I=\mathrm{tr}\{\delta\hat{p}_n\}\end{cases}\tag{18.19}$$

如图18.3所示。首先将系统密度算符传播到时间t_1，并与测量算符$\hat{A}_i^{\pm}$离子$\hat{p}$共同作

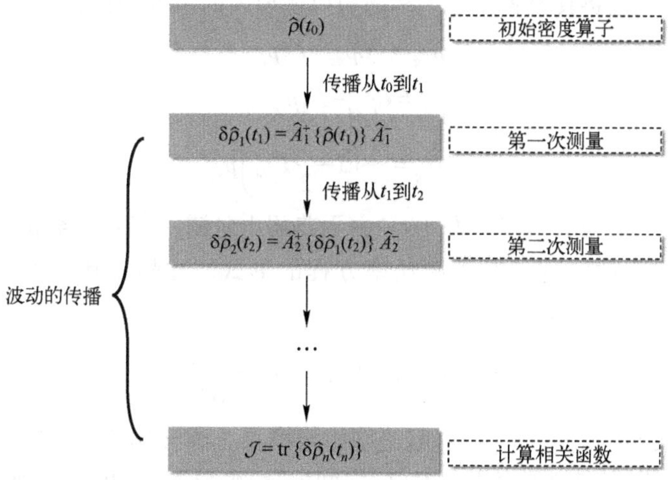

图18.3 量子回归定理示意图。我们从初始密度算符$\hat{p}(t_0)$开始，当第一对测量算符作用于系统时，该算符随时间传播到t_1。通过在$\hat{p}(t_1)$上应用两侧的双算子，我们诱导出系统的涨落，如可能的非厄米涨落算符$\delta\hat{p}_1(t_1)$所描述的。使用与密度算符相同的微分方程，波动在时间上向前传播，此时第二对算符作用于系统。重复这个过程，直到我们在时间t_n得到最后一对算子。通过对$\delta\hat{p}_n$进行跟踪，最终获得多时间相关函数

用，得到系统中的涨落 $\delta\hat{p}_1$。量子回归定理表明，涨落以与系统密度算符相同的方式传播，因此，其时间传播可以用相同的微分方程表示。因此，可以将涨落向前传播，直到下一对算子$\hat{A}_i^{\pm}$ 作用到 $\delta\hat{p}$，以此类推，直到最后一对算子起作用。期望值 I 最终由最后一次涨落 $\delta\hat{p}_n$ 的迹给出。

18.3 光子关联和荧光光谱

到目前为止，我们已经花了相当多的时间来推导基本的想法和概念，不熟悉这个主题的读者可能会觉得这是一种很好的方法，但实际使用起来太困难。事实并非如此！正如我们将在下面几个选定的例子中演示的那样，一旦利器在手，剩下的计算似乎就太简单了。而且在数值处理中，关键步骤通常只需几行代码。

18.3.1 非相干驱动二能级系统

首先考虑一个二能级系统，其哈密顿量为

$$\hat{H}=\hbar\Delta\sigma_{ee}$$

林德布拉德算子为

$$\hat{L}_1=\sqrt{\Gamma_1}\sigma_{ge},\quad \hat{L}_2=\sqrt{\Gamma_2}\sigma_{ee},\quad \hat{L}_3=\sqrt{G}\sigma_{eg}$$

前两个算符分别解释了由于光子发射和退相而产生的弛豫，$\hat{L}_3$ 描述了二能级系统通过非相干泵浦以产生率 G 从基态到激发态的激发。注意，对于这个简化模型，激发光场的频率 ω 不起任何作用，相应地，失谐 Δ 的值没有特殊意义。为了清楚，我们将 Δ 保持在下面，而不是将其设置为零。林德布拉德形式的主方程具有如下形式：

$$\begin{cases}\dot{p}_{gg}=-Gp_{gg}+\Gamma_1p_{ee}\\ \dot{p}_{ee}=Gp_{gg}-\Gamma_1p_{ee}\\ \dot{p}_{eg}=\left(-\mathrm{i}\Delta-\dfrac{1}{2}\Gamma_{\mathrm{tot}}\right)p_{eg}\end{cases}\tag{18.20}$$

其中，引入了缩写 $\Gamma_{\mathrm{tot}}=\Gamma_1+\Gamma_2+G$。由于非相干泵浦，布居元素 p_{gg}、p_{ee}不与极化项 p_{eg}耦合，它们的运动方程具有简单速率方程的形式。在静止状态下，有$\dot{p}_{gg}^{\infty}=\dot{p}_{ee}^{\infty}=0$，得到：

$$G(1-p_{ee}^{\infty})=\Gamma_1p_{ee}^{\infty}\Rightarrow p_{ee}^{\infty}=\frac{G}{G+\Gamma_1}\tag{18.21}$$

上式使用了迹关系 $p_{gg}^{\infty}+p_{ee}^{\infty}=1$，且必须始终满足。式（18.21）中的激发态布居取决于产生率 G 与产生率和弛豫率之和 $G+\Gamma_1$之间的比例，根据简单的推理可以很容易地猜到这一点。

考虑以正频率传播的光跃迁多能级算符$\hat{A}^+=\sigma_{ge}$。可以得到稳态下的（归一化）荧光强度：

$$\langle\hat{A}^-\hat{A}^+\rangle=\mathrm{tr}\{\sigma_{ge}^+\hat{p}^{\infty}\sigma_{eg}^+\}=p_{ee}^{\infty}$$

现在可以解决计算非相干驱动二能级系统的光子关联和荧光光谱的问题。

光子关联

为了计算式（18.13）中的双光子关联函数，我们假设第一个光子检测发生在时间零点。根据式（18.19）的量子回归定理，光子探测后的涨落可以开始于

$$\delta\hat{p}_1(0)=\sigma_{ge}^{+}\hat{p}^{\infty}\sigma_{eg}^{+}=p_{ee}^{\infty}\sigma_{gg} \tag{18.22}$$

为了清楚，在 $\boldsymbol{\sigma}$ 矩阵中添加了正负振荡频率的上标以及状态转换的下标。这个结果很容易解释。涨落的大小取决于激发态布居数，激发态布居数与发射光子的概率（以及相应地检测第一个光子的概率）有关。光子发射后，系统直接处于基态 σ_{gg}，符合冯·诺依曼测量假设。根据量子回归定理，可以找到在时间 t 检测到第二个光子的（非归一化）概率的表达式：

$$I=\mathrm{tr}\{\sigma_{ge}^{+}\delta\hat{p}_1(t)\sigma_{eg}^{-}\}=\delta p_{1,ee}(t)$$

上述表达式表明，检测第二个光子的概率与涨落 $\delta\hat{p}_1(t)$ 的激发态布居有关，条件是在时间 $\delta\hat{p}_1(0)$ 处于基态。从林德布拉德形式的主方程［式（18.20）］，可以得到在时间零点处于基态的系统激发态布居 $p_{ee}(t)$ 为

$$p_{ee}(t)=(1-\mathrm{e}^{-(G+\Gamma_1)t})p_{ee}^{\infty}$$

为了得到涨落项，必须将这个结果乘时间零点的涨落量，$\delta p_{1,ee}(t)=p_{ee}^{\infty}p_{ee}(t)$。然后从式（18.13）中得到归一化的双光子关联，并得出最终结果：

$$g^{(2)}(t)=\frac{\langle:\hat{I}(t)\hat{I}(0):\rangle}{\langle\hat{I}\rangle^2}=1-\mathrm{e}^{-(G+\Gamma_1)t} \tag{18.23}$$

其中强度算符 $\hat{I}=\hat{A}^{-}\hat{A}^{+}$。它给出了在时间零点检测到另一个光子的条件下，在时间 t 检测到一个光子的概率，并对表达式进行归一化，使其在两个检测不相关的足够长的延迟时间内接近一个。式（18.23）的物理意义是，在光检测后，系统处于基态，必须再次泵入激发态以发射第二个光子，见图 18.4。恢复时间分别由生成率和重组率 G 和 Γ_1 决定。因此，同时检测到两个光子的概率为零，这被称为“光子反聚束”，并构成单个二能级系统的清晰图像。在图中，我们也绘制了负延迟时间的 $g^{(2)}(t)$，这是实验中经常做的，因为当使用两个光电探测器进行相关性测量时，见图 18.2，正延迟意味着探测器 D_1 在探测器 D_2 之前记录光子，而对于负延迟时间，检测顺序相反。对于相干驱动的二能级系统，也可以计算双光子关联函数，光学布洛赫方程（包括弛豫时间 T_1 和退相时间 T_2）见式（16.28）。然后，（非标准化的）双光子关联函数对应于在时间零点处于基态的系统的式（16.28）的解，此时第一个光子被检测到，有

$$g^{(2)}(t)=1-\left[\cos(\Omega_\Gamma t)+\frac{T_1^{-1}+T_2^{-1}}{2\Omega_\Gamma}\sin(\Omega_\Gamma t)\right]\mathrm{e}^{-\frac{1}{2}(T_1^{-1}+T_2^{-1})t} \tag{18.24}$$

其中，等效拉比频率定义为

$$\Omega_\Gamma=\sqrt{\Omega^2-\frac{1}{4}(T_1^{-1}+T_2^{-1})^2}$$

图 18.5 显示了不同拉比频率 Ω 的结果。人们观察到，随着 Ω 的增加，激发态的填充速度加快，我们还观察到，在最高 Ω 值时，拉比振荡开始。

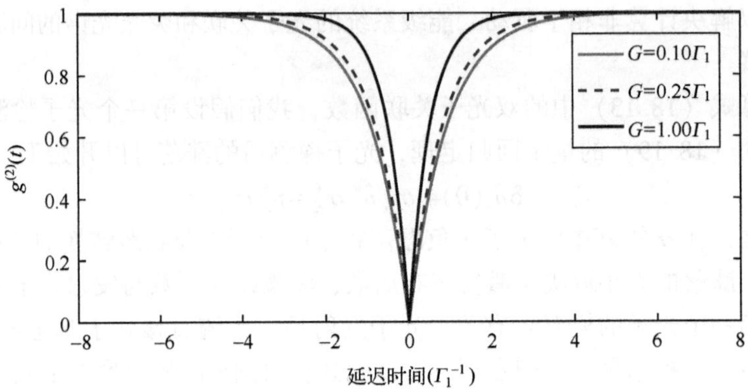

图 18.4 非相干驱动二能级系统的双光子关联，由式（18.23）计算。比较了不同的产生率，并保持辐射衰减率 Γ_1 不变。随着 G 的增加，二能级系统的激发态填充速度加快，这一点可以通过 $g^{(2)}$ 的快速增加反映出来

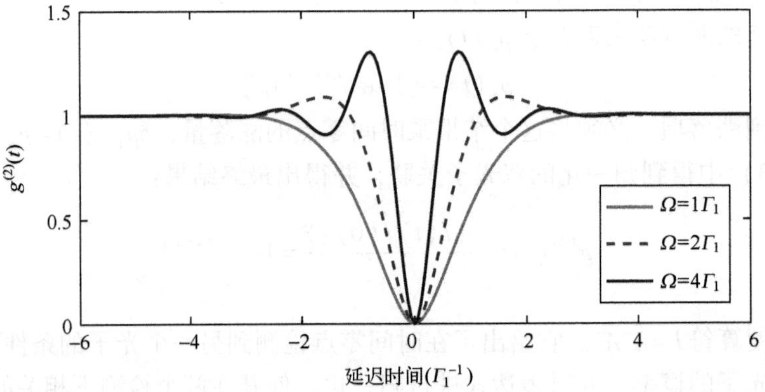

图 18.5 相干驱动二能级系统的双光子关联，由式（18.24）计算。比较了不同的拉比频率 Ω，并保持辐射衰减率 Γ_1 不变，退相时间为 $T_2=\frac{1}{2}T$。随着 Ω 的增加，二能级系统的激发态填充速度加快，可以观察到了拉比振荡的开始

荧光光谱

我们继续使用式（18.10）的结果计算非相干驱动的二能级系统的光谱，该结果如下：

$$S(\omega)\propto \mathrm{Re}\left\{\int_0^\infty \mathrm{e}^{\mathrm{i}\omega t}\langle \sigma_{eg}^-(0)\sigma_{ge}^+(t)\rangle \mathrm{d}t\right\} \tag{18.25}$$

上式忽略了描述光子从原子到探测器传播的光子部分。通过在时间零点作用 σ^- 在密度算符上，用单位算符替换缺失的孪生算符，得到：

$$\delta\hat{p}_1(0)=\|\hat{p}^\infty\sigma_{eg}^-=p_{ee}^\infty\sigma_{eg}^-$$

涨落算符的时间演化由式（18.20）中的最后一个表达式决定，可以通过求解得到：

$$\delta\hat{p}_1(t)=p_{ee}^\infty \mathrm{e}^{-\mathrm{i}\left(\Delta-\frac{i}{2}\Gamma_{\mathrm{tot}}\right)t}\sigma_{eg}^-$$

对于式（18.19）的量子回归定理，还要计算算符 $\sigma^+(t)$ 在时间 t 的作用，得到：

$$\mathrm{tr}\{\sigma_{ge}^+\delta\hat{p}_1(t)\|\}=\mathrm{tr}\{\sigma_{ge}^+[p_{ee}^\infty \mathrm{e}^{-\mathrm{i}\left(\Delta-\frac{i}{2}\Gamma_{\mathrm{tot}}\right)t}\sigma_{eg}^-]\}=\mathrm{e}^{-\mathrm{i}\left(\Delta-\frac{i}{2}\Gamma_{\mathrm{tot}}\right)t}$$

将这个表达式代入式（18.25）中，得

$$S(\omega) \propto \mathrm{Re}\left\{\int_0^{\infty} \mathrm{e}^{\mathrm{i}\left(\omega-\Delta+\frac{i}{2}\Gamma_{\mathrm{tot}}\right)t} dt\right\} = \mathrm{Im}\left[\frac{\mathrm{e}^{\mathrm{i}\left(\omega-\Delta+\frac{i}{2}\Gamma_{\mathrm{tot}}\right)t}}{\omega-\Delta+\dfrac{i}{2}\Gamma_{\mathrm{tot}}}\right]_0^{\infty}$$

由于Γ_{tot}的阻尼项，积分上限变为零，最终得到了荧光光谱通常的洛伦兹分布：

$$S(\omega) \propto \frac{\dfrac{\Gamma_{\mathrm{tot}}}{2}}{(\omega-\Delta)^2+\left(\dfrac{\Gamma_{\mathrm{tot}}}{2}\right)^2} \tag{18.26}$$

图 18.6 显示了$\Delta=0$和不同纯退相速率Γ_2的荧光光谱，如式（18.26）所示。光谱由一个洛伦兹峰组成，该峰与从e到g的二能级系统衰变的光子发射有关，并且随着Γ_2的增加，该峰变宽。

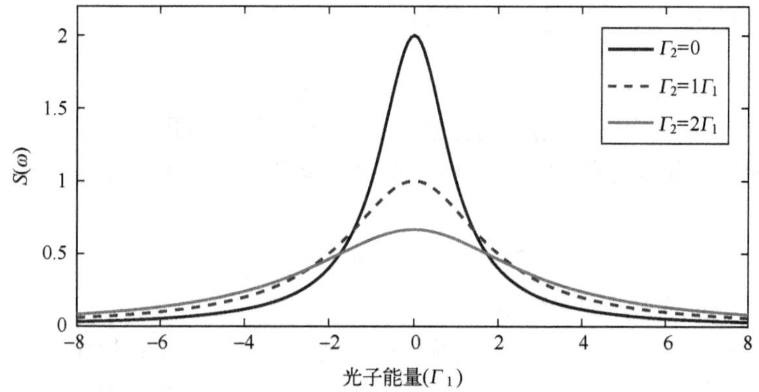

图 18.6 非相干驱动二能级系统和不同纯退相速率Γ_2的荧光光谱，根据式（18.26）计算 $\hbar\omega=0$ 对应于二能级系统的跃迁能

18.3.2 量子回归定理与本征模

当使用林德布拉德方程的本征模时，量子回归定理的计算变得特别简单。前面我们已经在式（17.26）中证明了密度矩阵时间传播如下式：

$$p_{ij}(t) = \left[\boldsymbol{X}\exp\left(-\frac{i}{\hbar}\boldsymbol{\Lambda}t\right)\widetilde{\boldsymbol{X}}\right]_{ij,kl} p_{kl}(0)$$

式中：$\boldsymbol{\Lambda}$为一个特征值在对角线上的矩阵；$\boldsymbol{X}$、$\widetilde{\boldsymbol{X}}$分别为对应的右特征矢量和左特征矢量。当初始密度算符传播足够长时间时，可以使用上面的表达式来计算稳态密度矩阵$\boldsymbol{p}_{ij}^{\infty}$。

光子关联

设$\boldsymbol{\sigma}_a^+$和$\boldsymbol{\sigma}_b^+$为多能级态之间的跃迁算符，它们都以正频率传播。频率$\boldsymbol{\omega}_a$、$\boldsymbol{\omega}_b$可以相同，但也可以不同，例如，当考虑单个或两个独立量子系统中的不同跃迁时。在下文中，我们评估了在与跃迁算符$\boldsymbol{\sigma}_a^+$相关的时间零点进行光子检测之前，在时间t检测到与跃迁算符$\boldsymbol{\sigma}_b^+$相关的光子的概率，另见式（18.14）。可以发现分别讨论光子a和光子b

是很方便的。光子 a 的强度是

$$I_a=\mathrm{tr}\{\sigma_a^+\hat{p}^\infty\sigma_a^-\}$$

I_b也有类似的表达式。利用量子回归定理，可以计算与第一次光子探测测量相关的涨落，以及随后的时间演化：

$$\delta p_{1,ij}(t)=\left[\boldsymbol{X}\exp\left(-\frac{i}{\hbar}\boldsymbol{\Lambda}t\right)\widetilde{\boldsymbol{X}}\right]_{ij,kl}\langle k|\sigma_b^+\hat{p}^\infty\sigma_b^-|l\rangle$$

由此即得到双光子关联函数：

$$g^{(2)}(t)=\frac{\mathrm{tr}\{\sigma_a^+\delta\hat{p}_1(t)\sigma_a^-\}}{I_aI_b} \tag{18.27}$$

荧光光谱

以类似的方式，可以计算任意多能级系统的荧光光谱。设 σ 表示以正频率传播的光学允许跃迁的算符。利用量子回归定理求出式（18.10）的谱表达式：

$$S(\omega)\propto\mathrm{Re}\left\{\int_0^\infty\sum_i\sigma_{ij}^+\left[\boldsymbol{X}\exp\left(-\frac{i}{\hbar}\boldsymbol{\Lambda}t\right)\widetilde{\boldsymbol{X}}\right]_{ij,kl}\langle k|\hat{p}^\infty\sigma^-|l\rangle\mathrm{d}t\right\}$$

$\hat{p}^\infty\sigma^-$解释了时间零点波动的产生，括号中项在时间上向前传播涨落，最后在时间 t，第二个运算符 σ^+作用于涨落。请注意，已经通过引入 i 明确地进行了求迹运算。最终执行时间积分，就像之前讨论的非相干驱动二能级系统一样，最终给出：

$$S(\omega)=-\mathrm{Im}\left\{\sum_i\sigma_{ij}^+\left[\boldsymbol{X}\frac{1}{\omega-\hbar^{-1}\boldsymbol{\Lambda}}\widetilde{\boldsymbol{X}}\right]_{ij,kl}\langle k|\hat{p}^\infty\sigma^-|l\rangle\right\} \tag{18.28}$$

式中：$\boldsymbol{\Lambda}$ 为一个容易求逆的对角矩阵。

图 18.7 展示了相干驱动二能级系统的荧光光谱对光能 $\hbar\omega$ 和拉比能 $\hbar\Omega$ 的函数。随着拉比能量的增加，峰变宽，最终分裂为三个独立的峰，即所谓 Mollow 光谱，随着 $\hbar\Omega$ 的增加，其能量进一步分离。频域中的峰值分裂可能与时域中拉比振荡的开始有关，并取决于相干驱动和非相干损耗通道的相对比重。

18.3.3 三能级系统

作为另一个代表性的例子，我们考虑在图 18.8 中描绘的三级系统。基态 $|0\rangle$ 通过一个能隙 $\hbar\omega_a$ 与第一激发态 $|1\rangle$ 分离，它又通过一个能隙 $\hbar\omega_b=\hbar\omega_a-\hbar\Delta$。与第二激发态 $|2\rangle$。分离从基态开始，首先填充态 $|1\rangle$，然后可以提升到第二激发态 $|2\rangle$。这个能级方案模拟了半导体量子点中的双激子态，其中基态对应空点，态 $|1\rangle$ 对应一个由单个电子-空穴对（激子）填充的点。状态 $|2\rangle$ 对应一个由两个电子-空穴对（双激子）填充的点，由于光激发载流子之间的库仑关联，其能量降低。为了描述上述系统，我们使用了一个关于中心能量 $\hbar\omega_a$ 的相互作用绘景。对于相干和非相干动力学，引入如下几个量：

——**未扰动态的哈密顿量**：$\hat{H}=-\hbar\Delta|2\rangle\langle 2|$。

——**泵浦的林德布拉德算符**：$\sqrt{G}|1\rangle\langle 0|,\sqrt{G}|2\rangle\langle 1|$。

——**辐射衰变的林德布拉德算符**：$\sqrt{\Gamma_1}|0\rangle\langle 1|,\sqrt{\Gamma_1}|1\rangle\langle 2|$。

——**退相的林德布拉德算符**：$\sqrt{\Gamma_2}|1\rangle\langle 1|,\sqrt{\Gamma_2}|2\rangle\langle 2|$。

非相干动力学和跃迁算符 在为泵浦、弛豫和退相通道选择林德布拉德算符时，重

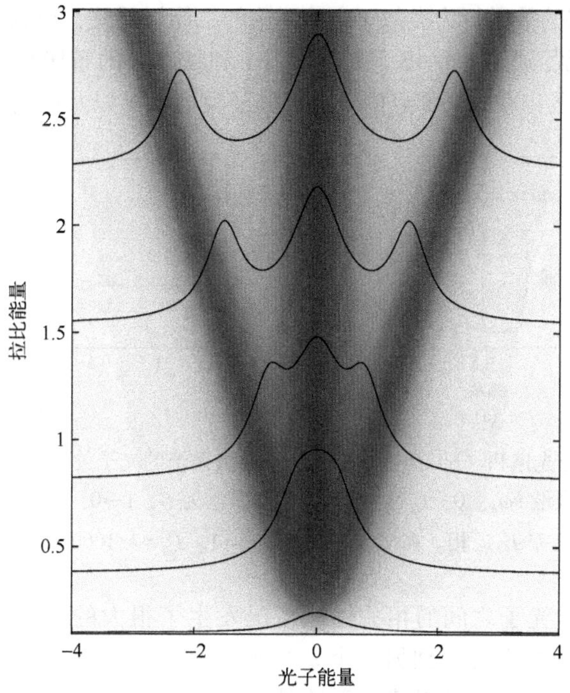

图 18.7　相干驱动二能级系统在不同拉比能量下的荧光光谱 $\hbar\Omega$。在任意单位中使用 $T_1=5$ 和 $T_2=2$。密度图显示了不同 $\hbar\omega$ 和 $\hbar\Omega$ 值的光谱，实线显示了给定 $\hbar\Omega$ 值的光谱，为了清晰，这些值是偏移的。随着“hΩ”的增加，荧光峰变宽并分裂为三个峰，即所谓 Mollow 光谱，随着 $\hbar\Omega$ 的增加，这些峰在能量上进一步分离

要的是为每个独立通道引入一个单独的林德布拉德算符 L_k。当跃迁通道调用不同的初始状态和最终状态时，它们通常被认为是独立的。通常，这种识别很简单，例如对于三能级系统，只有在极少数情况下，情况不那么清楚，必须回到微观散射描述（我们在第 17 章末尾讨论过），以便弄清楚如何正确选择林德布拉德算子。为了计算荧光光谱，可以加上相应的跃迁偶极子算符：

$$\sigma^+=\sigma_a^+ + \sigma_b^+$$

式中，$\sigma_{a,b}^+$ 与跃迁有关为 1→0，2→1。原因是，在探测光子（通过光谱仪）之前，我们不知道光子是在哪个跃迁中产生的，相应地，在量子力学中，我们通过线性组合保持所有选择的开放性。然后，林德布拉德形式的主方程正确地解释了非相干损耗通道和所有其他通道。当发射的光子在某种意义上可以区分时，例如通过它们的偏振，就必须采用这种方案，在这种情况下，必须为不同的偏振引入不同的偶极子算符。在有光谱滤波的情况下，计算光子关联的情况是不同的。首先重要的是确保频谱分离不会显著影响时间分辨率，这可以在相对较宽的频率窗口内实现。如果可以做到这一点，我们必须为不同的跃迁使用单独的跃迁算子 σ_a、σ_b，因为滤波过程增加了我们对光子状态的了解。

图 18.8（a）显示了非相干激发三能级系统的荧光光谱。它由两个峰值组成，第一个峰值以零失谐为中心（对应 1→0 跃迁），第二个峰与状态 2 失谐有关（对应 2→1 的跃迁）。从峰的高度可以推断出两个激发态的相对布居数。图 18.8（b）显示了不同的光子

关联函数。光子之间的关联行为类似于之前讨论的二能级系统，但状态 1 的恢复较慢，因为现在有了额外的耗尽通道，1→2。由于状态 1 和状态 2 的布居特征不同，与 a 光子相比，b 光子的关联显示出在时间零点的下降（光子反聚束）以及更快的恢复。

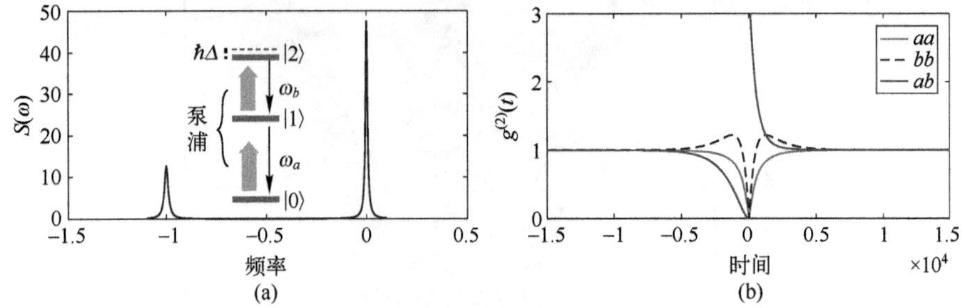

图 18.8 （a）荧光光谱和（b）插图中描述的三能级系统的光子关联，其中状态 2 相对于跃迁能量 $\hbar\Delta$ 的失谐 $\hbar\omega_a$。0→1、1→2 的非相干泵浦为 G，1→0，2→1 的衰变率为 Γ_1，在 1、2 状态下以速率 Γ_2 退相。在模拟中，使用 $\Delta=1$、$\Gamma_1=1/1000$、$\Gamma_2=1/100$、$G=1/2000$

由于 b 光子和 a 光子之间的相关性，情况发生了很大的变化。一旦观察到一个 b 光子，就有相当高的概率检测到另一个 a 光子。这对于考虑中的级联衰变并不奇怪：一旦检测到一个 b 光子，就可以确定系统处于状态 1，由于冯·诺依曼测量假设，因此检测到第二个 a 光子的概率很高。这种增加的双光子相关性通常被称为光子聚束。相反，对于负时间延迟，a 光子在 b 光子之前被检测到，对于 b 光子的检测，系统必须从基态一直泵浦到状态 2。图 18.9 显示了在量子点结构中对此类光子相关测量的实验观察结果。

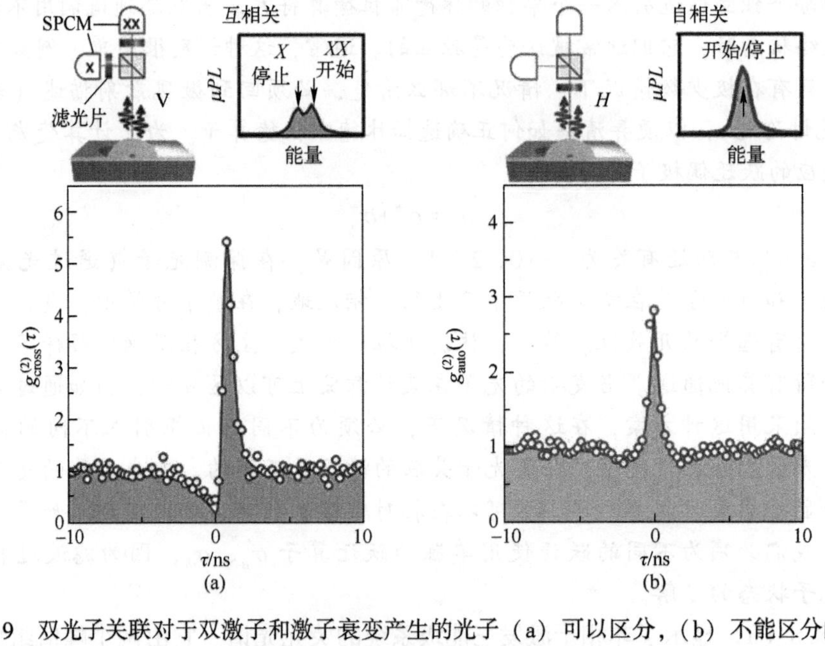

图 18.9 双光子关联对于双激子和激子衰变产生的光子（a）可以区分，（b）不能区分的情况

18.4 分子与金属纳米球的分子相互作用

我们以图 18.10 所示的例子结束本章，其中一个量子发射器位于两个银纳米球之间的间隙区域。能级结构如图 18.10（b）所示，基态 1 与状态 2 光耦合，系统从状态 2 弛豫到状态 1，然后辐射衰减。通过两个激发态 1、2，激发和衰减通道被解耦，这将使我们更容易计算荧光光谱。然而，下面介绍的方案只需稍加修改，就可以解释真正的二能级系统的激发和衰变。接下来，我们将讨论模型的组成部分，理论分析可以分为三个步骤，与光子环境、相干和非相干动力学规范以及主方程的解有关。

光子环境

由于金属纳米颗粒的存在，量子发射器的激发和衰减通道发生了改变，正如第 10 章在表面增强拉曼散射（SERS）背景下所讨论的那样。图 18.10 中的红色波瓣显示了隔离量子发射器（虚线，结果按 200 倍缩放）和耦合纳米球光子环境中量子发射器远场区的电场模量。我们报道了激发能 $\hbar\omega_{01} = 2.925\text{eV}$、发射能量 $\hbar\omega_{20} = 2.85\text{eV}$ 时的场强，与自由空间中的偶极子相比，磁场增强倍数为 $f(\omega_{10}) \approx 800$ 和 $f(\omega_{02}) \approx 500$。在下文中，我们假设量子发射器由沿 x 方向传播并沿 z 方向偏振的光场激发，因此也可以使用相同的增强因子来激发。图 18.11 给出了（a）消光截面和（b）辐射和总衰变率的增强，这在本书的前几部分已经进行了详细讨论。在光谱中，我们观察到沿 z 方向的光偏振有一个明显的以 2.85eV 为中心的峰值，这归因于球形二聚体的键合模式。这种模式共振在图 18.11（b）中描述的量子发射器的辐射率和总衰减率中也可见，其显示的增强倍数高达百万量级。

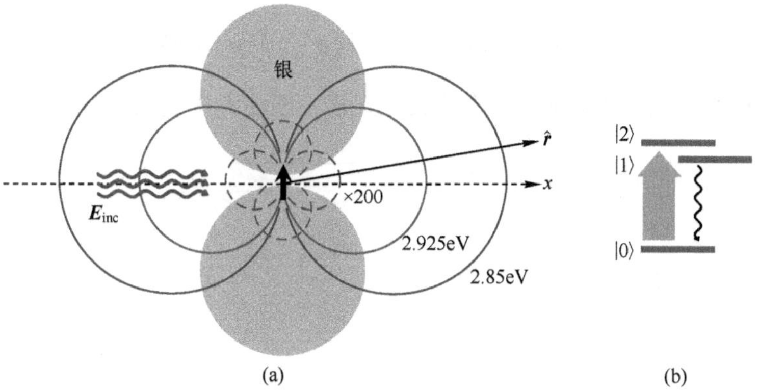

图 18.10 偶极子（箭头）位于两个银纳米球的间隙区域。波瓣线条表示了偶极子共振为 2.85eV 时偶极子的发射模式，失谐能量为 2.925 eV。虚线表示偶极子在自由空间中沿 z 和 x 方向的发射模式，它们被放大了 200 倍。对于直径为 40nm、间隙距离为 2.5nm 的球体，远场区的电场增强约 750 倍。在模拟中，使用图（b）所示的能级图，基态为 0，系统被泵入的状态为 2，辐射发生的状态为 1。衰变通道 2→1 未显示

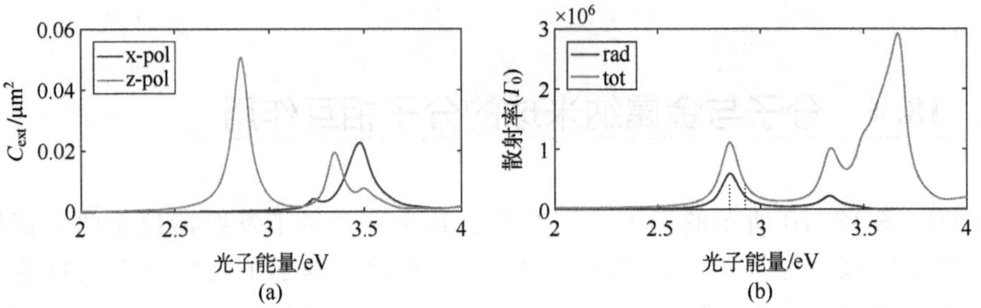

图 18.11 (a) 消光截面和 (b) 沿 z 方向放置在两个银纳米球之间的偶极子的辐射和总衰减率的增强，子图 (b) 中的虚线表明了我们计算中考虑的不同分子跃迁的能量

相干动力学和非相干动力学

一旦确定了光子环境，就必须为三能级系统建立哈密顿算符和林德布拉德算符。如果假设激发光的频率被调谐到 ω_{02} 跃迁，那么相干动力学的哈密顿量的形式为

$$\hat{H}=(E_1-\hbar\omega_{20})|1\rangle\langle1|-[f(\omega_{20})\hbar\Omega](|1\rangle\langle0|+|2\rangle\langle0|+\text{h.c.}) \qquad (18.29)$$

其中，h. c. 表示前一项的厄米共轭，假设拉比频率 Ω 为实，两个跃迁的偶极矩相同。考虑林德布拉德算子：

$$L_{tot,1}=[\Gamma(\omega_{10})]^{1/2}|0\rangle\langle1| \quad L_{tot,2}=[\Gamma(\omega_{20})]^{\frac{1}{2}}|0\rangle\langle2|$$

分别对应于辐射衰变和非辐射衰变。退相的速率为 Γ_2，状态 1 和状态 2 之间的内部弛豫为：

$$L_{12}=[\Gamma_{2\to1}]^{\frac{1}{2}}|1\rangle\langle2|$$

主方程的解

一旦指定了哈密顿量和林德布拉德算等，就可以按照前面讨论的方法求解林德布拉德主方程。

式 (18.10) 的荧光光谱只需稍加修改，得

$$S(\omega)\propto\omega^4f^2(\omega)\text{Re}\left\{\int_0^\infty e^{i\omega\tau}\langle\sigma^-(0)\sigma^+(\tau)\rangle d\tau\right\} \qquad (18.30)$$

图 18.12 显示了使用该模型计算的荧光光谱，图注释中给出了相关参数。它由两个

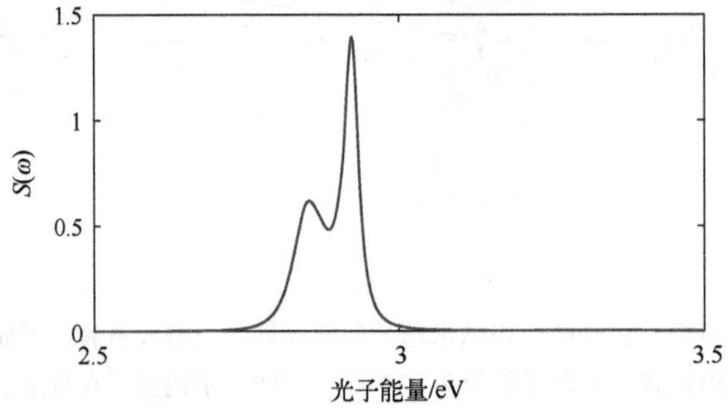

图 18.12 放置在两个金属纳米球间隙区域的光驱动量子发射器的计算荧光光谱。对于自由空间中的发射器，我们使用 $\Gamma_0=0.1\text{ns}^{-1}$ 的散射率。退相速率设置为 $\Gamma_2=1\text{ps}^{-1}$，层间散射率为 $\Gamma_{2\to1}=10\Gamma_0$，激发的拉比能量为 10μeV

峰组成，对应 1→0 和 2→0 衰变。值得注意的是：在驱动激光场的能量附近，也应该考虑被纳米球直接散射的光，在文献［199-200］中作者将上述机制推广到了振动激发的分子中，他们发现利用该方法可以发展一个描述表面增强拉曼信号的理论模型。

习题

练习 18.1 考虑存在弛豫和相移的相干驱动二能级系统的双光子相关 $g^{(2)}$ 的式（18.24）。分别讨论 Ω_Γ 为实数和虚数的情况时，在什么条件下，在 $g^{(2)}$ 中可以看到拉比振荡？

练习 18.2 使用 NANOPT 工具箱中的文件 demotwolevel05. m 来计算光学驱动的二能级系统的双光子相关 $g^{(2)}$。

（a）研究光-物质耦合的影响时，激发光场的场振幅决定了在程序可中用 g 代替 Ω。何时能观察到拉比振荡？

（b）研究相移的影响，以及相移和 g 的相互作用。相移是如何影响 $g^{(2)}$ 中是否能观察到拉比振荡？并将结果与练习 18.1 进行比较。

（c）使用文件 demotwolevel04. m 使布洛赫球面上双光子关联的涨落算符的时间演化可视化。光子测量又是如何改变矢量的？

练习 18.3 从式（18.11）的荧光光谱表达式出发，利用与时间无关的刘维尔算子 L 的特征矢量 $\boldsymbol{X}$、$\widetilde{\boldsymbol{X}}$和特征值 $\boldsymbol{\Lambda}$ 来得出式（18.28）。

练习 18.4 使用 NANOPT 工具箱中的文件 demotwolevel06. m 来计算光学驱动的二能级系统的荧光光谱。

（a）研究光-物质耦合的影响，并确定峰值分裂发生的条件。

（b）场强足够强时，确定峰值位置对光-物质耦合的依赖性。

练习 18.5 将 NANOPT 工具箱中 demothreelevel01. m 文件为用于图 18.8 中所示的三级系统。

（a）用非相干泵浦代替相干激发。

（b）将 demotwolevel06. m 作为模板改写程序以计算荧光光谱。

（c）修改程序以独立计算光子进行衰变 2→1、1→0 时光子相关性。计算所有的双光子关联，并讨论观察光子聚束或反聚束的条件。

附录 A

复分析

A.1 柯西定理

考虑一个在复空间给定区域内解析的复函数 $f(z)$，这意味着该函数可以围绕任何点 z_0 展开为泰勒级数，并且在 z_0 的给定邻域内，函数值与如何接近该点的距离无关，有

$$\lim_{z\to a} f(z)=f(a)$$

解析函数是光滑的，即无穷可微的。它们具有一个显著的性质，即沿闭合路径在复杂平面上的任何积分都为零。

$$\oint_C f(z)\,\mathrm{d}z = 0 \tag{A.1}$$

为了证明这一关系，首先使用 $z=x+\mathrm{i}y$ 并将函数分解成实部和虚部：

$$f(x,y)=u(x,y)+\mathrm{i}v(x,y)$$

函数的导数可以通过下式计算：

$$\begin{aligned}f'(z)&=\lim_{\eta\to 0}\frac{f(z+\eta)-f(z)}{\eta}\\&=\lim_{\eta\to 0}\frac{u(x+\eta,y)+\mathrm{i}v(x+\eta,y)-u(x,y)-\mathrm{i}v(x,y)}{\eta}=\frac{\partial u}{\partial x}+\mathrm{i}\frac{\partial v}{\partial x}\end{aligned}$$

然而，对于一个解析函数，也可以沿着不同的方向求导，比如沿着虚轴时其导数为

$$\begin{aligned}f'(z)&=\lim_{\eta\to 0}\frac{f(z+\mathrm{i}\eta)-f(z)}{\mathrm{i}\eta}\\&=-\mathrm{i}\lim_{\eta\to 0}\frac{u(x,y+\eta)+\mathrm{i}v(x,y+\eta)-u(x,y)-\mathrm{i}v(x,y)}{\eta}=-\mathrm{i}\frac{\partial u}{\partial y}+\frac{\partial v}{\partial y}\end{aligned}$$

因为假设函数是解析函数，所以两个表达式必须相同。通过比较即可得出解析函数的所谓柯西-黎曼方程：

$$\frac{\partial u}{\partial x}=\frac{\partial v}{\partial y},\quad \frac{\partial v}{\partial x}=-\frac{\partial u}{\partial y} \tag{A.2}$$

现在回到式（A.1）并将被积函数 $f=u+iv$ 以及微分 $dz=x+idy$ 分解成它们的实部和虚部：

$$\oint_C (u+iv)(dx+idy) = \oint_C (udx - vdy) + i\oint_C (vdx + udy)$$

这个表达式可以用格林定理①改写为

$$\oint_C (udx + vdy) = \int \left(\frac{\partial v}{\partial x} - \frac{\partial u}{\partial y} \right) dxdy \tag{A.3}$$

此时，得到的实部和虚部如下：

$$\oint_C (udx - vdy) = \int \left(-\frac{\partial v}{\partial x} - \frac{\partial u}{\partial y} \right) dxdy = 0$$

$$\oint_C (vdx + udy) = \int \left(\frac{\partial u}{\partial x} - \frac{\partial v}{\partial y} \right) dxdy = 0$$

使用式（A.2）的柯西-黎曼方程计算得到积分为零。此时，就完成了对柯西定理的证明。

A.2 留数定理

一个复积分形式如下：

$$\oint_C \left[\frac{f(z)}{z - z_0} \right] dz = \oint_C g(z) dz \tag{A.4}$$

式中：$f(z)$ 为一个解析函数；C 为一个包围临界点 z_0 的，如图 A.1 所示。在复分析中，临界点 z_0 被称为极点，函数 $g(z)$ 在除 z_0 以外的任何地方都是解析的。现在，将积分路径变形，使其沿着 A 接近临界点 z_0。它沿着半径为 $r \to 0$ 的圆围绕 z_0 移动，最后沿着 A 回到轮廓 C。由于积分方向相反，沿积分路径 A 的两个作用相互抵消。对于圆，引入极坐标：

$$z = z_0 + re^{i\phi}, \quad dz = ir^{i\phi}d\phi$$

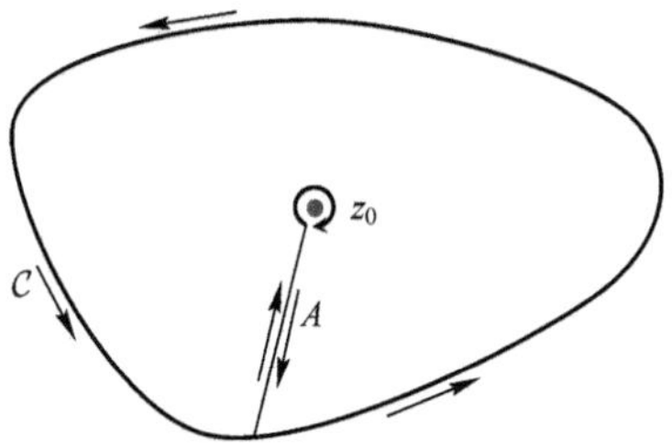

图 A.1 留数定理示意图。极点为 z_0 的复函数 $g(z)$ 沿包围临界点 z_0 的轮廓 C 积分

因此，得到了沿圆的积分路径：

---

① 格林定理可以使用下式从式（2.13）的斯托克斯定理推导出来：
$$\boldsymbol{F} = u(x,y)\hat{\boldsymbol{x}} + v(x,y)\hat{\boldsymbol{y}}, \quad d\boldsymbol{\ell} = \hat{\boldsymbol{x}}dx + \hat{\boldsymbol{y}}dy$$

$$-\int_0^{2\pi}\left[\frac{f(z_0+re^{i\phi})}{(z_0+re^{i\phi})-z_0}\right](ire^{i\phi}d\phi)=-f(z_0)\int_0^{2\pi}\frac{ire^{i\phi}}{ire^{i\phi}}d\phi\underset{r\to0}{\longrightarrow}-2\pi i f(z_0)$$

我们已经从积分中提取了函数$f(z)$，假设它仅在z_0附近缓慢变化。积分的负号是由于我们是沿顺时针方向围绕z_0移动。然后，得到了沿C的积分路径和围绕z_0的小圆：

$$\oint_C\left[\frac{f(z)}{z-z_0}\right]dz-2\pi i f(z_0)=0$$

由于式（A.1）和组合积分路径不包括极点，上述表达式为零。因此，被积函数在整个积分域内是解析的。由此，得到了留数定理的最简单形式：

留数定理

$$\oint_C\left[\frac{f(z)}{z-z_0}\right]dz=2\pi i f(z_0) \tag{A.5}$$

上述结果可以很容易地推广到更多的极点。

附录 B

谱格林函数

在本附录中，我们将展示如何将格林函数分解为平面波。事实证明，使用复波数进行分解会更简单一些，这样格林函数就变成了具有复参数的函数。对于这类函数，存在一个重要的复分析定理，即所谓柯西定理，它表明解析函数的轮廓积分为零。这个定理在附录 A 已经介绍过，并将在接下来的分析中发挥重要作用。

B.1 标量格林函数的谱分解

首先将亥姆霍兹方程的格林函数［式（5.5）］分解为平面波。定义公式为

$$(\nabla^2+k_1^2)g(\boldsymbol{r})=-\delta(\boldsymbol{r})$$

式中：k_1 为波数。使用 k_1 的下标将其与格林函数和狄拉克 δ 函数的傅里叶变换的波矢量 $\boldsymbol{k}$ 区分开来：

$$g(\boldsymbol{r})=(2\pi)^{-3}\int_{-\infty}^{\infty}\mathrm{e}^{\mathrm{i}\boldsymbol{k}\cdot\boldsymbol{r}}\,\tilde{g}(\boldsymbol{k})\,\mathrm{d}^3k$$

$$\delta(\boldsymbol{r})=(2\pi)^{-3}\int_{-\infty}^{\infty}\mathrm{e}^{\mathrm{i}\boldsymbol{k}\cdot\boldsymbol{r}}\mathrm{d}^3k$$

将这些表达式代入格林函数的定义方程中，得到：

$$(2\pi)^{-3}\int_{-\infty}^{\infty}\mathrm{e}^{\mathrm{i}\boldsymbol{k}\cdot\boldsymbol{r}}\left[\left(k_1^2-k^2\right)\tilde{g}(\boldsymbol{k})+1\right]\mathrm{d}^3k=0$$

由于必须满足所有 $\boldsymbol{r}$ 值的等式，因此可以得出$\tilde{g}(\boldsymbol{k})=1/(k^2-k_1^2)$，并且，反过来可得

$$g(\boldsymbol{r})=(2\pi)^{-3}\int_{-\infty}^{\infty}\frac{\mathrm{e}^{\mathrm{i}\boldsymbol{k}\cdot\boldsymbol{r}}}{k^2-k_1^2}\mathrm{d}^3k \tag{B.1}$$

对于 $\varepsilon''>0$ 的有损材料，有

$$k_1^2=\varepsilon_1\mu_1\omega^2\rightarrow\mathrm{Im}\{k_1\}>0$$

式（B.1）的被积函数对于 $\boldsymbol{k}$ 的所有值都有很好的定义。为了进一步考虑无损材料，在波数上加上一个小的损耗项 $\mathrm{i}\eta$，设 $\eta\rightarrow0$ 在计算结束时接近零。类似于在第 5 章

中关于格林函数边界条件的分析，通过此过程，可以确保傅里叶变换仅包括输出波。接下来，改写笛卡儿坐标系中的格林函数分解①：

$$g(x,y,z)=(2\pi)^{-3}\int_{-\infty}^{\infty}\frac{e^{i(k_x x+k_y y+k_z z)}}{k_z^2-(k_{1z}+i\eta)^2}dk_x dk_y dk_z$$

其中，$k_{1z}=\sqrt{k_1^2-k_x^2-k_y^2}$。为了计算积分的 k_z 部分，采用式（A.1）中的柯西定理。首先考虑 $z>0$ 的情况，对于复波数 $k_z=k_z'+ik_z''$，有

$$e^{i(k_z'+ik_z'')z}=e^{ik_z'z}e^{-k_z''z}\underset{z\to\infty}{\longrightarrow}0$$

因此，可以在上复平面 k_z-上给积分轮廓添加一个半圆，如图 B.1 所示，其作用在极限 $R\to\infty$ 时变为零。如果被积函数是一个解析函数，沿实轴 k_z 和半圆的轮廓积分将为零。然而，必须小心处理 $k_{1z}+i\eta$ 处的极点，将积分路径变形如下：

–沿着从实轴到极点的方向 A 移动。

–沿着极点周围的圆 $k_z=k_{1z}+i\eta+re^{i\phi}$移动，设 $r\to0$。

–最终再次沿着 A 回到实轴。

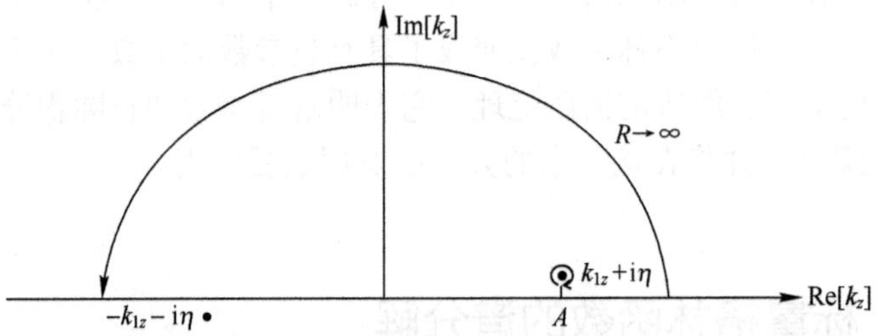

图 B.1　格林函数在有损材料中的积分路径。被积函数的极点位于$\pm(k_{1z}+i\eta)$

由于积分方向相反，沿 A 的两个作用相互抵消。对于极点周围的小圆圈（所谓残差），得到：

$$\mathcal{R}=\oint\frac{(e^{ik_z z})dk_z}{(k_z-k_{1z}-i\eta)(k_z+k_{1z}+i\eta)}$$

$$=(e^{i(k_{1z}+i\eta)z})\lim_{r\to0}\int_{\pi}^{-\pi}\frac{ire^{i\phi}d\phi}{(re^{i\phi})(2k_{1z}+2i\eta+re^{i\phi})}=-2\pi i\frac{e^{i(k_{1z}+i\eta)z}}{2(k_{1z}+i\eta)}$$

当从第一行移动到第二行时，从积分中提取出指数，因为对于 $r\to0$，它作为 ϕ 的函数缓慢变化，并且可以安全地在极点值 $k_{1z}+i\eta$ 处计算。另外，我们在极坐标中设置 $dk_z=ire^{i\phi}d\phi$。因此，对于整个积分路径，我们得到：

$$\int_{-\infty}^{\infty}\frac{e^{ik_z z}dk_z}{k_z^2-(k_{1z}+i\eta)^2}+\mathcal{R}=0\Rightarrow\int_{-\infty}^{\infty}\frac{e^{ik_z z}dk_z}{k_z^2-(k_{1z}+i\eta)^2}=i\pi\frac{e^{ik_{1z}z}}{k_{1z}}$$

上式中令 $\eta\to0$ 得到最终的表达式。格林函数就变成：

$$g(x,y,z)=\frac{i}{8\pi^2}\int_{-\infty}^{\infty}\frac{e^{i(k_x x+k_y y+k_{1z}|z|)}}{k_{1z}}dk_x k_y$$

需要强调的是，上面的表达式也可以用于负 z 值。在这种情况下，必须闭合复杂平

① 如果 k_1 有一个小的正虚部，那么 $k_{1z}=\sqrt{k_1^2-k_x^2-k_y^2}$ 也有一个小的正虚部。

面下半部分的积分路径。由此，最终得到了球面波在平面波中展开的韦尔（Weyl）恒等式。

韦尔恒等式

$$\frac{e^{ikr}}{r}=\frac{i}{2\pi}\int_{-\infty}^{\infty}\frac{e^{i(k_x x+k_y y+k_{1z}|z|)}}{k_z}dk_x k_y \tag{B.2}$$

波矢量的 k_z 分量必须从色散关系式 $k_1^2=k_x^2+k_y^2+k_z^2$ 中计算出来，对于无损耗介质，我们隐式假设存在 $k_z+i\eta$ 中的小损耗项。根据贝塞尔函数的积分恒等式：

$$\int_0^{2\pi}e^{ix\cos\phi}d\phi=2\pi J_0(x)$$

可以通过为(k_x,k_y)坐标引入极坐标(ϕ,k_ρ) 来改写韦尔恒等式，并得到了 Sommerfeld 恒等式：

$$\frac{e^{ikr}}{r}=i\int_0^{\infty}\frac{k_\rho}{k_z}J_0(k_\rho\rho)e^{ik_z|z|}dk_\rho \tag{B.3}$$

B.2 并矢格林函数的谱表示

接下来将演示如何将格林并矢分解为平面波。通过式（5.19）的格林并矢定义，以及式（B.1）标量格林函数的平面波分解，得出：

$$g_{ij}(\boldsymbol{r})=\left(\delta_{ij}+\frac{\partial_i\partial_j}{k_1^2}\right)\frac{e^{ik_1r}}{4\pi r}=\frac{1}{8\pi^3k_1^2}\int_{-\infty}^{\infty}e^{i\boldsymbol{k}\cdot\boldsymbol{r}}\frac{k_1^2\delta_{ij}-k_ik_j}{k^2-k_1^2}d^3k$$

在使用上面讨论的复数积分程序解析地执行 k_z 积分之前，我们注意到，在极限 $k_z\to\infty$ 中，右边括号中的项变为$-\hat{z}_i\hat{z}_j$，并且对于 g_{zz}，积分表现不佳。因此，对该项进行修改：

$$g_{ij}(\boldsymbol{r})=\frac{1}{8\pi^3k_1^2}\int_{-\infty}^{\infty}e^{i\boldsymbol{k}\cdot\boldsymbol{r}}\left(\frac{k_1^2\delta_{ij}-k_ik_j}{k^2-k_1^2}+\hat{z}_i\hat{z}_j\right)d^3k-\frac{\hat{z}_i\hat{z}_j}{8\pi^3k_1^2}\int_{-\infty}^{\infty}e^{i\boldsymbol{k}\cdot\boldsymbol{r}}d^3k \tag{B.4}$$

第二个积分给出$-\hat{z}_i\hat{z}_jk_1^{-2}\delta(\boldsymbol{r})$，第一个积分现在在极限 $k_z\to\infty$ 中表现良好，并且可以使用前面在式（B.2）韦尔恒等式的上下文中讨论的复积分进行计算。必须区分以下几种情况：

-对于 $z>0$，闭合上半复空间中的半圆，并在 $k_{1z}^+=k_{1z}+i\eta$ 处计算残差。

-对于 $z<0$，闭合下半复空间中的半圆，并在 $k_{1z}^-=-k_{1z}-i\eta$ 处计算残差。

在极点 k_{1z}^+处，式（B.4）括号内的项变为

$$k_1^2\delta_{ij}-k_ik_j+\hat{z}_i\hat{z}_j(k^2-k_1^2)\to k_1^2\delta_{ij}-k_{1i}^{\pm}k_{1j}^{\pm}$$

在这里引入了波数：

$$\boldsymbol{k}_1^{\pm}=k_x\hat{\boldsymbol{x}}+k_y\hat{\boldsymbol{y}}\pm k_{1z}\hat{\boldsymbol{z}},\quad k_{1z}=\sqrt{k_1^2-k_x^2-k_y^2}+i\eta$$

综上所述，得到：

$$g_{ij}(\boldsymbol{r})=\frac{i}{8\pi^2}\int_{-\infty}^{\infty}e^{i\boldsymbol{k}_1^{\pm}\cdot\boldsymbol{r}}\frac{\delta_{ij}-\hat{k}_{1i}^{\pm}\hat{k}_{1j}^{\pm}}{k_{1z}}dk_xk_y-\frac{\hat{z}_i\hat{z}_j}{k_1^2}\delta(\boldsymbol{r})$$

当作用于一个矢量时，矩阵 $\delta_{ij}-\hat{k}_{1i}^{\pm}\hat{k}_{1j}^{\pm}$的投影在垂直于$\hat{\boldsymbol{k}}_1^{\pm}$ 的方向上，正如在 2.5 节中所讨论的。

分解成 TE 和 TM 模式。事实证明，引入由$\hat{\boldsymbol{k}}_1^{\pm}$ 和下列矢量构成的三元组会更简单一些。

$$\boldsymbol{\epsilon}^{\mathrm{TE}}(\hat{\boldsymbol{k}}_1^{\pm})=\frac{\hat{\boldsymbol{k}}_1^{\pm}\times\hat{\boldsymbol{z}}}{|\hat{\boldsymbol{k}}_1^{\pm}\times\hat{\boldsymbol{z}}|}=\frac{1}{k_\rho}(k_y\hat{\boldsymbol{x}}-k_x\hat{\boldsymbol{y}}) \tag{B.5a}$$

$$\boldsymbol{\epsilon}^{\mathrm{TM}}(\hat{\boldsymbol{k}}_1^{\pm})=\hat{\boldsymbol{k}}_1^{\pm}\times\boldsymbol{\epsilon}^{\mathrm{TE}}(\hat{\boldsymbol{k}}_1^{\pm})=\pm\frac{k_{1z}}{k_1k_\rho}(k_x\hat{\boldsymbol{x}}+k_y\hat{\boldsymbol{y}})-\frac{k_\rho}{k_1}\hat{\boldsymbol{z}} \tag{B.5b}$$

其中，$k_\rho=(k_x^2+k_y^2)^{\frac{1}{2}}$。当考虑分层介质界面处的反射和透射时，如第 8 章所述，这种分解证明特别有用，因为两个基矢量可以与 TE 和 TM 场相关联。因此，得到：

$$g_{ij}(\boldsymbol{r})=-\frac{\hat{z}_i\hat{z}_j}{k_1^2}\delta(\boldsymbol{r})+\frac{i}{8\pi^2}\int_{-\infty}^{\infty}\frac{\mathrm{e}^{ik_1^{\pm}\cdot r}}{k_{1z}}\{\boldsymbol{\epsilon}_i^{\mathrm{TE}}(\hat{\boldsymbol{k}}_1^{\pm})\boldsymbol{\epsilon}_j^{\mathrm{TE}}(\hat{\boldsymbol{k}}_1^{\pm})+\boldsymbol{\epsilon}_i^{\mathrm{TM}}(\hat{\boldsymbol{k}}_1^{\pm})\boldsymbol{\epsilon}_j^{\mathrm{TM}}(\hat{\boldsymbol{k}}_1^{\pm})\}\,\mathrm{d}k_xk_y \tag{B.6}$$

在下文中，将分析 $\boldsymbol{\epsilon}_i^{\mathrm{TE}}(\boldsymbol{k}_1)\boldsymbol{\epsilon}_j^{\mathrm{TE}}(\boldsymbol{k}_2)$更一般的情况和 TM 场的类似表达式，其中，$\boldsymbol{k}_1$ 和 $\boldsymbol{k}_2$ 具有相同的平行波矢量，但其 z 分量可能不同。在分层介质的情况下，需要使用这些组合来描述反射波和透射波。然后我们得到：

$$[\boldsymbol{\epsilon}_i^{\mathrm{TE}}(\boldsymbol{k}_1)\boldsymbol{\epsilon}_j^{\mathrm{TE}}(\boldsymbol{k}_2)]=\frac{1}{2}\begin{bmatrix}1-\cos2\phi & -\sin2\phi & 0\\ -\sin2\phi & 1+\cos2\phi & 0\\ 0 & 0 & 0\end{bmatrix}_{ij}$$

$$[\boldsymbol{\epsilon}_i^{\mathrm{TM}}(\boldsymbol{k}_1)\boldsymbol{\epsilon}_j^{\mathrm{TM}}(\boldsymbol{k}_2)]=\frac{1}{2k_1k_2}\times\begin{bmatrix}k_{1z}k_{2z}(1+\cos2\phi) & k_{1z}k_{2z}\sin2\phi & -2k_{1z}k_\rho\cos\phi\\ k_{1z}k_{2z}\sin2\phi & k_{1z}k_{2z}(1-\cos2\phi) & -k_{1z}k_\rho\sin\phi\\ -2k_\rho k_{2z}\cos\phi & -2k_\rho k_{2z}\sin\phi & 2k_\rho^2\end{bmatrix}_{ij} \tag{B.7}$$

上式中为波矢量 $(\boldsymbol{k}_x,\boldsymbol{k}_y)$的平行分量引入了极坐标$(\phi,k_\rho)$，并将位置 $\boldsymbol{r}$ 转换为柱面坐标(φ,ρ,z)，方位角上的积分为

$$\langle\cdots\rangle=\frac{1}{2\pi}\int_0^{2\pi}\mathrm{e}^{ik_\rho\rho\cos(\phi-\varphi)}[\cdots]\,\mathrm{d}\phi$$

可以用式（3.21）对其进行解析。这样就得到：

$$[\boldsymbol{\epsilon}_i^{\mathrm{TE}}(\boldsymbol{k}_1)\boldsymbol{\epsilon}_j^{\mathrm{TE}}(\boldsymbol{k}_2)]=\frac{1}{2}\begin{bmatrix}J_0+J_2\cos2\phi & J_2\sin2\phi & 0\\ J_2\sin2\phi & J_0-J_2\cos2\phi & 0\\ 0 & 0 & 0\end{bmatrix}_{ij}$$

$$[\boldsymbol{\epsilon}_i^{\mathrm{TM}}(\boldsymbol{k}_1)\boldsymbol{\epsilon}_j^{\mathrm{TM}}(\boldsymbol{k}_2)]=\frac{1}{2k_1k_2}\times\begin{bmatrix}k_{1z}k_{2z}(J_0-J_2\cos2\varphi) & -k_{1z}k_{2z}J_2\sin2\varphi & -2ik_\rho k_{1z}J_1\cos\varphi\\ -k_{1z}k_{2z}J_2\sin2\varphi & k_{1z}k_{2z}(J_0+J_2\cos2\varphi) & -ik_\rho k_{1z}J_1\sin\varphi\\ -2ik_\rho k_{2z}J_1\cos\varphi & -2ik_\rho k_{2z}J_1\sin\varphi & 2k_\rho^2J_0\end{bmatrix}_{ij} \tag{B.8}$$

其中，为了简化符号，我们略去了贝塞尔函数 $J_n(k_\rho\rho)$ 的参数。

综合所有结果，得到并矢格林函数的韦尔分解。

并矢格林函数的韦尔分解

$$G_{ij}(\boldsymbol{r},\boldsymbol{r}') = -\frac{\hat{z}_i\hat{z}_j}{k_1^2}\delta(\boldsymbol{r}-\boldsymbol{r}') + \frac{i}{4\pi}\int_0^\infty \frac{e^{ik_{1z}|z-z'|}}{k_{1z}}\{\langle\boldsymbol{\epsilon}_i^{TE}(\hat{\boldsymbol{k}}_1^\pm)\boldsymbol{\epsilon}_j^{TE}(\hat{\boldsymbol{k}}_1^\pm)\rangle + \boldsymbol{\epsilon}_i^{TM}(\hat{\boldsymbol{k}}_1^\pm)\boldsymbol{\epsilon}_j^{TM}(\hat{\boldsymbol{k}}_1^\pm)\}k_\rho \mathrm{d}k_\rho \tag{B.9}$$

B.3 索末菲积分路径

式（B.9）的积分必须满足 $k_{1z}+i\eta$ 有一个小虚部的规定方可进行计算。然而，对于分层介质所需的数值计算，必须注意 $k_\rho=k_1$，其分母中的 k_{1z} 变得非常小，以及对于较大的 k_ρ 参数，其被积函数对于小的 $|z-z'|$ 值衰减非常慢。正如我们将在下文中讨论的，为了避免这些限制带来的任何困难，可以：

-将式（B.9）的 k_ρ 积分表示为一个复杂的轮廓积分；

-对轮廓进行变形，使积分路径远离所有临界点或区域。

首先，从式（B.9）和式（B.8）的矩阵观察到，被积函数的形式为 $k_\rho J_0(k_\rho\rho)$、$k_\rho^2 J_1(k_\rho\rho)$ 和 $k_\rho J_2(k_\rho\rho)$ 乘以函数仅取决于 k_{1z}。在贝塞尔函数和汉克尔函数之间使用如下关系：

$$J_n(x) = \frac{1}{2}[H_n^{(1)}(x) + H_n^{(2)}(x)] \tag{B.10}$$

以及

$$H_n^{(1)}(-z) = -e^{i\pi n}H_n^{(2)}(z)$$

可以很容易地证明式（B.9）可以表示为

$$G_{ij}(\boldsymbol{r},\boldsymbol{r}') = -\frac{\hat{z}_i\hat{z}_j}{k_1^2}\delta(\boldsymbol{r}-\boldsymbol{r}') + \frac{i}{8\pi}\int_{-\infty}^\infty \frac{e^{ik_{1z}|z-z'|}}{k_{1z}}\{J_n \to H_n^{(1)}\}k_\rho \mathrm{d}k_\rho \tag{B.11}$$

其中大括号中的项与式（B.9）中的项相同，唯一的区别是所有贝塞尔函数替换为汉克尔函数。汉克尔函数的渐近形式为

$$H_n^{(1)}(k_\rho\rho) \underset{x\to\infty}{\longrightarrow} \sqrt{\frac{2}{\pi k_\rho\rho}}e^{i\left[k_\rho\rho-\frac{\pi}{2}\left(n+\frac{1}{2}\right)\right]} \tag{B.12}$$

根据上式，可以观察到，可以在 k_ρ 上平面中添加一个半圆，类似于图 B.1 中所示的积分路径，其作用在极限 $R\to\infty$ 中变为零。为了计算式（B.11），进行如下操作：

-式（B.11）的积分路径被沿实轴的轮廓代替，并在复平面上半部分的半圆上返回。

-由于柯西定理，如果将所有极点保持在积分轮廓内，可以使路径进一步变形。正如将在下文中讨论的那样，还必须注意源自多值函数（如平方根）的复平面中的分支点和节点。

一条可行的路径是图 B.2 中所示的索末菲积分路径，对于负 k_ρ 值，它略高于实际

k_ρ轴；对于正 k_ρ 值，它略低于实际 k_ρ 轴。在下文中，我们将讨论这种选择的原因。

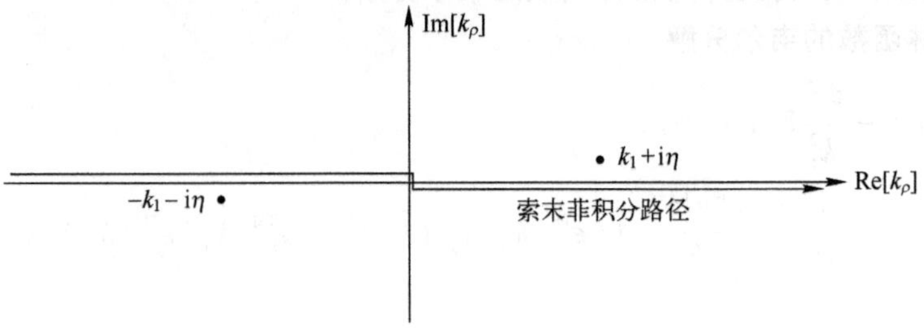

图 B.2　对并矢格林函数［式（B.11）］积分的索末非积分路径

黎曼面（riemann sheets）和分支割线（branch cuts）

对于平方根函数$f(z)=\sqrt{z}$，它是一个双值函数。在复平面上，复数可以表示为

$$z=re^{i\phi}$$

式中：r 为模量；ϕ 为 z 的相位。相应地，平方根有解：

$$\sqrt{z}=\sqrt{r}\,e^{i\frac{\phi}{2}}$$

$\sqrt{z}$是周期为4π 的函数。假设ϕ 在$(-\pi,\pi)$范围内变化。在图 B.3（b）所示的 z 平面中，从位置B 开始，然后围绕一个圆逆时针移动，直到在位置A 结束。在图 B.3（a）所示的复数$\sqrt{z}$空间中，对应的路径是从 B 到 A 的半圆，位于 $\mathrm{Re}\sqrt{z}$值为正的扇区中。当ϕ进一步增加时，在 z 平面中得到相同的复数序列，但是在$\sqrt{z}$平面中，我们现在在 $\mathrm{Re}\sqrt{z}$值为负的扇区中移动。用顶部和底部黎曼面来指定这两个扇形是很方便的。两片之间的切割由 $\mathrm{Re}\sqrt{z}=0$ 给出，称为分支割线。它始于分支点 $z=0$，止于 $z\to\infty$。当修改复平面中的积分轮廓时，我们必须小心这种分支割线。一般来说，人们会尽量避免交叉分支切口。

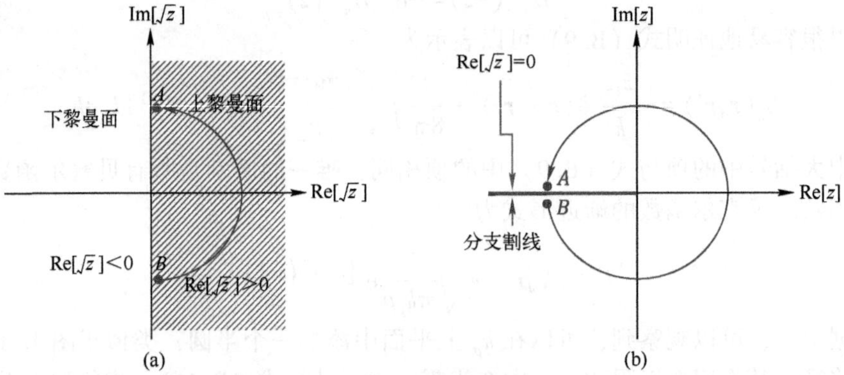

图 B.3　(a) 平方根函数$\sqrt{z}$和 (b) 相应 z 值的复平面。半平面 $\mathrm{Re}\sqrt{z}>0$ 映射到上黎曼面上，半平面 $\mathrm{Re}\sqrt{z}<0$ 映射到下黎曼面上

分层介质的分支割线

现在回到式（B.11）的积分。计划是在所有极点位于原始路径和变形路径内的条件下对积分路径进行变形，并避免交叉分支切口。对于变形路径，$\mathrm{Im}(k_z)>0$ 十分重要。

首先将 k_1 和 k_ρ 分解为实部和虚部。

$$k_z=\sqrt{k_1^2-k_\rho^2}=[k_1'^2-k''^2_1+2\mathrm{i}k'_1k''_1-k'^2_\rho+k''^2_\rho-2\mathrm{i}k'_\rho k''_\rho]^{\frac{1}{2}} \tag{B.13}$$

为了使 k_z 成为实数，或者 $\mathrm{Im}(k_z)=0$，需要：

$$k'_\rho k''=k'_1k''_1 \tag{B.14a}$$

$$k'^2_\rho-k''^2_\rho\leqslant k'^2_1-k''^2_1 \tag{B.14b}$$

图 B.4 显示了如何确定 k_z 为实数时的 k_ρ 值。式（B.14a）分别在第一象限和第三象限中定义了双曲线，其渐近地接近 x 轴和 y 轴，而式（B.14b）定义了由双曲线限定的 k_ρ 值，该双曲线渐近地接近 $y=\pm x$。因此，实际 k_z 值位于虚线所示的双曲线分支上。索末菲积分分支在所有关键点周围导航，根据下式：

$$k_z=\sqrt{k_1^2-(|k_\rho|-\mathrm{i}\eta)^2}$$

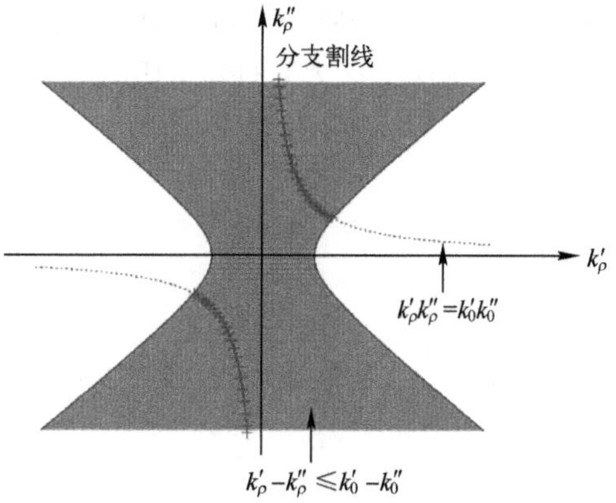

图 B.4　索末菲积分路径分支割线的位置。黑色虚线表示 k_z 的实部为零对应的 k_ρ 值，见公式（B.14a）；灰色阴影区域表示了公式（B.14b）中不等式成立对应的 k_ρ 值；红色粗线对应于满足公式（B.14a）和（B.14b）同时满足的 k_ρ 取值。只要复积分路径没有穿过分支割线，就可以对其进行变形。

可以观察到 k_z 始终有一个小的正虚部。如式（8.51）和式（8.52）所示，对于分层介质和反射格林函数的计算，还必须考虑广义反射系数和透射系数的极点。这些极点与分层介质中的一层中的导模或与界面结合的导模有关，如 8.1 节中关于表面等离子体的讨论。所有极点有一个大于或等于零的虚部，因此式（B.12）中的径向波逐渐衰减。至于模式的实部，它们都位于 $[0,k'_{\max}]$ 内，其中，$k'_{\max}$ 是构成层结构的材料的最大波数。有关极点和分支割线的更详细讨论，请参阅文献［20］。

数值积分

在数值计算式（B.11）形式的积分时，可以进一步对复平面中的积分路径变形，前提是变形路径不穿过任何分支切割，也不排除任何极点。关于这个问题，有大量的文献可供查阅，如果计算分层介质的格林函数，就有必要深入研究这个问题。例如，Chew［20］讨论了一些技术，例如最陡下降法，当然，其中的讨论也并非详尽无遗。

在等离子体激元学习纳米光子学领域，Paulus 及其同事［201］提出了一种清晰且简单的方法，用于指导如何在复和面中选择路径，该方法已经在相关领域被广泛使用。建议的积分路径如图 B.5 所示，当 $|z-z'|$ 的取值足够大时，路径沿（a）；当 $|z-z'|$ 明显

小于ρ时，路径沿（b）。该图中k_{max}是分层介质中不同材料中波数的最大值。

A*，*A'。首先沿着一个从原点到$k'_{max}+k_0$的半椭圆积分，其中，添加了k_0作为安全余量。沿着这条路径，我们与无损材料极点所在的实际k_ρ轴保持足够远的距离。Paulus等建议半椭圆的轴比为$1:\frac{1}{1000}$，尽管在许多情况下，更适度的轴比（如$1:\frac{1}{10}$）也可以做到这一点。

B*，*B'。当$|z-z'|$足够大时，由于相应的较大虚k_z值，对于较大的k'_ρ值，被积函数会呈指数级衰减，参见式（B.13）。因此，我们沿着实轴从$k'_{max}+k_0$到无穷大进行积分。需要强调的是，对于路径A，A'和B，B'，我们可以使用式（B.10）组合正负参数的汉克尔函数，并得到一个贝塞尔函数，然后仅沿着路径A和B积分。

C*，*C'。当$|z-z'|$明显小于ρ，比方说是1/10时，利用汉克尔函数式（B.12）的渐近形式，以实现沿积分路径C、C'的更快收敛。可以通过这种方式变形积分路径，因为所有极点都保持在积分轮廓内，并且没有交叉的分支切割。

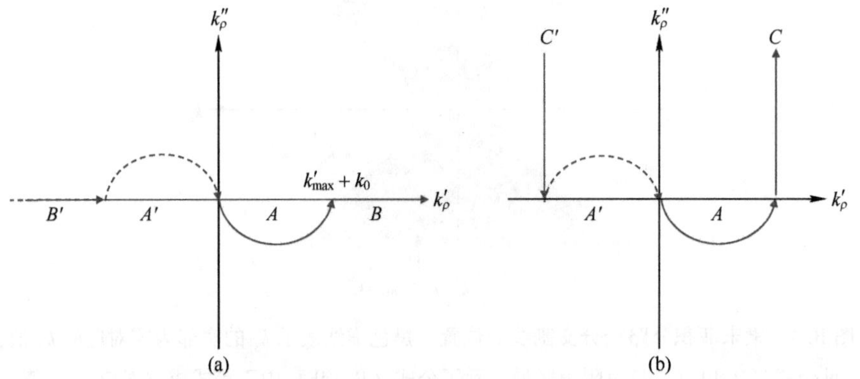

图 B.5　Paulus 等[201]的积分路径。首先在复平面上沿半椭圆A和A'从原点到实轴上的点$\pm(k'_{max}+k_0)$积分，其中，k_{max}是分层介质不同材料中波数实部的最大值，（a）对于足够大的$|z-z'|$值式（B.11）中的指数因子导致较大实k_ρ值（以及相应的较大虚k_z值）的指数衰减，因此沿着实轴积分，见B，B'。（b）对于小$|z-z'|$值，将积分路径变形到复平面，见C，C'，其中较大虚数的汉克尔函数$H_n^{(1)}$保证被积函数的快速衰减。需要强调的是，积分路径A，A'、B，B'可以使用式（B.10）组合，使通过汉克尔函数的和得到贝塞尔函数

附录 C

球面波方程

在本附录中，将介绍如何求解标量波动方程：

$$(\nabla^2+k^2)\psi(\boldsymbol{r})=0$$

在球坐标系中，k 为波数。为此，将介绍一些特殊函数，即勒让德多项式、球谐函数、球贝塞尔函数和汉克尔函数。这里介绍的所有内容可以在其他教科书中找到更详细的内容，这里是为了介绍的完整性。我们的分析遵循 Jackson[2] 书中的思路，尽可能参考相应的方程式，以便于直接比较。在球坐标中，波动方程为

$$\frac{1}{r^2}\frac{\partial}{\partial r}\left(r^2\frac{\partial\psi}{\partial r}\right)+\frac{1}{r^2\sin\theta}\frac{\partial}{\partial\theta}\left(\sin\theta\frac{\partial\psi}{\partial\theta}\right)+\frac{1}{r^2\sin^2\theta}\frac{\partial^2\psi}{\partial\phi^2}+k^2\psi=0 \tag{C.1}$$

由于球的对称性，可以得到解的乘积解：

$$\psi(r,\theta,\phi)=R(r)P(\theta)Q(\phi)$$

将这个解代入式（C.1），除以 ψ，再乘 $r^2\sin^2\theta$，得到：

$$\left[\frac{\sin^2\theta}{R}\frac{\mathrm{d}}{\mathrm{d}r}\left(r^2\frac{\mathrm{d}R}{\mathrm{d}r}\right)+\frac{\sin\theta}{P}\frac{\mathrm{d}}{\mathrm{d}\theta}\left(\sin\theta\frac{\mathrm{d}P}{\mathrm{d}\theta}\right)+k^2r^2\sin^2\theta\right]+\frac{1}{Q}\frac{\mathrm{d}^2Q}{\mathrm{d}\phi^2}=0 \tag{C.2}$$

对于 r、θ、ϕ 的任意值，必须满足该等式，只有当等号左侧的两个项为常数时，才能实现该等式。因此，有

$$\frac{1}{Q}\frac{\mathrm{d}^2Q}{\mathrm{d}\phi^2}=-m^2 \tag{C.3}$$

m 为某个常数。其解为

$$Q(\phi)=\mathrm{e}^{\pm im\phi} \tag{C.4}$$

因为函数 $\psi(r,\theta,\phi)$ 在 ϕ 中必须是周期性的，所以我们观察到 m 必须是整数。然后，我们根据式（C.2）可以得到：

$$\left[\frac{1}{R}\frac{\mathrm{d}}{\mathrm{d}r}\left(r^2\frac{\mathrm{d}R}{\mathrm{d}r}\right)+k^2r^2\right]+\left[\frac{1}{\sin\theta P}\frac{\mathrm{d}}{\mathrm{d}\theta}\left(\sin\theta\frac{\mathrm{d}P}{\mathrm{d}\theta}\right)-\frac{m^2}{\sin^2\theta}\right]=0$$

为了使公式满足任意 r、θ 值，括号中的两个项必须是常数。这就引出了下面的方程。

连带的勒让德多项式。对于极角部分，有

$$\frac{1}{\sin\theta}\frac{\mathrm{d}}{\mathrm{d}\theta}\left(\sin\theta\frac{\mathrm{d}P(\theta)}{\mathrm{d}\theta}\right)+\left[\ell(\ell+1)-\frac{m^2}{\sin^2\theta}\right]P(\theta)=0 \tag{C.5}$$

其中，常量的格式为 $\ell(\ell+1)$。如下所述，该方程的解由相关的勒让德多项式 $P_{\ell,m}(\theta,\phi)$ 给出。

球贝塞尔函数。径向部分变为

$$\frac{1}{r^2}\frac{\mathrm{d}}{\mathrm{d}r}\left(r^2\frac{\mathrm{d}R(r)}{\mathrm{d}r}\right)+\left[k^2-\frac{\ell(\ell+1)}{r^2}\right]R(r)=0 \tag{C.6}$$

该方程的解 $R(r)=f_\ell(kr)$ 是球面贝塞尔函数和汉克尔函数的线性组合。

将函数 $Q(\phi)$ 和 $P(\theta)$ 组合成所谓球谐函数 $Y_{\ell m}(\theta,\phi)$ 会更容易一些，它为角自由度提供了一套完整的函数。因此，波动方程的解可以写成这些基本解的线性组合，形式为［文献［2］，式（9.80）］如下。

球面波方程的解

$$\psi(r,\theta,\phi)=\sum_{\ell=0}^{\infty}\sum_{m=-\ell}^{\ell}f_\ell(kr)Y_{\ell m}(\theta,\phi) \tag{C.7}$$

式中：ℓ、m 分别为球面度和阶数。

C.1 勒让德多项式

我们从勒让德多项式（C.5）开始，对于 $m=0$，其解为

$$\frac{\mathrm{d}}{\mathrm{d}x}\left[(1-x^2)\frac{\mathrm{d}P_\ell(x)}{\mathrm{d}x}\right]+\ell(\ell+1)P_\ell(x)=0 \tag{C.8}$$

其中，引入了 $x=\cos\theta$。在整个解析过程中，假设 $\theta\in[0,\pi]$ 且 $x\in[-1,1]$，因此我们总是可以取 $\sin\theta=\sqrt{1-x^2}$。解可以用如下的幂级数的形式表示［文献［2］，式（3.11）］：

$$P_\ell(x)=\sum_{j=0}^{\infty}a_jx^j$$

为了对 x 的所有值保持有限，序列必须截断某个 j 值，只有当 ℓ 是整数时才能实现。利用这一要求，可以证明勒让德多项式 $P_\ell(x)$ 可以用所谓罗德里格斯公式［文献［2］，式（3.16）］来表示。

勒让德多项式的罗德里格斯公式

$$P_\ell(x)=\frac{1}{2^\ell\ell!}\frac{\mathrm{d}^\ell}{\mathrm{d}x^\ell}(x^2-1)^\ell \tag{C.9}$$

勒让德多项式被归一化，使得 $P_\ell(1)=1$。它们是 ℓ 的偶数值的偶函数、ℓ 的奇数值的奇函数。更确切地说，前几个勒让德多项式为［文献［2］，式（3.15）］

$$P_0(x)=1,\quad P_1(x)=x,\quad P_2(x)=\frac{1}{2}(3x^2-1),\quad P_3(x)=\frac{1}{2}(5x^2-3x) \tag{C.10}$$

勒让德多项式彼此正交［文献［2］，式（3.21）］：

$$\int_{-1}^{1}P_{\ell'}(x)P_\ell(x)\mathrm{d}x=\frac{2}{2\ell+1}\delta_{\ell'\ell} \tag{C.11}$$

并形成一个完整的集合，使得区间 $x\in[-1,1]$ 中的任何函数都可以根据这些多项式展开。存在各种递归公式，例如［文献［2］，式（3.29）］：

$$(\ell+1)P_{\ell+1}(x)-(2\ell+1)xP_{\ell}(x)+\ell P_{\ell-1}(x)=0$$

$$\frac{\mathrm{d}P_{\ell}(x)}{\mathrm{d}x}-x\frac{\mathrm{d}P_{\ell}(x)}{\mathrm{d}x}-(\ell+1)P_{\ell}(x)=0 \tag{C.12}$$

一旦知道两个初始值，就可以用它来数值计算勒让德多项式及其导数。

连带勒让德多项式

任意 m 值的连带勒让德多项式 $P_{\ell m}(x)$ 的定义方程（C.5）为

$$\frac{\mathrm{d}}{\mathrm{d}x}\left[(1-x^2)\frac{\mathrm{d}P_{\ell}^{m}(x)}{\mathrm{d}x}\right]+\left[\ell(\ell+1)-\frac{m^2}{1-x^2}\right]P_{\ell}^{m}(x)=0 \tag{C.13}$$

对于正 m 值，相关的勒让德多项式可根据下式计算［文献［2］，式（3.49）］。

m>0 的连带勒让德多项式

$$P_{\ell}^{m}(x)=(-1)^{m}\,(1-x^2)^{\frac{m}{2}}\frac{\mathrm{d}^{m}}{\mathrm{d}x^{m}}P_{\ell}(x) \tag{C.14}$$

而负 m 值的勒让德多项式由下式给出［文献［2］，式（3.51）］：

$$P_{\ell}^{-m}(x)=(-1)^{m}\frac{(\ell-m)!}{(\ell+m)!}P_{\ell}^{m}(x) \tag{C.15}$$

对于 m 的固定值，连带勒让德多项式形成了一组相互正交的完整函数［文献［2］，式（3.52）］：

$$\int_{-1}^{1}P_{\ell'}^{m}(x)P_{\ell}^{m}(x)\,\mathrm{d}x=\frac{2}{2\ell+1}\frac{(\ell+m)!}{(\ell-m)!}\delta_{\ell'\ell} \tag{C.16}$$

C.2 球谐函数

结果证明，将解 $Q(\phi)$ 和 $P(\theta)$ 合并为所谓球谐函数更容易一些，［文献［2］，式（3.53）］。

球谐函数

$$Y_{\ell m}(\theta,\phi)=\sqrt{\frac{2\ell+1}{4\pi}\frac{(\ell+m)!}{(\ell-m)!}}P_{\ell}^{m}(x)(\cos\theta)\,\mathrm{e}^{\mathrm{i}m\phi} \tag{C.17}$$

有时我们会使用另一种表示方法：

$$Y_{\ell m}(\hat{\boldsymbol{r}}),\quad \hat{\boldsymbol{r}}=\cos\phi\sin\theta\hat{\boldsymbol{x}}+\sin\phi\sin\theta\hat{\boldsymbol{y}}+\cos\theta\hat{\boldsymbol{z}} \tag{C.18}$$

式中：$\hat{\boldsymbol{r}}$为由极角 θ 和方位角 ϕ 定义的单位矢量。根据式（C.15）可以很容易地得到［文献［2］，式（3.54）］：

$$Y_{\ell m}^{*}(\theta,\phi)=(-1)^{m}Y_{\ell,-m}(\theta,\phi) \tag{C.19}$$

球谐函数通过式（C.20）形成了角自由度的完整正交函数集［文献［2］，式（3.55）］：

$$\int_{0}^{2\pi}\mathrm{d}\phi\int_{0}^{\pi}\sin\theta\,\mathrm{d}\theta\,Y_{\ell'm'}^{*}(\theta,\phi)Y_{\ell m}(\theta,\phi)=\delta_{\ell'\ell}\delta_{m'm} \tag{C.20}$$

完整性关系为［文献［2］，式（3.56）］

$$\sum_{\ell=0}^{\infty}\sum_{m=-\ell}^{\ell}Y_{\ell m}^{*}(\theta',\phi')Y_{\ell m}(\theta,\phi)=\delta(\phi-\phi')\delta(\cos\theta-\cos\theta') \quad (C.21)$$

几个选定的球面谐波为

$$\ell=0 \quad Y_{00}=\frac{1}{\sqrt{4\pi}}$$

$$\ell=1 \quad \begin{cases} Y_{11}=-\sqrt{\dfrac{3}{8\pi}}\sin\theta e^{i\phi} \\ Y_{10}=\sqrt{\dfrac{3}{4\pi}}\cos\theta \end{cases}$$

$$\ell=2 \quad \begin{cases} Y_{22}=\sqrt{\dfrac{5}{32\pi}}\sin^2\theta e^{2i\phi} \\ Y_{21}=-\sqrt{\dfrac{15}{8\pi}}\sin\theta\cos\theta e^{i\phi} \\ Y_{20}=\sqrt{\dfrac{5}{4\pi}}\left(\dfrac{3}{2}\cos^2\theta-\dfrac{1}{2}\right) \end{cases}$$

对于 $\theta=0$，发现：

$$Y_{\ell m}(\hat{z})=\sqrt{\frac{2\ell+1}{4\pi}}\delta_{m0} \quad (C.22)$$

如图 C.1 所示为单位球面上的一些选定球谐函数。$\ell=0$ 的函数是一个常数，$\ell=1,2$ 的函数在极坐标或方位角方向上都有一个或两个节点。有时，人们使用 $Y_{\ell m}(\theta,\phi)$ 的另一种可视化，即根据球谐函数的绝对值使半径变形，如图 C.2 的 Y_{20} 和图 C.3（a）的球谐函数最低次谐波所示。线性组合为

$$\begin{cases} \dfrac{i}{\sqrt{2}}(Y_{\ell m}-(-1)^m Y_{\ell,-m}) & (m<0) \\ \dfrac{1}{\sqrt{2}}(Y_{\ell m}+(-1)^m Y_{\ell,-m}) & (m>0) \end{cases} \quad (C.23)$$

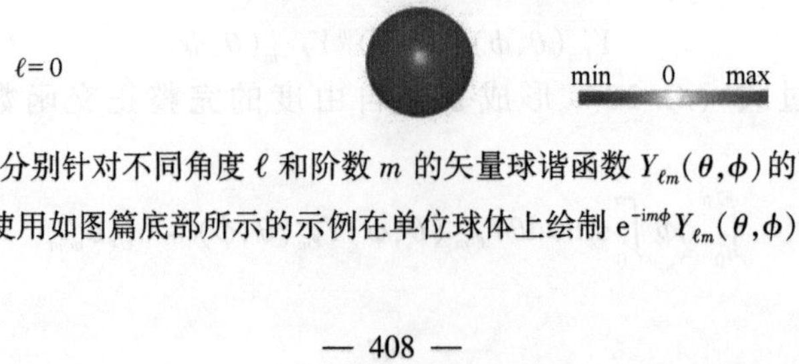

图 C.1 分别针对不同角度 ℓ 和阶数 m 的矢量球谐函数 $Y_{\ell m}(\theta,\phi)$ 的可视化。使用如图篇底部所示的示例在单位球体上绘制 $e^{-im\phi}Y_{\ell m}(\theta,\phi)$

如图 C.3（b）所示，通过采取线性组合以及使用式（C.19）可以定义一组实值函数。

图 C.2　矢量球面谐波的替代可视化。对于每个 θ 和 ϕ，我们将半径从 1 缩放到 $Y_{\ell m}(\theta,\phi)$ 的绝对值，最后得到右侧的图案

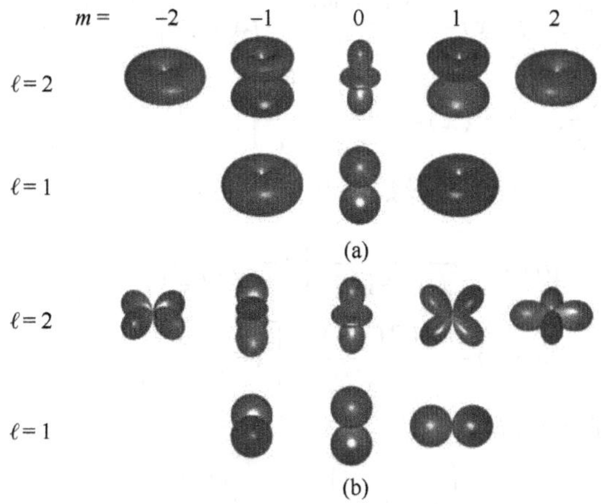

图 C.3　（a）$e^{im\phi}Y_{\ell m}$ 和（b）式（C.23）的实数值表示，使用图 C.2 中所示的变形程序对最低角度进行可视化

C.3　球贝塞尔函数和汉克尔函数

最后解决球面波方程的径向部分，见式（C.6）：

$$\frac{1}{r^2}\frac{\mathrm{d}}{\mathrm{d}r}\left(r^2\frac{\mathrm{d}f_\ell(r)}{\mathrm{d}r}\right)+\left[k^2-\frac{\ell(\ell+1)}{r^2}\right]f_\ell(r)=0 \tag{C.24}$$

这些解分别由球贝塞尔函数 j_ℓ 和汉克尔函数 $h_\ell^{(1)}$ 的线性组合给出［文献［2］，式（9.84）］。

标量波方程径向部分的解

$$f_\ell(kr)=A_{\ell m}j_\ell(kr)+B_{\ell m}h_\ell^{(1)}(kr) \tag{C.25}$$

其中，$A_{\ell m}$、$B_{\ell m}$是任意常数。通常定义球贝塞尔函数 $j_\ell(x)$ 和汉克尔函数 $n_\ell(x)$ 和 $h_\ell^{(1,2)}(x)$，它们通过下式与球面贝塞尔函数 $J_\ell(x)$ 及 $N_\ell(x)$ 相关联［文献［2］，式（9.85）］：

$$j_\ell(x)=\sqrt{\frac{\pi}{2x}}J_{\ell+\frac{1}{2}}(x)$$

$$n_\ell(x)=\sqrt{\frac{\pi}{2x}}N_{\ell+\frac{1}{2}}(x)$$

$$h_\ell^{(1,2)}(x)=j_\ell(x)\pm in_\ell(x) \tag{C.26}$$

球贝塞尔函数可根据下式获得［文献［2］，式（9.86）］：

$$\begin{cases}j_\ell(x)=(-x)^\ell\left(\dfrac{1}{x}\dfrac{\mathrm{d}}{\mathrm{d}x}\right)^\ell\dfrac{\sin x}{x}\\ n_\ell(x)=-(-x)^\ell\left(\dfrac{1}{x}\dfrac{\mathrm{d}}{\mathrm{d}x}\right)^\ell\dfrac{\cos x}{x}\end{cases} \tag{C.27}$$

球贝塞尔和汉克尔的前几个函数分别为

$$j_0(x)=\frac{\sin x}{x},\quad j_1(x)=\frac{\sin x}{x^2}-\frac{\cos x}{x},\quad j_2(x)=\left(\frac{3}{x^2}-\frac{1}{x}\right)\sin x-\frac{3\cos x}{x},$$

$$h_0^{(1)}(x)=\frac{\mathrm{e}^{\mathrm{i}x}}{x},\quad h_1^{(1)}(x)=-\frac{\mathrm{e}^{\mathrm{i}x}}{x}\left(1+\frac{1}{x}\right),\quad h_2^{(1)}(x)=\frac{\mathrm{i}\mathrm{e}^{\mathrm{i}x}}{x}\left(1+\frac{3i}{x}-\frac{3}{x^2}\right)$$

对于较小的 x 值，可以导出其级数展开为［文献［2］，式（9.88）］

$$\begin{cases}j_\ell(x)\to\dfrac{x^\ell}{(2\ell+1)!!}\left[1-\dfrac{x^2}{2(2\ell+3)}+\cdots\right]\\ n_\ell(x)\to-\dfrac{(2\ell-1)!!}{x^{\ell+1}}\left[1-\dfrac{x^2}{2(1-2\ell)}+\cdots\right]\end{cases} \tag{C.28}$$

对于大参数，得到期渐近展开为［文献［2］，式（9.89）］

$$\begin{cases}j_\ell(x)\to\dfrac{1}{x}\sin\left(x-\dfrac{\ell\pi}{2}\right)\\ n_\ell(x)\to-\dfrac{1}{x}\cos\left(x-\dfrac{\ell\pi}{2}\right)\\ h_\ell^{(1)}(x)\to(-i)^{\ell+1}\dfrac{\mathrm{e}^{\mathrm{i}x}}{x}\end{cases} \tag{C.29}$$

从这些展开式中，可以得出关于式（C.25）中球面波方程的系数 $A_{\ell m}$ 和 $B_{\ell m}$ 的以下一般结论。

贝塞尔函数。在范围 $r\in[0,r_{\max}]$ 内使用球面波解时，必须确保 $f_\ell(kr)$ 在原点处保持有限。为此，我们设置：

对于 $r\in[0,r_{\max}]$，$f_\ell(kr)=A_{\ell m}j_\ell(kr)$

汉克尔函数。在范围 $r\in[r_{\min},\infty]$ 内使用球面波解时，必须确保对于较大的 kr 值，$f_\ell(kr)$ 成为一个输出波。为此，设置：

对于 $r\in[r_{\min},\infty]$，$f_\ell(kr)=B_{\ell m}h_\ell^{(1)}(kr)$

球贝塞尔函数满足如下递推公式［文献［2］，式（9.90）］：

$$\frac{2\ell+1}{x}z_\ell(x)=z_{\ell-1}(x)+z_{\ell+1}(x)$$

$$z'_\ell(x)=\frac{1}{2\ell+1}[\ell z_{\ell-1}(x)-(\ell+1)z_{\ell+1}(x)]$$

$$\frac{\mathrm{d}}{\mathrm{d}x}[xz_\ell(x)]=xz_{\ell-1}(x)-\ell z_\ell(x) \tag{C.30}$$

其中，$z_\ell(x)$是函数$j_\ell(x)$、$n_\ell(x)$、$h_\ell^{(1,2)}(x)$中的任意一个。从数值上看，应该从$j_0(x)$和$j_1(x)$的贝塞尔函数开始，使用向上方案计算高阶贝塞尔函数，从$h_\ell^{(1)}(x)$和$h_{\ell-1}^{(1)}(x)$开始，使用向下方案计算较低阶汉克尔函数。否则，对于较大的球面度，迭代解可能变得数值不稳定。

最后，给出式（5.7）中格林函数分解为球函数的表达式［文献［2］，式(9.98)］。

球格林函数展开

$$\frac{e^{ik|\boldsymbol{r}-\boldsymbol{r}'|}}{4\pi|\boldsymbol{r}-\boldsymbol{r}'|}=ik\sum_{\ell=0}^{\infty}\sum_{m=-\ell}^{\ell}j_\ell(kr_<)h_\ell^{(1)}(kr_>)Y_{\ell m}^*(\hat{\boldsymbol{r}}')Y_{\ell m}(\hat{\boldsymbol{r}}) \tag{C.31}$$

这里，$r_<$是r的较小值，r'和$r_>$是较大值。

附录 D

矢量球谐函数

在本附录中，我们利用纵向和横向基函数讨论矢量波动方程的解。

$$-\nabla\times\nabla\times\boldsymbol{F}(\boldsymbol{r})+k^2\boldsymbol{F}(\boldsymbol{r})=0 \tag{D.1}$$

在球坐标系，这将把我们引向所谓矢量球谐函数，下面将进一步介绍。首先，考虑求笛卡儿坐标系中波动方程的解。

笛卡儿坐标系中的波动方程

在 2.5 节已经证明了任何矢量场都可以分解为纵向部分和横向部分。对于波数为 $\boldsymbol{k}$ 的平面波，纵向部分和横向部分可以表示为

$$\boldsymbol{F}_{\boldsymbol{k}}^{\mathrm{L}}=(\hat{\boldsymbol{k}}\cdot\boldsymbol{F}_{\boldsymbol{k}})\hat{\boldsymbol{k}},\quad \boldsymbol{F}_{\boldsymbol{k}}^{\perp}=\boldsymbol{F}_{\boldsymbol{k}}-\boldsymbol{F}_{\boldsymbol{k}}^{\mathrm{L}}$$

对于层状介质等特殊几何形状，可以进一步使用式（2.43）将横向场分解为 TE 和 TM 模式。因此，场 $\boldsymbol{F}_{\boldsymbol{k}}$ 可以由以下（非归一化）矢量展开：

$$\boldsymbol{k},\boldsymbol{k}\times\hat{\boldsymbol{z}},\boldsymbol{k}\times(\boldsymbol{k}\times\hat{\boldsymbol{z}})$$

如果 $\boldsymbol{F}_{\boldsymbol{k}}$ 表示电场，而 TM 和 TE 表示磁场，则 $\boldsymbol{k}$ 上的投影表示纵向分量 $\boldsymbol{F}_{\boldsymbol{k}}^{\mathrm{L}}$，而其他两个矢量上的投影分别表示具有 TE 特征和 TM 特征的横向分量。

矢量波函数

可以从另一个角度来研究这个分解过程。考虑从满足亥姆霍兹方程的标量势 $\psi(\boldsymbol{r})$ 入手：

$$(\nabla^2+k^2)\psi(\boldsymbol{r})=0$$

从这个势出发，可以推导出以下矢量函数集：

$$\boldsymbol{L}_{\psi}(\boldsymbol{r})=\nabla\psi(\boldsymbol{r}),\quad \boldsymbol{M}_{\psi}(\boldsymbol{r})=\nabla\times\boldsymbol{c}\psi(\boldsymbol{r}),\quad \boldsymbol{N}_{\psi}(\boldsymbol{r})=\frac{1}{k}\nabla\times\boldsymbol{M}_{\psi}(\boldsymbol{r}) \tag{D.2}$$

式中：$\boldsymbol{c}$ 为要在某一时刻指定的导引矢量；$\boldsymbol{L}_{\psi}$ 为纵向矢量函数；$\boldsymbol{M}_{\psi}$、$\boldsymbol{N}_{\psi}$ 为横向矢量函数，有时称为螺线管矢量函数，它们都满足波动方程。为了证明这一点，将 $\boldsymbol{M}_{\psi}$ 代入波动方程并得到：

$$\nabla(\nabla\cdot\nabla\times\boldsymbol{c}\psi(\boldsymbol{r}))-\nabla^2(\nabla\times\boldsymbol{c}\psi(\boldsymbol{r}))+k^2\,\nabla\times\boldsymbol{c}\psi(\boldsymbol{r})=0$$

第一项消失，因为旋度的散度始终为零，因此，$\boldsymbol{M}_{\psi}$ 确实满足式（D.1）。同理，可

以证明 $\boldsymbol{N}_\psi$ 也满足波动方程。$\boldsymbol{M}_\psi$ 和 $\boldsymbol{N}_\psi$ 通过以下方式相互关联：

$$k\boldsymbol{N}_\psi=\nabla\times\boldsymbol{M}_\psi,\quad k\boldsymbol{M}_\psi=\nabla\times\boldsymbol{N}_\psi$$

因此，如果 $\boldsymbol{M}_\psi$ 代表电场，那么 $\boldsymbol{N}_\psi$ 代表磁场，反之亦然。从上面的讨论可以看出，任何矢量函数都可以用三个标量函数 $u(\boldsymbol{r})$、$v(\boldsymbol{r})$ 和 $w(\boldsymbol{r})$ 表示。

分解为纵向和横向基函数

$$\boldsymbol{F}(\boldsymbol{r})=\boldsymbol{L}_w(\boldsymbol{r})+\boldsymbol{M}_u(\boldsymbol{r})+\boldsymbol{N}_v(\boldsymbol{r}) \tag{D.3}$$

类似地，任何横向矢量函数都可以写成：

$$\boldsymbol{F}^{\perp}(\boldsymbol{r})=\boldsymbol{M}_u(\boldsymbol{r})+\boldsymbol{N}_v(\boldsymbol{r}) \tag{D.4}$$

如果考虑生成势 $\psi(\boldsymbol{r})=\mathrm{e}^{\mathrm{i}\boldsymbol{k}\cdot\boldsymbol{r}}$ 平面波和导引矢量 $\boldsymbol{c}=\hat{z}$，可以观察到矢量函数变成：

$$\boldsymbol{L}(\boldsymbol{r})=\mathrm{i}\boldsymbol{k}\mathrm{e}^{\mathrm{i}\boldsymbol{k}\cdot\boldsymbol{r}},\quad \boldsymbol{M}(\boldsymbol{r})=\mathrm{i}\boldsymbol{k}\times\hat{z}\mathrm{e}^{\mathrm{i}\boldsymbol{k}\cdot\boldsymbol{r}},\quad \boldsymbol{N}(\boldsymbol{r})=-\frac{1}{k^2}\boldsymbol{k}\times(\boldsymbol{k}\times\hat{z}\mathrm{e}^{\mathrm{i}\boldsymbol{k}\cdot\boldsymbol{r}})$$

这与上述基函数相对应。

球面波动方程

刚刚描述的过程也可以适用于球坐标中的波动方程（C.7）：

$$\psi(r,\theta,\phi)=\sum_{\ell m}\left[A_{lm}j_\ell(kr)+B_{lm}h_\ell^{(1)}(kr)\right]Y_{\ell m}(\theta,\phi)$$

式中：ℓ、m 分别为球度和阶数；A_{lm}、B_{lm} 为待定的系数；j_ℓ、$h_\ell^{(1)}$ 分别为一阶球贝塞尔函数和汉克尔函数；$Y_{\ell m}$ 为球谐函数。有关其求解和特殊函数详细讨论，请参见附录 C。现在将导引矢量设置为 $\boldsymbol{c}=\boldsymbol{r}$，使得

$$\boldsymbol{M}_\psi(\boldsymbol{r})=\nabla\times\boldsymbol{r}\psi(\boldsymbol{r})=\nabla\times\boldsymbol{r}f_\ell Y_{lm}(\theta,\phi) \tag{D.5}$$

其中，f_ℓ 是球贝塞尔和汉克尔函数的某种线性组合。在上面的表达式中，通过 $\nabla\times\boldsymbol{r}=-\boldsymbol{r}\times\nabla$ 可得

$$\boldsymbol{M}_\psi(\boldsymbol{r})=-\mathrm{i}\left(\frac{1}{i}\boldsymbol{r}\times\nabla\right)f_\ell(\boldsymbol{r})Y_{lm}(\theta,\phi)=-\mathrm{i}\hat{\boldsymbol{L}}f_\ell(r)Y_{lm}(\theta,\phi) \tag{D.6}$$

其中，引入了量子力学已知的角动量算子（不含 $\hbar$）：

$$\hat{\boldsymbol{L}}=-\mathrm{i}\boldsymbol{r}\times\nabla \tag{D.7}$$

这个算子是在纯粹的形式基础上引入的，与量子效应无关。然而，$\hat{\boldsymbol{L}}$ 可以帮助我们了解量子力学中众所周知的相关结论。

D.1 矢量球谐函数

事实证明，在球坐标系下引入矢量球谐函数来分解横向电磁场更简单一些［文献［2］，式（9.119）］。

矢量球谐函数

$$\boldsymbol{X}_{\ell m}(\theta,\phi)=\frac{1}{\sqrt{\ell(\ell+1)}}\hat{\boldsymbol{L}}Y_{\ell m}(\theta,\phi) \tag{D.8}$$

需要强调的是，在文献中存在几种稍微不同的矢量球谐函数定义，这里我们遵循 Jackson[2] 的思路。根据文献所述[202]：

$$\hat{\boldsymbol{L}}=\mathrm{i}\left(\hat{\boldsymbol{\theta}}\frac{1}{\sin\theta}\frac{\partial}{\partial\phi}-\hat{\boldsymbol{\phi}}\frac{\partial}{\partial\theta}\right) \tag{D.9}$$

然后，可以得到矢量球谐函数，其中，$\hat{\boldsymbol{\theta}}$、$\hat{\boldsymbol{\phi}}$分别是极向和方位方向的单位矢量。由此，可以得到：

$$\ell=0\quad \boldsymbol{X}_{00}=0$$

$$\ell=1\quad\begin{cases}\boldsymbol{X}_{11}=\sqrt{\dfrac{3}{16\pi}}\mathrm{e}^{\mathrm{i}\phi}(\hat{\boldsymbol{\theta}}+\mathrm{i}\cos\theta\hat{\boldsymbol{\phi}})\\ \boldsymbol{X}_{10}=\mathrm{i}\sqrt{\dfrac{3}{8\pi}}\sin\theta\hat{\boldsymbol{\phi}}\end{cases}$$

$$\ell=2\quad\begin{cases}\boldsymbol{X}_{22}=-\sqrt{\dfrac{5}{16\pi}}\sin\theta\mathrm{e}^{2\mathrm{i}\phi}(\hat{\boldsymbol{\theta}}+\mathrm{i}\cos\theta\hat{\boldsymbol{\phi}})\\ \boldsymbol{X}_{21}=\sqrt{\dfrac{5}{16\pi}}\mathrm{e}^{\mathrm{i}\phi}(\cos\theta\hat{\boldsymbol{\theta}}+\mathrm{i}\cos2\theta\hat{\boldsymbol{\phi}})\\ \boldsymbol{X}_{20}=\mathrm{i}\sqrt{\dfrac{15}{32\pi}}\sin2\theta\hat{\boldsymbol{\phi}}\end{cases}$$

从式（C.19）中可以发现：

$$\boldsymbol{X}_{\ell m}^{*}(\theta,\phi)=(-1)^{m+1}\boldsymbol{X}_{\ell,-m}(\theta,\phi) \tag{D.10}$$

使用式（C.23）的线性组合，我们获得了矢量球谐函数的实值，如图 D.1 所示，其中展示了若干角度和阶数。$\boldsymbol{X}_{\ell m}$是与单位球相切的矢量函数，在极方向和方位方向上有 ℓ 个节点。从式（C.22）中可以看出：

$$\boldsymbol{X}_{\ell,m}(\hat{z})=\sqrt{\frac{2\ell+1}{16\pi}}\boldsymbol{\epsilon}_{\pm}\delta_{m,\pm1},\quad \boldsymbol{\epsilon}_{\pm}=\hat{\boldsymbol{x}}\pm\mathrm{i}\hat{\boldsymbol{y}} \tag{D.11}$$

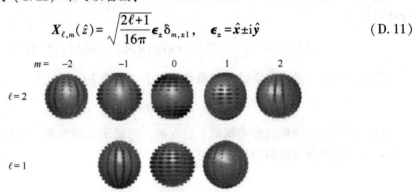

图 D.1　不同角度 ℓ 的矢量球谐函数。使用线性组合，绘制 $m\leqslant0$ 的 $\boldsymbol{X}_{\ell m}$的虚部，并形成 $m>0$ 的实部。矢量的大小对应 $\boldsymbol{X}_{\ell m}$的范数

D.2　正交关系

矢量球谐函数可用于构造球坐标下波动方程解的完整基。这个基由三个矢量函数组成。

球面波方程的基函数

$$\hat{\boldsymbol{r}}h_\ell(kr)Y_{\ell m},\quad g_\ell(kr)\boldsymbol{X}_{\ell m},\quad \nabla\times f_\ell(kr)\boldsymbol{X}_{\ell m} \tag{D.12}$$

式中：f_ℓ、g_ℓ 和 h_ℓ 分别为球贝塞尔函数或汉克尔函数（或其线性组合）。第一个矢量函数表示一个纵向矢量场，这在接下来的分析中是不需要的，而其他两个函数表示横向矢量场。所有函数是正交的，稍后将证明这一点。在这样做之前，我们将回顾量子力学中常用的角动量[202]，这将使我们能够以一种特别简单的方式推导出许多有用的表达式。

角动量代数

在下面，我们以量子力学为类比，引入动量算符$\hat{\boldsymbol{\pi}}=-\mathrm{i}\,\nabla$（不含 $\hbar$），并将角动量算符写成$\hat{\boldsymbol{L}}=r\times\hat{\boldsymbol{\pi}}$的形式。令

$$Y_{\ell m}(\theta,\phi)=\langle\theta,\phi\,|\,\ell,m\rangle$$

用量子力学的狄拉克符号（braket 形式）表示球谐函数。球谐函数是$\hat{L}_z$ 和$\hat{L}^2$ 的本征函数。

$$\hat{L}_z\,|\,\ell,m\rangle=m\,|\,\ell,m\rangle,\quad \hat{L}^2\,|\,\ell,m\rangle=\ell(\ell+1)\,|\,\ell,m\rangle \tag{D.13}$$

引入算子通常很管用［文献［2］，式（9.102）］：

$$\hat{L}_\pm=\hat{L}_x\pm\mathrm{i}\hat{L}_y \tag{D.14}$$

作用于角动量本征态时，给出［文献［2］，式（9.104）］：

$$\hat{L}_\pm\,|\,\ell,m\rangle=\sqrt{(\ell\mp1)(\ell\pm m+1)}\,|\,\ell,m\pm1\rangle \tag{D.15}$$

通过下式：

$$\frac{1}{2}\{(\hat{L}_x+\mathrm{i}\hat{L}_y)(\hat{\boldsymbol{x}}-\mathrm{i}\hat{\boldsymbol{y}})+(\hat{L}_x-\mathrm{i}\hat{L}_y)(\hat{\boldsymbol{x}}+\mathrm{i}\hat{\boldsymbol{y}})\}=\hat{L}_x\hat{\boldsymbol{x}}+\hat{L}_y\hat{\boldsymbol{y}}$$

可以将角动量算符分解为

$$\hat{\boldsymbol{L}}=\frac{1}{2}\{\hat{L}_+\boldsymbol{\epsilon}_+^*+\hat{L}_-\boldsymbol{\epsilon}_-^*\}+\hat{L}_z\hat{\boldsymbol{z}} \tag{D.16}$$

其中，$\boldsymbol{\epsilon}_\pm=\hat{\boldsymbol{x}}\pm\mathrm{i}\hat{\boldsymbol{y}}$。有了这个，可以通过下式计算矢量球谐函数：

$$\sqrt{\ell(\ell+1)}\,\boldsymbol{X}_{\ell m}(\theta,\phi)=\frac{1}{2}\{\hat{L}_+\boldsymbol{\epsilon}_+^*+\hat{L}_-\boldsymbol{\epsilon}_-^*\}Y_{\ell m}(\theta,\phi)+mY_{\ell m}(\theta,\phi)\hat{\boldsymbol{z}} \tag{D.17}$$

其中，必须使用式（D.15）计算右侧的第一项。根据基本对易关系$[r_m,\hat{\pi}_n]=\mathrm{i}\delta_{mn}$，可以推导出许多有意义的关系［文献［2］，式（9.105）］：

$$\hat{\boldsymbol{L}}\nabla^2=\nabla^2\,\hat{\boldsymbol{L}},\quad \hat{\boldsymbol{L}}\times\hat{\boldsymbol{L}}=i\hat{\boldsymbol{L}},\quad \nabla^2=\frac{1}{r}\frac{\partial^2}{\partial r^2}-\frac{\hat{L}^2}{r^2} \tag{D.18}$$

我们将在后文中使用上述公式。

正交关系的推导

接下来，我们将证明三个函数展开为一个（非规范化）基：

$$\langle\theta,\phi\,|\,\boldsymbol{r}\,|\,\ell,m\rangle,\quad \langle\theta,\phi\,|\,\hat{\boldsymbol{L}}\,|\,\ell,m\rangle,\quad \langle\theta,\phi\,|\,\boldsymbol{r}\times\hat{\boldsymbol{L}}\,|\,\ell,m\rangle \tag{D.19}$$

为此，我们利用了球谐函数式（C.20）的正交关系：

$$\langle\ell',m'\,|\,\ell,m\rangle=\langle\ell',m'\left|\left[\oint|\theta,\phi\rangle\langle\theta,\phi|\mathrm{d}\Omega\right]\right|\ell,m\rangle$$

$$= \oint Y^*_{\ell'm'}(\theta,\phi) Y_{\ell m}(\theta,\phi)\,\mathrm{d}\Omega = \delta_{\ell'\ell}\delta_{m'm}$$

其中，在第一行中插入了单位算子，在球坐标系展开球谐函数，并用 $\mathrm{d}\Omega$ 表示单位球上的积分。恒等式如下：

$$\boldsymbol{r}\cdot\hat{\boldsymbol{L}}=\boldsymbol{r}\cdot(\boldsymbol{r}\times\hat{\boldsymbol{L}})=\hat{\boldsymbol{L}}\cdot(\boldsymbol{r}\times\hat{\boldsymbol{L}})=0$$

上述恒等式可以很容易地使用算子的性质进行验证，借助恒等式，可以证明式（D. 19）中定义的函数是相互正交的：

$$\langle \ell',m'|\boldsymbol{r}\cdot\hat{\boldsymbol{L}}|\ell,m\rangle=0$$
$$\langle \ell',m'|\boldsymbol{r}\cdot\boldsymbol{r}\times\hat{\boldsymbol{L}}|\ell,m\rangle=0$$
$$\langle \ell',m'|\hat{\boldsymbol{L}}\cdot\boldsymbol{r}\times\hat{\boldsymbol{L}}|\ell,m\rangle=0 \tag{D. 20}$$

通过类似的方式，可以得到①：

$$\langle \ell',m'|\boldsymbol{r}\cdot\boldsymbol{r}|\ell,m\rangle=r^2\delta_{\ell'\ell}\delta_{m'm}$$
$$\langle \ell',m'|\hat{\boldsymbol{L}}\cdot\hat{\boldsymbol{L}}|\ell,m\rangle=\ell(\ell+1)\delta_{\ell'\ell}\delta_{m'm}$$
$$\langle \ell',m'|(\boldsymbol{r}\times\hat{\boldsymbol{L}})\cdot(\boldsymbol{r}\times\hat{\boldsymbol{L}})|\ell,m\rangle=r^2\ell(\ell+1)\delta_{\ell'\ell}\delta_{m'm} \tag{D. 21}$$

利用这些表达式，得到正交关系如下。

矢量球谐函数的正交关系 I

$$\oint \boldsymbol{X}^*_{\ell'm'}(\theta,\phi)\cdot[g_\ell(r)\boldsymbol{X}_{\ell m}(\theta,\phi)]\,\mathrm{d}\Omega = g_\ell(r)\delta_{\ell'\ell}\delta_{m'm} \tag{D. 22a}$$

$$\oint \boldsymbol{X}^*_{\ell'm'}(\theta,\phi)\cdot[\nabla\times f_\ell(r)\boldsymbol{X}_{\ell m}(\theta,\phi)]\,\mathrm{d}\Omega = 0 \tag{D. 22b}$$

式（D. 22a）可以通过式（D. 21）的第二个等式证明。为了证明第二个关系，可以借助在练习 D. 3 中推导出的动量算符的分解得到［文献［2］，式（10. 60）］：

$$\hat{\boldsymbol{\pi}}\times f_\ell(r)\hat{\boldsymbol{L}}=-\frac{i}{r^2}\frac{\mathrm{d}}{\mathrm{d}r}[rf_\ell(r)]\boldsymbol{r}\times\hat{\boldsymbol{L}}+\frac{f_\ell(r)}{r^2}\boldsymbol{r}\hat{\boldsymbol{L}}^2 \tag{D. 23}$$

通过式（D. 20）的正交关系，可得

$$\left\langle \ell',m'\left|\hat{\boldsymbol{L}}\cdot\left\{-\frac{i}{r^2}\frac{\mathrm{d}}{\mathrm{d}r}[rf_\ell(r)]\boldsymbol{r}\times\hat{\boldsymbol{L}}+\frac{f_\ell(r)}{r^2}\boldsymbol{r}\hat{\boldsymbol{L}}^2\right\}\right|\ell,m\right\rangle=0$$

这证明了式（D. 22b）。同理，可以利用式（D. 19）基态之间的正交关系来获得第二组正交关系。

矢量球谐函数的正交关系 II

$$\oint \boldsymbol{r}\times\boldsymbol{X}^*_{\ell'm'}(\theta,\phi)\cdot[g_\ell(r)\boldsymbol{X}_{\ell m}(\theta,\phi)]\,\mathrm{d}\Omega = 0 \tag{D. 24a}$$

$$\oint \boldsymbol{r}\times\boldsymbol{X}^*_{\ell'm'}(\theta,\phi)\cdot[\nabla\times f_\ell(r)\boldsymbol{X}_{\ell m}(\theta,\phi)]\,\mathrm{d}\Omega = -\mathrm{i}\left[\frac{\mathrm{d}}{\mathrm{d}r}rf_\ell(r)\right]\delta_{\ell\ell'}\delta_{mm'} \tag{D. 24b}$$

---

① 对于最后一个表达式，我们将 $[\hat{r}_i,\hat{L}_j]=\mathrm{i}\epsilon_{ijk}r_k$ 与下式联立：

$$(\boldsymbol{r}\times\hat{\boldsymbol{L}})\cdot(\boldsymbol{r}\times\hat{\boldsymbol{L}})=\sum_{ij}(r_i\hat{L}_jr_i\hat{L}_j-r_i\hat{L}_jr_j\hat{L}_i)$$

上述等式将在米氏理论中下使用。原则上，可以沿着相同的方案导出纵向矢量函数$\hat{\boldsymbol{r}}h_{\ell}(kr)Y_{\ell m}$的正交关系。然而，通常只考虑横向矢量函数就足够了，因此我们将纵向函数的正交关系推导留给感兴趣的读者练习。

习题

练习 D.1 证明式（D.2）中定义的$\boldsymbol{N}_{\psi}(\boldsymbol{r})$满足方程的波动方程（D.1）。

练习 D.2 证明式（D.2）中定义的$\boldsymbol{M}_{\psi}$和$\boldsymbol{N}_{\psi}$通过$k\boldsymbol{M}_{\psi}=\nabla\times\boldsymbol{N}_{\psi}$相互关联。从定义$\boldsymbol{N}_{\psi}=\frac{1}{k}\nabla\times\boldsymbol{M}_{\psi}$入手，并使用$\nabla\cdot\boldsymbol{M}_{\psi}=0$。

练习 D.3 考虑动量算子$\hat{\boldsymbol{\pi}}=-\mathrm{i}\nabla$。使用基本对易关系$[r_m,\hat{\pi}_n]=\mathrm{i}\delta_{mn}$来证明如下分解：

$$\hat{\boldsymbol{\pi}}=-\frac{\mathrm{i}\boldsymbol{r}}{r}\frac{\partial}{\partial r}-\frac{1}{r^2}\boldsymbol{r}\times\hat{\boldsymbol{L}}$$

练习 D.4 通过详细计算推导出式（D.24）的正交关系。

练习 D.5 使用式（D.23）计算$\ell=1$的基函数$\nabla\times f_{\ell}(r)\boldsymbol{X}_{\ell m}$。

练习 D.6 证明式（D.24）的正交关系。

附录 E

米氏理论

在本附录将介绍如何求解球形粒子的麦克斯韦方程组。该方法通常称为米氏（Mie）理论，以纪念 Gustav Mie 在该问题上的卓越贡献[74]。米氏理论是球谐函数、矢量球谐函数，以及球贝塞尔函数和汉克尔函数等特殊函数的盛宴，其推导过程有些复杂。然而，它是电动力学中为数不多的可以解析解决的问题之一，并且米氏解决方案已在各个研究领域得到广泛应用，因此值得更详细地研究这个问题。

E.1 电磁场的多极展开

在附录 D 中，我们已经证明了任何横向矢量函数都可以在基函数展开：

$$\boldsymbol{M}_f(\boldsymbol{r})=\nabla\times\boldsymbol{r}f_\ell(kr)Y_{\ell m},\quad \boldsymbol{N}_g(\boldsymbol{r})=\frac{1}{k}\nabla\times\nabla\times\boldsymbol{r}g_\ell(kr)Y_{\ell m}$$

式中：f_ℓ、g_ℓ 分别为球面贝塞尔函数和汉克尔函数。这两个矢量函数通过以下方式相关联：

$$k\boldsymbol{M}_f=\nabla\times\boldsymbol{N}_f,\quad k\boldsymbol{N}_f=\nabla\times\boldsymbol{M}_f \tag{E.1}$$

下面，我们将这种分解应用于电磁场。除了一个不重要的前置因子外，电场的矢量函数 $\boldsymbol{M}_g$ 可以表示为

$$(\text{电场})\boldsymbol{M}_g(\boldsymbol{r})=g_\ell(r)\boldsymbol{X}_{\ell m}(\theta,\phi) \tag{E.2}$$

其中，$\boldsymbol{X}_{\ell m}$ 是式（D.8）中定义的矢量球谐函数。通过法拉第定律，$\boldsymbol{M}_g$ 与磁场相关联：

$$\mathrm{i}kZ\boldsymbol{H}(\boldsymbol{r})=\nabla\times\boldsymbol{M}_g(\boldsymbol{r})=k\boldsymbol{N}_g(\boldsymbol{r})$$

式中：Z 为阻抗。类似地，可以将磁场的矢量函数 $\boldsymbol{M}_f$ 表示为

$$Z^{-1}\boldsymbol{M}_f(\boldsymbol{r})=f_\ell(r)\boldsymbol{X}_{\ell m}(\theta,\phi) \tag{E.3}$$

这与电相关：

$$-\mathrm{i}kZ^{-1}\boldsymbol{E}(\boldsymbol{r})=Z^{-1}\nabla\times\boldsymbol{M}_f(\boldsymbol{r})=Z^{-1}k\boldsymbol{N}_f(\boldsymbol{r})$$

将电场分量 $\boldsymbol{M}_g(\boldsymbol{r})+\boldsymbol{N}_f(\boldsymbol{r})$ 和磁场分量 $\boldsymbol{M}_f(\boldsymbol{r})+\boldsymbol{N}_g(\boldsymbol{r})$ 联立，根据矢量球谐函数可以

得到电磁场的分解。

电磁场的多极展开

$$\boldsymbol{E}(\boldsymbol{r}) = Z\sum_{\ell,m}\left[b_{\ell m}g_{\ell}(kr)\boldsymbol{X}_{\ell m}(\theta,\phi) + \frac{i}{k}a_{\ell m}\nabla\times f_{\ell}(kr)\boldsymbol{X}_{\ell m}(\theta,\phi)\right]$$

$$\boldsymbol{H}(\boldsymbol{r}) = \sum_{\ell,m}\left[a_{\ell m}f_{\ell}(kr)\boldsymbol{X}_{\ell m}(\theta,\phi) - \frac{i}{k}b_{\ell m}\nabla\times g_{\ell}(kr)\boldsymbol{X}_{\ell m}(\theta,\phi)\right] \tag{E.4}$$

该表达式提供了横向电磁场的一般分解过程，其中系数 $a_{\ell m}$、$b_{\ell m}$和径向函数f_{ℓ}、h_{ℓ}为待定系数。

多极系数

假设（横向）电磁场 $\boldsymbol{E}$、$\boldsymbol{H}$ 已知，要计算相应的展开系数 $a_{\ell m}$、$b_{\ell m}$。首先，式（E.4）电场的多极展开为

$$\boldsymbol{E}(\boldsymbol{r}) = Z\sum_{\ell,m}\left[b_{\ell m}g_{\ell}(kr)\boldsymbol{X}_{\ell m}(\theta,\phi) + \frac{i}{k}a_{\ell m}\nabla\times f_{\ell}(kr)\boldsymbol{X}_{\ell m}(\theta,\phi)\right]$$

将等号左边的两边都乘以 $\boldsymbol{r}$，且 $\boldsymbol{r}\cdot\hat{\boldsymbol{L}}=0$ 使括号中的第一项变为 0。第二项可以通过使用三重乘积中的循环置换来简化：

$$\mathrm{i}\boldsymbol{r}\cdot\nabla\times f_{\ell}(kr)\boldsymbol{X}_{\ell m}=(\mathrm{i}\boldsymbol{r}\times\nabla)\cdot f_{\ell}(kr)\boldsymbol{X}_{\ell m}=-\hat{\boldsymbol{L}}\cdot f_{\ell}(kr)\boldsymbol{X}_{\ell m}$$

因此，得到：

$$\boldsymbol{r}\cdot\boldsymbol{E} = -Z\sum_{\ell,m}\frac{\sqrt{\ell(\ell+1)}}{k}a_{\ell m}f_{\ell}(kr)Y_{\ell m}(\theta,\phi)$$

其中，我们对矢量球谐函数使用了式（D.8）的定义。如果用一个给定度数和阶数的球谐函数乘以上述方程，就可以得到用横向电磁场表示的多极系数在所有角度上的积分。

多极展开系数

$$a_{\ell m}f_{\ell}(kr) = -\frac{Z^{-1}k}{\sqrt{\ell(\ell+1)}}\oint Y^{*}_{\ell,m}(\theta,\phi)[\boldsymbol{r}\cdot\boldsymbol{E}(\boldsymbol{r})]\mathrm{d}\Omega$$

$$b_{\ell m}g_{\ell}(kr) = \frac{k}{\sqrt{\ell(\ell+1)}}\oint Y^{*}_{\ell,m}(\theta,\phi)[\boldsymbol{r}\cdot\boldsymbol{H}(\boldsymbol{r})]\mathrm{d}\Omega \tag{E.5}$$

$b_{\ell m}$的第二个表达式可以通过同样的方式利用式（E.4）中磁场的多极展开推导出来。

E.2　米氏系数

如图 E.1 所示，接下来，我们将分析半径为 R 且材料性质均匀的球形纳米颗粒的问题，球内材料性质为 ε_1 和 μ_1，球外材料性质为 ε_2 和 μ_2。将球体内外的电场 $\boldsymbol{E}_1(\boldsymbol{r})$ 和 $\boldsymbol{E}_2(\boldsymbol{r})$分解为如下形式：

$$\boldsymbol{E}_1(\boldsymbol{r})=\boldsymbol{E}_1^{\mathrm{sca}}(\boldsymbol{r}),\quad \boldsymbol{E}_2(\boldsymbol{r})=\boldsymbol{E}_2^{\mathrm{inc}}(\boldsymbol{r})+\boldsymbol{E}_2^{\mathrm{sca}}(\boldsymbol{r})$$

以及相应的磁场表达式。其中，$\boldsymbol{E}^{\mathrm{inc}}(\boldsymbol{r})$是入射场，例如与平面波激发或振荡偶极子相关

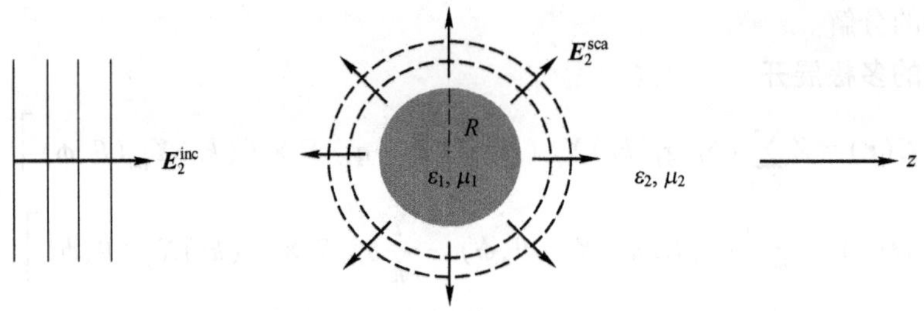

图 E.1　米氏问题示意图。一个半径为 R 且材料特性为 ε_1 和 μ_1 的球形粒子嵌入具有 ε_2 和 μ_2 的介质中。粒子被入射场 $\boldsymbol{E}_2^{\mathrm{inc}}$（此处为平面波）激发，球体的响应分别由球形粒子外部和内部的散射场 $\boldsymbol{E}_2^{\mathrm{sca}}$ 和 $\boldsymbol{E}_1^{\mathrm{sca}}$ 表示。在米氏理论中，这些散射场用所谓米氏系数来表示。

的入射场，$\boldsymbol{E}_{1,2}^{\mathrm{sca}}(\boldsymbol{r})$ 为描述球形纳米颗粒响应的散射场。入射电磁场可以通过式（E.4）的多极展开表示为

$$\boldsymbol{E}_2^{\mathrm{inc}} = Z_2 \sum_{\ell,m} \left[b_{\ell m}^{\mathrm{inc}} g_\ell(k_2 r) \boldsymbol{X}_{\ell m}(\theta,\phi) + \frac{i}{k_2} a_{\ell m}^{\mathrm{inc}} \nabla \times f_\ell(k_2 r) \boldsymbol{X}_{\ell m}(\theta,\phi) \right]$$

$$\boldsymbol{H}_2^{\mathrm{inc}} = \sum_{\ell,m} \left[a_{\ell m}^{\mathrm{inc}} f_\ell(k_2 r) \boldsymbol{X}_{\ell m}(\theta,\phi) - \frac{i}{k_2} b_{\ell m}^{\mathrm{inc}} \nabla \times g_\ell(k_2 r) \boldsymbol{X}_{\ell m}(\theta,\phi) \right] \tag{E.6}$$

其中，系数 $a_{\ell m}^{\mathrm{inc}}$、$b_{\ell m}^{\mathrm{inc}}$ 以及球贝塞尔函数 $f_\ell(k_2 r)$ 和汉克尔函数 $g_\ell(k_2 r)$ 的组合必须针对每种类型的激励分别确定，这将在下文中进一步讨论。k_2 和 Z_2 分别是介质的波数和阻抗。球外的散射场变为①

$$\boldsymbol{E}_2^{\mathrm{sca}} = -Z_2 \sum_{\ell,m} \left[b_{\ell m} h_\ell^{(1)}(k_2 r) \boldsymbol{X}_{\ell m}(\theta,\phi) + \frac{i}{k_2} a_{\ell m} \nabla \times h_\ell^{(1)}(k_2 r) \boldsymbol{X}_{\ell m}(\theta,\phi) \right]$$

$$\boldsymbol{H}_2^{\mathrm{sca}} = -\sum_{\ell,m} \left[a_{\ell m} h_\ell^{(1)}(k_2 r) \boldsymbol{X}_{\ell m}(\theta,\phi) - \frac{i}{k_2} b_{\ell m} \nabla \times h_\ell^{(1)}(k_2 r) \boldsymbol{X}_{\ell m}(\theta,\phi) \right] \tag{E.7}$$

这里，用第一类球面汉克尔函数 $h_\ell^{(1)}$ 代替 f_ℓ 和 g_ℓ，因为它们对于大参数具有出射波的适当边界条件，见式（C.29）。同样，在粒子内部，用在原点保持有限的球贝塞尔函数 j_ℓ 代替 f_ℓ 和 g_ℓ。这样，**球体内部的散场为：**

$$\boldsymbol{E}_1^{\mathrm{sca}} = Z_1 \sum_{\ell,m} \left[d_{\ell m} j_\ell(k_1 r) \boldsymbol{X}_{\ell m}(\theta,\phi) + \frac{i}{k_1} c_{\ell m} \nabla \times j_\ell(k_1 r) \boldsymbol{X}_{\ell m}(\theta,\phi) \right]$$

$$\boldsymbol{H}_1^{\mathrm{sca}} = \sum_{\ell,m} \left[c_{\ell m} j_\ell(k_1 r) \boldsymbol{X}_{\ell m}(\theta,\phi) - \frac{i}{k_1} d_{\ell m} \nabla \times j_\ell(k_1 r) \boldsymbol{X}_{\ell m}(\theta,\phi) \right] \tag{E.8}$$

为了计算粒子外部的待定系数 $a_{\ell m}$、$b_{\ell m}$ 和粒子内部的待定系数 $c_{\ell m}$、$d_{\ell m}$，我们需要匹配粒子边界的电磁场。由于在式（E.6~式 E.8）的多极展开中，电磁场已经完全相切，这种匹配过程变得容易。因此，得到了边界条件：

$$\boldsymbol{E}_1^{\mathrm{sca}} \big|_{r=R} = [\boldsymbol{E}_2^{\mathrm{inc}} + \boldsymbol{E}_2^{\mathrm{sca}}]_{r=R}, \quad \boldsymbol{H}_1^{\mathrm{sca}} \big|_{r=R} = [\boldsymbol{H}_2^{\mathrm{inc}} + \boldsymbol{H}_2^{\mathrm{sca}}]_{r=R}$$

首先将上述方程与 $\boldsymbol{X}_{\ell m}^*$ 相乘，对所有角度进行积分，并使用式（D.22）的正交关系。由此可得

① 为了更容易地获得与 Bohren 和 Huffman 推导的相同的米氏系数，我们选择了散射场求和前面的负号[60]。

$$\frac{Z_1}{Z_2}d_{\ell m}j_\ell(k_1R)=b_{\ell m}^{\mathrm{inc}}g_\ell(k_2R)-b_{\ell m}h_\ell^{(1)}(k_2R)$$
$$c_{\ell m}j_\ell(k_1R)=a_{\ell m}^{\mathrm{inc}}f_\ell(k_2R)-a_{\ell m}h_\ell^{(1)}(k_2R) \tag{E. 9}$$

同理，将边界条件与 $\boldsymbol{r}\times\boldsymbol{X}_{\ell m}^*$ 相乘，对所有角度进行积分，并使用式（D. 24）的正交关系得到：

$$\frac{Z_1}{Z_2}\frac{c_{\ell m}}{k_1}\left[\frac{\mathrm{d}}{\mathrm{d}r}rj_\ell(k_1r)\right]_{r=R}=\frac{a_{\ell m}^{\mathrm{inc}}}{k_2}\left[\frac{\mathrm{d}}{\mathrm{d}r}rj_\ell(k_2r)\right]_{r=R}-\frac{a_{\ell m}}{k_2}\left[\frac{\mathrm{d}}{\mathrm{d}r}rh_\ell^{(1)}(k_2r)\right]_{r=R}$$
$$\frac{d_{\ell m}}{k_1}\left[\frac{\mathrm{d}}{\mathrm{d}r}rj_\ell(k_1r)\right]_{r=R}=\frac{b_{\ell m}^{\mathrm{inc}}}{k_2}\left[\frac{\mathrm{d}}{\mathrm{d}r}rg_\ell(k_2r)\right]_{r=R}-\frac{b_{\ell m}}{k_2}\left[\frac{\mathrm{d}}{\mathrm{d}r}rh_\ell^{(1)}(k_2r)\right]_{r=R} \tag{E. 10}$$

接下来，引入缩写 $x_1=k_1R$ 和 $x_2=k_2R$，以及（黎卡提-贝赛尔函数）Riccati-Bessel 函数及其导数。

Riccati-Bessel（黎卡提-贝赛尔函数）函数及其导数

$$\psi_\ell(x)=xj_\ell(x),\quad \psi'_\ell(x)=\frac{\mathrm{d}}{\mathrm{d}x}[xj_\ell(x)]$$
$$\xi_\ell(x)=xh_\ell^{(1)}(x),\quad \xi'_\ell(x)=\frac{\mathrm{d}}{\mathrm{d}x}[xh_\ell^{(1)}(x)] \tag{E. 11}$$

并引入了函数 $F_\ell(x)=xf_\ell(x)$ 和 $G_\ell(x)=xg_\ell(x)$ 及其导数。球体外部场的米氏系数可以表示为

$$a_{\ell m}=\left[\frac{Z_2\psi_\ell(x_1)F'_\ell(x_2)-Z_1\psi'_\ell(x_1)F_\ell(x_2)}{Z_2\psi_\ell(x_1)\xi'_\ell(x_2)-Z_1\psi'_\ell(x_1)\xi_\ell(x_2)}\right]a_{\ell m}^{\mathrm{inc}}$$
$$b_{\ell m}=\left[\frac{Z_2\psi'_\ell(x_1)F_\ell(x_2)-Z_1\psi_\ell(x_1)F'_\ell(x_2)}{Z_2\psi'_\ell(x_1)\xi_\ell(x_2)-Z_1\psi_\ell(x_1)\xi'_\ell(x_2)}\right]b_{\ell m}^{\mathrm{inc}} \tag{E. 12}$$

同样，球体内的场系数由下式给出：

$$c_{\ell m}=\frac{k_1}{k_2}\left[\frac{Z_1\xi'_\ell(x_2)F_\ell(x_2)-Z_1\xi_\ell(x_1)F'_\ell(x_2)}{Z_2\psi_\ell(x_1)\xi'_\ell(x_2)-Z_1\psi'_\ell(x_1)\xi_\ell(x_2)}\right]a_{\ell m}^{\mathrm{inc}}$$
$$d_{\ell m}=\frac{k_1}{k_2}\left[\frac{Z_1\psi_\ell(x_2)G'_\ell(x_2)-Z_1\psi_\ell(x_2)G_\ell(x_2)}{Z_2\psi'_\ell(x_1)\xi_\ell(x_2)-Z_1\psi_\ell(x_1)\xi'_\ell(x_2)}\right]b_{\ell m}^{\mathrm{inc}} \tag{E. 13}$$

因此，麦克斯韦方程的解可以用四个系数来表示，这 4 个系数称为米氏系数。

E. 3 平面波激发

如图 E. 1 所示，假设球受到入射平面波的激励。因为入射场是纯横向的，$\nabla\cdot\boldsymbol{E}^{\mathrm{inc}}=\nabla\cdot\boldsymbol{H}^{\mathrm{inc}}=0$，所以散射场也必须满足 $\nabla\cdot\boldsymbol{E}^{\mathrm{sca}}=\nabla\cdot\boldsymbol{H}^{\mathrm{sca}}=0$。这只有在散射场的纵向部分为零时才能实现，因此只考虑横向矢量函数。

平面波激励的展开系数

首先演示如何计算平面波激励的系数 $a_{\ell m}^{\mathrm{inc}}$、$b_{\ell m}^{\mathrm{inc}}$。从式（C. 31）入手，用球谐函数分解：

$$\frac{e^{ikR}}{4\pi R} = ik\sum_{\ell,m} j_\ell(kr_<)h_\ell^{(1)}(kr_>)Y_{\ell m}^*(\hat{\boldsymbol{r}}')Y_{\ell m}(\hat{\boldsymbol{r}}) \tag{E.14}$$

其中，$\boldsymbol{R}=\boldsymbol{r}-\boldsymbol{r}'$，$r_<$是 r 和 r'的较小值，$r_>$是较大值。对于较大的 r'值和 $r'\gg r$ 时，使用下式：

$$\frac{e^{ikR}}{4\pi R}\underset{r'\to\infty}{\longrightarrow}\left[\frac{e^{ikr'}}{4\pi r'}\right]e^{-ik\hat{\boldsymbol{r}}'\cdot\boldsymbol{r}}$$

如第 5.3.1 节中详细讨论的那样（为了比较结果，还必须交换 $\boldsymbol{r}$ 和 $\boldsymbol{r}'$）。使用球汉克尔函数方程（C.29）的渐近形式，将大参数的展开式代入式（E.14），并取公式两侧的复共轭：

$$e^{i\boldsymbol{k}\cdot\boldsymbol{r}} = 4\pi\sum_{\ell,m} i_\ell\, j_\ell(kr)Y_{\ell m}^*(\hat{\boldsymbol{r}})Y_{\ell m}(\hat{\boldsymbol{k}}) \tag{E.15}$$

其中，$\boldsymbol{k}=k\hat{\boldsymbol{r}}'$。在下文中，假设入射波沿 z 方向传播，且 $\theta'=0$，并使用球谐函数的加法定理［文献［2］，式（3.62）］：

$$P_\ell(\cos\theta) = \frac{4\pi}{2\ell+1}\sum_{m=-\ell}^{\ell} Y_{\ell m}^*(\theta,\phi)Y_{\ell m}(\hat{z})$$

这样，就得到了平面波以球面波的形式展开。

平面波的球面波展开 I

$$e^{ikz} = \sum_\ell i^\ell\sqrt{4\pi(2\ell+1)}\,j_\ell(kr)Y_{\ell,0}(\theta,\phi) \tag{E.16}$$

接下来，假设存在一个沿 z 方向传播的圆偏振平面波。引入极化矢量 $\boldsymbol{\epsilon}_\pm=\hat{\boldsymbol{x}}\pm i\hat{\boldsymbol{y}}$表示旋度±。电磁场可以表示为

$$\boldsymbol{E}=\boldsymbol{\epsilon}_\pm E_0 e^{ikz},\quad Z\boldsymbol{H}=\hat{\boldsymbol{z}}\times\boldsymbol{E}=\mp i\boldsymbol{\epsilon}_\pm E_0 e^{ikz} \tag{E.17}$$

式中：E_0 为入射波的电场振幅。具有线偏振的波可以表示为两个圆偏振波线性组合。接下来，将式（E.4）给出的电磁场从两侧的多极展开乘以 $\boldsymbol{X}_{\ell m}^*$，对所有角度进行积分，并使用矢量球谐函数的正交关系得到：

$$\oint \boldsymbol{X}_{\ell m}^*\cdot\boldsymbol{E}(\boldsymbol{r})\,d\Omega = Zb_{lm}^\pm g_l(kr) = \oint \boldsymbol{X}_{\ell m}^*\cdot[\boldsymbol{\epsilon}_\pm E_0 e^{ikz}]\,d\Omega$$
$$Z\oint \boldsymbol{X}_{\ell m}^*\cdot\boldsymbol{H}(\boldsymbol{r})\,d\Omega = Za_{lm}^\pm f_l(kr) = \oint \boldsymbol{X}_{\ell m}^*\cdot[\mp i\boldsymbol{\epsilon}_\pm E_0 e^{ikz}]\,d\Omega \tag{E.18}$$

为了计算右侧的积分，首先注意到：

$$\sqrt{\ell(\ell+1)}\,\boldsymbol{\epsilon}_{\ell m}^*\cdot\boldsymbol{X}_{\ell m}=\hat{L}_\mp Y_{\ell,m} \tag{E.19}$$

式（D.14）中引入了算子$\hat{L}_\mp=\hat{L}_x\pm i\hat{L}_y$。为了计算$\hat{L}_\mp Y_{\ell,m}$，使用式（D.15）得到：

$$\oint[\boldsymbol{\epsilon}_\pm^*\boldsymbol{X}_{\ell m}]^* Y_{\ell,0}\,d\Omega = \sqrt{\frac{(\ell\pm m)(\ell\mp m+1)}{\ell(\ell+1)}}\,\delta_{m\mp1,0}=\delta_{m,\pm1}$$

因此，如果将式（E.16）的球面波展开式代入式（E.18）中，可以得到：

$$Zb_{\ell,m}^\pm g_l(kr)=r^\ell\sqrt{4\pi(2\ell+1)}\,\delta_{m,\pm1}j_\ell(kr) \tag{E.20}$$

其中，$a_{\ell,m}^\pm=\mp ib_{\ell,m}^\pm$。将所有结果联立，得到了具有旋度±的入射平面波的展开，该波以矢量球谐函数的形式沿 z 方向传播［文献［2］，式（10.55）］。

平面波的球面波展开Ⅱ

$$\boldsymbol{E} = E_0 \sum_{\ell} i^{\ell} \sqrt{4\pi(2\ell + 1)} \left[j_{\ell}(kr)\boldsymbol{X}_{\ell,\pm 1} \pm \frac{1}{k} \nabla \times j_{\ell}(kr)\boldsymbol{X}_{\ell,\pm 1} \right]$$

$$Z\boldsymbol{H} = E_0 \sum_{\ell} i^{\ell} \sqrt{4\pi(2\ell + 1)} \left[\mp \mathrm{i} j_{\ell}(kr)\boldsymbol{X}_{\ell,\pm 1} - \frac{i}{k} \nabla \times j_{\ell}(kr)\boldsymbol{X}_{\ell,\pm 1} \right] \tag{E.21}$$

球形粒子的平面波激发

接下来，使用式（E.7）以米氏系数表示金属纳米粒子外部的散射电磁场，输入系数 $a_{\ell m}^{\mathrm{inc}}$和 $b_{\ell m}^{\mathrm{inc}}$通过式（E.21）给出。球内场的计算留给感兴趣的读者作为练习。首先改写式（E.12）中 $F_{\ell}(x) = G_{\ell}(x) = \psi_{\ell}(x)$括号内的项，格式如下。

平面波激励的米氏系数

$$\begin{cases} a_{\ell} = \dfrac{Z_2\psi_{\ell}(x_1)\psi'_{\ell}(x_2) - Z_1\psi'_{\ell}(x_1)\psi_{\ell}(x_2)}{Z_2\psi_{\ell}(x_1)\xi'_{\ell}(x_2) - Z_1\psi'_{\ell}(x_1)\xi_{\ell}(x_2)} \\ b_{\ell} = \dfrac{Z_2\psi'_{\ell}(x_1)\psi_{\ell}(x_2) - Z_1\psi_{\ell}(x_1)\psi'_{\ell}(x_2)}{Z_2\psi'_{\ell}(x_1)\xi_{\ell}(x_2) - Z_1\psi_{\ell}(x_1)\xi'_{\ell}(x_2)} \end{cases} \tag{E.22}$$

式（E.11）中给出了黎卡提-贝塞尔函数 ψ_{ℓ}、ξ_{ℓ}。k_1、k_2 为球内外的波数，Z_1 和 Z_2 表示相应的阻抗。此外，$x_1 = k_1 R$，$x_2 = k_2 R$，其中，R 表示球体半径。利用米氏系数，可以根据式（E.7）计算球体外的电磁场，并用以下形式表示：

$$\boldsymbol{E}_2^{\mathrm{sca}} = -E_0 \sum_{\ell} i^{\ell} \sqrt{4\pi(2\ell + 1)} \left[b_{\ell} h_{\ell}^{(1)}(k_2 r)\boldsymbol{X}_{\ell,\pm 1} \pm \frac{a_{\ell}}{k_2} \nabla \times h_{\ell}^{(1)}(k_2 r)\boldsymbol{X}_{\ell,\pm 1} \right]$$

$$Z_2\boldsymbol{H}_2^{\mathrm{sca}} = -E_0 \sum_{\ell} i^{\ell} \sqrt{4\pi(2\ell + 1)} \left[\mp \mathrm{i} a_{\ell} h_{\ell}^{(1)}(k_2 r)\boldsymbol{X}_{\ell,\pm 1} - \frac{\mathrm{i} b_{\ell}}{k_2} \nabla \times h_{\ell}^{(1)}(k_2 r)\boldsymbol{X}_{\ell,\pm 1} \right] \tag{E.23}$$

消光截面

为了计算消光截面，从式（4.27）的光学定理开始，利用以下公式表示消光功率：

$$P_{\mathrm{ext}} = \frac{2\pi}{k_2} Z_2^{-1} \mathrm{Im}\left[E_0^* \boldsymbol{\epsilon}_{\pm}^* \cdot \boldsymbol{F}_2^{\mathrm{sca}}(\hat{z}) \right]$$

式中：$\boldsymbol{F}_2^{\mathrm{sca}}(\hat{z})$为沿$\hat{z}$方向散射电场的远场振幅。使用球汉克尔函数式（C.29）的渐近形式，根据式（E.23）得到远场振幅：

$$\boldsymbol{F}_2^{\mathrm{sca}}(\hat{z}) = \frac{\mathrm{i}E_0}{k_2} \sum_{\ell} \sqrt{4\pi(2\ell + 1)} \left[b_{\ell}\boldsymbol{X}_{\ell,\pm 1} \pm \frac{a_{\ell}}{k_2}(\mathrm{i}k_2\hat{z}) \times \boldsymbol{X}_{\ell,\pm 1} \right]$$

上述表达式与 $\boldsymbol{\epsilon}_{\pm}^*$ 的乘积为

$$\boldsymbol{\epsilon}_{\pm}^* \cdot \boldsymbol{F}_2^{\mathrm{sca}}(\hat{z}) = \frac{\mathrm{i}E_0}{k_2} \sum_{\ell} \sqrt{4\pi(2\ell + 1)} \left[b_{\ell}\boldsymbol{\epsilon}_{\pm}^* \cdot \boldsymbol{X}_{\ell,\pm 1} \pm \mathrm{i} a_{\ell}\boldsymbol{\epsilon}_{\pm}^* \cdot \hat{z} \times \boldsymbol{X}_{\ell,\pm 1} \right]$$

括号中的第二项可以通过三重乘积的循环置换改写为

$$\boldsymbol{\epsilon}_{\pm}^* \cdot \hat{z} \times \boldsymbol{X}_{\ell,\pm 1} = \boldsymbol{\epsilon}_{\pm}^* \times \hat{z} \cdot \boldsymbol{X}_{\ell,\pm 1} = \mp \mathrm{i} \boldsymbol{\epsilon}_{\pm}^* \cdot \boldsymbol{X}_{\ell,\pm 1} \tag{E.24}$$

通过式（E.19），可以得到：

$$\boldsymbol{\epsilon}_{\pm}^* \cdot \boldsymbol{F}_2^{\mathrm{sca}}(\hat{z}) = \frac{\mathrm{i}E_0}{k_2} \sum_{\ell} \sqrt{4\pi(2\ell + 1)} (a_{\ell} + b_{\ell}) \left[\hat{L}_{\mp} \frac{Y_{\ell,\pm 1}}{\ell(\ell + 1)} \right]$$

其中，括号中的项变为 $Y_{\ell 0}$，并且必须计算与入射平面波传播方向相对应的角度，在此情况下 $\theta=0$。因此，可以使用 $Y_{\ell,0}(\hat{z})=\sqrt{\frac{2\ell+1}{4\pi}}$ 来表示消光功率，形式如下：

$$P_{\text{ext}}=\frac{2\pi}{k_2^2}Z_2^{-1}\,|E_0|^2\sum_{\ell}(2\ell+1)\mathrm{Re}[a_\ell+b_\ell] \tag{E.25}$$

入射平面波的强度为 $I_{\text{inc}}=\frac{1}{2}Z_2^{-1}\,|\sqrt{2}E_0|^2$，其中，引入 $\sqrt{2}$ 是因为偏振矢量 $\boldsymbol{\epsilon}_\pm=\hat{\boldsymbol{x}}\pm \mathrm{i}\hat{\boldsymbol{y}}$ 未归一化。然后，根据 $P_{\text{ext}}:I_{\text{inc}}$ 的比值可以得到由入射平面波激发的球形粒子的消光截面。

消光截面（米氏理论）

$$C_{\text{ext}}=\frac{2\pi}{k_2^2}\sum_{\ell}(2\ell+1)\mathrm{Re}[a_\ell+b_\ell] \tag{E.26}$$

散射截面

考虑式（E.7）在粒子外部的散射场。在远离粒子的地方，我们可以使用式（C.29）的渐近形式将电磁场表示为汉克尔函数：

$$\boldsymbol{H}_2^{\text{sca}}\to\frac{\mathrm{e}^{ik_2r}}{k_2r}\sum_{\ell,m}(-i)^{l+1}[a_{\ell,m}\boldsymbol{X}_{\ell,m}+b_{\ell,m}\hat{\boldsymbol{k}}_2\boldsymbol{X}_{\ell,m}]$$

$$\boldsymbol{E}_2^{\text{sca}}\to Z_2\boldsymbol{H}_2^{\text{sca}}\hat{\boldsymbol{k}}_2 \tag{E.27}$$

散射体每单位立体角辐射的时间平均功率可以从坡印亭矢量 $\frac{1}{2}\mathrm{Re}(\boldsymbol{E}\times\boldsymbol{H}^*)\cdot\hat{\boldsymbol{k}}_2$ 投影在传播方向上，并得到：

$$\begin{aligned}\frac{\mathrm{d}P_{\text{sca}}}{\mathrm{d}\Omega}&=\frac{1}{2}\mathrm{Re}[r^2\hat{\boldsymbol{k}}_2\cdot\boldsymbol{E}_2^{\text{sca}}\times\boldsymbol{H}_2^{\text{sca}\,*}]\\&=\frac{Z_2}{2k_2^2}\left|\sum_{\ell,m}(-i)^{l+1}[a_{\ell,m}\boldsymbol{X}_{\ell,m}\times\hat{\boldsymbol{k}}_2+b_{\ell,m}\boldsymbol{X}_{\ell,m}]\right|^2\end{aligned} \tag{E.28}$$

总辐射功率可以通过对所有角度的表达式进行积分得到。在这样做的过程中，可以发现，由于矢量球面谐波的正交性，干扰项没有造成影响，总辐射功率只是不同多极贡献的非相干和：

$$P_{\text{sca}}=\frac{Z_2}{2k_2^2}\sum_{\ell,m}(|a_{\ell,m}|^2+|b_{\ell,m}|^2) \tag{E.29}$$

上述表达式是通用的，可用于式（E.7）形式的任何类型的散射场。对于平面波激励，系数 $a_{\ell,m}^{\text{inc}}$ 和 $b_{\ell,m}^{\text{inc}}$ 由式（E.20）给出，得到：

$$P_{\text{sca}}=\frac{2\pi}{k_2^2}Z_2^{-1}\sum_{\ell,m}(2\ell+1)(|a_\ell|^2+|b_\ell|^2)$$

式（E.22）中的米氏系数除以入射平面波的强度 I_{inc}，即可得到由入射平面波激发的球形纳米颗粒的散射截面。

散射截面（米氏理论）

$$C_{\text{sca}}=\frac{2\pi}{k_2^2}\sum_{\ell}(2\ell+1)(|a_\ell|^2+|b_\ell|^2) \tag{E.30}$$

E.4 偶极子激发

接下来，如图 E.2 所示，偶极子力矩 $\boldsymbol{p}$ 位于球体外 $\boldsymbol{r}_0$ 位置的振荡偶极子[203-204]。“入射”电场 $\boldsymbol{E}_2^{\text{inc}}$ 有横向和纵向分量，后者由 $\varepsilon_2 \nabla \cdot \boldsymbol{E}_2^{\text{inc}}=\rho$ 确定，其中，ρ 表示偶极子的电荷分布。对于散射场，我们从 $\varepsilon \nabla \cdot (\boldsymbol{E}_2^{\text{inc}}+\boldsymbol{E}_2^{\text{sca}})=\rho$ 中发现它们是横向的，因为$\nabla \cdot \boldsymbol{E}_2^{\text{sca}}=0$ 必须在整个空间中满足。因此，在下文中只考虑电磁场的横向分量就足够了。

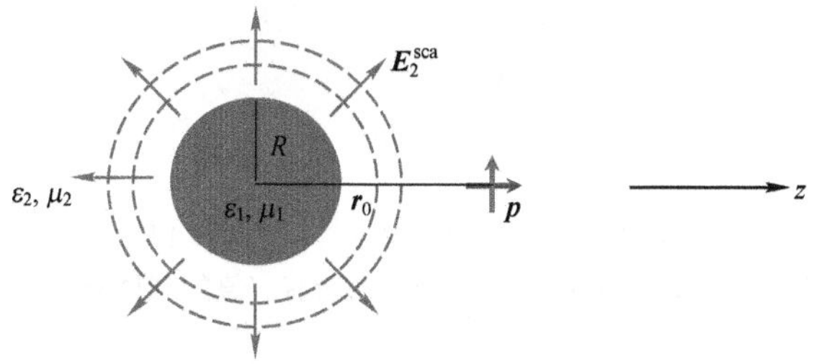

图 E.2 球形纳米颗粒的偶极子激发示意图。具有偶极矩 $\boldsymbol{p}$（沿 $\boldsymbol{\epsilon}_\pm$ 或 $\hat{z}$ 方向）的偶极子位于位置 $r_0\hat{z}$，并以频率 ω 振荡。散射场作用于偶极子并改变其辐射和非辐射特性

电流源的多极展开系数

从式（E.5）入手，根据横向电场 $\boldsymbol{E}$、$\boldsymbol{H}$ 计算多极展开系数。引入横向电场：

$$\boldsymbol{E}^{\perp}=\boldsymbol{E}+\frac{i}{\omega\varepsilon}\boldsymbol{J} \tag{E.31}$$

以及连续性方程 $\mathrm{i}\omega\rho=\nabla \cdot \boldsymbol{J}$。可以很容易地证明$\nabla \cdot \boldsymbol{E}^{\perp}=0$。麦克斯韦方程组的旋度方程可以表示为

$$\nabla\times\boldsymbol{E}^{\perp}=\mathrm{i}\omega\mu\boldsymbol{H}+\frac{i}{\omega\varepsilon}\nabla\times\boldsymbol{J},\quad \nabla\times\boldsymbol{H}=-\mathrm{i}\omega\varepsilon\boldsymbol{E}^{\perp}$$

将旋度应用于方程的两侧，并使$\nabla \cdot \boldsymbol{E}^{\perp}=\nabla \cdot \boldsymbol{H}=0$，得到波动方程：

$$(\nabla^2+k^2)\boldsymbol{E}^{\perp}=-\frac{i}{\omega\varepsilon}\nabla\times\nabla\times\boldsymbol{J}$$

$$(\nabla^2+k^2)\boldsymbol{H}=-\nabla\times\boldsymbol{J}$$

接下来，将左侧方程的两边乘以 $\boldsymbol{r}$，并通过矢量恒等式$\nabla^2(\boldsymbol{r}\cdot\boldsymbol{A})=\boldsymbol{r}(\nabla^2\boldsymbol{A})+2\nabla\cdot\boldsymbol{A}$ 得到①：

$$(\nabla^2+k^2)\boldsymbol{r}\cdot\boldsymbol{E}^{\perp}=\frac{1}{\omega\varepsilon}\hat{\boldsymbol{L}}\cdot\nabla\times\boldsymbol{J}$$

$$(\nabla^2+k^2)\boldsymbol{r}\cdot\boldsymbol{H}=-i\hat{\boldsymbol{L}}\cdot\boldsymbol{J}$$

上述波动方程可以通过亥姆霍兹方程的格林函数求解，见式（5.7），得到：

$$\boldsymbol{r}\cdot\boldsymbol{E}^{\perp}(\boldsymbol{r})=-\frac{1}{\omega\varepsilon}\int G(\boldsymbol{r},\boldsymbol{r}')\,\hat{\boldsymbol{L}}'\cdot\nabla'\times\boldsymbol{J}(\boldsymbol{r}')\,\mathrm{d}^3r'$$

① 在第一项中，我们通过三重乘积的循环置换来改写 $\boldsymbol{r}\cdot\nabla\times\nabla\times\boldsymbol{J}=\boldsymbol{r}\times\nabla\cdot\nabla\times\boldsymbol{J}$。

$$\boldsymbol{r}\cdot\boldsymbol{H}(\boldsymbol{r})=\mathrm{i}\int G(\boldsymbol{r},\boldsymbol{r}')\,\hat{\boldsymbol{L}}'\cdot\boldsymbol{J}(\boldsymbol{r}')\,\mathrm{d}^3r'$$

接下来，使用式（C.31）将格林函数写成球谐函数。这样做时，假设电流分布位于某个区域 Ω' 内，并为 $\boldsymbol{r}$ 选择了一个位于球壳内部或外部（包括整个源）的值，参考图 E.3 所示 $r_<$ 和 $r_>$ 的区域。利用文献 2［公式（9.164）］

$$\oint Y_{\ell m}(\theta,\phi)\,G(\boldsymbol{r},\boldsymbol{r}')\,\mathrm{d}\Omega=\mathrm{i}k\begin{Bmatrix}h_\ell^{(1)}(kr_>)j_\ell(kr')\\ j_\ell(kr_<)h_\ell^{(1)}(kr')\end{Bmatrix}Y_{\ell,m}^*(\theta',\phi')$$

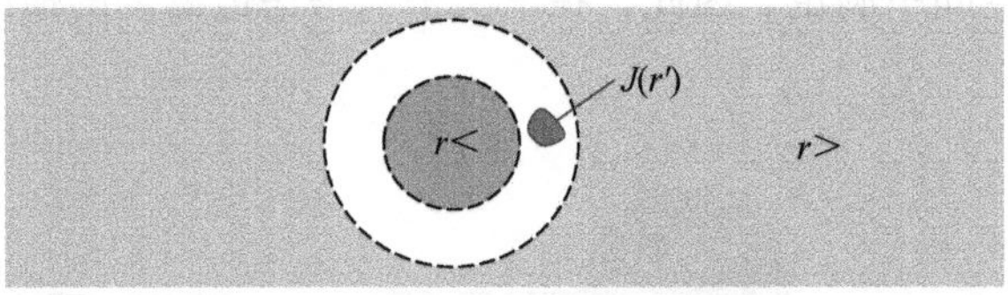

图 E.3　电流分布 $\boldsymbol{J}(\boldsymbol{r}')$ 的多极展开。我们假设计算场的点 $\boldsymbol{r}$ 位于半径小于源的所有 r' 值的球体内，参见用 $r_<$ 表示的区域；或在半径大于源的所有 r' 值的球体外，参见用 $r_>$ 表示的区域。

根据式（C.31），可以将任意电流源的多极展开系数写成如下形式［文献［2］，式（9.165）］：

$$\begin{cases}a_{\ell m}^{\mathrm{inc}}=\dfrac{\mathrm{i}k}{\sqrt{\ell(\ell+1)}}\displaystyle\int f_\ell(kr)\,Y_{\ell,m}^*(\theta,\phi)\,\hat{\boldsymbol{L}}\cdot\nabla\times\boldsymbol{J}(\boldsymbol{r})\,\mathrm{d}^3r\\ b_{\ell m}^{\mathrm{inc}}=-\dfrac{k^2}{\sqrt{\ell(\ell+1)}}\displaystyle\int f_\ell(kr)\,Y_{\ell,m}^*(\theta,\phi)\,\hat{\boldsymbol{L}}\cdot\boldsymbol{J}(\boldsymbol{r})\,\mathrm{d}^3r\end{cases}\tag{E.32}$$

注意，在上述表达式中，我们将积分变量从 $\boldsymbol{r}'$ 改为 $\boldsymbol{r}$。在计算多极系数时，必须区分以下两种情况。

$\boldsymbol{r}_>$。当观测点位于包括源在内的球壳外时，对应区域 $r_>$，必须使用 $f_\ell(kr)=j_\ell(kr)$。

$\boldsymbol{r}_<$。当观测点位于包括源在内的球壳内时，对应区域 $r_<$，必须使用 $f_\ell(kr)=h_\ell^{(1)}(kr)$。

电偶极子的多极展开系数

接下来，式（6.1）的电偶极子的电流分布如下：

$$\boldsymbol{J}=-\mathrm{i}\omega\boldsymbol{p}\delta(\boldsymbol{r}-\boldsymbol{r}_0)$$

将此分布代入式（E.32）即可得到 Dirac delta 函数的导数，这些导数根据式（F.3）计算得到。有了这个，得到：

$$\int f(\boldsymbol{r})[\hat{\boldsymbol{L}}\cdot\boldsymbol{p}\delta(\boldsymbol{r}-\boldsymbol{r}_0)]\,\mathrm{d}^3r=-\int\delta(\boldsymbol{r}-\boldsymbol{r}_0)[\hat{\boldsymbol{L}}\cdot\boldsymbol{p}f(\boldsymbol{r})]\,\mathrm{d}^3r$$

$$\int f(\boldsymbol{r})[\hat{\boldsymbol{L}}\cdot\nabla\times\boldsymbol{p}\delta(\boldsymbol{r}-\boldsymbol{r}_0)]\,\mathrm{d}^3r=\int\delta(\boldsymbol{r}-\boldsymbol{r}_0)[\hat{\boldsymbol{L}}\cdot\nabla\times\boldsymbol{p}f(\boldsymbol{r})]\,\mathrm{d}^3r$$

从这些结果中，得到了一些简单的结果：

$$a_{\ell m}^{\mathrm{inc}}=\frac{\omega k}{\sqrt{\ell(\ell+1)}}[\hat{\boldsymbol{L}}\cdot\nabla\times\boldsymbol{p}f_\ell(kr)\,Y_{\ell,m}^*]_{\boldsymbol{r}=\boldsymbol{r}_0}$$

$$b_{\ell m}^{\mathrm{inc}}=\frac{\mathrm{i}\omega k^2}{\sqrt{\ell(\ell+1)}}[\hat{\boldsymbol{L}}\cdot\boldsymbol{p}f_\ell(kr)\,Y_{\ell,m}^*]_{\boldsymbol{r}=\boldsymbol{r}_0}$$

使用练习 D.3 中给出的微分算子的分解可以证明：

$$\hat{\boldsymbol{L}}\cdot\nabla\times\boldsymbol{p}=\boldsymbol{p}\cdot\hat{\boldsymbol{L}}\times\nabla=-\frac{\mathrm{i}\boldsymbol{p}}{r^2}\cdot\left(\mathrm{i}\boldsymbol{r}\times\hat{\boldsymbol{L}}\left[r\frac{\partial}{\partial r}+1\right]+\boldsymbol{r}\hat{L}^2\right)$$

因此，可以表示偶极矩 $\boldsymbol{p}$ 的电偶极子的多极子展开系数在 $\boldsymbol{r}_0$ 处的形式为［文献［204］，式（16）］：

电偶极子的多极子展开系数

$$\begin{cases} a_{\ell m}^{\mathrm{inc}}=-\dfrac{\mathrm{i}\omega k}{r^2}\left[\sqrt{\ell(\ell+1)}\,\boldsymbol{p}\cdot\boldsymbol{r}f_\ell(kr)Y_{\ell,m}^*+\mathrm{i}\boldsymbol{p}\cdot\boldsymbol{r}\times[xf_\ell(x)]'_{x=kr}\boldsymbol{X}_{\ell,m}^*\right]_{r=r_0} \\ b_{\ell m}^{\mathrm{inc}}=\mathrm{i}\omega k^2\left[\boldsymbol{p}\cdot f_\ell(kr)\boldsymbol{X}_{\ell,m}^*\right]_{r=r_0} \end{cases} \tag{E.33}$$

其中，$[xf_\ell(x)]'$表示关于 x 的微分。接下来，我们将分析偶极子位于球体外部和 z 轴上的情况，即 $\boldsymbol{r}_0=r_0\hat{\boldsymbol{z}}$，并使用式（C.22）和式（D.11）：

$$Y_{\ell,m}(\hat{\boldsymbol{z}})=\sqrt{\frac{2\ell+1}{4\pi}}\delta_{m,0},\quad \boldsymbol{X}_{\ell,m}(\hat{\boldsymbol{z}})=\sqrt{\frac{2\ell+1}{16\pi}}\boldsymbol{\epsilon}_\pm\delta_{m,\pm1} \tag{E.34}$$

将分别分析偶极子平行和垂直于 z 轴的情况。对于偶极取向 $\boldsymbol{p}=p\hat{\boldsymbol{z}}$，我们可以根据式（E.33）得到：

$$a_{\ell m}^{\mathrm{inc}}=-\mathrm{i}p\omega k^2\sqrt{\frac{\ell(\ell+1)(2\ell+1)}{4\pi}}\frac{f_\ell(kr_0)}{kr_0}\delta_{m,0},\quad b_{\ell m}^{\mathrm{inc}}=0 \tag{E.35}$$

同样，对于偶极子 $\boldsymbol{p}=p\boldsymbol{\epsilon}_\pm$，得到：

$$\begin{cases} a_{\ell m}^{\mathrm{inc}}=\pm\mathrm{i}p\omega k^2\sqrt{\dfrac{2\ell+1}{4\pi}}\dfrac{[xf_\ell(x)]'_{x=kr_0}}{kr_0}\delta_{m,\pm1} \\ b_{\ell m}^{\mathrm{inc}}=\mathrm{i}p\omega k^2\sqrt{\dfrac{2\ell+1}{4\pi}}f_\ell(kr_0)\delta_{m,\pm1} \end{cases} \tag{E.36}$$

其中，$\hat{\boldsymbol{z}}\times\boldsymbol{\epsilon}_\pm=\mp\mathrm{i}\boldsymbol{\epsilon}_\pm$。请注意，矢量 $\boldsymbol{\epsilon}_\pm$未归一化，我们必须在计算辐射和耗散功率时考虑到这一点。

振荡偶极子的辐射功率

讨论将从自洽测试开始将单独计算振荡偶极子的辐射功率 P_0。这个问题已在第 10 章中研究过，通过式（10.4）得到其表达式为

$$P_0=\frac{\mu\omega^4p^2}{12\pi c}$$

现在使用式（E.35）的多极展开系数来证明我们在米氏理论中得到的相同的结果。对于散射功率，使用式（E.29）得到沿 z 方向的偶极子的结果：

$$P_{\mathrm{sca}}=\frac{Z}{2k^2}\sum_\ell|a_\ell|^2=\frac{Zp^2\omega^2k^4}{8\pi k^2}\sum_\ell\ell(\ell+1)(2\ell+1)\left|\frac{j_\ell(kr_0)}{kr_0}\right|^2$$

需要强调的是，在这里和下面，我们省却了外部介质的下标 2。在上面的表达式中，我们计算了远离球体的场，对应于区域 $r_>$，必须在展开系数中使用球形贝塞尔函数 j_ℓ。对于 $x=kr_0$ 的小参数，将散射功率除以 P_0，并在幂级数中展开 j_ℓ，参见式（C.29），我们得到：

$$\frac{P_{\mathrm{sca}}}{P_0}=\frac{3}{2}\sum_\ell\ell(\ell+1)(2\ell+1)\left|\frac{x^\ell}{x(2\ell+1)!}+\mathcal{O}(x^{\ell+1})\right|^2\to1$$

其中，最后一个限制对应于 $x\to 0$。因此，对于沿 z 方向并位于原点的偶极子，我们确实得到了正确的结果。类似的分析也可以应用于偶极子方向 $\boldsymbol{\epsilon}_\pm$。

辐射功率增强

将沿$\hat{z}$定向的振荡偶极子的结果联立，得到辐射功率的增强结果，参见［文献［203］，式（18）］。

全指向偶极子的辐射功率增强

$$\frac{P^z_{\text{sca}}}{P_0}=\frac{3}{2}\sum_{\ell=0}^{\infty}\ell(\ell+1)(2\ell+1)\left|\frac{j_\ell(x)+a_\ell h^{(1)}_\ell(x)}{x}\right|^2_{x=kr_0} \tag{E.37}$$

式中，$a_\ell h^{(1)}_\ell$ 项对应于散射远场方程（E.7），其中，a_ℓ 是式（E.22）的米氏系数。为了计算膨胀系数，我们在式（E.35）中使用了区域 $r_<$ 的解 $f_\ell=h^{(1)}_\ell$，对应于此前假设的偶极子位于球体之外。类似地，对于沿 $\boldsymbol{\epsilon}_\pm=\hat{\boldsymbol{x}}\pm\mathrm{i}\hat{\boldsymbol{y}}$指向的振荡偶极子，我们得到辐射功率增强的结果，参见［文献［203］，式（20）］：

$\hat{\boldsymbol{\epsilon}}_\pm$指向偶极子的辐射功率增强

$$\frac{P^\pm_{\text{sca}}}{P_0}=\frac{3}{4}\sum_{\ell=0}^{\infty}(2\ell+1)\left\{\left|j_\ell(x)+a_\ell h^{(1)}_\ell(x)\right|^2+\left|\frac{\psi'_\ell(x)+b_\ell\xi'_\ell(x)}{x}\right|^2\right\}_{x=kr_0} \tag{E.38}$$

其中，$\psi(x)$和$\xi(x)$是式（E.11）中给出的黎卡提-贝塞尔（Riccati-Bessel）函数。需要强调的是，我们在求和之前引入了一个额外的因子 1/2，因为偶极子矢量 $\boldsymbol{\epsilon}_\pm$没有归一化，相应地，$P_0$ 必须乘以 2。

耗散功率增强

总耗散功率增强可通过式（10.5）计算：

$$\frac{P}{P_0}=1+\frac{6\pi}{k}\frac{1}{\mu\omega^2p^2}\mathrm{Im}\{\boldsymbol{p}^*\cdot\boldsymbol{E}^{\text{sca}}(\boldsymbol{r}_0)\} \tag{E.39}$$

其中，将反射格林函数与散射（感应）电场联系起来。对于这个散射场，从式（E.7）入手：

$$\boldsymbol{E}^{\text{sca}}=-Z\sum_{\ell,m}\left[b_{\ell m}h^{(1)}_\ell(kr)\boldsymbol{X}_{\ell m}+\frac{i}{k}a_{\ell m}\nabla\times h^{(1)}_\ell(kr)\boldsymbol{X}_{\ell m}\right] \tag{E.40}$$

首先考虑沿$\hat{z}$的偶极方向，并使用式（D.23）将括号中的项表示为

$$\left[b_{\ell m}h^{(1)}_\ell(kr)\boldsymbol{X}_{\ell m}+\frac{a_{\ell m}}{kr^2}\left(\mathrm{i}\xi'_\ell(kr)\boldsymbol{r}\times\boldsymbol{X}_{\ell m}-\sqrt{\ell(\ell+1)}\,h^{(1)}_\ell(kr)\boldsymbol{r}\times Y_{\ell m}\right)\right]$$

因此，得到：

$$\begin{aligned}\hat{\boldsymbol{z}}\cdot\boldsymbol{E}^{\text{sca}}(r_0\hat{\boldsymbol{z}})&=Z\sum_{\ell,m}\sqrt{\ell(\ell+1)}\,a_{\ell m}\left[\frac{h^{(1)}_\ell(kr_0)}{kr_0}\right]Y_{\ell m}(\hat{\boldsymbol{z}})\\&=-\mathrm{i}Zp\omega k^2\sum_{\ell}\sqrt{\ell(\ell+1)}\sqrt{\frac{\ell(\ell+1)(2\ell+1)}{4\pi}}a_\ell\left[\frac{h^{(1)}_\ell(kr_0)}{kr_0}\right]^2\sqrt{\frac{2\ell+1}{4\pi}}\end{aligned}$$

其中，在第二行中明确写出了米氏系数和球谐函数的表达式，见式（E.34）。将电场

代入式（E.39）中，得到沿$\hat{z}$方向的偶极子的总耗散功率增强［文献［203］，式（17）］。①

$\hat{z}$指向偶极子的耗散功率增强

$$\frac{P_{\text{tot}}^{z}}{P_0} = 1 - \frac{3}{2}\text{Re}\left\{\sum_{\ell=0}^{\infty} \ell(\ell+1)(2\ell+1)a_\ell \left[\frac{h_\ell^{(1)}(x)}{x}\right]_{x=kr_0}^2\right\} \tag{E.41}$$

同理，对于$\boldsymbol{\epsilon}_\pm$指向的偶极子，散射场的形式为

$$\boldsymbol{\epsilon}_\pm^* \cdot \boldsymbol{E}^{\text{sca}} = -Z\sum_{\ell,m}\left[(b_{\ell m}h_\ell^{(1)}(kr))\boldsymbol{\epsilon}_\pm^* \cdot \boldsymbol{X}_{\ell m} + \left(\frac{a_{\ell m}}{kr^2}\xi'_\ell(kr)\right)\boldsymbol{\epsilon}_\pm^* \cdot \boldsymbol{r}\times\boldsymbol{X}_{\ell m}\right]$$

在偶极子位于$r_0\hat{z}$处时，得到括号中的第一项：

$$\left(\text{i}p\omega k^2\sqrt{\frac{2\ell+1}{4\pi}}h_\ell^{(1)}(kr_0)b_\ell h_\ell^{(1)}(kr_0)\right)\sqrt{\frac{2\ell+1}{4\pi}}\delta_{m,\pm1}$$

其中，使用式（E.36）计算展开系数$b_{\ell m}$。对于第二项，使用式（E.24）来简化三重积，并通过一些简单的操作得到：

$$\left(\pm\text{i}p\omega k^2\sqrt{\frac{2\ell+1}{4\pi}}\frac{\xi'_\ell(kr_0)}{kr_0}\text{i}a_\ell\frac{\xi'_\ell(kr_0)}{kr_0}\right)\left(\mp i\sqrt{\frac{2\ell+1}{4\pi}}\right)\delta_{m,\pm1}$$

结合式（E.11）的黎卡提-贝塞尔函数$\xi_\ell(x)$。最终得到了沿$\boldsymbol{\epsilon}_\pm$［文献［203］，式（19）］方向的偶极子的总耗散功率增强。

$\boldsymbol{\epsilon}_\pm$指向偶极子的耗散功率增强

$$\frac{P_{\text{tot}}^{\pm}}{P_0} = 1 - \frac{3}{4}\text{Re}\left\{\sum_{\ell=0}^{\infty}(2\ell+1)\left(a_\ell\left[\frac{\xi'_\ell(x)}{x}\right]_{x=kr_0}^2 + b_\ell\left[h_\ell^{(1)}(x)\right]_{x=kr_0}^2\right)\right\} \tag{E.42}$$

因为偶极矩$\boldsymbol{\epsilon}_\pm$未归一化，第二项须再次乘以系数1/2。

① 在文献［203］中式（E.41）和式（17）中的不同符号是由米氏系数的不同定义造成的。

附录 F

狄拉克 delta 函数

狄拉克 delta 函数的定义如下。

狄拉克 delta 函数

$$\int_{x_0}^{x_1} \delta(x-a)f(x)\,dx = \begin{cases} f(a) & (a \in (x_0, x_1)) \\ 0 & (\text{其他}) \end{cases} \tag{F.1}$$

换而言之，如果 a 位于积分范围内，则由狄拉克 delta 函数的积分给出 $f(a)$ 的函数值，否则为零。事实上，这种行为不能用常规函数实现，而是需要通过一些限制方案定义的分布来实现，例如：

$$\delta(x)=\frac{1}{\pi}\lim_{\eta\to 0}\frac{\eta}{x^2+\eta^2}=\frac{1}{2\sqrt{\pi}}\lim_{\eta\to 0}\eta^{-\frac{1}{2}}\exp\left(-\frac{x^2}{4\eta}\right) \tag{F.2}$$

假设式（F.1）中的函数 $f(x)$ 表现得足够好。在这种情况下，可以将狄拉克 delta 函数的导数转移到该函数：

$$\int_{-\infty}^{\infty} f(x)\left[\frac{d^n}{dx^n}\delta(x-a)\right]dx = (-1)^n\left[\frac{d^n f(x)}{dx^n}\right]_{x=a} \tag{F.3}$$

另一个可以从式（F.2）获得的关系是

$$\delta(g(x)) = \sum_{i=1}^{n}\frac{\delta(x-x_i)}{|g'(x_i)|} \tag{F.4}$$

其中，假设 $g(x)$ 仅具有简单的零点 x_i，求和运算覆盖所有 x_i，其中，$g(x_i)=0$，$g'(x)$ 表示 g 对 x 的导数。从这个表达式中，可以发现：

$$\delta(ax)=\frac{1}{|a|}\delta(x) \tag{F.5}$$

从狄拉克 delta 函数的定义可以看出：

$$\lim_{\eta\to 0}\left[\frac{1}{x\pm i\eta}\right]=\mathcal{P}\left(\frac{1}{x}\right)\mp i\pi\delta(x) \tag{F.6}$$

式中：$\mathcal{P}$ 为柯西主值，有

$$\mathcal{P}\left(\frac{1}{x}\right)=\lim_{\eta\to 0}\frac{x}{x^2+\eta^2} \tag{F.7}$$

当对积分使用式（F.6）时，得到了下述重要的关系式：

$$\lim_{\eta\to 0}\int_{-\infty}^{\infty}\frac{f(x)}{x-a\pm \mathrm{i}\eta}\mathrm{d}x=\mathcal{P}\int_{-\infty}^{\infty}\frac{f(x)}{x-a}\mathrm{d}x\mp \mathrm{i}\pi f(a) \tag{F.8}$$

其中，主值积分可以写成：

$$\mathcal{P}\int_{-\infty}^{\infty}\frac{f(x)}{x-a}\mathrm{d}x=\lim_{\eta\to 0}\left[\int_{-\infty}^{a-\eta}\frac{f(x)}{x-a}\mathrm{d}x+\int_{a+\eta}^{\infty}\frac{f(x)}{x-a}\mathrm{d}x\right] \tag{F.9}$$

狄拉克 delta 函数的傅里叶变换表示为

$$\delta(x)=\frac{1}{2\pi}\int_{-\infty}^{\infty}\mathrm{e}^{\mathrm{i}kx}\mathrm{d}k \tag{F.10}$$

狄拉克 delta 函数也可以定义在矢量上：

$$\delta^{(3)}(\boldsymbol{r}-\boldsymbol{a})=\delta(x-a_x)\delta(y-a_y)\delta(z-a_z) \tag{F.11}$$

在本书中，我们通篇采用了简略的符号 $\delta(\boldsymbol{r}-\boldsymbol{a})$，而不是更正确的 $\delta^{(3)}(\boldsymbol{r}-\boldsymbol{a})$ 形式。

横向和纵向 delta 函数

引入横向 delta 函数有助于矢量函数的分析：

横向 delta 函数

$$\delta_{ij}^{\perp}(\boldsymbol{r}-\boldsymbol{r}')=\int_{-\infty}^{\infty}\mathrm{e}^{\mathrm{i}\boldsymbol{k}\cdot(\boldsymbol{r}-\boldsymbol{r}')}(\delta_{ij}-\hat{k}_i\hat{k}_j)\frac{\mathrm{d}^3k}{(2\pi)^3} \tag{F.12}$$

其中，$\hat{\boldsymbol{k}}$是 $\boldsymbol{k}$ 的单位矢量。将 $\delta^{\perp}$ 应用于某个任意矢量函数 $\boldsymbol{F}(\boldsymbol{r})$ 可得

$$F_i^{\perp}(\boldsymbol{r})=\int\delta_{ij}^{\perp}(\boldsymbol{r}-\boldsymbol{r}')F_j(\boldsymbol{r}')\mathrm{d}^3r'=\int_{-\infty}^{\infty}\mathrm{e}^{\mathrm{i}\boldsymbol{k}\cdot(\boldsymbol{r}-\boldsymbol{r}')}(\delta_{ij}-\hat{k}_i\hat{k}_j)F_j(\boldsymbol{k})\frac{\mathrm{d}^3k}{(2\pi)^3}$$

当从第一个表达式到第二个表达式时，我们使用了实空间中的卷积成为波数空间中的乘积。因此，横向 delta 函数投影在 $\boldsymbol{F}(\boldsymbol{r})$ 的横向上。可以用另一种形式改写式（F.12）。首先，计算括号中的两项：

$$\delta_{ij}^{\perp}(\boldsymbol{r}-\boldsymbol{r}')=\delta_{ij}\delta(\boldsymbol{r}-\boldsymbol{r}')+\partial_i\partial_j\left(\int_{-\infty}^{\infty}\mathrm{e}^{\mathrm{i}\boldsymbol{k}\cdot(\boldsymbol{r}-\boldsymbol{r}')}\frac{1}{k^2}\frac{\mathrm{d}^3k}{(2\pi)^3}\right)$$

右侧的积分是库仑势的傅里叶变换 $1/(4\pi|\boldsymbol{r}-\boldsymbol{r}'|)$。因此，可以在实空间表示中改写横向 delta 函数：

$$\delta_{ij}^{\perp}(\boldsymbol{r}-\boldsymbol{r}')=\delta_{ij}\delta(\boldsymbol{r}-\boldsymbol{r}')+\partial_i\partial_j\left(\frac{1}{4\pi|\boldsymbol{r}-\boldsymbol{r}'|}\right) \tag{F.13}$$

利用这种关系可以引入纵向 delta 函数。

纵向 delta 函数

$$\delta_{ij}^{L}(\boldsymbol{r}-\boldsymbol{r}')=-\partial_i\partial_j\left(\frac{1}{4\pi|\boldsymbol{r}-\boldsymbol{r}'|}\right) \tag{F.14}$$

当将纵向 delta 函数应用于某个矢量函数时，得到：

$$F_i^{L}(\boldsymbol{r})=\partial_i\int\left[\partial_i'\frac{1}{4\pi|\boldsymbol{r}-\boldsymbol{r}'|}\right]F_j(\boldsymbol{r}')\mathrm{d}^3r'=-\partial_i\int\frac{\partial_j'F_j(\boldsymbol{r}')}{4\pi|\boldsymbol{r}-\boldsymbol{r}'|}\mathrm{d}^3r'$$

其中，我们对其进行了分部积分，把 $1/|\boldsymbol{r}-\boldsymbol{r}'|$项的导数转移到 $F(\boldsymbol{r}')$上。我们还忽略了由部分积分引起的附加边界项，这种忽略只适用于局部矢量函数 $F(\boldsymbol{r})$ 在 $\boldsymbol{r}$ 值很大

时变为零的情况。因此，得到：

$$\boldsymbol{F}^{L}(\boldsymbol{r})=-\nabla\int\frac{\nabla'\cdot\boldsymbol{F}(\boldsymbol{r}')}{4\pi|\boldsymbol{r}-\boldsymbol{r}'|}\mathrm{d}^{3}r' \tag{F.15}$$

通过横向和纵向 delta 函数，可以立即得到：

$$\delta_{ij}\delta(\boldsymbol{r}-\boldsymbol{r}')=\delta_{ij}^{\perp}(\boldsymbol{r}-\boldsymbol{r}')+\delta_{ij}^{L}(\boldsymbol{r}-\boldsymbol{r}')$$

因此，应用 $\delta^{\perp}$、δ^{L} 和某个矢量函数 $\boldsymbol{F}$，可以将其分解为横向部分和纵向部分。请注意，相应的操作在空间中是非局域的。

作用于横向矢量函数的格林函数。我们将通过推导作用于横向矢量函数的格林函数相关结论来结束本附录。首先，考虑如下表达式

$$\int G(\boldsymbol{r},\boldsymbol{r}')\boldsymbol{F}^{\perp}(\boldsymbol{r})\mathrm{d}^{3}r'=\int\left[\frac{\mathrm{e}^{\mathrm{i}k|\boldsymbol{r}-\boldsymbol{r}'|}}{4\pi|\boldsymbol{r}-\boldsymbol{r}'|}\right]\boldsymbol{F}^{\perp}(\boldsymbol{r}')\mathrm{d}^{3}r'$$

式中：$G(\boldsymbol{r},\boldsymbol{r}')$为式（5.7）的标量格林函数，由右侧括号中的项给出；k 为波数。结合式（F.13），得出：

$$\int G(\boldsymbol{r},\boldsymbol{r}')F_{i}(\boldsymbol{r}')\mathrm{d}^{3}r'+\int G(\boldsymbol{r},\boldsymbol{r}')\,\partial_{i}'\,\partial_{j}'\left[\frac{F_{j}(\boldsymbol{r}'')}{4\pi|\boldsymbol{r}'-\boldsymbol{r}''|}\right]\mathrm{d}^{3}r''\mathrm{d}^{3}r'=\mathcal{I}_{1}+\mathcal{I}_{2}$$

式中：$\mathcal{I}_{1}$、$\mathcal{I}_{2}$ 分别表示左侧的第一项和第二项。第二项可以用式（F.15）推导中的相同的过程改写，得到：

$$\mathcal{I}_{2}=\int G(\boldsymbol{r}-\boldsymbol{r}')\,\nabla'\left[\frac{\nabla''\cdot\boldsymbol{F}_{j}(\boldsymbol{r}'')}{4\pi|\boldsymbol{r}'-\boldsymbol{r}''|}\right]\mathrm{d}^{3}r''\mathrm{d}^{3}r'$$

接下来，使用标量格林函数的定义方程得出：

$$(\nabla'^{2}+k^{2})G(\boldsymbol{r},\boldsymbol{r}')=-\delta(\boldsymbol{r}-\boldsymbol{r}')\Rightarrow G(\boldsymbol{r},\boldsymbol{r}')=-\frac{1}{k^{2}}[\delta(\boldsymbol{r}-\boldsymbol{r}')+\nabla'^{2}G(\boldsymbol{r},\boldsymbol{r}')]$$

最终得到：

$$\mathcal{I}_{2}=-\frac{1}{k^{2}}\left[\nabla\int\frac{\nabla'\cdot\boldsymbol{F}(\boldsymbol{r}')}{4\pi|\boldsymbol{r}-\boldsymbol{r}'|}\mathrm{d}^{3}r'+\int G(\boldsymbol{r},\boldsymbol{r}')\,\nabla'\,\nabla'^{2}\left(\frac{\nabla''\cdot\boldsymbol{F}_{j}(\boldsymbol{r}'')}{4\pi|\boldsymbol{r}'-\boldsymbol{r}''|}\right)\mathrm{d}^{3}r''\mathrm{d}^{3}r'\right]$$

在第二项中，进行了分部积分，将拉普拉斯方程∇'^{2}从格林函数转移到第二项，并再次忽略了所有的边界项。还使用了拉普拉斯算子和微分算子的导数交换。

$$\nabla'^{2}\left(\frac{1}{4\pi|\boldsymbol{r}'-\boldsymbol{r}''|}\right)=-\delta(\boldsymbol{r}-\boldsymbol{r}')$$

可以把 $\mathcal{I}_{2}$ 改写成如下形式：

$$\mathcal{I}_{2}=-\frac{1}{k^{2}}\left[\nabla\int\frac{\nabla'\cdot\boldsymbol{F}(\boldsymbol{r}')}{4\pi|\boldsymbol{r}-\boldsymbol{r}'|}\mathrm{d}^{3}r-\int G(\boldsymbol{r},\boldsymbol{r}')\,\nabla'(\nabla'\cdot\boldsymbol{F}(\boldsymbol{r}'))\mathrm{d}^{3}r'\right]$$

最后，对括号中的第二项进行分部积分，以便将矢量函数 $\boldsymbol{F}$ 的导数转换为标量格林函数，并再次忽略所有边界项。

把所有结果联立，可以用横矢量函数改写标量格林函数的乘积，形式如下：

格林函数与横矢量函数的积分

$$\int G(\boldsymbol{r},\boldsymbol{r}')\boldsymbol{F}^{\perp}(\boldsymbol{r}')\mathrm{d}^3r'$$
$$=\int\left(1+\frac{\nabla\nabla}{k^2}\right)G(\boldsymbol{r},\boldsymbol{r}')\cdot\boldsymbol{F}(\boldsymbol{r}')\mathrm{d}^3r'-\frac{1}{k^2}\nabla\int\frac{\nabla'\cdot\boldsymbol{F}(\boldsymbol{r}')}{4\pi|\boldsymbol{r}-\boldsymbol{r}'|}\mathrm{d}^3r \tag{F.16}$$

右侧的第一项中的微分算子的乘积必须理解为并矢乘积，其方式与先前用于并矢格林函数的方式相同，参见式（5.19）。需要强调的是，右侧的第二项与矢量函数 $\boldsymbol{F}^{\mathrm{L}}(\boldsymbol{r})$ 的纵向分量呈比例。式（F.16）在库仑规范中特别有用，库仑势是瞬时的，矢量势是横向的。式（F.16）的用法见第 13 章。

参 考 文 献

[1] D. J. Griffiths, *Introduction to Electrodynamics* (Pearson, San Francisco, 2008).

[2] J. D. Jackson, *Classical Electrodynamics* (Wiley, New York, 1999).

[3] B. Mahon, How Maxwell's equations came to light. Nat. Photonics 9, 2-4 (2015).

[4] L. Mandel, E. Wolf, *Optical Coherence and Quantum Optics* (Cambridge University Press, Cambridge, 1995).

[5] B. Richards, E. Wolf, Electromagnetic simulation in optical systems II. Structure of the image field in an aplanatic system. Proc. R. Soc. Lond. Ser. A 253, 358 (1959).

[6] L. Novotny, B. Hecht, *Principles of Nano-Optics* (Cambridge University Press, Cambridge, 2012).

[7] J. Dongarra, F. Sullivan, Guest editors introduction to the top 10 algorithms. Comput. Sci. Eng. 2, 22 (2000).

[8] W. H. Press, S. A. Teukolsky, W. T. Vetterling, B. P. Flannery, *Numerical Recipes in C++: The Art of Scientific Computing*, 2nd edn. (Cambridge University Press, Cambridge, 2002).

[9] P. H. Jones, O. M. Marago, G. Volpe, *Optical Tweezers* (Cambridge University Press, Cambridge, 2015).

[10] A. Gennerich (ed.), *Optical Tweezers* (Springer, Berlin, 2017).

[11] O. M. Marago, P. H. Jones, P. G. Gucciardi, G. Volpe, A. C. Ferrari, Optical trapping and manipulation of nanostructures. Nat. Nanotechnol. 8, 807 (2013).

[12] S. Chu, Nobel lecture: the manipulation of neutral particles. Rev. Mod. Phys. 70, 685-706 (1998).

[13] F. M. Fazal, S. M. Block, Optical tweezers study life under tension. Nat. Photonics 5, 318 (2011).

[14] R. N. C. Pfeifer, T. A. Nieminen, N. R. Heckenberg, H. Rubinsztein - Dunlop, Colloquium: momentum of an electromagnetic wave in dielectric media. Rev. Mod. Phys. 79, 1197-1216 (2007).

[15] S. M. Barnett, Resolution of the Abraham - Minkowski dilemma. Phys. Rev. Lett. 104, 070401 (2010).

[16] A. M. Yao, M. J. Padgett, Orbital angular momentum: origins, behavior, and applications. Adv. Optics Photonics 3, 161-204 (2011).

[17] M. J. Padgett, Orbital angular momentum 25 years on. Opt. Express 25, 11265 (2017).

[18] K. T. Gahagan, G. A. Swartzlander, Simultaneous trapping of low-index and high-index nanoparticles observed with an optical-vortex trap. J. Opt. Soc. Am. B 16, 533 (1999).

[19] L. Challis, F. Sheard, The Green of the Green functions. Phy. Today 41 (2003).

[20] W. C. Chew, *Waves and Fields in Inhomogeneous Media* (IEEE Press, Picsatoway, 1995).

[21] J. A. Stratton, L. J. Chu, Diffraction theory of electromagnetic waves. Phys. Rev. 56, 99 - 107 (1939).

[22] E. Abbe, Beiträge zur Theorie des Mikroskops und der mikroskopischen Wahrnehmung. Archiv Mikroskop Anat. 9, 413 (1873).

[23] B. Hecht, B. Sick, U. P. Wild, V. Deckert, R. Zenobi, O. J. F. Martin, D. W. Pohl, Scanning nearfield optical microscopy with aperture probes: fundamentals and applications. J. Chem. Phys. 112, 7761

(2000).

[24] M. A. Paesler, P. J. Moyer, *Near-Field Optics: Theory, Instrumentation, and Applications* (Wiley, New York, 1996).

[25] H. A. Bethe, Theory of diffraction by small holes. Phys. Rev. 66, 163 (1944).

[26] C. J. Bouwkamp, On Bethe's theory of diffraction by small holes. Philips Res. Rep. 5, 321 (1950).

[27] H. F. Hess, E. Betzig, T. D. Harris, L. N. Pfeiffer, K. W. West, Near-field spectroscopy of the quantum constituents of a luminescent system. Science 264, 1740 (1994).

[28] E. Betzig, G. H. Patterson, R. Sougrat, O. W. Lindwasser, S. Olenych, J. S. Bonifacino, M. W. Davidson, J. Lippincott-Schwartz, H. F. Hess, Imaging intracellular fluorescent proteins at nanometer resolution. Science 313, 1642-1645 (2006).

[29] M. J. Rust, M. Bates, X. Zhuang, Sub diffraction-limit imaging by stochastic optical reconstruction microscopy (STORM). Nat. Methods 3, 793-796 (2006).

[30] S. W. Hell, J. Wichmann, Breaking the diffraction resolution limit by stimulated emission: stimulated-emission-depletion fluorescence microscopy. Op. Lett. 19, 780-782 (1994).

[31] P. Tinnefeld, C. Eggeling, S. W. Hell (eds.), *Far-Field Optical Nanoscopy* (Springer, Berlin, 2015).

[32] R. E. Thompson, D. R. Larson, W. W. Webb, Precise nanometer localization analysis for individual fluorescent probes. Biophys. J. 82, 2775-2783 (2002).

[33] F. Göttfert, C. A. Wurm, V. Mueller, S. Berning, V. C. Cordes, A. Honigmann, S. W. Hell, Coaligned dual-channel STED nanoscopy and molecular diffusion analysis at 20nm resolution. Biophys. J. 105, L01-L03 (2013).

[34] P. B. Johnson, R. W. Christy, Optical constants of the noble metals. Phys. Rev. B 6, 4370 (1972).

[35] E. D. Palik, *Handbook of Optical Constants of Solids* (Academic, San Diego, 1985).

[36] N. W. Ashcroft, N. D. Mermin, *Solid State Physics* (Saunders, Fort Worth, 1976).

[37] A. H. Castro Neto, F. Guinea, N. M. R. Peres, K. S. Novoselov, A. K. Geim, The electronic properties of graphene. Rev. Mod. Phys. 81, 109 (2009).

[38] F. J. Garcia de Abajo, Graphene plasmonics: challenges and opportunities. ACS Photonics 1, 135 (2014).

[39] B. Wunsch, T. Stauber, F. Sols, F. Guinea, Dynamical polarization of graphene at finite doping. New J. Phys. 8, 318 (2006).

[40] E. H. Hwang, S. Das Sarma, Dielectric function, screening, and plasmons in 2d graphene. Phys. Rev. B 75, 205418 (2007).

[41] J. B. Pendry, A. J. Holden, D. J. Robbins, W. J. Stewart, Magnetism from conductors, and enhanced non-linear phenomena. IEEE Trans. Microwave Theory Tech. 47, 2075 (1999).

[42] C. M. Soukoulis, M. Wegener, Past achievements and future challenges in the development of three-dimensional photonic metamaterials. Nat. Photonics 5, 523 (2011).

[43] R. J. Potton, Reciprocity in optics. Rep. Prog. Phys. 67, 717 (2004).

[44] H. Atwater, The promise of plasmonics. Sci. Am. 296 (4), 56 (2007).

[45] J. Heber, News feature: surfing the wave. Nature 461, 720 (2009).

[46] A. Otto, Excitation of nonradiative surface plasma waves in silver by the method of frustrated total reflection. Z. Phys. 216 (4), 398-410 (1968).

[47] E. Kretschmann, Die Bestimmung optischer Konstanten von Metallen durch Anregung von Oberflächenplasmaschwingungen. Z. Phys. 241, 313 (1971).

[48] T. W. Ebbesen, H. J. Lezec, H. F. Ghaemi, T. Thio, P. A. Wolff, Extraordinary optical transmission through sub-wavelength hole arrays. Nature 391, 667-669 (1998).

[49] S. Xiao, X. Zhu, B. -H. Li, N. A. Mortensen, Graphene-plasmon polaritons: from fundamental properties to potential applications. Front. Phys. 11, 117801 (2016).

[50] J. Chen, M. Badioli, P. Alonso - Gonzalez, S. Thongrattanasiri, F. Huth, J. Osmond, M. Spasenovic, A. Centeno, A. Pesquera, P. Godignon, A. Z. Elorza, N. Camara, F. J. Garcia de Abajo, R. Hillenbrand, F. Koppens, Optical nano-imaging of gate-tunable graphene plasmons. Nature 487, 77 (2012).

[51] Z. Fei, A. S. Rodin, G. O. Andreev, W. Bao, A. S. McLeod, M. Wagner, L. M. Zhang, Z. Zhao, G. Dominguez M. Thiemens, M. M. Fogler, A. H. Castro Neto, C. N. Lau, F. Keilmann, D. N. Basov, Gate-tuning of graphene plasmons revealed by infrared nano-imaging. Nature 487, 82 (2012).

[52] M. A. Cooper, Optical biosensors in drug discovery. Nat. Rev. Drug Discov. 1, 515 (2002).

[53] V. G. Veselago, The electrodynamics of substances with simultaneously negative values of ε and μ. Sov. Phys. Uspekhi 56, 509 (1964).

[54] J. B. Pendry, Negative refraction makes a perfect lens. Phys. Rev. Lett. 85, 3966 (2000).

[55] K. Y. Bliokh, Y. P. Bliokh, V. Freilikher, S. Savel'ev, F. Nori, Colloquium: unusual resonators: plasmonics, metamaterials, and random media. Rev. Mod. Phys. 80, 1201-1213 (2008).

[56] J. B. Pendry, D. Schurig, D. R. Smith, Controlling electromagnetic fields. Science 312, 1780 (2006).

[57] U. Leonhardt, Optical conformal mapping. Science 312, 1777 (2006).

[58] D. Schurig, J. J. Mock, B. J. Justice, S. A. Cummer, J. B. Pendry, A. F. Starr, D. R. Smith, Metamaterial electromagnetic cloak at microwave frequencies. Science 314, 977 (2006).

[59] N. Fang, H. Lee, C. Sun, X. Zhang, Subdiffraction-limited optical imaging with a silver superlens. Science 308, 534 (2005).

[60] C. F. Bohren, D. R. Huffman, *Absorption and Scattering of Light* (Wiley, New York, 1983).

[61] F. J. García de Abajo, J. Aizpurua, Numerical simulation of electron energy loss near inhomogeneous dielectrics. Phys. Rev. B 56, 15873 (1997).

[62] G. Boudarham, M. Kociak, Modal decompositions of the local electromagnetic density of states and spatially resolved electron energy loss probability in terms of geometric modes. Phys. Rev. B 85, 245447 (2012).

[63] F. -P. Schmidt, H. Ditlbacher, U. Hohenester, A. Hohenau, F. Hofer, J. R. Krenn, Dark plasmonic breathing modes in silver nanodisks. Nano Lett. 12, 5780 (2012).

[64] M. I. Stockman, Nanoplasmonics: past, present, and glimpse into future. Opt. Express 19, 22029 (2011).

[65] I. D. Mayergoyz, D. R. Fredkin, Z. Zhang, Electrostatic (plasmon) resonances in nanoparticles. Phys. Rev. B 72, 155412 (2005).

[66] P. Zijlstra, P. M. Paulo, M. Orrit, Optical detection of single non-absorbing molecules using the surface plasmon resonance of a gold nanorod. Nat. Nanotechnol. 7, 379 (2012).

[67] J. Becker, A. Trügler, A. Jakab, U. Hohenester, C. Sönnichsen, The optimal aspect ratio of gold nanorods for plasmonic bio-sensing. Plasmonics 5, 161 (2010).

[68] E. Prodan, C. Radloff, N. J. Halas, P. Nordlander, Hybridization model for the plasmon response of

complex nanostructures. Science 302, 419 (2003).

[69] A. Aubry, D. Yuan Lei, A. I. Fernandez-Dominguez, Y. Sonnefraud, S. A. Maier, J. B. Pendry, Plasmonic light-harvesting devices over the whole visible spectrum. Nano Lett. 10, 2574 (2010).

[70] R. C. McPhedran, W. T. Perrins, Electrostatic and optical resonances of cylinder pairs. Appl. Phys. 24, 311 (1981).

[71] A. Aubry, D. Yuan Lei, S. A. Maier, J. B. Pendry, Conformal transformation applied to plasmonics beyond the quasistatic limit. Phys. Rev. B 82, 205109 (2010).

[72] D. Y. Lei, A. Aubry, S. A. Maier, J. B. Pendry, Broadband nano-focusing of light using kissing nanowires. New. J. Phys. 12, 093030 (2010).

[73] W. Zhu, R. Esteban, A. G. Borisov, J. J. Baumberg, P. Nordlander, H. J. Lezec, J. Aizpurua, K. B. Crozier, Quantum mechanical effects in plasmonic structures with subnanometre gaps. Nat. Commun. 7, 11495 (2016).

[74] G. Mie, Beiträge zur Optik trüber Medien, speziell kolloidaler Metallösungen. Ann. Phys. 330, 377 (1908).

[75] Y. Chang, R. Harrington, A surface formulation for characteristic modes of material bodies. IEEE Trans. Antennas Propag. 25 (6), 789-795 (1977).

[76] A. J. Poggio, E. K. Miller, Chapter 4: integral equation solutions of three-dimensional scattering problems, in *Computer Techniques for Electromagnetics*, ed. by R. Mittra. International Series of Monographs in Electrical Engineering (Pergamon, 1973), pp. 159-264.

[77] T. K. Wu, L. L. Tsai, Scattering from arbitrarily-shaped lossy dielectric bodies of revolution. Radio Sci. 12 (5), 709-718 (1977).

[78] P. T. Leung, S. Y. Liu, K. Young, Completeness and orthogonality of quasinormal modes in leaky optical cavities. Phys. Rev. A 49, 3057 (1994).

[79] C. Sauvan, J. P. Hugonin, I. S. Maksymov, P. Lalanne, Theory of the spontaneous optical emission of nanosize photonic and plasmon resonators. Phys. Rev. Lett. 110, 237401 (2013).

[80] F. Ouyang, M. Isaacson, Surface plasmon excitation of objects with arbitrary shape and dielectric constant. Philos. Mag. B 60, 481 (1989).

[81] J. Petersen, J. Volz, A. Rauschenbeutel, Chiral nanophotonic waveguide interface based on spin-orbit interaction of light. Science 346, 67 (2014).

[82] E. M. Purcell, H. C. Torry, R. V. Pound, Resonance absorption by nuclear magnetic moments in a solid. Phys. Rev. 69, 37 (1946).

[83] R. Carminati, J. J. Greffet, C. Henkel, J. M. Vigoureux, Radiative and non-radiative decay of a single molecule close to a metallic nanoparticle. Opt. Commun. 216, 368 (2006).

[84] P. Anger, P. Bharadwaj, L. Novotny, Enhancement and quenching of single-molecule fluorescence. Phys. Rev. Lett. 96, 113002 (2006).

[85] A. Hörl, G. Haberfehlner, A. Trügler, F. Schmidt, U. Hohenester, G. Kothleitner, Tomographic reconstruction of the photonic environment of plasmonic nanoparticles. Nat. Commun. 8, 37 (2017).

[86] K. Joulain, R. Carminati, J.-P. Mulet, J.-J. Greffet, Definition and measurement of the local density of electromagnetic states close to an interface. Phys. Rev. B 68, 245405 (2003).

[87] K. H. Drexhage, Influence of a dielectric interface on fluorescence decay time. J. Lumin. 12, 693 (1970).

[88] R. R. Chance, A. Prock, R. Silbey, *Molecular Fluorescence and Energy Transfer Near Interface*, vol.

37 (Wiley, New York, 1978).

[89] E. C. Le Ru, P. G. Etchegoin, *Principles of Surface Enhanced Raman Spectroscopy* (Elsevier, Amsterdam, 2009).

[90] S. Nie, S. R. Emory, Probing single molecules and single nanoparticles by surface enhanced raman scattering. Science 275, 1102 (1997).

[91] M. Fleischmann, P. J. Hendra, A. J. McQuillan, Raman spectra of pyridine adsorbed at a silver electrode. Chem. Phys. Lett. 26, 163 (1974).

[92] K. Kneipp, M. Moskovits, M. Kneipp (eds.), *Surface Enhanced Raman Scattering* (Springer, Berlin, 2008).

[93] T. Förster, Energiewanderung und Fluoreszenz. Naturwissenschaften 33, 166 (1946).

[94] P. Andrew, W. L. Barnes, Energy transfer across a metal film mediated by surface plasmon polaritons. Science 306, 1002 (2004).

[95] J. I. Gersten, A. Nitzan, Accelerated energy transfer between molecules near a solid particle. Chem. Phys. Lett. 104, 31 (1984).

[96] C. Cherqui, N. Thakkar, G. Li, J. P. Camden, D. J. Masiello, Characterizing localized surface plasmons using electron energy-loss spectroscopy. Annu. Rev. Phys. Chem. 67, 331 (2015).

[97] C. J. Powell, J. B. Swan, Origin of the characteristic electron energy losses in aluminum. Phys. Rev. 115, 869 (1959).

[98] M. Bosman, V. J. Keast, M. Watanabe, A. I. Maaroof, M. B. Cortie, Mapping surface plasmons at the nanometre scale with an electron beam. Nanotechnology 18, 165505 (2007).

[99] J. Nelayah, M. Kociak, O. Stephan, F. J. García de Abajo, M. Tence, L. Henrard, D. Taverna, I. Pastoriza-Santos, L. M. Liz-Martin, C. Colliex, Mapping surface plasmons on a single metallic nanoparticle. Nat. Phys. 3, 348 (2007).

[100] F. J. García de Abajo, Optical excitations in electron microscopy. Rev. Mod. Phys. 82, 209 (2010).

[101] C. Colliex, M. Kociak, O. Stephan, Electron energy loss spectroscopy imaging of surface plasmons at the nanoscale. Ultramicroscopy 162, A1 (2016).

[102] U. S. Inan, R. A. Marshall, *Numerical Electromagnetics* (Cambridge University Press, Cambridge, 2011).

[103] A. Taflove, S. C. Hagness, *Computational electrodynamics* (Artech House, Boston, 2005).

[104] K. S. Yee, Numerical solution of initial boundary value problems involving Maxwell's equations in isotropic media. IEEE Trans. Antennas Propag. 14, 302 (1966).

[105] A. Taflove, M. E. Browdin, Numerical solution of steady-state electromagnetic scattering problems using the time-dependent Maxwell's equations. IEEE Trans. Microwave Theory Tech. 23, 623 (1975).

[106] A. Taflove, M. E. Browdin, Computation of the electromagnetic fields and induced temperatures within a model of the microwave-irradiated human eye. IEEE Trans. Microwave Theory Tech. 23, 888 (1975).

[107] J. Berenger, A perfectly matched layer for the absorption of electromagnetic waves. J. Comput. Phys. 114, 185 (1994).

[108] R. Fuchs, S. H. Liu, Sum rule for the polarizability of small particles. Phys. Rev. B 14, 5521 (1976).

[109] F. J. García de Abajo, A. Howie, Retarded field calculation of electron energy loss in inhomogeneous

dielectrics. Phys. Rev. B 65, 115418 (2002).

[110] U. Hohenester, A. Trügler, MNPBEM—a Matlab Toolbox for the simulation of plasmonic nanoparticles. Comp. Phys. Commun. 183, 370 (2012).

[111] A. M. Kern, O. J. F. Martin, Surface integral formulation for 3D simulations of plasmonic and high permittivity nanostructures. J. Opt. Soc. Am. A 26, 732 (2009).

[112] P. Arcioni, M. Bressan, L. Perregrini, On the evaluation of the double surface integrals arising in the application of the boundary integral method to 3d problems. IEEE Trans. Microwave Theory Tech. 45, 436 (1997).

[113] D. J. Taylor, Accurate and efficient numerical integration of weakly singulars integrals in Galerkin EFIE solutions. IEEE Trans. Antennas Propag. 51, 2543 (2003).

[114] S. Sarraf, E. Lopez, G. Rios Rodriguez, J. D'Elia, Validation of a Galerkin technique on a boundary integral equation for creeping flow around a torus. Comp. Appl. Math. 33, 63 (2014).

[115] J. S. Hesthaven, T. Warburton, High-order/spectral methods on unstructured grids I. time-domain solution of Maxwell's equations. J. Comput. Phys. 181, 186 (2002).

[116] J. S. Hesthaven, High-order accurate methods in time-domain computational electromagnetics: a review. Adv. Imaging Electron Phys. 127, 59-123 (2003).

[117] J. C. Nedelec, Mixed finite elements in R3. Numer. Math. 35, 315 (1980).

[118] K. Busch, M. König, J. Niegemann, Discontinuous Galerkin method in nanophotonics. Laser Photonics Rev. 5, 773-809 (2011).

[119] D. F. Walls, G. J. Millburn, *Quantum Optics* (Springer, Berlin, 1995).

[120] W. Vogel, D. Welsch, *Quantum Optics* (Wiley, Weinheim, 2006).

[121] R. Glauber, Nobel lecture: one hundred years of light quanta. Rev. Mod. Phys. 78, 1267 (2006).

[122] P. A. M. Dirac, *Lectures on Quantum Field Theory* (Academic Press, New York, 1966).

[123] C. Cohen-Tannoudji, J. Dupont-Roc, G. Grynberg, *Photons and Atoms* (Wiley, New York, 1989).

[124] A. L. Fetter, J. D. Walecka, *Quantum Theory of Many-Particle* Systems (McGraw-Hill, NewYork, 1971).

[125] G. D. *Mahan*, *Many-Particle Physics* (Plenum, New York, 1981).

[126] D. Pines, P. Nozieres, *The Theory of Quantum Liquids* (Benjamin, New York, 1966).

[127] M. O. Scully, M. S. Zubairy, *Quantum Optics* (Cambridge University Press, Cambridge, 1997).

[128] W. B. Case, Wigner functions and Weyl transforms for pedestrians. Am. J. Phys. 76, 937 (2008).

[129] E. Altewischer, M. P. van Exter, J. P. Woerdman, Plasmon-assisted transmission of entangled photons. Nature 418, 304 (2002).

[130] S. I. Bozhevolnyi, L. Martin-Moreno, F. Garcia-Vidal (eds.), Quantum Plasmonics. Springer Series in Solid State Sciences (Springer, Berlin, 2017).

[131] E. A. Power, S. Zienau, H. S. Massey, Coulomb gauge in non-relativistic quantum electrodynamics and the shape of spectral lines. Philos. Trans. R. Soc. Lond. Ser. A 251, 457 (1959).

[132] R. G. Woolley, Molecular quantum electrodynamics. Proc. R. Soc. Lond. Ser. A 321, 557 (1971).

[133] D. L. Adrews, G. A. Jones, A. Salam, R. Woolley, Perspective: Quantum Hamiltonians for optical interactions. J. Chem. Phys. 148, 040901 (2018).

[134] S. Scheel, S. Y. Buhmann, Macroscopic quantum electrodynamics—concepts and applications. Acta Phys. Slovaca 58, 675 (2008).

[135] A. Eguiluz, J. J. Quinn, Hydrodynamic model for surface plasmons in metals and degenerate semicon-

ductors. Phys. Rev. B 14, 1347-1361 (1976).

[136] S. Raza, S. I. Bozhevolnyi, M. Wubs, N. A. Mortensen, Nonlocal optical response in metallic nanostructures. J. Phys. Condens. Matter 27, 183204 (2015).

[137] B. B. Dasgupta, R. Fuchs, Polarizability of a small sphere including nonlocal effects. Phys. Rev. B 24, 554 (1981).

[138] P. Halevi, R. Fuchs, Gerneralised additional boundary conditions for non-local dielectrics: I. Reflectivity. J. Phys. C Solid State Phys. 17, 3869 (1984).

[139] J. A. Scholl, A. L. Koh, J. A. Dionne, Quantum plasmon resonances of individual metallic nanoparticles. Nature 483, 421 (2012).

[140] C. Ciraci, R. T. Hill, Y. Urzhumov, A. I. Fernandez-Dominguez, S. A. Maier, J. B. Pendry, A. Chilkoti, D. R. Smith, Probing the ultimate limits of plasmonic enhancement. Science 337, 1072 (2012).

[141] I. S. Gradshteyn, I. M. Ryzhik, *Table of Integrals, Series*, and Products (Academic Press, San Diego, 2000).

[142] R. Fuchs, K. L. Kliewer, Surface plasmon in a semi-infinite free-electron gas. Phys. Rev. B 3, 2270-2278 (1971).

[143] S. Raza, W. Yan, N. Stenger, M. Wubs, N. A. Mortensen, Blueshift of the surface plasmon resonance shift in silver nanoparticles. Opt. Express 21, 27344 (2013).

[144] Y. Luo, A. I. Fernandez-Dominguez, A. Wiener, S. A. Maier, J. B. Pendry, Surface plasmons and nonlocality: a simple model. Phys. Rev. Lett. 111, 093901 (2013).

[145] A. Trügler, U. Hohenester, F. J. Garcia de Abajo, Plasmonics simulations including nonlocal effects using a boundary element method approach. Int. J. Mod. Phys. B 31, 1740007 (2017).

[146] P. J. Feibelman, Surface electromagnetic fields. Prog. Surf. Sci. 12, 287 (1982).

[147] P. Apell, A simple derivation of the surface contribution to the reflectivity of a metal, and its use in the van der Waals interaction. Phys. Scr. 24, 795 (1981).

[148] J. M. Pitarke, V. M. Silkin, E. V. Chulkov, P. M. Echenique, Theory of surface plasmons and surface-plasmon polaritons. Rep. Prog. Phys. 70 (1), 1-87 (2007).

[149] T. Christensen, W. Yan, A.-P. Jauho, M. Soljacic, N. A. Mortensen, Quantum corrections in nanoplasmonics: shape, scale, and material. Phys. Rev. Lett. 118, 157402 (2017).

[150] T. V. Teperik, P. Nordlander, J. Aizpurua, A. G. Borisov, Robust subnanometric plasmon ruler by rescaling of the nonlocal optical response. Phys. Rev. Lett. 110, 263901 (2013).

[151] R. M. Martin, L. Reining, D. M. Ceperly, *Interacting Electrons* (Cambridge University Press, Cambridge, 2016).

[152] A. Varas, P. Garcia-Gonzalez, J. Feist, F. J. Garcia-Vidal, A. Rubio, Quantum plasmonics: from jellium models to ab initio calculations. Nanophotonics 5, 409 (2016).

[153] K. J. Savage, M. M. Hawkeye, R. Esteband, A. G. Borisov, J. Aizpurua, J. J. Baumberg, Revealing the quantum regime in tunneling plasmonics. Nature 491, 574 (2012).

[154] J. A. Scholl, A. Garcia-Etxarri, A. Leen Koh, J. A. Dionne, Observation of quantum tunneling between two plasmonic nanoparticles. Nano Lett. 13, 564 (2013).

[155] S. F. Tan, L. Wu, J. K. W. Yang, P. Bai, M. Bosman, C. A. Nijhuis, Quantum plasmon resonances controlled by molecular tunnel junctions. Science 343, 1496 (2014).

[156] R. Esteban, A. G. Borisov, P. Nordlander, J. Aizpurua, Bridging quantum and classical plasmonics

with a quantum-corrected model. Nat. Commun. 3, 825 (2012).

[157] R. Esteban, A. Zugarramurdi, P. Zhang, P. Nordlander, F. J. Garcia-Vidal, A. G. Borisov, J. Aizpurua, A classical treatment of optical tunneling in plasmonic gaps: extending the quantum corrected model to practical situations. Faraday Discuss. 178, 151 (2015).

[158] A. Messiah, *Quantum Mechanics* (North-Holland, Amsterdam, 1965).

[159] R. Esteban, G. Aguirregabiria, A. G. Borisov, Y. M. Wang, P. Nordlander, G. W. Bryant, J. Aizpurua, The morphology of narrow gaps modifies the plasmonic response. ACS Photonics 2, 295 (2015).

[160] D. Knebl, A. Hörl, A. Trügler, J. Kern, J. R. Krenn, P. Puschnig, U. Hohenester, Gap plasmonics of silver nanocube dimers. Phys. Rev. B 93, 081405 (2016).

[161] R. H. Ritchie, Plasma losses by fast electrons in thin films. Phys. Rev. 106, 874 (1957).

[162] R. H. Ritchie, A. Howie, Inelastic scattering probabilities in scanning transmission electron microscopy. Philos. Mag. A 5, 753 (1988).

[163] M. J. Lagos, A. Trügler, U. Hohenester, P. E. Batson, Mapping vibrational surface and bulk modes in a single nanocube. Nature 543, 533 (2017).

[164] K. Joulain, J. -P. Mulet, F. Marquier, R. Carminati, J. -J. Greffet, Surface electromagnetic waves thermally excited: radiative heat transfer, coherence properties, and casimir forces revisited in the near field. Surf. Sci. Rep. 57, 59 (2005).

[165] A. W. Rodriguez, F. Capasso, S. G. Johnson, The Casimir effect in microstructured geometries. Nature Photonics 5, 211 (2011).

[166] E. Rousseau, A. Siria, G. Jourdan, S. Volz, F. Comin, J. Chevrier, J. J. Greffet, Radiative heat transfer at the nanoscale. Nature Photonics 3, 514 (2009).

[167] S. -A. Biehs, P. Ben-Andallah, F. S. Rosa, Nanoscale radiative heat transfer and its applications, in *Infrared Radiation* (InTech, London, 2012), p. 1.

[168] S. Y. Buhmann, *Dispersion Forces* I (Springer, Berlin, 2012).

[169] S. Y. Buhmann, *Dispersion Forces II* (Springer, Berlin, 2012).

[170] G. Baffou, *Thermoplasmonics* (Cambridge University Press, Cambridge, 2018).

[171] W. Eckhardt, Macroscopic theory of electromagnetic fluctuations and stationary radiative heat transfer. Phys. Rev. A 29, 1991 (1984).

[172] H. Carmichael, *An Open Systems Approach to Quantum Optics*. Lecture Notes in Physics, vol. 18 (Springer, Berlin, 1991).

[173] A. I. Volokitin, B. N. J. Persson, Near-field radiative heat transfer and noncontact friction. Rev. Mod. Phys. 79, 1291 (2007).

[174] H. Casimir, On the attraction between two perfectly conducting plates. Proc. K. Ned. Akad. Wet. 51, 793 (1948).

[175] M. Bordaga, U. Mohideenb, V. M. Mostepanenkoc, New developments in the Casimir effect. Phys. Rep. 353 (1), 1-205 (2001).

[176] G. L. Klimchitskaya, U. Mohideen, V. M. Mostepanenko, The Casimir force between real materials: experiment and theory. Rev. Mod. Phys. 81, 1827-1885 (2009).

[177] E. M. Lifshitz, The theory of molecular attractive forces between solids. Soc. Phys. JETP 2, 73 (1956).

[178] J. L. Garrett, D. A. Somers, J. N. Munday, Measurement of the Casimir force between two spheres.

Phys. Rev. Lett. 120, 040401 (2018).

[179] J.-J. Greffet, R. Carminati, K. Joulain, J.-P. Mulet, S. Mainguy, Y. Chen, Coherent emission of light by thermal sources. Nature 416, 61 (2002).

[180] J. R. Howell, M. P. Menguc, R. Siegel, *Thermal Radiation Heat Transfer* (CRC Press, Boca Raton, 2015).

[181] W. Lei, Z. Shan, S. Fan, Photonic thermal management of coloured objects. Nature Commun. 9, 4240 (2018).

[182] M. Krüger, G. Bimonte, T. Emig, M. Kardar, Trace formulas for nonequilibrium Casimir interactions, heat radiation, and heat transfer for arbitrary objects. Phys. Rev. B 86, 115423 (2012).

[183] A. Narayanaswamy, Y. Zheng, A Green's function formalism of energy and momentum transfer in fluctuational electrodynamics. J. Quant. Spectrosc. Radiat. Transf. 132, 12 (2014).

[184] E. T. Jaynes, F. W. Cummings, Comparison of quantum and semiclassical radiation theories with application to the beam maser. Proc. IEEE 51, 89 (1963).

[185] S. M. Barnett, P. M. Radmore, *Methods in Theoretical Quantum Optics* (Clarendon, Oxford, 1997).

[186] M. B. Plenio, P. L. Knight, The quantum-jump approach to dissipative dynamics in quantum optics. Rev. Mod. Phys. 70, 101 (1998).

[187] H.-P. Breuer, F. Petruccione, *Open Quantum Systems* (Oxford University Press, New York, 2002).

[188] R. D. Artuso, G. W. Bryant, Strongly coupled quantum dot-metal nanoparticle systems: exciton-induced transparency, discontinuous response, and suppression as driven quantum oscillator effects. Phys. Rev. B 82, 195419 (2010).

[189] C. H. Townes, *How the Laser Happened* (Oxford University Press, Oxford, 1999).

[190] D. J. Bergman, M. I. Stockman, Surface plasmon amplification by stimulated emission of radiation: quantum generation of coherent surface plasmons in nanosystems. Phys. Rev. Lett. 90, 027402 (2003).

[191] M. A. Noginov, G. Zhu, A. M. Belgrave, R. Bakker, V. M. Shalaev, E. E. Narimanov, S. Stout, E. Herz, T. Suteewong, U. Wiesner, Demonstration of a spaser-based nanolaser. Nature 460, 1110 (2009).

[192] M. Premaratne, M. I. Stockman, Theory and technology of SPASERs. Adv. Opt. Photonics 9, 79 (2017).

[193] R. F. Oulton, V. J. Sorger, T. Zentgraf, R. M. Ma, C. Gladden, L. Dai, G. Bartal, X. Zhang, Plasmon laser at deep subwavelength scale. Nature 461, 629 (2009).

[194] M. I. Stockman, The spaser as a nanoscale quantum generator and ultrafast amplifier. J. Opt. 12, 024004 (2010).

[195] E. Fick, G. Sauermann, *The Quantum Statistics of Dynamic Processes* (Springer, Berlin, 1990).

[196] A. J. Leggett, S. Chakravarty, A. T. Dorsey, M. P. A. Fisher, A. Garg, W. Zwerger, Dynamics of the dissipative two-state system. Rev. Mod. Phys. 59, 1 (1987).

[197] S. Grandi, K. D. Major, C. Polisseni, S. Boissier, A. S. Clark, E. A. Hinds, Quantum dynamics of a driven two-level molecule with variable dephasing. Phys. Rev. A 94, 063839 (2016).

[198] T. Heindel, A. Thoma, M. von Helversen, M. Schmidt, A. Schlehahn, M. Gschrey, P. Schnauber, J. H. Schulze, A. Strittmatter, J. Beyer, S. Rodt, A. Carmele, A. Knorr, S. Reitzenstein, A bright triggered twin-photon source in the solid state. Nat. Commun. 8, 14870 (2017).

[199] P. Johansson, H. Xu, M. Käll, Surface-enhanced Raman scattering and fluorescence near metal nan-

oparticles. Phys. Rev. B 72, 035427 (2005).

[200] M. K. Schmidt, R. Esteban, A. Gonzalez-Tudela, G. Giedke, J. Aizpurua, Quantum mechanical description of raman scattering from molecules in plasmonic cavities. ACS Nano 10, 6291 (2016).

[201] M. Paulus, P. Gay-Balmaz, O. J. F. Martin, Accurate and efficient computation of the Green's tensor for stratified media. Phys. Rev. E 62, 5797 (2000).

[202] J. J. Sakurai, *Modern Quantum Mechanics* (Addison, Reading, 1994).

[203] Y. S. Kim, P. T. Leung, T. F. George, Classical decay rates for molecules in the presence of a spherical surface: A complete treatment. Surf. Sci. 195, 1 (1988).

[204] J. Gersten, A. Nitzan, Radiative properties of solvated molecules in dielectric clusters and small particles. J. Chem. Phys. 95, 686 (1991).